普通高等教育“十一五”国家级规划教材
普通高等教育“十二五”国家级规划教材
普通高等教育“十二五”住房城乡建设部规划教材
住房城乡建设部土建类学科专业“十三五”规划教材
普通高等学校土木工程专业新编系列教材
本书曾获第五届全国高校出版社优秀畅销书一等奖
本书的配套课件曾获第五届全国高校计算机课件评比优胜奖

中国土木工程学会教育工作委员会　审订

土木工程制图

（第6版）

主　编　何铭新　李怀健
副主编　张　斌
主　审　谢步瀛

武汉理工大学出版社
·武　汉·

【内 容 提 要】

本书是在第 5 版基础上，根据当前土建制图方面有关的国家标准［包括《房屋建筑制图统一标准》(GB/T 50001—2017)、《总图制图标准》(GB/T 50103—2010)、《建筑制图标准》(GB/T 50104—2010)、《建筑结构制图标准》(GB/T 50105—2010)、《建筑给水排水制图标准》(GB/T 50106—2010)以及《混凝土结构设计标准》(GB/T 50010—2010)等］，以及适应本课程教学改革的趋向而修订的。

本书的内容有：绪论；制图的基本知识和基本技能，点、直线、平面和平面曲线的多面正投影，投影变换，平面立体、曲面、曲面立体、空间曲线的多面正投影，平面、直线与立体相交以及两立体相交，轴测投影，标高投影，组合体的多面正投影和组合体的构型设计，表示工程形体的图样画法；钢筋混凝土构件图和钢结构图，房屋的建筑施工图和结构施工图，给水排水施工图，道路、桥梁、涵洞、隧道工程图。AutoCAD 二维绘图和 Revit 建模应用示例作为计算机绘图基础简介，分插融合在上述相应的部分。

本书可作为普通高等学校土木工程专业(涵盖建筑工程、道路与桥梁工程等方向)和给水排水工程专业或其他相近专业的"土木工程制图"课程的教材，也可供其他类型的学校，如职工大学、函授大学等有关专业使用。与本书配套的习题集以及助教、助学课件也同步修订，仍由武汉理工大学出版社出版发行，可按需向出版社索取。

图书在版编目(CIP)数据

土木工程制图 / 何铭新，李怀健主编. --6 版. -- 武汉 ：武汉理工大学出版社，2025.1(2025.7 重印) -- ISBN 978-7-5629-7289-1

Ⅰ. TU204

中国国家版本馆 CIP 数据核字第 2024SY9261 号

项目负责人：高　英　汪浪涛
责 任 编 辑：王品品
责 任 校 对：张莉娟
排 版 设 计：芳华时代
出 版 发 行：武汉理工大学出版社
社　　　址：武汉市洪山区珞狮路 122 号
邮　　　编：430070
网　　　址：https：//www. wutp. com. cn
经　　　销：各地新华书店
印　　　刷：荆州市精彩印刷有限公司
开　　　本：889 × 1194　1/16
印　　　张：23. 25
字　　　数：696 千字
版　　　次：2025 年 1 月第 6 版
印　　　次：2025 年 7 月第 2 次印刷
印　　　数：294001—299000 册
定　　　价：56. 00 元

普通高等学校土木工程专业新编系列教材

编审委员会

（第 5 届）

第 6 版前言

本书是在 2020 年出版的《土木工程制图》(第 5 版)的基础上，按教育部发布的《普通高等学校本科专业类教学质量国家标准》(土木类专业教学质量国家标准)、教育部工程图学教学指导委员会制定的《普通高等院校工程图学课程教学基本要求》、住房城乡建设部高等学校土木工程学科专业指导委员会颁布的《高等学校土木工程本科指导性专业规范》推荐的“土木工程制图”课程的核心知识单元和知识点，以及当前正在实施的与本课程有关的制图标准和设计规范而修订的，顺应在我国土木工程中正在推行的图示方法和各校对本课程的教学改革趋向。本书第 1 版曾获同济大学第八届优秀教材奖，第 2 版获第五届全国高校出版社优秀畅销书一等奖，第 3 版被评为普通高等教育“十一五”国家级规划教材，与本书及习题集配套的多媒体课件于 2009 年在第五届全国高等学校计算机课件评比中获优胜奖，第 4 版被评为教育部“十二五”普通高等教育本科国家级规划教材、住房城乡建设部高等教育土建类学科专业“十二五”规划教材，本书被评为住房城乡建设部高等教育土建类学科专业“十三五”规划教材。

本书第 6 版保持第 5 版的结构和样式，对制图基础的内容稍作精简，但根据部分专业需要补充了一个同坡屋顶例题；对专业图部分结合国家标准进行了部分修订；对计算机绘图软件部分，保留 AutoCAD 二维绘图简介，删去了 AutoCAD 三维绘图简介，增加了 Revit 工程形体、结构构件、建筑和给水排水建模简介，以贴近住房和城乡建设部以及土木行业对学生的工作技能的要求。并且根据教学实践中获得的使用经验，对相关内容进行更新和完善，对本课程仅供教师参考的教学内容、学时、作业等安排建议，本书仍安排在编后语内。

在使用本书时，任课教师或专业人士可根据实际情况，按需取舍。考虑到本书的篇幅颇大，未包含的其他选学内容，例如透视投影等内容，建议任课教师或专业人士在结合书中相关章节和例图教学过程中，适当添加例题，或参阅书后参考文献按需选材补充。

本版在修订过程中，参阅了有关的书籍，还听取了西南交通大学卢传贤、同济大学朱萱及关心本书建设的老师们提出的宝贵建议，在此谨向这些书籍的编者们和卢传贤、朱萱等表示衷心感谢；本版仍由普通高等学校土木工程专业新编系列教材编审委员会委托同济大学谢步瀛教授审阅，他提出了许多有益建议并提供了帮助，在此也向他表示衷心感谢。

本版由何铭新、李怀健担任主编，张斌担任副主编。绪论、制图基础由同济大学何铭新编写，土木工程专业图(除道路、桥梁、涵洞、隧道工程图外)由同济大学李怀健编写，道路、桥梁、涵洞、隧道工程图由长沙理工大学张斌编写，书中计算机绘图基础的所有内容由同济大学陈星铭、李怀健编写。与本版教材和习题集配套的助教、助学课件由同济大学李怀健做了相应的修订。由于编者们水平所限，书中难免有不妥和疏误之处，欢迎读者批评指正。

编　者

2024 年 5 月

目　录

1 绪　论

本章提要

本章主要阐述下列内容：
(1)本课程的性质和任务。
(2)本课程的内容结构。
(3)本课程的学习方法。
(4)投影法及其分类。
(5)土木工程中常用的投影图。
(6)土木工程制图的发展史和发展方向。

1.1 土木工程制图课程概述

1.1.1 本课程的性质和任务

工程图样是工程与产品技术信息的载体，是工程界表达、交流技术思想的语言，因而土木工程的设计与施工都离不开土木工程专业图。学习本课程的目的是使学生掌握工程图样表达理论和技术，培养学生绘制和阅读土木工程专业图的能力，所以本课程是土木工程专业的一门通识类的技术基础课。因为本课程属于技术基础课，只能为学生的绘图和读图能力打下一定的基础，相关的专业知识可在后续课程、生产实习、课程设计和毕业设计中继续培养和提高。

本课程的主要任务：

(1)培养用投影法以二维平面图形表达三维空间形状的能力。

(2)培养对空间形体的形象思维能力。

(3)培养创造性构型设计能力。

(4)培养使用计算机绘图软件绘制工程图样及三维造型设计的能力。

(5)培养使用绘图仪器和徒手绘制工程图样以及阅读土木工程专业图的能力。

(6)培养工程意识和标准化意识。

(7)培养认真负责的工作态度和严谨细致的工作作风。

1.1.2 本课程的内容

本课程的内容可分为制图基础和土木工程专业图两大部分。制图基础部分的内容有：培养学生贯彻执行《房屋建筑制图统一标准》(GB/T 50001—2017)、技术制图等工程规范基础，掌握徒手绘图、仪器绘图、计算机软件绘图这三种绘图方法的绘图能力基础，掌握绘制点、线、面、体及其相对位置关系投影图的投影理论基础；掌握组合体的造型过程和构型方法基础，掌握绘制和阅读组合体的投影图、标注组合体尺寸的方法以及工程形体的图样画法的表达技术基础。土木工程专业图部分的内容有：钢筋混凝土构件图和钢结构构件图，房屋的建筑施工图和结构施工图，给水排水施工图，道路、桥梁、涵洞、隧道工程图。本书中的土木工程专业图可由任课教师根据各自学校的本课程教学大纲按需取舍，通过后续专业课程的学习，使制图技能得到充实和巩固；或根据各校分配给本课程的学时，参考本书最后的编后语中对本课程教学安排的建议，作适当处理。

当前我国各高校对计算机绘图在本课程的教学设置有三种模式：将原属本课程的计算机绘图基础的内容抽出，另行设置计算机绘图课程；计算机绘图基础的内容放在本课程的最后进行集中教学；计算机绘图基础内容分插融合在本课程的有关内容中进行教学。本书按第三种模式编写，如用第一种模式进行教学，则可将本书和配套习题集中有关计算机绘图基础的内容全部舍去；如用第二种模式，则可将本书和配套习题集中有关计算机绘图基础的内容全部抽出，集中到本课程的最后进行教学；如用第三种模式，则可按本书和配套习题集的顺序进行教学。

1.1.3 本课程的学习方法

由于本课程是一门理论严谨、实践性强、与工程实践有密切联系的课程，所以应该掌握投影理论，重视理论联系实际，加强实践性教学环节，认真地完成一定数量的绘图与读图的习题和作业。通过由浅入深地反复、通过由物画图和由图想物的实践，理解投影理论，增强工程意识和创新意识、加强执行国家标准的意识，以及了解初步的专业知识，训练仪器绘图、徒手绘图和计算机绘图的技能，与培养对空间形体的形象思维能力、培养绘制和阅读土木工程专业图的能力、培养掌握科学的思维方法紧密地结合起来。

1.2 投影的基本知识

1.2.1 投影法及其分类

人们受到光线照射物体在平面上投下影子的自然现象启示，创造了用投射线通过物体向选定的面投射，并在该面上得到图形的方法，称为投影法。根据投影法所得到的图形，称为投影或投影图；在投影图中，得到投影的面称为投影面。投影法分为中心投影法和平行投影法两类，平行投影法又分为正投影法和斜投影法。

如图 1.1 所示，用交汇于一点 S（投射中心）的诸投射线将▭$ABCD$ 向投影面 P 投射，在投影面 P 上得出图形▭$abcd$，即为▭$ABCD$ 的投影。点 a、b、c、d 分别是投射线 SA、SB、SC、SD 与投影面 P 的交点，即▭$ABCD$ 的四个顶点 A、B、C、D 的投影；而直线 ab、bc、cd、da 则分别是▭$ABCD$ 的四条边 AB、BC、CD、DA 的投影。习惯上用大写字母表示空间的几何元素，用小写字母表示它们的投影。投射线都汇交于一点的投影法，称为中心投影法；按中心投影法所得到的投影，称为中心投影或透视投影（透视投影图，简称透视图）。

如图 1.2 所示，用相互平行的投射线将▭$ABCD$ 向投影面 P 投射，在投影面 P 上得出图形▭$abcd$，即为▭$ABCD$ 的投影。点 a、b、c、d 分别是通过▭$ABCD$ 的四个顶点 A、B、C、D 的投射线与投影面 P 的交点，即这四个顶点的投影；而直线 ab、bc、cd、da 则分别是▭$ABCD$ 的四条边 AB、BC、CD、DA 的投影。投射线相互平行的投影法，称为平行投影法；投射线与投影面垂直时，称为正投影法；投射线与投影面倾斜时，称为斜投影法。按正投影法所得到的投影，称为正投影（正投影图）；按斜投影法所得到的投影，称为斜投影（斜投影图）。

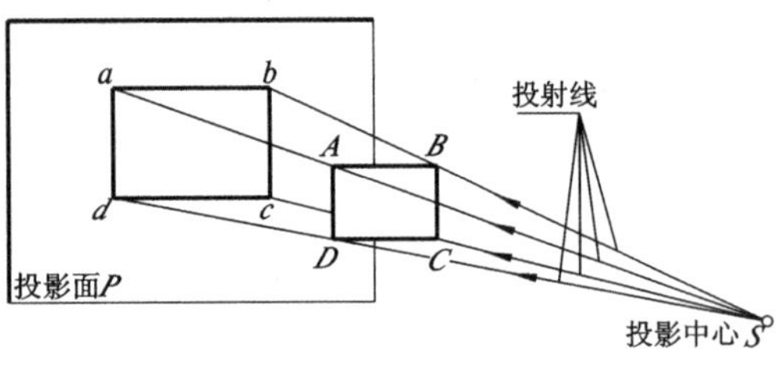

图 1.1 中心投影法

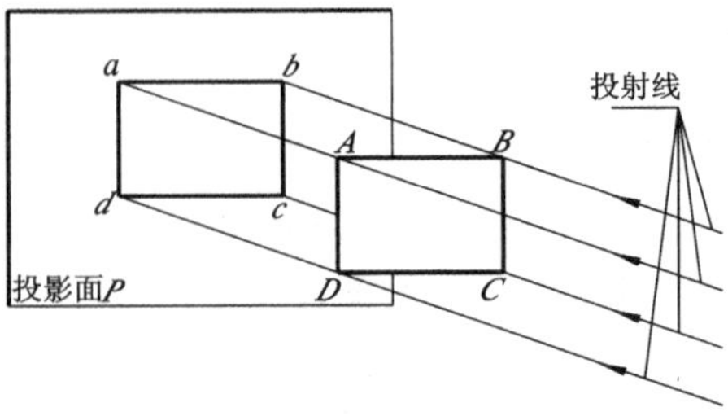

图 1.2 平行投影法

在工程图样中广泛应用的是正投影，本书除了在2.6节和3.3节中有一部分述及斜投影外，都是讲述正投影的，并常将正投影简称投影。

1.2.2 土木工程中常用的投影图

土木工程中常用的投影图有多面正投影图、轴测投影图、透视投影图和标高投影图。

多面正投影图由物体在两个或在两个以上的投影面(其中相邻的两投影面互相垂直)上的正投影所组成。例如图1.3所示是由三级踏步和左、右各一块矩形栏板所构成的台阶的三面正投影图，由这个台阶分别向正立的、水平的和侧立的三个互相垂直的投影面所作的正投影组成，图中被遮的不可见投影画成虚线。多面正投影图是土木工程中最主要的图样。

轴测投影图是将物体连同其直角坐标体系，沿不平行于任一坐标平面的方向，用平行投影法将其投射在单一投影面上所得的图形，可以是正投影，也可以是斜投影，通常省略不画坐标轴的投影。例如图1.4就是图1.3所示的台阶用斜投影画出的轴测投影图，图中被遮的不可见投影通常省略不画。轴测投影图有较强的立体感，在土木工程中常用来绘制给水排水、采暖通风和空气调节等方面的管道系统图，或作为多面正投影图的辅助立体示意图。3.3节中将讲述有关的轴测投影图。

透视投影图是用中心投影法将物体投射在单一投影面上所得的图形。例如图1.5就是图1.3所示的台阶的透视投影图。透视投影图有很强的立体感，如拍摄的照片和人的视觉形象那样。当投射中心、投影面和物体的相对位置配置得不同时，可以获得不同的透视图。在建筑设计中，常用透视图作为表现房屋、道路和桥梁等外貌的效果图。本书未编入透视投影，如有需要，可参阅后面所列的参考文献[2]、[3]、[4]、[5]、[6]中的任一册。

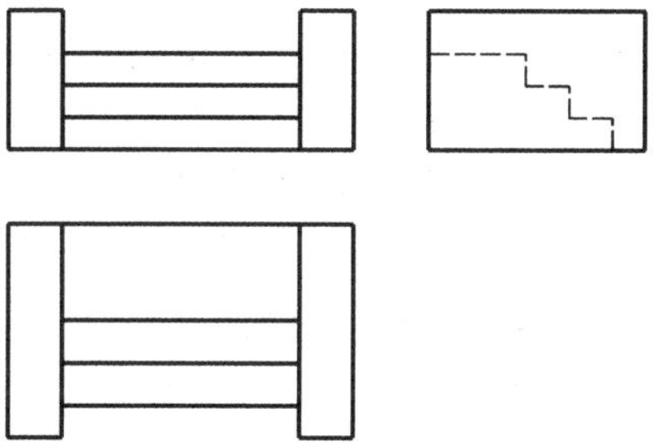

图1.3 多面正投影图

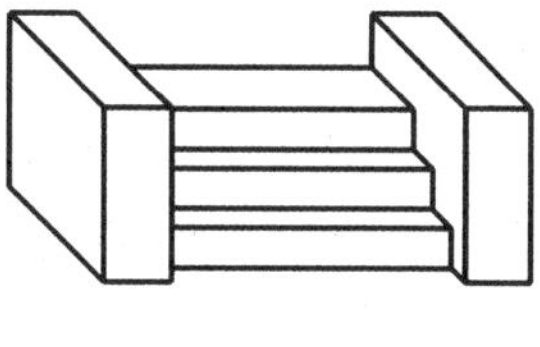

图1.4 轴测投影图

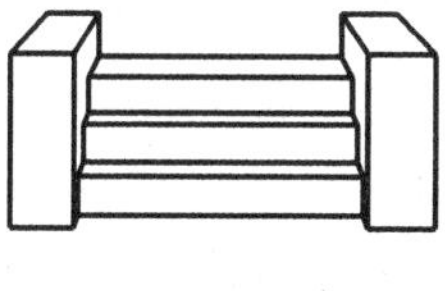

图1.5 透视投影图

标高投影图是在物体的水平投影上加注某些特征面、线以及控制点的高程数值和比例的单面正投影。它常用来表达地形和工程建筑物，例如图1.6(b)就是用标高投影图表达的一个山丘的地形图。图1.6(a)说明了形成图1.6(b)所示的地形图的概念：假设平坦的地面是高度为零的水平基准面 H，将 H 面作为投影面，它与山丘交得一条交线，也就是高程标记为零的等高线；再以高于水平基准面 H 10 m、20 m 的水平面与山丘相交，分别交得高程标记为10、20的等高线；作出这些等高线在水平基准面 H 上的正投影，标注出高程数字，并画出比例尺或标注出比例，就得到了图1.6(b)所示的用标高投影图表达的这个山丘的地形图。在土木工程专业图中有时也会用到一些与地形有关的用等高线表示的图样。

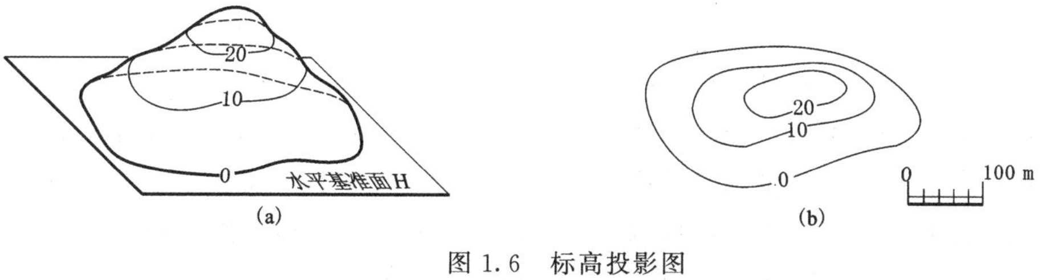

(a) (b)

图1.6 标高投影图

(a)地形图的形成；(b)地形图

1.3 我国在土木工程制图方面的成就及当前的发展方向

我国是四大文明古国之一，在长期的生产实践中，在图示理论和制图方法的领域里，积累了很多经验，创造了许多辉煌的成就。从历史记载中可知，我国很早就采用正确的作图方法，采用绘图与施工画线工具，画出宫殿和房屋的图样，按图建造。例如：在《周髀算经》中就有商高用边长为 3∶4∶5 的比例作直角三角形的记载；在《史记·秦始皇本纪》中，还述及“秦每破诸侯，写放其宫室，作之咸阳北阪上”，就是说秦国每征服一国后，就令人画出该国宫室的图样，并照样建造在咸阳北阪上。尤其值得提出的是：宋代李诫所著的《营造法式》（公元 1097 年奉旨编修，1100 年成书，1103 年刊行），是我国历史上关于建筑技术、艺术和制图的一部著名的建筑典籍，也是世界上较早刊印的建筑图书，共三十六卷，其中工程图样有六卷之多。书中所运用的图示方法，与现代土木工程制图中所用的颇为相近，图 1.7 所示就是《营造法式》中的一个图样。

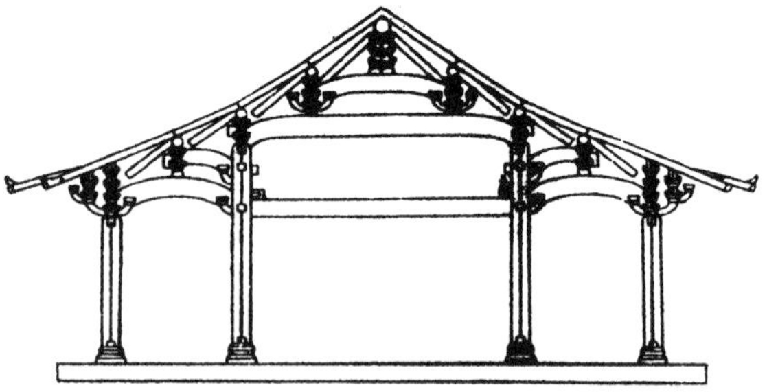

图 1.7 《营造法式》中的建筑工程图样示例

虽然在我国历史上关于土木工程制图有过许多成就，但是由于我国近代工农业生产发展滞缓，工程制图的发展也受到阻碍，在土木工程制图方面没有统一的标准。在中华人民共和国成立后的这些年中，随着科学技术、工农业生产和工程建设的不断发展，理论图学、应用图学、制图技术、制图教育、制图标准和计算机图学等方面，都得到了相应的发展。在制图标准方面，为了适应社会主义建设的需要，1956 年国家建设委员会批准了《单色建筑图例标准》，建筑工程部设计总局发布了《建筑工程制图暂行标准》。在此基础上，建筑工程部于 1965 年批准颁布了《建筑制图标准》（GBJ 9—65，其中 GBJ 是我国在建筑方面的国家标准的代号，9 表示它的编号，65 表示于 1965 年颁布），后来随着改革开放和工程建设发展的需要，又经 1973 年、1986—1988 年、2001 年、2010 年的修订、补充，当前正在实施的有关房屋建筑方面的有《房屋建筑制图统一标准》（GB/T 50001—2010，GB 是国家标准的代号，简称国标，GB/T 表示推荐性的国标，不带“/T”的 GB 表示强制性的国标）、《总图制图标准》（GB/T 50103—2010）、《建筑制图标准》（GB/T 50104—2010）、《建筑结构制图标准》（GB/T 50105—2010）、《建筑给水排水制图标准》（GB/T 50106—2010）。此外，我国对土木工程的其他专业也陆续制定了相应的关于制图的国家标准或部颁标准、行业标准，例如《道路工程制图标准》（GB 50162—1992）等。有时人们还常将水利水电工程图也列入土木工程专业图，如《水利水电工程制图标准 基础制图》（SL 73.1—2013，SL 是我国水利部的部颁标准的代号）等。另外，还有《水电工程制图标准 第 1 部分：基础制图》（NB/T 10883.1—2023）等五个水利水电方面的制图标准。土木工程方面的制图标准，今后还将根据生产和建设的需要，继续制订和修订。

随着科学技术和生产建设的进展，制图工具和手段也产生了变革。自 20 世纪 50 年代开始进行自动绘图的研究，并诞生了第一台自动绘图机之后，工程制图就进入了从手工操作向自动化绘图的变革，计算机绘图逐渐广泛地应用到各个领域，计算机图学（Computer Graphics，简称 CG）这门新兴的交叉学科就逐步形成了。在绘图自动化的基础上，计算机绘图为计算机辅助设计（Computer Aided Design，简称 CAD）的发展提供了条件与基础，从计算机辅助设计中发现的各种问题又返回来促进计算机绘图的发展。在土木工程方面也是这样，随着 20 世纪 60 年代可以人机对话的交互式图形显示技术的发展，人们就开始进行计算机辅助建筑设计（Computer Aided Architectural Design，简称 CAAD），到 20 世纪 80 年代，其在世界上就得到了推广应用。计算机辅助建筑设计和多专业协同的数字化集成模型技术开发、应用，推动了土木工程制图技术革命和效率的提升。

BIM(Building Information Modeling)是在建设工程及设施全生命周期内，对其物理和功能特性进行数据化表达，并依此设计、施工、运营的过程和结果的总称。建设工程全生命周期内建筑信息模型的创建、使用和管理，使工程技术人员对各种建筑信息作出正确理解和高效应对，为设计团队以及包括建设、运营单位在内的各方建设主体提供协同工作的基础，在提高生产效率、节约成本和缩短工期方面发挥重要作用。

本章小结

学习本章后，应明确本课程的性质、任务和学习方法，并了解下述内容：

本课程是土木工程类专业的一门通识类的技术基础课，学习本课程的目的是培养学生绘制和阅读土木工程专业图的能力。本课程的主要任务：培养用投影法以二维平面图形表达三维空间形体的能力，对空间形体的形象思维能力，创造性构型设计能力，使用计算机绘图软件绘制工程图样及进行三维造型设计的能力，用仪器、徒手绘制工程图样并阅读土木工程专业图的能力，以及培养工程意识和标准化意识，培养认真负责的工作态度和严谨细致的工作作风。

本课程包括制图基础、土木工程专业图两部分。在学习本课程时，应认真完成一定数量的习题和作业，理解和应用投影理论，贯彻制图标准的基本规定，熟悉初步的专业知识，训练仪器绘图、手工绘图和计算机绘图的操作技能，与培养对空间形体的形象思维能力、培养绘制和阅读土木工程专业图的能力、培养学生科学的思维方法紧密地结合起来。

投射线通过物体向选定的面投射并在该面上得到图形的方法，称为投影法；根据投影法所得到的图形，称为投影。投影分为中心投影和平行投影两类，平行投影又分为正投影和斜投影，工程图样广泛应用正投影。

土木工程中常用的投影图是多面正投影图、轴测投影图、透视投影图、标高投影图。

土木工程制图是在人们的生产建设实践中产生和发展起来的，在我国历史上有很多成就，但由于我国近代工农业生产发展滞缓，制图技术的发展也受到阻碍，中华人民共和国成立后，才得到了相应的发展。今后土木工程制图仍将随着我国生产建设的发展而不断发展。

见此图标 微信扫码
查看工程制图进阶手册

2 制图基础

本章提要

本章主要阐述下列内容：

(1)有关土木工程图的制图标准及其基本规定。

(2)绘制土木工程图的三种绘图方法。

(3)平面图形的尺寸标注和画法。

(4)AutoCAD 绘图软件的基本用法和利用 AutoCAD 绘制三维图形示例。

(5)点、直线、平面和平面曲线的多面正投影。

(6)投影变换。

(7)平面立体、曲面、曲面立体、空间曲线的多面正投影。

(8)平面、直线与立体相交，以及两立体相交。

(9)轴测投影。

(10)标高投影。

(11)组合体的投影图和组合体的构型设计。

(12)表示工程形体的图样画法，Revit 软件简介和利用 Revit 绘制工程形体的图样示例。

2.1 制图的基本知识和基本技能

2.1.1 有关土木工程图的制图标准及其基本规定

绪论中已述及工程图样是工程与产品技术信息的载体，是工程界表达、交流技术思想的语言，所以必须有统一的规定。我国对各类工程制图分别发布了相关的制图标准，这里摘录了土木工程方面应用最广的《房屋建筑制图统一标准》(GB/T 50001—2017)中的部分内容，其余内容和有关的专业制图标准，将在以后陆续介绍。凡本书未述及的制图标准中的内容，需用时请读者查阅有关标准。

2.1.1.1 图纸幅面与标题栏

图纸幅面有 A0、A1、A2、A3、A4 五种，幅面和图框的格式见图 2.1，其尺寸见表 2.1。图纸的短边尺寸不应加长，A0 至 A3 的长边尺寸可按《房屋建筑制图统一标准》(GB/T 50001—2017)的规定加长，需用时可查阅该标准。图纸幅面及图框格式有横式幅面和立式幅面两种，图纸以短边作为竖直边称为横式，以短边作为水平边称为立式。A0 至 A3 图纸宜横式使用，必要时，也可以立式使用。

需要微缩复制的图纸，在图框四个边上均随有对中标志，如图 2.1 所示；在其一个边上有一段准确米制尺度，在图 2.1 中未画出，需用时可查阅 GB/T 50001—2017。学生在学习阶段的制图作业，可不画对中标志和米制尺度。

表 2.1　图纸幅面及图框尺寸(mm)

尺寸代号	幅面代号				
	A0	A1	A2	A3	A4
$b \times l$	841×1198	594×841	420×594	297×420	210×297
c	10			5	
a	25				

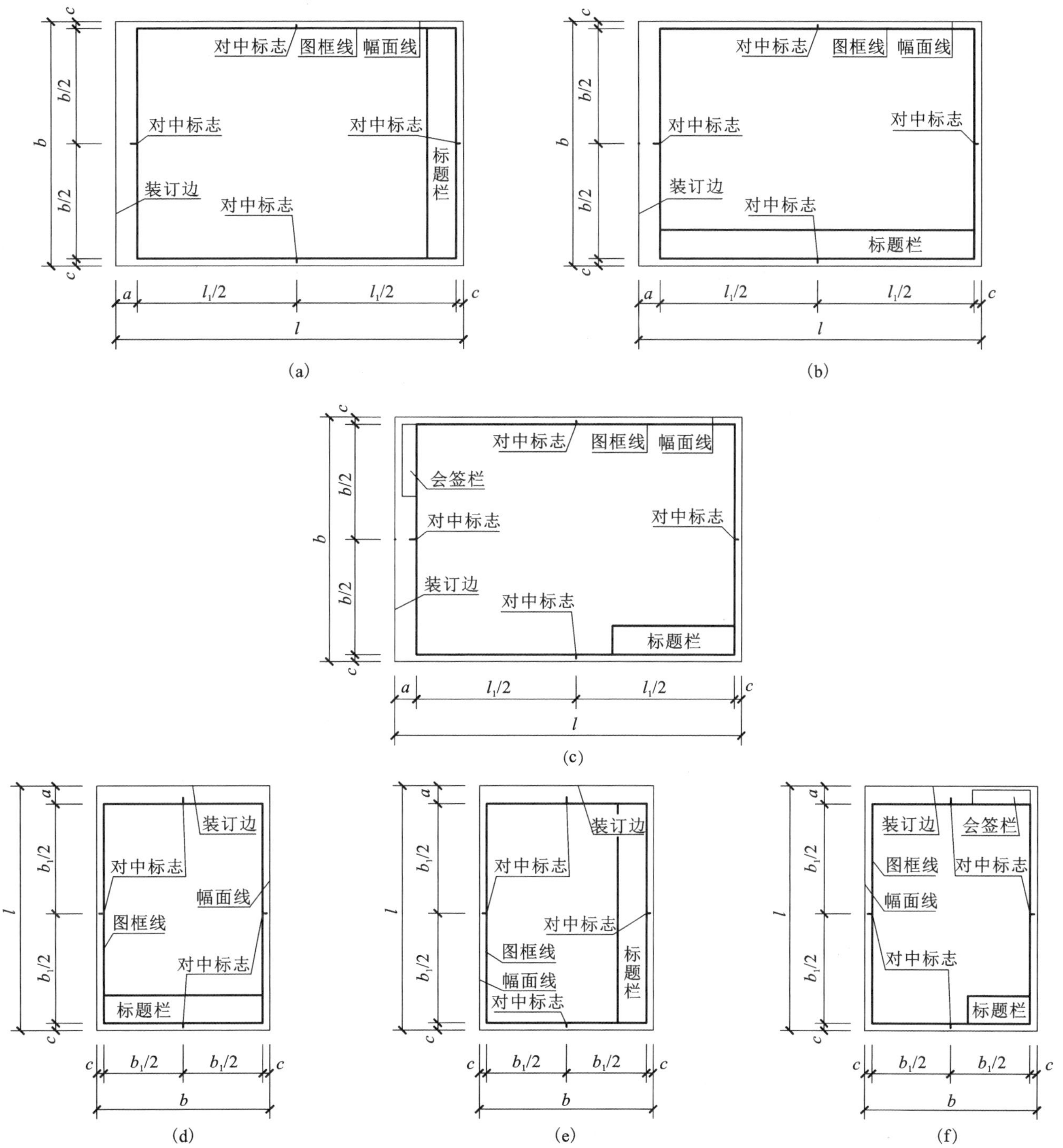

图 2.1　图纸幅面和图框的格式

(a)A0 至 A3 横式幅面(一);(b)A0 至 A3 横式幅面(二);(c)A0 至 A3 横式幅面(三);

(d)A0 至 A4 立式幅面(一);(e)A0 至 A4 立式幅面(二);(f)A0 至 A4 立式幅面(三)

标题栏应符合 GB/T 50001—2017 的规定，如图 2.2(a)、图 2.2(b)所示，可根据工程的需要选择确定其尺寸。学生在学习阶段的制图作业，建议采用图 2.2(c)所示的标题栏，画在图框的右下角。

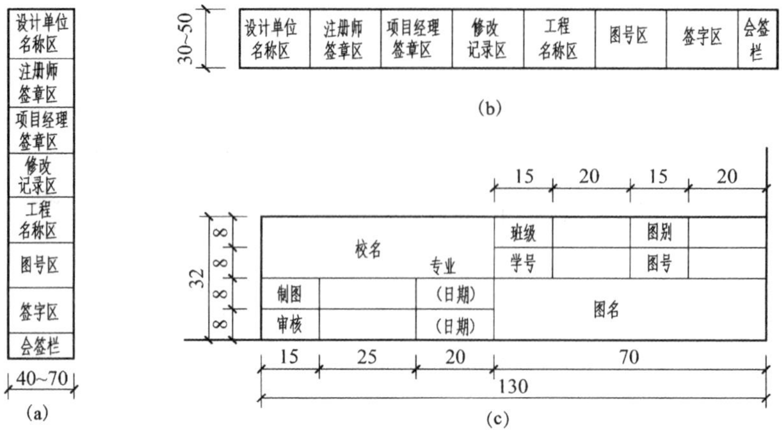

图 2.2　标题栏的格式

(a)工程图纸标题栏(一)；(b)工程图纸标题栏(二)；(c)学生制图作业建议使用的标题栏

2.1.1.2　图线

(1)线宽与线型

工程图样都是用不同线宽与线型的图线所绘制的。图线的宽度 b，宜从 1.4、1.0、0.7、0.5、0.35、0.25、0.18、0.13(mm)线宽系列中选取。图线宽度不应小于 0.1mm。

每个图样应根据复杂程度与比例大小，先选定基本线宽 b，再选用表 2.2 中相应的线宽组。同一张图纸内，相同比例的各图样，应选用相同的线宽组。

工程建设制图应选用表 2.3 所示的图线。

表 2.2　线宽组

线宽比	线宽组(mm)			
b	1.4	1.0	0.7	0.5
$0.7b$	1.0	0.7	0.5	0.35
$0.5b$	0.7	0.5	0.35	0.25
$0.25b$	0.35	0.25	0.18	0.13

表 2.3　图线

名称		线型	线宽	用途
实线	粗		b	主要可见轮廓线
	中粗		$0.7b$	可见轮廓线、变更云线
	中		$0.5b$	可见轮廓线、尺寸线
	细		$0.25b$	图例填充线、家具线
虚线	粗		b	见各有关专业制图标准
	中粗		$0.7b$	不可见轮廓线
	中		$0.5b$	不可见轮廓线、图例线
	细		$0.25b$	图例填充线、家具线

续表 2.3

名称		线型	线宽	用途
单点长画线	粗		b	见有关专业制图标准
	中		0.5b	见有关专业制图标准
	细		0.25b	中心线、对称线、轴线等
双点长画线	粗		b	见各有关专业制图标准
	中		0.5b	见各有关专业制图标准
	细		0.25b	假想轮廓线、成型前原始轮廓线
折断线			0.25b	断开界线
波浪线			0.25b	断开界线

图纸的图框和标题栏线的宽度：当幅面代号为 A0、A1 时，图框线为 b，标题栏外框线为 0.5b，标题栏分格线为 0.25b；当幅面代号为 A2、A3、A4 时，图框线为 b，标题栏外框线为 0.7b，标题栏分格线为 0.35b。学生的制图作业的图框线和标题栏外框线建议用 b，标题栏分格线建议用 0.25b。

在本课程的制图基础阶段，本书将可见轮廓线都画成线宽为 b 的粗实线，将不可见轮廓线都画成线宽为 0.5b 的中虚线。

（2）图线画法

①相互平行的图例线，其净间隙或线中间隙不宜小于 0.2 mm。

②虚线、单点长画线或双点长画线的线段长度和间隔，宜各自相等。当在较小图形中绘制单点长画线或双点长画线有困难时，可用实线代替。

③单点长画线或双点长画线的两端不应是点，点画线与点画线或其他图线交接时，应是线段交接。

④虚线与虚线或其他图线交接时，应是线段交接。虚线为实线的延长线时，不得与实线连接。

⑤图线不得与文字、数字或符号重叠、混淆，不可避免时，应首先保证文字等的清晰。图线画法的正误对比如图 2.3 所示。

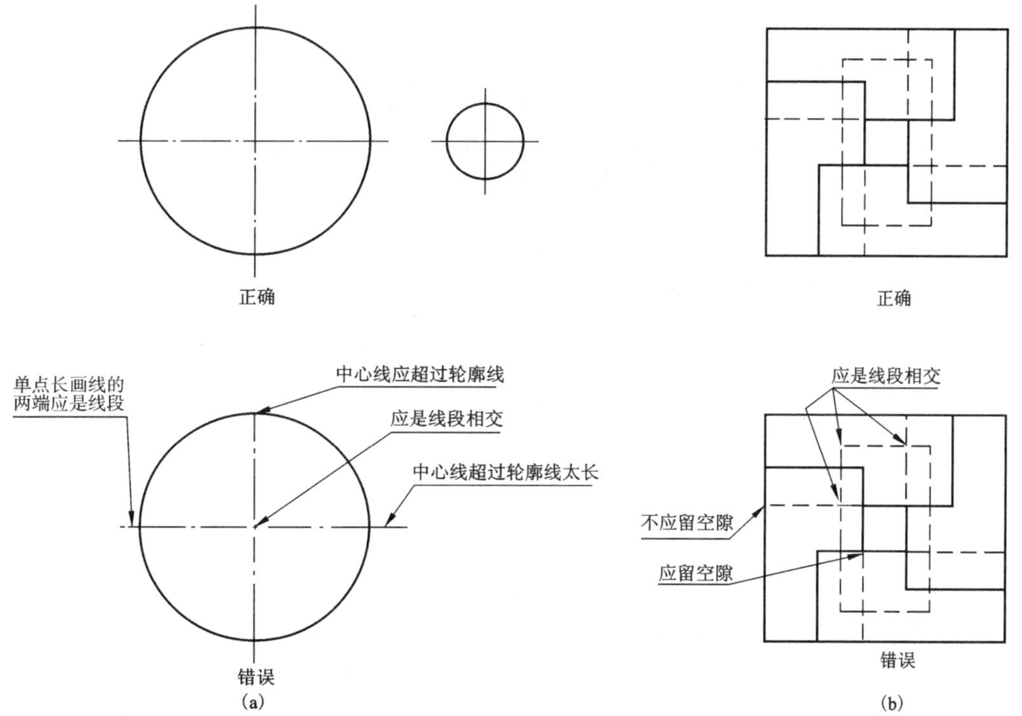

图 2.3　图线画法的正误对比

(a)单点长画线的画法示例；(b)虚线的画法示例

2.1.1.3　字体

文字、数字和符号都是工程图纸的重要内容。如果工程图纸中的文字、数字和符号书写得不清楚，容易造成工程事故，同时也影响图面的美观。因此，图纸上所需注写的文字、数字和符号等，均应笔画清晰、字体端正、排列整齐，标点符号应清楚正确。

图样及说明中的汉字，宜优先采用 True type 字体中的宋体字型，采用矢量字体时应为长仿宋体字型。长仿宋体字的高宽关系应符合表 2.4 的规定，True type 字体的宽度与高度应相同。学生的制图作业建议采用长仿宋体字。汉字的简化字书写应符合国家有关汉字简化方案的规定。

表 2.4　长仿宋体字的宽度与高度的关系(mm)

字高	20	14	10	7	5	3.5
字宽	14	10	7	5	3.5	2.5

图样及说明中的字母、数字宜优先采用 True type 字体中的 Roman 字型，书写规则在 GB/T 50001—2017 中有较详细的规定，需用时可查阅该标准。字母、数字的字高，不应小于 2.5 mm。数量的数值注写，应采用正体阿拉伯数字。各种计量单位凡前面有量值的，均应采用国家颁布的单位符号注写，单位符号应采用正体字母。分数、百分数和比例数的注写，应采用阿拉伯数字和数学符号。当注写的数字小于 1 时，应写出个位的“0”，小数点应采用圆点、齐基准线书写。

长仿宋体字、拉丁字母、阿拉伯数字与罗马数字示例应符合现行国家标准《技术制图　字体》(GB/T 14691—1993)的有关规定。

为了写好图纸上的文字、数字和符号，请读者按照图 2.4 所示的字体示例以及图 2.5 所示的长仿宋体字的基本笔法示例多做练习。

图 2.4　字体示例

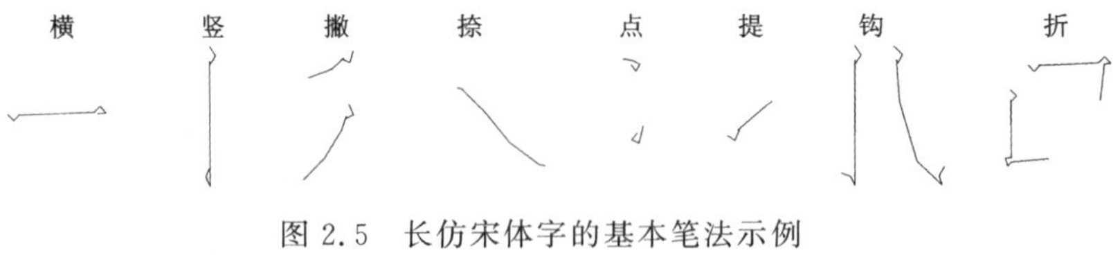

图 2.5　长仿宋体字的基本笔法示例

2.1.1.4　比例

图样的比例，应为图形与实物相对应的线性尺寸之比。比例的大小，是指比值的大小，如 1∶50 大于 1∶100。比例宜注写在图名右侧，字的基准线应取平，比例的字高应比图名的字高小一号或二号，如图 2.6 所示(图中右边的例图是用详图符号代替图名，关于详图符号的意义和画法规定将在 3.2.1.3 节中叙述)。

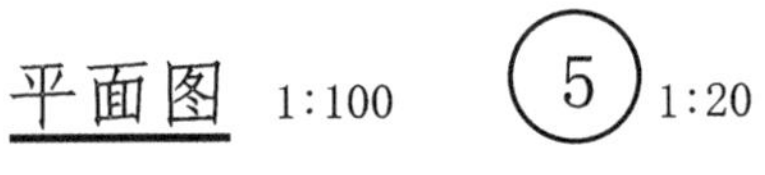

图 2.6　比例的注写

绘图所用的比例，应根据图样的用途与被绘对象的复杂程度从表 2.5 中选用，并优先选用表中的常用比例。一般情况下，一个图样应选用一种比例。根据专业制图需要，同一图样可选用两种比例。

表 2.5　绘图所用的比例

常用比例	1∶1、1∶2、1∶5、1∶10、1∶20、1∶30、1∶50、1∶100、1∶150、1∶200、1∶500、1∶1000、1∶2000
可用比例	1∶3、1∶4、1∶6、1∶15、1∶25、1∶40、1∶60、1∶80、1∶250、1∶300、1∶400、1∶600、1∶5000、1∶10000、1∶20000、1∶50000、1∶100000、1∶200000

注：特殊情况下也可自选比例，这时除应注出绘图比例外，还应在适当位置绘制出相应的比例尺。

2.1.1.5　尺寸标注

如图 2.7(a)所示，图样上的尺寸应包括尺寸界线、尺寸线、尺寸起止符号和尺寸数字。工程图纸上除了要画出工程图样、注写说明外，还必须正确地标注尺寸。

(1)尺寸的组成与注法

①尺寸界线

如图 2.7(a)所示，尺寸界线应用细实线绘制，应与被注长度垂直，其一端应离开图样轮廓线不小于 2 mm，另一端宜超出尺寸线 2～3 mm。图样轮廓线可用作尺寸界线。

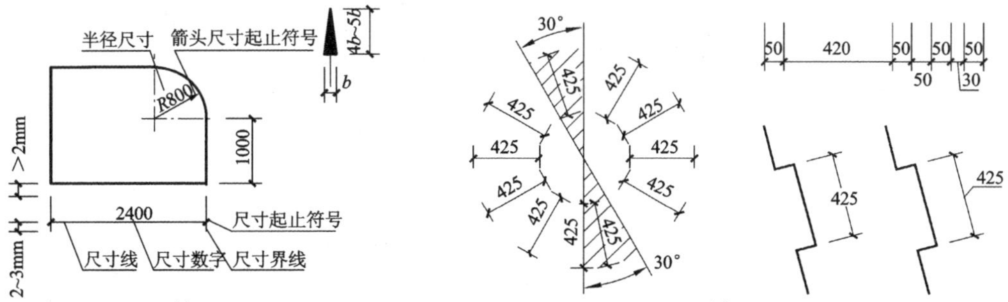

图 2.7　尺寸的组成与注法

(a)尺寸的组成和尺寸界线、尺寸线、尺寸起止符号的注写；(b)尺寸数字的注写

②尺寸线

如图 2.7(a)所示，尺寸线应用细实线绘制，应与被注长度平行。图样本身的任何图线均不得用作尺寸线。

③尺寸起止符号

如图 2.7(a)所示，尺寸起止符号用中粗斜短线绘制，其倾斜方向应与尺寸界线成顺时针 45°角，长度宜为 2～3 mm。半径、直径、角度与弧长的尺寸起止符号，宜用箭头表示，箭头的画法如图 2.7(a)右上图所示。

④尺寸数字

图样上的尺寸，应以尺寸数字为准，不得从图上直接量取。图样上的尺寸单位，除标高及总平面图以米为单位外，其余必须以毫米为单位。

尺寸数字的方向，应按图 2.7(b)左图所示的规定注写。若尺寸数字在 30°斜线区内，也可按图 2.7(b)右下方的两个图形所示的形式注写。尺寸数字应依据其方向注写在靠近尺寸线的上方中部，如没有足够的注写位置，最外边的尺寸数字可注写在尺寸界线的外侧，中间相邻的尺寸数字可上下错开注写，也可引出注写，如图 2.7(b)右上图所示。

(2)尺寸的排列与布置

尺寸宜标注在图样轮廓线以外，不宜与图线、文字及符号等相交；如果图线要穿过尺寸数字时，应将尺寸数字处的图线断开。

如图 2.8 所示，互相平行的尺寸线，应从被注的图样轮廓线由近向远整齐排列，较小尺寸应离轮廓线较近，较大尺寸应离轮廓线较远。图样轮廓线以外的尺寸线，距图样最

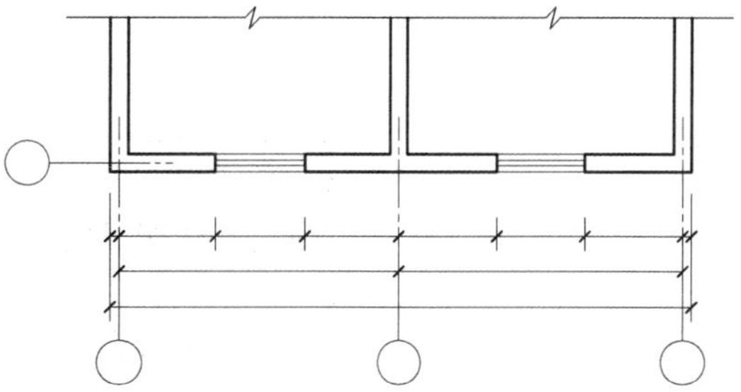

图 2.8　尺寸的排列

外轮廓线之间的距离，不宜小于 10 mm。平行排列的尺寸线的间距，宜为 7～10 mm，并保持一致。总尺寸的尺寸界线应靠近所指部位，中间的分尺寸的尺寸界线可稍短，但其长度应相等。

(3)尺寸标注示例

有关半径、直径、角度、坡度、非圆曲线、对称图形的尺寸注法，以及尺寸简化注法的有关规定，见图 2.9。在这里着重说明下列各点，其余请读者自己阅读。弧长、弦长、薄板厚度、正方形、球体、构配件的相同要素等的尺寸标注的有关规定，需用时请查阅 GB/T 50001—2017。

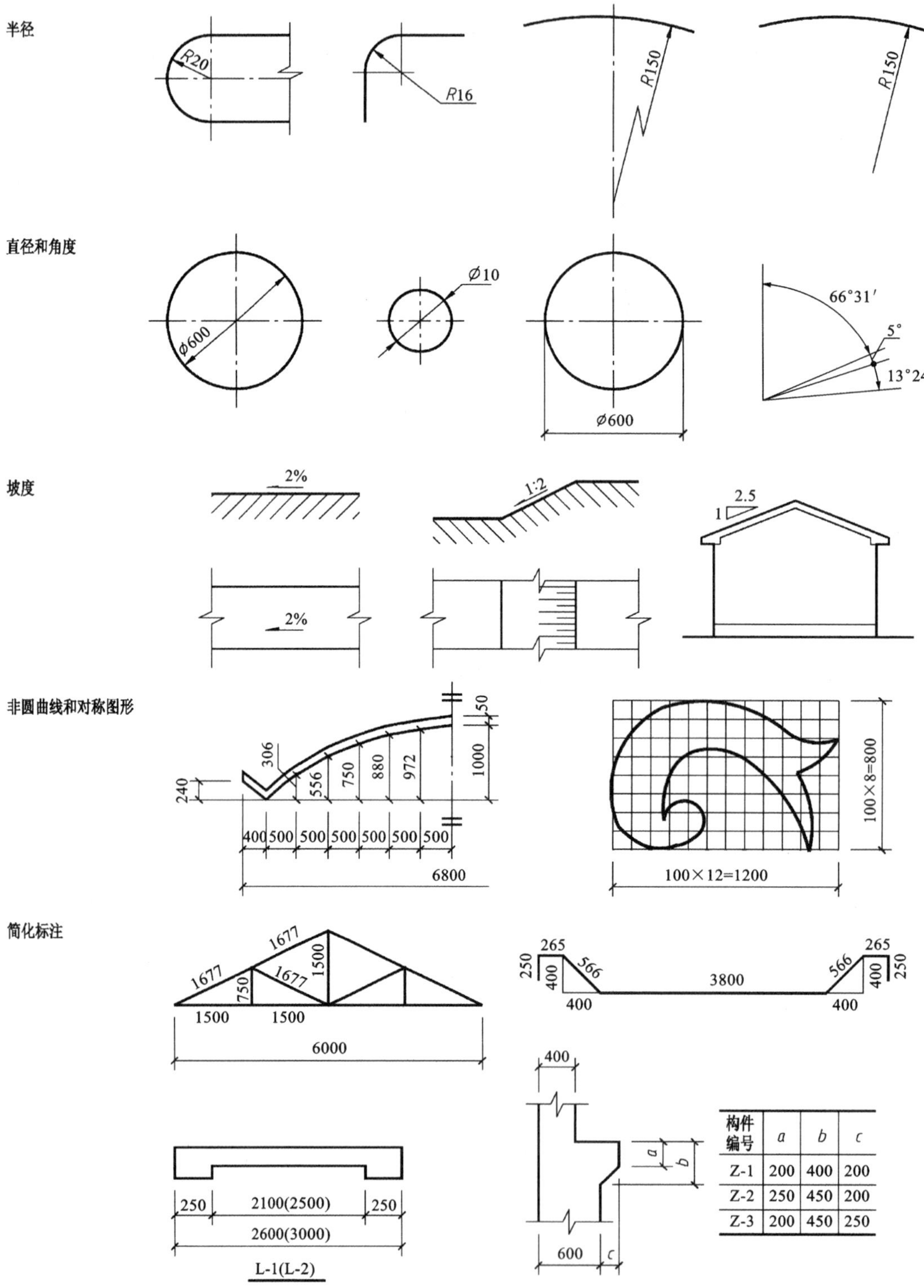

构件编号	a	b	c
Z-1	200	400	200
Z-2	250	450	200
Z-3	200	450	250

图 2.9　尺寸标注示例

①标注角度的尺寸数字应按水平方向书写;尺寸线以圆心是该角顶点的圆弧表示;没有足够位置画尺寸箭头时,箭头可画在尺寸界线外,尺寸界线两侧的两个箭头可用一个小圆点代替。

②标注坡度时,坡度符号可以画成单面箭头或画成双面箭头,箭头应指向下坡方向;也可以采用直角三角形的形式。

③非圆曲线和对称图形的左图是用坐标形式标注尺寸的图例;右图是用网格形式标注复杂图形的尺寸的图例。左图是左右对称的图形,画出了中间的对称符号,可以省略不画右边的一半。对称符号应由对称线和两端的两对平行线组成。对称线应用线宽宜为 0.25b 的单点长画线绘制;在对称线两端的平行线用长度为 6～10 mm、间隔为 2～3 mm 的 0.5b 中实线画出。这个对称图形的总长为 6800 mm,虽然省略不画右边的一半图形,但总长尺寸数字仍是整个图形的总长,尺寸线应延长过对称线后断开。

④尺寸的简化标注中的左上图是将桁架杆件的长度尺寸数字直接标注在桁架简图(单线图)的各杆件的一侧;右上图是一根弯起钢筋,各段长度数字也直接标注在钢筋的一侧;左下图是 L-1(编号为 1 的梁)和 L-2(编号为 2 的梁)合用的一个图形,两端的长度尺寸 250 是 L-1 和 L-2 共用的,而中间段的长度尺寸和总长尺寸则是不带括号的尺寸数字,属于 L-1,而带括号的尺寸数字属于 L-2;右下图是相似构配件,对有变化的尺寸数字用拉丁字母注写,另立表格写明其具体尺寸的注法。

2.1.2 绘制土木工程图的三种绘图方法

2.1.2.1 使用绘图仪器绘图

使用绘图仪器绘图是使用绘图工具与绘图仪器绘图的简称,下述的圆规、分规属于绘图仪器,其余都是绘图工具。这种绘图方法亦称尺规绘图。

(1)常用的绘图工具、绘图仪器及其使用方法

①图板、丁字尺、三角板

如图 2.10 所示,图纸用胶带纸固定在图板上。图板的左侧作为丁字尺上下移动的导边。丁字尺用于画水平线。使用时,左手扶住尺头,使尺头紧靠导边,移动到需要画线的位置,自左向右画水平线。三角板配合丁字尺的水平边用于画竖直线和 30°、45°、60°斜线;按光线从左上方射来,竖直线应自下向上画;斜线应从左向右画。三角板除了作为直尺画直线,以及用两块三角板画平行线和垂线外,还可如图 2.11 所示,以粗实线为尺头,紧靠图板的丁字尺的水平尺边,用两块三角板和丁字尺画与水平线成 15°、75°的斜线。

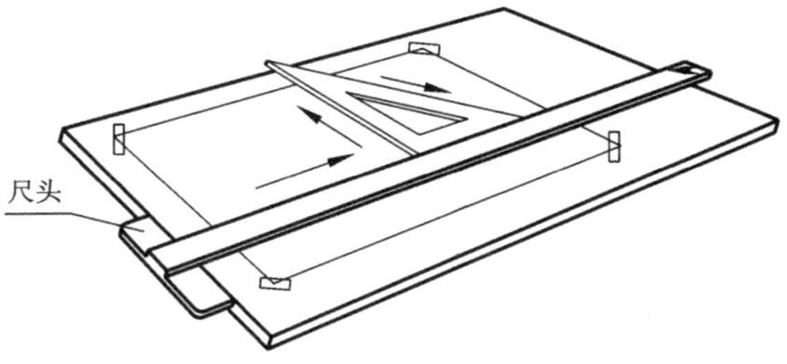

图 2.10 画水平线、竖直线和 30°、45°、60°斜线示例

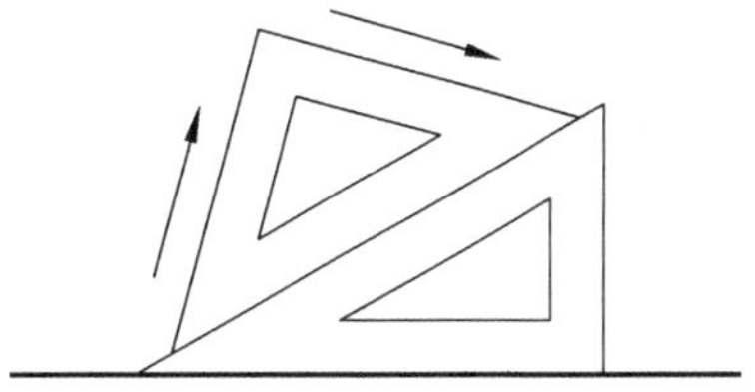

图 2.11 画 15°、75°斜线示例

②比例尺

常见的比例尺如图 2.12 所示,这种比例尺的三个尺面共有六种常用的比例刻度。由于工程图样常常将实际的工程物以某一常用比例绘出,使用时,先要在尺上找到所需的比例,看清楚尺上每单位长度所表示的相应长度,即可按需在其上量取相应的长度作图。若绘图比例与尺上的六种比例都不同,则选取尺上最方便的一种相近的比例折算量取。

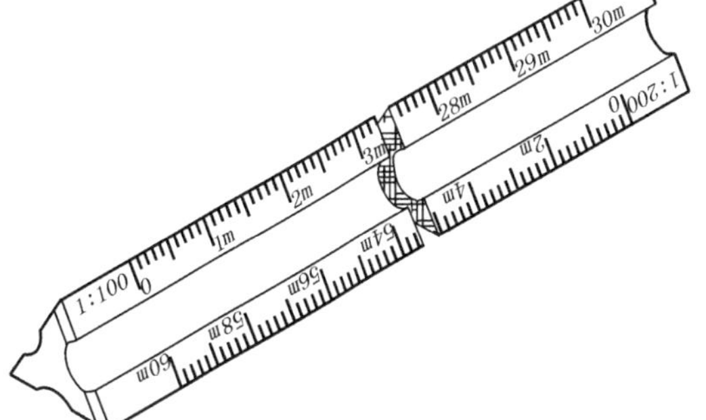

图 2.12 比例尺

③铅笔、针管绘图笔、绘图小钢笔

铅笔用于画底稿和加深线条,针管绘图笔用于上墨描图。铅笔在画底稿和加深细线、中线时用铅芯软硬型号为 H

或 2H 的铅笔，并将铅芯磨削成锥形；加深粗线、中粗线和写字时用 HB 铅笔，磨削成锥形，只加深粗线、中粗线时磨削成楔形。铅芯磨削成锥形或楔形的长度为 6～8 mm。针管绘图笔如图 2.13 所示，一套针管绘图笔有很多支，它的针管的内径按制图标准所规定的线宽制成，上墨描图时可按需选用；针管绘图笔内有储存墨水的笔胆，使用时很方便。

上墨描图的图纸上的文字，都用蘸墨水的绘图小钢笔按标准字体书写，针管绘图笔不可用来写字。

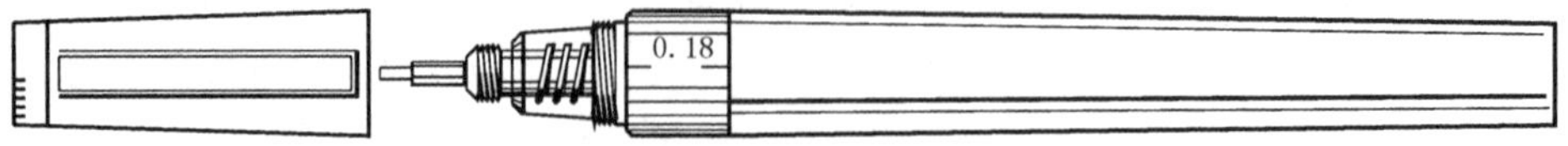

图 2.13　针管绘图笔

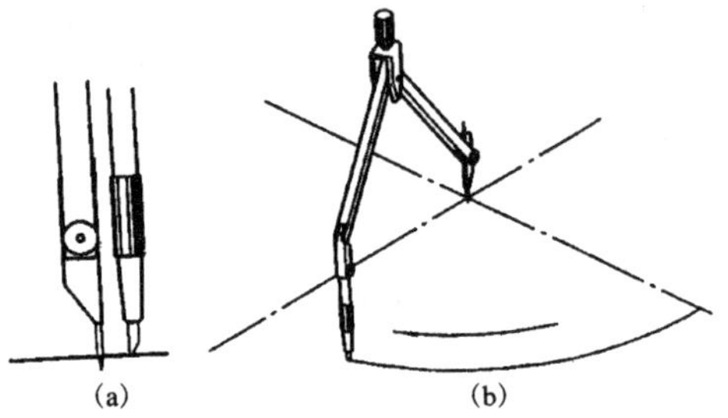

图 2.14　圆规的用法

(a)将圆心钢针台肩调整到与铅芯端部平齐；

(b)圆心针脚和铅芯脚都垂直于纸面按顺时针方向画圆

④圆规和分规

圆规用来画圆或圆弧。画前先调整好定圆心的一条腿的钢针，使带有台肩的一端放在圆心处，另一条腿则装上有铅芯的插腿。并将定圆心钢针的台肩调整到与铅芯的端部平齐，如图 2.14(a)所示；画圆时应如图 2.14(b)所示，使圆心针脚和铅芯脚都垂直于纸面，将圆规按顺时针方向转动，稍向画线方向倾斜。上墨描图时，则将铅芯脚换成针管绘图笔的套脚。画半径很大的圆或圆弧时，可加装延伸杆；画很小的圆时可用点圆规或模板。

分规的形状像圆规，但两腿都为钢针。分规有两种用途：用它量取长度；用它等分线段。用分规量取长度，是指用它从直尺或比例尺上量取需要的长度，移到图纸上的各个相应的位置。用分规来等分线段时，例如三等分直线段：先将分规的两腿分开，两针尖距离为目测估计直线段的三分之一，然后从线段一端开始试分，若最后点恰好是另一端点，则试分完成；若最后点不和线段端点重合，则调整规距（如针尖超出端点外，则缩小规距相当于超出段的三分之一；反之，放大规距相当于余留段的三分之一）。这样反复进行，直至恰好为止，通常试分两三次即成。上述方法也可以用于等分圆周或圆弧。

⑤曲线板

曲线板是用于画非圆曲线的工具。它的使用方法如图 2.15 所示：在曲线板上找一段与拟画的曲线段吻合，沿曲线板进行描画。如果曲线是由一系列点所确定，则应该先徒手将这些点顺次连成曲线；然后在曲线板上找一段与 3 个以上的点吻合，从起点开始沿曲线板通过这些点描画，但不能全部描完，要留出一小段；再在曲线板上找一段与已描的最后一小段相重合，且与后面未描的 3 个以上的点吻合。按上述方法继续描画，直至光滑地描画出整条曲线。

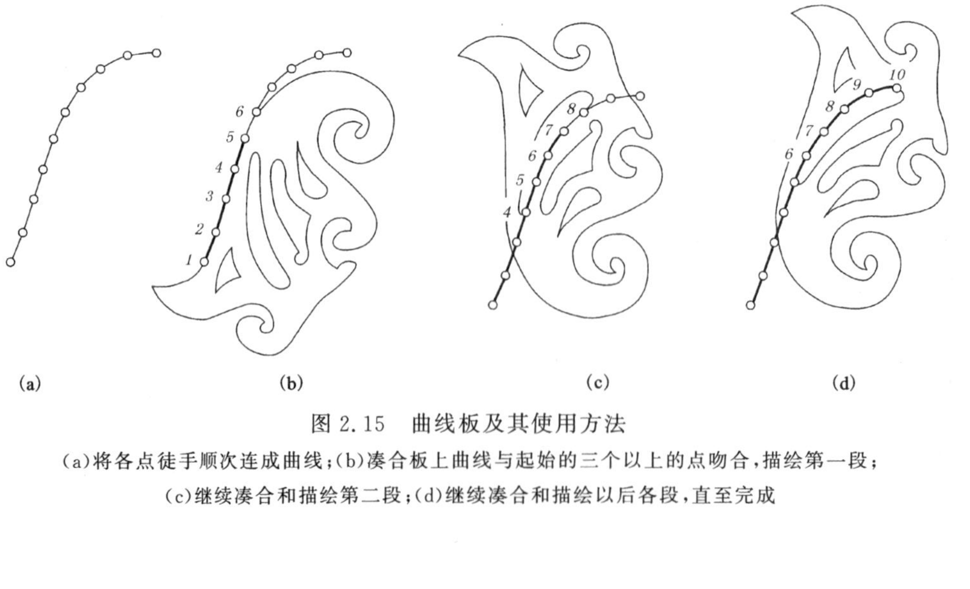

图 2.15　曲线板及其使用方法

(a)将各点徒手顺次连成曲线；(b)凑合板上曲线与起始的三个以上的点吻合，描绘第一段；

(c)继续凑合和描绘第二段；(d)继续凑合和描绘以后各段，直至完成其他的一些绘图专用工具就不再一一赘述了。

(2)用绘图仪器绘制图样的方法和步骤

①固定图纸，画幅面线、图框线及标题栏

将图纸放于图板的左下方，图纸的水平边与丁字尺的工作边平行，图框的底边与图板底边间的距离大于丁字尺的尺宽，按对角线方向用胶带平整地固定图纸，然后画幅面线、图框线及标题栏。

②画底稿

削尖铅笔，准备好三角板、圆规等绘图工具和仪器后，根据选用的绘图比例来估计图形及注写尺寸需占用的面积，安排好图面。用轻、淡的图线先画尺寸基准线，再逐步画出图形。画图形的一般顺序：先画对称线、中心线，然后画主要轮廓线、细部图形线，最后画尺寸界线、尺寸线和符号。图中的尺寸数字和说明在画底稿时可以不注写，待以后铅笔加深或上墨时直接注写，但要在底稿上用轻、淡的细线画出注写数字的字高线和仿宋字的格子线。

③校对，修正

仔细校对所画的底稿，改正错误和缺点，擦去多余的线条。

④铅笔加深或上墨

图线要遵守 GB/T 50001—2017 的规定，粗细分明。铅笔加深：用 HB 或 2B 铅笔加深粗、中粗两档线宽的图线；用 H 或 2H 铅笔加深中、细两档线宽的图线。上墨是将描图纸蒙盖在底稿上，用胶带平整地固定住，再选用相应线宽的针管绘图笔描图。加深或上墨宜先左后右、先上后下、先曲后直，分批进行。

⑤复核

复核已完成的图纸，发现错误和缺点时应该立即改正。如果在上墨图中发现描错或染有小点墨污时，待它干后，用擦图片和硬橡皮擦去，或在纸下垫上硬板，再用锋利的刀片轻刮，直至刮净；若要改画或改写，则应将刮过处的描图纸压实后再画或再写。

2.1.2.2　徒手绘图

徒手画出的图样，常称草图。草图不是潦草的图，只是不借助绘图仪器和工具。徒手草图常用于绘制工程设计草图和工程现场的测绘图。徒手画草图也是一种技能，不仅要求速度较快，而且要求画得较准、较好，也就是目测比例要较准确，画出的图形较正确，资料齐全、字体工整，不会引起误解。

画好徒手草图，必须先掌握各种线条的画法。

(1)直线的画法

画直线时，笔从起点出发，眼睛应注视其终点，运笔用力要均匀，线条尽量以一笔画出，避免来回反复画同一条线。

画水平线，自左向右；画竖直线，自上向下；画斜线，目估水平与竖直方向的直角边近似比例。图 2.16 所示是徒手画 30°、45°、60°的斜线示例。

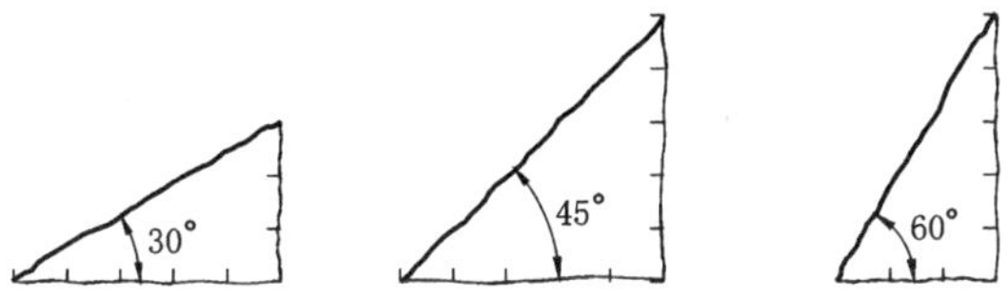

图 2.16　30°、45°、60°斜线的徒手画法示例

(2)圆的画法

如图 2.17(a)所示，画小圆时，应先画中心线、确定圆心，再在中心线上目测半径长度定出四个点，然后分左、右两半画圆弧，左、右半圆都是从上向下画。如图 2.17(b)所示，画较大的圆时，先画中心线，再过圆心增画两条 45°斜线，在中心线和 45°斜线上目测半径长度定出八个点，然后从上向下分别画左半圆和右半圆。

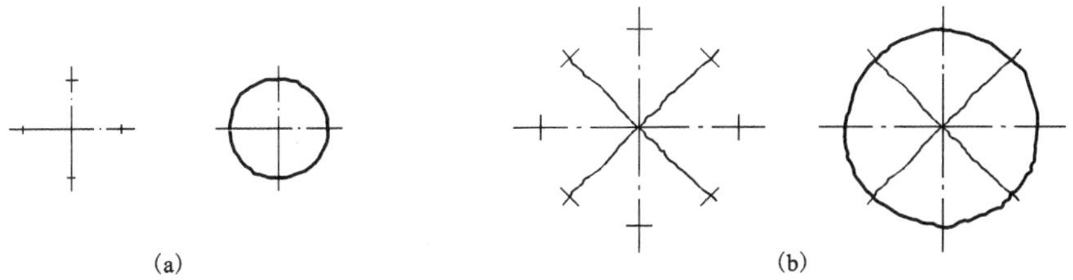

图 2.17　徒手画圆

(a)画小圆；(b)画较大的圆

(3)椭圆的画法

如图 2.18(a)所示,已知长、短轴画椭圆时,应先画长、短轴,确定椭圆中心,再在长、短轴上目测长、短轴的一半长度定出四个点;然后,过这四个点分别作长、短轴的平行线,画出一个矩形,连矩形的对角线,在四段半对角线上,按目估从角点向中心取 3 : 7 的分点;最后,将作出的长、短轴上的四个点和对角线上的四个分点按顺序连成椭圆。如图 2.18(b)所示,已知共轭轴画椭圆时,应先画共轭轴,确定椭圆中心,再在共轭轴上目测共轭轴的一半长度定出共轭轴的四个端点;然后,过这四个点分别作共轭轴的平行线,画出一个平行四边形,连平行四边形的对角线,在四段半对角线上,按目估从角点向中心取 3 : 7 的分点;最后,将作出的共轭轴上的四个端点和对角线上的四个分点按顺序连成椭圆。

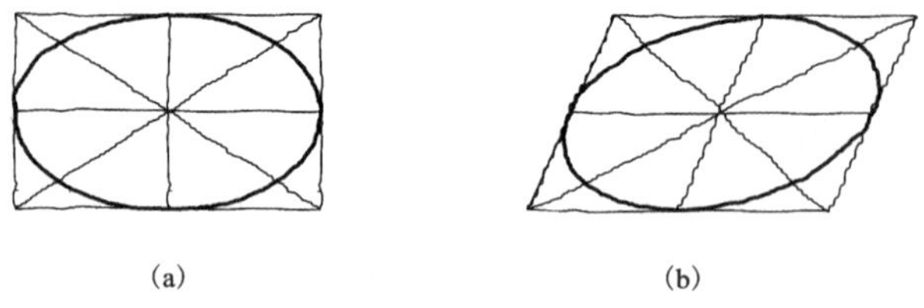

图 2.18 徒手画椭圆

(a)已知长、短轴画椭圆;(b)已知共轭轴画椭圆

2.1.2.3 计算机绘图

我国各类土木建筑设计都以计算机绘图替代手工绘图。计算机绘图可以通过编制计算机程序代码实现,或通过使用计算机绘图建模的应用软件实现。本书把计算机绘图软件使用的基础,编排在 2.1.5 节"AutoCAD 绘图软件的基本用法和二维绘图"示例、2.9.4 节"利用 Revit 软件绘制工程形体的图样示例",以及分散在土木工程专业图中的少量用计算机绘制有关专业图示例中。由于可使用的绘图应用软件的种类非常丰富,又由于利用计算机绘图软件完成一个实例的方法、步骤可以不尽相同,因此,希望读者通过阅读本书和其他相关书籍,多多探索建模和绘图方法。

2.1.3 几何作图

这里只重点阐述直线段的等分、两平行线的间距等分、圆弧连接等的作法。

(1)直线段的等分

图 2.19 所示以求作五等分直线段 AB 为例,说明直线段上的等分点的作法:首先,过直线段的任一端点 A 画一条任意方向的直线,在该直线上连续量取五段相等的长度;然后,将最后量得点与直线段的另一端点 B 相连,由其他各个量得点用两块三角板作连线的平行线,与 AB 交得五等分 AB 的各个分点。

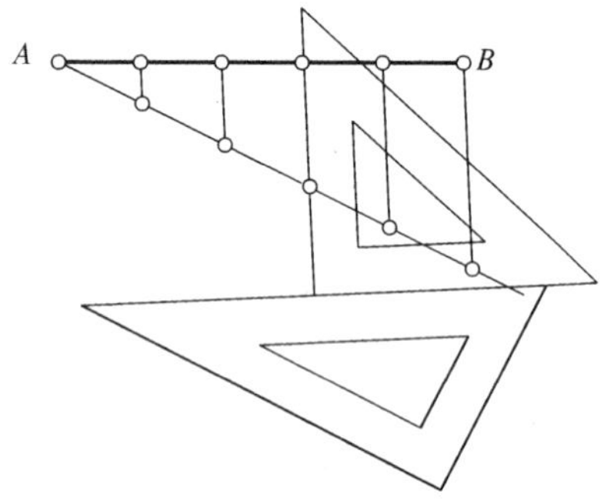

图 2.19 作直线段上的等分点

(2)等分平行线间的距离

n 等分两条平行线之间的距离,插入等距的平行线的作图过程:首先,将一把带刻度的直尺零点放在任一条平行线上,取定单位长度并转动尺子,使得尺上第 n 个单位长度的点落于另一条平行线上;接着在单位刻度位置上标出各等分点;再通过各等分点作已知直线的平行线,即为所求。图 2.20 所示为五等分平行线间的距离的例图。

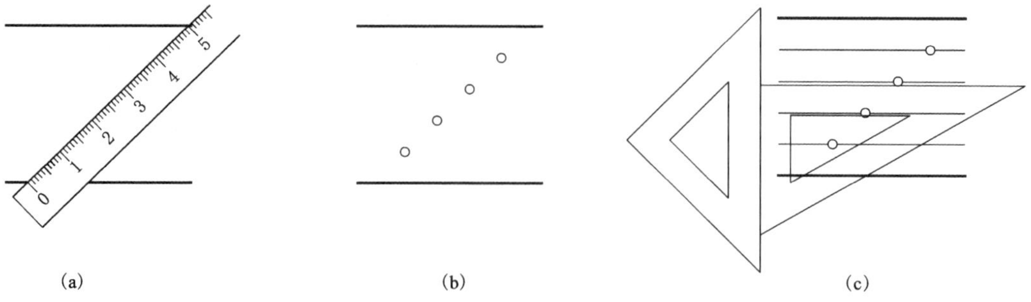

图 2.20 五等分平行线间的距离

(a)步骤一;(b)步骤二;(c)步骤三

图 2.21 和图 2.22 分别给出了作圆的内接正方形、正六边形的方法。利用等分圆周法画圆内接正三角形、正八边形、正十二边形等请读者自己思考。

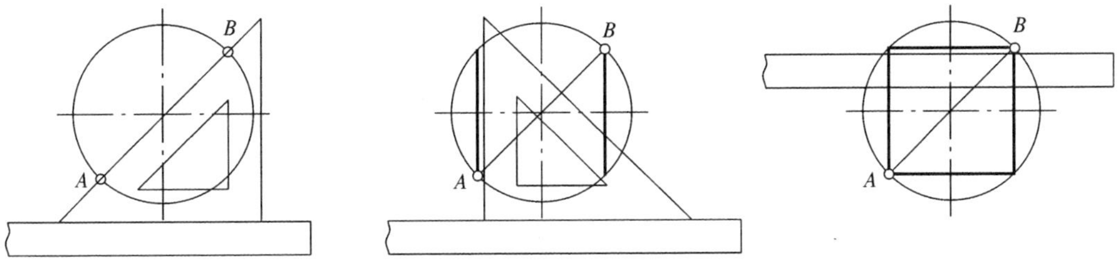

(a)　　(b)　　(c)

图 2.21　作圆的内接正方形

(a)过圆心画 45°线;(b)过 45°线与圆的交点画竖直线;(c)过 45°线与圆的交点画水平线及作图结果

(3)圆弧连接

如果在直线与直线、直线与圆弧、两个圆弧之间,以某个指定半径的圆弧作光滑连接,则该圆弧称为连接弧,这种连接方式称为圆弧连接。在制图的过程中,画好连接弧的关键是:根据已知半径准确地作出连接弧的圆心和切点。

①用半径为 R 的圆弧光滑连接两相交直线

如图 2.23 所示,首先,作与两直线距离为 R 的平行线的交点 O,即为连接弧的圆心;然后,过 O 分别作两直线的垂线,垂足 M、N 即为切点;最后,以 O 为圆心、R 为半径,自 N 向 M 画圆弧。

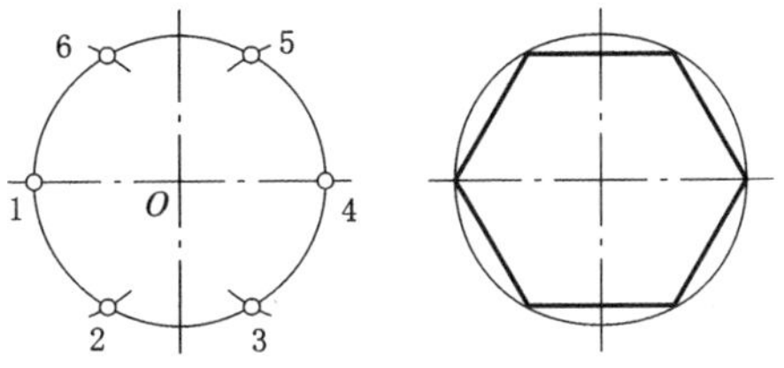

(a)　　(b)

图 2.22　作圆的内接正六边形

(a)用圆规以圆的半径由点 1、4 分别向两侧在圆周截得点 2 和 6、3 和 5;(b)将这六个点连成正六边形

②用半径为 R 的圆弧光滑连接直线与圆弧

如图 2.24 所示,图 2.24(a)是连接圆弧外切已知圆弧,图 2.24(b)是连接圆弧内切已知圆弧,都可按下列步骤作图:首先,作与直线距离为 R 的平行线,以 O_1 为圆心,以 $R+r$(连接圆弧外切已知圆弧)或 $|R-r|$(连接圆弧内切已知圆弧)为半径画圆弧,两者交得连接圆弧的圆心 O;然后,过 O 作直线的垂线和垂足 M,将 O 与 O_1 相连,连线与已知圆弧交得切点 N;最后,以 O 为圆心、R 为半径,自 N 向 M 画圆弧。

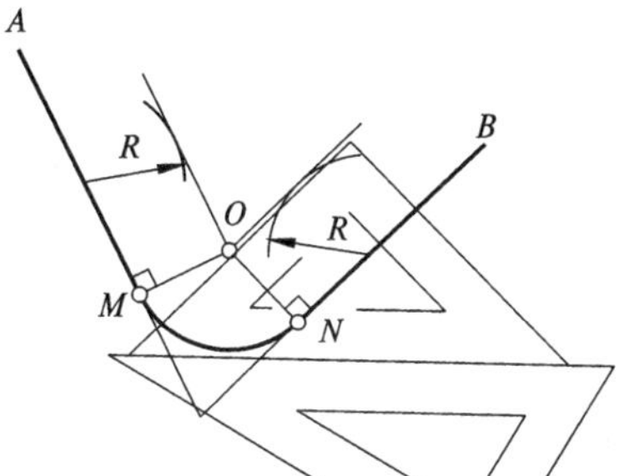

图 2.23　圆弧连接两相交直线

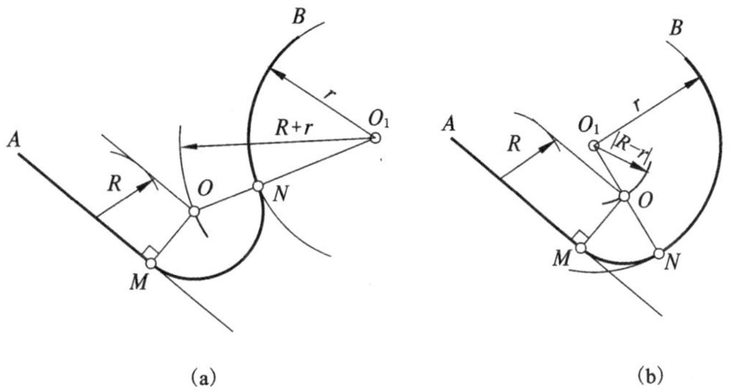

(a)　　(b)

图 2.24　圆弧连接直线与圆弧

(a)外切;(b)内切

③用半径为 R 的圆弧光滑连接圆心为 O_1、O_2 和半径为 r_1、r_2 的两个圆弧

如图 2.25(a)所示,用半径为 R 的连接圆弧外切两个圆弧,可按下列步骤作图:首先,分别以 O_1、O_2 为圆心,以 $R+r_1$、$R+r_2$ 为半径画圆弧,两者交得连接圆弧的圆心 O;然后,将 O 与 O_1、O_2 相连,连线与已知圆弧交得切点 M、N;最后,以 O 为圆心、R 为半径,自 N 向 M 画圆弧。

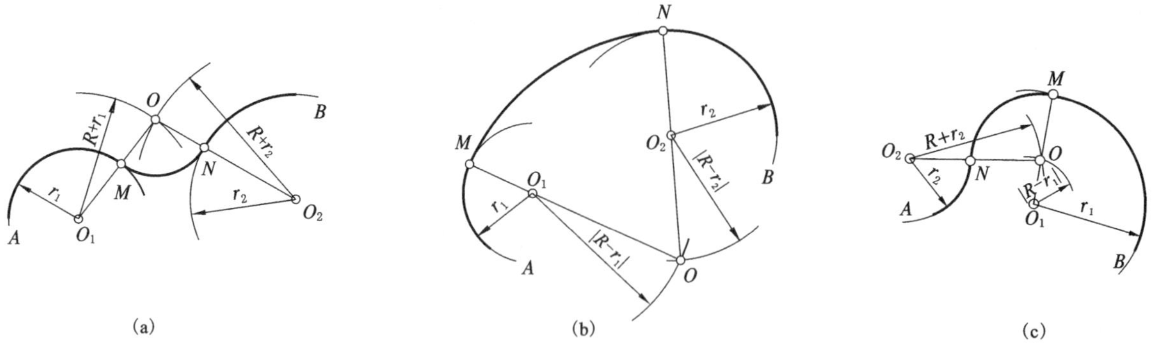

图 2.25　圆弧连接两个圆弧

(a)与两个圆弧外切;(b)与两个圆弧内切;(c)与一个圆弧内切,与另一个圆弧外切

如图 2.25(b)所示,用半径为 R 的连接圆弧内切两个圆弧,可按下列步骤作图:首先,分别以 O_1、O_2 为圆心,以 $|R-r_1|$、$|R-r_2|$ 为半径画圆弧,两者交得连接圆弧的圆心 O;然后,将 O 与 O_1、O_2 相连,连线与已知圆弧交得切点 M、N;最后,以 O 为圆心、R 为半径,自 M 向 N 画圆弧。

如图 2.25(c)所示,用半径为 R 的连接圆弧,内切一个圆心为 O_1、半径为 r_1 的圆弧,外切另一个圆心为 O_2、半径为 r_2 的圆弧,可按下列步骤作图:首先,分别以 O_1、O_2 为圆心,以 $|R-r_1|$、$R+r_2$ 为半径画圆弧,两者交得连接圆弧的圆心 O;然后,将 O 与 O_1、O_2 相连,连线与已知圆弧交得切点 M、N;最后,以 O 为圆心、R 为半径,自 N 向 M 画圆弧。

(4)椭圆

在工程制图中,已知椭圆的长、短轴作椭圆,常用四心圆法作近似椭圆。由四个圆心画出的四段圆弧拼成的图形,不是真的椭圆曲线。如需作出真实的椭圆曲线,可用后面所讲述的矩形对角线法、平行弦法或同心圆法作出。这里仅就已知椭圆的长、短轴用四心圆法作近似椭圆作简要介绍,如图 2.26 所示。

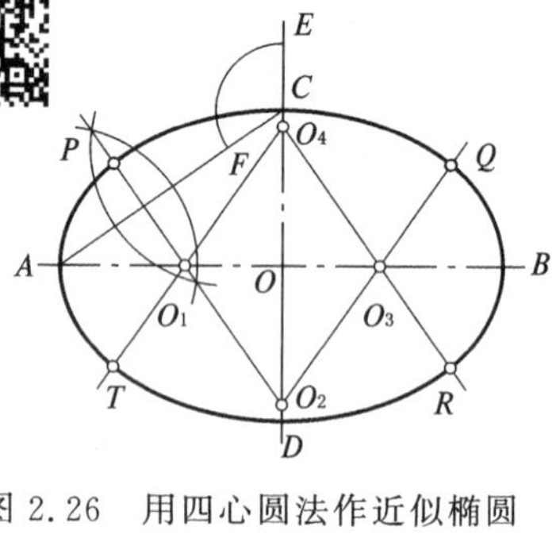

图 2.26　用四心圆法作近似椭圆

①自椭圆的中心 O 把短半轴 OC 延长至 OE,使 OE 等于长半轴 OA,连接点 A 和 C,并自点 C 在 CA 上截取 $CF=CE$,再作 AF 的中垂线,与椭圆的两条轴线分别交于点 O_1 和 O_2,再取点 O_1 和 O_2 的对称点 O_3、O_4。

②分别连接点 O_2 与 O_3、O_3 与 O_4、O_4 与 O_1,并延长之。

③以 O_2、O_4 为圆心,以 O_2C 为半径,作圆弧 PQ 和 RT,分别与 O_2O_1、O_2O_3 和 O_4O_3、O_4O_1 交于点 P、Q 和 R、T,得四段圆弧的切点 P、Q、R、T。再以 O_1、O_3 为圆心,以 O_1A 为半径,作圆弧 TP 和 QR。四段圆弧 PQ、QR、RT、TP 就连成所求的近似椭圆。

2.1.4　平面图形的尺寸标注和画法

为了使图形明确地反映出它的形状、大小和各部分的相对位置,必须标注尺寸。因为图形和尺寸在画图过程中紧密相关,所以在标注平面图形的尺寸前,必须进行以下三方面的分析:

(1)图形分析

平面图形常由若干图线组合而成,通过图形分析逐步明确组成这个平面图形的每一条图线的线型、长短,以及与其他图线的相对位置(如平行、垂直、相交、相切,距离、交角、端点、交点、切点、圆心、中心线、对称线、对称曲线的顶点等)。对于较为复杂的平面图形,还可以将它分成几个简单的几何图形,分析各个简单的几何图形的形状和图线、各个图形之间的联系和相对位置,然后综合出整个平面图形的总体形状。

(2)尺寸分析

平面图形的尺寸应包含:确定各组成部分的形状和大小的详细尺寸,称为细部尺寸;确定各组成部分之间的相对位置的尺寸，称为定位尺寸；反映整个平面图形总长和总高的尺寸，称为总尺寸。有时，同一个尺寸也可能既是细部尺寸，又是定位尺寸或总尺寸。为了便于标注尺寸、画图和读图，在图中设置尺寸基准，即标注尺寸的起始点。平面图形一般设长和高两个方向的尺寸基准，通常以图形的主轴线、对称线、中心线和较长的直线轮廓边线作为尺寸基准。如果平面图形的某个部分是按已标注尺寸由几何作图得出的，这部分图形的形状就已经确定，一般不再标注尺寸，避免出现矛盾尺寸（在一个方向上不能吻合的尺寸，称为矛盾尺寸）。尺寸分析就是对尺寸基准、细部尺寸、定位尺寸、总尺寸的分析，尺寸既不能有缺漏，也不能出现矛盾尺寸。值得注意的是，在同一方向上，若一个尺寸是几个尺寸的总和，则这个尺寸称为总尺寸，其他的几个尺寸称为分尺寸，如果总尺寸和分尺寸都全部注出，则形成封闭的尺寸链。在机械制图中规定尺寸链不得封闭，但土建制图为了便于画图和读图，允许封闭，也可以是不封闭的，必要时允许标注重复尺寸。

尺寸标注，要求做到严格按照 GB/T 50001—2017 中有关尺寸注法的规定，标注清晰、完整，排列整齐。下面以图 2.27 所示的两个平面图形说明平面图形的尺寸分析和标注方法。

图 2.27 中左边的一个平面图形可以看作是由梯形和长方形组成。长方形的底边和左边可以看作是高度和长度方向的尺寸基准。1900、600 是长方形的长、高的细部尺寸；300 和长方形的高 600 是梯形与长方形之间的左右、上下的相对位置定位尺寸；600、1300、2300 是梯形的上下底边和高的细部尺寸；2900 是总高尺寸。从图中可以看出：高度方向的尺寸 600，既是长方形的细部尺寸，又是梯形和长方形之间的定位尺寸，即梯形的底边在长方形的底边之上 600 mm 处；长度方向的尺寸 1900，既是长方形的细部尺寸，又是整个图形的总长尺寸。

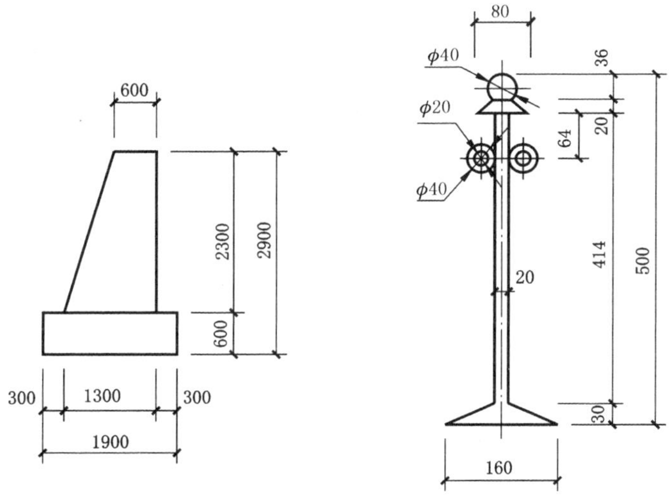

图 2.27　尺寸标注示例

标注这个平面图形尺寸时，可按下述步骤进行：待图形分析后，先确定尺寸基准；然后顺次标注长方形的细部尺寸，梯形对长方形的定位尺寸，梯形的细部尺寸；最后标注总尺寸。尺寸标注完毕后，应再作一次校核，检查所注尺寸有无缺漏和矛盾。

图 2.27 中右边的一个平面图形可以看作是由下部的梯形和长方形以及上部的梯形、大半个圆形和两个圆环（两组同心圆）组成。整个平面图形左右对称的对称线和该平面图形最下方的底边可以看作是长度和高度方向的尺寸基准。下部的梯形和长方形所合成的独立的平面图形的细部尺寸包括：160 是下方的梯形底边的长度；20 既是长方形的长度，也是梯形顶边的长度；梯形高 30，长方形高 414。因为梯形和长方形合成图形左右对称，所以不必标注长度和高度方向的定位尺寸。上部梯形的细部尺寸包括：底边长 80、高 20，顶边长度是由上方直径为 40 的圆被距圆的最高点 36 的边切割后形成的，切割边的长度也是下面的梯形顶边的长度。因为大半个圆形的左右对称线就是下面梯形和再下面的梯形及长方形合成图形的左右对称线，大半个圆形的底边就是下面梯形的顶边，所以也不必标注大半个圆形的长度和高度方向的定位尺寸。大半个圆形的细部尺寸包括：圆的直径 40 及圆的截切后大半个圆形的高度 36，被截切后的底边长度由几何作图确定，不应标注。36 也是上部梯形顶边高度方向的定位尺寸；因为梯形和圆左右对称，所

以不必标注长度方向的定位尺寸。左右两个平面圆环的细部尺寸：外径 40、内径 20，因为两个圆环相同，所以尺寸只标注了一个。圆环高度方向的定位是由上方梯形底边往下 64 定环心；由于两个圆环左右对称、外环与长方形相切，所以长度方向的定位尺寸不必标注。500 是整个平面图形的总高，下面梯形的底边长 160，也就是整个平面图形的总长。

标注这个平面图形尺寸时，可按下述步骤进行：在图形分析后，梯形和长方形合成图形与上面的梯形、大半个圆形之间的相对位置已确定，不必标注三者之间的定位尺寸，于是先确定尺寸基准；然后顺次标注梯形和长方形合成图形的细部尺寸，上面梯形的细部尺寸，再上面的大半个圆形的定型尺寸，两个平面圆环的定位尺寸，两个平面圆环的细部尺寸；最后标注总尺寸。尺寸标注完毕后，再作一次校核，校核无误，就完成了标注这个平面图形尺寸的任务。

(3)按尺寸绘制平面图形练习

按尺寸绘制平面图形时，常常需要作线段分析，从而确定绘图步骤，才能顺利地画出这些图线，在标注尺寸时，也须进行这样的分析，以免漏缺尺寸，以及标注不必要的重复尺寸或产生矛盾尺寸。平面图形中的线段可以分三类：根据已标注的尺寸能直接画出的线段，称为已知线段；缺少一个尺寸，要按一端与其他图线相切或相接的作图才能画出的线段，称为中间线段；缺少两个尺寸，要按两端与其他图线相切或相接的作图才能画出的线段，称为连接线段。画图时，应先画已知线段，再画中间线段，最后画连接线段。下面用图 2.28 说明平面图形的绘图步骤。

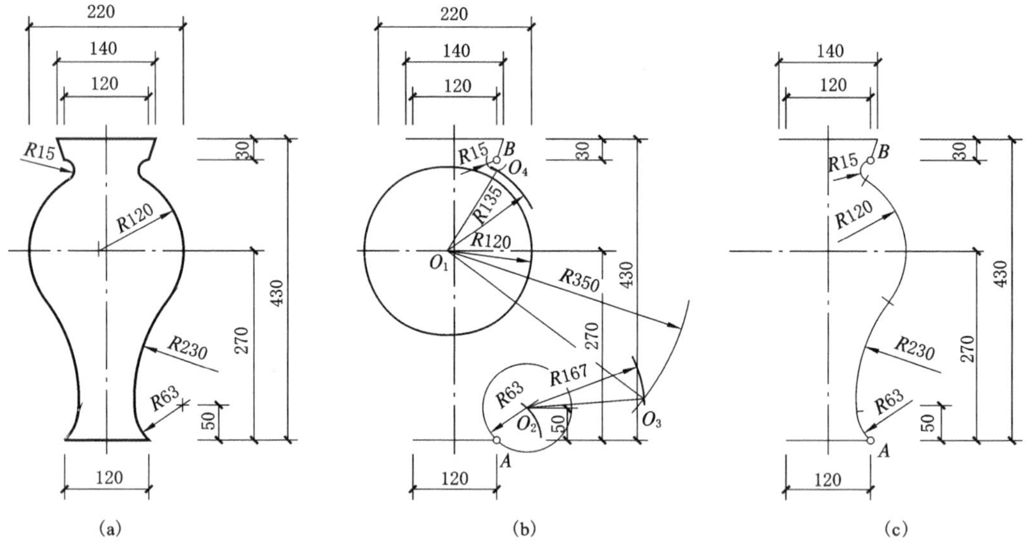

图 2.28　平面图形的绘图步骤

(a)已知的平面图形；(b)尺寸分析和绘图步骤(一)；(c)绘图步骤(二)

如图 2.28(a)所示，这个平面图形左右对称，可以把左右对称线和两侧大圆弧的水平中心线作为长度和高度方向的尺寸基准，仅分析右边一半。现以图 2.28(b)对照图 2.28(a)，依次画图形的左右对称线，水平中心线，平面图形底边、顶边和一段小斜线，它们属于已知线段；然后顺次说明画出右侧这四段圆弧的绘图步骤。$R120$ 的圆弧的圆心在水平中心线上，由于这段圆弧的最右点在长度方向的尺寸基准之右 220/2＝110 处，所以圆心 O_1 应在长度方向的尺寸基准之左 120－110＝10 处，按已标注的尺寸能直接由圆心和半径画出这个圆周，是已知线段；$R63$ 的圆弧的圆心只知一个高度方向的尺寸 50，所以这个圆弧是中间线段，它应通过在底边之上 50 处作水平线，以底边端点 A 为圆心，63 为半径作弧，两者便交得这个圆弧的圆心 O_2，由圆心 O_2 和半径尺寸 63 画出这个圆周。$R230$ 的圆弧的圆心缺少两个尺寸，是连接线段，要按两端分别与 $R120$ 的已知弧外切以及与 $R63$ 的中间弧内切的作图才能画出，由于 $R120$ 的已知弧和 $R63$ 的中间弧的圆周和圆心都已作出，于是以 O_1 为圆心，以 120＋230＝350 为半径作弧，以 O_2 为圆心，以 230－63＝167 为半径作弧，便可定出这段连接弧的圆心 O_3。$R15$ 的圆弧的圆心缺少两个尺寸，所以这个圆弧也是连接线段，要按一端与 $R120$ 的已知弧外切和另一端在小斜线的端点 B 处相接的作图画出，由于 $R120$ 的已知弧的圆周和圆心都已作出，于是分别以 O_1 为圆心，以 120＋15＝135 为半径作弧，以 B 为圆心，以 15 为半径作弧，两者便交得这个 $R15$ 圆弧的圆心 O_4（图中可以交得两个点，取离左右对称线距离较远的一个点作为 O_4）。这四段圆弧的圆心和已知弧、中间弧的圆周都画出后，便可如图 2.28(c)所示，画出这四段圆弧：先将 O_1 与 O_3、O_4 相连，连线与 $R120$ 的圆周交得两个切点，将 O_3 与 O_2 相连，连线与 $R63$ 的圆周交得一个切点；然后，保留 $R120$ 的圆周的两切点之间的圆弧段，保留 $R63$ 的圆周在点 A 和切点之间的圆弧段，擦去这两个圆周的其余弧线；最后，以 O_3 为圆心，230 为半径，在两个切点间作弧，以 O_4 为圆心，以 15 为半径，在 B 和切点间作弧，就完成了这四段圆弧相连接的全部作图。

2.1.5 AutoCAD 绘图软件的基本用法和二维绘图

作为专业的计算机辅助设计软件，AutoCAD 是美国 Autodesk 公司开发的一个交互式绘图软件。用户不仅能够利用它绘制平面二维图形、三维图形，还可以使用它来编辑、浏览、管理、打印、输出、共享设计图形。AutoCAD 面市以来，版本的更新很快，功能不断增强，是被广泛应用的绘图软件之一。

根据教学的需要和篇幅的限制，这里仅介绍 AutoCAD 中二维图形绘制的基本内容。

2.1.5.1 *用户界面*

启动 AutoCAD 后，屏幕将显示图 2.29 所示的用户界面。点击界面左侧的[开始绘制]或[打开文件]，中部是最近使用的文档，右侧是连接。点击[开始绘制]，进入绘制界面，如图 2.30 所示。“标题栏”用于显示当前文件名。“应用程序按钮”提供了基本文件操作命令。“快速访问工具栏”提供了常用的操作命令按钮集。“菜单栏”包含 CAD 绝大部分的命令，通过“标题栏”左侧的[▼]按钮，可选择菜单栏的显示或隐藏。AutoCAD 自 2015 版以后提供三种用户工作空间，分别是“草图与注释”“三维基础”“三维建模”模式，不同的工作空间将使用户可以在专门的、面向任务的绘图环境中工作，用户可通过屏幕右下角的“工作空间切换”快捷菜单或屏幕左上角“快速访问工具栏”中的“工作空间”下拉菜单进行切换，还可根据个人需要来自定义工作空间。图 2.30 所示的是当用户将工作空间切换至“草图与注释”的二维绘图时，“默认”选项卡对应的“功能区面板”状态。

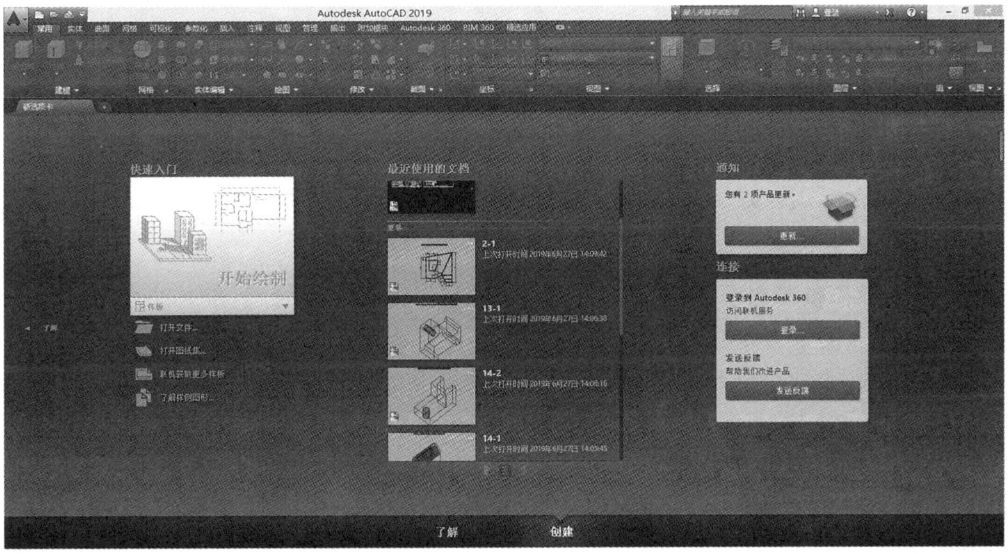

图 2.29 进入 AutoCAD 的用户界面

①每个“选项卡”对应一组相关的功能区面板。每个功能区面板又由对应相关功能的图标按钮组成。

当用户将光标移到某个命令的图标按钮上时，即出现该命令的中英文名称、用途简介。有些图标按钮带有“▼”(下拉箭头)标志，点击此标志，可打开一组相关图标按钮或选项。图 2.31 和图 2.32 所示分别是图标按钮的工具提示和点击“▼”标志打开一组相关图标按钮。

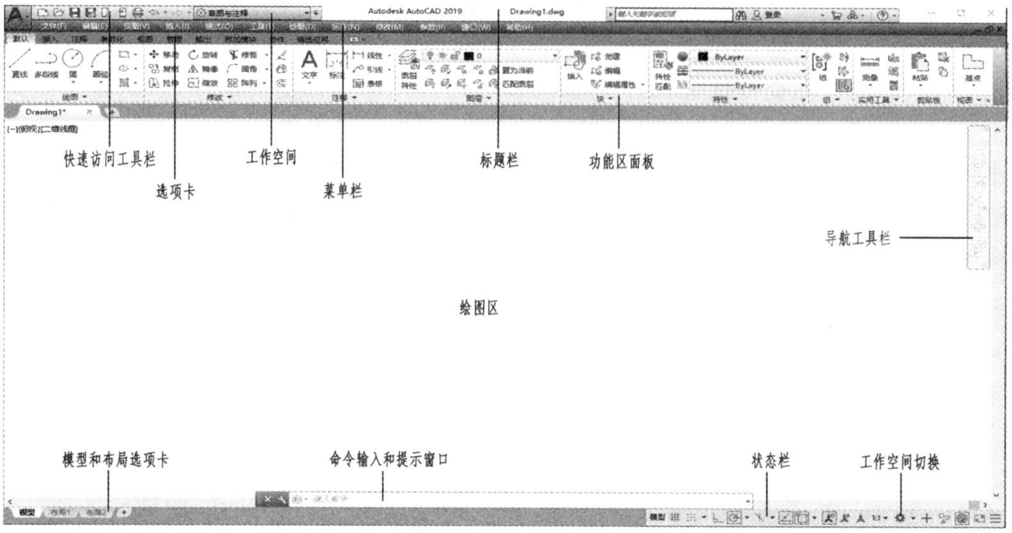

图 2.30 “草图与注释”工作空间“默认”选项卡对应的“功能区面板”状态

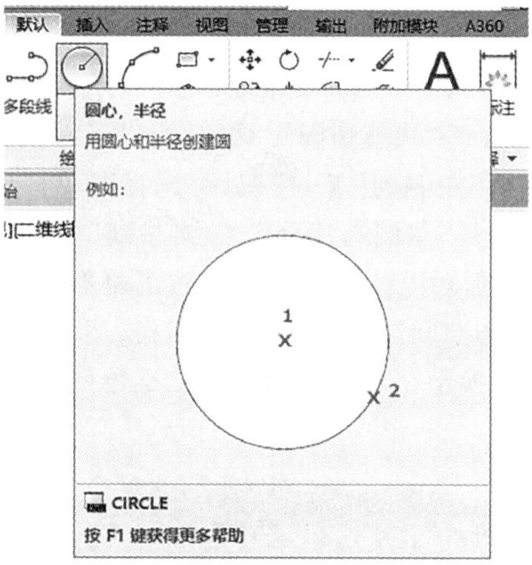

图 2.31 图标按钮的工具提示

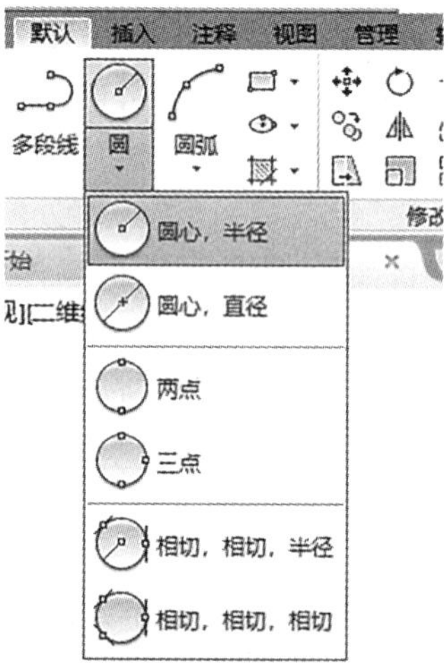

图 2.32 点击“▾”标志打开一组相关图标按钮

②绘图区：界面上最大的空白窗口是“绘图区”，用户可在绘图区绘制图形，当鼠标移至绘图区内时，出现十字光标，该光标是作图定位的主要工具。该区左下角为坐标原点，*X* 轴正向水平向右，*Y* 轴正向垂直向上。

绘图区底部是模型和布局选项卡，有三个标签：“模型”标签和两个图面“布局”标签。

③命令窗口：绘图区的下方是“命令窗口”，用户可在命令提示符后输入命令，按回车键后这里会出现执行该命令的提示信息(非常重要)，它是用户与 AutoCAD 交流的窗口。

④界面的最下栏是状态栏，显示当前光标的三维坐标和绘图辅助工具的运行状态，如“捕捉”“栅格”“正交”“对象捕捉”等，这些均是开关切换按钮，用鼠标单击这些按钮，就可将它们切换成“打开”或“关闭”状态。

2.1.5.2 基本操作

(1)命令的输入

①键盘输入

在命令输入窗口可以直接用键盘输入命令，然后按空格键或回车键，命令输入窗口将提示下一步操作。

②菜单输入

单击菜单名，打开菜单，选择所需命令，单击该命令。

③图标按钮输入

光标移至某图标，单击该图标便激活相应的命令，等同于在命令输入窗口用键盘输入命令。

由于图标按钮输入很方便，而键盘输入命令是最基本的输入方法，为此，下面的介绍以键盘输入为主，或指出图标按钮所在的选项卡与功能区面板的图标按钮。

在命令执行过程中，按[Esc]键，可终止该命令执行。按回车键或空格键，可重复上一个命令。

(2)数据的输入

a. 绝对坐标，即从键盘输入 x，y 值，用逗号把 x 和 y 隔开，如 4，5。

b. 相对坐标，表示相对于当前点的距离，如当前点的坐标(14，8)，输入@2，1，表示输入点的绝对坐标是(16，9)。

c. 极坐标，用距离和角度表示输入点的相对坐标，输入的形式为@ 距离<角度，如@2<15，表示输入点距上一点的距离为 2，输入点和上一点的连线与 X 轴正向间的夹角为 15°。

d. 光标定位，用鼠标或用上、下、左、右箭头移动光标至指定位置，按回车键确定该点，按[PgUp]和[PgDn]键使光标移动步距加大或减小。

角度的输入是以度为单位，以逆时针方向为正，顺时针方向为负；角度的大小与输入点的顺序有关，默认第一点为起点，第二点为终点，起点和终点的连线与 X 轴正向的夹角为角度值。

(3)保存、打开和退出绘图文件

①保存图形文件或另外保存图形文件

功能：把当前编辑的图形文件存盘，可继续绘图，以免受到突然事故(如死机、断电等)的影响。

· 单击"快速访问工具栏"内[保存](Save) 按钮，或"应用程序按钮"内[保存](Save)、[另存为](Save as)。

· 命令：save；或命令：save as

说明：

a. 如果当前图形已命名，则以此名称保存文件。

b. 如果当前图形尚未命名，输入[保存]命令时，将弹出[另存为]对话框，如图 2.33 所示，可在对话框中给文件命名，选择路径和位置，如果需要使本文件能在较低版本的 CAD 软件中打开，可以单击"文件类型"选择栏，选取保存文件类型，然后存盘。

c. 用[另存为](Save as)命令存盘，可将图形另存为另一个名称的图形文件，弹出的对话框也如图 2.33 所示。

图 2.33　[另存为](Save as)对话框

d. 保存图形时，系统将自动在文件名后加“. dwg”。

②打开原有文件

功能：打开已有的图形文件，继续绘制或编辑图形文件。

· 单击“快速访问工具栏”内[打开](Open)按钮，或“应用程序按钮”内[打开]。

· 命令：open

说明：

输入命令后，会出现图 2.34 所示对话框，用户可在对话框中选择需打开的文件。

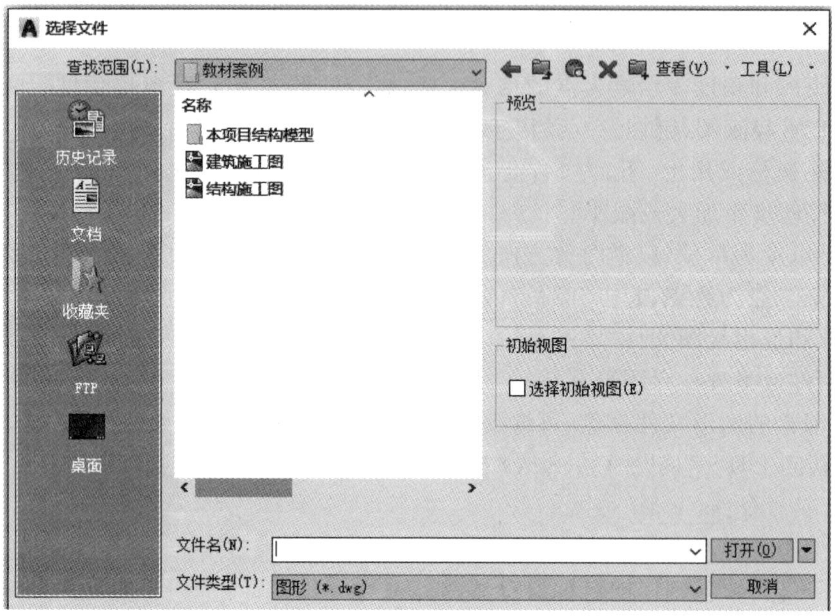

图 2.34　点击[打开]按钮的[选择文件]对话框

③退出 AutoCAD

功能：退出 AutoCAD 绘图环境。

· 单击绘制界面右上角[×]，或“应用程序按钮”内[关闭当前图形]、[退出](Exit)。

· 命令：exit

说明：

如果用户没有将所画图形存盘，AutoCAD 会弹出对话框，对话框上提供了三个按钮，如果在退出 AutoCAD 前，保存对图形的修改，选择[Y]；如果放弃对图形的修改，选择[N]；选择[取消](或[C])，则返回绘图环境。

2.1.5.3　绘图命令和图形的显示控制

(1) 绘图命令

①直线的绘制

功能：指定直线的起点和终点画直线；或指定直线的起点、方向和长度画直线。

· 单击[默认]选项卡-[绘图]功能区面板-[直线]图标。

· 命令：line(或 l)

指定第一点：(起点)

指定下一点或 [放弃(U)]：(终点)

指定下一点或 [闭合(C)/放弃(U)]：(回车)

说明：

a. 空回车可结束命令。

b. 连续输入端点，可画多条线段。

c. 输入 U(Undo)，可取消上次确定的点，可连续使用。

d. 输入 C(Close)，形成封闭的折线。

②圆的绘制

功能：可以使用多种方法画圆。

· 单击[默认]选项卡-[绘图]功能区面板-[圆]图标。

· 命令：circle(或 c)

指定圆的圆心或 [三点(3P)/两点(2P)/相切、相切、半径(T)]：(圆心)

指定圆的半径或 [直径(D)]〈当前值〉：(半径)

说明：

a. 若用圆心和直径画圆，则在第二条提示中输入 D，就出现第三条提示“指定圆的直径：”，再输入直径，便画出一个圆。

b. 如用三点画圆，则在第一条提示后先输入 3P，再根据提示给出三点，过这三点画一个圆；用两点画圆，在第一条提示后先输入 2P，再根据提示给出两点，以此为直径画一个圆；用相切、相切、半径(T)画圆，在第一条提示后先输入 T，根据提示选择对象，输入半径，画公切圆。

③圆弧的绘制

功能：可以使用多种方法画圆弧。

· 单击[默认]选项卡-[绘图]功能区面板-[圆弧]图标。

因为用图标按钮操作绘图命令十分简单，为了节省篇幅，下文将不再列出。

· 命令：arc

说明：

要绘制圆弧，可以指定圆心、端点、起点、半径、角度、弦长和方向值的各种组合形式。圆弧命令提供了十一种画圆弧的方法，默认情况下以逆时针方向绘制圆弧。

④多段线的绘制

功能：画指定的不同宽度的直线或弧组成的连续线段，该段线为一个实体。

· 命令：pline(或 pl)

指定起点：(起点)

当前线宽为 0.0000。

指定下一点或 [圆弧(A)/闭合(C)/半宽(H)/长度(L)/放弃(U)/宽度(W)]：

说明：

a. 宽度(W)，输入 W，设定线宽，将出现下列提示：

指定起点宽度〈0.0000〉：(起点线宽)

指定端点宽度〈所设起点线宽〉：(端点线宽)

指定下一点或 [圆弧(A)/闭合(C)/半宽(H)/长度(L)/放弃(U)/宽度(W)]：

起点和终点线宽相同时，画的是等宽线；线宽不同时，所画的是锥形线。

b. 放弃(U)，输入 U，可删去最后的一段线。

c. 长度(L)，输入 L 之后，定义下一段多义线的长度，将按上一段线的方向画多段线；若上一段是弧，将画出与弧相切的线段。

d. 半宽(H)，输入 H，定义多段线的半宽值。

e. 闭合(C)，输入 C，将多段线的起点和终点连起来。

f. 圆弧(A)，输入 A，画圆弧。画多段线圆弧的方法与上述圆弧命令(arc)类似。

⑤单行文字的注写

功能：在光标的指定位置处注写文字(包括符号、数字)。

· 命令：dtext(或 DT)

当前文字样式：Standard　文字高度：2.5000

指定文字的起点或［对正(J)/样式(S)］：

指定高度〈2.5000〉：

指定文字的旋转角度〈0〉：

输入文字：

说明：

a. 对正(J)，输入 J，用来确定文本的排列方向和方式；样式(S)，输入 S，用来选择文本的字体。

b. 指定文字的起点，用来确定文本的起点位置，回车后，出现如下提示：

指定高度〈前一次输入的字高〉：(新字符高度)

指定文字的旋转角度〈前一次输入的角度〉：(确定文本倾斜角度)

输入文字：(输入字符串)

c. 常用的特殊字符

角度"°"　%%d，例如 25°，Text：25%%d

圆直径"ϕ"　%%c，例如 ϕ24，Text：%%c24

正负号"±"　%%p，例如±0.000，Text：%%p0.000

d. "当前文字样式：Standard　文字高度：2.5000"是指前次操作所设定的文字样式和文字高度，可根据需要修改。

⑥字体样式的设置

功能：建立和修改字体样式。

· 单击［注释］选项卡-［文字］功能区面板右下角［↘］

· 命令：style

说明：

启动［文字样式］(Style)命令后，弹出图 2.35 所示的对话框，下面分别介绍对话框中的各项内容。

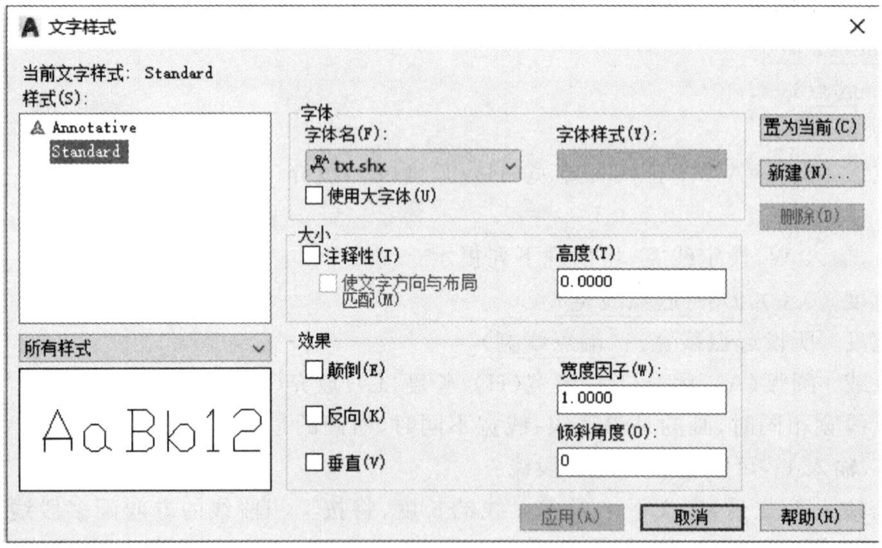

图 2.35　［文字样式］对话框

a.［样式(S)］区：框中列出当前图形中的字体样式。右边有三个按钮，［新建(N)...］用来创建新的字体样式；［置为当前(C)］将指定字体样式作为当前使用的字体样式；［删除(D)］用来删除所选择的字体样式。

b.［字体］区：这是字体文件设置区。［SHX 字体(X)］下拉列表框中是 Windows 提供的 True type 字体和编译的形(SHX)字体名,如 Romans、仿宋体等。当勾选[使用大字体(U)]单选按钮,[大字体(B)]下拉列表框被激活,可选用 AutoCAD 特有的字体,如[gbcbig. shx]字体等。[高度(T)]文本框中可设置字体的高度,建议字高设为“0.0000”,在[单行文字]命令的操作中再设定。

c.[效果]区:可设定字体的具体特征,其中[宽度因子(W)]用来设定字体相对于高度的宽度系数;[倾斜角度(O)]可确定字的倾斜角度。

⑦文字修改

功能:修改已输入文字的内容。

· 命令:ddedit 或(ed)

选择注释对象或[放弃(U)]:

选择要修改的文字,将弹出[文字编辑]对话框,输入要修改的内容,按[确定]键。

(2)图形的显示控制

在屏幕上绘图,经常需要让图形在绘图区上放大或者缩小显示,一般可通过鼠标快速完成。将光标移动至绘图区某处,滚动鼠标上的滚轮,从下往上滚动是放大、往下滚动是缩小;按住滚轮并移动鼠标,光标变成“手”,就能实现绘图区平移;双击滚轮,就能实现所有的图形充满显示在绘图区。图形的显示控制只改变显示的效果,并不引起图形实际尺寸的变化。

功能:利用指令,改变图形在绘图区中的显示大小。

· 命令:zoom(或 z)

指定窗口角点,输入比例因子 (nX 或 nXP),或

[全部(A)/中心点(C)/动态(D)/范围(E)/上一个(P)/比例(S)/窗口(W)]〈实时〉:

说明:

常用的选项如下:

a. 输入 A,全部图形都显示在屏幕上。

b. 输入 C,按提示输入显示中心和缩放系数或高度,图形将被放大或缩小显示。

c. 输入 D,动态放置观察窗口和调整显示大小。

d. 输入 E,可使全部图形尽可能大地显示。

e. 输入 P,恢复显示上一次显示的情形。

f. 输入 S,输入数字,图形按实际大小以数字为系数进行缩放显示;在输入数字后面加 X,图形按当前的显示大小以数字为倍数缩放显示;在输入数字后面加 XP,通常在图纸空间需要进行缩放显示时使用。也可以不输入 S,直接输入数字或在数字后面加 X。

g. 输入 W,按提示要求输入第一和第二两个角点来确定矩形窗口,窗口内的图形将尽可能大地显示出来。也可以不输入 W,直接用光标在屏幕上“指定窗口角点”包含需要放大显示的图形。

2.1.5.4 修改命令和辅助绘图工具

(1) 目标选择

在图形修改的时候,先应选定被修改的对象(目标),目标应是用绘图命令画出的实体。目标选中时,该实体变成虚线。常用的目标选择方式有:

①点选方式

移动光标至目标,单击鼠标左键,即为选中。

②窗口方式和交叉方式

这两种方式都是用矩形选择框来选择实体,它们的用法有区别,分述如下:

窗口方式:用鼠标确定第一对角点,从左向右移至第二对角点,出现一个实线矩形框,此时,只有全部被包含在框中的实体才被选中,如图 2.36(b)所示。

交叉方式:用鼠标确定第一对角点,然后从右向左移至第二对角点,出现一个虚线矩形框,此时,完全被包含在框中的实体以及与矩形框相交的实体(目标)均被选中,如图 2.36(c)所示。

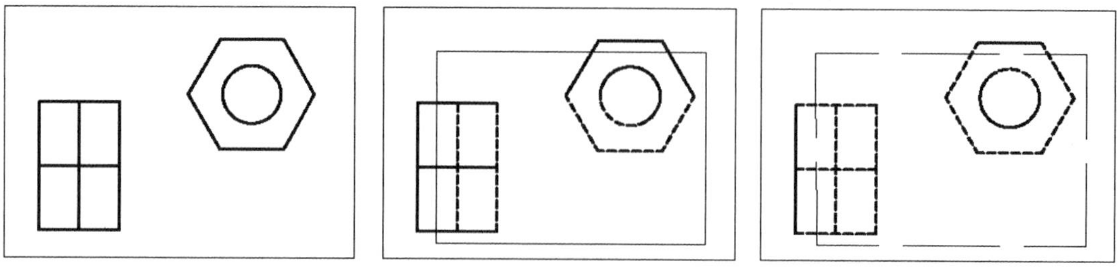

(a)　　　(b)　　　(c)

图 2.36　目标选择

(a) 原始图形;(b) 窗口方式;(c) 交叉方式

(2) 修改命令

修改命令均在“默认”选项卡-“修改”功能区面板-图标按钮,或单击“修改”边上“▼”按钮,展开功能区面板内的相应图标即可。

①删除命令(Erase)

功能:从图形中删去选定的目标。

· 命令:erase(或 e)

选择对象:选目标

选择对象:

⋮

说明:

“选择对象:”提示将重复出现,可多次选择目标,如果空回车,则结束选择,目标被删除。

只要不退出当前图形或没有存盘,就可以用“Oops”或“Undo”命令将删除的实体恢复。“Oops”只能恢复最近一次 Erase 命令删除的实体。

②打断命令(Break)

功能:可对直线、圆、圆弧、多段线等命令所绘实体作部分删除,或把一个实体分成两个。

· 命令:break

选择对象:(选择被折断目标)

指定第二个打断点或[第一点(F)]:

说明:

当指定第二个打断点或[第一点(F)]:(选择被折断部分的第二个点)

选择该方式,选取实体时的光标位置作为第一点,删除实体两点间的线段。

当指定第二个打断点或[第一点(F)]:(输入 F)出现下列提示:

指定第一个打断点:(选取起点)

指定第二个打断点:(选取终点)

当将起点和终点选取同一点,可将一个实体从选取点处断开,成为两个实体。

③修剪命令(Trim)

功能:与打断(Break)相似,可将实体的部分删除,不同的是,Trim 命令是根据边界来删除实体的一部分。

· 命令:trim

当前设置:投影=UCS 边=无

选择剪切边 …

选择对象:(选取目标作为修剪边界) 找到 1 个

选择对象:

⋮

选择要修剪的对象或［投影(P)/边(E)/放弃(U)］:(选取修剪目标)

选择要修剪的对象或［投影(P)/边(E)/放弃(U)］:

说明:

a.［投影(P)/边(E)/放弃(U)］,分别是3D编辑/设置修剪边界属性/取消所作修剪。

b.修剪边界也可同时被选作修剪目标。

c.被剪除的线段与选取修剪目标时光标的拾取点有关,如图2.37所示的修剪命令示例(图中虚线表示修剪边界,正方形框表示光标拾取点)。

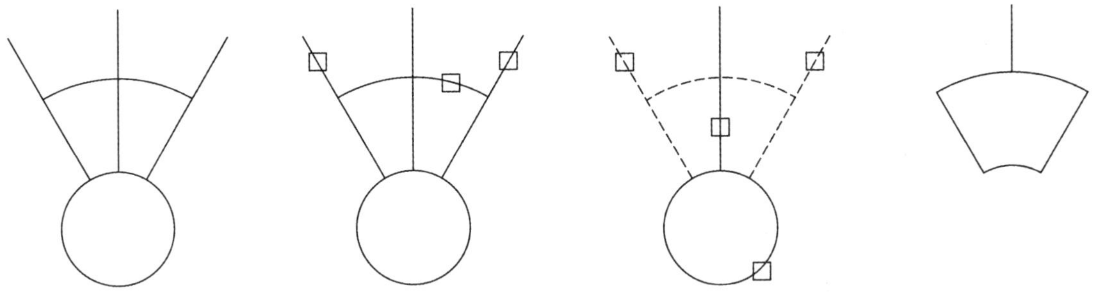

(a)　(b)　(c)　(d)

图2.37　修剪命令

(a)原始图形;(b)选择修剪边界;(c)选择修剪对象;(d)修剪完毕

④移动命令(Move)

功能:将选定图形从当前位置平移到指定位置。

· 命令:move(或m)

选择对象:(选取移动的实体) 找到1个

选择对象:(回车)

指定基点或位移:(基点A或位移量)

指定位移的第二点或〈用第一点作位移〉:(位移第二点)

说明:

a.输入基点和位移第二点,把图形从基点移到第二点,如图2.38(a)所示。

b.如果输入(x,y)位移量,对指定位移的第二点提示用空回车响应,则位移量 $\Delta x=x$,$\Delta y=y$,如图2.38(b)所示。

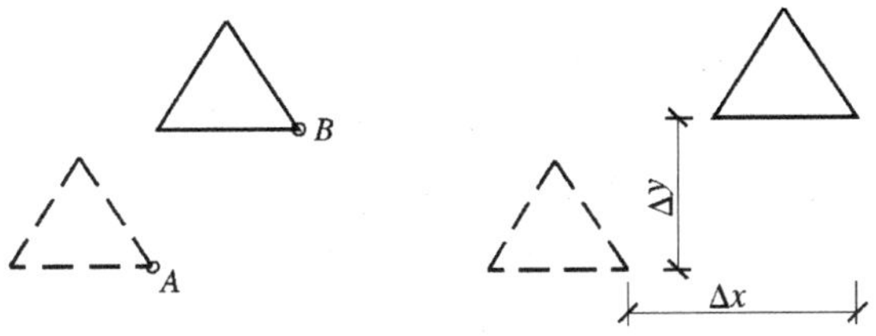

(a)　(b)

图2.38　Move命令

(a)输入两点进行移动;(b)输入位移量进行移动

⑤复制命令(Copy)

功能:将选定图形复制到指定位置,可多次复制,原图形不消失。

· 命令:copy

选择对象:(选取要复制的实体) 找到1个

选择对象:

指定基点或位移,或者［重复(M)］:(输入基点或位移量)

指定位移的第二点或〈用第一点作位移〉:(位移第二点)

命令:(回车)　　重复复制命令

选择对象:找到1个

选择对象:

指定基点或位移，或者［重复(M)］：M

指定基点：指定位移的第二点或〈用第一点作位移〉

说明：

a. 一次复制的操作与移动命令相同。

b. 如果要多次复制，对“指定基点或位移，或者［重复(M)］：提示”输入 M，随后出现如下提示：

指定基点：(基点 A)

指定位移的第二点或〈用第一点作位移〉：(第二点 B)　　按 AB 复制一次

指定位移的第二点或〈用第一点作位移〉：(第二点 C)　　按 AC 复制一次

⋮　　可多次复制

⑥比例缩放命令(Scale)

功能：将选定图形按给定基点和比例因子，进行放大和缩小。

· 命令：scale

选择对象：(选取要缩放的实体)找到 1 个

选择对象：

指定基点：(输入基点)

指定比例因子或［参照(R)］：

说明：

a. 指定比例因子是默认方式，可输入一个数值(比例因子)，比例因子大于 1，所选实体被放大；比例因子为 0～1，所选实体被缩小。

b. ［参照(R)］，输入 R，以参考方式缩放对象。

⑦多段线修改命令(Pedit)

功能：将对多段线进行各种修改。

· 命令：pedit(或 pe)

选择多段线：(选取要修改的多段线)

输入选项［闭合(C)/合并(J)/宽度(W)/编辑顶点(E)/拟合(F)/样条曲线(S)/非曲线化(D)/线型生成(L)/放弃(U)］：

说明：

a. 闭合(C)：输入 C，闭合一条多段线。

b. 合并(J)：输入 J，把其他线段或多段线与当前编辑的多段线连接，成为一条新的多段线。

c. 宽度(W)：输入 W，修改多段线的线宽。

d. 编辑顶点(E)：输入 E，编辑多段线的顶点。

e. 拟合(F)、样条曲线(S)和非曲线化(D)：输入 F 或 S，拟合多段线，F 选项用圆弧拟合多段线；S 选项用 B 样条曲线拟合多段线；输入 D，还原多段线。

f. 线型生成(L)：输入 L，调整线型。

g. 在出现选择多段线提示后，当选择的不是多段线时，会出现提示：

“所选对象不是多段线

是否将其转换为多段线？〈Y〉：”

如果输入 Y，将所选择的线转换为多段线。

⑧偏移(Offset)命令

功能：以用户给定的距离画出与指定的直线、圆、圆弧及多段线平行的线。

· 命令：offset

指定偏移距离或［通过(T)］〈10.00〉：输入距离

选择要偏移的对象或〈退出〉：选择要偏移的对象

指定点以确定偏移所在的一侧：

选择要偏移的对象或〈退出〉：

说明：

a.〈10.00〉表示上一次使用的偏移距离，如空回车，表示用〈 〉中的值作为偏移距离；如输入距离，则以输入值作为偏移距离。

b.[通过(T)]：选择该选项，显示提示要求输入平行线通过的点，用光标指定点，在选择要偏移的对象后，通过指定点画平行线。

c.“选择要偏移的对象或〈退出〉：”提示将反复出现，可继续选择对象，画新的平行线，直至空回车，退出命令。

⑨镜像(Mirror)命令

功能：将选定对象生成另一个对称图形，称为镜像，镜像图形的位置由用户指定的镜像线(即对称线)确定。生成镜像图形的同时，原对象可保留或删除。

· 命令：mirror

选择对象：找到 1 个选择对象

指定镜像线的第一点：

指定镜像线的第二点：以两个点确定镜像线

是否删除源对象？[是(Y)/否(N)]〈N〉：

说明：

“是否删除源对象？[是(Y)/否(N)]〈N〉：”若回答[Y]，则删除源对象，屏幕上只留下一个与源对象对称的图形。若回答[N]，则在屏幕上显示两个互为对称的图形，其中之一是源对象。

(3) 辅助绘图工具

AutoCAD 提供了一些辅助绘图工具，帮助用户精确绘图，常用的有正交(Ortho)、目标捕捉(Osnap)等，它们可以在执行其他命令的过程中使用。

辅助绘图工具命令可在状态栏上单击其图标按钮，使它处于“打开”或“关闭”状态；也可以通过单击某些工具的下拉箭头，来访问它们的其他设置。

①正交命令(Ortho)

功能：正交方式下画直线或移动、复制对象，只能沿 X、Y 轴方向画水平线和垂直线，或移动、复制对象。

· 命令：ortho

②对象捕捉命令(Osnap)

功能：可使十字光标被准确定位在已有图形的特定点或特定位置上，从而保证绘图的精确度。

· 命令：osnap

说明：

打开 Osnap 命令，弹出[草图设置]对话框，如图 2.39 所示，在[对象捕捉]选项卡中选择各种捕捉类型，选中者，在小方格中显示“√”，设置完毕后按[确定]按钮确认。当开启对象捕捉，光标移到图形上的捕捉点附近时，在该点会闪出一个黄色的特定符号，以提示用户确定该点。

对于采用临时捕捉方式，只需在作图过程中出现需要输入一点的提示时，键入捕捉类型的关键词(上述捕捉类型西文标注的大写部分)，接下来的操作与自动捕捉方式相同；或在按住 Shift 键的同时单击鼠标右键，弹出[对象捕捉]快速菜单，选择所需的方式。

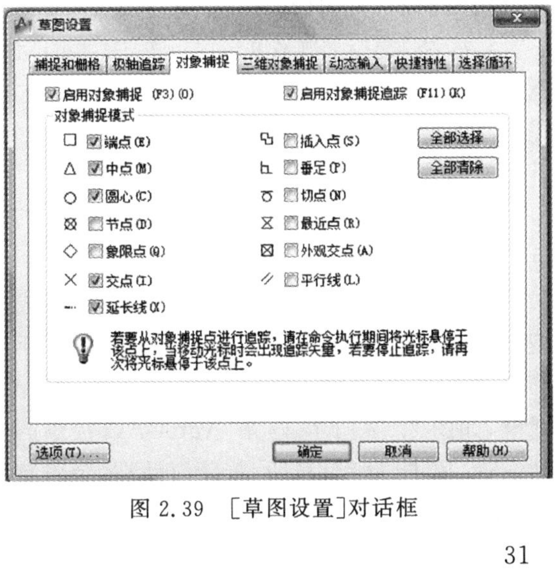

图 2.39 [草图设置]对话框

2.1.5.5　图层和图块

(1)图层简介

①图层的作用

图层可看作多层全透明的纸，每一层纸上主要用一种线型和一种颜色画图。例如画建筑平面图，墙体用粗实线画在 A 层上(颜色可设为绿色)；轴线用细单点长画线画在 B 层上(颜色可设为红色)；高窗用虚线画在 C 层上(颜色可设为黄色)……这些不同层的图形重叠在一起，就构成了一张完整的建筑平面图。图层可以关闭或打开，也可修改。因此，建立图层是创建绘图环境，应该在一开始绘图时就完成设置图层工作。

②图层特性管理器

单击[图层特性]图标按钮，或者在命令栏输入 Layer，弹出[图层特性管理器]对话框，如图 2.40 所示。

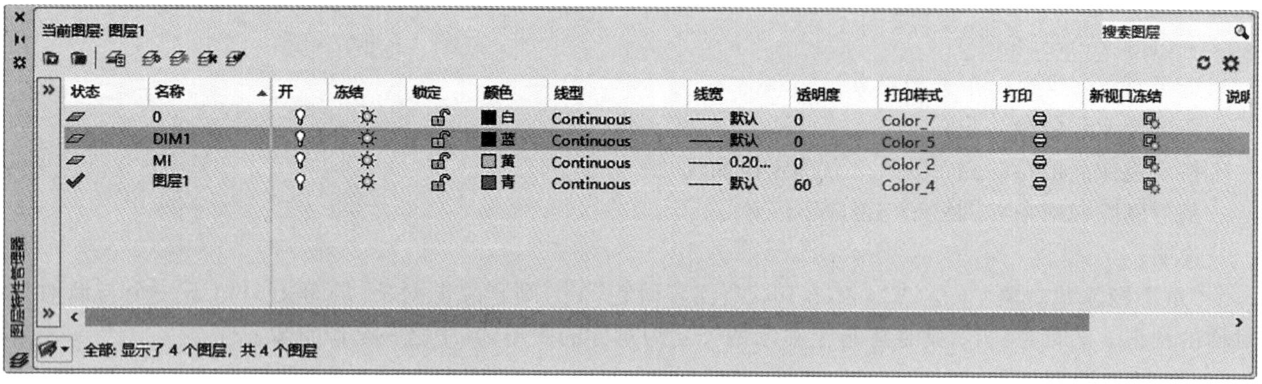

图 2.40　[图层特性管理器]对话框

说明：

a. 新建图层：单击[新建图层]按钮，将自动生成一个名叫“图层××”的图层，可默认，也可改名。图层名由字母、数字和字符组成，长度不超过 31 个字符。其中 0 层是默认层，不能再用作图层名。

b. 删除图层：选择要删除的图层，被选图层高亮显示，表示选中，再单击[删除图层]按钮，即可删除选中的图层。

c. 置为当前：选定图层，再单击[置为当前]按钮，选定图层即被设定为当前图层，该图层名前的状态显示“√”。绘图只能在当前层进行，若当前层只有一个，图层下拉列表窗口上则显示当前层的层名。

d. 开：选择要操作的图层，单击“灯泡”为[开 On/关 Off]按钮；打开层上的图形可显示，可编辑，也可用绘图机输出；关闭的图层，图形不显示，既不能编辑，也不能输出。

e. 冻结：选择要操作的图层，单击“太阳”为[冻结 Freeze/解冻 Tha]按钮；冻结层上的图形不可显示，不能编辑，也不能输出；冻结的层必须解冻，才能打开，当前层不能冻结。

f. 锁定：选择要操作的图层，单击“锁”为[锁定(Lock)/解锁(Unlock)]按钮；锁定层上的图形可见，但不能编辑。

g. 颜色：单击图层名后的颜色图标按钮，弹出图 2.41 所示[选择颜色]对话框，在对话框中选择一种颜色，单击[确定]即可。

h. 线型：每个图层用一种线型，线型由线型名表示，默认线型“Continuous”为实线；单击该图层的线型名称，出现[选择线型]对话框，如图 2.42 所示，选择所需线型，单击[确定]按钮即可。

如果在[选择线型]对话框中没有需要的线型，则单击[加载(L)...]按钮，出现[加载或重载线型]对话框，如图 2.43 所示，这是 AutoCAD 提供的线型，点取线型名，如选 Dashed 为虚线、Center 为细单点长画线等，单击[确定]按钮，关闭对话框，结束装载，回到[选择线型]对话框，加载的线型就会列出，再选择图层所使用的线型，单击[确定]按钮，回到[图层特性管理器]对话框。

图 2.41 [选择颜色]对话框

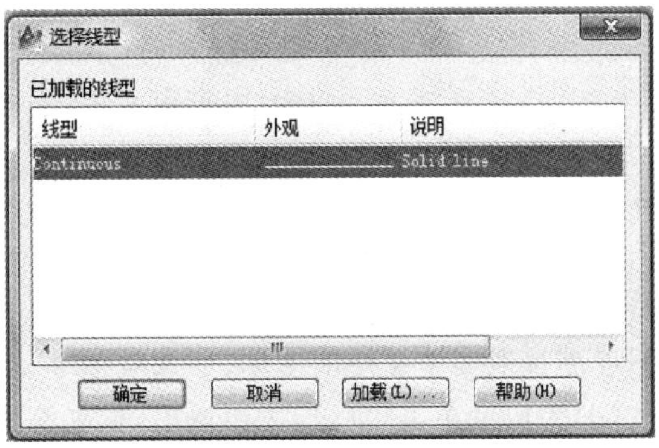

图 2.42 [选择线型]对话框

i.线宽:单击该图层的线宽值,出现[线宽]对话框,如图 2.44 所示,点取所需线宽,单击[确定]按钮。

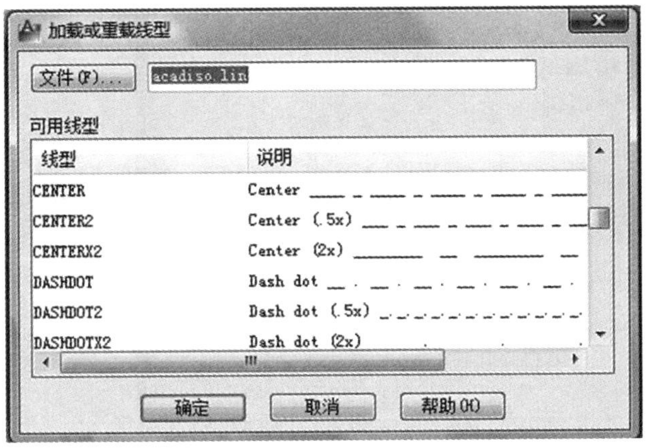

图 2.43 [加载或重载线型]对话框

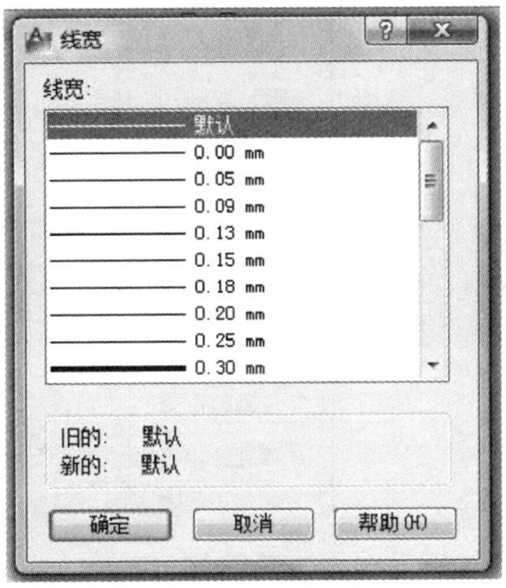

图 2.44 [线宽]对话框

另外,"透明度"控制所选图层是否淡化;"打印样式"控制所选图层打印效果;"打印"控制所选图层是否禁止打印;"新视口冻结"是指所选图层在新创建的视口中被冻结。单击图层特性管理器[×](关闭)按钮,完成图层操作。

③设置当前层

在[图层特性管理器]对话框中,选定一个图层,单击[置为当前]按钮,可将该层设为当前层。也可以在图层功能区面板的图层状态显示中单击下拉箭头"▼",选取所需图层名,软件便将该图层设为当前层。

④修改线型比例

如果需要修改已经绘制好的个别图线的线型比例,可以选中需要修改线型比例的图线,再单击[特性]图标,在弹出的[特性]列表中修改[线型比例]的数值。如果需要修改所绘图形的全部图线的线型比例,则在命令窗口输入线型比例命令。

· 命令:ltscale

输入新线型比例因子〈1.0000〉:(比例)

比例因子可改变已经画出和将要绘制的图形线型的比例。

(2)图块简介

①图块的特点

图块是已命名的一组实体,这组实体可以插入图中的任意位置,比例和转角可按需指定,例如图 2.45

所示的标高符号是经常要用到的图块。一个图块通常作为一个实体处理，也可以使用[修改]功能区的[分解]按钮，将图块分解为多个实体。

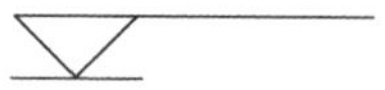

图 2.45　定义图块的实体

②图块的操作

a. 创建块

功能：用来定义块，它可以从图中选取一部分或全部建立块，并赋予块名。

· 命令：block（或 b）

打开[块定义]对话框，如图 2.46 所示，该对话框的操作流程：(a)输入“名称”(块名)，在名称文本栏后输入块名，如针对图 2.45 输入名称“bgf1”；(b) 指定插入“基点”，单击[拾取点]按钮指定基点，在绘图界面拾取图块的基点，如拾取图 2.45 所示标高符的三角形下角点；(c)单击[选择对象] 按钮，自动退出对话框，在绘图界面选取要定义块的实体，如选取图 2.45 所示标高符的 4 条直线，选取结束，按回车键自动回到对话框；(d)完成后单击[确定]按钮退出，标高符图块创建完成。

b. 插入块

功能：可将已定义的块插入图中，也可将图形文件插入图中。插入时可改变图形的比例和转角。

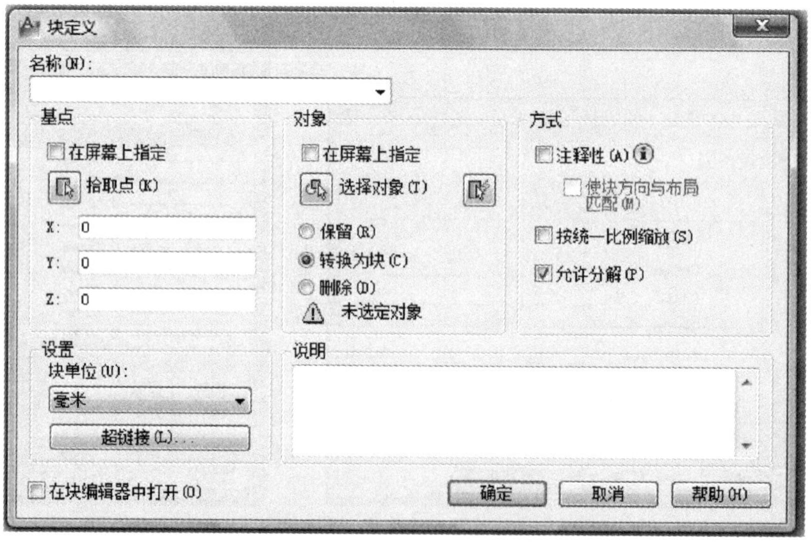

图 2.46　[块定义]对话框

· 命令：insert（或 i）

弹出[插入]对话框，如图 2.47 所示，该对话框的操作流程：(a)名称文本栏后输入块名，也可通过单击

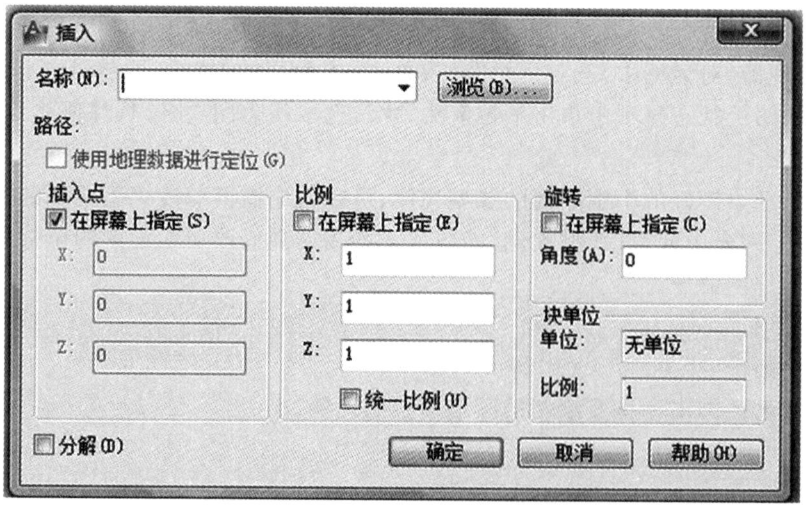

图 2.47　[插入]对话框

[浏览(B)...]按钮选择需要的文件,如插入标高符可以输入"bgf1";(b)插入点、缩放比例和旋转角度,可在屏幕上指定,也可填入相应值,如[插入点]勾选"在屏幕上指定(S)",[比例]不勾选"在屏幕上指定(E)",直接输入比例因子,[旋转]不勾选"在屏幕上指定(C)",直接输入角度值;(c)完成后单击[确定]按钮退出,就可以把指定块插入图形中。

③块与图层

创建块时,选取要定义块的实体对象,如果选取的对象都是画在 0 层,插入块后,则该实体对象被绘制在当前层上,即按当前层的颜色、线型等绘出。

2.1.5.6 尺寸标注和图案填充命令

(1)尺寸标注

在 AutoCAD 中标注尺寸,需要预设尺寸"标注样式",然后选择尺寸标注类型进行尺寸"标注",最后对已经标注的尺寸位置进行调整。

①建立尺寸标注样式

常用的尺寸标注类型有长度型、角度型和径向型等标注类型。各专业在尺寸标注时都有一些习惯的用法。如尺寸起止符的形式,土建制图中长度型的尺寸起止符常用 45°中粗斜短线,角度型和径向型的尺寸起止符宜用箭头。为此,AutoCAD 提供了多种尺寸标注样式,由用户自己建立满意的样式。

命令:dimstyle(或 d)

启动图 2.48 所示的[标注样式管理器]对话框。

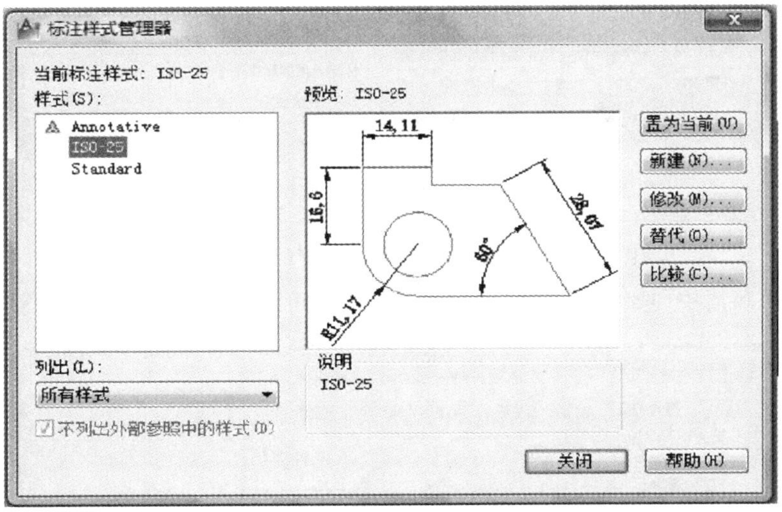

图 2.48 [标注样式管理器]对话框

对话框右边 5 个按钮为用户提供可创建的新的尺寸标注样式;选择样式列表框内尺寸标注样式为当前尺寸标注样式;修改已有的尺寸标注样式;替代某个尺寸标注样式;比较两个尺寸标注样式。这里主要介绍土木工程制图的尺寸标注样式的新建、修改和置为当前。

对话框的左侧是样式列表框,显示当前图形文件中已定义的所有尺寸标注样式;对话框的中间是预览图像框,显示当前图尺寸标注样式设置各特性参数的效果图。

单击[新建(N)...]按钮,打开[创建新标注样式]对话框,如图 2.49 所示。

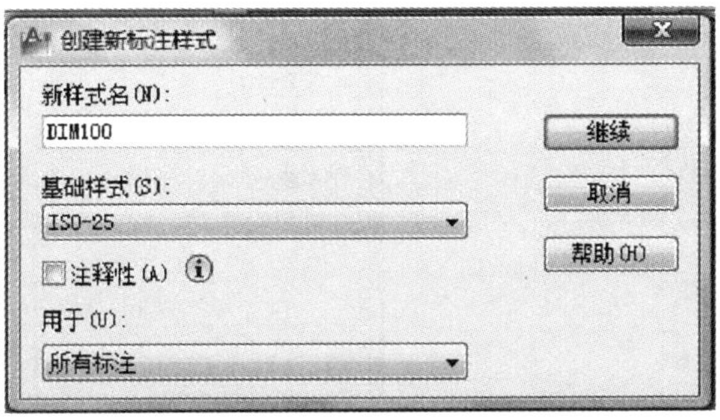

图 2.49 [创建新标注样式]对话框

在[新样式名(N)]文本框中设置新标注样式名;在[基础样式(S)]下拉列表框中选择已有的标注样式为范本;在[用于(U)]下拉列表框中选择要创建的是全局尺寸标注样式(所有标注),还是特定的尺寸标注子样式

(如线性标注样式、角度标注样式等)。完成后单击[继续]按钮,显示[新建标注样式]对话框,如图 2.50 所示。这个对话框共有七个选项卡,由于篇幅的限制,下面简单介绍线、符号和箭头、文字、主单位四项的功能。

a.单击打开[线]选项卡,如图 2.50 所示,用于设置尺寸线、尺寸界线的样式。

在尺寸线区,有颜色、线型、线宽等选项,用户主要选择基线间距,即尺寸线之间的距离,一般设置为“8”;在尺寸界线区,用户主要选择超出尺寸线的值(尺寸界线超出尺寸线的长度)和起点偏移量的值(尺寸界线起点与被标注对象的距离)一般设置为“2～3”。

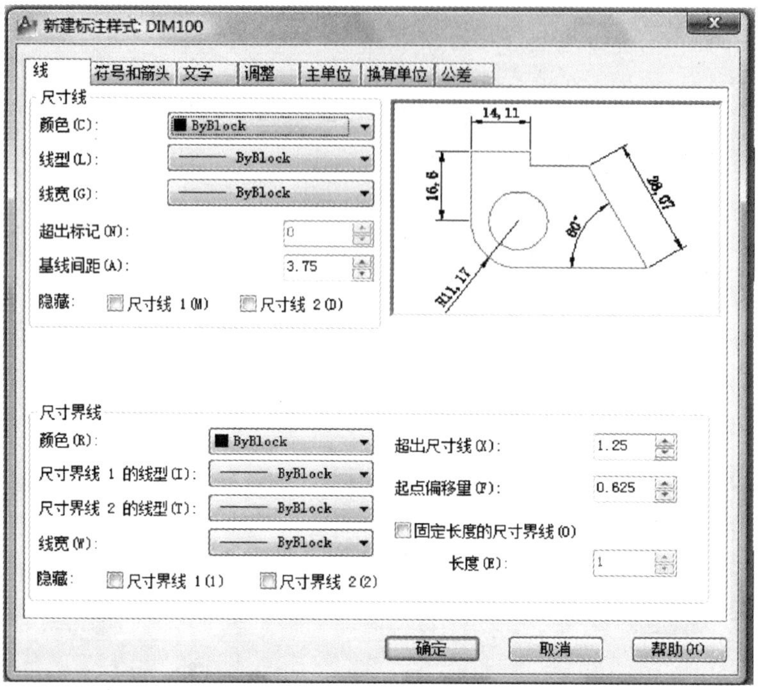

图 2.50 [新建标注样式]对话框的[线]选项卡

b.单击打开[符号和箭头]选项卡,如图 2.51 所示,用户可设置箭头、圆心标记等。

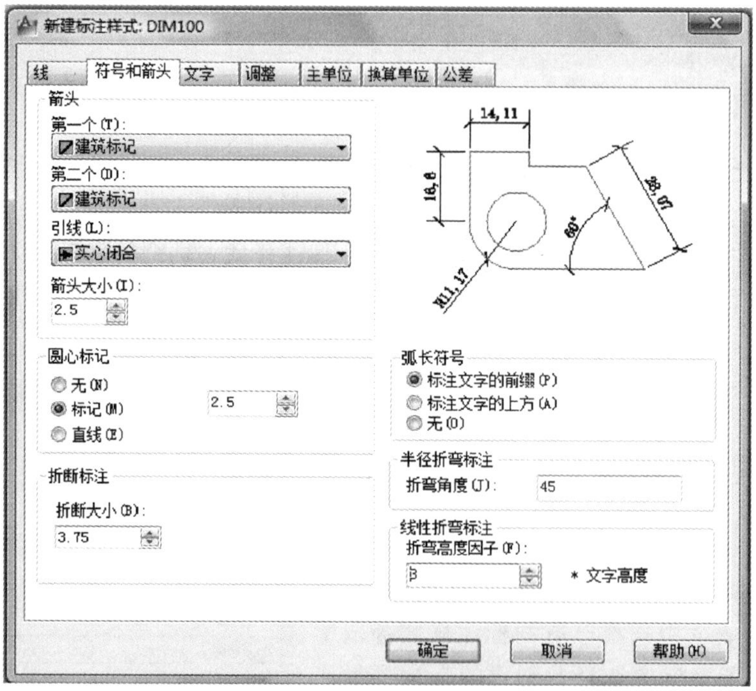

图 2.51 [新建标注样式]对话框的[符号和箭头]选项卡

在箭头区用户可设置尺寸箭头的形状和大小：单击[第一个(T)]列表框下拉箭头，选择表中的“建筑标记”选项，在列表框上方出现的是 45°中粗斜短线代替了箭头，[第二个(D)]将默认[第一个(T)]的选择。[箭头大小(I)]框中，设定中粗斜短线的大小，推荐设置为 2～3 mm。这里的推荐设置是指：标注尺寸的是已按输出时的比例绘制的图形；若标注尺寸的图形是按 1：100 的比例打印的，则推荐设置应放大相应的倍数。

c. 单击打开[文字]选项卡，如图 2.52 所示，用户可设置尺寸数字的文字外观和位置。

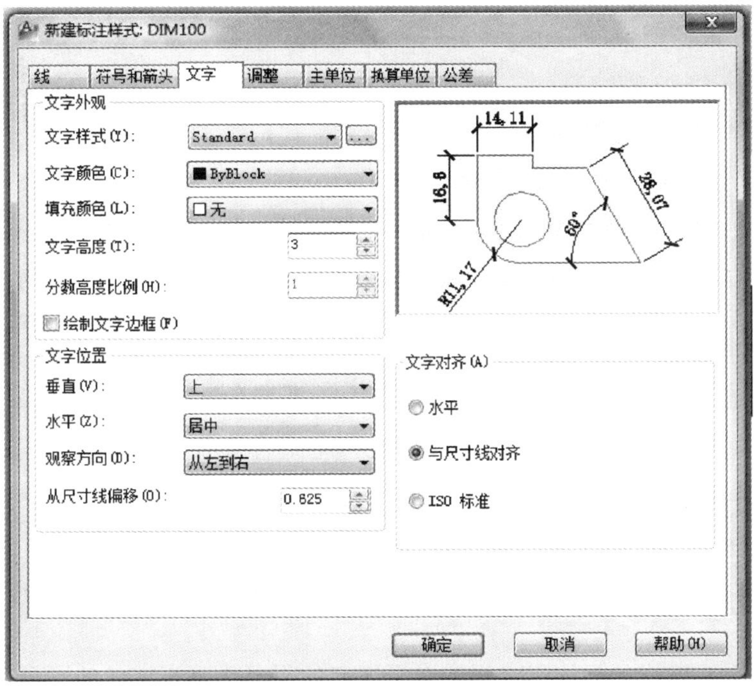

图 2.52　[新建标注样式]对话框的[文字]选项卡

在文字外观区，控制尺寸文本的字体样式、字高和颜色等；单击[文字样式(Y)]右边的下拉列表框，可选择尺寸数字的样式；字高推荐设置为 3～3.5 mm。

在[文字位置]区，控制尺寸文本的排列位置，对[垂直(V)] 下拉列表框中设置尺寸文本相对于尺寸线在垂直方向的排列方式，建议选择“上”，对[水平(Z)] 下拉列表框中设置尺寸文本相对于尺寸线、尺寸界线的位置，建议选择“居中”，[从尺寸线偏移(D)]微调框是设置尺寸文本和尺寸线之间的偏移距离；在[文字对齐(A)]区，单击选择[与尺寸线对齐]按钮，尺寸文本按平行尺寸线方向标注。

d. 单击打开[主单位]选项卡，如图 2.53 所示，用户可确定主单位，设置参数以控制尺寸单位、角度单位、精度等级和比例因子等。

在[线性标注]区，对[单位格式(U)] 下拉列表框中设置基本尺寸的单位，建议选择小数，对[精度(P)] 下拉列表框中控制除角度型尺寸标注之外的尺寸精度，建议选择“0”，[比例因子(E)]微调框是控制线性尺寸的比例系数，如果按 1：100 的比例绘制图形可输入 100，如果按 1：1 的比例绘制图形则输入 1；在[角度标注]区，对[单位格式(A)]下拉列表框中设置标注角度型尺寸时所采用的单位，建议选择“十进制度数”。

完成创建新尺寸标注样式，单击[确定]按钮，回到[标注样式管理器]对话框，将该样式设置为当前。再次单击[新建(N)...]按钮，在[创建新标注样式]对话框内不输入新样式名，在[基础样式(S)]下拉列表中选择刚创建的[DIM100]标注样式，在[用于]下拉列表中选择[半径标注]；单击[继续]按钮，打开[符号和箭头]选项卡，在箭头下拉列表中选择[实心箭头]，[箭头大小]推荐设置为“3”，其余不变，单击[确定]，完成用于半径标注的 DIM100 副本样式的创建。按同样的方法可以完成用于直径和角度标注的 DIM100 副本样式的创建。再单击[关闭]按钮，就可进行尺寸标注了。

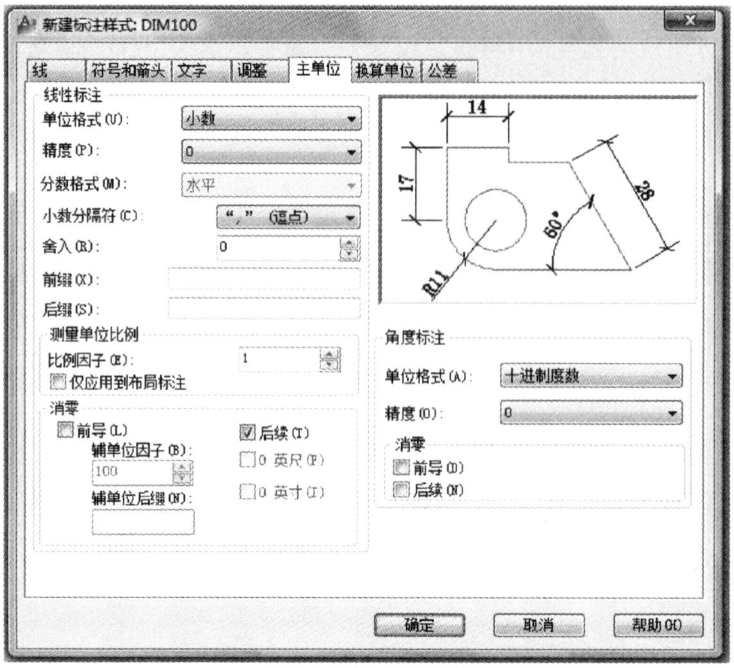

图 2.53 [新建标注样式]对话框的[主单位]选项卡

修改尺寸标注样式和替代尺寸标注样式的界面与上述一样,不再赘述。

(2) 长度型尺寸的标注

常用的尺寸标注类型有长度型、角度型和径向型等标注类型,这里主要介绍长度型尺寸标注的方法。

①标注线性尺寸

功能:自动测量并标注输入的标注点之间的水平方向的距离或垂直方向的距离。

· 命令:dimlinear(或 dli)

指定第一条尺寸界线起点或〈选择对象〉:选取一点作为第一条尺寸界线的起点。

指定第二条尺寸界线起点:选取一点作为第二条尺寸界线的起点。

指定尺寸线位置或[多行文字(M)/文字(T)/角度(A)/水平(H)/垂直(V)/旋转(R)]:选取一点确定尺寸线的位置或选择某个选项。

说明:

输入两点或按回车键后选取对象,AutoCAD 将自动测量它们的水平或垂直距离并标注为尺寸数字。

多行文字(M):输入多行文字或数字。

文字(T):输入 T,出现提示“输入标注文字〈测量值〉”,用户确定或修改尺寸文本。

角度(A):输入尺寸数字书写倾斜角度。

水平(H):输入 H,标注水平尺寸。

垂直(V):输入 V,标注垂直尺寸。

旋转(R):输入 R,然后输入尺寸线角度,标注该方向尺寸。

一般情况下,通过尺寸线位置点的移动方向可确定水平标注或垂直标注,如图 2.54 所示的垂直尺寸和图 2.55 所示的尺寸数字为 5180 的水平尺寸。

②标注平齐尺寸

功能:自动测量并标注尺寸线平行标注点的连线的尺寸。

· 命令:dimaligned(或 dal)

指定第一条尺寸界线起点或〈选择对象〉:选取一点作为第一条尺寸界线的起点。

指定第二条尺寸界线起点:选取一点作为第二条尺寸界线的起点。

指定尺寸线位置或[多行文字(M)/文字(T)/角度(A)/水平(H)/垂直(V)/旋转(R)]:选取一点确定尺寸线的位置或选择某个选项。

说明:

输入两点或按回车键后选取对象,AutoCAD 将自动测量它们的距离并标注为尺寸数字。操作和选项都与标注线性尺寸相同,不再重复。图 2.56 所示是斜线长度为 18 的尺寸。

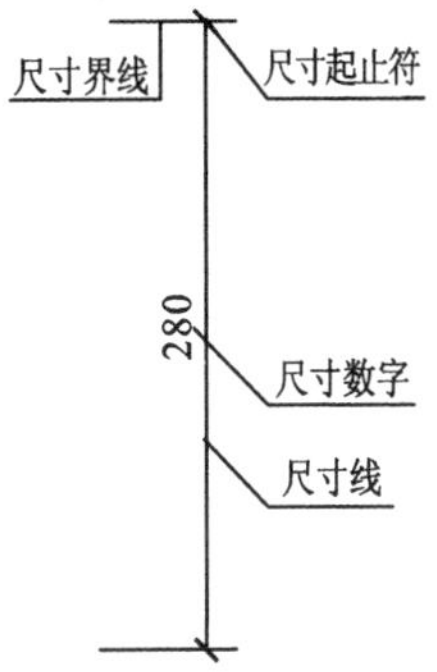

图 2.54　垂直尺寸

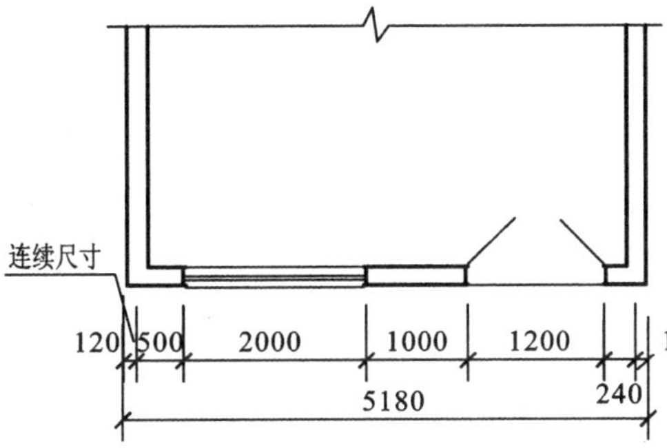

图 2.55　水平尺寸和连续标注尺寸

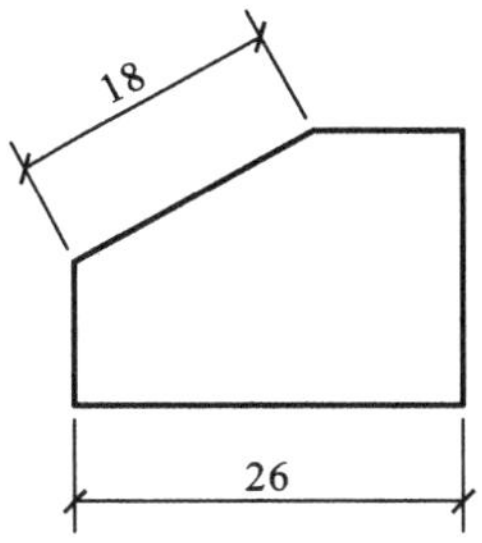

图 2.56　平齐尺寸

③连续标注尺寸

功能:用于标注连续尺寸,这些尺寸首尾相连,前一尺寸的第二尺寸界线就是后一尺寸的第一尺寸界线。

· 命令:dimcontinue(或 dco)

指定第二条尺寸界线起点或[放弃(U)/选择(S)]〈选择〉:确定另一连续尺寸的第二条尺寸界线的起点,或选择 Undo,按回车键选择新的连续标注的起点。

说明:

a. 开始连续标注尺寸时,应先要标出一个尺寸。

b. 若用户输入一个点为另一连续尺寸的第二条尺寸界线的起点,则又出现提示:

指定第二条尺寸界线起点或[放弃(U)/选择(S)]〈选择〉:

(a)若用户输入 U,将撤销上一连续标注尺寸。

(b)若用户空回车,则出现提示:

“选择连续标注:”确定新的连续尺寸中的第一个尺寸,以后的操作重复确定另一连续尺寸的第二条尺寸界线的起点,如图 2.60 所示的 120、500、2000、1000、1200、240、120 这一行连续尺寸。

按 Esc 键退出。

④标注半径、直径和角度尺寸

在命令行输入标注半径(dimradius)、标注直径(dimdiameter),然后选取圆弧或圆,即可完成标注。

在命令行输入标注角度(dimangular),然后指定需要标注夹角的两条直线或圆弧,即可完成标注。

(3)图案填充命令

为了区分各部分的不同材料,可采用不同的图例画在指定的区域中。

· 命令:hatch

启动 hatch 命令后,将打开[图案填充创建]选项卡,如图 2.57 所示。

下面分别介绍该选项卡的常用部分。

图 2.57　[图案填充创建]选项卡

①边界

边界是由图形实体围成的封闭区域，填充实际上就是在由边界围成的区域内填充图案。有多种选择边界的方式，常用的是：

a.[拾取点]。用户在一个区域内部的任何地方拾取一点，系统将自动搜索到包含该内点的区域边界，单击[关闭]按钮，以选中的“图案”和“特性”进行填充。

b.[选择]边界对象。要注意的是，选择对象应组成封闭的区域边界。

②图案

[图案]功能区面板是填充图案库的列表，单击选中的图案即可。

③特性

这些特性可帮助用户设置和更改图案的密度、角度和样式。常用的是：

a.比例，图案比例表示填充图案的疏密程度，默认的比例是1，比例越大，图案越疏。

b.角度，图案旋转角度。

当图案、边界和特性设置结束后，单击[×]按钮关闭。

④修改填充图

移动光标，点击需要修改的填充图案，自动打开[图案填充创建]选项卡，可对已填充的图案进行诸如图案、比例和旋转角度的修改。

举例：按1∶1比例，绘制图2.28(a)所示的平面图形。

第一步，先创建图层，如中心线、粗线、说明和尺寸等层名、颜色、线型、线宽。然后创建标注尺寸所用的仿宋字的字体样式。最后建立标注尺寸需要使用的尺寸标注样式和半径标注样式(副本)。

第二步，按手工绘图分析和步骤，先以中心线图层为当前层，用直线命令画图中的点画线。然后，以粗线图层为当前层，用直线命令、圆或圆弧命令画已知线段和右半圆或圆弧；用直线命令、圆弧命令画右半的中间圆弧的圆心，再用圆弧命令画中间圆弧；用圆弧命令画右半的连接圆弧，如图2.28(b)所示。

第三步，用修剪命令修剪超出圆弧连接点的线段。然后删去为了得到连接弧、中间弧圆心而画的辅助线，如图2.28(c)所示。

第四步，用镜像命令，选取已经完成的右半图线，指定镜像线，保留源对象。

第五步，分别用线性尺寸、半径尺寸命令，按图2.28(a)所示标注线性尺寸和半径尺寸，完成画图。

2.1.5.7　图形的打印输出

在模型空间中绘制的图形可以输出到文件，也可以输出到打印设备(打印机或绘图仪)打印出来；可以直接在模型空间输出，也可以从布局(图纸空间)输出。这里介绍直接从模型空间输出打印图纸的方法。

单击“快速访问工具栏”上的[打印]按钮。

·命令：plot

启动[打印-模型]对话框，如图2.58所示。

a.在[打印机/绘图仪]分组框的[名称(M)]下拉列表中选择打印设备。如果计算机已经连接并安装了一台打印机，则可以选择此打印机。也可以选择输出为其他文件，然后在其他连有打印机的设备打印。

[特性(R)...]按钮，用于打开[绘图仪配置编辑器]对话框，选择[自定义特性]按钮，可以设置所选打印设备的打印选项。

b.在[图纸尺寸(Z)]下拉列表中选择所需幅面的图纸。

c.在[打印份数(B)]分组框的文本框中输入打印份数。

d.[打印区域]的[打印范围(W)]下拉列表中有[窗口]、[图形范围]、[图形界限]和[显示]四个选项，一般选择[窗口]选项，选定打印的图形区域。

e.在[打印比例]分组框中设置打印的比例，如以1∶1绘制的图形，在[比例(S)]下拉列表中选择所需的比例打印图纸。或者，勾选“布满图纸”选项，软件将选定打印的图形区域布满图纸。

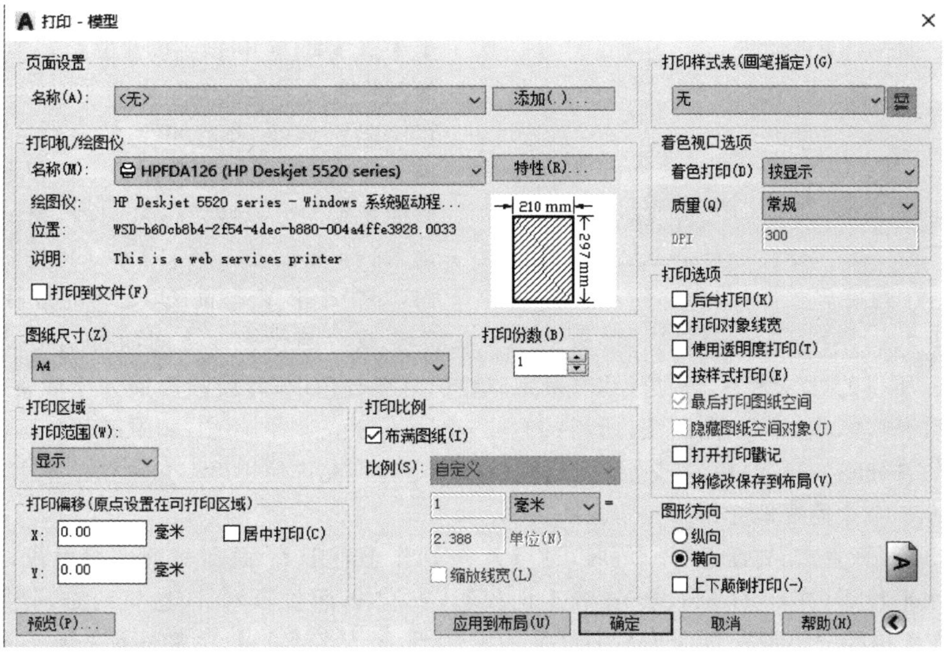

图 2.58 [打印-模型]对话框

f. 在[打印偏移(原点设置在可打印区域)]分组框中指定打印原点的 X 及 Y 坐标,一般选用[居中打印(C)]。

g. 在[图形方向]分组框中设定图形打印方向。

h. 在[打印样式表(画笔指定)(G)]分组框的下拉列表中可选择各种打印样式,它通过使用与颜色相关的打印样式来控制对象的打印方式,常用的是“acad. ctb”和“monochrome. ctb”。“acad. ctb”打印样式是用对象的颜色来确定打印特征;选择“monochrome. ctb”打印样式,可将所有颜色打印为黑色。

i. [着色视口选项]分组框:

[着色打印(D)]选[按显示],[质量(Q)]选[常规]。

j. [打印选项]分组框

勾选[打印对象线宽],按设定线宽打印图线的宽度。勾选[按样式打印(E)],按指定的打印样式进行打印。

k. [图形方向]分组框

确定图形在图纸上的打印方向。

完成打印设置后,单击[预览(P)]按钮,预览打印效果,若满意,按[Esc]键返回[打印]对话框,再单击[确定]按钮,开始打印。

2.2 点、直线、平面和平面曲线的多面正投影

2.2.1 投影面体系及点的投影

2.2.1.1 三投影面体系及点的三面投影

如图 2.59 所示,由空间点 A 作垂直于投影面 H 的投射线,与 H 面交得唯一的一点 a,称为点 A 的 H 面投影。反之,如图 2.60 所示,由点 A 的 H 面投影 a 作垂直于 H 面的反向投射线,则在该投射线上所有的点,如点 A_1、A_2、A_3 等,它们的 H 面投影都是 a。因此,由点的一个投影不能确定该点的位置,于是工程上常用多面正投影。

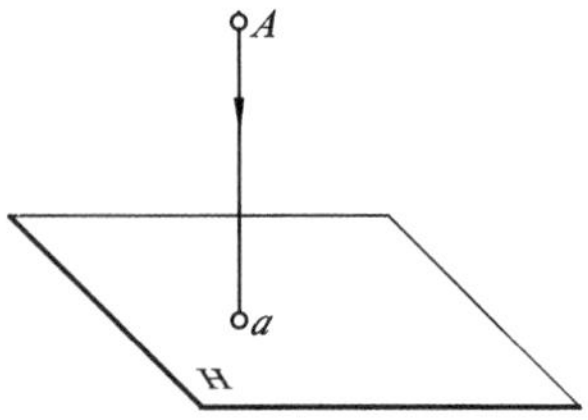

图 2.59　点能唯一确定它的投影

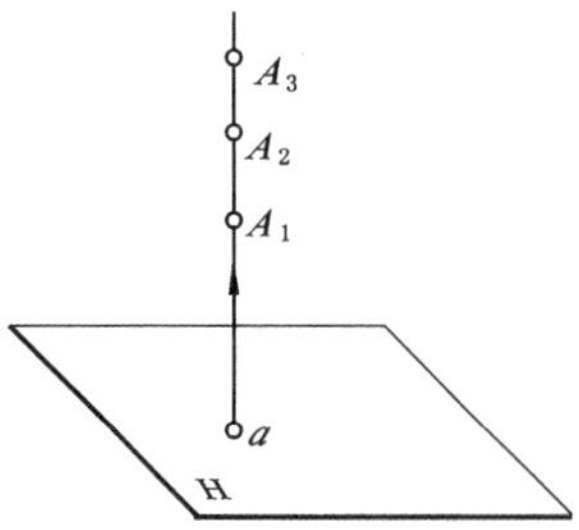

图 2.60　由点的一个投影不能确定其位置

如图 2.61 所示，设两个互相垂直的投影面：水平投影面 H 和铅垂的正立投影面 V。投影面的交线称为投影轴，用 OX 表示，这样，就建立了两投影面体系，简称两面体系。OX 轴将 H 面分为前 H 和后 H，将 V 面分为上 V 和下 V，这两个投影面将空间分成四个区域，称作第一、二、三、四分角，简称第一、二、三、四角。将物体置于第一角内，即置于上 V 与前 H 之间的范围内，并使其处于观察者与投影面之间而得到正投影的方法，称为第一角画法，所得的投影称为第一角投影；将物体置于第三分角内，并使投影面处于观察者与物体之间而得到正投影的方法，称为第三角画法，所得的投影称为第三角投影。我国采用第一角画法，《技术制图　投影法》(GB/T 14692—2008)规定：必要时(如按合同规定等)，允许使用第三角画法。本书都使用第一角画法，仅在 2.9.5 节中简要地介绍第三角画法。

如图 2.62 所示，将点 A 置于第一角内，过点 A 分别作垂直于 H 面和 V 面的投射线，与 H 面、V 面交得点 A 的水平投影(亦称 H 面投影)a 和正面投影(亦称 V 面投影)a'。这里约定，分别用与表示点的大写字母符号相同的小写字母和小写字母加一撇，表示该点的水平投影和正面投影。根据点的两面投影能否确定该点的位置呢？如图 2.63 所示，由点 A 的 H 面投影 a 作垂直于 H 面的反向投射线，由点 A 的 V 面投影 a'作垂直于 V 面的反向投射线，两条投射线就交得点 A 的位置。由此可见，由点的两面投影能确定其位置。再设置与 H 面、V 面都垂直的侧立投影面 W，如图 2.64(a)所示，W 面与 H 面、V 面分别相交于投影轴 OY、OZ，于是建立了投影面的三面体系，这里是三面体系中的第一角。在三面体系中，不仅三个投影面 H、V、W 互相垂直，三条投影轴也互相垂直，交于原点 O，OX 轴向左，OY 轴向前，OZ 轴向上。

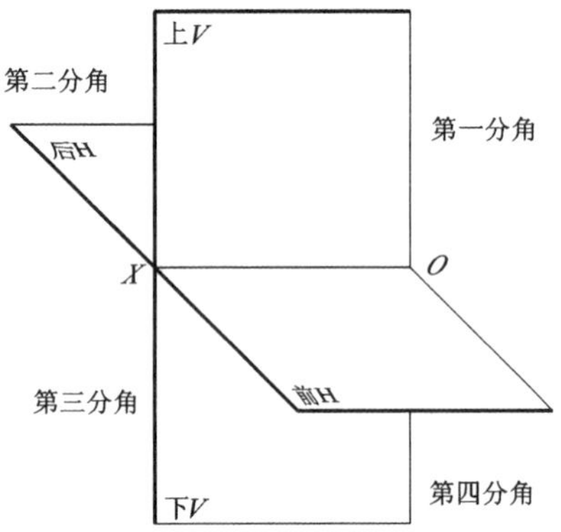

图 2.61　两投影面体系

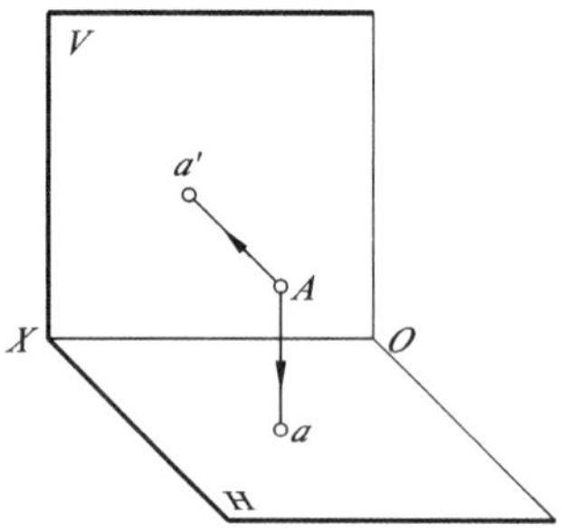

图 2.62　点的两面投影

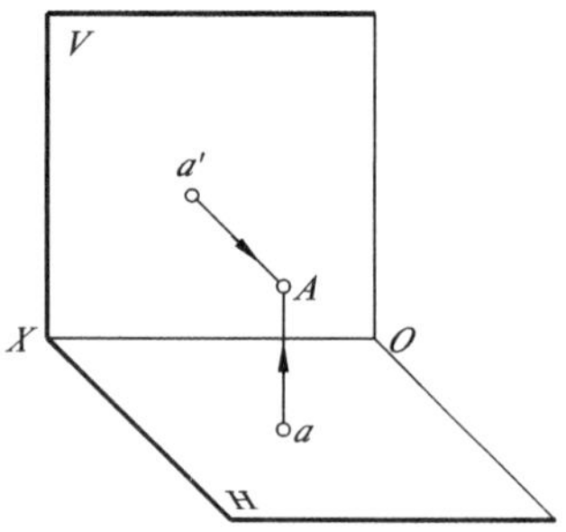

图 2.63　由点的两面投影能确定其位置

如图 2.64(a)所示，由点 A 分别作垂直于投影面 H、V、W 的投射线，交得点 A 的水平投影 a、正面投影 a'和侧面投影(W 面投影)a''，点的侧面投影用与该点的大写字母符号相同的小写字母加两撇表示。每两条过点 A 的投射线，分别构成平行于投影面 W、V、H 的平面，与投影轴交得点 a_x、a_y、a_z，与投影面交得直线 a_xa、a_xa'、a_ya、a_ya''、a_za'、a_za''，于是就构成一个长方体 $Aa a_x a' a_z a'' a_y O$。

将空间的点 A 和投射线 Aa、Aa'、Aa''移去，沿 OY 轴分开 H 面和 W 面，使 V 面保持正立位置不动，H 面绕 OX 轴向下旋转 90°，W 面绕 OZ 轴向右旋转 90°，展开到与 V 面成为同一平面，于是三个投影面就展开成一个平面。投影面展开后如图 2.64(b)所示，随 H 面旋转的 OY 轴及其上的 a_y 点，标注成 OY_H 和 a_{y_H}；随 W 面旋转的 OY 轴及其上的 a_y 点，则标注成 OY_W 和 a_{y_W}。

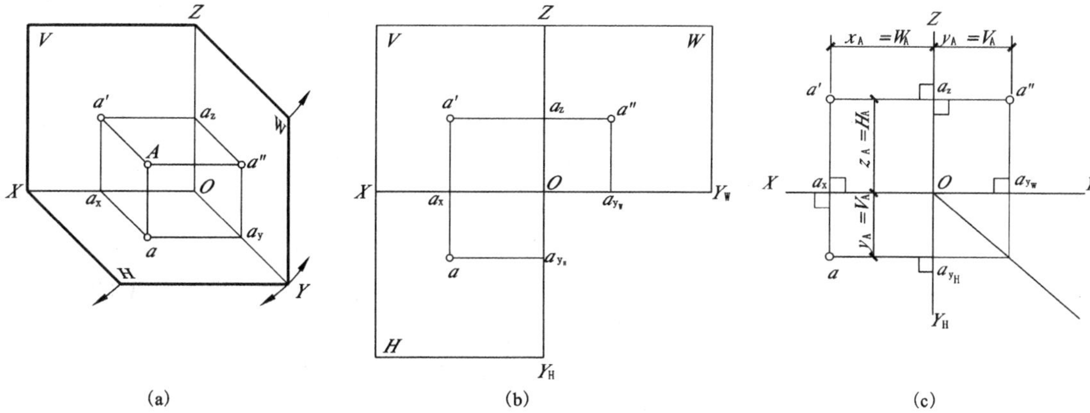

图 2.64　三投影面体系的建立以及点在三面体系第一角中的投影

(a)三投影面体系的建立，作出点的投影，并展开投影面；(b)投影面展开后；(c)投影图

由于投影面是无限大的，所以在图 2.64(b)所示的投影图中可以不画投影面的边框，无须注明投影面的名称，也无须画出和注明投影轴上的 a_x、a_{y_H}、a_{y_W}、a_z 等点。

应该注意：由于 H 面是向下旋转重合于 V 面的，所以在水平投影中，由 OX 轴向下就表示向前；而 W 面是向右旋转并重合于 V 面的，所以在侧面投影中，由 OZ 轴向右就表示向前。

2.2.1.2　点的坐标和投影特性

将投影轴作为坐标轴，投影面作为坐标面，互相垂直的 OX、OY、OZ 轴构成空间的直角坐标体系。如图 2.64(a)所示，由解析几何可以知道：由点 A 的三个坐标 x_A、y_A、z_A 分别在坐标轴(投影轴)OX、OY、OZ 上量得点 a_x、a_y、a_z，再由点 a_x、a_y、a_z 分别作坐标轴的平行线，它们交点必定是 A 在三个坐标面上的投影。

因为 $Aa a_x a' a_z a'' a_y O$ 是长方体，每 4 条平行棱线的长度相等，另外，$aa_x \perp OX$、$a'a_x \perp OX$，当投影面展开成一个平面后，如图 2.64(c)所示，a、a_x、a'必共线，亦即点 A 的水平投影 a 和正面投影 a'的连线 $aa' \perp OX$。同样，点 A 的正面投影 a'和侧面投影 a''的连线 $a'a'' \perp OZ$。某一点的两个投影的连线称为投影连线。由于 OY 轴在投影面展开过程中分为随 H 面旋转的 OY_H 轴和随 W 面旋转的 OY_W 轴，因而点 A 的水平投影 a 和侧面投影 a''的连线 aa''也分为两段，在 H 面上的 $aa_{y_H} \perp OY_H$，在 W 面上的 $a''a_{y_W} \perp OY_W$，且 $Oa_{y_H}=Oa_{y_W}$，若用过点 O 的 OY_H 与 OY_W 轴之间画一条 45°方向的分角线作为辅助线进行作图，则分别延长投影连线 aa_{y_H} 和 $a''a_{y_W}$，必交在辅助线上的同一点，因而也可以把这两段投影连线延长后交成的折线看作是点 A 的水平投影 a 和侧面投影 a''的投影连线。由此可见，点的投影连线垂直于投影轴，这根投影轴就是点的投影所在的投影面的交线。在投影图中，投影轴、投影连线和 OY_H 与 OY_W 之间的辅助线(分角线)，都用细实线绘制。

根据上述的证明和推导，可以归纳出点的投影特性。

(1)点的投影连线垂直于投影轴：

$$aa' \perp OX$$

$$a'a'' \perp OZ$$

$$aa_{y_H} \perp OY_H,\ a''a_{y_W} \perp OY_W,\ Oa_{y_H}=Oa_{y_W}$$

(2)点的投影与投影轴的距离，既反映该点的坐标，也反映该点与相邻投影面的距离：

$$a_z a' = a_{y_H} a = x_A (Oa_x) = W_A (a''A)$$

$$a_x a = a_z a'' = y_A (Oa_y = Oa_{y_H} = Oa_{y_W}) = V_A (a'A)$$

$$a_x a' = a_{y_W} a'' = z_A (Oa_z) = H_A (aA)$$

从点的投影特性可知：已知点的三个坐标或与三个投影面的距离，便可按点的投影特性作出该点的三面投影；由于点的一个投影可以反映该点与相邻的两个投影面的距离或两个坐标，因而由一点的两个投影，就可按点的投影特性作出该点的第三投影。

【例 2.1】 已知点 $A(14,10,11)$，作出该点的三面投影。

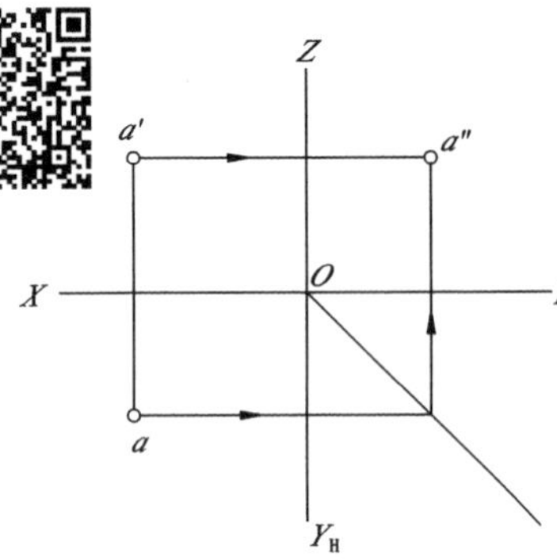

图 2.65 已知坐标作点的三面投影、已知与投影面的距离作点的三面投影

【解】 先在纸的适当位置画出三面投影的投影轴，再根据点的投影特性，可由点 A 的坐标作出它的三面投影。作图过程如图 2.65 所示。

①在 OX 轴上从点 O 向左量取 $x_A=14$，从量得的点（即 a_x，一般不必标注符号）作 OX 轴的垂线，即为点 A 的水平投影 a 和正面投影 a' 的投影连线。

②沿着水平投影和正面投影的投影连线，从 OX 轴按 OY_H 轴的方向量取 $y_A=10$，得点 A 的水平投影 a。

③沿着水平投影和正面投影的投影连线，从 OX 轴按 OZ 轴的方向量取 $z_A=11$，得点 A 的正面投影 a'。

④由一点的两个投影就能确定它的第三投影：过 a' 作 OZ 轴的垂线，即为点 A 的正面投影 a' 和侧面投影 a'' 的投影连线；过 a 作 OY_H 轴的垂线，延伸到与过点 O 的辅助线相交，从交点作 OY_W 轴的垂线，这两条垂线形成的折线就是点 A 的水平投影 a 和侧面投影 a'' 的投影连线。按图 2.65 所示的箭头方向所示，由这两条投影连线交得点 A 的侧面投影 a''。

【例 2.2】 已知点 A 与投影面 W、V、H 的距离分别为 14 mm、10 mm、11 mm，作出该点的三面投影。

【解】 按照点的投影特性，可根据点与三个投影面的距离作出它的三面投影。因为点与投影面的距离分别是该点的相应坐标，亦即 $x_A=W_A=14$、$y_A=V_A=10$、$z_A=H_A=11$，所以仍如图 2.65 所示，用例题 2.1 的作图原理和步骤，即可作出点 A 的三面投影。

前面已述及由点的两个投影可以作出第三投影，如例 2.1 的作图过程④就是由点的水平投影和正面投影作侧面投影的过程。请读者思考由点的水平投影和侧面投影或由点的正面投影和侧面投影作第三投影的作图原理和过程。

2.2.1.3 各种位置的点

如图 2.66(a)、图 2.66(b)所示，点对投影面的相对位置有四类，从图中可以看出它们的投影特性如下：

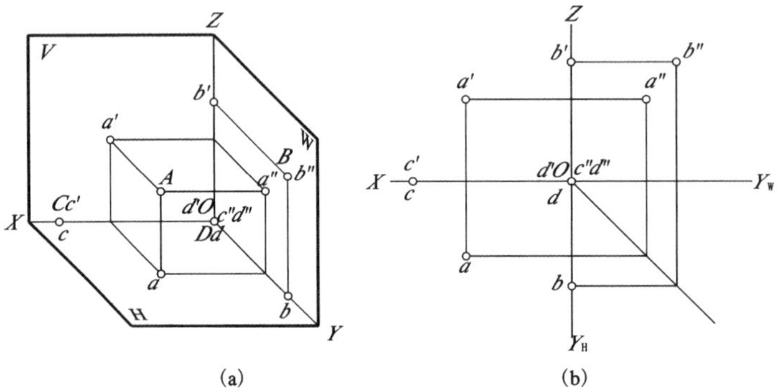

(a) (b)

图 2.66 各种位置的点

(a)立体图；(b)投影图

(1)空间点 不在任一投影面上的点，如图中的点 A，它的三个坐标都不是零，三个投影都不在投影轴上。

(2)投影面上的点 只在一个投影面上的点，有 H 面上的点、V 面上的点和 W 面上的点，如图中的点 B 是 W 面上的点。投影面上的点必有一个坐标为零，也就是点与该投影面的距离为零，该点所在的投影面上的投影与该点相重合，另外两个投影则分别位于这个投影面的两条投影轴上。值得注意的是：该点的投影位于 OY 轴上，则在投影图中，它的水平投影应在 OY_H 上。

(3)投影轴上的点　在两个投影面上的点，必在这两个投影面相交的投影轴上，有 OX 轴上的点、OY 轴上的点和 OZ 轴上的点，如图中的点 C 是 OX 轴上的点。投影轴上的点必有两个坐标为零，也就是该点与相交于这条投影轴的两个投影面的距离都是零，在相交于这条投影轴的两个投影面上的投影，都与该点相重合，另一投影则重合于原点 O。仍应注意：OY 轴上的点的水平投影应在 OY_H 上，侧面投影应在 OY_W 上。

(4)与原点 O 重合的点　在三个投影面上的点，必与原点 O 重合；在两条投影轴上的点，由于三条投影轴交于原点 O，因而必定也在第三条投影轴上，并且也与原点 O 重合，如图中的点 D。与原点 O 相重合的点的三个坐标都是零，三个投影都重合于原点 O。

请读者注意：在投影图中只能画出和标注出点的投影，不能标注这个点的大写字母的符号，例如在图 2.66(b)中，不能在 b'' 处标注 B；同理，不能在 c' 与 c 的重合处标注 C，也不能在 d、d'、d'' 的重合处标注 D。

2.2.1.4　两点的相对位置

(1)在投影图中能显示两点的相对位置

如图 2.67(a)所示，空间有长(左右方向)、宽(前后方向)、高(上下方向)三个向度，投影轴 OX、OY、OZ 分别表示向左的长度方向、向前的宽度方向、向上的高度方向；而在每个投影面上则只能反映两个向度：正面 V 反映左右方向的长度和上下方向的高度，水平面 H 反映左右方向的长度和前后方向的宽度，侧面 W 反映前后方向的宽度和上下方向的高度。

如图 2.67(b)所示，当三面体系的投影面展开成一个平面后，每个投影面所能反映的两个向度如图中所示。这里要再次强调的是：因为在投影面展开过程中，正面 V 保持不动，所以在正面 V 上反映的左右方向的长度和上下方向的高度，都与实际情况相符。由于水平面 H 是绕着它与正面 V 的交线 OX 轴向下旋转的，所以在水平面 H 上反映的是左右方向的长度，与实际情况相符；而前后方向的宽度，在投影图中成为平行于 OY_H 轴的方向，沿着 OY_H 轴向下，实际上反映向前。由于侧面 W 是绕着它与正面 V 的交线 OZ 轴向右旋转的，所以在侧面 W 上反映上下方向的高度，与实际情况相符；而前后方向的宽度，在投影图中成为平行于 OY_W 轴的方向，沿着 OY_W 轴向右，实际上反映向前。

在投影图中常用两个点沿左右(OX 轴)、前后(OY 轴)、上下(OZ 轴)三个方向之间的距离，即两点对三个投影面的距离差(坐标差或相对坐标，正值为向左、向前或向上，负值为向右、向后或向下)，确定两点间的相对位置。如图 2.68 所示，可以说：点 B 在点 A 之右 x_A-x_B、之后 y_A-y_B、之下 z_A-z_B 处；或点 A 在点 B 之左 x_A-x_B、之前 y_A-y_B、之上 z_A-z_B 处。由此可见，若已知两点的投影，就能确定它们的相对位置；反之，若已知两个点的相对位置以及其中一个点的投影，就能作出另一个点的投影。

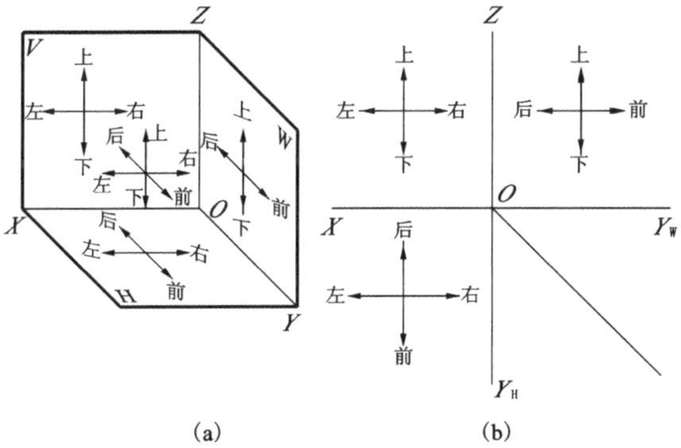

图 2.67　在三面投影中反映的三个向度

(a)立体图；(b)投影图

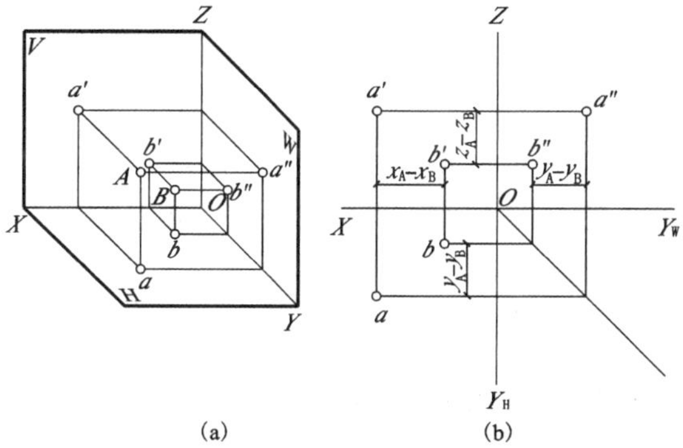

图 2.68　两点的相对位置

(a)立体图；(b)投影图

(2)重影点及其可见性

若两个点位于垂直于某一投影面的同一条投射线上，则这两个点在该投影面上的投影互相重合，这两

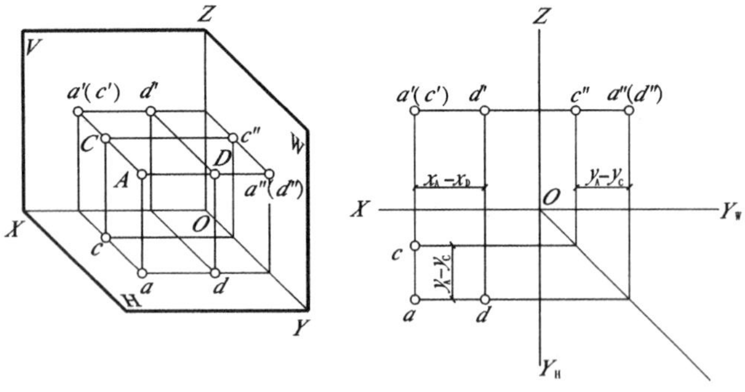

(a)　　　　　　　　(b)

图 2.69　重影点

(a)立体图；(b)投影图

个点便称为对该投影面的重影点。若一点在另一点的正前方或正后方，这两个点是对正面 V 的重影点；若一点在另一点的正上方或正下方，这两个点是对水平面 H 的重影点；若一点在另一点的正左方或正右方，这两个点是对侧面 W 的重影点。这三对重影点的重合的投影分别是：前面的点遮住后面的点；上面的点遮住下面的点；左面的点遮住右面的点。在重影点的投影重合处，若须表明可见性，则在不可见投影的符号上加括号；也可不加括号，用标注符号的排列次序表示可见的次序。如图 2.69 所示：点 A 和 C 无左右距离差（$x_A=x_C$），无上下距离差（$z_A=z_C$），点 A 在点 C 之前（y_A-y_C）处，于是点 A 在点 C 的正前方，这两个点位于垂直于正面 V 的同一条投射线上，它们的正面投影互相重合，是对正面 V 的重影点，点 A 的正面投影 a' 可见，投影符号不加括号，而点 C 的正面投影（c'）不可见，在其投影符号上加了括号；点 A 和 D 无前后距离差（$y_A=y_D$），无上下距离差（$z_A=z_D$），点 A 在点 D 之左（x_A-x_D）处，于是点 A 在点 D 的正左方，这两个点位于垂直于侧面 W 的同一条投射线上，它们的侧面投影互相重合，是对侧面 W 的重影点，点 A 的侧面投影 a'' 可见，投影符号不加括号，而点 D 的侧面投影（d''）不可见，在其投影符号上加了括号。

【例 2.3】 如图 2.70(a)所示，已知点 A 的三面投影，并知点 B 在点 A 之右 8 mm、之后 6 mm、之下 6 mm，点 E 在点 A 的正下方、在 H 面上，作点 B 和 E 的三面投影，并表明可见性。

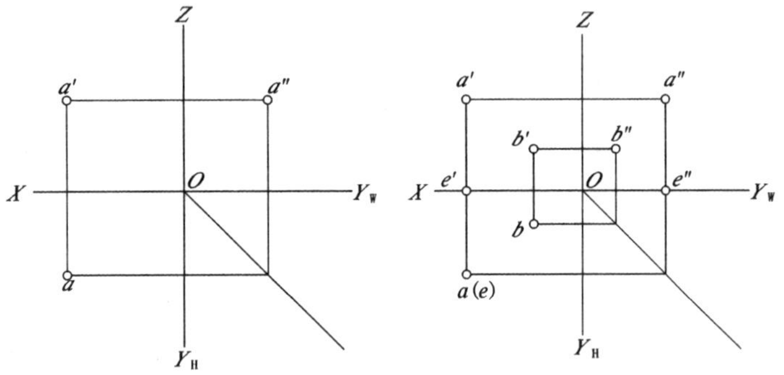

(a)　　　　　　　　(b)

图 2.70　例 2.5 已知点 A 以及点 B、E 与点 A 的相对位置，作点 B、E 的三面投影

(a)已知条件；(b)作图过程和作图结果

【解】 已知点 A 和点 B 与点 A 的相对位置，就可作出点 B 的三面投影。由于点 E 在点 A 的正下方，点 E 与点 A 是对水平面 H 的重影点，可按上面的点遮住下面的点表明两点重合的水平投影的可见性；又由于点 E 在 H 面上，按投影面上的点的投影特性就可由 e 作出 e' 和 e''。

作图过程如图 2.70(b)所示：

①从点 A 的投影连线与投影轴的交点出发，分别在 OX 轴上向右量取 8 mm，在 OZ 轴上向下量取 6 mm，在 OY_H、OY_W 轴上向后量取 6 mm，从量得的点分别作 OX、OZ、OY_H、OY_W 的垂线，即得点 B 在投影图中的三条投影连线。每两条投影连线分别交得点 B 的三面投影 b、b' 和 b''。

②因为点 E 在点 A 的正下方，点 E 的水平投影不可见，便可在点 A 的水平投影符号 a 的旁边加注与它重合的点 E 的水平投影符号（e），由（e）分别作水平投影与正面投影、侧面投影的投影连线（实际上分别与点 A 的投影连线相重合），又因为 E 是 H 面上的点，所以投影连线与 OX、OY_W 轴上交得 e'、e''，就作出了点 E 的三面投影（e）、e' 和 e''。

2.2.2　直线的投影

为了叙述简便，本书常将直线和直线段统称为直线。直线的投影就是直线上一系列点的投影集合，在图 2.71 中画出了对投影面 H 倾斜、平行、垂直的直线 AB、CD、EF 的投影 ab、cd、ef。

直线 AB 倾斜于 H 面，由端点 A、B 向 H 面作投射线，分别与 H 面交得它们的水平投影 a、b，连 a 与 b，ab 即为过直线 AB 上诸点的投射线组成的平面与 H 面的交线，也就是过 AB 上诸点的水平投影，都必

定在 ab 上，因而 ab 就是 AB 的水平投影。由于这些投射线所组成的四边形 $AabB$ 是直角梯形，所以底边 ab 短于倾斜的顶边 AB。

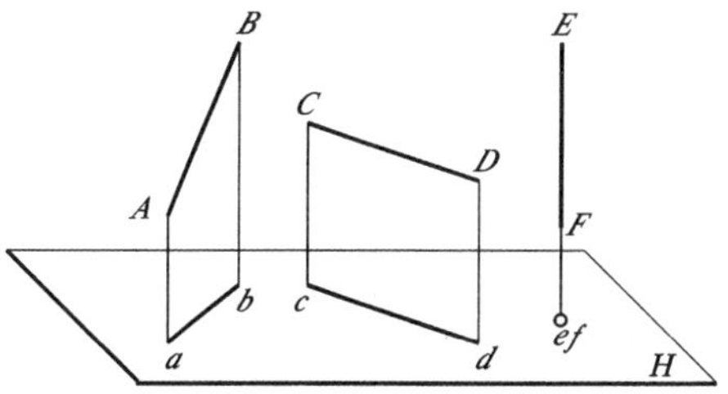

图 2.71　直线的投影

直线 CD 平行于 H 面，由端点 C、D 向 H 面作投射线，分别与 H 面交得它们的水平投影 c、d，连 c 与 d，cd 就是 CD 的水平投影。由于过 CD 上诸点的投射线组成的四边形 $CcdD$ 是矩形，所以 cd 与 CD 平行且等长。

直线 EF 垂直于 H 面，由端点 E、F 以及直线 EF 上的各点向 H 面作投射线，都与直线 EF 共线，它们的水平投影都重合于一点，仍用它的两个端点 E 和 F 的水平投影符号 e 和 f 标注成 ef。垂直于投影面的直线在该投影面上的投影成为一点，也常常被说成垂直于投影面的直线在该投影面上的投影积聚成一点，这样的投影特性称为积聚性。

由此可以归纳出直线的投影特性：除直线垂直于投影面，在该投影面上的投影积聚成一点外，直线的投影仍为直线，只要作出直线上两个端点的投影，就能连成直线的投影。平行于投影面的直线在该投影面上的投影，与直线本身平行且等长；倾斜于投影面的直线在该投影面上的投影，短于直线的真长。

2.2.2.1　直线对投影面的各种相对位置

直线按照对投影面 H、V、W 的相对位置分为三类，如下所示。后两类又各分为三种，统称为特殊位置直线。

直线
- 一般位置直线：对三个投影面 H、V、W 都倾斜
- 投影面平行线（只平行于一个投影面）
  - 水平线（H 面平行线）：//H 面，对 V、W 面都倾斜
  - 正平线（V 面平行线）：//V 面，对 H、W 面都倾斜
  - 侧平线（W 面平行线）：//W 面，对 H、V 面都倾斜
- 投影面垂直线（垂直于一个投影面，平行于另外两个投影面）
  - 铅垂线（H 面垂直线）：$\perp H$ 面，//V 面，//W 面
  - 正垂线（V 面垂直线）：$\perp V$ 面，//H 面，//W 面
  - 侧垂线（W 面垂直线）：$\perp W$ 面，//H 面，//V 面

直线与平面的夹角，就是直线与其在平面上的正投影的夹角。直线与水平面 H、正面 V、侧面 W 的夹角，称为该直线对投影面 H、V、W 的倾角，用 α、β、γ 表示。当直线平行于投影面时，倾角为 0°；垂直于投影面时，倾角为 90°；倾斜于投影面时，倾角大于 0°，小于 90°。

(1)一般位置直线

如图 2.72(a)所示，直线的端点坐标分别为 $A(40,30,10)$、$B(10,8,40)$，AB 是一般位置直线，图 2.72(b)是它的投影图，直线的可见投影用粗实线绘制。由于 AB 对三个投影面 H、V、W 都倾斜，即两端点

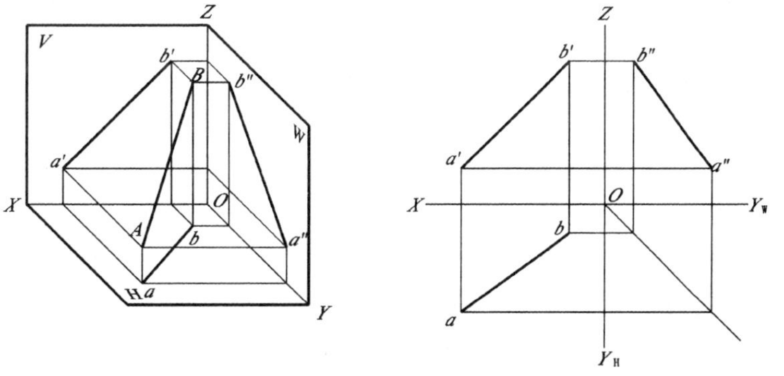

(a)　(b)

图 2.72　一般位置直线的投影特性

(a)立体图；(b)投影图

A、B 的 z、y、x 坐标差，都不等于零，因而直线 AB 的三个投影都倾斜于投影轴，它的三个投影的长度都缩短。从图中还可看出：直线 AB 的三个投影与投影轴的夹角，都不等于 AB 与投影面的倾角。

综上所述，可以归纳出一般位置直线的投影特性：三个投影都倾斜于投影轴，长度缩短，不能直接反映直线对投影面的倾角。

如需在一般位置的直线段 AB 的投影图中求作它的真长及其对投影面的倾角，则可如图 2.73(a)所示，延长 AB 和 ab，相交于水平投影面 H 上的点 M，它们之间的夹角 α 即为 AB 对 H 面的倾角。在由 AB、ab 和投射线 Aa、Bb 组成的直角梯形平面上，过 A 作水平线 $AB_0 /\!/ ab$，则 $\angle AB_0B$ 为直角，$\triangle AB_0B$ 为直角三角形。在直角三角形 AB_0B 中，一条直角边 $AB_0=ab$，就是直线 AB 的 H 面投影 ab 的长度；另一条直角边 $B_0B=bB-aA$，即端点 B、A 与 H 面的距离差，也就是 z 坐标差 Δz；斜边是直线 AB 的真长；斜边与反映 AB 的 H 面投影 ab 的长度的直角边之间的夹角，即为 AB 对 H 面的倾角 α。

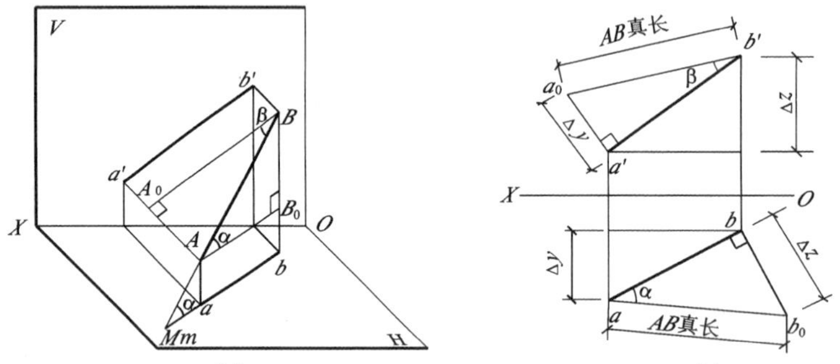

(a) (b)

图 2.73　用直角三角形法求作一般位置直线的真长与倾角

(a)立体图；(b)作图过程和作图结果

仍如图 2.73(a)所示，在由 AB、$a'b'$和投射线 Aa'、Bb'组成的直角梯形平面上，过 B 作正平线 $BA_0 /\!/ a'b'$，则 $\angle BA_0A$ 为直角，$\triangle BA_0A$ 为直角三角形。在直角三角形 BA_0A 中：一条直角边 $A_0B=a'b'$，就是直线 AB 的 V 面投影 $a'b'$的长度；另一条直角边 $A_0A=a'A-b'B$，即端点 A、B 与 V 面的距离差，也就是 y 坐标差 Δy；斜边是直线 AB 的真长；斜边与反映 AB 的 V 面投影 $a'b'$的长度的直角边之间的夹角，即为 AB 对 V 面的倾角 β。

由此可见，只要能够作出上述两个三角形的全等图形，就可作出一般位置直线的真长及其对投影面的倾角。这种方法称为求一般位置直线的真长及其对投影面的倾角的直角三角形法。求 AB 的真长及其倾角 α、β 的作图过程如图 2.73(b)所示：

①过 a'作 OX 轴的平行线，与投影连线 bb'交得直线 AB 的两端点的 z 坐标差 Δz。

②过 b 作 ab 的垂线，在垂线上量取 $bb_0=\Delta z$，得 b_0，连 a 与 b_0，则直角三角形 abb_0 的斜边 ab_0 即为 AB 的真长；斜边 ab_0 与直角边 ab 的夹角，就是 AB 对 H 面的倾角 α。

③过 b 作 OX 轴的平行线，与投影连线 aa'交得直线 AB 的两端点的 y 坐标差 Δy。

④过 a'作 $a'b'$的垂线，在垂线上量取 $a'a_0=\Delta y$，得 a_0，连 b'与 a_0，则直角三角形 $b'a'a_0$ 的斜边 $b'a_0$ 即为 AB 的真长；斜边 $b'a_0$ 与直角边 $a'b'$的夹角，就是 AB 对 V 面的倾角 β。

从图 2.73 可归纳出用直角三角形法求直线的真长及其对投影面的倾角的作图过程：以直线的某一投影的长度为一直角边，反映直线两端点与这个投影面的距离差(即坐标差)为另一直角边，则所作出的直角三角形的斜边，即为真长，斜边与长度等于直线投影长度的直角边的夹角，即为直线与这个投影面的真实倾角。在 V、W 两面体系和三面体系的投影图中，也可用上述归纳出的作图过程，求直线的真长及其对投影面的倾角(包括对 W 面的倾角 γ)。

(2)投影面平行线

表 2.6 列出了三种投影面平行线的立体图、投影图和投影特性。

表 2.6　投影面平行线的投影特性

名称	水平线	正平线	侧平线
立体图	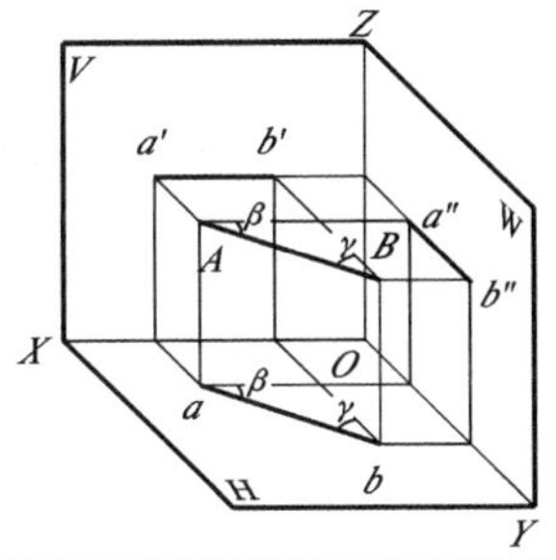	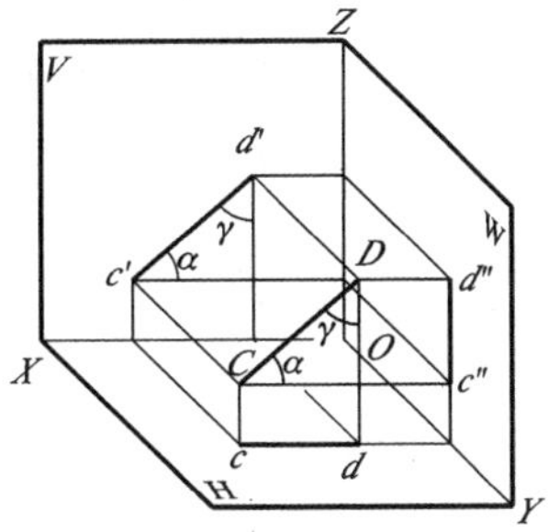	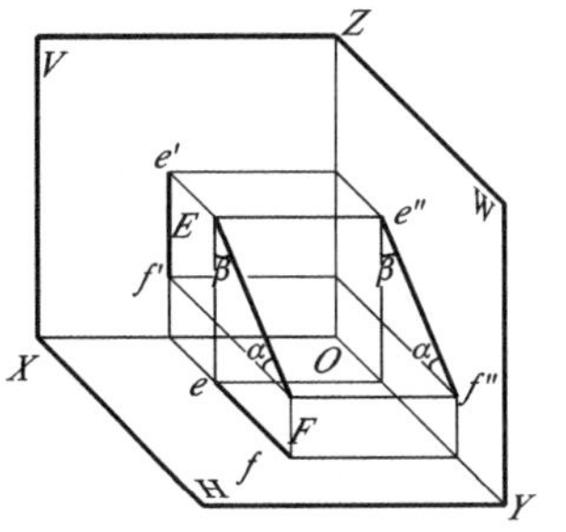
投影图	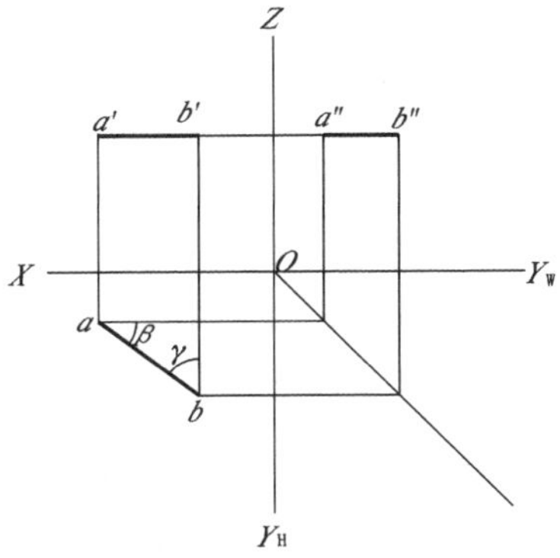	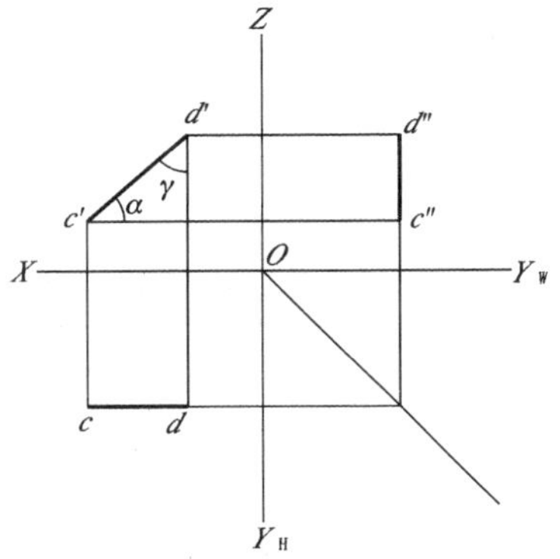	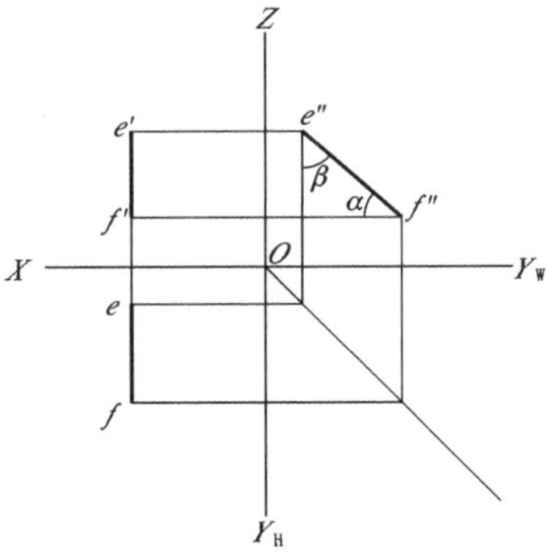
投影特性	(1)ab 反映真长和倾角 β、γ； (2)$a'b'/\!/OX$，$a''b''/\!/OY_W$，且长度缩短	(1)$c'd'$ 反映真长和倾角 α、γ； (2)$cd/\!/OX$，$c''d''/\!/OZ$，且长度缩短	(1)$e''f''$ 反映真长和倾角 α、β； (2)$ef/\!/OY_H$，$e'f'/\!/OZ$，且长度缩短

从表 2.6 中的水平线 AB 的立体图可知：

由于 $AB/\!/H$，所以 $ab/\!/AB$，ab 反映 AB 的真长。

由于 $AB/\!/H$，AB 上各点的 z 坐标相等，所以 $a'b'/\!/OX$，$a''b''/\!/OY$（在投影图中 $a''b''/\!/OY_W$）；又由于 AB 倾斜于投影面 V 和 W，所以 $a'b'$、$a''b''$ 都短于 AB 的真长。

由于 $AB/\!/ab$，$a'b'/\!/OX$，$a''b''/\!/OY$，而 AB 与 $a'b'$、$a''b''$ 的夹角分别是 AB 对投影面 V、W 的倾角 β、γ，所以 ab 与 OX、OY（在投影图中为 OY_H）的夹角即为 β、γ。

于是推导出表 2.6 中所列的水平线 AB 的投影特性。

同理，也可推导出表 2.6 中所列的正平线和侧平线的投影特性。

由表 2.6 可归纳出投影面平行线的投影特性如下：

①在平行的投影面上的投影，反映直线的真长以及对另外两个投影面的倾角。

②在另外两个投影面上的投影，平行于相应的投影轴（即投影所在的投影面与直线所平行的投影面相交所得的投影轴），长度缩短。

【例 2.4】 已知水平线 AB 的端点 $A(15,11,10)$，水平线 AB 的长度为 14，水平线 AB 与 V 面的夹角为 30°、指向右后方，要求作出 AB 直线的三面投影。

【解】 根据水平线的投影特性，如果已知水平线的一个端点坐标和它的长度、方向，就可作出水平线的三面投影。

作图过程如图 2.74 所示：

①在纸的适当位置画出三面投影的投影轴。

②仿照【例 2.1】，作出水平线 AB 端点 A 的水平投影、正面投影和侧面投影。

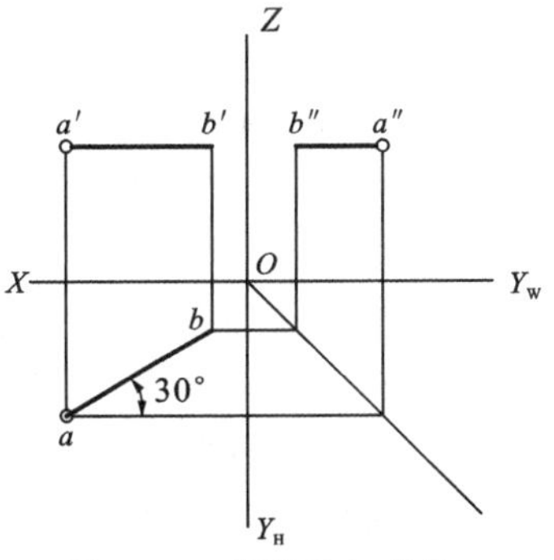

图 2.74　根据已知条件，作水平线的三面投影

③根据水平线的水平投影反映真长和与 OX 轴的夹角反映对 V 面的倾角、方向，便可以画出水平线 AB 的水平投影 ab。

④由水平线 AB 的水平投影的端点 b 作投影连线，与过水平线 AB 的端点 a' 向右画的 OX 平行线相交，得到水平线 AB 的端点 B 的 V 面投影，a'、b' 连线就是水平线 AB 的正面投影；与过水平线 AB 的端点 a'' 向后画的 OY 平行线相交，得到水平线 AB 的端点 B 的 W 面投影，a''、b'' 连线就是水平线 AB 的侧面投影。

⑤加深 ab、$a'b'$、$a''b''$，完成水平线 AB 的三面投影。

(3)投影面垂直线

表 2.7 列出了三种投影面垂直线的立体图、投影图和投影特性。

从表 2.7 中的铅垂线 AB 的立体图可知：

由于 $AB \perp H$，所以 ab 积聚成一点。

由于 $AB \perp H$，$OZ \perp H$，所以 $AB /\!/ OZ$，$AB /\!/ V$，$AB /\!/ W$，由此可以证明 $a'b' /\!/ AB /\!/ OZ$，$a''b'' /\!/ AB /\!/ OZ$，且 $a'b'$ 和 $a''b''$ 都反映 AB 的真长。

于是推导出表 2.7 中所列的铅垂线的投影特性。

表 2.7　投影面垂直线的投影特性

名称	铅垂线	正垂线	侧垂线
立体图	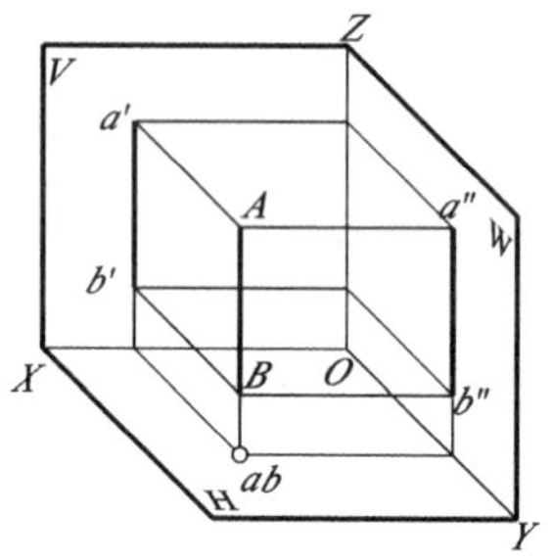	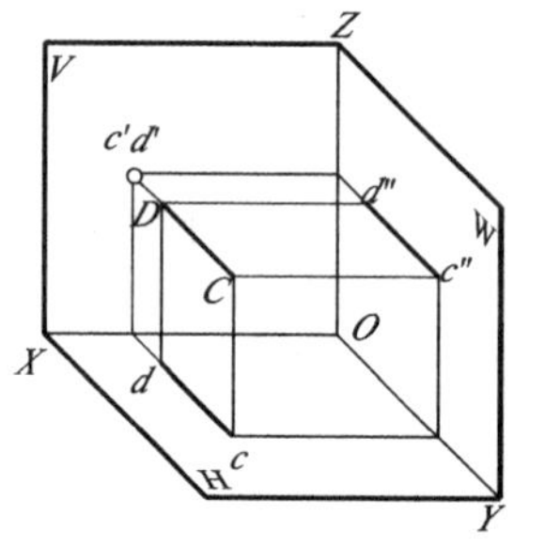	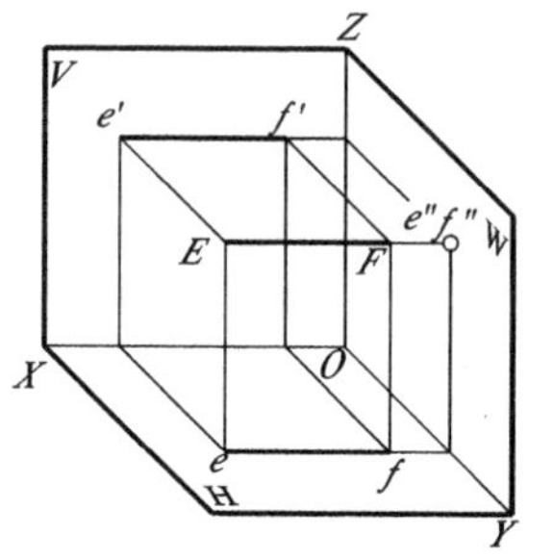
投影图	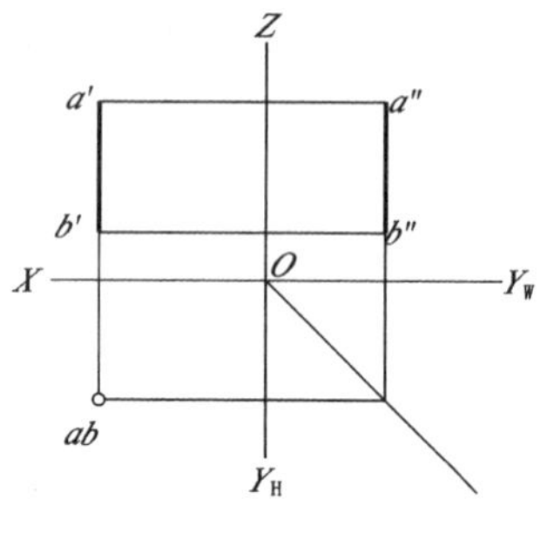	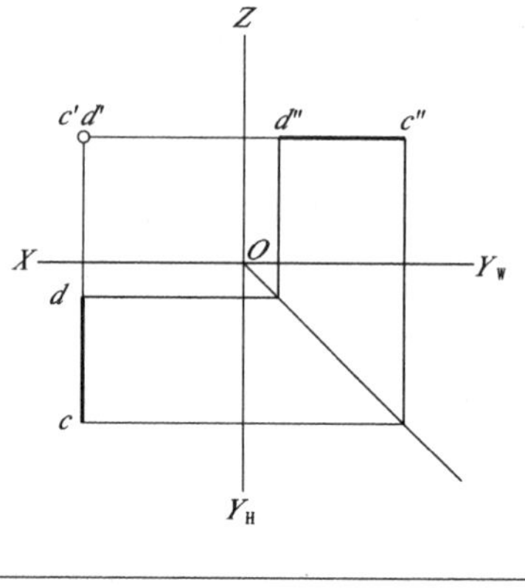	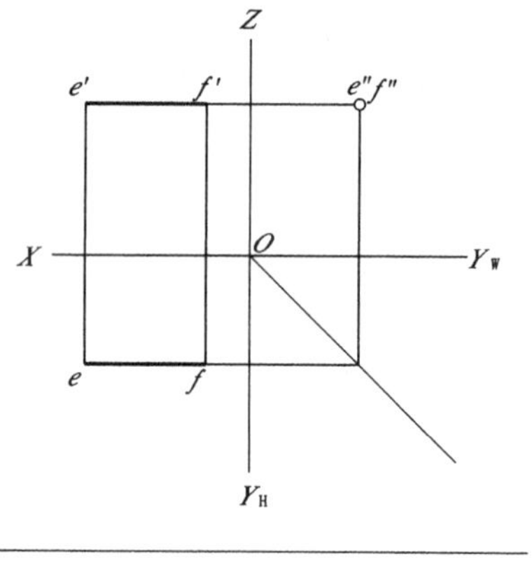
投影特性	(1)ab 积聚成一点； (2)$a'b' /\!/ OZ$，$a''b'' /\!/ OZ$，且反映真长	(2)$c'd'$ 积聚成一点； (2)$cd /\!/ OY_H$，$c''d'' /\!/ OY_W$，且反映真长	(1)$e''f''$ 积聚成一点； (2)$ef /\!/ OX$，$e'f' /\!/ OX$，且反映真长

同理，也可推导出表 2.7 中所列的正垂线和侧垂线的投影特性。

由表 2.7 可归纳出投影面垂直线的投影特性：

①在垂直的投影面上的投影积聚成一点。

②在另外两个投影面上的投影，平行于相应的投影轴(即与直线相平行的投影轴)，且反映真长。

【例 2.5】　已知正垂线 AB 的端点 $A(9,5,10)$，正垂线 AB 的长度为 10、指向前方，要求作出 AB 直线的三面投影。

【解】 根据正垂线的投影特性，如果已知正垂线一个端点的坐标和正垂线 AB 的长度、方向，就可作出正垂线的三面投影。

作图过程如图 2.75 所示：

①在纸的适当位置画出三面投影的投影轴。

②仿照【例 2.1】，作出正垂线 AB 端点 A 的水平投影、正面投影和侧面投影。

③根据正垂线的水平投影和侧面投影反映真长、方向的特性，便可以画出正垂线 AB 的水平投影 ab 和侧面投影 $a''b''$。

④由正垂线正面投影积聚成一点的特性，正垂线 AB 的端点 B 的 V 面投影 b' 与端点 A 的 V 面投影重合，便得到正垂线 AB 的 V 面投影，因为端点 B 在 A 前，则 b' 注写在 a' 前。加深 ab、$a''b''$，便完成正垂线 AB 的三面投影。

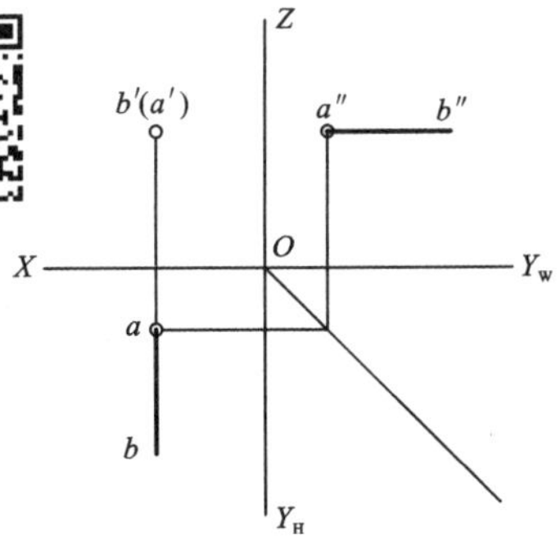

图 2.75 根据已知条件画出正垂线的三面投影

2.2.2.2 直线上的点

如图 2.76 所示，垂直于 H 面的直线 AB 的水平投影 ab 积聚成一点，AB 上的点 C 的水平投影 c 也必积聚在其上；不垂直于 H 面的直线 DE 的水平投影 de 仍为直线，DE 上的点 F 的水平投影 f 也必在 de 上。几何形体在同一个投影面上的投影称为同面投影。根据直线的投影是直线上诸点的投射线组成的平面与承影面的交线，可归纳出直线上的点的第一个投影特性：直线上的点的投影，必在直线的同面投影上。

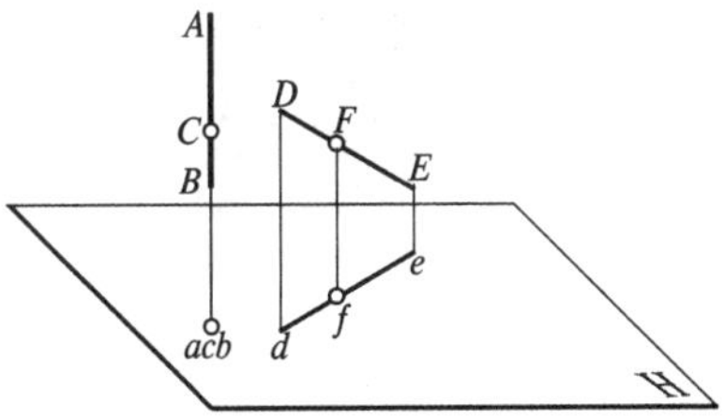

图 2.76 直线上的点的投影特性

仍如图 2.76 所示，由初等几何可知，不垂直于 H 面的直线 DE 上的点 F 分割 DE 的长度比，与 f 分割 de 的长度比相等，亦即 $DF:FE=df:fe$。若 DE 也不垂直于投影面 V、W，则同理可证 $DF:FE=d'f':f'e'$、$DF:FE=d''f'':f''e''$，从而得到 $DF:FE=df:fe=d'f':f'e'=d''f'':f''e''$。由此可归纳出直线上的点的第二个投影特性：若直线不垂直于投影面，则直线段上的点分割线段的长度比，与该点的投影分割直线同面投影的长度比相等。

【例 2.6】 如图 2.77(a)所示，已知直线 AB，在 AB 上取点 C 和 D，点 C 距 H 面 10 mm，点 D 分割 AB 成 $AD:DB=3:1$，作点 C 和 D 的两面投影。

【解】 根据直线上的点的投影特性，按已知条件可作出点 C 和 D 的两面投影，作图过程如下(作图过程中所画的作图线，都用细实线绘制)：

①在 OX 轴之上 10 mm 处作水平线，与 $a'b'$ 交得 c'；由 c' 引投影连线，与 ab 交得 c。

②从 a 作任意方向的直线，在其上由 a 任取长度单位顺次量取四个单位，得点 1、2、3、4，连 4 和 b，由 3 作 $4b$ 的平行线，与 ab 交得 d；由 d 引投影连线，与 $a'b'$ 交得 d'。

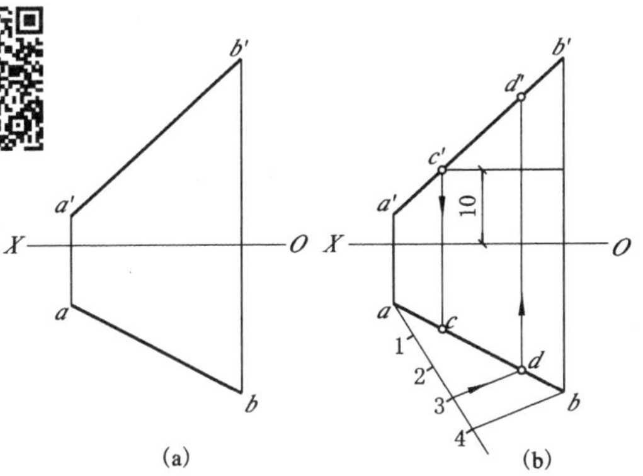

图 2.77 按已知条件作直线 AB 上的点 C 和 D

(a)已知条件；(b)作图过程和作图结果

【例 2.7】 如图 2.78(a)所示，已知直线 AB 以及点 C、D，检验点 C、D 是否在直线 AB 上。

【解】 由于直线 AB 是侧平线，虽然点 C、D 的两投影都位于直线 AB 的同面投影上，不能仅按直线上的点的第一个投影特性在两面体系中直接检验，可将两面体系扩展成三面体系后，在侧面投影中再按直线上的点的第一个投影特性检验，如图 2.78(b)所示的立体图；或者就直接在两面体系中按直线上的点的第二个投影特性进行目测检验或作图检验。现分别用这两种方法检验如下：

(1)检验方法一[图 2.78(c)]

①由原点 O 作 OX 轴的垂线，由原点 O 向 OX 轴的反方向延伸水平线，就添补了 OZ、OY_H、OY_W 轴，

将两面体系扩展成三面体系，并作出 OY_H 和 OY_W 轴的分角线为辅助线。按已知点的两投影求作第三投影的作图方法，作出点 A、B、C、D 的侧面投影 a''、b''、c''、d''，并将 a''和 b''连成直线 AB 的侧面投影 $a''b''$。

②由于 c''在 $a''b''$上，d''不在 $a''b''$上，便检定出点 C 在直线 AB 上，点 D 不在直线 AB 上。

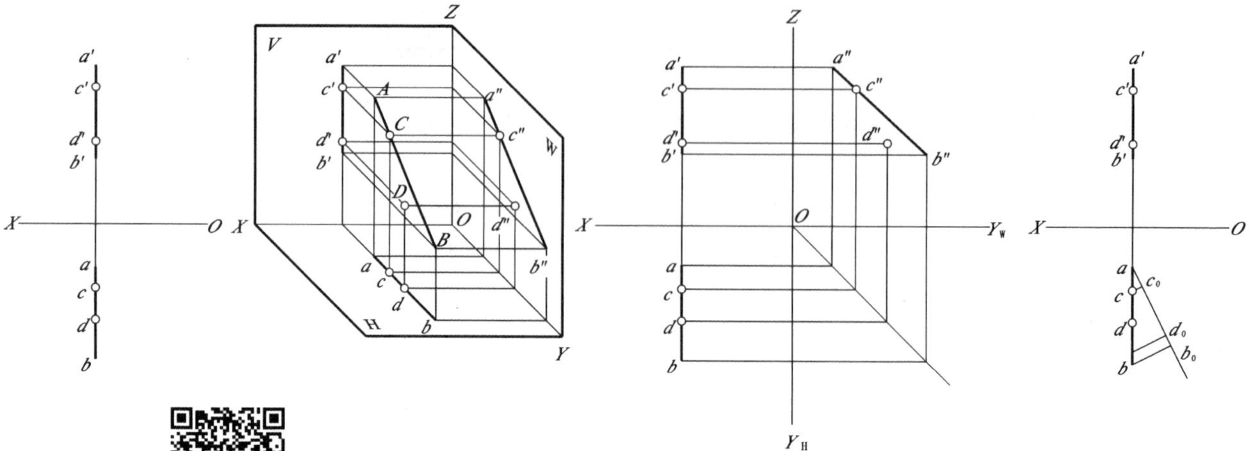

(a) (b) (c) (d)

图 2.78　检验点 C 和 D 是否在直线 AB 上

(a)已知条件；(b)立体图；(c)检验方法一；(d)检验方法二

(2)检验方法二[图 2.78(d)]

过 a 作任意方向的直线，在其上按顺序量取点 c_0、d_0、b_0，使 ac_0、c_0d_0、d_0b_0 分别等于 $a'c'$、$c'd'$、$d'b'$。连 b_0 与 b，过 c_0、d_0 分别作 b_0b 的平行线，过 c_0 的平行线恰好与 ab 交于 c，而过 d_0 的平行线与 ab 的交点不与 d 重合，则点 C 在直线 AB 上，而点 D 不在直线 AB 上。实际上从目估就可以看出 $ad:db \neq a'd':d'b'$，因而点 D 不必经过作图检验就可检定出它不在直线 AB 上；而从目估知道点 C 可能在直线 AB 上，必须如图所示，准确地通过作图检验后才能检定。

2.2.2.3　两直线的相对位置

两直线的相对位置有三种情况：平行、相交、交叉。平行两直线和相交两直线分别位于同一平面上，是共面直线；交叉两直线彼此既不平行，又不相交，它们不在同一平面上，也称为异面直线。

(1)两直线平行

平行两直线的同面投影都分别互相平行。

如图 2.79(a)所示，直线 AB 和 CD 互相平行，因此，通过 AB、CD 上诸点的垂直于 H 面的投射线所构成的两个平面 $AabB$ 和 $CcdD$ 也互相平行，它们与 H 面的交线 ab 和 cd 也必定互相平行；同理也可证明 $a'b'$和 $c'd'$、$a''b''$和 $c''d''$都必定分别互相平行。于是就推导出上述投影特性。图 2.79(b)所示是平行两直线 AB 和 CD 的三面投影图。反之，只要两直线的同面投影都分别互相平行，则这两直线必互相平行。

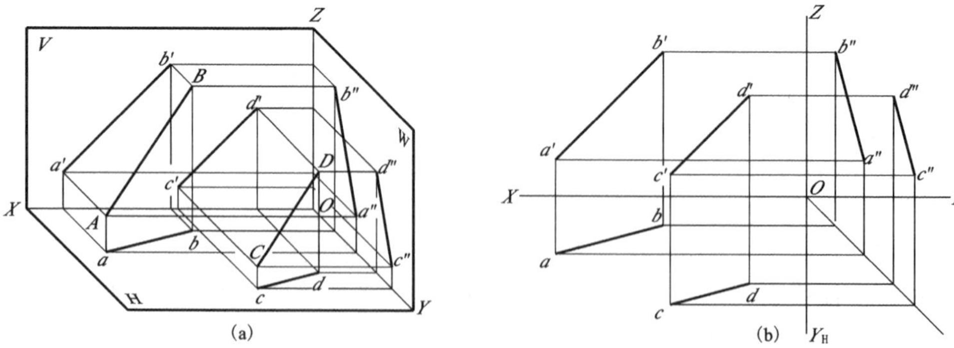

(a) (b)

图 2.79　两直线平行

(a)立体图；(b)投影图

【例 2.8】 如图 2.80(a)所示，已知直线 AB 和 C 点，要求过 C 点画直线 CD 平行直线 AB、直线 CD 真长为 10 mm 的两面投影。

【解】 按两直线平行的投影特性，可以画出直线 CD 的投影方向；用直角三角形法求作一般直线的真长，可以求得 D 点的投影。具体作图过程如图 2.80(b)所示：

①分别在 H 面和 V 面、过 c 和 c' 画直线平行 ab 和 $a'b'$，得到直线 CD 的两面投影方向。

②在直线 CD 上任意取一点 I，并得到它的两面投影；由 i 作 ci 的垂线，在垂线上量取 $c'i'$ 之间的 Δz，得 i_0，连接 c 与 i_0，c 与 i_0 的距离就是 CI 的真实长度。

③因为 D 点是 CI 上的点，所以在 c 与 i_0 的连线上量取 CD 的真实长度 10 mm，得到 d_0，过 d_0 画 ci 垂线，与 ci 交点为 d，由 d 画与 v 面的投影连线，与 $c'i'$ 交点为 d'；用粗实线分别连 cd、$c'd'$，即为直线 CD 的两面投影。

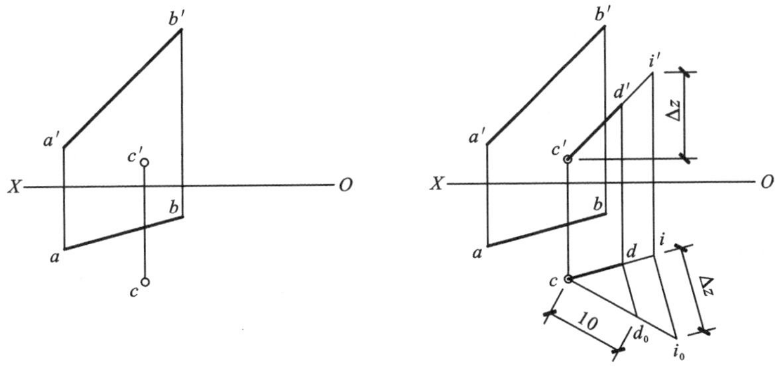

(a) (b)

图 2.80 根据已知条件作直线 CD 的两面投影

(a)已知条件；(b)作图过程和作图结果

(2)两直线相交

相交两直线的同面投影必相交，并且同面投影的交点是同一点的投影，这个点就是空间两直线交点的投影。

如图 2.81 所示，已知直线 AB 和 CD 相交于点 K，则交点 K 是直线 AB 和 CD 的共点，根据直线上的点的投影特性，点 K 的水平投影 k 必定既在 AB 的水平投影 ab 上，又在 CD 的水平投影 cd 上，因此，ab 和 cd 必定相交，ab 和 cd 的交点 k，就是 AB 和 CD 的交点 K 的水平投影。同理，也可说明 $a'b'$ 和 $c'd'$、$a''b''$ 和 $c''d''$ 也都分别相交，交点分别是 AB 和 CD 的交点 K 的正面投影、侧面投影。反之，只要两直线的同面投影在投影图中都相交，并且同面投影的交点是同一点的投影，则这两直线一定相交。

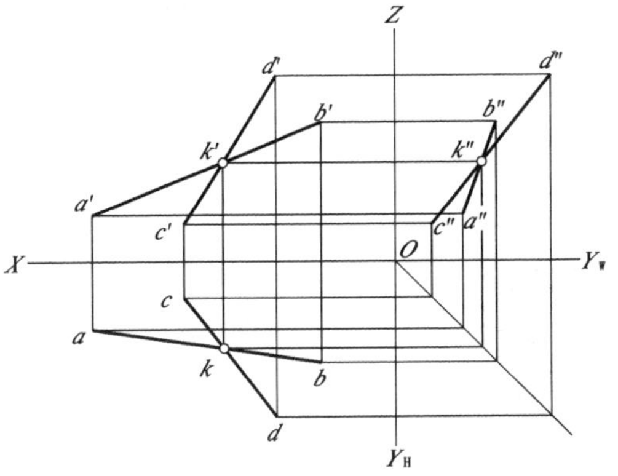

图 2.81 两直线相交

(3)两直线交叉

交叉两直线的同面投影有的相交，有的平行；或者同面投影都分别相交，但同面投影的交点是各条直线上的一个点构成的对这个投影面的重影点，需要时还应检定和表明它们的可见性。

如图 2.82(a)所示，当两直线 AB、CD 交叉，通过 AB、CD 上诸点的投射线所构成的两个平面相交时，它们在该投影面上的同面投影相交；而如图 2.82(b)所示，当两直线 AB、CD 交叉，通过 AB、CD 上诸点的投射线所构成的两个平面平行时，它们在该投影面上的同面投影平行。

从图 2.82(a)中可以看出：当交叉两直线 AB、CD 的同面投影相交，由交点作反向投射线可以找到点Ⅰ、Ⅱ，点Ⅰ、Ⅱ是对这个投影面的投影重合。上方的点Ⅰ的 H 面投影 1 可见，而下方的点Ⅱ的 H 面投影 2 不可见，于重合的投影处按重影点的投影符号规定写作 1(2)；若投影面是 V 面或 W 面，则是前方的点可见、后方的点不可见或左方的点可见、右方的点不可见。

在图 2.83 所示的三面体系的投影图中，画出了直线 AB 和 CD，由于它们的三组同面投影都相交，但每两组同面投影的交点都不在同一条投影连线上，所以 AB 和 CD 交叉。由于 AB 和 CD 是交叉两直线，所以每组同面投影的交点都分别是每条直线上各点形成的对这个投影面的重影点，图中标注出了对 H 面的重影点Ⅰ和Ⅱ、对 V 面的重影点Ⅲ和Ⅳ、对 W 面的重影点Ⅴ和Ⅵ的投影符号，并表明了可见性。

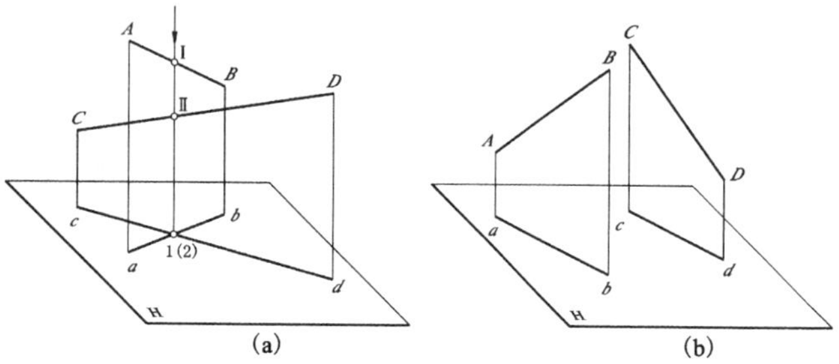

图 2.82　两直线交叉

(a)同面投影相交；(b)同面投影平行

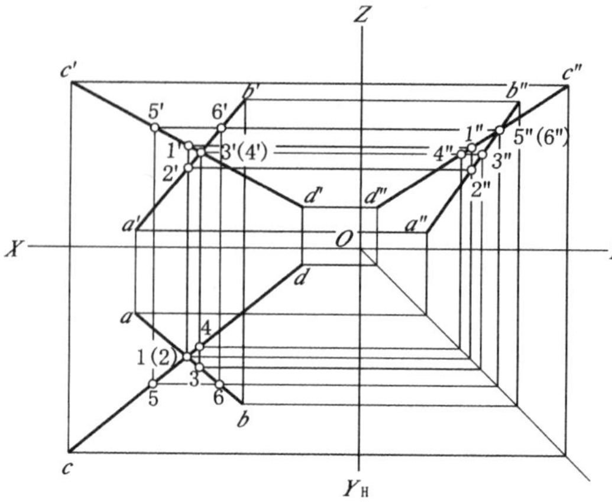

图 2.83　交叉两直线的投影图

【例 2.9】　如图 2.84(a)所示，检验直线 AB、CD 的相对位置。

【解】　由于两直线的两组同面投影平行，不可能是相交，又因这两条直线上所有点的 x 坐标都分别相等，因而都是侧平线，不能仅从已有的两面投影判断，因为它们可能互相平行，也可能交叉。若将已知条件的 H、V 两面体系扩展成三面体系，则按不同位置的两直线的投影特性可以检定：如侧面投影也互相平行，则这两直线平行；如相交，包括延长后相交，则这两直线交叉。具体的检验作图过程如图 2.84(b)所示：

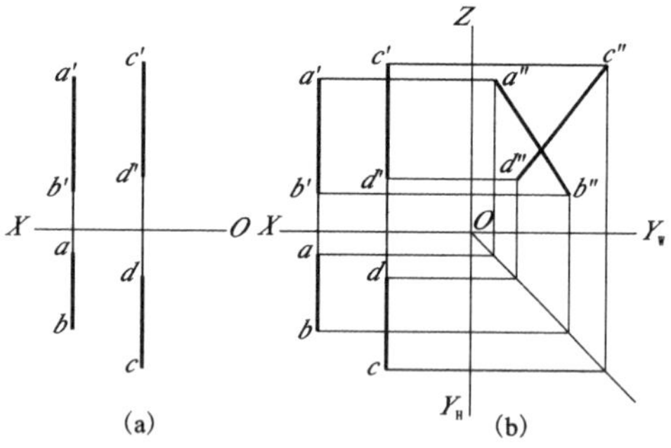

图 2.84　检验两直线的相对位置

(a)已知条件和目估检验；(b)扩展成三面体系检验

①过 OX 轴的 O 点或轴上的适当位置画 45°辅助线，将两面体系的投影图中的投影轴扩展成三面体系的投影图中的投影轴。

②由 ab、cd 和 $a'b'$、$c'd'$ 作出 $a''b''$ 和 $c''d''$，由于 $a''b''$ 和 $c''d''$ 相交，就可检定 AB 和 CD 是交叉。实际上这个题目不扩展成三面体系，而按已知条件的投影图想象直线 AB、CD 的空间位置，也可检定它们是平行的还是交叉的。因为在图 2.84(a)所示的投影图中直接可以看出：侧平线 AB 从 A 到 B 的趋向是从后上到前下，而侧平线 CD 从 C 到 D 的趋向是从前上到后下，趋向不同，AB 和 CD 不可能平行，因而是交叉的。

2.2.2.4　两直线垂直

当两直线相交或交叉时，都有一种特殊情况，即两直线垂直，也就是两直线之间的夹角为直角。这里着重讲述一边平行于投影面的直角的投影特性。

(1)两直线垂直相交

当两直线相交成直角时，两直角边有下列四种情况，它们的投影特性如下：

①当直角的两边都与投影面不平行时，在该投影面上的投影不是直角。

②当直角的两边都与投影面平行时，在该投影面上的投影仍是直角。

③当直角的一边平行于投影面，另一边垂直于该投影面时，在该投影面上投影为一条直线。

④当直角的一边平行于投影面，另一边倾斜于该投影面时，在该投影面上的投影仍是直角。

如图 2.85(a)所示，已知 $AB /\!/ H$，$\angle ABC$ 是直角，推导证明$\angle abc$ 仍是直角[图 2.85(b)是投影图]：

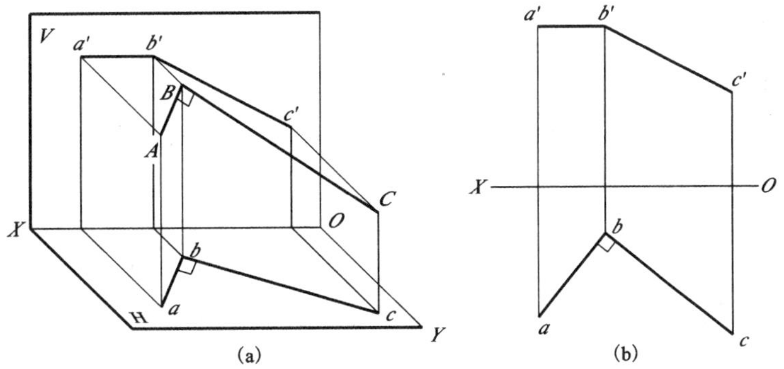

图 2.85　一边平行和一边倾斜于投影面的直角的投影特性

(a)立体图；(b)投影图

因为 $AB /\!/ H$、$Bb \perp H$，所以 $AB \perp Bb$。

因为 $AB \perp BC$、$AB \perp Bb$，所以 $AB \perp$ 平面 $BCcb$。

因为 $AB /\!/ H$，所以 $ab /\!/ AB$。

因为 $ab /\!/ AB$、$AB \perp$ 平面 $BCcb$，所以 $ab \perp$ 平面 $BCcb$。

因为 $ab \perp$ 平面 $BCcb$，所以 $ab \perp bc$，亦即$\angle abc$ 仍是直角(证毕)。

【例 2.10】 如图 2.86(a)所示，已知点 A 和正平线 BC，过点 A 作 BC 的垂线 AD 和垂足 D，并求出点 A 和 BC 间的真实距离。

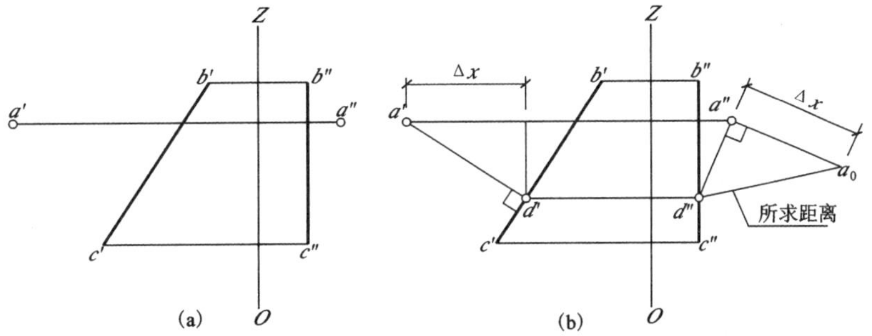

图 2.86　过点 A 作正平线 BC 的垂线和垂足，并求出 A 与 BC 的距离

(a)已知条件；(b)作图过程和作图结果

【解】 由于直线 BC 是正平线，便可用一边平行于投影面的直角的投影特性作图，从而作出垂线 AD 和垂足 D。点 A 与直线 BC 间的真实距离就是线段 AD 的真长，用直角三角形法就可作出它的真长。作图过程如图 2.86(b)所示：

①过 a' 作 $a'd' \perp b'c'$，与 $b'c'$ 交得 d'；由 d' 作投影连线，与 $b''c''$ 交得 d''。d'、d'' 即为所求垂足 D 的两面投影。

②连 a'' 与 d''，$a'd'$、$a''d''$ 即为所求垂线 AD 的两面投影。

③过 d' 作 OZ 轴的平行线，与投影连线 $a'a''$ 交得垂线 AD 的两个端点 A、D 之间的 x 坐标差 Δx。由 a'' 作 $a''d''$ 的垂线，在垂线上量取 $a''a_0 = \Delta x$，得 a_0；连 a_0 与 d''，a_0d'' 即为垂线 AD 的真长，也就是点 A 和正平线 BC 间的真实距离。

(2)两直线垂直交叉

按立体几何的规定，由一直线的一个端点作另一与它相交叉的直线的平行线，两相交直线之间的夹角即为这两条交叉直线之间的夹角。因此，两直线交叉垂直时，交叉成直角的投影特性，除了一边平行于投影面、另一边垂直于该投影面时，后者在这个投影面上的积聚投影不在前者的同面投影上以外，其他都与两直线相交成直角的投影特性相同，不再赘述。

2.2.3 平面和平面曲线的投影

2.2.3.1 平面的投影

平面常以确定该平面的点、直线或平面图形等几何元素表示，因此，平面的投影就是求作确定该平面形状和位置的点、直线或平面图形线的投影。

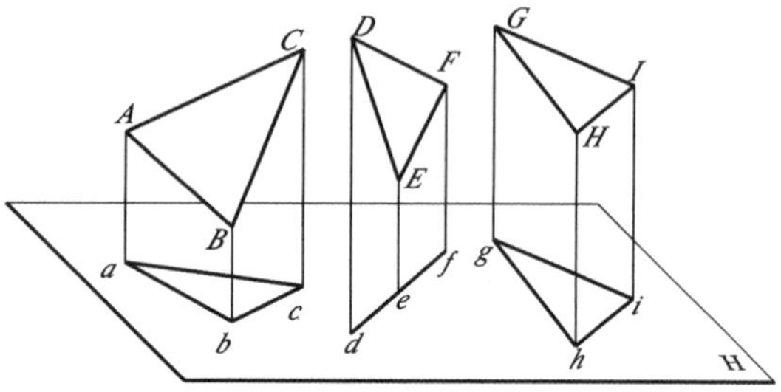

图 2.87 平面图形的投影特性

如图 2.87 所示，三角形的投影是用求作点、直线投影的方法作出三条边的投影得到。其中：$\triangle ABC$ 倾斜于投影面 H，则它在 H 面上的投影为面积缩小、边数仍相等、凹凸性及平行性不变的平面图形，亦称类似形。

$\triangle DEF$ 垂直于投影面 H，因为投射线也垂直于 H 面，所以通过$\triangle DEF$ 上诸点的投射线都位于$\triangle DEF$ 平面上，包含投射线的平面与 H 面的交线就是$\triangle DEF$ 的水平投影。这样的投影特性可说成：垂直于投影面的平面在该投影面上的投影积聚成直线。

$\triangle GHI$ 平行于投影面 H，则它的三条边 GH、HI、IG 的水平投影 gh、hi、ig 分别反映 GH、HI、IG 的真长，所以它在 H 面上的投影$\triangle ghi$ 反映$\triangle GHI$ 的真形。

由此可以归纳出平面图形的投影特性：当平面图形倾斜于投影面时，投影为面积缩小的类似形；当垂直于投影面时，投影积聚成直线；当平行于投影面时，投影反映真形。

2.2.3.2 平面对投影面的各种相对位置

平面按照对投影面 H、V、W 的相对位置分类，如下所示。后两类又各分为三种，统称特殊位置平面。

平面
- 一般位置平面：对三个投影面 H、V、W 都倾斜
- 投影面垂直面（只垂直于一个投影面）
  - 铅垂面（H 面垂直面）：$\perp H$ 面，对 V、W 面都倾斜
  - 正垂面（V 面垂直面）：$\perp V$ 面，对 H、W 面都倾斜
  - 侧垂面（W 面垂直面）：$\perp W$ 面，对 H、V 面都倾斜
- 投影面平行面（平行于一个投影面，垂直于另外两个投影面）
  - 水平面（H 面平行面）：$/\!/H$ 面，$\perp V$ 面，$\perp W$ 面
  - 正平面（V 面平行面）：$/\!/V$ 面，$\perp H$ 面，$\perp W$ 面
  - 侧平面（W 面平行面）：$/\!/W$ 面，$\perp H$ 面，$\perp V$ 面

两平面之间的夹角，就是两个平面之间的两面角，是用与两平面都垂直的平面和它们相交所得到的两交线之间的平面角来度量的。平面与水平面 H、正平面 V、侧平面 W 的夹角，称为该平面对投影面 H、V、W 的倾角，也用 α、β、γ 表示。当平面平行于投影面时，倾角为 0°；垂直于投影面时，倾角为 90°；倾斜于投影面时，倾角大于 0°，小于 90°。

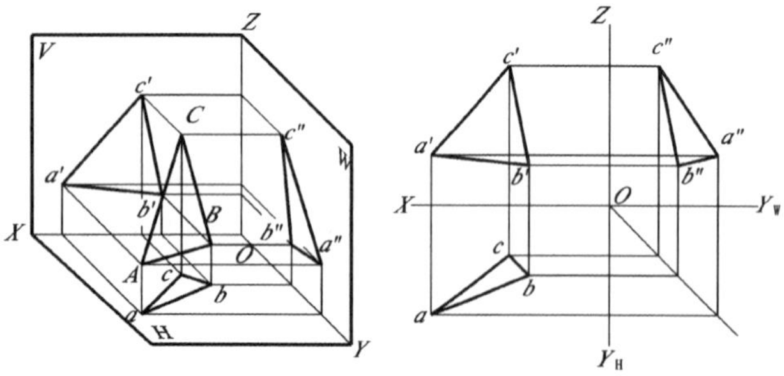

(a) (b)

图 2.88 处于一般位置的平面图形

(a)立体图；(b)投影图

(1)一般位置平面

图 2.88 所示，$\triangle ABC$ 对三个投影面 H、V、W 都倾斜，是一般位置平面，按平面图形的投影特性可知：它的三个投影$\triangle abc$、$\triangle a'b'c'$、$\triangle a''b''c''$都是面积缩小的类似形。由此推导出处于一般位置的平面图形的投影特性：它的三个投影都是面积缩小的类似形。

(2)投影面垂直面

表 2.8 列出了处于三种投影面垂直面位置的平面图形的立体图、投影图和投影特性。

表 2.8　处于投影面垂直面位置的平面图形

名称	铅垂面（⊥H，对 V、W 都倾斜）	正垂面（⊥V，对 H、W 都倾斜）	侧垂面（⊥W，对 H、V 都倾斜）
立体图	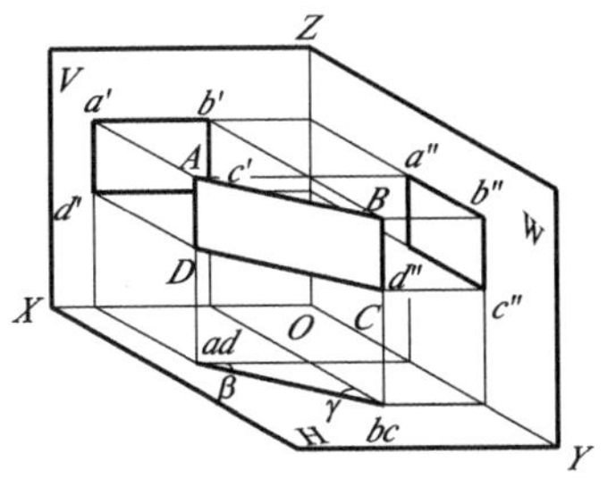	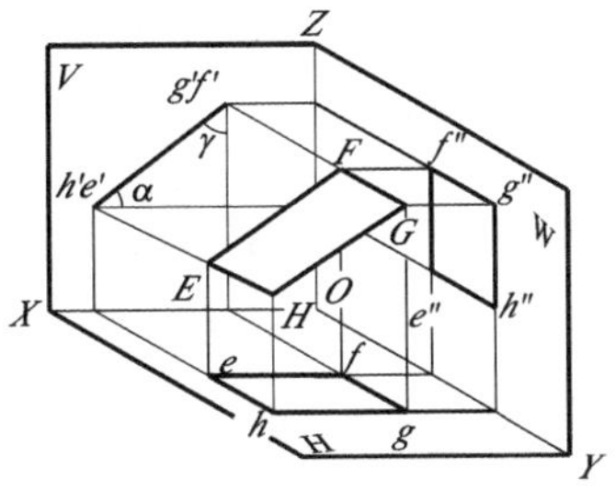	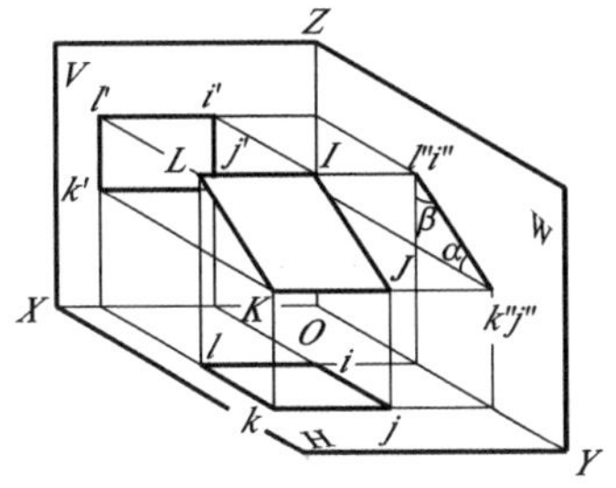
投影图	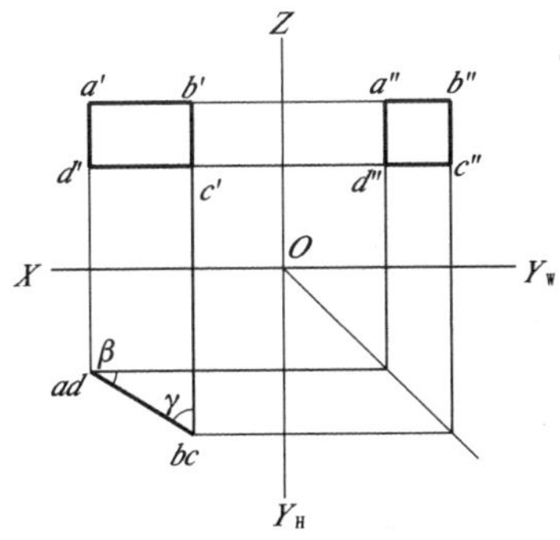	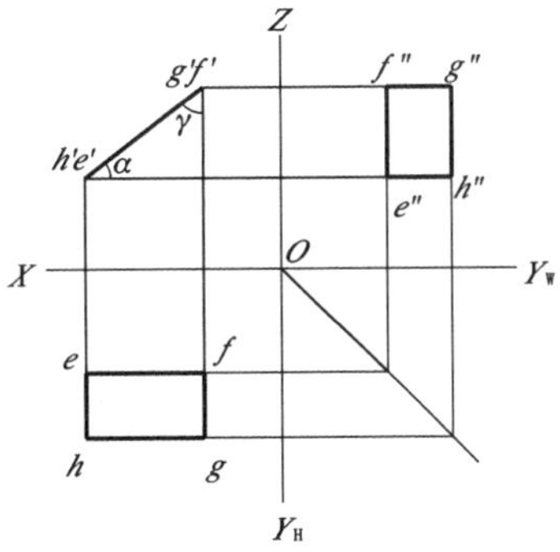	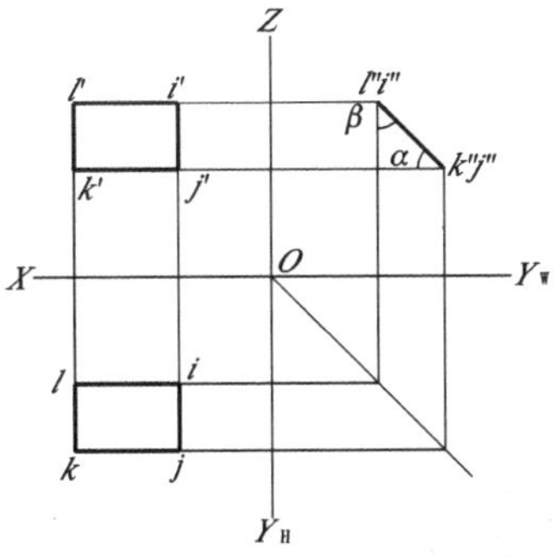
投影特性	(1)水平投影积聚成直线，并反映倾角 β、γ； (2)正面投影、侧面投影为面积缩小的类似形	(1)正面投影积聚成直线，并反映倾角 α、γ； (2)水平投影、侧面投影为面积缩小的类似形	(1)侧面投影积聚成直线，并反映倾角 α、β； (2)水平投影、正面投影为面积缩小的类似形

从表 2.8 中处于铅垂面位置的矩形 $ABCD$ 的立体图可以看出：因为矩形 $ABCD$ 垂直于 H 面，倾斜于 V 面和 W 面。所以，按平面图形的投影特性可知：平面投影积聚成直线，正面投影、侧面投影分别都是面积缩小的类似形。

由于矩形 $ABCD$ 及投影面 V、W 都与投影面 H 相垂直，它们与 H 面的交线分别是积聚成直线的水平投影 $abcd$ 以及投影轴 OX、OY，所以 $abcd$ 与轴 OX、OY（在投影图上是 OY_H）的夹角，分别是反映矩形平面 $ABCD$ 与 V 面、W 面的两面角的平面角，也就是矩形平面 $ABCD$ 与 V 面、W 面的倾角 β、γ。

由此得出表 2.8 中所列的铅垂的平面图形的投影特性。

同理，也可得出表 2.8 中所列的正垂的和侧垂的平面图形的投影特性。

由表 2.8 可归纳出处于投影面垂直面位置的平面图形的投影特性如下：

①在垂直的投影面上的投影，积聚成直线，并反映与另两投影面的倾角。

②在另两投影面上的投影，为面积缩小的类似形。

平面与投影面的交线称为迹线，用平面名称的大写字母加投影面名称字母的下标标注，例如平面 P 的水平迹线、正面迹线、侧面迹线分别用 P_H、P_V、P_W 标注。平面也可以用迹线表示，读者如需进一步了解用迹线表示的平面及其应用，可参阅书后的参考文献[5]。本书只介绍用有积聚性的迹线表示投影面垂直面和投影面平行面。

按投影面垂直面的投影特性可知，投影面垂直面在它所垂直的投影面上的投影积聚成直线，与它在该投影面上的迹线重合，而且投影面垂直面的有积聚性的迹线一定倾斜于投影轴。由于通过平面上的一条直线只能作出一个与它相垂直的平面，所以就可用投影面垂直面的一条有积聚性的迹线表示这个平面。图 2.89(b)就用一条有积聚性的水平迹线 Q_H 表示通过点 A 的铅垂面 Q，读者对照图 2.89(a)所示的立体

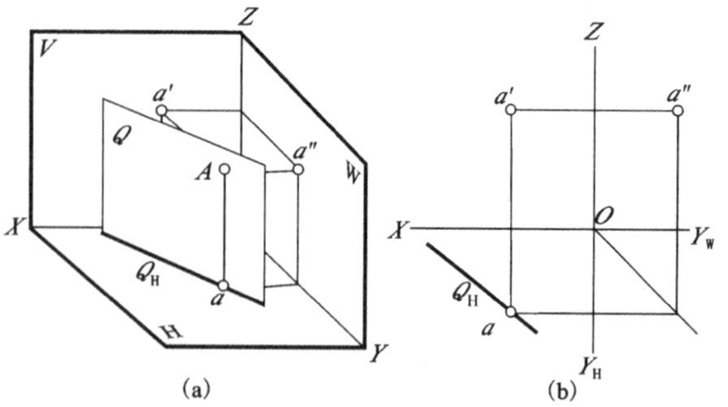

(a) (b)

图 2.89 用有积聚性的迹线表示投影面垂直面示例

(a)立体图;(b)投影图

图就能理解。本书今后常用一条有积聚性的迹线表示投影面垂直面。从投影面垂直面的投影特性还可推知:正垂面的正面迹线和侧垂面的侧面迹线也分别都有积聚性,分别表示这个正垂面或侧垂面。

现再举两个绘制平面多边形的例题。

【例 2.11】 如图 2.90(a)所示,已知平面 P 为侧垂面,与 H 面的倾角 α 为 60°,又知平面 P 上的△ABC 的正面投影△$a'b'c'$和点 A 的水平投影 a,点 B 在点 A 的前下方,补全△ABC 的水平投影,作出它的侧面投影。

【解】 在由 a、a'作出 a''后,根据侧垂面 P 的侧面迹线 P_W 有积聚性,以及投影面垂直面上的点和直线的投影特性,就可作出 P_W 和△ABC 的侧面投影,最后补全△ABC 的水平投影。作图过程如图 2.90(b)所示:

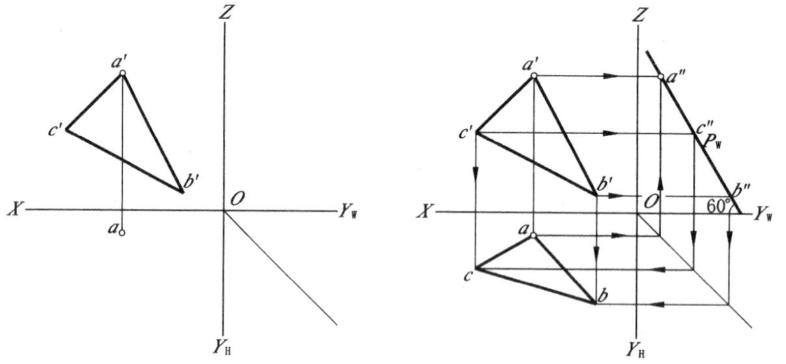

(a) (b)

图 2.90 补全侧垂面 P 上的△ABC 的水平投影,作出它的侧面投影

(a)已知条件;(b)作图过程与作图结果

①过 a、a'分别向侧面投影作投影连线,交得 a'';由 a''向前下方作出与 OY_W 轴成 60°的直线,即为侧垂面 P 的有积聚性的侧面迹线 P_W。

②由 b'、c'作正面投影与侧面投影的投影连线,与 P_W 交得 b''、c'',即得△ABC 积聚在 P_W 上的侧面投影 $a''b''c''$。

③过 b'和 c'、b''和 c''分别向水平投影作投影连线,交得 b、c,将 a、b、c 连成△abc,就补全了△ABC 的水平投影。

(3)投影面平行面

表 2.9 列出了处于三种投影面平行面位置的平面图形的立体图、投影图和投影特性。

表 2.9 处于投影面平行面位置的平面图形

名称	水平面(//H,⊥V,⊥W)	正平面(//V,⊥H,⊥W)	侧平面(//W,⊥H,⊥V)
立体图	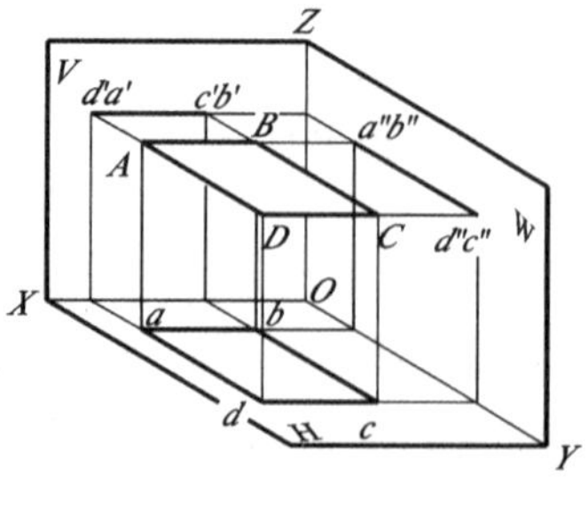	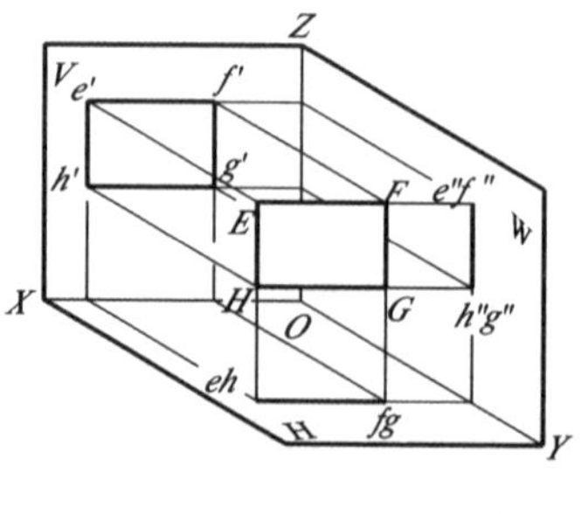	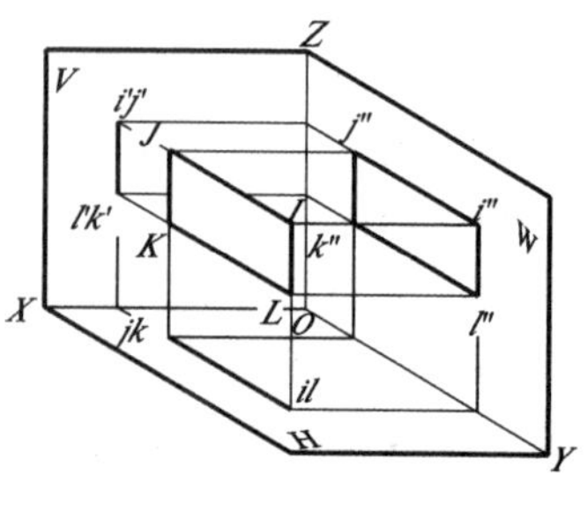

续表 2.9

名称	水平面（$//H$，$\perp V$，$\perp W$）	正平面（$//V$，$\perp H$，$\perp W$）	侧平面（$//W$，$\perp H$，$\perp V$）
投影图	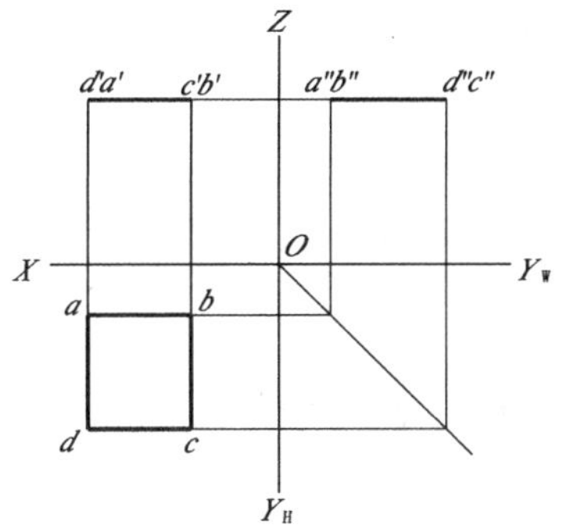	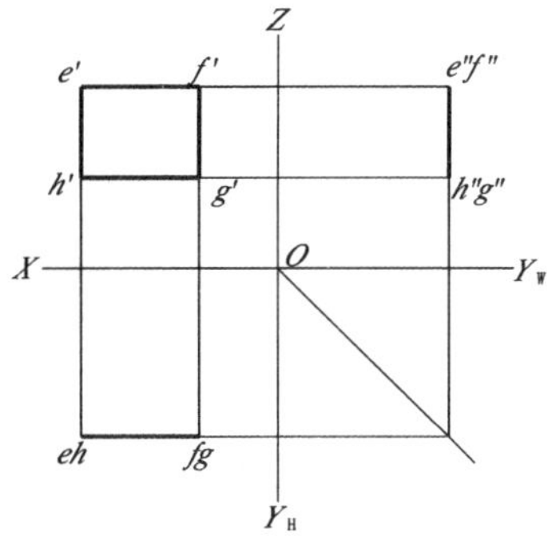	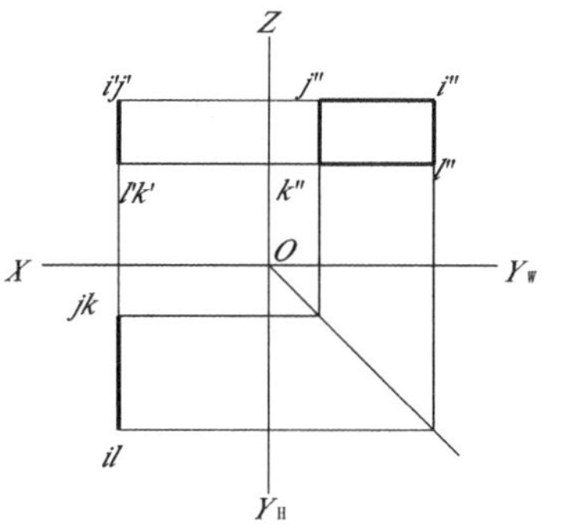
投影特性	（1）水平投影反映真形； （2）正面投影$//OX$，侧面投影$//OY_W$，分别积聚成直线	（1）正面投影反映真形； （2）水平投影$//OX$，侧面投影$//OZ$，分别积聚成直线	（1）侧面投影反映真形； （2）正面投影$//OZ$，水平投影$//OY_H$，分别积聚成直线

从表 2.9 中处于水平面位置的矩形 $ABCD$ 的立体图可以看出：因为矩形 $ABCD$ 平行于 H 面，垂直于 V 面、W 面。按平面图形的投影特性可知：水平投影反映真形，正面投影、侧面投影分别积聚成直线。

由于矩形平行于 H 面，矩形平面上各点的 z 坐标相等，因而它积聚成直线的正面投影、侧面投影分别平行于投影轴 OX、OY（在投影图上是 OY_W）。

由此得出表 2.9 中所列的处于水平面位置的平面图形的投影特性。

同理，也可得出表 2.9 中所列的处于正平面和侧平面位置的平面图形的投影特性。

由表 2.9 可归纳出处于投影面平行面位置的平面图形的投影特性如下：

①在平行的投影面上的投影，反映真形。

②在另两个投影面上的投影，分别积聚成直线，且平行于相应的投影轴（即投影所在的投影面与平面所平行的投影面所交得的投影轴）。

投影面平行面在它平行的投影面上没有迹线。按投影面平行面的投影特性可知，投影面平行面必定垂直于另两个投影面，在另两个投影面上的投影有积聚性，且平行于相应的投影轴，因而可用一条或两条有积聚性的迹线表示这个平面。图 2.91(b)是用两条有积聚性的迹线 R_V 和 R_W 表示的通过点 A 的水平面 R，$R_V//OX$，$R_W//OY_W$，都垂直于 OZ，读者对照图 2.91(a)所示的立体图就能理解。从投影面平行面的投影特性还可推知：正平面的水平迹线与正平面有积聚性的水平投影重合，平行于 OX，垂直于 OY_H，侧面迹线与正平面有积聚性的侧面投影重合，平行于 OZ，垂直于 OY_W；侧平面的水平迹线与侧平面有积聚性的水平投影重合，平行于 OY_H，正面迹线与侧平面有积聚性的侧面投影重合，平行于 OZ，都垂直于 OX。

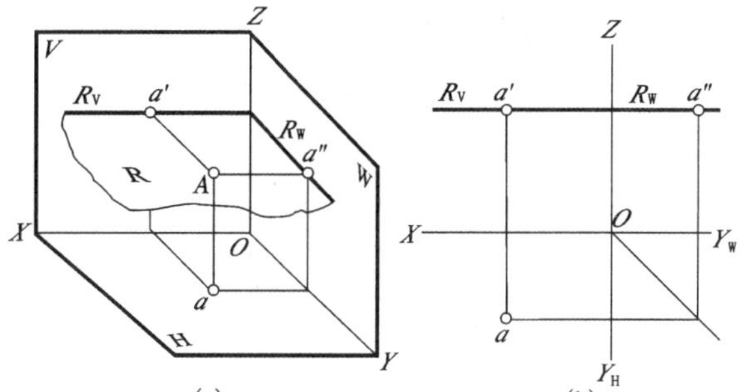

(a)　(b)

图 2.91　用有积聚性的迹线表示投影面平行面示例

(a)立体图；(b)投影图

【例 2.12】　如图 2.92(a)所示，已知等边三角形 ABC 平面平行 V 面，又已知 AC 边的正面投影和水平投影，B 在 AC 的右下方，补全$\triangle ABC$ 的三面投影。

【解】　在由 ac 和 $a'c'$作出 $a''c''$后，根据正平面的投影特性，就可作出$\triangle ABC$ 的正面投影，最后补全它的水平投影和侧面投影。作图过程如图 2.92(b)所示：

①过 a、a'和 c、c'分别作侧面投影的投影连线，交得 a''、c''，连线 a''、c''，即为 AC 的侧面投影。

②因为正面投影反映真形，所以分别以 a'、c' 为圆心、$a'c'$ 为半径画圆弧，交得 b'（可以得到两个交点，本题取右下方点），分别连线 a'、b' 和 b'、c'，即得等边三角形 ABC 的正面投影。

③由 b' 分别作水平投影和侧面投影的投影连线，与 ac 和 $a''c''$ 的延长线分别交得 b、b''，即得等边三角形 ABC 的水平和侧面的积聚性投影。

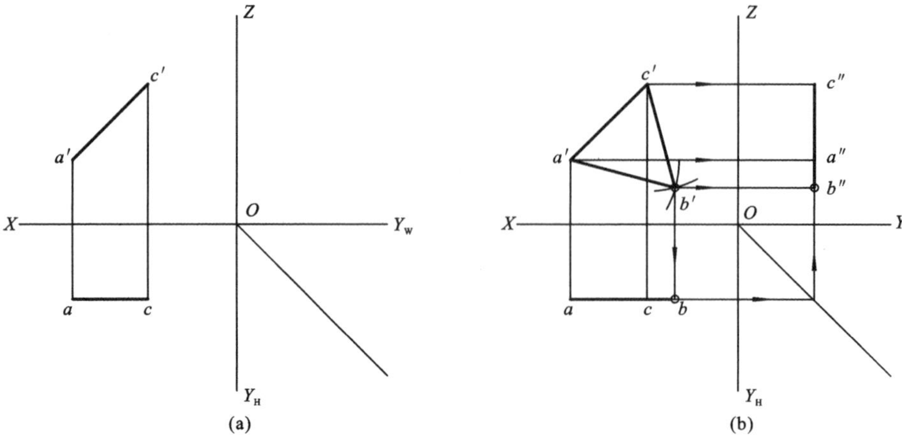

图 2.92　补全等边三角形 ABC 的三面投影

(a)已知条件；(b)作图过程与作图结果

2.2.3.3　平面上的点和直线

(1)平面上的点和直线的几何条件

①平面上的点，必在该平面的一条直线上。

②平面上的直线，必通过平面上的两点；或通过平面上的一点，且平行于平面上的另一直线。

如图 2.93(a)所示，因为点 D 和 E 分别在平面 ABC 的直线 AB 和 BC 上，所以 D 和 E 都是平面 ABC 上的点。又因直线 DE 通过平面 ABC 上的两点 D、E，所以 DE 是平面 ABC 上的直线；而直线 DF 通过平面 ABC 上的点 D，且平行于平面 ABC 上的另一直线 BC，所以 DF 也是平面 ABC 上的直线。特殊位置平面上的点和直线，在平面垂直的投影面上投影，必位于平面的有积聚性的投影或迹线上。如图 2.93(b)所示，因为点 D 的水平投影 d 位于正平面△ABC 的有积聚性的水平投影 abc 上，所以 D 是正平面 ABC 上的点。又因直线 EF 的水平投影位于铅垂面 P 的有积聚性的迹线 P_H 上，所以 EF 是铅垂面 P 上的直线。

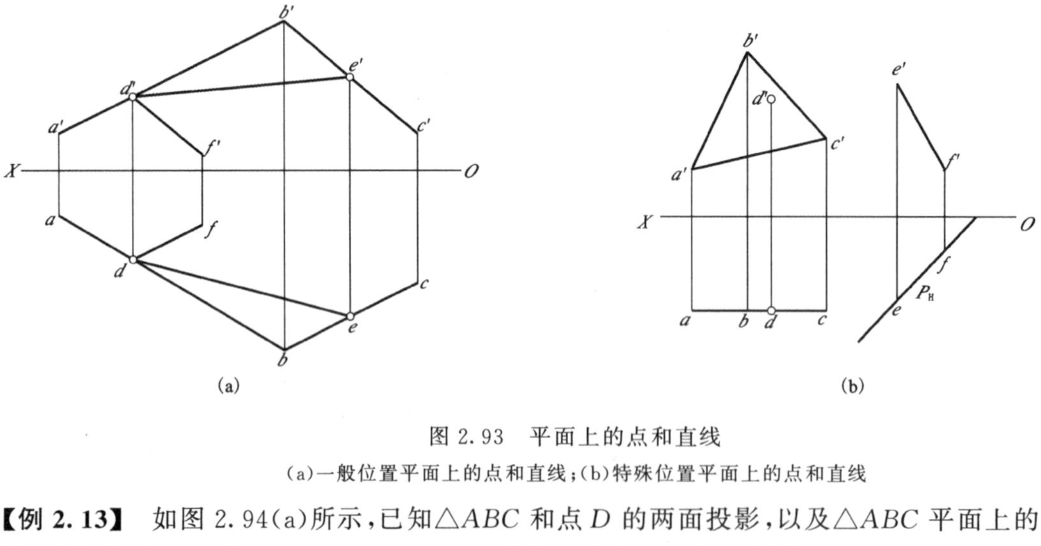

图 2.93　平面上的点和直线

(a)一般位置平面上的点和直线；(b)特殊位置平面上的点和直线

【例 2.13】 如图 2.94(a)所示，已知△ABC 和点 D 的两面投影，以及△ABC 平面上的直线 EF 的正面投影 $e'f'$，检验点 D 是否在△ABC 平面上，并作出直线 EF 的水平投影 ef。

【解】 由于$\triangle ABC$的两面投影都没有积聚性，应该用点在平面上的几何条件进行作图检验，$\triangle ABC$平面上的直线EF的水平投影ef则应该用直线在平面上的几何条件作图求出。

检验和作图的过程如图 2.94(b)所示：

①连b和d，并延长bd，与ac交得 1；由 1 引投影连线，与$a'c'$交得$1'$，连b'与$1'$。

②检验d'是否在$b'1'$上。如果d'在$b'1'$上，则点D在直线BⅠ上，而BⅠ是$\triangle ABC$平面上的直线，按点在平面上的几何条件就检定出D是$\triangle ABC$平面上的点；如果d'不在$b'1'$上，则说明D不是$\triangle ABC$平面的直线上的点，则D也不是$\triangle ABC$平面上的点。在图中检验的结果：D不是$\triangle ABC$平面上的点。

③延长$e'f'$，分别与$a'b'$、$b'c'$交得$2'$、$3'$；由$2'$、$3'$引投影连线，分别与ab、bc交得 2、3，连 2 与 3；再由e'、f'分别引投影连线，与 23 交得e、f，ef即为所求作的直线EF的水平投影。

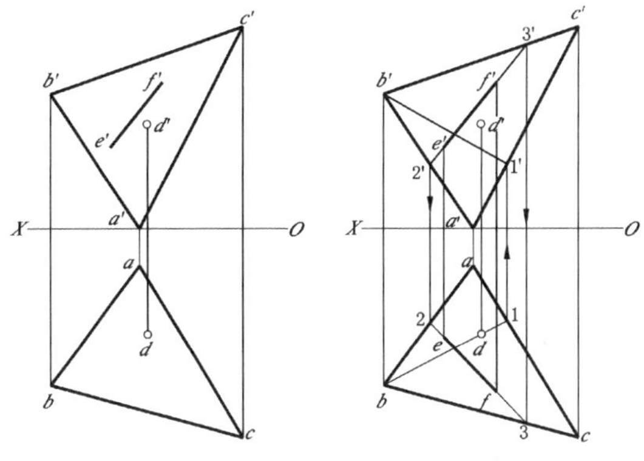

图 2.94 检验点D是否在$\triangle ABC$平面上，求作$\triangle ABC$平面上的直线EF的水平投影ef

(a)已知条件；(b)检验、作图的过程和结果

【例 2.14】 如图 2.95(a)所示，已知$\triangle ABC$，在$\triangle ABC$平面上取一点D，点D在H面之上 15 mm，在V面之前 10 mm，作出点D的两面投影。

【解】 只要在$\triangle ABC$平面上取一条在H面之上 15 mm 的OX的平行线，再在该水平线上取在V面之前 10 mm 的点D；或在$\triangle ABC$平面上取一条在V面之前 10 mm 的正平线，再在其上取在H面之上 15 mm 的点D；也可作出上述的水平线和正平线，它们的交点就是所求作的点D。现采用上面所分析的第一种作法，作图过程如图 2.95(b)所示。

①在OX轴之上 15 mm 处作水平线，与$a'b'$、$a'c'$分别交得$1'$、$2'$，$1'2'$即为$\triangle ABC$平面上在H面之上 15 mm 的水平线ⅠⅡ的正面投影。分别从$1'$、$2'$引投影连线，与ab、ac交得 1、2；连 1 与 2，12 即为$\triangle ABC$平面上在H面之上 15 mm 的水平线ⅠⅡ的水平投影。

②在OX轴之前 10 mm 处作OX的平行线，与 12 交得d，即为所求作的点D的水平投影；由d引投影连线，与$1'2'$交得d'，即为所求作的点D的正面投影。

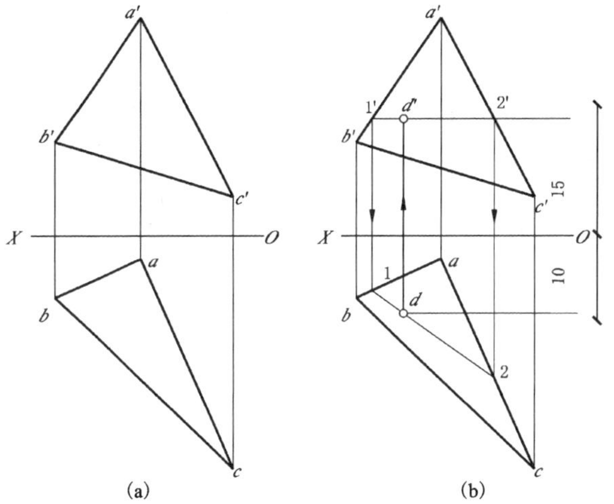

图 2.95 在$\triangle ABC$平面上取在H面之上 15 mm、V面之前 10 mm 的点D

(a)已知条件；(b)作图过程和作图结果

平面上与某一投影面成最大倾角的直线，称为平面上对该投影面的最大斜度线，在平面上对某一投影面的最大斜度线有无数条，它们是平面上的一组互相平行的直线，且垂直于平面上的该投影面的平行的直线；最大斜度线与该投影面的倾角，也就是平面对该投影面的倾角。如图 2.96 所示，在P平面上，设AB是水平线，$AC\perp AB$，$Aa\perp H$面，点C与H面投影c重合；再设P平面上的AD不平行AB和AC，点D与H面的投影d重合，则由三角函数可知$\alpha>\alpha_1$。AC即为P平面上对H面的最大斜度线，AC对H面的倾角就是P平面对H面的倾角。

【例 2.15】 已知$\triangle ABC$的投影如图 2.97 所示，要求过A点画出$\triangle ABC$平面对H面的最大斜度线和$\triangle ABC$平面对H面的倾角。

【解】 为了在平面上找到平面对H面最大斜度线方向，先要在平面上画一条水平线，然后画这条水平线的垂线，平行该垂线即为最大斜度线方向。根据相互垂直的两条直线，其中一条是水平线，则在水平投影中反映两条直线的垂直关系；然后用直角三角形法求出 H 面的最大斜度线对 H 面的倾角。

①过 b' 画 $b'1'$ 平行于 OX 轴，然后画出 $b1$。$B1$ 即为三角形平面的水平线。

②过 A 点画 $a2$ 垂直于 $b1$，然后画出 $a'2'$。$A2$ 即为△ABC 平面对 H 面的最大斜度线。

③用直角三角形法求直线 $A2$ 对 H 面的倾角。量取直线 $A2$ 两端点的 ΔZ，过 a 作 $a2$ 垂线，在垂线上量取 ΔZ，得 a_0。连 a_0 与 2，则直角三角形的斜边与 $a2$ 的夹角，即为△ABC 与 H 面的倾角。

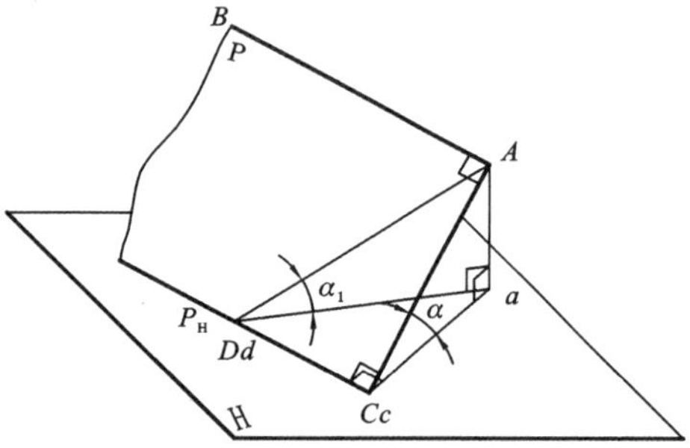

图 2.96　平面 P 上的最大斜度线的立体示意图

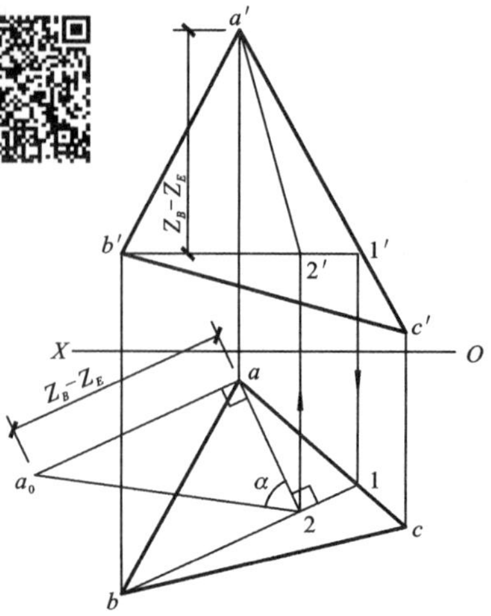

图 2.97　过 A 点画△ABC 平面的最大斜度线

【例 2.16】　如图 2.98(a)所示，已知平面五边形 $ABCDE$ 的水平投影 $abcde$ 以及两边 AB、BC 的正面投影 $a'b'$、$b'c'$，补全 $ABCDE$ 的正面投影。

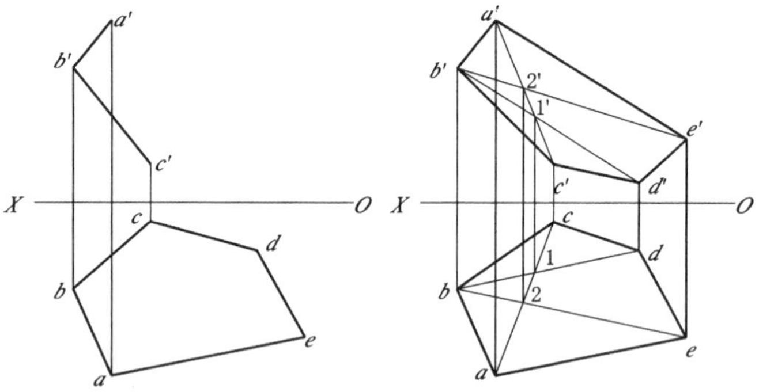

图 2.98　例 2.16 补全平面五边形 $ABCDE$ 的正面投影

(a)已知条件；(b)作图过程与作图结果

【解】　由于在已知条件中已给出相交两直线 AB、BC 的两面投影，这个平面就已经确定了，只要由这个平面上的点 D、E 的已知水平投影作出它们的正面投影，就能与已知的 $a'b'$、$b'c'$ 连成这个平面五边形的正面投影。

作图过程如图 2.98(b)所示：

①连 a 与 c、a' 与 c'。

②将 b 分别与 d、e 相连，bd、be 分别与 ac 交得 1、2；由 1、2 作投影连线，与 $a'c'$ 分别交得 $1'$、$2'$；连 b' 与 $1'$、b' 与 $2'$，并延长 $b'1'$、$b'2'$；过 d、e 引投影连线，分别与 $b'1'$、$b'2'$ 的延长线交得 d'、e'。

③将 c'、d'、e'、a' 顺次相连，就补全了五边形 $ABCDE$ 的正面投影 $a'b'c'd'e'$。

【例 2.17】　如图 2.99(a)所示，已知正方形 $ABCD$ 的左下边 AB，正方形 $ABCD$ 与 H 面的倾角 α 为 45°；已知一般位置的正方形 $IJKL$ 的右前边 JK，正方形 $IJKL$ 的上、下边 KL、IJ 为水平线。分别补全这两个正方形 $ABCD$、$IJKL$ 的两面投影。

【解】　按正方形四边相等和四个内角都是直角的几何分析，投影面垂直面、一般位置平面的投影特性，以及平面上的投影面平行线、一边平行和一边倾斜于投影面的直角的投影特性，就可补全这两个正方形的两面投影。

作图过程如图 2.99(b)所示：

①因为 AB 是正垂线，所以正方形 $ABCD$ 是正垂面，而且 ab 反映 AB 的真长；过 AB 的积聚投影 $a'b'$ 向右上方作与 OX 轴成 45°的直线，并在直线上自积聚投影 $a'b'$ 量取等于 ab(即正方形 $ABCD$ 的边长)的距离，量得的点就是右上边正垂线 DC 的有积聚性的正面投影 $d'c'$；量得的线段，即为这个正方形 $ABCD$

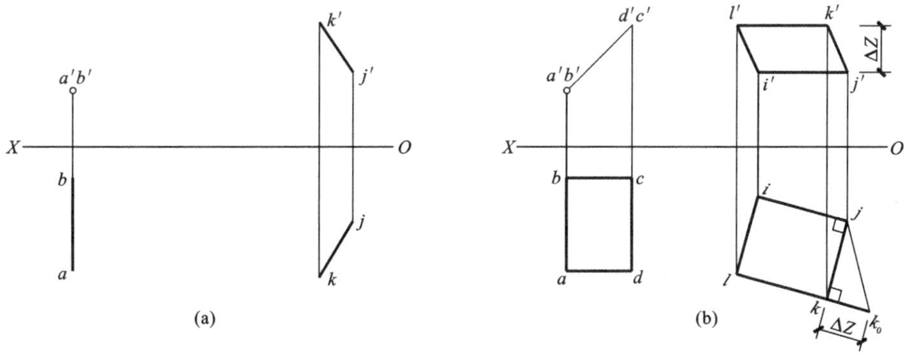

图 2.99　按已知条件分别补全正方形 $ABCD$、$IJKL$ 的两面投影

(a)已知条件；(b)作图过程和作图结果

的有积聚性的正面投影 $a'b'c'd'$，也是前边 DA 和后边 CB 的互相重合的正面投影 $d'a'$、$c'b'$，由于 DA、CB 都是正平线，所以正面投影都反映真长。

分别由 a、b 作 OX 轴的平行线，由 $d'c'$ 引投影连线，交得 d、c；da、cb 即为平行于正面的前边 DA、后边 CB 的水平投影，而 c 与 d 之间的线段，则是右上边正垂线 CD 的水平投影 cd。这样，ab 与 bc、cd、da 围成的矩形 $abcd$，就是这个正方形 $ABCD$ 的水平投影，它是正方形 $ABCD$ 的面积缩小的类似形。

②因为正方形 $IJKL$ 的 JK 边是对 H 面倾斜的直线，而上、下边 KL、IJ 是水平线，由此进行综合考虑，就能想到：可先用直角三角形法作出 JK 边的真长；再用一边平行和一边倾斜于投影面的直角的投影特性、投影面平行线的投影特性，作出 JK 的两条邻边 IJ、LK；最后由 IJ、LK 这两条边的端点 I、L 连出第四条边 IL。

作图过程如图 2.99(b)所示：过 k 作 jk 的垂线，在其上量取 J、K 的 z 坐标差 Δz 得 k_0，连 j 与 k_0，jk_0 即为正方形一边的真长；再过 j 作 jk 的垂线，在这两条垂线上，分别从 k、j 向左后量取长度 jk_0，得 l、i；过 k'、j' 向左作水平线，由 l、i 作投影连线，分别交得 l'、i'，连 l 与 i、l' 与 i'，就得到正方形 $IJKL$ 所求的两面投影 $ijkl$ 和 $i'j'k'l'$。

2.2.3.4　平面上的曲线和图形

(1)平面曲线及其投影特性

曲线可以看作是点连续不断改变运动方向的轨迹，可以是不闭合的，也可以是闭合的。曲线的投影是曲线上诸点的投影的集合，曲线上的点的投影，一定在曲线的同面投影上。通常可作出曲线上诸点的投影而连成，这种作图方法常称连点法。曲线可分成两类：所有的点都位于同一平面上的曲线称为平面曲线；曲线上的点不在同一平面上时称为空间曲线。由于平面曲线中的圆在工程上应用得最广，这里将着重阐述圆的投影特性和画法。

如图 2.100 所示，平面曲线对投影面有三种不同的相对位置，分别具有不同的投影特性，简述如下：

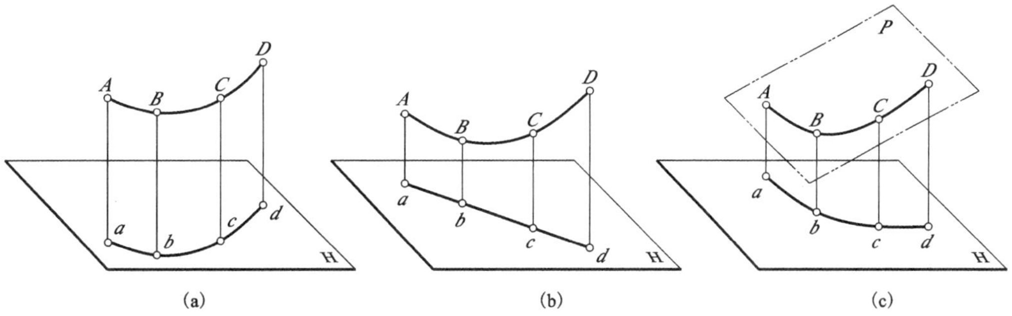

图 2.100　平面曲线及其投影特性

(a)曲线所在的平面平行于投影面；(b)曲线所在的平面垂直于投影面；(c)曲线所在的平面倾斜于投影面

①如图 2.100(a)所示，当曲线所在的平面平行于投影面时，在该投影面上的投影反映真形。

②如图 2.100(b)所示，当曲线所在的平面垂直于投影面时，在该投影面上的投影为一直线段。

③如图 2.100(c)所示，当曲线所在的平面倾斜于投影面时，在该投影面上的投影为形状缩小的类似形。

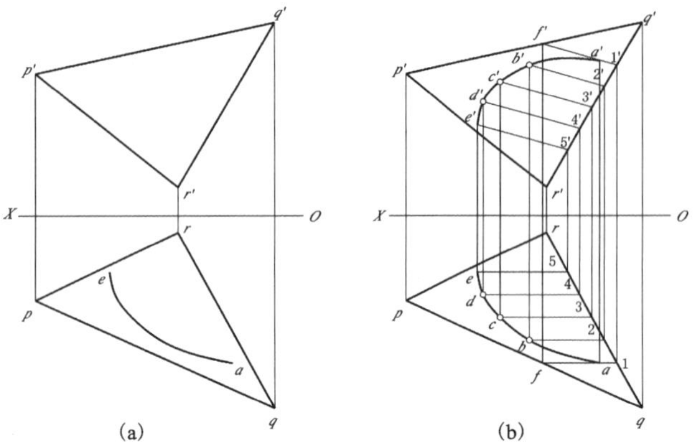

图 2.101　作△PQR 平面内的平面曲线 AE 的正面投影

(a)已知条件；(b)作图过程和作图结果

【例 2.18】　如图 2.101(a)所示，已知△PQR 平面内的平面曲线 AE 的水平投影，求作这条平面曲线的正面投影。

【解】　在曲线 AE 上取一些点，过点 A、E 和所取的诸点分别作△PQR 上的直线，并在这些线的正面投影上作出这些点的正面投影，然后连成曲线 AE 的正面投影。为了作图简捷起见，这些直线可作一组互相平行的直线。

作图过程如图 2.101(b)所示：

①在曲线 AE 的水平投影 ae 上取若干点 b、c、d，过 a、b、c、d、e 作 OX 轴的平行线，分别与 qr 交得 1、2、3、4、5，$a1$ 向另一方向延伸，与 pq 交得 f。$a1$、$b2$、$c3$、$d4$、$e5$ 分别是过曲线 AE 上的点 A、B、C、D、E 在△PQR 平面上所作的正平线 AⅠ、BⅡ、CⅢ、DⅣ、EⅤ的水平投影。

②过 1、2、3、4、5 引投影连线，分别与 $q'r'$ 交得 $1'$、$2'$、$3'$、$4'$、$5'$；由 f 引投影连线，与 $p'q'$ 交得 f'，连 $1'$ 与 f'；过 $2'$、$3'$、$4'$、$5'$ 分别作 $1'f'$ 的平行线，$1'f'$ 及其平行线分别是过曲线 AE 上的点 A、B、C、D、E 在△PQR 平面上所作的正平线的正面投影。从 a、b、c、d、e 分别引投影连线，顺次与 $1'f'$ 及其平行线交得 a'、b'、c'、d'、e'。

③用曲线板将 a'、b'、c'、d'、e' 顺次连成光滑曲线 $a'b'c'd'e'$，即为所求的曲线 AE 的正面投影。

(2)圆及其投影特性

图 2.102(a)所示是一个以点 C 为圆心的正平圆的三面投影，按投影面平行面的投影特性可知：在与它平行的投影面 V 上的投影反映真形，在与它垂直的投影面 H、W 上的投影为直线，并分别平行于 OX 轴和 OZ 轴，长度等于直径，中点是圆心 C 的投影 c'、c''。

如图 2.102(b)所示，在 H、V 两面体系中有一个圆心为 C 的铅垂圆，按投影面垂直面的投影特性可知：在与它垂直的投影面 H 上的投影为直线，该直线与 OX 轴的夹角是圆平面与 V 面的倾角 β，长度等于直径，中点是圆心 C 的投影 c；在与它倾斜的投影面 V 上的投影是圆的类似形——椭圆，在圆平面上只有一条平行于 V 面的直径 AB，也就是这个铅垂圆唯一的一条铅垂直径，它的正面投影 $a'b'$ 反映真长，而其他的各条直径的正面投影都有不同程度的缩短，所以 $a'b'$ 就是这个投影椭圆的长轴；而在圆平面上也只有一条与直径 AB 相垂直的直径 DE 的正面投影 $d'e'$，比其他各条直径的正面投影都短，因而 $d'e'$ 也就是这个投影椭圆的短轴；而长轴 $a'b'$ 与短轴 $d'e'$ 的交点 c'，就是这个投影椭圆的中心，也就是圆心 C 的正面投影。这两条直径 AB 和 DE 必定互相垂直，它们的正面投影 $a'b'$ 和 $d'e'$ 也必定互相垂直，因此，DE 必定是这个铅垂圆唯一的一条水平直径。作出了投影椭圆的长、短轴后，就可作出这个投影椭圆。

图 2.102(c)所示是这个铅垂圆的两面投影。当作出了正面投影椭圆的长、短轴 $a'b'$ 和 $d'e'$ 后，椭圆是按解析几何中已知长、短轴用同心圆法作出的。具体的作法：分别以长轴 $a'b'$ 和短轴 $d'e'$ 为直径作出大、小两个同心圆，过投影椭圆的中心(即两个同心圆的圆心)c' 引若干条射线，从射线与大圆的交点作短轴的平行线，从射线与小圆的交点作长轴的平行线，这两条平行线的交点就是椭圆上的点，顺次光滑连接这些点(包括长、短轴的顶点在内)，就画出了这个投影椭圆。

如果对投影图中的图形准确性要求不是很高，待圆的投影椭圆的长、短轴作出后，可以按前面 2.1.3 节中图 2.26 所示的四心圆法作近似椭圆，或按 2.1.2 节中图 2.18(a)所示的八点法徒手画椭圆。

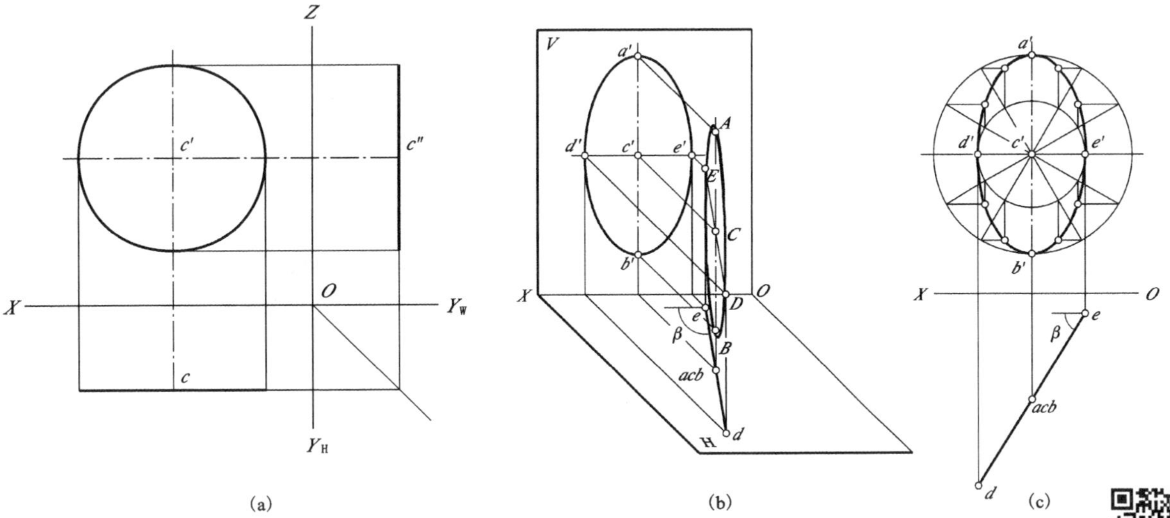

图 2.102　圆的投影

(a)正平圆的投影；(b)立体图；(c)投影图及其作图过程

从图 2.102 可以归纳出圆的投影特性如下：

①在与圆平面平行的投影面上的投影反映真形。

②在与圆平面垂直的投影面上的投影成直线，长度等于圆的直径，中点是圆心的投影。

③在与圆平面倾斜的投影面上的投影是椭圆：椭圆的中心是圆心的投影；长轴是平行于这个投影面的直径的投影，且反映真长；短轴是与平行于投影面的直径相垂直的直径的投影。

按照圆的投影特性可以推知：若在图 2.102 中加设 W 面，扩展成三面投影，则这个铅垂圆的侧面投影也是一个椭圆，长轴是圆平面上平行于侧面 W 的直径的投影，短轴是圆平面上与上述直径相垂直的直径的侧面投影 $a''b''$ 和 $d''e''$，在图 2.102 中未加设 W 面。

读者还可进一步推知：当圆平面处于一般位置时，圆的三面投影都是椭圆，椭圆的长、短轴也分别都是平行于该投影面的直径以及与这条直径相垂直的直径的投影，它们是圆的三对不同位置的互相垂直的直径的投影，可按圆的投影特性、平面上的直线的几何条件、一边平行于投影面的直角的投影特性、已知直线的真长反求直线的投影的作图方法，分别直接作这三个投影椭圆的长、短轴，从而作出这三个投影椭圆。

2.2.4　直线与平面以及两平面的相对位置

直线与平面、两平面的相对位置只可能有平行、相交两种情况，但相交时有一个特殊情况是垂直，本书将按平行、相交、垂直的顺序陈述。由于当直线与平面以及两平面中至少有一个几何元素垂直于投影面时，就可用有积聚性的投影来检验和求解有关两者之间的平行、垂直以及相交的交点、交线等的作图问题，所以这里先讲述这种情况，然后再讲述两个几何元素都不垂直于投影面的情况。当在后者的情况下求解点、直线、平面间的几何问题不方便时，还可用后述 2.3.2 节中所述的换面法将后者的情况变换成前面的情况来处理。

2.2.4.1　平行

直线与平面平行，则直线上的点到平面的距离处处相等；两平面平行，则平面上的各点到另一平面的距离相等。当平面处于特殊位置时，如图 2.103 所示，直线与处于铅垂面位置的△EFG 相平行，该直线在平面所垂直的投影面上的投影只可能有两种情况：该直线是铅垂线，如图中的 AB，则 AB 和△EFG 的水平投影 ab 和 efg 都有积聚性；若该直线不是铅垂线，如图中的 CD，则 CD 的水平投影 cd 平行于

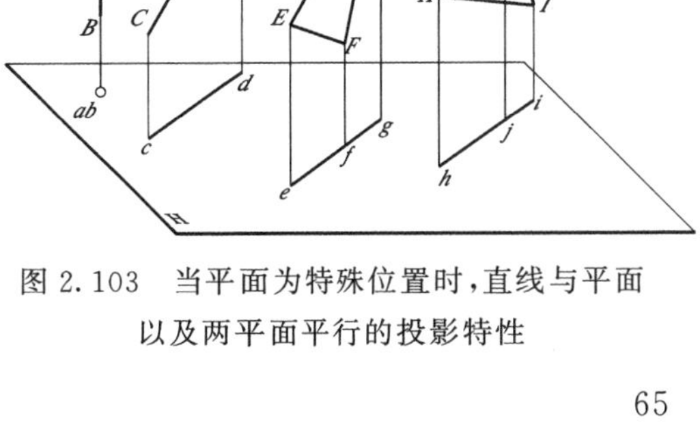

图 2.103　当平面为特殊位置时，直线与平面以及两平面平行的投影特性

△*EFG* 的有积聚性的水平投影 *efg*。平面与处于铅垂面位置的△*EFG* 相平行时只有一种情况：该平面一定也是铅垂面，如图中的△*HIJ*，因为两平行平面与第三个平面相交，它们的交线也必定平行，所以△*HIJ* 和△*EFG* 的水平投影 *hij* 和 *efg* 都积聚成直线，而且互相平行。

由此就推导出，当平面为特殊位置时，直线与平面相平行的投影特性：直线与平面的同面投影都有积聚性，或直线的投影与平面的有积聚性的同面投影互相平行。当平面为特殊位置时，两平面相平行的投影特性：它们的有积聚性的同面投影互相平行。

【例 2.19】 如图 2.104(a)所示，已知点 *G* 和处于铅垂位置的矩形平面 *ABCD*，以及直线 *EF* 的正面投影 $e'f'$ 和端点 *E* 的水平投影 *e*，并知 *EF* 平行于矩形平面 *ABCD*。补全 *EF* 的水平投影，过点 *G* 作平行于矩形 *ABCD* 的平面。

【解】 根据平面处于特殊位置时的直线与平面以及两平面互相平行的投影特性，就能作出 *EF* 的水平投影和过点 *G* 的平行平面。作图过程如图 2.104(b)所示：

①过 *e* 作直线平行于 *abcd*；过 f' 作投影连线，与上述平行线交得 *f*，*ef* 就是直线 *EF* 的水平投影。

②过 *g* 作铅垂面 *P* 的有积聚性的水平迹线 $P_H /\!/ abcd$，则这个铅垂面 *P* 就是过点 *G* 的平行于矩形平面 *ABCD* 的平面。

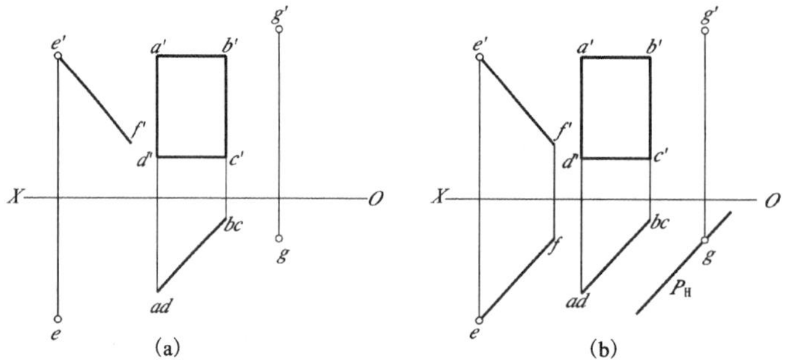

图 2.104 补全平行于矩形 *ABCD* 的直线 *EF* 的水平投影，过点 *G* 作矩形 *ABCD* 的平行平面

(a)已知条件；(b)作图过程和作图结果

当直线和平面这两个几何元素都不垂直于投影面时，平面外的直线与该平面平行的几何条件：这条直线平行于该平面上的一条直线。两平面平行的几何条件：一平面上的两相交直线，分别平行于另一平面上的两相交直线。

当平面为一般位置时，常用上述几何条件来检验或求解有关直线与平面以及两平面平行的问题。

【例 2.20】 如图 2.105(a)所示，已知直线 *AB*、△*CDE*、点 *P* 的两面投影，检验直线 *AB* 是否平行于△*CDE*，并过点 *P* 作平行于△*CDE* 的平面。

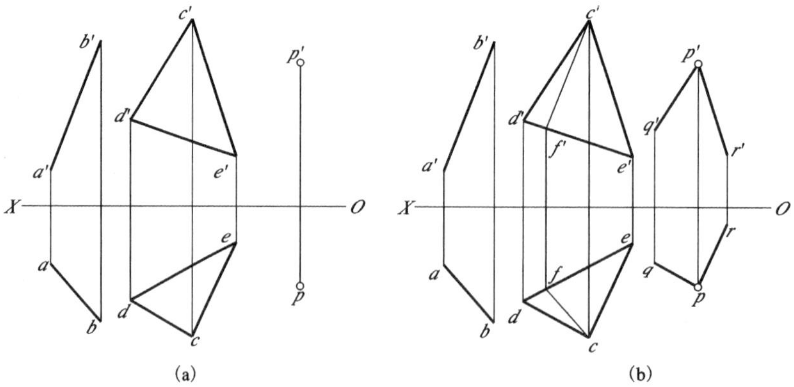

图 2.105 例 2.20 检验 *AB* 是否平行于△*CDE*，过 *P* 作平面平行于△*CDE*

(a)已知条件；(b)检验、作图过程和作图结果

【解】 可用直线与平面以及两平面平行的几何条件检验和作图，如图 2.105(b)所示：

①过 c 作 $cf /\!/ ab$，与 de 交得 f；由 f 引投影连线，与 $d'e'$ 交得 f'，连 c' 与 f'。检验 $c'f'$ 是否与 $a'b'$ 相平行：如平行，则△CDE 平面有一直线 $CF /\!/ AB$，所以 $AB /\!/$△CDE；如不平行，则说明在△CDE 平面上不能作出与 AB 相平行的直线，因而 $AB \not/\!/$ △CDE。本题检定的结果是 $c'f' /\!/ a'b'$，因而 $AB /\!/$△CDE。

②根据两平面平行的几何条件，只要过点 P 作两相交直线，分别平行于△CDE 平面上的任两条相交直线，则过点 P 所作的两相交直线所确定的平面就平行于△CDE，也就是过点 P 平行于△CDE 的平面。图中的作图过程：过 p 作 $pq /\!/ cd$，$pr /\!/ ce$；过 p' 作 $p'q' /\!/ c'd'$，$p'r' /\!/ c'e'$，那么两相交直线 PQ、PR 所确定的平面，就是所求作的过点 P 且平行于△CDE 的平面。

2.2.4.2　相交

直线与平面的交点是直线与平面的共有点，两平面的交线是两平面的共有线。当直线和平面或两平面中至少有一个元素的投影有积聚性时，就可很方便地利用投影的积聚性求作交点或交线。

相交的直线和平面或相交的两平面，如果它们的同面投影各有一部分互相重合，则在投影重合处应表明可见性，交点或交线的投影分别是可见和不可见投影的分界点或分界线。可见的投影画粗实线，不可见的投影画中虚线。在水平投影、正面投影、侧面投影中的投影重合处的可见性，仍分别按原规定，即按上遮下、前遮后、左遮右检定。当平面的投影有积聚性，或两平面中至少有一个平面的投影有积聚性时，投影重合处的可见性可以在投影图中通过直接观察检定，否则用交叉线重影点的可见性来帮助检定。

(1)直线和平面中至少有一个垂直于投影面的相交

【例 2.21】 如图 2.106(a)所示，作直线 AB 与铅垂的矩形平面 $DEFG$ 的交点，并表明可见性(题目中，直线 AB 的正面投影与矩形平面 $DEFG$ 的正面投影相重合处，在未检定可见性前，先作为假想投影线，用细双点长画线表示)。

【解】 因为交点 K 是直线 AB 与矩形平面 $DEFG$ 的共有点，又因矩形的水平投影有积聚性，便可直接得到直线与平面的交点，并观察前后而检定可见性，而交点 K 的投影 k' 一定是可见与不可见的分界点。检定后，将已知条件图中的细双点长画线按可见性改画成粗实线和中虚线。

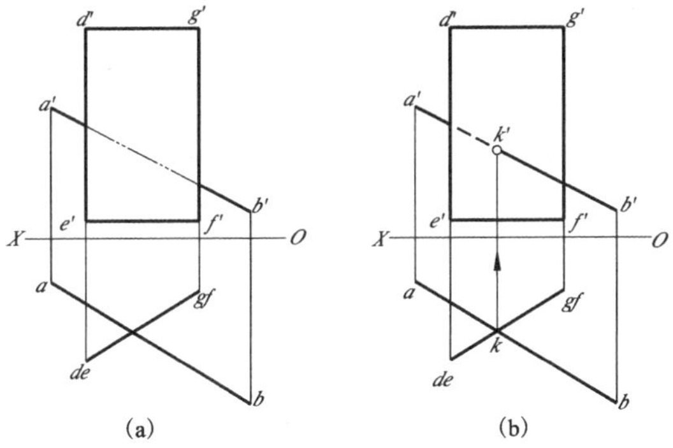

图 2.106　作 AB 与矩形平面 $DEFG$ 的交点，并表明可见性

(a)已知条件；(b)作图过程和作图结果

作图过程如图 2.106(b)所示：

(a)在 ab 和 $defg$ 的交点处标注 k，即为交点 K 的水平投影。

(b)由 k 引投影连线，与 $a'b'$ 交得 k'，就是交点 K 的正面投影。

(c)观察水平投影可以看出：在点 K 左侧，直线 AB 位于矩形平面 $DEFG$ 之后，k' 之左，直线 AB 与矩形平面重合部分的正面投影不可见，将细双点长画线改成中虚线；而在点 K 右侧则相反，直线 AB 与矩形平面重合部分的正面投影可见，将细双点长画线改为粗实线。

【例 2.22】 如图 2.107(a)所示，作正垂线 EF 与平行四边形平面 $ABCD$ 的交点，并表明可见性。

【解】 因为交点 K 是直线 EF 与平面 $ABCD$ 的共有点，所以 k' 一定积聚在 $e'f'$ 上，再按平面上的点的几何条件就可解决已知平面 $ABCD$ 上的点 K 的正面投影 k' 求作其水平投影 k 的问题，从而作出交点 K 的两面投影。因为平面 $ABCD$ 的两面投影都没有积聚性，在投影图中不能很明显地反映直线 EF 与平面 $ABCD$ 的上、下位置，可用交叉线重影点的可见性来帮助检定 EF 与平面 $ABCD$ 的水平投影重合的一段的可见性，交点 K 的水平投影 k 一定是可见和不可见的分界点。

作图过程如图 2.107(b)所示：

(a)在正垂线 EF 的有积聚性的正面投影 $e'f'$ 处，标注出交点 K 的正面投影 k'。

(b)连 $ABCD$ 平面上的点 D、K 的正面投影 d'、k'，延长并与 $a'b'$ 交得 g'；由 g' 引投影连线，与 ab

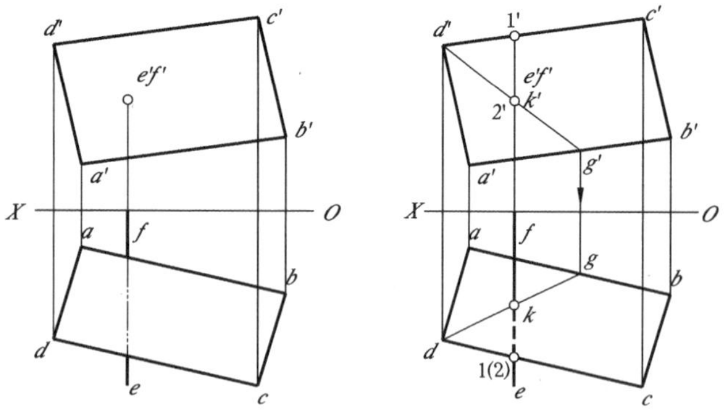

(a)　　　　　　　　(b)

图 2.107　作正垂线 EF 与平行四边形平面 ABCD 的交点，并表明可见性

(a)已知条件；(b)作图过程和作图结果

交得 g；连 d 与 g，dg 就是 $ABCD$ 平面上的直线 DG 的水平投影；dg 与 ef 交得 k，也就是 dg 与过 k' 所引的投影连线的交点，即为交点 K 的水平投影。

(c)为了检定在水平投影中直线 EF 与 $ABCD$ 平面的水平投影重合处的可见性，可用直线 EF 与 $ABCD$ 平面的边 AB 或 CD 两交叉直线的对 H 面的重影点来检定。图中利用 EF 与 CD 的对 H 面的重影点来检定：在 ef 与 cd 交点处注出 1(2)；由 1(2)引投影连线，与 $c'd'$ 交得一点，由于该点的位置比 $e'f'$ 高，所以该点为 1′，而 2′则重合在 $e'f'$ 上；由于在重影点处，EF 上的点Ⅱ在 CD 上的点Ⅰ之下，所以 EF 上的点Ⅱ的水平投影(2)不可见，在 $ABCD$ 平面之下向后延伸过去，其水平投影都不可见，直到交点 K 的水平投影 k 为止，于是 EF 上这一小段的水平投影应将细双点长画线改为中虚线；过了交点 K，则 EF 由在 $ABCD$ 平面之下穿过 $ABCD$ 平面到达它的上方，EF 与 $ABCD$ 平面的水平投影相重合处的另一小段为可见，则应将细双点长画线改为粗实线，于是就表明了投影的可见性。

(2)两平面至少有一个垂直于投影面的相交

两平面的交线是一条直线，当两平面中至少有一个平面为特殊位置时，就可利用积聚性来求作交线：先作出平面上的一条直线对另一平面的交点，同样再作出第二个交点，然后连成交线。两平面的共有线段也就是这两个平面的交线。

两个平面多边形相交时有两种情况：当一个多边形全部穿过另一个多边形时，两个平面多边形交线的端点分别是同一个多边形上的两条边对另一多边形平面的交点，称为全交，如图 2.108(a)所示；如果不是一个多边形全部穿过另一个多边形，如图 2.108(b)所示，则称为互交，这两个平面多边形交线的端点，分别是第一个多边形的一条边与第二个多边形平面的交点，以及第二个多边形的一条边与第一个多边形平面的交点。

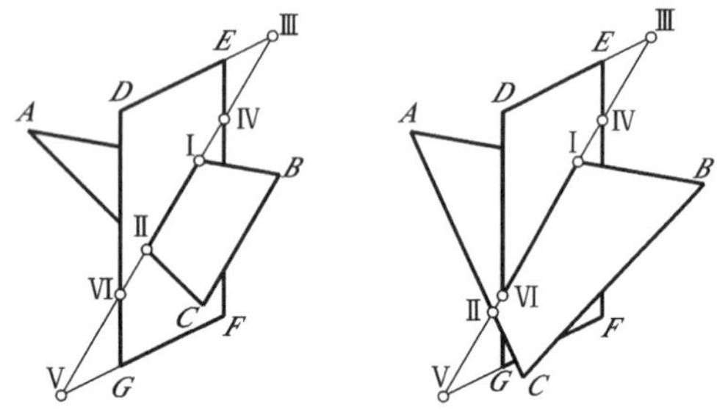

(a)　　　　　　　　(b)

图 2.108　两个平面多边形全交和互交

(a)全交；(b)互交

从图 2.108 中还可看出：当两个平面多边形相交时，作一个多边形的边与另一多边形平面的交点，交点可以是这条边与另一多边形平面在另一多边形范围内的实际的交点，也可以是在另一多边形范围外的扩大面上的交点，还可以是这条边的延长线与另一多边形平面在多边形范围内或在范围外的扩大面上的交点，不论是哪种情况，都是两平面的共有点，只要作出其中的任意两点，就可连成交线，在两个多边形范围之内的一段是实际的交线，投影画成粗实线，此外，则是实际交线的延长线，作为作图过程中的作图线，投影画细实线。如果多边形的边恰巧平行于另一多边形平面，则没有交点，交线应平行于这条边。例如在图 2.108(a)中，Ⅰ和Ⅱ是实际的交点，ⅠⅡ是实际的交线；Ⅳ和Ⅵ是矩形的边与三角形扩大面的交点；Ⅲ和Ⅴ是矩形的边的延长线与三角形扩大面的交点；三角形的 BC 边恰巧平行于矩形平面，与矩形平面没有交点，但交线应平行于这条 BC 边；交线在ⅠⅡ段以外的各段，都是实际交线ⅠⅡ的延长线。图 2.108(b)中的多边形各边与另一多边形平面的交点以及两多边形平面的交线，请读者自行分析。

当两个平面都垂直于同一投影面时，它们的交线也垂直于该投影面。

【例 2.23】　如图 2.109(a)所示，作△ABC 与铅垂的矩形 $DEFG$ 的交线，并表明可见性(三角形和矩形的正面投影重合处的轮廓线的投影，在未检定可见性前，先用细双点长画线表示）。

【解】 只要利用铅垂矩形的水平投影的积聚性作出三角形的两条边与铅垂矩形的交点，就能连成交线。在三角形和矩形的正面投影重合处的可见性，也可利用铅垂矩形的水平投影的积聚性，观察投影图中显示的前后位置而直接检定，交线的投影是可见和不可见的分界线。

作图过程如图 2.109(b)所示：

(a)在 ab、bc 与 $defg$ 的交点处分别注出 k、l；由 k、l 作投影连线，分别与 $a'b'$、$b'c'$交得 k'、l'，连 k'与 l'。kl（积聚在 $defg$ 上）、$k'l'$即为所求交线 KL 的两面投影。这是两个平面多边形全交。

(b)从水平投影中可见：在交线 KL 之右，三角形在矩形之前，三角形的正面投影可见，矩形的正面投影不可见；在交线 KL 之左则相反。这样就检定了三角形和矩形在正面投影中的重合部分的可见性，将可见投影的轮廓线由细双点长画线改成粗实线，不可见投影的轮廓线改成中虚线，就表明了投影的可见性。

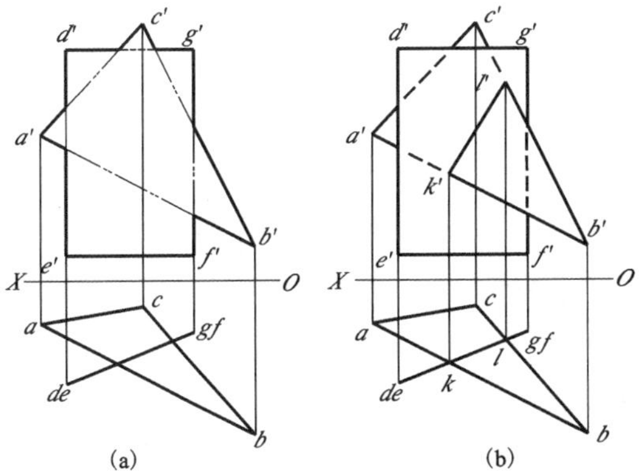

图 2.109　作三角形与铅垂矩形的交线，并表明可见性

(a)已知条件；(b)作图过程和作图结果

【例 2.24】 如图 2.110(a)所示，作△ABC 与铅垂的矩形 $DEFG$ 的交线，并表明可见性。

【解】 根据题图，假设扩大矩形平面，让三角形平面像例 2.23 穿过时，作出三角形的两条边与铅垂矩形的交点，就能连成交线；三角形和矩形在正面投影重合处的可见性，可从水平投影中观察前后位置直接检定。

作图过程如图 2.110(b)所示：

(a)在 ab 与 $defg$ 的交点处注出 k；延长 $defg$，bc 与 $defg$ 的延长线交得 j；由 k、j 引投影连线，分别与 $a'b'$、$b'c'$交得 k'、j'，连 k'与 j'，与 $f'g'$交得 i'，而 i 则积聚在 gf 上。KJ 是这两个平面的交线，而线段 KI 是实际的交线，线段 IJ 是实际交线的延长线，图中已作出 KI 的两面投影 ki、$k'i'$，画粗实线（ki 积聚在 $defg$ 上），而 IJ 的两面投影 ij、$i'j'$则作为作图线，画细实线。这是两个平面多边形互交。

(b)直接观察水平投影可知：在交线之右，三角形在前，矩形在后，正面投影重合处应是三角形可见，矩形不可见；在交线之左则相反。按检定的结果将三角形和矩形的正面投影重合处的轮廓线由细双点长画线相应地改为粗实线和中虚线。

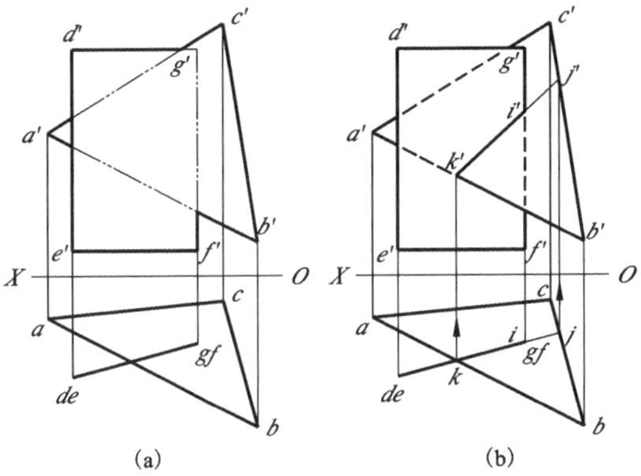

图 2.110　作三角形与铅垂矩形的交线，并表明可见性

(a)已知条件；(b)作图过程和作图结果

【例 2.25】 如图 2.111(a)所示，作平行于侧面的△ABC 和垂直于正面的△DEF 的交线，并表明可见性。

【解】 由于这两个三角形都垂直于正面，它们的交线 KL 一定也垂直于正面，只要先在这两个三角形的有积聚性的正面投影的相交处，作出交线 KL 的有积聚性的正面投影 $k'l'$，即可由 $k'l'$作出 KL 的侧面投影 $k''l''$。又由于这两个三角形的正面投影都有积聚性，就可在正面投影中直接观察左右位置关系，从而检定这两个三角形的侧面投影重合处的可见性。

作图过程如图 2.111(b)所示：

(a)在两个三角形的有积聚性的正面投影 $a'b'c'$和 $d'e'f'$的交点处，注出这条正垂的交线 KL 的积聚成一点的正面投影 $k'l'$；由 $k'l'$引投影连线，在这两个三角形的重合的侧面投影的范围内，作出这两个三角形的实际的交线 KL 的侧面投影 $k''l''$。于是就作出了这条交线 KL 的两面投影 $k'l'$和 $k''l''$。

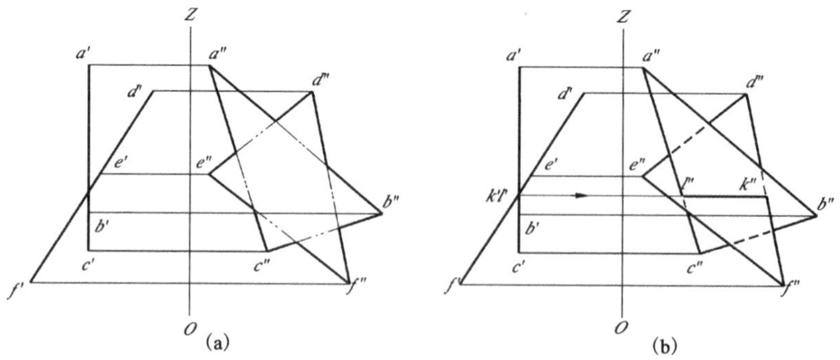

图 2.111　作侧平面△*ABC* 和正垂面△*DEF* 的交线，并表明可见性

(a)已知条件；(b)作图过程和作图结果

(b)从观察正面投影中的左右位置可以看出：在交线 *KL* 之上，△*ABC* 位于△*DEF* 之左，△*ABC* 的侧面投影可见，△*DEF* 的侧面投影不可见；在交线 *KL* 之下则相反。于是就直接检定了两个三角形在侧面投影重合处的可见性，按可见性将侧面投影中两个三角形投影的重合部分的轮廓线由细双点长画线改为粗实线和中虚线。

(3)一般位置直线与一般位置平面的相交

当直线和平面都不垂直于投影面时，可以采用辅助平面法求作交点，也就是采用通过直线加设辅助的投影面垂直位置的辅助平面的作图方法求作交点；直线与平面的同面投影相重合处的可见性，可用前面图 2.107 所示的依靠两交叉直线重影点的可见性检定。

如图 2.112(a)所示，需求作一般位置直线 *DE* 和一般位置的△*ABC* 的交点Ⅲ，并表明直线的可见性。

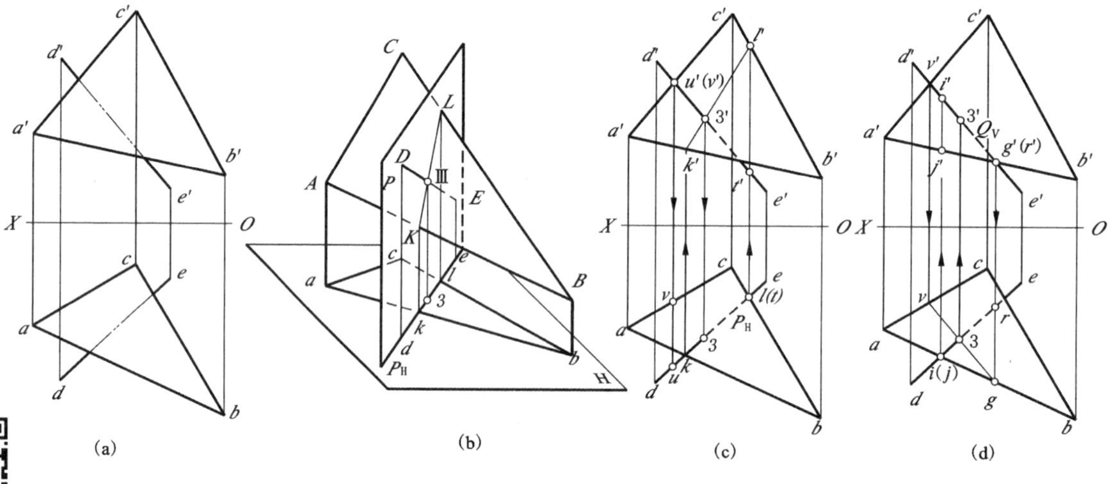

图 2.112　作一般位置直线和一般位置平面的交点，并表明可见性

(a)已知条件；(b)用过直线的特殊位置的辅助平面求交点的作法概念；(c)用铅垂面解题；(d)用正垂面解题

如图 2.112(b)所示，通过直线 *DE* 作铅垂面 *P*，则其水平迹线 P_H 有积聚性，与 *de* 相重合。作出△*ABC* 的两条边 *AB*、*BC* 与铅垂面 *P* 的交点 *K*、*L*，就能连成△*ABC* 与铅垂面 *P* 的交线 *KL*。因为 *DE*、*KL* 都同在平面 *P* 内，如果 *DE* 与△*ABC* 不平行，则 *DE* 和 *KL* 一定相交，交点Ⅲ就是 *DE* 和△*ABC* 平面的共有点，也就是 *DE* 和△*ABC* 平面的交点。如果在作图过程中出现 *DE*∥*KL*，则直线 *DE* 平行于△*ABC*，*DE* 与△*ABC* 平面不相交，没有交点。

由上面的论证就可归纳出当直线和平面的投影都不垂直于投影面时，求作交点的作图步骤：

(a)通过直线作垂直于投影面的辅助平面。

(b)作平面与辅助平面的交线。

(c)直线与上述交线的交点，就是所求作的直线和平面的交点。

求作直线 DE 和△ABC 平面的交点和表明投影可见性的作图过程，如图 2.112(c)所示：

(a)过 DE 作铅垂面 P，它的有积聚性的水平迹线 P_H 与 de 重合，在 de 旁注出 P_H。

(b)在 ab、bc 与 P_H 的交点处，分别注出 k、l；由 k、l 作投影连线，与 $a'b'$、$b'c'$分别交得 k'、l'；连 k'、l'，则 kl(积聚在 P_H 上)、$k'l'$即为△ABC 平面与辅助平面 P 的交线 KL 的两面投影。

(c)由 $d'e'$与 $k'l'$交得 3′，即为 DE 和△ABC 平面的交点Ⅲ的正面投影；由 3′引投影连线，与 de 交得 3，就是 DE 和△ABC 平面的交点Ⅲ的水平投影。

(d)在正面投影中，$d'e'$与 $c'a'$、$a'b'$分别有一个交点，可任取其中的一个交点来帮助检定正面投影的可见性，图中用 $d'e'$与 $c'a'$的交点，它是两交叉直线 DE、CA 上各一点组成的对正面的重影点的正面投影，注上 $u'(v')$；由 $u'(v')$引投影连线，分别与 ca、de 交得一个点，显然可见，DE 上的点在前，应是 U，CA 上的点在后，是 V，于是分别在投影连线和 ca、de 的交点处注出 v、u；在正面投影中，由于在 $u'(v')$处是 $d'e'$上的 u'可见，$c'a'$上的(v')不可见，所以在 $d'e'$和△$a'b'c'$的重合处，从 u'到 3′可见，过了 3′，$d'e'$和△$a'b'c'$相重合的一段就成为不可见了。按检定的结果将已知条件图中 $d'e'$与△$a'b'c'$相重合处的细双点长画线分别相应地改成粗实线和中虚线，就在正面投影中表明了可见性。

(e)在水平投影中，de 与 ab、bc 同样地分别有一个交点，也可任取其中的一个交点，图中用 de 与 bc 的交点，作为交叉两直线 DE、BC 上各一点组成的对水平面的重影点的水平投影，在交点处注上 $l(t)$；由 $l(t)$引投影连线，与 $b'c'$、$d'e'$各交于一点，从图中可见，BC 上的 L 在 DE 上的 T 的上方，所以与 $b'c'$的交点是 l'，与 $d'e'$的交点是 t'；在水平投影中，由于在 $l(t)$处是 bc 上的 l 可见，de 上的(t)不可见，所以在 de 和△abc 的重合处，从(t)到 3 都是不可见，过了 3，de 和△abc 相重合的一段就成为可见了。按检定的结果将已知条件图中 de 与△abc 相重合处的细双点长画线分别相应地改成粗实线和中虚线，就在水平投影中表明了可见性。

在图 2.112(c)中是过直线 DE 作铅垂面为辅助平面来求作交点 K[与图 2.112(b)所示的立体图一样]的，但也可以过直线 DE 作正垂面为辅助平面来求作交点 K，其作图过程和作图结果如图 2.112(d)所示；可见性的检定也是用 DE 与△ABC 的边形成的交叉两直线上各一点构成对投影面的重影点的可见性的检定进行的。需要注意的是：正面投影和水平投影的可见性应分别检定，而且在正面投影和水平投影中，DE 都与△ABC 的两条边组成具有重影点的交叉两直线，任择其中的一对交叉直线帮助检定即可，在图 2.112(d)所示的具体的作图原理和作图步骤都与图 2.112(c)中所示的相同，请读者自行阅读分析。

(4)两一般位置平面的相交

当两个平面都不垂直于投影面时，常常采用辅助平面法，即加设特殊位置的辅助平面来求作它们的交线，所加设特殊位置的辅助平面通常采用两种形式：一种是过一个平面上的一条直线作垂直于投影面的辅助平面，利用它作出这条直线与另一个平面的交点，同样地，再作出这样的另一个交点，便可连成交线；另一种是先作一个特殊位置平面作为辅助平面，作出辅助平面与这两个平面的三面共点，同样地，再作出这样的另一个点，就可连成这两个平面的交线，通常采用两个水平面作为辅助平面。

若需检定两个平面的同面投影重合处的可见性，可用两交叉直线重影点的可见性来检定一个平面上的一条直线和另一个平面的同面投影重合处的可见性，再按两平面交线的投影是可见与不可见投影的分界线来检定两平面的同面投影重合处的可见性。

如图 2.113(a)所示，需求作一般位置的△ABC 和平行四边形 $DEFG$ 的交线，并分别表明这两个平面图形在同面投影重合处的可见性。

现用第一种形式的辅助平面法求作交线，即分别采用图 2.112 所示的辅助平面法作出一个平面上的两条边与另一平面的交点，然后连成两平面的交线；两平面的同面投影重合处的可见性，也是先检定求作交点的两条边中的任一条边的可见性后，再按两平面的交线的投影是它们的同面投影重合处的可见性的分界线来检定。

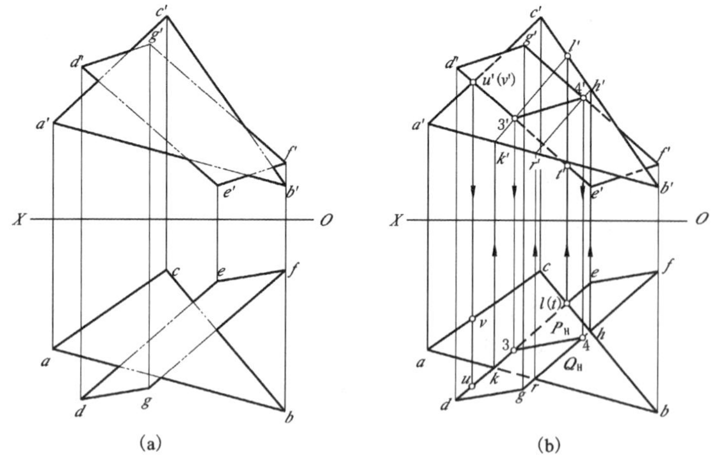

图 2.113 作两个一般位置的平面的交线，并表明可见性
(a)已知条件；(b)作图过程和作图结果

求交线和表明可见性的作图过程如图 2.113(b)所示：

(a)包含直线 DE 作辅助的铅垂面，作出平行四边形 $DEFG$ 的 DE 边与△ABC 的交点Ⅲ。

(b)按同样的方法，包含直线 FG 作辅助的铅垂面，作出平行四边形的 FG 边与△ABC 的交点Ⅳ。具体的作图过程都已绘注在图中，请读者自己阅读和思考。

(c)连 3 与 4、3′与 4′，即得所求的交线ⅢⅣ的两面投影 34、3′4′。

(d)分别检定平行四边形的 DE 边的水平投影 de、正面投影 $d'e'$ 与△ABC 的同面投影重合处的可见性。然后按交线的投影是两平面的同面投影重合处可见性的分界线来分别检定和表明△ABC 和平行四边形 $DEFG$ 的同面投影重合处的可见性：因为在三角形和平行四边形的水平投影重合处，de 上的 3(t)段不可见，所以在交线ⅢⅣ的水平投影 34 的 3(t)一侧，平行四边形的水平投影都不可见，三角形的水平投影可见；过了 34 则相反。同样，因为在三角形和平行四边形的正面投影重合处，$d'e'$ 上的 $u'3'$ 段可见，所以在 3′4′的 $u'3'$ 一侧，平行四边形的正面投影都可见，三角形的正面投影不可见；过了 3′4′则相反。按照上述的检定结果将三角形和平行四边形同面投影重合处的画线相应地改成粗实线和中虚线，就表明了可见性。

如图 2.114(a)所示，需求作由相交两直线 AB、BC 和平行两直线 DE、FG 所确定的两个一般位置平面的交线。

现用第二种形式的辅助平面法求作交线，解题分析如图 2.114(b)所示：加设一个水平面 P 作为辅助平面，分别作出 AB、BC、DE、FG 与辅助平面 P 的交点Ⅰ、Ⅱ、Ⅲ、Ⅳ，便可连成平面 ABC、$DEFG$ 与辅助平面 P 的交线ⅠⅡ、ⅢⅣ，作出ⅠⅡ、ⅢⅣ的交点Ⅸ，就是这两个平面的交线上的一个点。再加设一个水平面 Q 作为辅助平面，又作出这两个平面的交线上的另一个点Ⅹ。连Ⅸ和Ⅹ，连线ⅨⅩ即为平面 ABC 和 $DEFG$ 的交线。由于这两个平面都不是由轮廓线围成的平面图形，没有边界范围，所以交线的端点可以按需任取，图中是将ⅨⅩ向两端延长后分别取了点 K 和 L。

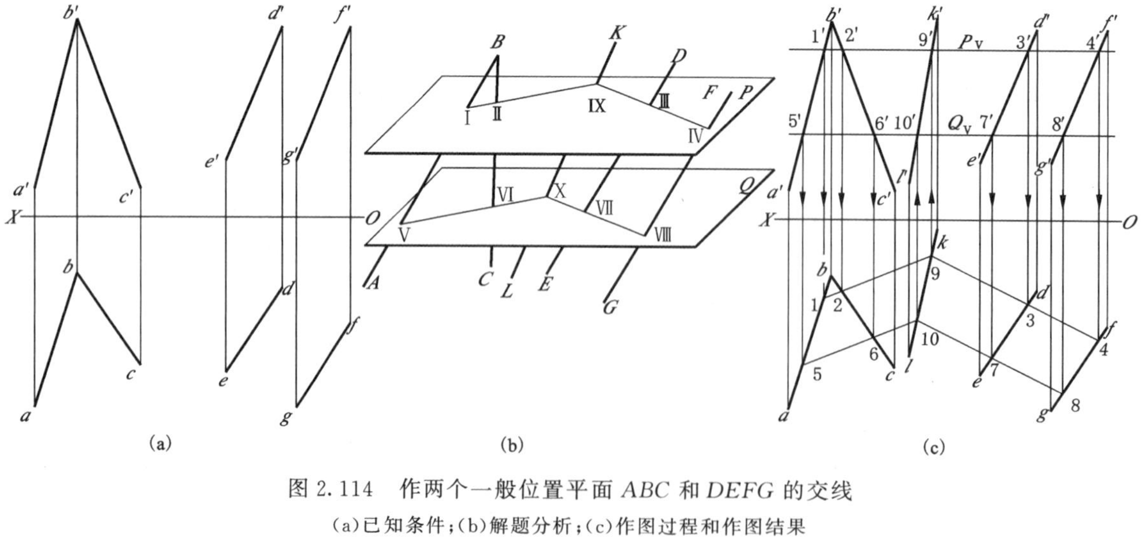

图 2.114 作两个一般位置平面 ABC 和 $DEFG$ 的交线
(a)已知条件；(b)解题分析；(c)作图过程和作图结果

作图过程如图 2.114(c)所示：

(a)在正面投影中作 $P_V//OX$；$a'b'$、$b'c'$、$d'e'$、$f'g'$分别与 P_V 交得 1′、2′、3′、4′；由 1′、2′、3′、4′引投影连线，相应地与 ab、bc、de、fg 交得 1、2、3、4；连 1 与 2、3 与 4，12 与 34 交得 9；由 9 引投影连线，与 P_V 交得 9′，即得交线上的一个点Ⅸ的两面投影 9、9′。

(b)同样，在正面投影中作 $Q_V//OX$；$a'b'$、$b'c'$、$d'e'$、$f'g'$分别与 Q_V 交得 5′、6′、7′、8′；由 5′、6′、7′、8′引投影连线，相应地与 ab、bc、de、fg 交得 5、6、7、8；连 5 与 6、7 与 8，56 与 78 交得 10；由 10 引投影连线，与 Q_V 交得 10′，又得交线上的另一个点Ⅹ的两面投影 10、10′。

(c)连 9 与 10、9′与 10′，并将 9 10、9′10′分别向两端延长，在两端任取两个端点 K 和 L，即在延长的 9 10、9′10′两端分别任引一条投影连线，交得 k、k' 和 l、l'。kl、$k'l'$即为所求交线 KL 的两面投影。

最后，顺便说明一个问题：当求作两平面的交线时，若图中能出现一平面上有直线平行于另一个平面，由立体几何的知识可知，两平面的交线一定平行于这条直线。

2.2.4.3 垂直

(1)直线与平面垂直

特殊位置的直线与平面互相垂直时只可能有两种情况：同一投影面的平行线和垂直面相垂直；同一投影面的垂直线和平行面相垂直。

图 2.115(a)是第一种情况示例。根据立体几何知识可知：与水平线垂直的平面一定是铅垂面；与铅垂面垂直的直线一定是水平线。又由于 AB 垂直于铅垂面 $CDEF$，所以 AB 垂直于铅垂面 $CDEF$ 上所有直线；再由于 AB 是水平线，以及两直线垂直的投影特性，所以有图中所示的 ab 与 $cdef$ 相垂直，也就是水平线的水平投影必定垂直于铅垂面的有积聚性的同面投影。同理可以说明：与正平线垂直的平面一定是正垂面，与正垂面相垂直的直线一定是正平线，而且正平线的正面投影一定与正垂面的有积聚性的同面投影相垂直；与侧平线相垂直的平面一定是侧垂面，与侧垂面相垂直的直线一定是侧平线，而且侧平线的侧面投影一定与侧垂面的有积聚性的同面投影相垂直。

图 2.115(b)所示是第二种情况示例。根据立体几何知识可知：与铅垂线垂直的平面一定是水平面；与水平面垂直的直线一定是铅垂线。由铅垂线和水平面的投影特性可知：$i'j'$一定与 $p'q'r't'$相垂直，还可以想到 $i''j''$也一定与 $p''q''r''t''$相垂直，也就是铅垂线的正面投影和侧面投影都分别与这条铅垂线相垂直的水平面的有积聚性的同面投影相垂直。同理可以说明：与正垂线垂直的平面一定是正平面，与正平面相垂直的直线一定是正垂线，而且正垂线的水平投影和侧面投影一定分别与正平面的有积聚性的同面投影相垂直；与侧垂线垂直的平面一定是侧平面，与侧平面相垂直的直线一定是侧垂线，而且侧垂线的水平投影和正面投影一定分别与侧平面的有积聚性的同面投影相垂直。

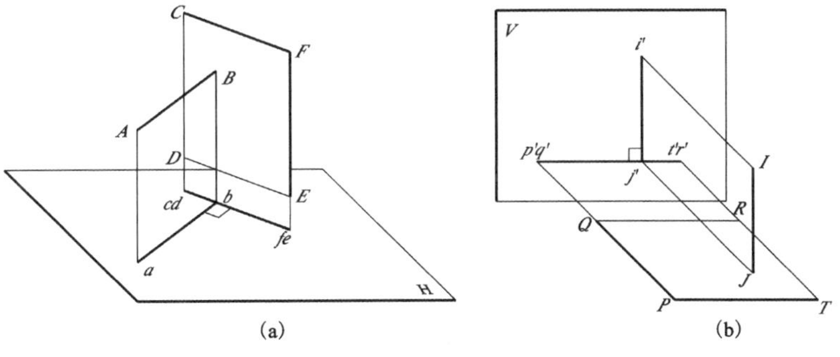

图 2.115 特殊位置的直线与平面互相垂直

(a)同一投影面的平行线与垂直面相垂直；(b)同一投影面的垂直线与平行面相垂直

由这两种情况的论述可以归纳出下述结论：与投影面平行线相垂直的平面，一定是这个投影面的垂直面；与投影面的垂直面相垂直的直线，一定是这个投影面的平行线；与投影面垂直线相垂直的平面，一定是这个投影面的平行面；与投影面平行面相垂直的直线，一定是这个投影面的垂直线。不论哪种情况，直线的投影必定与平面的有积聚性的同面投影相垂直。

【例 2.26】 如图 2.116(a)所示，过点 A 作正垂面△CDE 的垂线 AB 和垂足 B，并确定点 A 与△CDE 平面的真实距离。

【解】 因为与正垂面垂直的直线一定是正平线，并且正平线的正面投影应与正垂面的有积聚性的正面投影相垂直，又因为直线的正面投影与正垂面有积聚性的正面投影的交点，就是直线与正垂面交点的正面投影，且正平线的正面投影反映真长，就可作出垂线 AB 和垂足 B，$a'b'$即为所求的距离。

作图过程如图 2.116(b)所示：过 a'作 $c'd'e'$的垂线，与 $c'd'e'$交得 b'，由 b'引投影连线；过 a 作 OX 轴的平行线，与由 b'所引的投影连线交得 b，就作出了垂线 AB 和垂足 B 的两面投影。$a'b'$就是点 A 与△CDE 平面的真实距离，在图上给予标明。

当直线和平面都不垂直于投影面时，检验或求解有关它们的垂直问题，应使用直线与平面相垂直的几何条件：该直线垂直（也包括交叉垂直）于这个平面上的任意两条相交直线。

如图 2.117 所示，直线 CD 垂直于一般位置的△ABC 平面，点 C 是垂足。因为直线垂直于平面，则该直线一定垂直于过垂足在平面上所作的任何直线，所以 CD 一定也与过点 C 的在△ABC 平面上的水平线 CE 和正平线 CF 相垂直，按照一边平行于投影面的直角的投影特性，cd、$c'd'$一定分别与 ce、$c'f'$相垂直。同理，在三面体系或 V、W 两面体系中，还可证明：直线与平面相垂直，直线的侧面投影一定也垂直于平面上的侧面平行线的侧面投影。由此就可推导出直线与一般位置平面相垂直的投影特性：直线与一般位置平面相垂直，则直线的水平投影与平面上水平线的水平投影相垂直；直线的正面投影与平面上正平线的正面投影相垂直；直线的侧面投影与平面上侧平线的侧面投影相垂直。

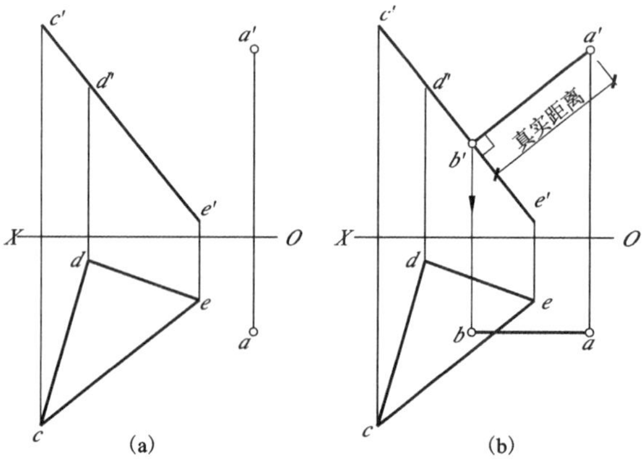

图 2.116 过 A 作正垂面△CDE 的垂线和垂足，并求 A 与△CDE 平面的距离

(a)已知条件；(b)作图过程和作图结果

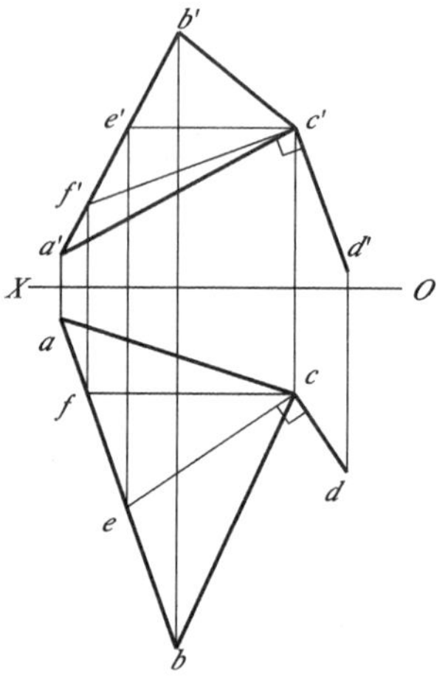

图 2.117 直线与一般位置平面相垂直的投影特性

【例 2.27】 如图 2.118(a)所示，过点 A 作一平面垂直于一般位置直线 BC。

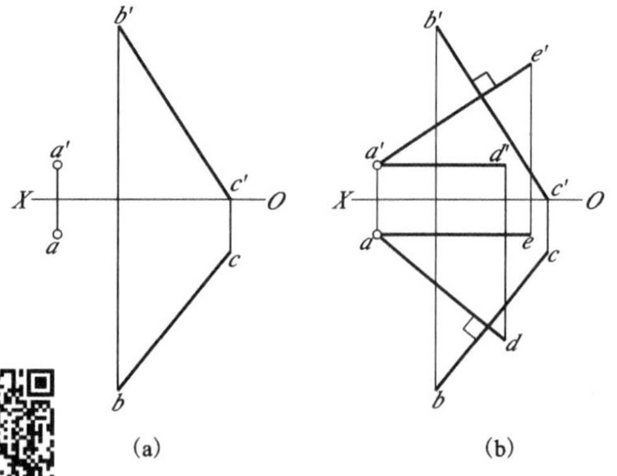

图 2.118 过点 A 作平面垂直于 BC

(a)已知条件；(b)作图过程和作图结果

【解】 过一点可以作一个且只能作一个平面垂直于已知直线，按直线与一般位置平面相垂直的投影特性，可过点 A 分别作水平线和正平线与直线 BC 相垂直，则这两条相交的水平线和正平线确定的平面即为所求。

作图过程如图 2.118(b)所示：

(a)过 a'作 OX 轴的平行线 $a'd'$，过 a 作 ad 垂直于 bc，使 d 与 d'在同一投影连线上，AD 的长度任意，便作出了与 BC 相垂直的水平线 AD。

(b)过 a 作 OX 轴的平行线 ae，过 a'作 $a'e'$垂直于 $b'c'$，使 e 与 e'在同一投影连线上，AE 的长度任意，便作出了与 BC 相垂直的正平线 AE。

(c)相交两直线 AD、AE 所确定的平面 ADE 即为所求。

(2)两平面垂直

两平面垂直的几何条件是：一个平面包含垂直另一平面的直线。当两平面中至少有一个平面垂直于投影面时，互相垂直有两种情况：平面与投影面垂直面相垂直；平面与投影面平行面相垂直。

第一种情况：与铅垂面相垂直的平面，一定包含与这个铅垂面相垂直的水平线，也就是与这个铅垂面相垂直的平面，可能是包含一般位置平面，也可能是铅垂面或水平面；与正垂面相垂直的平面，一定包含与它相垂直的正平线，这个平面可能是包含这条正平线的一般位置平面，也可能是包含这条正平线的正垂面或正平面；与侧垂面相垂直的平面，一定包含与它相垂直的侧平线，这个平面可能是包含这条侧平线的一般位置平面，也可能是包含这条侧平线的侧垂面或侧平面。

第二种情况：与水平面相垂直的平面，一定包含铅垂线，平面可能是包含这条铅垂线的铅垂面，也可能是包含这条铅垂线的正平面或侧平面；与正平面相垂直的平面，一定包含正垂线，可能是包含这条正垂线的正垂面，也可能是包含这条正垂线的水平面或侧平面；与侧平面相垂直的平面，一定包含侧垂线，可能是包含这条侧垂线的侧垂面，也可能是包含这条侧垂线的水平面或正平面。

由这两种情况的论述可以归纳出下述结论：

(a)与某一投影面的垂直面相垂直的平面，一定包含该投影面垂直面的垂线，可以是一般位置平面，也可以是这个投影面的垂直面或平行面。

(b)与某一投影面的平行面相垂直的平面，一定包含这个投影面的垂直线，可以是这个投影面的垂直面，也可以是其他两个投影面的平行面。

在上述两种情况中还可看出有一个特例有明显的投影特性。如图 2.119 所示，两个互相垂直的铅垂面 $ABCD$ 和 $CDEF$，它们在水平投影面上的投影一定分别积聚成直线 $abcd$ 和 $cdef$，也就是这两个铅垂面与 H 面的交线。两平面与 H 面的交线之间的夹角反映了两平面的夹角，所以 $abcd$ 与 $cdef$ 也必互相垂直。同样可以说明：两个互相垂直的正垂面的有积聚性的正面投影必互相垂直；两个互相垂直的侧垂面的有积聚性的侧面投影必互相垂直。由此就可归纳出这样的投影特性：两个垂直于同一投影面的平面互相垂直，它们的有积聚性的同面投影也互相垂直。

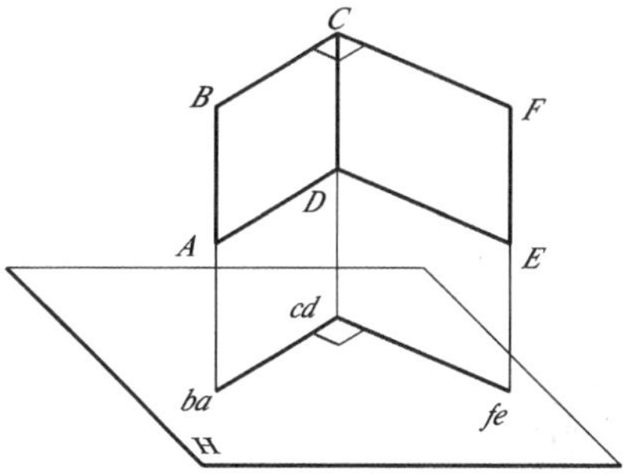

图 2.119　垂直于同一投影面的两平面互相垂直的投影特性

【例 2.28】　如图 2.120(a)所示，已知△ABC 和△EFG 垂直于正垂面 P，且△EFG 是正垂面，要求完成△ABC 的水平投影和△EFG 的正面投影。

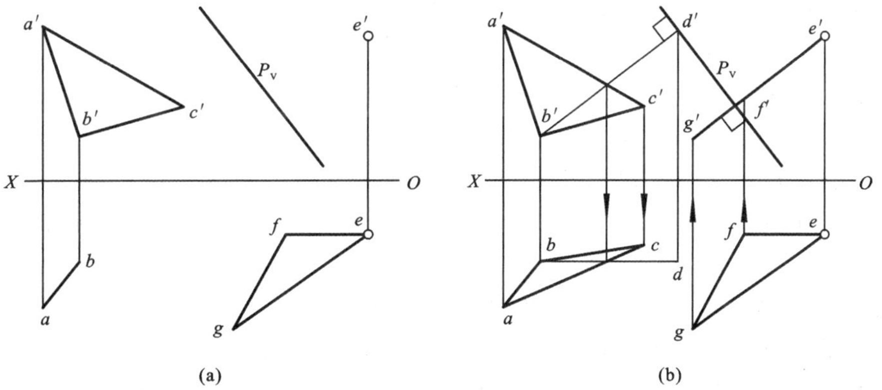

图 2.120　作△ABC 和△EFG 垂直于正垂面 P

(a)已知条件；(b)作图过程和作图结果

【解】 按与投影面垂直面相垂直的平面，可以有三种不同的对投影面的相对位置而作出这两个平面。

作图过程如图 2.120(b)所示：

(a)因为△ABC 平面垂直于正垂面，其一定包含垂直于正垂面 P 的正平线；另外，过一已知直线可以作一个已知平面的垂直面，而且只能作一个垂直面，这个平面应包含这条已知直线和一条垂直于已知平面的直线。由此可按下述方法作出这个平面：过 b' 作 $b'd'$ 垂直于 P_V，过 b 作 bd 平行于 OX 轴，BD 是正垂面 P 的垂线，长度任意，只要 d 与 d' 在同一投影连线上即可。由 AC 与 BD 交点的 V 面投影 $1'$ 画投影连线，得到交点的水平投影 1，连线 $a1$；再由 c' 画投影连线，与 $a1$ 的延长线交得 c；用粗实线连线 ac、bc，便完成△ABC 的水平投影。

(b)过点 E 可以作无数个平面垂直于正垂面 P，而现在加了正垂面的条件限制，则只能作出一个平面。因此，可按下述作图分别作出这个△EFG 平面：过 e' 作直线垂直于 P_V，所求的正垂面△EFG 的 V 面投影就是用这条有积聚性的迹线表示的平面；分别过△EFG 的水平投影 f、g 点画投影连线，与 V 面投影的有积聚性的迹线相交，得到 f'、g'，用粗实线连线 g'、e'，即为△EFG 的正面投影。

【例 2.29】 如图 2.121(a)所示，过点 A 作一平面，平行于直线 BC，垂直于△DEF。

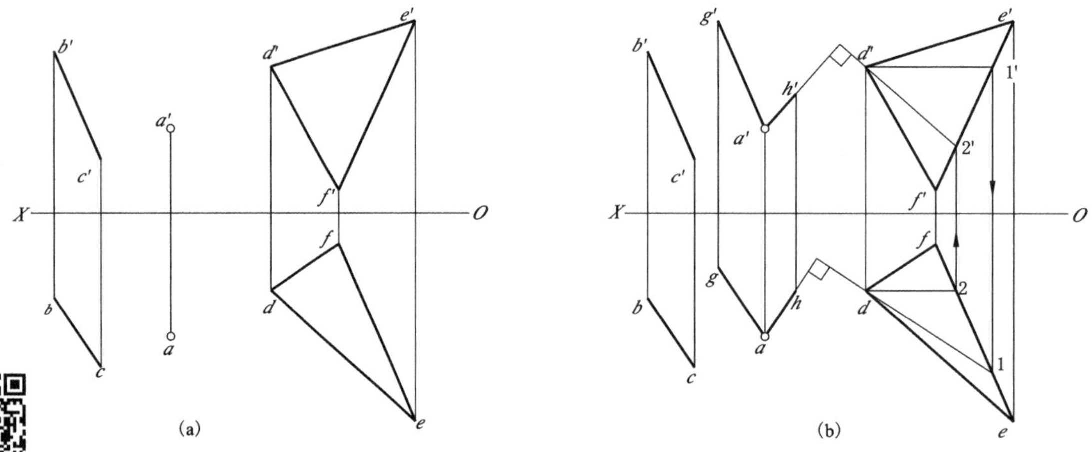

图 2.121 过点 A 作平面平行于 BC，垂直于△DEF

(a)已知条件；(b)作图过程和作图结果

【解】 按直线与平面平行和两平面垂直的几何条件，只要所作的平面既包含过点 A 的 BC 的平行线，又包含过点 A 的△DEF 的垂线，就能满足题目的要求，于是过点 A 作 BC 的平行线，过点 A 作△DEF 的垂线，则这两相交直线确定的平面即为所求。

作图过程如图 2.121(b)所示：

(a)过点 A 作 $AG /\!/ BC$：过 a 作 $ag /\!/ bc$，过 a' 作 $a'g' /\!/ b'c'$，AG 的长度可任意选定。

(b)过点 A 作 $AH \perp$△DEF：过 d' 作 $d'1' /\!/ OX$，与 $e'f'$ 交得 $1'$；由 $1'$ 引投影连线，与 ef 交得 1，连 d 与 1；过 d 作 $d2 /\!/ OX$，与 ef 交得 2，由 2 引投影连线，与 $e'f'$ 交得 $2'$，连 d' 与 $2'$。于是就作出了△DEF 平面上的一条水平线 DⅠ 和一条正平线 DⅡ。过 a 作 $ah \perp d1$，过 a' 作 $a'h' \perp d'2'$，便作出了 AH 的两面投影，AH 的长度可任意选定。

(c)两相交直线 AG 和 AH 所确定的平面 AGH 即为所求。

【例 2.30】 如图 2.122(a)所示，检验△ABC 与△DEF 是否垂直。

【解】 按两平面互相垂直的几何条件，在一个平面上若能作出一条直线垂直于另一平面，则两平面互相垂直；否则，两平面不垂直。通过作图检验就可检定。

作图检验的过程如图 2.122(b)所示：

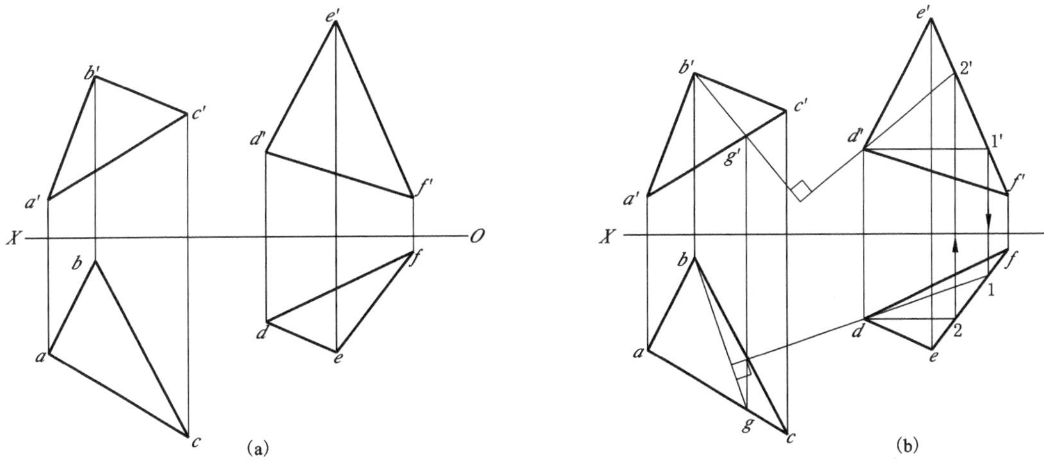

图 2.122 检验△ABC 和△DEF 是否垂直

(a)已知条件;(b)检验的作图过程和检定结果

(a)在△DEF 平面上作水平线 DⅠ和正平线 DⅡ:过 d' 作 $d'1'/\!/OX$,与 $e'f'$交得 $1'$;由 $1'$引投影连线,与 ef 交得 1,连 d 与 1。过 d 作 $d2/\!/OX$,与 ef 交得 2;由 2 引投影连线,与 $e'f'$交得 $2'$,连 d'与 $2'$。

(b)过 b'作 $b'g'$垂直于 $d'2'$,与 $a'c'$交得 g';由 g'引投影连线,与 ac 交得 g,连 b 与 g。检验 bg 是否与 $d1$ 垂直:如 bg 与 $d1$ 垂直,则在△ABC 上能作出一条直线 BG 与△DEF 相垂直,两三角形互相垂直;否则,两三角形不垂直。在图 2.122(b)中,bg 垂直于 $d1$,所以检定了△ABC 与△DEF 是互相垂直的。

2.2.5 点、直线、平面间的综合作图题示例

点、直线、平面间的综合作图题通常是指点、直线、平面之间的相对几何关系的度量和定位问题,这里将通过几个例题使读者了解这类作图题的一般求解方法和步骤。这些作图题在学习了 2.3.2 节以后,也可使用换面法较简捷地求解。

求解点、直线、平面的综合作图题时,应注意下述各点:

(1)首先要理解题意,清楚已知条件和解题要求之间的几何元素的空间关系。

(2)根据点、直线、平面及其相对位置的投影特性和几何条件,用推理或轨迹等方法分析和思考出解题的步骤。

(3)运用几何原理和投影特性,按解题步骤在投影图中逐步准确作图,最后得出求解结果。

【例 2.31】 如图 2.123(a)所示,作出点 A 与一般位置平面△BCD 之间的真实距离。

【解】 求点到一般位置平面距离,可以先过点作一般位置平面的垂线,借助包含垂线的辅助平面,可作出垂线与△BCD 的交点,即为垂足 K;用直角三角形法作出垂线 AK 的真长,就是点 A 与△BCD 之间的真实距离。

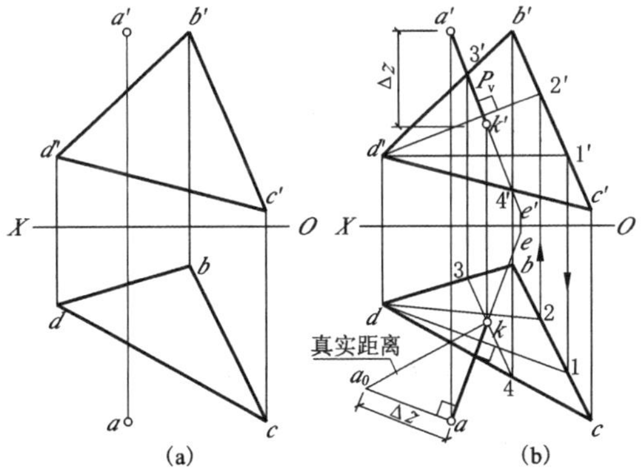

图 2.123 求作点 A 与△BCD 的真实距离

(a)已知条件;

(b)作图过程和作图结果

作图过程如图 2.123(b)所示:

①在△BCD 平面上作水平线 DⅠ和正平线 DⅡ:过 d'作 $d'1'/\!/OX$,与 $b'c'$交得 $1'$;由 $1'$引投影连线,与 bc 交得 1,连 d 与 1。过 d 作 $d2/\!/OX$,与 bc 交得 2;由 2 引投影连线,与 $b'c'$交得 $2'$,连 d'与 $2'$。

②过 A 作△BCD 的垂线 AE：过 a 作 $ae \perp d1$，过 a' 作 $a'e' \perp d'2'$，AE 的长度可任取，只要 e 与 e' 在同一投影连线上即可。

③作 AE 与△BCD 的交点，即为垂足 K：包含 AE 作正垂面 P_V，P_V 与 $a'e'$ 相重合；$d'b'$、$c'd'$ 分别与 P_V 交得 $3'$、$4'$，由 $3'$、$4'$ 引投影连线，分别与 db、cd 交得 3、4，连 3 与 4；ae 与 34 交得 k，由 k 引投影连线，与 $a'e'$ 交得 k'。ak、$a'k'$ 和 k、k' 为所求垂线 AK 和垂足 K 的两面投影。

④作线段 AK 的真长：过 a 作 ak 的垂线，并在其上从 a 量取正面投影中所反映的点 A 与 K 的 z 坐标差 Δz，得 a_0；连 a_0 与 k，a_0k 即为 AK 的真长，也就是点 A 与△BCD 平面之间的真实距离。

用这个例题的作图方法也可求作直线与其平行平面以及两平行平面之间的真实距离，也就是求作直线上的任一点与平面的距离，以及求作一个平面上的任一点与另一平面之间的距离。

【例 2.32】 如图 2.124(a)所示，已知矩形 $ABCD$ 的一边 AB 的两面投影及其邻边 BC 的正面投影 $b'c'$，补全矩形 $ABCD$ 的两面投影。

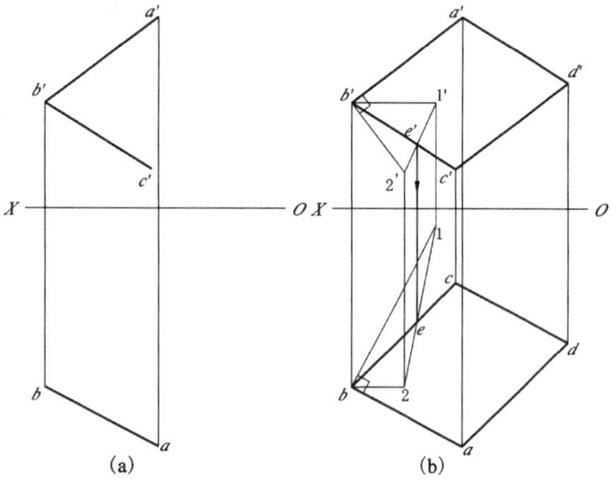

图 2.124 补全矩形 $ABCD$ 的两面投影
(a)已知条件；
(b)作图过程和作图结果

【解】 由初等几何知识可知，矩形的邻边互相垂直，BC 垂直于 AB，而过点 B 的 AB 的垂线的轨迹是过点 B 且与 AB 相垂直的平面，已知 AB 就可以作出这个平面。因为 BC 的正面投影已知，就可在所作出的平面上按已知该平面上的直线 BC 的正面投影 $b'c'$ 作出它的水平投影 bc。作出 bc 后，根据矩形的对边互相平行就可补全这个矩形的两面投影。通过上面的思考分析，就得出了求解这个题目的三个步骤：

①过点 B 作平面垂直于 AB。

②在 AB 的垂直面上，作出该平面上的直线 BC 的水平投影 bc。

③过 A、C 分别作 AB、BC 的平行线，就可补全这个矩形的两面投影。

作图过程如图 2.124(b)所示：

①过 B 作垂直于 AB 的平面：过 B 分别作垂直于 AB 的水平线 BⅠ和正平线 BⅡ，平面 BⅠⅡ即为所求。于是过 b' 作 $b'1' /\!/ OX$，过 b 作 $b1 \perp ab$；过 b 作 $b2 /\!/ OX$，过 b' 作 $b'2' \perp a'b'$。BⅠ、BⅡ的长度任意，只要 1 与 $1'$、2 与 $2'$ 分别在同一投影连线上即可。

②由平面 BⅠⅡ上的直线 BC 的正面投影 $b'c'$ 作水平投影 bc：连 1 与 2、$1'$ 与 $2'$，$1'2'$ 与 $b'c'$ 交得 e'；由 e' 作投影连线，与 12 交得 e；连 b 与 e，延长 be，由 c' 引投影连线，与 be 的延长线交得 c，就作出了 bc。

③补全矩形 $ABCD$ 的两面投影：过 a、c 分别作 $ad /\!/ bc$、$cd /\!/ ab$，ad 与 cd 交得 d；过 a'、c' 分别作 $a'd' /\!/ b'c'$、$c'd' /\!/ a'b'$，$a'd'$ 与 $c'd'$ 交得 d'。这样，就补全了矩形 $ABCD$ 的两面投影。d 与 d' 是否在同一投影连线上，可用来最后验证求解结果是否正确。

2.3 投影变换

2.3.1 投影变换的目的和方法

2.3.1.1 投影变换的目的

点、直线、平面间的相对几何关系，一般可归纳为它们之间的定位和度量问题。在 2.2 节中已讲述了当点、直线、平面等几何元素对投影面处于某些特殊位置时，它们的投影图能直接反映一些它们之间的度量关系，也便于解决一些它们之间的定位问题。而当它们对投影面不处于某些特殊位置时，虽然也可以按它们之间的几何关系、投影特性求解这些问题，但作图较复杂和麻烦。为了求解方便和作图简捷，当几何元素对投影面不处于上述能直接反映它们之间的一些度量关系和便于解决一些定位问题的特殊位置时，常常使几何元素之间的相对位置保持不变，而改变其中的某些元素与投影面的相对位置，使之成为有利于解题的特殊位置，然后在改变成新位置后的投影图中解题，这种方法称为投影变换。

2.3.1.2　两种常用的投影变换方法

投影变换的方法很多，本书只介绍其中最常用的两种：更换投影面法，简称换面法；绕投影面垂直线为轴的旋转法，通常简称旋转法。本书主要阐述前者，对后者只作简单的介绍。

在两投影面体系中解题时，保持几何元素的位置不动，保留一个投影面，更换另一个投影面，与保留的投影面构成一个新的两投影面体系，使几何元素在新投影面体系中处于有利于解题的位置，然后在新投影面体系中解题，这样的投影变换方法称为换面法。如图 2.125(a)所示，在 H、V 两面体系中有铅垂的直角三角形 ABC，为了显示它的真形，可以保留 H 面，用与它平行的 V_1 面（V_1 面也与 H 面垂直）更换 V 面，则 H 面和 V_1 面就构成一个互相垂直的新的 H、V_1 两面体系，而直角三角形 ABC 在新投影面体系中就成为 V_1 面的平行面，在 V_1 面上的投影 $\triangle a'_1b'_1c'_1$ 反映出它的真形。

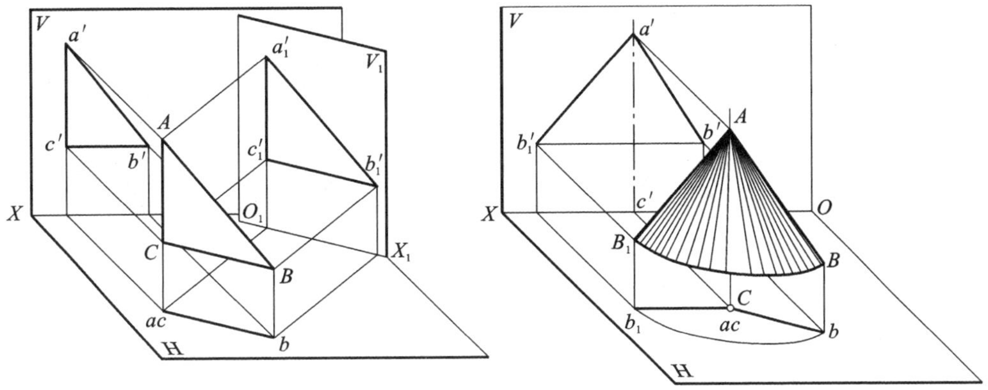

图 2.125　两种常用的投影变换方法

(a)换面法；(b)旋转法

在两投影面体系中解题时，保持投影面的位置和几何元素之间的相对位置不变，但使所有的几何元素以同一投影面垂直线和轴线旋转同一个角度，使这些几何元素旋转到处于有利于解题的位置，然后在新位置上进行解题，这样的投影变换方法称为旋转法。如图 2.125(b)所示，在 H、V 两面体系中有一般位置直线 AB，为了显示它的真长和对 H 面的倾角 α，选择过端点 A 取一条铅垂线 AC 为轴线，使 AB 绕 AC 旋转到平行于 V 面的新位置 AB_1，则 AB_1 就成为 H、V 两面体系中的正平线，AB 的新位置 AB_1 的正面投影 $a'b'_1$ 就反映出它的真长，$a'b'_1$ 与 OX 的夹角就反映出它对 H 面的倾角 α。

2.3.1.3　在投影图中直接反映点、直线、平面的度量或便于定位的特殊情况

图 2.126 所示列举了在投影图中直接反映点、直线、平面的度量或便于定位的特殊情况，它们都是在水平投影图中直接反映各种度量关系的例子，其中有些情况在前面已经阐述过，另外的情况都是读者通过几何分析和已述及的投影特性思考后所能理解的，请自己分析思考，在这里不再赘述。

在解有关图 2.126 所列举的度量或定位问题时，若点、直线、平面不处于上述位置，可以根据需要用投影变换将几何元素变换到处于上述位置后进行解题。

例如在解决有关两直线相垂直的问题时，只要将其中的一条直线变换成某一投影面的平行线就可以了。又如在求解有关平行、相交、垂直问题时，有时需将一个或两个几何元素变换成投影有积聚性的情况，以利于解题。总之，要按具体情况在几何分析和投影分析的基础上灵活运用。

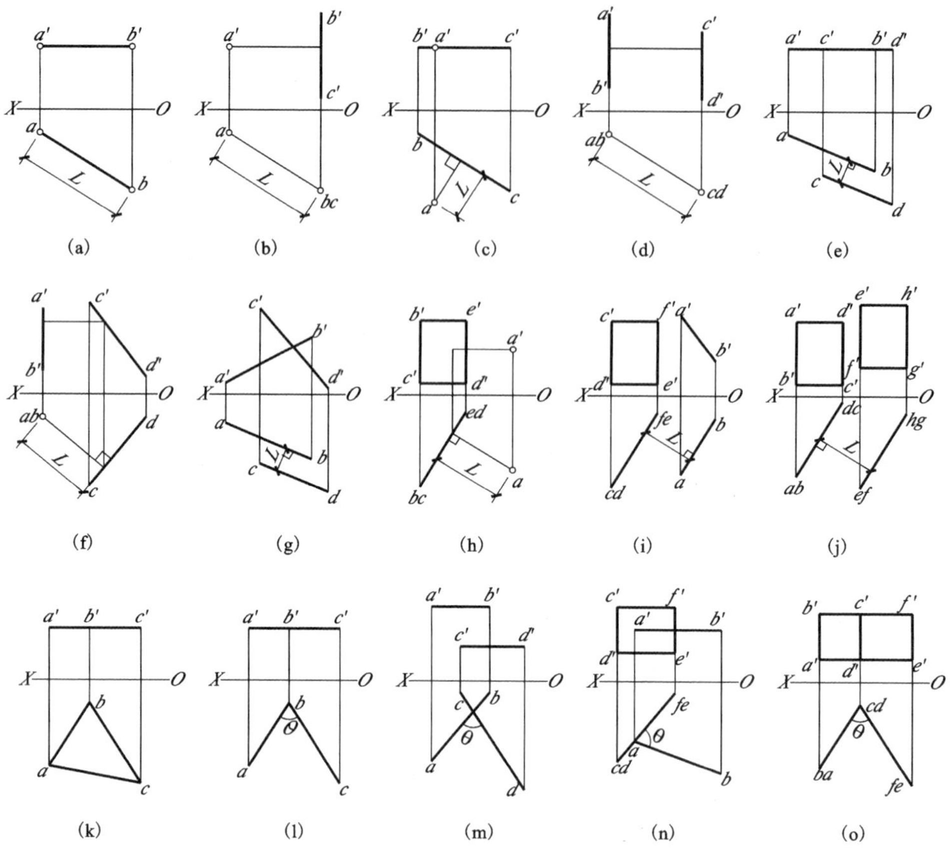

图 2.126　在投影图中直接反映点、直线、平面的度量或便于定位的特殊情况

(a)两点间的距离，直线的真长；(b)点与直线的距离(一)；(c)点与直线的距离(二)；(d)两平行直线的距离(一)；(e)两平行直线的距离(二)；(f)两交叉直线的距离(一)；(g)两交叉直线的距离(二)；(h)点与平面的距离；(i)平行的直线和平面的距离；(j)两平行平面的距离；(k)平面图形的真形；(l)两相交直线的夹角；(m)两交叉直线的夹角；(n)直线与平面的夹角；(o)两相交平面的夹角

2.3.2　换面法以及用换面法求解定位和度量问题示例

2.3.2.1　换面法的原理和基本作图

用换面法解题时必须遵循下述的规定：

(1)换面时必须保留原投影面体系中的一个投影面，新投影面垂直于保留的投影面。

由于新投影面垂直于保留的投影面，则新投影面与保留的投影面构成的新投影面体系，仍是互相垂直的两投影面体系，于是前面所推导的所有几何元素的投影特性在新投影面体系中仍可使用；而且原投影面体系中的投影(在保留的投影面上的投影称原有投影，在被更换的投影面上的投影称为被更换的投影)和新投影面体系中的投影(在保留的投影面上的原有投影和新投影面上的新投影)由于有了在保留的投影面上的原有投影的联系，才可能实现被更换的投影和新投影之间的互相转换。

(2)新投影面的选择应使选定的几何元素在新投影面体系中处于便利解题的位置，主要是确定新投影轴的方向。

解题前，应先对题目所给出的已知条件和求解要求，按几何分析和投影分析进行系统的思考。为了便于解题，选定某个几何元素，并考虑设置怎样的新投影面，以便将它变换到有利于解题的特殊位置，然后在新投影面体系中进行解题。通过这样的思考，也就确定了解题步骤。如果一次换面不能变换到所需的特殊位置，则可由两次换面达到这个要求。由于互相垂直的投影面都是通过投影面绕投影轴(投影面的交线)旋转，重合在同一个平面上以后才形成投影图的，所以在投影图中设置新投影面，也就是设定新投影轴。新投影轴是新投影面与保留的投影面的交线，是新投影面体系中的投影轴；而原投影面体系中的投影轴，也就是被更换的投影面与保留的投影面的交线，则称为被更换的投影轴。

由于几何元素在平行的投影面上的正投影都相同，因而设定新投影轴时，主要考虑的是按需确定新投影轴的方向，而与几何元素原有投影的远近无关，只要使图形布置紧凑、清晰，不互相重叠就可以了。

因为作直线的新投影可分别作出它的两个端点的新投影后连成；作平面的新投影，也就是作出该平面轮廓线上的各顶点的新投影后顺次连成。所以，点在换面法中的投影变换的作图法也称为换面法的基本作图，必须充分理解和熟练掌握。

使用换面法解题时，本书中规定：第一次换面后的新投影轴用 O_1X_1 表示，第二次换面后的新投影轴则用 O_2X_2 表示；第一次换面后的新投影的符号，在原规定的投影符号的右下角加注下标"1"，第二次换面后的新投影的符号则加注下标"2"；在初学时为了清楚起见，常在投影轴两侧各自注出投影面的名称字母，而第一次换面的新投影面的名称字母右下角也加注下标"1"，第二次换面的新投影面的名称字母右下角则加注下标"2"。若更多次换面，则依次类推。在解题熟练后，投影面的名称字母可省略不注。

如图 2.127(a)所示，在 H、V 原投影面体系中有一点 A，若加设垂直于 H 面的 V_1 面作为新投影面来更换 V 面，H 面就是保留的投影面，H 面和 V_1 面就形成 H、V_1 新投影面体系，H 面与 V_1 面的交线就是新投影轴 O_1X_1。由 A 作垂直于 V_1 面的投射线，与 V_1 面交得新投影 a_1'，两投射线 Aa 和 Aa_1' 构成的平面 Aaa_1' 与投影面 H、V_1 分别交得 $a_{x_1}a$、$a_{x_1}a_1'$。将空间的点 A 和投射线 Aa、Aa'、Aa_1' 都移去，保留投射线构成的平面与投影面的交线，使 V 面保持不动，将 H 面绕 OX 轴向下旋转到与 V 面重合（V_1 面仍保持垂直于 H 面，随 H 面一起旋转），然后将 V_1 面绕 O_1X_1 轴旋转，使 V_1 面也旋转到与 V 面和 H 面相重合，并使 a_1' 与 a 在 O_1X_1 轴的两侧，这样，三个投影面 H、V、V_1 就重合成一个平面，形成投影图，如图 2.127(b)所示。

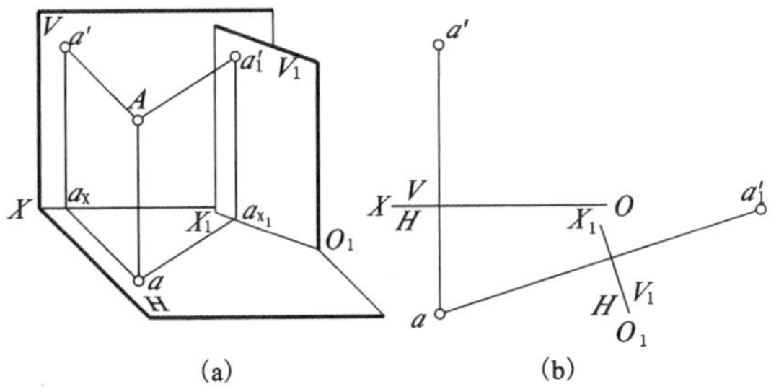

图 2.127　作点的 V_1 面投影

(a)立体图；(b)投影图

由图 2.127(b)对照图 2.127(a)可见，不仅在原投影面体系中 $aa' \perp OX$，$a_xa'=aA$，而且新投影面体系也有同样的投影特性：$aa_1' \perp O_1X_1$，$a_{x_1}a_1'=aA$。由于 $a_xa'=aA$、$a_{x_1}a_1'=aA$，所以 $a_{x_1}a_1'=a_xa'$，但在投影图中通常不注写 a_x 和 a_{x_1} 等符号，就意味着从新投影轴到新投影的距离等于被更换的投影轴到被更换的投影的距离。由此就推导出点在原投影面体系和新投影面体系中用换面法进行投影变换的基本作图：

①按实际需要确定新投影轴位置和方向建立新两面投影体系，由点的原有投影作垂直于新投影轴的投影连线。

②在这条投影连线上，从新投影轴向新投影面一侧，量取点的被更换的投影轴到被更换的投影之间的距离，就得到该点的新投影。

上述基本作图同样也适用于变更 H 面时被更换的投影和新投影之间的变换；当需要连续进行两次或更多次换面时，也是重复地连续使用上述基本作图。

如图 2.128(a)所示，在 H、V 原投影面体系中加设垂直于 V 面的 H_1 面来更换 H 面，同样，在图 2.128(b)所示的投影图中有 $a'a_1 \perp O_1X_1$ 和 O_1X_1 轴到 a_1 的距离等于 OX 轴到 a 的距离的投影特性。求作 H_1、V 新投影面体系中的新投影 a_1，按点在换面法中进行投影变换的基本作图的过程如下：

①当按实际需要确定新投影轴 O_1X_1 以后，由 a' 作垂直于 O_1X_1 轴的投影连线。

②在这条投影连线上，从 O_1X_1 向 H_1 一侧量取 OX 轴到 a 的距离，即得所求的新投影 a_1。

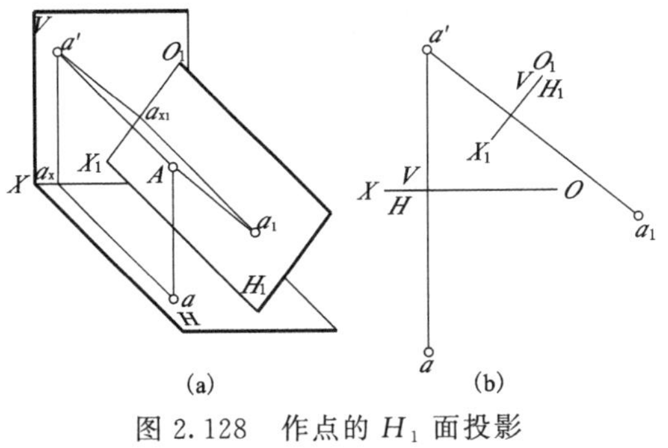

图 2.128　作点的 H_1 面投影

(a)立体图；(b)投影图

如图 2.129(a)所示，在 H、V 原投影面体系中有一点 A，第一次换面与图 2.127 一样，用垂直于 H 面的 V_1 面更换 V 面，在 H、V_1 新投影面体系中作出点 A 在 V_1 面上的新投影 a_1'。然后再进行第二次换面，将 H、V_1 投影面体系看作原投影面体系，在原投影面体系中，加设垂直于 V_1 面的 H_2 面来更换 H 面，并在 H_2、V_1 新投影面体系中作出点 A 在 H_2 面上的新投影 a_2；在 H_2、V_1 新投影面体系中，两投射线 Aa_2、Aa_1'构成的平面，分别与 H_2 面、V_1 面交得 $a_{x2}a_2$、$a_{x2}a_1'$。将空间的点 A 和投射线 Aa、Aa'、Aa_1'、Aa_2 都移去，保留投影面上的投影和投射线构成的平面与投影面的交线，使 V 面保持不动，H 面绕 OX 轴向下旋转到与 V 面重合(V_1 面仍保持与 H 面相垂直的位置，H_2 面也保持与 V_1 面相垂直的位置)；然后，将 V_1 面绕 O_1X_1 轴向 H 面投影的另一侧旋转到与 V 面重合(H_2 面仍保持与 V_1 面相垂直的位置)；最后，将 H_2 面绕 O_2X_2 轴向 V_1 面投影的另一侧旋转到与 V 面重合，就得到了图 2.129(b)所示的投影图。在投影图中，通常都不注 a_x、a_{x1}、a_{x2} 等点。

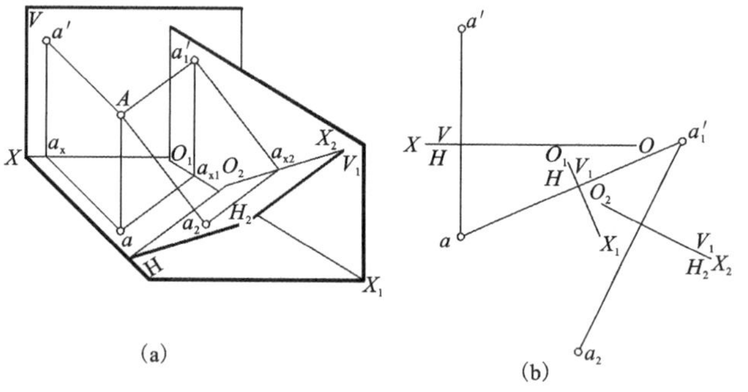

图 2.129　点的两次换面

(a)立体图；(b)投影图

在投影图中求作点在两次换面中新投影的作图过程如图 2.129(b)所示：

①当按需确定投影轴 O_1X_1 以后，按图 2.127(b)所示的作图过程作出 a_1'。

②将 H、V_1 投影面体系看作原投影面体系，按需确定 O_2X_2 轴以后，由 a 和 a_1'求 a_2 的作图过程：过保留的投影 a_1'作垂直于新投影轴 O_2X_2 的投影连线；在这条投影连线上，从新投影轴 O_2X_2 向新投影面 H_2 一侧量取被更换的投影轴 O_1X_1 到被更换的投影 a 的距离，就作出了所求的新投影 a_2。显然可见，第二次换面求新投影的作图，也就是重复一次点的投影变换的基本作图。

当然，进行点的两次换面也可以先用垂直于 V 面的 H_1 面更换 H 面，然后在 H_1、V 投影面体系中再用垂直于 H_1 面的 V_2 面更换 V 面。

值得提及的是，前面所讲述的在 H、V 两面体系中的投影变换的原理和基本作图，同样也都适用于 V、W 两面体系。

2.3.2.2　用换面法解题的六个基本情况

用换面法解题时常常要将选定的直线或平面变换到有利于解题的特殊位置后再进行解题，将直线或平面变换到所需的特殊位置，可归纳成下述六个基本情况。

(1)情况一：一次换面可将一般位置直线变换为投影面平行线，新投影轴应平行于直线的原有投影。

如图 2.130(a)所示，H、V 两面体系中有一般位置直线 AB，为了使 AB 变换成投影面平行线，用一个既平行于 AB、又垂直于 H 面的 V_1 面更换 V 面，即可通过一次换面达到目的。于是选用 AB 及过 AB 上诸点向 H 面的投射线组成的平面的平行面 V_1，AB 在 H、V_1 新投影面体系中就成为 V_1 面平行线。按投影面平行线的投影特性，在 H、V_1 新投影面体系中的新投影轴 O_1X_1 应与 V_1 面平行线 AB 的原有投影 ab 相平行，它们之间的距离可以任意。

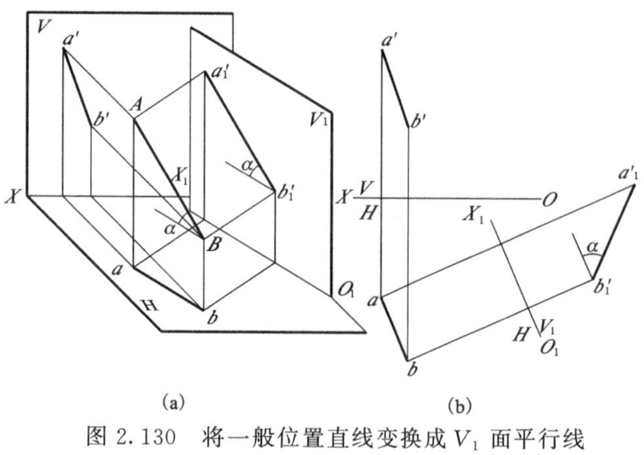

图 2.130　将一般位置直线变换成 V_1 面平行线

(a)立体图；(b)投影图

作图过程如图 2.130(b)所示：

①在适当位置作 $O_1X_1 /\!/ ab$。

②按投影变换的基本作图分别作出两端点 A、B 的新投影 a_1'、b_1'，连 a_1'与 b_1'，$a_1'b_1'$即为所求的新

投影。

这样，AB 就变换为 H、V_1 新投影面体系中的 V_1 面平行线，$a_1'b_1'$反映 AB 的真长，其与 O_1X_1 轴的夹角就是 AB 对 H 面的倾角 α。

同理，通过一次换面也可将一般位置直线 AB 变换成 H_1 面平行线，这时，a_1b_1 反映 AB 的真长，其与 O_1X_1 轴的夹角即为 AB 对 V 面的倾角 β。

(2)情况二：一次换面可将投影面平行线变换成另一投影面的垂直线。新投影轴应垂直于直线所保留的反映真长的投影。

如图 2.131(a)所示，在 H、V 两面体系中有正平线 AB，因为垂直于正平线 AB 的平面也垂直于 V 面，所以就可用一个这样的平面作为新投影 H_1 来更换 H 面，它与 AB 的距离可以任意，于是通过一次换面就可将在 H、V 原投影面体系中的 V 面平行线变换为 H_1、V 新投影面体系中的 H_1 面垂直线。在 H_1、V 新投影面体系中，按 H_1 面垂直线的投影特性，新投影轴 O_1X_1 应垂直于直线 AB 所保留的反映真长的 V 面投影 $a'b'$。

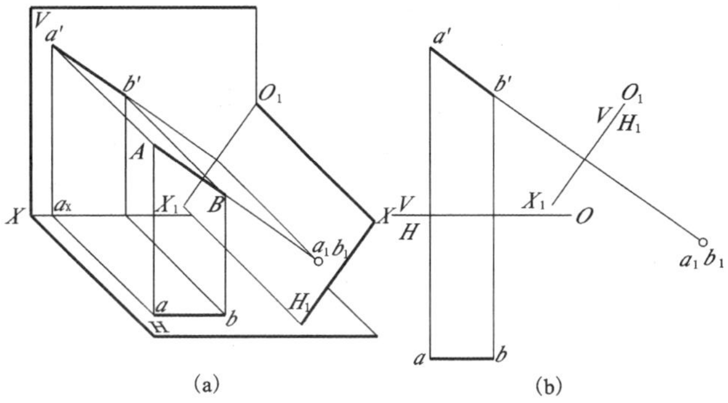

图 2.131　将 V 面平行线变换成 H_1 面垂直线

(a)立体图；(b)投影图

作图过程如图 2.131(b)所示：

①在适当位置作 $O_1X_1 \perp a'b'$。

②按投影变换的基本作图方法作出两端点 A、B 的互相重合的新投影 a_1、b_1，a_1b_1 即为所求的在 H_1、V 新投影面体系中的 H_1 面垂直线 AB 的积聚成一点的 H_1 面投影。

同理，通过一次换面也可将水平线变换成 V_1 面垂直线，它的 V_1 面投影便积聚成一点。

(3)情况三：两次换面可将一般位置直线变换成投影面垂直线，先将一般位置直线变换成投影面平行线，再将投影面平行线变换成投影面垂直线。

如图 2.132 所示，在 H、V 原投影面体系中有一般位置直线 AB，要将它变换成新的投影面垂直线。设新投影面垂直于 AB，由于 AB 是一般位置直线，所以它的垂直面一定是一般位置平面，既不垂直于 H 面，又不垂直于 V 面，因此，通过一次换面不能将一般位置直线变换成投影面垂直线。但可连续进行情况一和情况二的变换，先将一般位置直线变换成投影面平行线，然后再将投影面平行线变换成投影面垂直线。

作图过程仍如图 2.132 所示：

①作第一次换面，将 AB 变换成 V_1 面平行线：与图 2.130(b)相同，作 $O_1X_1 /\!/ ab$，将 H、V 原投影面体系中的 $a'b'$ 变换成 H、V_1 新投影面体系中的 $a_1'b_1'$。

②作第二次换面，继续将 AB 变换成 H_2 面垂直线：也就是将 H、V_1 两面体系看作原投影面体系，与图 2.131(b)相同，作 $O_2X_2 \perp a_1'b_1'$，继续按投影变换的基本作图将 H、V_1 原投影面体系中的 ab 变换成 H_2、V_1 新投影面体系中积聚成一点的 a_2b_2。于是 AB 就变换成 H_2、V_1 投影面体系中的 H_2 面垂直线，它在 H_2、V_1 两面体系中的投影就是 a_2b_2、$a_1'b_1'$。

同理，通过两次换面也可先将一般位置直线变换成 H_1 面平行线，再将 H_1 面平行线变换成 V_2 面垂直线，从而将 H、V 两面体系中的一般位置直线变换成 H_1、V_2 两面体系中的 V_2 面垂直线。

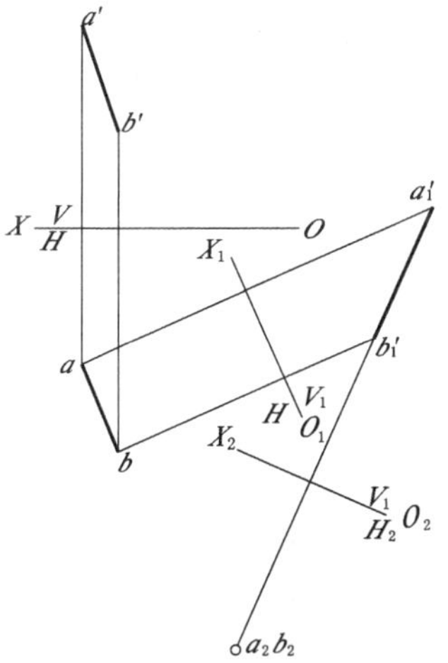

图 2.132　将一般位置直线变换成 H_2 面垂直线

(4)情况四：一次换面可将一般位置平面变换成投影面垂直面。新投影轴应与平面上平行于原有投影面的直线的原有投影相垂直。

如图 2.133(a)所示，H、V 两面体系中有一个一般位置的△ABC，如能加设一个既与△ABC 平面垂直，又与 H 面或 V 面相垂直的新投影面，则通过一次换面就可达到目的。于是在△ABC 平面上任取一条水平线，例如 AD，则与它相垂直的平面就既垂直于三角形平面，又垂直于 H 面，于是就可用这样的一个平面作为新投影面 V_1 来更换 V 面，通过一次换面，将这个一般位置的△ABC 变换成 H、V_1 新投影面体系中的 V_1 面垂直面。在 H、V_1 新投影面体系中，按投影面垂直面的投影特性，新投影轴 O_1X_1 应与 ad 相垂直，具体的位置可按需任意选定。

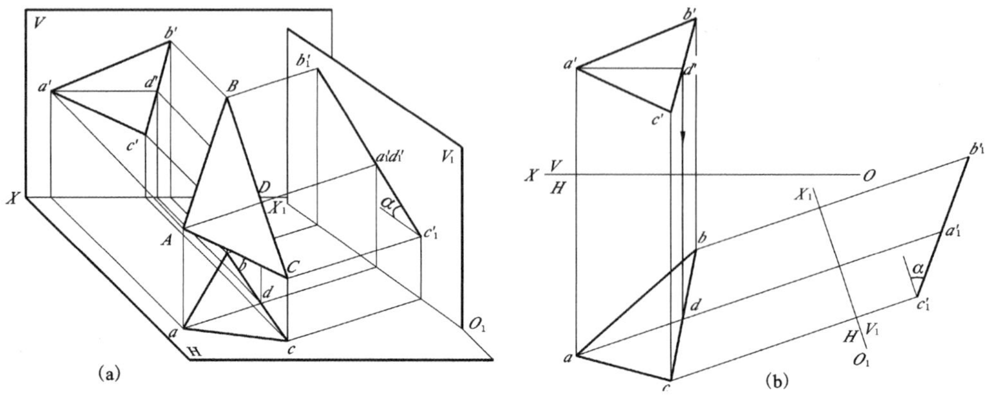

图 2.133　将一般位置平面变换成 V_1 面垂直面

(a)立体图；(b)投影图

作图过程如图 2.133(b)所示：

①在 H、V 原投影面体系中作△ABC 平面上的水平线 AD：先作 $a'd'//OX$，再由 d' 作出 d，连 a 与 d，即得 AD 的两面投影 ad、$a'd'$。

②作 $O_1X_1 \perp ad$，按投影变换的基本作图，作出顶点 A、B、C 在 H、V_1 新投影面体系中的新投影 a_1'、b_1'、c_1'，它们一定位于同一直线上，将它们连成直线 $a_1'b_1'c_1'$，即为在 H、V_1 新投影面体系中的 V_1 面垂直面的有积聚性的 V_1 面投影。$a_1'b_1'c_1'$ 与 O_1X_1 轴的夹角，就是△ABC 平面的倾角 α。

若需求作△ABC 与 V 面的倾角 β，则先应在△ABC 平面上作正平线，设垂直于这条正平线的平面为新投影面 H_1，△ABC 就变换成 H_1、V 新投影面体系中的 H_1 面垂直面，它的有积聚性的 H_1 面投影 $a_1b_1c_1$ 与新投影轴 O_1X_1 的夹角，就是△ABC 平面的倾角 β。

(5)情况五：一次换面可将投影面垂直面变换成投影面平行面。新投影轴应平行于这个平面的有积聚性的原有投影。

如图 2.134 所示，在 H、V 原投影面体系中有处于正垂面位置的△ABC，因为平行于△ABC 的平面也垂直于 V 面，用一个这样的平面作为新投影面 H_1 来更换 H 面，通过一次换面就可达到目的，将△ABC 变换为 H_1、V 新投影面体系中的 H_1 面平行面。在 H_1、V 新投影面体系中，按投影面平行面的投影特性，新投影轴应与△ABC 的有积聚性的原有投影 $a'b'c'$ 相平行。

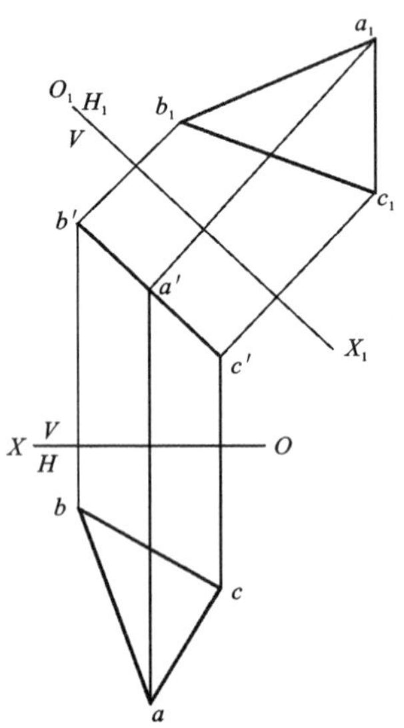

图 2.134　将 V 面垂直面变换为 H_1 面平行面

作图过程仍如图 2.134 所示：

①在适当位置作 $O_1X_1//a'b'c'$。

②按投影变换的基本作图作出三个顶点 A、B、C 的新投影 a_1、b_1、c_1，将 a_1、b_1、c_1 连成△$a_1b_1c_1$，即为在 H_1、V 新投影面体系中的 H_1 面平行面△ABC 的 H_1 面投影，它反映△ABC 的真形。

同理，若求作处于铅垂面位置的平面图形的真形，则可用它的平行面作为 V_1 面来更换 V 面，将这个平面图形变换成 H、V_1 新投影面体系中的 V_1 面平行面，它的 V_1 面投影就反映这个平面图形的真形。

(6)情况六：两次换面可将一般位置平面变换为投影面平行面，先将一般位置平面变换成投影面垂直面，再将投影面垂直面变换成投影面平行面。

如图 2.135 所示，在 H、V 原投影面体系中有一般位置的△ABC，要将它变换成新的投影面平行面。设新投影面平行于△ABC，则这个平面也是一般位置平面，既不垂直于 H 面，也不垂直于 V 面，因此，通过一次换面不能将一般位置平面变换成投影面平行面。但连续进行情况四和情况五的变换就可达到目的，先将一般位置平面变换成投影面垂直面，再将投影面垂直面变换成投影面平行面。

作图过程仍如图 2.135 所示：

①作第一次换面，将一般位置的△ABC 变换成 V_1 面垂直面：与图 2.133(b)的作图完全相同，将 H、V 原投影面体系中的△ABC 的 V 面投影△$a'b'c'$变换成 H、V_1 新投影面体系中处于 V_1 面垂直面位置的△ABC 的有积聚性的 V_1 面投影 $a_1'b_1'c_1'$。

②作第二次换面，继续将△ABC 变换成 H_2 面平行面：也就是将 H、V_1 两面体系看作原投影面体系，作 $O_2X_2 /\!/ a_1'b_1'c_1'$，继续按投影变换的基本作图将 H、V_1 原投影面体系中的 H 面投影△abc 变换成 H_2、V_1 新投影面体系中的处于 H_2 面平行面位置的△ABC 的 H_2 面投影△$a_2b_2c_2$。△$a_2b_2c_2$ 反映了△ABC 的真形。

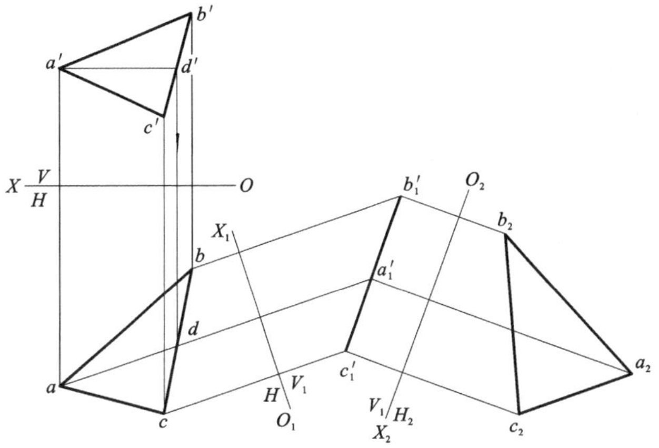

图 2.135　将一般位置平面变换成 H_2 面平行面

当然，也可先在△ABC 平面上作一条正平线，第一次换面时设垂直于这条正平线的新投影面 H_1，将 H、V 两面体系中的一般位置的三角形变换成 H_1、V 新投影面体系中的 H_1 面垂直面；第二次换面时，将 H_1、V 两面体系看作原投影面体系，再设平行于△ABC 的新投影面 V_2，使△ABC 在 H_1、V_2 新投影面体系中成为 V_2 面平行面，作出它的 V_2 面投影△$a_2'b_2'c_2'$，就是△ABC 的真形。

2.3.2.3　用换面法求解定位和度量问题示例

【例 2.33】 如图 2.136(a)所示，已知直线 AB 的正面投影 $a'b'$ 和点 A 的水平投影 a，并知点 B 在点 A 的前方，AB 与 V 面的倾角 $\beta=30°$，用换面法补全 AB 的水平投影 ab。

【解】 因为水平线在投影图中能直接反映它与正面的倾角 β，所以按给定条件可以设新投影面 H_1，将 AB 线变换成 H_1 面平行线，在新投影面体系中解题，然后将解题结果返回到原投影体系中去，从而补全 AB 的 H 面投影 ab。题目中给出的直线 AB 是一般位置直线，变换成投影面平行线只要一次换面，而新投影轴应平行于直线 AB 的原有投影 $a'b'$（由于加设 H_1 面，所以一定要保留 V 面）。

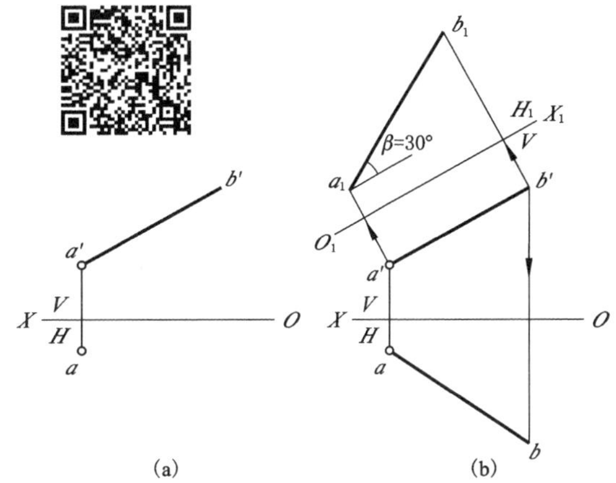

图 2.136　例 2.33 按给定条件补全 AB 的水平投影 ab

(a)已知条件；(b)作图过程和作图结果

通过分析以后，作图过程如图 2.136(b)所示：

①在适当位置作 $O_1X_1 /\!/ a'b'$。

②按投影变换的基本作图由 a'、a 作出 a_1。由 a_1 按 $a'b'$ 的方向作与 O_1X_1 轴成 30°的直线；由 b' 作 O_1X_1 的垂线，与上述直线交得 b_1。于是连 a_1 与 b_1，在 H_1、V 新投影面体系中就作出了这条 H_1 面平行线 AB 的两面投影。

③将 H_1、V 新投影面体系中的点 B 返回 H、V 原投影面体系，就是按投影变换的基本作图的逆过程，由新投影 b_1 反求被更换的投影 b：过 b' 在 H、V 原投影面体系中作投影连线，也就是作被更换的投影轴

OX 的垂线，在这条垂线上由被更换的投影轴 OX 向 H 一侧，量取在 H_1、V 新投影面体系中新投影轴 O_1X_1 到新投影 b_1 的距离，得 b，连 a 和 b，就补全了 AB 的水平投影 ab。

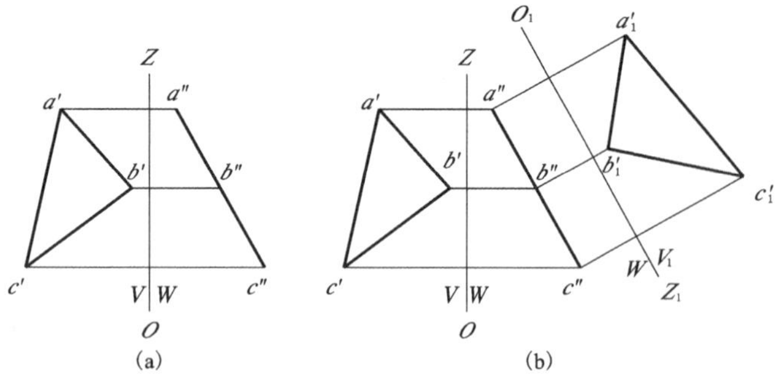

图 2.137　作侧垂的△ABC 的真形

(a)已知条件；(b)作图过程和作图结果

【例 2.34】　如图 2.137(a)所示，已知在 V、W 两面体系中的侧垂的△ABC，用换面法作出它的真形。

【解】　投影面垂直面经一次换面就能变换成投影面平行面而显示真形。新投影轴应平行于这个平面的有积聚性的原有投影。因此，保留 W 面，设平行于△ABC 平面的 V_1 面来更换 V 面，△ABC 就成为 V_1、W 新投影面体系中的 V_1 面平行面，它的 V_1 面投影便反映真形。

作图过程如图 2.137(b)所示：

①在适当位置作 $O_1Z_1 /\!/ a''b''c''$。

②按投影变换的基本作图分别由 a''、b''、c''和 a'、b'、c'作出 a_1'、b_1'、c_1'，将 a_1'、b_1'、c_1'连成三角形，即为 V_1、W 新投影面体系中的处于 V_1 面平行面位置的△ABC 的 V_1 面投影，反映了△ABC 的真形。

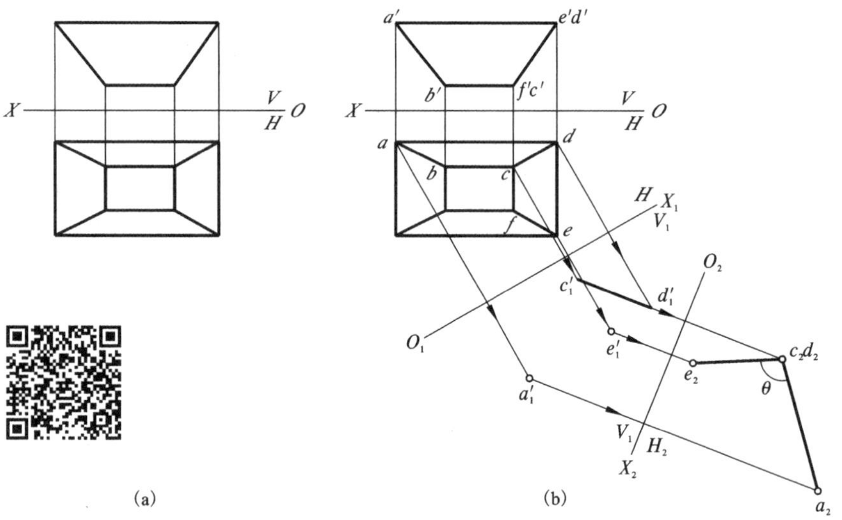

图 2.138　作料斗相邻壁面间的夹角 θ 的真实大小

(a)已知条件；(b)作图过程和作图结果

【例 2.35】　如图 2.138(a)所示，已知由四个梯形平面所构成的料斗的两面投影，求料斗相邻两平面之间的夹角 θ 的真实大小。

【解】　这个料斗左右、前后都对称，每两个邻面之间的夹角都相等，于是只要任意选用两个相邻壁面作出它们的夹角，例如选用后壁面和右壁面。按图 2.126(o)所示的在投影图中直接反映两平面夹角的特殊情况，只要将这两个相邻平面用换面法变换成同时垂直于同一投影面，也就是将这两个平面的交线变换成投影面垂直线。在图 2.138(a)中已显示相邻两壁面的交线是一般位置直线，要变换成投影面垂直线需经两次换面，先将一般位置直线变换成投影面平行线，再将投影面平行线变换为投影面垂直线。当通过上述分析思考，确定选用后壁面 $ABCD$ 和右壁面 $CDEF$ 作图，当它们的交线 CD 变换为 H_2 面垂直线，这时两个相邻壁面都变换成这个投影面垂直面，它们的有积聚性的投影之间的夹角，就是这两个相邻壁面的夹角。由于直线与线外一点就能确定一个平面，所以后壁面 $ABCD$ 和右壁面 $CDEF$ 只要除交线 CD 以外，分别选用一个点参与投影变换就可以了，例如后壁面选用点 A，右壁面选用点 E。

作图过程如图 2.138(b)所示：

①在适当位置作 $O_1X_1 /\!/ cd$，按投影变换的基本作图由 a、c、d、e 和 a'、c'、d'、e'分别作出 a_1'、c_1'、d_1'、e_1'，连 c_1'与 d_1'。有了 $a_1'c_1'd_1'$和 $e_1'c_1'd_1'$，CD 变换为 H、V_1 新投影面体系中的 V_1 面平行线，便作出了两壁面的交线及确定这两个壁面的几何元素的 V_1 面投影。

②将 H、V_1 两面体系看作原投影面体系进行第二次换面，继续将 CD 变换为 H_2 面垂直线，在适当位置作 $O_2X_2 \perp c_1'd_1'$，按投影变换的基本作图由 a_1'、c_1'、d_1'、e_1'和 a、c、d、e 分别作出 a_2、c_2、d_2、e_2，c_2 与 d_2 互相重合，也就是在 H_2、V_1 新投影面体系中的 H_2 面垂直线 CD 的有积聚性的 H_2 面投影，将 a_2、e_2 分别与

c_2d_2 相连，即为同时处于 H_2 面垂直面位置的后壁面和右壁面的有积聚性的 H_2 面投影，它们之间的夹角 θ，就是两相邻壁面的夹角。

【例 2.36】 如图 2.139(a)所示，已知一般位置的$\triangle ABC$ 的两面投影，用换面法求作它的真形，并作出它的外接圆圆心 E 的两面投影。

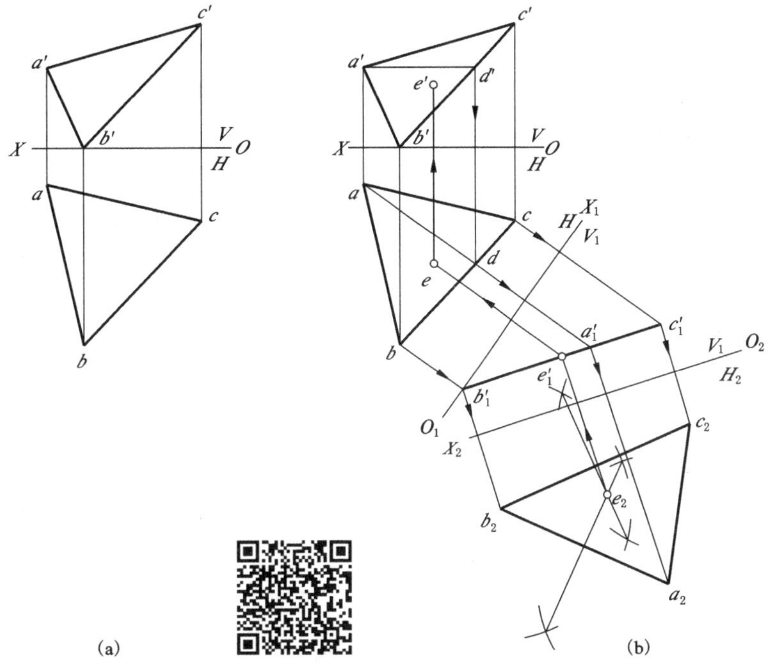

图 2.139　作$\triangle ABC$ 的真形和外接圆圆心的两面投影

(a)已知条件；(b)作图过程和作图结果

【解】 只要换面两次就可将一般位置的$\triangle ABC$ 变换为投影面平行面，它在平行的投影面上的投影反映真形。在反映真形的投影中作两条边的中垂线，就可交得它的外接圆圆心 E 的投影，从而逐步作出 E 的其他投影。

作图过程如图 2.139(b)所示：

①将一般位置的$\triangle ABC$ 变换为 V_1 面垂直面：过 a' 作 $a'd' /\!/ OX$，与 $b'c'$ 交得 d'；由 d' 引投影连线，与 bc 交得 d，连 a 与 d。在适当位置作 $O_1X_1 \perp ad$，按投影变换的基本作图由 a、b、c 和 a'、b'、c' 分别作出 a'_1、b'_1、c'_1，将它们连成在 H、V_1 新投影面体系中处于 V_1 面垂直面位置的$\triangle ABC$ 的积聚成一直线的 V_1 面投影 $a'_1b'_1c'_1$。

②作第二次换面，将 H、V_1 两面体系看作原投影面体系，将处于 V_1 面垂直面位置的$\triangle ABC$ 变换成 H_2、V_1 新投影面体系中的 H_2 面平行面：在适当位置作 $O_2X_2 /\!/ a'_1b'_1c'_1$，按投影变换的基本作图由 a'_1、b'_1、c'_1和 a、b、c 分别作出 a_2、b_2、c_2，然后连成在 H_2、V_1 新投影面体系中的平行于 H_2 面的$\triangle ABC$ 的 H_2 面投影$\triangle a_2b_2c_2$，即为所求的$\triangle ABC$ 的真形。

③在反映$\triangle ABC$ 真形的 H_2 面投影中作出外接圆圆心 E 的投影 e_2，然后再逐步作出点 E 的其他投影：在反映$\triangle ABC$ 真形的 H_2 面投影中，作$\triangle a_2b_2c_2$ 任意两边的中垂线[在图 2.139(b)中，作出了 a_2b_2、b_2c_2 的中垂线]，得到它们的交点 e_2；由 e_2 作垂直于 O_2X_2 轴的投影连线，与 $a'_1b'_1c'_1$交得 e'_1；再由 e'_1作第二次换面时 H、V_1 原投影面体系中被更换的投影轴 O_1X_1 的垂线，在这条垂线上由被更换的投影轴 O_1X_1 向被更换的投影面 H 一侧，量取新投影轴 O_2X_2 到新投影 e_2 的距离，得被更换的投影 e；同样，由 e 作第一次换面时 H、V 原投影面体系中被更换的投影轴 OX 的垂线，在这条垂线上由被更换的投影轴 OX 向被更换的投影面 V 一侧，量取新投影轴 O_1X_1 到新投影 e'_1的距离，得被更换的投影 e'。通过用投影变换的基本作图，从新投影逐步逆求出被更换的投影，就是将新投影面体系中的求解结果，逐步返回原投影面体系，从而作出了$\triangle ABC$ 的外接圆圆心 E 在 H、V 两面体系中的水平投影 e 和正面投影 e'。

2.3.3　以投影面垂直线为轴的旋转法简介

本书通过在 H、V 两面体系中简要讲述它的基本原理和基本作图，以及用一次旋转求作一般位置直线的真长与倾角、求作处于投影面垂直面位置的平面图形的真形这两个最常用的基本情况。

2.3.3.1　*以投影面垂直线为轴的旋转法的原理和基本作图*

用以投影面垂直线为轴的旋转法解题时，必须遵守下述的规定：

(1)旋转轴必须垂直于两面体系中的任一个投影面，所有的几何元素都必须绕旋转轴按同一方向旋转同一角度，这样就不会改变所有的几何元素彼此间的相对位置。

(2)应按使选定的几何元素能旋转到处于方便解题的位置来选择旋转轴。如一次旋转不能解决问题，可在两面体系中先绕垂直于一个投影面的旋转轴旋转，再绕垂直于另一投影面的旋转轴旋转。在旋转法中也有与换面法相类似的六个基本情况，本书不再一一赘述了。

因为旋转一条直线，可旋转两个端点而连成；旋转一个多边形平面，可旋转多边形各个顶点而连成。所以，点的旋转的作图是旋转法的基本作图。

使用旋转法解题时，几何元素在旋转一次后的新位置的新投影的符号，都在右下角加下标“1”。当点在旋转轴上，旋转后的位置不变，当直线与旋转轴重合时，旋转后的位置也不变，投影符号也可仍用原符号，不必另加下标“1”。

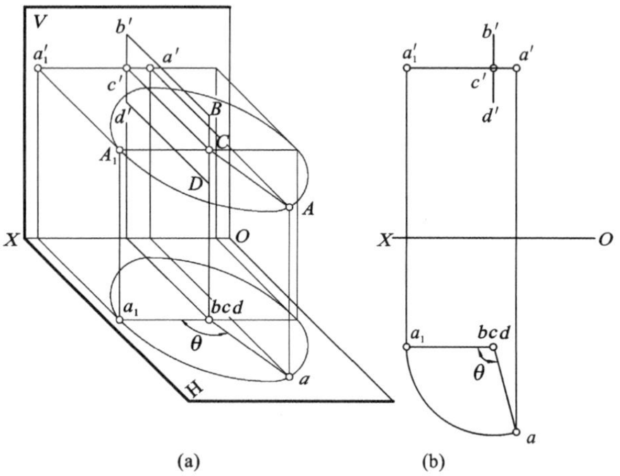

图 2.140　点绕铅垂线旋转示例

(a)立体图；(b)投影图

如图 2.140(a)所示，在 H、V 两面体系中有铅垂线 BD 和线外一点 A，将点 A 绕选定的旋转轴铅垂线 BD 旋转一周的轨迹和向左旋转到与 BD 离正面 V 等距的新位置 A_1。点 A 绕铅垂线旋转一周的轨迹是过该点且垂直于轴线的一个水平圆周，圆心就是轴线与这个水平圆平面的交点 C，半径就是连线 CA。由于水平圆周在投影面 H 上的投影反映真形，所以点 A 的旋转轨迹在投影面 H 上的投影是以 BCD 的有积聚性的 H 面投影为圆心、ca 为半径的一个圆周，c 应积聚在轴线 BD 的有积聚性的投影 bd 上；在轴线所平行的投影面 V 上的投影则是过 a'的一段平行于投影轴 OX 的直线，长度等于直径。当点 A 按向左旋转某一个角度 θ 到达与轴线 BD 离正面 V 等距的新位置 A_1 时，则在轴线所垂直的投影面 H 上的投影，也由 a 向左旋转 θ 角到达 a_1；在轴线所平行的投影面 V 上的投影，就在由 a'向左所引的投影轴 OX 的平行线上。

在投影图上的作图过程如图 2.140(b)所示，以旋转轴的有积聚性的投影为圆心，过 a 向左作弧至所要求作的新位置 a_1，即旋转到与旋转轴的 y 坐标相等的位置；由 a_1 作投影连线，便与由 a'向左所作的投影轴 OX 的平行线交得 a'_1。

由此就推导出用投影面垂直线为轴的旋转法，在原位置的原投影和新位置的新投影之间进行投影变换的基本作图：

①先在旋转轴垂直的投影面的投影图中，以旋转轴的有积聚性的投影为圆心，过点的原投影作圆弧，将原投影转到选定的新位置处，得新投影。

②在旋转轴平行的投影面上的投影图中，过点的原投影作投影轴的平行线，然后由旋转轴垂直的投影面上的新投影作投影连线，与上述投影轴的平行线交得该点的另一新投影。

它的逆过程可以用于由新位置的新投影返回原位置，并作出原投影。

上述基本作图同样也适用于绕正垂线旋转时点的原投影和新投影之间的变换。

读者应注意：用旋转法解题时，通常只要画出旋转轴的有积聚性的投影以及点的旋转过程，不画出旋转轴的另一投影，在点的旋转过程中所画的圆弧、投影轴平行线、投影连线等图线，都用细实线作为作图线画出。

前面所讲述的在 H、V 两面体系中用旋转法进行投影变换的原理和基本作图，以及后面所讲述的用一次旋转解题最常用的两个基本情况，同样也都适用于 V、W 两面体系。

2.3.3.2　用一次旋转解题最常用的两个基本情况

(1)情况一：旋转轴通过直线的一个端点，且垂直于另一投影面，一次旋转可将一般位置直线旋转成某一投影面的平行线，显示直线的真长及其与另一投影面的倾角。

如图 2.141(a)所示，在 H、V 两面体系中有一般位置直线 AB，需求作它的真长和与 H 面的倾角 α。过端点 A 作铅垂线为旋转轴，将 AB 旋转到正平线的新位置 AB_1，AB_1 的正面投影 $a'b'_1$就能显示 AB 的

真长和与 H 面的倾角 α。因为端点 A 在旋转轴上，所以在旋转前后都在原位置，只要旋转另一端点 B，并使 ab 旋转到平行于 OX 轴的新位置 ab_1，点 B 向左或向右旋转可任意选定。

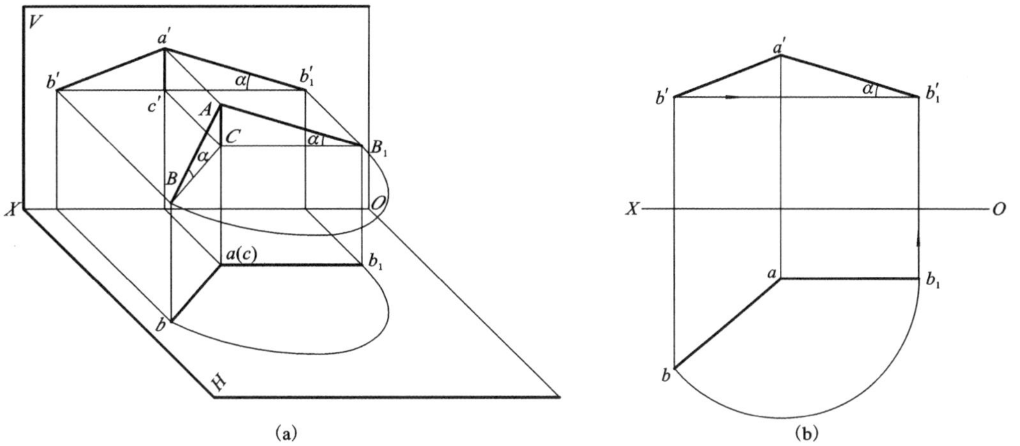

图 2.141　将一般位置直线旋转成正平线

(a)立体图；(b)投影图

在选定了过端点 A 的铅垂线作为旋转轴后，在投影图中作图时，省略不画旋转轴的有积聚性的投影空心小圆圈。作图过程如图 2.141(b)所示：

①以 a（因铅垂旋转轴通过点 A，故点 A 的 H 面投影 a 就积聚在铅垂旋转轴积聚成一点的 H 面投影上，a 也就是铅垂旋转轴的有积聚性的 H 面投影）为圆心、ab 为半径作弧，使 ab 旋转到平行于 OX 轴的新位置 ab_1。

②由 b' 作 OX 轴的平行线，由 b_1 作投影连线，两者交得 b'_1；连 a' 与 b'_1，$a'b'_1$ 即为 AB 旋转到平行于 V 面的新位置 AB_1 后的新的 V 面投影，$a'b'_1$ 即为 AB 的真长，$a'b'_1$ 与水平方向的夹角 α 即为 AB 与 H 面的倾角 α。

同理，绕过一般位置直线端点的正垂线旋转，可将该直线旋转成水平线，直线的新位置的水平投影就反映直线的真长及其与 V 面的倾角 β。

(2)情况二：一次旋转可将投影面垂直面转成另一投影面的平行面，显示平面的真形。旋转轴应垂直于这个投影面垂直面所垂直的投影面，并通过这个投影面垂直面上的任一点，先将这个投影面垂直面的积聚成直线的投影旋转成 OX 轴的平行线。

如图 2.142 所示，在 H、V 两面体系中有一个处于正垂面位置的 $\triangle ABC$，用旋转法求作它的真形。取过点 C 的正垂线为旋转轴，将它转到处于水平面新位置的 $\triangle A_1B_1C$，则它的新的正面投影一定成为 OX 轴的平行线，而它的新的水平投影就反映 $\triangle ABC$ 的真形。

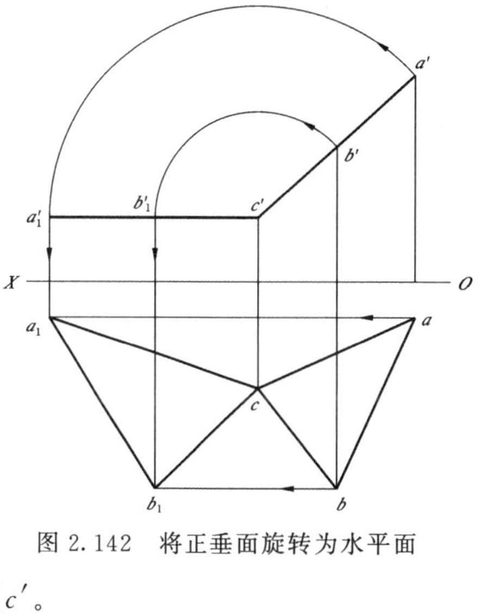

图 2.142　将正垂面旋转为水平面

作图过程仍如图 2.142 所示：

①过 c' 作 OX 轴的平行线，将 a'、b' 都按同一方向绕 c' 旋转同一角度转到这条 OX 轴的平行线上，得 a'_1、b'_1，就作出 ABC 转到处于水平面新位置的 $\triangle A_1B_1C$ 的积聚成 OX 轴平行线的正面投影 $a'_1b'_1c'$。

②过 a、b 作 OX 轴的平行线，过 a'_1、b'_1 作投影连线，与刚才所作的 OX 轴的平行线分别交得 a_1、b_1，连 a_1、b_1、c，即得 $\triangle ABC$ 转到处于水平面新位置的 $\triangle A_1B_1C$ 的水平投影 $\triangle a_1b_1c$，即为 $\triangle ABC$ 的真形。

同理，可用通过处于铅垂面位置的平面图形上一点的铅垂线的轴，将这个平面图形旋转成正平面，它的新 V 面投影就显示这个平面图形的真形。

图 2.141(b)和图 2.142 画出了在投影图中用旋转法求解有关问题的全部作图过程，但在实际作图

时，既不要画出图中表示各点旋转途径的投影圆弧和水平线上的箭头，也不要画出在各点的投影连线上表示作图顺序的箭头。这里是为了帮助读者初学时易于理解而画出的。

2.4 平面立体、曲面、曲面立体、空间曲线的多面正投影

前面已述及线有直线、曲线之分，曲线又可分为平面曲线和空间曲线。

面有平面、曲面之分，若面上的诸点不能位于同一平面上时，则这样的面就是曲面。

由面围成的有限空间称为立体，立体分成平面立体和曲面立体：全部都由平面围成的立体，称为平面立体；由曲面或曲面和平面围成的立体，则称为曲面立体。

2.4.1 平面立体

平面立体也称为多面体。由于它每个表面都是平面多边形，绘制平面立体的投影，可归结为绘制它的所有多边形表面的投影，也就是绘制这些多边形的边和顶点的投影。当多边形的边的投影为可见时，画粗实线；不可见时，画中虚线；当粗实线和中虚线重合时，应画粗实线。

在平面立体表面上作点和线，也就是在它的各个平面多边形表面上作点和线。在平面立体表面上的点和线的投影可见性由其所在的立体表面的投影可见性决定，如果表面的投影可见，则表面上的点和线的投影可见。线的可见投影画粗实线，不可见投影画中虚线，粗实线与中虚线重合时画粗实线。如需表明平面立体表面上的点的投影的可见性，则在点的不可见投影的符号上加括号；若点的投影积聚在立体表面的有积聚性的投影上，不论可见与否，通常在符号上都不加括号。

工程上最常用的平面立体是棱柱和棱锥，以及由棱柱、棱锥等叠加或切割形成的形状较为复杂的平面立体。这里先着重讲述棱柱、棱锥及其表面上的线和点。由于当前本课程学时偏紧，为避免全书的篇幅过长，不讲述在平面立体表面上作曲线，如需求作，则可按 2.2.3.4 节中所述的在平面上作平面曲线的原理和方法作出。

2.4.1.1 棱柱及其表面上的线和点

一个平面立体若有两个平行的表面，而其余的每两个相邻表面的交线都互相平行，则称为棱柱。这两个平行的面称为端面，有时也分别称为底面和顶面；其余的表面称为棱面；相邻棱面的交线称为棱线；端面的边就是端面和棱面的交线，有时也称为底边和顶边。棱线垂直于端面的棱柱称为直棱柱，而端面是正多边形的直棱柱称为正棱柱；棱线倾斜于端面的棱柱则称为斜棱柱。

如图 2.143(a)所示，在三面体系中有一个正六棱柱，这个正六棱柱的顶面和底面平行于 H 面，前棱面和后棱面平行于 V 面。对照图 2.143，分别向三个投影面作投影线得到三面投影可知：

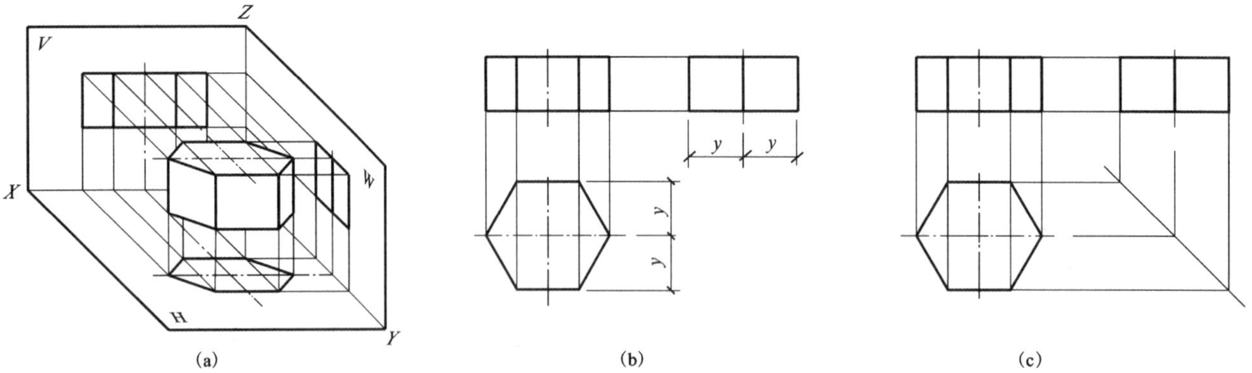

图 2.143　正六棱柱的投影

(a)立体图；(b)用宽度尺寸定位的无轴投影图；(c)用 45°辅助线定位的无轴投影图

它的水平投影是一个正六边形：这个正六边形既是它的顶面和底面互相重合的反映真形的投影，每条边又分别是六个棱面的有积聚性的投影；因为前、后棱面是正平面，所以它们的有积聚性的水平投影分别

是一条没有前后距离差(也就是没有 y 坐标差)的水平线。这个正六边形的六个顶点也分别是六条棱线的积聚为一点的投影。因为这个正六棱柱前后、左右对称,所以用细单点长画线画出了它的对称线,对称线应出头 2 mm 左右;对称线的交点是这个正六棱柱的轴线的有积聚性的投影。

它的正面投影是三个高度相同、并排相连的矩形:最上、最下两条水平边分别是水平的顶面、底面积聚投影;中间的一个较大的矩形是处于正平面位置的前棱面和后棱面互相重合的反映真形的投影,前棱面可见,后棱面不可见;左、右两侧各一个较小的矩形,分别是处于铅垂面位置的左前和左后棱面、右前和右后棱面互相重合的投影,它们是面积缩小的类似形,左前、右前棱面可见,左后、右后棱面不可见。四条铅垂线分别是六条铅垂的棱线的反映真长的投影:左、右两侧的铅垂线分别是左、右棱线的投影;中间偏左、偏右的铅垂线则分别是左前和左后棱线、右前和右后棱线互相重合的投影,左前、右前棱线可见,左后、右后棱线不可见。图中用细单点长画线画出了正六棱柱的轴线的投影,两端也分别出头 2 mm 左右。

它的侧面投影是两个并列的矩形:最上、最下两条水平边分别是水平的顶面、底面积聚成直线的投影;前、后两条铅垂线是处于正平面位置的前、后棱面的有积聚性的投影;前侧的一个矩形是左前和右前棱面互相重合的投影,后侧的一个矩形是左后和右后棱面互相重合的投影,它们都是面积缩小的类似形,左前、左后棱面可见,右前、右后棱面不可见。三条铅垂线分别是六条铅垂的棱线的反映真长的投影:前、后两侧的铅垂线分别是左前和右前、左后和右后棱线互相重合的投影;中间的铅垂线是左、右棱线互相重合的投影;左前、左、左后棱线的投影可见,右前、右、右后棱线的投影不可见。图中应该用细单点长画线画出轴线的投影,但由于与左、右棱线相重合的粗实线投影相重合,于是就仍画粗实线,只是两端出头的部分各画一小段细实线,表示是细单点长画线的轴线投影。

请注意:图 2.143(b)和图 2.143(c)所示的这个正六棱柱的三面投影都没有画出投影轴,这样的投影图称为无轴投影图,而画出投影轴的投影图则称为有轴投影图。因为在立体的投影图中,画出投影轴只是反映空间的立体与投影面的距离,而与立体投影的形状和大小无关,所以在工程制图中通常都用无轴投影图。

在无轴投影图中,每一点的水平投影和正面投影之间的投影连线仍保持铅垂方向,称为长对正;每一点的正面投影和侧面投影之间的投影连线仍保持水平方向,称为高平齐。要特别注意水平投影和侧面投影之间的联系,常用两种方式:一种是用宽度方向的尺寸相等和前后对应直接联系,如图 2.143(b)所示,前、后棱面分别在左、右棱线之前和之后的距离 y 处;另一种如图 2.143(c)所示,仍是用有轴投影图中的 45°辅助线来控制宽相等和前后对应关系,但应符合从任一点的水平投影引水平线和从侧面投影引铅垂线必交于这条 45°辅助线上的同一点。这样的关系称为投影图中的三等规律:水平投影与正面投影长对正;正面投影与侧面投影高平齐;水平投影与侧面投影宽相等、前后对应。

如图 2.144(a)所示,给出了一个正五棱柱的三面投影图,以及这个正五棱柱表面上的点 A、B 的水平投影,点 C、D 的侧面投影,折线 $EFGHI$ 的正面投影,补全这些点和线的三面投影。

在图 2.144(a)中可见:水平投影中的正五边形是顶面和底面的重合的投影;五条边分别是五个棱面的积聚投影;后棱面是正平面,它的水平投影是一条水平线。正面投影中的上、下两条水平线,分别是水平的顶面、底面的积聚投影;五条铅垂线分别是五条棱线的投影,由于左后和右后棱线的投影不可见,所以画成中虚线;两个粗实线矩形线框分别是左前和右前棱面的投影;左后、后、右后三个棱面的投影,它们都是不可见的,由此可以看出:当立体表面的投影具有中虚线轮廓线时,这个表面的投影一定是不可见的。同样,侧面投影中的上、下两条水平线,分别是水平的顶面、底面的积聚投影;三条铅垂线分别是五条棱线的投影:前面的一条是前棱线的投影,中间的一条是左前和右前棱线互相重合的投影,后面的一条是左后和右后棱线互相重合的投影,左前、左后棱线的投影可见,右前、右后棱线的投影不可见;前侧的一个矩形是左前和右前棱面互相重合的投影,后侧的一个矩形是左后和右后棱面互相重合的投影,左前、左后棱面的投影可见,右前、右后棱面的投影不可见;因为后棱面是正平面,所以后面的一条铅垂线,就是后棱面的有积聚性的投影。

由于棱柱表面的投影有积聚性,所以作棱柱表面上的线和点的投影,通常都利用投影的积聚性作图。

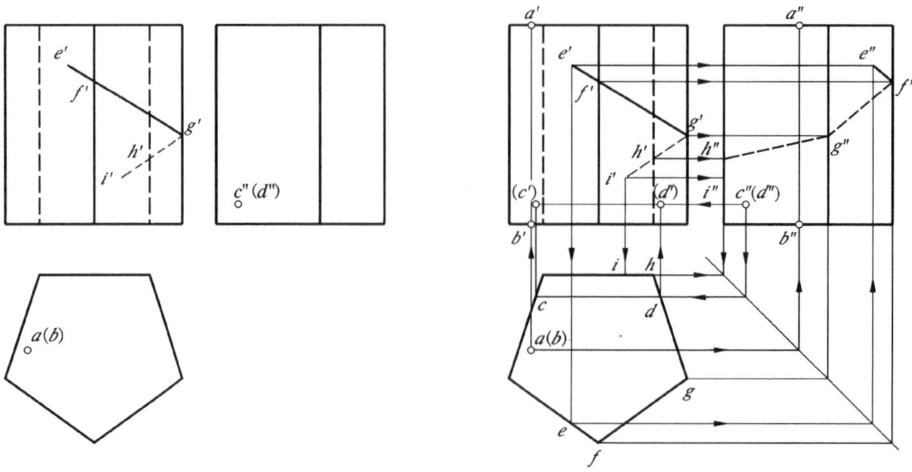

(a)　　　　　　　　(b)

图 2.144　补全正五棱柱表面上的点和线的三面投影

(a)已知条件;(b)作图过程和作图结果

补全图 2.144(a)中给出的点和线的三面投影的作图过程,如图 2.144(b)所示:

①由于水平投影中的正五边形是可见的顶面和不可见的底面的重合的投影,而 a 可见、(b)不可见,所以点 A 在顶面上,点 B 在底面上。由此就可从 $a(b)$引投影连线,按长对正分别在顶面、底面的有积聚性的正面投影上交得 a'、b'。

按宽相等和前后对应可以由 $a(b)$作出 a''、b'',用图 2.143(b)或图 2.143(c)所示的任一种方式就能作出。图中选用 45°辅助线作图的第二种方式,则因正五棱柱的水平投影和侧面投影都已画出,所以 45°辅助线应按前后对应关系分别延长后棱面的水平投影和侧面投影,过它们的交点作 45°辅助线,过前棱线或其他棱线的水平投影和侧面投影的投影连线,都必定分别相交于这条 45°辅助线上。作出了这条 45°辅助线后,就可由 $a(b)$引水平投影和侧面投影的投影连线,分别与顶面、底面的有积聚性的侧面投影交得 a''、b''。

②由于 $c''(d'')$在正五棱柱的侧面投影的后侧的矩形范围内,而这个矩形是正五棱柱的可见的左后棱面和不可见的右后棱面的重合的投影,按 c''可见和(d'')不可见,就可确定点 C 是左后棱面上的点,而点 D 是右后棱面上的点。

由 $c''(d'')$引水平投影和侧面投影的投影连线,与左后、右后棱面的有积聚性的水平投影分别交得 c、d;由 c、d 引水平投影和正面投影的投影连线,由 $c''(d'')$引正面投影和侧面投影的投影连线,就分别交得(c')、(d'),由于左后和右后棱面的正面投影都不可见,所以在这两个表面上的点 C、D 的正面投影(c')、(d')也不可见,在投影符号上加了括号。

③因为折线 $EFGHI$ 的 EF、FG 段的正面投影 $e'f'$、$f'g'$可见,按长对正对照水平投影可知,EF、FG 段分别是在左前、右前棱面上的线段;而 GH、HI 段的正面投影 $g'h'$、$h'i'$不可见,按长对正对照水平投影可知,GH、HI 段分别是在右后、后棱面上的线段。在正面投影中还可看出:折点 F、G、H 分别位于前、右前、右后棱线上。

由 e'引水平投影和正面投影的投影连线,与左前棱面的有积聚性的水平投影交得 e;分别由 e'引正面投影和侧面投影的投影连线,由 e 引水平投影和侧面投影的投影连线,两者交得 e''。分别由 f'、g'、h'引正面投影和侧面投影的投影连线,与前、右前、右后棱线的侧面投影交得 f''、g''、h'',而 f、g、h 则分别积聚在前、右前、右后棱线的有积聚性的水平投影上。由于点 I 在后棱面上,而后棱面是正平面,所以就可由 i'分别引水平投影和正面投影、正面投影和侧面投影的投影连线,与后棱面的有积聚性的水平投影、侧面投影交得 i、i''。

分别将 e、f、g、h、i 和 e''、f''、g''、h''、i''顺次连成折线,即为正五棱柱表面上的折线 $EFGHI$ 的水平投

影 $efghi$ 和侧面投影 $e''f''g''h''i''$。$efghi$ 顺次积聚在左前、右前、右后和后棱面的有积聚性的水平投影上。因为左前棱面的侧面投影可见,而右前、右后棱面的侧面投影不可见,所以折线 $EFGHI$ 在左前棱面上的 EF 段的侧面投影 $e''f''$可见,而在右前、右后棱面上的 FG、GH 段的侧面投影 $f''g''$、$g''h''$不可见,将可见投影画成粗实线,不可见投影画成中虚线;折线 $EFGHI$ 的 HI 段由于处于正平面位置的后棱面上,所以它的侧面投影 $h''i''$就积聚在后棱面的有积聚性的侧面投影上。

2.4.1.2　棱锥及其表面上的线和点

平面立体若有一个表面是多边形,其余的各个表面都是具有同一个顶点的三角形,这个平面立体称为棱锥。棱锥的多边形表面称为底面,各个三角形表面称为棱面,相邻棱面的交线称为棱线,所有棱面的共同的顶点称为锥顶。若棱锥的底面是正多边形,且锥顶与底面中心的连线垂直于底面,这样的棱锥就称为正棱锥。

图 2.145(a)画出了三面体系中的一个底面为水平面的正五棱锥 $SABCDE$,以及向三面投影面的投射线、它的三面投影和它的三面投影之间的投影连线。前棱线 SA 处于侧平线的位置。

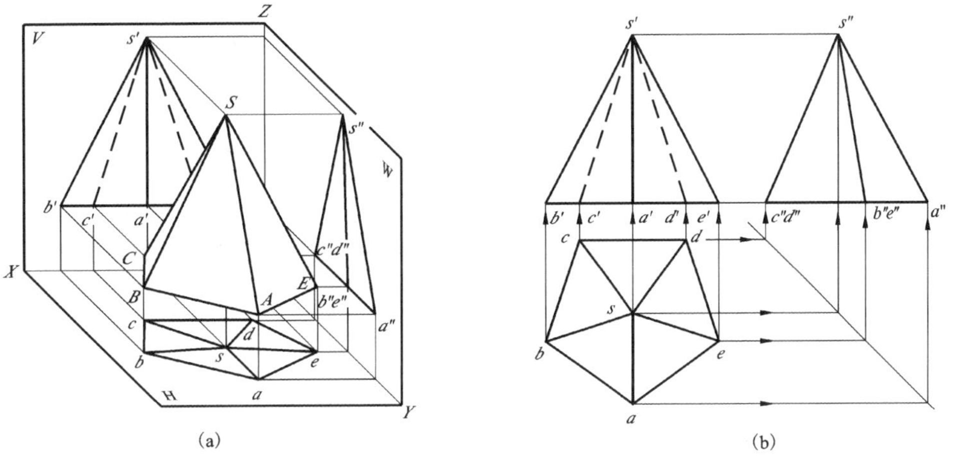

图 2.145　正五棱锥的投影

(a)立体图;(b)投影图

这个正五棱锥的投影图的作图过程如图 2.145(b)所示:

先在适当位置作底面正五边形反映真形的水平投影 $abcde$;锥顶的水平投影 s 与正五边形 $abcde$ 的中心相重合;将 s 与 $abcde$ 的顶点分别相连,即得五条棱线的水平投影 sa、sb、sc、sd、se,就作出了这个正五棱锥的水平投影。按由上向下的投影方向可以确定:底面的五条边和五条棱线的水平投影都可见,全部画成粗实线;五个棱面的水平投影都可见,而底面的投影则不可见。

在正五棱锥水平投影上方的适当位置作水平线,作为底面 $ABCDE$ 的正面投影的位置;由底面的水平投影 $abcde$ 的五个顶点 a、b、c、d、e 作水平投影和正面投影的投影连线,交得 a'、b'、c'、d'、e',即得底面积聚成水平线的正面投影 $a'b'c'd'e'$;过 s 作水平投影和正面投影的投影连线,并在其上从底面的正面投影向上量取这个正五棱锥的真实高度,即得锥顶的正面投影 s';将 s'与 a'、b'、c'、d'、e'分别相连,即得五条棱线的正面投影 $s'a'$、$s'b'$、$s'c'$、$s'd'$、$s'e'$,按由前向后的投影方向 $s'b'$、$s'a'$、$s'e'$可见,画粗实线;$s'c'$、$s'd'$则因被左前、右前棱面 SAB、SEA 所遮而不可见,画中虚线,于是作出了这个正五棱锥的正面投影。可以想到:左前、右前棱面 SAB、SEA 的正面投影 $s'a'b'$、$s'e'a'$可见;左后、后、右后棱面的正面投影 $s'b'c'$、$s'c'd'$、$s'd'e'$则被遮而不可见,于是作出了这个正五棱锥的正面投影。

在正五棱锥的水平投影右侧的适当位置作 45°辅助线。由底面的正面投影按高平齐作水平线,作为底面 $ABCDE$ 的侧面投影位置,从 a、b、c、d、e 作水平投影和侧面投影的投影连线,分别与上述水平线交得 a''、b''、c''、d''、e'',因为这个正五棱锥左右对称,所以 b''与 e''、c''与 d''分别互相重合,于是就作出了底面积聚成水平直线的侧面投影 $a''b''c''d''e''$;由 s、s'分别引水平投影和侧面投影的投影连线、正面投影和侧面投影的投影连线，两者交得锥顶 S 的侧面投影 s''；将 s'' 分别与 a''、b''、c''、d''、e'' 相连，即得五条棱线的侧面投影 $s''a''$、$s''b''$、$s''c''$、$s''d''$、$s''e''$，由于这个正五棱锥左右对称，所以 $s''b''$ 与 $s''e''$ 相重合，$s''c''$ 与 $s''d''$ 相重合。于是作出了这个正五棱锥的侧面投影。因为左右对称，所以左前棱面 SAB 的可见的侧面投影 $s''a''b''$ 与右前棱面 SEA 的不可见的侧面投影 $s''e''a''$ 互相重合；左后棱面 SBC 的可见的侧面投影 $s''b''c''$ 与右后棱面 SDE 的不可见的侧面投影 $s''d''e''$ 互相重合；而后棱面 SCD 则因它的底边 CD 是侧垂线，所以后棱面 SCD 是侧垂面，它的侧面投影积聚成直线 $s''c''d''$。

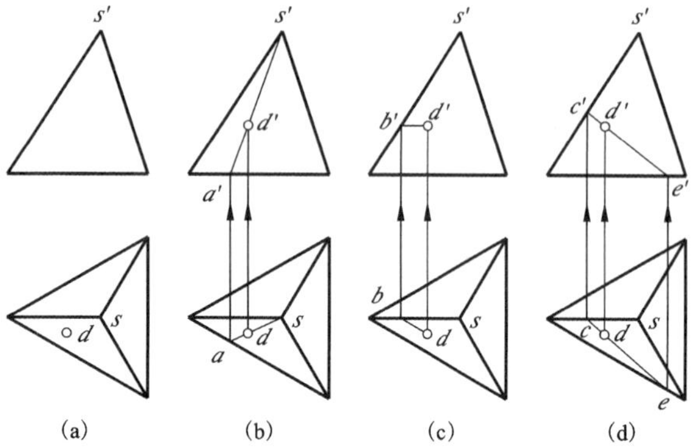

图 2.146　在正三棱锥表面上作点 D 的正面投影 d'

(a)已知条件；(b)作法一；(c)作法二；(d)作法三

如图 2.146(a)所示，已知正三棱锥的两面投影和正三棱锥表面上的点 D 的水平投影 d，求作它的正面投影 d'。

从图 2.146(a)可以看出：因为点 D 的水平投影 d 可见，所以点 D 在左前棱面上，左前棱面是一般位置平面，只能按在一般位置平面上取点的作图方法求作点 D 的正面投影 d'，即过点 D 在左前棱面上引一条直线作图。为了作图方便起见，常将点 D 与锥顶 S 相连，也可过点 D 作左前棱面上的底边或棱线的平行线，当然，还可过点 D 在左前棱面上作任意直线，分别见图 2.146(b)、图 2.146(c)、图 2.146(d)。作图过程如下：先作出过点 D 的在左前棱面上的这条直线的水平投影；然后，作出这条直线的正面投影；最后，由 d 引投影连线，与这条直线的正面投影交得 d'。

【例 2.37】 如图 2.147(a)所示，已知正五棱锥表面上的点 F、K、L 和直线 GH 的一个投影，补全这些点和直线的三面投影。

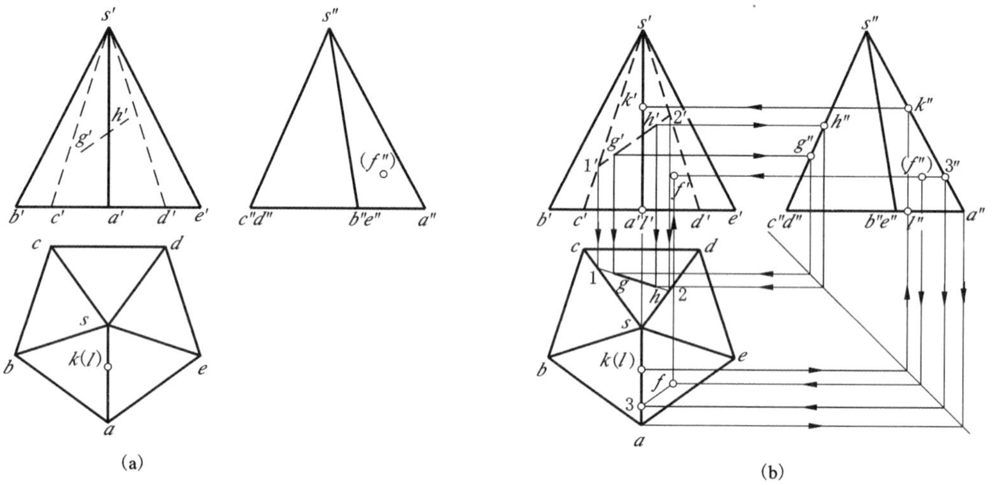

图 2.147　补全正五棱锥表面上的给定的点和直线的三面投影

(a)已知条件；(b)作图过程和作图结果

【解】 由已知平面立体的投影图以及这个平面立体表面上的点和线的一个投影，只要点和线的已知投影不在平面立体表面的有积聚性的投影上，就可唯一地确定这些点和线的其他投影。

利用 45°辅助线作图过程如图 2.147(b)所示：

①作 45°辅助线

由于正五棱锥的水平投影和侧面投影都已给定，所以在投影图上的 45°辅助线的位置已经确定，不能任意设置。只要任意选定正五棱锥表面上一个点的水平投影和侧面投影，作它们之间的投影连线，就可作出这条辅助线。例如图中过 a 作水平线，过 a'' 作铅垂线，并作出它们的交点，由交点作与水平方向成 45°方向的直线。

②补全点 K、L 的三面投影

因为 k 可见，(l)不可见，所以 K 是棱线 SA 上的点，L 是底面 $ABCDE$ 上的点。

由 k 引水平投影和侧面投影的投影连线，与 $s''a''$交得 k''，由 k''引正面投影和侧面投影的投影连线，与 $s'a'$交得 k'。

若在 H、V 两面体系中，则可用 $sk : ka = s'k' : k'a'$作图，在 $s'a'$上作出 k'；或用过点 K 在左前或右前棱面上作底边的平行线，或作另一棱线的平行线，从而作出 k'。

由(l)分别作水平投影和正面投影的投影连线、水平投影和侧面投影的投影连线，就与底面的有积聚性的正面投影、侧面投影交得 l'、l''。

③补全点 F 的三面投影

因为(f'')不可见，所以 F 是右前棱面 SEA 上的点。由点 F 在右前棱面上作底边 EA 的平行线，就可作出点 F 的其余两个投影。

由(f'')作 $e''a''$的平行线，与 $s''a''$交得 $3''$；由 $3''$作水平投影和侧面投影的投影连线，与 sa 交得 3；由 3 作 ea 的平行线，由(f'')引水平投影和侧面投影的投影连线，与由 3 所作的 ea 的平行线交得 f。由(f'')引正面投影和侧面投影的投影连线，由 f 引水平投影和正面投影的投影连线，交得 f'。由于右前棱面 SEA 的水平投影和正面投影都可见，所以 f 和 f'也都可见。

④补全直线 GH 的三面投影

因为 $g'h'$是中虚线，不可见，所以 GH 是后棱面 SCD 上的一段直线。又因后棱面 SCD 是侧垂面，所以用侧垂面投影的积聚性作图较为方便。

分别由 g'、h'引正面投影和侧面投影的投影连线，与后棱面 SCD 的有积聚性的侧面投影 $s''c''d''$交得 g''、h''；由 g'、h'引水平投影和正面投影的投影连线，由 g''、h''引水平投影和侧面投影的投影连线，分别交得 g、h。连 g''和 h''，$g''h''$积聚在 $s''c''d''$上；连 g 和 h，由于后棱面 SCD 的水平投影 scd 可见，所以 gh 也可见，画粗实线。

若在 H、V 两面体系中求作 gh，则不能利用后棱面侧面投影的积聚性作图，可以如图 2.147(b)中所示，延长 $g'h'$，分别与 $s'c'$、$s'd'$交得 $1'$、$2'$；由 $1'$、$2'$引水平投影和正面投影的投影连线，分别与 sc、sd 交得 1、2，连 1 和 2；由 g'、h'引水平投影和正面投影的投影连线，分别与 1、2 交得 g、h。因为 GH 在水平投影可见的后棱面上，所以 gh 也可见，将 gh 描粗，成为粗实线。

2.4.1.3　一些常见的平面立体的投影图示例

图 2.148 所示为一些平面立体的投影图，请读者自行阅读，读懂它们的形状，分析这些平面立体各个表面的投影及其可见性。

图 2.148(a)是棱线为正垂线的正三棱柱。

图 2.148(b)是棱线为一般位置直线、顶面和底面为水平面的斜三棱柱，通过棱线和底边两交叉直线对 H 面的重影点 A、B 的可见性的帮助，确定并表明了这两条直线水平投影的可见性。从这个例图中还可以看出：平面立体投影的外围轮廓线总是可见的，而在外围轮廓线之内的图线，通常按线、面的投影分析，以上遮下、前遮后、左遮右直接观察判断可见性，需要时还可用两交叉直线重影点的可见性进行判断；平面立体的各个表面，除与投影面垂直的表面在该投影面上的投影积聚成直线外，其余的投影都是多边

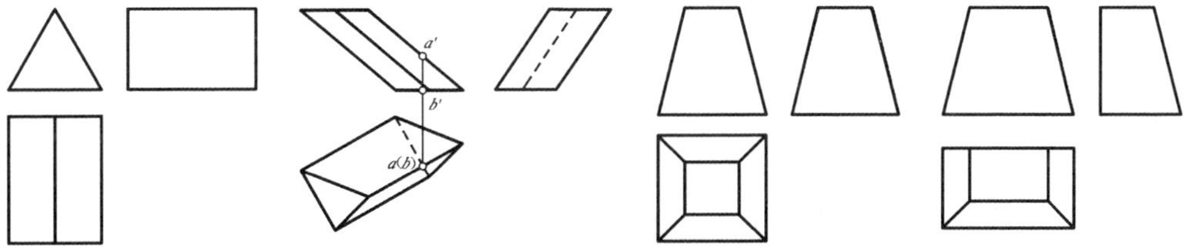

(a)　(b)　(c)　(d)

图 2.148　一些常见的平面立体的投影图示例

(a)正三棱柱；(b)斜三棱柱；(c)正四棱台；(d)楔形块

形，若多边形的轮廓线包括不可见的虚线，则这个表面是不可见的；可见表面的投影轮廓线一定都是粗实线，但表面的多边形投影都是粗实线的则不一定都是可见的，例如这个斜三棱柱后棱面在正面投影中是不可见的。

图 2.148(c)所示是一个顶面和底面都是水平面的正四棱台。用平行于底面的平面切割棱锥，截断面与底面之间的部分称为棱台，截断面也可称为棱台的顶面，棱台的顶面和底面应彼此平行和相似，所有的棱线延长后都应相交于一点。当棱台的顶面和底面是正多边形，且顶面和底面正多边形的中心的连线与顶面和底面相垂直时，这个棱台便称为正棱台。

图 2.148(d)所示是一个楔形块。这个平面立体左右对称，前后不对称，顶面和底面都是水平面，左壁和右壁都是正垂面，前壁是侧垂面，后壁是正平面。因为四条相邻壁面的交线延长后不能相交于同一点，所以它不是棱台，而是一个楔形块。

2.4.2 曲面和曲面立体

2.4.2.1 曲面的形成和分类

曲面按其形成有无规律而分成两大类：不按几何规律形成的曲面称为不规则曲面，如地面；按几何规律形成的曲面称为规则曲面。这里只讲述规则曲面。

规则曲面可以看作一条线按一定的规律运动的轨迹，这条线称为母线，母线的任一位置称为素线，控制母线运动的点、线、面，分别称为导点、导线、导面。母线可以是直线，也可以是曲线。

曲面根据是否由母线绕轴线旋转而形成分为回转面和非回转面；根据母线是直线还是曲线而分成直纹面和曲线面。

曲面按是否能展开成平面而分成可展曲面和不可展曲面。只有直纹面中的柱面、锥面和切线面是可展的，其他的直纹面和曲线面都是不可展的，但不可展曲面也可作近似展开。曲面、平面立体和曲面立体的表面摊平展开后所形成的平面图形称为展开图，如需选学展开图的画法，可参阅后面所列的参考文献[4]、[5]、[17]中的任一册。

由曲面或曲面和平面所围成的立体是曲面立体。由回转面围成的立体或由回转面为主要表面与平面一起围成的立体称为回转体。在曲面立体表面上作线和点，也就是在围成这个立体的曲面或曲面和平面上作线和点。

2.4.2.2 回转面和回转体

在这里，将分别阐述工程上常见的圆柱、圆锥和圆台、球、环、一般回转面或组合回转面、单叶双曲回转面，以及由它们构成的回转体，并简要说明在它们表面上作点或线的投影的原理和方法。

(1)圆柱

圆柱面的形成：两条平行的直线，一条不动、另一条绕它旋转一周；不动的直线称为导线，也称为轴线，运动的直线称为母线。圆柱面的形成也可以看作由圆沿圆心所在的直线移动而形成。顶圆平面、底圆平面和圆柱面所围成的立体就是圆柱体，简称圆柱。图 2.149(a)所示为三面体系中的圆柱投影的立体示意图。

从图 2.149(a)可以看出：当圆柱的轴线为铅垂线时，圆柱面上的所有素线都是铅垂线，因此，圆柱面的水平投影积聚成一个圆周，圆柱面上的点和线的水平投影都积聚在这个圆周上；同时，圆柱的顶面和底面都是水平面，水平投影反映真形，互相重合，就是这个圆周所包围的圆，顶面的投影是可见的，底面的投影不可见。用细单点长画线画出这个圆的前后、左右的对称中心线，对称中心线的交点是轴线的有积聚性的水平投影。这个圆也就是圆柱的水平投影。

圆柱的顶面和底面都是水平面，所以它们的正面投影和侧面投影分别积聚成上、下各一条水平线；而圆柱的素线和轴线都是铅垂线，所以它们的正面投影和侧面投影也分别都是铅垂线，轴线的正面投影和侧面投影仍用细单点长画线表示。圆柱面正面投影的左、右两侧的铅垂线，分别是圆柱面上最左、最右素线 AA_0、CC_0 的正面投影 $a'a_0'$、$c'c_0'$，它们与顶面、底面的积聚成水平线的投影组成一个矩形 $a'a_0'c_0'c'$，即为可

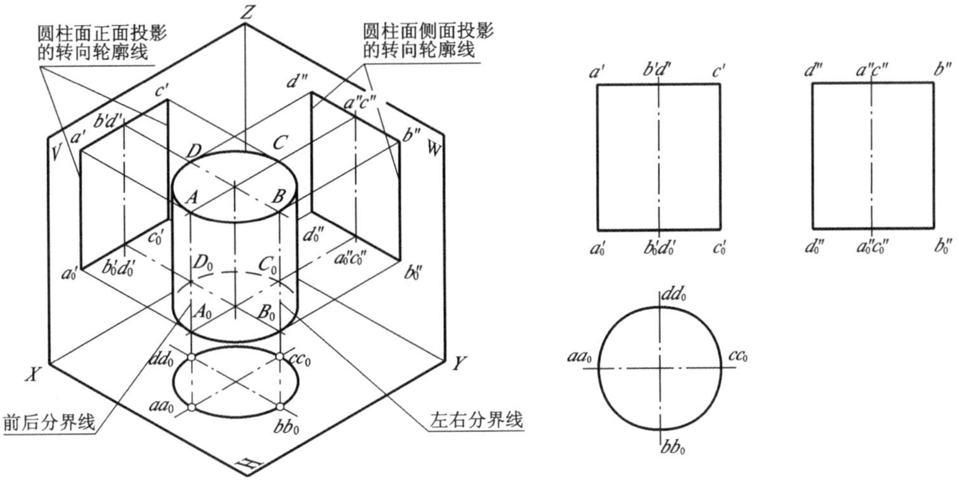

(a)　　(b)

图 2.149　圆柱的投影

(a)立体图；(b)投影图

见的前半圆柱面和不可见的后半圆柱面的互相重合的投影，也就是这个圆柱体的正面投影。因为正面投影可见的前半圆柱面和不可见的后半圆柱面的分界线就是最左、最右素线 AA_0、CC_0，所以它们的投影 $a'a_0'$、$c'c_0'$便称为圆柱面正面投影的转向轮廓线。同理，这个圆柱面和圆柱体的侧面投影也是一个矩形 $b''b_0''d_0''d''$，它也是圆柱面侧面投影可见的左半圆柱面和不可见的右半圆柱面的重合的投影，而左半和右半圆柱面的分界线是最前、最后素线 BB_0、DD_0，它们的侧面投影 $b''b_0''$、$d''d_0''$分别是这个矩形的前、后两侧的铅垂线，所以 $b''b_0''$、$d''d_0''$就称为圆柱面侧面投影的转向轮廓线。应该注意的是：最前、最后素线 BB_0、DD_0 的正面投影 $b'b_0'$、$d'd_0'$与轴线的正面投影细单点长画线相重合；最左、最右素线 AA_0、CC_0 的侧面投影 $a''a_0''$、$c''c_0''$与轴线的侧面投影细单点长画线相重合。

图 2.149(b)所示是这个圆柱的三面投影。

如图 2.150(a)所示，已知圆柱表面上的点 A、B 的水平投影 $a(b)$，以及曲线 CD 的正面投影 $c'd'$，补全这些点和线的三面投影。

作图过程如图 2.150(b)所示：

①因为 $a(b)$位于圆周内，所以点 A 和 B 分别是圆柱的顶面和底面上的点，a 可见，(b)不可见，则点 A 在顶面上，点 B 在底面上。于是由 $a(b)$引水平投影和正面投影的投影连线，分别与顶面、底面的有积聚性的正面投影交得 a'、b'；同理，由 $a(b)$引水平投影和侧面投影的投影连线，分别与顶面、底面的有积聚性的侧面投影交得 a''、b''。

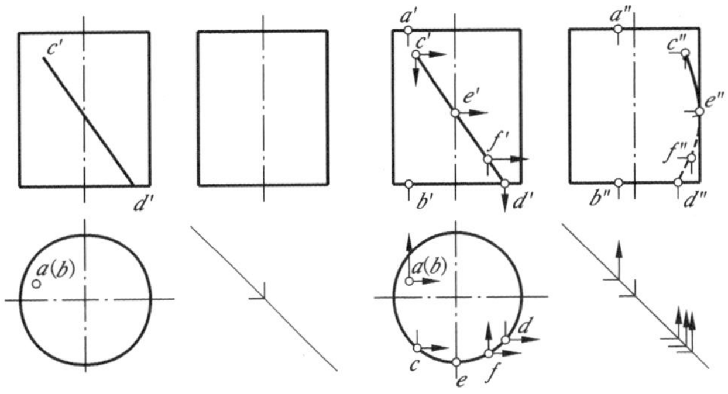

(a)　　(b)

图 2.150　补全圆柱表面上给定的点和线的三面投影

(a)已知条件；(b)作图过程和作图结果

②由于 $c'd'$可见，所以 CD 是前半圆柱面上的线；由于圆柱面上除了平行轴线的素线是直线外，不存在其他直线，虽然 CD 的正面投影是直线，但不是平行轴，CD 一定是前半圆柱面上的一段位于正垂面上的椭圆曲线而不是直线，那么，只要作出端点 C、D 和曲线 CD 上的若干个点的水平投影和侧面投影，就可连成这条曲线 CD 的水平投影和侧面投影。因为这条曲线 CD 在前半圆柱面上，圆柱面的水平投影有积聚性，所以就可利用圆柱面的积聚性作图，也就是先作出曲线上的这些点的水平投影，然后再作出它们的侧面投影。

由 c'、d' 引水平投影和正面投影的投影连线，与圆柱面的有积聚性的水平投影交得 c、d；由 c' 引正面投影和侧面投影的投影连线，与由 c、d 引水平投影和侧面投影的投影连线，分别交得 c''、d''。由于 e' 位于细单点长画线上，点 E 是最前素线上的点，所以 e 就积聚在最前素线的有积聚性的投影上；由 e' 引正面投影和侧面投影的投影连线，与最前素线的侧面投影，也就是与圆柱面的前面一条侧面投影的转向轮廓线交得 e''。因为由 c''、e''、d'' 连出这段椭圆曲线 CD 的侧面投影不太准确，于是在已作出的曲线上的点之间的较稀疏处再取几个中间点，例如图中在点 E 和 D 之间取了一个点 F，通常可先在曲线 CD 已知的正面投影的 e' 与 d' 之间取 f'，然后用上述作 c 和 c'' 同样的步骤作出 f''。但为了作图方便起见，也可先在曲线积聚在圆柱面的水平投影上取 f，使过 f 的水平投影和侧面投影的投影连线在图中与过 c 的投影连线相重合，于是从 f 作水平投影和正面投影的投影连线，与曲线 CD 的正面投影交得 f'；由 f 引水平投影和侧面投影的投影连线，由 f' 引正面投影和侧面投影的投影连线，两者就交得 f''。由于曲线 $CEFD$ 的水平投影就积聚在圆柱面的水平投影圆周上，就不必连接各点的水平投影了，只要将所作出的曲线上各点的侧面投影光滑地按正面投影或水平投影的顺序连成这条曲线 $CEFD$ 的侧面投影 $c''e''f''d''$。因为在正面投影或水平投影中可以看出：CE 段在侧面投影可见的左半圆柱面上，而 EFD 段则在不可见的右半圆柱面上，则 $c''e''$ 画粗实线，而 $e''f''d''$ 画中虚线。

(2)圆锥和圆台

圆锥面的形成可以看作两条相交的直线，一条不动、另一条绕它旋转一周；不动的直线为导线，也是轴线，运动的直线为母线。底圆平面和圆锥面所围成的立体就是圆锥体，简称圆锥。

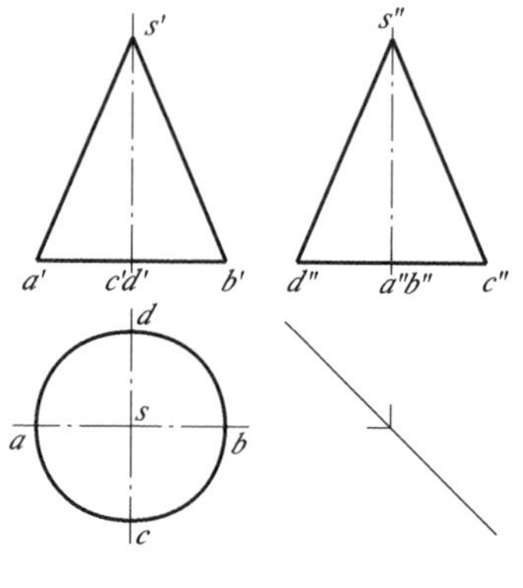

图 2.151　圆锥的投影

从图 2.151 可以看出：当圆锥的轴线为铅垂线时，这个圆锥的水平投影是一个圆，这个圆就是圆锥面的可见的水平投影，也是底面的不可见的水平投影，它们互相重合，圆锥面的水平投影没有积聚性。这个圆的对称中心线的交点，就是锥顶 S 的水平投影 s，也是轴线的有积聚性的水平投影。

圆锥的正面投影和侧面投影分别是全等的等腰三角形，底面分别积聚成一条水平线，轴线的投影用细单点长画线表示。圆锥的正面投影等腰三角形既是前半圆锥面的可见的正面投影，又是后半圆锥面的不可见的正面投影，它们互相重合；而圆锥面的正面投影的转向轮廓线 $s'a'$、$s'b'$ 分别是前半和后半圆锥面的分界线，也就是最左素线 SA 和最右素线 SB 的正面投影。同样，圆锥的侧面投影等腰三角形，也是可见的左半锥面和不可见的右半锥面互相重合的侧面投影，圆锥面的侧面投影的转向轮廓线 $s''c''$、$s''d''$ 则是左半和右半圆锥面的分界线，也就是最前素线 SC 和最后素线 SD 的侧面投影。圆锥面的最左、最右素线 SA、SB 的侧面投影 $s''a''$、$s''b''$ 与轴线的侧面投影相重合；而圆锥面的最前、最后素线 SC、SD 的正面投影 $s'c'$、$s'd'$ 则与轴线的正面投影相重合。

图 2.152(a)所示为一个圆锥的三面投影及其表面上的点 A 的正面投影 a'，要求作点 A 的水平投影 a 和侧面投影 a''。

从图 2.152(a)中可见，点 A 在前半圆锥面上。因为圆锥面的投影没有积聚性，所以只能像在平面上取点那样，先过点 A 在圆锥面上取一条线，作出这条线的水平投影，由 a' 在其上作出 a。如图 2.152(b)所示，过 A 在圆锥面上取的线只有过点 A 的素线 SA 和水平圆最简单。因为过点 A 的水平圆就是点 A 绕圆锥的轴线旋转所形成的圆锥面上的圆，这种由母线上的点绕轴线旋转所形成的回转面上的垂直于轴线的圆，称为纬圆。用过圆锥面上的点取素线来求作这个点的投影的方法，称为素线法；而用过圆锥面上的点取纬圆来求作这个点的投影的方法，则称为纬圆法。

用素线法求点 A 的水平投影 a，如图 2.152(c)所示：连 s' 和 a'，并延长到与底圆相交，交得 b'；因为点 A 在前半圆锥面上，所以素线 SA 也在前半圆锥面上，延长后与底圆的交点 B 也必定在前半底圆上，所以由 b' 引水平投影和正面投影的投影连线，与前半底圆的水平投影交得 b；由 b 引水平投影和侧面投影的投

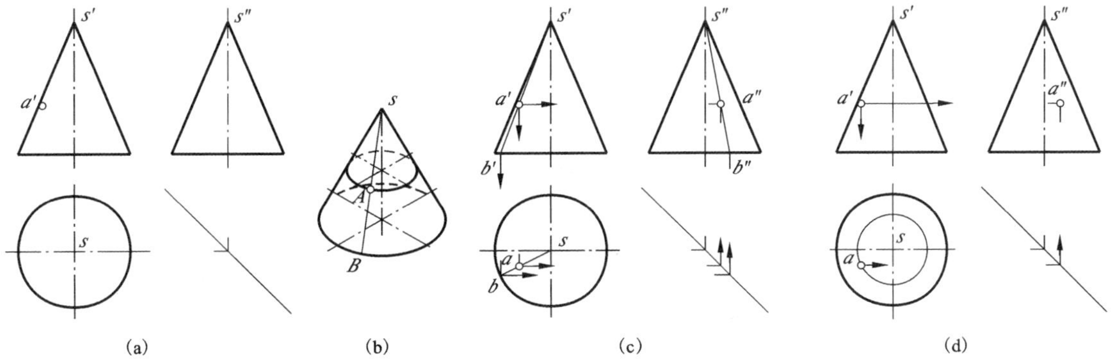

图 2.152　作圆锥表面上的点 A 的水平投影 a 和侧面投影 a''

(a)已知条件;(b)解题分析;(c)素线法;(d)纬圆法

影连线,与底圆的侧面投影交得 b'';分别连 s 与 b、s''与 b'',即得这条素线 SB 的水平投影 sb 和侧面投影 $s''b''$。由 a'分别引水平投影和正面投影、正面投影和侧面投影的投影连线,分别与 sb、$s''b''$交得所求的点 A 的水平投影 a 和侧面投影 a''。也可不作出 SB 的侧面投影 $s''b''$,而用 a'和已作出的 a 由点 A 的两投影直接求它的第三投影,从而作出 a'',图中也画出了有关的作图线。

用纬圆法求点 A 的水平投影 a,如图 2.152(d)所示:过 a'作过点 A 的水平纬圆的正面投影,它的长度就是这个纬圆的直径长度,纬圆的圆心就是轴线与纬圆平面的交点,它的水平投影就积聚在轴线的有积聚性的水平投影上,以它为圆心和正面投影中反映的纬圆的直径长度作这个纬圆反映真形的水平投影;由 a'引水平投影和正面投影的投影连线,与前半纬圆的水平投影交得点 A 的水平投影 a,然后再由 a 和 a' 作出点 A 的侧面投影 a''。

圆锥被平行于底面的平面所截,截面与底面之间的这段立体称为圆台,截出的断面称为圆台的顶面,圆台的顶面也是一个圆。图 2.153 所示是一个轴线为铅垂线的圆台的三面投影,请读者自己分析这个圆台的各个投影。

(3)球

图 2.154 所示是球的三面投影。当母线圆绕它的直径旋转 180°所形成的回转面是球面,球面所围成的立体就是球体,简称球。母线圆的圆心就是球面或球的球心,母线圆的直径也就是球面或球的直径。

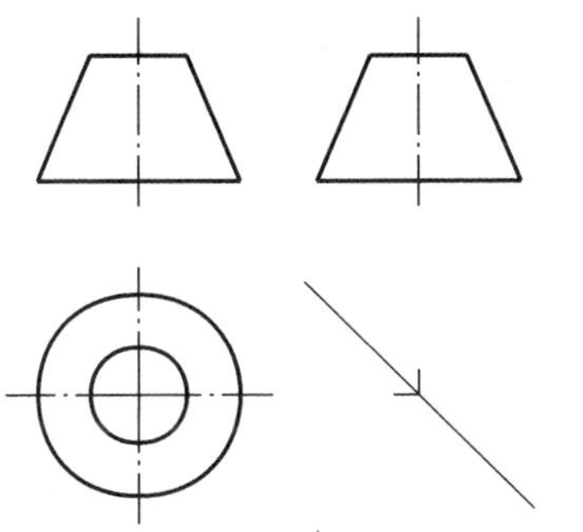

图 2.153　圆台的投影

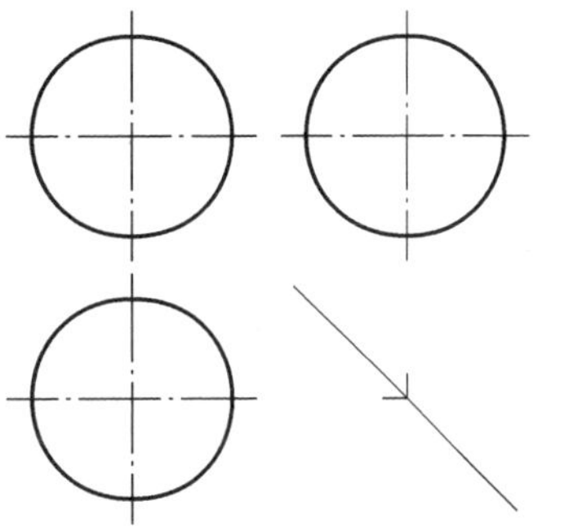

图 2.154　球的投影

从图 2.154 可以看出:球的三面投影都是直径与球的直径相等的圆,圆心分别是球心的投影。

球的水平投影是可见的上半球面和不可见的下半球面互相重合的水平投影,球面的水平投影的转向轮廓线是球面上的水平大圆(赤道圆),也就是上半球面和下半球面分界线的水平投影,这个水平大圆的正面投影和侧面投影分别是球面的正面投影和侧面投影的水平直径,都与它们的水平的对称中心线相重合。

球的正面投影是可见的前半球面和不可见的后半球面互相重合的正面投影,球面的正面投影的转向轮廓线是球面上的正平大圆,也就是前半球面和后半球面分界线的正面投影,这个正平大圆的水平投影和侧面投影分别是球面的水平投影的水平直径和侧面投影的铅垂直径,分别与球面的水平投影的水平的对称中心线和侧面投影的铅垂的对称中心线相重合。

球的侧面投影是可见的左半球面和不可见的右半球面互相重合的侧面投影，球面的侧面投影的转向轮廓线是球面上的侧平大圆，也就是左半球面和右半球面的分界线的侧面投影，这个侧平大圆的水平投影和正面投影分别是球面的水平投影和正面投影的铅垂直径，都与它们的铅垂的对称中心线相重合。

如图 2.155(a)所示，已知球的水平投影和正面投影，以及球面上的点 A 的正面投影，需求作球的侧面投影，以及点 A 的水平投影 a 和侧面投影 a''。

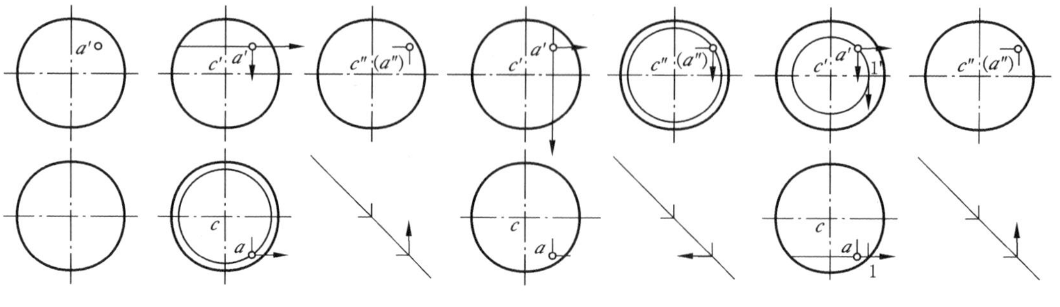

图 2.155　作球的侧面投影以及球面上的点 A 的水平投影 a 和侧面投影 a''

(a)已知条件；(b)用球面上的水平圆作 a 和 a''；(c)用球面上的侧平圆作 a 和 a''；(d)用球面上的正平圆作 a 和 a''

可用图 2.155(b)、图 2.155(c)、图 2.155(d)中的任一个图作出这个题目的解答。

求作球的侧面投影的作法在这三个图中是一样的：在水平投影和正面投影中标出球心 C 的投影 c 和 c'，在球的水平投影右侧作 45°辅助线，利用 45°辅助线由 c 和 c' 作出 c''；以 c'' 为圆心，显示在水平投影或正面投影中的球的直径长度作圆，即为这个球的侧面投影。

因为球面的投影无积聚性，球面上也不可能有直线，所以只能在球面上作过点 A 的纬圆来求作点 A 的水平投影 a 和侧面投影 a''。由于过球心的任一直径都可作为球面的轴线，因而可分别如图 2.155(b)、图 2.155(c)、图 2.155(d)所示，以过球心的铅垂线、侧垂线、正垂线为轴线，它们的纬圆则分别是球面上的水平圆、侧平圆、正平圆，任意选用这三条轴线的一条，都可用纬圆法比较方便地作出点 A 的其他两个投影。由于 a' 可见，所以点 A 是前半球面上的点。今只阐述图 2.155(b)所示的用球面上的水平圆作 a 和 a''，作图过程如下：过 a' 作过点 A 在球面上的水平纬圆的正面投影，按这个纬圆在正面投影中反映的直径长度，画出反映真形的水平投影；由 a' 引水平投影和正面投影的投影连线，与水平投影中的前半纬圆交得 a，因为点 A 在上半球面上，所以 a 是可见的。由点 A 的两面投影 a 和 a' 分别按箭头方向作投影连线，就交得点 A 的侧面投影 a''，因为点 A 在右半球面上，所以 a'' 是不可见的，在投影符号 a'' 上加括号。

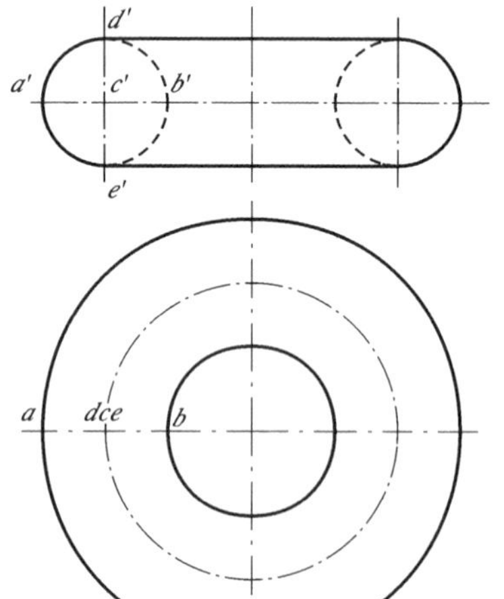

图 2.156　环的投影

图 2.155(c)、图 2.155(d)所示的用球面上的侧平圆、正平圆作 a 和 a'' 的作图过程，请读者自行阅读和理解。

(4)环

图 2.156 所示是轴线为铅垂线的环的两面投影。当母线圆绕圆平面上不通过圆心的直线旋转一周，所形成的回转面是环面，环面所围成的立体就是环体，简称环。

在图 2.156 所示的环水平投影中，环的前后、左右对称面的积聚投影用单点长画线表示；单点长画线的交点是铅垂轴线的积聚性投影；母线圆的圆心 C 绕轴线旋转成的一个水平圆称为环或环面的中心线圆，它的水平投影用单点长画线圆表示。母线圆上的各点都旋转成环面上的水平纬圆，环面的水平投影的转向轮廓线是母线圆上离轴线最远和最近的点 A 和点 B 旋转成的最大和最小的纬圆的水平投影，这两个纬圆分别称为环面的赤道圆和喉圆。在环面的水平投影的转向轮廓线圆周之间的范围，是水平投影可见的上半环面和不可见的下半环面的重合的投影，而上半环面和下半环面的分界线就是赤道圆和喉圆。

在正面投影中，用细单点长画线表示的左右对称线也就是轴线的投影；而赤道圆、喉圆、中心线圆的正面投影，都重合在用细单点长画线表示的上下对称线上。正面投影中的左、右两个圆是最左、最右两个平行于正面的素线圆的投影，上、下两条水平线是母线圆上的最高点 D、最低点 E 旋转形成的两个水平纬圆的投影。正面投影中的左、右两个圆和上、下两条水平线，都是环面的正面投影的转向轮廓线。左、右两个圆的外侧的粗实线半圆和上、下两条水平线所包围的范围，是正面投影可见的前半外环面和不可见的后半外环面互相重合的投影，而左、右两个圆的外侧半圆是前半和后半外环面的分界线。左、右两个圆的内侧的中虚线半圆和上、下两条水平线所包围的范围，是前半和后半内环面互相重合的正面投影，它们都是不可见的。上、下两个水平纬圆是外环面和内环面的分界线。最左、最右两个平行于正面的素线圆的内侧半圆的正面投影，因为是内环面的正面投影的转向轮廓线，所以应该画出，但它们都在正面投影不可见的内环面上，被前半外环面所遮而不可见，因而画成中虚线。

如图 2.157(a)所示，已知环面上顺次向后的四个点 A、B、C、D 的互相重合的正面投影 $a'(b')(c')(d')$，作出这四个点的水平投影，并表明可见性。

因为在环面上不存在直线，便用纬圆法作环面上的点的投影。按给出的前后顺序可知，点 A、D 在外环面上，点 B、C 在内环面上；又由于这两对点分别与环面的前后对称面相对称，所以点 A、D 在外环面的同一纬圆上，点 B、C 在内环面的同一纬圆上。

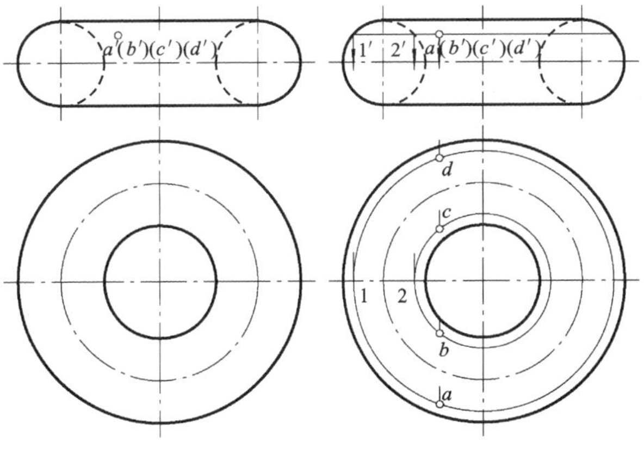

(a) (b)

图 2.157　作环面上的点 A、B、C、D 的水平投影

(a)已知条件；(b)作图过程和作图结果

作图过程如图 2.157(b)所示：

①由 a'、(d') 和 (b')、(c') 分别作外环面和内环面上的水平纬圆的正面投影，后者就重合在前者上，它们分别与外环面和内环面的正面投影的转向轮廓线的左端交得 1′、2′；由 1′、2′引水平投影和正面投影的投影连线，分别与最左素线圆的水平投影交得 1、2，以铅垂轴线的有积聚性的水平投影为圆心，分别过 1、2 作圆，即为这两个水平纬圆的水平投影。当然，由于这两个水平纬圆的水平投影反映真形，也可以用它们在正面投影中反映的直径长度而直接作出。

②由 $a'(b')(c')(d')$ 引水平投影和正面投影的投影连线，按由前往后的方向分别与外环面上的前半纬圆、内环面上的前半和后半纬圆、外环面上的后半纬圆的水平投影交得 a、b 和 c、d。因为点 A、B、C、D 都在上半环面上，所以 a、b、c、d 都是可见的。

(5)组合回转面及其构成的组合回转体

如图 2.158 所示，有一条平行于正面 V 的曲线 $ABCDEF$ 绕它所在的正平面内且与它不相交的铅垂轴线旋转而形成一个回转面。这条曲线由上面一段圆弧 $\overset{\frown}{ABC}$ 和下面一段圆弧 $\overset{\frown}{CDEF}$ 相切所连成，铅垂轴线通过 $\overset{\frown}{CDEF}$ 的圆心，$\overset{\frown}{ABC}$、$\overset{\frown}{CDEF}$ 分别转出一段内环面、一段球面；两圆弧的切点 C 旋转形成的纬圆是内环面与球面相切处的光滑过渡的切线圆，也是内环面和球面共有的纬圆，由于内环面与球面是光滑过渡的，所以在投影图上不要画出这个切线圆，像这样的两个或几个同轴的回转面相切或相交所构成的回转面，可称为组合回转面。图中的点 A、B、C、D、E、F 的投影符号和投影连线，回转面上的各种纬圆的汉字注释及其指引线，用细实线表示的各种纬圆的正面投影，正面投影中的尺寸 R_1、R_2，表示 R_1 弧的图线，两弧的连心线，在实际绘图时都不要绘出，这里是为了便于讲解和帮助读者理解而绘出的。

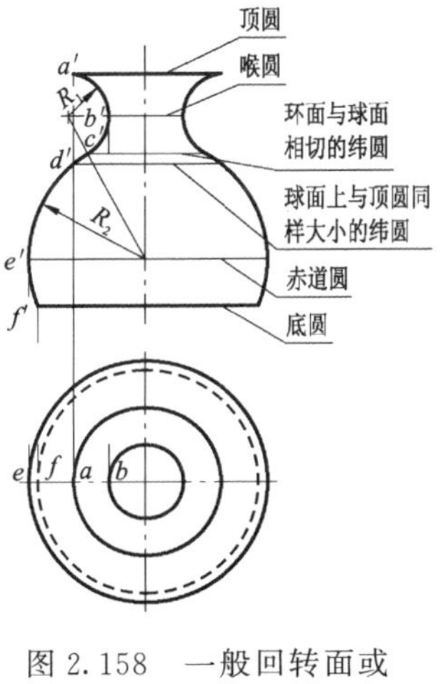

图 2.158　一般回转面或组合回转面

在水平投影中，前后、左右两对称中心线的交点，是轴线的积聚投影。同

时分别画出：母线上的 A 点绕轴线旋转形成回转面的顶圆；母线上离轴线最近的 B 点和最远的 E 点绕轴线旋转形成回转面上最小和最大的纬圆，即为喉圆和赤道圆，它们的水平投影构成了回转面水平投影的转向轮廓线；母线上的 F 点绕轴线旋转得到回转面的底圆。顶圆、喉圆、赤道圆、底圆和其他纬圆的水平投影都是以对称中心线交点为圆心的同心圆，并反映它们的真形。母线上的 C 点绕轴线旋转形成组合回转面上的纬圆，是内环面与球面间光滑过渡的切线圆，图中不画出；母线上的 D 点绕轴线旋转形成组合回转面上的纬圆，大小与这个组合回转面的顶圆相同，其水平投影与组合回转面顶圆的水平投影相重合，但不是球面上的轮廓线，因此也不画出。顶圆、喉圆和赤道圆都可见，画粗实线，底圆被球面所遮，不可见，画中虚线。画出这四个同心圆及其对称中心线，也就画出了这个组合回转面的水平投影。对照正面投影还可清晰看出这个组合回转面的水平投影的可见性，仍按从上向下的顺序观察：内环面喉圆之上的部分（即顶圆至喉圆之间）可见，内环面喉面以下的部分和球面上与顶圆相同大小的纬圆之上的部分都被遮而不可见，球面上与顶圆相同大小的纬圆之下至赤道圆之上的部分为可见，球面上赤道圆至底圆之间的部分被遮而不可见。

在正面投影中用细单点长画线画出这条铅垂轴线；处于正平面位置的最左、最右素线的正面投影是这个组合回转面的正面投影的转向轮廓线，分别反映最左、最右素线的真形。最左、最右素线也是正面投影可见的前半回转面和不可见的后半回转面的分界线。由于顶圆和底圆都是水平圆，它们的正面投影都是水平线。最左素线、最右素线、顶圆、底圆的正面投影就围成了这个组合回转面的正面投影。

如果要作出这个组合回转面上的点的投影，由于这个回转面的投影没有积聚性，在这个回转面上不存在直线，所以也用纬圆法作图。

若在这个组合回转面的上端和下端分别加设顶圆和底圆平面，则顶面、底面和回转面围成组合回转体，这个组合回转体的投影图与图 2.158 相比，只是喉圆的水平投影被顶面所遮而应改为中虚线，其他都相同。

【例 2.38】 如图 2.159(a)所示，图中给出了三个同轴回转体叠加组成的组合回转体的正面投影和水平投影，并给出了在它的表面上有封闭的若干线段的正面投影，要求作出这个组合回转体的侧面投影以及这些线段的水平投影和侧面投影。

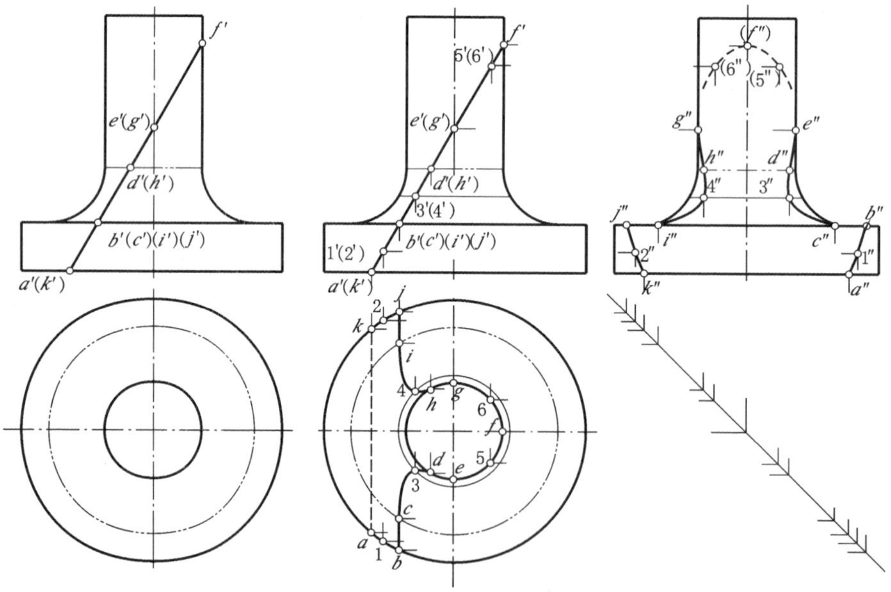

(a) (b)

图 2.159　画出组合回转体的侧面投影以及表面上给出的线的水平投影和侧面投影

(a)已知条件；(b)作图过程和作图结果

【解】 由图 2.159(a)可知，这个同轴组合回转体由上部的一个小圆柱、中部的四分之一圆弧绕轴旋转而成的内环体，以及下部的一个大圆柱组成。小圆柱面与四分之一环面相切于一个圆，在图中应不画切线圆的投影，为了便于阐述，在正面投影中用细双点长画线表示这个切线圆的投影。下部是一个大圆柱的顶面与环面表面相切，也相切于一个圆，这个圆就叠合在下部大圆柱的顶面上。同样，在图中应不画切线圆的投影，现在也是为了便于阐述起见，在水平投影中用细双点长画线画出这个切线圆的投影。

由图 2.159(a)还可知道：这个组合回转体前后对称，给出的表面上连成封闭的曲线段和直线段都是前后对称的。上部小圆柱面上有一段曲线 $DEFGH$，前半段 DEF 和后半段 HGF 的正面投影 $d'e'f'$ 和 $(h')(g')f'$ 重合；在中部内环面上前面有一段曲线 DC，后面有一段曲线 HI，它们的正面投影 $d'(c')$ 和 $(h')(i')$ 相重合；在下部大圆柱顶面上前面有一段正垂线 CB，后面有一段正垂线 IJ，实际上是一条正垂线的前后两段，它们的正面投影积聚成一点 $b'(c')(i')(j')$；在下部大圆柱面上前面有一段曲线 BA，后面有一段曲线 JK，它们的正面投影 $b'a'$ 和 $(j')(k')$ 相重合；在下部大圆柱底面上有一段正垂线 AK，它的正面投影 $a'(k')$ 积聚成一点。

通过上述观察和分析，就可以求作这个组合回转体的侧面投影以及这些曲线段和直线段的水平投影和侧面投影，如图 2.159(b)所示。

①作组合回转体的侧面投影

在水平投影右侧的适当位置作 45°辅助线，按高平齐和用 45°辅助线按宽相等、前后对应由正面投影和水平投影分别作出轴线、小圆柱、具有内环面表面的回转体、大圆柱的侧面投影(小圆柱面和内环面相切的圆的侧面投影也用细双点长画线画出)，就作出了这个组合回转体的侧面投影，是它的正面投影的全等图形。

②作回转体表面上的若干线段的水平投影和侧面投影

根据上述分析，先作出大圆柱底面的正垂线 AK，它的水平投影画虚线，侧面投影与大圆柱底面积聚投影重合。

然后作出大圆柱面的曲线。因为大圆柱面水平投影有积聚性，所以曲线 AB、JK 的水平投影在其积聚投影上。利用积聚投影求曲线上端点和中间点的侧面投影，这样就可以在大圆柱侧面投影的前面连一段光滑曲线 $a''1''b''$，后面连一段光滑曲线 $j''2''k''$，它们的侧面投影是可见的，画成粗实线。

再在大圆柱顶面上作出前面和后面各一段正垂线 CB、IJ。它们的正面投影积聚成一点，侧面投影重合在大圆柱顶面的积聚投影上，它们的水平投影是可见的，画成粗实线。

最后作环面和小圆柱面上曲线段 $CDEFGHI$ 的水平投影和侧面投影。因为小圆柱面的水平投影有积聚性，所以曲线段 $DEFGH$ 的水平投影与其重合。利用积聚投影，按投影规律求得曲线上一系列点的水平投影和侧面投影，为了保证曲线段投影的准确性，还应作出若干中间点，其中 5、6 点是用纬圆法作出环面上的点，然后按顺序光滑连线。环面上的曲线水平投影和侧面投影均可见，画粗实线；小圆柱面上的曲线侧面投影，位于左半圆柱面的曲线可见、画粗实线，位于右半圆柱面的曲线不可见、画中虚线。

这就完成了求作这些线段的水平投影和侧面投影的全部作图过程。

(6)单叶双曲回转面和单叶双曲回转体

图 2.160(a)所示，有两条交叉直线：一般位置直线 CD 和铅垂线 AB，以 AB 为轴线，CD 绕 AB 旋转一周，则形成图 2.160(b)所示的单叶双曲回转面。图 2.160(c)、图 2.160(d)是用不同作圆方法得到的这个单叶双曲回转面的两面投影，从图中可以看出：用这个单叶双曲回转面的前后对称面截切这个曲面截得双曲线，就是这个曲面的正面投影的转向轮廓线。读者可以想到，当这条双曲线绕它的虚轴旋转 180°，它的左、右两支就共同旋转出这个单叶的回转面，所以由直线绕与其交叉的轴线旋转形成的曲面，称为单叶双曲回转面。

根据单叶双曲回转面的形成原理，先作出这个回转面水平投影的前后、左右对称线，对称线交点就是轴线 AB 的积聚投影；母线 CD 的两个端点在图中显示出与轴线 AB 的距离相等，旋转后形成的顶圆和底圆大小相同，因此它们是回转面上最大的圆。两面投影的作图过程如下：

①用纬圆法作单叶双曲回转面的转向轮廓线的投影方法如图 2.160(c)所示。以轴线 AB 的水平投

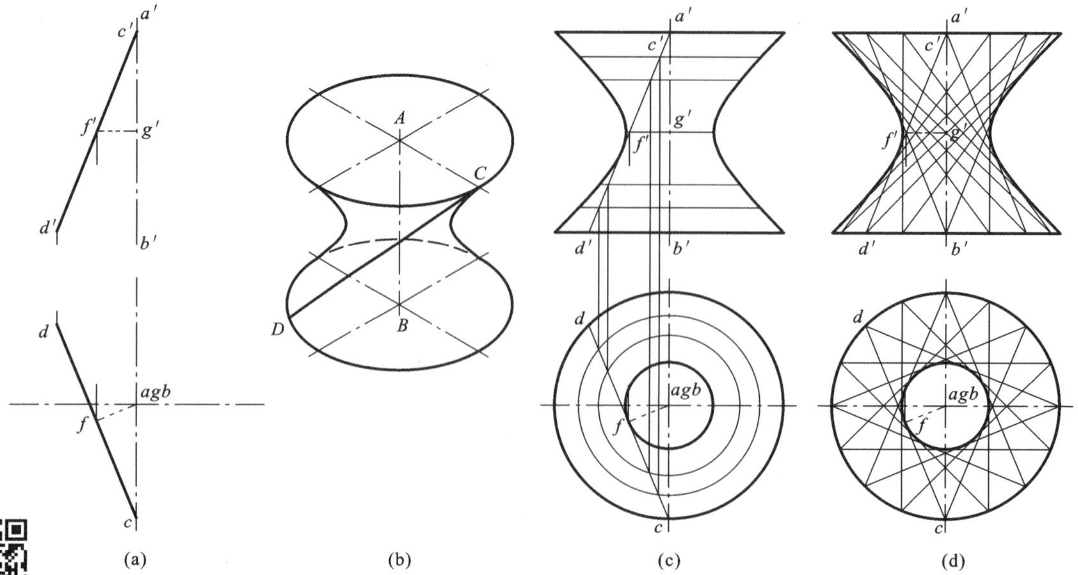

图 2.160 单叶双曲回转面的形成和两面投影

(a)轴线与母线；(b)曲面的形成；(c)用纬圆法作曲面的两面投影；(d)用素线法作曲面的两面投影

影为圆心，分别过 C 点和 D 点的水平投影作粗实线圆，即为这个回转面上的顶圆和底圆的水平投影；分别过 C 点和 D 点的正面投影作水平粗实线，长度分别等于顶圆和底圆直径，即为这个回转面的正面投影。以轴线 AB 的水平投影为圆心作适当大小的圆，与 cd 得到两个交点，通过这两个交点分别作正面投影，得到 CD 直线上这两点的正面投影；在正面投影中，分别过这两点作水平细实线、长度等于该圆直径，即得到 CD 直线绕 AB 轴线旋转的单叶双曲回转面上两个直径相等的纬圆。按此方法可以画出一系列单叶双曲回转面上的纬圆的水平投影和正面投影。以轴线 AB 的水平投影为圆心，画一个粗实线圆，使其与 CD 直线的水平投影相切，切点是过圆心画 cd 的垂线的垂足点，过垂足点找到它的正面投影，过该点作长度等于该圆直径的水平细实线，即得到 CD 直线绕 AB 轴线旋转的单叶双曲回转面上直径最小的纬圆，这个圆是该单叶双曲回转面的水平投影的转向轮廓线喉圆的水平投影，是上半回转面和下半回转面的分界线。将顶圆、底圆、喉圆、纬圆的正面投影的水平线端点光滑连接成粗实线，便得到这个单叶双曲回转面的前后分界线的正面投影。粗实线的顶圆、底圆和喉圆的水平投影，构成这个单叶双曲回转面的水平投影；粗实线的顶圆、底圆的正面投影和回转面的前后分界线的正面投影，构成这个单叶双曲回转面的正面投影。

②用素线法作单叶双曲回转面的转向轮廓线的投影方法如图 2.160(d)所示。以轴线 AB 的水平投影为圆心，分别过 C 点和 D 点的水平投影作粗实线圆，即为这个回转面上的顶圆和底圆的水平投影；分别过 C 点和 D 点的正面投影作水平粗实线，长度分别等于顶圆和底圆直径，即为这个回转面的正面投影。分别以 C、D 为起点作顶圆和底圆的水平投影的若干等分，如图 2.160(d)中分成了 16 等份，过各分点沿着同一旋转方向、作 CD 绕 AB 旋转的一组素线的水平投影和正面投影；在正面投影的左、右两侧，作出这组素线的包络曲线，即为这个回转面的正面投影的转向轮廓线，画粗实线。在正面投影中，顶圆、底圆的投影和转向轮廓线的投影，构成了这个单叶双曲回转面的正面投影，也就是可见的前半回转面和不可见的后半回转面互相重合的正面投影。以轴线 AB 的水平投影为圆心，作这组素线水平投影的相切圆，便得到这个单叶双曲回转面的水平投影的转向轮廓线(喉圆)，该轮廓线是可见表面与不可见表面的分界线。顶圆、底圆和喉圆的水平投影，构成这个单叶双曲回转面的水平投影。

如果在单叶双曲回转面上需要作点的投影，则因这个曲面的投影没有积聚性，通常用纬圆法作图较为方便。

2.4.2.3 一些常用的非回转直纹面

在直纹面中，若相邻两素线平行或相交，则这样的直纹面是可展曲面，常用的可展曲面是柱面和锥面；若相邻两素线不在同一平面上，则这样的直纹面是不可展曲面，也称翘曲面，常用的翘曲面是翘平面、锥状面、柱状面。本小节将着重讲解柱面、锥面、翘平面、锥状面和柱状面，后面将讲述的平螺旋面也是翘曲面。

(1)柱面

直母线沿着一条曲导线且平行于一条直导线运动而形成的曲面称为柱面。如图 2.161 所示，直母线 AA_1 沿着曲导线 AB 且平行于直导线 CD 运动而形成的曲面 ABB_1A_1 就是柱面。

若柱面有两个或两个以上的对称面，对称面的交线称为柱面的轴线。

在图 2.162 所示柱面的两面投影示例中，柱面常以两个平行的两端边线的轮廓形状进行分类和命名，例如：椭圆柱面、斜圆柱面和斜椭圆柱面等。有时也以垂直于素线的平面与柱面的交线形状来进行分类和命名，例如：图 2.162(a)所示的椭圆柱面；图 2.162(b)所示的斜圆柱面，与素线的垂直面的交线是椭圆，所以也可说成是椭圆柱面；图 2.162(c)所示的斜椭圆柱面，与素线的垂直面的交线如果是圆，则可说成是圆柱面，如果交线是椭圆，则也可说成是椭圆柱面。

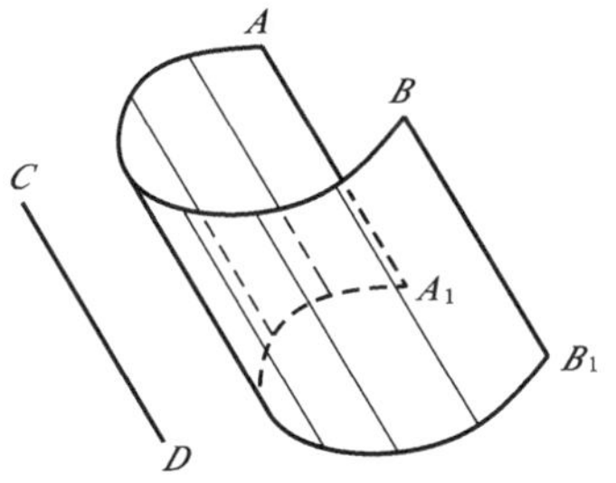

图 2.161　柱面及其形成

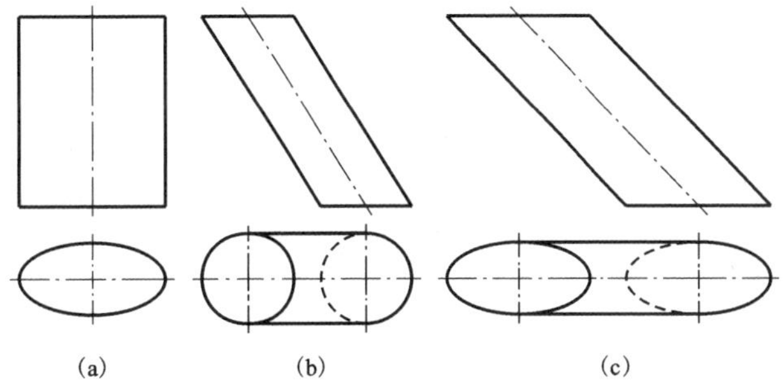

图 2.162　有轴柱面示例

(a)椭圆柱面；(b)斜圆柱面；(c)斜椭圆柱面

(2)锥面

直母线沿着一条曲导线且通过一个导点运动而形成的曲面称为锥面，这个导点称为锥面的顶点。如图 2.163 所示，直母线 SA 沿着曲导线 AB 且通过导点 S 运动而形成的曲面 SAB 就是锥面。

若锥面有两个或两个以上的对称面，对称面的交线称为锥面的轴线。

在图 2.164 所示的锥面的两面投影中，锥面也常以底边的轮廓形状进行分类和命名，例如：椭圆锥面、斜圆锥面和斜椭圆锥面等。有时也以垂直于轴线的平面与锥面的交线形状来分类和命名，例如：图 2.164(a)和图 2.164(b)所示与轴线的垂直面的交线是椭圆，所以它也可说成是椭圆锥面；图 2.164(c)所示与轴线的垂直面的交线如果是圆，则可说成是圆锥面，如果交线是椭圆，则也可说成是椭圆锥面。需要注意的是：在图 2.164(b)、图 2.164(c)的正面投影中的细单点长画线(锥顶与水平底边圆周的圆心、锥顶与水平底边椭圆曲线的中心的连线)不是这两个有轴锥面的轴线。

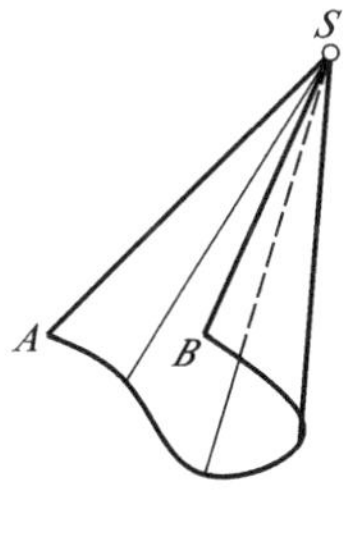

图 2.163　锥面及其形成

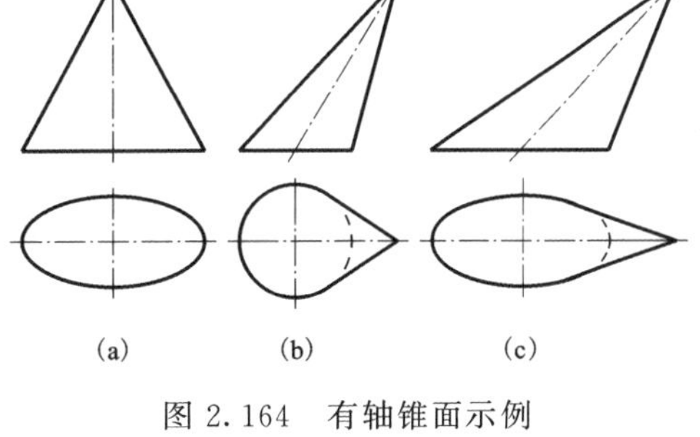

图 2.164　有轴锥面示例

(a)椭圆锥面；(b)斜圆锥面；(c)斜椭圆锥面

(3)翘平面

直母线沿着两条交叉的直导线且平行于某一导平面运动而形成的曲面称为翘平面。如图 2.165(a)所示，直母线 AC 沿着两条交叉的直导线 AB、CD 且平行于铅垂的导平面 P 运动而形成的曲面 $ACDB$ 就是一个翘平面。作图过程如图 2.165(b)所示：

因为翘平面上所有的直素线都平行于铅垂导平面 P，所以翘平面上所有的直素线的水平投影平行于铅垂导平面 P 的水平积聚投影。

①在 ab 上取若干点(图中取直线的 6 等分点)，过这些点作 P_{H} 的平行线，与 cd 相交，得到翘平面上若干条素线的水平投影。ab、cd 和 ac、bd 分别是这个翘平面的水平投影的轮廓线，画成粗实线，其他素线的水平投影都作为作图线，画成细实线。

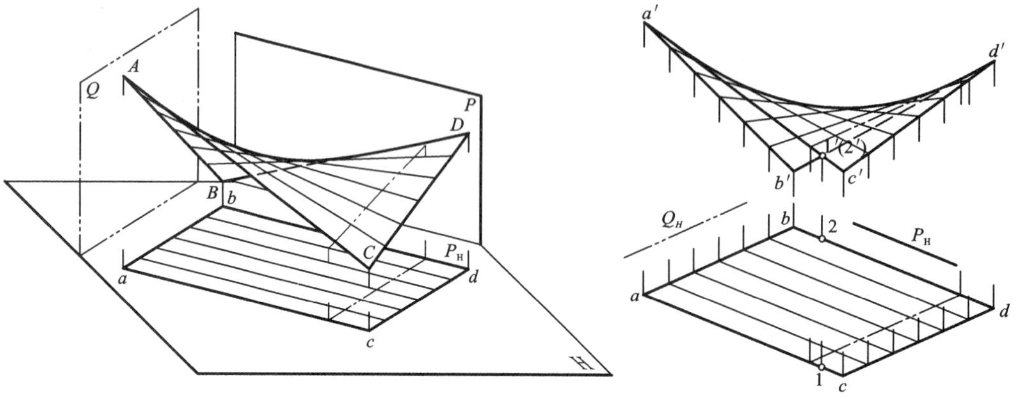

(a)　(b)

图 2.165　翘平面的形成及其投影图

(a)立体图；(b)投影图

②由 ab、cd 上的各点按长对正在 $a'b'$、$c'd'$ 上作出它们的对应的正面投影，相应地连成诸素线的正面投影，作出诸素线正面投影的包络曲线，即为这个翘平面的正面投影的转向轮廓线。翘平面的正面投影的外包轮廓线，都是可见的，画粗实线；而 $a'c'$、$b'd'$ 各有大半段位于这块曲面的正面投影的内部，由 $a'c'$ 和 $b'd'$ 处的交点 $1'(2')$，即两交叉直线 AC 和 BD 对正面投影的重影点，按长对正引水平投影和正面投影的投影连线，与前面的 ac 交得 1，与后面的 bd 交得 2，从而知道 AC 在前、BD 在后，AC 的正面投影 $a'c'$ 可见，画粗实线，而 BD 的正面投影 $b'd'$ 在这块曲面的正面投影内部的大半段 $(2')d'$ 则为不可见而画中虚线；在这块曲面的正面投影内部的其他诸素线的投影都作为作图线，画细实线。于是就作出了这块翘平面的正面投影。

由解析几何可知，单叶双曲回转面与翘平面一样，可以是复线织面，也就是它可以由两组直素线形成。如在图 2.160(d)中的单叶双曲回转面，可以想象通过母线顶点和铅垂轴所确定的侧平面，有另一条母线与原母线相对称，这两条母线均绕轴线旋转一周，在这个单叶双曲回转面上就有两组素线。如图 2.165(b)所示的翘平面两面投影中，可以想象这块翘平面由交叉两直线 AC 和 BD 作为导线，以平行于 AB 导线的铅垂面作为导平面[图 7.165(b)中用双点长画线表示的导平面 Q]，由母线 AB 沿着这两条交叉的直导线且平行于导平面运动，在这个翘平面上就有两组素线。

若用平面截切这个曲面，则交线除了可能是曲面上的直素线外，只可能是双曲线或抛物线，所以在解析几何中翘平面称为双曲抛物面。

翘平面在土木工程中有较广泛的应用，又因为它是复线织面，有两组直素线，所以便于进行放样、支模和铺设钢筋等工作，常用于屋面、挡土墙、护坡、渠道边坡等。例如在图 2.166(a)中是用作屋面，在图 2.166(b)中是在河岸边的正平面 P 与侧垂面 Q 之间设置了一块翘平面 $ABDC$ 作为过渡曲面，图中都画出了两组直素线。

(4)锥状面

直母线沿着一条直导线和一条曲导线且平行于一个导平面运动而形成的曲面称为锥状面。

图 2.167(a)是以平行于正面 V 的圆弧 $\overset{\frown}{AB}$ 和侧垂线 CD 为导线，侧面 W 为导平面，直母线沿着这两条导线且平行于导平面形成的锥状面的两面投影。从图中可以看出：轮廓素线 AC、BD 都是正垂线。

作图过程如图 2.167(a)所示：

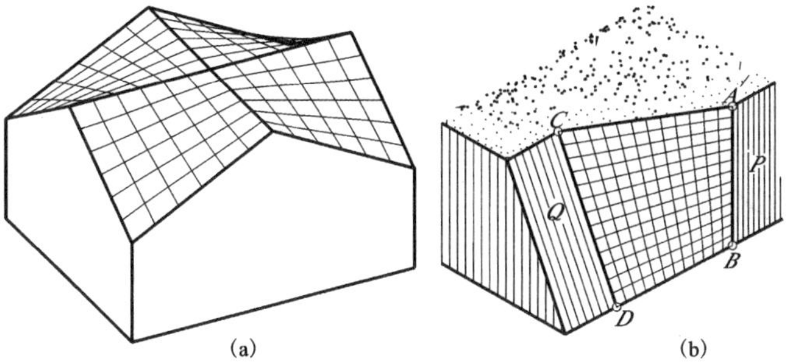

图 2.166　双曲抛物面的应用示例

(a)屋面；(b)河岸的过渡曲面

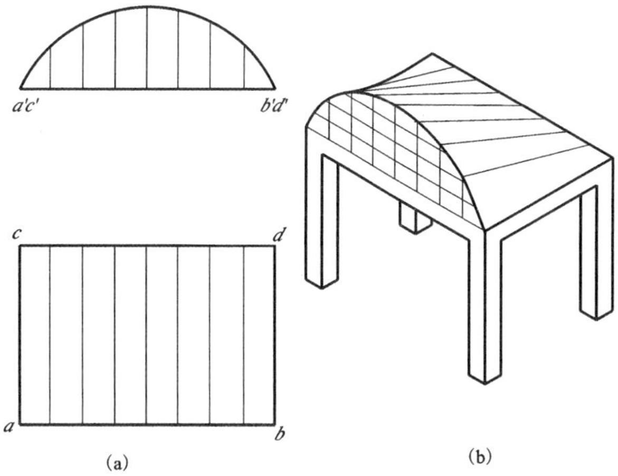

图 2.167　锥状面的形成、投影图和应用实例

(a)形成和投影图；(b)应用实例——屋面

①先画出两条导线——正平圆弧 $\widehat{AB}$ 和侧垂线 CD 的正面投影 $\widehat{a'b'}$ 和 $c'd'$、水平投影 ab 和 cd；作出两条轮廓素线——正垂线 AC、BD 的两面投影：水平投影 ac、bd 分别就是 a 与 c、b 与 d 的连线，正面投影 $a'c'$、$b'd'$ 分别积聚成一点，就是在两条导线 $\widehat{AB}$、CD 的端点的正面投影的重合处。这些线的同面投影都构成这个锥状面的投影轮廓，画成粗实线。

②在任一条导线的两端点之间取若干点，分别作侧平线与另一导线相交，就作出了若干素线的两面投影，由于它们都在投影轮廓的内部，在曲面上又都是光滑过渡的，不是轮廓线，所以如需画出这些素线的投影，都用细实线画出。

于是就完整地作出了这个锥状面的水平投影和正面投影。

图 2.167(b)所示为以锥状面作为屋面的房屋的构架的立体图。

(5)柱状面

直母线沿着两条曲导线且平行于一个导平面运动而形成的曲面称为柱状面。

图 2.168(a)所示是以平行于水平面 H 的半个圆周 $\widehat{ABC}$ 和半个椭圆弧线 $\widehat{DEF}$ 为导线，正面 V 为导平面，直母线沿着这两条导线且平行于导平面运动而形成的柱状面的两面投影。

作图过程如图 2.168(a)所示：

①先画出两条导线的两面投影：水平投影 $\widehat{abc}$、$\widehat{def}$ 反映真形；正面投影 $a'b'c'$、$d'e'f'$ 分别都是水平线，且前、后对称的各半段弧线 $a'b'$ 与 $c'b'$、$d'e'$ 与 $f'e'$ 都分别互相重合。连 a 与 d、c 与 f、a' 与 d'、c' 与 f'，便作出了轮廓素线 AD、CF 的 H 面投影 ad、cf 和相重合的正面投影 $a'd'$、$c'f'$。连 b' 与 e'，作出这个柱状面的正面投影的转向轮廓线，于是就分别画出了这个柱状面的两面投影。

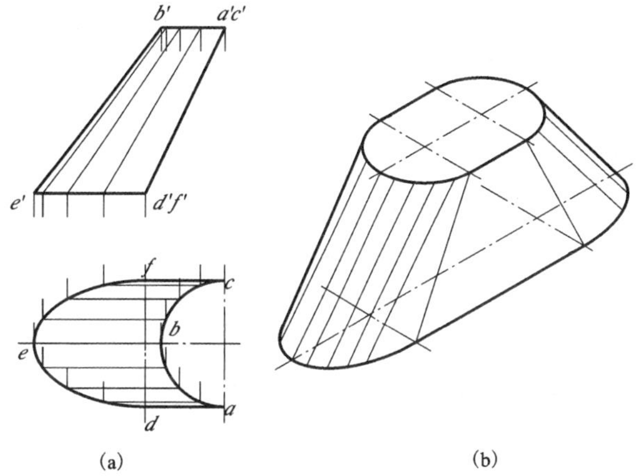

图 2.168　柱状面的形成、投影图和应用实例

(a)形成和投影图；(b)应用实例——桥墩

②为了作出其他各素线的投影，可先在导线 $\widehat{ABC}$ 的水平投影 $\widehat{abc}$ 的端点 a 和 c 之内取若干点，过这些点作正平线素线的水平投影，分别与另一导线 $\widehat{DEF}$ 的水平投影 $\widehat{def}$ 交得相应的点；由这些素线的端点的水平投影按长对正分别在两导线的正面投影上作出对应点的正面投影，并连成这些素线的正面投影。与双曲抛物面和锥状面的投影相同，这些素线的两面投影都用细实线画出。

于是就作出了这个柱状面的水平投影和正面投影。

图 2.168(b)所示是一个用这样的柱状面构成的桥墩的立体图，桥墩的左端是这样的柱状面，右端则是与它对称的柱状面。

2.4.3 空间曲线、圆柱螺旋线和平螺旋面

2.4.3.1 空间曲线

如图 2.169(a)所示，由空间曲线 AE 上的各点作垂直于投影面 H 的投射线，与 H 面交得这些点的 H 面投影，将这些点的 H 面投影按顺序光滑地连成曲线 ae，即为这条空间曲线的 H 面投影。

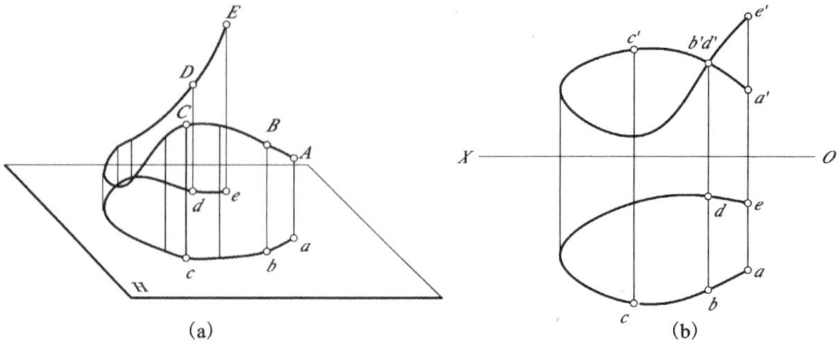

图 2.169　空间曲线的投影

(a)立体图；(b)投影图

图 2.169(b)所示是这条空间曲线 AE 的两面投影 ae 和 $a'e'$。应该注意：空间曲线的投影图除了标注出端点的投影符号外，有时还需要标注出曲线上的一些能够确定曲线的形状和走向的点的投影符号，例如图 2.169(b)中除了标注出端点 A、E 的投影符号外，还须标注出某些点 B、C、D 的投影符号，注出了这些点的投影符号就能由它们完整地表达这条空间曲线 AE。

2.4.3.2 圆柱螺旋线

一动点沿圆柱面的直母线作匀速移动，这条直母线又绕圆柱面的轴线作匀速旋转，则该点形成位于这个圆柱面上的一条空间曲线，称为圆柱螺旋线，简称螺旋线。圆柱面的轴线也就是圆柱螺旋线的轴线。

由圆柱螺旋线的形成规律可以看出，当轴线选定以后，确定一条圆柱螺旋线有三个基本要素：

(1)半径 r：圆柱螺旋线所在的圆柱面的半径。

(2)导程 s：动点随圆柱面上的直母线旋转一周时，沿直母线所移动的轴向距离。

(3)旋向(左旋或右旋)：当动点沿直母线移动和绕圆柱面的轴线旋转符合右手法则时，称为右旋或右螺旋线，也就是以翘起的拇指表示动点沿直母线移动的方向，以其余四指的弯曲方向表示动点绕轴线旋转的方向，是符合右手的；若符合左手法则时，称为左旋或左螺旋线，也就是以翘起的拇指表示动点沿直母线移动的方向，以其余四指的弯曲方向表示动点绕轴线旋转的方向，是符合左手的。

如图 2.170(a)所示，若已知圆柱螺旋线的半径 r，导程 s，旋向为右旋，要画出这条右螺旋线一个导程的两面投影。

作图过程如图 2.170(a)和图 2.170(b)所示：

①首先如图 2.170(a)所示，按已知条件用细双点长画线画出一个导程高度的这条螺旋线所在的圆柱面的两面投影，在正面投影中还画出了动点沿直母线移动的上升方向，在水平投影中画出了旋向。

②然后如图 2.170(b)所示，设这条右螺旋线的起点是这个圆柱面的最左素线的下端点Ⅰ，在投影图中标注出它的水平投影 1 和正面投影 1′。从 1 开始，将圆柱面的有积聚性的水平投影作若干等分，图中为 12 等分，得点 2、3、…、13，13 与 1 相重合，并把点 1～13 作为这条右螺旋线在一个导程高度内分成 12 等份后的诸等分点的水平投影。因为这条螺旋线的水平投影重合在圆柱面的水平投影上，所以将圆柱面的水平投影改画成粗实线，就是这条螺旋线的水平投影。

将一个导程高度的圆柱面的正面投影也按高度分成 12 等份，作出高度等分线。因为当动点从Ⅰ转到Ⅱ，转过十二分之一圈时，也上升十二分之一导程。于是从水平投影的各分点按长对正在圆柱面的正面投影中作出各等分点所在的直素线的正面投影，各直素线的正面投影就与相应的高度等分线交得点 2′、3′、…、13′，将 1′、2′、…、13′用粗实线连成光滑曲线，即为这条螺旋线的正面投影。

如果螺旋线所在的圆柱面是一个实物或一个圆柱体，则这个圆柱面或圆柱体的正面投影的轮廓线应画成粗实线，而在后半圆柱面上的螺旋线的正面投影则应画成中虚线。

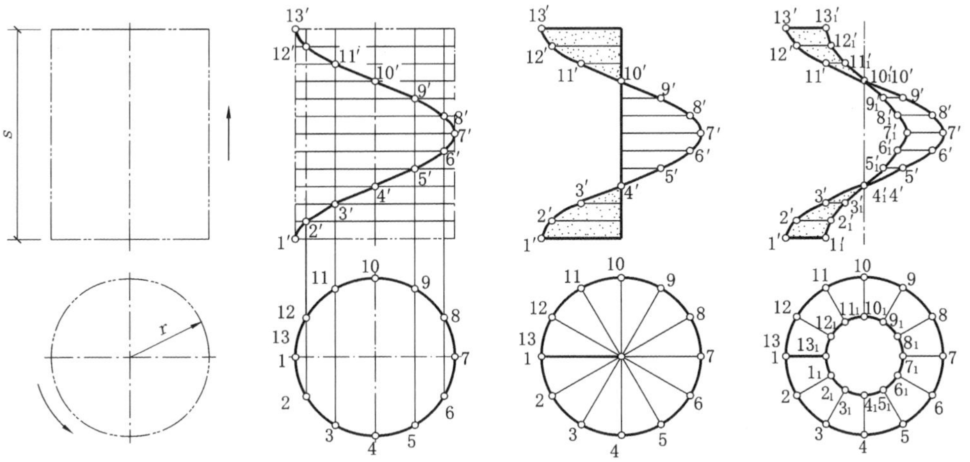

图 2.170 圆柱螺旋线和平螺旋面

(a)给出确定圆柱螺旋线的三要素;(b)圆柱螺旋线;(c)平螺旋面;(d)中空的平螺旋面

③以圆柱螺旋线及其轴线为导线,与轴线相垂直的平面为导平面,直母线沿着这两条导线且平行于导平面运动而形成的曲面称为平螺旋面。平螺旋面属于锥状面。

如图 2.170(c)所示,画出直母线沿圆柱螺旋线及其轴线为导线、水平面 H(也就是与轴线相垂直的平面)为导平面,运动而形成的在一个导程范围内的平螺旋面的两面投影。值得注意的是:平螺旋面有上、下两面,也可称为这个平螺旋面的顶面和底面,如图 2.170(c)中的正面投影所示,在轴线左侧的上、下两部分曲面都是底面可见,为了图形明显起见,加绘了小点;在轴线的右侧的曲面则是顶面可见,未加小点;平螺旋面的最高、最低的轮廓素线的投影画成粗实线,其他素线的投影画成细实线。

在实际应用中,还常常用到中空的平螺旋面。如图 2.170(d)所示,这个曲面的轮廓线除了最高素线 ⅩⅢ ⅩⅢ$_1$、最低素线 Ⅰ Ⅰ$_1$、外侧的大圆柱螺旋线 Ⅰ Ⅱ … ⅩⅢ 外,还有内侧的小圆柱螺旋线 Ⅰ$_1$ Ⅱ$_1$ … ⅩⅢ$_1$。

中空的平螺旋面仍属于锥状面。因为直母线沿着两条导线且平行于一个导平面运动而形成的三种扭面中:直母线沿两条直导线运动而形成的曲面,就归属翘平面(双曲抛物面);沿一条直导线和一条曲导线运动而形成的曲面,则归属锥状面;直母线沿两条曲导线运动而形成的曲面,都归属柱状面。

2.4.3.3 圆柱螺旋线的应用示例

【例 2.39】 如图 2.171(a)所示,已知半个导程高的一段右旋螺旋方管的轴线和右下端管口的两面投影、这段螺旋方管的水平投影,并知螺旋方管的导程(也就是方管的圆柱螺旋线的导程)为管口边长的十二倍,作这段螺旋方管的正面投影。

【解】 由图 2.171(a)可以想象:这段螺旋方管的管口绕轴线作匀速旋转的同时做匀速上升运动。当管口上升了半个导程后,左上端管口与右下端管口处于同一正平面位置。管口的四个角点在空间上形成四段螺旋线,它们的水平投影为两个半圆周。管口的水平顶边和底边的运动轨迹形成平螺旋面,它们的水平投影相互重合。管口的左右两竖直边形成大、小圆柱面的水平投影分别积聚成两个半圆周。在图中,轴线的正面投影已用细单点长画线画出,轴线的水平投影就是两个半圆的中心线的交点。

通过上面的分析可知,只要作出这四条圆柱螺旋线和左上端管口的正面投影,并表明可见性,就画出了这段螺旋方管的正面投影。

作图过程如图 2.171(b)所示:

①在水平投影中的两个半圆上分别进行六等分,得到圆柱螺旋线上点的水平投影,标注出两条大圆柱螺旋线 $ABCDEFG$、$A_1B_1C_1D_1E_1F_1G_1$ 和两条小圆柱螺旋线 Ⅰ Ⅱ Ⅲ Ⅳ Ⅴ Ⅵ Ⅶ、Ⅰ$_1$ Ⅱ$_1$ Ⅲ$_1$ Ⅳ$_1$ Ⅴ$_1$ Ⅵ$_1$ Ⅶ$_1$ 的六等分的等分点水平投影符号,从而也标注出了左上端正方形管口 GG_1 Ⅶ$_1$ Ⅶ 的有积聚性的水平投影符号。

②在正面投影中用细双点长画线画出大、小半圆柱的投影,并每隔正方形管口边长的高度分别画一条

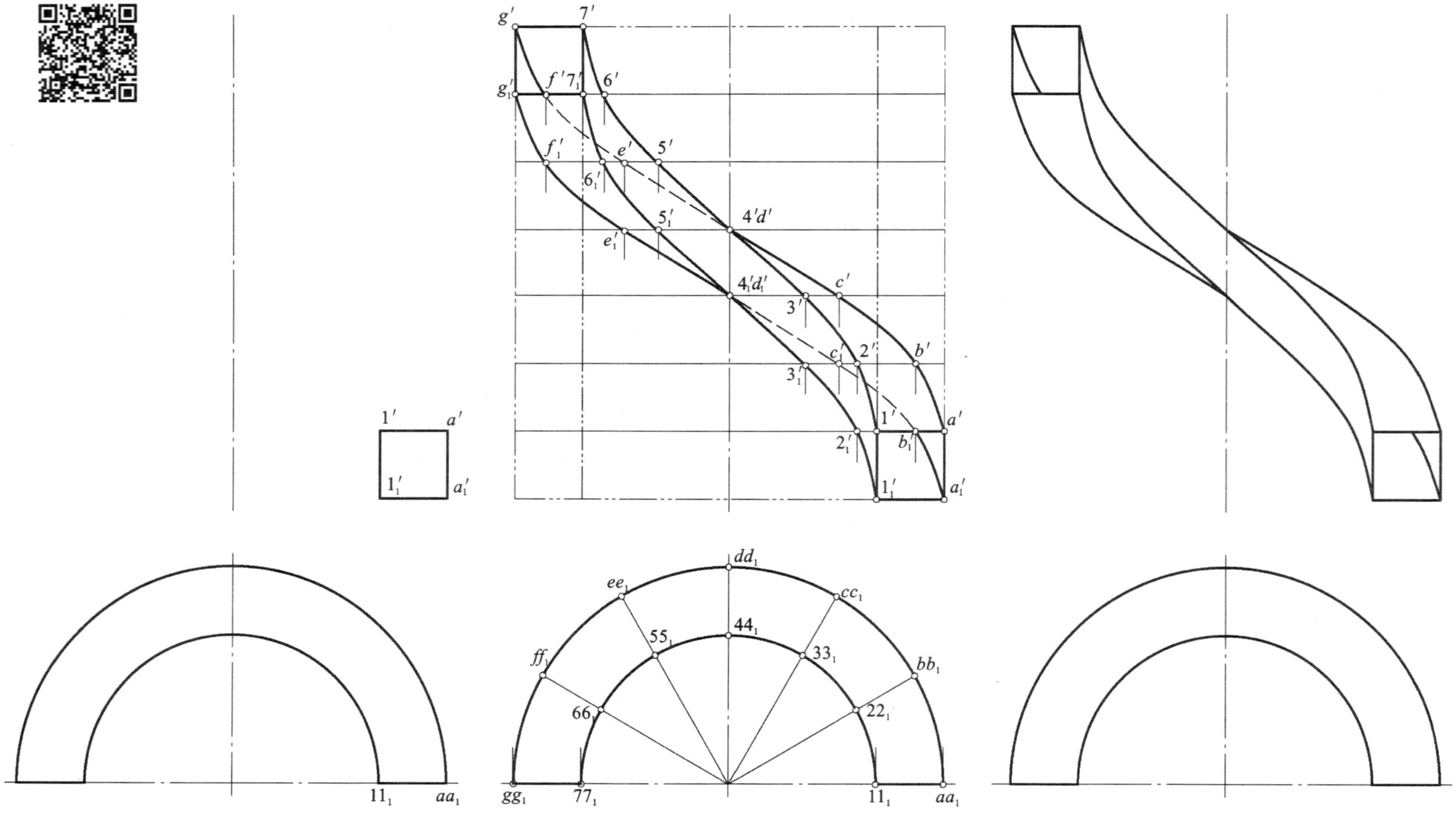

(a)　　(b)　　(c)

图 2.171　作一段螺旋管的正面投影

(a)已知条件；(b)作图过程和作图结果；(c)只画出可见投影的投影图

水平线。由四条螺旋线上的各等分点的水平投影按长对正作投影连线，根据每转过 30°(即 1/12 圈)升高十二分之一导程(即相当于正方形管口的边长)的关系，顺次在已画出的水平线上作出这些点的正面投影，并按水平投影中已标注出的诸点的顺序，光滑地连成这四条圆柱螺旋线的正面投影。可见的左上端管口、右下端管口和构成螺旋方管的外包轮廓线的螺旋线，画粗实线。四条螺旋线的正面投影，位于螺旋方管的正面投影的重影段，由两条在顶面的螺旋线与两条在底面的螺旋线的正面投影重影点，按长对正向水平投影画投影连线，半径小的螺旋线在前面，画成粗实线，半径大的螺旋线在后，画成中虚线。由于螺旋方管是中空的，透过左上端管口和右下端管口可以看见一点点原本看不见的半径大的螺旋线。于是就作出了这段螺旋方管的正面投影。

有时在投影图中为了图形清晰明显，也可省略不画不可见的投影中虚线，这段螺旋方管只画可见投影的投影图，如图 2.171(c)所示。

【例 2.40】 如图 2.172(a)所示，已知具有立柱(圆柱)的在一个导程范围内的一段右旋螺旋楼梯的水平投影，在正面投影中给出了平螺旋面的板厚、第一级踏步的踏步高，作出这段螺旋楼梯在一个导程范围内的正面投影。

【解】 从图 2.172(a)和题目给出的已知条件可以想象：螺旋楼梯从下向上有十二级形状相同的扇形踏步。踏步的顶面称为踏面，是水平面，在水平投影图中已画出它们的真形。踏步前端称为踢面，是大小相同的铅垂矩形平面，在水平投影图中已画出它们的有积聚性的投影。正面投影画出了从下向上第一级踏步的正平踢面的真形。螺旋楼梯板的底面是由正面投影图中已画出的楼梯板厚的底边绕楼梯扇形踏步轴线作匀速旋转的同时、作匀速上升运动形成的平螺旋面。螺旋楼梯的立柱轴线与扇形踏步和踏步板底平螺旋面的轴线为同一条铅垂线，立柱的水平积聚投影与扇形踏步的水平积聚投影和板底平螺旋面内侧的螺旋线的水平投影重合，扇形踏步的外侧的水平积聚投影与板底平螺旋面外侧的螺旋线的水平投影重合。

通过上述对这段螺旋楼梯的分析之后，就可确定作图步骤：先画出立柱和楼梯板底平螺旋面的两条螺旋线的正面投影，再画出各级踏步的正面投影，最后判定可见性，并按规定的图线描深，清理图面。

作图过程如图 2.172(b)、图 2.172(c)、图 2.172(d)所示：

①如图 2.172(b)所示，按水平投影用细实线画出立柱的正面投影，并用细双点长画线画出大圆柱面在地平线以上一个导程范围的正面投影。因为楼梯旋转一周升高一个导程，而旋转一周有十二级踏步，所以上一级踏步，就升高一个踏步高，也就是十二分之一导程，于是从楼梯板底面平螺旋面的最低素线 O_1O_2 的正面投影 $o'_1o'_2$处开始，每隔一个踏步高画一条水平线，从楼梯板底面的外侧轮廓线、内侧轮廓线(即楼梯板底面与立柱的交线)的大、小圆柱螺旋线的已作出的下端点 O_1、O_2 开始，顺次作出一个导程内的螺旋线上的十二分之一等分点 I_1、I_2 和 II_1、II_2 等点(图中只标注出了大螺旋线上的 I_1、II_1、III_1 和小螺旋线上的 I_2、II_2、III_2)的正面投影，并将作出的这些点连成楼梯板底面平螺旋面上的大、小圆柱螺旋线的正面投影，图中暂时都画成细实线，待这段楼梯全部画出后，再进行可见性判定，确定哪些应该改画成粗实线或中虚线。立柱上端的符号是实心圆柱的断裂符号，表示立柱将继续升高，画图时在这里断开。

②如图 2.172(c)所示，在图 2.172(b)的基础上再继续作出各级踏步的正面投影。为了便于作图，可以仿照第一级踏步的踢面 4 个角点标注编号，继续标注其余各级踏步的踢面或踏面的 4 个角点编号[图 2.172(c)中为了图线清晰，仅示意性地标注了开始几级踏步的编号]。先作第一级踏步的踏面 $O_3O_4\mathrm{I}_5\mathrm{I}_6$ 的正面投影，因为踏面都是水平面，正面投影都积聚成水平线，所以由 1_5、1_6 按长对正引投影连线，就可在 $o'_3o'_4$及其延长线上作出 $1'_5$、$1'_6$，从而得到这个踏面积聚成水平线的正面投影 $o'_3o'_41'_51'_6$。接着作第二级踏步的踢面的正面投影，因为踢面是一个铅垂的矩形，上、下两边 $\mathrm{I}_3\mathrm{I}_4$、$\mathrm{I}_5\mathrm{I}_6$ 都是水平线，它们的正面投影 $1'_31'_4$、$1'_51'_6$都是长度缩短的水平线；内、外两边的正面投影 $1'_51'_4$、$1'_61'_3$都是反映真长(也就是踏步高)的铅垂线，所以只要分别由 $1'_5$、$1'_6$向上作铅垂线，从 $1'_5$、$1'_6$向上量取一个踏步高，就可作出这个踢面的

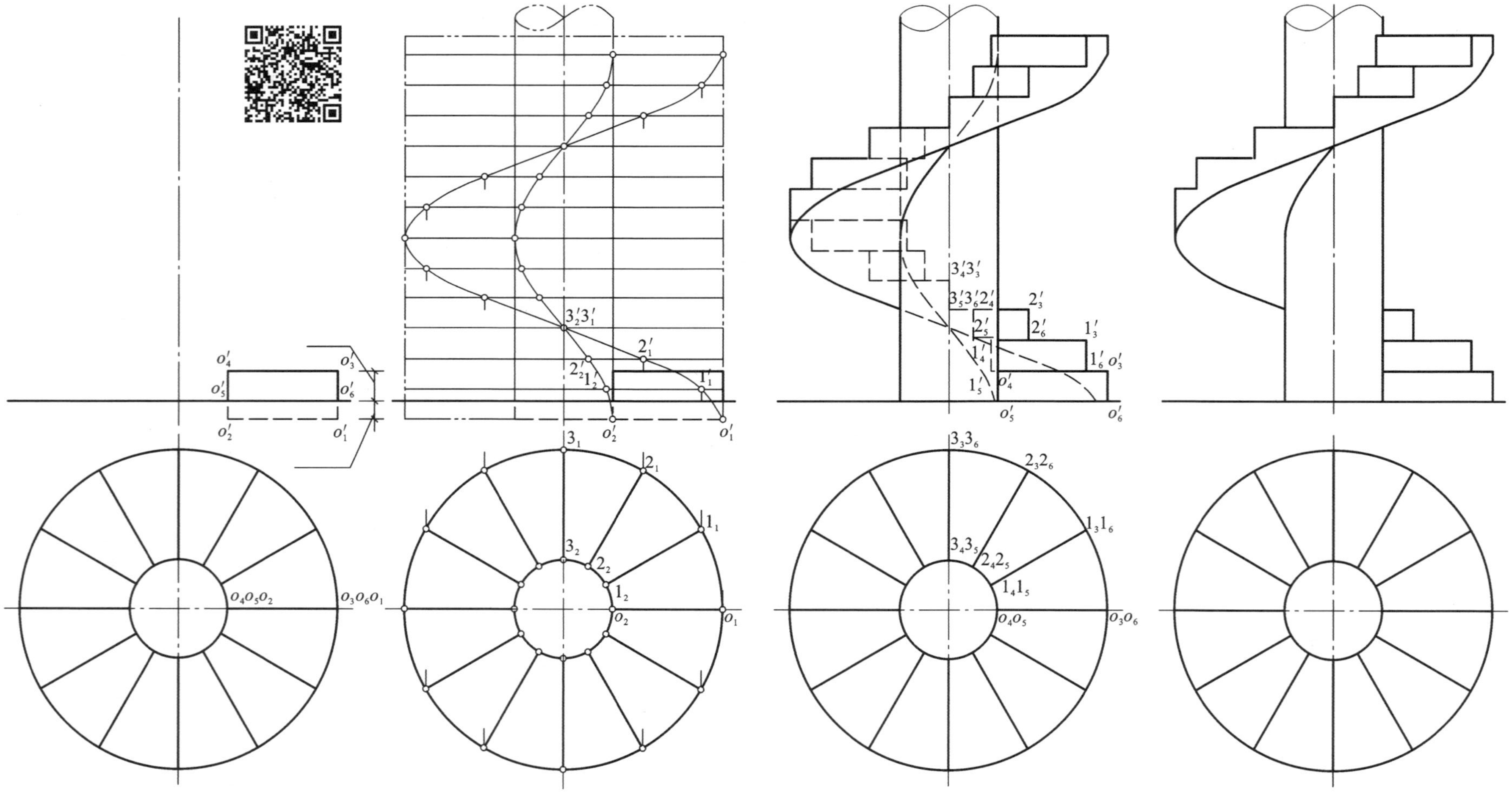

(a)　　(b)　　(c)　　(d)

图 2.172　作一段螺旋楼梯的正面投影

(a) 已知条件；(b) 作大、小圆柱面和楼梯板底面；(c) 完成楼梯板，作出踏步和作图结果；(d) 只画出可见投影的投影图

正面投影 $1_3'1_4'1_5'1_6'$。用同样的方法可以继续作出第二、三级踏步的踏面和第三、四级踏步的踢面的正面投影。第四级踏步的踢面 $\mathrm{III}_3\mathrm{III}_4\mathrm{III}_5\mathrm{III}_6$ 是一个处于侧平面位置的矩形，所以它的正面投影 $3_3'3_4'3_5'3_6'$ 积聚成一条铅垂线，与轴线的正面投影相重合。同样，再继续向上作出各级踏步的踏面和踢面的正面投影。

③仍如图 2.172(c)所示，当画出了立柱、楼梯板的底面、螺旋楼梯的外侧大圆柱、各级踏步的正面投影后，按前遮后的规定，分清正面投影的可见性。螺旋楼梯的外轮廓线是可见的，画粗实线。螺旋楼梯踢面和踏面在图形内的可见性，可以根据踢面水平积聚投影是否朝向前方判定：第一级、第二级、第三级和第十一级、第十二级是可见的，应该画粗实线，但是，第二级、第三级的踢面左边被立柱遮挡、不可见，画中虚线。第四级、第十级踢面为侧平面，正面投影积聚成直线，第四级踢面被立柱遮挡、不可见，画中虚线；第十级踏步踢面的正面积聚投影在立柱前可见、画粗实线。不可见踢面和踢面上的踏面的正面积聚投影被踏步遮挡、不可见，画中虚线。螺旋楼梯的板底平螺旋面外侧螺旋线在图形内的可见性判定：由重影点可知，下部分螺旋线被立柱和踏步遮挡，不可见，画中虚线；上部分螺旋线是可见的，画粗实线。板底平螺旋面内侧螺旋线在图形内的可见性判定：其在立柱背面的螺旋线不可见，其在立柱左前表面是可见的，但是最上面的四分之一螺旋线，根据重影点可知，因为被踏步自身遮挡，也是不可见。立柱的转向轮廓线在图形内的可见性可以根据与踏面的重影点判定：左侧转向轮廓线在小圆柱螺旋线交点的下方是可见的，上方不可见；右侧转向轮廓线的下方一段是可见的，上方一段不可见；可见画粗实线、不可见画中虚线。立柱的断裂符号改成细实线。

④清理图面。擦去作图线的稿线、说明性注释文字，就完成了这段螺旋楼梯的正面投影。如果为了图形清晰，省略不画不可见投影和不标注解释用的投影符号，则作图结果就如图 2.172(d)所示。

2.5 平面、直线与立体相交以及两立体相交

2.5.1 平面、直线与立体相交

平面与立体表面的交线称为截交线，由截交线围成的平面图形称为断面。直线与立体表面的交点称为贯穿点，由于立体是实心体，所以直线在两贯穿点之间的位于立体内部的线段是不存在的，只有立体外两侧的各一段。

2.5.1.1 *平面与平面立体相交*

如图 2.173 所示，平面 P 与三棱柱 $AA_1BB_1CC_1$ 相交。平面 P 称为截平面；三棱柱的棱线或端面的边与截平面的交点 D、E、F 称为截交点；截平面与三棱柱表面的交线 DE、EF、FD 称为截交线；截交线围成的平面图形称为断面；将截切掉的一段取去，则留下的立体称为截断体。从图 2.188 可以看出：求作平面立体的截交线，常常可以先作出截交点，然后将截交点连成截交线。求作截断体的投影，应表明投影图中的图线的可见性；截断体的投影除了应表明原立体投影的可见性之外，还应表明截交线的投影的可见性：若截交线是截断体的轮廓线的一部分，则该段截交线的投影可见；另外，在立体投影可见的表面上的截交线的投影也可见，立体投影不可见表面上的截交线的投影也不可见。

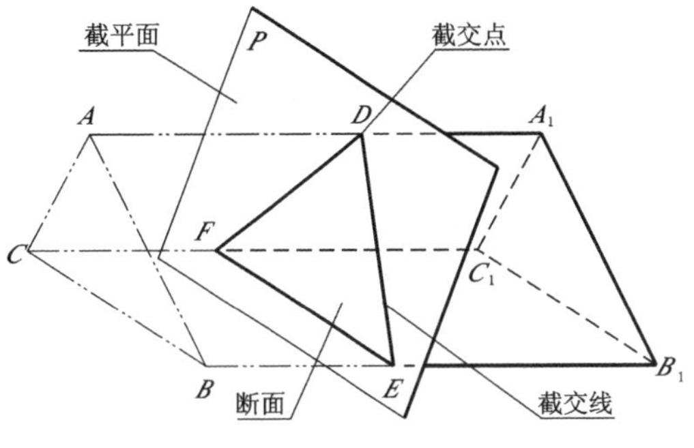

图 2.173　平面与平面立体相交的概念

平面与平面立体相交，如截平面为特殊位置，就可用截平面的有积聚性的投影求作截交线；若截平面为一般位置，则可将截平面经一次换面变换成投影面垂直面，在新投影面体系中求作截交线，然后将作出的截交线再返回原投影面体系。当然，也可用求作一般位置直线和一般位置平面的交点的方法作出截交点，再连成截交线。

由于平面立体最常用的是棱柱、棱锥和棱台，今将平面与棱柱、棱锥和棱台相交，分述如下：

(1)平面与棱柱相交

如图 2.174(a)所示，棱线为侧垂线的三棱柱被正垂面 P 截去左端，作截交线和完成截断体的水平投影，并求作断面的真形。图中将已截去的部分以及未确定投影的部分都画成细双点长画线。

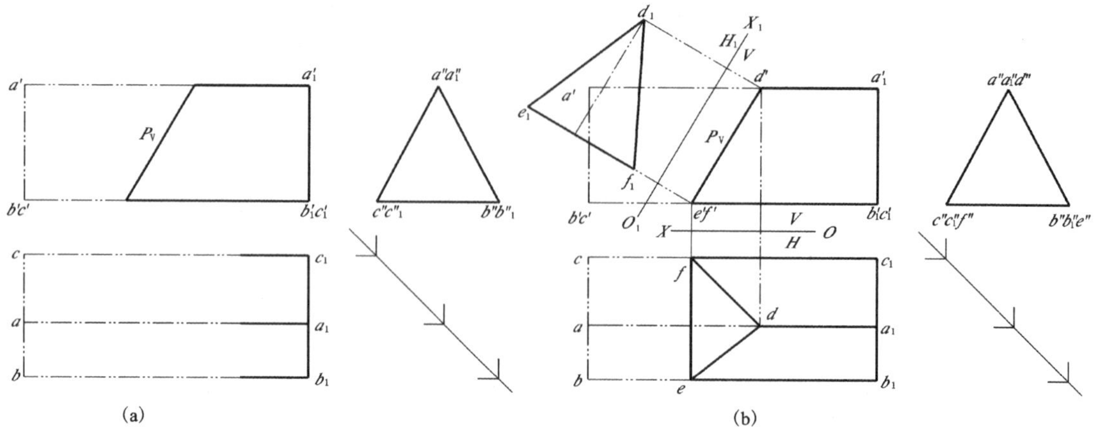

图 2.174　作三棱柱的截交线、完成截断体的投影以及断面真形

(a)已知条件；(b)作图过程和作图结果

作图过程如图 2.174(b)所示：

①分析截交线。截交线是截平面与立体表面的交线，根据已知条件，三棱柱的截交线的正面投影应位于这个正垂面的有积聚性的正面投影上，截交线的侧面投影积聚在这个三棱柱的棱面的有积聚性的侧面投影上，于是在正面投影和侧面投影中分别注出 d'、e'、f' 和 d''、e''、f''。

②作截交线水平投影。由截交点的正面投影引投影连线，交得截交点的水平投影 d、e、f，将 d、e、f 连线成截交线的水平投影。因为截断体的断面三角形 DEF 的水平投影可见，所以三角形 def 用粗实线连接。

③完成截断体的水平投影。由于截断体在截交点 D、E、F 之右的棱线都存在，因而将 da_1、eb_1、fc_1 的细双点长画线部分都改成粗实线，于是就完成了截断体的水平投影。

④求作断面的真形。在断面 DEF 的水平投影和正面投影之间加设垂直于投影连线的投影轴 OX；在正面投影中作新投影轴 O_1X_1。按换面法的投影变换基本作图，由 H、V 原投影面体系中的 d、e、f 和 d'、e'、f' 作出新投影面 H_1 上的投影 d_1、e_1、f_1；连 d_1、e_1、f_1，则三角形 $d_1e_1f_1$ 即为断面 DEF 变换成 H_1 面平行面后的 H_1 面投影，即为断面三角形 DEF 的真形。

在无轴投影图中进行投影变换，也可不加设投影轴而直接作图。仍如图 2.174(b)所示，作图过程如下：用细双点长画线作断面三角形 DEF 上过点 D 的正平线的水平投影；在正面投影中的适当位置用细双点长画线作 $d'e'f'$ 的平行线，作为上述正平线在新投影面 H_1 上的投影，过 d'、e' 和 f' 作 $d'e'f'$ 的垂线，过 d' 的垂线与上述平行线交得 d_1，在另一条垂线上从它与上述平行线的交点起，分别按原投影面体系中 e、f 与用细双点长画线画正平线的水平投影之间的距离，量得 e_1、f_1。量时应注意：于原投影面体系的 H 面投影中，e 在正平线远离正面投影一侧的距离，应于新投影面体系的 H_1 面投影中，量在正平线远离正面投影的一侧，得 e_1；而于原投影面体系的 H 面投影中，f 在正平线靠近正面投影一侧的距离，应于新投影面体系的 H_1 面投影中，也量在正平线靠近正面投影的一侧，得 f_1。连 d_1、e_1、f_1，三角形 $d_1e_1f_1$ 即为断面三角形 DEF 变换成 H_1 面平行面后的 H_1 面投影，反映了断面三角形 DEF 的真形。

因为投影轴的存在只是反映投影面与几何形体的距离，不影响投影的形状和大小，在前面所讲的有轴投影图的换面法中也曾提过，设置新投影面只要确定方向而与几何形体的远近无关，也就是只需确定新投影轴的方向，与远近无关，而在投影图中，投影轴的方向总是垂直于投影连线的。因此，在无轴投影图中，只要先画出新投影面体系中的一条原有投影面的平行线作为辅助线，则这条辅助线在被更换的投影和新投影中的投影，分别平行于被更换的投影轴和新投影轴，也就是分别垂直于原投影面体系和新投影面体系中的投影连线，于是就可以在无轴投影图中直接进行换面法的作图来求作处于投影面垂直面位置的断面的真形。

（2）平面与棱锥、棱台相交

如图 2.175(a)所示，求作三棱锥 $SABC$ 的侧面投影，以及被正垂面 P 截得的截交线的三面投影，并作出断面的真形。

作图过程如图 2.175(b)所示：

①作三棱锥的侧面投影

在三棱锥水平投影的右侧作 45°辅助线，按已知点的两投影求第三投影的方法作出点 S、A、B、C 的侧面投影 s''、a''、b''、c''，连成这个三棱锥的侧面投影。底面 ABC 的侧面投影积聚成一条水平线 $a''b''c''$；棱线 SA、SB 的侧面投影 $s''a''$、$s''b''$是三棱锥侧面投影的外轮廓，由水平投影和正面投影可以看出棱线 SC 是三棱锥的左棱线，所以 $s''a''$、$s''b''$、$s''c''$都可见，画成粗实线。

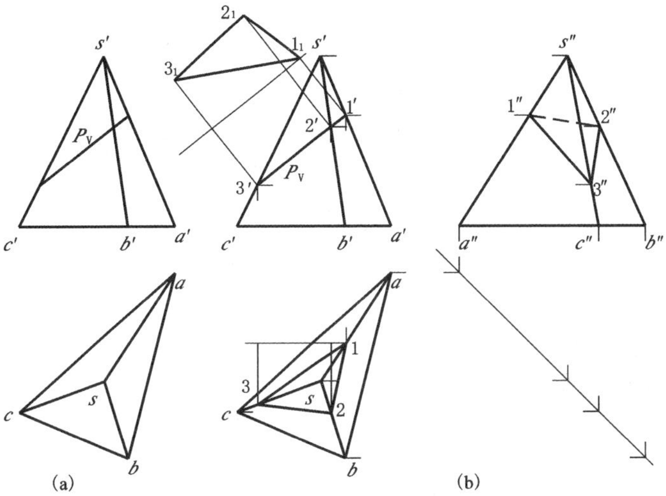

图 2.175　作三棱锥的侧面投影和截交线的三面投影，并作出断面真形

(a)已知条件；(b)作图过程和作图结果

②作截交线的三面投影

三棱锥与正垂面的截交线的正面投影就在正垂面有积聚性的正面投影上，于是在正面投影中分别注出棱线上的截交点 $1'$、$2'$、$3'$，直线 $1'2'3'$就是截交线三角形ⅠⅡⅢ的正面投影；由 $1'$、$2'$、$3'$按长对正引投影连线，分别与 sa、sb、sc 交得 1、2、3，将 1、2、3 连成三角形，即为截交线三角形ⅠⅡⅢ的水平投影，由于三条截交线分别在三棱锥的三个棱面上，而三个棱面的水平投影都可见，所以 12、23、31 也都可见而画成粗实线；由 $1'$、$2'$、$3'$按高平齐引投影连线，分别与 $s''a''$、$s''b''$、$s''c''$交得 $1''$、$2''$、$3''$，将 $1''$、$2''$、$3''$连成三角形，即为截交线三角形ⅠⅡⅢ的侧面投影，从三棱锥的水平投影和正面投影可以看出，由于ⅡⅢ、ⅢⅠ分别在侧面投影可见的左前棱面 SBC 和左后棱面 SCA 上，所以 $2''3''$、$3''1''$也可见而画成粗实线，但ⅠⅡ位于侧面投影不可见的右棱面 SAB 上，所以 $1''2''$也不可见而画成中虚线。于是就作出了截交线三角形ⅠⅡⅢ的三面投影。

③作断面的真形

过 1 在断面三角形ⅠⅡⅢ平面上，引作辅助的正平线的水平投影，并由 2、3 向它作垂线，与它相交，在 $1'2'3'$的左侧适当位置处作 $1'2'3'$的平行线，作为这条辅助线的 H_1 面投影；过 $1'$、$2'$、$3'$分别向所作的 $1'2'3'$的平行线作垂线，过 $1'$的垂线与它交得 1_1，在过 $2'$、$3'$的垂线上从交点向辅助线的远离正面投影的一侧，分别量取在 H 面投影中所反映的 2、3 在辅助线的 H 面投影的远离正面投影一侧的距离，得点 2_1、3_1，连 1_1、2_1、3_1，则三角形 $1_1 2_1 3_1$ 即为断面三角形ⅠⅡⅢ变换为处于 H_1 面平行面位置后的 H_1 面投影，即为这个断面的三角形ⅠⅡⅢ的真形。

如图 2.176(a)所示，正三棱锥被一个正垂面和一个水平面切割成一个具有切口的三棱锥，在水平投影和正面投影中，被切割掉的棱线和未确定的棱线的投影都画成细双点长画线，补全这个具有切口的三棱锥的水平投影，并作出它的侧面投影。

由已知可以得出：三棱锥的两个棱面 SAB 和 SAC 被正垂面和水平面切割，截交线的正面投影位于截平面的有积聚性的正面投影上；切口的正垂面与水平面的交线是正垂线，它的正面投影是两截平面的有积聚性的正面投影交点。三棱锥底面和右棱面未切割到，左棱线被切割掉中间的一段，于是在正面投影中分别注出截交线端点的编号，如图 2.176 所示。

作图过程如图 2.176(c)所示：

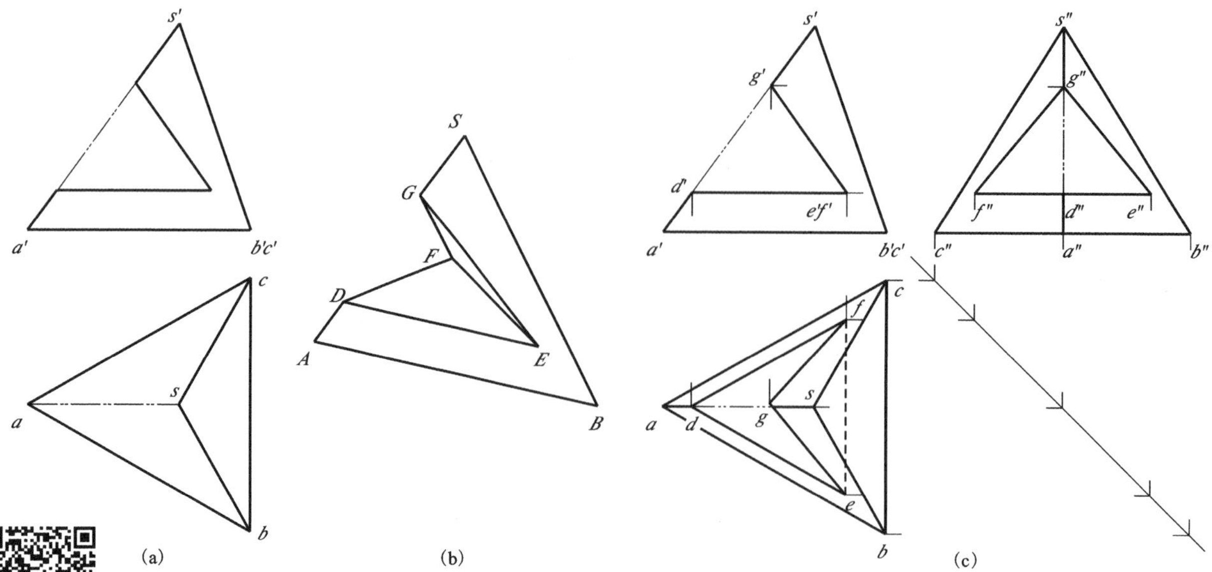

图 2.176　补全具有切口的正三棱锥的水平投影，并作出它的侧面投影

(a)已知条件；(b)切口和截交线的分析；(c)作图过程和作图结果

①作正三棱锥的侧面投影

在正三棱锥水平投影右侧作 45°辅助线，用已知点的两投影求第三投影的方法作出点 S、A、B、C 的侧面投影 s''、a''、b''、c''，连成正三棱锥的侧面投影，因切割而尚未确定的棱线 SA 的侧面投影 $s''a''$ 仍用细双点长画线画出。

②补全这个具有切口的正三棱锥的水平投影

标注截交线端点的正面投影的字母，由 d'、g' 按长对正引投影连线，与 sa 交得 d、g，切割后的棱线 SA 仍存在上、下两段，而中间段则被切割掉，所以将上、下两段原先用细双点长画线画出的棱线改成粗实线。因为底面也是水平面，所以水平截面与棱面 SAB、SAC 的截交线 DE、DF 分别平行于它们的底边 AB、AC，并且同面投影也互相平行，于是分别由 d 作 ab、ac 的平行线，再从 $e'f'$ 按长对正引投影连线，与上述平行线分别交得 e、f，将 g 与 e、f 分别相连，即得正垂截面与棱面 SAB、SAC 的截交线的水平投影。因为三棱锥棱面的水平投影都可见，所以在棱面上的截交线的水平投影都可见而画成粗实线。连 e 和 f，ef 就是两个截面的交线 EF 的水平投影，因为 EF 被三个棱面所遮，所以 ef 应画成中虚线，于是补全了这个具有切口的正三棱锥的水平投影。

③补全这个具有切口的正三棱锥的侧面投影

由 g'、d' 按高平齐引投影连线，与 $s''a''$ 交得 g''、d''，因为 SG 和 DA 是切割后棱线 SA 仍存在的上、下两段，而中间的 GD 段则被切割掉而不存在了，所以将原先用细双点长画线画出的棱线 SA 的侧面投影 $s''a''$ 的上、下两段 $s''g''$、$d''a''$ 改成粗实线，而中间的 $g''d''$ 段则仍为细双点长画线或擦去。由 d'' 分别作 $a''b''$、$a''c''$ 的平行线，再由 e、f 按宽相等和前后对应作投影连线，分别与上述平行线交得 e''、f''，将 g'' 与 e''、f'' 分别相连，即得正垂截面与左前棱面 SAB、左后棱面 SAC 的截交线 GE、GF 的侧面投影 $g''e''$、$g''f''$。因为三棱锥的棱面 SAB、SAC 的侧面投影可见，所以该两棱面上的截交线都可见而画成粗实线。水平截面与正垂截面的交线由于位于水平截面上，因而 $e''f''$ 与 $d''e''$、$d''f''$ 一定都积聚在它的有积聚性的侧面投影上。于是补全了这个具有切口的正三棱锥的侧面投影。

至此就完成了这个题目所提出的全部要求的作图。

如图 2.177(a)所示，补全具有正四棱柱孔的正四棱台被正垂面 P 切割后的截断体的水平投影，作出它的侧面投影。

作图过程如图 2.177(b)所示：

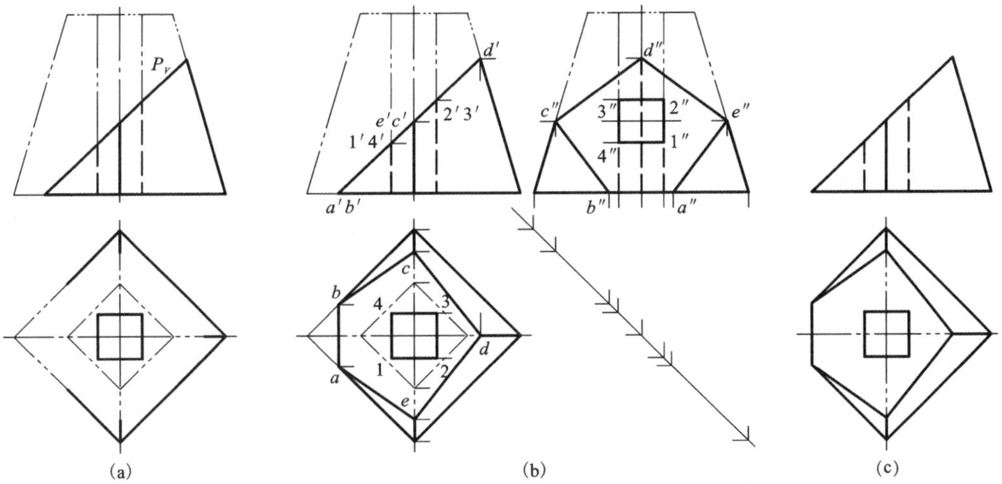

图 2.177　补全具有正四棱柱孔的正四棱台被切割后的截断体的水平投影，作出它的侧面投影，并作断面真形

(a)已知条件；(b)作图过程和作图结果；(c)清理图面后的三面投影和断面真形

①作出尚未切割时的具有正四棱柱孔的正四棱台的侧面投影

在已知的水平投影右侧作 45°辅助线，按已知水平投影和正面投影求作侧面投影的方法，用细双点长画线（假想投影线）或细实线（作图线）作出这个具有正四棱柱孔的正棱台尚未切割时的侧面投影，待作出切割后的截断体的投影后，再将存在的图线按可见性改成粗实线或中虚线，并擦去不存在的图线。

②分析截交线，并在正面投影中标注截交线的投影符号

在图 2.177(a)所示的已知条件中的正面投影，已经完整地画出了截断体的正面投影，正垂面 P 与这个具有正四棱柱孔的正四棱台的截交线的正面投影，都积聚在 P_V 上。为了方便求作截断体的水平投影和侧面投影，在截交线的正面投影上标注出投影符号。

正垂面 P 与四棱台的四个棱面和底面相交，形成五条交线：它与四棱台底面的交线是一条正垂线，正面投影积聚成一点，标注投影符号 $a'b'$；它与四棱台的前棱线、后棱线和右棱线的交点的正面投影标注投影符号 e'、c'、d'，由于前、后棱线的正面投影重合，所以交点 e' 和 c' 也互相重合；连线 a'、b'、c'、d'、e' 就是四棱台与正垂面 P 的截交线的正面投影。左前、左后棱面的截交线 AE、BC 的正面投影互相重合，右前、右后棱面的截交线 DE、CD 的正面投影也互相重合。

正垂面 P 与四棱柱孔的四个棱面相交，有四条交线：由于四棱柱孔的左、右棱面是侧平面，与正垂面 P 的交线是正垂线，这两条正垂线的正面投影分别积聚成点，标注投影符号 $1'$ 与 $4'$、$2'$ 与 $3'$；此外，$1'$ 与 $4'$、$2'$ 与 $3'$ 也可以看作左前、左后棱线和右前、右后棱线的截交点的正面投影。

由此可以想象出正垂面 P 与四棱柱孔的截交线是一个前后对称的矩形ⅠⅡⅢⅣ，两条边ⅠⅡ、ⅢⅣ是正平线。

③补全截交线的水平投影和侧面投影

由 $a'b'$ 按长对正引投影连线，与四棱台的左前、左后底边的水平投影交得 a、b；再由 a、b 按宽相等、前后对应引投影连线，与底面的有积聚性的侧面投影交得 a''、b''；连 a 与 b、a'' 与 b''，ab、$a''b''$ 就是截交线 AB 的水平投影和侧面投影，$a''b''$ 积聚在底面的有积聚性的侧面投影上。由 e'、c' 按高平齐引投影连线，分别与前、后棱线的侧面投影交得 e''、c''，再由 e''、c'' 按宽相等、前后对应引投影连线，分别与前、后棱线的水平投影交得 e、c；由 d' 按长对正引投影连线，与四棱台右棱线的水平投影交得 d，由 d 按高平齐引投影连线，与四棱台右棱线的侧面投影交得 d''，依次分别连 b、c、d、e、a 和 b''、c''、d''、e''、a''，则得到四棱台的棱面截交线的水平投影和侧面投影。

因为四棱柱孔棱面的水平投影积聚成矩形，所以截交线的水平投影 12、23、34、41 分别在这四个棱面的有积聚性的投影上。由 $2'3'$、$1'4'$ 按高平齐引投影连线，分别与右前和右后、左前和左后棱线的侧面投影交得 $2''$ 和 $3''$、$1''$ 和 $4''$；依次连 $1''$、$2''$、$3''$、$4''$，即得这个四棱柱孔与正垂面 P 的截交线矩形ⅠⅡⅢⅣ的侧面

投影，2″3″、4″1″分别是右、左棱面上的截交线ⅡⅢ、ⅣⅠ的侧面投影，而在前、后棱面上的截交线ⅠⅡ、ⅢⅣ的侧面投影 1″2″、3″4″，则分别积聚在前、后棱面的有积聚性的侧面投影上。

从正面投影中可以看出，这个截断体的截交线和断面的水平投影和侧面投影都是可见的，所以五边形 *ABCDE* 和矩形ⅠⅡⅢⅣ的水平投影和侧面投影都画成粗实线。

④补全截断体的水平投影和侧面投影

从正面投影中可以看出：正垂面 *P* 之下的四棱台的底面、表面和棱线以及四棱柱孔都是存在的，截断体的截断面和棱面的水平投影都可见，四棱柱孔的水平投影积聚成矩形，因此，将截断体的水平投影都画成粗实线。在侧面投影中，截断体的断面、四棱台的前后棱线的侧面投影和底面积聚成直线的侧面投影，都应按可见画成粗实线。右棱线的侧面投影则被遮(不可见)而画成中虚线。四棱柱孔的有积聚性的前、后两个正平棱面的侧面投影，由于被断面遮挡而不可见，也应画成中虚线。于是就补全了这个截断体的水平投影和侧面投影。

清理图面后的截断体的三面投影和断面真形如图 2.177(c)所示。

2.5.1.2　直线与平面立体相交

(1)直线或平面立体表面的投影有积聚性时相交

直线与平面立体相交，当直线或平面立体表面的投影有积聚性时，利用投影的积聚性可以很方便地作出贯穿点。

如图 2.178(a)所示，求作直线 *AB* 与正四棱柱的贯穿点，并表明直线的投影及其可见性。图中直线的投影与四棱柱的同面投影重合处，都画成细双点长画线。

AB 直线的贯穿点的作图过程如图 2.178(b)所示：沿着 *AB* 从左向右，*ab* 首先与四棱柱的左前棱面的有积聚性的水平投影交得 1，由 1 引投影连线，与 *a′b′* 交得 1′，由于 1′位于左前棱面的正面投影的范围内，所以 1 和 1′就是 *AB* 在左前棱面上的贯穿点Ⅰ的两面投影；再沿着 *AB* 继续向右，*a′b′* 与四棱柱顶面的有积聚性的正面投影交得 2′，由 2′引投影连线，与 *ab* 交得 2，因 2 位于顶面的水平投影的范围内，故 2 和 2′就是 *AB* 在顶面上的贯穿点Ⅱ的两面投影，于是两个贯穿点都确定了。若沿 *AB* 从右向左观察，*ab* 首先与四棱柱的右后棱面的有积聚性的水平投影交得 3，由 3 引投影连线，与 *a′b′* 交得 3′，但 3′已在右后棱面的正面投影的范围之外，因而点Ⅲ就不是 *AB* 与正四棱柱的贯穿点。

AB 直线的投影的可见性如图 2.178(c)所示：在正面投影中，*a′b′* 在 1′之左的与四棱柱正面投影重合的一段，因从水平投影中可看出是直线 *AB* 上的这一段位于四棱柱之前，所以是可见的，改画成粗实线。在水平投影中，*ab* 在 2 之右的与四棱柱水平投影重合的一段，则从正面投影中可看出是直线 *AB* 上的这一段位于四棱柱之上，所以也是可见的，也改画成粗实线。因为在两贯穿点之间，即在圆棱柱体内部是不存在直线的，不改变或擦去双点画线，于是就完成了题目所提出的全部要求的作图。

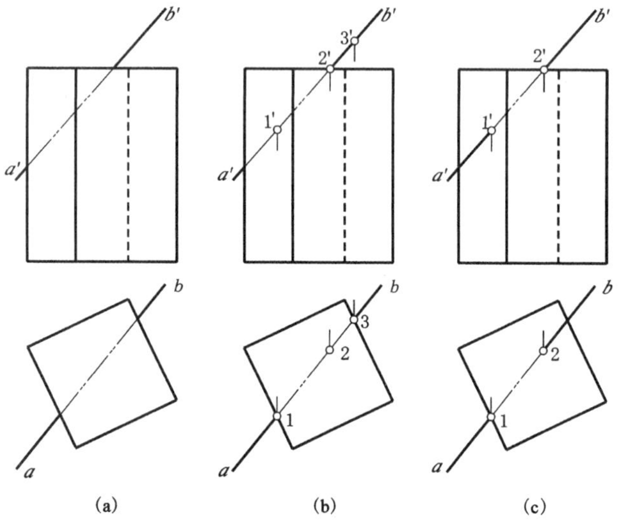

图 2.178　作 *AB* 与正四棱柱的贯穿点，表明可见性

(a)已知条件；(b)解题分析；(c)作图过程和作图结果

如图 2.179(a)所示，求作直线 *AB* 与正四棱锥的侧面投影，作出贯穿点，并表明直线的投影及其可见性。

由图 2.179(a)中可以看出：*AB* 是铅垂线，它的水平投影 *ab* 积聚成一点。从正面投影中反映出 *AB* 在四棱锥的棱面之上和底面之下各有一段，一个贯穿点在棱面上，一个贯穿点在底面上；从水平投影中反映出一个贯穿点在右前棱面上，一个贯穿点在底面上，两个贯穿点的水平投影都重合在 *ab* 上。

因此，就可用已知平面上的点的一个投影求作其他投影的方法作出贯穿点的正面投影和侧面投影。

作图过程如图 2.179(b)所示：

①作直线 AB 和正四棱锥的侧面投影

在水平投影右侧作 45°辅助线，按已知点的两投影作第三投影的方法作出直线的两个端点，以及正四棱锥的锥顶 S 和底面的四个顶点的侧面投影，连成直线 AB 和正四棱锥的侧面投影，$a''b''$与四棱锥的侧面投影重合的一段，先画成细双点长画线。

②作贯穿点的投影

设在右前棱面、底面上的贯穿点分别为 C、D，c、d 积聚在 ab 上，标注出投影符号；而贯穿点 D 的正面投影 d' 和侧面投影 d''，分别就是 $a'b'$与底面的有积聚性的正面投影的交点和 $a''b''$与底面的有积聚性的侧面投影的交点；连 s 与 c，并将 sc 延长到与右前底边的水平投影相交，得交点 e，则 se 就是过贯穿点 C 在右前棱面上所作的一条直线 SE 的水平投影，由 e 按长对正引投影连线，与右前棱面底边的正面投影交得 e'，连 s'与 e'，$s'e'$与 $a'b'$交得 c'，再由 c'按高平齐引投影连线，与 $a''b''$交得 c''，于是就作出了这两个贯穿点 C、D 的三面投影。

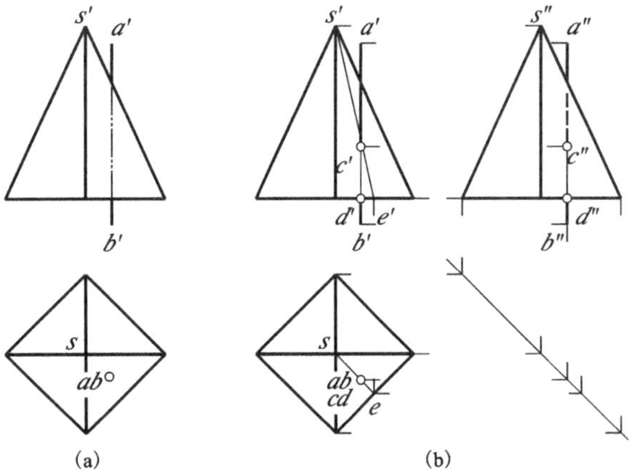

图 2.179　作 AB 与正四棱锥的贯穿点，表明可见性

(a)已知条件；(b)作图过程和作图结果

③表明直线 AB 的投影及其可见性

因为两贯穿点 C 和 D 之间不存在直线段，所以 c'与 d'、c''与 d''之间不存在直线段的投影，应保留或擦去细双点长画线。$a'c'$与四棱锥的正面投影重合的一段，由水平投影中可以看出直线 AB 上的这一段位于四棱锥的右棱线之前，所以应改成粗实线；$a''c''$与四棱锥的侧面投影重合的一段，被以看出它位于四棱锥的左前棱面遮挡，所以应改成中虚线。

于是完成了题目所提出的全部要求的作图。

(2)直线和平面立体表面的投影都无积聚性时相交

直线与平面立体相交，当直线和平面立体表面的投影都无积聚性时，常用通过该直线的投影面垂直面作为辅助截平面截切平面立体，则直线与截交线的交点，是直线与平面立体表面的共有点，也就是直线与平面立体表面的交点，即直线与平面立体的贯穿点。

如图 2.180(a)所示，求作直线 AB 与三棱锥的贯穿点，并表明直线的投影及其可见性。

作图过程如图 2.180(b)所示：

①通过 AB 作正垂面 P 为辅助截平面，P 面的有积聚性的正面迹线 P_V 与 $a'b'$相重合。三棱锥的三条棱线的正面投影分别与 P_V 交得 $1'$、$2'$、$3'$，由 $1'$、$2'$、$3'$引投影连线，与相应的棱线的水平投影交得 1、2、3，将 1、2、3 连成三角形 123，即为辅助截平面 P 与三棱锥的截交线三角形ⅠⅡⅢ的水平投影；ab 与三角形 123 交得 c、d，由 c、d 引投影连线，与 $a'b'$交得 c'、d'。c、c'和 d、d'即为所求的贯穿点的两面投影。

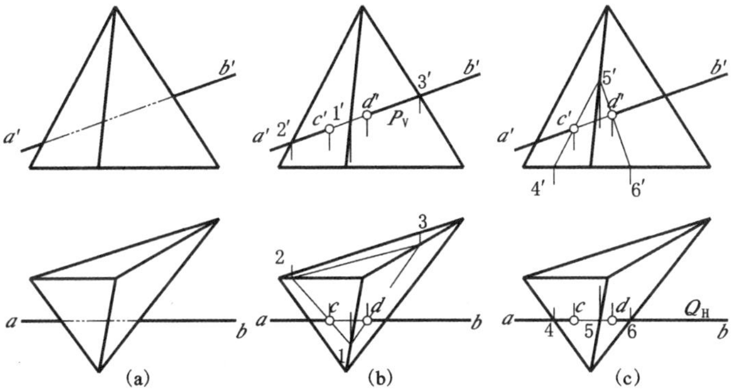

图 2.180　作 AB 与三棱锥的贯穿点，表明可见性

(a)已知条件；(b)作法一；(c)作法二

②保留或擦去 c 与 d 之间和 c'与 d'之间的细双点长画线。因为在图中可以看出直线 AB 在点 C 之左和点 D 之右的两段分别都是在三棱锥底面之上和三棱锥左右棱线之前，所以这两段线段的水平投影、正面投影都是可见的，都改成粗实线。

于是完成了题目所提出的全部要求的作图。

图 2.180(c)所示是用通过 AB 的垂直于水平面的平面 Q 作为辅助截平面来求作贯穿点 C 和 D,铅垂面的水平投影 Q_H 有积聚性,与 ab 相重合,所有的作图原理和过程都与图 2.180(b)相同,请读者自行阅读分析。

2.5.1.3 平面与曲面立体相交

曲面立体的截交线是截平面和曲面立体表面的共有线,截交线上的点也都是截平面和曲面立体表面的共有点,截交线的形状与曲面立体的几何性质及其与截平面的相对位置有关。当截交线是曲线时,通常都是先作出这些共有点,然后连成截交线。截交线上有一些能控制截交线的形状和范围的点,包括曲面投影转向轮廓线上的点;极限位置点,即最左、最右、最前、最后、最高、最低的点;对称的截交线在对称轴上的顶点;以及截交线的曲线段的端点等,称为特殊点。其他的点则称为一般点或中间点。在作曲面立体的截交线曲线时,应在可能且作图较方便的情况下,先作出诸特殊点,然后按需作出一些一般点(例如在连截交线曲线时,应于已作出的点较稀疏处或曲线的曲率变化较大处添加),最后将这些点连成曲线。

本书只着重阐述特殊位置的截平面与常用的曲面立体的截交线。当截平面为特殊位置时,截交线的投影就积聚在截平面的有积聚性的同面投影上,于是就可用在曲面立体表面上作点和线的方法作出截交线的其他投影。当截平面为一般位置时,则可通过一次换面将一般位置的截平面变换为投影面垂直面,在新投影面体系中求作截交线,然后将新投影中的求解结果返回到被更换的投影中。

最常用的曲面立体是圆柱、圆锥和球,下面将分别阐述由平面与圆柱、圆锥、球相交形成的截交线画法。此外,还将简要地介绍由平面与其他的一些曲面立体相交形成的截交线画法。

(1)平面与圆柱相交

平面与圆柱相交时,根据截平面与圆柱轴线的相对位置,圆柱面上的截交线有表 2.10 所示的三种情况:

①当截平面垂直于轴线时,圆柱面上的截交线为圆。

②当截平面倾斜于轴线时,圆柱面上的截交线为椭圆。

③当截平面平行于轴线时,圆柱面上的截交线为两条素线,也就是平行于轴线的两条直线。

表 2.10 圆柱面上的截交线

截平面位置	垂直于圆柱轴线	倾斜于圆柱轴线	平行于圆柱轴线
立体图	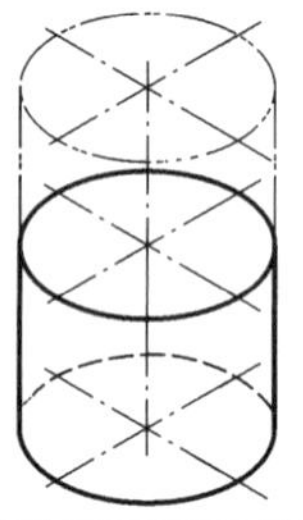	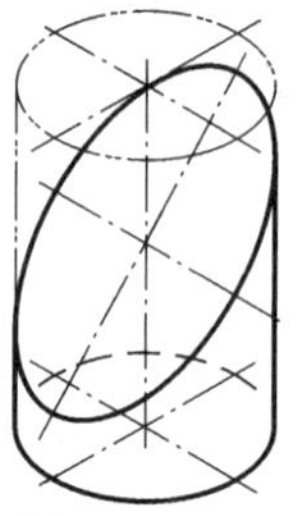	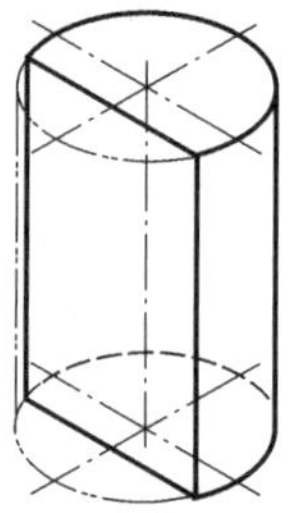
投影图	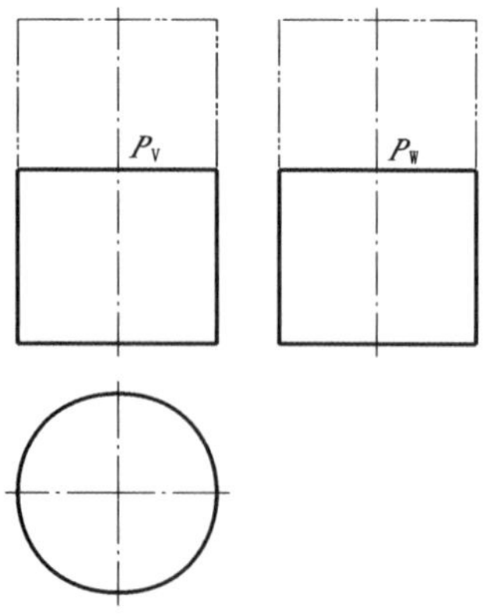	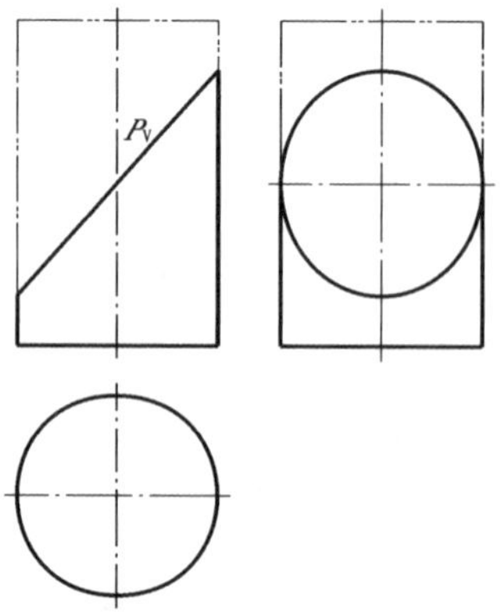	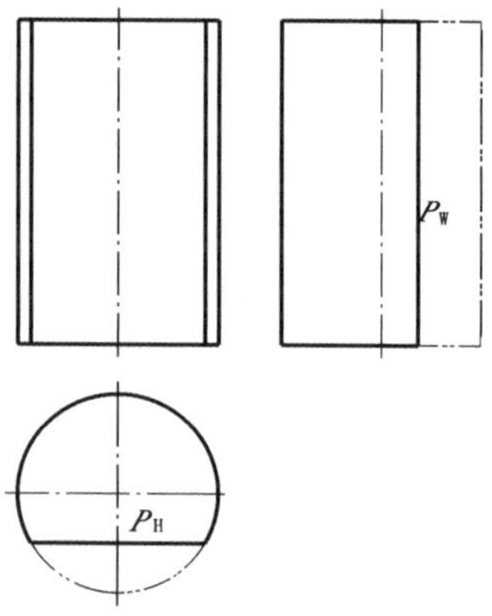
截交线	圆	椭圆	平行于圆柱轴线的两条直线

由表 2.10 还可以想到：当截平面倾斜于圆柱轴线，同时截切到一个或两个端面的情况下，由于两平面的交线是直线，所以截交线和断面则是由一条直线和一段椭圆弧或两条直线和两段椭圆曲线围成的平面图形。

如图 2.181(a)所示，求作圆柱被正垂面 P 截切的截交线，并作出断面真形。

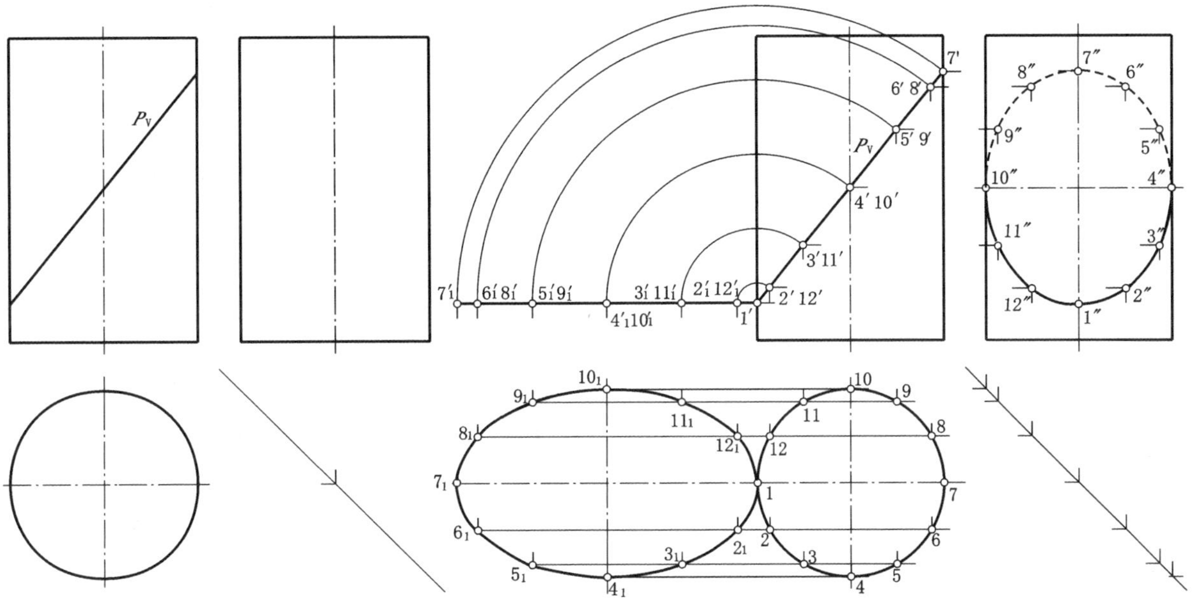

(a)　　　　(b)

图 2.181　作圆柱的截交线，并求断面真形

(a)已知条件；(b)作图过程和作图结果

作图过程如图 2.181(b)所示：

①因为截平面 P 倾斜于圆柱轴线，且全部与圆柱面相交，所以截交线为椭圆；又因正垂面 P 的正面迹线 P_V 和圆柱面的水平投影有积聚性，所以截交线的正面投影积聚在 P_V 上，水平投影积聚在圆柱面的水平投影圆周上，只要作出侧面投影。于是就转化为已知圆柱面上的截交线椭圆的水平投影和正面投影，求作它的侧面投影。

首先作出截交线椭圆的特殊点。由于圆柱面前后对称，与正垂面 P 的截交线椭圆也前后对称，椭圆的长短轴是它的对称轴，长轴应是正平线，因而最左、最右素线的截交点一定是椭圆的长轴顶点；又由于椭圆的长、短轴互相垂直平分，所以椭圆的短轴一定是过长轴中点的正垂线，于是最前、最后素线的截交点一定是椭圆短轴的顶点。通过上述分析，分别在截交线椭圆的水平投影和正面投影上标绘出长、短轴顶点的投影 1、7、4、10 和 1′、7′、4′、10′；由 1′、7′、4′、10′按高平齐引投影连线，分别与最左、最右、最前、最后素线的侧面投影交得 1″、7″、4″、10″。这四个点Ⅰ、Ⅶ、Ⅳ、Ⅹ就是截交线椭圆上的全部特殊点，它们既是圆柱面投影转向轮廓线上的点，又是最左、最右、最前、最后、最高、最低的点，也是对称轴上的顶点。

②补充截交线椭圆上的一般点。在每两个特殊点间补充两个一般点，为了作图简捷起见，取对长、短轴对称的点，先在水平投影中标绘出所取的一般点 2、3、5、6、8、9、11、12，然后按长对正对应地标绘出它们的正面投影 2′、3′、5′、6′、8′、9′、11′、12′，最后按已知一点的两投影求第三投影作出 2″、3″、5″、6″、8″、9″、11″、12″。

③将已作出的截交点的侧面投影按水平投影中所显示的顺序依次连成截交线椭圆的侧面投影 1″2″3″4″5″6″7″8″9″10″11″12″1″。因为ⅣⅢⅡⅠⅫⅪⅩ在侧面投影可见的左半圆柱面上，而ⅩⅨⅧⅦⅥⅤⅣ在侧面投影不可见的右半圆柱面上，所以 4″3″2″1″12″11″10″连成粗实线，而 10″9″8″7″6″5″4″连成中虚线。

④作断面真形。可以用换面法在无轴投影图中求断面真形的方法，以断面椭圆的长轴ⅠⅦ(正平线)为辅助线，作出断面椭圆的真形。现于图中用旋转法求作：以过点Ⅰ的正垂线为旋转轴，将断面椭圆旋转

成水平面，它的积聚成直线的正面投影就转成水平线；点Ⅰ在旋转轴上，旋转后仍在原处，新投影仍为 1 和 1′；过 1′作水平线，就是断面椭圆旋转成水平面后的新的正面投影，以 1′为圆心、过断面椭圆上其他各点的正面投影作圆弧，分别与这条水平线相交，交点即为其他各点的新的正面投影；由这些点的新的正面投影按长对正作投影连线，过这些点的原来位置的水平投影作水平线，与上述投影连线分别得到这些点的新的水平投影 $2_1 3_1 4_1 5_1 6_1 7_1 8_1 9_1 10_1 11_1 12_1$，将它们顺序连成断面椭圆，即为这个断面椭圆的真形。

如图 2.182(a)所示，求作轴线为侧垂线的圆柱被两个水平面和一个正垂面截切，求作截余体的水平投影和侧面投影。在图中已将未切割时的圆柱体的水平投影和侧面投影用细双点长画线画出。

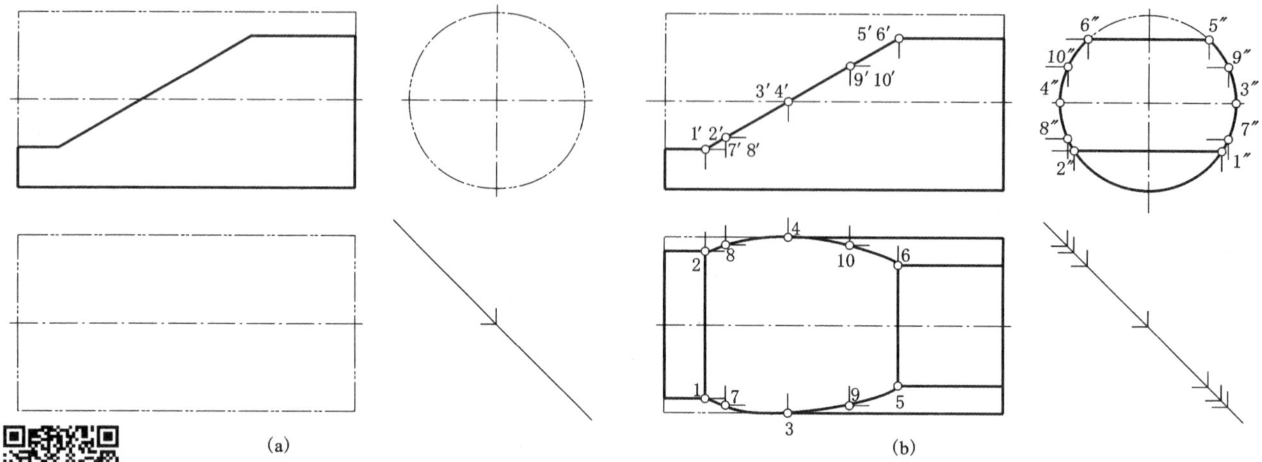

图 2.182　作圆柱被切割掉上部后的截余体的水平投影和侧面投影

(a)已知条件；(b)作图过程和作图结果

从图 2.182(a)所示的已知条件可以想象：中间的正垂面与圆柱面交得前后各一段椭圆弧；左、右两个平行轴线的水平面分别与圆柱面交得前后对称的各一段素线，它们与中间正垂面和圆柱端面的交线均为正垂线。

作图过程如图 2.182(b)所示：

①作中间的正垂截平面与圆柱面的截交线

正垂面与圆柱面的截交线是前后对称的各一段椭圆曲线。先作出截交线上的特殊点：端点和圆柱面的水平投影的转向轮廓线上的点。由于截平面的正面投影积聚成直线，于是在截交线椭圆曲线的正面投影标注 1′、2′、5′、6′和 3′、4′；分别按高平齐在圆柱面有积聚性的侧面投影上标绘出这些点的侧面投影 1″、2″、5″、6″和 3″、4″；由 3′、4′按长对正引投影连线，分别在圆柱面的最前、最后素线的水平投影上交出 3、4；由 1′、5′、2′、6′和 1″、5″、2″、6″作出 1、5、2、6，于是就作出了这两段截交线上全部特殊点的投影。然后作出截交线上的一些一般点：分别在已作出的点Ⅰ和Ⅲ、Ⅲ和Ⅴ、Ⅱ和Ⅳ、Ⅳ和Ⅵ之间各取一个中间点Ⅶ、Ⅸ、Ⅷ、Ⅹ，图中为了减少作图线，这四个点不仅前后对称，而且离前后对称面距离相同。先在截交线椭圆曲线的正面投影和侧面投影上按高平齐标绘出这四个点，再由 7′、9′、8′、10′和 7″、9″、8″、10″作出 7、9、8、10。由于截余体的三个断面的水平投影和侧面投影可见，所以这两段截交线的水平投影椭圆曲线和侧面投影圆弧曲线用光滑粗实线连接。

②作两个水平截平面的侧面投影，以及与圆柱面的截交线的水平投影

左、右两个水平截面的侧面投影积聚成两条水平线，按高平齐即可作出。水平截面与圆柱面的截交线的正面投影分别积聚在两个水平截平面的有积聚性的正面投影上，侧面投影分别积聚在水平截面有积聚性的侧面投影上，根据水平截面与圆柱面的截交线是矩形的投影特性，分别过 1、2 和 5、6 作素线的水平投影，都分别作到端面为止。因为断面的水平投影可见、侧面投影积聚，所以截交线的投影都画粗实线。

③作出水平截平面与端面的交线、相邻截平面的交线，完成截余体的水平投影和侧面投影

从正面投影中可以看出，水平截平面与端面的交线、相邻截平面的交线，都是正垂线。分别按长对准

作出左端水平截平面与中间正垂面的交线，以及右端水平截平面与中间正垂面的交线的水平投影，它们的侧面投影积聚在水平截面的侧面投影上，都画粗实线。

从正面投影中看出：在水平截平面和中间正垂截平面以上的圆柱已全部被截切掉，于是在侧面投影中，应擦去或保留上面的水平截面积聚投影以上的圆弧的细双点长画线，下面的圆弧的细双点长画线应改成粗实线。从正面投影中还可看出：圆柱面的最前、最后素线在点Ⅲ、Ⅳ之右是存在的，在点Ⅲ、Ⅳ之左则被截切掉，因而圆柱面的水平投影的轮廓线，在3、4之右应改为粗实线，在3、4之左则应擦去或保留细双点长画线；圆柱的左端面和右端面只存在水平截平面以下的部分，圆柱左端面的有积聚性的水平投影重合在左边的水平截面与端面交线的水平投影下；由于剩余的圆柱右端面大于半圆，所以它的有积聚性的水平投影与交线的水平投影相重合，但还应向前、向后延伸到最前、最后素线的水平投影的右端点，因而将延伸的两小段也由细双点长画线改为粗实线。

于是就完成了截余体的水平投影和侧面投影。

(2)平面与圆锥相交

平面与圆锥相交时，根据截平面与圆锥的相对位置，圆锥面上的截交线有表2.11所示的五种情况：

①当截平面垂直于圆锥轴线时，圆锥面上的截交线为圆。

②当截平面倾斜于圆锥轴线，与所有素线都相交时，圆锥面上的截交线为椭圆。

③当截平面平行于一条素线时，圆锥面上的截交线为抛物线。

④当截平面平行于两条素线时，圆锥面上的截交线为双曲线。若圆锥面和截平面都向上方继续延伸，则截平面与这个圆锥面延伸出的另一叶也产生截交线双曲线，就是圆锥面上的截交线双曲线的另一支。

⑤当截平面通过锥顶时，圆锥面上的截交线为两条素线，也就是过锥顶的两条直线。

表2.11　圆锥面上的截交线

截平面位置	垂直于圆锥轴线	倾斜于圆锥轴线，与素线都相交	平行于一条素线	平行于两条素线	通过锥顶
立体图	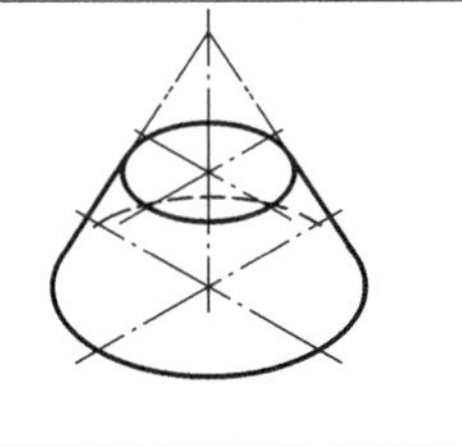	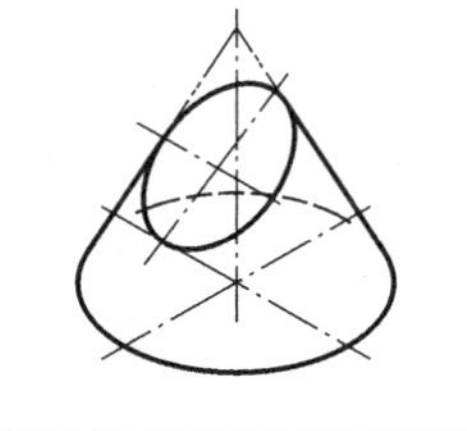	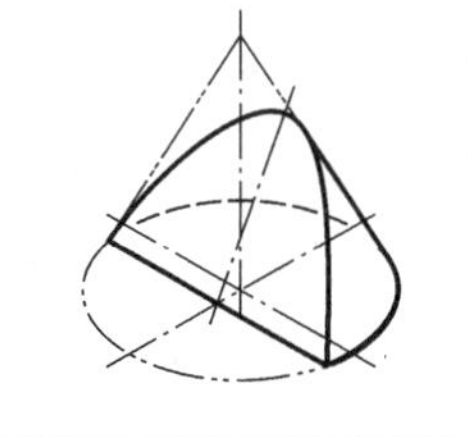	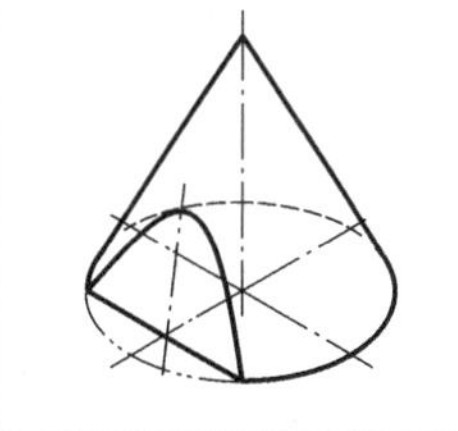	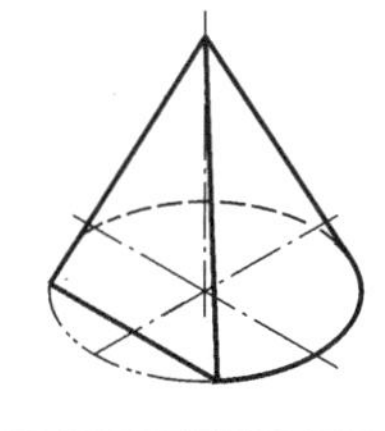
投影图	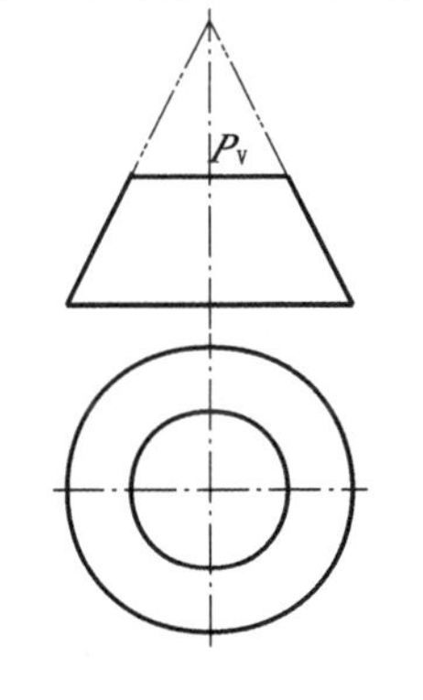	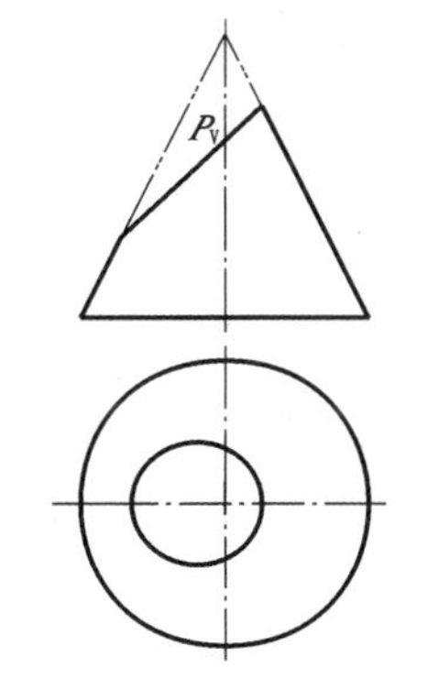	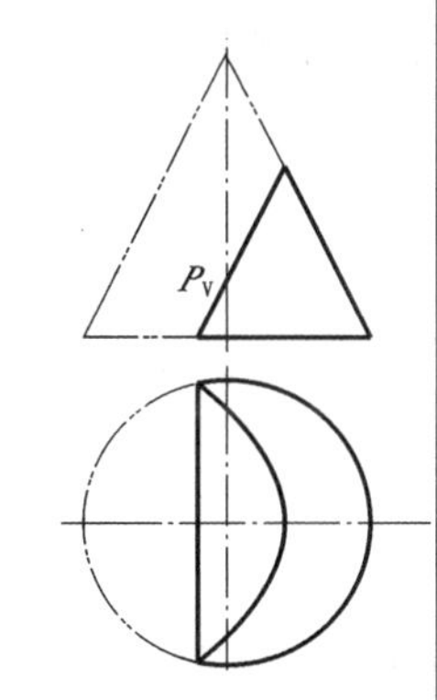	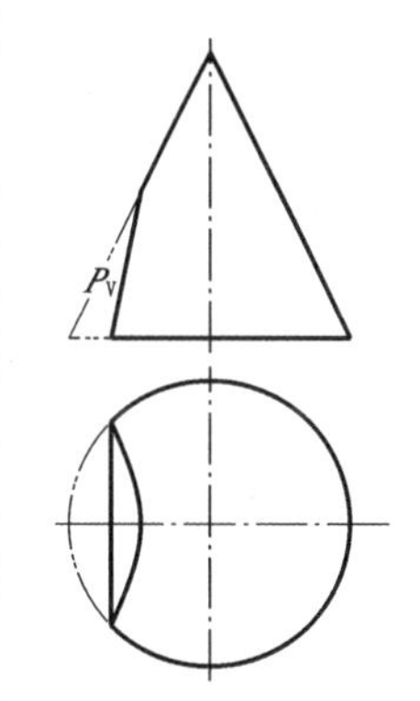	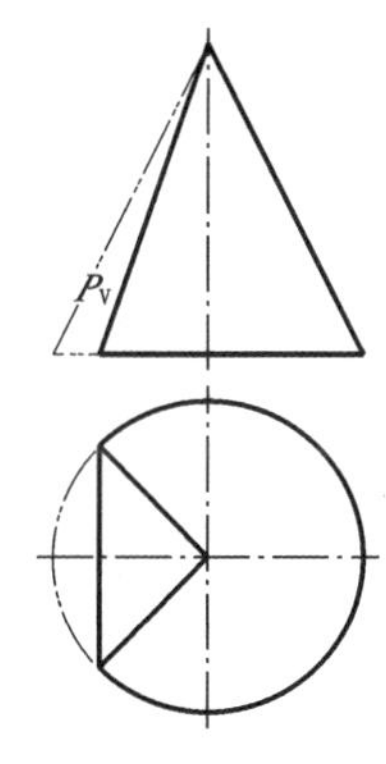
截交线	圆	椭圆	抛物线	双曲线	过锥顶的两条直线

由表2.11第二列还可以想到：当截平面同时截切到圆锥的底面的情况时，圆锥的截交线是一段椭圆弧曲线和一段直线。

如图2.183(a)所示，求作正垂面P与圆锥的截交线的水平投影、截断体的侧面投影，并作出断面的真形。

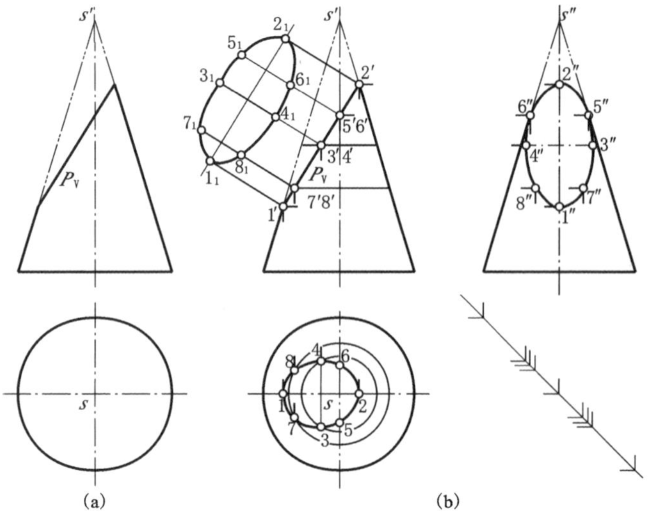

图 2.183　作圆锥的截交线和截断体的侧面投影，以及断面真形

(a)已知条件；(b)作图过程和作图结果

因为截平面 P 倾斜于圆锥轴线，且与所有素线都相交，所以截交线是椭圆。又因 P 是正垂面，截交线的正面投影积聚在 P_V 上，于是按已知圆锥面上的截交线椭圆的正面投影求作它的水平投影和侧面投影；然后按规定图线画出断面以下的圆锥的侧面投影；最后，用换面法作出断面真形。

作图过程如图 2.183(b)所示：

①用细双点长画线画出圆锥未截切时的侧面投影

在圆锥的水平投影右侧作 45°辅助线，用已知两投影求第三投影的方法作出锥顶 S 的侧面投影 s''和轴线的侧面投影；作出底圆最前、最后点的侧面投影，并连成底面的有积聚性的侧面投影，并用细双点长画线与 s''连成最前、最后素线的侧面投影。于是就作出了圆锥未截切时的侧面投影。

②作截交线椭圆的水平投影和侧面投影

由于圆锥前后对称，所以在正面投影的正垂截平面积聚成直线的端点标注 1′、2′，1′、2′就是截交线椭圆长轴端点的正面投影。又由于椭圆长轴、短轴互相垂直平分，截交线椭圆的短轴一定是过长轴中点的正垂线，于是在 1′、2′连线的中点，标绘出短轴端点 3′、4′。在最前素线、最后素线与截平面的交点处，标绘出正面投影互相重合的截交点 5′、6′。由 1′、2′按长对正在最左、最右素线的水平投影上作出 1、2，按高平齐在最左、最右素线的侧面投影上作出 1″、2″；过 3′、4′画水平线，得到圆锥表面的水平纬圆的正面投影，根据在正面投影中反映的纬圆直径，作出这个纬圆反映真形的水平投影，并由 3′、4′按长对正在这个纬圆的水平投影上作出 3、4，最后由 3 和 3′、4 和 4′作出 3″、4″；由 5′、6′按高平齐在最前、最后素线的侧面投影上作出 5″、6″，再由 5″、6″按宽相等和前后对应在水平投影上作出 5、6，于是就作出了截交线椭圆上所有特殊点的诸投影。在截交线椭圆上特殊点较稀疏处，例如在截交线椭圆的正面投影 1′与 3′4′之间，取一点 7′8′，可采用素线法或纬圆法作出这两点的水平投影和侧面投影，图中用纬圆法作出：过 7′8′作水平纬圆的正面投影，按正面投影中反映的直径长度，作出这个纬圆反映真形的水平投影，由 7′8′按长对正在其上作出 7、8，然后由 7 和 7′、8 和 8′作出 7″、8″，于是作出了一般点的诸投影。按截交线椭圆在正面投影中反映的截交线上诸点的顺序，将这些点的水平投影和侧面投影连成水平投影椭圆 173526481 和侧面投影椭圆 1″7″3″5″2″6″4″8″1″。因为截断体的断面的水平投影和侧面投影都可见，所以投影椭圆都用粗实线连出，于是就作出了截交线椭圆的水平投影和侧面投影。

③完成截断体的侧面投影

截断体只要画出圆锥在断面以下的部分：正面投影和水平投影都已完整表示；在侧面投影中，圆锥的侧面投影的转向轮廓线在 5″、6″以上的一段，分别都应擦去或保留细双点长画线，5″、6″以下的一段都改成粗实线，底圆的有积聚性的投影也改成粗实线，就完成了截断体的侧面投影。

④作断面真形

以断面椭圆的正平线长轴ⅠⅡ为辅助线，用换面法在无轴投影中的作图方法，作出断面椭圆的真形：在正面投影中的 1′2′左侧，作 1′2′的平行线；再过 1′、2′引 1′2′的垂线，与上述平行线交得 1_1、2_1，$1_1 2_1$ 即为断面椭圆的长轴ⅠⅡ在平行于断面的 H_1 面上的投影；过 5′6′、3′4′、7′8′引 1′2′的垂线，与上述平行线相交，从交点向上述平行线的两侧分别量取 H 面投影中这些相应的点的 H 面投影与 12 的距离，在 H 面投影中靠近和远离正面投影的点，在 H_1 面投影中也都分别同样是上述垂线上的靠近和远离正面投影的相应的点，于是就作出了这些点的 H_1 面投影 5_1 和 6_1、3_1 和 4_1、7_1 和 8_1，并与 1_1、2_1 按 H 面投影中各点的顺序连得断面椭圆的 H_1 面投影 $1_1 7_1 3_1 5_1 2_1 6_1 4_1 8_1 1_1$，即为所求的断面真形。

如图 2.184(a)所示，求作由两个铅垂面和一个侧平面截切掉圆锥前面一部分后的截余体的正面投影和侧面投影。

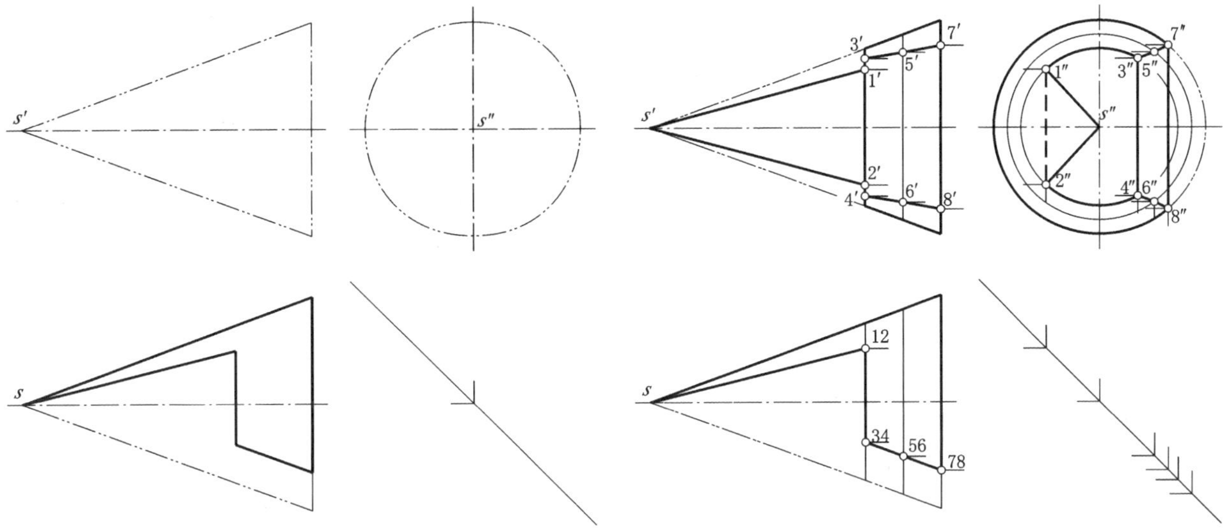

(a) (b)

图 2.184　作圆锥的截余体的正面投影和侧面投影

(a)已知条件；(b)作图过程和作图结果

从图 2.184(a)可以看出：圆锥的轴线为侧垂线。左侧的铅垂面通过锥顶，与圆锥面的截交线是上下对称的两段直线；中间的侧平面，与圆锥面的截交线是上下对称的两段圆弧；右侧的铅垂面平行于圆锥面上的一条素线，与圆锥面的截交线是上下对称的两段抛物线；两个相邻断面的交线，以及右侧断面与底面的交线均是铅垂线。由于在图 2.184(a)所示的已知条件中，截余体的水平投影已完整画出，所以只要求作截余体的正面投影和侧面投影。

作图过程如图 2.184(b)所示：

①在水平投影中标绘出诸截交线和相邻断面的交线的投影符号

分别标绘出左侧铅垂面与中间侧平面的铅垂交线的水平投影符号 1 和 2，中间侧平面与右侧铅垂面的铅垂交线的水平投影符号 3、4，右侧铅垂面与底面的铅垂交线的水平投影符号 7、8。在标绘圆锥面上的相邻断面的交线的投影符号过程中，诸截交线也都已经在图上标明了。

②作截交线和相邻断面的交线的正面投影和侧面投影

将中间的侧平面的水平投影向前、向后延伸，与圆锥面交得整个纬圆；用在水平投影中所反映出的这个纬圆的直径，作出这个纬圆反映真形的侧面投影，并由 1、2、3、4 按宽相等和前后对应在这个纬圆的侧面投影上作出 1″、2″、3″、4″，就作出了截交线 $\widehat{\text{Ⅰ Ⅲ}}$ 和 $\widehat{\text{Ⅱ Ⅳ}}$ 的侧面投影 $\widehat{1''3''}$ 和 $\widehat{2''4''}$；由这个纬圆的水平投影按长对正作出它的正面投影，再由 1″、2″、3″、4″在其上作出 1′、2′、3′、4′，也就作出了截交线 $\widehat{\text{Ⅰ Ⅲ}}$ 和 $\widehat{\text{Ⅱ Ⅳ}}$ 投影成直线的正面投影 1′3′和 2′4′，但 1′3′和 2′4′都分别还应包括延伸到圆锥面的最高和最低素线为止的一小段，实际上，这两段圆弧分别各由前半和后半圆锥面上的一小段所组成，这两小段圆弧的正面投影互相重合。分别连 s′与 1′、s′与 2′、s″与 1″、s″与 2″，就作出了左侧铅垂面与圆锥面的两段截交线素线 SⅠ、SⅡ 的正面投影 s′1′、s′2′和侧面投影 s″1″、s″2″。右侧铅垂面与圆锥面的两段截交线抛物线Ⅲ Ⅶ和Ⅳ Ⅷ的各一个端点Ⅲ和Ⅳ的投影都已作出；由 7、8 按宽相等和前后对应在底圆的侧面投影上作出 7″、8″，再由 7″、8″按高平齐在底圆的正面投影上作出 7′、8′，Ⅶ、Ⅷ分别是这两段抛物线的另一端点；在抛物线段Ⅲ Ⅶ、Ⅳ Ⅷ上分别取上下对称的一般点Ⅴ、Ⅵ，先在截交线抛物线段的互相重合的水平投影上取重合的 5、6，过 5、6 作通过点Ⅴ、Ⅵ的侧平纬圆的水平投影，并按长对正作出这个纬圆的正面投影，用在水平投影或正面投影中反映出的纬圆直径长度，作出这个侧平纬圆的反映真形的侧面投影，由 5、6 按宽相等和前后对应在纬圆的侧面投影上作出 5″、6″，再由 5″、6″按高平齐在纬圆的正面投影上作出 5′、6′。依照这两段截交线抛物线的水平投影的顺序，将 3′、5′、7′和 4′、6′、8′连成截交线抛物线段ⅢⅤⅦ和ⅣⅥⅧ的正面投影 3′5′7′和 4′6′8′，将 3″、5″、7″和 4″、6″、8″连成这两段抛物线段的侧面投影 3″5″7″和 4″6″8″。

从这个截余体的水平投影可以看出，这些截交线的正面投影和侧面投影都是可见的，应画粗实线。另外，用直线连 1″、2″，1″2″即为左侧铅垂面与中间侧平面的交线的侧面投影，其被左侧剩余圆锥面遮挡，应画中虚线；左侧铅垂面与中间侧平面的交线的正面投影 1′2′，重合在侧平面的积聚投影上，不必另外绘制。用直线连 3″、4″，得到中间侧平面和右侧铅垂面的交线的侧面投影，此投影可见，应画粗实线；其正面投影 3′4′也重合在侧平面的积聚投影上。右侧铅垂断面与底面的截交线的正面投影 7′8′，重合在圆锥底面的积聚投影上，不必另外绘制；用直线连 7″、8″，7″8″就是右侧铅垂断面与底面的截交线的侧面投影，此投影可见，应画粗实线。

③完成截余体的正面投影和侧面投影

从截余体的水平投影可以看出：圆锥面的最高和最低素线都只存在侧平面断面右侧的一段，所以圆锥面的正面投影的两条转向轮廓线在侧平面左侧的各一段都应擦去或保留细双点长画线，右侧的各一段应改成粗实线。从截余体的水平投影还可看出：圆锥底面只存在截交线ⅦⅧ之后的大半个底面，所以在侧面投影中于 7″8″之前的圆锥底圆应擦去或保留细双点长画线，而于 7″8″之后的圆锥底圆应改画成粗实线；底面的有积聚性的正面投影应包括Ⅶ之上和Ⅷ之下的两段，于是将 7′之上和 8′之下的细双点长画线也都改画成粗实线。画到这里，就完成了这个截余体的正面投影和侧面投影。

(3)平面与球相交

平面与球相交时，平面与球面的截交线总是圆。当截平面平行于投影面时，截交线圆的投影反映真形；当截平面垂直于投影面时，截交线圆的投影为直线，长度等于截交线圆的直径；当截平面倾斜于投影面时，截交线圆的投影为椭圆。

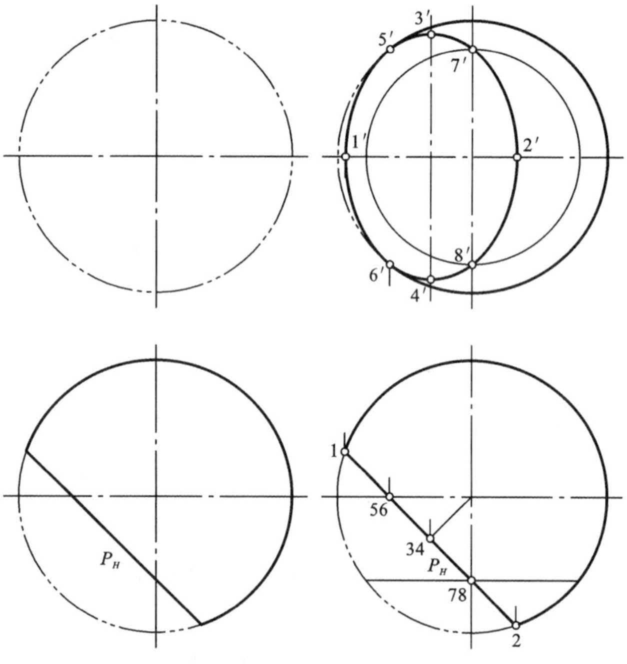

图 2.185　作铅垂面 P 与球的截交线和截断体的正面投影

(a)已知条件；(b)作图过程和作图结果

如图 2.185(a)所示，求作铅垂面 P 与球的截交线和截断体的正面投影。

作图过程如图 2.185(b)所示：

①作截交线的正面投影

铅垂面 P 与球面的截交线圆的水平投影积聚在铅垂面 P 的有积聚性的水平迹线 P_H 上，不必求作；它的正面投影为椭圆，其短轴为截交线圆上的水平直径的正面投影，长轴为铅垂直径的正面投影。先在 P_H 与球面的水平投影的转向轮廓线的交点处，标绘出 1 和 2，12 即为截交线圆的水平直径ⅠⅡ的水平投影，由 1、2 引投影连线，在上下半球的分界圆的正面投影上作出 1′、2′，1′、2′即为截交线圆的正面投影椭圆的短轴端点；由球心的水平投影作 12 的垂线，与 12 交得中点，即为截交线圆的圆心的水平投影，也是截交线圆的铅垂直径ⅢⅣ的有积聚性的水平投影 34，过 3、4 引投影连线作铅垂直径的正面投影，按水平投影反映截交线圆的直径长度，在铅垂直径的正面投影与短轴交点的上下分别量取截交线圆半径，得到这个圆的正面投影椭圆的长轴端点 3′、4′。标绘出截交线圆在球面的平行于正面的大圆上的点的水平投影 5、6，5 和 6 重合，由 5、6 引投影连线，与球面的正面投影的转向轮廓线交得 5′、6′。点Ⅰ、Ⅱ、Ⅲ、Ⅳ不仅是截交线圆的对称轴的顶点，而且分别是截交线圆上的最左和最后、最右和最前、最高和最低点，点Ⅴ、Ⅵ则是截交线圆在球面上的正面投影的转向轮廓线上的点，于是已作出了在 H、V 两面体系中球的截交线圆的全部特殊点。于截交线圆在球面的左右对称面上取点(若在 V、W 两面体系或三面体系中，这两个点也是特殊点，它是截交线圆在球面的侧面投影转向轮廓线上的点)，标绘 7、8，7 与 8 重合；再在球面上过点Ⅶ和Ⅷ作正平圆的水平投影，按这个正平圆的水平投影所反映的直径长度，作出这个正平圆反映真形的正面投影，由 7、8 引投影连线，与这个正平圆的正面投影交得 $7'$、$8'$。将 $3'$、$7'$、$2'$、$8'$、$4'$、$6'$、$1'$、$5'$、$3'$连成截交线圆的正面投影椭圆，因为从截断体的水平投影可以看出，截断体的断面圆的正面投影是可见的，所以将截交线圆的正面投影椭圆连成粗实线。

②完成截断体的正面投影

从水平投影可以看出，在点Ⅴ和Ⅵ左侧的球面的正面投影的转向轮廓线已被截切掉，应擦去或仍保留 5 和 6 之左的表示球面的正面投影的转向轮廓线的细双点长画线，而将 5 和 6 之右的表示球面的正面投影的转向轮廓线改成粗实线，球面的正面投影的转向轮廓线与截交线圆的正面投影椭圆相切于点 5 和 6。于是就完成了截断体的正面投影。

如图 2.186(a)所示，半球被左右对称的两个侧平面和一个水平面在顶部截切成一个前后贯通的槽，补全这个带槽的半球的水平投影和侧面投影。

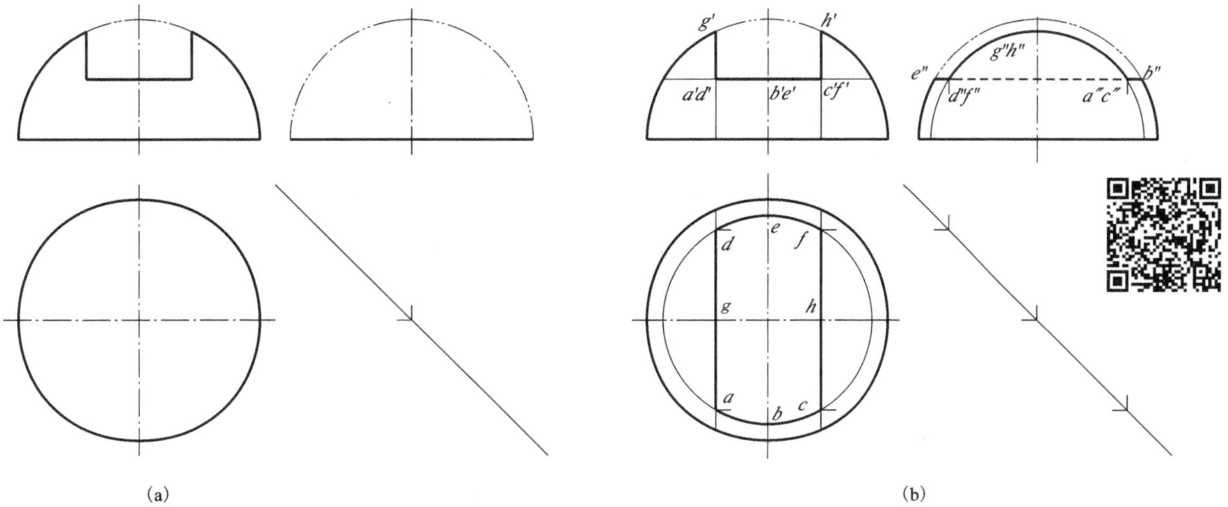

图 2.186　补全带槽半球的水平投影和侧面投影

(a)已知条件；(b)作图过程和作图结果

从图 2.186(a)中可以看出：半球被两个侧平面和一个水平面截切，底面没有被截切到，在三面投影中都用粗实线画出。由于左右半球的分界线半圆被槽截断，所以，除在水平投影和侧面投影中补画槽的投影之外，还应补全这个带槽半球的左右分界线圆在水平截面下的侧面投影。

作图过程如图 2.186(b)所示：

①作出截交线的水平投影和侧面投影

将水平截平面和左右对称的两个侧平面位置的截平面都扩大到与整个半球相交，分别作出截出的一个水平纬圆和两个平行于侧面的半圆：水平纬圆的水平投影反映真形，按正面投影中显示的直径长度作出，两个平行于侧面的半圆的水平投影分别是一条前后方向的直线，由这两个半圆的正面投影按长对正作出；水平纬圆的侧面投影是一条水平线，由其正面投影按高平齐作出，两个平行侧面的半圆的侧面投影反映真形，按正面投影中显示的半径长度作出。水平纬圆与两个平行于侧面的半圆分别交得 A、D、C、F 四点，由此可以想象出，这个槽口由水平纬圆上前后对称的两段截交线圆弧 $\overset{\frown}{ABC}$、$\overset{\frown}{DEF}$，以及这两个平行于侧面的半圆上部的左右对称的两段圆弧 $\overset{\frown}{AGD}$、$\overset{\frown}{CHF}$ 所组成。这四段截交线圆弧的水平投影都可见，用粗实线画出；在侧面投影中，可见的 $\overset{\frown}{AGD}$ 和不可见的 $\overset{\frown}{CHF}$ 的侧面投影 $a''g''d''$ 和 $c''h''f''$ 互相重合，用粗实线画出，$\overset{\frown}{ABC}$ 的可见的 $\overset{\frown}{AB}$ 段和不可见的 $\overset{\frown}{BC}$ 段的侧面投影 $a''b''$ 和 $b''c''$ 互相重合，$\overset{\frown}{DEF}$ 的可见的 $\overset{\frown}{DE}$ 段

和不可见的 $\overset{\frown}{EF}$ 段的侧面投影 $d''e''$ 和 $e''f''$ 互相重合，也都分别画成粗实线。于是就作出了截切成槽口的三个截平面与球面的截交线的水平投影和侧面投影。

②作出相邻断面的交线，完成槽的投影，补全这个带槽半球的水平投影和侧面投影

正面投影：两个侧平断面和一水平断面的交线 AD、CF 是正垂线，它们的正面投影 $a'd'$、$c'f'$ 分别积聚成一点。

水平投影：ad、cf 都已标绘出来，与 $\overset{\frown}{AGD}$、$\overset{\frown}{CHF}$ 的水平投影 agd、chf 相重合；而 $\overset{\frown}{abc}$、$\overset{\frown}{def}$、ad、cf 所包围的平面图形就是槽的水平投影，于是也就完整表达了这个槽和带槽半球的水平投影。

侧面投影：AD、CF 的侧面投影 $a''d''$、$c''f''$ 由于都被半球的左半球面所遮而不可见，所以重合的 $a''d''$ 与 $c''f''$ 画成中虚线，而 $\overset{\frown}{ABC}$、$\overset{\frown}{DEF}$ 的侧面投影积聚成一条水平线，前、后各一小段可见的积聚投影已用粗实线表达，于是就完成了这个槽的侧面投影。由于半球面上平行于侧面的半个大圆只分别存在点 B、E 之下各一段圆弧，而 $\overset{\frown}{BE}$ 则被截切掉了，因而 b''、e'' 之下的半球面的侧面投影的转向轮廓线是存在的，改成粗实线，而 $\overset{\frown}{b''e''}$ 则应擦去或保留细双点长画线，于是就补全了这个带槽半球的侧面投影。

(4)平面与其他回转体相交示例

求作平面与其他曲面立体的截交线：当截平面为特殊位置时，与求作圆柱、圆锥、球的截交线一样，可用在立体表面上作点和线的方法；当截平面为一般位置时，则可通过一次换面将一般位置的截平面变换成投影面垂直面后作图。在这里仅以特殊位置平面与具有内环面表面的回转体相交为例，说明求作与圆柱、圆锥、球以外的回转体的截交线、断面真形和截断体的投影的作图方法。

如图 2.187(a)所示，内环面表面的回转体被正垂面 P 截切，作出截断体的水平投影和断面真形。

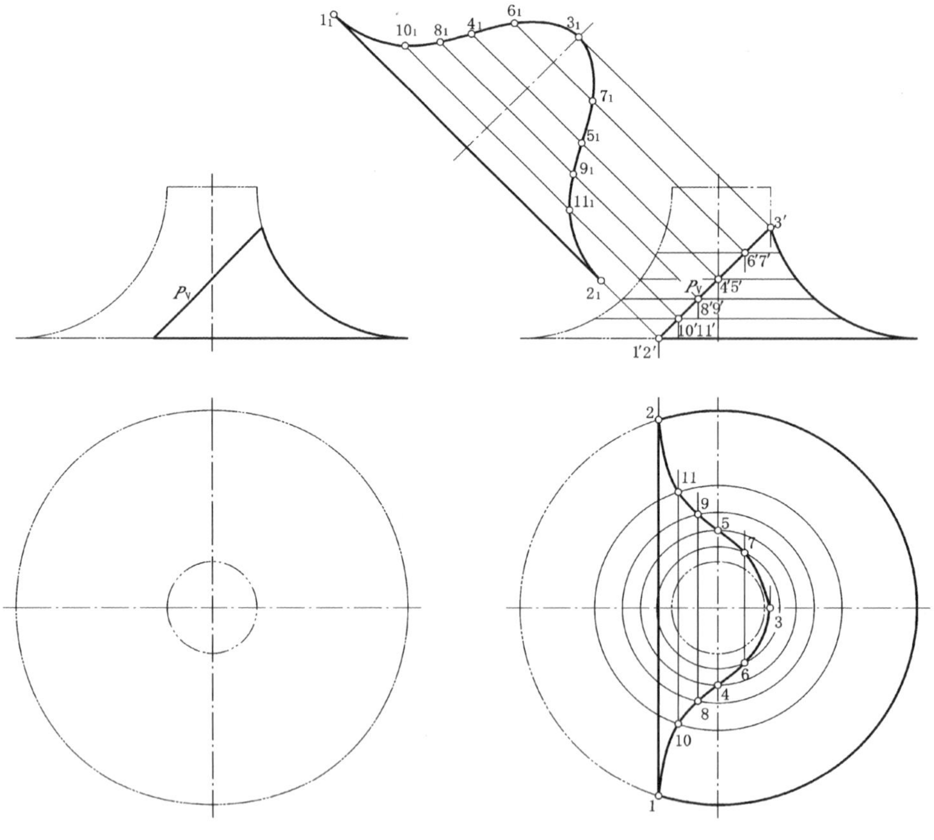

(a)　　　　(b)

图 2.187　作正垂面与具有内环面表面的回转体的截交线和截断体的水平投影，并求断面真形

(a)已知条件；(b)作图过程和作图结果

从图 2.187(a)可以看出：这个回转体是由四分之一圆周绕铅垂轴线旋转形成的回转体。截平面 P 是正垂面，与内环面截出一条四次曲线，与底面截出一条正垂线，截交线和断面的正面投影都积聚在 P_V 上。这个截断体的水平投影画出了两个细双点长画线圆，小圆是被截去的顶圆的假想投影，大圆则是底圆尚未确定哪一部分已截去，所以暂时都画成细双点长画线。

作图过程如图 2.187(b)所示：

①作截交线的水平投影

在 P_V 与底面的正面投影的交点处标绘出正垂面 P 与底面的交线的正面投影 1′、2′，因为ⅠⅡ是正垂线，所以 1′2′积聚成一点；由 1′2′引投影连线，与底圆的水平投影交得 1、2，连 1 和 2，12 即为底面上的截交线的水平投影。截交线的端点Ⅰ、Ⅱ，也是内环面上的截交线的端点，是内环面上的截交线的特殊点；另一特殊点是这条前后对称的截交线的顶点，是四分之一圆周最右素线与截平面 P 的交点，因而在最右素线的正面投影与 P_V 的相交处标绘出它的正面投影 3′，由 3′引投影连线，与最右素线的水平投影交得 3。从图中还可看出：Ⅰ、Ⅱ同时还是截交线上的最左点、最低点和最前点、最后点；点Ⅲ则还是截交线上的最右点、最高点。于是就作出了内环面上的截交线的全部特殊点。

在互相重合的最前素线和最后素线的正面投影与 P_V 的相交处，标绘出 4′、5′，过 4′5′作内环面上的水平纬圆的正面投影，按这个水平纬圆的正面投影显示的直径长度作出它的反映真形的水平投影，纬圆的水平投影分别与最前、最后素线的水平投影交得 4、5。如果需要画出截交线的侧面投影，则点Ⅳ、Ⅴ是截交线在内环面的侧面投影转向轮廓线上的点，本题将其看作一般点。在内环面上的截交线上已作出点的较稀疏处，可以在截交线的正面投影上先标绘出若干互相重合点的正面投影 6′7′、8′9′、10′11′；然后作出通过每对点的水平纬圆的正面投影，按这些水平纬圆的正面投影所显示的直径长度作出它们反映真形的水平投影；最后，由 6′7′、8′9′、10′11′引投影连线，在相应的纬圆的水平投影上分别交得 6 和 7、8 和 9、10 和 11。作出了这些特殊点和一般点后，按内环面的截交线上诸点在正面投影中显示的顺序，将这些点的水平投影 1、10、8、4、6、3、7、5、9、11、2 按顺序连成内环面上的截交线的水平投影。由于截断体的断面的水平投影可见，所以底面和内环面上的截交线的水平投影都画成粗实线。于是就作出了全部截交线的水平投影。

②完成截断体的水平投影

因为底圆在截交线ⅠⅡ以左的部分已被截去，顶圆也已被截去，所以它们的水平投影应擦去或保留细双点长画线；底圆在截交线ⅠⅡ以右的部分于截断体上仍存在，因此，底圆的轮廓线的水平投影在点 1 和 2 之右的部分应改为粗实线，于是就完成了截断体的水平投影。

③作断面真形

以断面的前后对称线，即断面上过曲线轮廓线的顶点Ⅲ的正平线为辅助线，用换面法作断面真形：在 P_V 左上方适当位置作 P_V 的平行线，作为辅助线的 H_1 面投影；由 3′作 P_V 的垂线，与上述平行线交得 3_1；由 6′7′、4′5′、8′9′、10′11′、1′2′引 P_V 的垂线，与 P_V 的平行线相交，分别在诸垂线上从交点向两侧量取在水平投影中诸点与辅助线的距离，在辅助线前方的距离，量在辅助线的 H_1 面投影的远离正面投影一侧，在辅助线后方的距离，量在辅助线的 H_1 面投影的靠近正面投影一侧，就在诸垂线上作出各相应点的 H_1 面投影 6_1 和 7_1、4_1 和 5_1、8_1 和 9_1、10_1 和 11_1、1_1 和 2_1；按水平投影中反映的内环面上的截交线的诸点的顺序，将 1_1、10_1、8_1、4_1、6_1、3_1、7_1、5_1、9_1、11_1、2_1 连成 H_1 面上的内环面的截交线，再将 1_1 与 2_1 连成底面的截交线的投影，两者围成断面的 H_1 面投影，即为断面的真形。

2.5.1.4 直线与曲面立体相交

(1)直线或曲面立体表面的投影有积聚性时相交

直线与曲面立体相交，当直线或曲面立体表面的投影有积聚性时，利用投影的积聚性可以很方便地作出贯穿点。

如图 2.188(a)所示，求作直线 AB 与轴线垂直于侧面的圆柱的贯穿点，并表明直线的投影及其可见性。

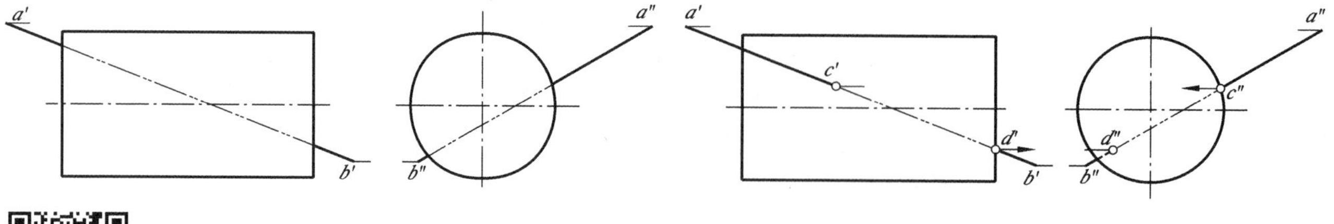

图 2.188　作 AB 与圆柱的贯穿点，并表明可见性

(a)已知条件；(b)作图过程和作图结果

作图过程如图 2.188(b)所示：

①作贯穿点

沿着直线 AB 从 A 向 B 的方向观察，$a'b'$ 首先与圆柱左端面的有积聚性的正面投影相交，由目估就可看出，由 $a'b'$ 与左端面正面投影的交点引投影连线，与 $a''b''$ 的交点已在圆柱左端面的侧面投影之外，说明 AB 与左端没有贯穿点。继续沿向 B 的方向观察，$a''b''$ 与前圆柱面的有积聚性的侧面投影交得 c''，由 c'' 引投影连线，与 $a'b'$ 在前半圆柱面正面投影范围内交得 c'，c'、c'' 即为直线 AB 与前半圆柱面的贯穿点 C 的正面投影和侧面投影；再继续沿向 B 的方向观察，$a'b'$ 与圆柱右端面的有积聚性的正面投影交得 d'，由 d' 引投影连线，与 $a''b''$ 在右端面的侧面投影范围内交得 d''，d'、d'' 即为直线 AB 与右端面的贯穿点 D 的正面投影和侧面投影，于是作出了两个贯穿点 C 和 D。

②表明直线的投影及其可见性

由于立体是实心的，所以在立体内部不存在直线，于是在 c' 与 d'、c'' 与 d'' 之间的线段应擦去或保留细双点长画线。沿由 c' 往 a' 的方向，在正面投影中直线与圆柱的投影重合的一段，对照侧面投影可以看出，直线在圆柱的前面，因而将直线这段重合的正面投影由细双点长画线改为粗实线；沿由 d'' 往 b'' 的方向，在侧面投影中直线与圆柱的投影重合的一段，对照正面投影可以看出，直线在圆柱的右面，因而将直线这段重合的侧面投影由细双点长画线改为中虚线，于是表明了直线 AB 的投影及其可见性。

如图 2.189(a)所示，求作直线 AB 与圆锥的贯穿点，并表明直线的投影及其可见性。

从图 2.189(a)可以看出，AB 是正垂线，与前半、后半圆锥面各有一个贯穿点 C、D，则贯穿点 C、D 的正面投影 c'、d' 一定重合在 AB 的有积聚性的正面投影 $a'b'$ 上，于是问题就可以转化成已知圆锥面上的两个点 C、D 的正面投影 c'、d'，求作它们的水平投影 c、d，因而可以用纬圆法求作贯穿点 C、D，也可以用素线法求作。

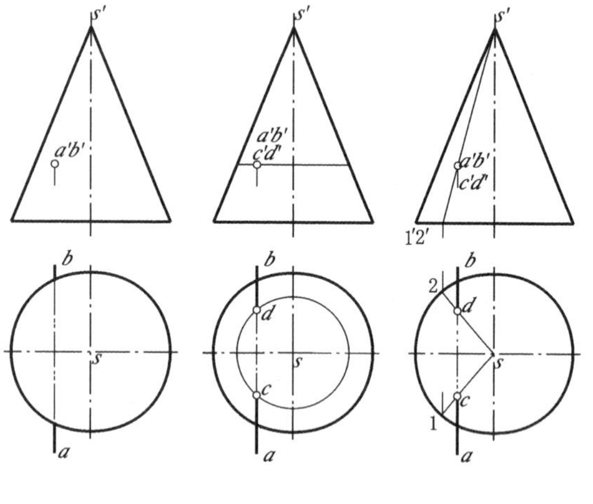

图 2.189　作 AB 与圆锥的贯穿点，并表明可见性

(a)已知条件；

(b)用纬圆法解题；(c)用素线法解题

作图过程如图 2.189(b)、图 2.189(c)所示：

①作贯穿点

a. 用纬圆法解题[图 2.189(b)]

在 $a'b'$ 处标出 c'、d'，过 c'、d' 作在圆锥面上通过贯穿点 C、D 的水平纬圆的正面投影，用这个水平纬圆正面投影所显示的直径长度画出它的反映真形的水平投影；然后由 c'、d' 引投影连线，与水平纬圆的水平投影交得 c 和 d，c、c' 和 d、d' 即为所求的贯穿点 C、D 的两面投影。

b. 用素线法解题[图 2.189(c)]

在 $a'b'$ 处标出 c'、d'，将 c'、d' 与 s' 相连，$s'c'$ 和 $s'd'$ 互相重合，延长 $s'c'$ 和 $s'd'$，与底圆交得 $1'$、$2'$，$1'$ 和 $2'$、$s'1'$ 和 $s'2'$ 都分别互相重合，$s'1'$、$s'2'$ 即为过贯穿点 C、D 在圆锥面上所作的素线 SⅠ、SⅡ 的正面投影；过 $1'2'$ 引投影连线，与底圆的水平投影交得 1、2，将 s 与 1、2 相连，则 $s1$、$s2$ 即为过 C、D 的素线 SⅠ、SⅡ 的水平投影；由 c'、d' 引

投影连线，与 s1、s2 分别交得 c、d，于是就作出了贯穿点 C 和 D 的两面投影 c、c' 和 d、d'。

②表明直线的投影及其可见性[图 2.189(b)、图 2.189(c)]

在 c 和 d 之间擦去或保留原先画出的细双点长画线。由于直线 AB 在贯穿点 C 之前以及在贯穿点 D 之后的两段都在圆锥之上，所以在 ab 与圆锥的水平投影相重合处，将在 c 之前的一段细双点长画线和在 d 之后的一段细双点长画线都改为粗实线，于是表明了直线 AB 的投影及其可见性。

(2)直线和曲面立体表面的投影都无积聚性时相交

直线与曲面立体相交，当直线和曲面立体表面的投影都无积聚性时，常用通过该直线的辅助截平面截切曲面立体，则直线与截交线的交点，就是所求的贯穿点。辅助截平面最好能与曲面立体表面截切到直线或平行于投影面的圆。如有需要，还可用投影变换来帮助求作贯穿点。分别说明如下：

①过直线作特殊位置辅助截平面，能与曲面立体截切到直线或平行于投影面的圆时，求作贯穿点

如图 2.190(a)所示，求作正平线 AB 与球的贯穿点，并表明直线 AB 的投影及其可见性。

因为过正平线可作正平面，而正平面与球交得平行于正面的圆，所以可用过 AB 的正平面来求作贯穿点。

作图过程如图 2.190(b)所示：

过 AB 作正平面 P 为辅助截平面，有积聚性的水平迹线 P_H 与 ab 相重合，与球的截交线正平圆的水平投影就积聚在球的水平投影范围内的 P_H 上；按截交线正平圆的水平投影反映的直径长度作出反映真形的正面投影；$a'b'$ 与截交线圆的正面投影就交得贯穿点 C、D 的正面投影 c'、d'，由 c'、d' 引投影连线，与截交线圆的水平投影交得 c、d，于是就作出贯穿点 C、D 的两面投影。

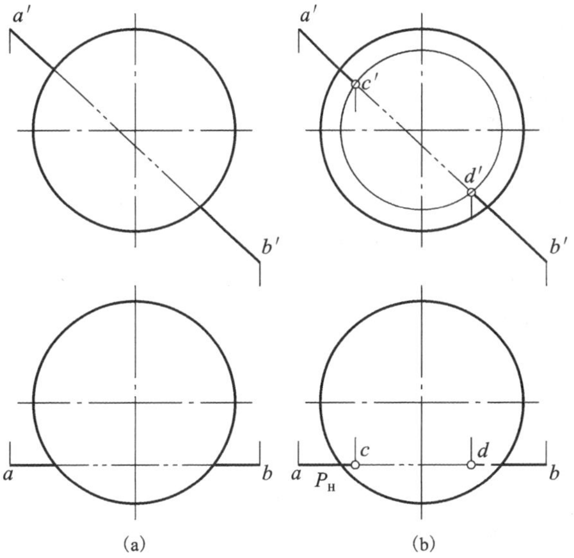

图 2.190　作正平线 AB 与球的贯穿点，并表明可见性

(a)已知条件；(b)作图过程和作图结果

在两贯穿点的同面投影 c 与 d、c' 与 d' 之间擦去或保留细双点长画线。由水平投影可以看出：AB 在贯穿点 C 左侧和在贯穿点 D 右侧的线段都在球面之前，故 $a'b'$ 在 c' 之左和 d' 之右的与球面的正面投影重合处，将细双点长画线改为粗实线。由正面投影可以看出：AB 在贯穿点 C 左侧的线段在球面之上，在贯穿点 D 右侧的线段在球面之下，故于 ab 在 c 之左的与球面的水平投影重合处，将细双点长画线改为粗实线，而于 ab 在 d 之右的与球面的水平投影重合处，则将细双点长画线改为中虚线。就表明了直线 AB 的投影及其可见性。

②用投影变换求作贯穿点

如图 2.191(a)所示，求作一般位置直线 AB 与球的贯穿点，并表明直线 AB 的投影及其可见性。

因为过一般位置直线 AB 作正垂或铅垂的辅助截平面，虽然与球面都交得圆，但不平行于另一投影面，在另一投影面上的投影为椭圆，作图不方便，所以可用换面法将所作的处于投影面垂直面位置的辅助截平面变换成投影面平行面求解，作图就较方便一些。在这里用过 AB 的铅垂面为辅助截平面，并将它变换成 V_1 面平行面求解。

作图过程如图 2.191(b)所示：

a. 过 AB 作铅垂的辅助截平面 P，将它变换成 V_1 面平行面，在 H、V_1 新投影面体系中求作截交线

为了作图方便，过 b' 作 OX 轴，将无轴投影图改成有轴投影图。过 AB 的铅垂面 P 的水平迹线 P_H 有积聚性，与 ab 相重合，P_H 在球的水平投影范围内的一段，就是截交线圆成为直线的水平投影；过球心作铅垂截平面 P 的垂线，交点就是截交线圆的圆心，因为铅垂面的垂线一定是水平线，且水平投影与 P_H 相

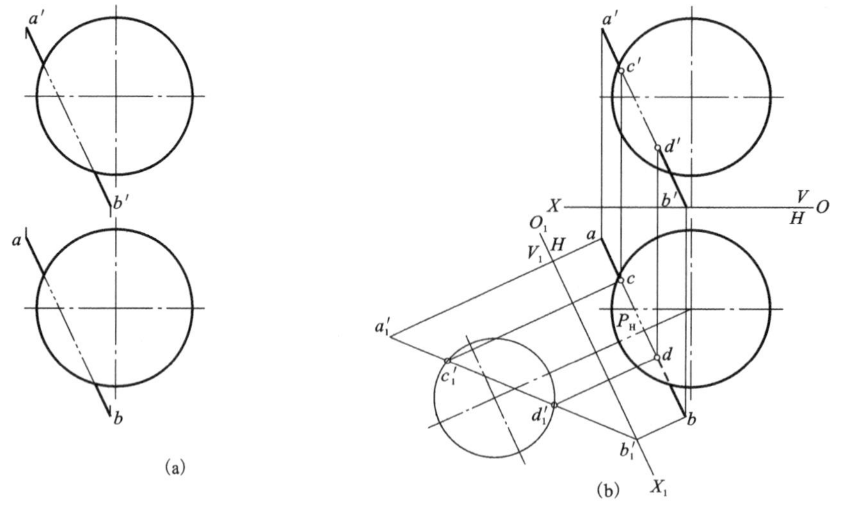

图 2.191　作一般位置直线与球的贯穿点，并表明可见性

(a)已知条件；(b)作图过程和作图结果

垂直，所以由球心的水平投影作 P_H 的垂线，与 P_H 的交点即为截交线圆的圆心的水平投影，而这个圆心的高度与球心相同，在投影图中不必标绘。设立 V_1 面平行于辅助截平面 P，也就是在适当位置作 O_1X_1 轴平行于 P_H，按换面法的基本作图，由直线的端点 A、B 和球心的水平投影和正面投影作出它们在 V_1 面上的新投影；连 a'_1和 b'_1，$a'_1b'_1$即为直线 AB 的 V_1 面投影。在 H、V_1 新投影面体系中，截交线圆的圆心的 V_1 面投影与球心的 V_1 面投影相重合，以截交线圆的水平投影显示的直径为直径，作出截交线圆反映真形的 V_1 面投影。

b. 作贯穿点

在 V_1 面投影中的 $a'_1b'_1$与截交线圆的交点处，标绘出贯穿点 C、D 的 V_1 面投影 c'_1、d'_1；由 c'_1、d'_1引垂直于O_1X_1 轴的投影连线，与 ab 交得 c、d；由 c、d 引垂直于 OX 轴的投影连线，与 $a'b'$交得 c'、d'。于是就作出了贯穿点 C、D 在原投影面 H、V 体系中的投影 c、c'和 d、d'。

c. 表明直线 AB 的投影及其可见性

在直线 AB 的 H、V 面投影面体系中，c 与 d、c'与 d'间擦去或保留原画的细双点长画线。从 V 面投影中可看出，直线段 CA 在球的上方，而 DB 在球的下方，所以 ca 与球的水平投影重合的一段，将细双点长画线改成粗实线，而 db 与球的水平投影重合的一段，则将细双点长画线改成中虚线。从 H 面投影中可以看出，直线 AB 的 CA 段在球的后方，而 DB 段在球的前方，所以 $c'a'$与球的 V 面投影重合的一段，将细双点长画线改为中虚线，而 $d'b'$与球的 V 面投影重合的一段，则将细双点长画线改为粗实线。于是表明了直线 AB 的投影及其可见性。

2.5.2　两立体相交

两立体相交也称两立体相贯，这样的立体称为相贯体。两立体表面的交线称为相贯线，相贯线是两立体表面的共有线，相贯线上的点都是两立体表面的共有点。

相贯线的形状由两立体的形状和它们的相对位置所确定。当一个立体全部贯穿另一个立体时，称为全贯，有两组相贯线；但当一个立体全部穿进另一立体后，不穿出来了，虽属全贯，但只有一组相贯线。当两个立体互相贯穿时，称为互贯，两立体互贯时，只有一组相贯线。

相贯线各段投影的可见性，由两个立体交出这段相贯线所在表面的投影可见性所确定：只有当两个立体的表面投影都是可见时，这两个表面上的相贯线段的投影才可见；否则相贯线段的投影不可见。

值得注意的是：相贯体实际上是一个实心的整体，只是在形状分析时作为两个立体相贯，一个立体位于另一个立体内的部分是没有两个立体的分界线的，所以不应画出一个立体在另一个立体内部的轮廓线或曲面投影的转向轮廓线，每个立体的轮廓线或曲面投影的转向轮廓线只要画到相贯线为止。

如果将相贯体的一个参与相贯的立体全部抽掉，则形成具有贯通孔的立体。具有贯通孔的立体的孔口线的作法与一个立体未抽掉时的相贯线作法相同。具有贯通孔的投影需要注意下述三点：其一是不画出已抽掉的立体的投影；其二是孔口线投影的可见性按立体轮廓线进行判定；其三是要画出孔壁的棱线或曲面投影的转向轮廓线，相当于被抽掉的立体在另一个立体内部的棱线或曲面的转向轮廓线。

2.5.2.1　两平面立体相交

求作两平面立体的相贯线常采用两种方法：一种方法是分别作出立体的诸轮廓线与另一个立体的贯穿点，然后将既位于一个立体的同一表面上、又位于另一个立体的同一表面上的两点依次连成相贯线；另一种方法是顺次求作两立体有关表面的交线。有时，也将这两种方法联合使用。

当立体表面的投影有积聚性时，则可利用投影的积聚性求作相贯线。

如图 2.192(a)所示，求作两三棱柱的相贯线，并补全相贯体的正面投影。图中未确定的棱线的正面投影都暂时先断开，确定后再补画。

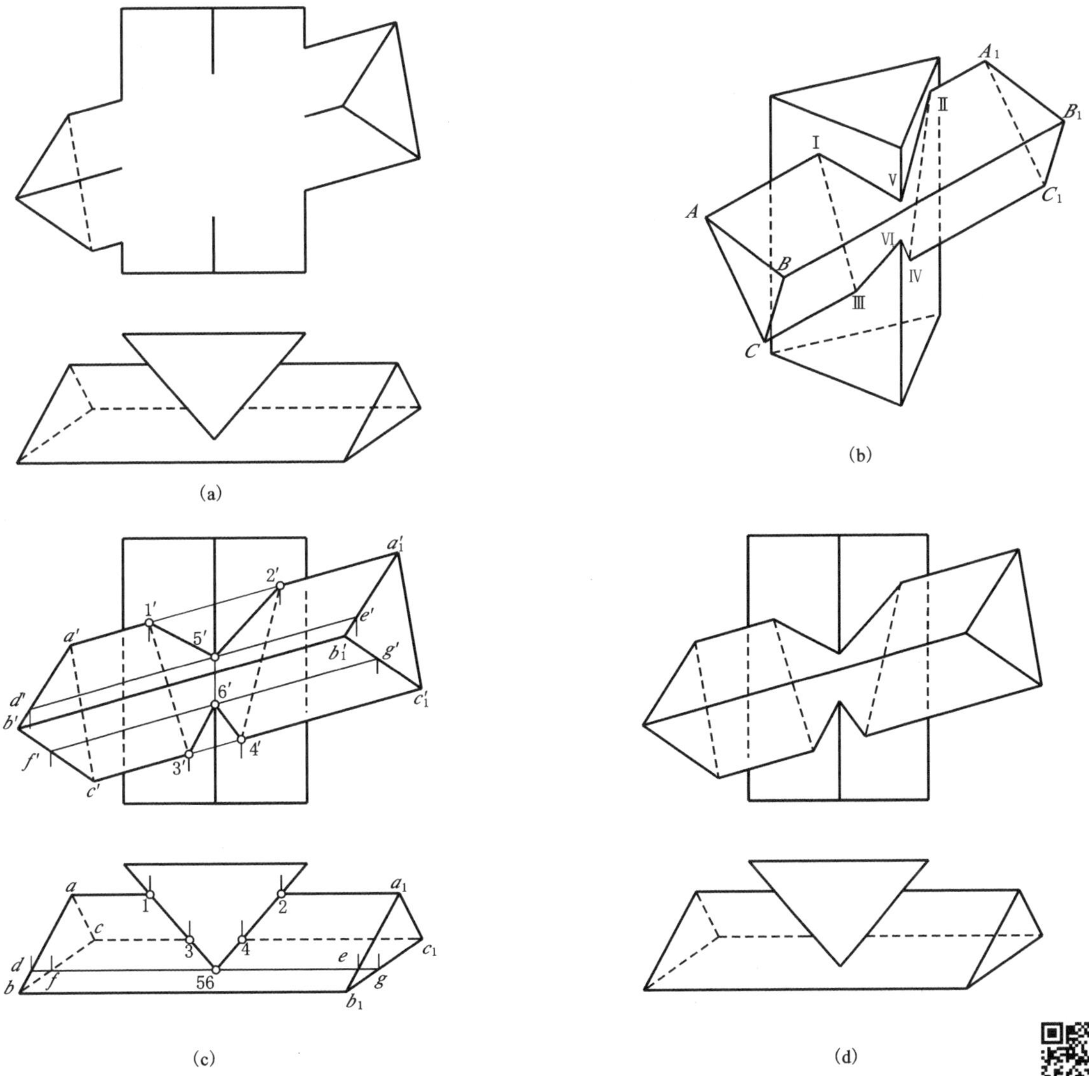

图 2.192　作两三棱柱的相贯线，并补全相贯体的正面投影

(a)已知条件；(b)解题分析；(c)作图过程和作图结果；(d)清理图面后的投影图

由图 2.192(a)所示的已知条件可知：直三棱柱的棱线和棱面垂直于水平面 H，水平投影有积聚性，相贯线的水平投影就积聚在左前、右前棱面的有积聚性的投影上，因而相贯线和相贯体的水平投影都已完整表达，只要求作相贯线的正面投影和补全相贯体的正面投影。

作图过程如图 2.192(c)所示：

①画直三棱柱的左前棱面上相贯线的正面投影

解题时为了方便叙述起见，在投影图中加注了斜三棱柱的三条棱线 AA_1、BB_1、CC_1 的投影符号，并且在正面投影中将直三棱柱的前棱线与斜三棱柱的三条棱线用细线连接。

在水平投影中，直三棱柱的左前棱面与斜三棱柱的棱线 AA_1、CC_1 截交点的水平投影标注 1、3，分别引投影连线，得到截交点的正面投影 1′、3′。在直三棱柱前棱线的有积聚性的水平投影上，标注它与斜三棱柱的前上棱面和前下棱面的贯穿点 5、6 的重合的水平投影；由 5、6 作平行于斜三棱柱棱线的直线，与斜三棱柱的前上棱面和前下棱面的边线分别交得 d、e 和 f、g，de 和 fg 有一大段互相重合，由 d、e 和 f、g 引投影连线，得到 d'、e' 和 f'、g'，则平行线 $d'e'$ 和 $f'g'$ 与直三棱柱前棱线的正面投影的交点是贯穿点 5′、6′。在正面投影中，因为直三棱柱的左前棱面是可见的，斜三棱柱的前上棱面和前下棱面也是可见的，所以 1′、5′和 3′、6′的连线画粗实线；因为斜三棱柱的后棱面不可见，所以它与直三棱柱的左前棱面交线 1′3′不可见，画中虚线。于是就完成了直三棱柱的左前棱面上的相贯线正面投影。

②画直三棱柱右前棱面上的相贯线的正面投影

在水平投影中，直三棱柱的右前棱面与斜三棱柱的 aa_1 和 cc_1 棱线截交点标注 2、4，由 2、4 引投影连线，分别与 $a'a'_1$ 和 $c'c'_1$ 交得 2′、4′；由于前面已经求得在直三棱柱前棱线与斜三棱柱的前上棱面和前下棱面的贯穿点 5′、6′，所以直三棱柱的右前棱面与斜三棱柱的前上棱面和前下棱面的交线的正面投影就是 2′5′和 4′6′，与斜三棱柱的后棱面的交线就是 2′4′。在正面投影中，因为直三棱柱的左前棱面是可见的，斜三棱柱的前上棱面和前下棱面也是可见的，所以它们的交线 2′5′和 4′6′画粗实线；因为斜三棱柱的后棱面不可见，所以它与直三棱柱的左前棱面交线 2′4′不可见，画中虚线。于是就完成了直三棱柱的右前棱面上相贯线的正面投影。

③补全相贯体的正面投影

右后棱线不参与相贯，它们的正面投影都应全部画出，但图中中断的分别是这两条棱线处于斜三棱柱后面的被遮的一段的正面投影，所以都直接用中虚线连接；斜三棱柱最前面的棱线也不参与相贯，它的正面投影应全部画粗实线。

又因为在参与相贯的棱线的两贯穿点之间的位于另一立体内部的一段是不存在的，所以擦去或保留 1′与 2′、3′与 4′、5′与 6′之间的细实线作图线。又因斜三棱柱的棱线 AA_1、CC_1 在贯穿点Ⅰ和Ⅱ、Ⅲ和Ⅳ之外的两段分别都在直三棱柱之前，所以它们与直三棱柱的正面投影相重合的部分，都由原先暂时补上的细实线作图线改为粗实线；同样，因为直三棱柱的前棱线在贯穿点Ⅴ和Ⅵ之外的两段都在斜三棱柱之前，所以它们与斜三棱柱的正面投影相重合的部分，也都由原先暂时补上的细实线作图线改为粗实线，于是就补全了相贯体的正面投影。

如果为了要使作出的相贯体的投影图清晰明显，则在作出相贯体的投影图后清理图面，将所有的作图线和投影符号都擦去，清理图面后的投影图如图 2.192(d)所示。图 2.192(b)是直三棱柱与斜三棱柱的相贯线和相贯体的立体示意图。

如图 2.193(a)所示，求作三棱柱与三棱锥的相贯线，并补全相贯体的水平投影和侧面投影。图中未确定的棱线的投影，与图 2.192(a)一样，暂时先断开。

从已知可以想象出：三棱柱完全贯穿三棱锥，有两组相贯线；三棱柱与三棱锥的左前、右前棱面的相贯线是封闭的空间折线；三棱柱与三棱锥的后棱面的相贯线是后棱面上的一个三角形。由于三棱柱棱面的正面投影有积聚性，所以两组相贯线的正面投影都积聚在其上。

作图过程如图 2.193(c)所示：

①作诸棱线的贯穿点

先将在水平投影和侧面投影中三棱柱的棱线都用作图线（细实线）连接。在三棱柱棱线的正面投影积聚成三点处：标绘出三棱柱的三条棱线的贯穿点 1′和 4′、6′和 7′、3′和 5′，它们分别重合在这三条棱线的有积聚性的正面投影上，标绘出三棱锥的前棱线的贯穿点 6′和 2′。

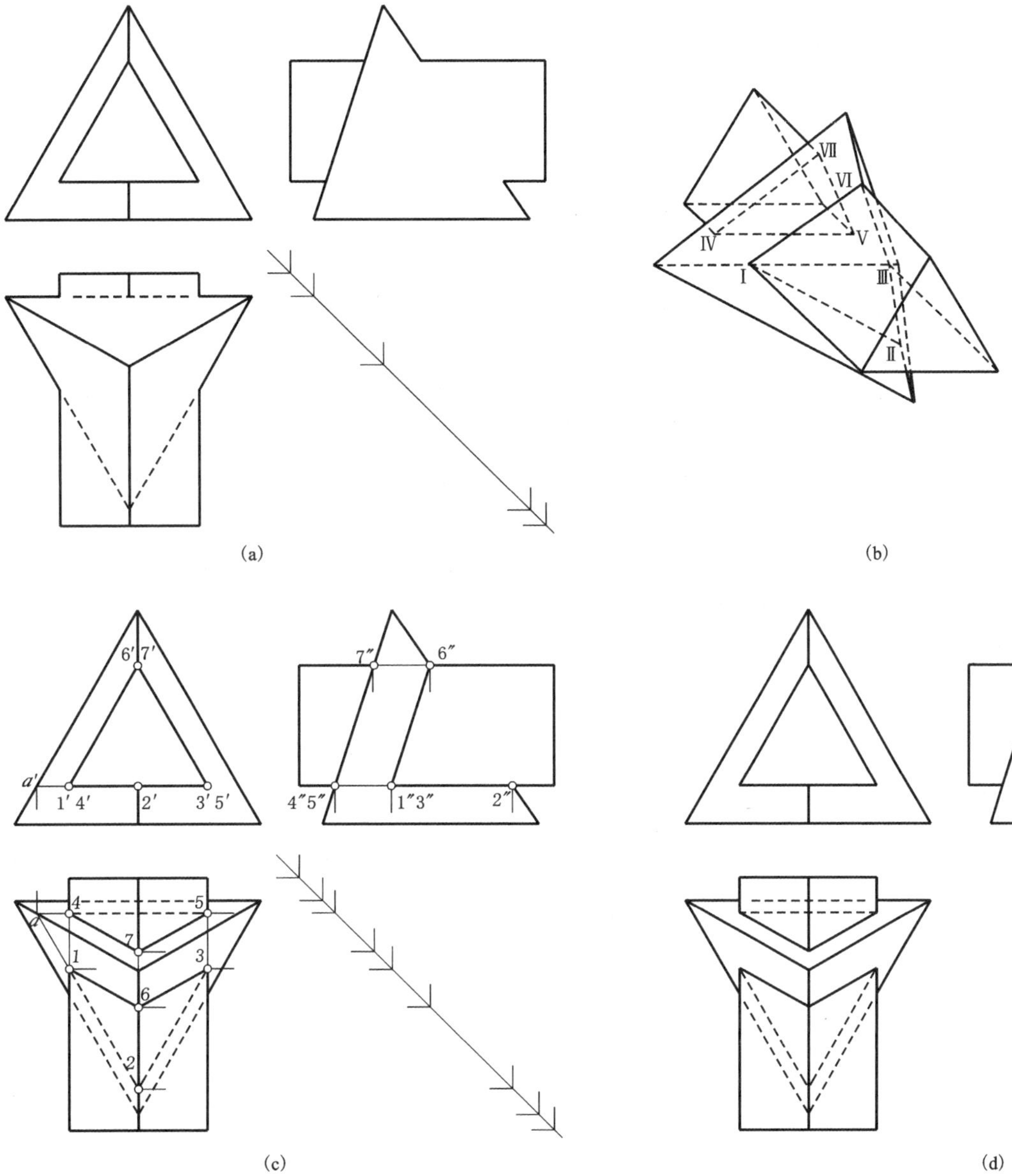

图 2.193　作三棱柱与三棱锥的相贯线，并补全相贯体的水平投影和侧面投影

(a)已知条件；(b)解题分析；(c)作图过程和作图结果；(d)清理图面后的投影图

由于三棱柱的下棱面平行于三棱锥的底面，所以它与三棱锥三个棱面的交线都分别平行于三棱锥的底边，于是延长三棱柱下棱面的积聚成直线的正面投影，与三棱锥的左后棱线的正面投影交得 a'；由 a' 引投影连线，与三棱锥左后棱线的水平投影交得 a；由 a 画截交线平行于三棱锥底边的水平投影，与三棱柱的左右棱线和三棱锥的前棱线交得 1、3、4、5 和 2。由于三棱柱的上棱线与三棱锥的前棱线位于同一个平面，以及三棱锥的后棱面的侧面投影积聚成直线，于是得三棱柱的上棱线的贯穿点侧面投影 $6''$、$7''$。三棱柱的下棱面的侧面投影积聚成直线，则三棱锥前棱线的贯穿点的侧面投影是 $2''$、$6''$。三棱柱的下棱面与三棱锥后棱面的交线的侧面投影积聚成点 $4''$、$5''$。分别由 $6''$、$7''$ 向水平投影引投影连线，在三棱锥前棱线和三棱柱上棱线的水平投影上交得 6、7。由水平投影 1、3 向侧面投影引投影连线，在三棱柱的左下、右下棱线互相重合的侧面投影上作出 $1''$、$3''$，$1''$ 和 $3''$ 也互相重合。

②完成相贯线的水平投影和侧面投影

在水平投影中，贯穿点连线 12、23、45 分别是三棱柱的下棱面与三棱锥的左前面、右前面、后棱面的相贯线段的水平投影，因为三棱柱下棱面的水平投影不可见，所以在它表面上的相贯线段也不可见，都画成中虚线。61、63 和 74、75 分别是三棱柱的左上棱面和右上棱面与三棱锥的三棱面交线的水平投影，因为这些棱面的水平投影都可见，所以它们表面上的这些相贯线段的水平投影也都可见，都画成粗实线。在侧面投影中，三棱锥的后棱面连同三棱柱的相贯线 7″4″、7″5″积聚成直线；连三棱柱下棱面与三棱锥左前、右前棱面的相贯线段 2″1″、2″3″，它们互相重合，与三棱柱左右棱线积聚成同一条直线；连 6″与 1″、6″与 3″，相贯线段 6″1″、6″3″也互相重合；由于三棱柱的左上棱面和三棱锥的左前棱面的侧面投影可见，所以 6″1″可见，画成粗实线。于是作出了两组相贯线的水平投影和侧面投影。

③补全相贯体的水平投影和侧面投影

擦去或保留诸棱线两贯穿点的投影之间用细实线表示的作图线 14、1″4″、67、6″7″、35、3″5″、26，在水平投影中，延伸三棱柱左、右两棱线至与三棱锥棱面的贯穿点 1 和 4、3 和 5，而贯穿点Ⅵ之上的三棱锥前棱线、三棱柱上棱线在贯穿点Ⅵ之前的一段，仍应与图 2.193(a)所示的已知条件中所画出的一样，水平投影可见而画成粗实线。于是就补全了相贯体的水平投影和侧面投影。

若在相贯体的投影图完成后清理图面，擦去所有的作图线和投影符号，则清理图面后的投影图如图 2.193(d)所示。图 2.193(b)是相贯体和相贯线的立体示意图。

如图 2.194(a)所示，三棱锥被前后穿通了一个正三棱柱形状的贯通孔，求作孔口线的水平投影，补全这个具有三棱柱贯通孔的三棱锥的水平投影，并作出它的侧面投影。

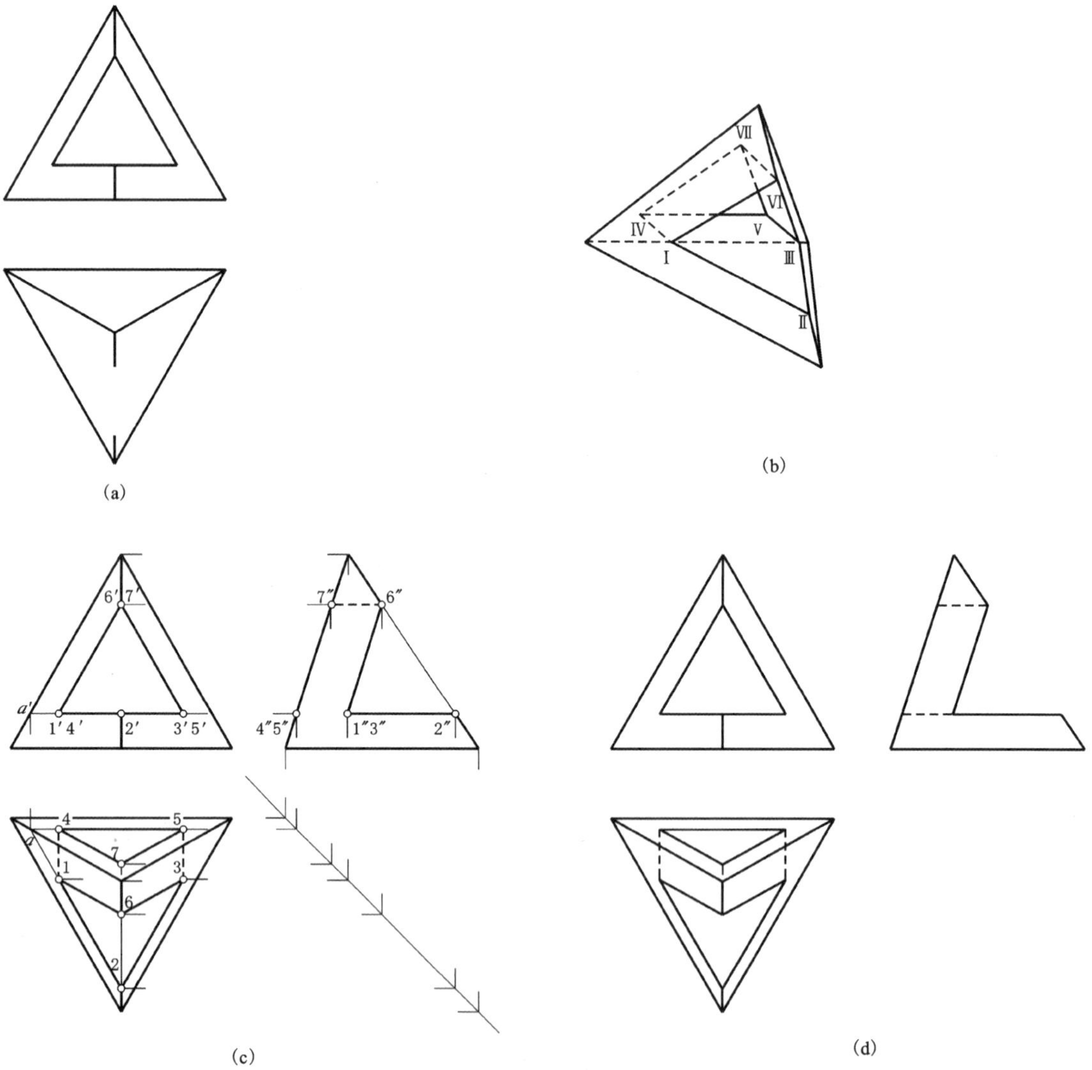

图 2.194　补全具有三棱柱孔的三棱锥的水平投影，并作出这个具有贯通孔的立体的侧面投影

(a)已知条件；(b)解题分析；(c)作图过程和作图结果；(d)清理图面后的投影图

具有贯通孔的立体，相当于两立体相交构成的相贯体被抽掉了一个立体后形成的，所以具有贯通孔的立体的孔口线就相当于未抽掉一个立体时的相贯体的相贯线，作图方法也相同。

由图 2.194(a)所示的已知条件可以想象出这个具有正三棱柱贯通孔的三棱锥的孔口线和孔的情况，如图 2.194(b)所示。从图 2.194(a)可看出：正三棱柱孔的三个壁面，也就是它的三个棱面，它们的正面投影都有积聚性，成为一个正三角形；前孔口和后孔口的正面投影都分别积聚在其上；孔壁的三条交线，也就是三棱柱孔的三条棱线，它们的正面投影也都有积聚性，分别成为这个正三角形的顶点。因此，这个具有三棱柱孔的三棱锥的正面投影已完整表达，只要补全它的水平投影，并作出它的侧面投影。

作图过程如图 2.194(c)所示：

①作未开孔时的三棱锥的侧面投影

在已知条件的水平投影右侧适当位置处作 45°辅助线，由三棱锥的锥顶和底面的三个顶点的水平投影和正面投影按已知一点的两投影求作第三投影的方法，作出它们的侧面投影，然后连成三棱锥的侧面投影。开了贯通孔要打断的前棱线的侧面投影，在未确定在何处断开前，先暂时用细实线表示的作图线画出。

②作前后两组孔口线的水平投影和侧面投影

对比图 2.193 可知，图 2.194 所示的具有三棱柱贯通孔的三棱锥，相当于图 2.193 所示的相贯体抽掉了整个三棱柱，所以图 2.194 中的孔口线，也就是图 2.193 中的相贯线，作法也相同，不再重复阐述，只是当图 2.193 中的三棱柱被抽掉后，孔口线的水平投影都变成可见了。

③画出孔壁交线的投影，补全这个具有三棱柱贯通孔的三棱锥的水平投影和侧面投影

穿孔后，产生了壁面的交线ⅠⅣ、ⅥⅦ、ⅢⅤ，也就是三棱柱贯通孔的棱线，这些交线的水平投影和侧面投影都被遮而不可见，都画成中虚线。将三棱锥前棱线在Ⅵ以上和Ⅱ以下的两段的水平投影和侧面投影改成粗实线。三棱锥前棱线在开孔后被断开的一段ⅥⅡ的作图时所加的细实线(作图线)可擦去或保留。于是就补全了这个具有三棱柱贯通孔的三棱锥的水平投影和侧面投影。

若在画出了这个具有三棱柱贯通孔的三棱锥的投影图后，为了使图形清晰明显，清理图面，擦去所有的作图线和符号，则清理图面后的投影图如图 2.194(d)所示。

如图 2.195(a)所示的模型，是一座垂直于侧面的双坡屋顶的房屋，在前墙面的中部又向前接出一座稍低的垂直于正面的双坡屋顶的房屋，求作两座房屋的相贯线；在垂直于侧面的房屋的屋面上于靠近右端的屋脊处，有一个前后对称的烟囱，求作烟囱与这座房屋的相贯线，并补全它们的水平投影和正面投影。

可将房屋模型看作棱柱相交的相贯体，下棱面是同一个平面，它们互贯的相贯线是一组空间折线。折线线段分别是垂直于正面的房屋的左、右墙面和左、右屋面与垂直于侧面的房屋的前墙面的交线，以及垂直于正面的房屋的左、右屋面与垂直于侧面的房屋的前屋面的交线。而烟囱与垂直于侧面的房屋的相贯线也可看作是铅垂的四棱柱和侧垂的五棱柱全贯的相贯线，相贯线也是一组封闭的空间折线，分别是烟囱的四壁与侧垂房屋的前、后屋面的交线。分析和想象的结果如图 2.195(b)所示。

作图过程如图 2.195(c)所示：

①作两座房屋的相贯线的水平投影，并补全这个模型的水平投影

因为正垂房屋的左、右墙面和左、右屋面的正面投影有积聚性，相贯线的正面投影都积聚在其上，从正垂房屋的左墙面与侧垂房屋的前墙面的交线ⅠⅡ的正面投影 1′2′开始，连续地标注出各相贯线段的正面投影 2′3′、3′4′、4′5′、5′6′、6′7′；又因侧垂房屋的前墙面和前屋面的侧面投影有积聚性，相贯线的侧面投影都积聚在其上，也是从ⅠⅡ的侧面投影 1″2″开始，连续地标注出各相贯线段的侧面投影 2″3″、3″4″、4″5″、5″6″、6″7″，由于这两座房屋都分别左右对称，因而相贯线也左右对称，它们的侧面投影都分别互相重合。

在正垂房屋的左、右墙面与侧垂房屋的前墙面的水平投影相交处，是铅垂交线ⅡⅠ、ⅥⅦ的有积聚性的水平投影 21 和 67；由 3′、5′引投影连线，与侧垂房屋前屋檐的水平投影交得 3、5，于是侧垂房屋前屋檐的水平投影分别自左延长至 3、自右延长至 5，正垂房屋的左、右屋面与侧垂房屋的前墙面的交线ⅡⅢ、ⅤⅥ的水平投影 23、56 与前屋檐的水平投影重影；由正垂房屋的屋脊线与侧垂房屋前屋面的贯穿点Ⅳ的

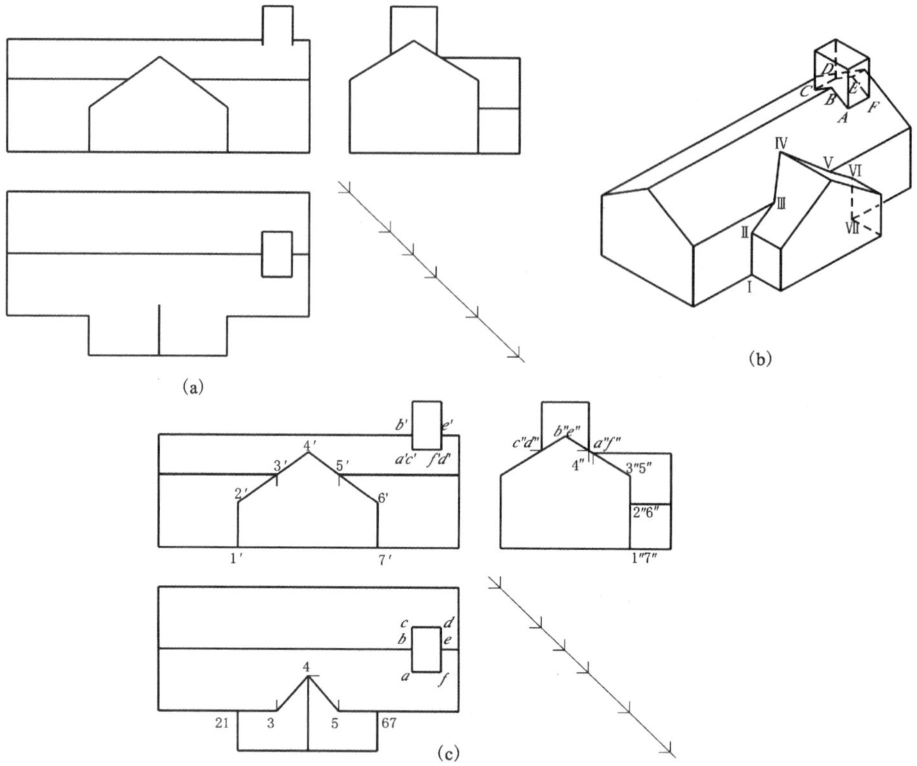

图 2.195　作房屋模型的相贯线，并补全它的水平投影和正面投影

(a)已知条件；(b)解题分析；(c)作图过程和作图结果

侧面投影 $4''$ 按宽相等、前后对应在已画出的这条屋脊线的水平投影的延长线上交得 4，并将原先未全部画出的这条屋脊线的水平投影的粗实线延长到点 4 为止，连 3 与 4、4 与 5，34、45 即为正垂房屋的左、右屋面与侧垂房屋的前屋面的交线ⅢⅣ、ⅣⅤ的水平投影，由于这三个屋面的水平投影都可见，所以 34、45 都用粗实线画出，于是作出了两座房屋的相贯线的水平投影。

因为烟囱与侧垂房屋屋面的相贯线的水平投影都积聚在烟囱四个壁面的有积聚性的水平投影上，所以作出了两座房屋的相贯线的水平投影和补全了正垂房屋屋脊线的水平投影，也就补全了这个模型的水平投影。

②作烟囱和侧垂房屋的相贯线的正面投影，补全这个模型的正面投影

因为烟囱的四个壁面的水平投影有积聚性，相贯线的水平投影都积聚在其上，从烟囱左壁与侧垂房屋前屋面的交线 AB 的水平投影 ab 开始，连续地标注出各相贯线段的水平投影 bc、cd、de、ef、fa；又因侧垂房屋的前、后屋面的侧面投影有积聚性，相贯线的侧面投影都积聚在其上，也是从 AB 的侧面投影 $a''b''$ 开始，连续地标注出各相贯线段的侧面投影 $b''c''$、$c''d''$、$d''e''$、$e''f''$、$f''a''$，由于侧垂房屋和烟囱的相贯线左右对称，它们的侧面投影分别互相重合。

由于烟囱和侧垂房屋都前后对称，所以相贯线也前后对称，相贯线段的正面投影都前后重合。贯穿点 A 和 C、F 和 D 的侧面投影 a'' 和 c''、f'' 和 d'' 按高平齐引投影连线，分别与烟囱的四条棱线的正面投影的延长线交得 a' 和 c'、f' 和 d'，a' 和 c'、f' 和 d' 也分别互相重合，这两对前后棱线的重合的正面投影仍用粗实线延长到 a' 和 c'、f' 和 d' 为止；连 a' 与 f'、c' 与 d'，便画出了烟囱的前后壁与侧垂房屋前后屋面的相贯线；烟囱的左右两棱面与侧垂房屋的前、后屋面的相贯线段 AB 和 BC、DE 和 EF 的互相重合的正面投影，它们都积聚在烟囱左右棱面的有积聚性的正面投影上；因为烟囱的前棱面与侧垂房屋的前屋面的相贯线段 AF 的正面投影可见，烟囱的后棱面与侧垂房屋的后屋面的相贯线段 CD 的正面投影不可见，由于粗实线和中虚线相重合，所以画成粗实线。于是作出了烟囱和侧垂房屋的相贯线的正面投影，也补全了房屋的正面投影。

在这里顺便提及：于互相交接的坡顶房屋中，还常会见到各屋檐等高且坡度相同的屋面，通常称为同坡屋面，屋面交线可按归纳出的一些投影规律作图，已知一个 T 字形房屋模型的同坡屋面下的长方体两面投影，如图 2.196(a)所示，同坡屋面的屋檐与 T 字相交长方体的顶面边线重合，屋面的倾角为 30°。要求在长方体的顶面补充同坡屋面的水平投影和正面投影。

如图 2.197 所示，四坡面的同坡屋面的交线分析如下：

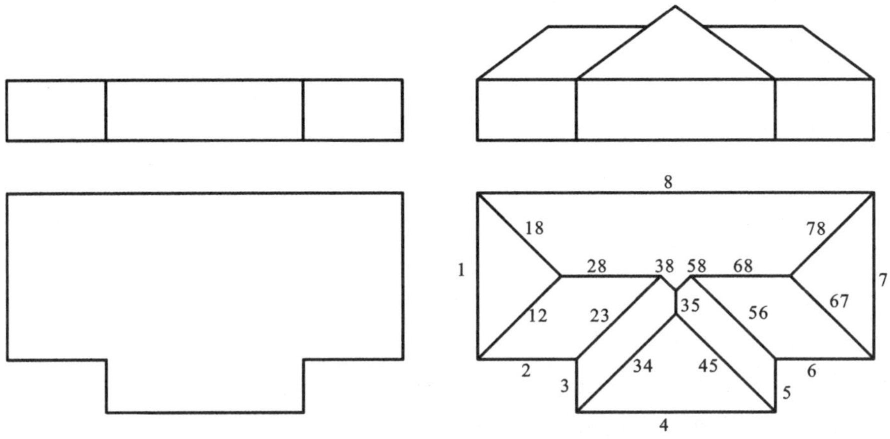

图 2.196　已知房屋顶部，补画它的同坡屋顶的两面投影

(a)已知条件；(b)作图过程和作图结果

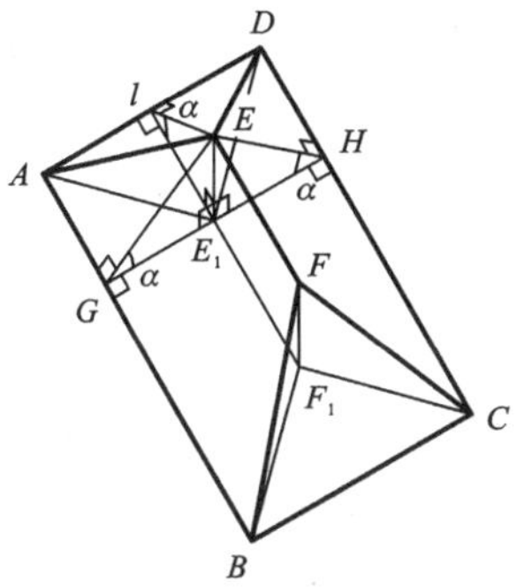

图 2.197　同坡屋顶的屋面交线立体示意图

①如果两屋面的屋檐平行，则两屋面交线必平行于屋檐，其水平投影到两屋檐的水平投影距离相等。如 E_1F_1 是同坡屋面 $AEFB$ 与 $DEFC$ 交线 EF 在水平面 $ABCD$ 平面的正投影。因为两直角三角形 GEE_1 与 HEE_1 全等，所以 $GE_1=HE_1$，且 $E_1F_1//AB$，$E_1F_1//DC$。

②如果两屋面的屋檐相交，则两屋面交线的水平投影是两屋檐交角的角平分线。如 AE_1 是同坡屋面 AED 与 $AEFB$ 交线 AE 在水平面 $ABCD$ 平面的正投影。因为两直角三角形 GEE_1 与 IEE_1 全等，所以 $GE_1=IE_1$，AE_1 是 AD 与 AB 夹角的角平分线。

③如果有两条屋面交线交于一点，则至少还有第三条屋面交线通过该交点。如同坡屋面的平面 AED 与 $AEFB$ 交线 AE 和 AED 与 $DEFC$ 交线 DE 有一个交点 E，过该交点 E 还有第三条屋面交线，是同坡屋面的平面 $AEFB$ 与 $DEFC$ 交线 EF。

补画同坡屋面交线投影的作图过程，如图 2.196(b)所示。

①在水平投影标注屋面符号，并作出各相交屋檐的屋面交线的水平投影位置

在同坡屋面中，一条屋檐线决定一屋面的空间位置。用铅笔轻轻地给每个屋面标注符号，如在屋檐的水平投影处分别标注 1、2、3 等屋面符号。

依次过各相交屋檐线的交点，用细作图线画角平分线，该角平分线即为相邻屋面的交线的水平投影位置。各条交线分别用两屋面所注写的符号来表示，如 12、23 等。

②画出同坡屋面交线的水平投影

由已经作出的屋面交线的水平投影位置开始，依据前面四坡面的同坡屋面交线的分析，逐步完成所有屋面交线的水平投影。延长屋面交线 12 和 18，过这两条交线的交点画第三条交线，此交线是Ⅱ屋面与Ⅸ屋面交线的水平投影 28(可以从Ⅰ屋面的平面形状已经封闭，其周边的屋面是Ⅱ与Ⅸ，得到它们的屋面交线符号；因此，也可以从已知两条交线符号 12 和 18 中，除去共有的符号 1，得到 28 交线符号)，因为Ⅱ屋面与Ⅸ屋面的两条屋檐线相互平行，所以屋面交线的水平投影 28 平行于这两条屋檐的水平投影；分别延长 28 和 23，得到两条交线的交点，通过该交点的第三条交线符号应该是 38(可以从交点的两条交线符号 28、23 中除去共有的符号 2，得到 38，即为屋面符号Ⅲ和Ⅸ的交线的投影)，38 是屋面Ⅲ与Ⅸ的屋檐水平投影的角平分线；延长屋面交线 34 和 45，过这两条屋面交线的交点，应该是Ⅲ屋面与Ⅴ屋面交线的水平投影 35，35 平行于Ⅲ屋面与Ⅴ屋面的屋檐；过 35 与 38 的交点就是Ⅴ屋面与Ⅸ屋面交线的水平投影 58；延

长 56，与 58 相交，过交点的第三条交线是平行于Ⅵ、Ⅸ屋面屋檐的Ⅵ屋面与Ⅸ屋面交线的水平投影 68；此时，分别延长屋面Ⅵ与Ⅸ、Ⅵ与Ⅶ和Ⅶ与Ⅸ交线的投影 68、67 和 78，必相交于一点。由于屋面的水平投影均可见，于是屋面交线的水平投影画粗实线。

③画出屋面及屋面交线的正面投影

因为正垂面的正面投影积聚成直线，并反映其与水平面的夹角。所以，画 T 字相交长方体的同坡屋面的正面投影，先找出垂直于正面的屋檐直线的投影积聚点，过投影积聚点画包含该屋檐的屋面有积聚性的投影直线；然后按投影关系完成其余屋面及屋面交线的正面投影。由水平投影可知，屋面Ⅰ、Ⅲ、Ⅴ、Ⅶ包含垂直正面的屋檐直线，过屋面Ⅰ、Ⅲ的屋檐投影积聚点画屋面Ⅰ、Ⅲ的正面投影积聚成自左向右、30°方向的直线，过屋面Ⅴ、Ⅶ的屋檐投影积聚点画屋面Ⅴ、Ⅶ的正面投影积聚成自右向左、30°方向的直线。由屋面交线 12、18 交点的水平投影引投影连线，得到交点的正面投影；1′2′与 1′8′重合在屋面Ⅰ有积聚性的投影上；过交点作屋面Ⅱ与Ⅸ的交线的正面投影，2′8′平行于屋檐（水平方向），延长 2′8′，与Ⅲ屋面的积聚投影相交；屋面Ⅱ与Ⅲ、Ⅲ与Ⅸ、Ⅲ与Ⅳ的交线的正面投影均在Ⅲ屋面有积聚性的正面投影上，1′2′、2′8′、3′4′可见，画粗实线；Ⅲ屋面与Ⅴ屋面有积聚性的正面投影的交点，是这两个屋面交线的积聚投影。同理，可以作出右半同坡屋面的正面投影。为了图面清晰，图 2.196 中的正面投影没有标注出屋面、屋面交线的符号。

完成同坡屋面交线的 H 面投影和 V 面投影后，请擦去临时标注的屋面和屋面交线的符号，加深已经作出的屋面交线。于是完成了在长方体的顶面补充同坡屋面的水平投影和正面投影。

2.5.2.2　平面立体与曲面立体相交

平面立体的一个平面表面与曲面立体的曲面表面的相贯线段，通常是平面曲线，只有平面立体的表面与曲面立体的直纹面表面恰巧交于直纹面的直线素线或与曲面立体的平面表面相交时，才可能有直线相贯线段。而每两个相贯线段的交点，则是平面立体表面上的轮廓线与曲面立体的贯穿点。因此，求平面立体与曲面立体的相贯线，可归结为求平面立体的表面与曲面立体的截交线，以及求平面立体的轮廓线与曲面立体的贯穿点。

如图 2.198(a)所示，补全三棱柱与圆锥相贯体的水平投影，并作出相贯体的侧面投影。

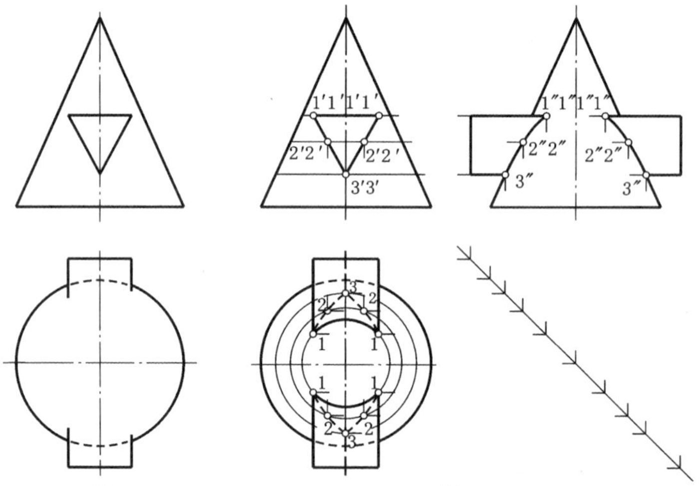

(a)　　(b)

图 2.198　作三棱柱与圆锥的相贯线，补全相贯体的水平投影，作出相贯体的侧面投影

(a)已知条件；(b)用纬圆法求解

从图 2.198(a)可以看出：三棱柱与圆锥是两立体全贯，有前、后两组相贯线。这两个立体有同一个前后对称面和同一个左右对称面，所以相贯体前后、左右对称，相贯线也前后、左右对称。每组相贯线是由三段平面曲线所围成的空间封闭线：三棱柱的上棱面与圆锥面交得的各一段水平纬圆；三棱柱的左下、右下棱面分别与圆锥交得的各一段椭圆曲线。因为三棱柱的三个棱面的正面投影有积聚性，两组相贯线的正面投影都积聚在其上，不必求作，而且相贯体的正面投影也已完整表达。

因为每组相贯线的正面投影都已知，因而只要用在圆锥面上取线和取点的方法，就可作出相贯线的其他两个投影。在圆锥面上取点可采用纬圆法或素线法，也可以联合使用这两种方法。

用纬圆法求作相贯线和相贯体投影的解题过程如图 2.198(b)所示：

①作出未求作相贯线时的相贯体的侧面投影轮廓

在相贯体水平投影右侧作 45°辅助线，按三棱柱和圆锥的水平投影和正面投影作出它们的侧面投影，并用粗实线先画出相贯体侧面投影的外轮廓，相贯线的侧面投影待以后解题作图时再补画。

②作相贯线的水平投影和侧面投影

由于相贯线前后、左右对称，可以对相贯线上的前后、左右的对称点都采用相同的投影符号。

延长三棱柱上棱面的积聚成直线的正面投影，即假想扩大三棱柱上棱面，在圆锥面得到截交线水平纬圆，按它在正面投影中所显示的直径长度画出反映它的真形的水平投影；三棱柱的左上、右上棱线与这个水平纬圆的水平投影交得四个点 1，前面两个点 1 之间和后面两个点 1 之间的圆弧，分别是这两段相贯线圆弧的水平投影，由于三棱柱的上棱面和圆锥面的水平投影都可见，所以这两段相贯线的水平投影也可见，便将这两段圆弧画成粗实线；由这两段圆弧的四个端点Ⅰ的水平投影和正面投影，作出它们的侧面投影 1″，前、后两组相贯线的这段圆弧的左、右端点Ⅰ的侧面投影分别互相重合，从侧面投影 1″分别向离开圆锥轴线的侧面投影的方向作水平线，得到有积聚性的前、后两段圆弧的侧面投影，可见左半段与不可见右半段互相重合，用粗实线画出，与已画出的三棱柱上棱面的有积聚性的侧面投影相接。实际上也就是三棱柱上棱面的有积聚性的侧面投影。

已作出的四个端点Ⅰ，分别是三棱柱的左上、右上棱线与圆锥面的贯穿点，也是三棱柱的左下、右下棱面与前半、后半圆锥面的截交线椭圆曲线段的上端点。而三棱柱的下棱线与前、后圆锥面的两个贯穿点Ⅲ，则是这四段椭圆曲线的下端点，也是前、后两组相贯线的三棱柱左下和右下棱面上的相贯线椭圆曲线段的交接点，在三棱柱下棱线的正面投影上标注出两个 3′；作圆锥面上过两个点Ⅲ的水平纬圆的正面投影，反映出这个水平纬圆的直径长度，从而画出这个水平纬圆反映真形的水平投影，与已画出的三棱柱下棱线的水平投影的延长线交得前、后各一个点 3；由两个点 3 和 3′按已知点的两投影求第三投影的作图方法作出两个点 3″，它们必定位于三棱柱的下棱线与圆锥面的最前、最后素线的交点处(当然也可在这里先定出这两个点 3″，由它们按宽相等、前后对应在三棱柱的下棱线的水平投影上作出两个点 3)。为了较准确地连出这四条椭圆曲线段，分别在两个端点Ⅰ和Ⅲ之间取若干中间点，图中作为示例，只在每段椭圆曲线上取一个中间点Ⅱ，这四个点Ⅱ前后、左右都对称，通过这四个点Ⅱ，作圆锥面的水平纬圆的正面投影，按其显示的直径长度作出反映这个水平纬圆真形的水平投影，分别由 2′引投影连线，与这个水平纬圆的水平投影交得四个点 2；最后，由 2 和 2′画投影连线，作出两个点 2″，它们分别是前半、后半圆锥面上的左右对称的两个点Ⅱ的重合的侧面投影。按这四段相贯线椭圆曲线在正面投影中反映的顺序，在水平投影中分别将 1、2、3 连成前后、左右对称的四段椭圆曲线 123，即为三棱柱的左下、右下棱面与圆锥面的四段相贯线椭圆曲线ⅠⅡⅢ的水平投影，因为三棱柱的这两个棱面的水平投影都不可见，所以四段椭圆曲线 123 也都不可见，连成中虚线；在侧面投影中，也分别将 1″、2″、3″连成前后对称的两段椭圆曲线，由于这两段椭圆曲线 1″2″3″分别是侧面投影都可见的三棱柱的左下棱面与左半圆锥面的相贯线和侧面投影都不可见的三棱柱的右下棱面与右半圆锥面的相贯线的互相重合的侧面投影，所以都连成粗实线。

于是就作出了前、后两组相贯线的水平投影和侧面投影。

③补全相贯体的水平投影

由于相贯体的正面投影和侧面投影都已完整表达，只要补全相贯体的水平投影。将已知条件中已画出而尚未画全的三棱柱左上和右上棱线的四段水平投影，仍用粗实线分别延长到点 1；同样，将已知条件中已画出而尚未画全的三棱柱下棱线的两段水平投影，仍用中虚线分别延长到点 3，于是就补全了相贯体的水平投影。

图 2.199 所示是具有三棱柱贯通孔的圆锥的三面投影。实际上，它可以看作是图 2.198 所示的相贯体抽掉了整个三棱柱所形成的，因此，孔口线的作法完全与相贯线的作法相同，只是抽掉了整个三棱柱后，孔口

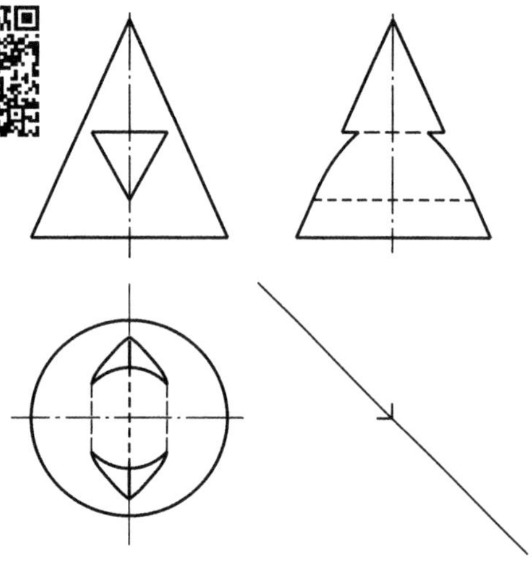

图 2.199　具有三棱柱贯通孔的圆锥

线的水平投影都可见而全部画成粗实线。此外，还应画出三棱柱孔的三条壁面之间的交线，也就是三棱柱孔的三条棱线，除了在三棱柱孔的下棱线的水平投影前端和后端各有一小段可见外，三棱柱孔的棱线的其他水平投影和侧面投影都因被遮不可见而画成中虚线，三棱柱孔的左上棱线和右上棱线的侧面投影则重合在一起，侧面投影仍画中虚线。

如图 2.200(a)所示，求作正三棱柱与半球的相贯线的正面投影，补全相贯体的正面投影，并作出相贯体的侧面投影。

从图 2.200(a)可以看出：这个相贯体只有一组相贯线，这组相贯线由三棱柱的三个棱面与球面的三段截交线圆弧所组成；三棱柱的左前、右前棱面是左右对称的铅垂面，后棱面是正平面，三个棱面的水平投影有积聚性，三段截交线的水平投影就积聚在三个棱面的水平投影上，于是相贯线和相贯体的水平投影都已完整表达。在正面投影中，因为后棱面是正平面，所以后棱面上的相贯线圆弧的正面投影反映真形，而铅垂的左前、右前棱面上的相贯线圆弧的正面投影则都是椭圆曲线段；又因在图 2.200(a)所示的已知条件的正面投影中，三棱柱的三条棱线与半球的贯穿点尚待确定，所以这三条棱线的正面投影尚未画全；此外，还要求画出相贯体的侧面投影。

作图过程如图 2.200(b)所示：

①作出未求作相贯线时的相贯体的侧面投影轮廓

在相贯体水平投影右侧作 45°辅助线，按三棱柱和半球的水平投影和正面投影作出它们的侧面投影，用粗实线先画出相贯体侧面投影的外轮廓，相贯线的侧面投影，以及尚未画全的两立体侧面投影，待以后解题作图时再补画。

②作相贯线的正面投影和侧面投影

在水平投影中，画出扩大的后棱面与半球面的截交线正平半圆的水平投影，按照它在水平投影中所显示的直径长度，画出反映它的真形的正面投影，延长图 2.200(a)已画出的三棱柱的左后、右后棱线的正面投影，分别与上述半圆的正面投影交得 1′、2′，则 $\overset{\frown}{1'2'}$ 即为三棱柱后棱面上的相贯线 $\overset{\frown}{\mathrm{I\,II}}$ 的正面投影，由于三棱柱后棱面的正面投影不可见，所以 $\overset{\frown}{1'2'}$ 也不可见，画成中虚线。将已画出的三棱柱后棱面的有积聚性的侧面投影继续向下延伸，由 1′、2′引投影连线，与左后棱线和右后棱面的侧面投影交得 1″、2″，由于相贯体左右对称，相贯线也左右对称，所以 1″与 2″互相重合，相贯线 $\overset{\frown}{\mathrm{I\,II}}$ 的侧面投影积聚在半球侧面投影范围内的三棱柱后棱面的有积聚性的侧面投影上，由于三棱柱左后棱线的侧面投影可见，所以三棱柱后棱面向下延伸的一段画到 1″2″为止，并画成粗实线。

从图中可以看出：三棱柱前棱线与半球的左右分界半圆共面，它与半球的贯穿点就是它与左右分界半圆的交点，于是在它们的侧面投影相交处标注出这个贯穿点Ⅲ的侧面投影 3″，它的水平投影 3 就积聚在三棱柱前棱线的有积聚性的水平投影上；由 3″按高平齐引投影连线，与三棱柱前棱线已画出的正面投影的延长线交得它的正面投影 3′。点Ⅲ就是三棱柱左前、右前棱面上的相贯线铅垂圆弧 $\overset{\frown}{\mathrm{I\,III}}$、$\overset{\frown}{\mathrm{II\,III}}$ 的端点，而 $\overset{\frown}{\mathrm{I\,III}}$、$\overset{\frown}{\mathrm{II\,III}}$ 的另一个端点Ⅰ、Ⅱ都已作出。为了作出截交线铅垂圆弧 $\overset{\frown}{\mathrm{I\,III}}$、$\overset{\frown}{\mathrm{II\,III}}$ 的最高点Ⅳ、Ⅴ，过球心的水平投影分别作 $\overset{\frown}{\mathrm{I\,III}}$、$\overset{\frown}{\mathrm{II\,III}}$ 的水平投影的垂线，交得 4、5，该点可以看作是铅垂圆弧的圆心的水平投影与圆弧的铅垂方向半径的水平投影的重影点，铅垂方向半径的端点即为相贯线铅垂圆弧的最高点；过 4、5 在半球的水平投影范围内作水平线，即为过点Ⅳ、Ⅴ在半球面上所作的正平半圆的水平投影，按照它所显示的正平半圆的直径长度，画出这个正平半圆反映真形的正面投影。由 4、5 引投影连线，与这个正平半圆的正面投影分别交得最高点Ⅳ、Ⅴ的正面投影 4′、5′；由 4、4′和 5、5′按已知点的两投影求第三投影的方法作

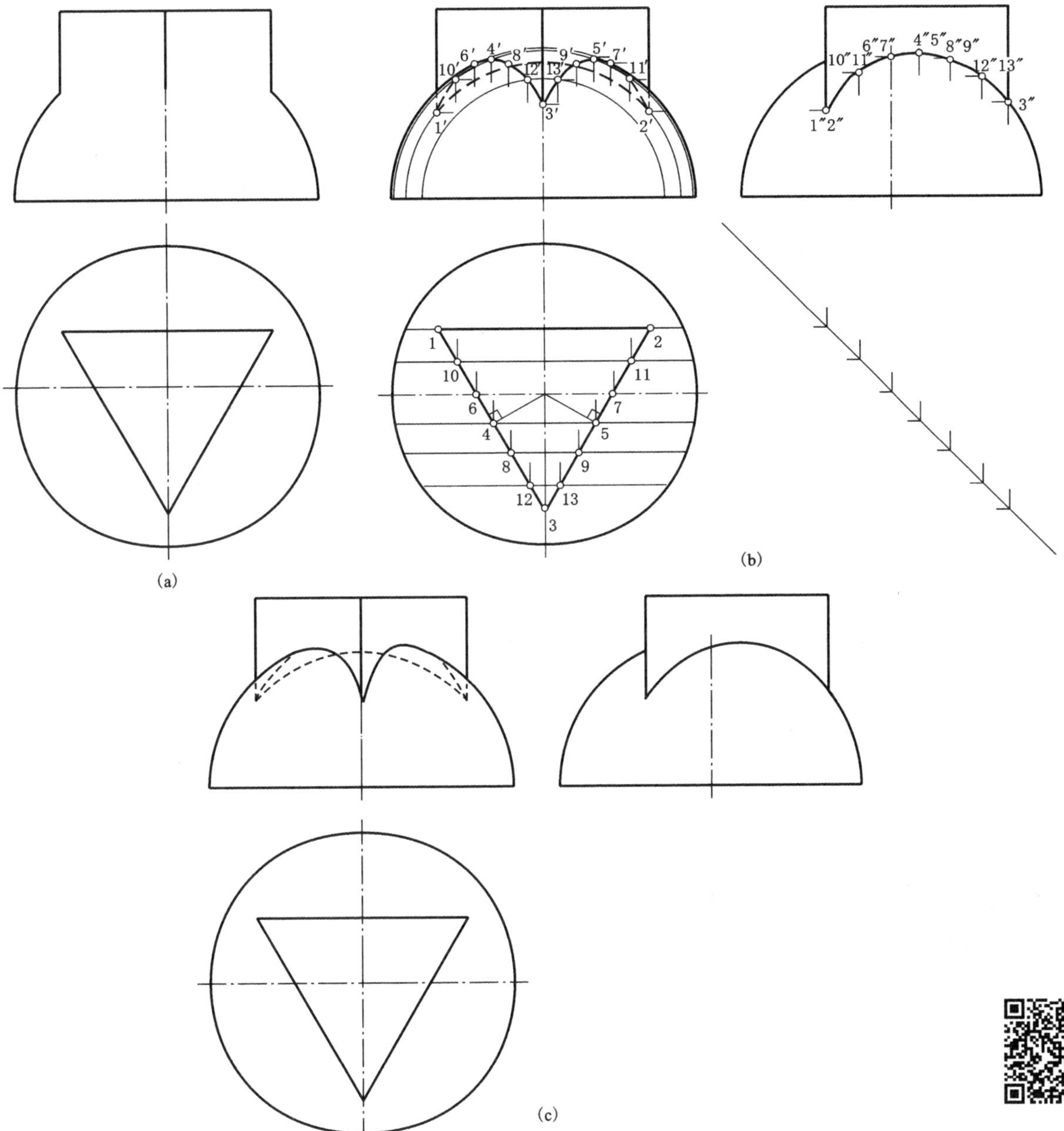

图 2.200　作正三棱柱与半球的相贯线，补全相贯体的正面投影，作出相贯体的侧面投影

(a)已知条件；(b)作图过程和作图结果；(c)清理图面后的投影图

出点Ⅳ、Ⅴ的侧面投影 4″、5″，由于左右对称，4″和 5″互相重合。在半球面的前后分界半圆与相贯线铅垂圆弧$\overset{\frown}{\text{Ⅰ Ⅲ}}$、$\overset{\frown}{\text{Ⅱ Ⅲ}}$的水平投影相交处，标注出相贯线在半球面前后分界半球上的点Ⅵ、Ⅶ的水平投影 6、7；将半球面的前后分界半圆已画出的正面投影两段粗实线圆弧分别延伸至 6、7 向正面投影引的投影连线，交得 6′、7′；由 6、6′和 7、7′按已知点的两投影求第三投影的方法作出互相重合的 6″和 7″。作出了这些相贯线$\overset{\frown}{\text{Ⅰ Ⅲ}}$、$\overset{\frown}{\text{Ⅱ Ⅲ}}$上的特殊点后，再在已作出的相贯线上的诸点较稀疏处补充一些中间点，分别在半球面上作出 3 个辅助正平半圆，并标注出相贯线在这些正平半圆上的点Ⅷ、Ⅸ、Ⅹ、Ⅺ、Ⅻ、ⅩⅢ的水平投影 8、9、10、11、12、13，并按 3 个辅助正平半圆的水平投影所显示的直径长度，作出它的反映真形的正面投影(图中过 10、11 点的正平半圆与过 4、5 点的正平半圆的正面投影相重合)，由 8、9、10、11、12、13 引投影连线，与相应的正平半圆的正面投影分别交得 8′、9′、10′、11′、12′、13′；由点Ⅷ、Ⅸ、Ⅹ、Ⅺ、Ⅻ、ⅩⅢ的水平投影和正面投影按

由点的两投影求第三投影的方法作出它们的侧面投影，8″与9″、10″与11″、12″与13″分别互相重合。按这两段相贯线铅垂圆弧在水平投影中所显示的诸点的顺序，将这些点的正面投影和侧面投影连成相贯线的正面投影和侧面投影。由于三棱柱的左前、右前棱面的正面投影可见，前半半球面的正面投影可见，所以相贯线段ⅢⅫⅧⅣⅥ和ⅢⅩⅢⅨⅤⅦ的正面投影3′12′8′4′6′和3′13′9′5′7′也可见，连成粗实线，而后半半球面的正面投影不可见，所以相贯线段ⅥⅩⅠ和ⅦⅪⅡ的正面投影6′10′1′和7′11′2′不可见，连成中虚线。由于三棱柱的左前棱面和左半半球面的侧面投影都可见，相贯线段ⅢⅫⅧⅣⅥⅩⅠ的侧面投影3″12″8″4″6″10″1″可见，画成粗实线；而三棱柱的右前棱面和右半半球面的侧面投影都不可见，相贯线段ⅢⅩⅢⅨⅤⅦⅪⅡ的侧面投影3″13″9″5″7″11″2″不可见，由于它们互相重合，所以无须再另行表示。

于是作出了相贯线的正面投影和侧面投影。

③补全相贯体的正面投影，完成相贯体的侧面投影

在上述作图过程中，三棱柱的三条棱线未画全的正面投影虽然都已用作图线（细实线）延长到它们与半球面的贯穿点的正面投影，然而尚未表示出可见性；半球面的正面投影的转向轮廓线，虽然已将未画全的部分都已用作图线（细实线）延伸出来，并在其上已作出相贯线上的点，然而也尚未完整表达。于是再用下述作图补全：由于前棱线在贯穿点Ⅲ之上的整段棱线都在半球面之前，所以将延伸的线段由细实线改为粗实线；由于左后、右后棱线的正面投影延伸的线段都在半球面的正面投影的转向轮廓线之后，被半球面所遮，所以这两条棱线的正面投影延伸的线段都由细实线改为中虚线；半球面的正面投影的转向轮廓线用细实线连接起来的这段圆弧，在其上的两相贯点Ⅵ、Ⅶ的正面投影6′、7′为止，6′、7′之间是不存在的，而在点Ⅵ之左和点Ⅶ之右的两段圆弧则分别都在三棱柱的左前、右前棱面之前，所以擦去或保留6′与7′之间的细实线圆弧，将6′之左和7′之右的细实线圆弧都分别改成粗实线。这样，就补全了相贯体的正面投影。

观察图2.200(b)可知：半球面的侧面投影的转向轮廓线，在三棱柱前棱线之前和三棱柱后棱面之后是存在的且可见，应该用粗实线画出；而在三棱柱前棱线之后和三棱柱后棱面之前，半球面的侧面投影的转向轮廓线已位于三棱柱内部，是不存在的，不应画出。三棱柱的前棱线在半球面的贯穿点Ⅲ之上是存在的，且侧面投影可见，画粗实线；而在贯穿点Ⅲ之下，则已位于半球内部，是不存在的，不应画出。三棱柱的左后、右后棱线在贯穿点Ⅰ、Ⅱ之上是存在的，左后棱线的侧面投影可见，右后棱线的侧面投影不可见，它们互相重合，画粗实线，且都积聚在三棱柱的后棱面的有积聚性的投影上；而在贯穿点Ⅰ、Ⅱ之下，则已位于半球内部，是不存在的，不应画出。按照上述观察和分析，便完成相贯体的侧面投影。

图2.200(c)所示是擦去了全部作图线和投影符号、清理图面后的投影图。

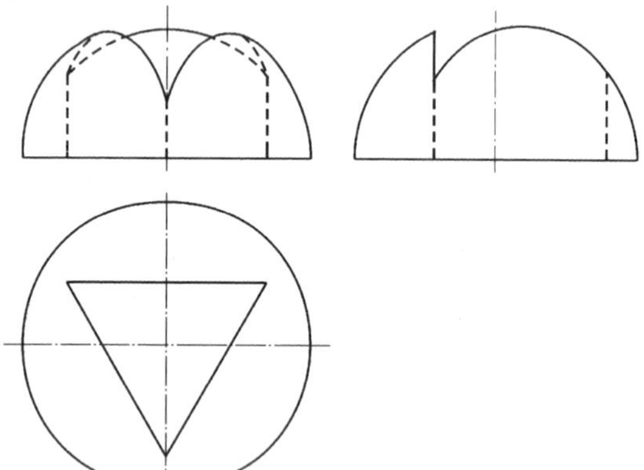

图2.201　具有三棱柱孔的半球的三面投影

图2.201所示是将图2.200所示的相贯体的整个正三棱柱抽掉后的具有正三棱柱孔的半球的三面投影。求作孔口线的方法，与未抽去三棱柱时求作相贯线完全相同，实际上孔口线就是相贯线，只是由于三棱柱抽掉后，孔口线投影的可见性与未抽去三棱柱时的相贯线会有所不同，且应加画三棱柱孔壁交线的投影。读者还应想到：在半球底面上还有一个三角形的孔口，它的水平投影积聚在三棱柱孔的三个棱面的有积聚性的水平投影上，正面投影和侧面投影则都分别积聚在半球底面的有积聚性的正面投影和侧面投影上。这些都请读者自行分析、阅读，不再赘述。

2.5.2.3　两曲面立体相交

两曲面立体的相贯线是两曲面立体表面上的共有点的连线。在一般情况下是封闭的空间曲线，在特殊情况下可能是平面曲线，有时也可能由直线或直线和曲线组成。当两个曲面立体有共同的底面时，相贯线是不封闭的。

求作两曲面立体的相贯线时，除了相贯线段是直线或平行于投影面的圆可以直接求作外，通常是先作出能控制相贯线的形状和范围的特殊点。特殊点包括曲面投影转向轮廓线上的点；极限位置点，也就是最左、最右、最前、最后、最高、最低的点；对称的相贯线在对称平面上的点等。然后，按需在相贯线上的点较稀疏处或曲率变化较大处求作一些一般点，也称中间点。最后，将这些相贯线上的点连成相贯线。

求作两曲面立体相贯线的方法，最常用的是表面取点法和辅助平面法。当两个曲面立体中至少有一个立体的曲面表面有积聚性(例如垂直于投影面的圆柱)时，常直接用表面取点法求作相贯线；也可以用辅助平面法求作相贯线。在其他情况下，可采用辅助面法求作相贯线，辅助面常采用平面，需要时也可使用球面或其他曲面作为辅助面。

用辅助平面法求作相贯线上的点的作图原理和方法：加设辅助平面，作出辅助平面与两个曲面立体的截交线，则截交线的交点是辅助平面和两个曲面立体表面的共有点，也就是两个曲面立体表面的共有点，即为两曲面立体相贯线上的点，作若干个辅助平面，求出一系列的相贯线上的点后，就可连成相贯线。选择辅助平面时，应选用与两个曲面立体都能得到最简单的截交线的平面，这样，可使作图简捷和准确。最简单的截交线是直线或平行于投影面的圆。

(1)用表面取点法和辅助平面法作一些常见的曲面立体的相贯线画法

如图 2.202(a)所示，求作两圆柱的相贯线。

由图 2.202(a)所示的已知条件可以看出，铅垂的小圆柱与侧垂的大圆柱全贯，小圆柱穿进大圆柱后不再穿出，相贯线是一条封闭的空间曲线。这两个圆柱有共同的左右对称面和前后对称面，相贯线也左右、前后对称。由于铅垂小圆柱的水平投影有积聚性，相贯线的水平投影就积聚在其上；侧垂大圆柱的侧面投影有积聚性，相贯线的侧面投影就积聚在小圆柱侧面投影范围内的大圆柱侧面投影的一段圆弧上。于是，相贯线的水平投影和侧面投影都不必求作，只要求作相贯线的水平投影。

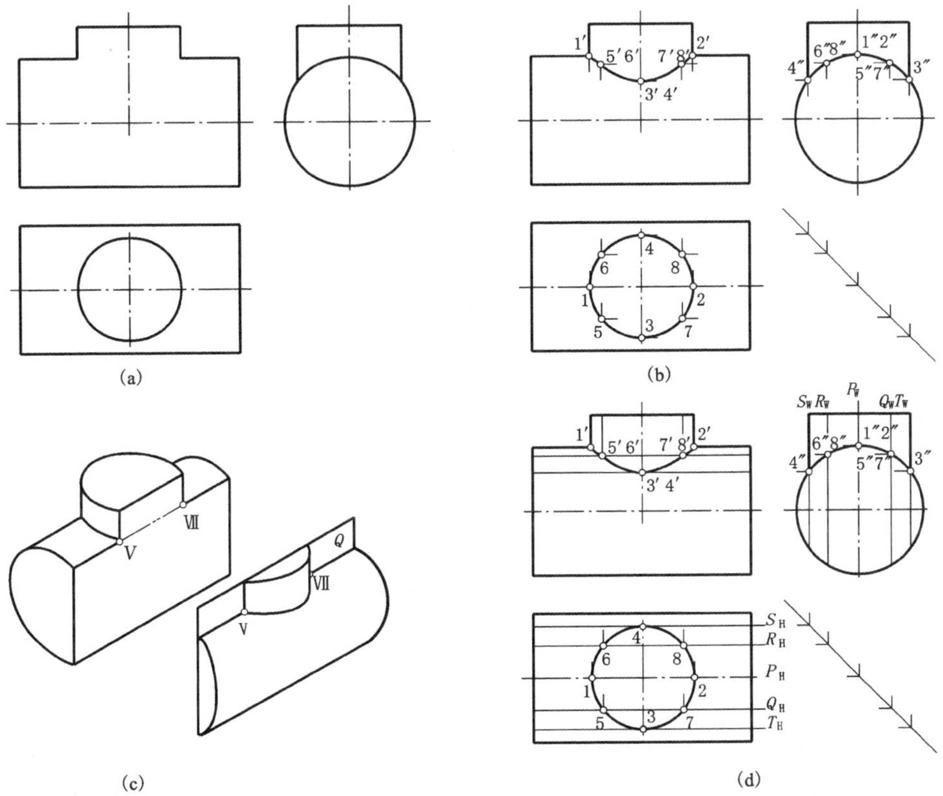

图 2.202　作两圆柱的相贯线

(a)已知条件；(b)用表面取点法作图；(c)选择辅助平面；(d)用辅助平面法作图

由于这两个圆柱表面都有积聚性的投影，通常宜选用表面取点法作相贯线，也可用辅助平面法作相贯线。

用表面取点法作相贯线的作图过程如图 2.202(b)所示：

①作相贯线上的特殊点

为了作图方便起见，先由小圆柱的轴线的水平投影和侧面投影分别作投影连线，彼此相交，然后过交点作出 45°辅助线。

在相贯线的水平投影上取最左、最右、最前、最后点Ⅰ、Ⅱ、Ⅲ、Ⅳ的水平投影 1、2、3、4；于相贯线的侧面投影上，相应地也在小圆柱面的最左、最右、最前、最后素线的侧面投影处，标绘出 1″、2″、3″、4″，1″与 2″互相重合；由 1、2、3、4 引水平投影与正面投影的投影连线，由 1″、2″、3″、4″引侧面投影与正面投影的投影连线，就相应地分别交得 1′、2′、3′、4′。显然，1′、2′分别是小圆柱面的最左、最右素线与大圆柱面的最高素线的正面投影的交点，而 3′、4′分别在小圆柱面的最前、最后素线的正面投影上，并且 3′和 4′互相重合；点Ⅰ、Ⅱ和Ⅲ、Ⅳ还同时是相贯线上的最高点和最低点；这四个点也分别是大、小圆柱面的正面投影和侧面投影转向轮廓线上的点，而且也还分别是这条对称的相贯线在对称面上的点，于是就作出了相贯线上的全部特殊点。

②作相贯线上的一般点

在相贯线的水平投影上任取左右、前后对称的点Ⅴ、Ⅵ、Ⅶ、Ⅷ的水平投影 5、6、7、8，由 5、6、7、8 引投影连线，与相贯线的侧面投影交得 5″、6″、7″、8″，5″与 7″、6″与 8″分别重合，由 5、6、7、8 和 5″、6″、7″、8″分别按已知点的两投影求第三投影的方法，作出这四个点的正面投影 5′、6′、7′、8′，5′与 6′、7′与 8′分别重合。

③将作出的诸点连成相贯线

按相贯线在水平投影中显示的诸点的顺序，顺次连成相贯线的正面投影，由于前后对称，前半相贯线ⅠⅤⅢⅦⅡ的正面投影 1′5′3′7′2′与后半相贯线ⅠⅥⅣⅧⅡ的正面投影 1′6′4′8′2′相重合。由于前半相贯线ⅠⅤⅢⅦⅡ位于这两个圆柱的正面投影都可见的前半圆柱面上，所以前 1′5′3′7′2′可见，画成粗实线；但后半相贯线ⅠⅥⅣⅧⅡ位于这两个圆柱的正面投影都不可见的后半圆柱面上，所以 1′6′4′8′2′不可见，因为与可见的 1′5′3′7′2′相重合，故不必另行画出中虚线。

用辅助平面法作相贯线的作图过程如图 2.202(d)所示：

用辅助平面法作相贯线时，常常选用合适的特殊位置平面作为辅助平面，作这两个圆柱的相贯线，可考虑选用同时平行于两条柱轴的正平面为辅助平面，例如图 2.202(c)所示的平面 Q，它与两个圆柱面都交得素线，它们的交点Ⅴ、Ⅶ，即为相贯线上的点。

①选择辅助平面，作相贯线上的特殊点

与用表面取点法作图一样，先按相贯体的水平投影和侧面投影作出 45°辅助线，然后作相贯线上的特殊点：以前后对称面 P 作为辅助平面，与大圆柱面交得最高素线，与小圆柱面交得最左、最右素线，它们的交点Ⅰ、Ⅱ即为相贯线上的最左点、最右点和最高点，也是相贯线在两个圆柱面的正面投影转向轮廓线上的点，又是相贯线与对称平面的交点。再以与小圆柱面的最前、最后素线相切的正平面 T、S 作为辅助平面，分别与小圆柱面切得最前、最后素线，与大圆柱的上半圆柱面分别交得一条素线，它们的交点Ⅲ、Ⅳ是相贯线上的最前点、最后点，也是最低点，又是小圆柱面的侧面投影的转向轮廓线上的点、相贯线与左右对称面的交点。于是作出了相贯线上的全部特殊点。正平面的水平迹线和侧面迹线都有积聚性，在投影图中分别为水平线和铅垂线，具体的作图如图所示。

②作相贯线上的一般点

为了作图方便起见，以前后对称的正平面 Q、R 为辅助平面，先作出它们的有积聚性的水平迹线 Q_H、R_H，由 Q_H、R_H 引投影连线，作出它们的有积聚性的侧面迹线 Q_W、R_W。由辅助平面 Q、R 截出的小圆柱面上的四条截交线的水平投影与正面投影的投影连线，作出这四条截交线素线的正面投影，它们分别前后重合；由辅助平面 Q、R 截出的上半大圆柱面上的两条截交线素线的侧面投影与正面投影的投影连线，作出这两条截交线素线的正面投影，它们也前后重合。大、小圆柱面上的 Q、R 面的截交线素线的正面投影交得相贯线上的一般点Ⅴ、Ⅵ、Ⅶ、Ⅷ的正面投影 5′、6′、7′、8′，5′与 6′、7′与 8′分别前后重合；这四个一般点的水平投影 5、6、7、8，分别位于 Q_H、R_H 与小圆柱面的有积聚性的水平投影圆周的交点处；而这四个一般点的侧面投影 5″、6″、7″、8″，则分别位于 Q_W、R_W 与上半大圆柱面的有积聚性的侧面投影上半圆周的交点处，于是就作出了相贯线上的这四个一般点的三面投影。

③将作出的诸点的正面投影连成相贯线的正面投影

连点的方法以及连出的相贯线的正面投影可见性的判定和表示，都与图 2.202(b)所示的用表面取点法作相贯线相同，作出了相贯线的正面投影后，也就完整地表达了这个相贯体的三面投影。

图 2.203 表示了两轴线正交的圆柱的相贯线的三种不同形式：

①图 2.203(a)是一个铅垂的实心小圆柱全部贯穿一个侧垂的实心大圆柱，相贯线是上下对称的两条封闭的空间曲线。下面的一条相贯线的作法与上面的相贯线的作法完全相同。

②图 2.203(b)是一个铅垂的圆柱孔全部贯穿一个侧垂的实心大圆柱，相贯线(就是孔口线)也是上下对称的两条封闭的空间曲线。一个侧垂圆柱被抽掉了铅垂的实心小圆柱后，孔口曲线的形状和作法，与图 2.203(a)所示的相贯线的形状和做法完全相同，但是应特别注意：在这个具有铅垂圆柱贯通孔的侧垂圆柱的正面投影和侧面投影中，要分别用中虚线画出圆柱孔表面的正面投影和侧面投影的不可见的转向轮廓线。

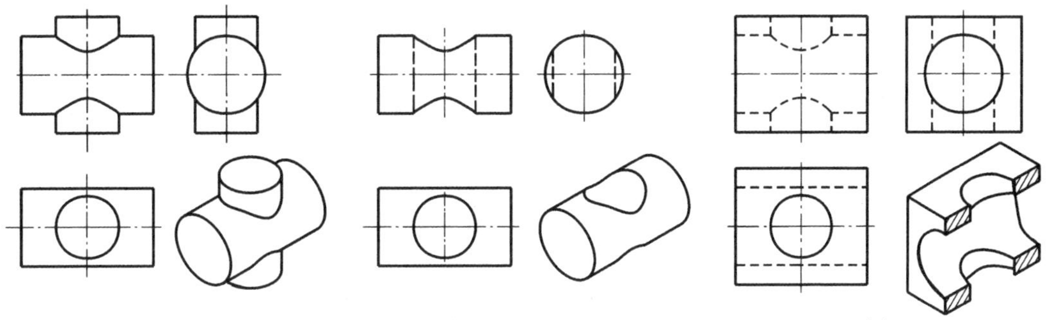

(a)　　(b)　　(c)

图 2.203　两圆柱的相贯线的三种不同形式

(a)两实心圆柱相交；(b)圆柱孔与实心圆柱相交；(c)两圆柱孔相交

③图 2.203(c)所示是一个正四棱柱内部有一个铅垂的小圆柱贯通孔和一个侧垂的大圆柱贯通孔。图中画出了两个圆柱贯通孔及其相贯线(孔壁交线)的三面投影，孔壁交线同样是上下对称的两条封闭的空间曲线。在投影图右下方所附的是这个具有双向贯通孔的侧垂的正四棱柱被截切掉前面一半以后的立体示意图。两个圆柱贯通孔的孔壁交线的投影作图方法，与两圆柱相贯线的作法完全相同。

如图 2.204(a)所示，求作圆台与半球的相贯线，并补全相贯体的投影。

由图 2.204(a)可以看出：圆台和半球有共同的前后对称面，相贯体前后对称，相贯线也前后对称；圆台在半球的左半球面上有一组封闭的空间曲线相贯线；当作出了相贯线的三面投影后，相贯体的水平投影和正面投影已完整表达，而在侧面投影中还必须延长圆台最前、最后这两条素线到相贯线上的点为止，按可见性用规定的图线画出，才能完整地表达这个相贯体的侧面投影。

由图 2.204(a)还可看出：圆台和半球的曲面表面的投影都没有积聚性，考虑用辅助平面法求作相贯线比较方便。

作图过程如图 2.204(c)所示：

①作相贯线上的特殊点

以相贯体的前后对称面 P 为辅助平面，P 面与圆台和半球的截交线分别就是它们的正面投影的转向轮廓线，截交线的交点就是所求的相贯线上的点Ⅰ、Ⅱ的正面投影 1′、2′。由 1′、2′按长对正、高平齐分别作投影连线，相应地与辅助平面 P 的有积聚性的水平投影 P_H 交得 1、2，与辅助平面 P 的有积聚性的侧面投影 P_W 交得 1″、2″，即为相贯线上的点Ⅰ、Ⅱ的水平投影和侧面投影。显然可见：点Ⅰ、Ⅱ就是相贯线上的最左、最右、最高、最低点，是圆台面、半球面的正面投影转向轮廓线上的点。

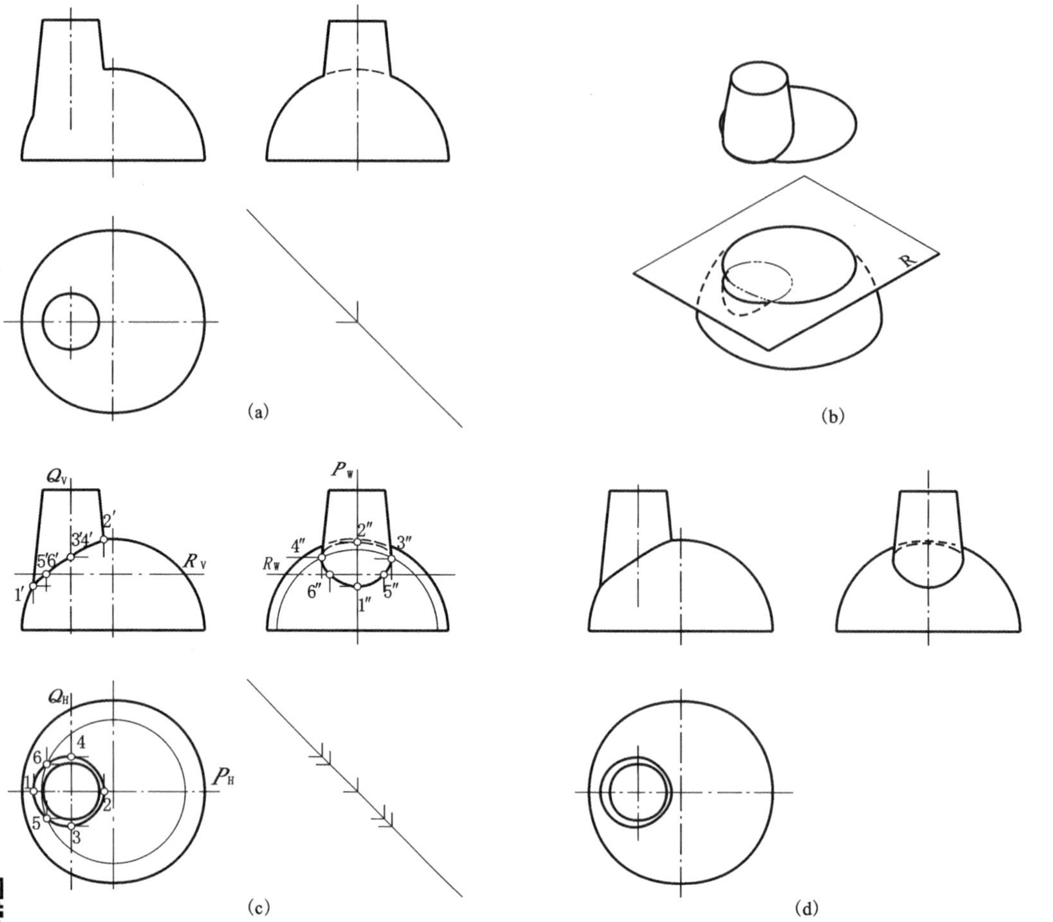

图 2.204　求作圆台与半球的相贯线，并补全相贯体的投影

(a)已知条件；(b)选择辅助平面；(c)作图过程和作图结果；(d)清理图面后的投影图

以过圆台轴线的侧平面 Q 为辅助平面，画出有积聚性的水平迹线 Q_H 和正面迹线 Q_V。Q 面与圆台交得最前、最后素线，它们的侧面投影就是圆台面的侧面投影的转向轮廓线；Q 面与半球面交得平行于侧面的半圆，圆心的侧面投影与球心的侧面投影相重合，以截交线半圆的水平投影所显示的直径长度作反映真形的侧面投影；Q 面与圆台面、半球面的截交线的侧面投影的交点 3″、4″，就是相贯线在圆台面的侧面投影的转向轮廓线上的点Ⅲ、Ⅳ的侧面投影，由 3″、4″按宽相等、前后对应和高平齐引投影连线，分别与 Q_H 和 Q_V 交得点Ⅲ、Ⅳ的水平投影 3、4 和正面投影 3′、4′，于是就作出了相贯线上的特殊点Ⅰ、Ⅱ、Ⅲ、Ⅳ。

②作相贯线上的一般点

在上述已作出的相贯线上的点较稀疏处，设水平的辅助平面 R，作出有积聚性的正面迹线 R_V 和侧面迹线 R_W。R 面与圆台面、半球面都交得水平纬圆，圆心的水平投影分别在它们的铅垂轴线的水平投影上，以这两个截交线圆的侧面投影显示的直径长度为直径，分别作出这两个截交线圆反映真形的水平投影，就交得相贯线上的两个一般点Ⅴ、Ⅵ的水平投影 5、6，由 5、6 按长对正、宽相等和前后对应引投影连线，分别与 R_V 和 R_W 交得点Ⅴ、Ⅵ的正面投影 5′、6′和侧面投影 5″、6″，由于前后对称，所以 5′与 6′互相重合，于是就作出了相贯线上的两个一般点Ⅴ、Ⅵ，用相同的方法作水平的辅助平面，可以作出相贯线上足够的一般点，为了使图形清晰，图中只作出了点Ⅴ和Ⅵ。

③连出相贯线的三面投影，并补全这个相贯体的侧面投影

按已作出的诸点在水平投影和侧面投影中显示的顺序，顺次将它们的水平投影和侧面投影分别连成封闭曲线 1532461 和 1″5″3″2″4″6″1″，即为相贯线ⅠⅤⅢⅡⅣⅥⅠ的水平投影和侧面投影。由于圆台面和半球面的水平投影都可见，所以它们的相贯线的水平投影也可见，将 1532461 连成粗实线；由于左半圆台

面和左半半球面的侧面投影都可见，所以在其上的相贯线的侧面投影也可见，而右半圆台面的侧面投影不可见，在其上的相贯线的侧面投影也不可见，于是将 3″5″1″6″4″连成粗实线，将 4″2″3″连成中虚线；由于相贯线前后对称，在前半圆台面和前半半球面上的可见的相贯线段ⅠⅤⅢⅡ的正面投影 1′5′3′2′，用粗实线连成光滑曲线，而在后半圆台面和后半半球面上的不可见的相贯线ⅠⅥⅣⅡ的正面投影 1′6′4′2′，由于与可见的用粗实线表示的 1′5′3′2′相重合，就不必再另行表示了。于是就连出了相贯线ⅠⅤⅢⅡⅣⅥⅠ的三面投影。

连出了相贯线的三面投影后，相贯体的水平投影和正面投影都已完整表达；由于在侧面投影中，圆台面的侧面投影转向轮廓线应画到圆台面的最前、最后素线与半球面的贯穿点Ⅲ、Ⅳ的侧面投影 3″、4″为止，因为这两条素线位于半球面之左，它们的侧面投影都是可见的，于是用粗实线延伸至 3″和 4″为止，就补全了相贯体的侧面投影。

图 2.204(d)所示是擦去了全部作图线和投影符号，清理图面后的投影图。

(2)两曲面立体在特殊情况下的相贯线

前面已经讲过，两曲面立体的相贯线，在一般情况下是空间曲线，在特殊情况下可能是平面曲线，有时也可能由直线或直线和曲线所组成。

只有两个具有直纹面表面的曲面立体的直纹面恰巧相交于共同的直线素线，以及一个具有直纹面表面的曲面主体的直纹面的一条直线素线恰巧与另一曲面立体的平面表面相交，或两个曲面立体的平面表面相交，才会产生直线的相贯线段。一个曲面立体的平面表面与另一曲面立体的曲面表面相交，常常产生平面曲线的相贯线段，两曲面立体的曲面表面在特殊情况下也会产生平面曲线的相贯线。

今择要介绍两曲面立体的曲面表面的相贯线为平面曲线的两种比较常见的特殊情况：

①两同轴回转体的相贯线是垂直于轴线的圆

如图 2.205(a)所示，有一个组合回转体，上部是圆锥与半球全贯，下部是半球与圆柱相切，求作它们的相贯线，补全这个组合回转体的水平投影和正面投影。

若将图 2.205(a)中的正面投影看作一个左右对称的平面图形，把这个平面图形绕对称轴旋转 180°，就形成这个组合回转体。这个组合回转体的上部是同轴的圆锥与半球相交，圆锥穿进半球后不再穿出来，所以有一组相贯线，而圆锥面和半球面的正面投影转向轮廓线的交点旋转形成圆锥面和半球面上的一个共有的纬圆，就是这组相贯线。于是就可以得出结论：两同轴回转体的相贯线是垂直于轴线的圆。这个回转体的下部是同轴的半球与圆柱相切，它们相切于半球面和圆柱面上的一个共有的纬圆，是由半球面和圆柱面的正面投影转向轮廓线的切点旋转所形成的，因为半球面和圆柱面在相切处都是光滑过渡的，所以不应画出切线圆的投影。

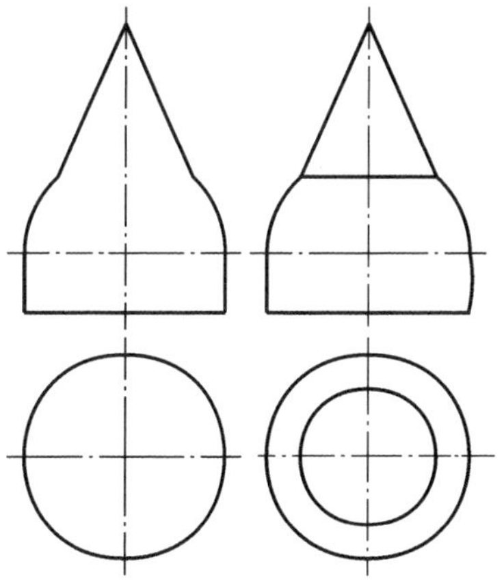

(a)　(b)

图 2.205　同轴回转体的相贯线示例

(a)已知条件；(b)作图结果

如图 2.205(b)所示，连接圆锥面和半球面正面投影的转向轮廓线的两个交点，即得圆锥与半球的相贯线的正面投影，以共有轴线的有积聚性的水平投影(相贯线共有纬圆的圆心的水平投影积聚在其上)为圆心，用相贯线共有纬圆在正面投影显示出的直径长度，作出这条相贯线共有纬圆反映真形的水平投影。因为半球面与圆柱面的切线圆在投影图中不应画出，就补全了这个组合回转体的水平投影和正面投影。

②当两个圆柱、两个圆锥或圆柱和圆锥的轴线相交，且都平行于同一个投影面，当它们能公切于一个球时，相贯线是垂直于这个投影面的两个椭圆

这个结论是由解析几何中的蒙日定理推导获得的。蒙日定理：当两个二次曲面公切于第三个二次曲面时，相贯线为平面曲线。

图 2.206 所示是轴线相交且都平行于正面的两圆柱、圆柱与圆锥、两个圆锥都能公切于一个球面时的

投影示例，图中只画出了正面投影，连接它们的正面投影的转向轮廓线的不相邻的交点，即为两组相贯线正垂椭圆的正面投影。

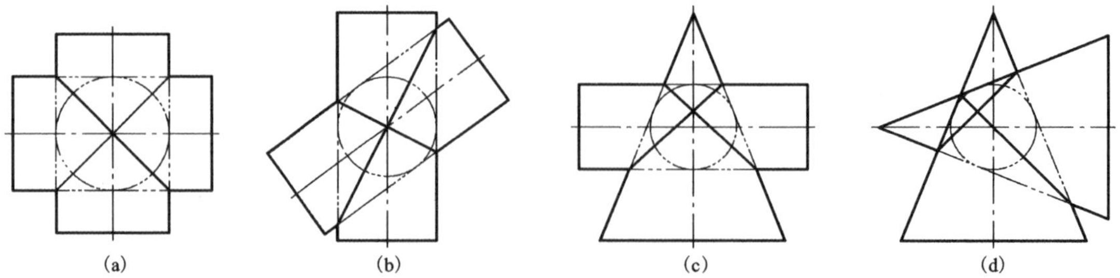

图 2.206　两轴线相交且都平行于正面的圆柱或圆锥能公切于一个球面时的相贯线示例

(a)轴线正交的等径圆柱；(b)轴线斜交的等径圆柱；(c)轴线正交的圆柱和圆锥；(d)轴线正交的圆锥

建筑上常见的十字拱的圆柱面的交线，就是轴线正交且都平行于水平面的等径半圆柱面的相贯线。例如图 2.207 所示的就是四根柱子支承的一个十字拱顶的立体图和投影图，十字拱的外壁交线和内壁交线都是分别位于两个铅垂面内的半椭圆。

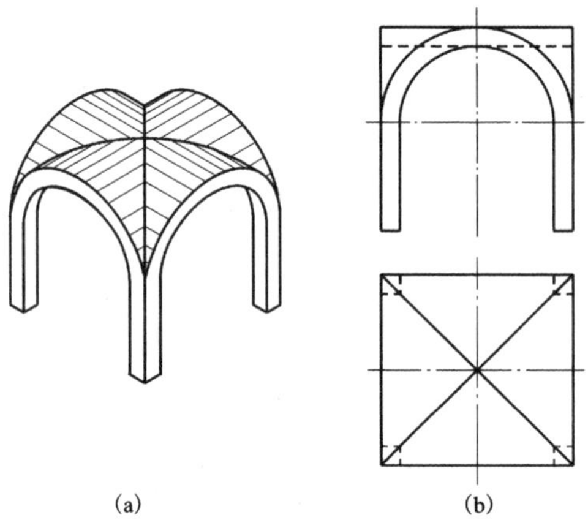

图 2.207　等径十字拱的相贯线示例

(a)立体图；(b)投影图

2.6　轴测投影

2.6.1　轴测投影的基本知识

2.6.1.1　轴测投影的形成和作用，正轴测投影和斜轴测投影

轴测投影也称轴测投影图或轴测图。在绪论中已述及：轴测投影是将物体连同其参考直角坐标系，沿不平行于任一坐标面的方向，用平行投影法将其投射在单一投影面上所得的图形。如图 2.208(a)所示，投射线垂直于轴测投影面 P 时，称为正轴测投影。如图 2.208(b)所示，投射线倾斜于轴测投影面 P 时，则称为斜轴测投影。轴测投影能同时反映出物体长、宽、高三个方向的尺度，立体感较强，在土木工程和其他专业的工程图样中有较多应用。

2.6.1.2　轴间角和轴向伸缩系数

仍如图 2.208 所示，坐标轴 O_0X_0、O_0Y_0、O_0Z_0 的轴测投影 OX、OY、OZ 称为轴测轴，简称 X 轴、Y 轴、Z 轴。轴测轴上的单位长度与相应坐标轴上的单位长度的比值，称为 X、Y、Z 轴的轴向伸缩系数，分别用 p_1、q_1、r_1 表示。从图 2.208 中可以看出：

$$p_1=\frac{OA}{O_0A_0};q_1=\frac{OB}{O_0B_0};r_1=\frac{OC}{O_0C_0}$$

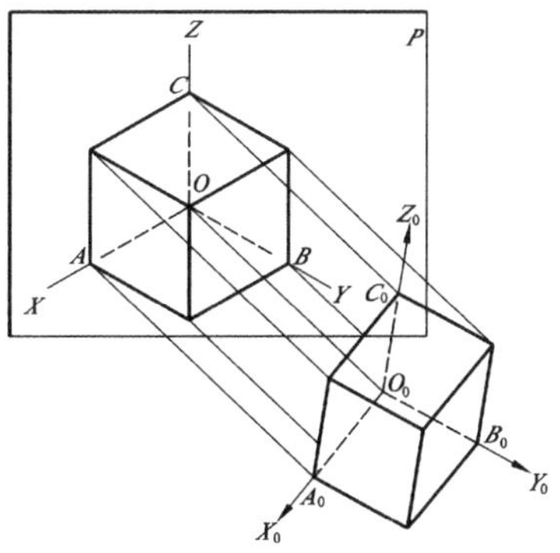

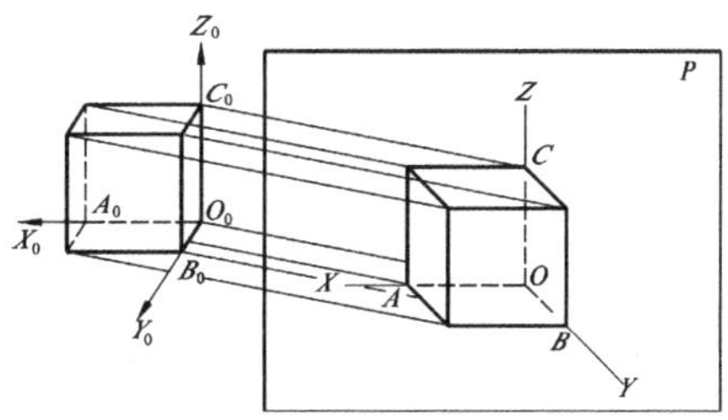

图 2.208　轴测投影的形成

(a)正轴测投影;(b)斜轴测投影

两条轴测轴之间的夹角∠XOY、∠YOZ、∠ZOX,称为轴间角。绘制轴测投影前应先确定轴向伸缩系数和轴间角。《技术制图　投影法》(GB/T 14692—2008)规定:轴测图中的三根轴测轴应配置成便于作图的特殊位置。绘图时,轴测轴随轴测图同时画出,也可以省略不画。

为了便于作图,有时候需要把轴向伸缩系数之比简化,简化后的系数称为简化伸缩系数,简称简化系数,分别用 p、q、r 表示。例如三个轴向伸缩系数 $p_1=q_1=r_1\approx0.82$,简化系数 $p=q=r=1$,这样作图就简便得多。用简化系数作出的图形是用原来的轴向伸缩系数作出的图形的相似图形,同样能显示物体的立体形状,只是按三条轴的轴向长度有了相同比例的伸缩,X、Y、Z 轴方向都放大成 $\frac{1}{0.82}\approx1.22$ 倍的相似图形。为了简单、方便起见,本书将简化系数 p、q、r 和无须简化的轴向伸缩系数 p_1、q_1、r_1 都用 p、q、r 表示。

由立体几何可以推导出:与投射方向不平行的两平行线段的平行投影,仍保持平行,并且各线段的平行投影与原线段的长度比都相等。由此可知:物体上的平行于坐标轴的线段的轴测投影,仍与相应的轴测轴平行,并且该线段的轴测投影的长度与原线段的长度的比值,就是与它相平行的轴测轴的轴向伸缩系数或简化系数。因此,当确定了物体在直角坐标系中的位置后,就可按选定的轴间角和轴向伸缩系数或简化系数作出物体的轴测投影。

2.6.1.3　轴测投影的分类以及土木建筑工程中常用的轴测投影

正轴测投影和斜轴测投影按轴向伸缩系数是否相等各分成三个类型:正轴测投影的轴向伸缩系数都相等的,称为正等测投影(简称正等测),其中只有两个轴向伸缩系数相等的,称为正二测投影(简称正二测),三个轴向伸缩系数各不相等的,称为正三测投影(简称正三测);同样,斜轴测投影也相应地分为斜等测投影(简称斜等测)、斜二测投影(简称斜二测)、斜三测投影(简称斜三测)。

在斜轴测投影中,常用的是轴测投影面 P 平行于参考直角坐标系的坐标面 $Z_0O_0X_0$ 的斜轴测投影,轴测轴 OX 和 OZ 分别仍为水平和铅垂方向,轴向伸缩系数 $p=r=1$,轴间角 $\angle ZOX=90°$,物体上平行于坐标面 $Z_0O_0X_0$ 的正面,都与轴测投影面 P 平行,轴测投影反映真形,称为正面斜轴测投影,若 q 也等于1,为正面斜等测投影(简称正面斜等测);若 q 不等于1,便是正面斜二测投影(简称正面斜二测)。在土木建筑工程中有时还用到轴测投影面 P 平行于坐标面 $X_0O_0Y_0$ 的斜轴测投影,轴向伸缩系数 $p=q=1$,轴间角 $\angle XOY=90°$,物体上平行于坐标面 $X_0O_0Y_0$ 的水平面,都与轴测投影面 P 平行,轴测投影反映真形,称为水平斜轴测投影。若 r 也等于1,为水平斜等测投影(简称水平斜等测);若 r 不等于1,便是水平斜二测投影(简称水平斜二测)。

本书只着重阐述正等测、正面斜等测、正面斜二测的画法(表 2.12)。其他轴测投影的画法也基本相同,如需进一步了解,可参阅书后的参考文献[3]、[4]、[5]。

表 2.12　正等测、正面斜等测和正面斜二测的轴测轴

轴测投影的类型	正　等　测	正面斜等测	正面斜二测
轴间角和轴向伸缩系数或简化系数	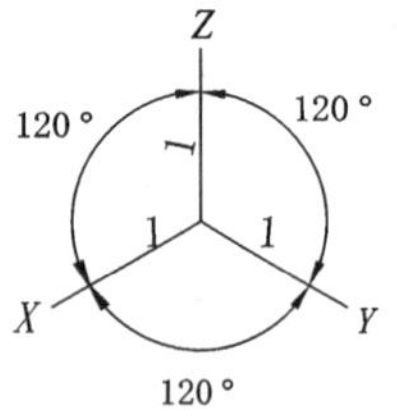	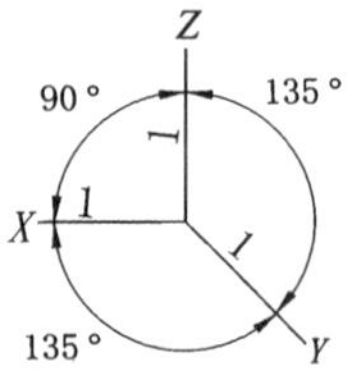	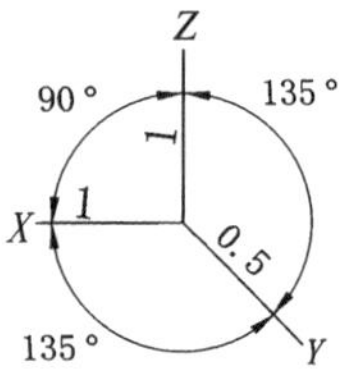
参考轴测轴和参考立方体的轴测图	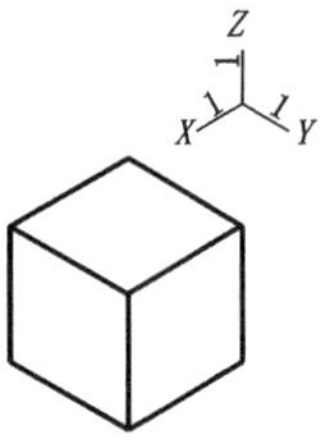	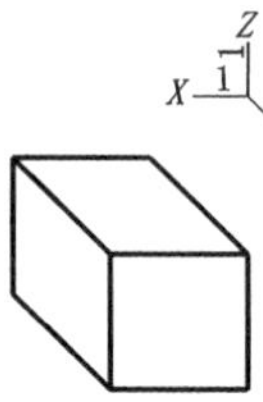	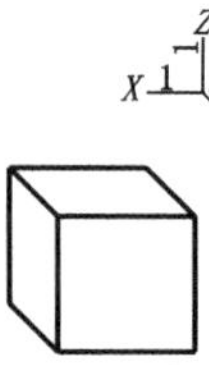
说明	表中所列的是简化系数，轴向伸缩系数是 $p_1=q_1=r_1\approx 0.82$	表中所列的是轴向伸缩系数；Y 轴与 Z 轴的轴间角常用 120°、135°、150°	表中所列的是轴向伸缩系数；Y 轴与 Z 轴的轴间角常用 120°、135°、150°

2.6.1.4　绘制轴测投影时的注意点

(1)首先要按所画的物体的形状选定所绘轴测图的类型以及参考立方体的可见面，确定轴测轴及其简化系数或轴向伸缩系数。

(2)Z 轴一般都按铅垂方向绘制，X 轴和 Y 轴可以对调，各轴也都可以分别按相反方向或对称方向画出。与坐标轴平行的直线可直接画出；不平行于坐标轴的直线，不能直接画出，常作出两端点后连成。当一点的轴测投影确定后，其他各点都可按与已知点的相对位置用坐标折线画出。

(3)作图时可应用平行投影的一些主要的投影特性，使作图过程较为简洁。例如：空间互相平行的直线的轴测投影仍互相平行；同一直线上两线段的长度比，以及两平行线段的长度比，在轴测投影中仍保持不变等。

(4)《房屋建筑制图统一标准》(GB/T 50001—2017)规定，房屋建筑的轴测图，宜采用正等测投影，并用简化轴向伸缩系数绘制，轴测图的可见轮廓线宜用中实线绘制；而《技术制图　投影法》(GB/T 14692—2008)规定，轴测图中应用粗实线画出物体的可见轮廓。本书为了使图形清晰、明显，轴测图的可见轮廓线都画粗实线，一般都不画不可见轮廓；必要时，可用细虚线画出不可见轮廓。

2.6.2　正等测的画法

2.6.2.1　平行于坐标面的圆的正等测画法

因为轴测投影是平行投影，所以当圆所在的平面平行于轴测投影面时，其投影仍为圆；当圆所在的平面平行于投射方向时，其投影为一直线段；在其他情况下则为椭圆。正轴测投影和斜轴测投影都是这样。工程上经常用到平行于坐标面的圆。

下面分别以菱形法画 $X_0O_0Y_0$ 坐标面上的圆、以八点法画 $Z_0O_0X_0$ 坐标面上的圆、以平行弦法画 $Y_0O_0Z_0$ 坐标面上的圆为例，说明画任一坐标面上的圆和平行于任一坐标面的圆的正等测，读者应能举一反三。

(1)菱形法

如图 2.209(a)所示，在坐标面 $x_0o_0y_0$ 上有一个以坐标原点 o_0 为圆心的圆，这个圆的正等测画法如图 2.209(b)所示。

①按参考轴测轴的方向作出轴测轴 OX、OY 后，从点 O 向 OX、OY 两侧按 $p=q=1$，即 1∶1 量取图

2.209(a)反映真形的水平投影中的 $o_0 1$、$o_0 2$、$o_0 3$、$o_0 4$ 的长度，即圆的半径长度，得点Ⅰ、Ⅱ、Ⅲ、Ⅳ；从Ⅰ、Ⅱ和Ⅲ、Ⅳ分别作 OY 和 OX 的平行线，交得一个菱形，即为这个圆的外切正方形的正等测。

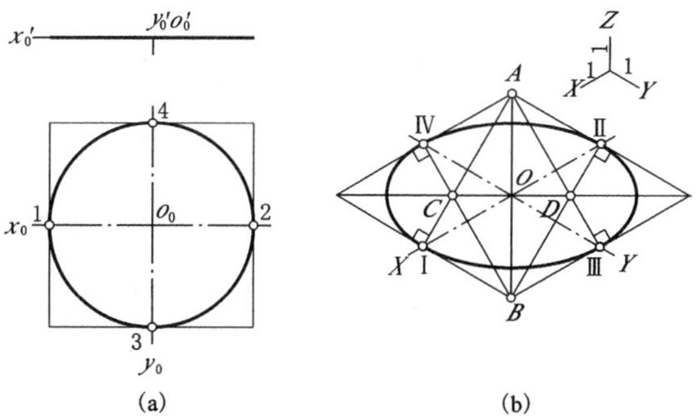

图 2.209 用菱形法画坐标面 $X_0O_0Y_0$ 上的圆的正等测
(a)两面投影；(b)轴测画法

②连菱形的对角线，正等测椭圆的长轴在长对角线上，短轴在短对角线上。由菱形各边的中点Ⅰ、Ⅱ、Ⅲ、Ⅳ分别作各边的垂线，与短对角线交于菱形的顶点 A、B，与长对角线交得 C、D。

③分别以 A、B 为圆心，AⅠ或 AⅢ、BⅡ或 BⅣ为半径，作圆弧$\overset{\frown}{\text{ⅠⅢ}}$、$\overset{\frown}{\text{ⅡⅣ}}$；以 C、D 为圆心，CⅠ或 CⅣ、DⅡ或 DⅢ为半径，作圆弧$\overset{\frown}{\text{ⅣⅠ}}$、$\overset{\frown}{\text{ⅢⅡ}}$。这四段圆弧分别相切于点Ⅰ、Ⅲ、Ⅱ、Ⅳ，就拼接成这个圆的正等测椭圆。

用菱形法画出的轴测椭圆只是一个近似椭圆，不是椭圆曲线，而是由以点 A、B、C、D 为圆心的四段圆弧拼接而成，所以菱形法也称为四心法或四圆弧近似法。菱形法只适用于画与两轴向伸缩系数相等的坐标面相平行的圆的轴测椭圆。在一般情况下，工程上能应用它解决问题，是作坐标面上的圆或平行于坐标面的圆的正等测的常用方法。

(2)八点法

如图 2.210(a)所示，在坐标面 $z_0o_0x_0$ 上有一个以坐标原点 o_0 为圆心的圆，坐标轴 o_0x_0 和 o_0z_0 分别与圆周交得点 $1'$、$2'$ 和 $3'$、$4'$。过 $1'$、$2'$ 和 $3'$、$4'$ 分别作 o_0z_0 和 o_0x_0 的平行线，交得这个圆的四边平行于坐标轴的外切正方形，正方形各边的中点 $1'$、$2'$、$3'$、$4'$ 即为四个切点。在正面投影中，以正方形的任意半条边(例如上边的左半)为斜边作等腰直角三角形，得直角顶点 A；以 $3'$ 为圆心、$3'A$ 为半径作弧，与上边分别交得点 B、C；连接正方形的两条对角线；过 B、C 作 O_0Z_0 的平行线，与对角线交于圆周上的四个点 $5'$、$6'$、$7'$、$8'$。于是 $1'$、$2'$、$3'$、$4'$、$5'$、$6'$、$7'$、$8'$ 是圆周上的八个点，作出这八个点的正等测，就可用曲线板光滑连接成这个位于 $Z_0O_0X_0$ 坐标面上的圆的正等测。由于这个轴测椭圆由八个点连出，所以这样的作图方法称为八点法。

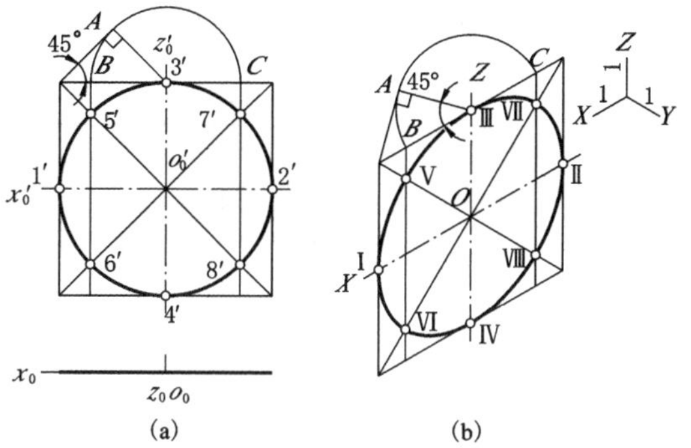

图 2.210 用八点法画坐标面 $Z_0O_0X_0$ 上的圆的正等测
(a)两面投影；(b)轴测画法

八点法的作图过程如图 2.210(b)所示。

①按参考轴测轴的方向作出轴测轴 OX、OZ 后，从点 O 向 OX、OZ 两侧按 $p=r=1$，即 1∶1 量取图 2.210(a)反映真形的正面投影中的 $o_0'1'$、$o_0'2'$、$o_0'3'$、$o_0'4'$ 的长度，即圆的半径长度，得点Ⅰ、Ⅱ、Ⅲ、Ⅳ，从Ⅰ、Ⅱ和Ⅲ、Ⅳ分别作 OZ 和 OX 的平行线，交得一个菱形，即为这个圆的外切正方形的正等测。

②连菱形的对角线，以菱形的任意半条边为斜边作等腰直角三角形，今与图 2.210(a)配合，也以上边的左半边为斜边作等腰直角三角形，得直角顶点 A；以Ⅲ为圆心、ⅢA 为半径作弧，与上边分别交得点 B、C，过 B、C 作 OZ 的平行线，与对角线交得Ⅴ、Ⅵ、Ⅶ、Ⅷ。将Ⅰ、Ⅴ、Ⅲ、Ⅶ、Ⅱ、Ⅷ、Ⅳ、Ⅵ、Ⅰ用曲线板顺次连成这个圆的正等测椭圆。

圆的任何一对互相垂直的直径，它们的平行投影分别都是投影椭圆的一对共轭轴，例如图 2.210(b)中的ⅠⅡ、ⅢⅣ就是这个圆的正等测椭圆的一对共轭轴，图 2.210(b)所示的八点法，也就是已知椭圆的一对共轭轴作椭圆的一种方法。

(3)平行弦法

通过画圆的一系列平行坐标轴的弦，光滑地连接弦的端点的轴测投影，即可作出轴测椭圆。平行弦法

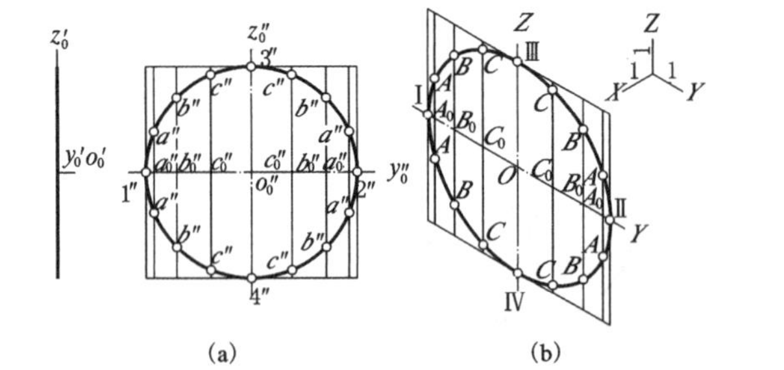

图 2.211　用平行弦法作坐标面 $Y_0O_0Z_0$ 上的圆的正等测

(a)两面投影；(b)轴测画法

的作图案例如图 2.211 所示。

2.6.2.2　物体的正等测画法

绘制物体的轴测投影的基本方法有坐标法、叠加法、切割法和综合法。结合绘制物体的正等测，分别举例如下。

(1)坐标法

用坐标法绘制物体的轴测投影时，首先对物体引入参考直角坐标系，根据物体上各点的坐标或相对坐标，画出各点的轴测投影，从而画出物体的轴测投影。由于在物体的轴测投影中一般不画不可见的轮廓线，所以对轴测投影中有些不可见的轮廓线，画底稿时就可省略不画；若在作图过程中需要画出不可见的轮廓线，或者在画底稿时已经画出不可见的轮廓线，则在清理图面和按规定图线描深底稿前，擦去不可见的轮廓线的底稿。

用简化系数作出图 2.212(a)所示的三棱锥的正等测的作图过程，如图 2.212(b)至 2.212(e)所示：

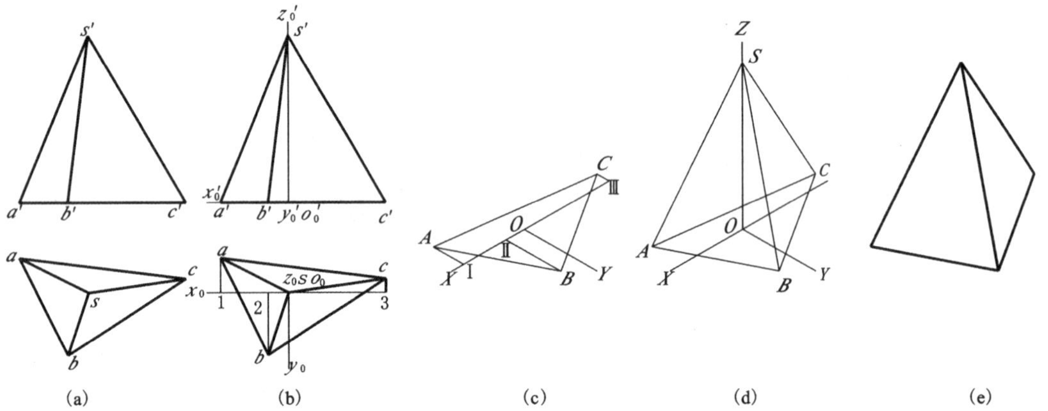

图 2.212　作三棱锥的正等测

(a)已知条件；(b)设置坐标系；(c)作底面；(d)作锥顶，完成三棱锥的底稿；(e)清理图面后的作图结果

①如图 2.212(b)所示，设置坐标轴，并确定各点的坐标：以过锥顶 S 的铅垂线为 O_0Z_0，与底面的交点为坐标原点 O_0，添加 O_0X_0 和 O_0Y_0。由底面的顶点 A、B、C 向 O_0X_0 及其延长线作垂线，得交点Ⅰ、Ⅱ、Ⅲ。

②如图 2.212(c)所示，按正等测作轴测轴 OX、OY；按 $p=1$ 从 O 沿 OX 的正向和负向分别量取图 2.212(b)中的 o_01、o_02 和 o_03 的长度，得点Ⅰ、Ⅱ和Ⅲ；由Ⅰ、Ⅱ、Ⅲ作 OY 的平行线，将图 2.212(b)中的 $1a$、$2b$、$3c$ 的长度分别按 $q=1$ 和 O_0Y_0 的正、负向量在相应的 OY 的平行线上，得底面的顶点的正等测 A、B、C，连成底面三角形 ABC 的正等测。

③如图 2.212(d)所示，从点 O 向上作铅垂的轴测轴 OZ，并从 O 按 $r=1$ 沿 OZ 的正向量取图 2.212(b)中的 $o_0's'$ 的长度，得锥顶的正等测 S；将 S 分别与 A、B、C 相连，得三条棱线的正等测 SA、SB、SC。

④如图 2.212(e)所示，擦去所有的作图线、轴测轴、投影符号和在正等测中不可见的底边 AC，清理图面，用粗实线加深轴测投影中的可见轮廓线，就画出了这个三棱锥的正等测。

用简化系数作出图 2.213(a)所示的正六棱柱的正等测的作图过程，如图 2.213(b)至 2.213(e)所示。

①如图 2.213(b)所示，以顶面的中心为坐标原点 O_0，设置坐标轴 O_0X_0、O_0Y_0、O_0Z_0；标注出顶面的六个顶点的投影符号；顶面的前、后边分别与 O_0Y_0 交得点 A、B。

②如图 2.213(c)所示，作正等测的轴测轴 OX、OY，按 $p=q=1$ 分别沿 OX 和 OY 的正、负向量取图 2.213(b)中的 o_01、o_04 和 o_0a、o_0b 的长度，得点Ⅰ、Ⅳ和 A、B；由 A、B 分别作 OX 的平行线，分别将图 2.213(b)中的 $a2$、$a3$、$b6$、$b5$ 的长度量在相应的 OX 的平行线上，得点Ⅱ、Ⅲ、Ⅵ、Ⅴ，按图 2.213(b)中的顺

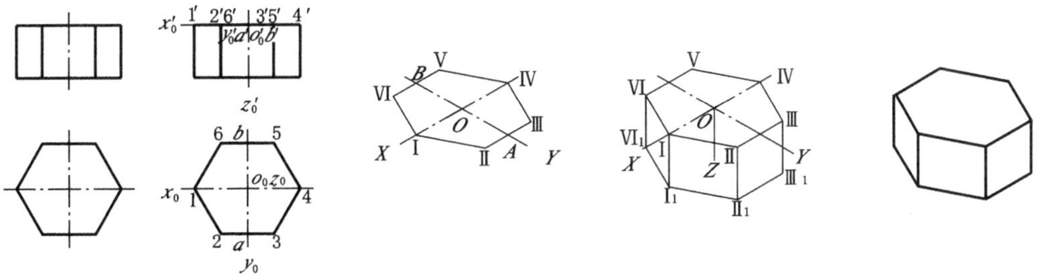

(a)　　(b)　　(c)　　(d)　　(e)

图 2.213　作正六棱柱的正等测

(a)已知条件；(b)设置坐标系；(c)作顶面；(d)作可见棱线和底边，完成正六棱柱的底稿；(e)清理图面后的作图结果

序将Ⅰ、Ⅱ、Ⅲ、Ⅳ、Ⅴ、Ⅵ、Ⅰ连成顶面的正等测。

③如图 2.213(d)所示，过 O 向下作铅垂线，即为正等测的轴测轴 OZ；由Ⅵ、Ⅰ、Ⅱ、Ⅲ作 OZ 的平行线，并分别向下按 $r=1$ 量取图 2.213(a)中所显示的高度，得点VI_1、I_1、II_1、III_1，画出了六棱柱正等测的四条可见棱线；顺次连接VI_1、I_1、II_1、III_1，画出正等测的三条可见底边，就作出了这个正六棱柱的正等测的底稿。

④如图 2.213(e)所示，擦去轴测轴和投影符号，清理图面，用粗实线加深可见轮廓线，完成六棱柱的正等测。

从图 2.213 的作图过程可以看出，画物体的轴测投影时，可以先画出一个可见端面，然后逐步画出轴测投影中的可见轮廓线；而对轴测投影中的不可见轮廓线，在画底稿时就可省略不画。这种画法也可称为端面法。同时，还可看出，当从Ⅵ、Ⅰ、Ⅱ、Ⅲ作 OZ 的平行线后，也可以只从Ⅵ向下量取正六棱柱的高度得点VI_1，然后按两平行直线的平行投影互相平行的投影特性，过VI_1 作$\mathrm{VI}_1\mathrm{I}_1$//ⅥⅠ，与从Ⅰ作出的 OZ 的平行线交得I_1，用同样的方法顺次作出$\mathrm{I}_1\mathrm{II}_1$、$\mathrm{II}_1\mathrm{III}_1$，从而完成底稿，不必在每条棱线上都量取高度。

(2)叠加法

若物体可以看作由若干个基本体叠加而成，就可以用叠加法作出它的轴测投影：先按参考轴测轴及其轴向伸缩系数或简化系数作出第一个基本体的轴测投影，然后根据各基本体之间的相对位置，顺次作出其余各个基本体的轴测投影。当物体的形状较复杂时，也可在逐个作基本体的过程中将已画出的基本体的轴测投影中被遮的不可见轮廓线和在假设分割成若干个基本体过程中可能产生的实际上不存在的图线，随时擦拭干净，使图面清晰，以免图线过多而产生混淆；同时还可在逐个作基本体的过程中，对轴测投影中的可见轮廓线随时加粗，以便加强图面的清晰程度，有利于下一步的作图。

用简化系数作出图 2.214(a)所示的物体的正等测的作图过程，如图 2.214(b)至图 2.214(e)所示。

①先对图 2.214(a)所示的物体作形体分析，可看成由三个基本体叠加而成：下面是一块长方体底板；上面靠后，靠右是一块长方体竖板，它的后壁、右壁与底板的后壁、右壁分别是同一个平面，底面就是底板的顶面；在底板之上、竖板之前，靠右是一块三棱柱肋板，它的底面是底板的顶面，后壁是竖板的前壁，右壁与底板、竖板的右壁是同一个平面。

②如图 2.214(b)所示，标绘出正等测的参考轴测轴和简化系数，按轴向和 $p=q=r=1$ 先作出长方体底板的任意一个可见面(顶面、左壁或前壁)，然后完成底板的正等测。

③如图 2.214(c)所示，根据竖板与底板的相对位置先定出点 A 和 B 或其中的一点，按轴向和图 2.214(a)中所显示的轴向长度作出竖板可见的左壁或前壁，然后画出另一个壁面和顶面。画出了竖板的正等测后，擦去已画出的底板顶面在 A 之右和 B 之后的各一段物体上实际不存在的顶边(因为物体是一个整体，在同一个壁面上，假想划分的基本体之间没有分界线)。

④如图 2.214(d)所示，根据肋板与底板、竖板的相对位置先定出点 C、D、E 或其中的一点，按轴向和图 2.214(a)中所显示的轴向长度作出肋板可见的左壁和侧垂的顶面，就画出了肋板的正等测。

⑤如图 2.214(e)所示，擦去图 2.214(d)中在物体上不存在的肋板的 C 之右、D 之后、E 之下的三条轮廓线，清理图面，用粗实线加深可见轮廓线，就完成了这个物体的正等测。

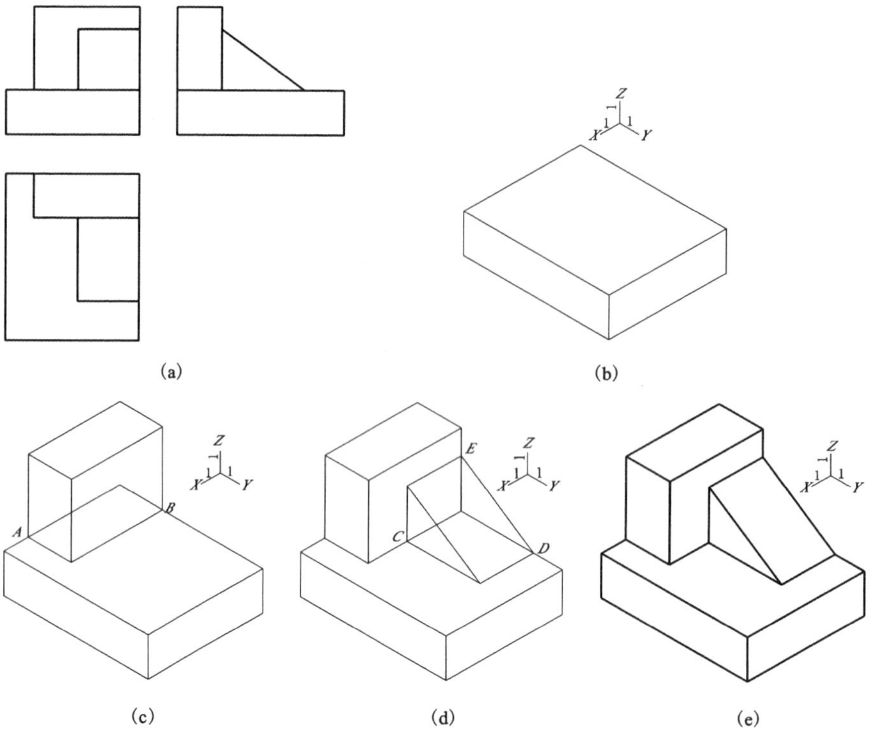

图 2.214　作叠加型物体的正等测

(a)已知条件；(b)作长方体底板；(c)作长方体竖板；(d)作三棱柱肋板；(e)清理图面后的作图结果

如图 2.215(a)所示，已知由楼板、主梁、次梁和柱组成的楼盖节点模型的三面投影，用简化系数作出它的仰视正等测，作图过程如图 2.215(b)至图 2.215(e)所示。

①先对图 2.229(a)所示的楼盖节点模型作形体分析：上面是一块长方体楼板；下面正中是一个长方体柱，柱的顶面就是楼板的底面；楼板之下，柱的前后和左右各有一段形状似长方体的梁，低的称次梁、高的称主梁，梁的顶面就是楼板的底面。在结构上，次梁、主梁穿过柱，在作图过程中，则假想它们是 4 个与柱的壁面相交的长方体。图 2.215(a)中的细双点长画线在这个模型上是不存在的，是作形体分析时，将这个模型假想成六个基本体而添加的假想投影线。

②从图 2.215(a)还可以看出，若按常规由从左向右、从前向后、从上向下的投射方向绘制这个楼盖节点模型的正等测，则下面的柱、主梁、次梁的很多部分都将被楼板所遮而使基本体之间的交接不清晰、明显，因而要求用从左向右、从前向后、从下向上的投射方向绘制。从上向下的投射方向通常称为俯视，而从下向上的投射方向则称为仰视。于是在图 2.215(b)中画出了按仰视方向的参考轴测轴(图中为了得到从左向右、从前向后的仰视，将 X 轴和 Y 轴互换)、简化系数和参考立方体，参考立方体的正等测的可见面是前面、左面和底面。在初学时，画仰视轴测图先绘制参考立方体供作图对照，可以帮助理解和作图，避免画错。

③仍如图 2.215(b)所示，按参考轴测轴和参考立方体以及图 2.215(a)中的轴向尺寸，先画出长方体楼板的可见底面和可见棱线，然后画全这块楼板的正等测。将图 2.215(a)的水平投影中所显示的柱、主梁、次梁与楼板底面的交线，按它们的轴向和长度，用细实线画在楼板底面的正等测中，而将楼板的可见的投影轮廓线以及柱的前壁、左壁与楼板底面的可见交线(即图中交于标注字母 A 的交点的两条交线)，都画成粗实线。

④如图 2.215(c)所示，从点 A 向下作 Z 轴的平行线，量取在图 2.215(a)中所显示的柱高；从量得的点分别作 X 轴、Y 轴的平行线，与从柱的前壁、左壁与楼板底面的交线的另一个端点所作的 Z 轴的平行线交得柱的右前、左后棱线的下端点，从这两个端点分别作 Y 轴、X 轴的平行线交成一个平行四边形，即为

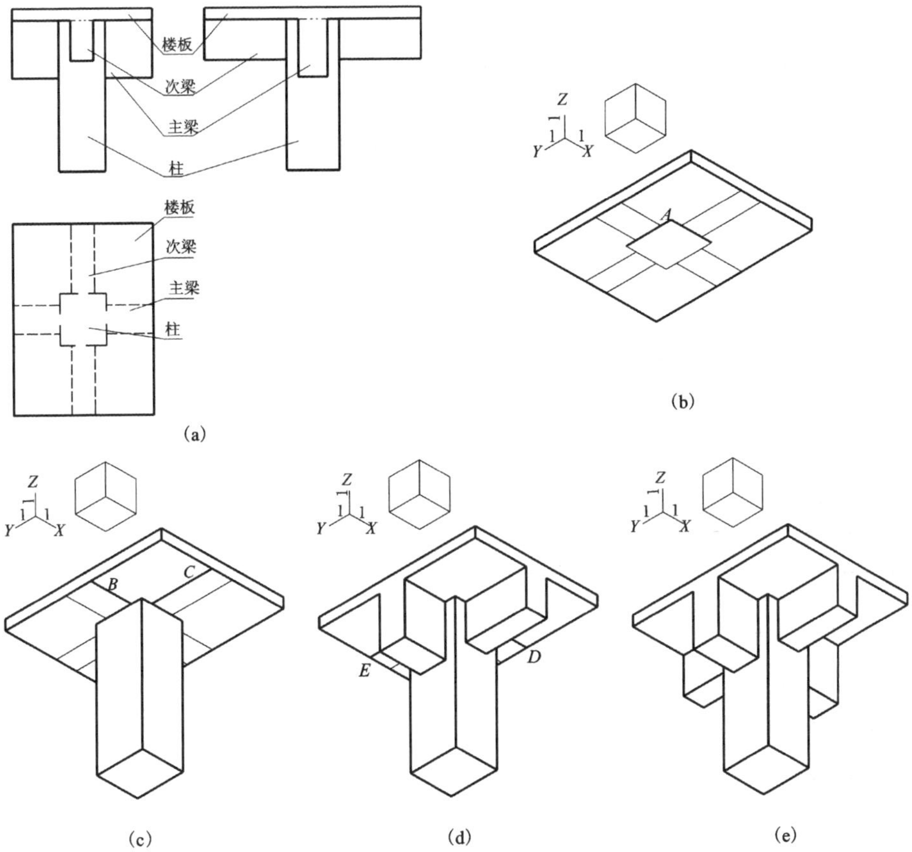

图 2.215　作楼盖节点模型的仰视正等测

(a)已知条件；(b)作参考轴测轴和参考立方体，作楼板和柱、梁与楼板的交线；(c)作柱；

(d)作左段主梁和前段次梁；(e)作右段主梁和后段次梁，完成全图

柱的下端面的可见的正等测。用粗实线加深柱的这三个可见面的正等测的轮廓线，擦去被柱的正等测所遮掉的楼板轮廓线，右段主梁、后段次梁与楼板底面的交线，标注的字母 A，就作出了柱的正等测。此外，为了继续画左段主梁和前段次梁的可见面，将它们与楼板底面的交线(图中标注字母 B、C 的两段交线)加深成粗实线。

⑤如图 2.215(d)所示，过在图 2.215(c)中加粗的左段主梁、前段次梁与楼板底面的交线的两端点向下作 Z 轴的平行线，并在其上分别量取在图 2.215(a)中所显示的主梁、次梁的高度，将量得的点分别连成左段主梁和前段次梁的底面平行四边形，于是就作出了左段主梁和前段次梁的正等测。用粗实线加深左段主梁、前段次梁三个可见面的投影轮廓线，擦去实际上不存在的楼板与左段主梁左端面、楼板与前段次梁前端面的分界线，擦去被左段主梁和前段次梁的正等测所遮掉的柱的轮廓线，以及看不见的梁、次梁与楼板底面的交线。此外，为了继续画右段主梁和后段次梁的可见面，将它们与楼板底面的交线的可见段(即标注字母 D 和 E 的两段交线)加深成粗实线。

⑥如图 2.215(e)所示，将左段主梁的前底边向右继续延伸，只画出在柱的可见轮廓线之外的延长线，与从标注字母的点 D 所作的 Z 轴的平行线相交，画出右段主梁可见前壁；将左段主梁的后底边向右继续延伸，只画出在柱的可见轮廓线之外的一小段延长线，与从右段主梁前壁右下角顶点所作的 Y 轴的平行线相交，画出右段主梁的可见底面；同样，将前段次梁的左底边向后继续延伸，只画出在柱的可见轮廓线之外的延长线，与从标注字母的点 E 所作的 Z 轴的平行线相交，画出后段次梁可见左壁；将前段次梁的右底边向后继续延伸，也只画出在柱的可见轮廓线之外的延长线，与从后段次梁左壁后下角顶点所作的 X 轴的平行线相交，画出后段次梁可见底面。用粗实线加深右段主梁、后段次梁的两个可见面的轮廓线，擦去实际上不存在的楼板与右段主梁右端面、楼板与后段次梁后端面的分界线，以及被右段主梁和后段次梁所

遮掉的楼板底面的轮廓线与字母 D、E，就作出右段主梁和后段次梁，便完成作图。

(3)切割法

切割法适用于绘制能从基本体切割而形成的物体的轴测投影。先画出基本体的轴测投影，然后在轴测投影中将被切割掉的部分切去，就得出这个物体的轴测投影。

用简化系数作出图 2.216(a)所示的物体的正等测的分析和作图过程，如图 2.216(b)至图 2.216(f)所示。

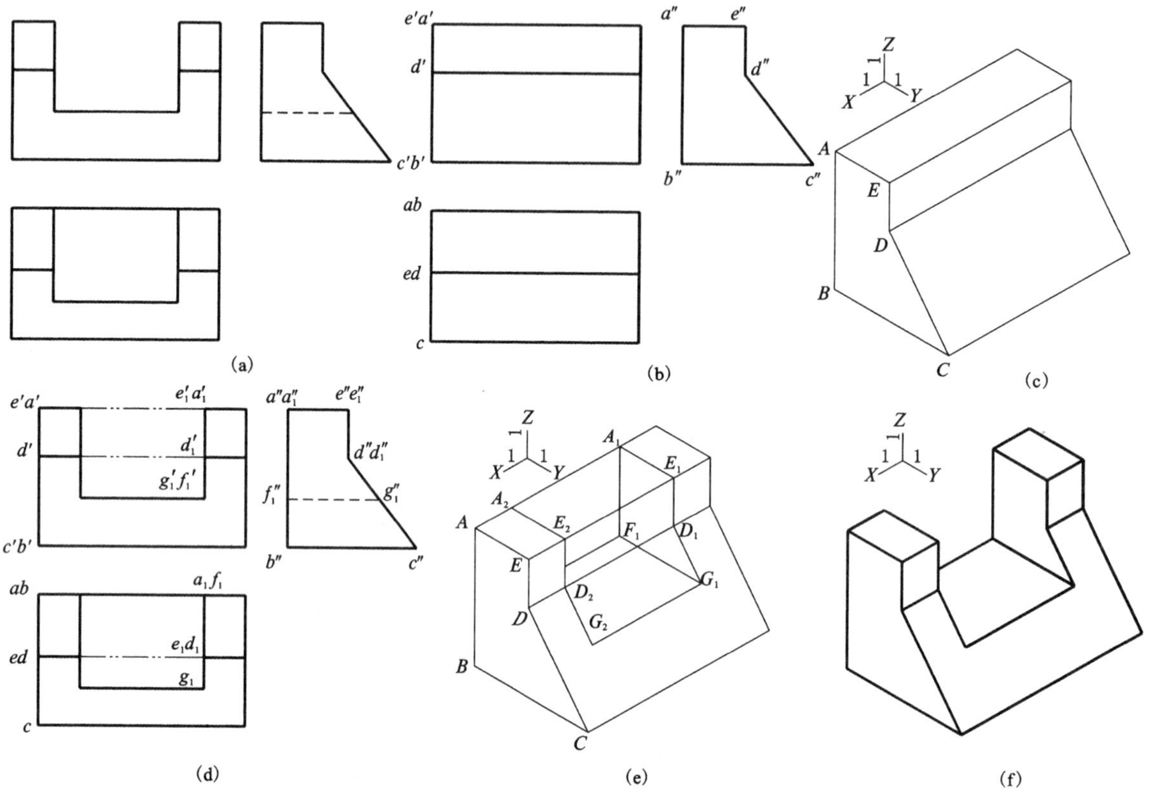

图 2.216 作切割型物体的正等测

(a)已知条件；(b)想象出基本体；(c)作基本体的正等测；(d)想象被切割掉的部分；
(e)在轴测投影中进行切割；(f)清理图面和加深后的作图结果

①从图 2.216(a)可以看出，这个物体由一个侧垂的五棱柱基本体在其中部上方切割掉一个较小的侧垂五棱柱所形成。其左端面为侧平面五边形 $ABCDE$。

②如图 2.216(c)所示，标绘出正等测的参考轴测轴和简化系数，根据图 2.216(b)反映左端面真形的侧面投影中所显示的轴向长度，分别作出坐标折线 AED 和 ABC；最后，连 D 与 C，即得这个五棱柱基本体左端面的正等测。从 A、E、D、C 向右作 X 轴的平行线，并分别从这四个点沿 X 轴的平行线向右截取图 2.216(b)中所显示的这个五棱柱基本体的棱线的真长，将截得点顺次连成右端面上与左端面上折线轮廓线 $AEDC$ 相平行的折线，就作出了这个五棱柱基本体的正等测。

③图 2.216(d)所示与图 2.216(a)相同，被切割掉的轮廓线用细双点长画线表示，并标注出了切割掉的较小的侧垂五棱柱后形成的槽的右壁(侧垂面五边形 $A_1F_1G_1D_1E_1$)的三面投影。

④如图 2.216(e)所示，在已画出的图 2.216(c)所示的侧垂五棱柱基本体的正等测的中部上方，对照图 2.216(d)。先画出切割掉较小的侧垂五棱柱后形成的槽的可见右壁 $A_1F_1G_1D_1E_1$：在五棱柱基本体过 A 的棱线上，按 $p=1$ 从 A 量取 $a'a_1'$ 或 aa_1 的长度，得 A_1；过 A_1 作直线平行于 AE，与过 E 的棱线交得 E_1；过 E_1 作直线平行于 ED，与过 D 的棱线交得 D_1；过 A_1 作直线平行于 AB，在其上从 A_1 量取 $a_1'f_1'$ 或 $a_1''f_1''$ 的长度，得 F_1；由 F_1 作直线平行于 BC，由 D_1 作直线平行于 DC，两者交得 G_1，于是就作出了槽的可

见右壁 $A_1F_1G_1D_1E_1$ 的正等测。然后画槽的左壁在正等测中的可见轮廓线：在过 A 的棱线上，按 $p=1$ 从 A_1 向左量取图 2.216(d)的正面投影中 a_1' 之左的细双点长画线的长度，得 A_2；由 A_2 作 AE 的平行线，与过 E 的棱线交得 E_2；过 E_2 作 ED 的平行线，与过 D 的棱线交得 D_2；由 D_2 作 DC 的平行线，由 G_1 作 X 轴的平行线，两者交得 G_2，于是就作出了槽的左壁在正等测中的可见轮廓线 A_2E_2、E_2D_2、D_2G_2。最后补全槽底在正等测中的可见轮廓线：过 F_1 向左作 X 轴的平行线，作到 E_2D_2 为止，再继续向左的槽底轮廓线已被遮，不应再画，连同已画出 F_1G_1、G_1G_2，就作出了槽底在正等测中的全部可见轮廓线。这样，就在侧垂五棱柱基本体的正等测中切割掉一个较小的侧垂五棱柱，画出了切割后形成的槽的全部可见轮廓线。

⑤如图 2.216(f)所示，擦去被切割掉的三段棱线 A_2A_1、E_2E_1、D_2D_1，清理图面，用粗实线加深可见轮廓线，完成作图。

用简化系数作出图 2.217(a)所示的带槽空心圆柱的正等测，分析与作图过程如图 2.217(b)至图 2.217(f)所示。

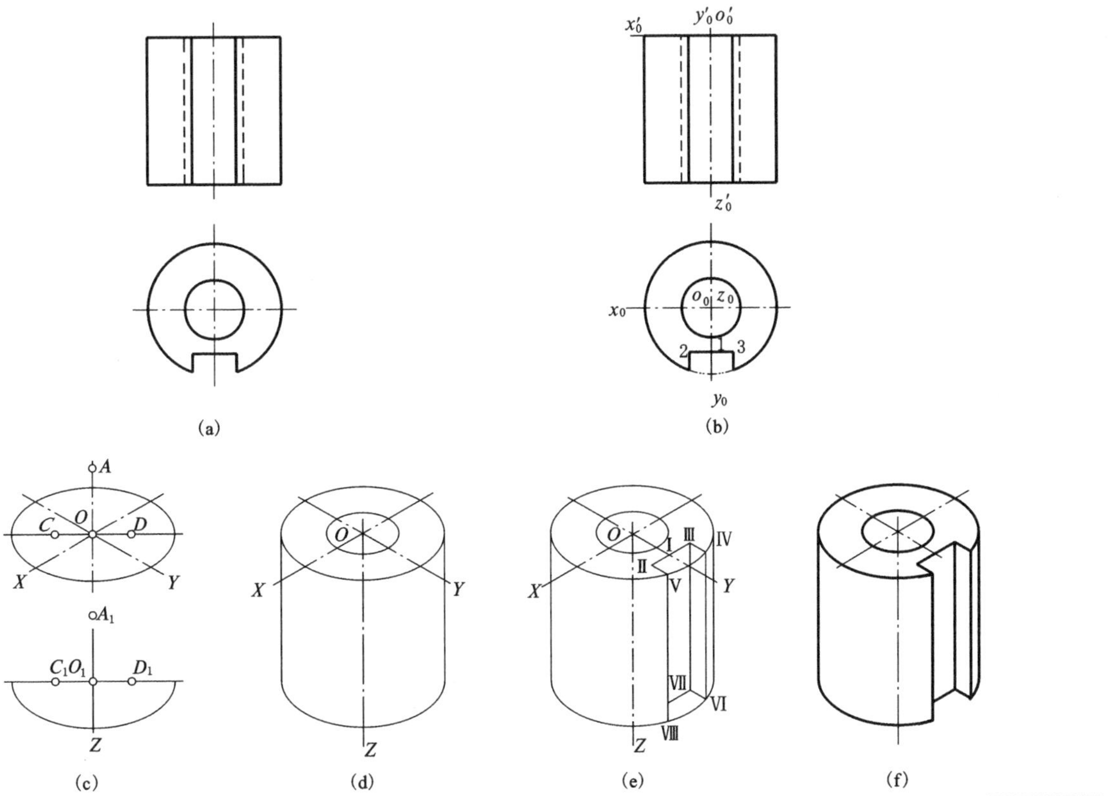

图 2.217　作带槽的空心圆柱的正等测

(a)已知条件；(b)形体分析和设置坐标轴；(c)作圆柱的顶圆和可见底圆；(d)完成圆柱的正等测，切割圆柱孔；(e)切割圆柱的槽；(f)清理图面和加深后的作图结果

①如图 2.217(b)所示，以圆柱顶圆的圆心为坐标原点 O_0，设定坐标轴 O_0X_0、O_0Y_0、O_0Z_0，并标注出顶面上的槽口后边的水平投影 23 和 23 与 O_0Y_0 的水平投影的交点 1。这个切割型的带槽空心圆柱左右对称，先作出整个实心圆柱基本体的正等测，然后切割圆柱孔，最后切割凹槽，就能作出这个带槽的空心圆柱的正等测。

②如图 2.217(c)所示，画出轴测轴 OX、OY、OZ，OZ 就是圆柱体的轴线。用图 2.209 所示的菱形法画出图中未切割圆孔和凹槽的圆柱的顶圆的正等测。圆柱底圆的正等测可将顶圆的圆心 O 沿 OZ 轴向下量取圆柱高度，得底圆圆心的正等测 O_1，同样用菱形法画出，但只要画出一半可见的轮廓线，但图中底圆的可见轮廓线未用菱形法画出，而是用移心法(即平行移动已画出的顶圆的轴测近似椭圆的各段圆弧的圆

心的作图法)画出的,比重复使用菱形法要简捷些。移心法的作图过程如图中所示:过 O_1 作垂直于 Z 轴的水平线,将画出顶圆的四段圆弧中的三段圆弧的圆心 A、C、D,都向下平移一段等于圆柱高度的距离,即得 A_1、C_1、D_1;分别以 A_1、C_1、D_1 为圆心,画顶圆的轴测近似椭圆时以 A、C、D 为圆心的圆弧半径为半径画圆弧,它们彼此在相切处相接,两端画到过 O_1 的水平线为止,就画出了圆柱基本体底圆的可见部分。

③如图 2.217(d)所示,作顶圆、底圆的正等测近似椭圆两侧的平行于 Z 轴的公切线,就作出了圆柱基本体的正等测。在圆柱基本体正等测的顶面上,用菱形法画出圆柱孔上口的正等测,圆柱孔在底面上的下口的正等测则因被遮而不必画出,于是画出了圆柱基本体切割掉了圆柱孔后的正等测。

④如图 2.217(e)所示,在空心圆柱的正等测中切割掉前面的槽:由 O 沿 Y 轴向前量取图 2.217(b)中 $o_0 1$ 的长度,得点Ⅰ,由Ⅰ作 X 轴的平行线,由Ⅰ在其上向两侧量取图 2.217(b)中 12、13 的长度,得点Ⅱ、Ⅲ;由Ⅱ、Ⅲ向前作 Y 轴的平行线,与顶圆的正等测交得点Ⅴ、Ⅳ;由Ⅳ、Ⅴ向下作 Z 轴的平行线,与底圆的正等测交得点Ⅵ、Ⅷ;由Ⅲ向下作 Z 轴的平行线,由Ⅵ向后作 Y 轴的平行线,两者交得点Ⅶ;由Ⅶ向左作 X 轴的平行线,画到与ⅤⅧ相交为止。于是画出了切割出的前面的槽的正等测的全部可见轮廓线。

⑤如图 2.217(f)所示,擦去顶圆和底圆被切割掉的各一段轮廓线,清理图面,用粗实线加深全部可见轮廓线,三条轴测轴则分别作为顶圆的中心线和圆柱轴线的正等测而用细单点长画线加深,就作出了这个带槽的空心圆柱的正等测。

(4)综合法

若物体的形状比较复杂,常常在形体分析的基础上用综合法作轴测投影,也就是综合运用上述两种或三种方法来绘制轴测投影。

用简化系数作出图 2.218(a)画出的组合体的正等测,分析与作图过程如图 2.218(b)至图 2.218(f)所示。

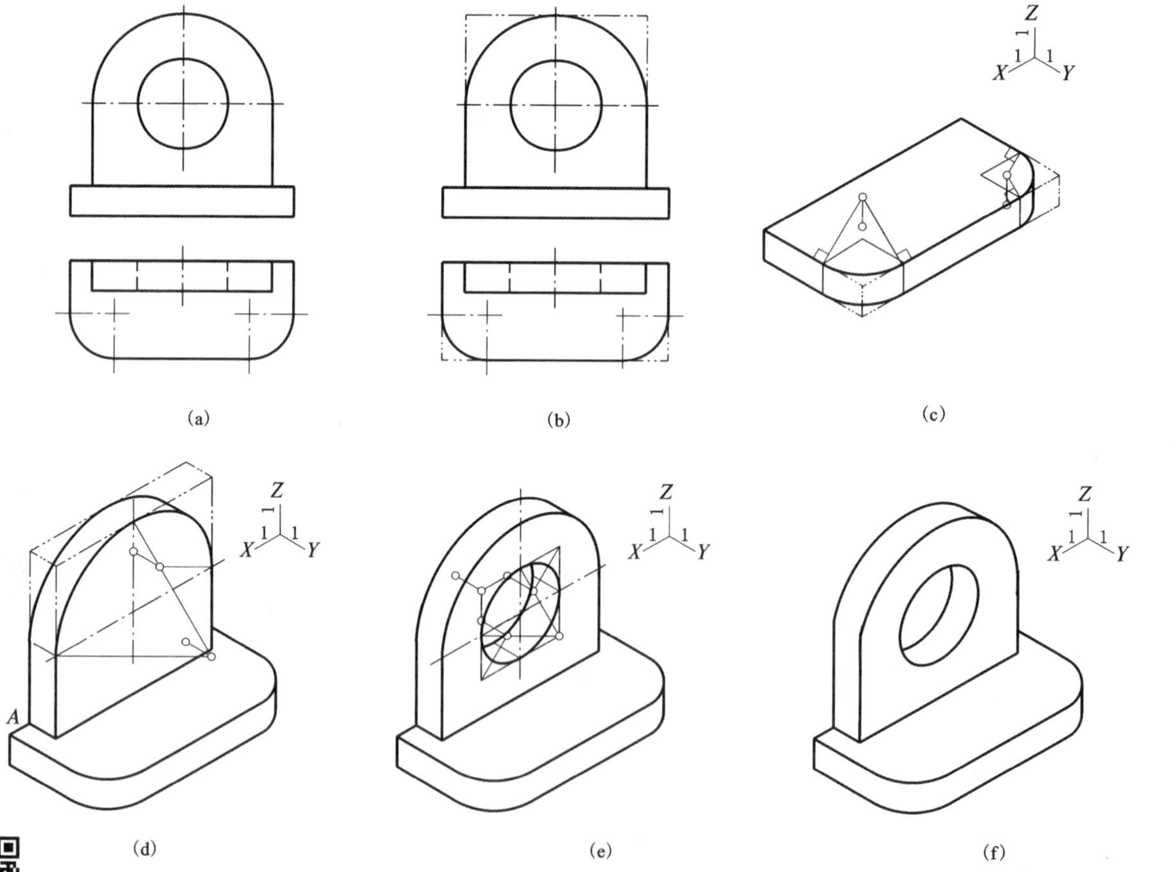

图 2.218 作组合体的正等测

(a)已知条件;(b)形体分析;(c)作底板;(d)作竖板;(e)切割圆柱孔;(f)清理图面后的作图结果

①由图 2.218(a)可以看出:这个组合体由一块水平底板和一块正立的竖板所组成,左右对称,竖板的底面就是底板的顶面,底板和竖板的后壁是同一个平面。底板是一块矩形板,前面的左、右两角分别被切割成四分之一圆柱面;竖板也是一块矩形板,上部被切割成半圆柱面,还切割了一个与半圆柱面同轴的圆柱贯通孔。

②如图 2.218(b)所示,用细双点长画线在两面投影中补全在形体分析时未经切割的矩形底板和矩形竖板。

③如图 2.218(c)所示,画出参考轴测轴,注明简化系数。按图 2.218(b)中矩形底板的长、宽、高作出未经切割的矩形底板的正等测。从矩形底板顶面的左前和右前角点,分别在顶边上截取圆角的半径长度,从截得的点作顶边的垂线,交得轴测近似椭圆的圆弧的圆心,以圆心到顶边上截得的点的距离为半径,在截得的点之间作圆弧,就作出了底板顶面上的圆角的正等测。继续用移心法作图:过两个圆心作 Z 轴的平行线,向下量底板的厚度,即得底板底面上的圆角的正等测近似椭圆的圆弧的圆心,仍以作顶面上圆角的正等测近似椭圆的圆弧的半径为半径,作出底板底面上的圆角的正等测,底面上的圆角与底边的切点,必在过顶面上的圆角与顶边的切点所作的 Z 轴的平行线上。最后,在右前圆角的顶面和底面的正等测近似椭圆之间作平行于 Z 轴的公切线,即为圆角处的圆柱面的轴测投影的转向轮廓线,作出了切割成圆角的底板的全部可见轮廓线后,将它们用粗实线加深。

④如图 2.218(d)所示,按在图 2.218(a)中显示的长度,画出底板后上边上的一点 A;由点 A 作出未切割时的矩形竖板,并画出竖板前壁上端半圆轮廓线和圆柱孔孔口的中心线。将竖板的上端切割成圆柱面:从矩形竖板前壁的上边、左边、右边与中心线的交点作这三条边的垂线,交得切割成圆柱面后的前壁半圆轮廓线的正等测近似椭圆曲线段的两段圆弧的圆心,以圆心到这三点中的相应的点的距离为半径,作出这两段圆弧;用移心法作出切割成圆柱面的后壁半圆轮廓线的正等测近似椭圆曲线段的两段圆弧,也就是把在前壁上作图时的圆心和切点都沿着 Y 轴方向向后移动一个竖板厚度的距离而作出的,在图 2.218(d)中都已显示;最后沿 Y 轴方向作右上方两段弧线的公切线,就将竖板上端切割成圆柱面。擦去图 2.218(c)中的作图线,以及被竖板所遮的底板的顶边,并将未切割圆柱孔时的竖板的可见轮廓线也加深成粗实线。

⑤如图 2.218(e)所示,用菱形法作出竖板前壁上的圆柱孔的孔口,用移心法作出竖板后壁上的圆柱孔的孔口的可见部分,具体的作图线都显示在图中。最后,擦去图 2.218(d)中的全部作图线,用粗实线加深前壁上的孔口圆的正等测近似椭圆,以及在圆柱孔内的后壁上的孔口圆的一段可见的正等测近似椭圆线段。

⑥如图 2.218(f)所示,擦去图 2.218(e)中的竖板上切割圆柱孔的作图线和竖板前壁上的对称中心线,清理图面,即得这个组合体的正等测。

2.6.3 斜等测和斜二测的画法

这里只阐述正面斜等测和正面斜二测的画法。

2.6.3.1 平行于坐标面的圆的正面斜等测和正面斜二测的画法

(1)平行于坐标面 $Z_0O_0X_0$ 的圆的正面斜等测和正面斜二测画法

因为正面斜轴测投影的坐标面 $Z_0O_0X_0$ 平行于轴测投影面 P,所以物体上平行于坐标面 $Z_0O_0X_0$ 的平面图形,也就是物体的正面和物体上平行于正面的平面图形,它们的正面斜轴测投影都显示真形,所以在坐标面 $Z_0O_0X_0$ 上的圆和平行于坐标面 $Z_0O_0X_0$ 的圆的正面斜轴测投影,不论是正面斜等测或是正面斜二测,都仍是同样大小的圆,显示真形。

(2)平行于坐标面 $X_0O_0Y_0$、$Y_0O_0Z_0$ 的圆的正面斜等测画法

因为正面斜等测的轴向伸缩系数 $p=q=r=1$,三条轴的轴向伸缩系数都相等,所以在坐标面 $X_0O_0Y_0$、$Y_0O_0Z_0$ 上的圆,以及平行于这两个坐标面的圆的正面斜等测椭圆,与正等测一样,用菱形法画出它的轴测近似椭圆,也可用八点法或平行弦法作出轴测椭圆。

(3)平行于坐标面 $X_0O_0Y_0$、$Y_0O_0Z_0$ 的圆的正面斜二测画法

因为正面斜二测的轴向伸缩系数 $p=r=1$、$q=0.5$，所以在坐标面 $X_0O_0Y_0$、$Y_0O_0Z_0$ 上的圆，以及平行于这两个坐标面的圆的正面斜二测椭圆，由于两条坐标轴的轴向伸缩系数都分别不相等，不能用菱形法画近似轴测椭圆，通常都是用八点法或平行弦法画出。

2.6.3.2　正面斜等测和正面斜二测的画法

绘制物体的正面斜等测或正面斜二测，也常用前面所讲的坐标法、叠加法、切割法和综合法这四种基本方法画出。实际上，除了物体的正面和物体上平行于正面的平面图形反映真形，以及平行于坐标面 $X_0O_0Y_0$、$Y_0O_0Z_0$ 的圆的正面斜二测不能用菱形法画轴测近似椭圆以外，其余的作图原理和方法基本上都与正等测画法相同。

作图 2.219(a)所示的正圆锥的正面斜二测。作图过程如图 2.219(b)至图 2.219(e)所示。

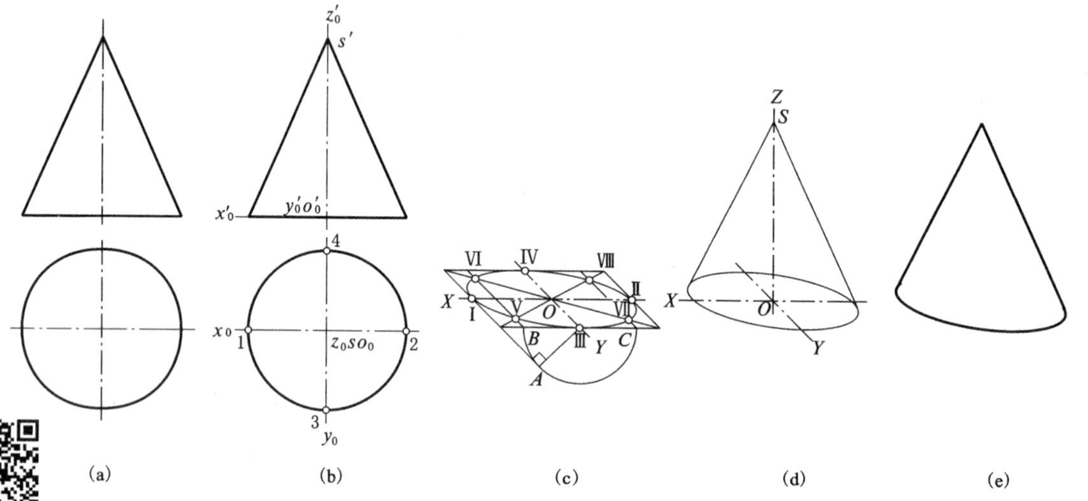

图 2.219　作圆锥的正面斜二测

(a)已知条件；(b)设置坐标轴；(c)用八点法作底面轴测椭圆；(d)作锥顶，完成圆锥的底稿；(e)清理图面和加深后的作图结果

①如图 2.219(b)所示，以底圆的圆心为坐标原点 O_0，设置坐标轴 O_0X_0、O_0Y_0、O_0Z_0。

②如图 2.219(c)所示，按正面斜二测作轴测轴 OX、OY；按 $p=1$ 从点 O 沿 OX 的正向和负向分别量取图 2.219(b)中的 o_01 和 o_02 的长度，得点Ⅰ和Ⅱ；按 $q=0.5$ 从点 O 沿 OY 的正向和负向量取图 2.219(b)中的 o_03 和 o_04 的长度，即按 o_03 和 o_04 的一半长度量取，得点Ⅲ和Ⅳ。由Ⅰ、Ⅱ和Ⅲ、Ⅳ分别作 OY 和 OX 的平行线，交得一个平行四边形，即为圆锥底圆的四边平行于 O_0X_0、O_0Y_0 的外切正方形的正面斜二测。以平行四边形的左半前边为等腰直角三角形的斜边，作等腰直角三角形及其直角顶点 A；以Ⅲ为圆心、ⅢA 为半径作弧，与平行四边形的前边分别交得 B 和 C；连平行四边形的两条对角线，从 B、C 分别作 OY 的平行线，它们与对角线交得Ⅴ、Ⅵ、Ⅶ、Ⅷ四点；顺次连接Ⅰ、Ⅴ、Ⅲ、Ⅶ、Ⅱ、Ⅷ、Ⅳ、Ⅵ、Ⅰ，即得圆锥底圆的正面斜二测椭圆。上述作图也就是用八点法作坐标面上的圆的正面斜二测椭圆的过程。

③如图 2.219(d)所示，过点 O 按正面斜二测作轴测轴 OZ 和 $r=1$，从点 O 沿 OZ 的正向量取图 2.219(b)中的 $o_0's'$ 的长度，得锥顶的正面斜二测 S。由 S 分别向底圆的正面斜二测椭圆的左、右两侧作切线，即为圆锥面的轴测投影的转向轮廓线，于是就完成了这个圆锥的正面斜二测的底稿。

④如图 2.219(e)所示，擦去所有的作图线、轴测轴和在正面斜二测中不可见的底圆的轴测椭圆线段，清理图面，用粗实线加深轴测投影中的可见轮廓线，就画出了这个圆锥的正面斜二测。

如图 2.220(a)所示，作具有正垂轴线和同轴圆柱孔的圆台的正面斜二测，作图过程如图 2.220(b)至图 2.220(f)所示。

①如图 2.220(b)所示，以后端面圆的圆心为坐标原点 O_0，设置坐标轴 O_0X_0、O_0Y_0、O_0Z_0，O_0Y_0 与前端面交得前端面圆的圆心 A。

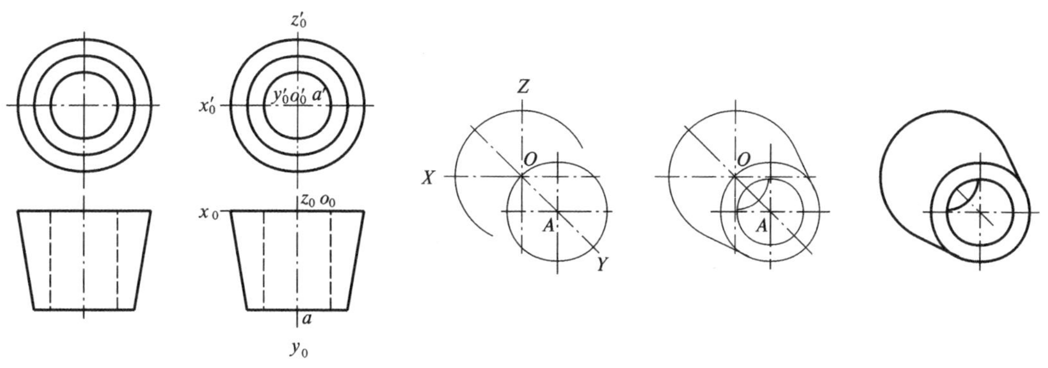

(a) (b) (c) (d) (e)

图 2.220　作具有同轴圆柱孔的圆台的正面斜二测

(a)已知条件；(b)设置坐标轴；(c)作前、后端面圆；

(d)作圆台面的轴测投影转向轮廓线和圆柱孔，完成底稿；(e)清理图面和加深后的作图结果

②如图 2.220(c)所示，按正面斜二测作轴测轴 OX、OY、OZ；按 $q=0.5$ 从点 O 沿 OY 的正向量取图 2.220(b)中 o_0a 的长度，得前端面圆的圆心的正面斜二测 A。分别以 A、O 为圆心，图 2.220(b)的正面投影中显示的前、后端面圆的直径为直径，作出前、后端面圆的反映真形的正面斜二测。

③如图 2.220(d)所示，作这两个端面圆的正面斜二测的两条外公切线，即为圆台面的轴测投影的转向轮廓线。分别以 A 和 O 为圆心，图 2.220(b)的正面投影中显示的圆柱孔的前、后孔口圆的直径为直径，作出反映真形的前孔口圆和在圆柱孔内可见的后孔口圆的正面斜二测，于是就完成了这个具有圆柱孔的圆台的正面斜二测的底稿。

④如图 2.220(e)所示，擦去所有的作图线、轴测轴，清理图面，用粗实线加深轴测投影中的可见轮廓线，就画出了这个具有圆柱孔的圆台的正面斜二测，图中保留了用细单点长画线表示的前端面圆和前孔口圆的中心线，以及圆台和圆柱孔的轴线。

如图 2.221(a)所示，作出墙板节点模型的正面斜二测，从图中可以看出，这个墙板节点模型由前端中部有缺口的矩形顶板和长方体墙身所组成。作图过程如图 2.221(b)至图 2.221(d)所示。

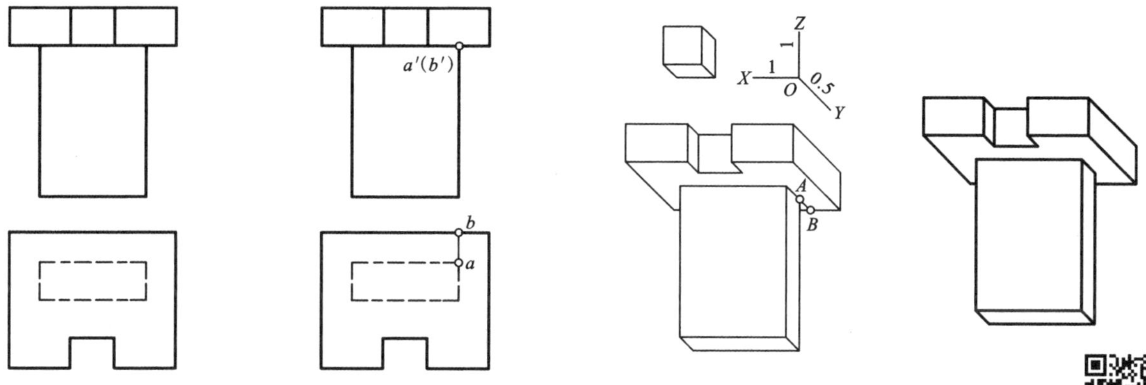

(a) (b) (c) (d)

图 2.221　作墙板节点模型的仰视正面斜二测

(a)已知条件；(b)确定顶板和墙身的相对位置；(c)作底板和碑身，完成底稿；(d)清理图面和加深后的作图结果

①如图 2.221(b)所示，为了作轴测投影时确定顶板与墙身的相对位置，作出将墙身右壁与顶板底面的交线延伸到底板顶面后边为止的延长线段 AB。

②如图 2.221(c)所示，标绘出正面斜二测的参考轴测轴、轴向伸缩系数和可见面是前面、右面、底面的参考立方体，先按轴向及其伸缩系数作出长方体墙身的任一个可见面(底面、右壁或前壁)，然后完成墙身的正面斜二测。

将墙身的右顶边从后端点 A 沿 OY 向后延伸，在延长线上按 $q=0.5$ 向后量取图 2.221(b)的水平投影中 ab 的长度得点 B。由 B 按 OX 的轴向、$p=1$ 和 OY 的轴向、$q=0.5$，以及图 2.221(b)中的顶板底面，然后过各个顶板底面的端点向上作 OZ 的平行线，按 $r=1$ 量取图 2.221(b)显示的顶板高度，将量得的点连成与顶板底面相平行的顶板顶面可见的边线。作出顶板的正面斜二测，被碑身所遮的一段顶板底面的不可见的后边则可省略不画。

③擦去作图线，清理图面，用粗实线加深可见轮廓线，就作出了这个墙板节点模型的仰视正面斜二测。

作图 2.222(a)画出的具有长圆形底板、四棱台碑身和四棱锥碑顶组成的纪念碑模型的正面斜等测，按形体分析和组成这个纪念碑的几个基本体的形状特征考虑，宜用叠加法和坐标法相结合的综合法画它的正面斜等测，作图过程如图 2.222(b)至图 2.222(d)所示。

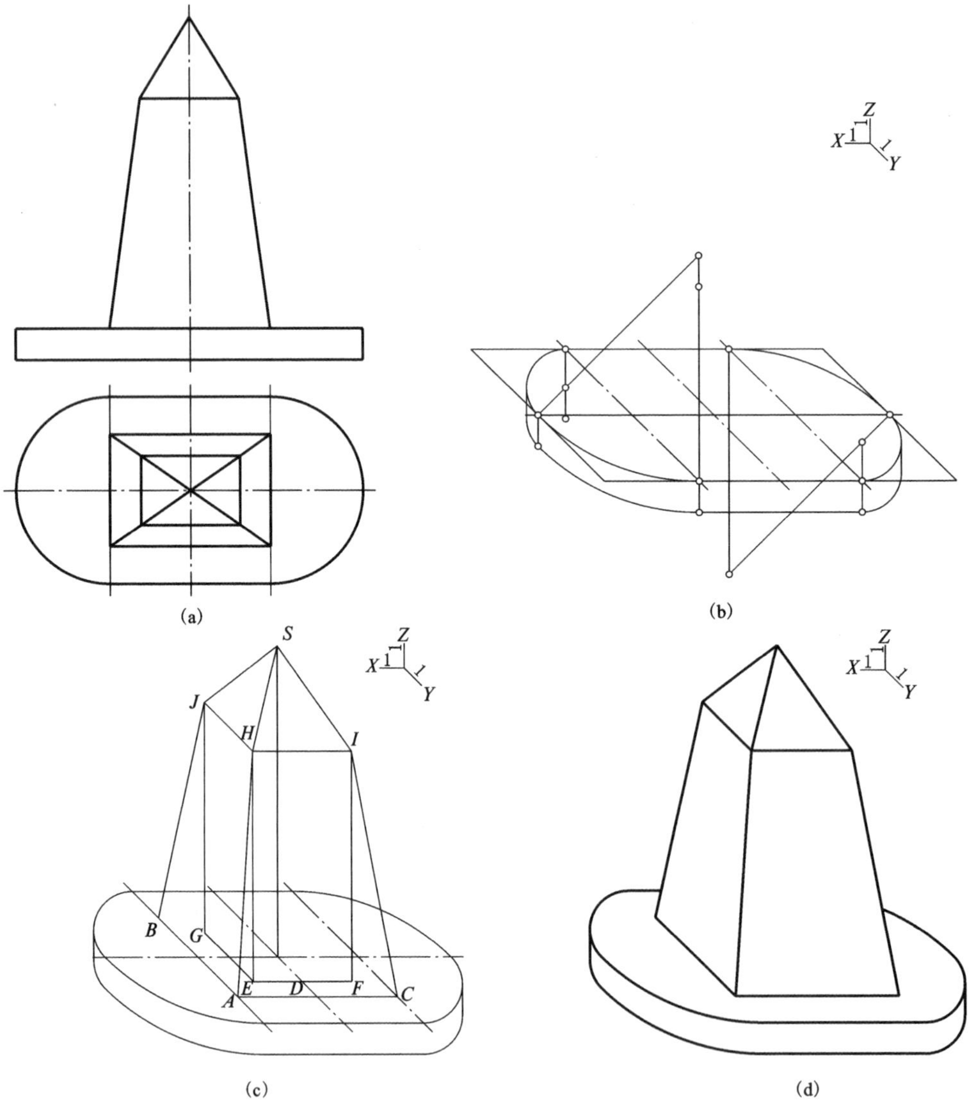

图 2.222 作纪念碑模型的正面斜等测

(a)已知条件；(b)作底板的正面斜等测；(c)作碑身和碑顶的正面斜等测；(d)清理图面和加深后的作图结果

①如图 2.222(b)所示，标绘出正面斜等测的参考轴测轴和轴向伸缩系数。按 X 轴、Y 轴的轴向和 $p=q=1$ 作出底板顶面的前后、左右对称线，按图 2.222(a)中反映底板顶面真形的水平投影量取相应的 X 轴、Y 轴的轴向长度，作出顶面轮廓线与两条对称线的四个交点，从它们分别作 X 轴和 Y 轴的平行线，交得一个平行四边形，即为添加了底板顶面两端的半圆的外切半正方形后形成的矩形的正面斜等测；再在其上作出两端半圆的 Y 轴方向的中心线的正面斜等测。用菱形法作出底板顶面两端的半圆轮廓线的正

面斜等测近似半椭圆，近似半椭圆的各段圆弧的圆心和切点在图中都用小圆圈画出。用移心法沿 Z 轴按 $r=1$ 向下移图 2.222(a)所示的正面投影中显示的底板厚度，画出底板底面两端半圆轮廓线的可见的正面斜等测近似半椭圆的圆弧段，圆心和切点也都用小圆圈画出。在左、右两侧分别画出平行于 Z 轴的两轴测椭圆的公切线，即为两端半圆柱面的正面斜等测的转向轮廓线；用 X 轴的平行线连接底板底面前边的两个半圆的轴测半椭圆的端点，就完成了底板的正面斜等测的稿线。

②如图 2.222(c)所示，在底板顶面左半圆的正面斜等测的 Y 轴向中心线上，从圆心向前、向后量取图 2.222(a)所示的水平投影中四棱台碑身的左棱面与底板顶面交线的前、后各一半的长度，得点 A、B，AB 即为这条交线的正面斜等测；从 A 向右作 X 轴的平行线，从 A 向右量取图 2.222(a)所示的水平投影中四棱台碑身的前棱面与底板顶面交线的长度，得点 C，AC 也就是这条交线的正面斜轴测。为了作出四棱台碑身顶面可见的前边和左边，先作出这两条边在底板顶面上的正投影的正面斜等测，于是在底板顶面的左右对称线上，从对称中心向前量取图 2.222(a)所示的水平投影的左右对称线上由对称中心向前至四棱台碑身前顶边的长度，得点 D，由 D 作 X 轴的平行线，并分别向左、右量取在图 2.222(a)中显示的四棱台碑身前顶边的一半长度，得点 E 和 F，由 E 向后作 Y 轴的平行线，并量取图 2.222(a)所示的水平投影中显示的四棱台碑身左顶边的长度，得点 G，EF、EG 即为四棱台碑身前顶边和左顶边在底板顶面上的正投影的正面斜等测；由 E、F、G 向上作 Z 轴的平行线，并分别截取图 2.222(a)所示的正面投影中的这个纪念碑轴线上反映的四棱台碑身的高度，得点 H、I、J，将 H 分别与 I、J 相连，HI 和 HJ 即为四棱台碑身前顶边和左顶边的正面斜等测。HI 和 HJ 也可按轴向和图 2.222(a)中所显示的轴向长度，更简捷地作出：先作出 D；然后，顺次作 DE、EH；最后作 HI 和 HJ。分别连接 H 与 A、J 与 B、I 与 C，HA、JB、IC 即为四棱台碑身的三条可见棱线的正面斜等测。于是就作出了四棱台碑身的正面斜等测。

仍如图 2.222(c)所示，从底板顶面的对称中心向上作 Z 轴的平行线，并量取图 2.222(a)所示的正面投影中的这个纪念碑轴线上反映的四棱台碑身和四棱锥碑顶的总高度，得点 S，即为四棱锥碑顶的锥顶的正面斜等测。将 S 与 J、H、I 分别相连，就作出了四棱锥碑顶的正面斜等测。

于是，就完成了这个纪念碑的正面斜等测的全部稿线。

③如图 2.222(d)所示，擦去所有的作图线，被遮的不可见轮廓线、对称线、中心线和轴线，清理图面，用粗实线加深可见轮廓线，就作出了这个纪念碑的正面斜等测。

2.6.4 轴测投影的选择

2.6.4.1 选择轴测投影应考虑的两个方面

选择哪一种轴测投影来表达一个物体，应按物体的形状特征和对立体感程度的要求综合考虑而定。首先考虑直观性，画出的轴测投影立体感强，尽可能多地表达清楚物体的各部分的形状，尤其是要把物体的主要形状和特征表达清楚；其次考虑作图简便，能较简捷地画出这个物体的轴测投影。

2.6.4.2 增强轴测投影的直观性和立体感应注意的问题

下面仅以正等测和正面斜等测、正面斜二测来说明绘画物体的轴测投影，应适当注意选择投射方向和轴测类型，避免产生削弱轴测投影的直观性和立体感的三种情况：

(1)避免物体有较多部分或主要部分的形状被遮

人们观察物体时，为了看清这个物体，通常将物体放正，并把最主要的一个面放置在前面，然后挑选一个最能看到物体较多部分和主要部分的方向观看，避免物体有较多部分或主要部分的形状被遮。图 2.223 所示是按四个投射方向所画的正面斜等测的参考轴测轴和参考立方体示例，其他类型的轴测投影也可以如此。当确定了所绘物体的轴测投影的类型后，从上述四个方向中挑选一个最合适的一个方向投射这个物体。前面所画的例图大多是用由前、上、左向后、下、右的常规投射方向画出的，而图 2.215 所示的楼盖节点模型，为了避免有较多部分和主要部分的形状被遮，指定画出它的仰视正等测，也就是指定选用由下向上的投射方向，于是挑选了由前、下、左向后、上、右的投射方向，画出它的前面、底面和左面。如图 2.224 所示，就作了由两种投影方向所作出的梁板结构节点模型的正面斜等测的比较。显然，用仰视画出的图 2.224(c)比用俯视画出的图 2.224(b)的直观性好，避免了较多部分和主要部分的形状被遮。

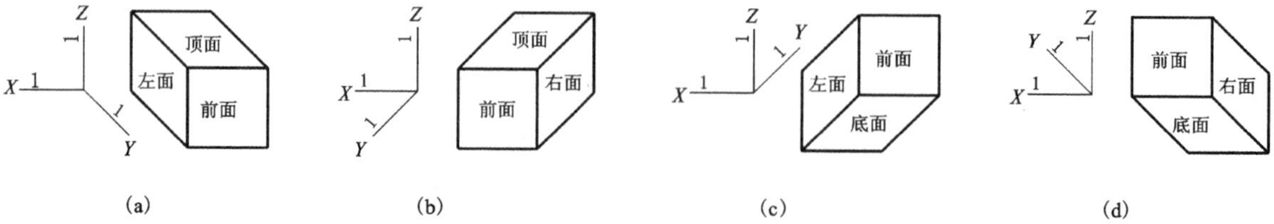

图 2.223　由四种投射方向形成的正面斜等测的参考轴测轴和参考立方体

(a)由前、上、左向后、下、右；(b)由前、上、右向后、下、左；(c)由前、下、左向后、上、右；(d)由前、下、右向后、上、左

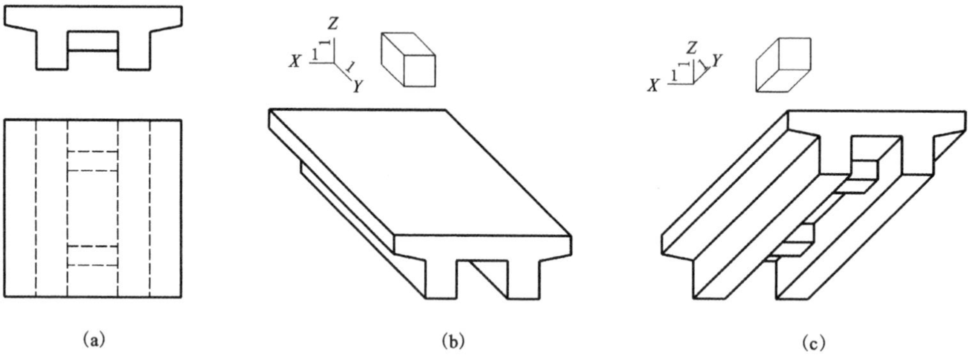

图 2.224　由前、上、左向后、下、右和由前、下、左向后、上、右两种投射方向作出的梁板结构节点模型的正面斜等测的比较

(a)两面投影；(b)由前、上、左向后、下、右投射所得的正面斜等测；(c)由前、下、左向后、上、右投射所得的正面斜等测

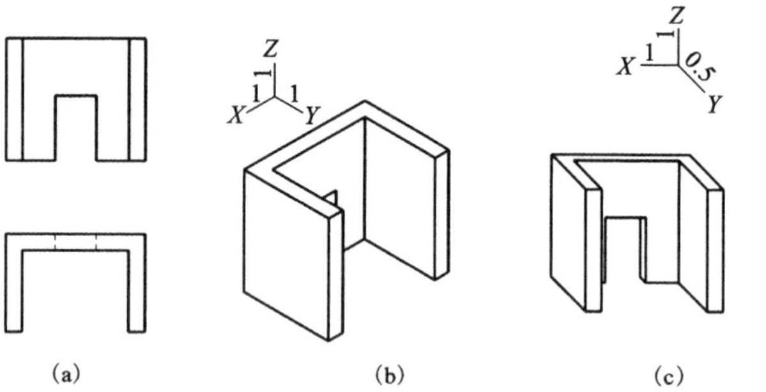

图 2.225　有两侧翼墙和开设门洞的正墙的轴测投影的比较

(a)两面投影；(b)正等测(门洞被遮)；(c)正面斜二测(门洞可见)

图 2.225(b)所示是按由前、上、左向后、下、右的投射方向所作的如图 2.225(a)所示的有两侧翼墙和开设门洞的正墙的正等测，门洞被遮，直观性差，而图 2.225(c)所示则是按同样的投射方向所作的正面斜二测，门洞清晰可见，直观性很好。由此可知，在相同的投射方向下，合适地选用轴测投影的不同类型，也可以避免物体有较多部分或主要部分的形状被遮。

(2)避免物体上的某个或某些平面表面积聚成直线

图 2.226(b)所示是图 2.226(a)所示的两个正四棱柱所构成的叠加型物体的正等测，由于上部四棱柱的左后棱面和右前棱面的轴测投影都分别积聚成一直线，显然这个叠合型物体的正等测的直观性和立体感很差；而如果改用正面斜二测画出这个物体，如图 2.226(c)所示，则各个平面表面的轴测投影都无积聚性，直观性和立体感就比图 2.226(b)所示的正等测好得多。

(3)避免物体转角处的不同的交线在轴测投影中共线

图 2.227(b)所示是图 2.227(a)所示的由上部正四棱柱、中部正四棱台和下部正四棱柱三个基本体所构成的叠加型物体的正等测，由于这三个基本体的左棱面与前棱面的交线都共线，使这个叠加型物体的正等测的直观性和立体感较差；如果改用正面斜二测画出这个物体，如图 2.227(c)所示，则这三条交线都不共线，避免了图 2.227(b)所示的正等测中三条交线共线的缺点，直观性和立体感要好一些。

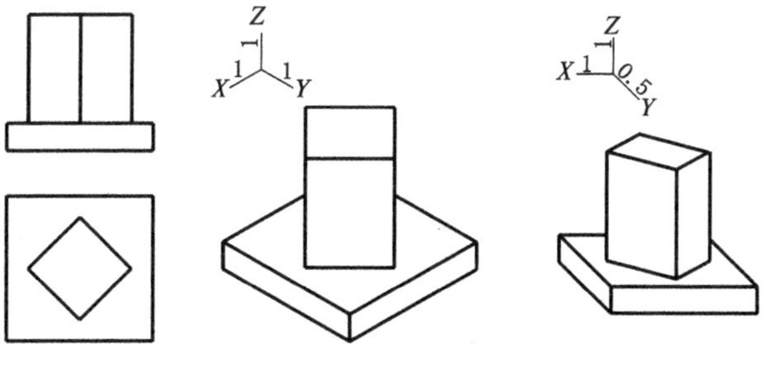

(a) (b) (c)

图 2.226 避免物体上某些平面表面积聚成直线的轴测投影的比较

(a)两面投影；(b)正等测(有两个平面表面的投影积聚)；

(c)正面斜二测(避免了平面表面的投影积聚)

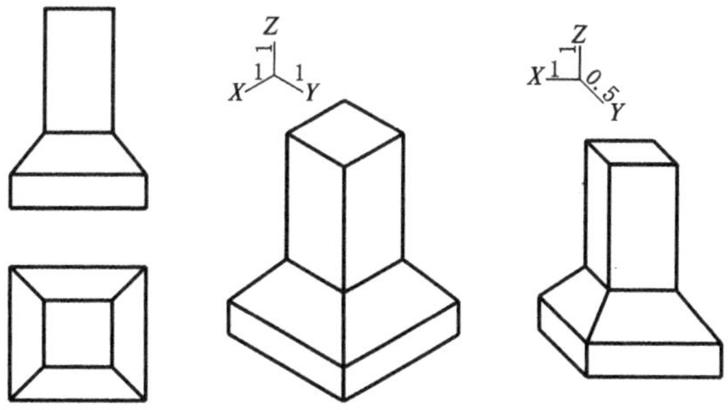

(a) (b) (c)

图 2.227 避免物体转角处不同交线在轴测投影中共线的比较

(a)两面投影；(b)正等测(不同交线共线)；

(c)正面斜二测(不同交线不共线)

2.7 标高投影

在绪论中已述及：标高投影是在物体的水平投影上加注某些特征面、线以及控制点的高程数值的单面正投影，也称标高投影图。在土木、水利工程中，地面通常是形状不规则的曲面，宜用地形表面的诸等高线在水平基准面上标注了它们的高程的正投影的地形图表达，地形图就是地面的标高投影。图 2.228 所示就是在以等高线表示的地形图上表达一个填筑广场及其一段水平通道的标高投影图。

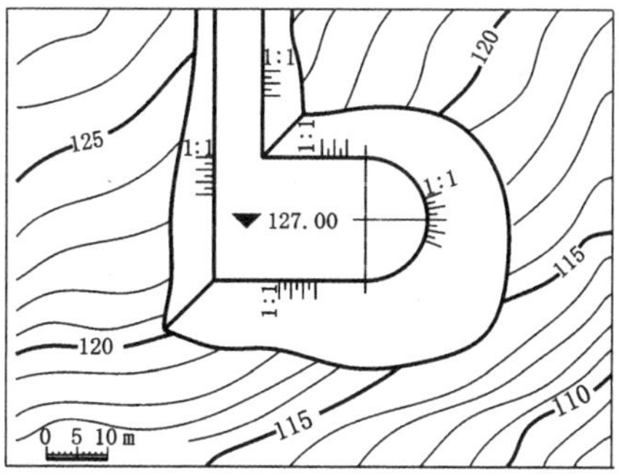

图 2.228 在地形图上表达一个填筑广场及其水平通道的标高投影

标高投影是单面投影，但有时也要用铅垂面上的投影来帮助解决某些问题。

《技术制图 投影法》(GB/T 14692—2008)规定：标高投影中应标注比例和高程。比例可采用图 2.228 所示的比例尺(附有其长度单位)；也可采用标注比例的形式(如 1：1000 等)。高程则是图 2.228 所示的用数字表示的等高线和广场及其通道与水平基准面之间的距离(如 110、115、120、125、127 等)，常用的高程单位为米；水平基准面的高程为零，基准面以上的高程为正，基准面以下的高程为负。

2.7.1 点和直线

2.7.1.1 点的标高投影

如图 2.229(a)所示，设空间有三个点 A、B、C，作出它们在高程为零的水平基准面 H 上的正投影 a、b、c，并在它们的投影符号字母的右下角加注各点距离水平基准面 H 的高程数字 4、0、−2，这些标注的高程数字称为点 A、B、C 的标高，于是就得到了这三个点的标高投影，如图 2.229(b)所示。

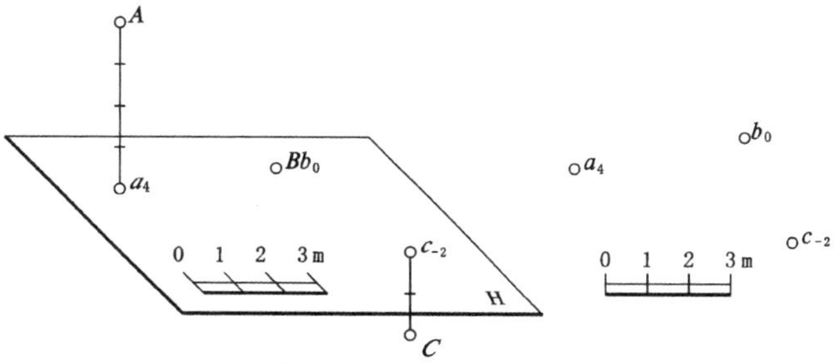

(a) (b)

图 2.229 点的标高投影

(a)立体图；(b)标高投影

2.7.1.2 直线的标高投影的一般表示法

直线的标高投影一般由它的水平投影并标注两个端点的高程表示。如图 2.230(a)所示，空间有三条直线：与水平基准面倾斜的直线 AB、铅垂线 CD、水平线 EF，并作出了它们的标

高投影 a_6b_3、c_7d_2、e_5f_5。这三条直线的标高投影如图 2.230(b)所示。由于水平线上各点的高程都相等，所以也称为等高线。

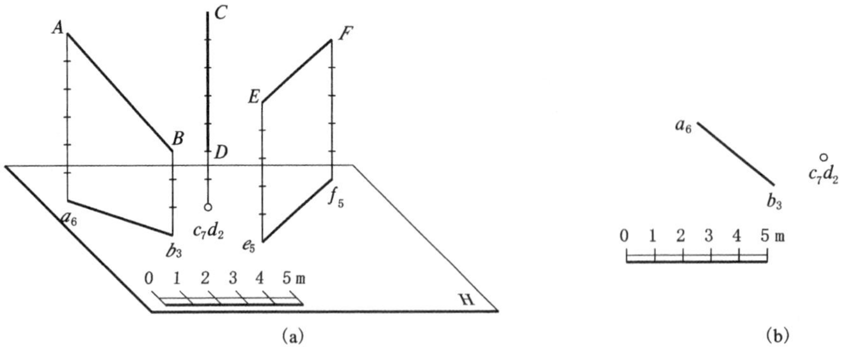

图 2.230　直线的标高投影的一般表示法

(a)立体图;(b)标高投影

2.7.1.3　直线的刻度、坡度和平率

在实际工作中,直线两端点的标高常常不是整数,如有需要,可以在直线的标高投影上标出各整数标高点,称为对直线作出刻度。

如图 2.231(a)所示,直线上任意两点的高差 H 和它们的水平距离(这两点间的直线段的水平投影的长度)L 之比,称为直线的坡度 i。若直线对水平基准面的倾角为 α,则直线的坡度 i 也就是 $\tan\alpha$,所以直线的坡度的大小反映直线对水平面倾角的大小。因此,直线的坡度为 $i=\dfrac{H}{L}=\tan\alpha$。直线上任意两点间的水平距离 L 和它们的高差 H 之比称为直线的平率 l(本书曾把“平率”称为“平距”,为突出它是两个线性距离的比值,用于表示直线、平面的坡度的平缓程度,因此改称“平率”),是直线与水平面的倾角 α 的余切 $\cot\alpha$,即坡度的倒数。因此,直线的平率为 $l=\dfrac{L}{H}=\cot\alpha=1$,由此可知 $i=1$。若直线的坡度大,则平率小;反之,若坡度小,则平率大。由于在标高投影中,水平距离和高度都用同一长度单位以某一比例或某一比例尺度量,读者就可以想到:直线的坡度 i 相当于直线与任意两点间的水平距离 L 为一个单位时的高差 H 的数值;直线的平率 l 则相当于直线上任意两点间的高差 H 为一个单位时的水平距离 L 的数值。因为坡度 i 和平率 l 都是用比值定义的,所以都不能写出长度单位的名称。图 2.231(b)是图 2.231(a)所示的直线 AB 的标高投影。

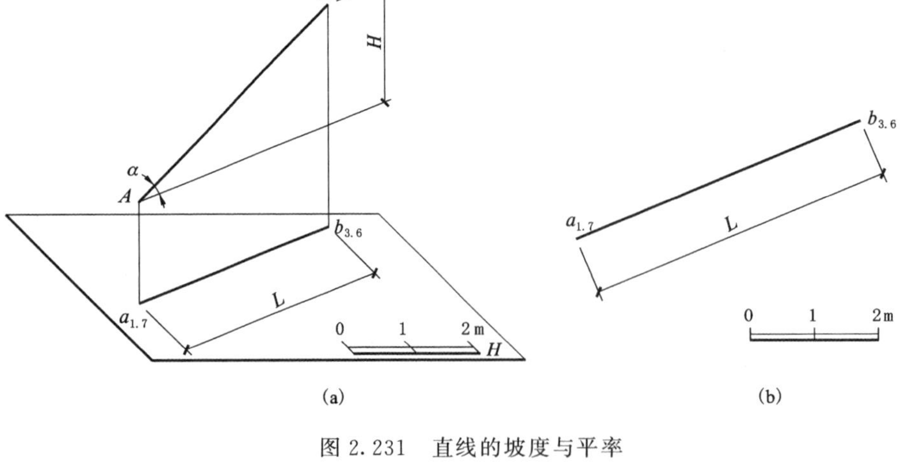

图 2.231　直线的坡度与平率

(a)立体图;(b)标高投影

在图 2.231(b)中要求作直线 AB 的坡度和平率，只要计算出两端点 B 和 A 的高差 $H=3.6-1.7=1.9$ m，在标高投影图中用比例尺量出 $a_{1.7}b_{3.6}$ 的水平投影的长度，即直线 AB 的两端点 A、B 间的水平距离 L($L=4.75$m)，就可计算出直线的坡度 $i=\dfrac{H}{L}=\dfrac{1.9}{4.75}=0.4$，而平率 $l=\dfrac{1}{i}=2.5$。若用直线对水平面的倾角 α 的正切值表示，则 $\tan\alpha=i=0.4$。

【例 2.41】 如图 2.232(a)所示，求作直线 AB 的真长、对水平面的倾角 α，以及 AB 上的点 C 的高程。

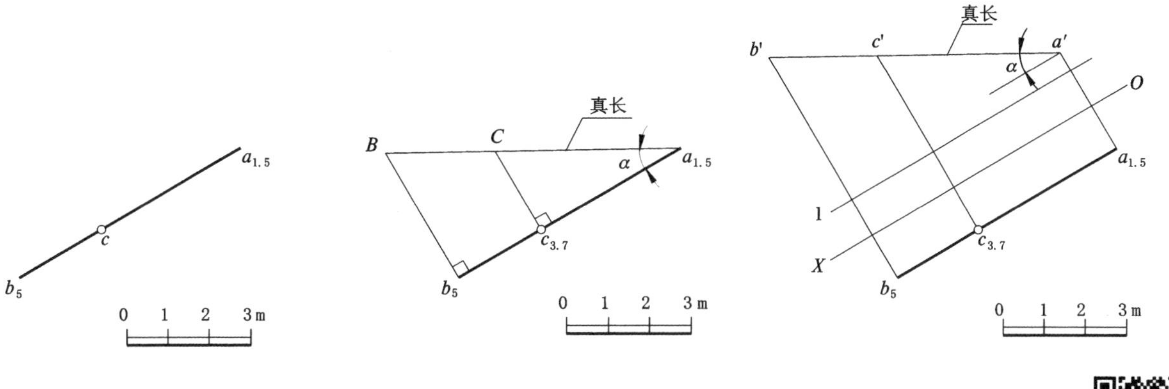

(a) (b) (c)

图 2.232 作直线 AB 的真长，对水平面的倾角 α，以及 AB 上的点 C 的高程

(a)已知条件；(b)图解法一；(c)图解法二

【解】 在多面正投影中，可以用直角三角形法求直线的真长以及与 H 面的倾角 α 的作图原理和方法，也可以用数解法求解；此外，还可设立平行于直线 AB 的铅垂面 V，从而用在 H、V 两投影面体系中的正投影求解。分述如下：

(1)用数解法求解

从图 2.232(a)中用比例尺量得直线 AB 的水平距离 $L=6.3$ m，而两端点的高差 $H=5-1.5=3.5$ m，从而就可计算出直线 AB 的真长为 $\sqrt{L^2+H^2}=\sqrt{(6.3)^2+(3.5)^2}=7.2$ m。同时，也可计算出直线 AB 与水平面的倾角 $\alpha=\arctan\dfrac{H}{L}=\arctan\dfrac{3.5}{6.3}=\arctan 0.556\approx 29°$。

从图 2.232(a)中用比例尺量得 AC 的水平距离为 4 m，则点 C 的高程是 $1.5+4\times\dfrac{3.5}{6.3}\approx 3.7$ m。

(2)图解法一(用直角三角形法图解)

如图 2.232(b)所示，由 b_5 作 $a_{1.5}b_5$ 的垂线，从 b_5 用比例尺量取直线 AB 两端点的高差 $=5-1.5=3.5$ m，得点 B，连 $a_{1.5}$ 与 B，则所得的直角三角形的斜边 $a_{1.5}B$ 即为 AB 的真长；$a_{1.5}B$ 与 $a_{1.5}b_5$ 的夹角，即为 AB 与 H 面的倾角 α。

仍如图 2.232(b)所示，由 c 作 $a_{1.5}b_5$ 的垂线，即 b_5B 的平行线，与直角三角形的斜边交得 C，用比例尺量得 cC 的长度为 2.2 m，则计算出点 C 的高程是 $1.5+2.2=3.7$ m，于是在已知条件中未注高程数字的水平投影 c 的右下角，加注它的高程数字 3.7。

(3)图解法二(用加设与 AB 平行的铅垂面 V 求解)

如图 2.232(c)所示，在适当位置作平行于 $a_{1.5}b_5$ 的 OX 轴，由 $a_{1.5}$、b_5 分别作 OX 轴的垂线，在垂线上分别按比例尺从 OX 轴向上量取 1.5 m、5 m，得点 a'、b'，连 a' 与 b'，则 $a'b'$ 就相当于直线 AB 在 H、V 两投影面体系中的 V 面投影。由于 AB 是 V 面平行线，所以 $a'b'$ 就是 AB 的真长，$a'b'$ 与 OX 轴或 OX 轴的平行线的夹角，即为 AB 与水平面 H 的倾角 α。

仍如图 2.232(c)所示，由 c 作 OX 轴的垂线，与 $a'b'$ 交得 c'，用比例尺量出 c' 到 OX 轴的高度为

3.7 m，即为点 C 所求的高程，于是在图 2.232(a)的已知条件中未注高程数字的水平投影 c 的右下角，加注它的高程数字 3.7。

值得注意的是：用加设铅垂面 V 解决问题时，常常不画 OX 轴而用无轴投影，尤其是当高程数字较大时更应这样，例如在图 2.232(c)中不加 OX 轴，而在适当位置作 $a_{1.5}b_5$ 的平行线，作为在包含直线 AB 的铅垂面上的一条比 AB 上的最低点稍低的整数高程的等高线的 V 面投影，如图中标注了数字 1 的直线，由 $a_{1.5}$、b_5 向这条平行线作垂线，并分别在垂线上用比例尺从这条平行线向上量取 $1.5-1=0.5$ m、$5-1=4$ m 的点，即得 a'、b'，以后的作图与有轴投影图相同，不再重复叙述。

【例 2.42】 如图 2.233(a)所示，求作直线 AB 的刻度、坡度和平率。

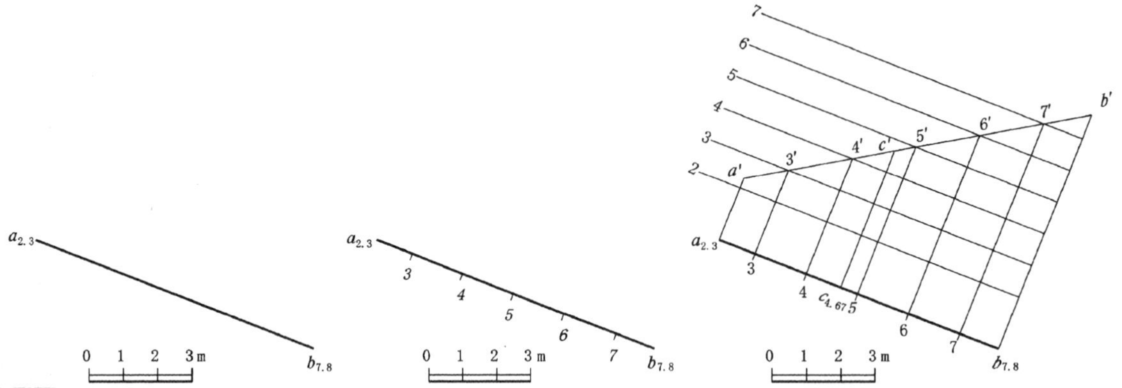

(a)　　(b)　　(c)

图 2.233　作直线 AB 的刻度、坡度和平率

(a)已知条件；(b)用数解法解题；(c)用图解法解题

【解】 可以用数解法解题，然后用数解的结果在直线 AB 的标高投影上作出刻度；也可用图解法解题。分述如下：

(1)用数解法解题

用比例尺量出图 2.233(a)中 AB 的水平距离为 8.2 m，则 AB 的坡度 $i=\dfrac{H}{L}=\dfrac{7.8-2.3}{8.2}\approx 0.67$；而 AB 的平率 $l=\dfrac{1}{i}\approx\dfrac{1}{0.67}\approx 1.5$。由此还可计算出 $a_{2.3}$ 至 $a_{2.3}b_{7.8}$ 上高程为 3 的刻度点之间的水平距离 $L=\dfrac{H}{i}=Hl\approx(3-2.3)\times 1.5\approx 1$ m。于是用比例尺在图 2.233(b)中的 $a_{2.3}b_{7.8}$ 上，从 $a_{2.3}$ 量取 1 m，得刻度点 3。因为当直线上任意两点之间的高差为一个单位时，它们之间的水平距离 L 即为 l(平率)个单位，现已求出平率 l 的数值为 1.5，所以只要从刻度 3 继续向 $b_{7.8}$ 的方向按比例尺连续量取 1.5 m，就可得刻度点 4、5、6、7，留下的一段从刻度点 7 至 $b_{7.8}$ 的水平距离 L，根据计算应是 $\dfrac{H}{i}\approx\dfrac{7.8-7}{0.67}\approx 1.2$ m，今在图中用比例尺量出也是 1.2 m。通过最后的校核，说明计算和刻度的作图是较准确的，作出的刻度如图 2.233(b)所示。

(2)用图解法解题

如图 2.233(c)所示，用加设平行于直线 AB 的铅垂面 V 求解，但这里直接用无轴投影图作图：在适当位置作 $a_{2.3}b_{7.8}$ 的平行线，作为在包含直线 AB 的铅垂面上的一条高程为 2 m 的等高线的 V 面投影，并继续向远离 $a_{2.3}b_{7.8}$ 方向，按比例尺每隔 1 m 顺次画包含直线 AB 的铅垂面上的诸等高线的 V 面投影，也顺次注出它们的高程数字 3、4、5、6、7。由 $a_{2.3}$、$b_{7.8}$ 作这些等高线的 V 面投影的垂线，由 $a_{2.3}$ 所作的垂线与高程为 2 m 的等高线的交点沿着垂线按比例尺向上量取 0.3 m，即得端点 A 的 V 面投影 a'；由 $b_{7.8}$ 所作的垂线与高程为 7 m 的等高线的 V 面投影的交点沿着垂线按比例尺向上量取 0.8 m，即得端点 B 的 V 面投影 b'。连 a' 与 b'，$a'b'$ 即为直线 AB 的 V 面投影，它与诸等高线的 V 面投影交得直线 AB 上诸刻度点的

V 面投影 3′、4′、5′、6′、7′；由 3′、4′、5′、6′、7′分别作等高线的 V 面投影的垂线，与 $a_{2.3}b_{7.8}$ 便交得直线 AB 上的诸刻度点的标高投影 3、4、5、6、7。于是就在 $a_{2.3}b_{7.8}$ 上作出了刻度。

由于直线上高差为一个单位的任意两点之间的水平距离的数值就是该直线的平率 l，所以在该直线上作出的每两个相邻刻度点的标高投影之间的水平距离的数值，就是直线的平率 l，用比例尺量得为 1.5 m，于是该直线的平率 $l=1.5$。由于直线上水平距离为一个单位的任意两点之间的高差的数值就是该直线的坡度 i，为了由作图确定直线 AB 的坡度 i，在直线 AB 的标高投影的任一刻度点处，例如用图 2.233(c)中的点 4，沿着直线 AB 的向上的方向按比例尺量取水平距离等于 1 m 的点 c，由 c 作等高线 V 面投影的垂线，与 $a'b'$交得 c'，用比例尺量取 c'与高程为 4 m 的等高线的 V 面投影之间的距离为 0.67 m，于是该直线的坡度 $i=0.67$，而点 C 的高程应为 4.67 m，在刚才未加注高程数字的点 C 的投影符号字母 c 的右下角加注 4.67，就完成了全部作图。图解结果与数解结果应相同，也可能因有少量误差而有微小的出入。

2.7.1.4　直线的标高投影的其他表示法

如图 2.234 所示，直线的标高投影除了用前面所述的一般表示法以外，还常用下述的两种表示法：

(1)等高线由它的水平投影加注一个标高数字(即高程数字)来表示，可以标注在它的水平投影的任一端，如图中左侧的高程为 6 m 的等高线；标高数字也可以注在等高线的上方，或者两端都注。

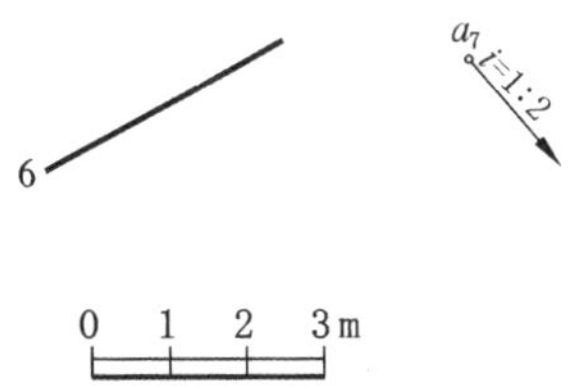

图 2.234　直线的标高投影的另外两种表示法

(2)与水平基准面倾斜的直线，除了用图 2.231(b)表示外，也可用直线上的一个点的标高投影并注明坡度数值的画出箭头的细实线表示，如图中右侧的过高程为 7 m 的点 A 和用有箭头与坡度 $i=1:2$ 的细实线表示方向的一条直线的标高投影。箭头所指的方向为下降方向，也就是箭头指向下坡；坡度也可用分数表示，例如 $i=1:2$ 也可写成 $i=1/2$，还可省略不注“$i=$”。在这里表示坡度下降方向的箭头都画成双边箭头。坡度下降方向的箭头，按《水利水电工程制图标准　基础制图》(SL 73.1—2013)绘制成双边箭头；按《房屋建筑制图统一标准》(GB/T 50001—2017)既可以绘制成双边箭头，也可以绘制成单边箭头；按《道路工程制图标准》(GB 50162—1992)绘制成单边箭头。

【例 2.43】　如图 2.235(a)所示，已知直线 AB 的一个端点 A，以及 AB 的坡度和方向，另一端点 B 的高程为 4.2 m，求作点 B 和 AB 的标高投影，并作出 AB 的真长。

【解】　由图 2.235(a)所示的已知条件可知：直线 AB 两端点的高差 $H=7.5-4.2=3.3$ m，其标高投影 $a_{7.5}b_{4.2}$ 的水平距离 $L=\dfrac{H}{i}=3.3/(1/2)=6.6$ m，就可从已知条件图中的 $a_{7.5}$ 按比例尺沿下坡方向量取 6.6 m，作出点 B 的标高投影 $b_{4.2}$ 并加深成粗实线，即为 AB 的标高投影。再按多面正投影中求作一般位置直线段真长的直角三角法，以 $a_{7.5}b_{4.2}$ 为一条直角边，作边长为两端点高差 3.3 m 按比例尺量得的另一直角边 $a_{7.5}A$，斜边 $b_{4.2}A$ 即为 AB 的真长。

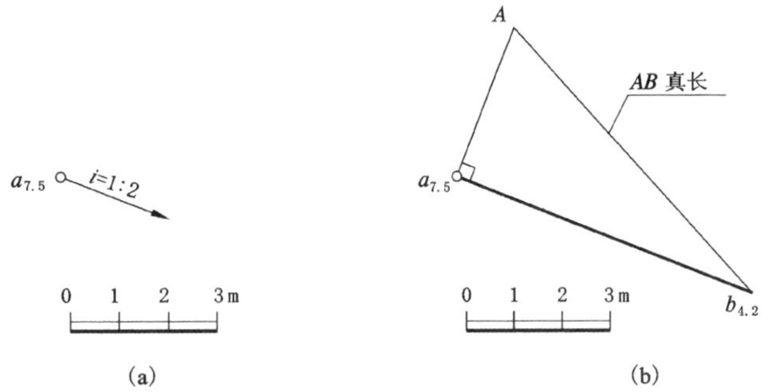

图 2.235　作点 B 和 AB 的标高投影，AB 的真长

(a)已知条件；(b)作图过程和作图结果

按上述分析和步骤的作图过程和作图结果，如图 2.235(b)所示，请读者自行阅读理解。

2.7.2　平面

2.7.2.1　平面上的等高线、坡度线和坡度比例尺

(1)平面上的等高线

平面上的等高线是这个平面与诸水平面的交线。图 2.236(a)、图 2.236(b)所示为平面上高程为 0、

1、2、3、4 等高线的立体图和投影图，它们互相平行，且诸等高线间的高差与水平距离的比例相同，即当相邻等高线的高差相等时，诸等高线的间距（水平距离）也相等。平面与水平基准面 H 的交线，即平面的水平迹线，是高程为零的等高线。

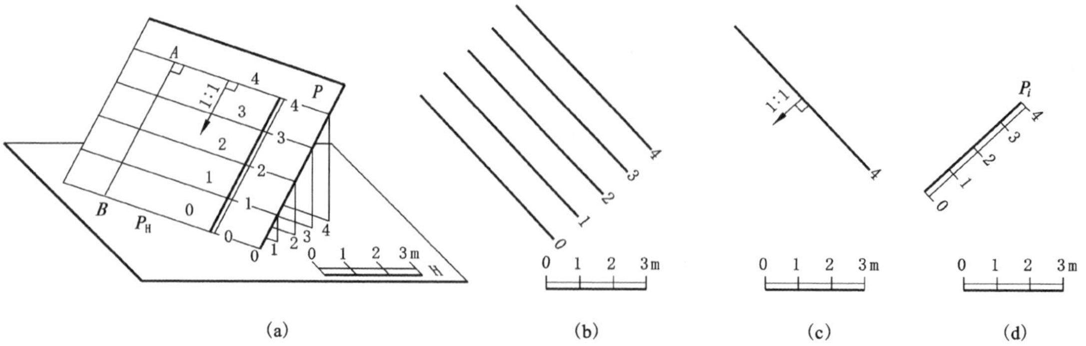

图 2.236　平面上的等高线、坡度线和坡度比例尺

(a)立体图；(b)平面上的等高线；(c)平面上的坡度线；(d)平面的坡度比例尺

(2)平面上的坡度线

平面上的坡度线是平面上与该平面上的等高线相垂直的直线，如图 2.236(a)中的直线 AB；平面上所有平行于 AB 的直线，都是这个平面上的坡度线。因为平面上的坡度线与 H 面的倾角就是这个平面与 H 面的倾角，所以平面上的坡度线的坡度，也就是这个平面的坡度。

在实际应用中，平面上的坡度线的水平投影常用带有下降方向箭头的细实线表示平面坡降方向，标注出坡度，还画出过坡度方向线的上端点的平面上的一条等高线的标高投影，如图 2.236(c)所示。

(3)平面的坡度比例尺

如图 2.236(a)、图 2.236(d)所示，平面上的带有刻度的坡度线的水平投影，称为平面的坡度比例尺。为了使平面的坡度比例尺与一般的带有刻度的直线有所区别，画成一粗一细的双线，并标注带有下标 i 的平面名称的大写字母，如图 2.236(d)中的 P_i。由于平面上的坡度线的水平投影与平面上的等高线的水平投影相垂直，平面的坡度比例尺的平率，就是平面上的坡度线的平率，也是平面上高程相差一个单位长度的两等高线之间的水平距离的相同单位的长度数值。

2.7.2.2　*平面的标高投影表示法*

在标高投影中常用图 2.237 所示的五种形式来表示平面，分述如下：

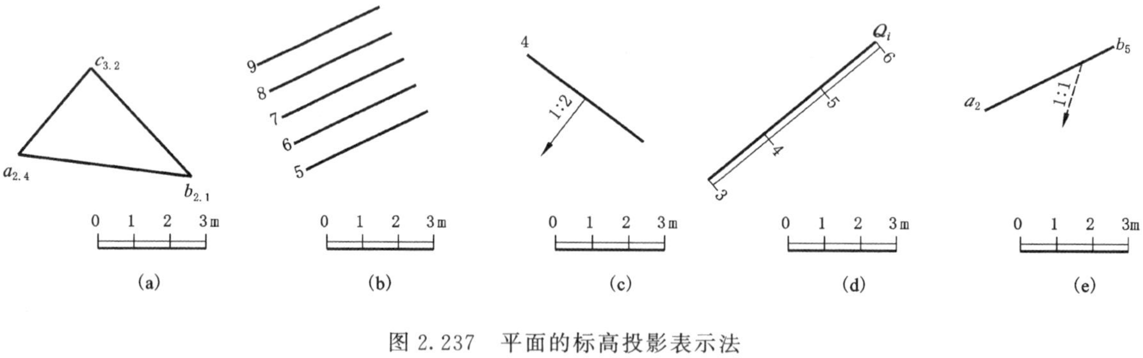

图 2.237　平面的标高投影表示法

(a)用确定平面的几何元素表示；(b)用平面上的一组等高线表示；(c)用平面上的一条等高线和一条坡度线表示；(d)用平面的坡度比例尺表示；(e)用平面上的一条与水平面倾斜的直线、平面的坡度和在直线一侧的大致下降方向表示

(1)用确定平面的几何元素表示

如图 2.237(a)所示，平面可以用确定这个平面的三角形表示，还可以用确定平面的几何元素表示，如不在同一直线上的三点、直线及线外一点、相交两直线、平行两直线等。

(2)用平面上的一组等高线表示

平面可以用平面上的两条或两条以上的等高线表示。由于平面上的等高线都是互相平行的，所以当用两条以上的等高线表示平面时，诸等高线不仅都互相平行，而且诸等高线间的高差和间距的水平投影的比例也应相同。在实际应用中常采用这种形式，如图 2.237(b)所示。

(3)用平面上的一条等高线和一条坡度线表示

如图 2.237(c)所示，一个倾斜平面也可以用一条等高线和一条坡度线表示，此时应注明坡度线的坡度，也就是平面的坡度。

实际上只要用平面上的一条坡度线就可表示这个平面，例如图 2.237(c)所表示的平面，只要表达出这条坡度线和坡度线上高程为 4 m 的点的标高投影，并加注它的标高数 4，不画出这条高程为 4 m 的等高线，就可确定这个平面。因为平面上的等高线的水平投影一定垂直于平面上的坡度线的水平投影，所以不论这条高程为 4 m 的等高线是否画出，都是唯一确定的。但实际应用中，还是常用平面上的一条等高线和一条坡度线来表示。

(4)用平面的坡度比例尺表示

如图 2.237(d)所示，用平面 Q 的坡度比例尺 Q_i 表示这个平面。因为这条坡度比例尺本身就是平面 Q 上的一条坡度线，而在标高投影中，过坡度比例尺的任一个刻度点都可唯一地确定一条平面上的高程与刻度点高程相同的等高线，由于相交两直线能唯一地确定一个平面，所以仅用这条坡度比例尺 Q_i 就可唯一地确定这个平面 Q。

(5)用平面上的一条与水平面倾斜的直线、平面的坡度和在直线一侧的大致下降方向表示

图 2.237(e)所示的平面，由平面上的一条与水平面倾斜的直线 AB、平面的坡度 1∶1、在直线 AB 的一侧用虚线表示的平面坡度的大致下降方向。平面的坡度、平面坡度的下降方向，也就是平面上的坡度线的坡度、平面上的坡度线的下降方向。由于用带箭头的平面上的坡度线的下降方向，不是准确的方向，而是大致的方向，为了与准确的方向有所区别，在本书中对平面上坡度线的大致方向不画成带箭头的细实线，而画成带箭头的细虚线。目前，在标高投影中对这样的平面上的坡度线的大致方向的表示方法尚未统一。

【例 2.44】 如图 2.238(a)所示，求作三角形 ABC 平面上的高程为 8、9、10、11(m)的等高线，该平面的坡度比例尺(设三角形 ABC 平面为 P)，以及该平面对水平面的倾角 α。

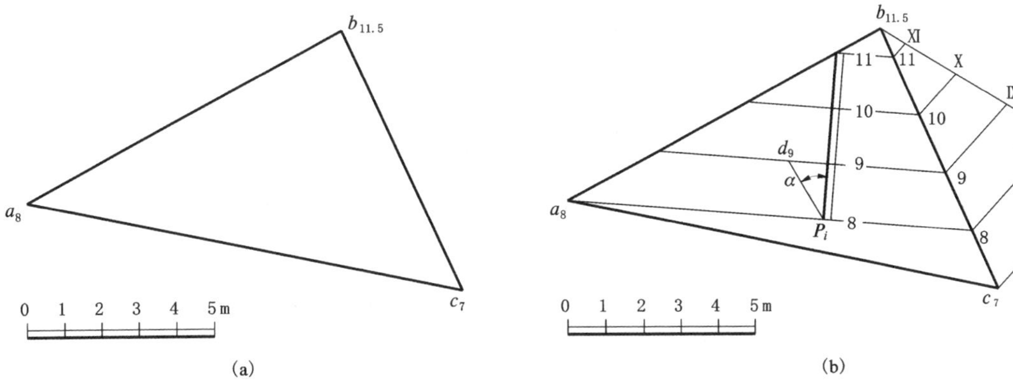

图 2.238 作三角形 ABC 平面上高程为 8、9、10、11(m)的等高线，平面的坡度比例尺和倾角 α

(a)已知条件；(b)作图过程和作图结果

【解】 作图过程如图 2.238(b)所示。

(1)作平面 P 上高程为 8、9、10、11(m)的等高线

由 $b_{11.5}$ 作任意直线，以任意的单位长度从 $b_{11.5}$ 在其上顺次量取半个单位长度和四个一个单位长度，得点XI、X、IX、VIII、VII；连 c_7 与VII，过XI、X、IX、VIII作VIIc_7 的平行线，与 $b_{11.5}c_7$ 相交，交得 $b_{11.5}c_7$ 上的诸刻度点 11、10、9、8；连 a_8 与 8，$a_8$8 即为三角形 ABC 平面 P 上的高程为 8 m 的等高线，由 9、10、11 分别作 $a_8$8 的平行线，即可作出平面 P 上的高程为 9、10、11(m)的等高线。

(2)作平面 P 的坡度比例尺 P_i

在适当位置处作垂直于平面 P 上已作出的诸等高线的一粗一细的双线，并与等高线交得这条双线上

的刻度点 8、9、10、11，即为平面 P 的坡度比例尺 P_i。

(3)作平面 P 对水平面的倾角 α

因为坡度比例尺 P_i 就是平面 P 上具有刻度的坡度线，它对水平面的倾角也就是平面 P 对水平面的倾角 α，而 P_i 上每两个相邻刻度点之间的长度，按比例尺所量得的数值，即为平面 P 上的坡度线的平率 l，于是从 P_i 上的任一刻度点，例如 9，在过这一刻度点的等高线上，即在高程为 9 m 的等高线上，量取比例尺上的一个单位长度(1 m)，得 d_9，将 d_9 与 P_i 上的相邻刻度点 8 相连，则 $8d_9$ 与 P_i 的夹角，即为平面 P 上的坡度线对水平面的倾角 α，也就是平面 P 与水平面的倾角 α。

【例 2.45】 如图 2.239(a)所示，已知平面上直线 a_8b_2、平面坡度为 1∶0.5，在 a_8b_2 一侧的坡度线的大致下降方向，要求作出这个平面上的坡度线的准确下降方向，以及平面上的高程为 3 m 至 7 m 的诸等高线。

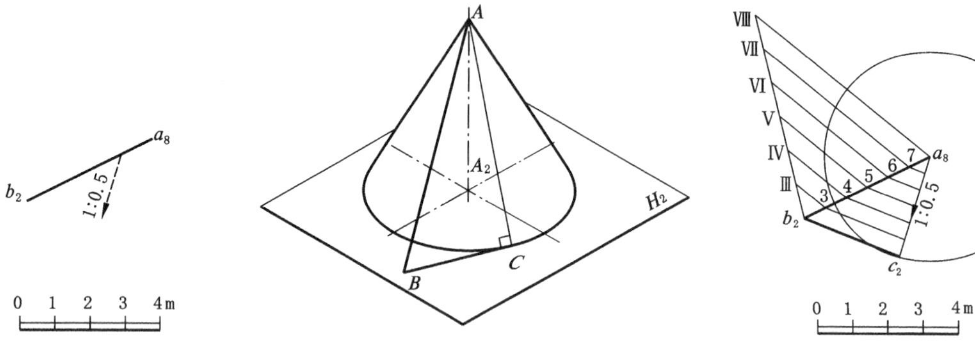

(a)　　(b)　　(c)

图 2.239　通过 a_8b_2、坡度为 1∶0.5 和已知大致下降方向的平面的准确下降方向，以及平面上的高程为 3 m 至 7 m 的等高线

(a)已知条件；(b)作图原理；(c)作图过程和作图结果

【解】 阅读图 2.239(b)所示的立体图，理解求作这个平面的准确下降方向的作图原理。其中 AB 为图 2.239(a)中 a_8b_2 的立体图，过 B 作高程为 2 m 的水平面 H_2，过 A 作铅垂线，与 H_2 交得 A_2，作出以 A 为锥顶、AA_2 为轴线、底圆在水平面 H_2 上、母线的坡度为 1∶0.5 的圆锥。从图中可以看出：圆锥高为 AB 的两端点的高差 H 即为点 A 与 B 的高差 6 m，于是底圆的半径就是母线的水平距离 $L=$母线的高差 $H\times\frac{1}{i}=6\times[1/(1/0.5)]=6\times0.5=3$ m，由此即可作出圆锥的底圆；从点 B 在平面 H_2 上作底圆的切线 BC，C 为切点，则两相交直线 AB、BC 所确定的平面，即为过 AB 的圆锥的切平面，连 A 与 C 所得的圆锥面上的素线 AC，即为切平面与圆锥面的切线，因而 AC 一定与 BC 相垂直，由于 BC 是三角形 ABC 平面上的一条等高线，所以 AC 即为三角形 ABC 平面上的一条坡度为 1∶0.5 的坡度线，这条坡度线的下降方向即为 A 到 C 的方向，于是就与图 2.239(a)的已知条件中所示的平面的坡度线的大致下降方向相符。由此可知：相交两直线 AB、BC 所确定的平面，即为这个平面，AC 的水平投影及其下降方向，即为这个平面上的坡度线的准确水平投影及其下降方向。

作图过程如图 2.239(c)所示：

①作出这个平面

以 a_8 为圆心、$L=6\times[1/(1/0.5)]=3$ m 为半径作圆；由 b_2 作圆的切线 b_2c_2，c_2 为切点，则相交两直线 a_8b_2 和 b_2c_2 确定的平面即为所求。

②作出这个平面上的坡度线的准确下降方向

连 a_8 和 c_2，a_8c_2 即为这个平面上的一条坡度线，不加粗直线 a_8c_2，在用细实线表示的 a_8c_2 上，画出下降方向的箭头，并在旁边标注坡度 1∶0.5，就完整地画出了这个平面上的坡度线的准确下降方向。

③作出这个平面上的高程为 3 m 至 7 m 的诸等高线

过 b_2 任作一直线，在其上以任意长度单位从 b_2 顺次量取点Ⅲ、Ⅳ、Ⅴ、Ⅵ、Ⅶ、Ⅷ，连Ⅷ与 a_8，分别由点Ⅲ、Ⅳ、Ⅴ、Ⅵ、Ⅶ作Ⅷa_8 的平行线，与 b_2a_8 交得点 3、4、5、6、7，过 3、4、5、6、7 作 b_2c_2 的平行线，即为这个平面上的高程为 3 m 至 7 m 的诸等高线。

2.7.2.3　两平面互相平行

只要在一平面上的两相交直线，分别平行于另一平面上的两相交直线，则两平面互相平行。在标高投影中，常见的显示两平面平行的投影特性如图 2.240 所示。

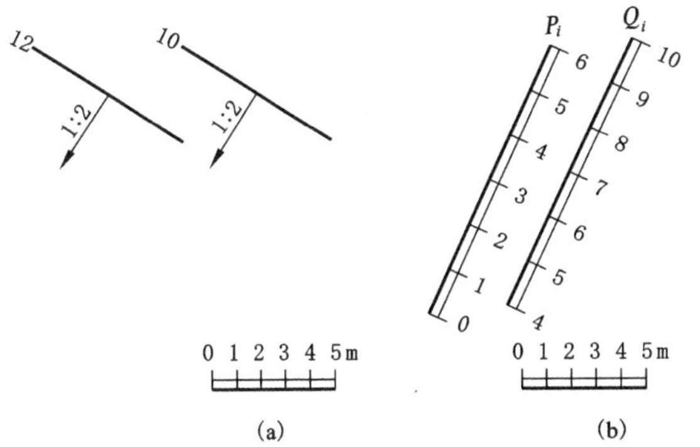

图 2.240　两平面互相平行示例

(a)用平面上的一条等高线和一条坡度线表示的两平面；(b)用坡度比例尺表示的两平面

(1)如图 2.240(a)所示，两个平面上的等高线互相平行，两个平面上的坡度线也互相平行，下降方向相同，坡度相等，因此这两个平面互相平行。

(2)如图 2.240(b)所示，两个平面 P、Q 的坡度比例尺互相平行，刻度间的平率相等，且下降方向相同，就表明这两个平面上的坡度线互相平行，从而知道这两个平面 P、Q 也互相平行。

从图 2.240(a)、图 2.240(b)还可想到：如果两平面的等高线、坡度线或坡度比例尺，以及坡度或平率不能全部符合上述的这两个平面平行的三个条件，则这两个平面不平行。

2.7.2.4　两平面相交

若两平面不平行，则必定相交。两平面相交，常常需要求作它们的交线，因为两平面的交线是两平面的共有线，所以只要求得两平面的两个共有点就可连出它们的交线。在标高投影中常用两平面的同高程的等高线的交点作为它们的共有点。

【例 2.46】　如图 2.241(a)所示，求作由高程为 6 m 的等高线、平面的坡度为 1∶1.5 及其下降方向所确定的平面和以坡度比例尺 P_i 表示的平面 P 的交线。

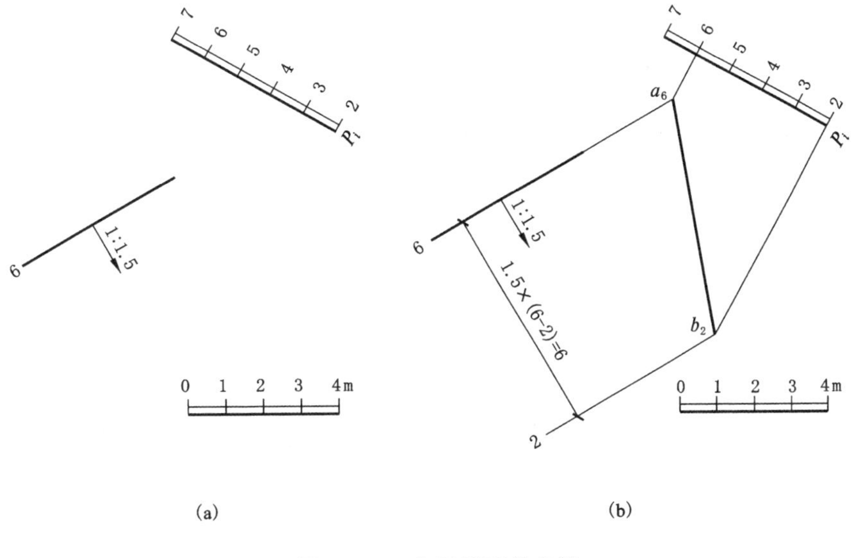

图 2.241　作两平面的交线

(a)已知条件；(b)作图过程和作图结果

【解】　只要作出这两个平面上的两个任意高程的两对同高程等高线的交点，连接这两个交点，即得这两个平面的交线。作图过程如图 2.241(b)所示：

①过 P_i 上的点 6 作 P_i 的垂线，即为平面 P 上的高程为 6 m 的等高线，与另一平面上已知的高程为 6 m 的等高线交得点 a_6。

②过 P_i 上的点 2 作 P_i 的垂线，即为平面 P 上的高程为 2m 的等高线；在另一平面上也作出高程为 2m 的等高线，它与该平面上已知高程为 6 m 的等高线相平行，它们之间的水平距离 L 应是它们之间的高差 $H=6-2=4$ m 与这个平面上的坡度线的平率 $l=1/i=1.5$ 的乘积，就可算出这个平面上的高程为 2 m 和 6 m 的两等高线之间的水平距离 $L=H\times l=4\times 1.5=6$ m，按标高投影中的比例尺量出 6 m，由高程为 6 m 的等高线沿坡度的下降方向作出与它相距 6 m 的平行线，即为这个平面上的高程为 2 m 的等高线，它与平面 P 上的同高程的等高线交得点 b_2。

③连 a_6 与 b_2，a_6b_2 即为这两个平面所求的交线。

【例 2.47】 如图 2.242(a)所示，设地面是标高为零的水平基准面，在地面上挖一基坑，基坑底面是一个水平的梯形，标高为－3，各边坡的坡度如图 2.242(a)所示，求作坡面与地面、坡面与坡面的交线。

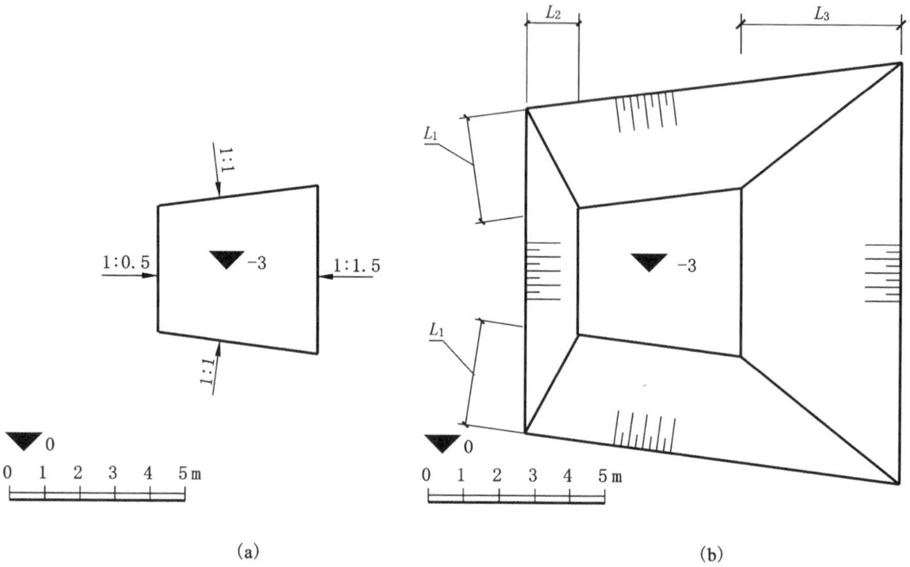

图 2.242 作基坑坡面与地面、坡面与坡面的交线

(a)已知条件；(b)作图过程和作图结果

【解】 如图 2.242(a)所示，水平面的标高符号可以用图中所示的涂黑的高 3 mm 的等腰直角三角形表示，高程数字写在右侧；也可以用细实线画的矩形框表示，高程数字写在框内。

作图过程如图 2.242(b)所示。

①作坡面与地面的交线

各坡面的底边和顶边分别是坡面上的高程为－3 m 和 0 的等高线，高差为 0－(－3)＝3 m，由图 2.242(a)所示的坡度可看出：前、后坡面上的坡度线的平率 $l=1$，因而它们的顶边与底边的水平距离 $L_1=H\times l=3\times 1=3$ m；左坡面上的坡度线的平率 $l=0.5$，顶边与底边的水平距离 $L_2=H\times l=3\times 0.5=1.5$ m；右坡面上的坡度线的平率 $l=1.5$，顶边与底边的水平距离 $L_3=H\times l=3\times 1.5=4.5$ m。分别按 L_1、L_2、L_3 从比例尺中量取各水平距离，沿坡度线的上升方向(上坡方向)作各底边的平行线，即为前与后、左、右坡面的顶边，也就是各个坡面与地面的交线，都只要画到与相邻交线相交为止。图中所注的尺寸 L_1、L_2、L_3，在实际工作中不必标注，这里是为了帮助读者便于看清作图过程而注出的。

②作坡面与坡面的交线

将各坡面顶边的交点与对应的各坡面底边的交点相连，就作出了坡面与坡面的交线。

③作各坡面上的示坡线

为了在标高投影中加强图形的明显性，在坡面上加绘示坡线，示坡线按坡度线的方向用长短相间的细线从高处画向低处，即长线和短线都从坡顶画出，长线可画到坡脚，也可只画比短线长一倍左右。示坡线可在坡面上全部画出，也可沿坡顶只分别画出一段。在图 2.242(b)中，四个坡面上都分别沿顶边画出了一段示坡线。

【例 2.48】 如图 2.243(a)所示，设地面是标高为零的水平面；有一条顶面标高为 4 的大堤；大堤的左侧有一条上大堤堤顶的斜引道，斜引道顶面的坡度为 1∶4，斜引道顶面的水平投影未画完整；大堤的右侧有一条小堤，小堤顶面的标高为 3，小堤顶面的水平投影未画完整；大堤、小堤、斜引道各坡面的坡度见图。求作大堤、小堤、斜引道的诸坡面与地面的交线，坡面与坡面的交线，斜引道顶面与地面的交线，以及小堤顶面与大堤右坡面的交线，补全斜引道和小堤顶面的水平投影，完成这个工程建筑物的标高投影图。

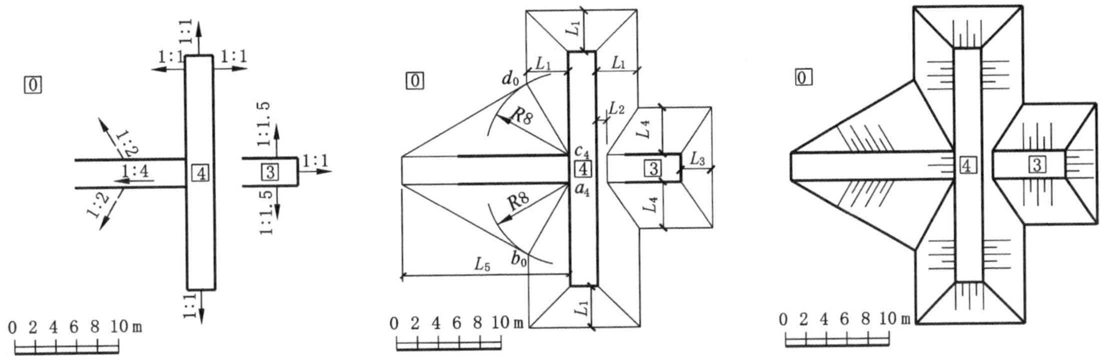

(a)　　(b)　　(c)

图 2.243　作大堤、小堤、斜引道的诸坡面与地面的交线，坡面与坡面的交线，
斜引道顶面与地面的交线，小堤顶面与大堤右坡面的交线，完成它们的标高投影
(a)已知条件；(b)作图过程；(c)作图结果

【解】 小堤顶面与大堤右坡面相交，斜引道顶面与地面相交，都是对水平面的倾斜面与水平面相交，交线都是等高线。按例 2.47 的作图原理和方法，就可作出诸坡面与地面的交线，以及坡面与坡面的交线。

作图过程如图 2.243(b)、图 2.243(c)所示：

①作大堤、小堤与地面的交线[图 2.243(b)]

由大堤、小堤各坡面的坡度看出各坡面的坡度线的平率 l，由大堤、小堤顶面的标高看出各坡面的顶边与底边(即坡面与地面的交线)的高差 H，从而计算出大堤的四个坡面、小堤的右坡面、小堤的前坡面和后坡面的顶边和底边之间的水平距离 $L=H\times l$，则有 $L_1=4\times 1=4$ m、$L_3=3\times 1=3$ m、$L_4=3\times 1.5=4.5$ m。从大堤、小堤的顶边按下降方向量取 L_1、L_3、L_4，作相应的顶边的平行线，即得诸坡面的底边，也就是各坡面与地面的交线，这些交线都画到和邻近的坡面与地面的交线的交点为止。

②作小堤顶面与大堤右坡面的交线和大堤、小堤坡面间的交线[图 2.243(b)]

小堤顶面与大堤右坡面交于大堤右坡面上的高程为 3 m 的等高线，它与大堤右坡面顶边的水平距离 L_2 就是它们之间的高差 $H=4-3=1$ m 与大堤右坡面上的坡度线的平率 $l=1$ 的乘积，亦即 $L_2=H\times l=1\times 1=1$ m，于是从大堤右坡面的顶边按下降方向量取 $L_2=1$ m，作顶边的平行线，延长未画完整的小堤顶面的前后顶边，与上述平行线交得小堤顶面与大堤右坡面的交线，从而也补全了小堤顶面的水平投影。分别连接大堤各相邻坡面的顶边的交点和底边的交点，小堤各相邻坡面的顶边的交点和底边的交点，分别画出大堤、小堤的坡面与坡面的交线。连接小堤顶面与大堤右坡面的交线的前端点和小堤前坡面底边与大堤右坡面底边的交点，画出小堤前坡面与大堤右坡面的交线；用同样的方法画出小堤后坡面与大堤右坡面的交线。

③作斜引道顶面与地面的交线和斜引道坡面与地面的交线，以及斜引道的坡面与大堤左坡面的交线[图 2.243(b)]

斜引道顶面的顶边是它与大堤顶面的交线，标高为 4；底边是它与地面的交线，标高为 0；它们都是斜引道顶面上的等高线，两者之间的水平距离 L_5 应是斜引道顶边与底边的高差 $H=4$ m 和斜引道顶面上的坡度线的平率 $l=4$ 的乘积，因此，从斜引道顶面的顶边按下降方向量取 $L_5=H\times l=4\times 4=16$ m，作顶边的平行线；延长未画完整的斜引道顶面的前边和后边，与平行线交得斜引道顶面与地面的交线。

以斜引道顶面前边上端点的水平投影为圆心，以斜引道前坡面上过这个上端点的坡度线到地面为止的一段水平距离 L 为半径作圆弧，这段水平距离 L 应是该坡度线两端点的高差 $H=4-0=4$ m 和该坡度线的平率 l（斜引道前坡面的坡度 i 的倒数）$=\frac{1}{i}=1/(1/2)=2$ 的乘积，即 $L=H\times l=4\times 2=8$ m；再过斜引道顶面前边的下端点作圆弧的切线，即为斜引道前坡面与地面的交线，也就是斜引道前坡面的底边；而前坡面顶面前边的上端点 a_4 与切点 b_0 的连线 a_4b_0，即为斜引道前坡面上的一条坡度线，以后在加绘斜引道前坡面的示坡线时，示坡线应与这条坡度线 a_4b_0 相平行。连接斜引道顶面前边的上端点和斜引道前坡面底边与大堤左坡面底边的交点，即为斜引道前坡面与大堤左坡面的交线。用同样的方法作出斜引道后坡面与地面的交线，以及斜引道后坡面与大堤左坡面的交线。同理，斜引道后坡面的示坡线应与后坡面的坡度线 c_4d_0 相平行。

④作图结果[图 2.243(c)]

清理图面，加粗投影轮廓线，在斜面上加画示坡线。

从例题 2.48 的作图过程和作图结果可以看出在标高投影中两平面交线的水平投影的方向问题：当两个平行平面与第三个平面相交时，两条交线互相平行，它们的水平投影也互相平行；当两平面的坡度相等时，交线的水平投影是两平面的相交的同高程等高线夹角的平分线。此外，还可以想到：若相交两平面的等高线平行，则交线也必定是两平面上的等高线的平行线。读者按已有的初等几何和本书前面所讲的正投影理论知识能理解上述有关两平面交线的水平投影的方向的这三种情况，在此处不再赘述。

2.7.3 曲线、曲面及地面

2.7.3.1 曲线的标高投影

如图 2.244(a)所示，曲线的标高投影一般可以由它的水平投影和曲线上一系列点的标高投影来表示，也可以不写曲线上诸点的投影符号字母而只表示出诸点的水平投影位置和标高。从图 2.244(a)可以观察和量出：这条曲线的水平投影是一个直径为 8 m 的圆周的四分之一，两端点的高差为 4 m，且高差为 1 m 的两点间的每段曲线的水平投影的长度都相等，都是十六分之一圆周，所以这条曲线是一条直径为 8 m、导程为 16 m 的圆柱螺旋线在四分之一导程范围内的一段。从图中还可看出它的旋向是右旋。

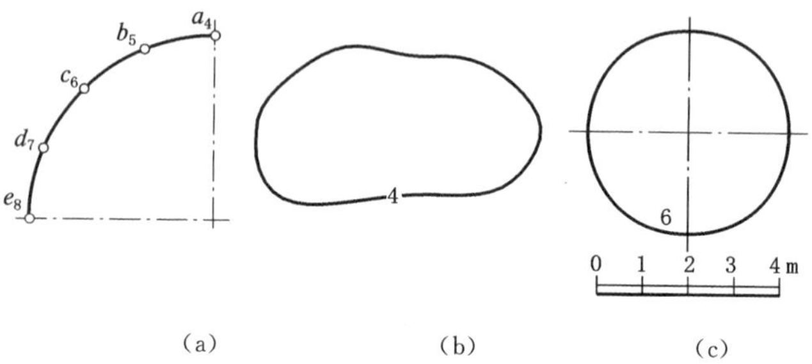

(a) (b) (c)

图 2.244 曲线的标高投影示例

如图 2.244(b)、图 2.244(c)所示：中间的曲线是一条不规则的高程为 4 m 的等高线；而右边的曲线是一个高程为 6 m 的水平圆周。曲线等高线只要画出它的水平投影并注明标高就可以了。如果曲线等高线是封闭的，则标高数字可以注写在它的水平投影的一侧，如图 2.244(c)所示；也可以将它的水平投影断开，将标高数字写在其中断处，如图 2.244(b)所示。

2.7.3.2 曲面的标高投影

这里只以圆锥面、斜圆锥面和同坡曲面为例，说明曲面的标高投影的一般表示法及其应用。若曲面上各处的坡度都相等，则称为同坡曲面；圆锥面是同坡曲面，而斜圆锥面则不是同坡曲面。

(1)圆锥面和斜圆锥面

如图 2.245 所示，左边是一个正置的圆锥面，中间是一个倒置的圆锥面，右边是一个斜圆锥面。曲面的标高投影一般可以由曲面上一系列的等高线来表示，通常是用一系列间隔相等的整数标高的水平面截切曲面所得的等高线来表示。图中左边的圆锥面和右边的斜圆锥面的标高投影，由于它们的等高线的标高是由里向外逐步递减的，所以是中间高、四周低的曲面，即中间凸起的曲面，这里则分别是正置的圆锥面和斜圆锥面；而图中中间的圆锥面的标高投影，它的等高线的标高则是由里向外逐步递增的，因而是中间低、四周高的曲面，是中间凹陷的曲面，这里是倒置的圆锥面。从图中可见：圆锥面的标高投影是一系列间距相等的同心圆，从圆心出发所画的直线，都是圆锥面上的素线的水平投影；也就是圆锥面在各处的坡度线，它们与诸等高线的交点，就是坡度线上的刻度点，由于等高线都是间距相等的同心圆，所以各处坡度线的相邻刻度点之间的平率都相等，圆锥面的坡度处处相等，它属于同坡曲面；而斜圆锥面上的等高线圆的标高投影不是同心圆，从锥顶的标高投影 s_4 出发所画的直线，分别都是斜圆锥面上的素线的水平投影，也分别是斜圆锥面在各处的坡度线，虽然每条坡度线与等高线圆交得的相邻刻度点之间的平率都各自相等，但各坡度线的平率除了前后对称的两条素线外，都彼此不相等，因而斜圆锥面不是同坡曲面。从图中还可看出：在斜圆锥面等高线密集的地方，坡度线的平率小，也就是坡度大，该处的素线陡峭，如图中的斜圆锥面的左侧；而在斜圆锥面等高线稀疏的地方，坡度线的平率大，也就是坡度小，该处的素线较平缓，如图中的斜圆锥面的右侧所示。

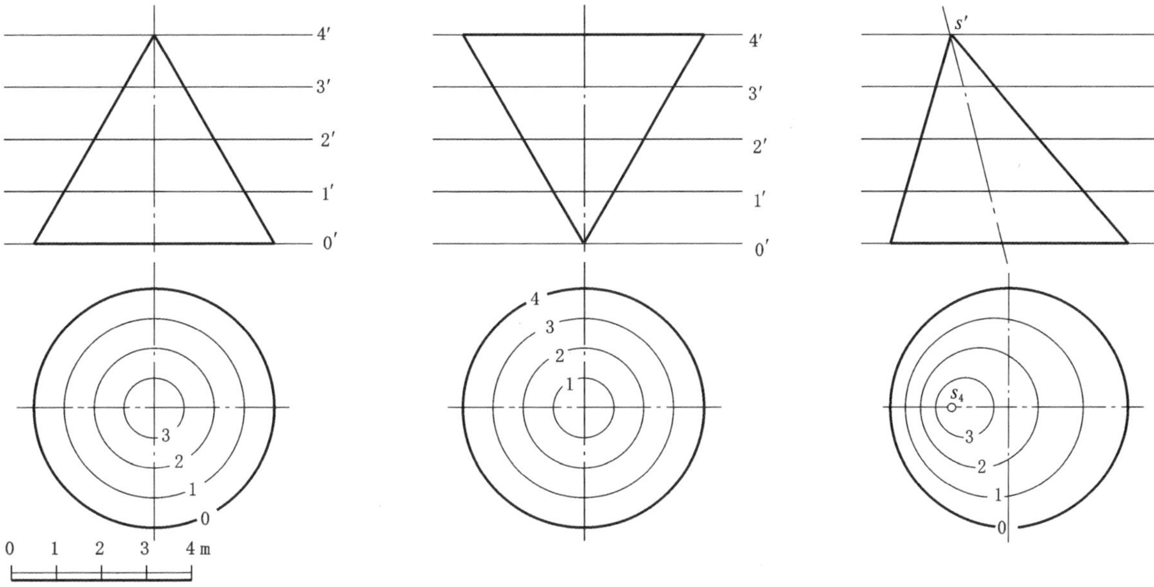

图 2.245　圆锥面和斜圆锥面的标高投影

在图 2.245 中，除了画出圆锥面和斜圆锥面的标高投影外，还按多面正投影中的 H、V 两面体系分别画出了它们的正面投影，这只是为了帮助读者对照读图，易于理解而加设的，在实际使用标高投影时，不必画出正面投影。

(2)同坡曲面

前面已经说明：各处的坡度都相等的曲面，称为同坡曲面。除了圆锥面以外，同坡曲面可以看作是锥顶沿着作为同坡曲面顶边运动的正置圆锥面的包络面，也就是与一系列轴线为铅垂线、母线坡度为同坡曲面的坡度这些圆锥面都相切的曲面，如图 2.246(b)所示。在图 2.246(b)中，只画出了同坡曲面顶边一侧的一个同坡曲面，在顶边的另一侧，还有一个相同坡度的同坡曲面，也是这些圆锥面的包络面。在图 2.246(b)中可以看出：这个同坡曲面分别与锥顶为点 B、C、D 的正置圆锥面相切于圆锥面上的一条素线 BE、CF、DG，就是同坡曲面在该处的直线素线，也就是同坡曲面在该处的坡度线，如在同坡曲面上须画出示坡线，在各处的示坡线的方向，宜与该处的坡度线方向相同或相接近。由于这些圆锥面的素线的坡度都相同，所以同坡曲面各处的坡度也都相同，而且同坡曲面是直纹面。在图 2.245(b)中还可看出：各个水平面与诸圆锥面交得水平的纬圆，在同一水平面上诸纬圆的包络线，即公切的曲线，就是同坡曲面上的等高线，切点也就是同坡曲面的等高线和同坡曲面与圆锥面相切的坡度线的交点。

如图 2.246(a)所示，给出了同坡曲面的顶边曲线 $a_0b_1c_2d_3$，以及标注了坡度 1∶1 的在顶边一侧的大致下降方向，求作在这一侧的同坡曲面。

图 2.246(b)所示是前面所述的形成同坡曲面的原理和作图方法的轴测图，作图过程见图 2.246(c)，

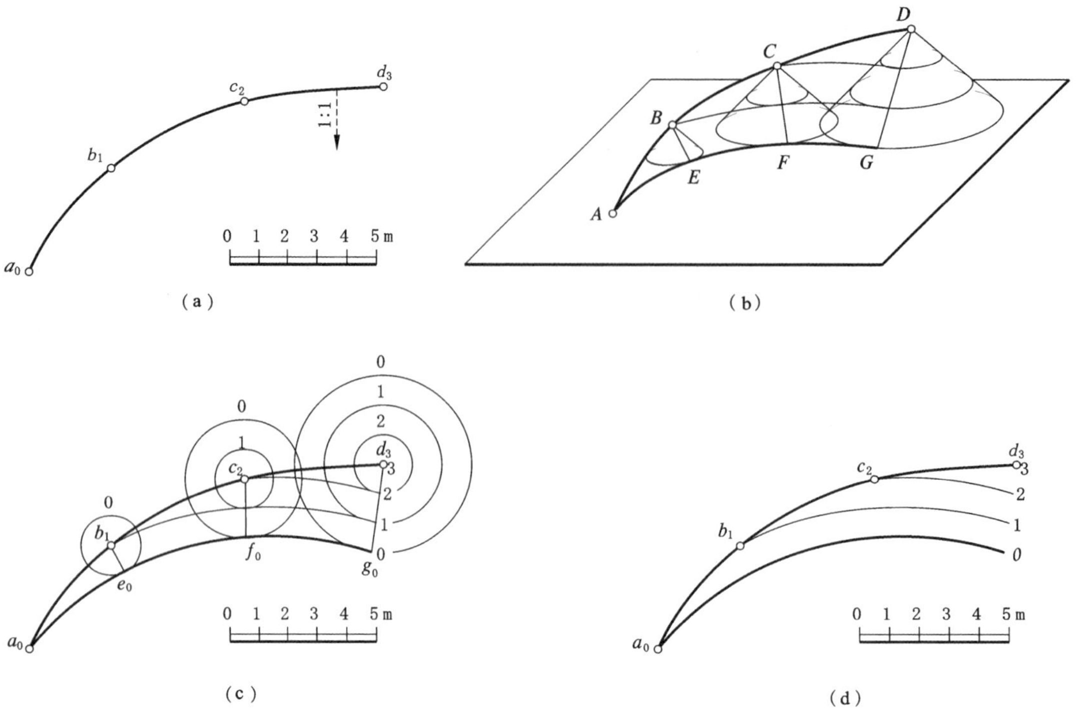

图 2.246　已知顶边曲线以及大致下降方向、坡度，作同坡曲面

(a)已知条件；(b)作图原理和作图方法；(c)作图过程；(d)作图结果

作图结果如图 2.246(d)所示。作图过程如下：

①因为同坡曲面的坡度为 1∶1，所以同坡曲面上各坡度线的平率为 1。以 b_1、c_2、d_3 为圆心，按比例尺量取 1 m 为半径作圆；以 c_2、d_3 为圆心，2 m 为半径作圆；以 d_3 为圆心，3 m 为半径作圆。即得以 b_1、c_2、d_3 为锥顶的正置的坡度为 1∶1 的诸圆锥面上高程为 1 m、2 m、3 m 的水平纬圆(即等高线)的水平投影，分别注上它们的标高数值。

②从 a_0 开始作诸圆锥面上的标高为 0 的等高线圆的包络线，即为这个同坡曲面上的标高为 0 的等高线，也就是这个同坡曲面在基准面上的底边。

③从 b_1 开始作诸圆锥面上的标高为 1 的等高线圆的包络线，即为这个同坡曲面上的标高为 1 的等高线；从 c_2 开始作出标高为 2 的等高线圆的包络线，即为这个同坡曲面上的标高为 2 的等高线。若如图 2.246(c)所示，只画出了在以 d_3 为顶点的圆锥面上的一个标高为 2 的等高线圆，则可按同坡曲面上标高为 0、1 的等高线的走向，画出它们的等距曲线(法线方向距离相等的曲线称等距曲线)，作到在标高投影中以 d_3 为顶点的标高为 2 的圆锥面上的等高线圆的切点为止。

④最后，如图 2.246(d)所示，擦去所有的作图线，清理图面，用粗实线加深这个同坡曲面的顶边和底边，用细实线加深在这个同坡曲面上的顶边与底边之间的等高线，就画出了这个同坡曲面。如果不画顶边与底边之间的等高线，则应按同坡曲面上坡度线的方向[如在图 2.246(c)中 b_1、c_2、d_3 等处的 b_1e_0、c_2f_0、d_3g_0 的方向]沿着顶边画出全部或部分示坡线。

【例 2.49】 如图 2.247(a)所示，设地面是标高为 16 的水平面，有一条弯曲的斜引道与顶面标高为 20 的平台相连，所有填筑坡面的坡度都是 1∶1，求作坡面与地面以及坡面与坡面的交线。

【解】 由于平台的前面、后面、右面在图中都已折断，只要作出左坡面上标高为 16 的等高线，即为左坡面与地面的交线。弯曲斜引道的顶面是在四分之一导程范围内的空心平螺旋面，分别以弯曲斜引道顶面前边和后边的两条圆柱螺旋线上的诸点为顶点，作坡度为 1∶1 的圆锥面，并作出前面和后面各一组圆锥面的包络面，即为弯曲斜引道的两个坡面，在这两个坡面上的标高为 16 的等高线，就是弯曲斜引道的两个坡面与地面的交线。分别作出平台的左坡面与弯曲斜引道的前、后坡面上高程 16 至 20 之间的诸整数

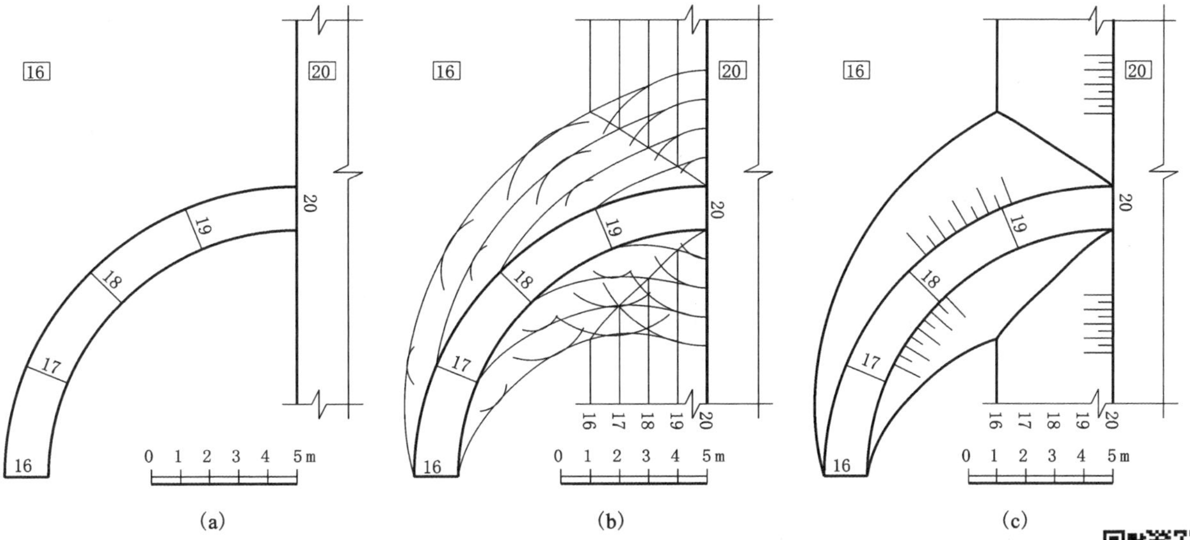

图 2.247 作平台与弯曲斜引道的坡面与地面以及坡面与坡面的交线

(a)已知条件；(b)作图过程；(c)作图结果

等高线的交点，即可连成平台左坡面与弯曲斜引道前、后坡面之间的交线。

作图过程和作图结果如图 2.247(b)、图 2.247(c)所示：

①作平台左坡面与地面的交线[2.247(b)]

按坡面的坡度 1∶1 计算出坡面上标高为 20 和 16 的等高线之间的水平距离为 $L=H\times\frac{1}{i}=(20-16)\times 1/(1/l)=4\times 1=4$ m，在平台左顶边的标高投影的左侧作相距从比例尺上量取的 4 m 的平行线，即为平台左坡面与地面的交线。

②作弯曲斜引道前、后坡面与地面的交线[图 2.247(b)]

按坡面的坡度 1∶1 可知，与它同坡度的正置圆锥面的坡度也是 1∶1。分别以弯曲斜引道前、后顶边上的整数标高点 17、18、19、20 为圆心，从比例尺上量取 1、2、3、4 m 为半径作圆弧，即为以上述的诸点为锥顶的圆锥面上高程为 16 m 的纬圆的水平投影，分别从标高 16 的点作前、后两组圆锥面上高程为 16 m 的纬圆的前侧、后侧的包络线，即为弯曲斜引道前、后两侧坡面的同坡曲面上高程为 16 m 的等高线，也就是前、后两侧坡面与地面的交线。

③作弯曲斜引道前、后坡面与平台左坡面的交线[图 2.247(b)]

在平台左坡面上标高为 16、20 的等高线之间，以坡度线的平率为 1，插入标高为 17、18、19 的诸等高线。在弯曲斜引道的前、后坡面上，也分别画出标高为 17、18、19 的等高线，为此，以弯曲斜引道前、后顶边上标高为 18、19、20 的点为圆心，1、2、3(m)为半径作圆弧，再与作前、后坡面上高程为 16 m 的等高线一样，分别从标高 17 的点作它们的包络线，即为前、后坡面上高程为 17 m 的等高线；同样，以前、后顶边上标高为 19、20 的点为圆心，1、2(m)为半径作圆弧，从标高为 18 的点作它们的包络线，得前、后坡面上高程为 18 m 的等高线；最后，以前、后顶边上标高为 20 的点为圆心，1 m 为半径作圆弧，顺着坡面上已作出的等高线的趋势，从标高为 19 的点作与已经作出的以标高为 20 的点为圆心、半径 1 m 的圆弧相切的曲线，就是相同坡面上其他等高线水平投影的等距曲线，也就是在同一平面上的已知曲线一侧，沿已知曲线上各点的法线方向与各点相等距离的点的连线，即为前、后坡面上高程为 19 m 的等高线的标高投影。

平台左坡面与地面的交线，以及弯曲斜引道前、后坡面与地面的交线，都只应画到它们的交点为止。从平台左坡面和弯曲斜引道前、后坡面与地面交线的交点开始，分别顺次连接它们的标高为 17、18、19 的同高程的等高线的交点，再继续连到它们的顶边的交点为止，就画出了平台左坡面和弯曲斜引道前、后坡面的两条交线。

④清理图面，作出结果[图 2.247(c)]

最后，擦去作图过程中的作图线，清理图面，加粗各可见轮廓线的水平投影，加绘坡面上的示坡线，图中只在每段坡面上画了一部分，就得出最后的作图结果。

2.7.3.3　地面的标高投影

地面的标高投影就是地形图，地形图是用地面上的一组等高线在水平基准面上的水平投影，并标注各等高线与水平基准面的距离的高程数字来表达，我国以青岛附近的黄海平均海平面为基准面。

图 2.248(a)、图 2.248(b)所示是两种不同地形的标高投影。如图 2.248(a)所示，等高线的高程数字是由里向外递减的，表示山丘；而图 2.248(b)则相反，等高线的高程数字由里向外递增，则表示盆地。若在地形图上等高线较密，即等高线的间距小，地形的坡度大，也就是陡峭；相反，若等高线较稀，即等高线的间距大，地形的坡度小，也就是平缓。如图 2.248(a)、图 2.248(b)所示的地形，都是北坡的坡度比其他三个方向的地面坡度陡。

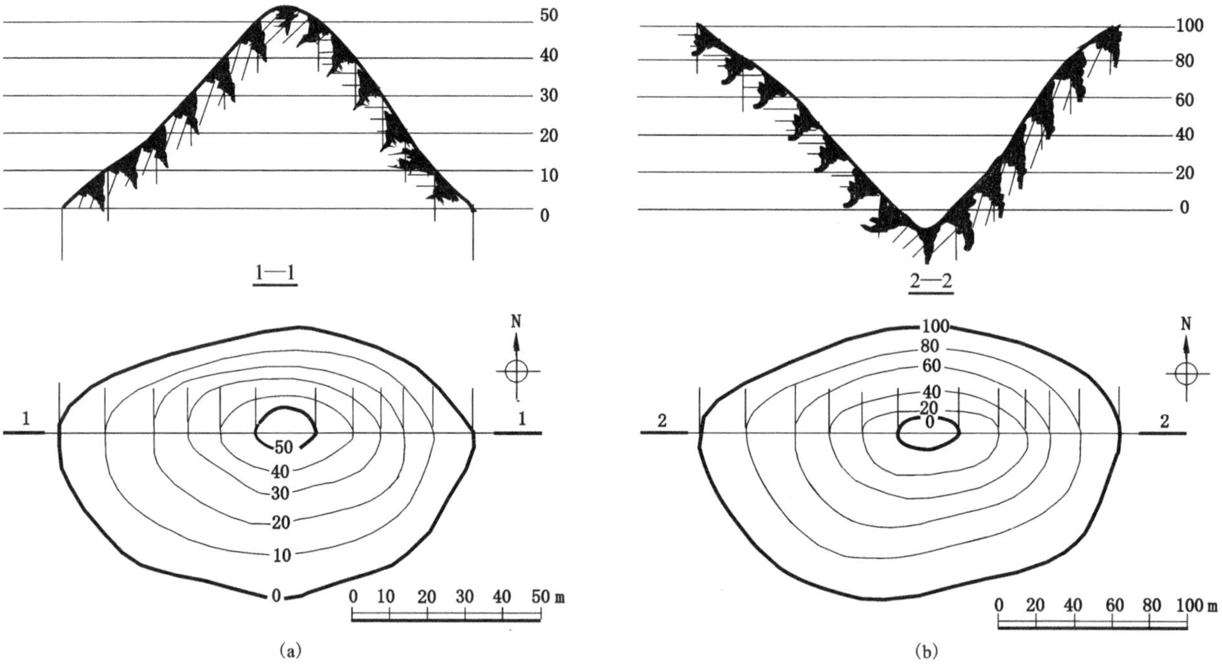

图 2.248　地形图和地形断面图

(a)山丘；(b)盆地

仍如图 2.248 所示，地形图一般应符合下述规定：

(1)地形面上等高线高程数字的字头按规定指向上坡方向。

(2)每隔四条等高线应有一条画得较粗并注有单位为米的标高数字的等高线，称为计曲线。两条计曲线之间的四条高差相等的细等高线，则可以注出标高数字，也可以不注。

(3)图中除了等高线外，还应画出比例尺和指北针，图 2.248 中的指北针是按《水利水电工程制图标准基础制图》(SL 73.1—2013)画出的。

(4)等高线一般都是封闭曲线，有时只画出地形的一个局部，等高线只画出一段，形式上是一段，但如全部画出，则仍是封闭的。除悬崖绝壁的地方以外，等高线不相交。

如有需要，除了用标高投影画出的地形图以外，还可画出地形断面图。用铅垂面剖切地形面，画出截交线的真形，称为地形断面图。在图 2.248(a)、图 2.248(b)中，分别画出了地形断面图。今以图 2.248(a)所示的地形断面图为例，说明地形断面图的画法和有关规定如下：

(1)作铅垂的截平面，在它的水平迹线的两端分别画两段粗实线的直线，称为剖切位置线，并注出编号

(通常用阿拉伯数字顺序编号,也可用大写拉丁字母顺序编号),编号应写在剖切位置线的投射方向(或称观察方向、剖视方向)的一侧。

(2)作图时将两端的剖切位置线连成细实线,与诸等高线相交。在适当位置作一系列剖切位置线的平行线,平行线之间的间距则以相邻等高线之间的高差按比例尺量取后画出,以剖切位置线与高程数最小的等高线相交的高程数标注在最靠近剖切位置线的平行线上,并以等高线的高程数以逐步递增的顺序向远离剖切位置线的方向继续标注在这些平行线上。从剖切位置线与诸等高线的交点作剖切位置线的垂线,与标注了与等高线相同高程数的剖切位置线的诸平行线相交,将交得的点按顺序连成光滑曲线,即为截交线的真形。若在求截交线真形的作图过程中,山丘的截交线真形上的上述交点中的最高点是两个点,或盆地的截交线真形上的上述交点中的最低点是两个点,则应将两侧连得的曲线的截交线真形在这两点处按趋势继续延长,并在相当接近处以光滑平缓过渡的方式连起来,但真正的最高点或最低点与上述已画出的两点之间的高程差,不能超过两相邻等高线之间的高差。

(3)将连出的截交线真形用粗实线加深,并在土地一侧画上自然土壤的材料图例,就得到了所指定的剖切平面(即铅垂的截平面)所截得的地形断面图,并在地形断面图的下方注写以剖切平面的编号命名的断面图的图名。

下面将简要地介绍在地形图中显示的基本地形的等高线特征,如山丘、盆地、山峰、山脊、山谷、鞍地等。山丘和盆地已用图 2.248 讲述。

如图 2.249(a)所示,山峰是山丘的最高部分,是圆顶形或圆锥形的高地,山丘的等高线成环形,环形越小,标高越大,若在地形图上未明确地标注出山峰,则山峰应在最小环形的中间的某一点;在相连的两山峰之间的低洼处,地面呈马鞍形,称为鞍地。

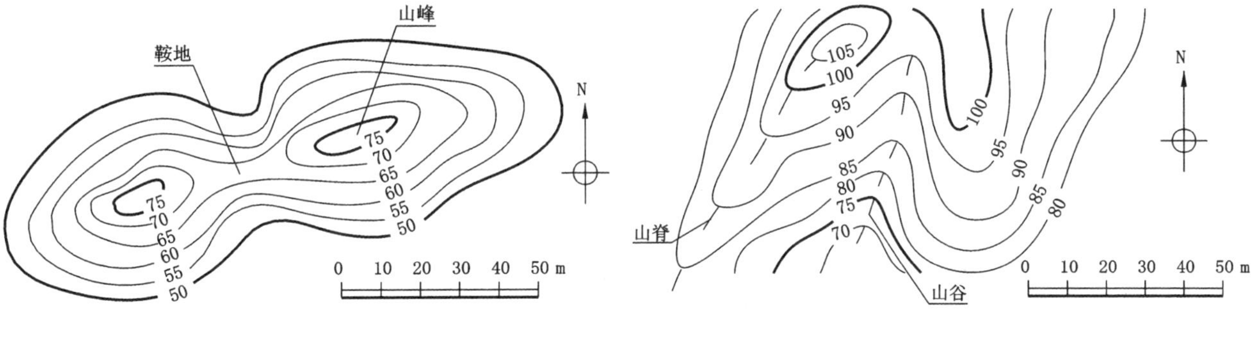

(a) (b)

图 2.249 基本地形的等高线特征

(a)山峰与鞍地;(b)山脊与山谷

如图 2.249(b)所示,高于两侧并连续延伸的高地,称为山脊,山脊处的等高线的凸出部分指向下坡方向,通过山脊上各个最高点的线称为分水线或山脊线;山谷的凹凸情况与山脊正好相反,它是低于两侧并连续延伸的谷地,山谷处的等高线的凸出部分指向上坡方向,通过山谷中各最低点的连线,称为山谷线、集水线或河床。

下面通过两个例题说明直线与地形面的交点和平面与地形面的交线的作法。

【例 2.50】 如图 2.250(a)所示,已知以管道中心线 $a_{50}b_{10}$ 表示的一条管道穿过一个小山峰,求作管道穿过山峰的两个贯穿点。图中在未确定贯穿点之前的管道的标高投影,暂用细双点长画线表示,在贯穿点确定后,要求改成中虚线和粗实线。

【解】 作以管道中心线 $a_{50}b_{10}$ 表示的管道与山峰的贯穿点,也就是作直线 AB 与地形面的交点,可按在多面正投影中求作直线与立体表面的贯穿点的作图原理和方法解题;作图过程如图 2.250(b)所示。

①过直线 AB 作铅垂截平面

包含直线 AB 作假想的铅垂剖切平面,剖切平面的水平投影与 $a_{50}b_{10}$ 相重合,在剖切平面的两侧画出

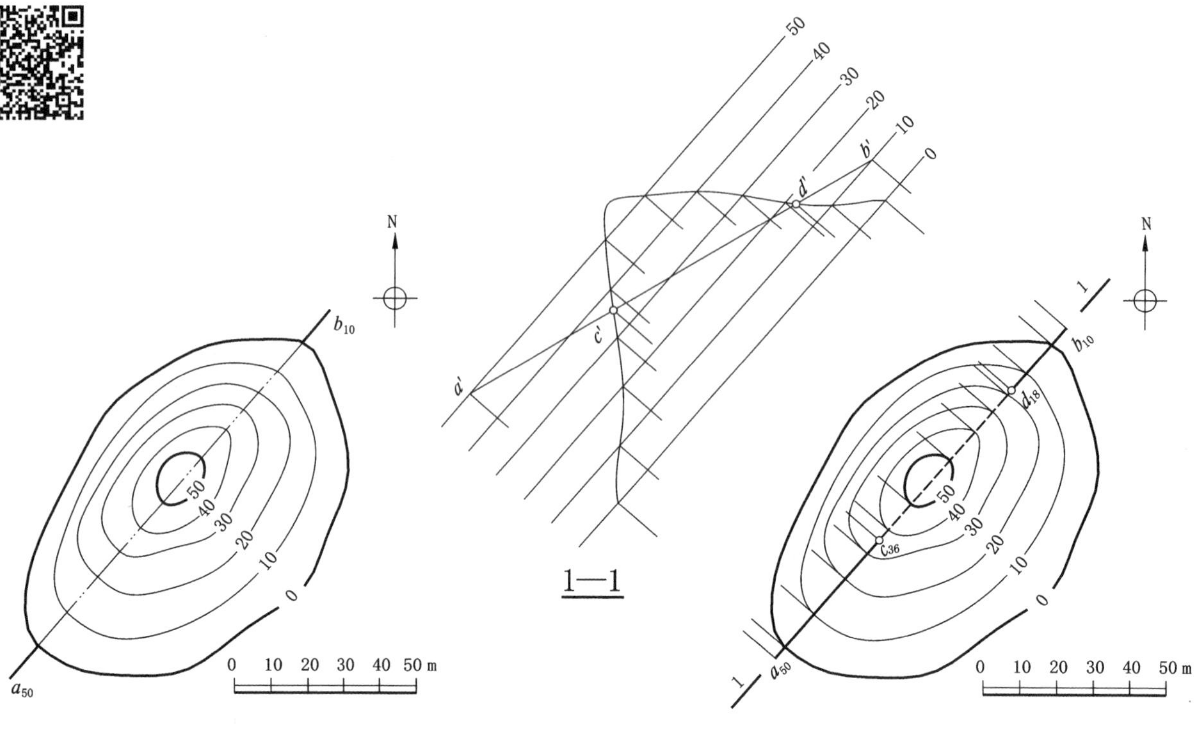

(a) (b)

图 2.250 作管道穿过山峰的两个贯穿点

(a)已知条件;(b)作图过程和作图结果

剖切位置线的符号,并按观察方向书写剖切平面(铅垂截平面)的编号 1。

②作 AB 与地形断面图 1—1 的真形

按在图 2.248(a)中所用的作图原理和方法,作出地形断面图 1—1 的真形和直线 AB 的真形。

③作直线 AB 与地形面的贯穿点,并表明直线 AB 在标高投影中的可见性

在 1—1 断面图中作出 $a'b'$ 与地形断面轮廓线的交点 c' 和 d',并用比例尺量出 c' 和 d' 的高程为 36 m 和 18 m。由 c' 和 d' 作 $a_{50}b_{10}$ 的垂线,并与 $a_{50}b_{10}$ 交得 c 和 d,在 c 和 d 上分别标注标高 36 和 18,则 c_{36} 和 d_{18} 即为两个贯穿点 C 和 D 的标高投影。

由于管道确实穿进了山峰,实际上是存在的,所以管道在两个贯穿点 C 和 D 之间的一段也应画出,但因被山峰所遮,所以应画成中虚线,而在贯穿点 C 和 D 外侧的管道,则都位于地面之上,应画成粗实线,于是将已知条件中的细双点长画线的 $c_{36}d_{18}$ 段改成中虚线,而将 c_{36} 和 d_{18} 之外的两段则改成粗实线。

【例 2.51】 如图 2.251(a)所示,求作以标高为 32 的等高线、坡度 1∶3 和下降方向的坡度线表示的劈坡平面与地面的交线。

【解】 在图 2.251(a)所示的地形图上,用等高线和坡度线所确定的平面、比例尺可以作出这个平面将地面劈掉一部分后与地面的交线,这样的平面在土方工程中称为劈坡平面。只要作出劈坡平面上的诸等高线,分别与地面的同高程的等高线交得一些交点,就可顺次将这些交点连成这个劈坡平面与地面的交线。

作图过程如图 2.251(b)、图 2.251(c)所示。

①作劈坡平面上的诸等高线,并分别作出与地面上相同高程的等高线的交点[图 2.251(b)]

沿着劈坡平面上的坡度线的下降方向,顺次按比例尺量取坡度线的刻度间的水平距离 $L=\frac{H}{i}=\frac{1}{\frac{1}{3}}=3$ m 作劈坡平面上的标高为 31 至 27 的等高线,并分别作出与地面上相同标高的等高线的交点。

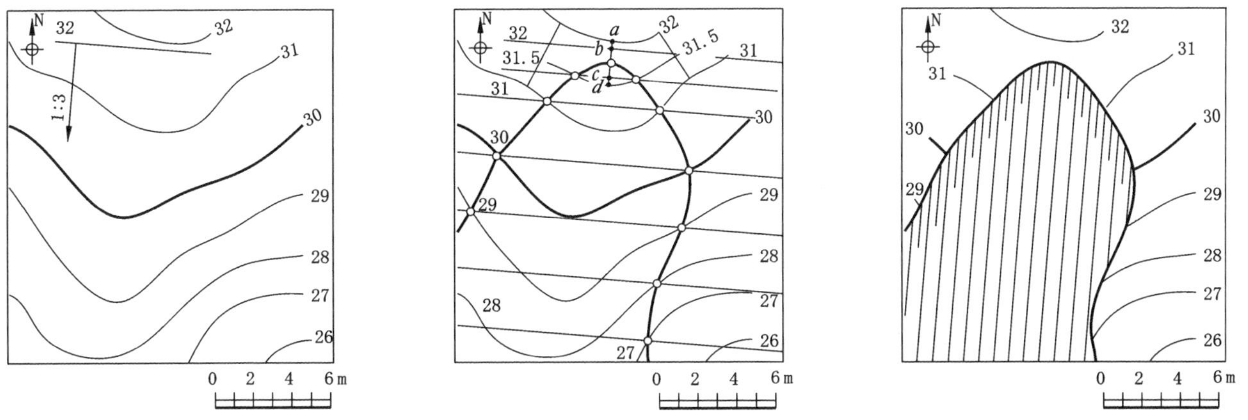

(a)　　(b)　　(c)

图 2.251　作劈坡平面与地面的交线

(a)已知条件；(b)作图过程；(c)作图结果

②按各交点的高程顺序连出劈坡平面与地面的左、右两侧的交线，用内插法作出左、右两段交线连接处的交线，并将交线的左、右两端延伸至图框为止[图 2.251(b)]

按各交点的高程顺序连出左、右两侧的各一段交线后，在这两段交线的高程为 31 m 的两个交点处，于劈坡平面上的标高为 31 和 32 的等高线之间，插入一条标高为 31.5 的等高线；于地面上的标高为 31 和 32 的等高线的标高投影之间，也插入一条标高为 31.5 的等高线。具体的作法：在地面上的标高为 31 和 32 的等高线的标高投影之间，作若干条公法线，在每条公法线与标高为 31、32 的等高线的两个交点间取中点，就可将这些中点连成地面上标高为 31.5 的等高线。作出这两条标高为 31.5 的等高线的两个交点，也是劈坡平面与地面的交线上的点。这种用在两等高线之间插入中间的等高线求作平面与地面交线上的点的作图方法，称为内插法。如果这两个交点之间的距离还是较大，则可以用同样方法在劈坡平面和地面上的标高为 31.5 和 32 的等高线之间，再继续作标高为 31.75 的等高线，也作出它们的两个交点，则也是劈坡平面与地面的交线上的点；而现在在图中的两条标高为 31.5 的等高线的交点之间的距离已较小，就可如图中所示，在这两个交点的中点附近，作地面上的标高为 31.5 和 32 的等高线的标高投影的一条公法线，与地面上的标高为 31.5 和 32 的等高线分别交得图中的实心的小黑圆点 d 和 a，而这条公法线与劈坡平面上的标高为 31.5 和 32 的等高线分别交得小黑圆点 c 和 b，在这条直线上凭目估取分割 da、cb 成相同比例的点，即为劈坡平面与地面交线上的点。将凭目估取得的这一点，分别向两侧与等高线 31.5 的交点相连，就将已作出的左、右两段交线连接起来了。如果对劈坡平面与地面的交线的标高投影的准确度要求不高，则在交线上标高为 31 的两点之间的一段，也可以不用内插法求作，而直接凭目估在这两点间交线的中点附近作地形等高线 31、32 的标高投影之间作公法线，在这条公法线上取分地形等高线 31、32 之间的和劈坡平面上的等高线 31、32 之间的线段成同样比例的点而直接连成。

在已作出的交线的两端，即图中左侧的标高为 29 的等高线的交点和右侧的标高为 27 的等高线的交点，顺着交线的趋势继续延长至图框边线为止。若需较准确一些，也可在左侧的图框外，延长劈坡平面上标高为 28 的等高线，顺着地面上标高为 28 的等高线的趋势延长这条等高线，画出这两条等高线的交点，顺着劈坡平面与地面的交线的趋势将标高为 29 的等高线的交点和图框外的标高为 28 的等高线的交点相连，需要的交线就只要画到连线与图框的交点为止；同样，也可以作出从图中右侧的标高为 27 的等高线的交点延伸到图框右边的这段交线。

③清理图面，在劈坡平面上画出示坡线[图 2.251(c)]

擦去作图线和作图过程中添加的符号和数字、字母，清理图面，用粗实线加深劈坡平面与地面的交线，在劈坡平面上画出示坡线，就得到作图结果。

2.7.4 应用示例

在土木、水利工程中，工程建筑物的坡面与地面的交线称为坡边线。通过填筑而建成的部分称为填方；通过开挖而建成的部分称为挖方。填方部分的坡边线称为填筑坡边线，简称坡脚线；挖方部分的坡边线称为开挖坡边线，简称开挖线。当工程建筑物的一部分由填筑建成，而另一部分由开挖建成时，地面上有一条等高线是填方区和挖方区的分界线，称为填挖分界线，而填筑坡面（填方坡面）、开挖坡面（挖方坡面）、工程建筑物表面的三面共点，也就是坡脚线，开挖线、工程建筑物的轮廓线、填挖分界线共同的交点，称为填挖分界点。下面举几个实用的例题。

【例 2.52】 如图 2.252（a）所示，已知标高为 20 的平台和地面的标高投影，填方坡面的坡度为 1∶1.5，挖方坡度为 1∶1，求作开挖线、坡脚线和坡面交线。

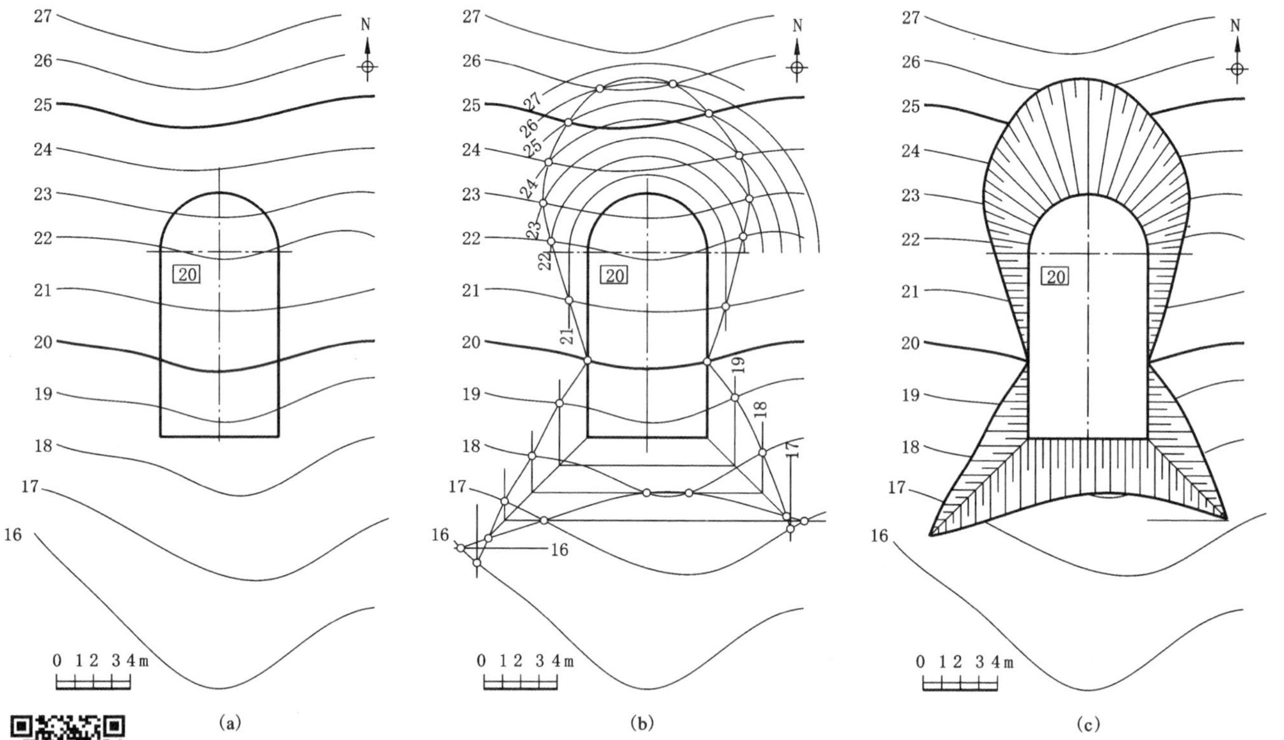

图 2.252 作平台的开挖线、坡脚线和坡面交线

（a）已知条件；（b）作图过程；（c）作图结果

【解】 从图 2.252(a)中可以看出：平台面的高程为 20 m，地面等高线 20 是填挖分界线，填挖分界线以北的地区为挖方区，以南的地区为填方区，填挖分界线与平台两侧的边线的交点，即为填挖分界点。由于图中所给的地形等高线的高差为 1 m，因而作坡面等高线时的高差也应为 1 m，作出坡面上与地面等高线同高程的等高线，并且也作出坡面上的等高线与同高程的地形等高线的诸交点，就可分别顺次连成各坡面的开挖线和坡脚线。最后，作出填方区的坡面交线，就可完成全部作图。

作图过程如图 2.252(b)、图 2.252(c)所示。

①作填挖分界点以北的开挖线[图 2.252(b)]

由于平台边线的北端是半圆形，两侧的边线与圆弧相切，所以挖方坡面由北端的倒圆锥面以及两侧与它相切的平面所组成，相切处光滑过渡，没有分界线。

挖方区坡面的坡度都是 1∶1，倒圆锥面和平面坡面的坡度线的高差为 1 m 的水平距离都是 1 m，在标高投影图中，以半圆边线的圆心为圆心，半圆边线的半径加 1、2、3、4、5、6、7(m)的长度为半径作圆弧，即为倒圆锥面坡面上标高为 21、22、23、24、25、26、27 的等高线。其中标高为 22、23、24、25、26 的等高线分别与标高相等的地面等高线在左、右两侧各有一个交点；倒圆锥面坡面上标高为 27 的等高线与标高 27 的地面等高线不相交了；而倒圆锥坡面上的标高为 21 的半圆等高线也与标高相等的地面等高线不相交，于是从这条半圆等高线与这些同心圆弧的水平中心线交得的左、右两个交点分别作半圆的切线，也就是平台左、右两侧的边线的平行线，即为左、右两侧的平面挖方坡面上的标高为 21 的等高线，它们与标高为 21 的地面等高线各有一个交点。

从左、右两侧的填挖分界点开始，在挖方区左、右两侧顺次连接标高为 21、22、23、24、25、26 的坡面等高线和相同标高的地面等高线的交点，即得挖方坡面与地形面的左、右两段交线。将左、右两段连接起来的在两个标高为 26 的等高线交点之间的一小段交线，是用图 2.251(b)所示的用目估比例作中间点的方法作出的，这里不必另画作图线了。

②作填挖分界点以南的坡脚线以及填方坡面间的交线[图 2.252(b)]

填方区坡面的坡度都是 1∶1.5，左、右两侧和南端的三个坡面上的坡度线的平率都是 1.5，三个坡面上的相邻等高线之间的水平距离都是 1.5 m，在三个坡面上就可按比例尺顺次作平行于平台边线的间距为 1.5 m 的标高为 19、18、17 的等高线，在南端左侧还画出了两个坡面上的标高为 16 的等高线，除了南端左侧的标高为 16 和南端右侧标高为 17 的等高线都继续延长到与标高相等的地面等高线相交为止以外，填方坡面上的等高线都只要画到与相邻坡面的等高线相交为止。除了南端左侧的两个坡面上的标高为 16 的等高线与标高为 16 的地面等高线分别只有一个交点外，左、右两侧坡面上的等高线与相同标高的地面等高线都各有一个交点，南端坡面上的等高线与相同标高的地面等高线各有两个交点，顺次连接各坡面上的交点，便得各坡面的坡脚线，而南端坡面上的两个标高为 18 的交点之间的坡脚线段，也是按北端倒圆锥面坡面上的两个标高为 26 的坡面与地面的等高线交点之间的开挖线段的作法作出的，也就是按图 2.251(b)中按目估作出分割坡面和地面上两相邻相同标高的等高线之间的坡度线成同样比例的中间点而连成的。

连接两相邻坡面上相同标高的等高线的交点，即为这两个坡面的交线。由于这三个坡面的坡度都相等，所以左、右坡面与南端坡面的交线都分别是相交的相同标高的等高线的角平分线；又由于两平面的交线是直线，这三个坡面都是平面坡面，所以两相邻坡面的交线都是直线，也就是左、右坡面与南端坡面的相同标高的等高线的交点必定分别各在同一条直线上。这两条坡面交线的最南端的端点分别都是两个坡面与地面的三面共点，也就是它们彼此之间的三条交线的共点，所以必定是两条坡脚线和一条坡面交线的共同的交汇点，如图中所示，实际上，坡脚线和坡面交线都只要画到这两个交汇点为止。

③清理图面，加粗坡边线和坡面交线，在各坡面上画出示坡线[图 2.252(c)]

擦去作图线和作图过程中添加的符号和数字，清理图面，用粗实线加深开挖线、坡脚线和坡面交线，在各个坡面上画出示坡线，即得作图结果。

【例 2.53】 如图 2.253(a)所示，已知地面和一段斜坡道面的标高投影，填、挖方边坡的坡度都是 1∶2，求作修建这段斜坡道面的坡脚线和开挖线。

【解】 从图 2.253(a)中可以看出：这段斜坡道面的北端比地面低，应挖方；它的南端比地面高，应填方；坡道面东边的填挖分界点正好落在坡道面东边线的标高为 29 的点上，而在它西边线上的填挖分界点则在这条西边线上的标高为 28 和 29 的两点之间，须待作图确定。坡道填方段的坡面是包含坡道边线的以坡道边线上各点为锥顶、母线坡度为填方坡度 1∶2 的圆锥面的切平面；坡道挖方段的坡面则是包含坡道边线的以坡道边线上各点为锥顶、母线坡度为挖方坡度 1∶2 的倒圆锥面的切平面。填方坡面上的等高线的作图原理和作图方法可参考前面已讲过的图 2.239；而挖方坡面上的等高线的情况与填方坡面上的等高线相类似，作图方法请读者举一反三，自行思考。

作图过程如图 2.253(b)、图 2.253(c)所示：

①作东、西两侧填方坡面上的等高线，坡面的坡脚线，斜坡道面西边线上的填挖分界点[图 2.253(b)]

由于填方坡度为 1∶2，坡面上的坡度线的高差为 1 m 的两点之间的水平距离为 2 m，以坡道面边线上的点为锥顶、与坡面相切的诸圆锥面上的坡度线(也就是素线)的平率也是 2 m，便可以坡道面东、西边

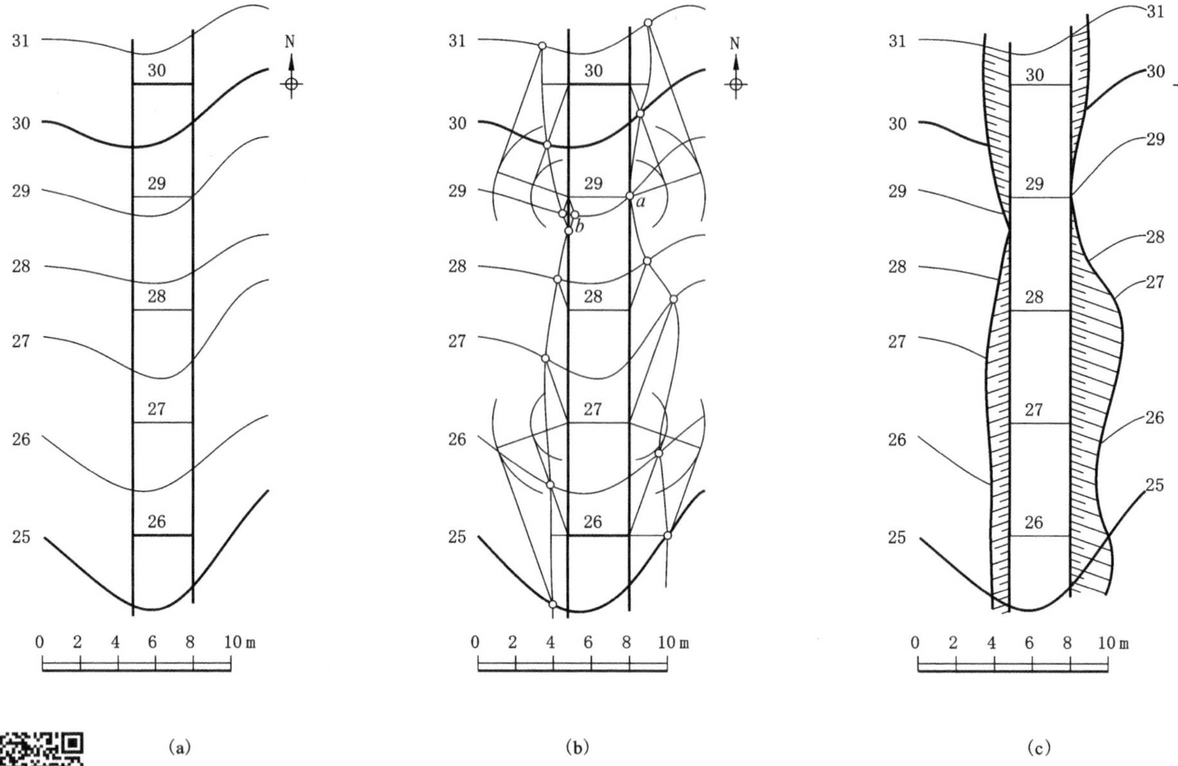

图 2.253　作斜坡道面的坡脚线和开挖线

(a)已知条件；(b)作图过程；(c)作图结果

线上标高为 27 的点为圆心，按比例尺作半径为 2 m、4 m 的圆弧，分别就是以坡道面东、西边线上高程为 27 m 的点为锥顶、素线的坡度为 1∶2 的圆锥面上的高程为 26 m、25 m 的水平纬圆的水平投影，从坡道面东、西边线上标高为 26 的点分别作高程为 26 m 的纬圆的切线，即为东、西两侧填方坡面上标高为 26 的等高线；将切点与坡道面边线上标高为 27 的点相连，即为填方坡面与圆锥面的切线，也就是填方坡面的示坡线的方向，将填方坡面与圆锥面的切线延长到与高程为 25 m 的纬圆相交，从交点作坡面上标高为 26 的等高线的平行线，分别是东、西两侧填方坡面上标高为 25 的等高线；过坡道面东边线上标高为 27、28 的点和西边线上标高为 27、28、29 的点，分别作各坡面上等高线的平行线，即为东、西两侧填方坡面上标高为 27、28、29 的等高线。作出这些等高线与相同标高的地面等高线的交点，并将它们顺次连成东、西两侧填方坡面的坡脚线，西侧的坡脚线与坡道面西边线交出一点 b，点 b 就是坡道面西边线上的填挖分界点，西侧的坡脚线实际上只应画到点 b 为止，点 b 以北的区域已是挖方区，由于同样的理由，在填方坡面上实际上也是不存在过坡道面西边线上标高为 29 的等高线的，这里是为了要作出填挖分界点 b 而假想将填方坡面延伸到挖方区去的，坡道面东边线上的填挖分界点 a 就是其上标高为 29 的点。

②作东、西两侧挖方坡面上的等高线，坡面的开挖线[图 2.253(b)]

仍如图 2.253(b)所示，与填方坡面的作图类似，由于挖方坡度为 1∶2，坡面上的坡度线高差为 1 m 的两点之间的水平距离为 2 m，以过坡道面边线上的点为锥顶、与坡面相切的诸倒圆锥面上的坡度线(也就是素线)高差为 1 m 的两点之间的水平距离也是 2 m，便可以坡道面东、西边线上标高为 29 的点为圆心，按比例尺作半径为 2 m、4 m 的圆弧，分别就是以坡道面东、西边线上标高为 29 的点为锥顶、素线坡度为 1∶2 的倒圆锥面上的高程为 30 m、31 m 的水平纬圆的水平投影，从坡道面东、西边线上标高为 30 的点分别作高程为 30 m 的纬圆的切线，即为东、西两侧挖方坡面上标高为 30 的等高线；将切点与坡道面边线上标高为 29 的点相连，即为挖方坡面与倒圆锥面的切线，也就是挖方坡面的示坡线的方向，将挖方坡面与倒圆锥面的切线延长到与高程为 31 m 的纬圆相交，从交点作坡面上标高为 30 的等高线的平行线，分别是东、西两侧挖方坡面上标高为 31 的等高线；从坡道面西边线上标高为 29 的点也作西侧挖方坡面上的等高线的平行线，即为西侧挖方坡面上标高为 29 的等高线。作出这些等高线与相同标高的地形等高线的交点，并分别从点 a 和点 b 开始，将这些交点顺次连成东、西两侧挖方坡面的开挖线。

③清理图面，加粗坡边线，在各坡面上画出示坡线［图 2.253(c)］

由于只要画出从高程 26 m 至 30 m 之间一段斜坡道两侧的坡边坡脚线和开挖线，其余都不必画出。擦去作图线和作图过程中添加的符号和字母，清理图面，用粗实线加深坡边线，画出示坡线，就得到作图结果。

【例 2.54】 如图 2.254(a)所示，已知地面和一段水平道路转弯处的路面的标高投影，以及这段弯道的标准断面，求作这段弯道的坡脚线和开挖线。

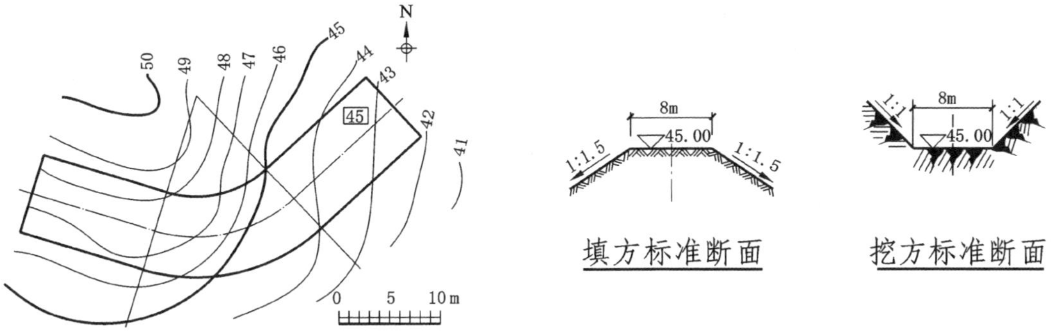

(a)

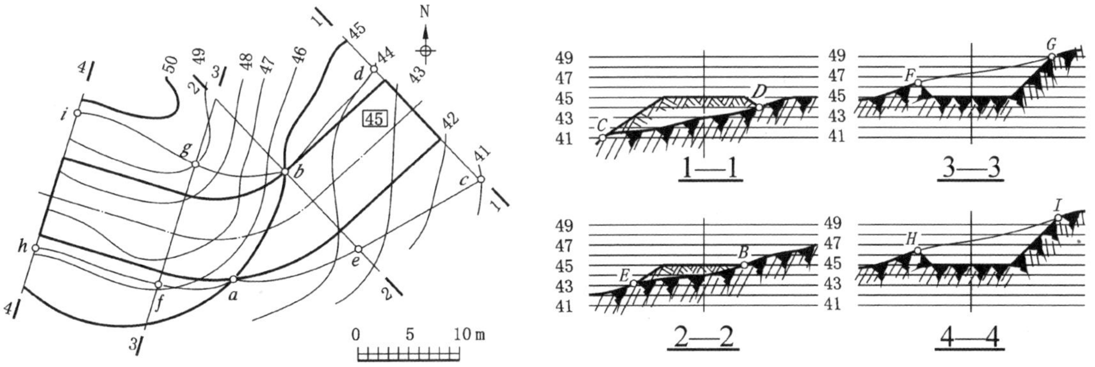

(b)

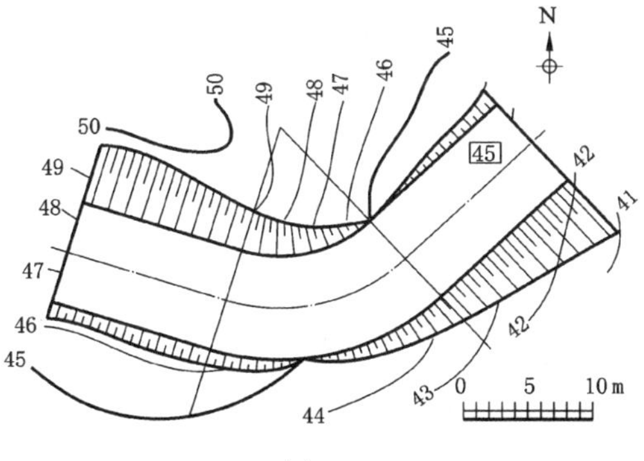

(c)

图 2.254　用断面法作一段水平道路转弯处两侧的坡边线

(a)已知条件；(b)作图过程；(c)作图结果

【解】 在图 2.254(a)中所示的这段弯道的填方标准断面和挖方标准断面，是分别在填方区和挖方区用垂直于路面中心线的铅垂面剖切道路所得到的断面，在填方区和挖方区内，各处的断面都分别相同，便称为填方标准断面和挖方标准断面。现用断面法作这段水平道路两侧的坡边线。为了作图简便起见，采用这段道路东、西两端垂直于路面中心线的铅垂断面，以及在直路段和弯曲路段相接处垂直于路面中心线的铅垂断面，若须使作出的坡边线更准确些，则可多作几个垂直于路面中心线的铅垂断面。

作图过程如图 2.254(b)、图 2.254(c)所示。

①作填挖分界点和四个断面的剖切位置线[图 2.254(b)]

在标高为 45 的地形等高线与路面南、北边线的相交处，标绘出填挖分界点 a 和 b，在填挖分界点以东是填方区，以西是挖方区。在这段道路的东、西两端以及直路段与弯曲路段相接处，作出四个断面的剖切位置线，顺次编注断面的编号 1、2、3、4，并用细实线将剖切位置线连起来，与地面等高线、路面边线都相交。

②作四个断面[图 2.254(b)]

在图纸空白处画出四条铅垂线，作为路面中心线的位置，分别作出垂直于这四条铅垂线的若干水平线，使其间距都等于按比例尺中量取的 1 m，并由下向上顺次注出图中地面等高线的标高。按照断面编号书写位置所定的观察方向，以沿着剖切位置线的方向为横坐标，路面和地面等高线的标高为纵坐标，根据路面两侧边线的水平投影与诸剖切位置线交点的位置、路面的标高 45，以及标准断面所显示的填方坡面的坡度为 1∶1.5 和挖方坡面的坡度为 1∶1，分别画出道路的四个断面；根据诸地面等高线与各个断面的剖切位置线的交点位置以及诸地面等高线的标高，作出这四个断面的地形断面图。这四个道路的断面和地形断面图横向都由过路面中心线与剖切平面交点的铅垂线控制，纵向都以标高数控制，便分别合成 1—1、2—2、3—3、4—4 断面。在这四个断面中标绘出道路断面的边坡与地形断面图的交点，如图中所示的点 C 和 D、E 和 B(填挖分界点)、F 和 G、H 和 I。

③在标高投影中作坡边线[图 2.254(b)]

将四个断面中的点 C 和 D、E 和 B、F 和 G、H 和 I 分别按各断面的观察方向和它们与过路面中心线上的点的铅垂线之间的横向距离，分别量在编号为 1、2、3、4 的断面的剖切位置线上，就作出了点 c 和 d、e 和 b、f 和 g、h 和 i，都是坡边线上的点，这些点的高程还能在作图中起到大致校核的辅助作用，填挖分界点 b 就是 2—2 断面中的点 B。分别用曲线从 a 顺次连接 f、h，从 b 顺次连接 g、i，即为道路两侧坡面的开挖线；从 a 顺次连接 e、c，从 b 连到 d，即为道路两侧坡面的坡脚线。

④清理图面，加粗坡边线，在各坡面上画出示坡线[图 2.254(c)]

擦去作图线和作图过程中添加的符号、数字和字母，清理图面，用粗实线加深作出的坡边线和这段道路两侧坡面的东、西端的范围线，在各个坡面上画出示坡线，即得到最后的作图结果。

读者还可进一步分析与思考，这个例题若不用断面法作图，则仍可用前面两个例题所用的作法，即作出坡面上的诸等高线与同高程的地面等高线的交点，然后连成坡边线。直路段的边坡都是平面，坡面上的等高线分别与路面的边线相平行。弯曲路段的坡面则分别是许多圆锥面或倒圆锥面的包络面形成的同坡曲面：这些圆锥面或倒圆锥面的轴线是过两条路面边线上诸点的铅垂线，圆锥面或倒圆锥面的素线的坡度分别就是相应的填方或挖方坡面的坡度；坡面上的等高线都是相应的同坡曲面上的等高线。

2.8 组合体的多面正投影和组合体的构型设计

有些物体虽然形状复杂，但通过分析都可看成由若干简单几何体(亦称基本几何体或基本立体)按一定方式组合而成，这样的物体也可以称为组合体，其投影也就是由若干简单几何体的投影按一定方式组合而成的。画组合体时，应先将它分解为若干基本几何体，并分析它们的相对位置和组成特点，然后画出组合体的投影图，最后标注尺寸。

2.8.1 组合体投影图的画法

2.8.1.1 画组合体的三面投影图的步骤

通常采用下述步骤画组合体的三面投影图。

(1)形体分析　简单几何体组成组合体的组合形式，可以从叠加和切割两方面来考虑。叠加包括叠合、相切和相交，切割包括截切和穿孔。

图 2.255 所示的组合体，对它的形体分析可如图 2.255(b)所示。画图时应注意三个问题：由于组合体是一个整体，当按形体分析所假想分成几个简单几何体逐个画出时，可能会画出一些实际上不存在的分界线，尤其在叠合后成为同一个平面时，更不要忘记擦掉在画图过程中由于分割成简单几何体而多画的分界线；组合体两相邻表面相交，应该画出交线的投影；组合体两相邻表面相切，表面是光滑过渡，不画切线的投影。

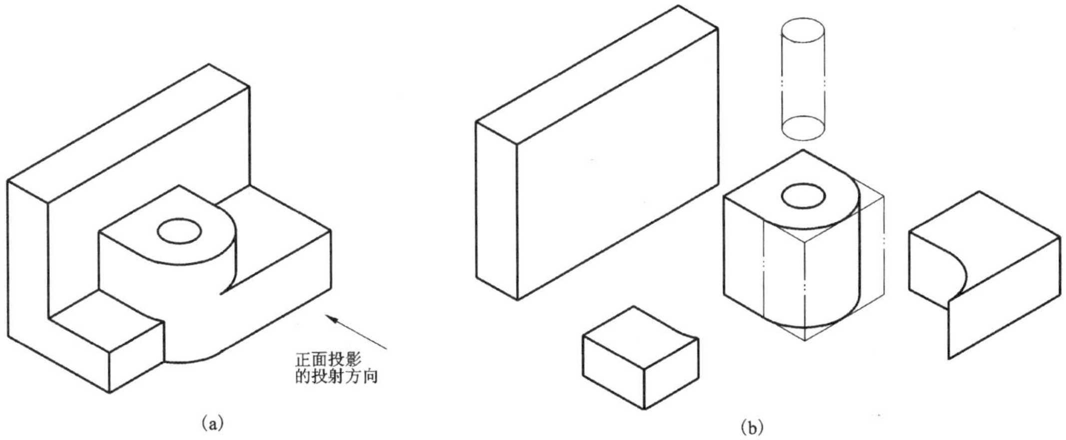

图 2.255　组合体的形体分析

(a)组合体示例；(b)对组合体示例的形体分析

(2)确定组合体的安放位置和正面投影的投射方向　一般按自然位置安放组合体，选择最能反映组合体的特征形状以及各部分相对位置的方向作为正面投影的投射方向。有时，还需要将安放组合体的位置与选定正面投影的投射方向结合起来一起考虑，互相协调，使三面投影图尽量多地反映出组合体表面的真形，并避免出现过多的虚线。

(3)选定比例和布置投影图　根据组合体的大小和复杂程度，选定适当的绘图比例，然后计算出总长、总宽、总高，根据选定的绘图比例按长对正、高平齐、宽相等布置三个投影图位置，在投影图之间应留出适当的间距。如需标注尺寸，在各个投影图的周围应留有清晰标注尺寸的足够位置。

(4)画底稿　按已布置的三面投影图的位置，逐个画出形体分析的各简单几何体。画简单几何体时，一般是先画主要的，后画次要的；先画大的，后画小的；先画外面的轮廓，后画里面的细部；先画实体，后画孔和槽。

(5)校核，加深图线，复核　校核完成的底稿，如有错漏，应及时改正。当底稿正确无误后，按规定线型加深、加粗。加深完毕，再进行复核，若还有错漏，也应立即改正。复核无误后，就完成了这个组合体的三面投影。

2.8.1.2 画组合体的三面投影图草图示例

用尺规或计算机绘制组合体的投影图，常常先画草图。草图虽然是按目测比例徒手画出的图样，但不是潦草的图。组合体的三面投影图草图通常也是按 2.8.1.3 节所述的五个步骤绘图。目测比例徒手画出的草图，一定要使组合体及其各简单几何体各部分的长、宽、高的比例、几何形状、相对位置都接近准确。目测比例时，可以用眼睛判断一个尺寸是另一个尺寸的几倍或几分之几。三个投影相互之间符合“长对正、高平齐、宽相等”的“三等”规律，可以按目测保持联系，需要时，也可以在画底稿的过程中按长度、高度方向徒手画投影连线，待校核后，在加深底稿前擦去。

【例 2.55】 图 2.256(a)所示是按简化系数画出的正等测，要求徒手作出它的三面投影草图。

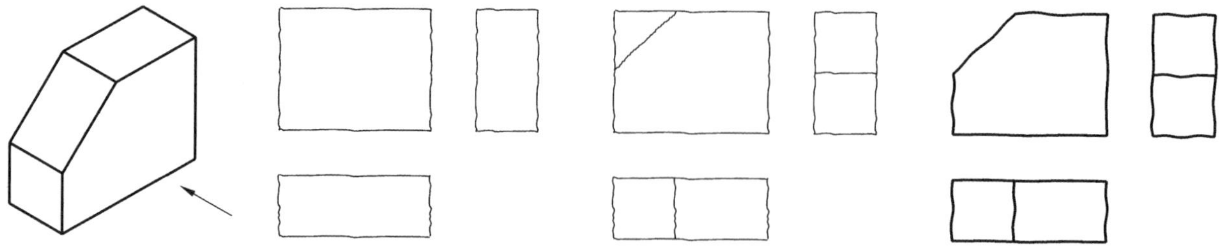

(a) (b) (c) (d)

图 2.256 画组合体的三面投影图草图示例一

(a)已知组合体的正等测；(b)画长方体；(c)画切去左上方的三棱柱；(d)校核，清理图面，加深

【解】 先对图 2.273(a)所示的组合体进行形体分析，可以将它看作是长方体切去左上方的一个三棱柱。画这个组合体的三面投影图草图，正面投影的投射方向就如图 2.256(a)所示，这是取组合体的自然安放位置，箭头所指的正面投影的投射方向最能反映组合体的特征形状，使三面投影图尽量多地反映出组合体表面的真形，而且避免出现虚线。按 1∶1 的比例布图，画底稿：先画出未切割的长方体的三面投影，目测长方体的高大约是长的五分之四，宽大约是长的五分之二，因而可以这个长方体的长度的五分之一作为一个单位，按长五个单位、高四个单位、宽两个单位布图，画出图 2.256(b)所示的长方体的三面投影图；接着如图 2.256(c)所示，按图 2.256(a)目测左上方切去的三棱柱高为总高的一半、长为总长的五分之二，先在正面投影图中画出切去三棱柱后形成的正垂面，并按长对正画出这个正垂面与长方体顶面的交线的水平投影，按高平齐画出这个正垂面与长方体侧面的交线的侧面投影；最后，如图 2.256(d)所示，擦去正面投影图中被切去三棱柱的投影，清理图面。校核无误后，按规定线型加深底稿，就作出了这个组合体的三面投影草图。

【例 2.56】 图 2.257(a)所示是按简化系数画出的正等测，要求徒手作出它的三面投影草图。

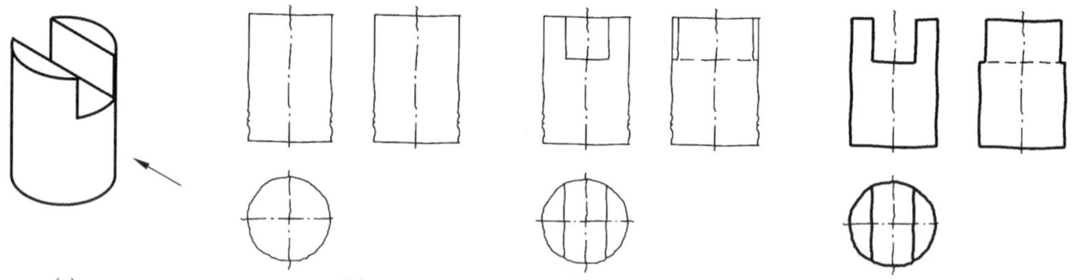

(a) (b) (c) (d)

图 2.257 画组合体的三面投影图草图示例二

(a)已知组合体的正等测；(b)画圆柱；(c)画圆柱体顶上切去的长方形槽；(d)校核，清理图面，加深

【解】 图 2.257(a)所示的组合体是一个圆柱体在顶上开了一个长方形槽。画这个组合体的三面投影草图时，就取自然安放位置，箭头所指的正面投影的投射方向最能反映组合体的特征形状，使三面投影图尽量多地反映出组合体表面的真形。按 1∶1 的比例布图，画底稿：先画出未开槽的圆柱的三面投影，目测圆柱高约为圆柱半径的三倍，因而可以圆柱的半径作为一个单位，按高三个单位布图，画出图 2.257(b)所示的圆柱的三面投影图；接着如图 2.257(c)所示，按图 2.257(a)目测圆柱体顶上开长方形槽的槽深约为圆柱高的三分之一，槽宽约为圆的半径且居中，先在正面投影中画出切出长方形槽后形成的两个侧平面、一个水平面，并按长对正画出这两个侧平面、一个水平面的水平投影，按高平齐和宽相等、前后对应画出这个长方形槽的诸轮廓线的侧面投影；最后，如图 2.257(d)所示，擦去正面投影图和侧面投影图中圆柱被切去的这一块的投影，清理图面。校核无误后，按规定线型加深，就作出了这个组合体的三面投影草图。

2.8.1.3　画组合体的三面投影图示例

以下面的两个组合体为例，说明画组合体的三面投影图方法和步骤。

【例 2.57】 已知图 2.258(a)所示是按简化系数画出的正等测，作出这个左右对称组合体的三面投影图。

【解】 该组合体可以看作：前面是一个四棱柱，后面是一个长方体，底面为同一水平面的相贯体。应根据形体分析和选定的正面投影的投射方向，用轻淡细线按 1∶1 的比例量取尺寸布图，画底稿。按长对正、高平齐、宽相等，先画一个后下方长方体的三面投影，如图 2.258(b)所示。再根据四棱柱与长方体的相对位置，画四棱柱的三面投影。然后画长方体与四棱柱的交线。在作图过程中应注意，对组合体进行形体分析，是为了正确、快速、全面地了解组合体的形体特征，但组合体实际上是一个不可分割的整体，因组合体的形体分析而出现的组合体表面上实际上不存在的形体分界线，应该用橡皮擦擦去，看不见的线画虚线。在图 2.258(c)中，擦去了水平投影中的长方体的前表面位于与四棱柱轮廓线内的一段积聚投影，改画正面投影中的长方体顶面位于长方体前表面与四棱柱左右棱面交线之间的一段积聚投影，为虚线。最后，经校核无误，按规定线型加深图线，如图 2.258(d)所示。

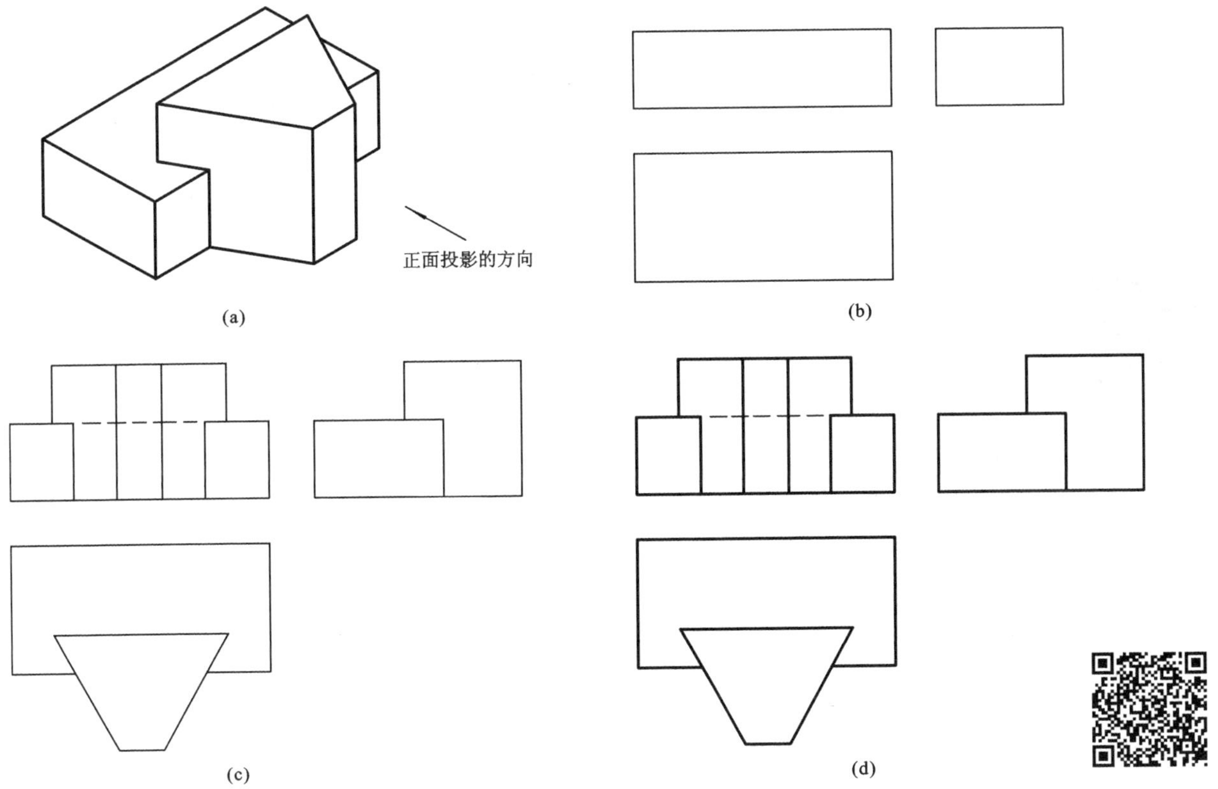

图 2.258　例 2.57 画组合体的三面投影图示例一

(a)已知组合体的正等测；(b)画长方体的三面投影；(c)画四棱柱，并校核；(d)清理图面，加深

【例 2.58】 已知图 2.255(a)所示是按简化系数画出的正等测，作出这个组合体的三面投影图。

【解】 画图 2.259(b)左图所示的组合体三面投影图，应按组合体的形体分析结果和选定的正面投影的投射方向，先按目估比例在草稿纸上画组合体的三面投影的草图，然后按 1∶1 的比例量取尺寸布图，画底稿。画底稿时，应先按“三等”规律画后面一个较大的长方体的三面投影，如图 2.259(a)所示。然后画出前半被切割成半圆柱面、正中被切割成一个同轴的铅垂圆柱孔的正四棱柱定位线，画出这个前半被切割成半圆柱面的正四棱柱和铅垂圆柱孔的三面投影，如图 2.276(b)所示。再画前面左侧较低的长方体和前面右侧稍大的长方体，由于这两个长方体的侧表面在水平面上的投影都有积聚性，因此，根据它们所处的相对位置，先画水平投影，它们的前表面分别与半圆柱面相交、相切。表面交线的正面投影的确切位置可

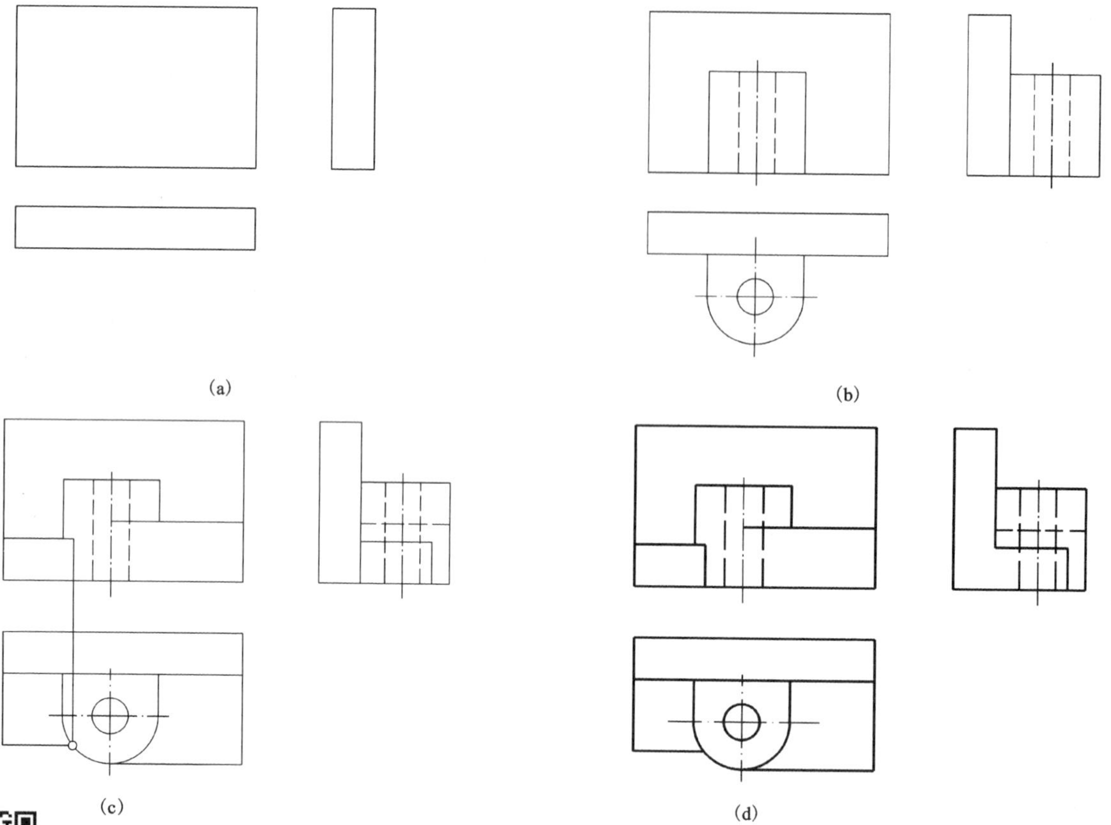

图 2.259　画组合体的三面投影图示例二

(a)画后面一个较大的长方体；(b)画前半被切割成半圆柱面的正四棱柱和铅垂的圆柱孔；(c)画左右两侧被切割后的长方体；(d)擦去实际上不存在的图线，清理图面，校核，加深

从水平投影的积聚投影相交处按长对正作出；棱面与半圆柱表面切线不画，顶面画至切点，如图 2.259(c)所示。最后，用橡皮擦擦去因形体分析而出现的组合体表面上实际不存在的形体分界线的侧面投影，清理图面，经校核无误，按规定线型加深图线，如图 2.259(d)所示。

2.8.2　组合体投影图的尺寸注法

组合体的投影图虽然能反映出组合体的形状，但是，还应清晰地标注出组成组合体各简单几何体大小、形状的细部尺寸，确定各简单几何体之间的相对位置的定位尺寸，以及表明组合体总长、总高、总宽的总尺寸，并且要求尺寸数字正确，尺寸配置有利于看图和按图制作。

2.8.2.1　常见几何体的尺寸注法

组合体可以看作由若干个简单几何体经过叠加和切割组合而成，因此，标注组合体的尺寸，就应该知道基本几何体(棱柱、棱锥、圆柱、圆锥、球等)的尺寸注法，图 2.260 所示为常见的基本几何体的尺寸注法示例。在图 2.260(h)中标注的字母 S，是球的代号，由于明确了这个基本几何体是球，所以标注了直径尺寸，用一个投影图就可以完整地表达出这个球。同样，如果图 2.260(e)、图 2.260(f)、图 2.260(g)已明确分别是圆柱、圆锥、圆台，则在正面投影中标注了图中所示的尺寸，也只要用一个正面投影图就可以完整地表达出这些几何体。图 2.261 所示是当基本几何体被平面截断后的尺寸注法示例，除了标注基本几何体的尺寸外，还应标注出截平面的定位尺寸，但不标注截交线的尺寸，以免出现多余尺寸或矛盾尺寸。

同理，如果两个基本几何体相交，也只要分别注出两个基本几何体的尺寸，以及两者之间的定位尺寸，不标注相贯线的尺寸。

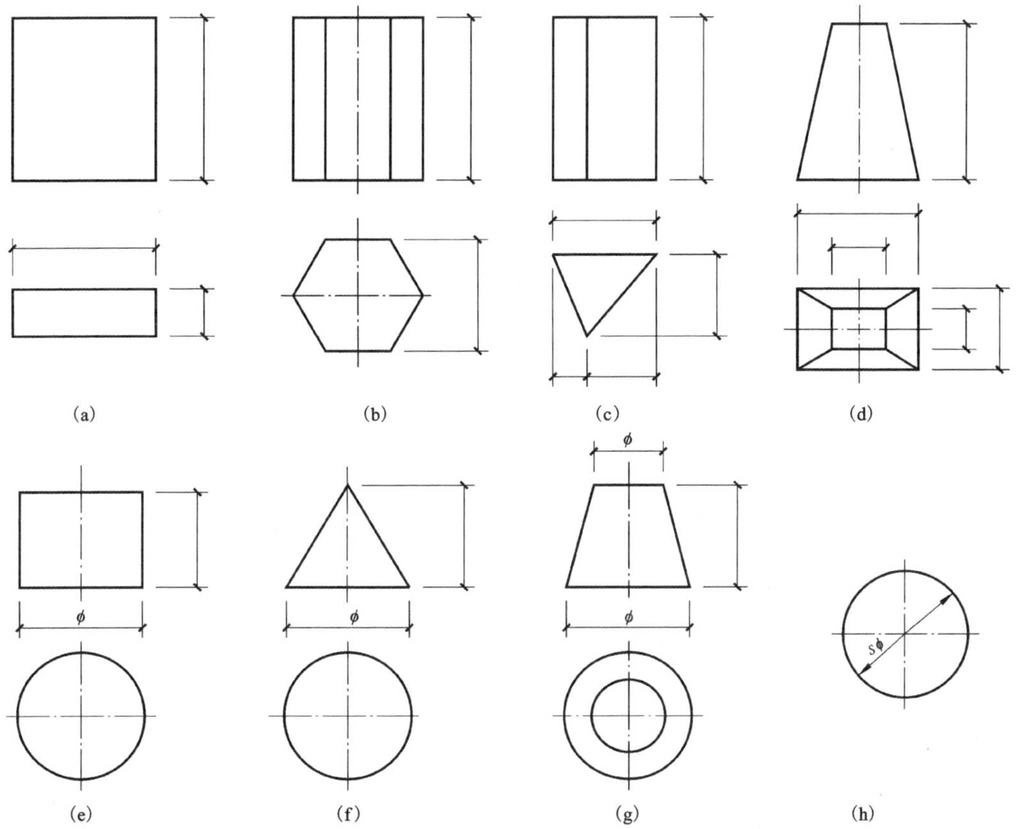

图 2.260　常见的基本几何体的尺寸注法示例

(a)四棱柱;(b)正六棱柱;(c)三棱柱;(d)四棱台;(e)圆柱;(f)圆锥;(g)圆台;(h)球

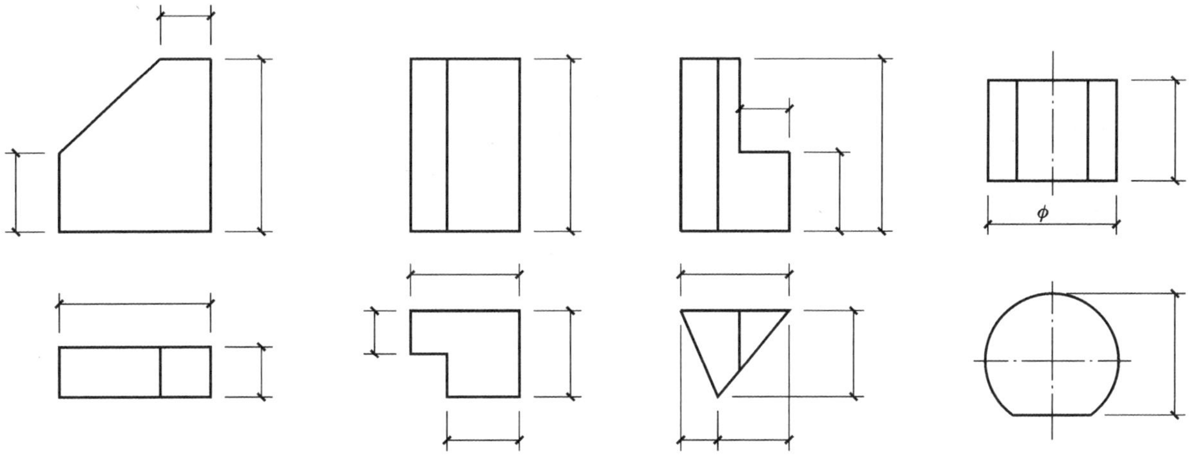

图 2.261　基本几何体被平面截断后的尺寸注法示例

2.8.2.2　组合体的尺寸标注

标注组合体的尺寸,仍应采用形体分析法。首先,考虑长、宽、高三个方向的尺寸基准;再考虑标注组成组合体的各简单几何体的细部尺寸和各简单几何体之间的定位尺寸;最后考虑标注组合体的长、宽、高三个方向的总尺寸。由于标注组成组合体各简单几何体的尺寸是逐个进行的,因此,从组合体的整体考虑,可能会有某些细部尺寸、定位尺寸和总尺寸相互替代,从而避免标注不必要的重复尺寸。

【例 2.59】 如图 2.262(a)所示,在已画出的涵洞口模型的三面投影图上标注尺寸。

【解】 标注尺寸的步骤如下:

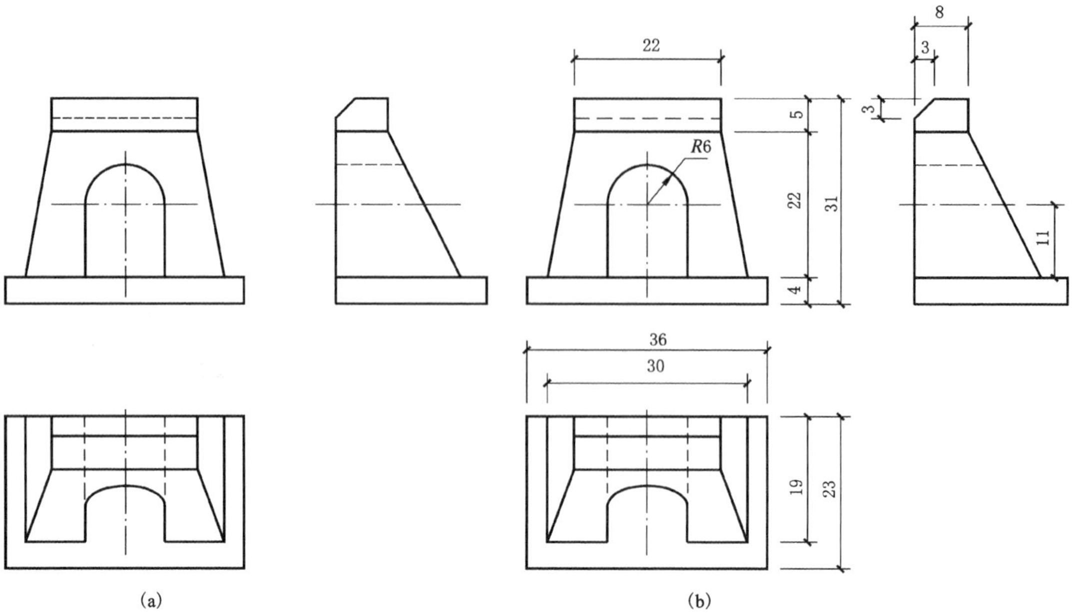

图 2.262　组合体投影图上标注尺寸

(a)已画出的投影图;(b)标注尺寸

(1)对组合体投影图进行形体分析和确定尺寸基准　图 2.260(a)所示的涵洞口模型,可看作由上、中、下三个简单几何体叠合形成的组合体:上方是五棱柱的缘头;中间是楔形块形状的墙身,这个墙身的中间切割出一个正垂的洞,洞壁为侧平面、洞顶为半圆柱面;下方是四棱柱(矩形板)的基础,如图 2.263(a)和 2.263(b)所示。从图中可以看出,这个涵洞口模型是左右对称的,可选用左右对称面、后壁面、底面作为长、宽、高三个方向的尺寸基准。

(2)考虑各简单几何体的细部尺寸　针对形体分析得出的各个简单几何体,逐个标注细部尺寸,分别如图 2.263(c)、图 2.263(d)、图 2.263(e)所示,在图 2.263(d)所示墙身中的尺寸 11,既可看作是墙身上涵洞的半圆柱顶面轴线的定位尺寸,也可看作是墙身上涵洞的左右侧壁高度的细部尺寸。当把上述分析各简单几何体的细部尺寸标注在图 2.262(b)所示的五棱柱、楔形块和长方体时,标注楔形块顶面的长和宽的尺寸 22 和 8 与五棱柱的这两个尺寸重复,省略标注。

(3)从整体出发,考虑各简单几何体之间的定位尺寸　因为这三个简单几何体具有公共的左右对称面,长度方向的相对位置已确定,无需定位尺寸。由于这三个简单几何体具有公共的后壁面,宽度方向的相对位置已确定,也无需定位尺寸。又由于缘头的底面就是墙身的顶面,而墙身的底面又是基础的顶面,所以三个简单几何体高度方向的相对位置也已确定,彼此之间也无须另行标注高度方向的定位尺寸。图 2.263(a)所示的涵洞口模型组合体经形体分析后知道,长、宽、高三个方向彼此间都不必标注定位尺寸。如果通过形体分析,应标注若干定位尺寸,不得漏注。

(4)从整体出发,考虑总尺寸　从图 2.263 所示的情况可以看出:总长尺寸就是基础四棱柱的长度 36;总宽尺寸就是基础四棱柱的宽度 23;而总高尺寸则是这三个简单几何体高度的总和 4+22+5=31。

(5)优化尺寸布置,并完成校核　当确定了在组合体投影图上应该标注哪些尺寸后,要考虑采取什么措施,防止标注尺寸错漏,还要考虑尺寸如何布置才能做到清晰、整齐。

为了防止标注尺寸错漏,可采取两个措施:一是按一定的顺序标注尺寸;二是尺寸标注结束后必须认真进行复核。在比较简单的组合体投影图上标注尺寸时,可以先将各个简单几何体的细部尺寸分别完整地标注出,然后标注各简单几何体的定位尺寸,最后标注总尺寸。在比较复杂的组合体投影图上标注尺寸时,可以先标注一个简单几何体的细部尺寸,然后标注第二个简单几何体与第一个简单几何体的定位尺寸,再标注第二个简单几何体的细部尺寸;继续标注第三个简单几何体对第一个或第二个简单几何体的定

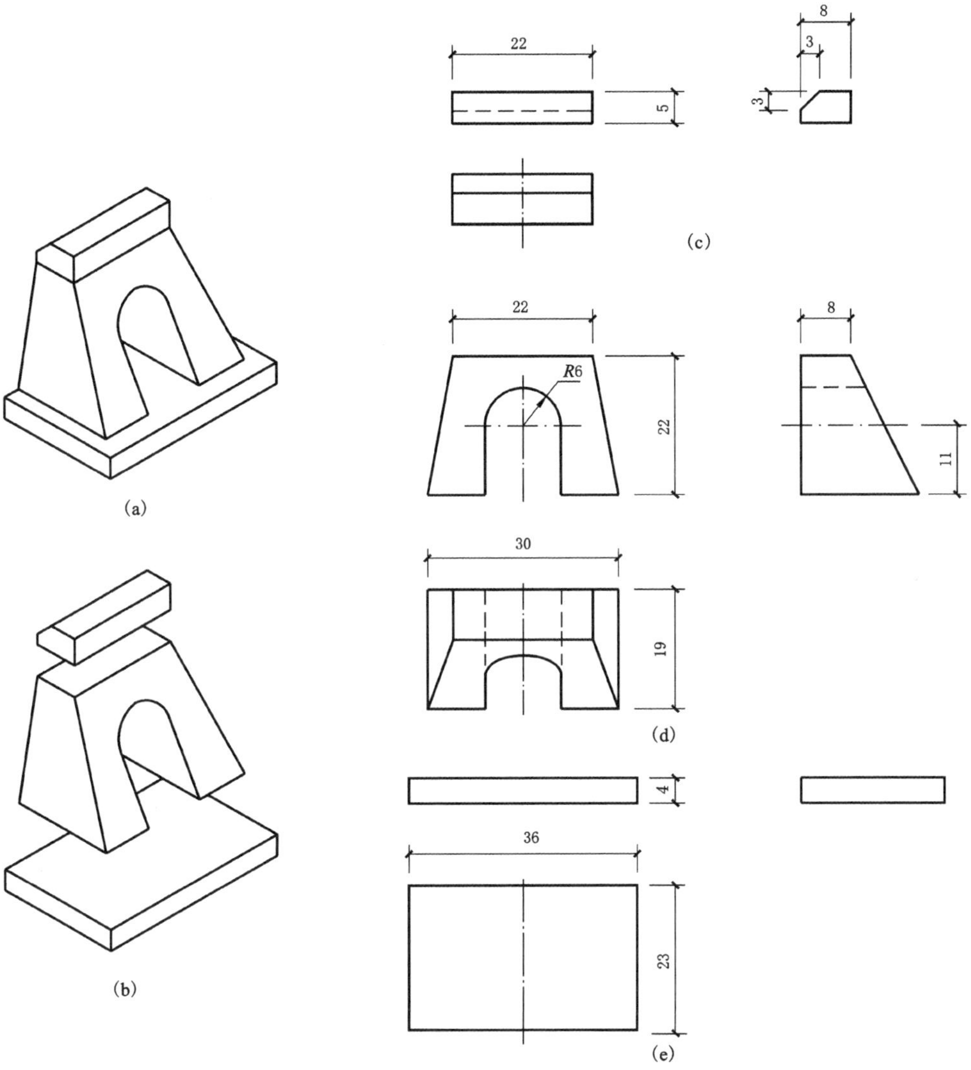

图 2.263　组合体的尺寸分析示例

(a)涵洞口模型的正等测；(b)形体分析及其轴测分解图；(c)上方缘头的尺寸；(d)中间墙身的尺寸；(e)下方基础的尺寸

位尺寸，再标注第三个简单几何体的细部尺寸；直到标注完最后一个简单几何体的细部尺寸为止，最后标注组合体的总尺寸。尺寸标注结束后，还必须认真复核，如有漏标、错标，应立即补正。

为了使尺寸布置得清晰、整齐，便于读图，在一般情况下，应注意这几方面：尺寸宜标注在图形的轮廓线之外、两个投影图之间（一些细部尺寸为了避免引出标注的距离太远，也可以就近标注）；简单几何体的细部尺寸宜标注在形状特征明显的投影图上，并尽可能靠近基本形体；同方向的尺寸宜布置在一条直线上，为了避免漏标和施工时计算，尽可能封闭标注，注成尺寸链（即在同一道尺寸线上连续标注的各段尺寸之和等于它们的总尺寸）；有几道平行尺寸时，小尺寸宜布置得靠近轮廓线处，大尺寸或总尺寸在离轮廓线远处，如图 2.262 所示。

2.8.3　组合体投影图的读法

读组合体投影图与画组合体的投影图是一名工程技术人员必须兼备的思维过程，而读组合体的投影图仍要用形体分析法，将这个组合体分析成由几个基本几何体所组成，根据投影图的“三等”规律（也可简称投影规律或“三等”规律）一个一个地想象出构成组合体的每个简单几何体的形状，按简单几何体之间的相对位置关系联系起来，想象出组合体的整体形状。因此，形体分析法也是读组合体投影图的基本方法。

物体的形状通常不能只凭一个投影来确定，有时两个投影仍不能确定。因此，读图时，必须把所有的投影联系起来思考。

下面以图 2.264(a)为例，说明组合体投影图的读图方法。

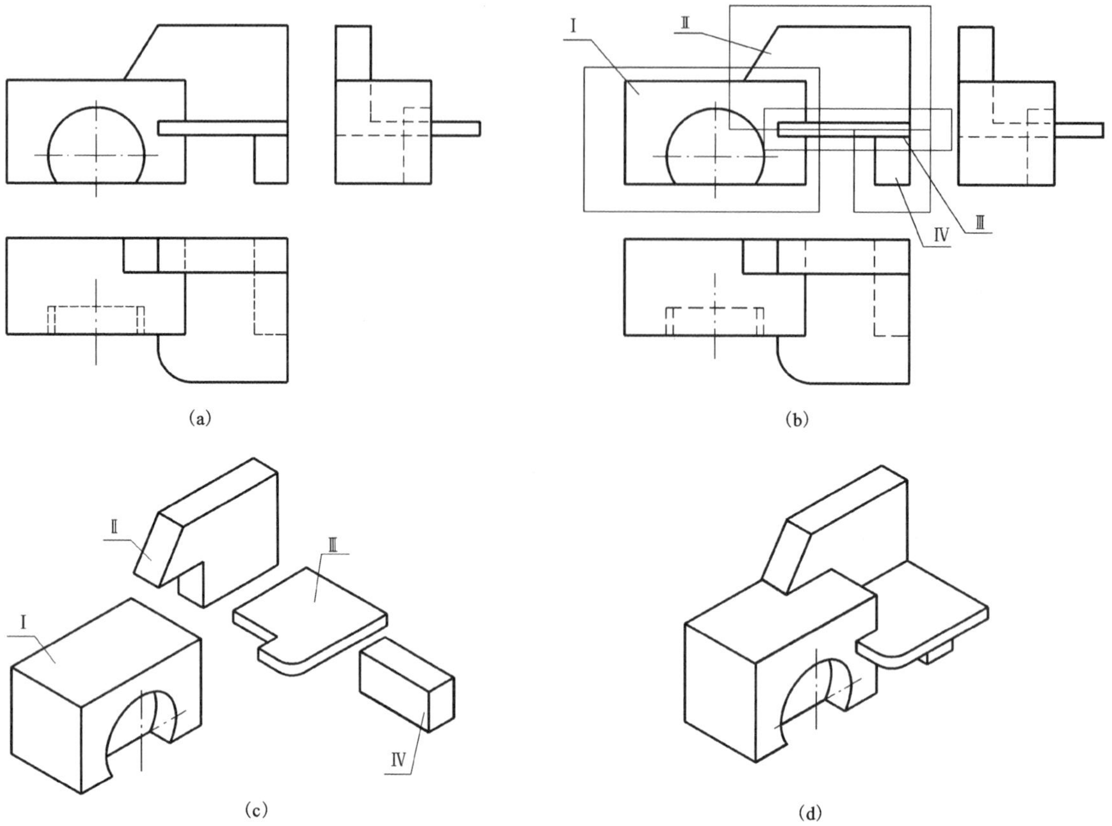

图 2.264　组合体投影图的读图示例

(a)组合体的三面投影图；(b)画线框，对投影，读懂各简单几何体及其相对位置；(c)想象出各简单几何体的形状；(d)想象出组合体的整体形状

(1)面对给出的一组投影图，粗略地想象这个组合体上方、左方、前方有些什么特征，从三面投影图中选择一个最能反映这个组合体的简单几何体的构成状况的投影，并将这个投影划分成若干个线框。面对图 2.264(a)，可以选择组合体投影图中特征比较明显的正面投影分成四个简单的线框，如图 2.264(b)所示的细线矩形围出的正面投影中的四个粗实线线框。

(2)按投影规律对照其他投影图，逐个读懂各个简单线框所代表的简单几何体的投影图，想象出它们的形状。从正面投影的第一个线框，按投影规律找出它对应的水平投影、侧面投影，可以想象出一个长方体，从正面投影的圆弧、水平投影和侧面投影的虚线，想象出是在它的前端面上挖去大半个圆柱而形成的一个槽；从正面投影的第二个线框找它对应的水平投影、侧面投影，可以想象出一个长方体，它的左上方截去了一个斜角、左下方截去了一个长方体；从正面投影的第三个线框找出它对应的水平投影、侧面投影，可以想象出一个长方体，水平投影表明了这个长方体的左前角是个圆弧角，圆弧角的后面截去了一个长方体；从正面投影的第四个线框找出它对应的水平投影、侧面投影，想象出一个长方体。想象出的这四个简单几何体的形状，如图 2.264(c)所示。

(3)知道了各个简单几何体的形状后，再按在投影图中所显示的各个简单几何体之间的左右、前后、上下的相对位置，将各个简单几何体组合起来，想象出这个组合体的整体形状。仍如图 2.264(b)所示，第一个线框代表的简单几何体位于组合体的左方；第四个线框代表的简单几何体位于组合体的右下方；右方的中部是第三个线框代表的简单几何体，它的右后角的底面与第四个线框代表的简单几何体的顶面相叠合，左后角的缺口与第一个线框代表的简单几何体的前壁和右壁相叠合；第二个线框代表的简单几何体则位于这个组合体的右、后、上方，它的左下方的缺口与第一个线框代表的简单几何体的顶面和右壁相叠合，后壁、底面分别与第三个线框代表的简单几何体的前壁、底面相叠合；第一、二、四个线框代表的简单几何体的后壁是同一个平面；第二、三、四个线框代表的简单几何体的右壁是同一个平面。按照上述相对位置将这四个简单几何体叠加在一起，就能想象出这个组合体的整体形状，如图 2.264(d)所示。

【例 2.60】 如图 2.265(a)所示，已知一个组合体的正面投影和水平投影，补出它的侧面投影。

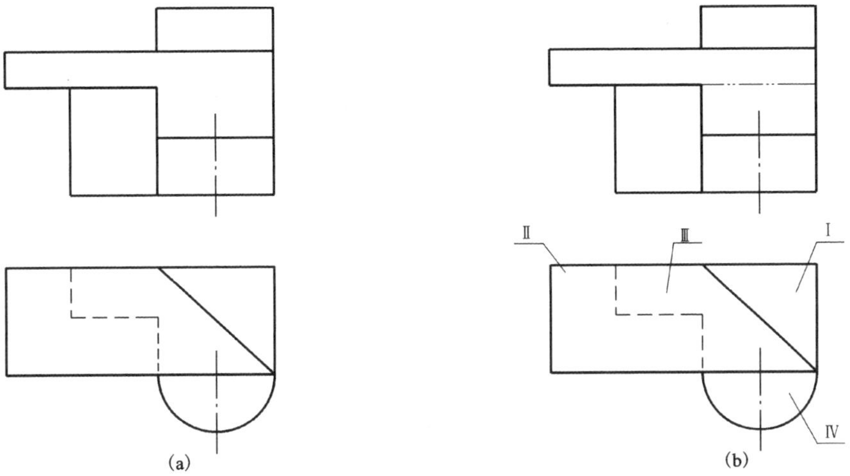

图 2.265 补出组合体的侧面投影

(a)已知两面投影；(b)按形体分析读图

【解】 已知组合体的两面投影，补画它的第三投影方法是按已给出的两个投影，通过形体分析，想象组成这个组合体的各个简单几何体的形状和相对位置，以及它们的组合方式，按投影规律逐步补画出这个组合体的第三投影。解题步骤如下：

①先按形体分析初步读懂已给出的组合体的两面投影。

如图 2.265(b)所示，由于水平投影比较明显地反映出该组合体各部分的形状特征，所以将它分成四个线框Ⅰ、Ⅱ、Ⅲ、Ⅳ，看作是组成这个组合体的四个简单几何体的投影。按长对正将水平投影与正面投影对应起来，可以看出：三角形线框Ⅰ表示的是处于最高位置的一个扁平三棱柱；矩形线框Ⅱ表示的是处于中间位置的一个扁平长方体，在正面投影中又加了一条细双点长画线作为这个长方体与下面部分的假想分界线，长方体的顶面与三棱柱的底面相叠合，后壁和右壁与三棱柱的后壁和右壁分别处于同一个平面；由左侧虚线和右侧实线围成 L 形线框Ⅲ表示的是位于长方体下面的一个 L 形棱柱体，它的顶面与长方体的底面相叠合，后壁和右壁与上面的长方体、三棱柱的后壁和右壁分别处于同一个平面，它的前壁与上面的长方体的前壁也处于同一个平面；由半圆和水平直径围成的线框Ⅳ表示的是位于 L 形棱柱体前下方的一个扁平的半圆柱，它的后壁与 L 形棱柱体的前壁相叠合，底面与 L 形棱柱体的底面是同一个平面，左侧的圆柱面与 L 形棱柱体前方的左侧面相切，右侧的圆柱面与 L 形棱柱体的右壁面相切。逐个读懂了组合体的各个简单几何体的形状和相对位置，就可以想象出这个组合体整体形状。

②根据形体分析，逐个画出各个简单几何体的第三面投影，从组合体是一个整体来考虑，修正投影图，校核后按规定线型加深。

如图 2.266(a)、图 2.266(b)所示，在正面投影中都加了一条细双点长画线作为中部长方体与 L 形棱柱的假想分界线，分别补出了 L 形棱柱和长方体的侧面投影；如图 2.266(c)所示，继续补出了三棱柱和半圆柱的侧面投影；如图 2.266(d)所示，因将组合体分解成若干个简单几何体仅是假想的分析，故再从组合体整体考虑，擦去在正面投影中添加的长方体与 L 形棱柱体之间实际不存在的分界线，擦去侧面投影上半圆柱左侧的圆柱面与 L 形棱柱体前方的左侧面相切处实际不存在的轮廓线，但在此处应加绘以细单点长画线表示的半圆柱的轴线；校核后，擦去为补侧面投影所加的 45°辅助线和投影连线，按规定线型加深，就完成了补画这个组合体侧面投影的任务。

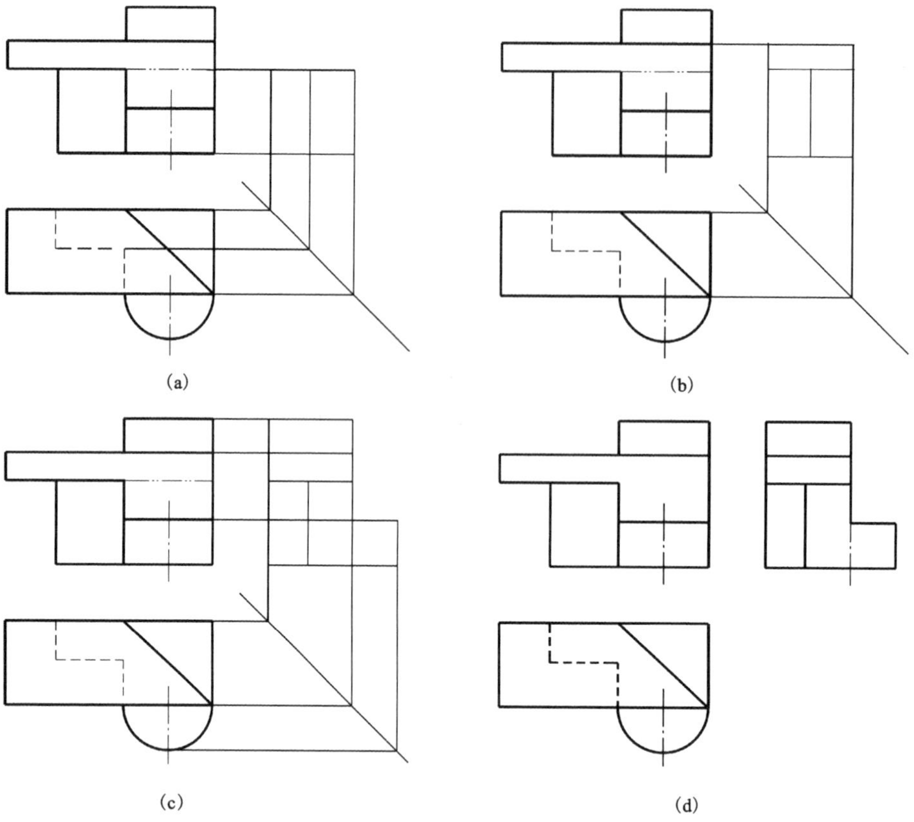

图 2.266　补出组合体的侧面投影的作图过程

(a)画 L 形棱柱;(b)画长方体;(c)画三棱柱和半圆柱;(d)修正,校核,加深

【例 2.61】 已知组合体的三面投影如图 2.267(a)所示,但在它的正面投影和水平投影中都有漏线,补全它在这两个投影中的漏线。

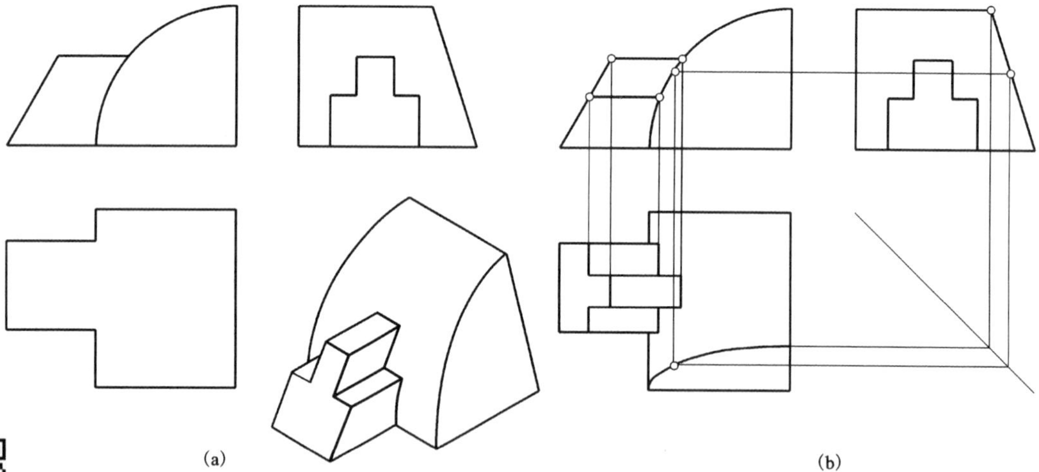

图 2.267　例 2.61 补全组合体投影图中的漏线

(a)有漏线的三面投影图以及通过形体分析想象出补全漏线后的这个组合体的整体形状;

(b)补线的作图过程和作图结果

【解】 补全组合体投影图中漏画的图线方法:根据组合体的已知投影图,从投影图中反映的形状特征想象对应的各个简单几何体的形状、相对位置,以及它们的正确的三面投影图,并把想象中的正确的三面投影图与已知投影图相比较,逐一地在图 2.267(b)中补画漏线。

由图 2.267(a)已画出的投影图以及反映的形状特征,很自然地将正面投影或侧面投影划分成两个线框。第一个线框表示的简单几何体的侧面投影反映了它的形状特征，想象它是一个凸字形的侧垂棱柱，从它的正面投影特征可知，该棱柱左端部被正垂面截切成斜面，右边与第二个简单几何体相贯。从第二个线框的正面投影可想象它所表示的简单几何体是一个四分之一圆柱，从侧面投影可知，该四分之一圆柱的后端面是正平面，前端面是侧垂面。再进一步思考这两个简单几何体的正确的三面投影图，与已知投影图相比较。凸字形侧垂棱柱的侧面投影具有积聚性，无漏线；正面投影的上顶面、下底面、左端面、右端面积聚成直线和圆弧线，中间漏画一条水平线，这条水平线是凸字形棱柱中间的前后两个水平棱面的积聚投影，应在图 2.267(b)中补画；水平投影漏画了凸字形棱柱的上顶面、前方和后方的中顶面、左端面的投影轮廓线，还漏画了它的右端与四分之一圆柱面的相贯线。四分之一圆柱面的正面投影有积聚性，无漏线；它的后端面、前端面的侧面投影分别积聚成直线，无漏线。它的水平投影：后端面积聚成直线，前端面从圆柱面被侧垂面截切可知，这个侧垂面与四分之一圆柱面产生四分之一的椭圆截交线，图中漏画这段椭圆截交线的水平投影，也是一条完整的椭圆曲线的四分之一，可以通过作出长短轴用四心圆法画椭圆来补画漏线，也可用在圆柱面上取点的方法补画出漏线，在图 2.267(b)中是用在圆柱面上取点的方法作出椭圆曲线上的一个点，与长短轴的端点连成的，读者可用同样的方法多作几个中间点，则可连得更准确一些。将上述所看出的漏线，按三面投影的“三等”规律逐一补画后，就完成了题目所要求的补全投影图中漏线的任务。

2.8.4 组合体的构型设计

在本课程的任务中有一项是培养创造性构型设计能力，因而通过本课程的学习，应能掌握基本立体（也就是本书前面所讲的简单几何体或基本几何体）和简单组合体的造型过程和方法。组合体的构型设计就是按拟定的条件构建组合体，并将其表达成图样。因此，它不同于已有物和由物画图，或已有完整的图和由图想物，而是没有物，也没有图或没有完整的图，要在拟定的条件下想物和造物画图。组合体可看作由工程物体抽象出来的简化物，所以组合体的构型设计也可看作是工程物体淡化了专业性的要求后，仅将其形状构建出来，也就是按拟定的条件构造这个工程物体的模拟实体。这种创意构型和形体表达的过程，对培养空间想象力和创新能力很有帮助。

2.8.4.1 组合体构型设计的基本要求

(1)构型应构建成满足指定功能的实体，结构稳定、便于成型　构成的组合体必须符合工程实际，是可以实际存在的实体，构成组合体的基本立体之间不能是单纯的点接触[仅一点接触，如图 2.268(a)]或线接触[仅一条线接触，如图 2.268(b)、图 2.268(c)所示]。

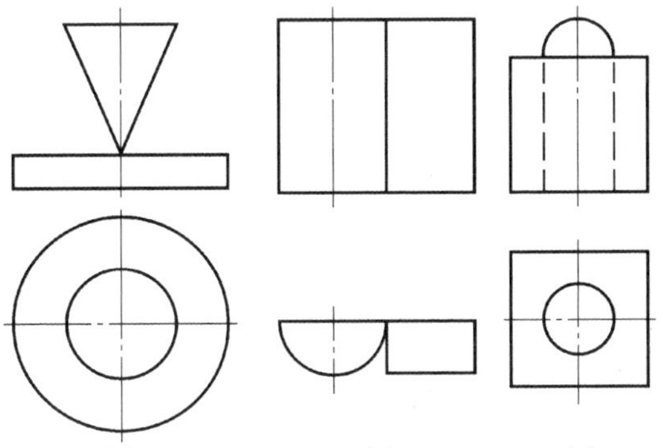

图 2.268　基本立体实体之间的点接触和线接触示例

(a)点接触；(b)、(c)线接触

(2)构型应简洁、和谐、美观　通常用平面立体、回转体构型，如有特殊需要，可以用具有其他曲面的基本立体，设计出简洁、和谐、美观的组合体。

(3)构型应新颖、独特　若构建组合体的各基本立体的形状、大小、相对位置、组合形式（叠加或切割）等任一因素发生变化，就会引起构建成的组合体的变化，得到各种不同的构型结果。因此，设计者应充分发挥空间想象力和创造性的构型设计能力，激发构型的灵感，才能设计出新颖、独特的组合体。

2.8.4.2 基本立体和组合体构型设计的基本方法

通常可用拉伸或旋转的方法构建一些基本立体和组合体。例如图 2.269(a)所示是将由两个同心圆周形成的圆环形平面沿垂直于该平面的方向拉伸一段距离构成的空心圆柱体。读者还可进一步想象，如果一个圆平面沿垂直于该平面的方向拉伸一段距离，在拉伸的过程中，圆的直径也按一定的比例逐步均匀缩小，便可构建成圆台，当圆平面最后缩成一点时，则就构建成圆锥。又如图 2.269(b)所示，则是将一个矩形绕在这个矩形平面上、不与它相交且平行其一边的直线为轴旋转一周后所构成的空心圆柱。

在实际应用中，组合体构型设计最常用的基本方法是叠加式设计、切割式设计和组合式设计，方法与画和读组合体投影图时所用的形体分析法相同，最后构建成的组合体应都是一个整体的实体。

(1)叠加式设计　将组合体设计成由若干个基本立体叠合、相交或相切所构成。

(2)切割式设计　将组合体设计成由一个基本立体逐步被切割掉若干个基本立体所构成。

(3)组合式设计　将组合体设计成由若干个基本立体同时用上述两种设计方法逐步叠加和切割后所构成。

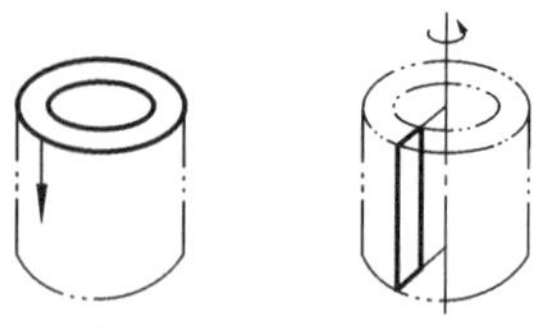

图 2.269　拉伸构型和旋转构型

(a)拉伸；(b)旋转

通过上面的阐述，读者还可想到：同一个实体可以由不同的构型方法构建而成。例如图 2.269 所示的空心圆柱体，既可如图 2.269(a)所示，由拉伸构成，又可如图 2.269(b)所示，由旋转构成；还能想到，也可按切割式设计在基本立体大圆柱的顶圆和底圆之间，切割掉一个同轴的直径较小的小圆柱后所构成。

2.8.4.3　组合体构型设计示例

下面举一些较简单的组合体构型设计的例图，供读者参考，并激发读者能按需构建出更多的组合体。

图 2.270 所示是一块较大的带有两个圆角的矩形板和一块一端切割成半圆柱面及其同轴圆柱形通孔的较小的矩形板按不同的相对位置互相叠合而构建成的几个组合体的正等轴测图，这两块矩形板的厚度是相等的。请读者自行思考，这两块矩形板通过不同相对位置的互相叠合，还可构建出另外一些形状不同的组合体。

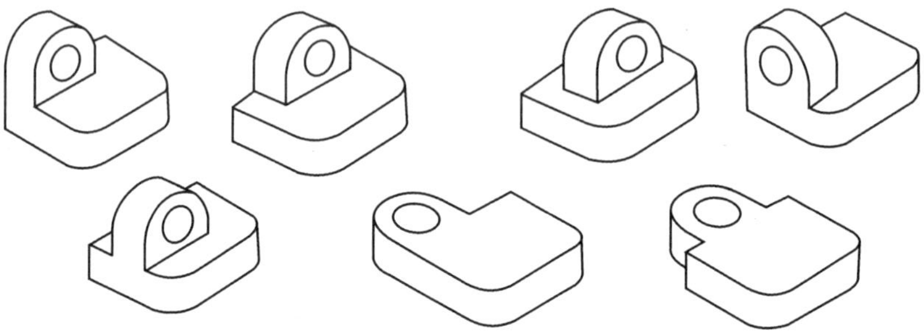

图 2.270　两块经切割后的矩形板按不同相对位置叠合而构成的不同组合体示例

图 2.271 所示是由一个相同的正面投影按表面的凹凸、正斜、平曲等差异构思所构建成的六个组合体，上、下排各三个组合体的正面投影和侧面投影分别都相同。请读者自行思考，若按图 2.271 中所给出的正面投影，则按上述构思，还可构建出与这六个组合体形状不同的组合体；同样，若按图 2.271 中上排或下排所给出的正面投影和侧面投影，按上述构思，也可构造出与这里的上下排各三个组合体形状不同的组合体。

图 2.272 所示是要求按正面投影的外轮廓是一个正方形、水平投影的外轮廓是一个直径等于正方形边长的圆、侧面投影的外轮廓是底边和高都等于正方形边长的等腰三角形的条件，构建这个组合体。图中显示了对这个组合体构型设计的构思过程：如图 2.272(a)所示，将正方形作为正面投影的基本立体可以想象出很多，如正方体、圆柱等；接着，如图 2.272(b)所示，可以想象出当正面投影为正方形和水平投影为圆的基本立体可以是高度等于直径长度的铅垂圆柱；然后，如图 2.272(c)所示，可以想象出当铅垂圆柱被由顶面的侧垂直径和最前、最后素线的下端点确定的两个侧垂面切割掉前、后各一块后构成的组合体，它的侧面投影的外轮廓就成为底边和高都等于直径长度的等腰三角形，并能联想到这个组合体的水平投影的外轮廓为圆，正面投影的外轮廓为边长等于圆柱直径长度的正方形，这个由圆柱切割成的组合体，就是所要构建的组合体；最后，如图 2.272(d)所示，可以想象出这个组合体的三面投影，另行画出它的三面投影图。

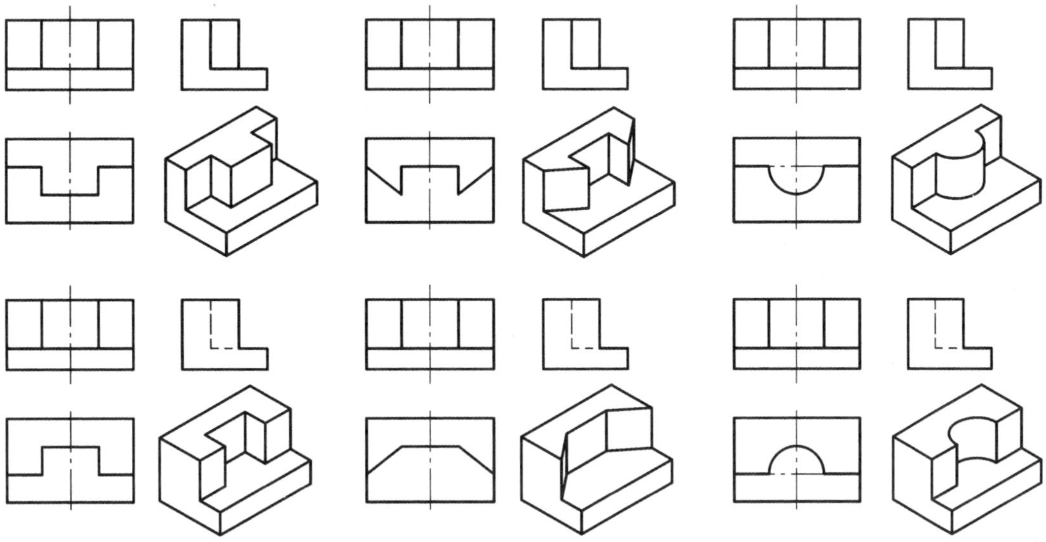

图 2.271　根据给出的正面投影或正面投影和侧面投影按表面的凹凸、正斜、平曲等差异构成的不同组合体示例

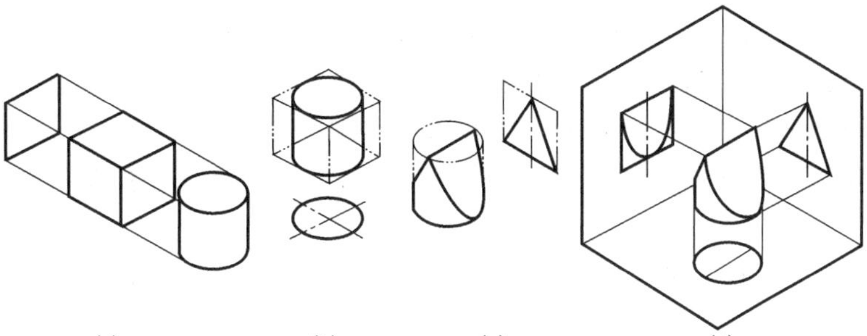

(a)　　(b)　　(c)　　(d)

图 2.272　按已知三面投影外轮廓构建组合体示例

(a)构思过程一；(b)构思过程二；(c)构思过程三；(d)构思过程四

2.9　表示工程形体的图样画法

工程形体一般都可看作基本立体或组合体，但当它们的形状和结构比较复杂时，仅用前述的三面投影图就很难表达清楚，因此，《房屋建筑制图统一标准》(GB/T 50001—2017)中的图样画法对工程形体的一些表达方法作出了规定，画图时可按需选用。这里主要介绍 GB/T 50001—2017 中所述的图样画法。

2.9.1　投影法和视图配置

按《技术制图　通用术语》(GB/T 13361—2012)中所述的定义：根据有关标准和规定，用正投影法所绘制出物体的图形称为视图。前述的多面正投影图中的各个投影图，都可称为这里所述的相应的视图。按《房屋建筑制图统一标准》(GB/T 50001—2017)的规定：房屋建筑的视图应按正投影法并用第一角画法绘制，如图 2.273(a)所示，将工程形体置于观察者与投影面之间，自前方 A 投影所得的视图称正立面图，自上方 B 投影所得的视图称平面图，自左方 C 投影所得的视图称左侧立面图。这三个视图分别就是本书前面所讲述的正面投影、水平投影、侧面投影，但这里又增加了三个视图：自右方 D 投影所得的视图称右侧立面图，自下方 E 投影所得的视图称底面图，自后方 F 投影所得的视图称背立面图。

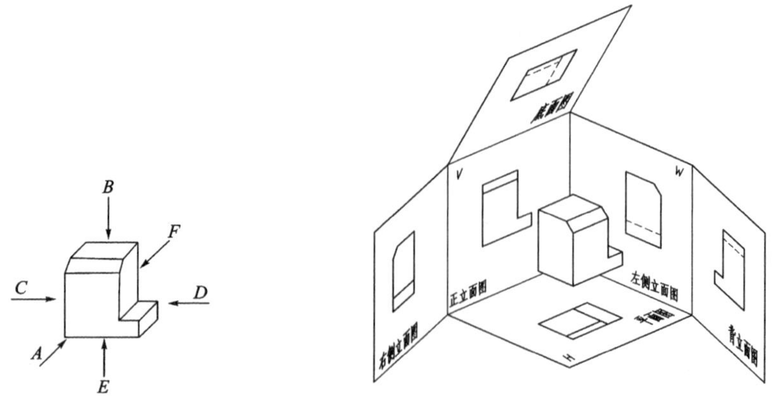

(a) (b)

图 2.273 基本视图的形成

(a)基本视图的投射方向;(b)基本投影面的展开方法

2.9.1.1 第一角画法

(1)基本视图

当工程形体的形状比较复杂时,设想在已有三个投影面的基础上再增加三个投影面,这六个投影面中的每个投影面与四个相邻的投影面都垂直,围成一个盒子,按第一角画法在这些投影面上就能得到从工程形体的上方、前方、左方、右方、后方、下方投影所形成的六个视图,根据《技术制图 投影法》(GB/T 14692—2008)规定的投影面的展开方法,就可将六个视图展开在同一平面上,亦即将五个视图都展开到正立面图所在的投影面上,如图 2.273(b)所示。展开后的视图配置则如图 2.274(a)所示。这六个投影面和六个视图分别称为基本投影面和基本视图。同三视图一样,六视图之间仍然保持着一定的投影联系和“长对正、宽相等、高平齐”的“三等”规律。如果不能按图 2.274(a)所示配置视图,也可以根据具体需要配置,但是必须标注图名,或标注指明投射方向的大写拉丁字母,称为向视图。按《技术制图 投影法》(GB/T 14692—2008)规定,在同一张图纸内按图 2.274(a)所示配置视图时,一律不标注视图名称,但这里为了便于读者对照理解,在图 2.274(a)中标注图名。正立面图、平面图、左侧立面图、右侧立面图、底面图、背立面图也可分别称为主视图、俯视图、左视图、右视图、仰视图、后视图。按 GB/T 50001—2017 中规定“每个视图均应标注图名,图名宜标注在视图图样的下方或一侧,并在图名下方用粗实线绘一条横线,其长度应以图名所占长度为准”。当房屋建筑在同一张图纸上绘制若干个视图时,各视图宜按 GB/T 50001—2017 提出的顺序布置,如图 2.274(b)所示。

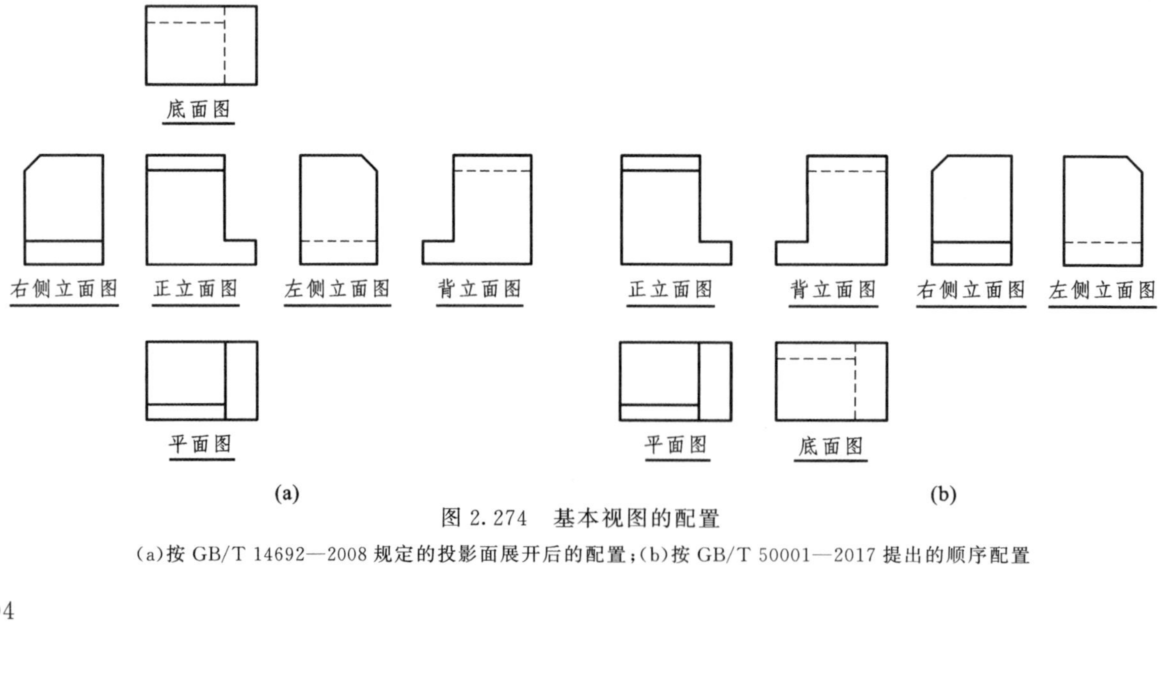

(a) (b)

图 2.274 基本视图的配置

(a)按 GB/T 14692—2008 规定的投影面展开后的配置;(b)按 GB/T 50001—2017 提出的顺序配置

用基本视图表达工程形体时，正立面图应尽可能反映工程形体的主要特征，其他视图的选用，可在保证表达完整、清晰的前提下，减少视图中的虚线数量，并使视图数量最少。例如图 2.275 用了四个立面图和一个屋顶平面图，完整、清晰地表达了一幢房屋的外形。根据需要自由配置的视图也称向视图，本书考虑到教材版面和便于读者读图，就不按图 2.274 所示的顺序布置视图。在视图中，通常用粗实线画工程形体的可见轮廓；对于工程形体的不可见轮廓，若在其他视图或其他图样中已经表达，则不必画出，但必要时也可用中虚线画出不可见轮廓。在土木工程专业图中，工程形体的可见轮廓和必要画出的不可见轮廓，应按各专业的制图标准规定的线型和线宽绘制。在学习制图基础的阶段，一般用粗实线画出可见轮廓，用中虚线画出不可见轮廓；但在画房屋时，也可按 2.1.1.2 节中表 2.3 所示，主要可见轮廓画粗实线，一般的可见轮廓画中实线，次要的可见轮廓画细实线；必须画出的主要不可见轮廓画中虚线，次要不可见轮廓画细虚线。如果形体的内部形状比较复杂，则需加绘剖面图、断面图，或用剖面图、断面图替代某些视图，详见 2.9.2 节所述。

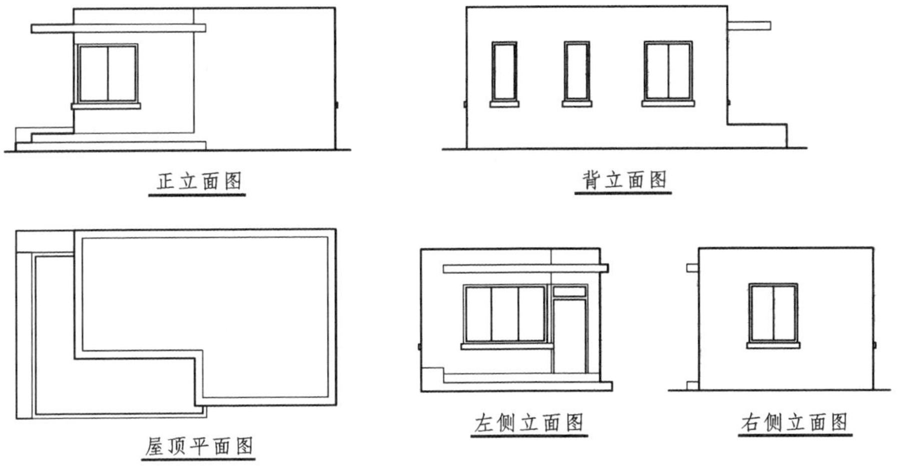

图 2.275　用基本视图表达一幢房屋的外形

(2)斜视图和局部视图

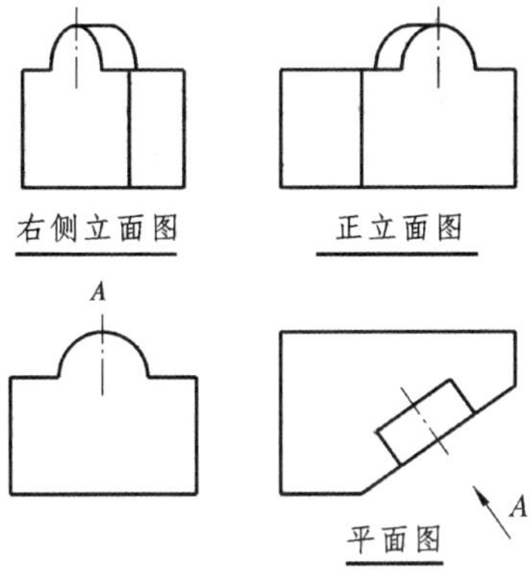

图 2.276　斜视图示例

如图 2.276 所示，这个工程形体有五个铅垂的壁面，其中一个壁面不平行于基本投影面，选用正立面图、平面图和右侧立面图表达，但正立面图和右侧立面图都不能反映出它不平行于基本投影面的壁面的真形。为了要得到反映该壁面的真形的图样，用换面法设置一个平行于该壁面的铅垂面作为辅助投影面，然后将工程形体向它作正投影，即可得到反映该壁面真形的视图。物体向不平行于基本投影面的平面投射所得的视图，按《技术制图　图样画法　视图》(GB/T 17451—1998)规定，称为斜视图。斜视图的表达方式如图 2.276 所示，在视图上方标注出“×”(“×”为大写拉丁字母)，在相应的视图附近用箭头指明投射方向，并注上同样的字母。斜视图可以将整个工程形体的投影全部画出，也可以将工程形体平行于辅助投影面的表面真形画出后，向两侧再扩展画出一小部分后就用波浪线或折断线断开；当斜视图所表示的反映真形的这个表面的外轮廓线封闭时，就可以只画出这个表面的投影，如图 2.276 和图 2.277 中 A 向斜视图所示。

局部视图是将物体的某一部分向基本投影面投影所得的视图，局部视图可按基本视图的配置形式配置，也可按向视图的配置形式配置并标注。若需进一步了解，可查阅 GB/T 17451—1998。

(3)展开视图

平面形状曲折的建筑物按《建筑制图标准》(GB/T 50104—2010)规定，可绘制展开立面图，并在图名后注写“展开”字样。图 2.277 所示为一幢平面图由长方形和环形组成的房屋，用一个屋顶平面图、三个立面图和一个斜视图表达了它的外形。正立面图和背立面图都是将环形立面展开成平行于基本投影面的平面后再进行投影而画出的展开视图，所以在图名后加注了“展开”字样。左侧立面图和 A 向斜视图，都由于所表示的立面的外轮廓线封闭，省略不画与它相连的其他部分，实际上前者是局部视图。

2.9.1.2　镜像投影法

某些工程构造，当用第一角画法绘制不易表达时，可用镜像投影法绘制。但应在图名后注写“(镜像)”或画出镜像投影的识别符号(具体的符号可查阅 GB/T 50001—2017)。

如图 2.278(a)所示，采用镜像投影法画出了物体在镜面内的镜像图样，这样的视图称为镜像视图，实际上也是用正投影法画出的，读者可以想象出：它和用第一角画法得到的平面图或底面图是不完全一样的，图 2.278(b)所示是完整、清晰地表达这个工程形体所画出的两个立面图和一个镜像平面图。

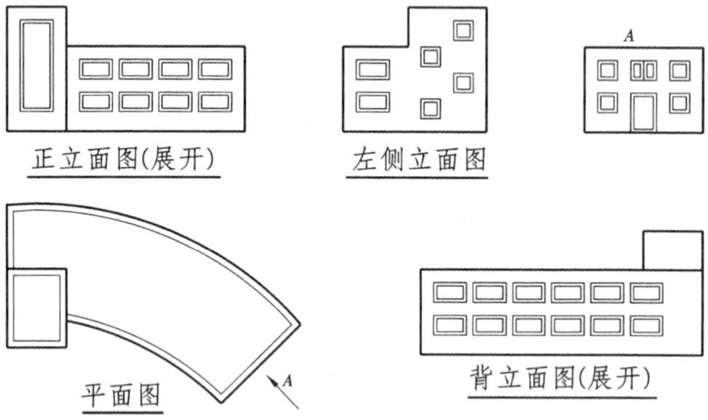

图 2.277　工程形体的展开视图示例

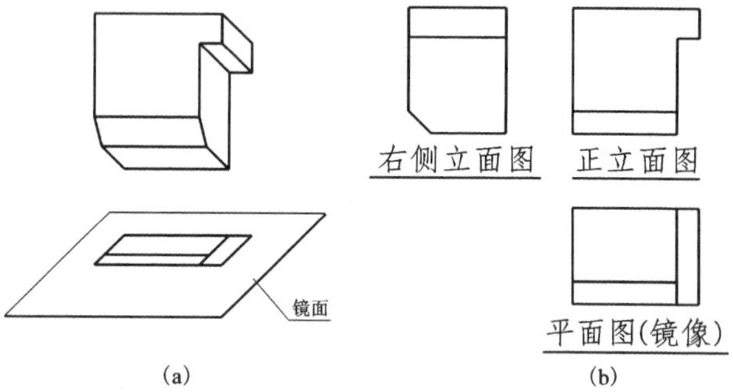

图 2.278　镜像投影法

(a)镜像视图的形成；(b)镜像视图示例

2.9.2　剖面图和断面图

2.9.2.1　剖面图

(1)剖面图的用途和定义

当一个工程形体的内部构造复杂时，如果沿用正投影图中以中虚线表示不可见部分，视图上不仅虚线多，甚至虚线、实线相互交叉或重叠，使得图形混淆不清，增加读图的困难。为了有助于表达这样的工程形体，设想用剖切面剖开它，让它显现内部构造，使不可见部分变成可见。这种用假想的剖切面剖开工程形体，移去处于观察者和剖切面之间的部分，对留下部分投影所得的图样，称为剖面图。剖切面可以是一个，也可以是两个或两个以上；通常用平面剖切，也可以用柱面剖切，剖切平面和剖切柱面统称剖切面。

(2)剖切方法

如图 2.279 所示，剖面图应按下列方法剖切后绘制(假设图中所画的剖切面是透明的)：

①用一个剖切面剖切　图 2.279(a)所示是用一个剖切面完全剖开工程形体；图 2.279(b)所示是用一个剖切面局部剖开工程形体。

②用两个或两个以上平行的剖切面剖切　如图 2.279(c)所示，用两个平行的剖切面剖开工程形体。

③用两个或两个以上相交的剖切面剖切　如图 2.279(d)所示，用两个相交的剖切面剖开工程形体。

④用两个或两个以上平行的剖切面分层剖切　如图 2.279(e)所示，用两个以上平行的剖切面逐层剖开工程形体。

(3)画剖面图示例

图 2.280(a)所示为一个房屋模型的三视图，前墙面上有一个门窗连在一起的门窗洞，左墙面上有一个窗洞，屋顶、墙壁和地坪作为同一材料构成的整体。图 2.280(b)所示是用正立面图，编号为 1 的侧平面通过门洞剖切后，向左投影所得的 1—1 剖面图，以及用编号为 2 的水平面通过窗洞剖切后，向下投影所得的 2—2 剖面图，三者联合在一起，组成表达这个房屋模型的图样，在 2—2 剖面图和正立面图上分别画出

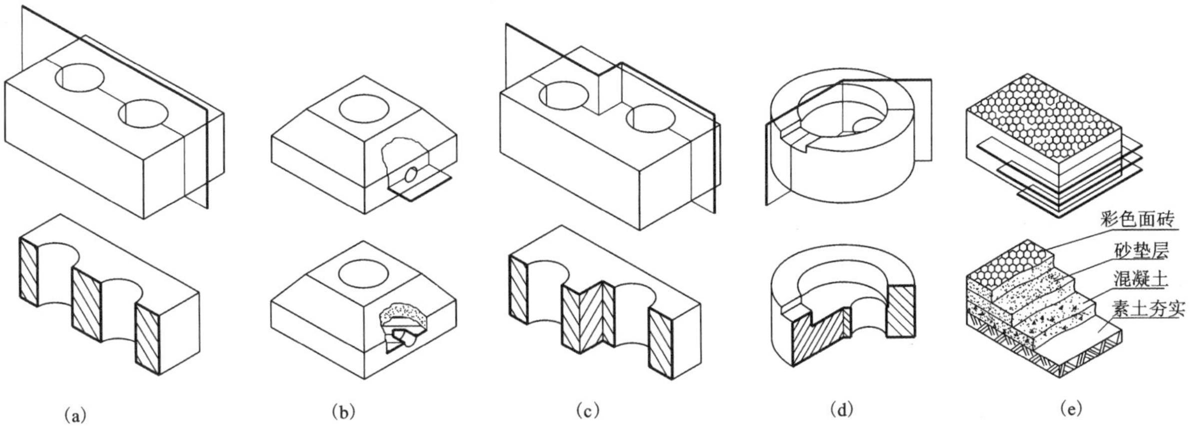

图 2.279　剖面图的剖切方法示例

(a)用一个剖切面完全剖开工程形体；(b)用一个剖切面局部剖开工程形体；(c)用平行的剖切面剖开工程形体；(d)用相交的剖切面剖开工程形体；(e)用平行的剖切面分层剖开工程形体

了编号为 1 和 2 的剖切符号，表示剖切面的剖切位置和剖切后的投射方向。对比图 2.280(a)可以看出：用 2—2 剖面图代替了平面图，水平剖切面之上的墙和屋顶已被剖去，按向下的投射方向(也可称剖视方向)画出了留下部分被剖切到的墙、窗洞下可见的墙和门洞下可见的地坪轮廓线，在被剖切到的墙的断面上画出断面的材料图例，若无须表明是哪一种材料，则可如图 2.280(b)所示，画同方向、等间距的 45°细实线；用 1—1 剖面图代替左侧立面图，侧平剖切面之右的屋顶、墙面和地面已被剖去，按向左剖视的方向画出了留下部分被剖切到的屋顶、墙面和地面，由于这个房屋模型被看作是同一材料构成的整体，因而屋顶、墙面和地面的断面间都没有分界线，并在断面上画出无须表明是哪一种材料的材料图例，还画出了前墙面上门窗洞下左侧可见的墙和左墙面上的可见窗洞的轮廓线；正立面图由于在 1—1 和 2—2 剖面图中已表明了所有不可见的投影虚线所表达的内容，这些虚线应全部省略不画。为了表明剖切面的位置和投射方向，方便按编号查找相应的剖面图，应该在图 2.280(b)中标绘出剖切符号、编号和图名。

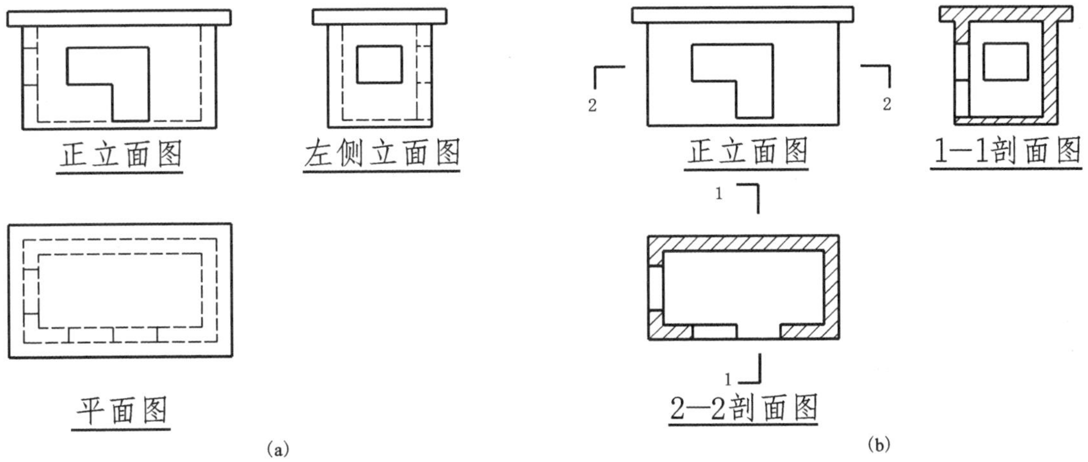

图 2.280　房屋模型的剖面图示例

(a)三视图；(b)用正立面图和剖面图表达示例

(4)画剖面图的有关规定

①剖视剖切符号

如图 2.281 所示，剖视的剖切符号由剖切位置线及剖视方向线组成，均以粗实线绘制。其中，剖视方向线也就是投射方向线。剖切位置线的长度宜为 6～10 mm，剖视方向线应垂直于剖切位置线，长度 4～6 mm。绘图时，剖视剖切符号不宜与图面上的图线相接触。剖视剖切符号的编号，宜采用阿拉伯数字，按顺序由左至右、由下至上连续编排，并应注写在投射方向线的端部。需要转折的剖切位置线，应在转角的

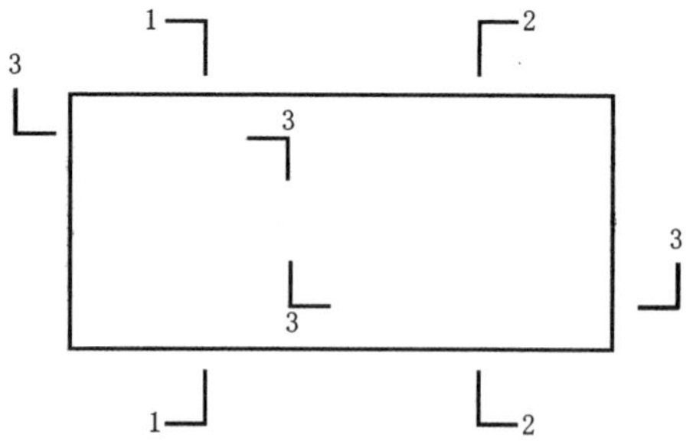

图 2.281　剖视剖切符号

外侧加注与该符号相同的编号。剖面图的图名一般以剖视符号的编号命名，例如×—×剖面图或×—×剖面，也可简称×—×。除了后面所讲的局部剖面图、分层剖切剖面图以外，一般都应标绘出剖视的剖切符号、编号和图名。建筑物或构筑物的剖面图的剖切符号，宜注在±0.000 标高的平面图上。

②建筑材料图例

当工程形体被假想的剖切面剖切后，断面上应该画出工程形体的材料图例。表 2.13 中所列的常用建筑材料图例选自《房屋建筑制图统一标准》(GB/T 50001—2017)，不够使用时，可查阅该标准。使用时应做到：图例正确、表示清楚，图例线间隔匀称，疏密适度。当无须表明是哪一种材料时，按惯例可画同方向、等间距的 45°细实线。当一张图纸内的图样只有一种建筑材料或因图形小而无法画出建筑材料图例时，可以不画建筑材料图例，但应加文字说明。如图 2.282 至图 2.284 所示，两个相同的图例相接时，图例线宜错开或倾斜方向相反；若断面很小，断面内的建筑材料图例可用涂黑表示，在两个相邻的涂黑或涂灰图例间，应留有空隙，其宽度不得小于 0.5mm；面积过大的建筑材料图例，可沿轮廓线局部表示。

表 2.13　常用建筑材料图例

名称	图例	说明	名称	图例	说明
自然土壤		包括各种自然土壤	饰面砖		包括铺地砖、玻璃马赛克、陶瓷锦砖、人造大理石等
夯实土壤	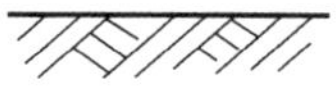		混凝土	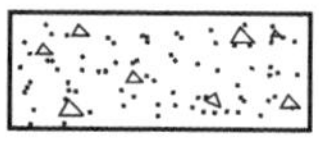	1. 包括各种强度等级、骨料、添加剂的混凝土；2. 在剖面图上绘制表达钢筋时，则无须绘制图例线；3. 断面图形小，不易绘制表达图例线时，可填黑或深灰底色(灰度宜 70%)
砂、灰土	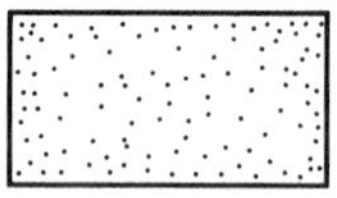		钢筋混凝土	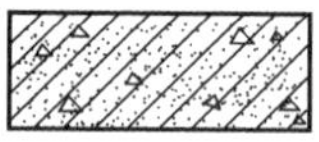	
砂砾石、碎砖三合土	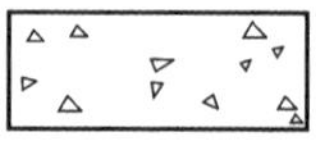		多孔材料	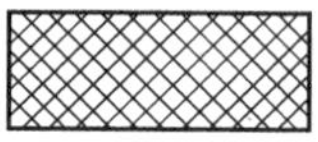	包括水泥珍珠岩、沥青珍珠岩、泡沫混凝土、软木、蛭石制品等
毛石	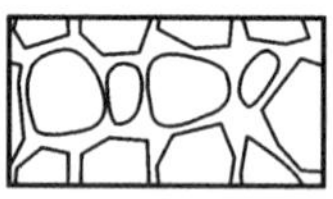		木材		1. 上图为横断面，左上图为垫木、木砖或木龙骨；2. 下图为纵断面
实心砖，多孔砖	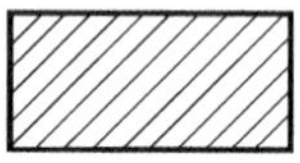	包括普通砖、实心砖、多孔砖、混凝土砖等砌体	金属	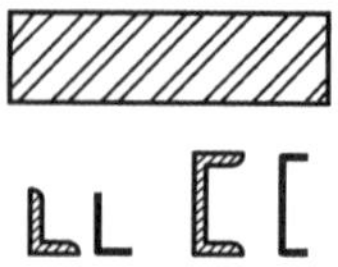	1. 包括各种金属；2. 图形小时，可填黑色或深灰底色(灰度宜 70%)
空心砖，空心砌块		包括空心砖、普通或轻骨料混凝土小型空心砌块等砌体	防水材料		构造层次多或比例较大时，采用上图例

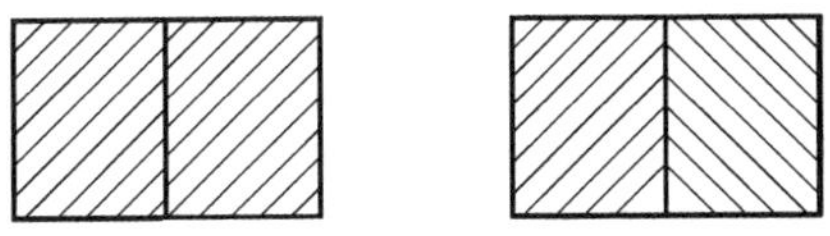

图 2.282　相同图例相接时的画法
(a)错开;(b)倾斜方向相反

图 2.283　相邻的涂黑图例

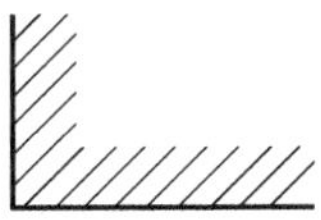

图 2.284　局部表示图例

画剖面图时要注意:剖面图是画剖开的工程形体后留下部分的投影图,但剖面图是假想剖开工程形体,所以只是在画剖面图时才切去形体的一部分,画其他图样时仍应该画完整的工程形体。剖面图与视图一样,一般只画出可见轮廓线,必要时才用中虚线画出不可见轮廓线。GB/T 50001—2017 规定:被剖切面切到部分的轮廓线用 0.7b 线宽的实线绘制,剖切面没有切到但沿投射方向可以看到的部分,则用 0.5b 线宽的实线绘制;但《技术制图　图样画法　剖视图和断面图》(GB/T 17452—1998)、《道路工程制图标准》(GB 50162—1992)规定:被剖切面切到部分的轮廓线和剖切面没有切到,但沿投射方向仍可见的部分,都用粗实线绘制。本书在制图基础阶段仍按过去的习惯都用粗实线画剖切到的和没有切到、沿投射方向可见的轮廓线,使图形简单、清晰、明了,但在土木工程专业制图中则必须按有关专业图的要求绘制。

(5)几种常用的剖面图

画剖面图时,根据工程形体的不同形状、特征,常选用下述几种不同的剖切方法所形成的剖面图。

①全剖面图

用一个剖切面完全剖开工程形体后画出的剖面图,习惯上称为全剖面图。当一个工程形体的外形简单、内部复杂,或者外形虽然复杂而另有视图表达清楚时,常采用全剖面图,如图 2.280(b)所示的剖面图 1—1 和 2—2。

【例 2.62】 如图 2.285 所示,已知某水工构筑物模型的平面图和正立面图,要求按平面图上标明的剖视剖切符号画出全剖面图。

【解】 首先按图 2.285 给出的水工构筑物模型的两个投影图,对这个水工构筑物模型进行形体分析,可以将它看作由三个部分组成,最下面的是基础,中间向后延伸的是水管,水管安装在开孔的挡土墙上。根据平面图上剖切符号可知,假想的平行于侧面的剖切面,剖在该水工构筑物模型的左右对称面上,移去左半部分,画出剩下右半部分的剖面图。剩下的右半部分剖面图包括基础、挡土墙和水管的断面,以及基础、挡土墙和水管右边的可见部分的投影。画出了剩下部分的全部投影后,在断面上画出这个水工构筑物模型的材料图例。由于题目没有说明该工程形体的建造材料,在此,仅以间隔均匀的 45°细实线作为材料图例,并将这个水工构筑物模型看作由同一材料构筑成的整体,最后注上图名“1—1 剖面图”。

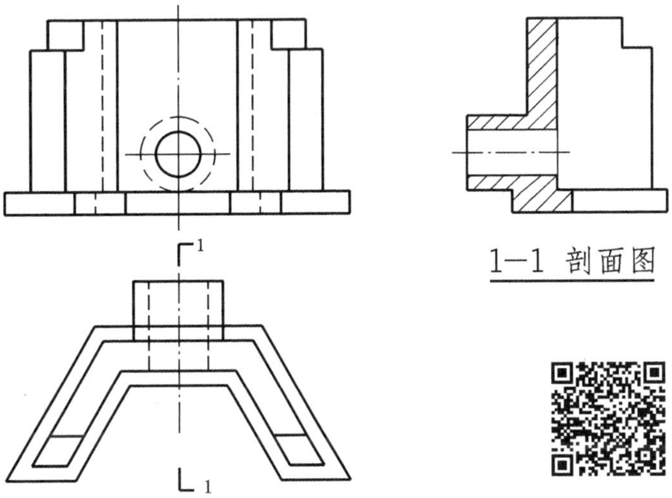

图 2.285　作水工构筑物模型的全剖视图

②半剖面图

对称的工程形体须画全剖面图时,可按简化画法以对称符号为界,一半画外形图(视图),一半画剖面图,这样的剖面图习惯上称为半剖面图。因此,对称的工程形体常采用半剖面图,它同时表达出内形与外形,表示外形的那半个视图不必再用虚线表示内形,半个剖面图和半个外形视图的分界线也可以按过去的习惯以细单点长画线表示的对称线代替对称符号。

【例 2.63】 如图 2.286(a)所示，已知杯形基础的三视图，杯形基础是钢筋混凝土浇筑成的一个整体，要求将正立面图和左侧立面图改画成半剖面图。

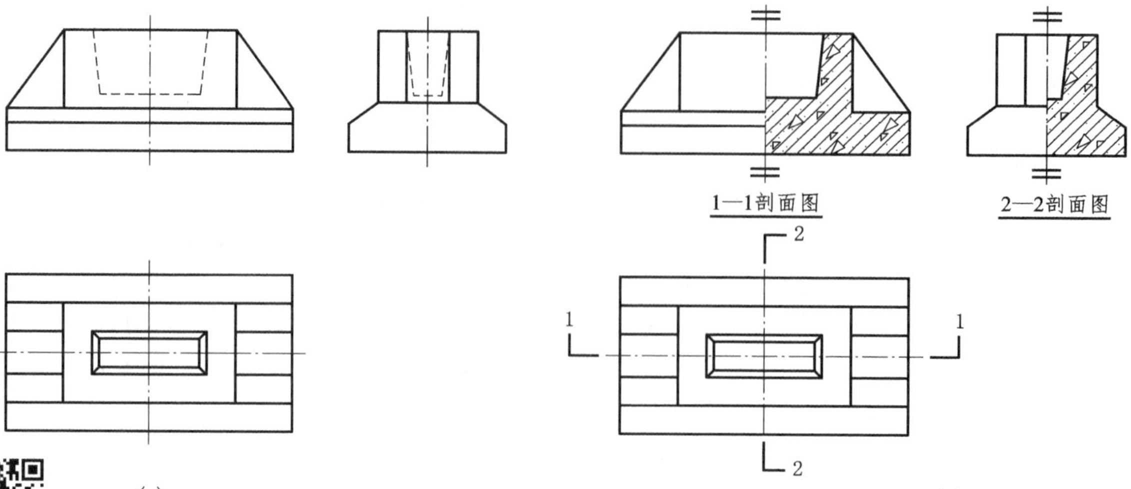

(a)　　　　(b)

图 2.286　将杯形基础的正立面图和左侧立面图改画成半剖面图

(a)杯形基础的三视图；(b)改画成半剖面图后的图样

【解】 首先按形体分析杯形基础的三视图，想出这个杯形基础是由侧垂的六棱柱底板，中间有楔形槽的长方体杯身，以及两侧各两块三角形肋板叠合而成的，左右、前后都对称，从而想象出它的整体形状。然后，如图 2.286(b)所示，以前后对称面作为编号为 1 的剖切面，在平面图上标绘出剖视剖切符号及编号，将正立面图的右半改成剖面图，而将左半原来已画出的视图中的虚线都省略不画。最后，在正立面图的左右对称线两端画出对称符号，在图样的下方注出图名“1—1 剖面图”，于是就把正立面图改画成半剖面图。用同样的原理和方法，以左右对称面作为编号为 2 的剖切面，在平面图上画出剖视剖切符号，将左侧立面图的前半改成剖面图，后半原来已画出的视图中的虚线也都省略不画，在左侧立面图的前后对称线两端画出对称符号，并注出图名“2—2 剖面图”。显然，用平面图和两个半剖面图 1—1、2—2 比三视图更清晰地表达了这个杯形基础。按《技术制图　简化表示法　第 1 部分：图样画法》(GB/T 16675.1—2012)规定：对于肋，如按纵向剖切，不画材料图例，用粗实线将它与其邻接部分分开。

③局部剖面图

当工程形体只有局部的内部构造需要清晰表达时，可用剖切面局部剖开工程形体，所得的剖面图，习惯上称为局部剖面图。局部剖面图的外形视图部分和剖面图部分用细波浪线分界，波浪线表明剖切范围，既不能超出图样的轮廓线，也不应和图样上的其他图线相重合。由于局部剖面图的剖切位置一般都比较明显，所以局部剖面图通常都不标绘剖切符号，也不另行标注剖面图的图名。

图 2.287 所示是用一个处于正立面图位置的局部剖面图、A 向视图和 1—1 剖面图表示的一个金属弯管管件的图样。从这个管件的图样可以看出：它是轴线为平行于正立投影面的一段圆弧弯管；下端有一个水平的圆盘形凸缘，凸缘上有位置如 A 向视图所示的四个均布的小圆孔；上端有一个端面垂直于圆弧轴线的具有四个圆角的方盘形凸缘，凸缘四角有位置如 1—1 剖面图所示的四个小圆孔，在方盘形凸缘前下方与弯管前壁的交接处有一个具有圆柱形孔的凸台。为了既要保存凸台端面的真形，又要显示弯管内孔和圆盘形凸缘上小圆孔的内部形状，正立面图采用以通过弯管轴线的正平面为剖切面的局部剖面图，以波浪线作为表示外形的视图部分和表示内形的剖面图部分的分界线，波浪线两侧都省略不可见的投影虚线，仅按惯例画出了方盘形凸缘上不可见的小圆孔的轴线。图中这个局部剖面图的假想剖切面位置很明显，所以不必标注剖切符号和剖面图的图名。

④斜剖面图

前述的全剖面图、半剖面图和局部剖面图都是用平行于某一基本投影面的剖切面剖开工程形体后得到的，它们都是最常用的剖面图；而用不平行于任何基本投影面的剖切面剖开工程形体后得到的剖面图，习惯上称为斜剖面图。在图 2.287 所示的这个管件是以通过凸台圆柱形孔的轴线的弯管法断面为界，右下方弯管的内外壁都是圆环面，而左上方弯管的内外壁分别是与右下方弯管的内外壁圆环面相切的圆柱面，以这个弯管法断面作为编号 1 的剖切面剖开这个管件，剖去右下方弯管和凸缘，将留下的一小段直管和上面的凸缘向平行于剖切面的辅助投影面作正投影，就可作出 1—1 剖面图，也就是这个弯管管件的斜剖面图，它反映了这个弯管法断面、方盘形凸缘以及其上的四个小圆孔的真形，也反映了凸台的正平面端面与弯管的圆弧形轴线所在的正平面之间的真实距离。显然，用这样一个局部剖面图、一个斜剖面图和一个向视图就清晰、完整地表达了这个弯管管件的形状。

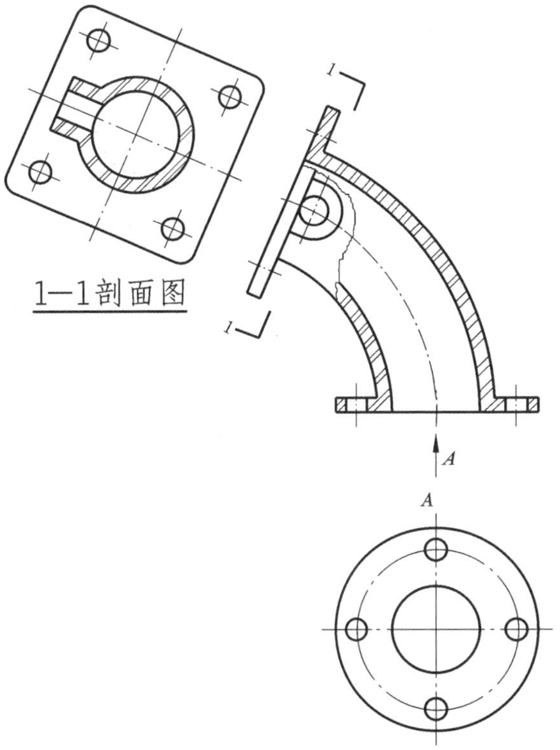

图 2.287　局部剖面图和斜剖面图示例

⑤阶梯剖面图

用两个或两个以上平行的剖切面剖切形体的方法称为阶梯剖，所得到的剖面图习惯上称为阶梯剖面图。当工程形体内部结构需要用两个或两个以上平行的剖切面剖开才能显示清楚时，采用阶梯剖。画阶梯剖面图时要注意，不应画出两个剖切平面的转折处的分界线。

【例 2.64】　如图 2.288(a)所示，已知某构筑物模型的平面图和正立面图，要求在平面图上标明剖视剖切符号，将正立面图改成阶梯剖面图。

【解】　由图 2.288(a)所示的该构筑物模型的两视图想象出它的空间形状：在一个正四棱柱顶部挖去薄薄的四周带圆角的方形的槽，再向下开了两个孔，一个是大小两节的圆柱阶梯孔，另一个是圆台孔。如果用一个平行于正面的假想剖切面剖开这个构筑物模型画全剖面图，不可能同时显示清楚这两个孔。因此，在图 2.288(b)所示的平面图上，画出了用两个平行正面的剖切面剖切构筑物模型的剖切符号，注出编号，剖切后，移去前半部，将图 2.288(a)中的正立面图改成后半部分的阶梯剖面图。图中除了画出这个构筑物模型的断面外，还画出剖切面后的可见部分的投影轮廓线。注意：在两个剖切面截出的断面转折处不画分界线。由于无须表明是哪种材料，断面上的材料图例画间隔均匀的 45°细实线，最后注上图名“1—1 剖面图”。显然，用图 2.288(b)所示的平面图和阶梯剖面图 1—1 表达这个构筑物模型，比图 2.288(a)所示的两视图要清晰得多。

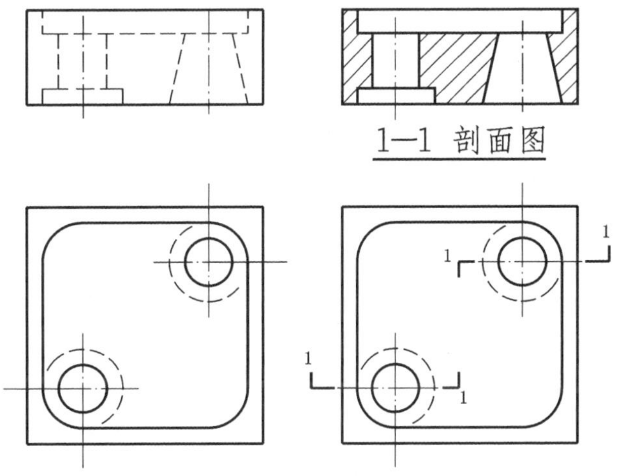

(a)　(b)

图 2.288　将某构筑物模型的正立面图改成阶梯剖面图
(a)某构筑物模型的两视图；
(b)改成阶梯剖面图后的图样

⑥旋转剖面图

用两个相交的剖切平面(交线垂直于某一基本投影面)剖开工程形体的方法，习惯上称为旋转剖。

采用旋转剖画剖面图时，以假想的两个相交的剖切平面剖开工程形体，移去假想剖切掉的部分，把留下的部分向选定的基本投影面作正投影，但对倾斜于选定的基本投影面的剖切平面剖开的结构及其有关部分，要旋转到与选定的基本投影面平行的面后再进行投影。用旋转剖切得到的剖面图，习惯上称为旋转剖面图，应在剖面图的图名后加注“展开”字样。画剖面图时应注意，不画两个剖切平面剖出的断面的转折线。

图 2.289(a)所示的两视图虽然完整地表达了这个构筑物模型。它下面是一块圆形底板，上面叠合了一个左侧和右前方分别伸出一段矩形槽的空心圆柱，底板和空心圆柱叠合成一个整体，但表达得不够清晰。图 2.289(b)是按图 2.289(a)中的剖切剖视符号剖切掉它的左前一部分后的构筑物模型的立体示意图。图 2.289(c)所示的正立面图改为被铅垂面剖开的结构及其有关部分旋转到与正立投影面平行的面后，一起向正立投影面作正投影所得到的剖面图，由于不需要表明是哪种材料，断面上的材料图例画间隔均匀的 45°细实线，于是就作出了这个构筑物模型的旋转剖面图。最后，在旋转剖面图的下方，注出剖面图的图名，同时加注“展开”字样。请注意：在两个剖切平面剖出的两个断面间不画分界线。读者还可以看出：在图 2.289(c)中，平面图和旋转剖面图都省略了不可见的投影虚线，仍然能明确地表达出这个构筑物模型的形状，与图 2.289(a)相比较，显然图 2.289(c)表达得更清晰。

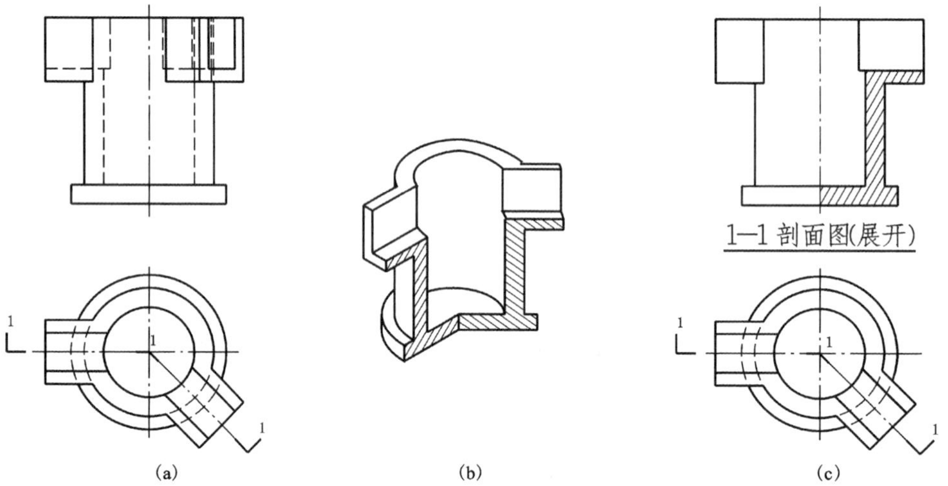

图 2.289　旋转剖面图示例

(a)某构筑物模型的两视图；(b)用两个相交的剖切平面剖开这个模型；(c)用平面图和旋转剖面图表达

⑦分层剖切的剖面图

对建筑物的多层构造可用平行平面按构造层次逐层局部剖开，用这种分层剖切的方法所得到的剖面图，称为分层剖切的剖面图，常用来表达房屋的地面、墙面、屋面等处的构造。分层剖切的剖面图应按层次以波浪线将各层隔开，波浪线不应与任何图线重合。例如图 2.290 所示就是用分层剖切的剖面图表示某马路边上的人行道的多层构造的例图。

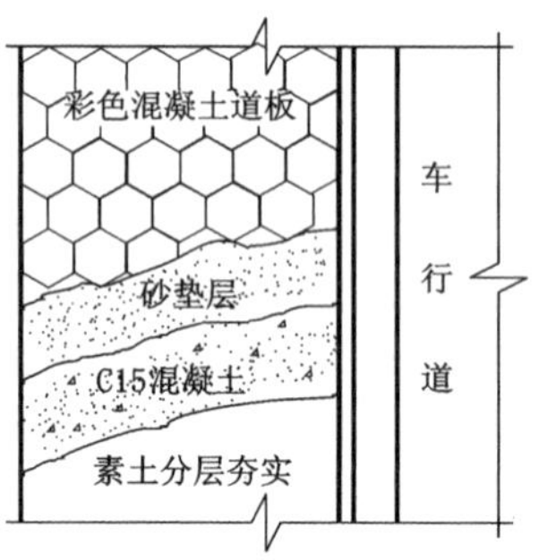

图 2.290　分层剖切的剖面图示例

2.9.2.2　断面图

(1)断面图的用途和定义，断面图与剖面图的区别

为了清晰地表达工程形体，用假想的剖切面剖开工程形体时，除了以剖视图表达外，有时需用断面图表达。假想用剖切平面将工程形体的某处切断，仅画出断面的图形，称为断面图。断面图与剖视图的区别：断面图只能画出剖切面剖到部分的图形；剖视图除了应画出断面图外，还应画出沿投影方向看到的部分。

图 2.291(a)所示是用正立面图和左侧立面图完整地表达材料为钢筋混凝土的吊车梁模型，但表达得不是最清晰，所用的材料也只能在图纸上另用文字说明。图 2.291(b)所示则按正立面图上所画的断

面剖切符号，画出剖到的图形，并表明钢筋混凝土的材料图例，就画出了两个断面图。显然，用正立面图和这两个断面图也完整地表达了这根梁的模型，不仅显示了材料，而且表达得比图 2.291(a)简明。图 2.291(c)所示也是假想设置了与图 2.291(b)同样的两个剖切平面，按正立面图上所画的剖视剖切符号，画出这两个剖面图，用正立面图和这两个剖面图也完整地表达了这根梁的模型，但表达得不及图 2.291(b)简明。通过图 2.291(a)、图 2.291(b)、图 2.291(c)三种表达方式的比较可以看出：在有些场合下，用断面图可以表达得比较清晰。同时，通过图 2.291(b)、图 2.291(c)的对比，也可以清楚地看出断面图与剖面图的区别。

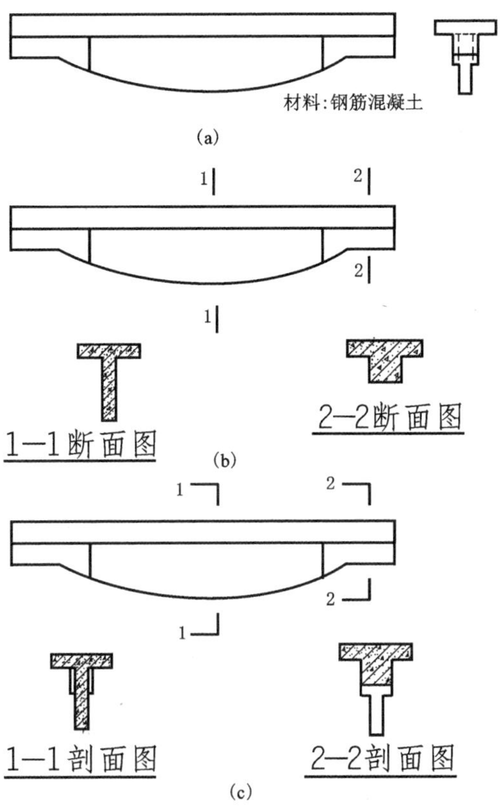

图 2.291　断面图(移出断面图示例)以及断面图与剖面图的区别

(a)吊车梁模型的两视图；(b)用断面图表达；(c)用剖面图表达

(2)剖切方法和画断面图的有关规定

断面图与剖面图一样，应按下列方法剖切后绘制：用一个剖切面剖切；用两个或两个以上平行的剖切面剖切；用两个或两个以上相交的剖切面剖切，此时应在图名后注明“展开”字样。通常都用一个平行于某一投影面的剖切平面剖开工程形体，将剖得的图形向平行的投影面作正投影，从而获得断面图。

断面剖切符号如图 2.291(b)所示，应以粗实线(长度宜为 6～10 mm)表示剖切位置，断面剖切符号的编号宜采用阿拉伯数字按顺序连续编排，并应注写在剖切位置线的一侧；编号所在的一侧应为该断面的投射方向。断面图通常以断面剖切符号的编号命名，例如×—×断面图或×—×断面，也可简称为×—×。当工程形体有多个断面图时，断面图应按剖切顺序依次编排。

断面图需用 b 或 $0.7b$ 线宽的实线画出剖切面切到部分的图形。在断面图上应画出材料图例，材料图例及其画法都与剖面图中的规定相同。

(3)几种常见的断面图布置

①移出断面图

杆件的断面图可绘制在靠近杆件图的一侧或端部处并按顺序依次排列，如图 2.291(b)所示，这样的断面图布置在工程图样中应用得较多。

②中断断面图

绘制在杆件图中断处的断面图，习惯上称为中断断面图。中断断面图不必标注断面剖切符号。例如图 2.292 用中断断面图表示一较长的槽钢杆件，在适当地方的中间断开，画出槽钢的断面形状。

③重合断面图

在图 2.293 中，表示钢筋混凝土屋顶结构的梁板断面图直接画在屋顶的结构平面布置上。由于图中画出的屋面板断面很薄、梁断面也很小，无法画清钢筋混凝土的材料图例，所以用涂黑表示。这种直接重合画在视图内的断面图，不必标注断面剖切符号。当视图中轮廓线与重合断面图的图形重叠时，视图中的轮廓线仍应连续画出，不可间断。

2.9.2.3　工程形体表达方法的制图作业示例

【例 2.65】　选用一个合适的表达方法，画出图 2.294(a)所示的窨井模型的图样。

【解】　初学者可按下述步骤进行绘图。若对工程形体的表达比较理解，可以不进行绘制三视图草图这一步骤，直接考虑较合适的表达方案画草图。若对工程形体的表达方法已较熟悉，则可以不画草图，直

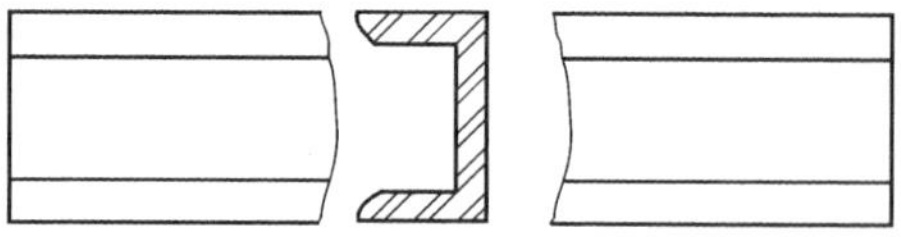

图 2.292 断面图画在杆件图中断处示例

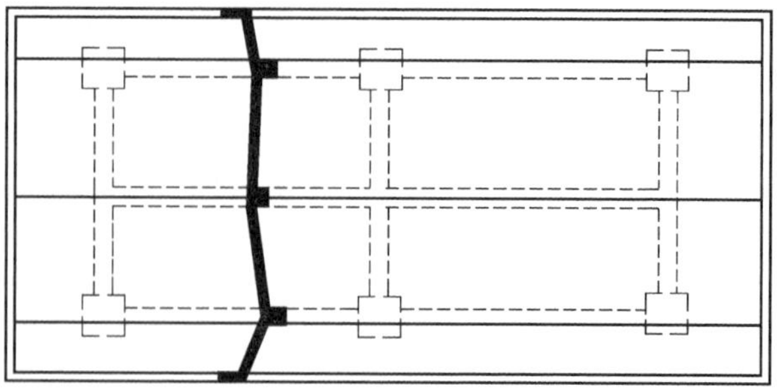

图 2.293 断面图画在布置图上示例

接按选定的表达方案用绘图工具和仪器画出工程形体的图样。

(1)形体分析

窨井模型可以看作由下方的长方体基础、中间的含长方体空腔的储水长方体井身、上方的顶部截切成楔形的水平顶板(中间开台阶状方孔,以后可以加盖),以及左、右、前三个方向各有一根内外相通的圆管叠合而成,但看作是相同材料的一个整体。

(2)选定表达方案

按自然位置选定在轴测图上所加的箭头方向为正立面图的投影方向,这样可使正立面图较多地反映主要特征。由于左右对称,可用前后方向的基本对称面(这个窨井模型除了前下方有圆管以外,全部都是前后对称的,所以这个前后对称面称为基本对称面)剖开后,用向后投射的半剖面图代替正立面图,既反映了整个窨井模型的外形,又能反映储水长方体井身的内形,以及两侧井壁和圆管的孔、顶板上的台阶状方孔。为了完整、清晰地表达这个窨井模型外部的平面形状(即长和宽方向的形状),画出它的平面图,对照处于正立面图地位的半剖面图中表达的外形,就全面地显示出这个窨井模型的外形。考虑再画出它的左侧立面图,但由于平面图和处于正立面图地位的半剖面图已能全面地显示出这个窨井模型的侧面外形(圆管的形状特征以后可用标注尺寸时的直径符号 ϕ 表达),所以只要以左右对称面为剖切面,用向右投射的全剖面图来表达这个窨井模型在高、宽方向的内形就可以了,于是用这个全剖面图代替左侧立面图,对照在正立面图地位的半剖面图中表达的内形,就全面地显示出这个窨井模型的内形。这样,便选定了比较合适的表达方案,即用平面图、向后投射的半剖面图和向右投射的全剖面图来表达。

(3)徒手画草图

如图 2.294(b)所示,按 2.8.1.4 节画组合体的三面投影的方法,按选定表达方案过程中所考虑的,先作出这个窨井模型的三视图的草图,然后如图 2.294(c)所示,在平面图上画出剖视剖切符号,将正立面图改成半剖面图,将左侧立面图改成全剖面图,并在剖面图中的断面上按无须表明是哪种材料的形式画上材料图例;这三个图样完成后,标注出尺寸(尺寸按模型实物量取或按给出的正等测图沿轴向 1∶1 量取)和图名,标注尺寸的方法和步骤按 2.8.2 节组合体投影图的尺寸注法所讲述的进行。在这里要补充说明的是:在 1—1 剖面图中,窨井模型的左右内壁间的长度尺寸 540、顶板上台阶状方孔的长度尺寸 360 和 300,都因为左侧的外形视图不画虚线而无法标注尺寸界线和尺寸起止符号,因而就将尺寸线画过左右对称线,尺寸数字仍注完整的总长尺寸。这样的尺寸注法,习惯上称为半剖面图中的半尺寸注法。最后,对所画的图形和尺寸进行校核,如有缺点和错误,即行改正。

(4)用绘图仪器和工具画出图样

根据图幅的大小画图框和标题栏,按窨井模型的大小和图样的比例、尺寸所占的位置,均匀地布置图面。然后,画底稿图,尺寸不能从草图上直接量取,应根据尺寸数字表示的长度按比例绘制。画好底稿图后,标注尺寸,校对图样,及时改正错误。最后,按规定线型以 2.1.2.1 节中的用绘图仪器绘制图样的方法和步骤所述的顺序,用描图纸覆盖在图稿上描墨线图,或用铅笔直接在图稿上描深。描图顺序建议先描图形,再描图例线、尺寸线、尺寸界线、尺寸起止符号、图名下的横线,然后注写数字、图名和比例,复核,修正,填写标题栏,便完成正式的图样,如图 2.294(d)所示,但图 2.294(d)中未画出图框和标题栏。

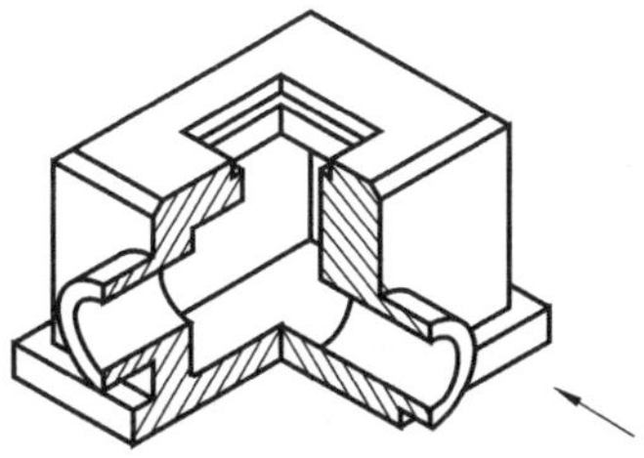

说明：窨井模型左右对称，假想剖切掉左前方的四分之一

(a)

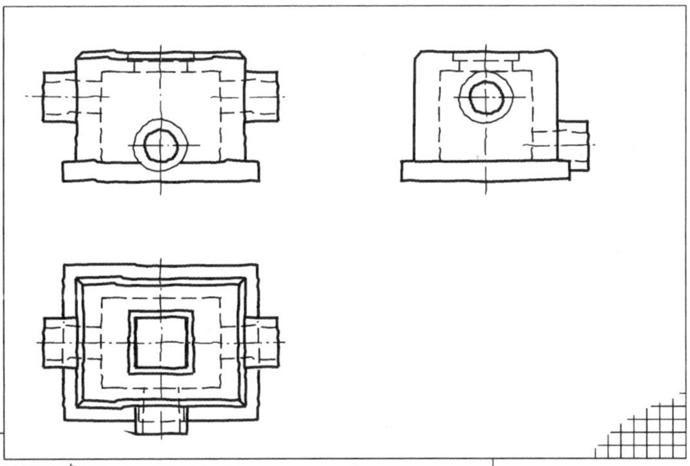

(b)

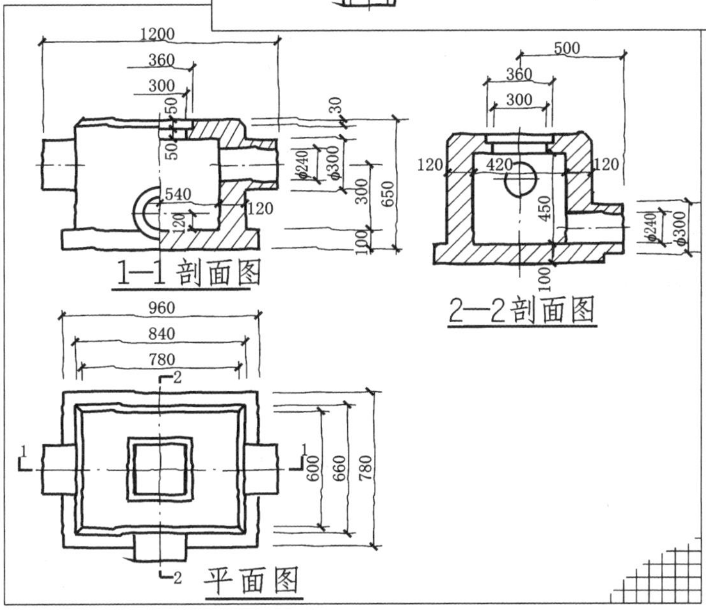

(c)

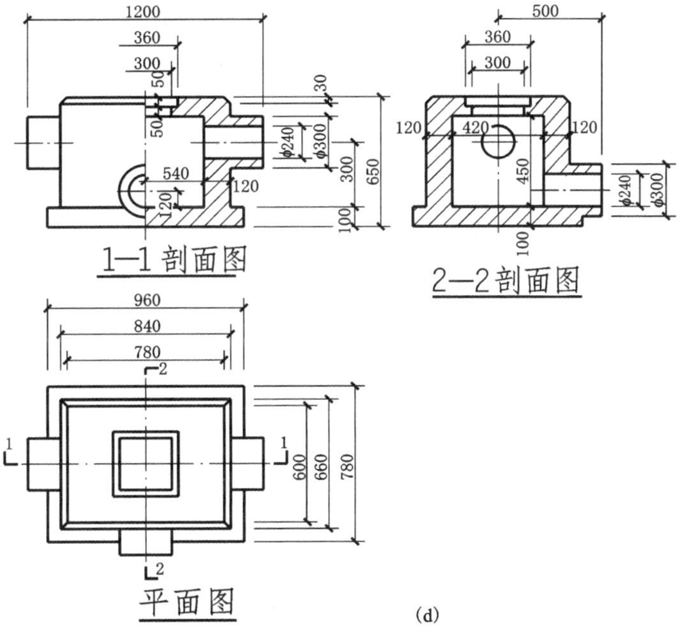

(d)

图 2.294　绘制窨井模型的图样

(a)已知假想剖开的窨井模型的正等测；(b)画三视图草图；

(c)用合适的表达方法改画草图，并标注尺寸；(d)用绘图工具和仪器画出窨井模型的图样

2.9.3 简化画法

应用简化画法可提高制图工作效率，图 2.295 列出了《房屋建筑制图统一标准》(GB/T 50001—2017)规定的一些简化画法。

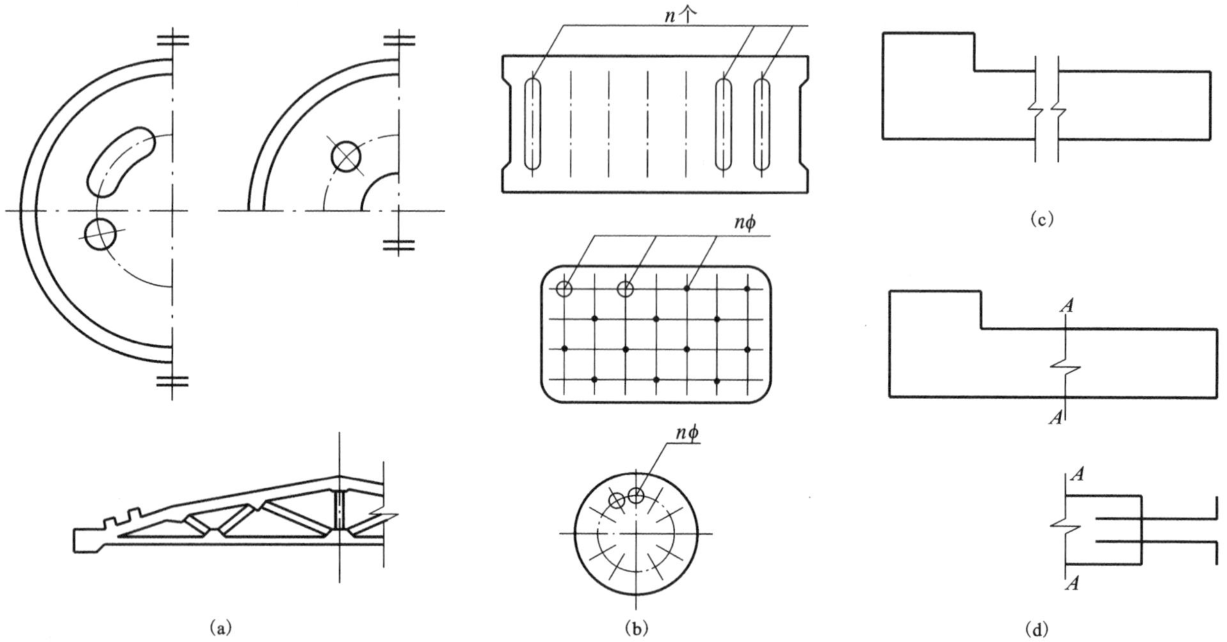

图 2.295 简化画法

(a)对称图形简化画法；(b)相同要素简化画法；(c)折断简化画法；(d)构件局部不同的简化画法

(1)如图 2.295(a)所示，构配件的对称图形，可只画该图形的一半或四分之一，并画出对称符号。图形也可稍超出其对称线后折断，此时可不画对称符号。

(2)如图 2.295(b)所示，构配件内多个完全相同且连续排列的构造要素，可仅在两端或适当位置画出一个或几个完整形状，其余部分以中心线或中心线交点表示。如相同构造要素少于中心线交点，则其余部分应在相同构造要素位置的中心线交点处用小圆点表示。

(3)如图 2.295(c)所示，较长的构件，如沿长度方向的形状相同或按一定规律变化，可断开省略绘制，断开处应以折断线表示。

(4)如图 2.295(d)所示，一个构配件，如与另一个构配件仅部分不相同，该构配件可只画不同部分，但应在两个构配件的相同部分与不同部分的分界线处，分别绘制连接符号，两个连接符号应对准在同一直线上。

2.9.4 利用 Revit 软件绘制工程形体的图样示例

2.9.4.1 Revit 软件概述

当前，设计和施工人员一般都利用计算机辅助设计软件绘制工程图样。本书在 2.1.5 节中简单介绍了使用 AutoCAD 绘图软件绘制二维图形的基本方法，我们可以利用这些方法来完成工程图纸的绘制。由于每一个土木工程设施的工程图样数量较多，且在土木工程设施从设计、施工到使用的全寿命周期中，因为某种原因需要变更某一处构造或用途，就需要从修改一张工程图纸中的一条线开始，更新全套图纸中所有与其相关的图样，使同一对象在不同图纸中的投影关系保持一致，为此，工程相关人员要花费较多精力。又由于每一个土木工程设施不同专业设计、施工时，在同一空间布置设施是否存在使用或施工的空间冲突，工程相关人员需要形象地展示、沟通和协调，为此，工程相关人员在完成二维图纸后还需要完成三维造型。

应用于土木工程领域的高效率计算机绘图软件非常多。Revit 软件是美国 Autodesk 公司开发的一个工业与民用建筑的交互式建模软件，它具有所见即所得的特征、修改与出图联动的功能、自动精确统计主要工程量、支持多专业协同工作等优点，已成为土木工程领域广泛应用的数字化建模软件之一。本书仅结合工程图样的识图与绘图的教学需要，通过选取部分章节的实例，介绍 Revit 软件的基本概念和基本用法。由于 Revit 软件更新较快，所包含的内容非常丰富，且利用计算机软件完成一个实例的方法、步骤可以不尽相同，希望读者透过本书的讲解，多多探索和评估，从而找到适合自己的建模绘图方法。

2.9.4.2　Revit 入门

启动、保存和退出 Revit 软件方法与 AutoCAD 基本相同。启动 Revit 软件后，出现的界面与 AutoCAD 不同，它会有两种选择："项目"建模和"族"建模。Revit 软件中的"项目"是指在 Revit 软件中创建工程设计模型，一个"项目"文件包含了工程设计模型中的各种"图元"信息、统计信息和图纸信息。"族"是一组包含图形和参数的"图元"集，使内容相似的对象通过参数化后在"项目"中使用。为了提高效率，Revit 软件自带了一些可重复使用的"族"，可在"项目"文件中直接使用；用户也可以自己创建"族"，然后将其载入"项目"文件中使用。"图元"包含图形和数据，模型图元可以在所有视图中显示，注释图元只在所在视图显示。新建"项目"或新建"族"，首先需选择样板文件；使用不同样板文件，软件预先载入该类"项目"或"族"初创时可能会用到的"图元"和参数设置。

下面通过绘制图 2.262 所示的涵洞口模型视图，简介新建"项目"的界面和创建组合体模型的基本方法。在后续专业图章节中，再进一步简介创建"项目"和"族"的基本方法。

在 Revit 软件中绘制视图时，一般是先创建实体模型，再由软件自动生成视图。可以通过两种方式创建组合体模型：一是先创建"族"，然后将该"族"载入"项目"，并放在指定"项目"中的指定位置；二是在"项目"内的指定位置直接创建组合体模型，或将已创建的组合体模型移动到指定位置。在"项目"内创建的模型仅可用于当前项目。

(1)创建"项目"

打开 Revit 软件，点击"项目"下面的"建筑样板"，进入"建筑样板"操作界面(图 2.296)。项目样板文件的后缀扩展名为.rte，绘图区有默认的四个带方向的小圆，代表了项目默认情况下有四个立面视图的投影指向。

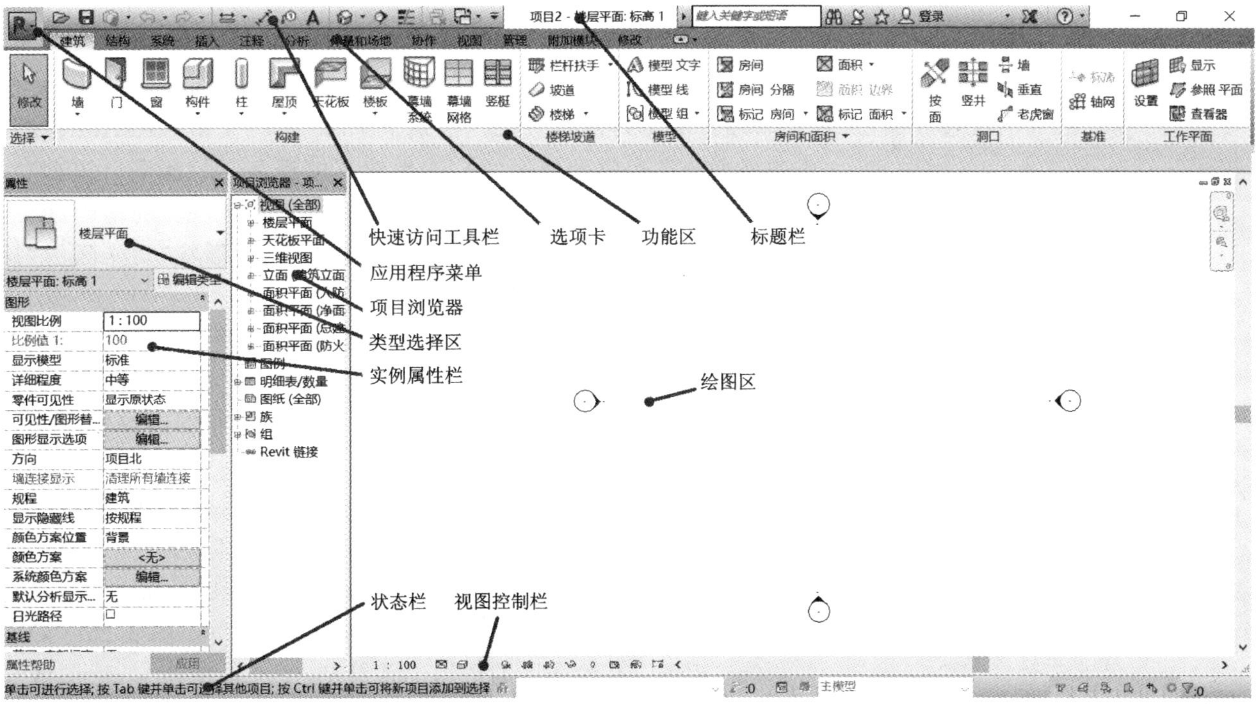

图 2.296　"建筑样板"操作界面

①快速访问工具栏：显示若干常用的工具，便于快速访问。单击“快速访问工具栏”最右侧的朝下的涂黑三角，可以减少或增加“快速访问工具栏”中常用的工具。

②选项卡：点击不同的选项卡，其下方将显示包含在该选项卡中的一系列功能区面板。

③功能区：执行某功能的工具集。当光标在某个工具上悬停时，会显示该工具的使用方法。

④标题栏：显示当前打开文件的名称。

⑤应用程序菜单：单击该按钮，打开与文件管理相关的操作工具菜单。

⑥类型选择区：提供一个或多个“族类型”可供选择的菜单。特定参数的“族”称作“族类型”，选定一个“族类型”后，单击其下面的“编辑类型”按钮，修改影响该“族类型”的参数或创建新的“族类型”。

⑦实例属性栏：查看或修改当前选定“族类型”的参数，修改实例属性栏的参数仅影响当前选定的“族类型”。

⑧项目浏览器：显示当前文件中已经创建的视图、明细表、图纸和已载入的族等元素的名称。项目浏览器呈树状结构，可展开和折叠。移动光标至项目浏览器或实例属性栏的顶部，按下鼠标左键拖动，可以调整项目浏览器的放置位置。

⑨状态栏：显示当前命令的状态、提示下一步操作。对应某些工具，在图 2.296 所示的“属性栏”与“功能区”之间会出现选项栏。

⑩视图控制栏：排列着若干控制绘图区视图的显示工具。如：“临时隐藏/隔离”按钮可以指定被选图元为临时隐藏、绘图区中仅显示未被选图元，也可以指定临时单独显示被选图元、未被选图元临时隐藏。

⑪绘图区：屏幕中面积最大的区域，显示项目浏览器中指定的视图具体内容。绘图区反映视图与模型之间的投影关系，绘图人在任何一个视图中对模型作更改，所有视图都将同步更新。绘图区显示的图形大小，可以通过滚动鼠标的中间滚轮来改变。按下鼠标中键并移动鼠标，就可以平移绘图区的视口。在绘图区的右上角有“视图导航”工具。

请仔细阅读【例 2.59】，下面我们将忽略其具体功能，就该组合体模型完成其三视图和尺寸标注。

(2)在“项目”内，创建涵洞口模型

单击图 2.296 中“构建”功能区的“构件”，在展开的“构件”工具菜单中有“放置构件”和“内建模型”两个选项。“放置构件”用于在项目文件中添加已经载入的“构件”族(例如“书桌”“洗脸盆”等)，如果项目文件中没有该“构件”族，则需要先从“项目”文件外将“构件”族载入项目。“内建模型”是在项目文件中创建新“构件”族。

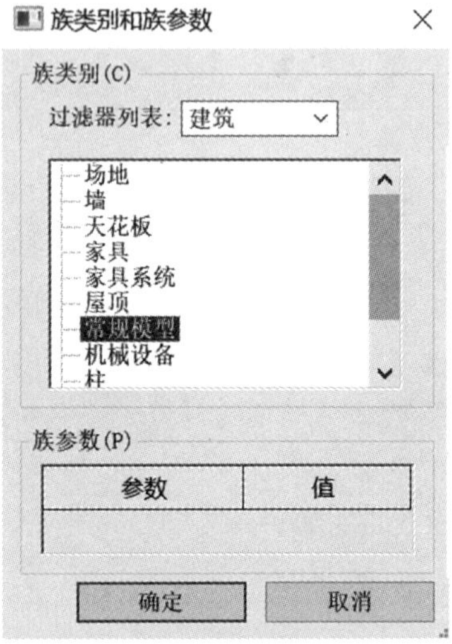

图 2.297 “族类别和族参数”对话框

单击“内建模型”，弹出图 2.297 所示“族类别和族参数”对话框，在过滤器列表的“建筑”类别下选择“常规模型”(Revit 的族是按类别分类存放和使用的)，然后输入模型名(如“涵洞口模型”)，单击“确定”，选项卡切换到“创建”下的“内建模型”的功能区集，如图 2.298 所示。创建涵洞口模型主要用到“形状”功能区的“拉伸”“融合”和“空心形状”内的“拉伸”。

①创建下方四棱柱(矩形板)的基础

用“创建”选项卡下的“形状”功能区的“拉伸”来创建四棱柱。“拉伸”的使用方法是：绘制二维轮廓并指定该轮廓的拉伸高度以生成三维模型。

在“标高 1”平面视图中(如果当前绘图区不是“标高 1”平面视图，请在“项目浏览器”区点击“楼层平面”前“＋”，在展开的楼层平面视图名中双击“标高 1”，绘图区即显示“标高 1”平面视图)，单击“形状”功能区的实体“拉伸”，在“绘制”功能区单击图 2.299(a)所示的“矩形”，在绘图区的适当位置绘制 36×23 的矩形；绘图区显示的图形大小可以通过移动光标至图形处，然后滚动鼠标的滚轮来改变；如果自动显示的尺寸(称为临时

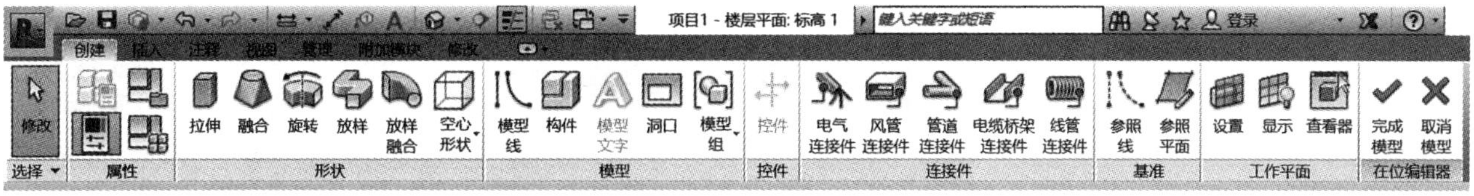

图 2.298 “内建模型“工具集

尺寸)不合要求,可以移动光标到该临时尺寸数字上并单击,该数字变为可修改状态,输入新数字,图形便会做出相应修改,如图 2.299 (b)所示;如果自动显示的尺寸消失了,可以移动光标至需要改变位置的那条边并单击,便会出现该边的临时尺寸。然后将实例属性栏内的“拉伸终点”改为 4.0,如图 2.299 (c)所示;“拉伸起点”设为 0.0,表示底面在标高 1,因此总的拉伸高度是 4;单击图 2.299(a)所示的“√”图标,完成四棱柱的创建。

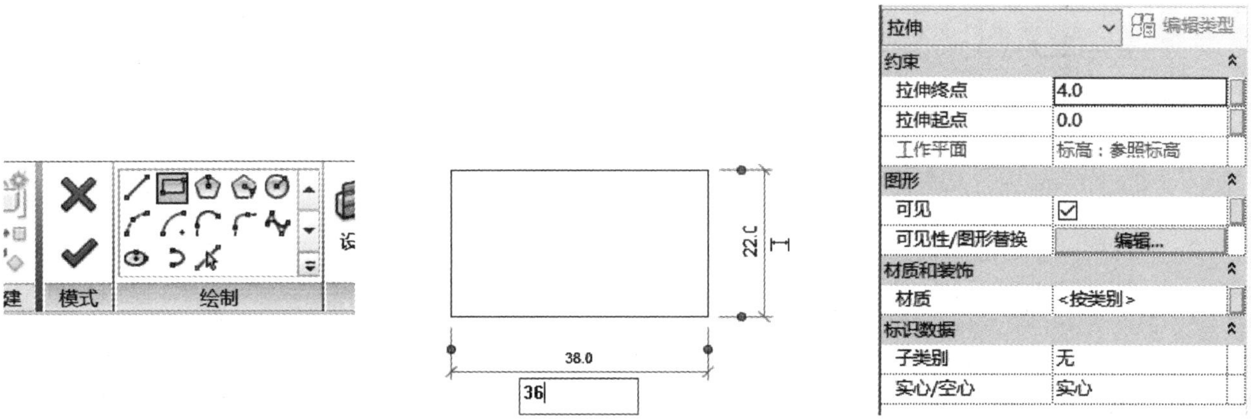

(a) (b) (c)

图 2.299 创建四棱柱

(a) 绘制工具和“√”(完成)、“×”(放弃)图标;(b)矩形的临时尺寸;(c)拉伸模型的实例属性栏

②创建楔形块形状的墙身

用“融合”创建楔形块。使用“融合”生成模型的方法是:分别绘制楔形块的底面、顶面二维轮廓,并指定其底面、顶面高程。

在“标高 1”视图中,单击“创建”选项卡下“形状”功能区的实体“融合”,单击图 2.300(a)所示的“绘制”功能区“矩形”按钮,在绘图区绘制楔形块底面 30×19 的矩形,改变绘图区显示的图形大小和修改矩形的临时尺寸的方法与前面画矩形时使用的方法相同;按键盘上的[Esc]键便退出绘制“矩形”。如果所画矩形未在前面画的四棱柱平面图形的相对位置处,则需要将其移动:先移动光标至矩形外,按下鼠标左键并拖动鼠标、框选刚绘制的矩形后释放鼠标左键,即选中了对象“矩形”(选取对象的方法与 AutoCAD 中的窗口方式和交叉方式相同),然后单击“修改”功能区的“移动”,再移动光标至矩形后面水平边的中点附近,当光标出现“△”符号时按下鼠标左键,再移动光标至四棱柱平面图形的后壁中点附近,光标出现“△”符号时按下鼠标左键,矩形被移动到图 2.300 (b)所示位置,图中的临时尺寸表示移动对象的基点至目标点的距离和角度、虚线框表示移动对象的当前位置和目标位置。在实例属性栏内的“第一端点”改为 4.0、表示楔形块底面与标高 1 的距离;“第二端点”表示楔形块顶面与标高 1 的距离,改为 26.0,如图 2.300 (c)所示。单击图 2.300(a)所示的“模式”功能区的“编辑顶部”,接着在“绘制”功能区选择“矩形”,在绘图区的适当位置绘制楔形块顶面 22×8 的矩形,将这个矩形的后面水平边的中点移动到底面后面水平边的中点位置,如图 2.300 (d)所示;单击“√”,完成四棱柱上方楔形块的创建。

③在楔形块中切割出一个正垂的洞

用“空心拉伸”工具创建一个正垂的洞拉伸体。“空心拉伸”的使用方法同实体“拉伸”。

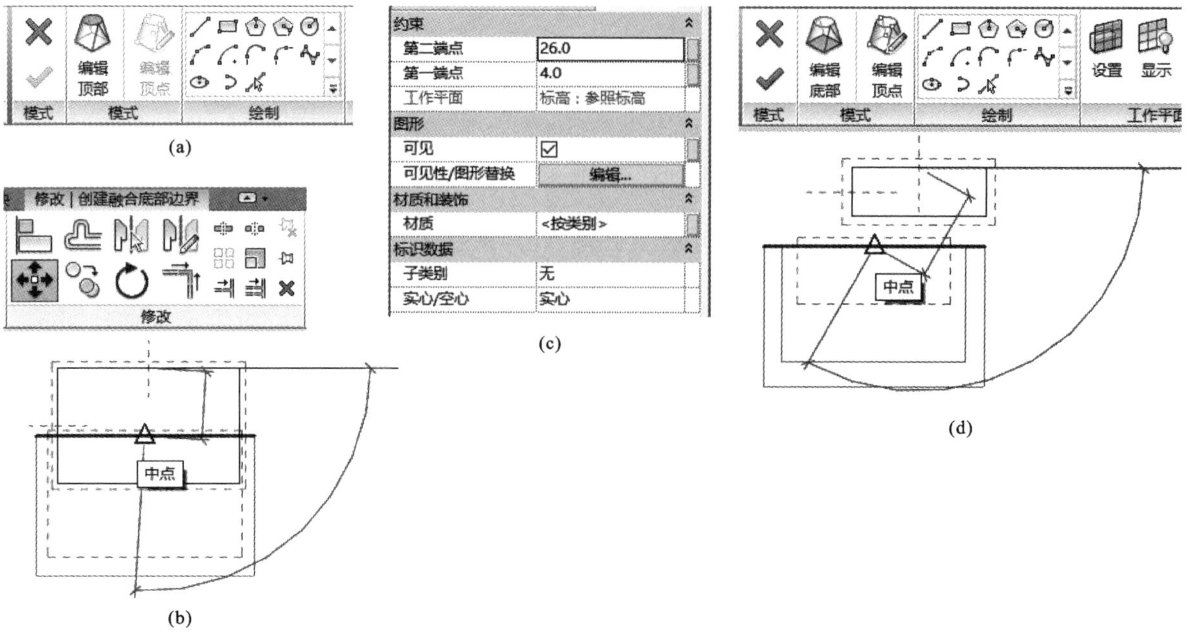

图 2.300　创建四棱柱上方的楔形块

(a) 绘制工具和模式；(b)绘制楔形块底面轮廓，并移动底面轮廓位置；

(c)输入楔形块的底面、顶面高程；(d)绘制楔形块顶面轮廓，并移动顶面轮廓位置

在显示四棱柱与楔形块的“标高 1”平面图中，单击“创建”选项卡下“形状”功能区“空心形状”边上的黑三角，在其下拉列表中会有“空心拉伸”，如图 2.301(a)所示。因为“拉伸”是先绘制二维轮廓，该二维轮廓在平行正立面的平面上反映真形，所以单击“工作平面”功能区的“设置”[图 2.301(b)序号 1]，弹出指定工作平面对话框：选择“拾取一个平面(P)”[图 2.301(b)序号 2]，单击“确定”；移动光标至楔形块背面的水平积聚投影处，当楔形块背面积聚投影“深”显时按下鼠标左键[图 2.301(b)中序号 3]，即指定楔形块的背面为绘制拉伸的二维图形的所在平面，弹出“转到视图”对话框：单击“立面：南”，再单击“打开视图”，绘图区显示四棱柱和楔形块的正立面图。四棱柱和楔形块在绘图区中显示的大小可以通过移动光标至图形上，再滚动鼠标滚轮来调整。在“绘制”功能区单击“矩形”、画正垂洞下方 12×11 矩形；然后选“起点-终点-半径弧”工具，画正垂洞上方的圆弧，完成后按键盘上[Esc]键退出画圆弧；移动光标至矩形顶边，单击鼠标左键，选中该边后按键盘上[Delete]键或“修改”功能区的“×”、删除该“边”，完成正垂洞二维轮廓。如果正垂洞的二维轮廓线没有在前面画的楔形块立面图形的相对位置处，则需要移动洞的轮廓线：先移动光标至正垂洞轮廓外，按下鼠标左键并拖动鼠标、框选正垂洞的所有二维轮廓线后释放鼠标左键，选中洞的所有轮廓线，单击“修改”功能区的“移动”，再移动光标至正垂洞轮廓的底边的中点附近，当光标出现“△”符号时按下鼠标左键，再移动光标至四棱柱顶面的中点附近，光标出现“△”符号时按下鼠标左键，正垂洞轮廓被移动到图 2.301 (c)所示位置。在实例属性栏内，将“拉伸终点”改为 19.0，单击“√”[图 2.301(d)]，完成在楔形块中创建正垂洞的拉伸体。

④创建五棱柱的缘头

方法一：用“放样”工具创建五棱柱的缘头。完成“放样”需要一条路径和一个二维轮廓。

在“南”立面视图中，单击“创建”选项卡下的“形状”功能区的实体“放样”；然后在“放样”工具集中，单击图 2.302(a) 中的“拾取路径”；移动光标至楔形块的上方后单击楔形块的顶边，然后单击“√”，结果如图 2.302(b)所示，深线表示已指定的路径、虚线表示二维轮廓的绘制平面；单击图 2.302(a)中的“编辑轮廓”，系统会弹出图 2.302(c)所示“转到视图”对话框，单击“立面：西”，再单击“打开视图”，绘图区显示已有模型的左侧立面图，单击“绘制”功能区“直线”，绘制五棱柱的左视图，如图 2.302(d)所示，然后单击“√”，完成绘制五棱柱的二维轮廓。单击图 2.302(a)中的“√”，完成五棱柱缘头的创建。

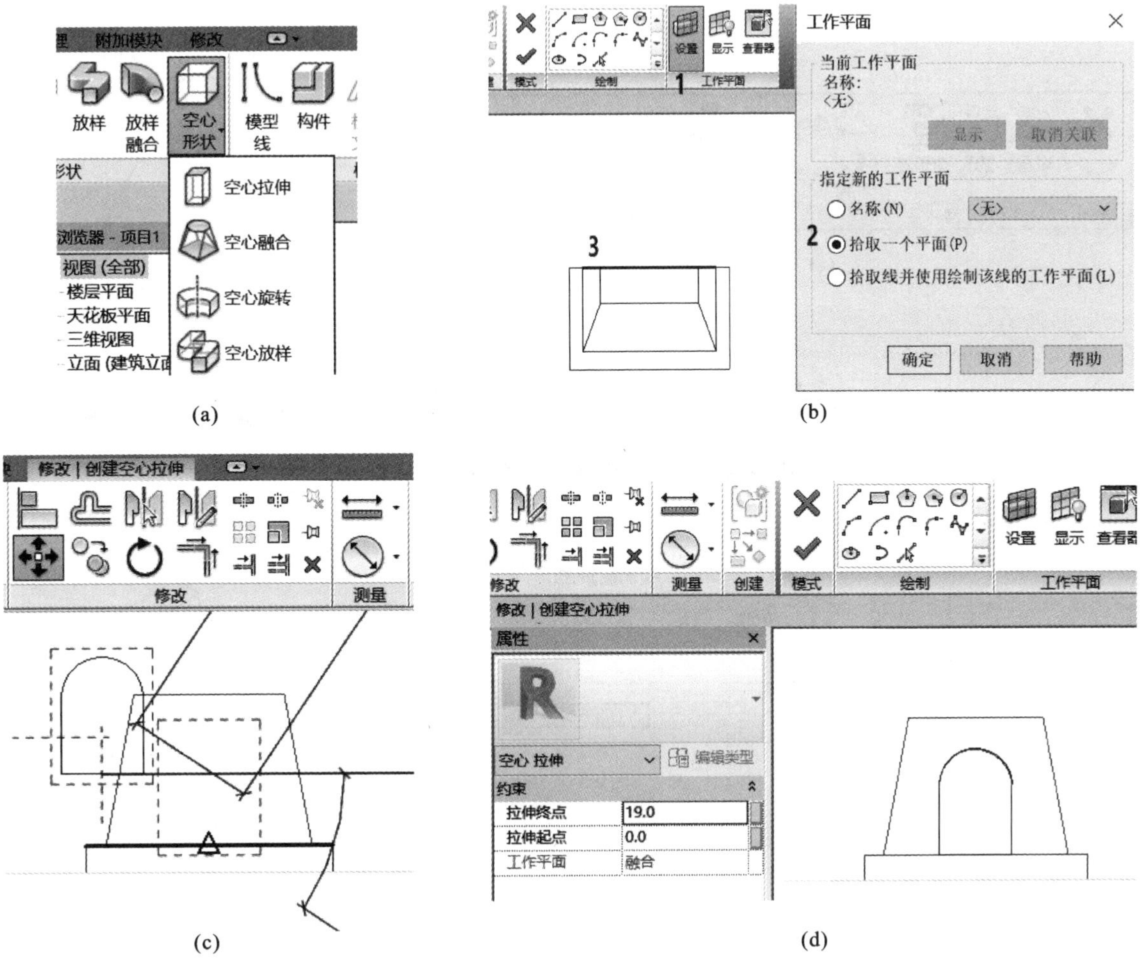

图 2.301　在楔形块中切割出一个正垂的洞

(a)“空心形状”菜单栏中“空心拉伸”工具,绘制四棱柱和楔形块的“前”立面视图;
(b)设置绘制正垂洞的轮廓线的工作平面;(c)移动正垂洞轮廓;(d)设置长度,完成空心拉伸

单击图 2.298 右侧的“完成模型√”,完成涵洞口模型。单击“快速访问工具栏”内的“默认三维视图”(小房子立体图),绘图区显示涵洞口模型的正等测,如图 2.302(e)所示。

方法二:用“拉伸”工具创建五棱柱的缘头。

在“南”立面视图中,单击图 2.298 中“基准”功能区“参照平面”工具,移动光标至模型顶面的积聚投影的中点,当出现“△”时单击鼠标左键,用“直线”竖直向上移动光标,再次单击鼠标左键,完成一个参照平面[图 2.303(a)]。图 2.303(a)中,虚线表示平行侧面的参照平面在“南”立面视图的积聚投影,由于虚线通过模型顶面的积聚投影的中点,因此该平面也是模型的左右对称面。单击图 2.298 中“工作平面”功能区的“设置”,在弹出指定工作平面对话框中:选择“拾取一个平面(P)”,单击“确定”;移动光标至虚线处后按下鼠标左键,弹出图 2.302(c)所示的“转到视图”对话框,单击“立面:西”,再单击“打开视图”,绘图区显示已有模型的左侧立面图。

单击“创建”选项卡下“形状”功能区的实体“拉伸”,在“绘制”功能区单击 “直线”,在楔形块的上方绘制五棱柱断面轮廓,由于该轮廓线被画在参照平面上,该参照平面是五棱柱的左右对称面,五棱柱长 22.0,所以在实例属性栏内将“拉伸终点”改为 11.0、“拉伸起点”改为 -11.0,如图 2.303(b)所示;单击“√”,完成创建五棱柱。

单击图 2.298 右侧的“完成模型√”,完成涵洞口模型。单击“快速访问工具栏”内的“默认三维视图”按钮,绘图区显示涵洞口模型的正等测,如图 2.302(d)所示。

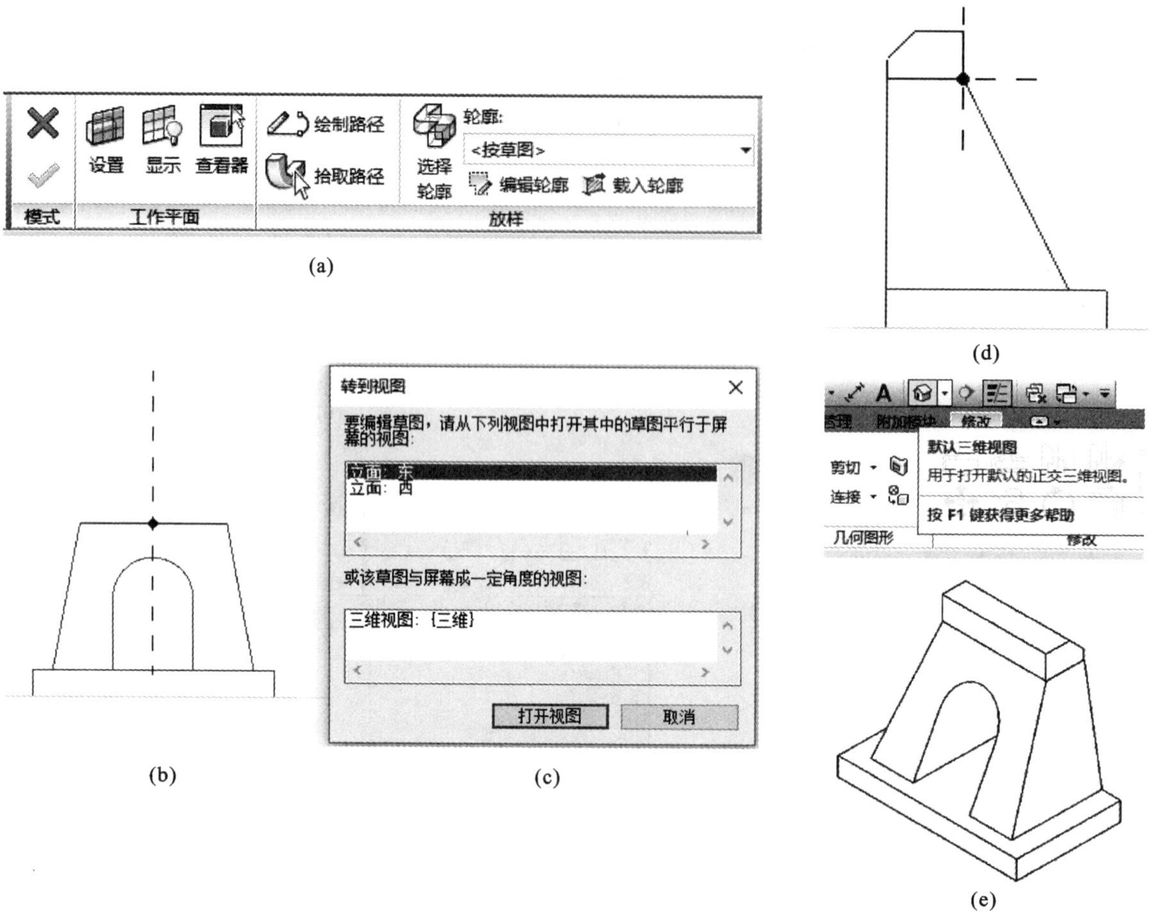

图 2.302　用“放样”工具创建五棱柱的缘头

(a)“放样”工具集；(b)放样路径、绘制放样轮廓的工作平面；(c)“转到视图”对话框；

(d)绘制放样轮廓；(e)涵洞口模型的正等测

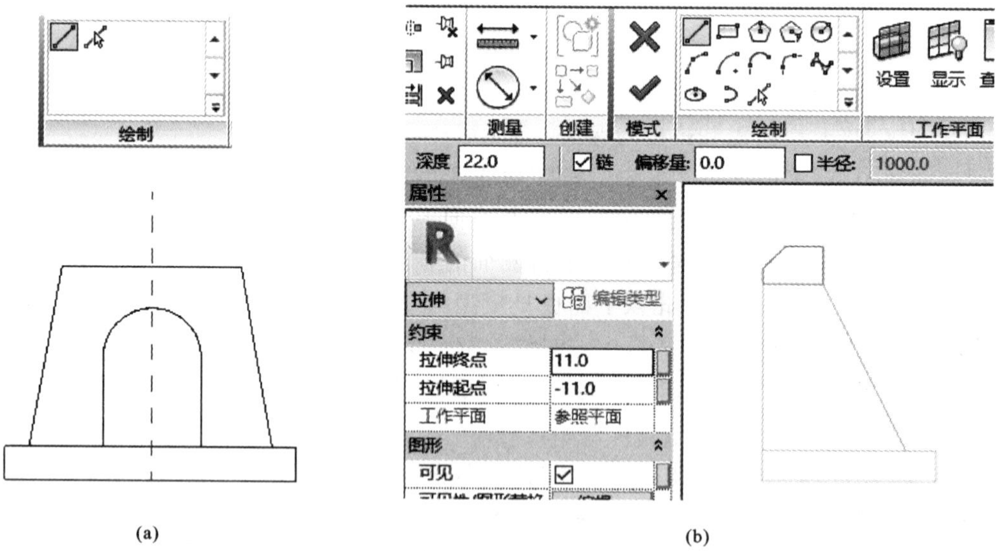

图 2.303　用“拉伸”工具创建五棱柱的缘头

(a)绘制参照平面；(b)在参照平面上绘制五棱柱拉伸二维轮廓线

(3)设置图线线宽、线型图案

单击“管理”选项卡下“设置”功能区“其他设置”[图 2.304]，在出现的菜单中单击“线宽”，弹出“线宽”列表：单击“添加”，输入 1∶1，单击“确定”；然后修改模型 1∶1 输出时、使用模型线宽代号 1～4 所代表的右边数值为 0.1300、0.2500、0.3500、0.5000，其余暂时不改，如图 2.305 所示。

图 2.304 “管理”选项卡的部分工具

再次单击图 2.304 中的“其他设置”，在出现的菜单中单击“线型图案”，在弹出的“线型图案”列表中选“中心线”，点击“编辑”按钮[图 2.306(a)]，在弹出的“线型图案属性”对话框中修改参数设置：类型“划线”7mm、“空间”1mm、“划线”0.53mm(软件允许输入的值>0.52)、“空间”1mm[图 2.306(b)]；按同样的方法在 “线型图案”列表中设置“虚线”参数值“划线”3mm、“空间”1mm。这里所设置的“划线”长度值仅考虑本模型显示。

单击“管理”选项卡“设置”功能区的“对象样式”，在弹出对话框中的过滤器列表选择“建筑”-“常规模型”的“线宽”-“投影”输入 4、“线型图案”选“实线”，“隐藏线”的“线宽”-“投影”输入 2、“线型图案”选“虚线”，分别单击“应用”和“确定”，如图 2.307 所示，“4”和“2”与图 2.305 设置的“线宽”对应。

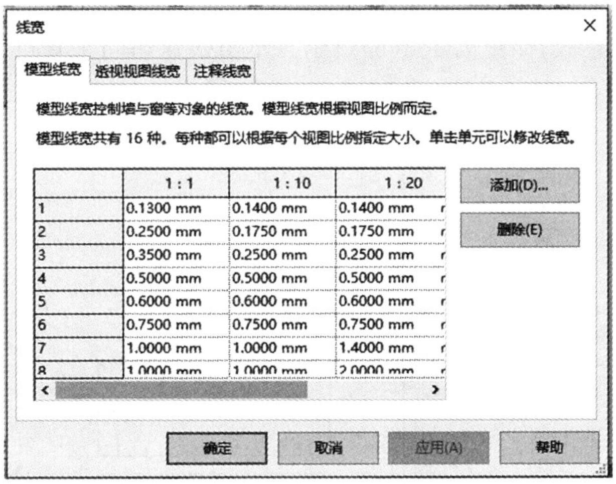

图 2.305 设置“线宽”对话框

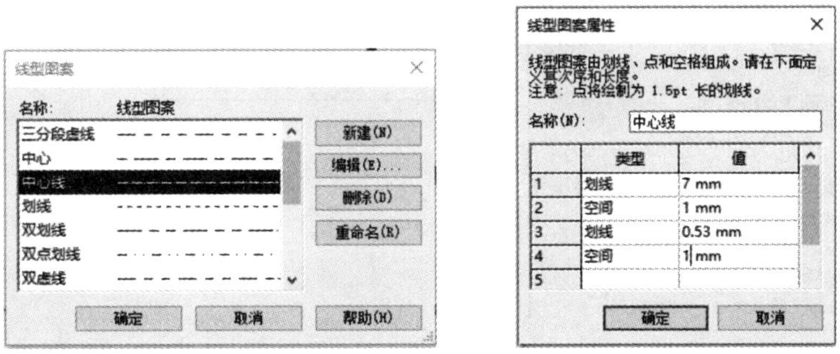

(a) (b)

图 2.306 “线型图案”对话框

(4)标注尺寸

①调整平面图的显示范围，调整平面图的显示线型，补平面图的中心线，标注尺寸

图 2.307 “对象样式”对话框

在“楼层平面”的“标高 1”视图中，修改视图的属性栏部分参数：“视图比例”选 1∶1，“显示隐藏线”选全部，勾选“裁剪视图”和“裁剪区域可见”，如图 2.308(a)所示。将光标移动到绘图区并双击鼠标中键，绘图区将显示整个视图区域；或者移动光标到绘图区，滚动鼠标中键直到显示裁剪框。单击裁剪框的一边，裁剪框的四边出现“控制”小圆点，移动光标至小圆点，并按下鼠标左键，将其拖至涵洞口轮廓边，按同样的方法拖动其余三条边，如图 2.308 中平面图形外的浅线所示。然后在视图属性栏中勾选“裁剪视图”，取消“裁剪区域可见”勾选，裁剪框隐去。单击绘图区下方视图控制栏“视觉样式”图标，在展开的菜单中选“隐藏线”，这时绘图区显示涵洞虚线，如图 2.308(b)所示。单击快速访问工具栏“细线”（三条线图标），可以切换是否按设定线宽样式显示。

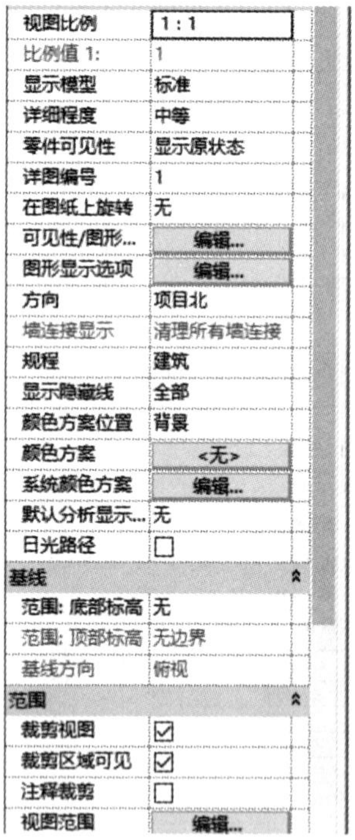

(a)

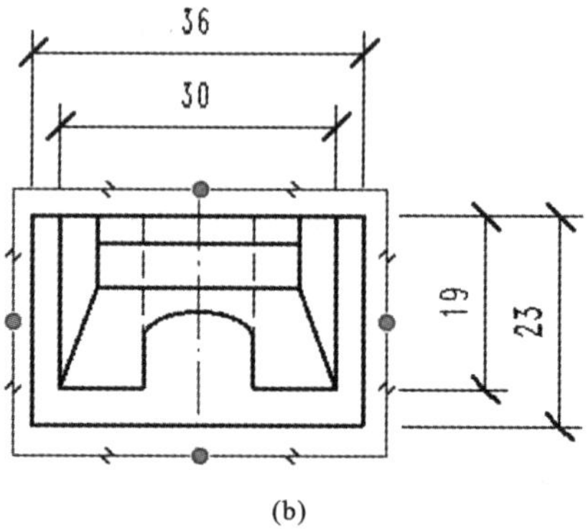

(b)

图 2.308 实例属性栏部分参数和涵洞口平面视图

单击“注释”卡片下“详图”功能区的“详图线”（图 2.309），在实例属性栏的“线样式”中选“中心线”，用“直线”工具绘制中心线，按[Esc]键退出“详图线”。

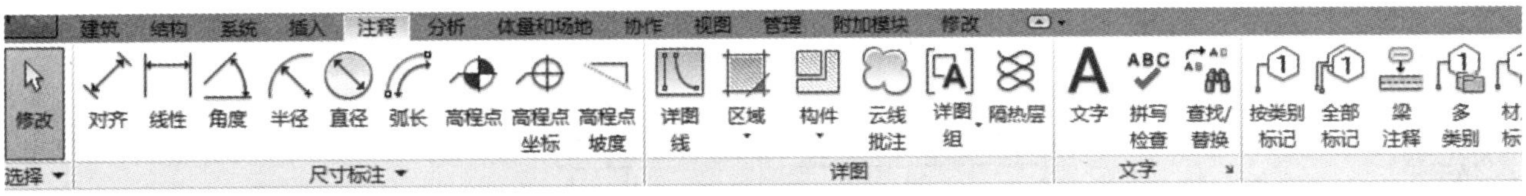

图 2.309 “注释”卡片的部分工具

单击快速访问工具栏中的“对齐尺寸标注”,或单击“注释”卡片下“尺寸标注”功能区的“对齐尺寸标注”,再单击实例属性栏上方的“编辑类型”,弹出“类型属性”对话框(图 2.310):单击“复制”、输入类型名字(如对角线-3mm RomanD),“内部记号”选对角线 3mm,“标注线捕捉距离”输入 8mm,“宽度系数”输入 0.7,“文字大小”输入 3mm,“文字偏移”输入 0.5mm,“文字字体”选 RomanD,“文字背景”选不透明,……

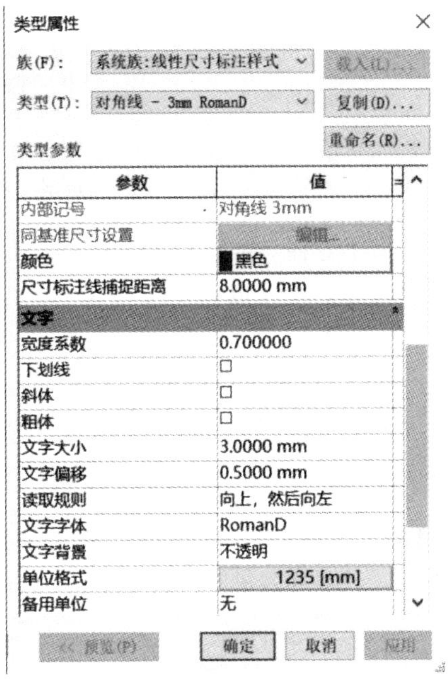

图 2.310 线性尺寸类型属性对话框

移动光标至楔形块底面的轮廓线的一边,单击鼠标左键,再移动光标至另一边单击鼠标左键,确定尺寸线放置位置后按鼠标左键。以同样的方法完成其余尺寸标注,如图 2.308(b)所示。

②调整正立面图的显示范围,调整立面图的显示线型,补立面图的中心线,标注尺寸

双击项目浏览器中“立面”的“南”,绘图区切换为涵洞口模型的正立面视图。绘图区有两条长水平虚线,分别表示标高 1 和标高 2 平面。单击该虚线并移动光标到虚线两端的标高符号带勾的方块上再次单击,标高符号隐去。修改视图的属性和裁剪框大小的操作方法与平面图一样:“视图比例”选 1 : 1,“规程”选全部,调整裁剪框到涵洞口模型立面轮廓边。

点击绘图区下方视图控制栏的“视觉样式”图标,在展开的菜单中选择“隐藏线”。单击“注释”卡片下“详图”功能区的“详图线”(图 2.309),实例属性栏“线样式”选“中心线”,用“直线”工具绘制中心线,按[Esc]键退出“详图线”。单击快速访问工具栏“细线”,切换为按设定线宽样式显示。

单击“注释”卡片下“尺寸标注”功能区的“对齐”尺寸标注,选标注平面图的尺寸类型,移动光标依次单击四棱柱底面、顶面、楔形块顶面、缘头顶面,再移动光标确定尺寸线放置位置后按鼠标左键,继续标注涵洞模型的总高尺寸和缘头长度尺寸。

单击“注释”卡片下“尺寸标注”功能区的“半径”,再点击“编辑类型”按钮,弹出“类型属性”对话框:“直径尺寸标注样式”设置参数基本与“线性尺寸标注样式”(除“记号”选实心箭头 15 度)相同,如果不需要半径符号 R 与数字之间的空格,勾选“取消空格”;如果不希望尺寸数字有图线重叠,则“文字背景”选不透明。移动光标点击圆弧,再移动光标确定尺寸数字放置位置后按鼠标左键。标注完尺寸再点选尺寸,该尺寸的控制点会显示“小圆点”,移动光标到“小圆点”,按下鼠标左键可以拖动,比如改变尺寸数字的原来位置,并在实例属性栏“引线”取消勾选,则不画尺寸引出线,如图 2.311(a)所示。

③调整左侧立面图的显示范围,调整立面图的显示线型,补立面图的中心线,标注尺寸

双击项目浏览器中“立面”的“西”,绘图区切换为涵洞口模型的左侧立面视图,绘图区有两条长虚线,分别表示标高 1 和标高 2 平面;单击该虚线,取消标高平面两端的标高符号带勾方块的勾选,标高符号隐去。修改视图的属性和裁剪框大小的操作方法与平面图一样:“视图比例”选 1 : 1,“规程”选全部,调整裁剪框到涵洞口模型立面轮廓边。单击绘图区下方视图控制栏“视觉样式”图标,在展开的菜单中选“隐藏线”。单击快速访问工具栏“细线”,切换为按设定线宽样式显示。

单击“注释”卡片下“详图”功能区的“详图线”,实例属性栏的“线样式”选“中心线”,用“直线”工具绘制中心线,按[Esc]键退出“详图线”。

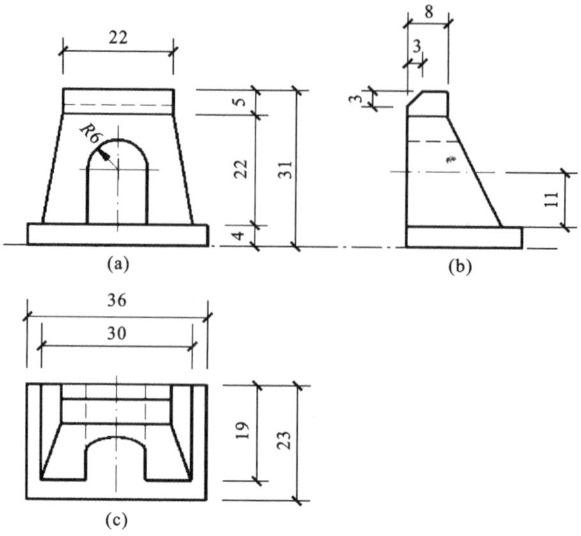

图 2.311　利用 Revit 软件完成涵洞模型的三视图

单击“注释”卡片下“尺寸标注”功能区的“对齐”尺寸标注，选标注平面图的尺寸类型，与标注平面图尺寸的方法相同，完成标注线性尺寸，如图 2.311(b)所示。

(5)在图纸中布置视图

①创建一张空白图纸

单击“视图”卡片下“图纸组合”功能区的“图纸”(图 2.312)，在弹出的“新建图纸”对话框中的“选择标题栏：”下方列表中单击 “A3”，再单击“确定”，创建一张带有图框和标题栏的空白图纸，并显示在绘图区。

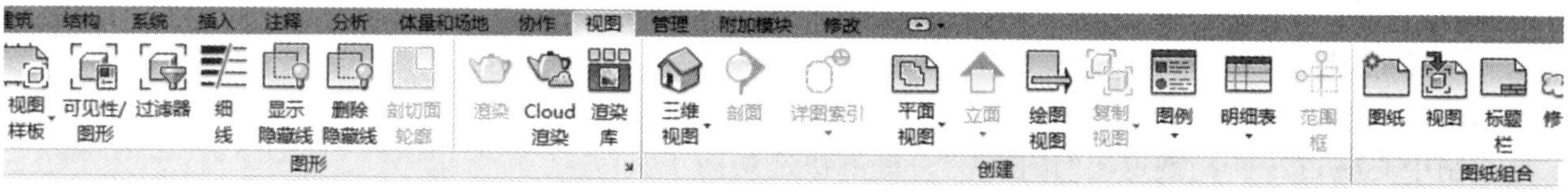

图 2.312　“视图”卡片的部分工具

②完成在图纸中添加视图

单击“视图”卡片下“图纸组合”功能区的“视图”(图 2.312)，弹出“视图”列表，选“标高 1”，然后单击“在图纸中添加视图(A)”，移动光标到绘图区的空白图纸的合适位置后单击鼠标左键。默认状态下，视图下方会带有标题，在“类型选择区”把“视口-有线条的标题”改为“无标题”，这样视图下方就不显示标题了。再次单击“视图”卡片下“图纸组合”功能区的“视图”，弹出“视图”列表，选“立面：南”，然后单击“在图纸中添加视图(A)”，移动光标到绘图区的平面图的上方合适位置后单击鼠标左键，同样，在“类型选择区”把“视口-有线条的标题”改为“无标题”。按照相同的方法，将“立面：西”添加到图纸中。也可以在“项目浏览器”中，移动光标至“楼层平面：标高 1”，按下鼠标左键，将“标高 1”视图拖至绘图区的图纸中；以同样的方法依次将“立面：南”和“立面：西”视图拖至绘图区的图纸中。

③完成三视图长对正、高平齐

单击“正立面图”，移动光标在该视图内变为“+”移动符号时按下鼠标左键，并向与平面图左右对正的方向拖动“正立面图”，当出现竖向浅色虚线时释放鼠标左键。以同样的方法单击“左侧立面图”，当移动光标变为“+”移动符号时按下鼠标左键，并向与正立面图上下平齐的方向拖动“左侧立面图”，当出现水平方向浅色虚线时释放鼠标左键。这样就可以完成“南”立面图与“标高 1”平面图左右对齐、“南”立面图与“西”立面图高平齐。

完成结果如图 2.311 所示。最后点击“快捷工具栏”的“保存”，保存成自己指定的存放地址和文件名。

2.9.5　第三角画法简介

前面已讲述的多面正投影的图样都是用第一角画法画出的。自从我国实行改革开放的政策以来，国际的技术交往日益增多，常会应用到一些国家（如美国等）采用第三角画法画出的工程图样。这里对第三角画法作一些简介。

2.9.5.1　第三角画法

《技术制图　投影法》(GB/T 14692—2008)规定：必要时（如合同规定等），由于我国规定多面正投影图采用第一角画法，所以第一角画法的投影识别符号[图 2.313(d)]不必画出。使用第三角画法时，物体放置于第三分角内，即投影面处于观察者与物体之间进行投影。基本投影面如图 2.313(a)所示，除了三个投影面 H、V、W 以外，分别在物体的下方、后方、左方设置平行于 H、V、W 的投影面，共有六个基本投影面，从而得到六个基本视图。然后，按图 2.313(a)所示的方法展开投影面：V 面保持不动，与 V 面相邻的四个投影面分别绕与 V 面的交线旋转 90°，旋转到 V 面的上方、右方、左方、下方，都与 V 面位于同一个平面上；在物体后面的投影面则先绕它与 W 面的交线旋转 90°，旋转到 W 面的右方，与 W 面位于同一平面上，然后随着 W 面，与 W 面一起绕 W 面与 V 面的交线旋转到 V 面的右侧，与 V 面位于同一个平面上。各视图的配置见图 2.313(b)。在同一张图纸内按图 2.313(b)配置视图时，一律不注视图名称。采用第三角画法时，必须在图样中画出图 2.313(c)所示的投影符号。

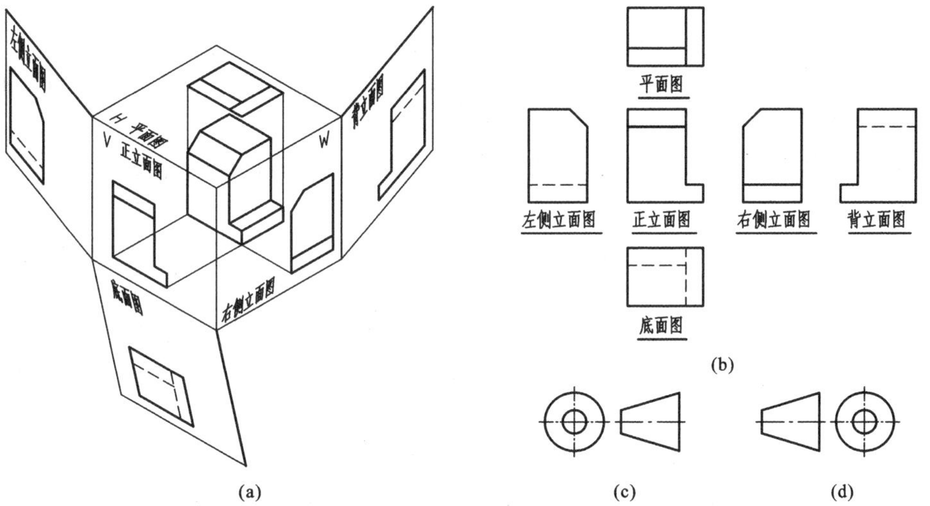

图 2.313　第三角画法

(a)基本投影面的设置和展开；(b)基本视图的配置；(c)第三角画法的投影识别符号；(d)第一角画法的投影识别符号

2.9.5.2　第三角画法与第一角画法的比较

从 2.9.5.1 节第三角画法中的图 2.313(a)、图 2.313(b)与 2.9.1 节投影法和视图配置中所述的第一角画法的图 2.273 和图 2.274(a)的比较中可以看出：第三角画法与第一角画法画出的基本视图主要有下述相同点和不同点。

(1)第三角画法与第一角画法的相同点

①都是用正投影法在相邻投影面互相垂直的六个基本投影面上所得到的多面正投影图。

②展开投影面时，都是规定 V 面不动，将四个与 V 面相邻的投影面分别绕它们与 V 面的交线旋转；与 V 面展开成同一平面，在与 V 面相邻的四个投影面的展开过程中，与 V 面平行的投影面都是先随着 W 面旋转，然后再绕它与 W 面的交线旋转到 W 面的右侧。最后，六个基本投影面便展开成同一个平面。

③按规定的六个基本投影面的展开方式展开后，配置的视图都保持“长对正，高平齐，宽相等”和前后对应的“三等”规律。

④用第三角画法和第一角画法画出的视图，除了视图中的虚实线按可见与否有所不同外，视图的形状都有下述的对称关系：左侧立面图与右侧立面图对称；平面图与底面图对称；正立面图与背立面图对称。

(2)第三角画法与第一角画法的不同点

①第三角画法是将物体放于第三角内，即投影面处于观察者与物体之间进行投影；而第一角画法是将物体放于第一角内，即物体处于观察者与投影面之间进行投影。

②当按规定的六个基本投影面的展开方式展开后所配置的视图，在正立面图两侧，平面图与底面图、左侧立面图与右侧立面图的位置都分别相互对调，前后方向也分别相反，在第三角画法中，与正立面图相邻的四个视图，靠近正立面图的一侧为前，远离正立面图的一侧为后，在第一角画法中则相反。

③在第三角画法中，在投影面 W 上的视图是右侧立面图；背立面图是随着右侧立面图展开，配置在右侧立面图的右方。而在第一角画法中，在投影面 W 上的视图是左侧立面图；背立面图是随着左侧立面图展开，配置在左侧立面图的右方。

通过上述第三角画法的简介以及第三角画法与第一角画法的比较可以看出，熟练掌握了第一角画法，就能触类旁通，不难掌握第三角画法。

本章小结

学习本章后，应达到如下要求：

(1)熟悉并遵守制图标准的基本规定(图纸幅面和标题栏、图线、字体、比例、尺寸标注)；学会使用绘图仪器和工具作图，初步掌握徒手作草图的技巧，初步掌握 AutoCAD 绘图软件的基本用法和二维绘图上机操作的技能，掌握常用的几何作图、平面图形的尺寸标注和画法；能绘制平面图形的制图作业，做到符合制图标准、作图准确、图线分明、字体工整、尺寸齐全、图面美观整洁。

(2)掌握在第一角中各种位置的点、直线、平面和平面曲线的投影特性和作图方法；掌握两点的相对位置的投影特性和作图方法；掌握直线上的点和平面上的点、线的投影特性和作图方法；掌握求作一般位置直线对投影面倾角和线段真长的作图方法；掌握两直线相交、平行、交叉的投影特性和作图方法；掌握两直线垂直至少有一直线平行于投影面时的投影特性和作图方法，了解两直线都倾斜于投影面时的投影特性；掌握直线与平面、两平面平行、相交、垂直当至少两者之一垂直于投影面时的投影特性和作图方法，熟悉直线与平面、两平面平行、相交、垂直当两者都是一般位置时的投影特性和作图方法，了解求解点、直线、平面间的综合作图题的一般方法和步骤。

(3)掌握换面法的原理与基本作图，能用换面法求解有关点、直线、平面的度量和定位问题；了解以投影面垂直线为轴的旋转法的原理与基本作图，能用以投影面垂直线为轴的旋转法求一般位置直线的真长和对投影面的倾角，以及投影面垂直面的真形。

(4)掌握平面立体(棱柱、棱锥等)、曲面(柱面、锥面、回转面、翘曲面等)、曲面立体(圆柱、圆锥、球、环等)的投影特性和作图方法，能在平面立体、曲面立体表面上和在曲面上定点和线；了解空间曲线的投影特性和作图方法，掌握圆柱螺旋线和平螺旋面的投影特性和作图方法。

(5)掌握特殊位置平面切割平面立体、曲面立体的截交线的作图方法；熟悉直线贯穿平面立体、曲面立体的贯穿点的作图方法；掌握两平面立体、平面立体与曲面立体、两曲面立体的相贯线的作图方法。

(6)了解轴测投影的原理、规律和土木工程上常用轴测图的种类；掌握基本形体和组合体的正等测、正面斜等测、正面斜二测的特点及绘制方法；了解轴测图的选择。

(7)了解标高投影的原理；掌握点、直线、曲线、平面、曲面(如圆锥面、同坡曲面、地面)在标高投影中的表示法；掌握在标高投影中求作直线与地面的交点，平面与平面、平面与曲面(包括地面)、曲面与地面的交线的作图方法，以及标高投影在土木工程中的应用。

(8)掌握用形体分析法绘制和阅读组合体的多面正投影图、用形体分析法标注组合体尺寸的方法，能完整、清晰地完成绘制组合体三视图的作业，做到主视图选择和视图配置适当，投影正确，尺寸完整、准确，图幅、图线、字体、比例、尺寸标注等都符合制图标准的基本规定；掌握基本形体和简单组合体的造型过程和方法，初步掌握二维和三维形状构思、设计、创新的方法。

(9)掌握表示工程形体的图样画法，包括各种视图、剖面图、断面图、简化画法；能综合运用前述的所有知识清晰完善地完成表达工程形体的图样的绘图作业，做到表达方法和视图配置选择恰当，投影正确，尺寸明晰、齐全，各方面都符合制图标准，同时也能具备用 Revit 软件绘制图样的能力；此外，还应了解第三角画法以及第三角画法与第一角画法的相同点和不同点。

见此图标 微信扫码

查看工程制图进阶手册

3　土木工程专业图

本 章 提 要

本章主要阐述下列内容：

(1)钢筋混凝土构件图示例以及钢结构图简介。

(2)房屋的建筑施工图和结构施工图。

(3)给水排水施工图。

(4)道路、桥梁、涵洞、隧道工程图。

3.1　钢筋混凝土构件图和钢结构图

3.1.1　钢筋混凝土构件简介

3.1.1.1　混凝土的强度等级和钢筋混凝土构件

土木工程中，起承重和支撑作用的基本构件有柱、梁、楼板、基础等，通常是钢筋混凝土构件。

钢筋混凝土构件由钢筋和混凝土两种材料组合而成，混凝土由水、水泥、黄沙、石子按一定比例拌和而成。《混凝土结构设计标准》(GB/T 50010—2010)规定混凝土的强度等级按混凝土的抗压强度确定，分为C15、C20、C25、C30、C35、C40、C45、C50、C55、C60、C65、C70、C75、C80十四个等级，数字越大，表示混凝土抗压强度越高。混凝土的抗拉强度比抗压强度低得多，而钢筋不但具有良好的抗拉强度，而且与混凝土有良好的黏结力，其热膨胀系数与混凝土相近，因此，两者结合组成钢筋混凝土构件。

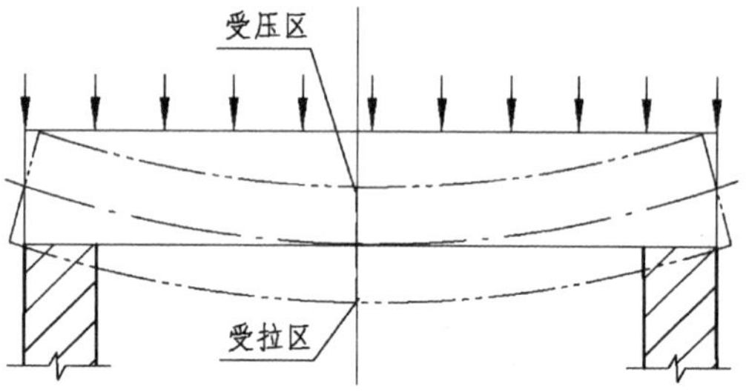

图 3.1　钢筋混凝土梁受力情况示意图

如图3.1所示，两端搁置在砖墙上的一根钢筋混凝土梁，在外力作用下产生弯曲变形。在跨中，上部为受压区，由混凝土或混凝土与钢筋承受压力；下部为受拉区，由钢筋和混凝土或钢筋承受拉力。

为了提高构件的抗拉和抗裂性能，有的构件在制作过程中，通过张拉钢筋对混凝土预加一定的压力，称为预应力钢筋混凝土构件。没有钢筋或不配受力筋的混凝土构件称为素混凝土构件。

钢筋混凝土构件按施工方法的不同，可分为现浇和预制两种。现浇构件是在建筑工地上现场浇捣制作的构件；预制构件是在混凝土制品厂先预制，然后运到工地进行吊装，或者在工地上预制后吊装。

3.1.1.2　钢筋

(1)钢筋的牌号、种类、符号和直径范围

普通热轧钢筋如表3.1所示。

表 3.1　普通热轧钢筋的牌号、种类、符号和直径范围

牌号	种类	符号	直径(mm)
HPB300	热轧光圆钢筋	Φ	6～14

续表 3.1

牌号	种类	符号	直径(mm)
HRB400 HRBF400 RRB400	普通热轧带肋钢筋 细晶粒热轧带肋钢筋 余热处理带肋钢筋	Φ Φ^{F} Φ^{R}	6～50
HRB500 HRBF500	普通热轧带肋钢筋 细晶粒热轧带肋钢筋	Φ Φ^{F}	6～50

(2)钢筋按其在构件中所起作用的分类

图 3.2 所示钢筋按其在构件中所起的作用可分为：

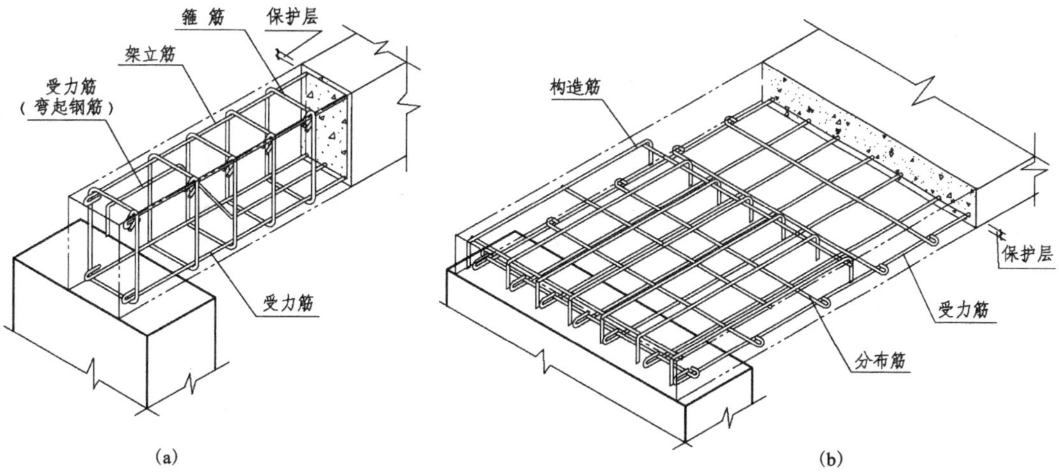

图 3.2 钢筋名称及保护层示意图

(a)钢筋混凝土梁；(b)钢筋混凝土板

受力筋　在梁、板、柱等各种钢筋混凝土构件中承受拉力或压力的钢筋。在梁中于支座附近弯起的受力筋，也称弯起钢筋。

架立筋　一般只在梁中使用，与受力筋、钢箍一起形成钢筋骨架，并起固定钢筋位置的作用。

钢箍　也称箍筋，一般用于梁和柱内，承受构件的一部分斜拉应力，并起固定构件内受力筋位置的作用。

分布筋　一般用于板内，与受力筋一起构成钢筋网，并起固定受力筋位置的作用。

构造筋　因构件在构造上的要求或施工安装需要配置的钢筋。

(3)保护层

为了保护钢筋，要注意防锈、防火、防腐蚀，钢筋混凝土的钢筋不能外露，如图 3.2 所示。钢筋的外边缘与混凝土表面的距离，即为混凝土保护层。处于一类环境中，设计使用年限为 50 年的混凝土结构，最外层钢筋保护层的厚度应符合表 3.2 的规定，且保护层的厚度不应小于钢筋的公称直径。

表 3.2 纵向受力钢筋的混凝土保护层最小厚度

构件类型	板、墙、壳	梁、柱、杆	基础
保护层厚度(mm)	15	20	40

注：环境类别中，一类指“室内干燥环境或无侵蚀性静水浸没环境”；二 a 类、二 b 类及三 a 类、三 b 类和四类、五类等环境，它们具体的环境条件和混凝土保护层的最小厚度可查 GB/T 50010—2010。

混凝土强度等级不大于 C25 时，表中保护层厚度数值应增加 5mm。

钢筋混凝土基础宜设置混凝土垫层，基础中钢筋的混凝土保护层厚度应从垫层顶面算起，且不应小于 40mm。

(4)钢筋弯钩

为了使受拉钢筋末端和混凝土具有良好的黏结力，一般在钢筋两端做成弯钩；有的钢筋在搭接处的端部也要做成弯钩。弯钩的常用形式和画法如图 3.3(a)所示，一般施工图上都采用简化画法。钢筋因有弯钩，直钢筋下料长度＝构件长度－保护层厚度＋弯钩增加长度；箍筋下料长度＝箍筋周长＋弯钩增加长度±弯曲调整值。弯曲调整值由弯曲半径、弯曲角度和钢筋直径决定，使用时可以查混凝土的施工手册。图 3.3(b)表示封闭箍筋弯钩构造，最右边的图形表明了用两个矩形箍筋叠合成四肢箍的制作方法及其简化画法，绘制箍筋的弯钩长度，一般分别在箍筋两端各伸长 50 mm 左右(实际工程中，箍筋两端伸长的直线段长度：非抗震为 $5d$，抗震为 $10d$ 或 75 mm 中较大值)。

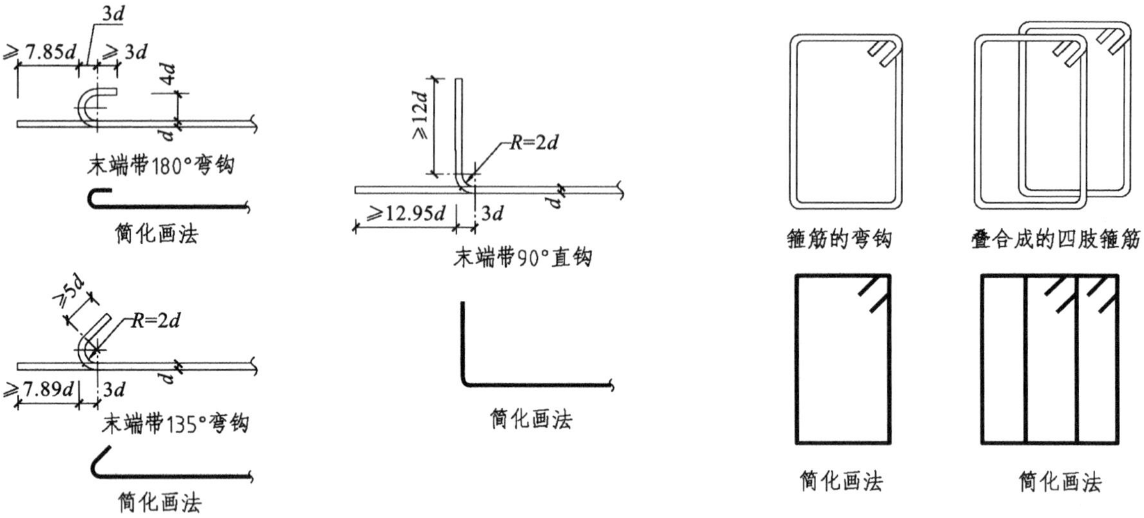

(a)　　　　　　　　　　(b)

图 3.3　钢筋及箍筋的弯钩

(a)钢筋的弯钩；(b)箍筋的弯钩

(5)钢筋的表示方法和标注

在施工图中绘制普通钢筋时应遵循表 3.3 所示的表示方法。表 3.3 中，无弯钩的钢筋搭接是表示钢筋在此范围重叠，45°短斜画线不表示钢筋的末端在端部需做弯钩。

表 3.3　一般钢筋的表示方法

序号	名称	图例
1	钢筋横断面	•
2	无弯钩的钢筋端部	下图表示长、短钢筋投影重叠时，短钢筋的端部用 45°斜画线表示
3	带半圆形弯钩的钢筋端部	
4	带直钩的钢筋端部	
5	带丝扣的钢筋端部	
6	无弯钩的钢筋搭接	
7	带半圆形弯钩的钢筋搭接	
8	带直钩的钢筋搭接	
9	花篮螺丝钢筋接头	
10	机械连接的钢筋接头	用文字说明机械连接的方式(如冷挤压或直螺纹等)

为了区分各种类型、不同直径和数量的钢筋，要求对所表示的钢筋加以标注，可采用引出线的方法，一般有下列两种标注方法。

①标注钢筋的根数、代号和直径

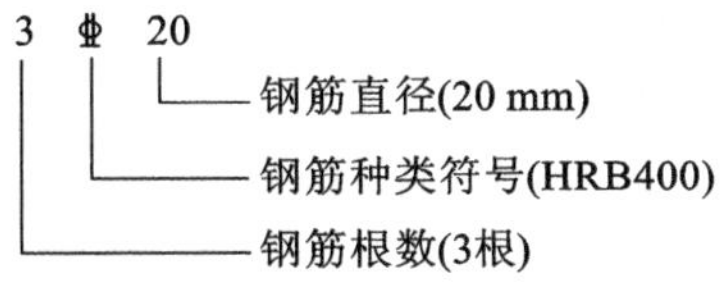

②标注钢筋的代号、直径和相邻钢筋中心距

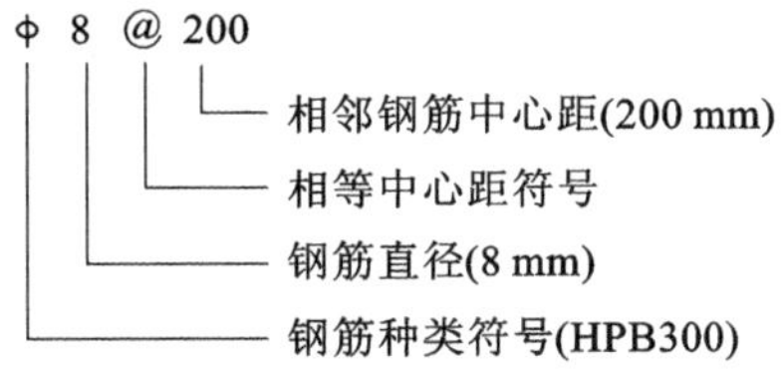

钢筋的长度一般列入构件的钢筋材料表中，该表通常由施工单位编制。

3.1.1.3　构件的代号

为了简明扼要地表示基础、梁、板、柱等构件，构件名称可用代号表示，表 3.4 摘录《建筑结构制图标准》(GB/T 50105—2010)中的一部分常用构件代号。代号后面应用阿拉伯数字标注该构件的型号或编号，例如 Z-1，其中 Z 为柱的代号，代号后面的数字 1 表示该柱的编号为 1。

表 3.4　常用构件代号

名称	代号	名称	代号	名称	代号	名称	代号
板	B	圈梁	QL	框架	KJ	柱间支撑	ZC
屋面板	WB	过梁	GL	柱	Z	垂直支撑	CC
空心板	KB	连系梁	LL	框架柱	KZ	水平支撑	SC
槽形板	CB	基础梁	JL	构造柱	GZ	梯	T
楼梯板	TB	楼梯梁	TL	承台	CT	雨篷	YP
天沟板	TGB	框架梁	KL	基础	J	阳台	YT
梁	L	屋面框架梁	WKL	设备基础	SJ	梁垫	LD
吊车梁	DL	屋架	WJ	桩	ZH	预埋件	M

预制钢筋混凝土构件、现浇钢筋混凝土构件、钢构件、木构件，一般可直接采用表 3.4 中的代号。在绘图中，当需要区别上述构件种类时，应在图纸中加以说明。

应在预应力钢筋混凝土构件代号前加注“Y”，如 Y-DL 表示预应力钢筋混凝土吊车梁。

当选用标准图集或通用图集中的定型构件时，其代号或型号应按图集规定注写，并说明采用图集的名称和编号，以便查阅。

3.1.2　钢筋混凝土构件详图示例

3.1.2.1　钢筋混凝土构件详图的图示特点

钢筋混凝土构件详图除了要符合投影原理和《房屋建筑制图统一标准》(GB/T 50001—2017)之外，还应遵守《建筑结构制图标准》(GB/T 50105—2010)，以及国家现行的有关标准、规范的规定。结构施工图中采用的各种图线应符合表 3.5 的规定。

表 3.5　图　　线

名称		线型	线宽	一般用途
实线	粗		b	螺栓线，钢筋线，结构平面布置图中单线结构构件线、钢(木)支撑及系杆线，图名下横线、剖切线
	中粗		$0.7b$	结构平面图中及详图中剖到或可见墙身轮廓线，基础轮廓线，钢、木结构轮廓线，钢筋线
	中		$0.5b$	结构平面图中及详图中剖到或可见墙身轮廓线、基础轮廓线、可见的钢筋混凝土构件轮廓线、钢筋线
	细		$0.25b$	尺寸线、标注引出线、标高符号线、索引符号线
虚线	粗		b	不可见的钢筋线、螺栓线，结构平面图中不可见的单线结构构件线及钢、木支撑线
	中粗		$0.7b$	结构平面图中不可见的构件、墙身轮廓线及不可见钢、木构件线，不可见的钢筋线
	中		$0.5b$	结构平面图中不可见的构件、墙身轮廓线及不可见钢、木构件线，不可见的钢筋线
	细		$0.25b$	基础平面图中管沟轮廓线，不可见的钢筋混凝土构件轮廓线
单点长画线	粗		b	垂直支撑、柱间支撑、设备基础轴线图中的中心线
	细		$0.25b$	中心线、对称线、定位轴线、重心线
双点长画线	粗		b	预应力钢筋线
	细		$0.25b$	原有结构轮廓线

在绘制结构施工图的钢筋混凝土构件图时，一般把混凝土视作透明体进行投影，用中实线表示混凝土的可见轮廓线，用细虚线表示混凝土的不可见轮廓线，用粗实线或黑圆点画出钢筋，并标注出钢筋种类的符号、直径大小、根数、间距等。被剖切到的或可见的墙身砌体的轮廓线，用中粗实线或中实线表示，砌体与混凝土构件在交接处的分界线，用中实线表示。在砖砌体的断面上，应画出材料图例。

钢筋混凝土构件图按其着重表示的对象的不同，有配筋图和模板图。配筋图着重表示构件内部的钢筋配置、形状、数量和规格，是钢筋混凝土构件详图的主要图样。模板图是表示构件外形和预埋件位置的图样，图中标注构件的外形尺寸(也称模板尺寸)和预埋件型号及其定位尺寸，它是制作构件模板和安放预埋件的依据。对于外形比较简单，又无预埋件的构件，因在配筋图中已标注出构件的外形尺寸，就不需要再画出模板图。

3.1.2.2　钢筋混凝土构件图示例

(1)钢筋混凝土基础

图 3.4 所示是一个柱下独立基础的正等轴测图。

图 3.5 所示是柱下独立基础详图，用一个立面图和一个断面图表示。从图 3.5 中可以看出：这个柱基础的底面形状为 2900 mm×2900 mm 的正方形，下面的垫层中是素混凝土，没有钢筋，此处标注了基础垫层的厚度、混凝土强度和顶面的埋深标高；基础的下部放置了 HRB400 双向钢筋，直径为 12 mm，间距为 150 mm，以小黑点表示的钢筋断面，可以按连续顺序向右画出，也可如图 3.5 所示，只画出它们的一部分；柱子内 4 根 HRB400 纵向受力钢筋，直径为 25 mm，直接支承在基础底部的钢筋网上，且在基础范围内至少配置两道封闭钢箍；柱子内的纵向受力筋自基础顶面起，在长度为 1100 mm 范围内钢箍加密至间距 100 mm，非加密区钢箍间距为 200 mm。

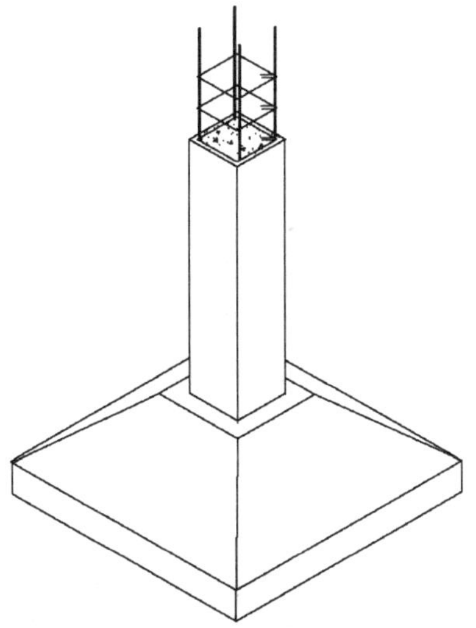

图 3.4　柱下独立基础的正等轴测图

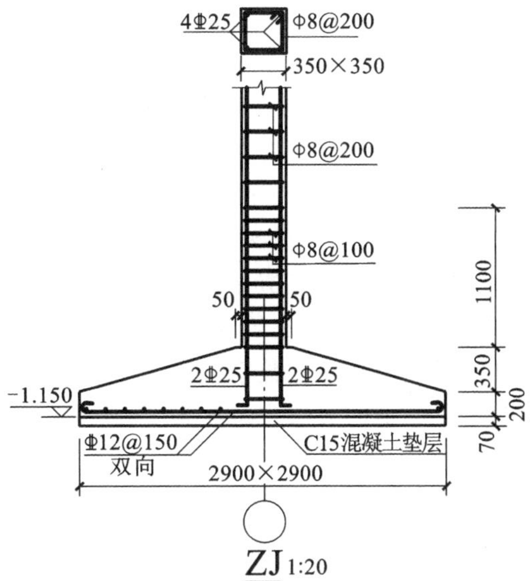

图 3.5　柱下独立基础详图

从图中还可以看到：在该柱的移出断面中，标注了柱的断面尺寸和钢筋配置。按 GB/T 50105—2010 规定：在标注钢筋、箍筋的引出线与钢筋、箍筋的相交处所加的斜短画线应为中实线或细实线。从钢筋的断面图小黑圆点引出标注时，则不画斜短画线。

图中的细单点长画线是基础的定位轴线，圆圈内写定位轴线的编号，若这个详图是通用详图，则圆圈内的编号不写，有关的概念和规定将在 3.2 节中介绍。

(2)钢筋混凝土梁

图 3.2(a)所示是钢筋混凝土梁的构造示意图，梁端支承在砖墙上。从示意图中可以看到梁内的配筋情况：下部为受力钢筋，中间一根在近支座处按 45°方向弯起，梁的上部配置架立筋，箍筋均匀布置在梁内。

钢筋混凝土梁一般用立面图和断面图来表示梁的外形尺寸和钢筋配置。图 3.6 所示为某住宅的钢筋混凝土梁 L-1 的立面图和断面图。

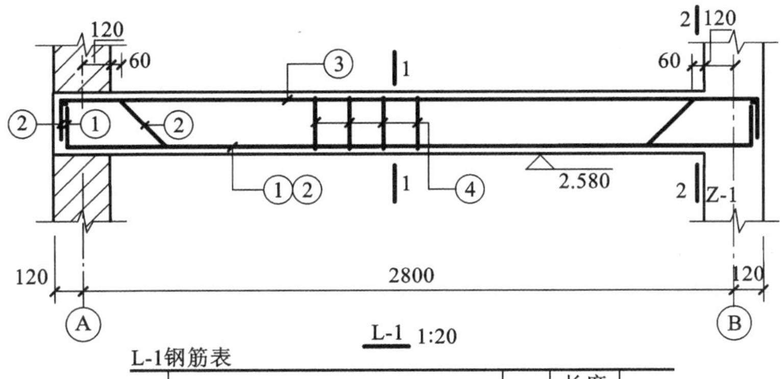

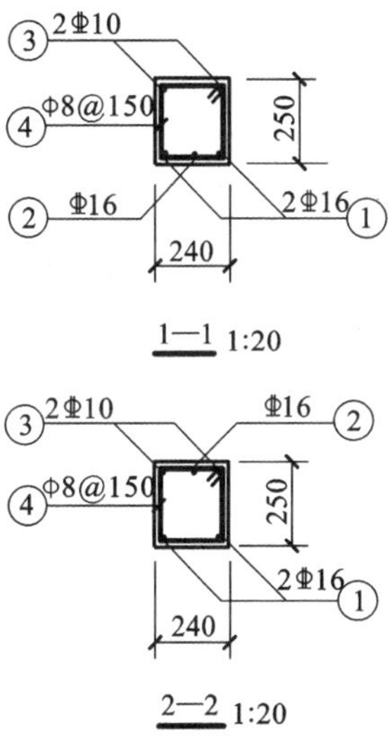

注：混凝土强度等级采用C30。

L-1钢筋表

编号	简图	直径	长度(mm)	数量
①	207　3000　207	Φ16	3414	2
②	280　275　2052　275　280　207　207	Φ16	3576	1
③	3000　78.5　78.5	Φ10	3157	2
④	280　210　290　200	Φ8	980	21

图 3.6　钢筋混凝土梁详图

从立面图可看到，L-1 的一端搁置在定位轴线编号为Ⓐ的砖墙上，另一端搁置在定位轴线编号为Ⓑ的柱 Z-1 上。梁的跨度为 2800 mm，梁长 3040 mm，梁底标高为 2.58 m。从断面图可知，梁宽为 240 mm，梁高为 250 mm。通过立面图和两个断面图，可知梁的钢筋配置情况。梁的下部配置 3 根直径 16 mm 的 HRB400 钢筋作为受力钢筋，其中一根在离支座 60 mm 处成 45°角弯下来，这样的钢筋称为弯起钢筋；在梁的上部配置 2 根直径 10 mm 的 HRB400 的架立钢筋。由于投影重叠的关系，三根受力筋和两根架力筋在立面图中表示为下部一条粗实线和上部一条粗实线。箍筋采用Φ8@150，在梁中是均匀分布的，立面图中可采用简化画法，只要画三道至四道钢箍，并注明钢箍的钢筋符号、直径和间距。

钢筋的编号，应按《房屋建筑制图统一标准》(GB/T 50001—2017)的规定，以直径为 5～6 mm 的细实线圆表示，其编号应用阿拉伯数字按顺序编写在圆内。用钢筋的编号在立面图和断面图中标注钢筋的配置时，应如图 3.6 所示的方法表示。为了便于施工，可列出钢筋表，如图 3.6 所示。

计算钢筋的长度尺寸时，钢箍的尺寸应指钢箍外皮的尺寸；弯起钢筋的高度尺寸，应指钢筋外皮尺寸。在图 3.6 中，该梁的混凝土强度等级为 C30，处于一类环境，①号钢筋的长度是梁的构造长度减去两端保护层厚度，即(2800＋2×120)－2×20＝3000 mm，简图上的各段尺寸相加即得 3414 mm；②号弯起钢筋横向总尺寸也是梁的构造长度减去两端保护层，即 3000 mm，竖向总尺寸是梁的构造高度减去上下各一个保护层厚度和箍筋直径，即 250－2×(20＋8)＝194 mm，由此按图中所示尺寸和弯起 45°，就可算出表中简图上的各段尺寸，如果不计钢筋的弯曲调整值，则相加即得总尺寸 3576 mm；③号钢筋两端有半圆形弯钩，按图 3.3 所示，钢筋长度为直段加两端弯钩和端部延长的长度，即 3000＋2×7.85×10＝3157 mm；而④号钢箍则按里皮尺寸和箍筋弯钩按两端各伸长 10d(不计钢筋的弯曲调整值)，从而算出表中简图上的各段尺寸，相加即得总尺寸 980 mm。表中的钢箍数量是由梁内钢筋骨架的长度 3000 mm 除以间距 150 mm，得到 20 个间距，从而确定 21 个钢箍。简单的构件，箍筋可不编号，也可不列钢筋表。

对于断面尺寸、配筋等都较简单的钢筋混凝土梁，如民用建筑中的圈梁、门窗过梁等，只需用断面图表示出外形尺寸和标注出钢筋配置情况就行了，如 3.2.8 节中的楼层结构平面图所示。

(3)钢筋混凝土板

①钢筋混凝土预制板

钢筋混凝土预制板一般是工厂的定型产品，只需在图中注明预制板的型号，在施工说明中注出选用的图集号，如工业厂房中的槽形板、民用建筑中的预应力多孔板等。下面以选自某地区结构构件通用图集《预应力多孔板》(120 厚板)中的预应力多孔板为例，作简要说明。该图集多孔板的标志板宽分为 500 mm、600 mm、900 mm、1200 mm 四种，分别用 5、6、9、12 表示。一般情况下，板构造尺寸加上预留的缝隙尺寸或减去必要的尺寸等于标志尺寸。板厚 120 mm，标志板宽 600 mm，其断面形状见图 3.7(a)。该通用图集所规定的预应力多孔板代号及各项数字的具体含义如图 3.7(b)所示。

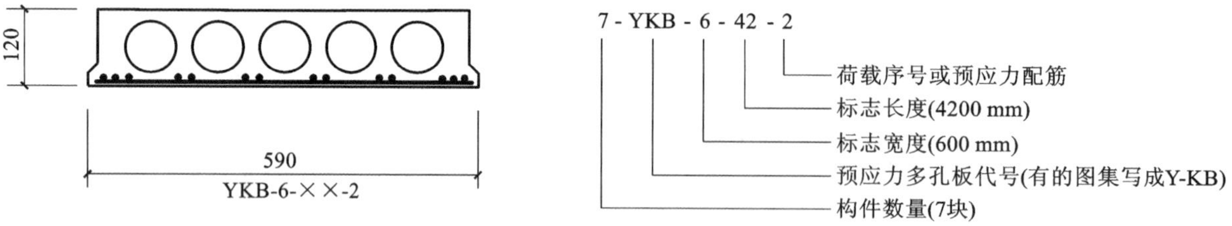

(a)　　(b)

图 3.7　预应力多孔板

②钢筋混凝土现浇板

图 3.8(a)所示是某住宅的现浇雨篷板(YPB)配筋图，采用一个断面图来表示。它是一块悬挑板，支承于雨篷梁(YPL)上，板的断面采用变截面，板的端部厚 80 mm，根部厚 100 mm，梁底标高是 2.300 m。受力筋Φ10@200 放在板的上部，分布筋为Φ8@200 置于受力筋之下。在板的配筋图中标注出板的外形尺寸，板宽为 1200 mm，板长一般标注在结构平面图中。雨篷梁(YPL)的断面也一起表示在 YPB 结构详

图中。为了便于识读配筋图，当配筋的投影互相重叠、不易分清时，可将易混淆的钢筋用配筋简图的方式画在断面图的附近，并标注出它们的符号、直径和间距。如图 3.8 所示，因 YPB 是悬挑板，板中的受力筋须伸入梁内一定的长度，称为锚固长度；另外，YPL 支承了悬挑板，梁中将受到扭矩的作用，箍筋的弯钩部分必须按构造要求加长。

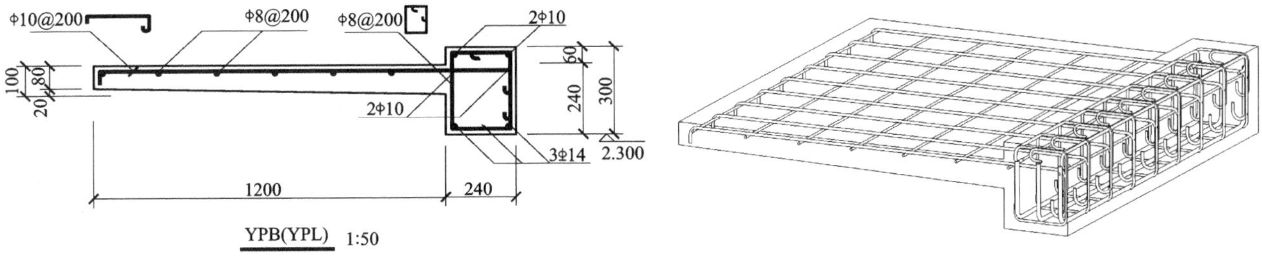

(a) (b)

图 3.8 雨篷板(包括雨篷梁)构件图示例

(a)雨篷板(包括雨篷梁配筋图)；(b)雨篷板(包括雨篷梁配筋立体示意图)

图 3.8 分步图

现浇钢筋混凝土楼板的配筋，通常用平面图表示板中配筋。图 3.9(a)所示是某住宅的卫生间楼面板 B-1 的配筋图，图 3.9(b)所示是 B-1 的配筋立体示意图。

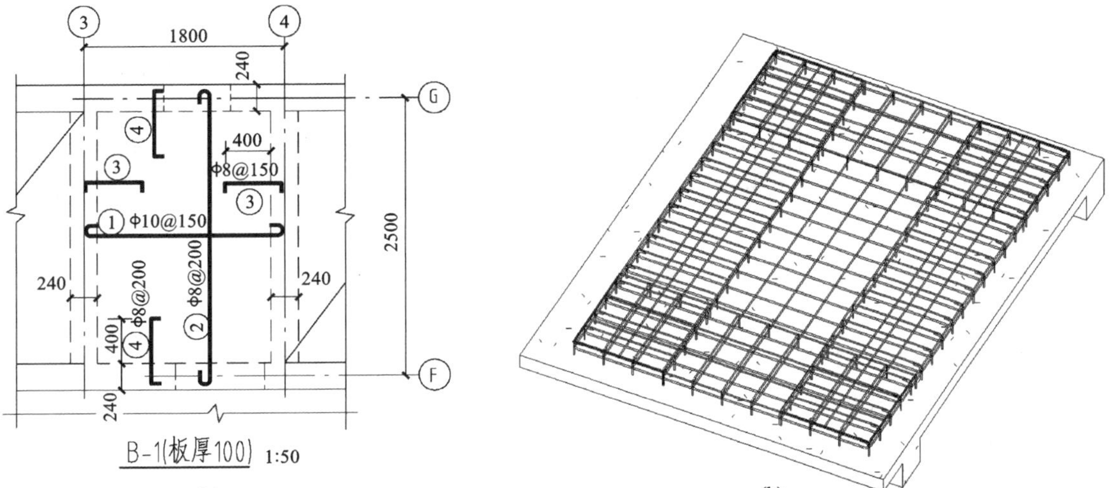

(a) (b)

图 3.9 现浇板(B-1)配筋图示例

(a)B-1 配筋图；(b)B-1 配筋立体示意图

从图 3.9 中可以看出：板的厚度为 100 mm，板中配置双层钢筋，底层配置的受力筋是Φ 10@150，分布筋是Φ 8@200，置于受力筋之上；板的四周伸进墙的地方，为防止板开裂，顶层还须配置一些构造筋(也称负弯筋)，图中采用Φ 8@150 和Φ 8@200。在结构平面图中，当板配置双层钢筋时，钢筋的弯钩向上或向左，表示底层钢筋；钢筋的弯钩向下或向右，表示顶层钢筋，如图 3.10 所示。

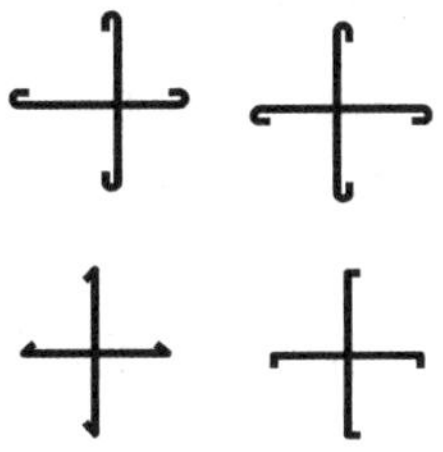

(a) (b)

图 3.10 板中双层钢筋的表示

(a)底层钢筋；(b)顶层钢筋

(4)钢筋混凝土柱

钢筋混凝土柱的构件图一般用立面图和断面图表示，其图示方法与钢筋混凝土梁的图示方法基本相同。图 3.11(a)所示为某住宅的柱 Z-1 的构件图。

从立面图和断面图可知，Z-1 的断面为 350 mm×350 mm 的正方形，纵向受力筋为 4 根 HRB400 钢筋，直径 25 mm。受力筋的下端插入至基础中的底部钢筋网，且在基础的高度范围内至少配置两道封闭钢箍。纵向受力筋自基础顶面起，在长度 800 mm 范围内钢箍加密至间距 100 mm，非加密区钢箍间距为 200 mm，在 L-1 梁上下两端 500 mm 范围内钢箍再加密至间距 100 mm。

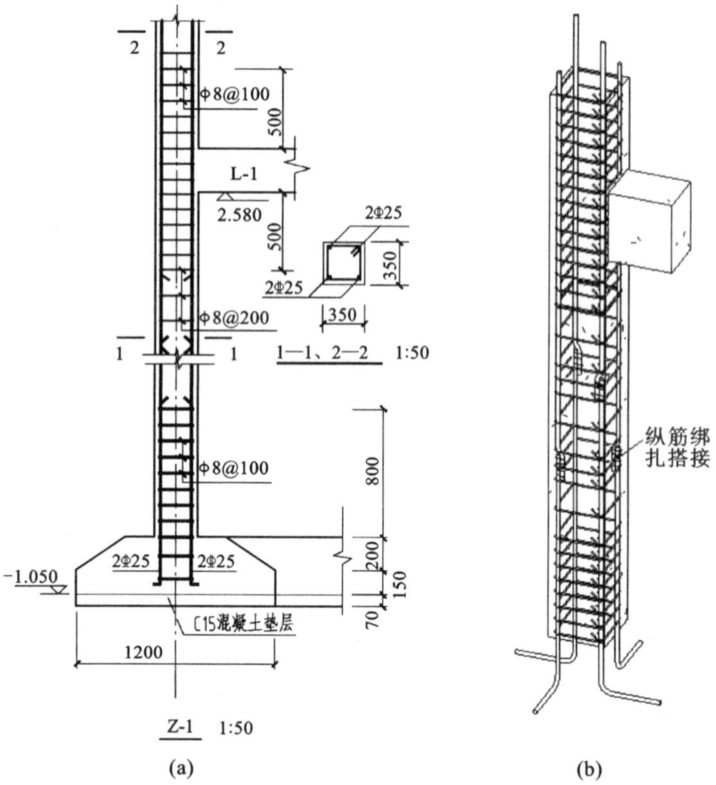

图 3.11 钢筋混凝土柱构件图示例一

(a)Z-1 配筋图；(b)Z-1 配筋立体示意图

在图中，两道竖向粗实线（表示钢筋）的内侧，各有 4 对 45°斜短画线，这不是表示钢筋弯钩，而是无弯钩的钢筋搭接的钢筋断点，即表示直径 25 mm 的 4 根 HRB400 受力筋错位搭接，在位于同一连接区段内的柱内分别有 2 根进行搭接，如图 3.11(b)所示。关于钢筋错位搭接的构造要求，可查阅《混凝土设计标准》(GB/T 50010—2010)。图中还表示了柱与柱下条形基础、二层楼面梁 L-1 浇筑在一起，省略画出柱下条形基础内钢筋、柱子钢筋搭接段的箍筋加密和梁内钢筋。

图 3.12 所示是某单层工业厂房的柱 Z-1 的结构详图。当柱的配筋较复杂、预埋件较多时，应将配筋图与模板图分别表示。从图 3.12 可见：柱的立面图除了画出配筋图外，还画出了柱的模板图。

柱分上柱和下柱两部分，上柱顶支承屋架，上下柱中间的凸出部分为牛腿，用来支承吊车梁；柱的下端插入杯型基础。为了固定屋架、吊车梁等预制构件，加强连接，在柱和牛腿表面埋有预埋件(M)，施工时与预制构件中的预埋件焊接在一起。

模板图主要用来表示柱的外形尺寸、预埋件的位置和代号等。如柱的总长为 10.85 m，柱顶标高为 9.75 m，牛腿标高 6.55 m。牛腿之上的上柱，主要用来支承屋架，断面较小，为 400 mm×400 mm，柱顶处 M-1 表示预埋件，编号为 1，用来与屋架焊接。牛腿面的 M-3 和上柱离牛腿面 720 mm 处的 M-2 将与吊车梁焊接。预埋件的具体做法，另有详图表示。牛腿之下的下柱，因受力较大，其断面也较大，为 400 mm×800 mm。

模板图是制作、安装模板和预埋件的依据，预埋件应注明代号和编号。若套用标准图的，应注明标准图集号、页次和图号，以便根据编号对照查阅。

配筋图主要表示柱中钢筋的配置情况。上柱的受力筋采用 4 Φ20；下柱的受力筋采用 6 Φ25，均匀分布在柱的两短边，每边三根，下柱在两长边的中间增配 2 Φ12。上、下柱的受力筋都伸入牛腿，使上、下柱连成一体。当两根无弯钩的钢筋搭接时，在搭接钢筋的端部各用 45°粗斜画线表示；当长、短钢筋的投影重叠时，在钢筋的端部也用 45°粗斜画线表示。从图 3.12 中可见，上柱受力筋与下柱受力筋在牛腿内的搭接长度为 600 mm。

牛腿部分配筋比较复杂，编号为 4 的弯筋 4 Φ14 和编号为 5 的弯筋 3 Φ14，因投影重叠，在立面图中不易分清它们的弯曲形状和各段长度，在配筋图附近画出它们的具体形状，并注上其相应编号、根数、符号、直径和各段长度，以便与立面图和断面图相对照识读。

柱的箍筋布置，在立面图中省略，而以注写在尺寸线旁边的方式标注在柱外。从图 3.12 中可见，在柱的配筋图边上有一条尺寸线和一条箍筋布置线，在箍筋布置线上分段表示了箍筋的布置，如上、下柱的箍筋均采用Φ8@200；牛腿部分，要承受吊车梁荷载，所以箍筋需加密，采用Φ8@100，形状随牛腿断面变化。在断面图 2—2 和 3—3 中显示的两根②号筋之间的钢筋，主要是帮助固定②号筋与柱中其他六根①号筋的相对位置，称为单肢箍筋或拉筋。

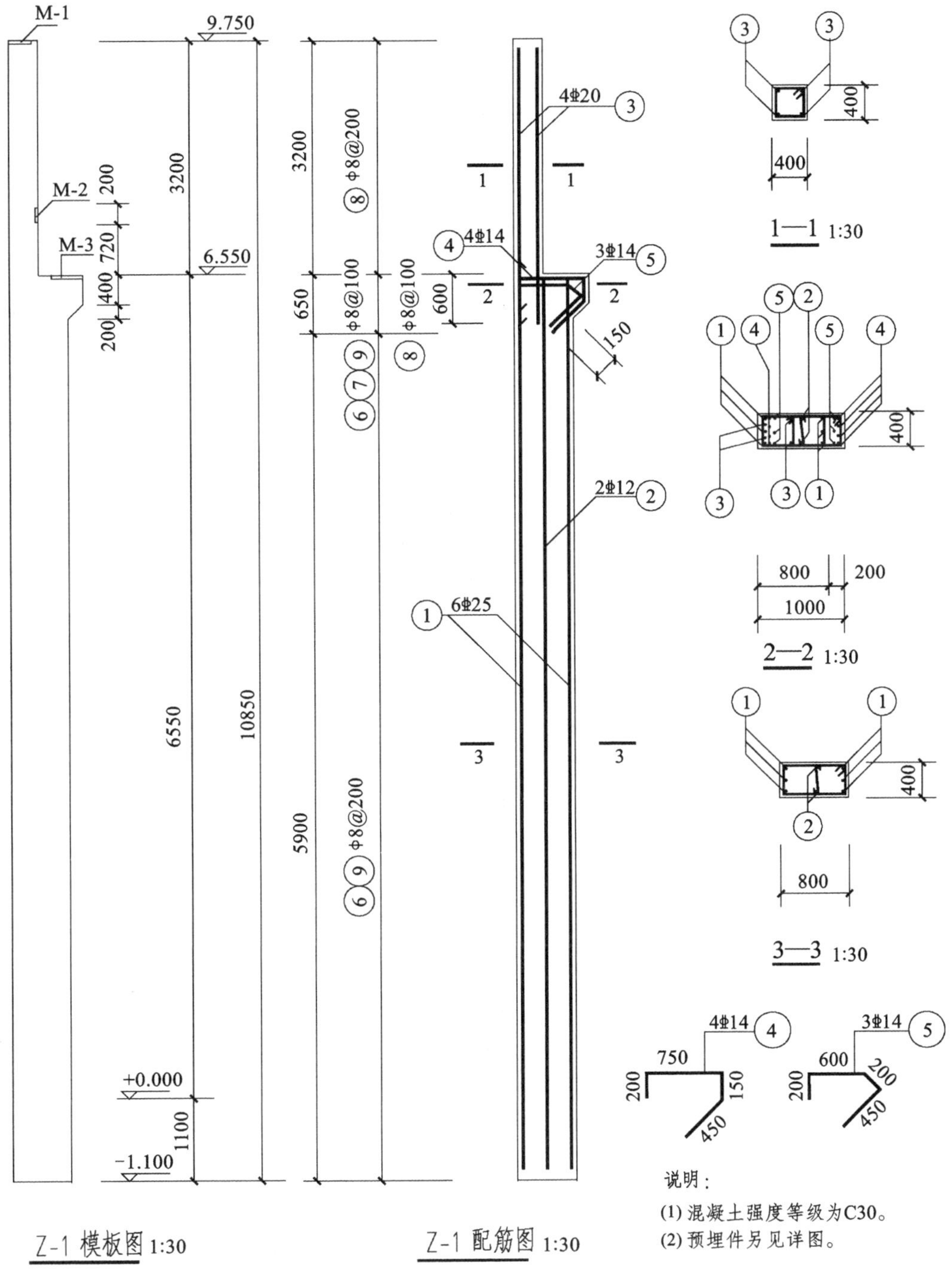

图 3.12　钢筋混凝土柱构件图示例二

3.1.2.3　Revit 绘制钢筋混凝土构件图示例

用 Revit 绘制钢筋混凝土构件图前，应该熟悉 3.1.1.1 小节至 3.1.2.2 小节所述的钢筋混凝土构件对象的表达方法和图示特点。我们可以参照 2.1.5 节所学的 AutoCAD 二维绘图的基本方法，先设置图层、文字样式和尺寸样式；再在指定的图层上，绘制构件轮廓和钢筋，标注尺寸、标高、钢筋和文字说明。这里不再赘述。下面通过利用 Revit 绘制图 3.6 所示的钢筋混凝土梁，叙述操作步骤。

创建项目文件。点击“项目”下的“结构样板”，该样板预载入了与结构模型相关的常用图元，“结构”选项卡的工具集如图 3.13 所示。下面我们将忽略图 3.6 中的墙、柱，仅绘制“梁”和“钢筋”。

图 3.13 “结构”选项卡的工具集

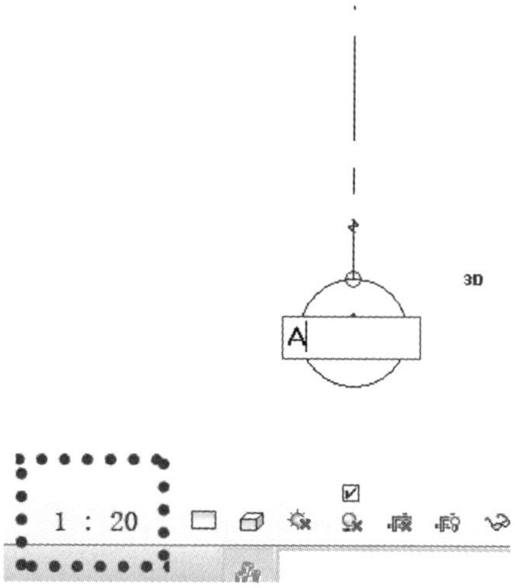

图 3.14 改比例、改轴线编号

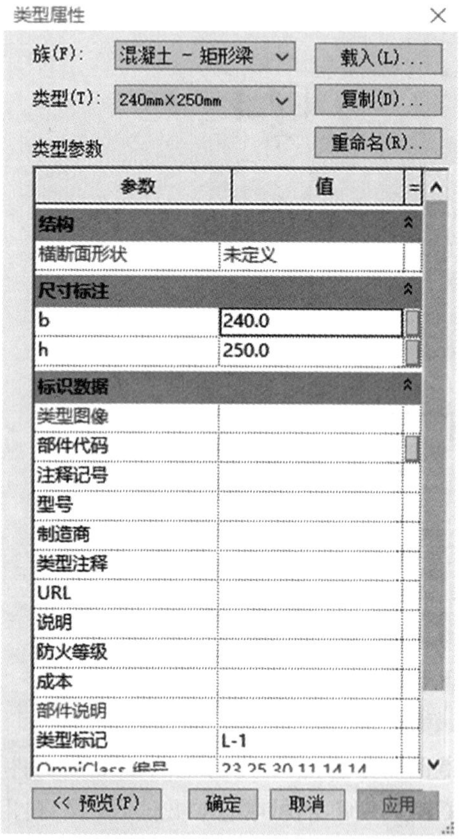

图 3.15 “类型属性”对话框

(1)绘制轴线和梁的定位参照平面

进入新建结构项目,绘图区显示结构平面-“标高 2”视图。如果显示的不是结构平面-“标高 2”视图,可双击“项目浏览器”的结构平面-“标高 2”。将绘图区下方的视图控制栏内的“比例”改为 1∶20。单击“结构”选项卡下“基准”功能区的“轴网”(图 3.13),移动光标到绘图区靠中间位置后按下鼠标左键,在向下适当位置单击鼠标左键,完成一条竖直方向轴线。将光标移动到轴线编号处后点击字符,改为“A”,如图 3.14 所示,按回车键完成 A 轴线绘制。向右缓慢移动光标,当出现的临时尺寸显示与第一条轴线间距为 2800 时,按下鼠标左键,沿平行 A 轴线方向绘制第二条轴线,轴线编号软件自动编为 B。

单击“工作平面”功能区的“参照平面”,分别在 A 轴的左边和 B 轴的右边各 120 mm 处绘制 A、B 轴的平行线。由于省略了墙和柱的绘制,我们将用这两参照平面来确定梁的起点和终点。

(2)绘制梁

选择“结构”选项卡下“结构”功能区的“梁”(图 3.13);单击“类型选择区”,在梁的类型列表中选“混凝土-矩形梁 300 mm×600 mm”。单击“编辑类型”,弹出“类型属性”对话框(图 3.15),点击“复制”,输入名称“240 mm×250 mm”,点击”确定”,便新建了一个梁类型;将类型参数列表中“b”右边数字设为 240 和“h”右边数字设为 250,如图 3.15 所示,单击“确定”。单击“放置平面”右边,弹出“标高 1”和“标高 2”选项,选“标高 1”,如图 3.16 序号 1 所示。单击实例属性栏中“Z 轴对正”右边,弹出“顶”和“底”选项,选“底”;在“Z 轴偏移值”输入“2580.0”,如图 3.16 序号 2 所示;即设置将绘制的梁的底面相对于标高 1 高 2580 mm。然后,在绘图区从 A 轴左侧的参照平面到 B 轴右侧的参照平面绘制左右方向的梁,如图 3.16 所示。临时尺寸显示梁长和梁两端距离左右参照平面的距离,按[Esc]键退出“梁”工具。特定参数的“族”称作“族类型”,此时再单击“梁”和梁的“类型选择区”,就可以发现多了一个刚刚新建的梁类型。单击图 3.13 所示“结构”选项卡-“钢筋”功能区-“保护层”,打开“钢筋保护层设置”对话框,这里可以修改默认的设置或添加新保护层设置操作。

(3)绘制箍筋和 4 根纵向(直)钢筋

①放置箍筋

在“西”立面视图(双击“项目浏览器”的“立面-西”)中,滚动鼠标中间滚轮,放大显示视图中梁的轮廓。单击“结构”选项卡下“结构”功能区的“钢筋”,在钢筋形状浏览器中选择钢筋形状,如图 3.17 序号 1 所示。

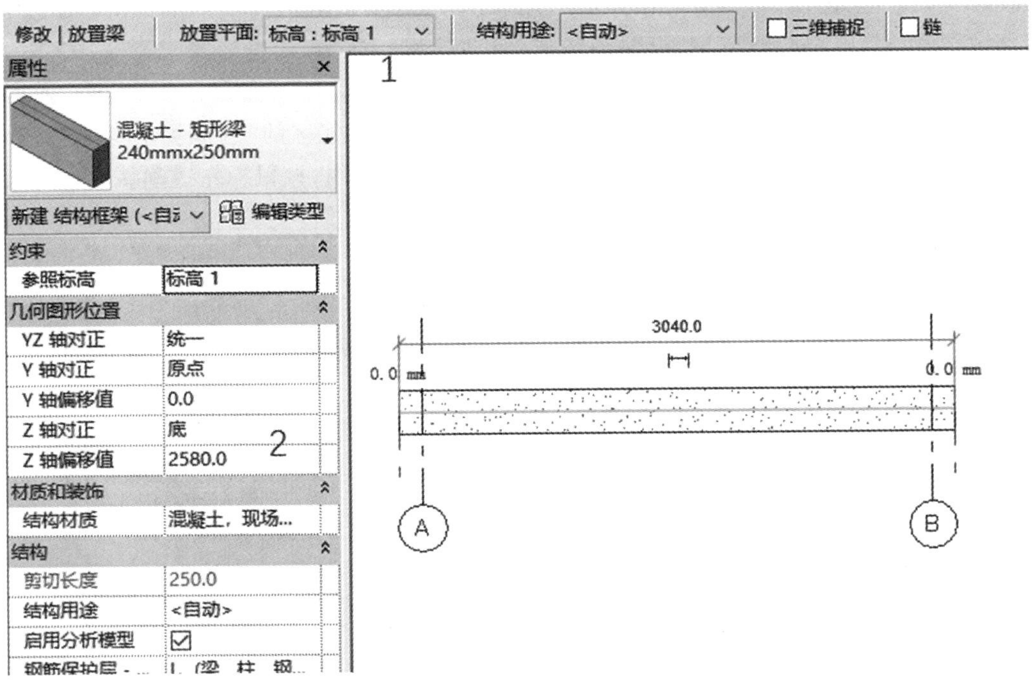

图 3.16　在标高 2 视图绘制梁

在“类型选择区”选择钢筋 8 HPB300，如图 3.17 序号 2 所示。单击实例属性栏的“钢筋集”-“布局规则”右边，弹出钢筋布局方式列表，选“最大间距”，在“间距”右边输入“150.0 mm”（图 3.17 序号 3），具体数量由软件生成。单击“放置平面”功能区的“近保护层参照”，如图 3.17 序号 4 所示。移动光标到梁轮廓内，然后按鼠标左键确认，结果如图 3.17 所示。图中的水平线是软件默认提供的指定标高平面的“西”立面积聚投影。

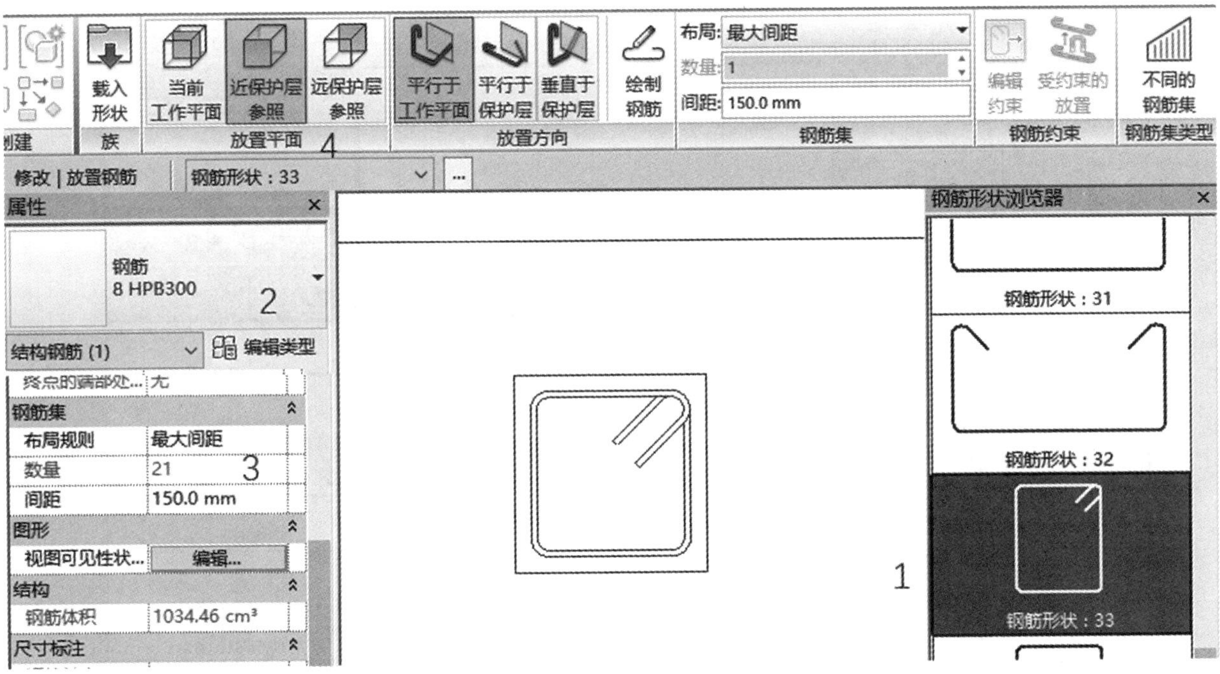

图 3.17　绘制箍筋

②放置纵向钢筋

在西立面视图中，放置下排左右 2 根纵向钢筋。单击“钢筋”，在“钢筋形状浏览器”中选“钢筋形状：05”，在“类型选择区”选择钢筋 16 HRB400。因为本例的梁高只有 250 mm，软件自动计算钢筋直钩会伸出梁轮廓，故需要调整：单击“编辑类型”，在弹出的 16 HRB400 类型对话框中单击“弯钩长度”的“编辑”，弹出“钢筋弯钩长度”表，在“标准-90 度”行取消勾选“自动计算”，在“弯钩长度”栏输入“207.0 mm”，如图 3.18 所示，单击“确定”，退出“编辑类型”。单击实例属性栏的“钢筋集”-“布局规则”右边，弹出钢筋布局方式列表，选“固定数量”，在“数量”右边输入 2。单击“放置平面”功能区的“近保护层参照”，然后单击“放置方向”功能区的“垂直于保护层”。移动光标到梁轮廓下方的箍筋内，按鼠标左键确认。

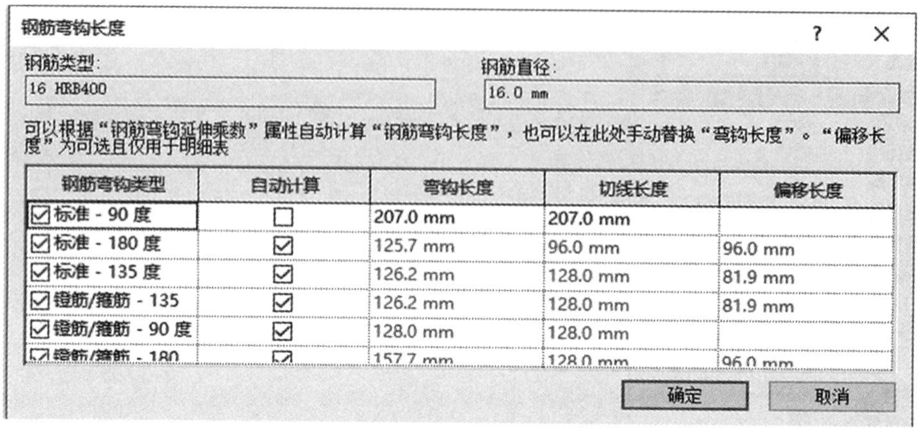

图 3.18　钢筋弯钩长度表

以同样的方法放置上排左右 2 根纵向钢筋 10 HPB300，选择“钢筋形状：02”，选“固定数量”，“数量”为“2”，移动光标到梁轮廓上方的箍筋内，按鼠标左键确认，结果如图 3.19 所示。

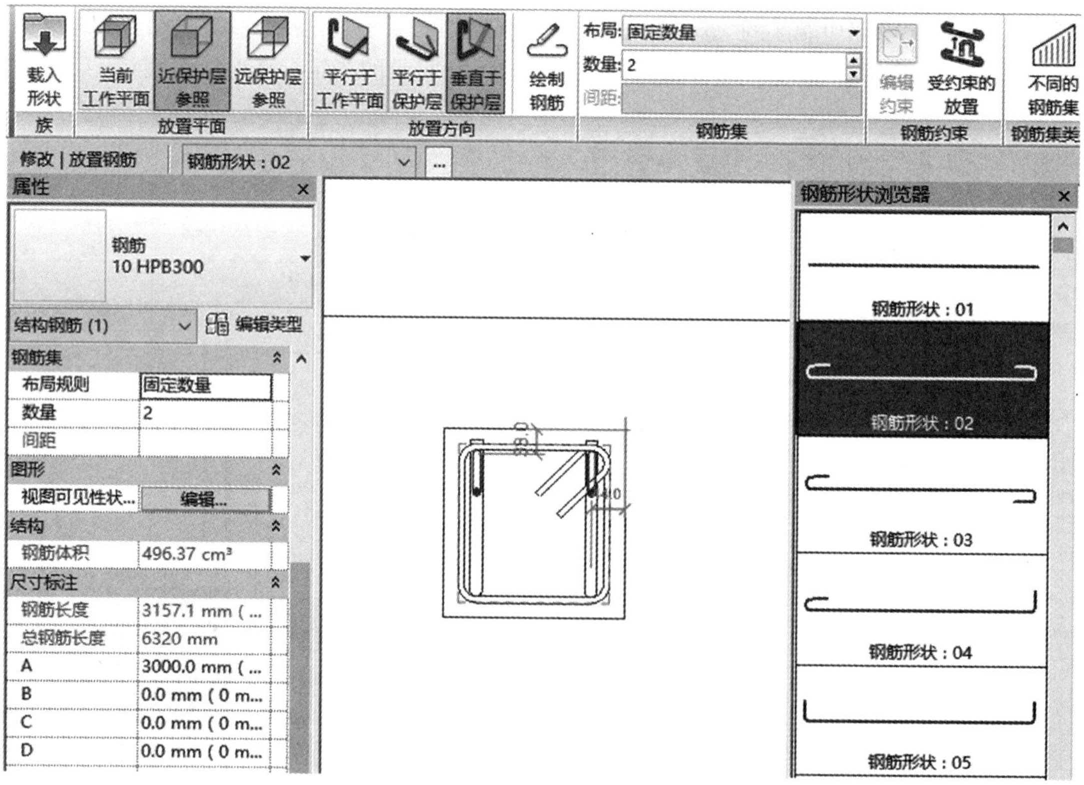

图 3.19　放置混凝土梁纵筋

(4)放置弯起钢筋

有两种方法放置弯起钢筋。先指定放置平面，然后一种方法是像前面一样，在“钢筋浏览器”中选钢筋形状(如“钢筋形状 18”)，然后放置钢筋并调整弯起点；另一种方法是选用图 3.19 中“放置方向”功能区的

“绘制钢筋”。采用“绘制钢筋”放置一根弯起钢筋的步骤如下：

①设置工作平面

指定弯起钢筋放置平面。在“西”立面，单击“结构”选项卡下“工作平面”功能区的“设置”（图3.20中的序号1），在弹出的对话框中单选拾取一个工作平面，单击“确定”（图3.20中的序号2、3），移动光标到梁轮廓的左右分割线附近（用眼睛估计），然后按[Tab]键，当出现深线时（图3.20中的序号4），点击该深线，弹出“转到视图”对话框，选“立面-南”，单击“确定”，绘图区切换到南立面视图。

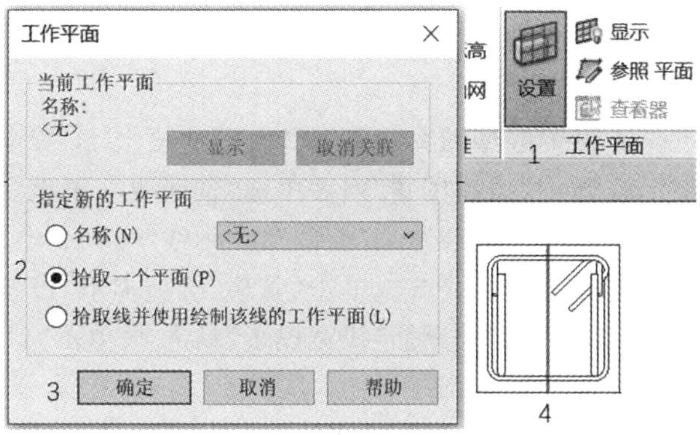

图3.20 设置工作平面

根据已知尺寸绘制控制钢筋的上部弯折点的参照平面。单击“工作平面”功能区的“参照平面”，分别在A轴右侧和B轴左侧的180 mm处绘制A、B轴平行线，如图3.21点画线内侧的两条虚线所示。

②指定钢筋牌号、根数，绘制钢筋

在“类型选择区”选择钢筋16HRB400。在实例属性栏的“钢筋集”-“布局规则”为固定数量，“根数”为1。在“放置平面”功能区选“近保护层参照”、“放置方向”选“绘制钢筋”，用“直线”工具在梁轮廓的虚线框内绘制弯起钢筋（图3.21），完成后单击“√”。

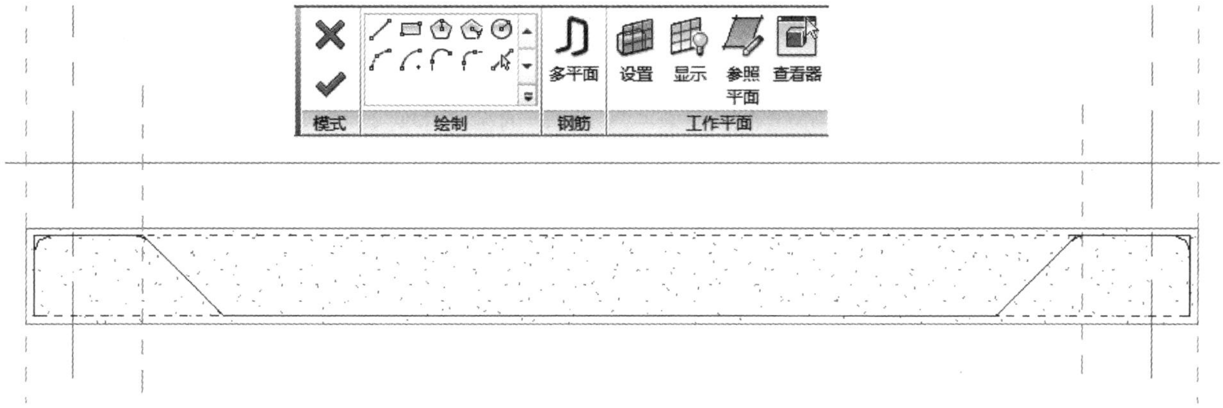

图3.21 绘制弯起钢筋

(5)设置钢筋的可见性

在“南”立面视图中，框选绘图区内的梁，梁和梁内的钢筋被选中，单击屏幕右下角“过滤器”，在弹出的过滤器对话框中只勾选“结构钢筋”，再单击“确定”。然后单击实例属性栏的“图形”-“视图可见性状态”的“编辑”（图3.19），在弹出的对话框中勾选南、北、三维等视图（图3.22），被勾选的视图中将会显示钢筋。单击“视图控制栏”的“比例”，选1∶20；单击“视图控制栏”的“详细程度”，选“粗略”，钢筋以单线显示（如果选“精细”，则以双线显示）。

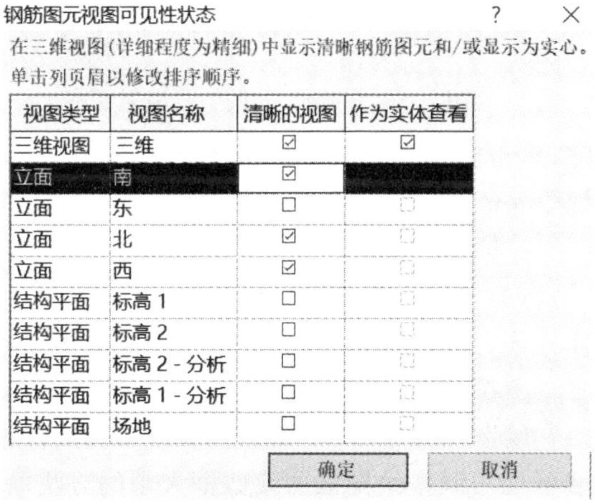

图3.22 “钢筋图元视图可见性状态”对话框

(6)设置钢筋显示线宽，标注尺寸、标高和钢筋

①设置钢筋显示线宽和轴网线的线型图案（方法与2.9.4节的线宽和线型图案设置相同）

a.设置线宽。单击“管理”选项卡下“设置”功能区的“其他设置”，在出现的菜单中单击“线宽”，弹出

“线宽”列表:修改模型 1∶20 输出时,使用模型线宽代号 1～4 所代表的右边数值 0.1300、0.2500、0.3500、0.5000,其余暂时不改。

b.设置线样式。单击“管理”选项卡下“设置”功能区的“线样式”,弹出“线样式”列表:修改“宽线”线宽为 4。

c.设置线型图案。单击“管理”选项卡下“设置”功能区的“其他设置”,在出现的菜单中单击“线型图案”,在弹出“线型图案”列表中选“轴网线”,再单击“编辑”按钮,在弹出的“线型图案属性”对话框中修改参数设置:类型“划线”10、“空间”1、“划线”0.53、“空间”1。

d.设置对象样式。单击“管理”选项卡下“设置”功能区的“对象样式”,在弹出的对话框中将过滤器列表选“结构”,结构钢筋“线宽投影”输入 4,单击“应用”和“确定”。

②添加断面图

在“南”立面视图中,单击“视图”选项卡下“创建”功能区的“剖面”,单击“编辑类型”,系统弹出“类型属性”对话框,单击“复制”,输入类型名“断面符号”,单击“剖面标记”右边的小方块,系统弹出对话框,单击“类型”名称,在出现的类型名称菜单中选“剖面标头 2、剖面线末端 2”,依次单击“确定”“应用”和“确定”,退出对话框,如图 3.23 所示。分别在梁的中间和支座处绘制剖切位置线,拖动“剖切”投影的裁剪框控制符,调整剖切符号之间的距离和投影裁剪深度。此时,“项目浏览器”中自动生成“剖面 1”和“剖面 2”两个剖面图;移动光标至“项目浏览器”的剖面图名上,按鼠标右键,在弹出的命令菜单中点击“重命名”,将“剖面 1”改为“1”、“剖面 2”改为“2”。

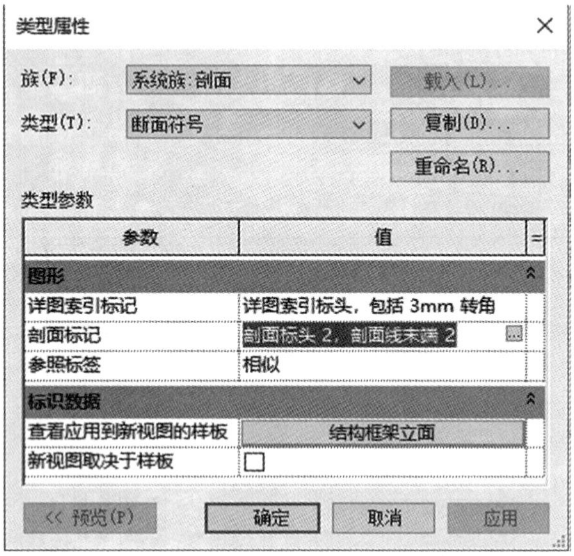

图 3.23　剖面符号编辑类型对话框

③标注尺寸、标高和钢筋

a.字体样式。由于标注钢筋时,软件自动按放置钢筋的类型标注,并没有符合图 3.6 对应的钢筋“符号”的标注方式,因此,读者需要在网上搜索“Revit.ttf”字体,找到该字体、保存在 C:Windows\Fonts 中(如果下载的是压缩文件,则解压后将文件放置于该路径)。该字体的键盘字符 $、%、&、# 与 HPB300、HRB400 和 RRB400 钢筋“符号”相对应。单击“注释”选项卡“文字”,单击“编辑类型”,在弹出的对话框中,单击“复制”、输入类型名字(如 3mm Revit),修改部分参数,如:“文字字体”选 Revit,字高为 3 mm,保持与 2.9.4 节设置尺寸类型类似,完成后点击“确定”。

b.尺寸样式。单击“注释”卡片下“尺寸标注”功能区的“对齐尺寸标注”,为了与标注钢筋的字体一致,单击实例属性栏上方“编辑类型”,在弹出的“类型属性”对话框中单击“复制”、输入类型名字(如对角线-3mm Revit),除“文字字体”选 Revit 外,其他与 2.9.4 节设置尺寸类型类似。

c.标高样式。单击“注释”选项卡“尺寸标注”功能区的“高程点”,类型选“高程点三角形(项目)”,单击“编辑类型”,在弹出的对话框中单击“复制”、输入类型名字(如三角形-3mm Revit),修改部分参数,如:字体样式、字高、背景等,保持与尺寸样式一致,完成后点击“确定”。

d.标注 1—1 断面图的尺寸、钢筋、图名、比例和调整视图裁剪区域。双击“项目浏览器”中“剖面”下的“1”,绘图区显示 1—1 断面。修改实例属性栏部分参数:“视图比例”选 1∶20,勾选“裁剪视图”和“裁剪区域可见”,调整绘图区的裁剪框大小的方法同 2.9.4 节叙述。单击“注释”卡片下“尺寸标注”功能区的“对齐尺寸标注”,类型选“对角线-3mm Revit”,移动光标依次单击梁的前、后端面,再移动光标确定尺寸线放置位置后按鼠标左键,完成梁宽标注;移动光标依次单击梁底面和梁顶面,再移动光标确定尺寸线放置位置后按鼠标左键,完成梁高标注。单击“注释”卡片下“详图”功能区的“详图线”,线样式选“细线”,分别用

"直线"和"圆"工具绘制钢筋引出线和编号圆。单击"注释"选项卡"文字",类型选"3mm Revit",移动光标到需要标注的钢筋序号或钢筋处后单击鼠标左键以确定位置,用键盘输入序号或钢筋,单击"关闭"完成标注。其中,键盘输入字符时用 $ 和 & 代替 HPB300 和 HRB400 的钢筋"符号"。以同样方法,选 7 mm、3 mm 的文字类型,标注图名和比例。用"详图线"、线样式选"宽线",画图名下方的粗线,结果如图 3.24 所示。最后在实例属性栏中保留"裁剪视图"选勾,取消"裁剪区域可见"勾选,裁剪框隐去。

e. 标注 2—2 断面图的尺寸、钢筋、图名、比例和调整裁剪区域,方法与标注 1—1 断面图相同。如果需要调整"钢筋引出线、编号圆、字符"等位置,可以先选中对象,然后在"修改"功能区选"移动"进行移动。如需要修改字符,可以双击该字符进行修改。

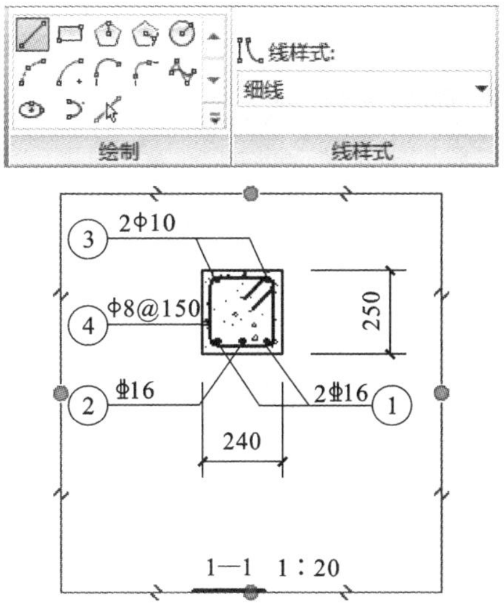

图 3.24 标注 1—1 断面图的尺寸和钢筋

f. 标注"南"立面图的尺寸、钢筋、图名、比例和调整裁剪区域。双击"项目浏览器"的立面"南",单击"注释"卡片下"尺寸标注"功能区的"对齐尺寸标注",依次单击梁左端面、A 轴线、B 轴线和梁右端面,再移动光标确定尺寸线放置位置后按鼠标左键;继续标注梁上部弯起钢筋的参照平面与轴线之间的尺寸。隐藏参照平面:点选参照平面,按鼠标右键,在弹出的命令菜单栏中选"在视图中隐藏",在弹出隐藏选项中选"图元",该参照平面便在视图中隐去。标注标高:单击"注释"卡片下"尺寸标注"功能区的"高程点",类型选"三角形-3mm Revit",在工具选项栏中不勾选"引线",将光标在梁底面左右、上下稍稍移动,当标高符号方向符合需要时按鼠标左键;移动光标至标高数字下的小圆点,按下鼠标左键后可以拖动数字、调整位置;按[Esc]键退出标注标高状态。绘制钢筋引出线和编号圆,标注钢筋序号、图名、比例、画图名下方的粗线,以及调整视图裁剪框大小,方法与标注 1—1 断面图相同。

(7)在图纸中布置视图

仿照 2.9.4 节,先创建一张空白图纸,然后在图纸中完成添加"南"立面视图、1—1 断面图、2—2 断面图,添加时在"类型选择区"把"视口-有线条的标题"改为"无标题"。最后,校核图形和尺寸,如有漏、错,立即改正对应的视图,相关的图纸会自动更新,结果如图 3.25 所示。点击"快捷工具栏"的"保存",将本项目保存成自己指定的存放地址和文件名。

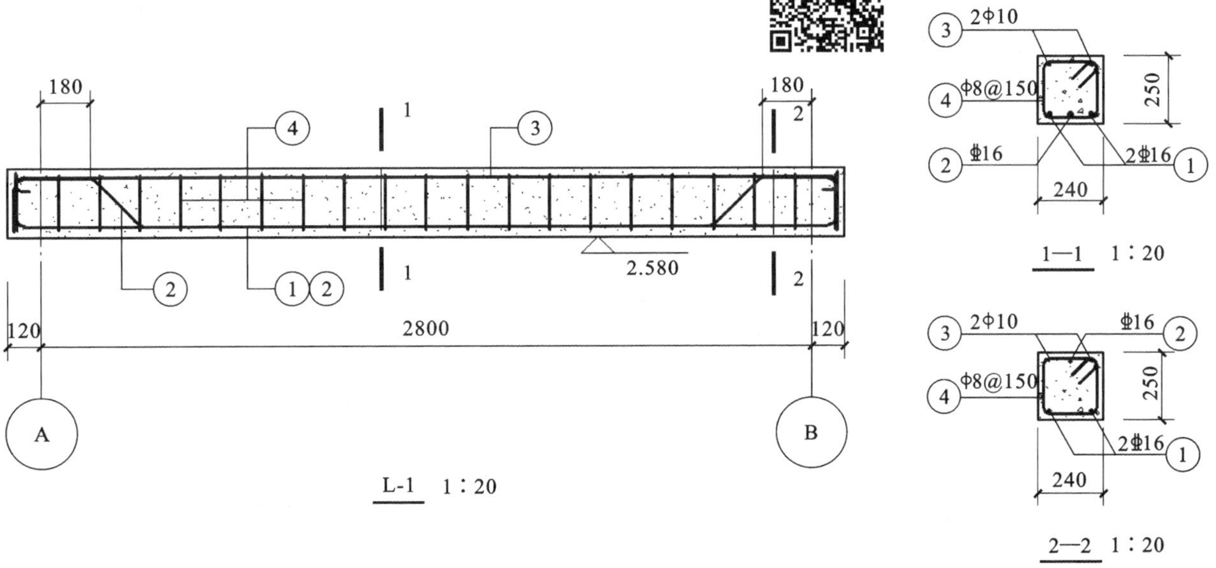

图 3.25 完成后的梁的立面图和断面图

3.1.3 钢结构构件及其详图示例

3.1.3.1 钢结构构件的图示方法

(1)型钢

钢结构是由型钢经过加工组装起来的构件，常用型钢的标注方法示例如表 3.6 所示。

表 3.6 常用型钢的标注方法

序号	名称	截面	标注	说明
1	等边角钢	∟	∟ $b\times t$	b 为肢宽，t 为肢厚
2	不等边角钢	B ∟	∟ $B\times b\times t$	B 为长肢宽，b 为短肢宽，t 为肢厚
3	工字钢	I	IN　QIN	轻型工字钢加注 Q 字，N 为工字钢的型号
4	槽钢	[	[N　Q[N	轻型槽钢加注 Q 字，N 为槽钢的型号
5	方钢	b ▨	□	
6	扁钢	b	$-b\times t$	
7	钢板	—	$-\frac{-b\times t}{l}$	$\frac{宽\times厚}{板长}$
8	圆钢	◍	ϕd	
9	钢管	○	$\phi d\times t$	d 为内径，t 为壁厚

(2)型钢的连接

钢结构构件通常采用焊接和螺栓连接，铆接在房屋建筑中较少采用。螺栓连接可作为永久性的连接，也可作为安装构件时的临时固定，螺栓、孔的表示方法示例见表 3.7。表中细“＋”字线表示螺栓、孔定位线，M 表示螺栓型号，ϕ 表示螺栓孔直径；采用引出线标注螺栓时，横线上方标注螺栓规格，横线下方标注螺栓孔直径。《建筑结构制图标准》(GB/T 50105—2010)中还有高强螺栓、膨胀螺栓，以及电焊铆钉的表示方法，需用时可查阅。

焊接是钢结构中最常见的连接方法之一，有关焊缝代号和标注方法应按《建筑结构制图标准》(GB/T 50105—2010)和《焊缝符号表示法》(GB/T 324—2008)的有关规定标注。图 3.26 所示为常用的焊缝形式及其表示方法：

表 3.7 螺栓、孔的表示方法示例

名称	图例	名称	图例
永久螺栓	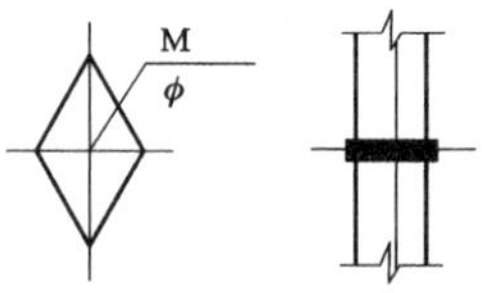	圆形螺栓孔	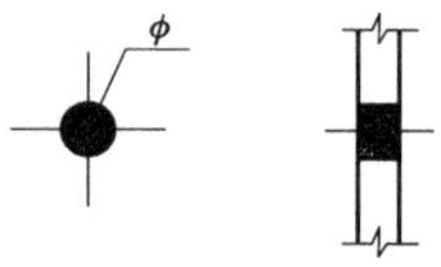
安装螺栓	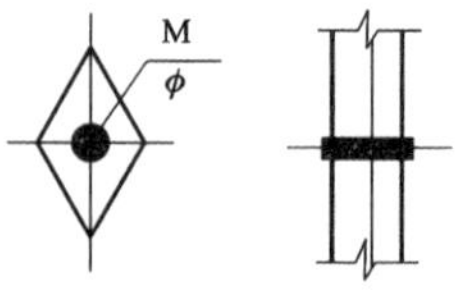	长圆形螺栓孔	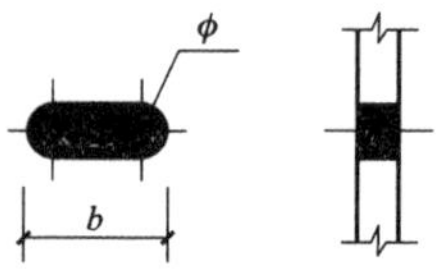

①单面焊缝的标注。当箭头指向在焊缝所在的一面时，应将图形符号和尺寸注在横线上方，如图 3.26(a)左图所示；当箭头指在焊缝所在的另一面(相对应的那面)时，应将图形符号和尺寸标注在横线的下方，如图 3.26(a)右图所示。

②双面焊缝的标注。应在横线的上、下都标注符号和尺寸，上方表示箭头一面的符号和尺寸，下方表示另一面的符号和尺寸，如图 3.26(c)的左起第一图所示；当两面尺寸相同时，只需在横线上方标注尺寸，如图 3.26(c)的左起第二、三、四图所示。

③三个和三个以上的焊件相互焊接的焊缝，不得作为图 3.26(c)所示的双面焊缝，其符号和尺寸应分别标注，如图 3.26(b)所示。

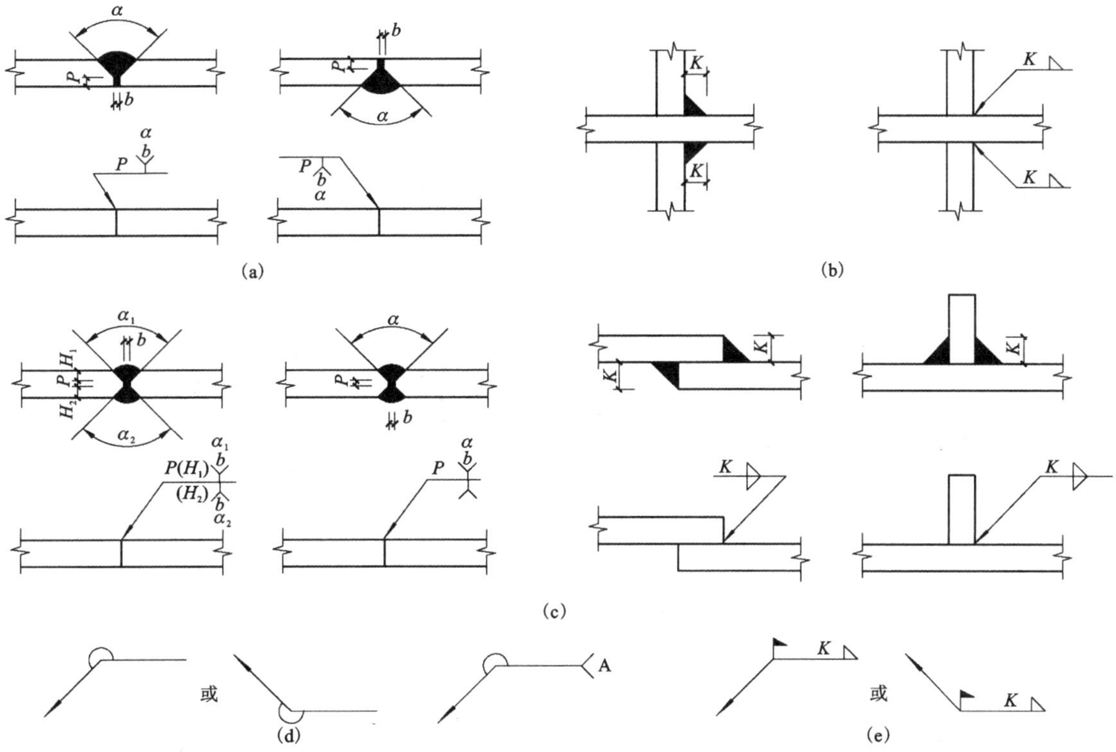

图 3.26　焊缝符号及标注方法

(a)单面焊缝；(b)三个以上焊件的焊缝；(c)双面焊缝；(d)相同焊缝；(e)现场焊缝

④在同一图形上，当焊缝类型、断面尺寸和辅助要求均相同时，可只选择一处标注焊缝符号和尺寸，并加注“相同焊缝符号”，相同焊缝符号为大于半个圆周的圆弧，画在引出线的转折处，如图 3.26(d)的左图所示；在同一图形上，当有数种相同焊缝时，可用焊缝分类编号标注，在同一类焊缝中可选择一处标注代号，分类编号采用 A，B，C，…，如图 3.26(d)的右图所示。

⑤当需要在施工现场进行焊接的焊件焊缝，应在引出线的转折处标注“现场焊缝”符号，如图 3.26(e)所示。

建筑钢结构更多焊缝符号及符号尺寸、标注方法请查阅相关标准。

3.1.3.2　钢结构构件图示例

图 3.27 所示用单线图表示了单层工业厂房排架中柱间支撑的立面布置图，其中 ZC-3 和 ZC-3A 是上柱支撑，ZC-15 是下柱支撑，图中只表示了柱间支撑的位置，柱间支撑的具体做法由详图表示，如图 3.28 所示。

在绘制和阅读钢结构详图时，应注意以下各点：

(1)各杆件的重心线(可在有关手册中查阅各种型钢的重心线的位置)应该画在构件的几何中心线上。

(2)为了不使图幅过大，又把细部表示清楚，在同一详图中，可采用两种不同比例，如几何中心线采用

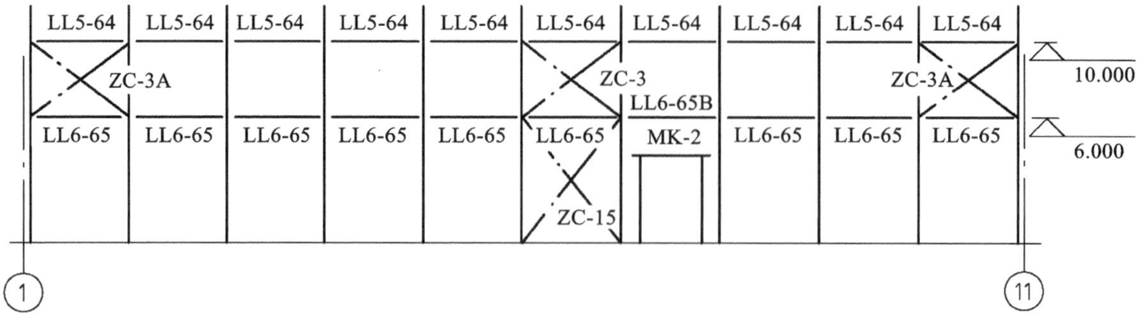

图 3.27　柱间支撑立面布置图

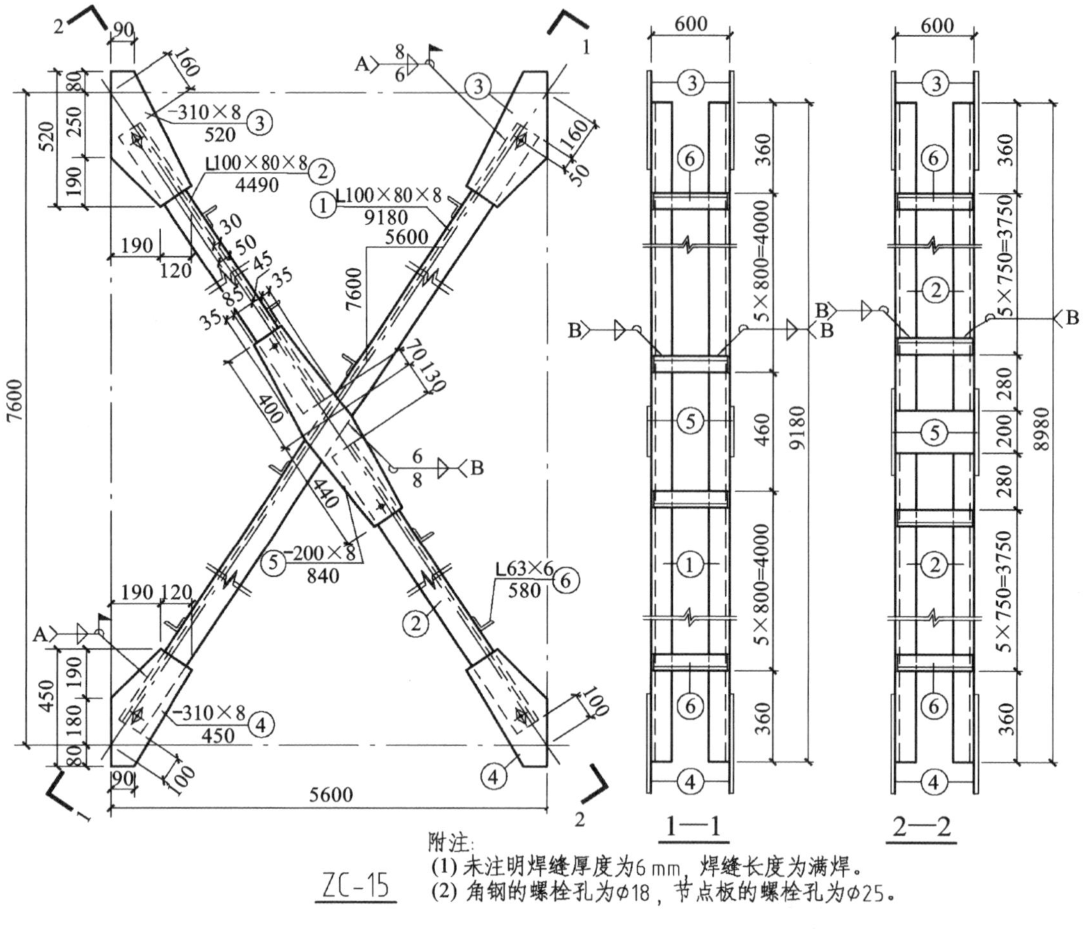

图 3.28　柱间支撑详图

较小比例，而各杆件、节点板、连接板采用较大比例。

(3)在详图中，应将各杆件、节点板、连接板等的形状、大小、数量和位置，以及有关焊接、螺栓连接等的有关图例、符号和尺寸都表达清楚。为了完整和清晰地表达有关内容，应按需采用剖面图、断面图、节点或节点板详图，以及加绘辅助投影图等方法。

从图 3.28 可知，柱间支撑的斜杆①、②分别采用两根不等边角钢∟100×80×8 组成，斜杆①中间每隔 800 mm 和斜杆②中间每隔 750 mm 有连接角钢⑥∟63×6 焊接。斜杆的交点，称为节点，用两块 840×200×8 的钢板作为节点板⑤连接而成。斜杆与柱的连接，采用安装节点，上部每个安装节点各有两块 520×310×8 钢板③，下部每个安装节点各有两块 450×310×8 钢板④，钢板上带有安装孔，角钢上有螺栓孔。待柱间支撑安装后，将角钢与节点板焊接。

对各杆件、节点板、连接板都注明了各种型钢的尺寸(标注在指引线的上边)，也注明了它们的长度(标注在指引线的下边)，还编绘了零件编号，以直径为 6 mm 的细实线圆表示，用阿拉伯数字按顺序编号。图中用焊缝代号标注焊缝，表示焊缝的型式、高度及焊接要求等内容，由于焊缝的高度和焊缝的型式不同，采用了焊缝分类编号的标注方式，在焊缝代号的指引线尾部加字母 A、B 等为分类编号，只在一处标注焊缝代号，具体标注出焊缝的型式、高度及焊接要求，其余用相同焊缝符号标注。如图中 ZC-15 上部节点板处的焊缝，标注了编号为 A 的焊缝代号，这是一处双面贴角焊缝，代号中的“⚑”是“现场焊缝”符号，表示是在工地上进行焊接的安装焊缝。

3.2 房屋的建筑施工图和结构施工图

3.2.1 房屋施工图概述

3.2.1.1 房屋的基本构(配)件和建造过程

建造房屋是为满足人们不同的生活和工作需要。图 3.29 所示房屋是一幢住宅，其他还有如学校的教学楼、工厂的车间、农村的粮仓等满足不同功能要求的房屋。尽管它们在使用要求、空间组合、外形处理、结构形式、构造方式以及规模的大小等各个方面有着各自的种种特点，但是，构成它们的基本构(配)件通常都有基础、墙(柱、梁)、楼板层、地面、屋顶、楼梯及门、窗等。此外，尚有台阶或坡道、雨篷、阳台、壁橱、雨水管、明沟或散水等其他构(配)件以及装饰物。

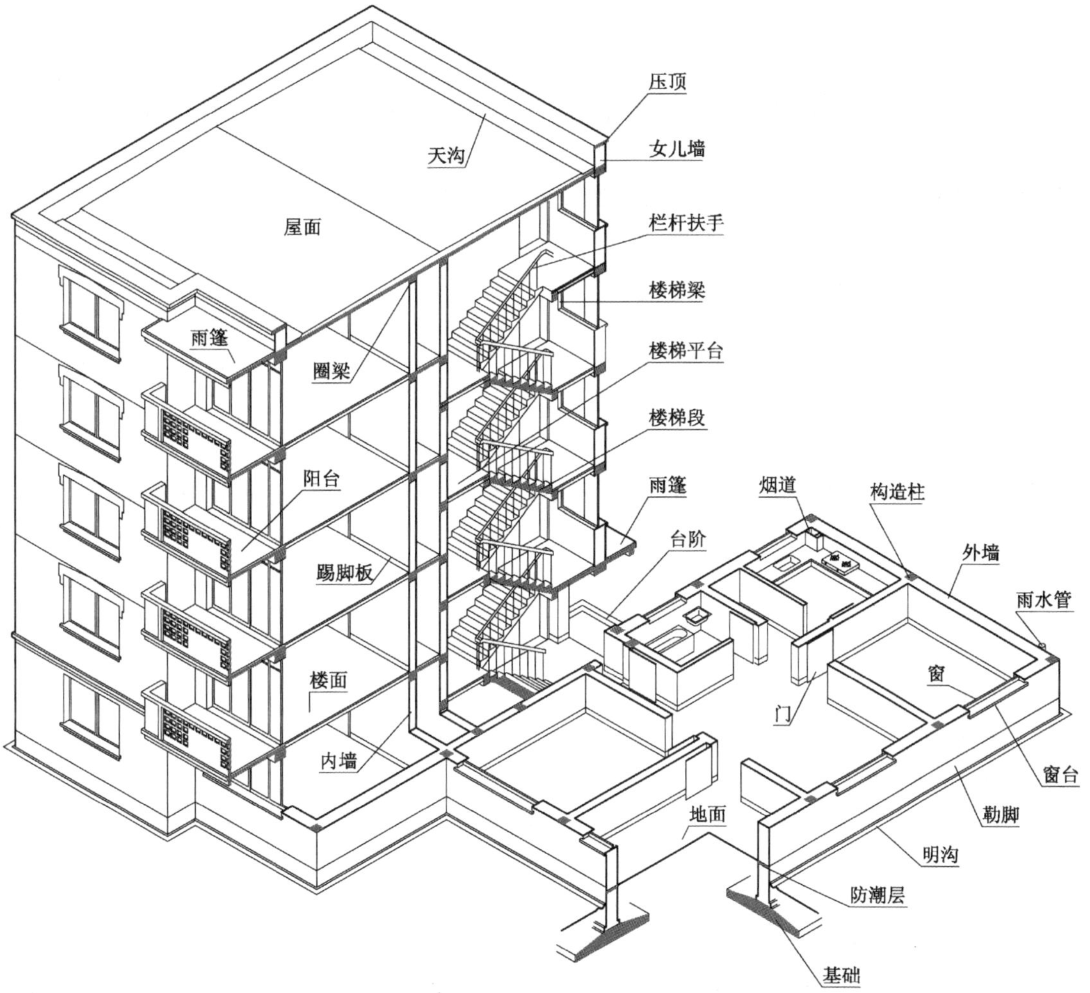

图 3.29　一幢住宅的基本构(配)件示意图

基础是房屋最下面与地基相接触的承重构件，它起支撑房屋的作用，并将房屋的全部荷载传递给地基。图 3.29 所示住宅基础，采用的是钢筋混凝土条形基础。

墙是房屋的垂直构件，它起抵御风、霜、雨、雪和分隔房屋内部空间的作用，按受力情况有承重墙和非承重墙之分。承重墙除承受自身的重量外，还将屋顶、楼板层传递下来的荷载和墙面上所受的风荷载等一起传递给基础。

楼板层是房屋水平的分隔构件、承重构件和支撑构件，它把房屋分隔成若干层，并把作用在其上的各种荷载传递到墙或梁上。地面位于房屋的底层，它直接将底层房间的荷载传递到地基上去。

屋顶是房屋水平的围护构件、承重构件和支撑构件，它主要用于防水、保温(隔热)，抵御风、雪、雨、尘或承受人、设备等的荷载，并把作用在其上的各种荷载传递到墙或梁上。

楼梯是房屋各楼层之间的垂直交通设施。

门主要是连接房间的内外交通。窗则是用于采光、通风和眺望。门、窗在房屋中都起到围护和分隔作用。

建造一幢房屋，要经过设计与施工两个阶段。设计阶段：设计人员把想象中的房屋空间和构成房屋空间的构件和构造状况，经过各个工种之间的协调配合、合理的计算，画出全套施工图。施工阶段：施工人员以设计出来的施工图作为建造房屋的技术依据，运用施工技术，建造出想象中的房屋造型和构造方式。

3.2.1.2　*房屋施工图的内容和用途*

房屋施工图是直接用来为施工服务的图样。房屋施工图的内容很多，专业性很强，它们既有各自的特点，又相互配合、协调。

一套房屋施工图的内容按专业的分工不同，有建筑施工图(简称建施)、结构施工图(简称结施)、设备施工图(包括给水排水施工图，简称水施；采暖通风施工图，简称暖施；电气施工图，简称电施；统称设备施工图，简称设施)。图纸的编排顺序通常为图纸目录、施工总说明、建筑施工图、结构施工图、设备施工图等。

一套房屋施工图图纸目录是施工图的首页图。它说明本套图纸有几类，各类图纸分别有几张，以及每张图纸的编号、图名、图幅大小。各个工种施工图的图纸编排顺序一般为全局性的图纸在前，局部性的图纸在后。整套图纸的表达内容必须做到完整统一、尺寸齐全，明确无误地反映出拟建房屋的内外形状、大小、结构形式、构造方式、装饰、设备等各方面的内容，以及构(配)件的做法和用料。如果采用标准设计图，应注明所使用的标准设计图的名称、标准设计图所在的标准设计图集名和图号或页次。因此，从事土建专业的工程技术人员，都必须掌握绘制和识读房屋施工图的基本技能。

建筑施工图包括建筑施工图的图纸目录、施工总说明、总平面图、建筑平面图、建筑立面图、建筑剖面图、门窗表和建筑详图等图纸。建筑施工图主要表示建筑物的总体布局、外部造型、内部布置、细部构造、室内外装饰以及一些固定设施和施工要求，为建造房屋时定位放线，砌筑墙身，制作楼梯、屋面，安装门窗、固定设施以及室内外装饰服务，是编制拟建房屋的工程预算和施工组织计划等的依据。因此，建筑施工图上的轴线、尺寸(包括标高)和建筑构配件、材料等各项内容都必须与结构、设备施工图一致，互相配合与协调。在图标的图别栏内注明“建施”，并按建筑施工图的编排顺序给图纸编号。

结构施工图包括结构施工图的图纸目录、结构施工说明、基础图、上层结构的布置图(包括楼层结构平面图和屋面结构平面图)、结构构件详图等。结构施工图主要表示建筑物各承重构件(如基础、承重墙、柱、梁、板等)的布置、形状、大小、材料、构造，并反映其他专业(如建筑、给水排水、采暖通风、电气等)对结构设计的要求，为建造房屋时开挖地基、制作构件、绑扎钢筋、设置预埋件，安装梁、板、柱等构件服务，也是编制建造房屋的工程预算和施工组织计划等的依据。

这里仅以图 3.29 所示住宅为例，概括地叙述建筑施工图和结构施工图所表达的内容和画法。

3.2.1.3　*建筑施工图的有关规定*

我国制定了《房屋建筑制图统一标准》《建筑制图标准》《总图制图标准》《建筑结构制图标准》等国标，在绘制、阅读建筑施工图和结构施工图时，应该严格遵守。

建筑施工图、结构施工图主要是按正投影法用第一角画法绘制的，有时还可按需用镜像投影图、轴测图、透视图作为辅助性图样。

对于图纸的图幅、标题栏、图线、字体、尺寸标注、比例、常用的建筑材料图例等，都已在制图基础部分中介绍了，现在再补充说明建筑施工图、结构施工图中常用的几项规定和表示方法。

(1)定位轴线及其编号

房屋施工图中的定位轴线是建造房屋时砌筑墙身、浇筑柱与梁、安装构(配)件等施工定位的重要依据。凡是墙、柱、屋架等主要承重构件都应画出定位轴线，并编注轴线号来确定其位置。对于非承重的分隔墙、次要的承重构件等，可编绘附加轴线。如不编绘附加轴线，则注明其与附近的定位轴线之间的尺寸。

如图 3.36 所示，定位轴线用细单点长画线表示，轴线编号圆的圆心在定位轴线的延长线端部或延长折线端部，画直径 8～10 mm 的细实线圆，在圆中写出轴线的编号。平面图上定位轴线的编号，宜标注在图样的下方与左侧，横向编号应用阿拉伯数字，从左至右按顺序编写，竖向编号应用大写拉丁字母(除 I、O、Z 以外)，自下而上按顺序编写。

附加轴线的编号应以分数表示，如图 3.30 左边两个图例所示，分母表示前一轴线的编号，分子表示附加轴线的编号，编号宜用阿拉伯数字按顺序编写，中间用 45°方向的直径细线分隔。若在第一根轴线前有附加轴线，例如在 1 号轴线或 A 号轴线之前的附加分轴线的分母应以 01 或 0A 表示，如图 3.30 右边两个图例所示。

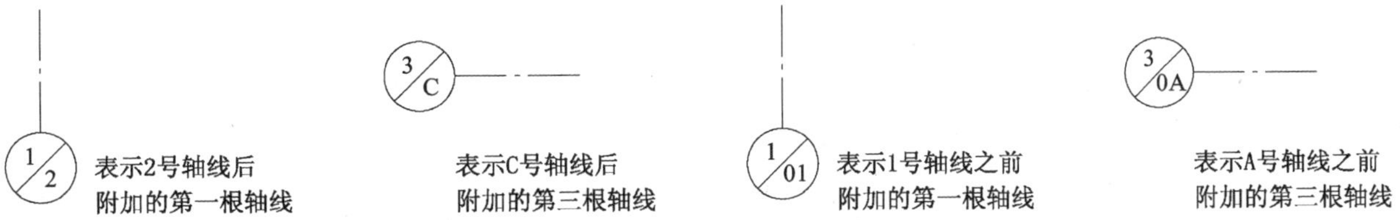

图 3.30　附加轴线及其编号

(2)标高

标高是标注建筑物高度的一种尺寸形式。它有绝对标高和相对标高之分，绝对标高是我国以青岛附近黄海的平均海平面为零点的高度尺寸，相对标高是以建筑物底层室内主要地面为零点的高度尺寸。房屋各部位的标高还分为建筑标高和结构标高，如图 3.31 所示，建筑标高是指包括粉刷层在内的、装修完成后的标高，结构标高则是指不包括构件表面粉刷层厚度的构件表面的标高。

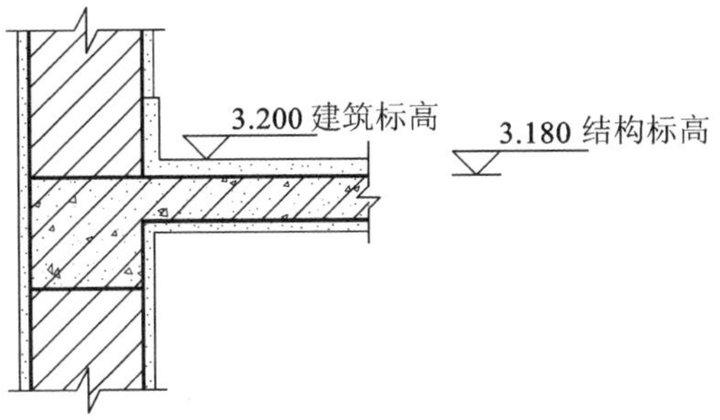

图 3.31　建筑标高和结构标高示例

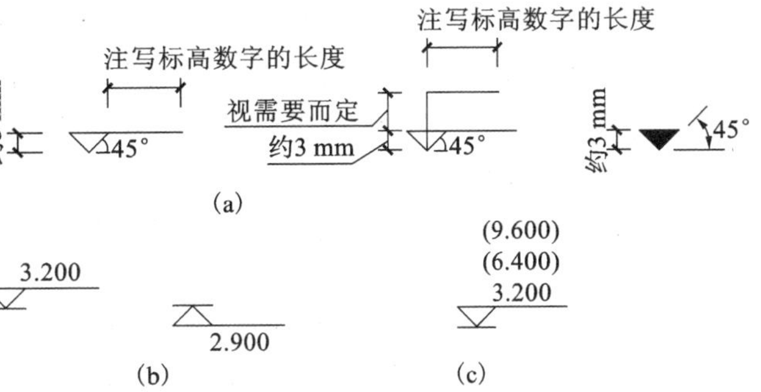

图 3.32　标高符号的画法与标高数字的标注

(a)标高符号的画法；(b)标高符号的指向；(c)同一位置需表示几个不同标高

个体建筑物图样上的标高符号应用细实线按图 3.32(a)左起第一、二图的形式绘制；总平面图上的标高符号，宜用涂黑的三角形表示，具体画法如 3.32(a)左起第三图所示。如图 3.32(b)所示，标高符号的尖端应指至被注的高度，尖端可向上，也可向下；标高数字应以米为单位，注写到小数点以后第三位，零点标高应注写成±0.000，在总平面图中，可注写到小数点以后第二位，正数标高不注“＋”，负数标高应注“－”。在图样的同一位置需表示几个不同标高时，标高数字可按图 3.32(c)所示的形式注写。

(3)索引符号和详图符号

在施工图中，有时会因所用比例较小而无法表示清楚某一局部或某一构件，需要另画详图，用引出线引出索引符号给予索引，并在所画的详图上编注详图符号。索引符号和详图符号内的详图编号与图纸编号两者必须对应一致，以便看图时查找相互有关的图纸。有关索引符号和详图符号的画法与编号方法分别见图 3.33(a)、图 3.33(b)。索引符号的圆和水平直径均应以细实线绘制，圆的直径为 8～10 mm。详图符号的圆应用粗实线绘制，圆的直径为 14 mm；详图与被索引的图样不在同一张图纸内的详图符号，水平直径是细实线。索引出的详图，如采用标准图，应在索引符号水平直径的延长线上加注该标准图册的编号，如图 3.33(a)的右上图所示。

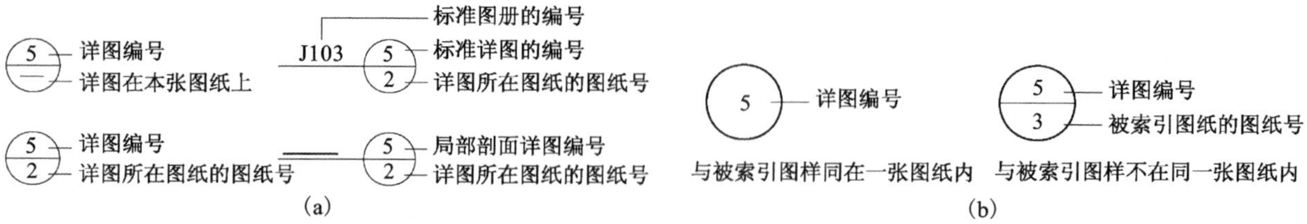

图 3.33　详图索引符号和详图符号

(a)详图索引符号；(b)详图符号

索引符号如用于索引剖面详图，应在被剖切的部位绘制剖切位置线，并应以引出线引出索引符号，引出线所在的一侧应为投射方向，如图 3.33(a)的右下图所示。

3.2.1.4　*绘制房屋施工图的方法和步骤*

一套完整的房屋施工图，它的数量和选用比例取决于房屋的外形、层数、每层的平面布置、细部构造，以及室内外装饰的复杂程度。在保证绘制的图样表达完整、清晰的前提下，便于前后对照读图与施工，图样的数量应尽量少。因此，对每张图纸的图面内容都要进行合理安排，使之既表达清晰又布置得均匀紧凑。

一套完整的房屋施工图，绘制顺序一般是从平面图开始，然后根据投影关系画剖面图或者立面图，再绘制详图。从整体到局部，逐步深入，直至整套图纸完整统一、尺寸齐全、明确无误。

3.2.2　总平面图和施工总说明

3.2.2.1　*总平面图*

建筑总平面图是关于新建房屋在基地范围内的地形、河道、绿地、广场、道路、建筑物、构筑物等的水平投影图。因此，它表明了新建房屋的平面形状、位置、朝向，新建房屋周围的建筑、道路、绿化的布置，以及有关的建筑层数、场地设计的绝对标高等。建筑总平面图是新建房屋施工定位和规划布置场地的依据，也是其他专业(如水、暖、电等)的管线总平面图规划布置的依据。

(1)建筑总平面图的图示内容

①基地范围　建筑总平面图反映工程基地的红线范围，它是由有关机构批准使用土地的地点及大小范围。当地形起伏较大时，还应画出地形等高线。

②图例与建筑物、构筑物名称　建筑总平面图要反映新建房屋在基地范围内的情况，显示的面积很大，只能选用较小比例，宜用 1∶300、1∶500、1∶1000、1∶2000。在基地地形图上，除用图例表示工程基地范围内的建筑物、构筑物平面形状外，还应注出建筑物、构筑物的名称。表 3.8 摘录了《总图制图标准》(GB/T 50103—2010)指定的部分图例，不够用时可查阅该标准。如果该标准指定的图例不符合应用，可以另行设定图例，但应在图上作出说明：画出自定义的图例，并注明其名称。

③新建建筑物及构筑物的定位尺寸或坐标　新建建筑物、构筑物有两种坐标系统：以细实线画成交叉十字坐标网格，坐标代号用“X、Y”，表示测量坐标；坐标网格画成网格通线，坐标代号用“A、B”，则表示建筑坐标。当总平面图中同时绘注这两种坐标系统时，应在附注中注明两种坐标系统的换算公式。根据工程具体情况，新建建筑物、构筑物也可以根据与原有建筑物、构筑物的相对位置来定位(以米为单位，标高、距离取至小数点后两位，坐标取至小数点后三位，不足则以“0”补齐)。

④新建建筑物的层数、总高和地面标高　在新建建筑物的图例内注明新建房屋层数、总高(室外地坪至女儿墙高度)、相对标高零点处的地面和室外整平地坪的绝对标高。

表 3.8 建筑总平面图、道路与铁路、管线、绿化图例

名称	图例	说明
新建建筑物	 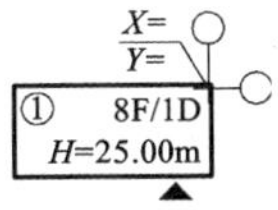   	粗实线表示±0.00 处外墙定位轮廓线。 以±0.00 处外墙定位交叉点坐标定位，轴线用细实线表示，并标明轴线编号。 根据不同设计阶段，标注建筑编号，地上/地下层数，建筑高度，出入口位置（两种表示方法均可，但同一图纸采用一种表示方法）。 地下建筑物以粗虚线表示其轮廓。 建筑上部（±0.00 以上）外挑建筑轮廓用细实线表示。 建筑物上部连廊用细虚线表示并标注位置
原有建筑物	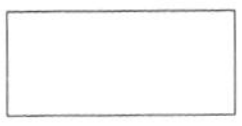	用细实线表示
计划扩建的预留地或建筑物		用中虚线表示
拆除的建筑物	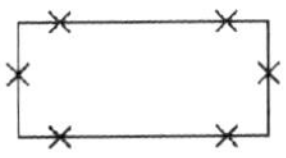	用细实线表示
水池、坑槽		也可以不涂黑
围墙及大门	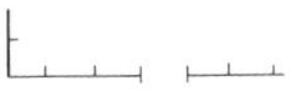	
露天桥式起重机	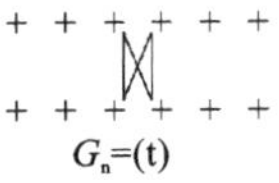	起重机起重量（G_n）以吨计算，"＋"为柱子位置
坐标	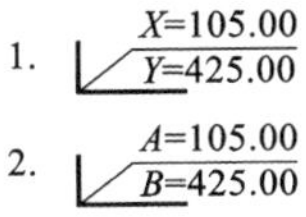	"1"表示地形测量坐标系。"2"表示自设坐标系。坐标数字平行于建筑标注
方格网交叉点标高	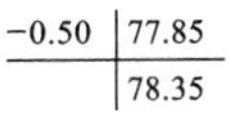	"78.35"为原地面标高。 "77.85"为设计标高。 "−0.50"为施工高度。 "−"表示挖方，"＋"表示填方
填挖边坡	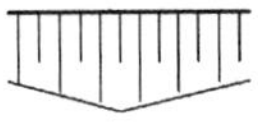	
雨水口		
消火栓井		
地下车库入口	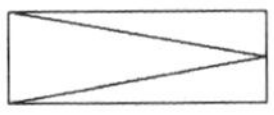	机动车停车场
新建的道路	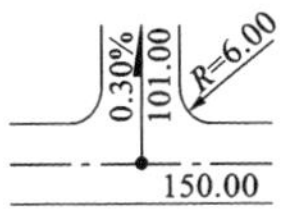	"R＝6.00"表示道路转弯半径；"150.00"为道路中心线交叉点设计标高，"101.00"为变坡点之间距离，"0.30%"表示道路坡度，"⟶"表示坡向
原有道路		
计划扩建的道路		
道路曲线段	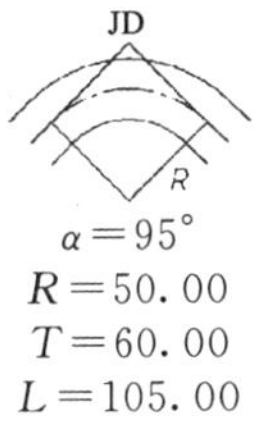	主干道宜标注以下内容：JD 为曲线转折点，编号应标坐标，α 为偏角，T 为切线长；L 为曲线长；R 为中心线转弯半径。其他道路可标转折点、坐标及半径
桥梁	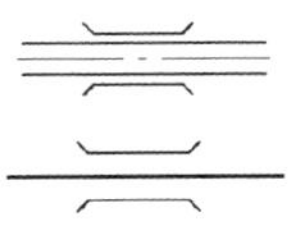	上图为公路桥，下图为铁路桥。 用于旱桥时应注明
管线	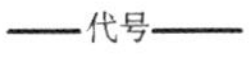	管线代号按国家现行有关标准的规定标注
常绿阔叶乔木	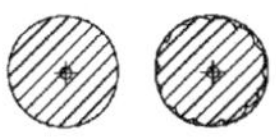	
草坪	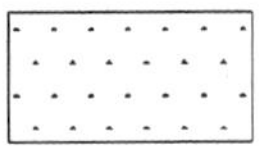	

⑤指北针或风向频率玫瑰图　总平面图应画出指北针或风向频率玫瑰图，用于表示建筑物的朝向和建筑物所在区域的风向频率。在图 3.24 的右下角画出了风向频率玫瑰图，简称风玫瑰，不仅画出指北方向，而且按当地多年统计的各个方向的吹风次数占总统计数的百分比以一定比例在各个方向线上画出诸端点，然后连成多边形，风吹方向是指从外吹向中心，实线表示全年风向频率，中虚线表示按 6、7、8 三个月统计的夏季风向频率。

(2)识读总平面图示例

图 3.34 所示是某工程基地住宅小区一角的总平面图，选用比例 1∶500。图中用粗实线画出一幢新建住宅底层零点标高处外墙轮廓线，并表明它的层数、高度、零点标高处的地面绝对标高、两端轴线编号；中虚线画出拟建的一幢住宅的平面轮廓，细实线画出原有三幢住宅的平面轮廓，注明层数；细实线画出道路和绿化。

右下角的风向频率玫瑰图既表示该地区的风向频率，又表明总平面图内建筑物、构筑物的朝向。新建和拟建住宅朝向南，建于住宅小区的东面沿规划红线砌筑的围墙内，小区南、东、北三个方向的围墙外都有道路。北面有与外界相通的小区交通出入口。

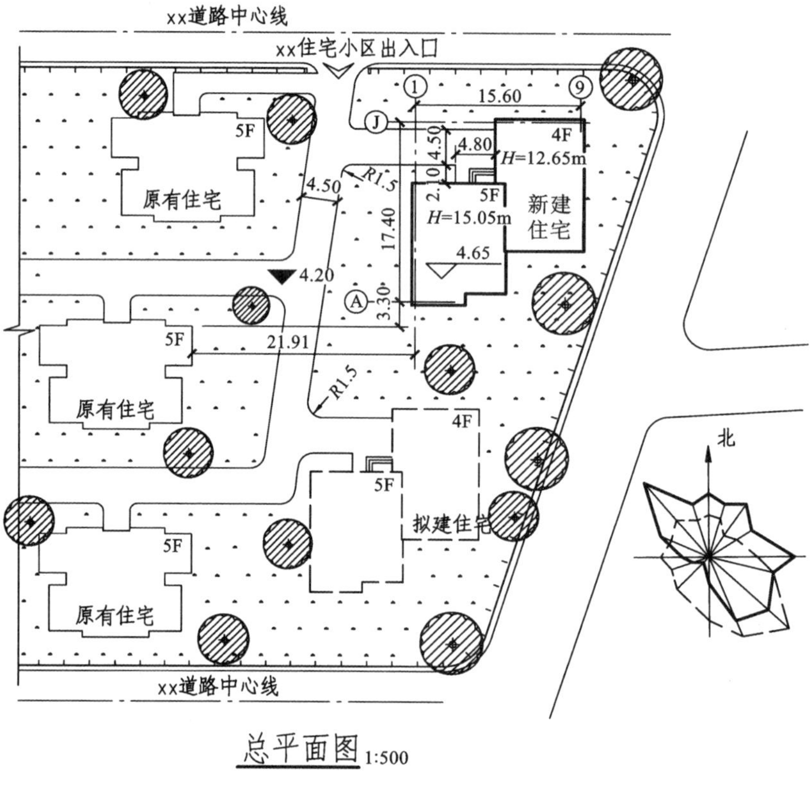

图 3.34　总平面图示例一

标注出新建住宅的定位是以小区的原有第二幢住宅为依据：平行其东、北墙面，分别向东 21.91 m、向北 3.30 m 定出新建住宅的①轴线和Ⓐ轴线。新建住宅东、西向两端轴线间距 15.60 m，南北向两端轴线间距 17.40 m，部分四层，部分五层。小区范围较小，地形平坦，室外平整后地面的绝对标高 4.20 m，室内底层零点标高处地面的绝对标高 4.65 m，室内外高差 0.45 m。区内的道路注有宽度尺寸，道路与建筑物之间为绿化地带。

图 3.35 所示是某工厂的局部总平面图，图中画出了厂区基地范围内的地貌、地物的平面形状。等高线表明了该基地的东北角和西北角地形起伏；用粗实线绘制新建机修车间的平面轮廓，标注它的两端轴线和层数、高度、室内地面处的绝对标高。在大范围和复杂地形的总平面图中，为了保证施工放线正确，新建房屋的位置由测量坐标定位，测量坐标画成细交叉十字线，坐标代号用“X、Y”表示。将图中标注出新建机修车间室内地面处外墙定位轴线的三个交点的测量坐标作为建造时的依据；还注写出新建机修车间的

室外地面的绝对标高;在图右下角画出了指北针,指北针宜用细实线绘制,圆的直径宜为 24 mm,指针尾部的宽度为 3 mm,针尖处注写"北"字,从而显示了建筑物的朝向。新建机修车间位于图示山洼平地的厂区一角的南面,新建机修车间的北面、与其一路之隔的是二层楼的厂区厨房和食堂,厨房的西面是二层楼的公共浴室和一层锅炉房,食堂的东面是厂区停车场,综合楼位于该厂区一角的北面,紧邻厂区连接厂外的北大门和门卫。因为图中厂区基地范围较广,图中的绿化将结合已有的园林,另行表示。

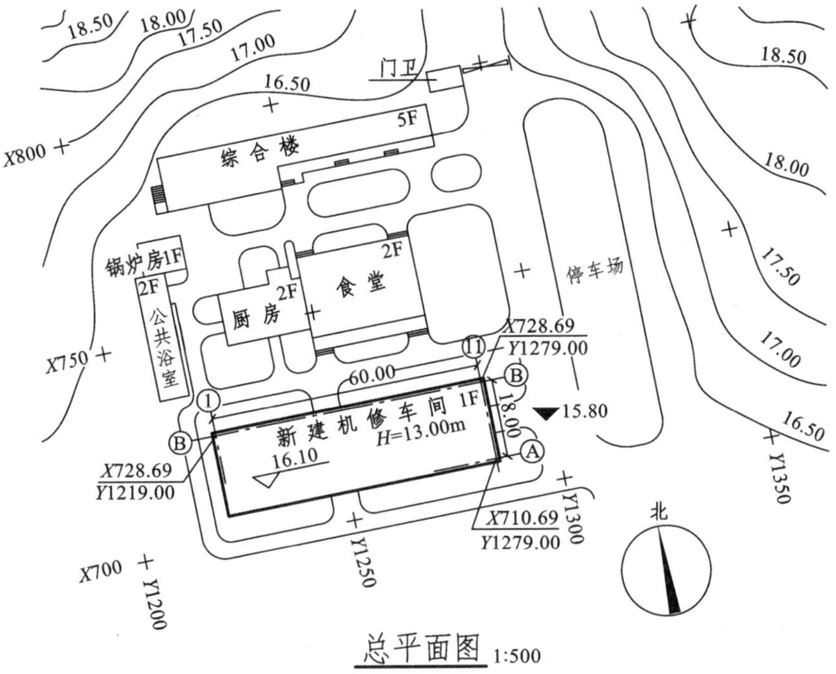

图 3.35 总平面图示例二

3.2.2.2 施工总说明

施工总说明和总平面图反映了新建房屋的总体施工要求和布局。一般中小型房屋的施工总说明放在建筑施工图内。

施工总说明也可称为设计说明,一般包括工程概况(工程名称、位置,建筑规模,建筑技术经济指标,绝对标高与相对标高之间的关系等);结构类型;主要结构的施工方法;以及对图纸上未能详细注写的用料、做法、部位或者可以统一说明的问题进行详细的说明;构件使用或套用标准图的图集代号等。下面摘录某住宅工程的建筑施工总说明的部分内容。

某住宅工程施工总说明

(一)放样:以西面第二幢的原有住宅的东、北墙面为放样依据,按总平面图所示尺寸放样。

(二)设计标高:室内地坪标高±0.000 为绝对标高 4.650 m,室内外高差 0.450 m。

(三)墙身:外墙为 365 mm 厚,内墙为 240 mm 厚,内隔墙为 120 mm 厚,采用强度等级为 MU10 的烧结砖和强度等级为 M5 的混合砂浆砌筑;基础墙采用强度等级 MU15 的机制砖、M10 的混合砂浆砌筑。

(1)外墙面粉刷及装饰

①外墙涂料饰面:18 mm 厚 1:1:4 混合砂浆分层抹面,浅黄色外墙涂料喷涂;白水泥浆勾引条线;腰饰、女儿墙的顶饰、雨篷、窗台、阳台扶手、花台用 12 mm 厚 1:3 水泥砂浆打底,6 mm 厚 1:2 水泥砂浆抹面,滚涂白色外墙乳胶漆。

②外墙面砖饰面:8 mm 厚 1:3 水泥砂浆打底,12 mm 厚 1:0.2:2 水泥、石灰、砂浆结合层,面砖黏结剂粘贴浅褐色面砖;1:1 水泥砂浆勾缝。

(2)内粉刷及装饰

①平顶:10 mm 厚 1∶0.3∶2.5 水泥石灰砂浆打底,纸筋灰粉平,刷白二度。

②内墙:18 mm 厚 1∶0.3∶2.5 水泥石灰砂浆打底,纸筋灰粉面,刷白二度。

③踢脚线:除厨房、卫生间外,25 mm 厚 1∶3 水泥砂浆打底,1∶2 水泥砂浆粉面。

④厨房、卫生间:8 mm 厚 1∶3 水泥砂浆打底,12 mm 厚 1∶0.2∶2 水泥、石灰、砂浆结合层,花式瓷砖贴墙面,白水泥擦拭缝隙。

(四)室内楼地面:地面为素土夯实+70 mm 厚道渣压实+50 mm 厚强度等级 C20 混凝土+40 mm 厚水泥砂浆石屑随捣随光。楼层为钢筋混凝土板+40 mm 厚细石混凝土随捣随光。厨房、卫生间、阳台、楼梯间、门厅入口踏步上做 20 mm 厚 1∶2.5 水泥砂浆面层。分户门、厨房、卫生间的楼地面比同层主要室内楼地面低 20 mm。

(五)屋面

上人屋面:现浇钢筋混凝土板上做 1∶6 水泥焦渣,最薄处 60 mm 厚,垫筑 2%坡度,振捣密实,表面扫光;100 mm 水泥珍珠岩板保温层;20 mm 厚 1∶3 水泥砂浆找平;高分子卷材防水层一层;25 mm 厚掺 107 胶水泥砂浆粘贴 10 mm 厚缸砖面层,干水泥擦缝。

不上人屋面:现浇钢筋混凝土板上做 1∶6 水泥焦渣,最薄处 60 mm 厚,垫筑 2%坡度,振捣密实,表面扫光;100 mm 水泥珍珠岩板保温层;20 mm 厚 1∶3 水泥砂浆找平;高分子卷材防水层一层。

(六)其他:标准塑钢门窗和木门套用××标准设计图集,油漆浅黄色。门窗五金等按标准图配齐。楼梯木扶手涂淡咖啡色漆,铁栏杆涂深咖啡色漆。排水雨水管用 ϕ100 PVC 塑料雨水管。有地漏的房间地面 1%找坡,坡向地漏。

(七)注意事项:施工单位须按图施工,必须严格遵照国家现行施工验收规范和地方建委批发的土建施工工艺规范执行。如图纸中有遗漏、不详之处,或因各种原因要求更改设计时,请施工单位与设计单位联系,共同妥善解决。

3.2.3 建筑平面图

3.2.3.1 建筑平面图的形成、表达内容与用途

建筑平面图(除了屋顶平面图外)是用一个假想水平剖切面,在房屋的窗台上方剖开整幢房屋,移去剖切面上方的部分,将留下部分向水平面作正投影所得的水平剖面图。建筑平面图包含被剖切到的断面、可见的建筑构配件和必要的尺寸、标高。它反映了建筑物的平面形状、平面布置、墙的厚度、门窗的大小与位置,以及其他建筑构配件的设置等情况。它是墙体砌筑、门窗安装和室内装修的重要依据。

房屋有几层,通常就应画出几个平面图,在平面图的下方注上图名。当楼层房屋某两层或几层平面布置相同时,这两层或几层平面可以合用一个共同的平面图,图名注“标准层平面图”或“*X*、*Y* 层平面图”“*X*、*Y*、*Z* 层平面图”(例如“二、三层平面图”“二、三、四层平面图”)等;如果某两层或几层平面布置只有局部不同时,也可以合用一个平面图,对于局部不同部分,则另画局部平面图。有时,局部平面图用较大的比例清晰地表示出室内某些固定设施的形状,标注它们的细部尺寸、定位尺寸,作为建筑平面图中某个局部的放大补充。

建筑平面图除了表示本层内部情况外,尚须反映出下一层平面图未反映的可见建筑构配件(如雨篷等);底层平面图须反映出室外的台阶、散水(或明沟)、花坛等。

屋顶平面图是一幢房屋的水平投影图。

3.2.3.2 建筑平面图的图示内容

(1)图名、比例 从图名了解这个建筑平面图是表示房屋的哪一层平面,比例是视房屋的大小和复杂程度选定的。建筑平面图的比例宜采用 1∶50、1∶100、1∶150、1∶200、1∶300。由于绘制建筑平面图的比例比较小,所以平面图内的一些构造和配件要用《建筑制图标准》(GB/T 50104—2010)指定的图例表示,表 3.9 摘录了该标准的部分图例,不够用时可查阅该标准。

(2)定位轴线和墙、柱　根据定位轴线了解各承重构件的定位与布置。

(3)房间的名称或编号　房间应注写名称;若注写编号,则编号注写在直径为 5～6 mm 的细实线圆圈内,并在同一张图纸上列出房间名称表。

表 3.9　建筑构造及配件图例

名称	图例	说明
楼梯	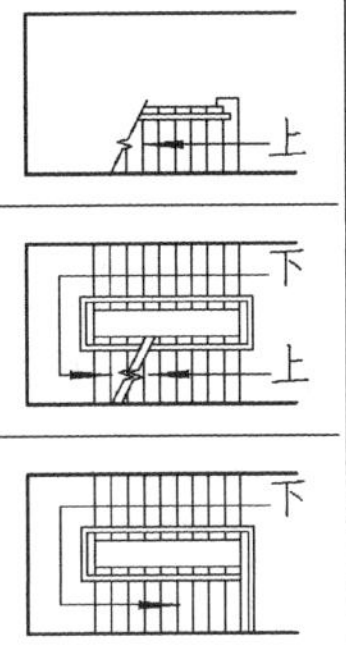	(1)上图为底层楼梯平面,中图为中间层楼梯平面,下图为顶层楼梯平面。 (2)须设置靠墙扶手或中间扶手时,应在图中表示
检查孔	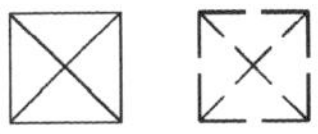	左图为可见检查孔。 右图为不可见检查孔
孔洞		阴影部分亦可填充灰度或涂色代替
坑槽	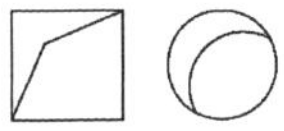	
墙预留洞	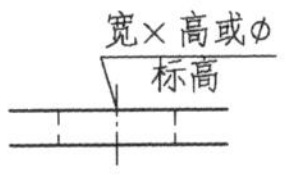	(1)平面以洞(槽)中心定位。 (2)标高以洞(槽)底或中心定位。 (3)宜以涂色区别墙体和预留洞(槽)位置
墙预留槽	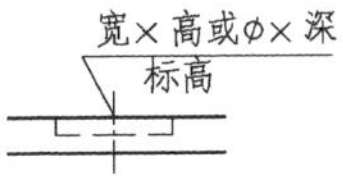	
烟道	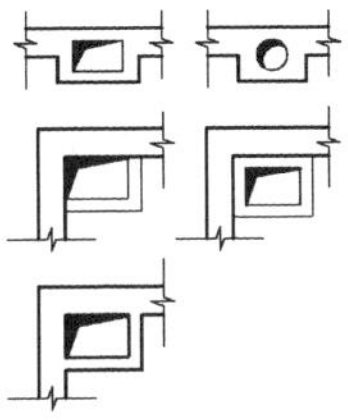	(1)阴影部分亦可填充灰度或涂色代替。 (2)烟道、风道与墙体为相同材料,其相接处墙身线应连通。 (3)烟道、风道根据需要增加不同的内衬
风道	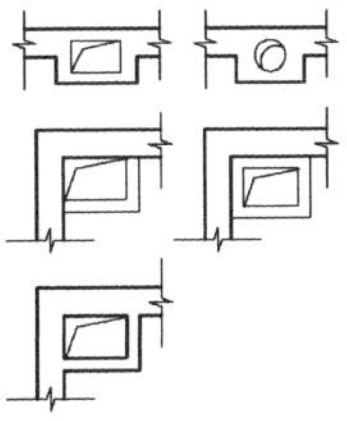	

名称	图例	说明
单面开启单扇门(包括平开或单面弹簧)	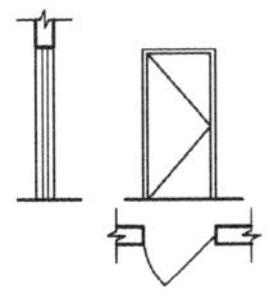	(1)门的名称代号用 M 表示。 (2)平面图中,下为外,上为内,门开启线为 90°、60°或 45°,开启弧线宜绘出。 (3)立面图中,开启线实线为外开,虚线为内开,开启线交角的一侧为安装合页一侧,开启线在建筑立面图中可以不表示,在立面大样图中可根据需要绘出。 (4)剖面图中,左为外,右为内。 (5)附加纱扇应以文字说明,在平、立、剖面图中均不表示。 (6)立面形式应按实际情况绘制
双面开启单扇门(包括双面平开或双面弹簧)	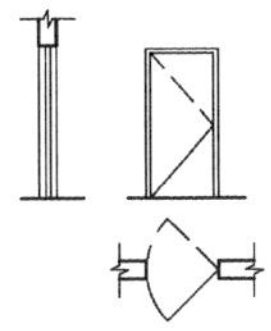	
单面开启双扇门(包括平开或单面弹簧)	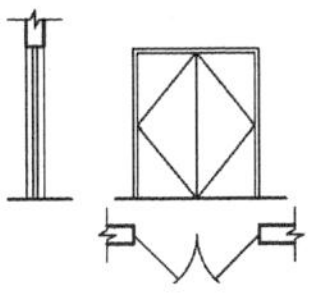	
双面开启双扇门(包括双面平开或双面弹簧)	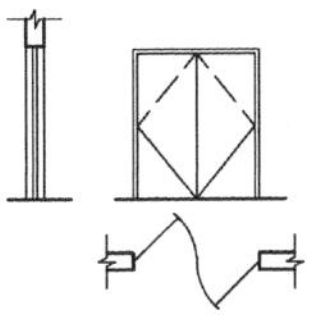	
折叠门	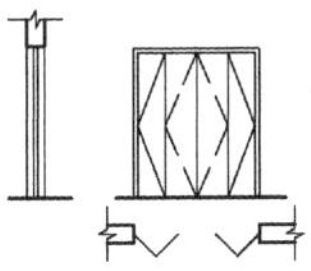	
固定窗	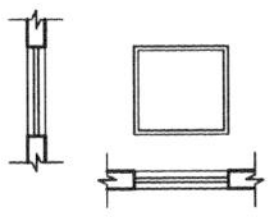	(1)窗的名称代号用 C 表示。 (2)平面图中,下为外,上为内。 (3)立面图中,开启线实线为外开,虚线为内开,开启线交角的一侧为安装合页一侧。开启线在建筑立面图中可以不表示,在门窗立面大样图中需要绘出。 (4)剖面图中,左为外,右为内。虚线仅表示开启方向,项目设计不表示。 (5)附加纱扇应以文字说明,在平、立、剖面图中均不表示。 (6)立面形式应按实际情况绘制
上悬窗	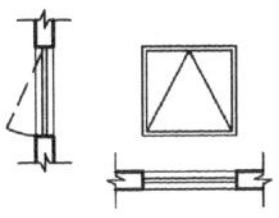	
中悬窗	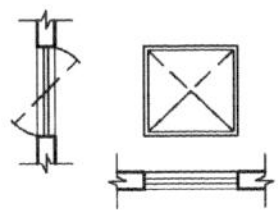	
单层外开平开窗	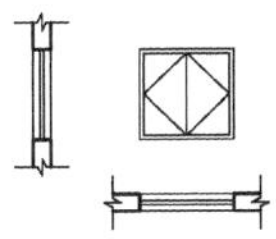	
单层推拉窗	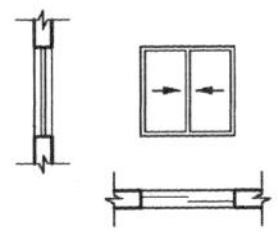	

(4)门、窗布置及编号　门、窗均按图例画出，并注写编号。编号为阿拉伯数字，数字前面的拼音字母"M""C""GM""GC"是门、窗、钢门、钢窗的代号。但是，当设计选用的门、窗是标准设计时，也可用所选用的门窗标准图集中门窗型号或代号来标注，同一类型的门窗编同一个编号。通常在首页设计说明中或在平面图的图纸上附一个门窗明细表，表中列出这幢房屋所选用门窗的编号以及相应的洞口尺寸、数量、选用标准图集的编号。

(5)其他建筑构造和设施　在图中画出其他可见的或剖切到的建筑构造和固定设施及其位置，如需表示不可见部分，则应以虚线绘制。

(6)尺寸和标高　通常注有总尺寸、定位尺寸及细部尺寸。外墙注三道尺寸：最外面一道是外包尺寸，表明房屋的总长度或总宽度；中间一道是轴线的间距尺寸，一般为房间的开间或进深尺寸（开间通常指一间房间的宽度，进深指该房间的深度）；最里面一道标出门窗洞口、洞间墙等细部尺寸。此外，还应注出某些局部尺寸，如内墙上的门窗洞宽度与定位尺寸、墙厚，以及一些主要构配件与固定设施（根据图纸用途按需注写）的形状与定位尺寸等。平面图中的上述尺寸，均不包括粉刷层的厚度。

标高注明的是相对于室内底层主要地面为正负零点的各个楼地面、阳台、楼梯平台等装修完成以后的相对标高（建筑标高）。

(7)详图索引、剖切符号、指北针和文字说明等　在需要引出详图的细部处，应画出索引符号。在房屋的底层平面图上，应画出房屋剖面图的剖切符号（包括剖切位置线、投射方向线和编号）和表示房屋朝向的指北针。对于部分图样内容用文字更能表示清楚，或者是图样表达方面需要集中补充说明的问题，则可以在图纸上用文字说明。

(8)屋顶形状及其上构配件　用屋顶平面图表示，屋顶平面图上注有屋面排水坡度与方向，画出将雨水导向雨水管的屋面天沟。

平面图中的图线要求：用线宽 b 的粗实线画剖切到的墙和柱等主要轮廓线；用线宽 $0.7b$ 的中粗实线画被剖切到的次要轮廓线和可见的轮廓线；用线宽 $0.5b$、$0.25b$ 的中实线、细实线画较细小的建筑构配件；用线宽 $0.25b$ 的细实线画图例填充线、家具线、纹样线等。

建筑施工图中的墙、柱断面，当图样比例大于 1∶50 时，应画出抹灰层的面层线，并宜画出材料图例；比例等于 1∶50 时，是否画抹灰层的面层线，应根据需要而定；比例小于 1∶50 时，可不画抹灰层；当比例为 1∶200～1∶100 时，建筑施工图中的墙、柱的材料图例可简化为砖墙涂红、钢筋混凝土涂黑（对于墙体材料单一的建筑，有时只在施工说明中指明墙体材料，建筑施工图中墙体断面就简化为只画墙体轮廓线，书中只涂黑钢筋混凝土构件的断面，没有涂红砖墙的断面）。

3.2.3.3　识读底层平面图示例

建筑平面图的识读，应先看底层平面图，再看楼层平面图，最后看屋顶平面图。

图 3.36 所示的一幢住宅的底层平面图，用 1∶100 比例绘制，表明了新建房屋底层的平面布置情况：横向设有九道轴线，纵向设有九道轴线和三道附加轴线；砖墙的位置按轴线在墙身中的位置来确定，所有 365 mm 厚外墙的外墙面距轴线 245 mm、内墙面距轴线 120 mm，其余 240 mm 厚内墙、120 mm 厚隔墙的轴线均与墙身中心线重合，而墙身的厚度尺寸，可以在住宅施工总说明中看出。剖切到的墙身用粗实线表示，墙内涂黑的是钢筋混凝土构造柱，这种钢筋混凝土柱是按混合结构抗震和构造要求设置，它与墙内圈梁一起用来提高房屋的整体性和砌体抗剪强度。以文字注明经墙体分隔后的各间房间的名称，厨房和卫生间内的部分设备或设施，门、窗、楼梯以图例表示，外墙四周用于排水的明沟，为了图面清晰，以间断的三条细线表示它的轮廓，有雨水管的地方还画出了雨水管的断面。

楼梯间内的楼梯平面图的图例是假设在窗台之上、楼梯休息平台之下作水平剖切后，往下作水平投影，画倾斜的折断线，画出第一上行楼梯段的下半部分，图中"上 17 级"是指底层地面到二层楼面的楼梯共有 17 级踏步。楼梯段也可简称梯段。

尺寸标注有外墙的三道尺寸和其他构（配）件必要的细部尺寸、定位尺寸，以及房屋的总长和总宽，各个房间的开间、进深，门、窗的宽度和位置等尺寸。注出了室内外不同地面高度的相对标高，底层的卧室、

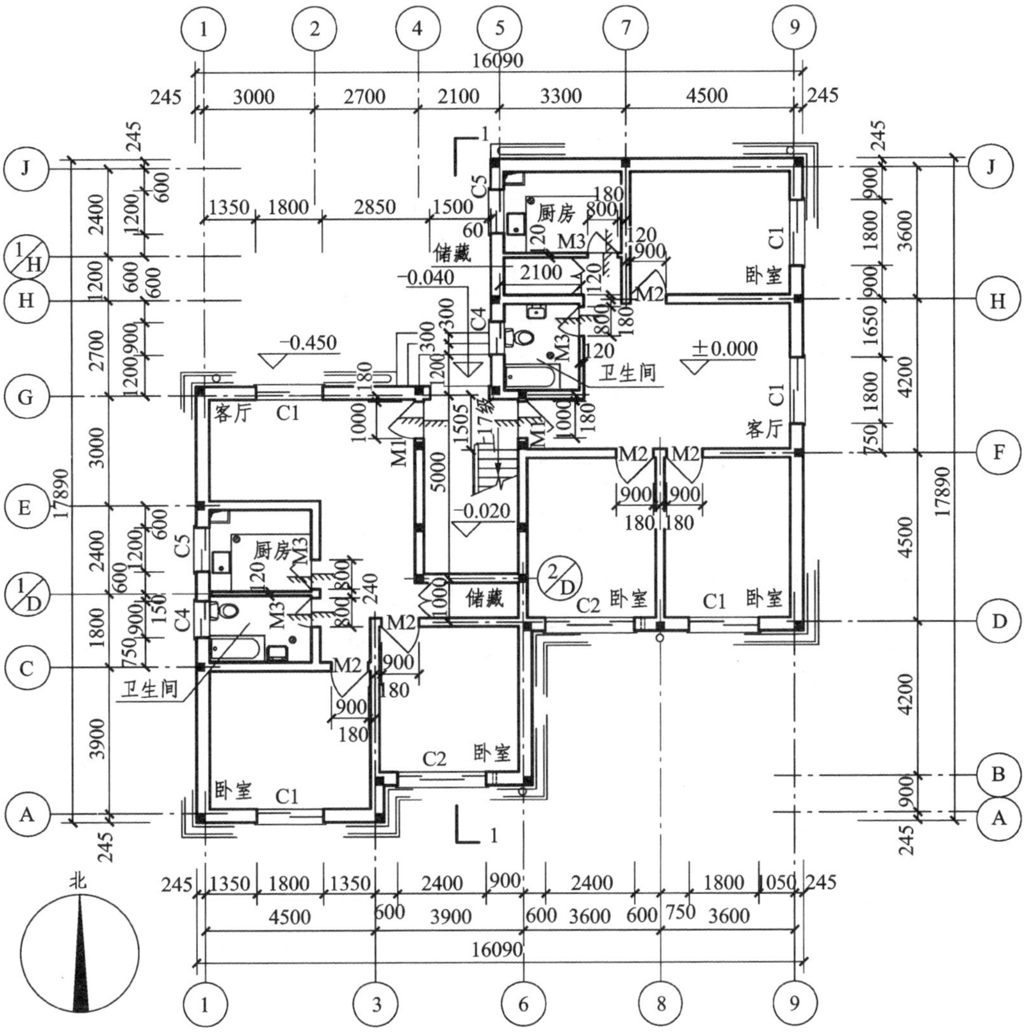

底层平面图 1:100

图 3.36 底层平面图

客厅地面标高为相对标高的正负零点;比它们高,则为正标高(标高数字前省略正号);比它们低,则为负标高(标高数字前有负号);在地面不同的标高分界处,画出了分界线和重合断面图(局部)。

另外,在图的左下方画出了指北针,指北针指明住宅朝向,应与总平面图中风玫瑰图上的指北针相一致。剖切符号表明建筑剖面图的剖切位置选在通过楼梯间的部位,投射方向向东,编号为 1。

3.2.3.4 其他平面图

(1)楼层平面图

图 3.37 所示是这幢住宅的标准层平面图,由于二、三、四层仅二层平面图的楼梯间窗外应反映底层入口处的雨篷,室内、室外的平面布置都相同,则这几层平面可以合用一个共同的平面图。标准层平面图不再画出底层平面图中已经显示的指北针、剖切符号,以及室外地面上的构(配)件,其图示方法与底层平面图基本相同,一些与底层相同的次要尺寸可以省略。可以想象,如果单独画这幢住宅的二层平面图,其图示内容与标准层平面图基本相同,但底层入口处的雨篷则必须在相应的位置表示出来,在图 3.37 中未画。

标准层楼梯间部分表达梯段的情况应参照表 3.9 中的楼梯图例,按实际情况绘制。东侧梯段不但看到了上行梯段的部分踏步、扶手,也看到了下行的第二楼梯段的部分踏步、扶手,它们以倾斜的折断线分界,西侧是下行的第一楼梯段的踏步、扶手,南面是两个梯段之间的休息平台。这种布置形式的楼梯称为双跑楼梯,即一个楼层至相邻楼层的楼梯由两个梯段、一个休息平台所组成。

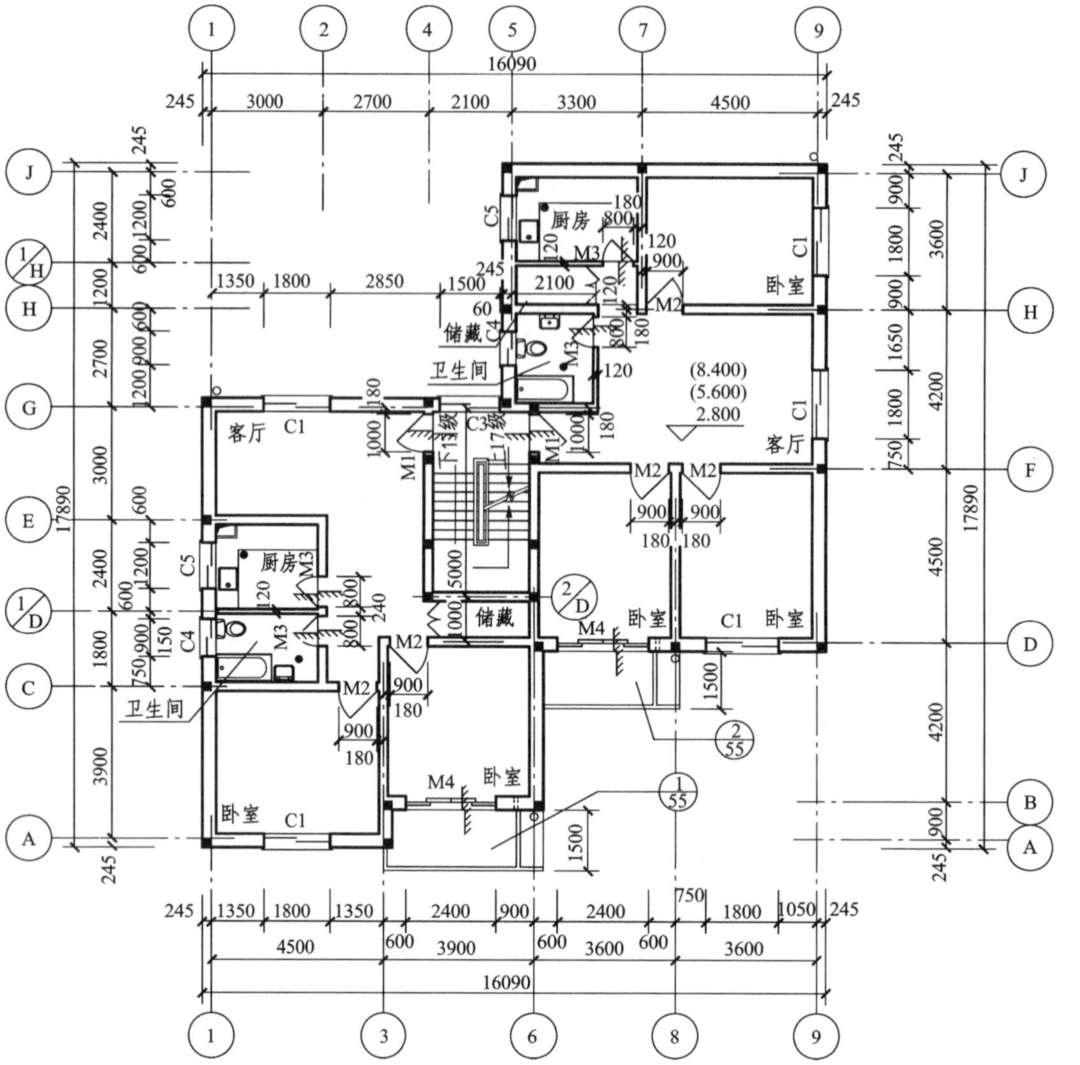

标准层平面图 1:100

图 3.37　标准层平面图

在阳台处有详图索引符号，表示另有阳台详图详细地表达阳台的尺寸、构造及其做法。详图索引符号与详图符号中的图纸号，在本书中都以本章的插图号代替建筑施工图的图纸号。例如西边住户的阳台索引到建施第 55 号图纸上的第 1 号详图，在本书中则索引到图 3.55 中的第 1 号详图；而在图 3.55 的第 1 号详图的详图符号中，则表明了这个详图是从建施第 37 号图纸上索引过来的，也就是从本书的图 3.37 中索引过来的。

图 3.38 所示的五层平面图是一个假想用水平面剖切在五层窗台上方的水平剖面图，反映五层平面室内、室外的各项内容。因为该住宅只是一幢局部五层楼，所以图中除了反映与标准层相同的西住户平面布置外，还反映了四层东边住户的屋顶平面图。因为顶层楼梯间不再有上行梯段，所以楼梯的扶手、两段下行梯段和一个中间休息平台都完整画出，而且将栏杆和扶手（图中只画出可见的扶手）沿着五层楼面与四层楼面出现高差处的楼梯口一直延伸到墙壁。为了上东边的屋顶，又要防止屋面雨水流到楼梯间内，故上东边的屋顶前要先上两级踏步，图中画出了两级踏步的水平投影和它的局部重合断面图图例。四层东边住户的屋顶平面图画出了与屋顶上构配件形状有关的轴线，完整地显示了屋顶的形状、女儿墙兼屋顶的围护栏板、南面四层楼阳台的雨篷、屋面流水的分水线、屋面的排水方向及坡度、天沟和雨水出口、一层至四层的东边住户厨房的西北墙角排烟道出屋面的排烟口等内容。屋面排水的路线：雨水顺屋面排水方向流

向天沟，再流入雨水出口。标高 11.160 注的是钢筋混凝土屋面板板面结构标高。屋顶的具体构造可以参见建筑立面图、建筑剖面图和檐口节点详图。

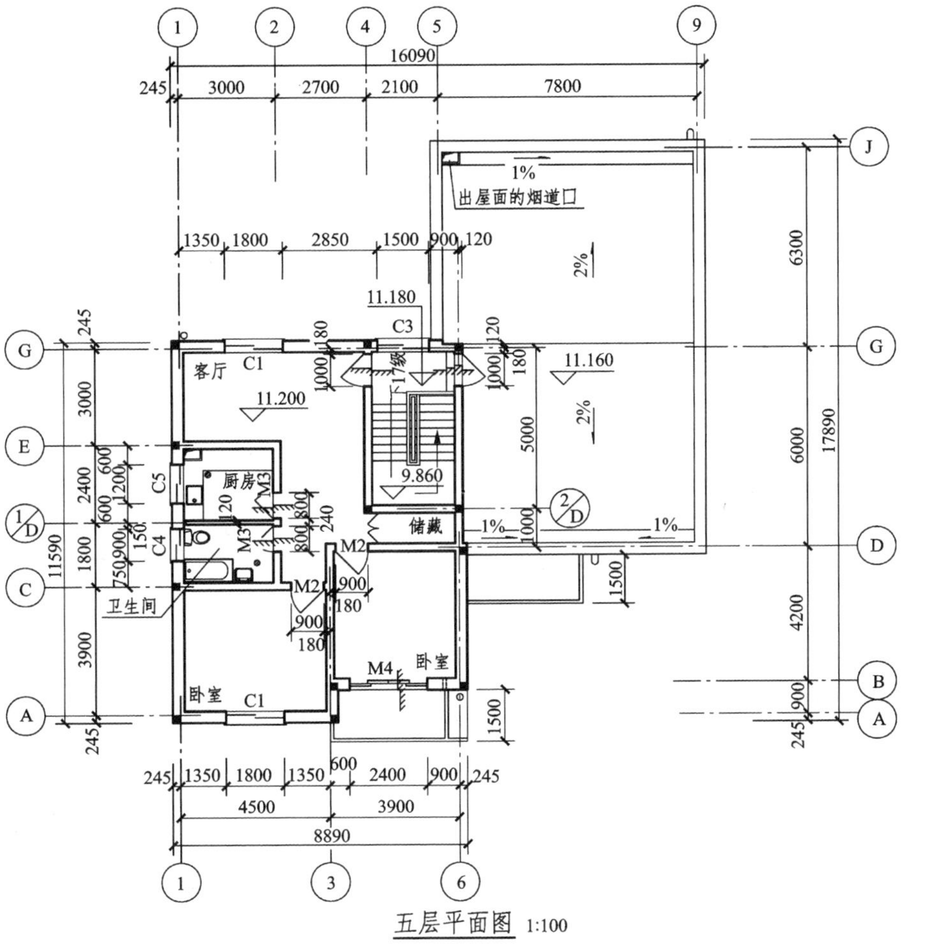

图 3.38 五层平面图

(2)屋顶平面图

图 3.39 所示是用 1∶100 比例绘制的五层楼房部分的屋顶平面图，由于该住宅的东边屋顶已经在五层平面图中画出，所以这里仅画出该住宅的西边住户及楼梯间的屋顶平面图。图中画出了与屋顶上的构(配)件形状有关的轴线，屋顶的形状、女儿墙、南面五层平面图未表明的阳台雨篷和上东边屋顶的门洞雨篷、屋面流水的分水线、屋面的排水方向及坡度、天沟和雨水出口，以及一层至五层的西边住户厨房的西北墙角排烟道出屋面的排烟口等内容。屋面排水的路线：雨水顺屋面排水方向流向天沟，再流入雨水出口。标高 14.000 注的是钢筋混凝土屋面板板面的结构标高。

(3)局部平面图

图 3.40 所示是这幢住宅的西边住户的厨房、卫生间的局部平面图。在比例为 1∶100 的建筑平面图中，由于图形太小，只能用细线画出固定设备或设施的外形轮廓或图例，不能标注它们的细部尺寸和定位尺寸，所以用 1∶50 的比例较大地画出局部平面图。图 3.40 中的洗涤盆、洗脸盆、浴盆、坐式大便器等通常是按规格和型号订购成品，再按有关规定或说明书安装，因此，只需标注它们的定位尺寸，以便施工留位。

3.2.3.5 门窗表

门窗根据设计选用的门、窗标准设计图集中的型号，可以直接注写其代号，特殊型号则自行编号，另行绘制详图；也可以全都自行编号，在门、窗表中说明哪些是选用的门、窗标准设计图集中的哪种型号，哪些

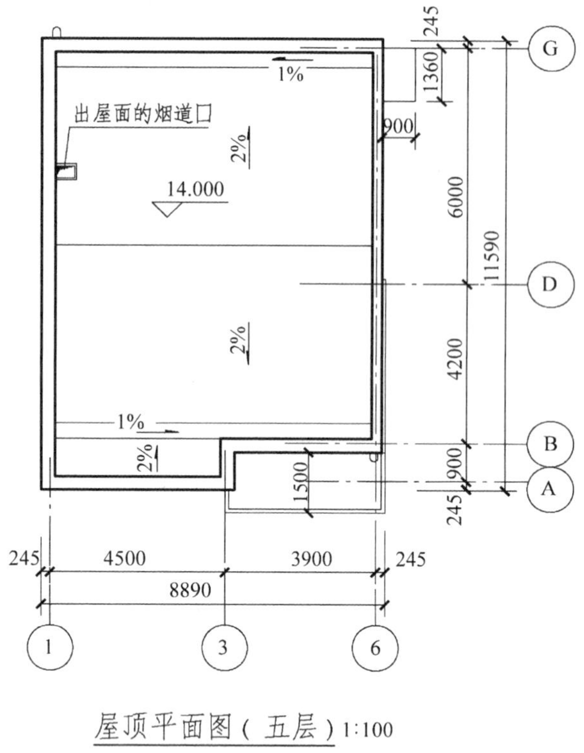

图 3.39　五层楼房部分的屋顶平面图

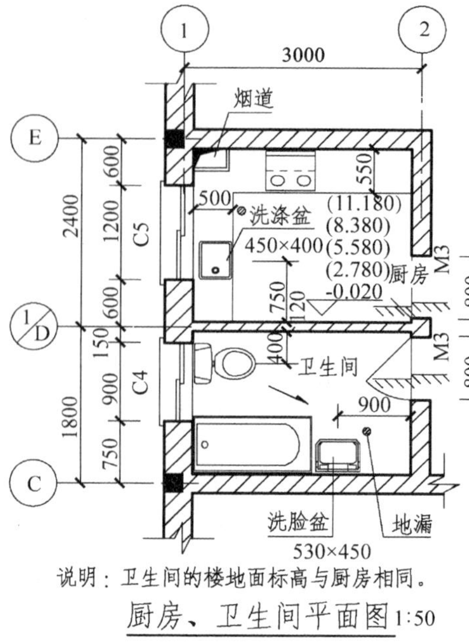

图 3.40　局部平面图示例

是自行设计的特殊型号。图中显示的是全部自行编号，都采用门窗标准设计图集中的门窗，在门窗表中对照说明的目的是反映自行编号对应哪本图集上的哪个编号的门窗。表 3.10 综合列出了这幢住宅中各种门窗型号、门窗洞尺寸、数量，以便加工或订购。

表 3.10　某住宅的门窗表

类别		洞口尺寸(mm)宽×高	各层数量					合计	采用标准图集及编号		备注
			底层	二层	三层	四层	五层		图集代号	编号	
门	M1	1000×2100	2	2	2	2	2	10	××标准设计图集	JM7	夹板门
	M2	900×2400	5	5	5	5	2	22		JM17	
	M3	800×2100	4	4	4	4	2	18		JM4	
	M4	2400×2400		2	2	2	1	7	××标准设计图集	TM2424	85 系列硬聚氯乙烯塑钢门窗
窗	C1	1800×1400	5	5	5	5	2	22		TC1814	
	C2	2400×1400	2					2		TC2414	
	C3	1500×1400		1	1	1	1	4		TC1514	
	C4	900×1400	2	2	2	2	1	9		TC0914	
	C5	1200×1400	2	2	2	2	1	9		TC1214	

3.2.3.6　绘制建筑平面图的步骤

(1)用绘图仪器绘制建筑平面图

用绘图仪器绘制建筑平面图铅笔图稿的步骤见图 3.41。图 3.41(b)中的楼梯踏步是利用在两平行线间作平行分隔线的方法来绘制的，具体画法如图 3.42(a)、图 3.42(b)所示。需要注意的是：梯段的水平长度=(级数-1)×踏步宽度，这是因为梯段的最后一级踏面与平台面或楼面重合。

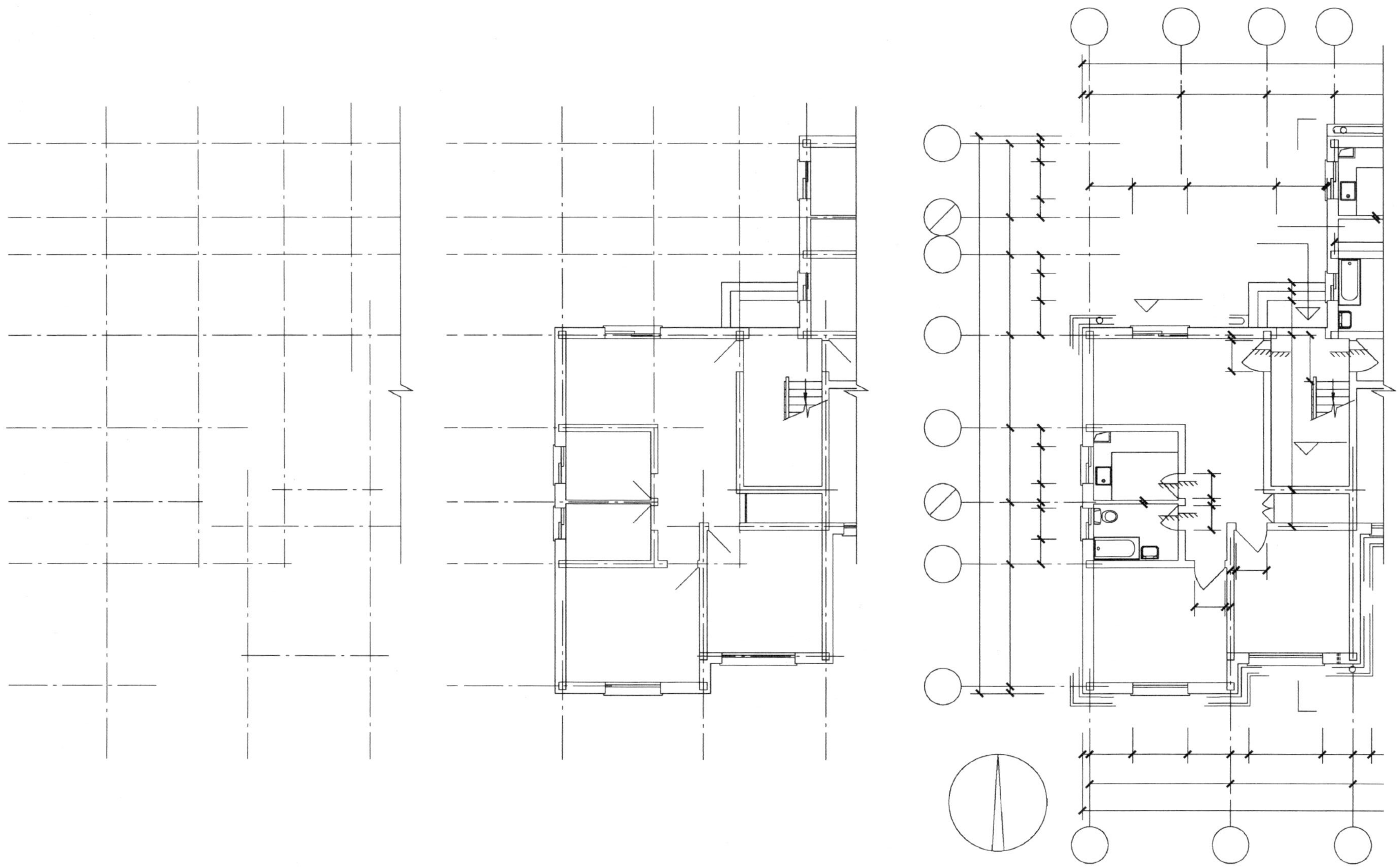

(a)　　(b)　　(c)

图 3.41　绘制建筑平面图图稿的步骤

(a)画定位轴线；(b)画墙柱断面和门窗；(c)画构(配)件和细部，画出符号和标注尺寸、编号、说明文字

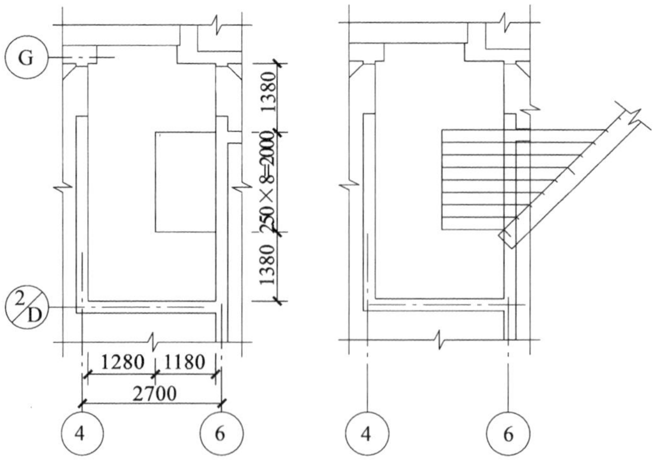

图 3.42　绘制楼梯平面图的步骤

(a)画出梯段的宽度和踏步的起止线;(b)等分踏步

另外,还须注意,在画轴线编号圆时,圆心位置宜安排在一条水平线或竖直线上。图稿完成后,须仔细校核,如有问题,应及时解决,经校核无误后,才可清理图面,用铅笔加深或覆上描图纸上墨。

用铅笔加深或描图上墨的图线线宽应遵照建筑平面图的图线要求,其他各种符号的图线应符合前面所述的各项规定(如剖切符号、轴线、索引符号等)。用铅笔加深或上墨的顺序一般为先整体,后细部,最后画材料图例。若用描图纸上墨,可在图纸反面分别用红铅笔涂红墙的断面、用墨水涂黑柱的断面。再经复核无误后,便完成这张图纸的全部画图工作,最后结果见图 3.36。

(2)用 AutoCAD 软件绘制建筑平面图。

①设置绘图环境

设置图层、线型和线宽　图层设置应包含:注释-标注层、轴线层、门窗层、填充图案层、楼梯层、小构件和设备层、墙层等。

设置字体和样式　汉字样式名采用 HZ,选用仿宋字体;字母、数字样式名采用 SZ,选用 Roman 字体。应注意的是,为了方便,作图常采用 1∶1 的比例,而打印输出则需要按比例缩小,因此,字高要乘以相应的比例,如按 1∶100 比例出图的汉字高为 5 号字、拉丁字母字高为 3.5 号字,则绘图时设置的汉字高应乘以相应的比例 100。

设置尺寸标注样式　尺寸标注样式也须注意比例问题,若绘图和出图采用一样的比例,则在主单位选项卡中的比例因子须扩大或缩小相同的比例。若按 1∶1 的比例绘制,故比例因子也为 1。同时,将尺寸数字的高度、起止符号的大小、尺寸界线的偏移距离和延伸长度等均预先放大。

②绘图步骤与用绘图仪器相仿

a. 绘制定位轴线。将“轴线”层设为当前层,可以使用“直线”画轴线,也可以根据定位轴线间的距离,用偏移(Offset)命令或复制(Copy)命令画出其他竖向轴线。

b. 画出墙身线。画墙身线有多种方法,一般用偏移轴线的方法按墙体轮廓线的位置偏移,将偏移得到的墙体轮廓线改为“粗实线”图层。改变的方法是用鼠标单击欲改的对象,被选中的对象呈虚线和蓝色方框,然后单击图层工具条中图层控制右边的三角,在下拉列表中选择“粗实线”图层,对象改成粗实线,再按下[Esc]键,蓝色方框消失。用修剪(Trim)命令完成墙体轮廓线。

c. 绘制门窗及建筑细部。利用偏移或复制等命令,在墙体上确定门窗的位置,再利用修剪或剪切命令开出洞口。将当前图层设为“门窗层”,画出窗的图例,并存为块,用插入命令,将窗的图块插入相应的洞口。插入时根据窗洞的大小以不同的比例进行调整。门按开启方向用中实线画出。在“设备层、楼梯层”的图层上画出设备、楼梯等建筑细部。图中墙角的小黑块是用填充(Hatch)命令得到的。

d. 标注尺寸和文字。在“注释-标注层”上标注，三道尺寸的标注可用连续标注的方式进行，同时充分利用捕捉工具，使尺寸的标注十分准确和方便；文字可用单行文字（Dtext）命令完成。发现注释错误，利用文字编辑命令（Ddedit）修改成所需的文字内容。

③用另存为（Save as）或保存（Save）存盘，校核、修正前面所画的平面图，无误后再次存盘。

后面讲述的建筑立面图、剖面图、详图的计算机绘图的设置与建筑平面图的计算机绘图一样，绘图步骤则与手工绘图一样，只是用计算机绘图软件的绘图命令和各种辅助命令绘制、整修图样，直至全部完成，打印出图，所以本书就不再赘述。

3.2.4 建筑立面图

3.2.4.1 建筑立面图的形成、命名和用途

建筑立面图是房屋各个方向的外墙面以及投影方向可见的构（配）件的正投影图，简称立面图。有定位轴线的建筑物，宜根据两端定位轴线号编注立面图名称（如：①～⑤立面图、Ⓐ～Ⓗ立面图等）。无定位轴线的建筑物，可按平面图各面的朝向确定名称（如南立面图、西立面图等）。

建筑立面图是用来反映房屋的体形和外貌、门窗形式和位置、墙面的装修材料和色调等的图样。

3.2.4.2 建筑立面图的图示内容

（1）图名、比例及立面两端的定位轴线和编号　在立面图中一般只画出立面两端的定位轴线和编号，以便与平面图对应起来阅读。比例通常与平面图相同。

（2）屋顶的外形和外墙面的体形轮廓　通常以线型的粗细层次，帮助读图者清晰地了解房屋外形、前后层次和立面上的凸出构件。

（3）门窗的形状与位置　门窗的形状与门窗扇的分格，用图例按实际情况绘制，而门窗的开启线在一般立面图上可不表示，在详图及室内设计图上表示。

（4）外墙面上的其他构（配）件、装饰物的形状、位置、用料和做法　画出或注写出立面上所能够看见的细部。

（5）标高及必须标注的局部尺寸　立面图上的高度尺寸主要用标高形式，宜标注室内和室外地面、台阶、门窗洞的上下口、檐口、雨篷、水箱等处的标高。标高要注意建筑标高和结构标高之分，一般楼地面、屋面标注装修完成后的建筑标高，门窗洞的上下口及构件的下底面标注不包括装修层的结构标高。除了标高，有时还补充一些局部的建筑构造或构（配）件的尺寸。

（6）详图索引符号和文字说明等　凡须绘制详图的部位，应画出详图索引符号，立面面层装饰的主要做法也可以在立面图中注写简要的文字说明。

立面图中的图线要求：用线宽 b 的粗实线画建筑立面的外轮廓；用线宽 $0.7b$ 或 $0.5b$ 的中粗实线或中实线画立面上凹进或凸出墙面的轮廓线，门窗洞、较大的建筑构（配）件的轮廓线；用线宽 $0.25b$ 的细实线画较细小的建筑构（配）件或装修纹样线。

《建筑制图标准》还补充指出：平面形状曲折的建筑物，可绘制展开立面图，圆形或多边形平面的建筑物，可分段展开绘制立面图，但均应在图名后加注“展开”两字。较简单的对称式建筑物或对称的构（配）件等，在不影响构造处理和施工的情况下，立面图可绘制一半，并在对称轴线处画对称符号。在建筑物立面图上，相同的门窗、阳台、外檐装修、构造做法等可在局部重点表示，绘出其完整图形，其余部分可只画轮廓线。

3.2.4.3 建筑立面图示例

图 3.43 所示是图 3.29 所示的住宅的①～⑨立面图，采用 1∶100 比例绘制。结合平面图，可以看出这幢住宅朝南的立面上的建筑轮廓线变化、建筑构配件情况、墙面的装修、标高及一些局部的建筑构造或构（配）件的尺寸。为了加强图面效果，使层次分明，在立面图上采用多种线型表示。用粗实线的外轮廓显示出它的主要立面轮廓总长、总高（五层东墙面上的雨篷作为立面的次要轮廓，未用粗实线画出）；用中粗实线画出南立面上墙面后退的分界线；用中实线画出南立面上门窗洞的形状与分布、楼层

的阳台轮廓、顶层阳台上的雨篷轮廓、五层东墙面上的雨篷轮廓；用细实线画出勒脚、窗台、窗框、窗扇、窗顶的装饰、阳台立面上的凸出装饰、顶层阳台的雨篷立面上的凸出装饰、屋顶女儿墙立面上的凸出装饰、一层和二层之间立面上的凸出装饰、外墙立面上的面砖装饰示意线和引条线、水斗及雨水管等细部情况。

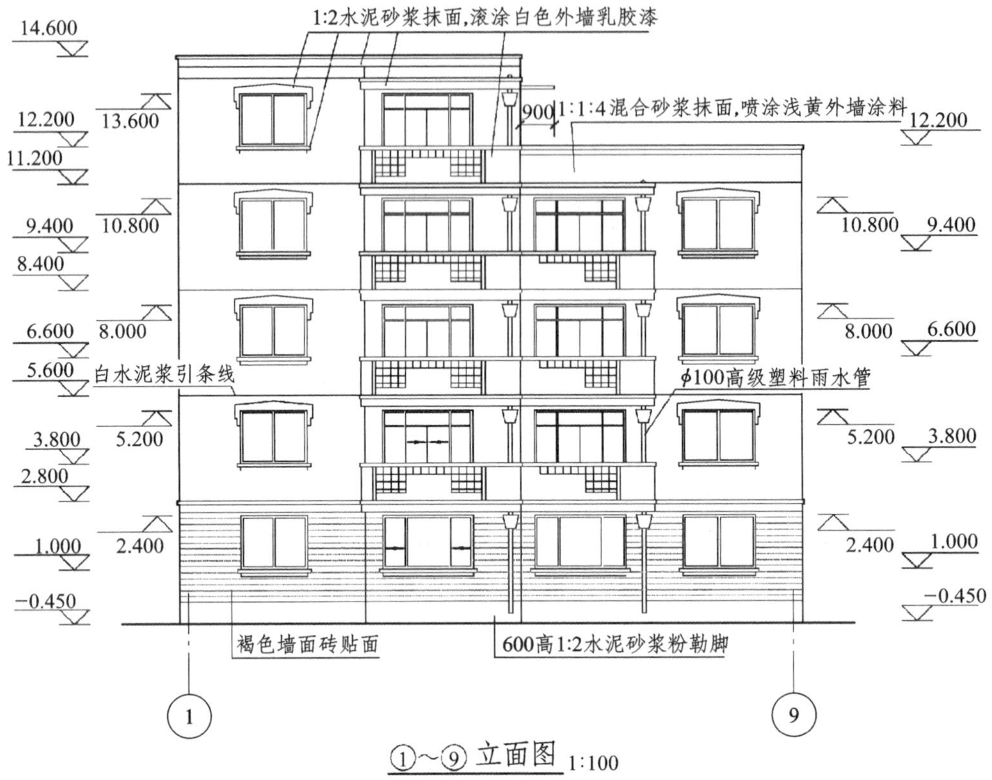

图 3.43　①～⑨立面图

标高尺寸显示房屋的室外地面、门窗洞上下口、阳台的扶手面、女儿墙顶等的高度。除门窗洞口不包括粉刷层外，通常在标注构件的上顶面时用建筑标高，即完成面的标高；在标注构件的下底面时，则用结构标高。

外墙面的装修做法在立面图上用引出线作简要的文字注释，可以帮助了解墙面装饰的处理和装修做法（包括用料和颜色）。标高－0.450～0.150 为 1∶2 水泥砂浆粉勒脚（标高 0.150 图中未注，可由勒脚高 600 mm 算出）；标高 0.150～2.400 用外墙面砖饰面；标高 2.400～2.800 的腰饰、女儿墙的顶饰、雨篷、窗台、阳台用 1∶2 水泥砂浆抹面后，滚涂白色外墙乳胶漆；标高 2.800 以上用 1∶1∶4 混合砂浆抹面，喷涂浅黄色外墙涂料，白水泥浆勾引条线。由屋面、阳台引下的墙面雨水管采用 ϕ100 高级塑料雨水管。

图 3.44 至图 3.46 所示为该住宅的⑨～①立面图、Ⓐ～Ⓙ立面图、Ⓙ～Ⓐ立面图，其图示内容和阅读方法与①～⑨立面图基本相同。为了表明西边房屋五层楼面到东边四层屋顶的门是外开门，在门的图例上画出了开启线。

3.2.4.4　绘制建筑立面图的步骤

用绘图仪器绘制建筑立面图铅笔图稿的步骤见图 3.47。需要注意的是：标高符号的顶点宜尽量排列在一条铅垂线上，标高数字的小数点也按铅垂方向对齐，这样不但便于看图，而且图面也清晰、美观。

铅笔底稿完成后，用铅笔加深或描图上墨的图线线宽应遵照建筑立面图的要求，最后结果如图 3.43 所示。

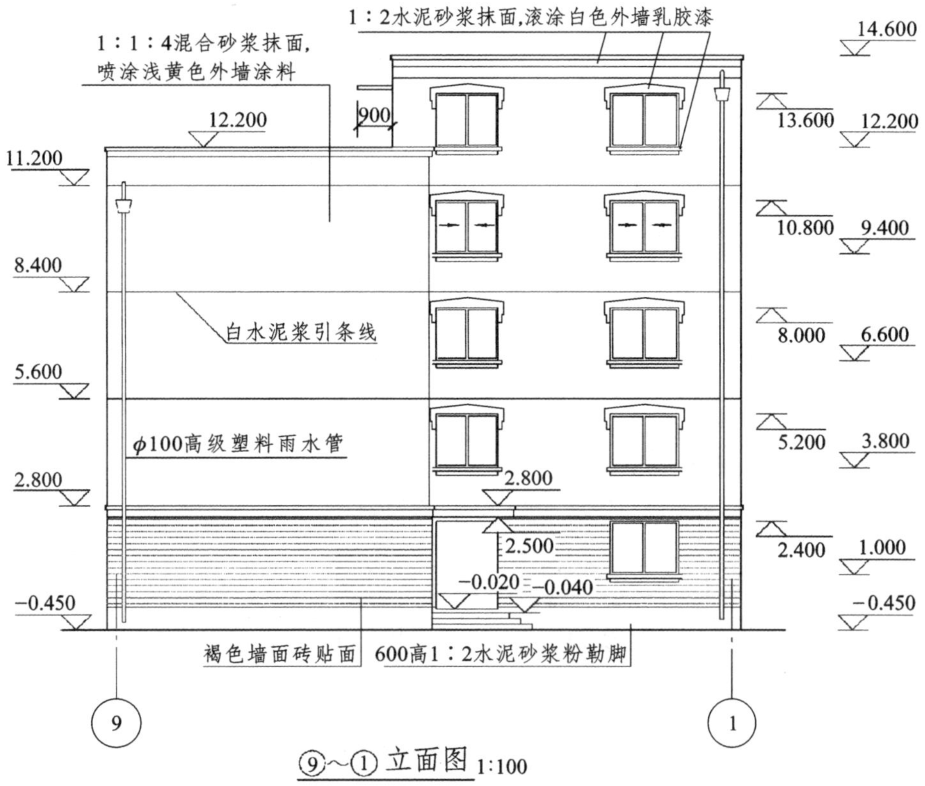

图 3.44　⑨～①立面图

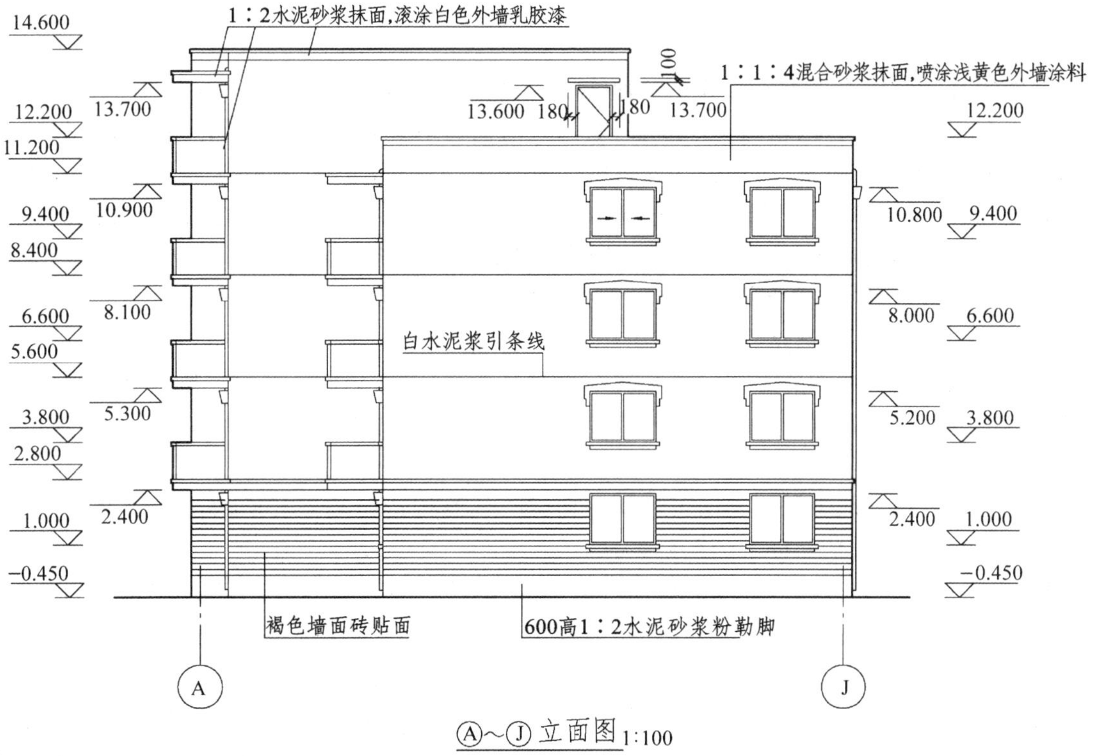

图 3.45　Ⓐ～Ⓙ立面图

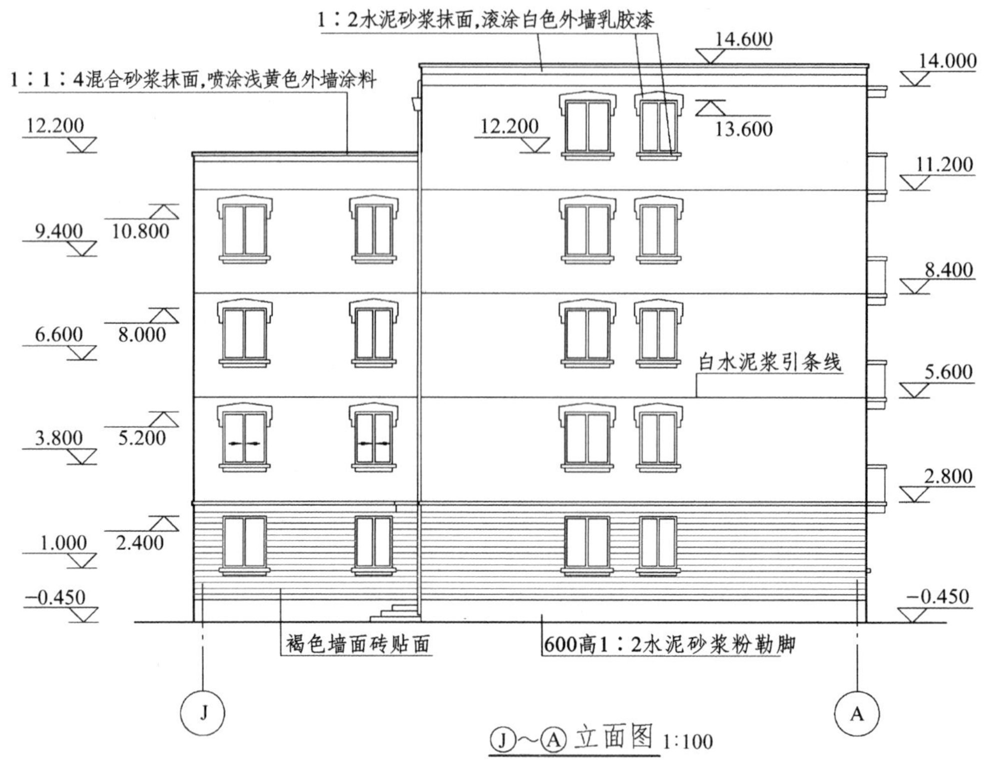

图 3.46 Ⓙ～Ⓐ立面图

3.2.5 建筑剖面图

3.2.5.1 建筑剖面图的剖切位置和形成

建筑剖面图是假想用垂直于横向或纵向轴线的竖直平面剖切房屋所得到的剖面图。它主要用于反映房屋内部垂直方向的高度、分层情况与层高、门窗洞口与窗台的高度,以及简要的结构形式和构造方式等情况。因此,剖面图的剖切位置,应选择在能反映房屋全貌、构造特征,以及有代表性的部位,常常选择在通过门厅和楼梯、门窗洞口、高低变化较多的地方,并在底层平面图中标明剖面图的剖视剖切符号。如果用一个剖切平面不能满足要求时,则可用两个或两个以上平行的剖切面剖切后绘制阶梯剖面图。一幢房屋应画几个剖面图,视房屋的复杂程度和实际需要而定。

3.2.5.2 建筑剖面图的图示内容

(1)图名、比例及剖切到的外墙的定位轴线和编号　图名、剖切到的外墙定位轴线和编号,分别应与底层平面图中标明的剖切位置编号、轴线编号一一对应。比例通常与平面图相同或较大一些,视房屋的复杂程度而定。

(2)剖切到的构(配)件、未剖切到的可见部分构(配)件及构造　按剖开后的实际情况画出正投影图,除有地下室外,一般不画出地面以下的基础。

(3)竖直方向的尺寸和标高　外墙的竖向尺寸,通常标注三道:门窗洞及洞间墙等细部的高度尺寸、层高尺寸、室外地面以上的总高尺寸。此外,还有局部尺寸,注明细部构(配)件的高度、形状、位置。宜标注室外地坪标高,以及楼地面、地下层地面、阳台、平台、台阶等处的完成面标高。

(4)详图索引符号与某些用料、做法的文字注释　由于建筑剖面图的比例限制了房屋构造与配件的详细表达,是否用索引符号索引详图或者用文字进行注释,应根据设计深度和图纸用途确定。例如楼地面、屋面等是用多种材料构筑成的,其构造层次和做法一般可以用索引符号给予索引,另有详图详细标明,或者由施工说明来统一表达,也可直接用多层构造的共用引出线顺序说明。

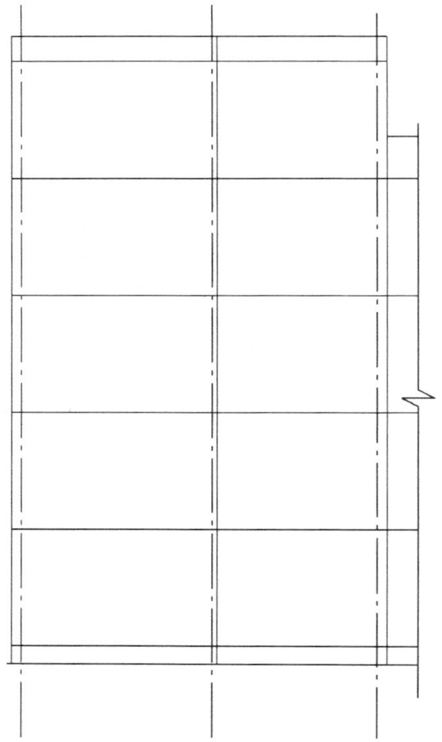
(a)

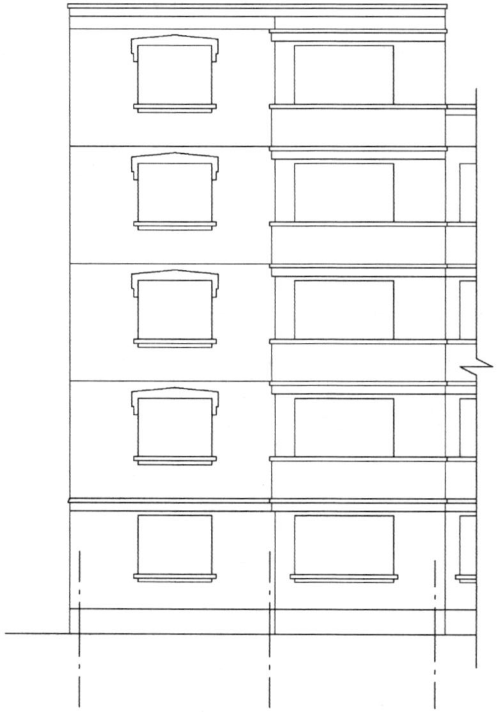
(b)

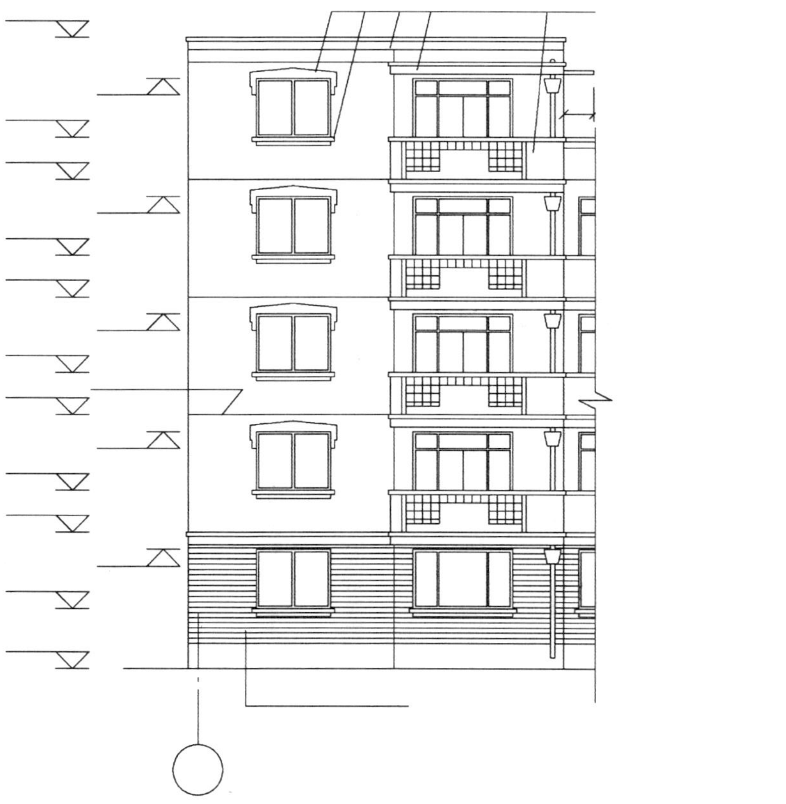
(c)

图 3.47 绘制建筑立面图图稿的步骤

(a)画室外地平线、楼面线、定位轴线和房屋的外轮廓线；(b)画凹凸墙面、门窗洞和较大的建筑构造、构(配)件的轮廓；
(c)画细部,画出符号和标注尺寸、编号、说明文字建筑剖面图中的图线要求：室内外地平线可画线宽为 1.4b 的加粗线；用线宽 b 的粗实线画剖切到的墙和多孔板的主要轮廓线；0.7b 的中粗实线画被剖切到的次要轮廓线和未剖切到的可见建筑构（配）件轮廓线；用线宽 0.5b、0.25b 的中实线、细实线画较细小的建筑构（配）件与装修面层线。(1：100)～(1：200)比例的剖面图不画抹灰层，但宜画楼地面、屋面的面层线，以便准确地表示出完成面的尺寸及标高，并可在剖切到的断面轮廓线内画砖墙涂红、实心钢筋混凝土涂黑简化的材料图例。

3.2.5.3　识读建筑剖面图示例

图 3.48 所示由图名 1—1 剖面图和轴线编号，与底层平面图上的 1—1 剖切位置线、轴线编号相对照，可以看出该住宅通过室外台阶、楼梯间入口、楼梯间、西住户的储藏室、卧室、窗户的竖直剖面，表达了从地面到屋面在这个部位的内外墙厚度、墙内的构（配）件、楼板厚度、楼地面、梁、楼梯、阳台、屋面的结构形式、分层高度，以及竖直方向的空间组合情况。

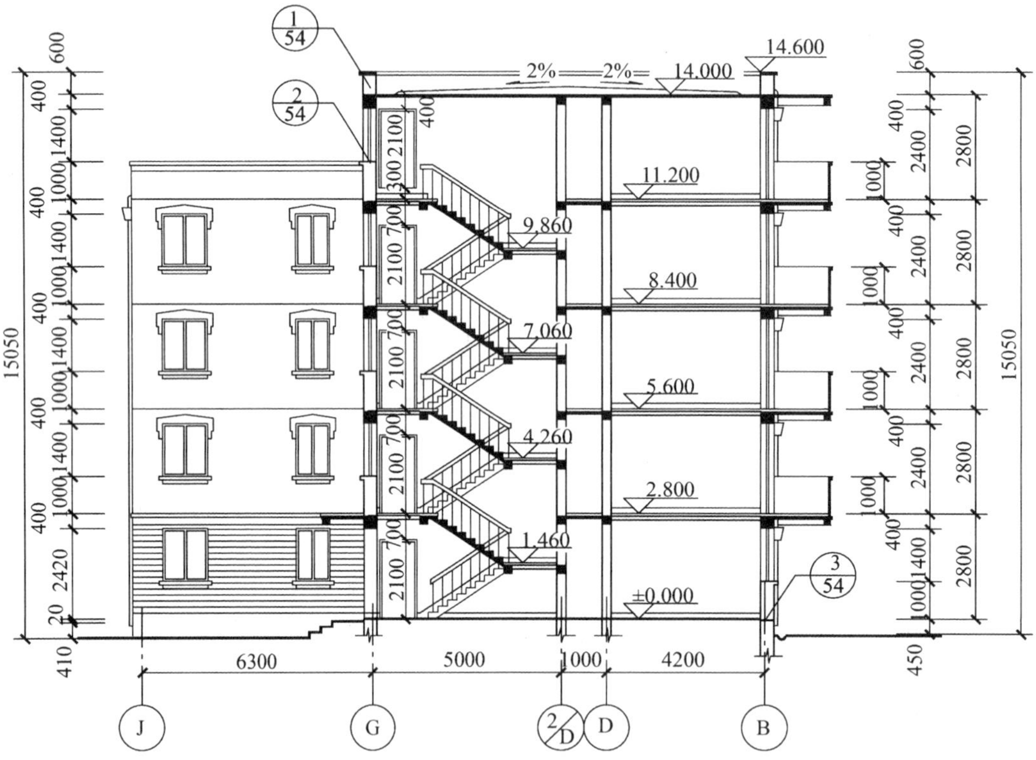

1—1剖面图 1:100

图 3.48　1—1 剖面图

因为室内外楼地面的层次和做法已在施工说明中说明，故在图中以一条加粗线来表示室内外地面线和台阶。楼面的楼板：卧室和楼梯的楼板是预制的钢筋混凝土预应力多孔板，被剖切到的多孔板用两条粗实线表示，距离等于板厚，储藏室的楼板是现浇板，用涂黑表示，厚度等于板厚，根据楼板面层的装修厚度，用中实线示意地画出楼板面装修层；阳台板、屋面板涂黑，表示是现浇的钢筋混凝土板，厚度代表这些现浇板的实际厚度。为了屋面防水排水的需要，平屋顶屋面筑出排水坡。排水坡有两种做法：一种是结构找坡，将支承屋面板的结构构件筑成需要的倾斜坡度，再铺设屋面板；另一种是材料找坡，屋面板水平铺置，用轻质材料通过改变铺填厚度，来填筑出需要的坡度，使屋面上的雨水排向檐口天沟板，再导向雨水管。图 3.48 显示屋面板水平铺置，而屋面材料面层线画成倾斜线，即为材料找坡。

室内外剖切到的墙身用两条粗实线代表砖墙的宽度，地面以下的基础墙画至折断线后省略不画；接近室内地面的墙内涂黑层，表示墙内的钢筋混凝土防潮层或基础圈梁；在门、窗洞顶，楼面板和屋面板下的涂黑矩形断面为该住宅的钢筋混凝土门、窗过梁，楼面、屋面下的圈梁，楼梯梁，楼梯的休息平台梁，雨篷、阳台梁。过梁承受门、窗洞口上方的荷载，并把它传递到洞口两侧的墙上；圈梁的作用是增强房屋整体性的一种构造措施，它贯通房屋的内外墙，并与构造柱一起形成骨架，提高房屋的抗震能力；当圈梁的梁底标高与门、窗过梁底标高一致时，则合设一道梁。

楼梯剖切到的是每层上行第二梯段，断面涂黑，省略了梯段上的面层线。

在图 3.48 中未被剖切到的可见部分有：用中粗实线画出东住户向西的外墙面轮廓线，以及用中实线画出该住户卫生间和厨房向西的窗户，由楼梯间入东住户的分户门、墙、墙上的踢脚线，上四层屋顶的踏步、门、可见梯段和栏杆扶手，轴线墙上的门、窗洞的侧墙面，阳台的东面栏板，五层屋顶的东面女儿墙等。

图中标注出外墙的三道竖向尺寸，阳台的高度尺寸，定位轴线间的尺寸，局部的门洞高度尺寸；对室内外地面、楼面、楼梯休息平台和屋顶标注了标高；屋面材料找坡注出了坡度 2%。

在需另见详图的部位，画出了详图索引符号。图中没有对楼面和屋面的构造层次、做法给予详图索引，又因图形太小，也没有引注多层构造分层说明。如需了解楼板的断面与搁置情况，可参阅楼层结构平面图；如需了解楼板的面层和板底粉刷的情况，可参阅施工说明中的楼地面和平顶粉刷。

3.2.5.4　绘制建筑剖面图的步骤

用绘图仪器绘制建筑剖面图铅笔图稿的步骤见图 3.49。图 3.49(b)中的楼梯剖面图部分的画法见图 3.50，各个楼梯段是利用在两平行线间画平行分隔线的方法绘制的。应该注意：梯段的水平投影长度＝(级数－1)×踏步宽度，梯段的水平方向画踏步分格只能是(级数－1)格，梯段垂直方向画踏步分格等于梯级数。最后再继续画出栏杆、扶手和其他细部。

铅笔底稿完成后，用铅笔加深或描图上墨时，图线线宽应遵照建筑剖面图的图线要求，其他各种符号的图线应符合前面所述的各项规定，最后在绘图纸上或描图纸反面分别用红铅笔涂红砖墙断面，用 2B 铅笔在绘图纸上或用绘图小钢笔蘸墨水涂黑钢筋混凝土梁和现浇板等的断面。

3.2.6　建筑详图

3.2.6.1　建筑详图的形成、表达内容与用途

建筑平面图、立面图、剖面图是建筑施工图中最基本的图样，它们互相配合，反映了房屋的全局。

建筑详图是建筑细部的施工图，根据施工需要，将建筑平、立、剖面图中的某些建筑构(配)件或建筑细部(也称节点)用较大比例清楚地表达出其详细构造，如形状、尺寸、材料和做法等。因此，建筑详图是建筑平、立、剖面图的补充。详图宜用 1∶1、1∶2、1∶5、1∶10、1∶15、1∶20、1∶25、1∶30、1∶50 等较大比例绘制。

对于套用标准图或通用详图的建筑构(配)件和剖面节点，仅注明所套用图集的名称、编号、页次与图号，可不画详图。如由表 3.10 所示的门窗表可知：这幢住宅套用定型设计的木门和塑钢门窗，选自建房时执行的某《塑钢门钢窗》和《木门》标准设计图集，没有画详图；若是自行设计的，则应画出它们的详图。

建筑详图所画的建筑构(配)件或建筑细部，必须画出详图符号、写明详图名称和比例，与被索引的图样上的索引符号对应，方便图纸查阅。

建筑详图中的图线要求：建筑构(配)件断面的主要轮廓线或建筑构(配)件的外轮廓线采用线宽为 b 的粗实线；构(配)件的一般轮廓线采用线宽为 $0.7b$ 的中粗实线；粉刷线、保温层线、地面的高差分界线等采用线宽为 $0.5b$ 的中实线；材料图例线采用线宽为 $0.25b$ 的细实线。

3.2.6.2　楼梯详图

由于楼梯的构造比较复杂，所以需要单独画出楼梯详图来反映楼梯的布置类型、结构形式以及踏步、栏杆扶手、防滑条等的详细构造方式、尺寸和装修做法。楼梯详图是楼梯施工放样的依据。

楼梯详图由楼梯平面图、楼梯剖面图和楼梯踏步、栏杆、扶手节点详图组成。楼梯的建筑详图和结构详图一般分别绘制。但是比较简单的楼梯，有时可将其建筑详图的全部或部分与结构详图合并绘制，列入建筑施工图或结构施工图。

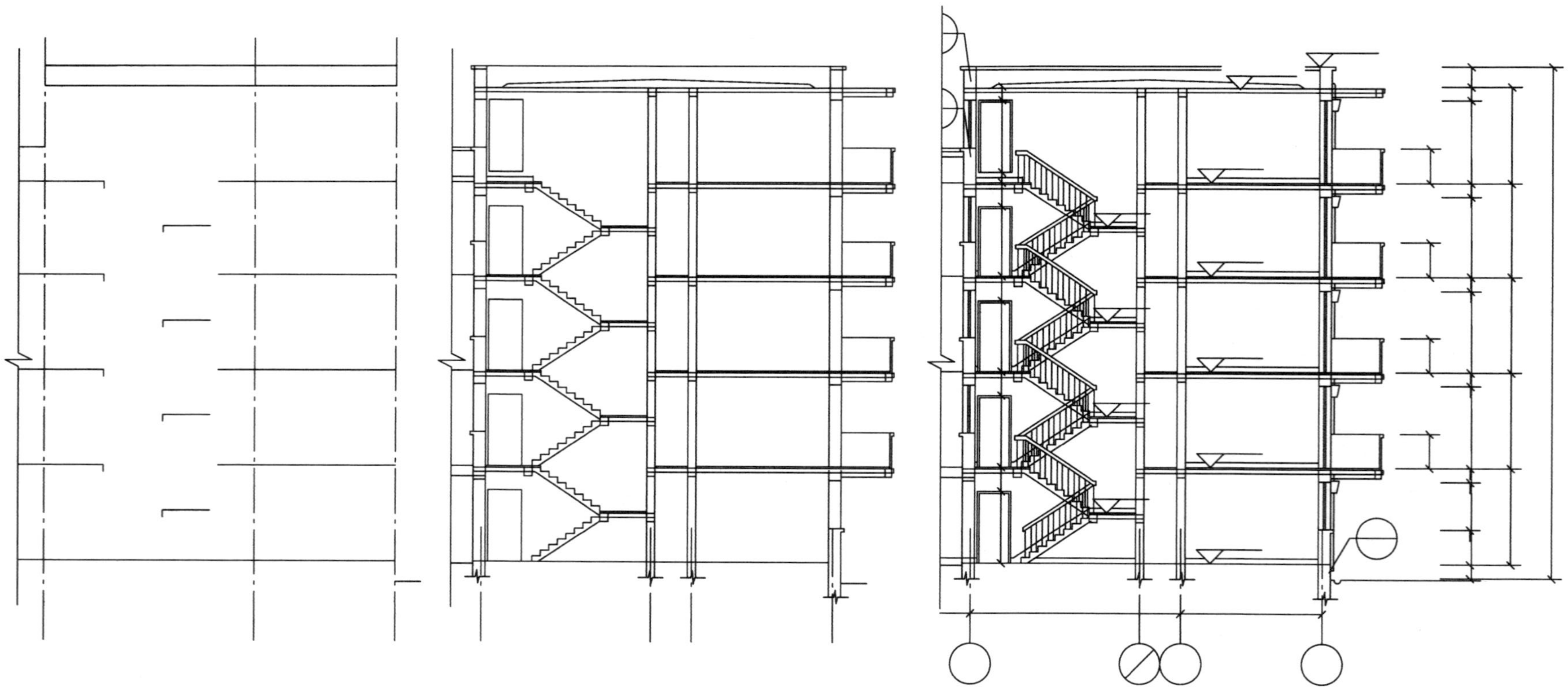

(a) (b) (c)

图3.49 绘制建筑剖面图图稿的步骤

(a)画定位轴线、室内外地平线、楼地面和楼梯平台面、屋面以及女儿墙的墙顶线;(b)画剖切到的墙身，楼面板、屋面板、平台板，以及它们的面层线，楼梯，门窗洞，过梁、圈梁等主要构(配)件;(c)画可见的墙面和细部，标注尺寸、符号、编号、说明文字

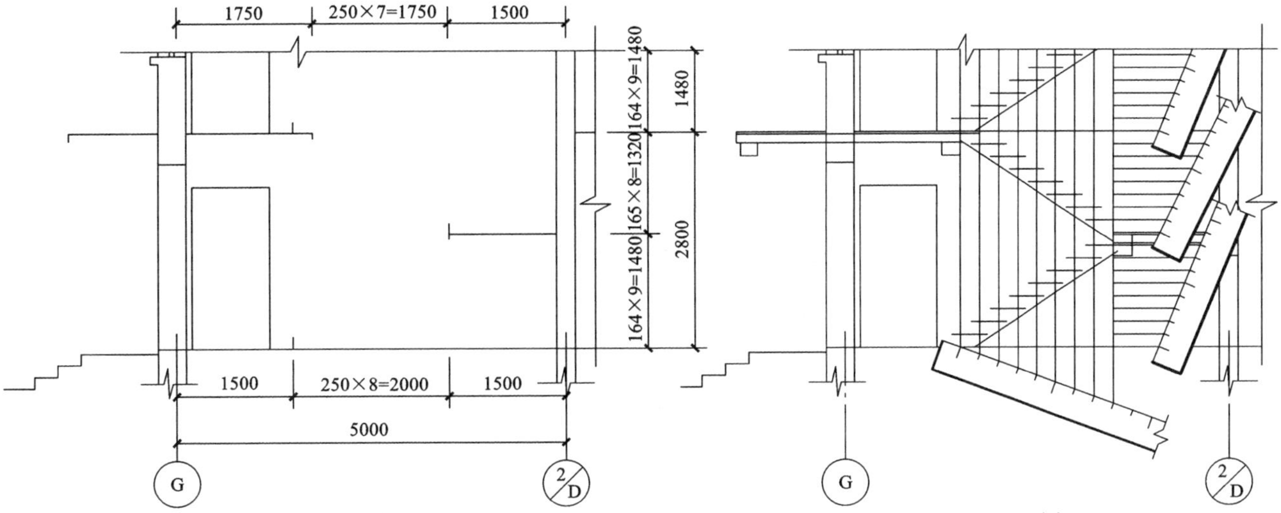

(a)　　　　　　　　(b)

图 3.50　绘制楼梯剖面图的步骤

(a)画出各楼梯段的位置；(b)利用等分线定楼梯踏步的高和宽，画楼梯板、楼面板、平台板和梁等

(1)楼梯平面图

从图 3.51 可以看出，楼梯平面图的形成与建筑平面图相同，所以关于楼梯部分的表达内容基本相同，但是，由于建筑平面图选用的比例较小，不易把楼梯的构(配)件和尺寸详细表达清楚，需要用较大的比例另行画出局部平面图。

楼梯平面图中的尺寸，应注出楼梯间的开间尺寸(2700 mm)、进深尺寸(5000 mm)、平台深度尺寸、梯段与梯井宽度尺寸、“踏面宽×梯段的踏面数(平面图上梯段踏面的投影数总是比梯段的级数少 1)＝梯段长度”的三者合并尺寸，以及楼梯栏杆扶手的位置尺寸。还应注出楼梯间楼、地面和休息平台面的标高，定位轴线的编号；另有详图说明的节点，应画出详图索引符号。如有楼梯剖面图，应该在楼梯底层平面图上画出剖切符号，表明剖面的剖切位置与投射方向。

(2)楼梯剖面图

楼梯剖面图的形成与建筑剖面图相同，反映楼梯部分的内容基本相同。但是，它应该能够完整、清晰地表示出楼梯间内各层楼地面、梯段、平台、栏杆扶手等的构造、结构形式，以及它们相互之间的关系。绘制楼梯剖面图的比例与楼梯平面图的比例相同或选更大的比例，绘制的内容是按在底层楼梯平面图中标明的剖切位置和投射方向，画出剖切到的楼地面、梯段、楼梯休息平台及墙身断面，画出可见的梯段、栏杆扶手，以及楼梯间可见的墙和其上的踢脚线、门等。

由底层楼梯平面图中标明的剖切位置可知：通过室外台阶、楼梯间入口剖切，楼梯剖切到的是每层上行第一梯段，投射方向向西。图 3.52 所示的楼梯剖面图，以一条加粗实线表示剖切到的室内外地面线和台阶；剖切到的现浇楼梯的每层上行第一梯段钢筋混凝土板，板上有 9 级踏步，用涂黑表示；剖切到储藏室的楼板是现浇钢筋混凝土板，也涂黑；剖切到的楼梯的休息平台是预制的钢筋混凝土多孔板，画成两条粗实线，旁边的涂黑矩形断面，是钢筋混凝土门窗过梁、圈梁、楼梯梁、楼梯的休息平台梁、雨篷；剖切到墙身用两条粗实线代表砖墙的厚度，地面以下的基础墙画出折断线后省略；图中涂黑表示的构(配)件厚度分别代表该现浇钢筋混凝土的实际厚度或高度；楼板面层的装修厚度，用中实线示意表示，省略了梯段上踏步的面层线。按投射方向向东，可见的梯段为每层上行第二梯段，梯段板上是 8 级踏步，按投影画出可见的栏杆扶手以及楼梯间可见墙身上的踢脚线、西住户的分户门。

该住宅的每层楼面层高均为 2.800 m；每层楼面层之间均设两个楼梯段、一个楼梯的休息平台，上行第一梯段 9 级踏步，第二梯段 8 级踏步；每层楼面层之间的可见栏杆扶手、楼梯间可见墙身上的踢脚线和门，以及剖切到的墙、窗、窗台、梁、板等，这些应表达的内容都重复。因此，在不影响楼梯剖面图表达的前提下，在二层楼面处用两根折断线表示省略画出中间层的各楼梯段。

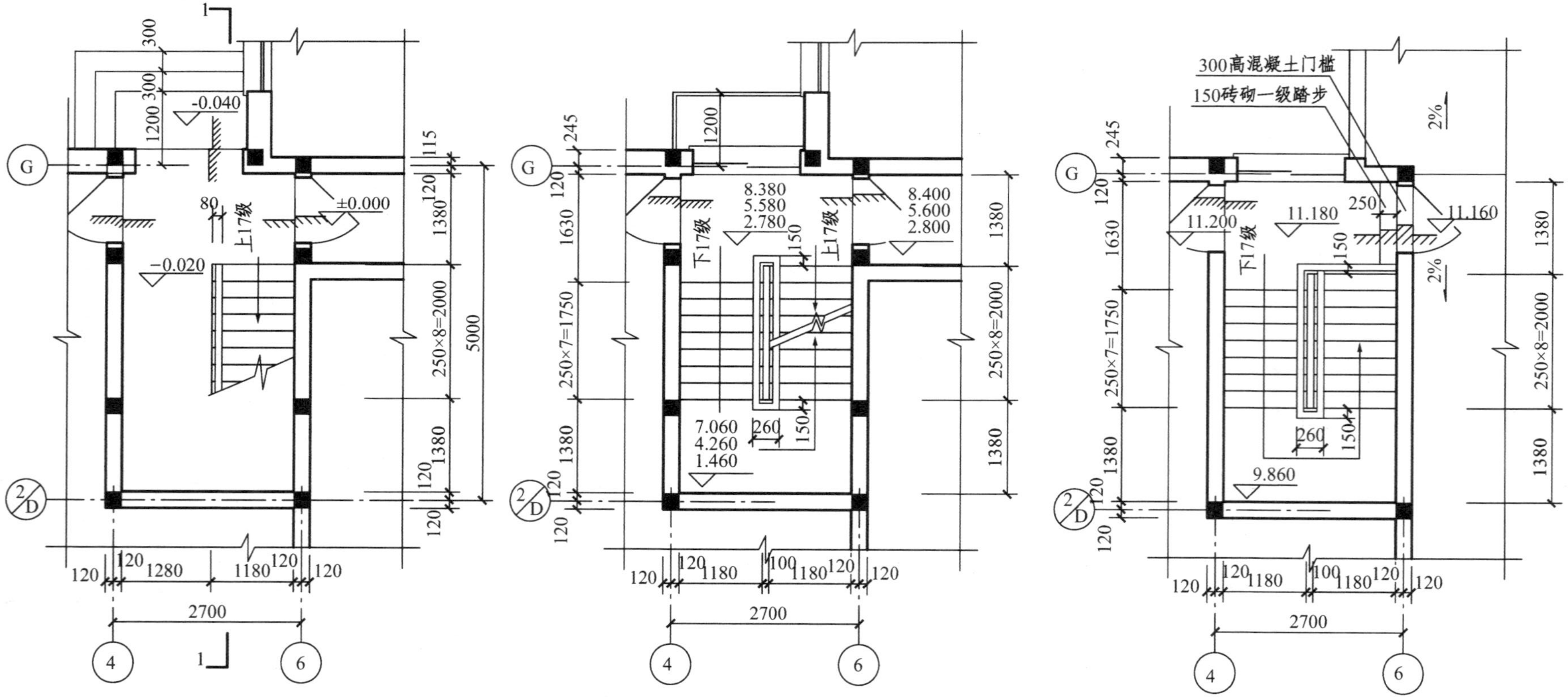

底层平面图 1:50　　标准层平面图 1:50　　五层平面图 1:50

图3.51　楼梯平面图

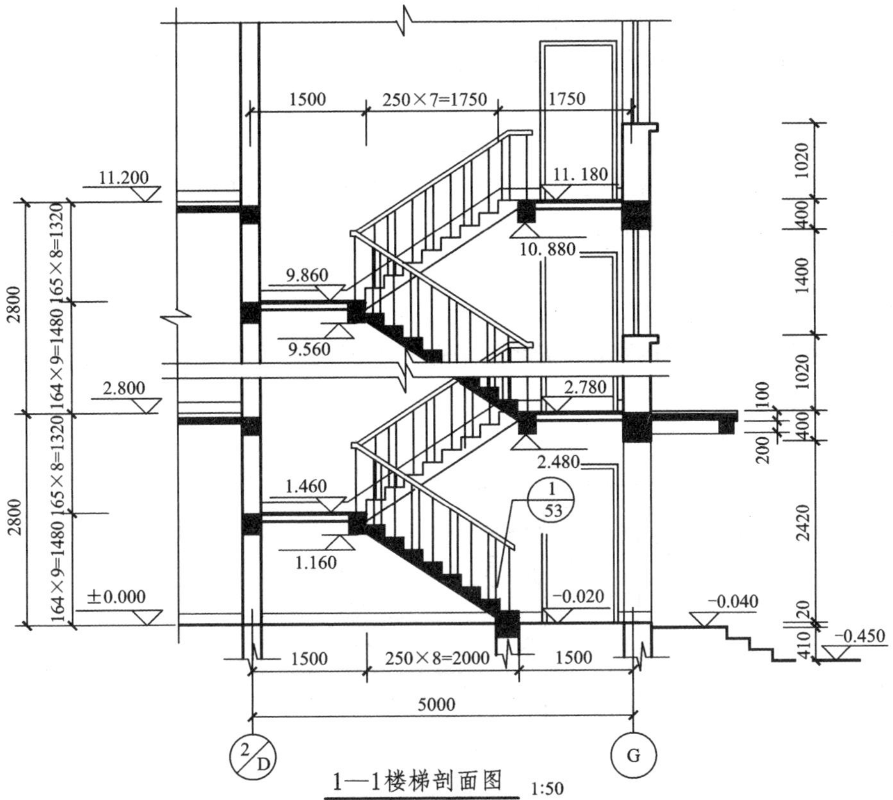

1—1楼梯剖面图 1:50

图 3.52　楼梯剖面图

楼梯剖面图中尺寸：水平方向的尺寸及轴线编号应与楼梯平面图一致；高度方向应注“踢面高×每个梯段的级数＝梯段高”的三者合并尺寸，以及楼地面和平台面的标高等。

在这里应提醒读者注意：由于图 3.48 所示的 1—1 剖面图和图 3.52 所示的 1—1 楼梯剖面图通过楼梯间剖切的位置不同，投射方向不同，所以画出的图形也有所不同；如果 1—1 楼梯剖面图的剖切位置和投射方向与 1—1 剖面图相同，则画出的图形也基本相同。它们之间的主要差别在于：楼梯详图中的剖面图的比例应大一些，图形和尺寸也反映得更详细一些。

(3)楼梯节点详图

图 3.53 所示的楼梯节点详图表明了踏步、栏杆、扶手的形状及构造与尺寸。

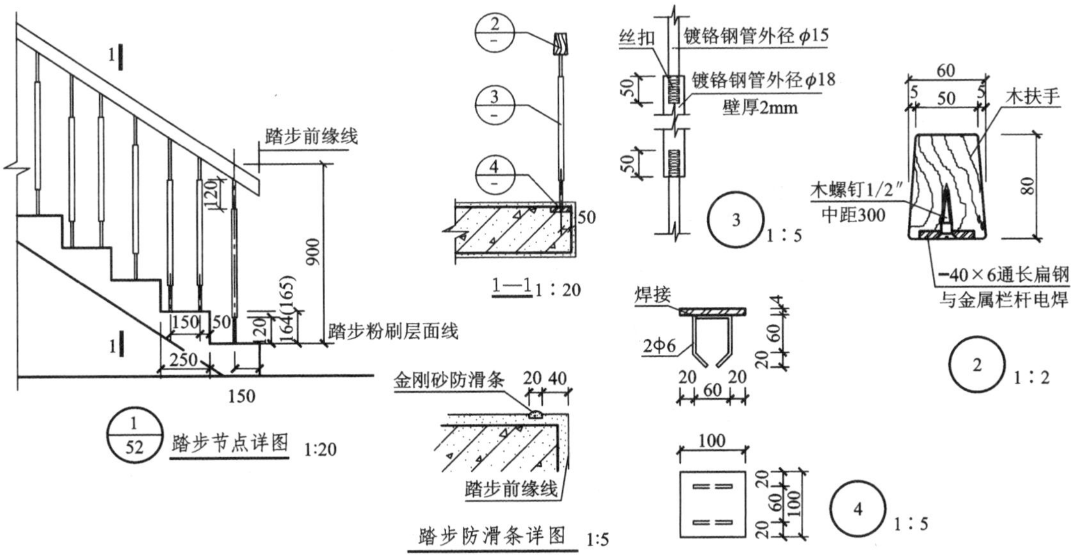

图 3.53　楼梯节点详图

楼梯踏步节点详图是由图 3.52 所示的楼梯剖面图中引出的详图,图中显示这个现浇钢筋混凝土板式楼梯的踏步高分为 164 mm、165 mm 两种。对照楼梯剖面图的尺寸标注可知,每层楼面上行第一梯段为 164 mm、第二梯段为 165 mm,踏步宽均为 250 mm。扶手踏步中点至顶面的高 900 mm,配合图 3.53 所示的 1—1 剖面图,可知扶手下栏杆的安装位置。由图 3.53 中的 1—1 剖面图的索引符号索引出的详图可知栏杆、预埋铁、扶手的材料、形状、构造与尺寸。图 3.53 中下方踏步防滑条详图表明踏步表面金刚砂防滑条的材料、断面的宽度尺寸、形状与位置。

3.2.6.3　外墙节点详图

由图 3.54 所示的外墙节点详图的详图编号可知,它们是从图 3.48 所示的 1—1 剖面图中外墙上的女儿墙、窗台、勒脚和明沟处索引过来的详图,实际上是这三个部位的局部放大图,详尽地表明墙身各个主要

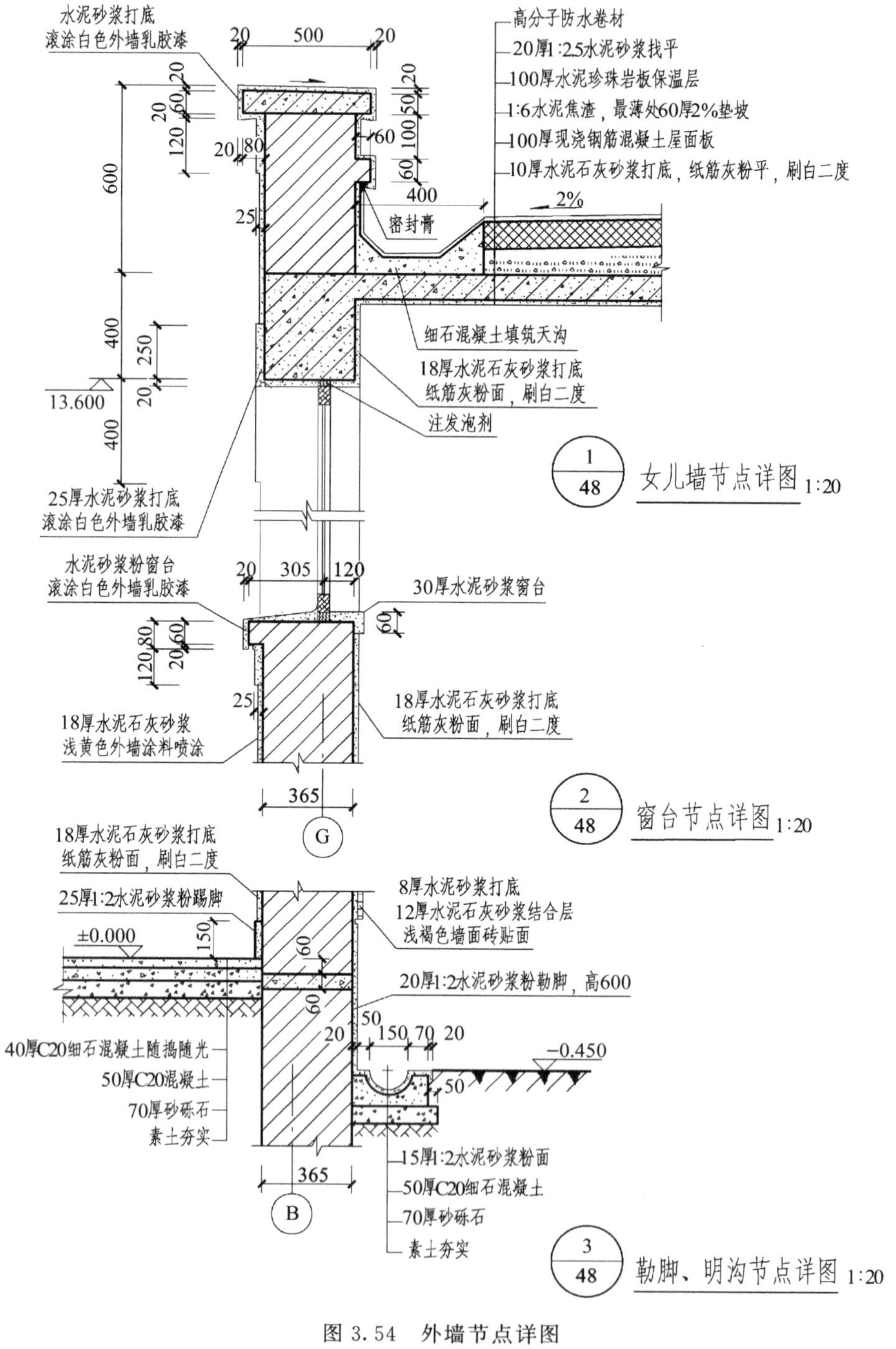

图 3.54　外墙节点详图

节点的构造和做法。一般情况下，墙体的厚度由墙体的安全性决定，有时也要考虑到防寒保暖等的围护要求，从图中看出砖墙厚度为 365 mm，俗称 37 墙或一砖半(标准砖的尺寸为 240 mm×115 mm×53 mm，灰缝宽 10 mm)。

(1)女儿墙节点详图　表明这幢住宅五层楼部分的檐口(女儿墙)和窗顶的构造做法。砖砌女儿墙顶端是钢筋混凝土压顶，在压顶下 100 mm 的女儿墙内侧砌出 60 mm 挡雨砖，屋面卷材防水层的端部收头做在这里。用引出线注明屋面的各层做法。屋面的排水沟也称天沟，在图 3.39 所示的屋顶平面图中可以看出天沟的位置和垫置的排水坡的坡度和方向，在这里反映了它的构造:利用找坡层、保温层铺至距女儿墙 400 mm 处，与钢筋混凝土屋面板间的高差以细石混凝土垫筑，再铺贴屋面卷材防水层至女儿墙的挡雨砖。在窗顶处，窗过梁与屋面圈梁连通，梁底标高设计成一样，在折断线之上画出塑钢窗顶部的简图和窗洞侧墙面的投影。要注意的是:外粉刷面朝下的水平面要粉出外低里高的滴水线或滴水槽，目的是使流下的雨水直接滴下。屋顶板底面、内外墙面的装修粉刷情况用文字简要注明。

(2)窗台剖面详图　表明窗台的构造做法，在折断线之下画出塑钢窗底部的简图。外墙面在窗台处砌出 60 mm 挑砖，用水泥砂浆粉出窗台，外窗台做成一定排水坡度，表面滚涂白色外墙乳胶漆，底面做出滴水线。内外墙面的装修粉刷情况用文字简要注明。

(3)勒脚、明沟节点详图　主要表达外墙墙脚的做法和室内外地面的构造。勒脚高度自室外整平地面算起，踢脚板高度自室内装修完成以后的地面算起，分别为高 600 mm 和 150 mm，用比较坚硬的材料做成，以保护墙脚。在室内地面之下 60 mm 的墙身中，设有 60 mm 厚的钢筋混凝土防潮层，以防止土壤中的水分和潮气从基础墙上升，侵蚀上部墙体。图中用多层构造引出线分层说明室内底层实铺混凝土地面层与室外沿外墙四周所设混凝土明沟的构造做法。内外墙面的装修粉刷情况用文字简要注明。

3.2.6.4　其他详图实例

图 3.55 所示是这幢住宅的阳台详图。通过每个详图的名称、比例、详图符号及其编号、标高与相应定位轴线及其编号，可知其被索引的图号和位置，从而全面了解它的形状特征、各部位和各层次的构造、用料、做法、颜色以及施工要求，这里就不再一一赘述。

3.2.6.5　利用 Revit 软件创建图 3.29 所示住宅的四、五层建筑模型

本节根据 3.2.1.1 小节至 3.2.6.4 小节所述的建筑施工图的表达内容和图示特点，简述利用 Revit 软件创建图 3.29 所示的四、五层模型，以及“五层平面图”和“南立面图”的方法。该住宅的其他楼层模型待读者自行完成。卫生间和厨房设备在本章后续给水排水建模中给出。

利用 Revit 软件绘制模型，如果依据的是设计意图而非图纸，则称为正向设计。其利用了 Revit 的主要优势:视图与模型关联，图纸会随模型的修改而自动更替，实现所有图纸信息的单一性。下面我们依据已有建筑施工图建模。首先充分理解这些施工图内容，然后打开 Revit 软件，选择新建项目下“建筑“样板，依次创建标高、轴网、墙、门窗、楼板、楼梯、细部构件等，标注尺寸，完善各个视图。

(1)标高和轴网

在 Revit 软件中使用“标高”和“轴网”工具均可生成基准平面，用于构件的空间定位。

①修改标高

进入“建筑”项目样板，双击“项目浏览器”中的“立面-南”，绘图区切换为南立面视图。绘图区有标高 1 和标高 2 两个平面(“项目浏览器”的楼层平面中有“标高 1”“标高 2”两个视图，对应这两个标高的平面视图)。

用光标单击标高 2 平面线，出现标高 2 相对于标高 1 的距离的临时尺寸，移动光标到临时尺寸数字上后单击，修改数字为 2800;或者移动光标到标高数字，单击标高符号上的数字，把数字改为 2.800，则本项目文件的标高 2 平面自动移至与标高 1 平面距离 2.8 m 处。移动光标到“标高 1”文字上后单击，可修改文字，这时的“项目浏览器”楼层平面的“标高 1”视图名将随之发生改变。

不勾选“隐藏符号”，则隐藏标高符号。在“对齐约束锁”锁住状态下，移动鼠标拖拽“拖拽点”，“对齐线”上的所有标高都跟随拖动，如果解锁“约束锁”、移动鼠标拖拽“拖拽点”，则仅拖动该标高。单击“放置

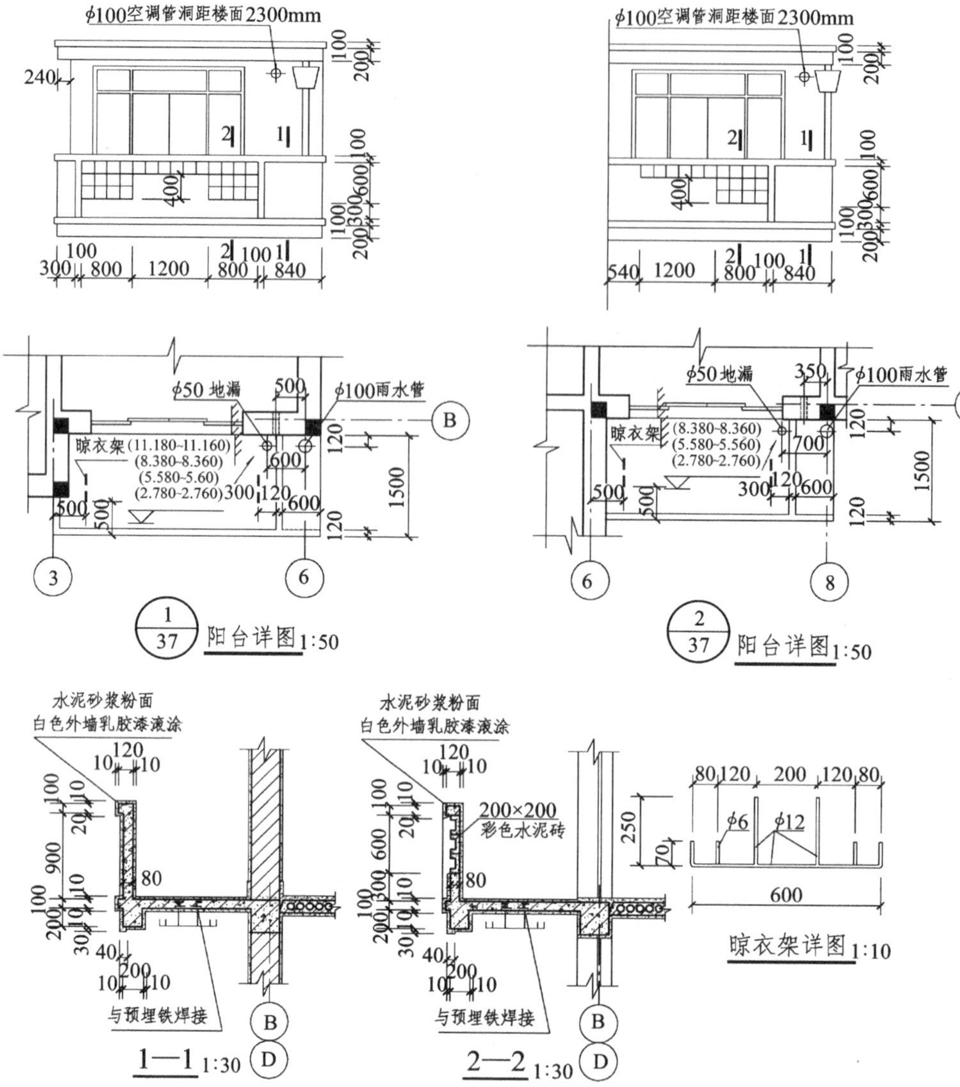

图 3.55　阳台详图

标高符号弯折点”，标高符的放置位置提高或降低，可以通过拖拽达到所需效果，如图 3.56(a)下图所示。

②添加标高

在南立面视图中，用光标点选择标高 2 平面，在“修改”功能区选“复制”、勾选工具选项栏中的“多个”(图 3.56 中序号 1、2)，以 2.8 m 的间隔向上添加楼层标高平面，直至 14.000 m 处的标高 6，完成后按[Esc]键退出“复制”。由于用“复制”添加的标高平面不会自动在“项目浏览器”中生成对应楼层平面视图，因此需要单击“视图”卡片下“创建”功能区“平面视图”展开的“楼层平面”，弹出“新建楼层平面”对话框，选中标高 3、标高 4、标高 5、标高 6，点击“确定”[图 3.56(b)]，才会在“项目浏览器”的楼层平面中生成对应的平面视图。

另外，添加标高平面也可以选用“建筑”选项卡下“基准”功能区“标高”，在绘图区合适位置绘制标高平面，完成后按[Esc]键退出。绘制“标高”后，在“项目浏览器”中会自动产生对应的楼层平面视图。

(2)绘制轴网

①绘制轴线

双击“项目浏览器”中的楼层平面-“标高 1”，绘图区切换为标高 1 的楼层平面视图。选用“建筑”选项卡下的“基准”功能区的“轴网”，单击类型选择区右下角的“编辑类型”，在弹出的对话框中，把“轴线中段”值改为“连续”，勾选“平面视图轴线端点 1”和“平面视图轴线端点 2”，单击“确定”，关闭对话框。用“直线”

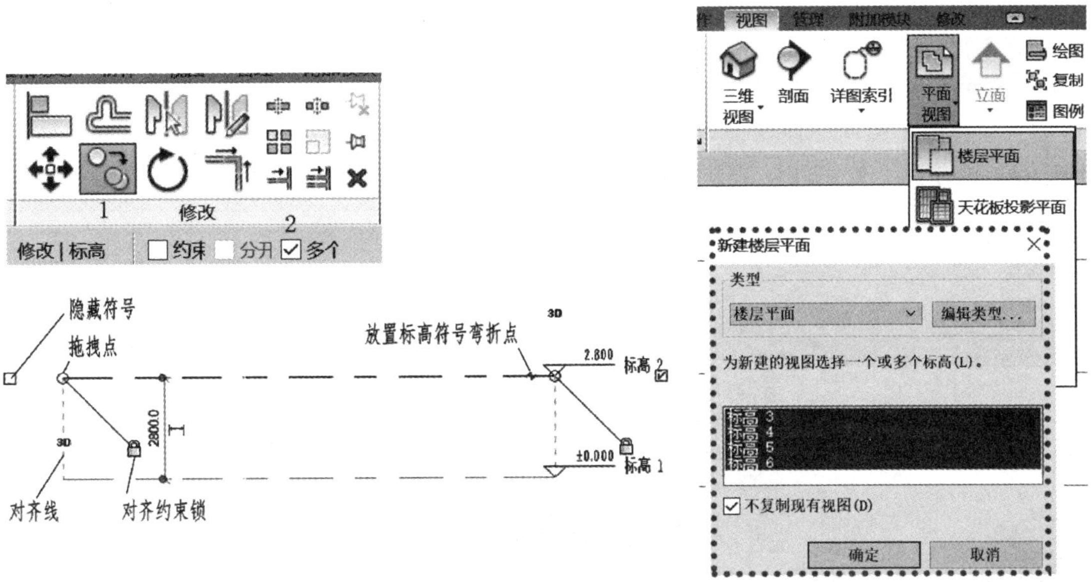

(a)　　　　　　　　　　　　　　　　　　(b)

图 3.56　用“复制”工具创建标高平面和创建新建标高的楼层平面视图

(a)用“复制”工具创建标高平面;(b)根据已有标高,添加平面视图

绘制竖直方向的 1～9 编号的轴线;再用“直线”绘制一条左右方向的 A 轴线,由于软件自动生成轴线编号为 10,需要移动光标到 10 的上方并单击、将其改为“A”,接下来绘制的轴线或复制轴线,软件将按字母顺序编号。

②调整轴线的长度和编号显示

单击任一轴线,该轴线的两端会出现与标高相同的“隐藏符号”“对齐约束锁”“拖拽点”“对齐线”和“放置轴线编号弯折点”。单击 3 轴线,不勾选北端“隐藏符号”;解锁北端“对齐约束锁”,拖拽北端“拖拽点”至 D 轴附近。使用同样的方法调整其他需要改变的轴线的长度和编号显示。

调整完轴线的端点后,框选所有轴线(选中所有轴线),点击“基准”功能区的“影响范围”,在弹出的“影响基准范围”对话框中勾选楼层平面图:标高 2、标高 3、标高 4、标高 5 和标高 6,单击“确定”,则被选标高平面的该轴线作相同修改。

(3)创建墙体

①新建墙体类型

由于墙体类型主要是按墙体构造进行分类的,所以创建墙体前,常需要基于软件提供的墙体类型进行编辑修改或添加构造参数后,形成项目中的新墙体类型。单击“建筑”选项卡下的“墙”,在类型选择区选“常规-200mm”,单击“编辑类型”,弹出“类型属性”对话框:单击“复制”,输入名称(如浅黄外墙 365),点击“确定”;再单击“结构”右边的“编辑”,弹出“编辑部件”对话框(图 3.57 序号 1),默认状态下只有一个“结构”层,没有材质和厚度值,单击该层的“材质”右边小圆点(图 3.57 序号 2),弹出“材质浏览器”(图 3.57 序号 3),在材质列表中选取材质(如“砖”),单击“确定”,在“厚度”栏输入厚度值 365(图 3.57 序号 4);单击“插入”(图 3.57 序号 5),“功能”选该构造层的功能(如“面层”),单击该层的“材质”右边小圆点,弹出“材质浏览器”,在材质列表中选取材质(如“水泥石灰砂浆”),如果列表中搜索不到需要的材质,可以单击“显示/隐藏库面板”(图 3.57 序号 6)或“打开/关闭资源浏览器”(图 3.57 序号 7)增加查找范围,移动光标到增加的范围中找到材质、单击出现箭头,添加到项目可用材质,也可以找相近特征信息的材质,然后移动光标到其名称上、单击鼠标右键,出现工具菜单,选择“复制”,材质列表便出现该材质副本,修改该材质副本名为项目需要的材质名,再调整材质浏览器右边的“图形”“外观”“标识”等属性,其中调整“外观”卡片信息前需要先点击“复制”图标然后修改属性，完成后点击“确定”；在“材质名”右边“厚度”框中输入相应数值；再次单击“添加”，直至添加完成所有外墙构造层的功能、材质、厚度。完成构造层添加后，可以选择该构造层，单击下方的“向上”“向下”按钮，调整其在墙的结构层的上方或下方位置，或者单击“删除”按钮，删除该构造层。根据施工说明，“浅黄外墙 365”的构造层的设置完成后如图 3.57 所示，点击“确定”，完成“浅黄外墙 365”的创建。使用同样的方法创建“内墙 240”和“内墙 120”等墙体类型。

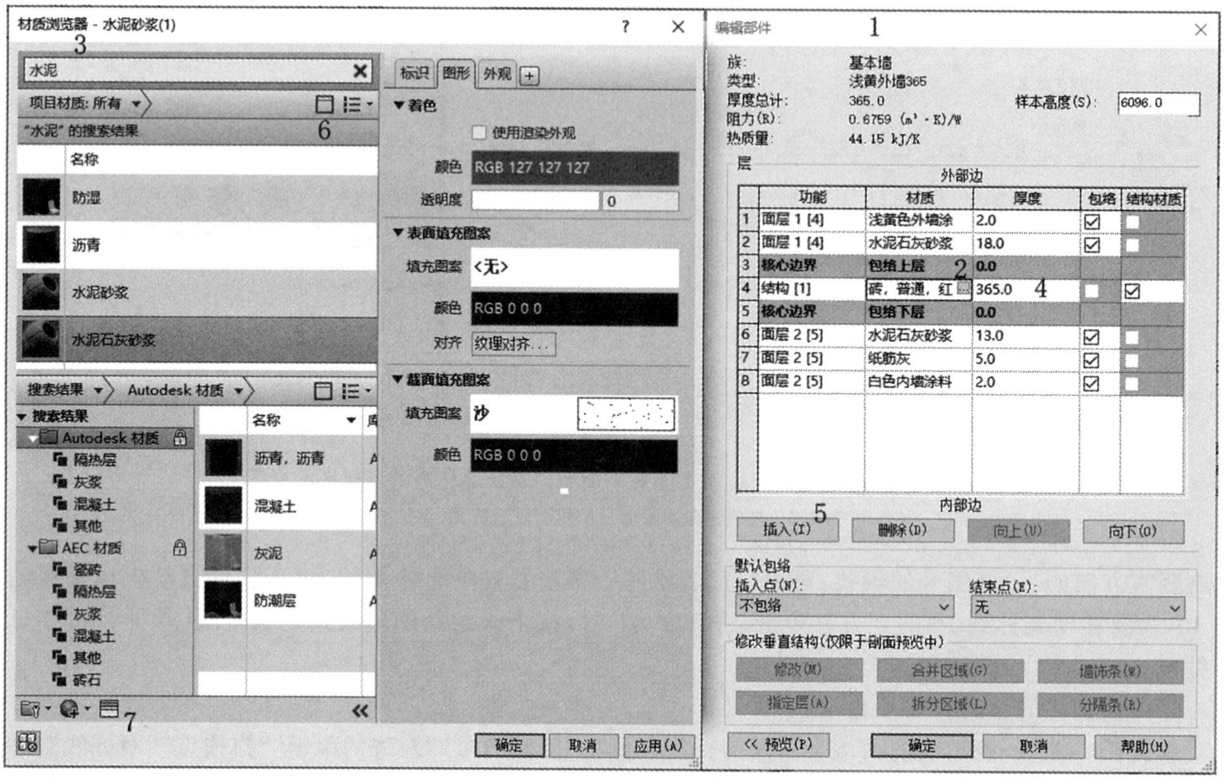

图 3.57　墙的“编辑类型”对话框中的“编辑部件”和“材质浏览器”对话框

②绘制外墙体

双击“项目浏览器”中楼层平面“标高 4”，绘图区切换为显示“标高 4”平面视图。单击“建筑”选项卡下的“墙”，在类型选择区选“浅黄外墙 365”(图 3.58 序号 1)，在其下方的实例属性栏中设置“定位线”为“核心面外面”、“底部约束”为“标高 4”、“底部偏移”为“0.0”、“顶部约束”为“直到标高：标高 5”、“顶部偏移”为“0.0”。在“选项栏”勾选“链”，“偏移量”输入 245.0(图 3.58 序号 2)。按图 3.37 顺时针沿轴线绘制外墙，绘制完成后按[Esc]键退出。

在类型选择区选择“内墙 240”，在其下方的实例属性栏中设置“定位线”为“核心层中心线”、“底部约束”为“标高 4”、“底部偏移”为“0.0”、“顶部约束”为“直到标高：标高 5”、“顶部偏移”为“0.0”。在“选项栏”：勾选“链”，“偏移量”输入 0。按图 3.37 绘制内墙，绘制完成后按[Esc]键退出。

使用同样方法绘制“内墙 120”。东面住户卫生间与客厅间的 120 mm 厚的内墙的定位可以通过编辑临时尺寸，来调整它与 5 轴线间的距离。

(4)添加门

在楼层平面“标高 4”视图，单击“建筑”选项卡下“门”，在类型选择区选取门类型(图 3.59 序号 1)，点击“编辑类型”(图 3.59 序号 2)，弹出“类型属性”对话框：单击“复制”，输入门类型名称(如 M1021)，点击“确定”；然后调整门“高度”为 2100 mm、“宽度”为 1000 mm 和“类型标记”为 M1，不修改其余参数，单击“确定”。单击“在放置时进行标记”(图 3.59 序号 3)，在选项栏的修改放置标记方向为“垂直”、不勾选“引线”(图 3.59 序号 4)；将光标移动到该门所在墙的位置附近，按鼠标左键；按[Esc]键退出。点选门，出现

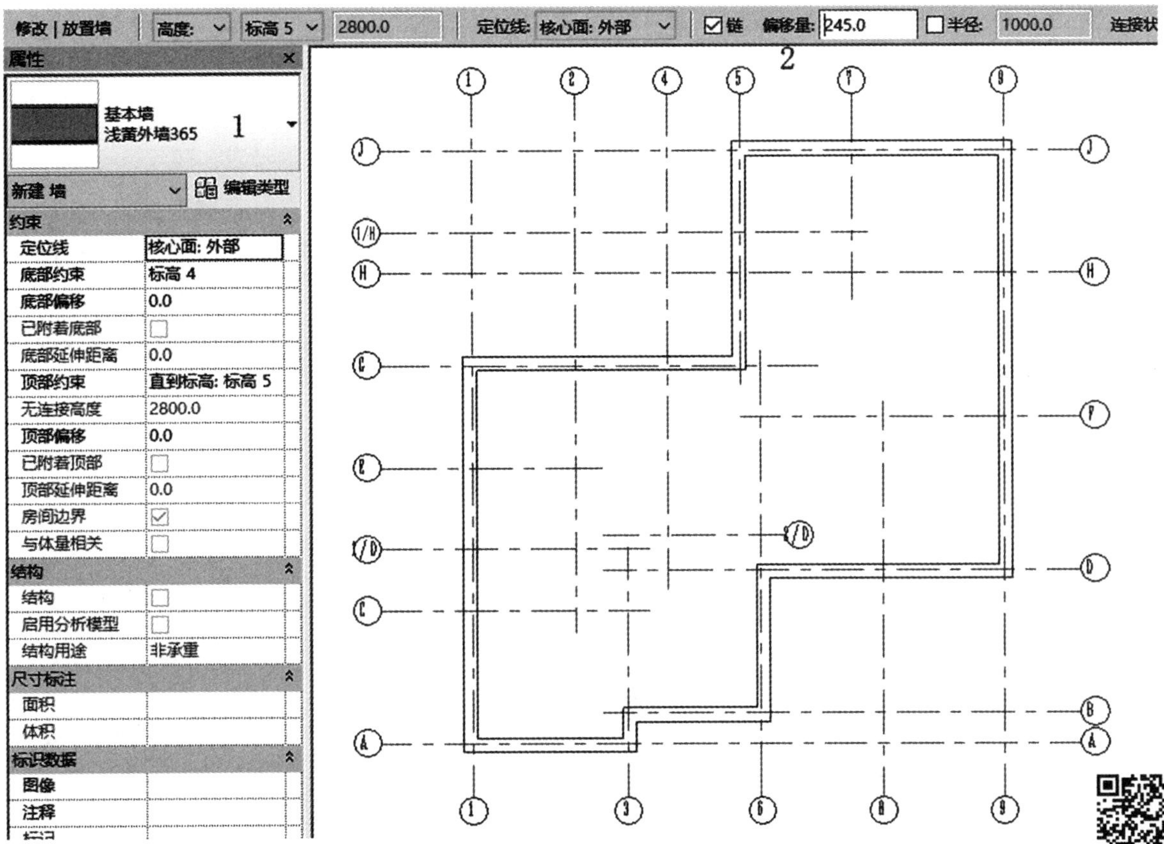

图 3.58　绘制外墙

该门定位的临时尺寸，单击“临时尺寸”的数字，可以输入精确的门的相对位置；单击“双向箭头”可以翻转该门方向。单击“门标记”，出现“移动”符号后用鼠标拖拽，可以调整标记的放置位置。用同样的方法创建门 M0921（“类型标记”为 M2）、M0821（“类型标记”为 M3），并添加到墙上。

如果在类型选择区找不到所需的门（如 M4），则创建这个门族。下面我们根据 M4 门的立面图，将门框、门扇框的断面形状简化为 80 mm×40 mm 和 40 mm×40mm 矩形，门洞左右两扇和门扇上方为固定、中间两扇为可开启的推拉门，忽略细节，叙述创建该门族的步骤。

单击“应用程序菜单”，在展开的菜单栏中选新建“族”，在族样板中选择“公制门”，操作界面如图 3.60 所示，建模方法与 2.9.4 节相似。

①创建门框、门扇框和玻璃

先删去样板提供的墙的内外两面拉伸体，它是样板提供的门的贴面。双击“项目浏览器”的“立面-外部”，删去样板提供的两条斜“虚线”（它是样板提供的平开门的开启符号线）。在“立面-外部”视图，有三条竖直方向、两条水平方向的参照平面线，用于控制门洞轮廓。单击“工作平面”功能区“参照平面”，

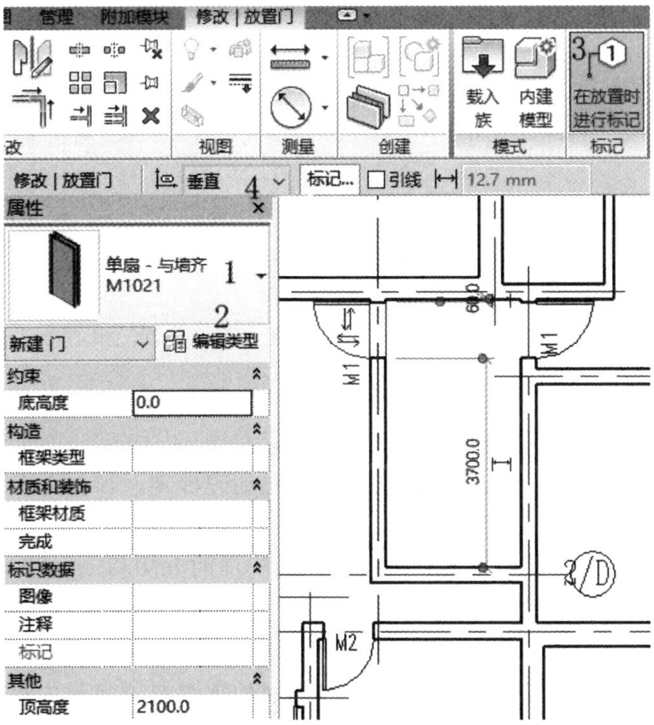

图 3.59　放置 M1 门

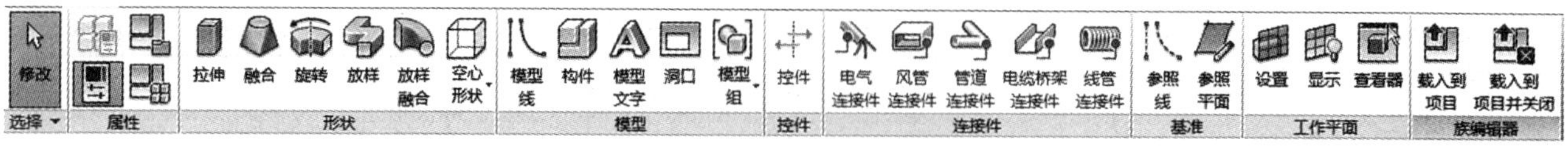

图 3.60 创建族的主要工具

添加三条参照平面线：在已有的参照平面线之间绘制两条竖直方向、一条水平方向参照平面线，如图 3.61 所示。单击“快速访问工具栏”的“对齐尺寸标注”，移动光标分别到左、中、右参照平面线上点击鼠标左键，确定尺寸放置位置，单击浅显的“EQ”，确保软件提供的左、右参照平面相对于中间参照平面而言是对称的。用同样的方法分别确保软件提供的左、中和右、中参照平面相对于添加的竖向参照平面对称(图 3.61 序号 1、2 和 3)。标注添加的水平参照平面线与参照标高线之间距离尺寸，按[Esc]键退出尺寸标注；选中该尺寸，单击“标签尺寸标注”功能区的“创建参数”(图 3.61 序号 4 和 5)，在弹出的对话框中输入尺寸参数名和指定参数分组方式“其他”(图 3.61 序号 6)，单击“确定”，添加的参照平面线和参数将用于控制门扇宽度和高度。

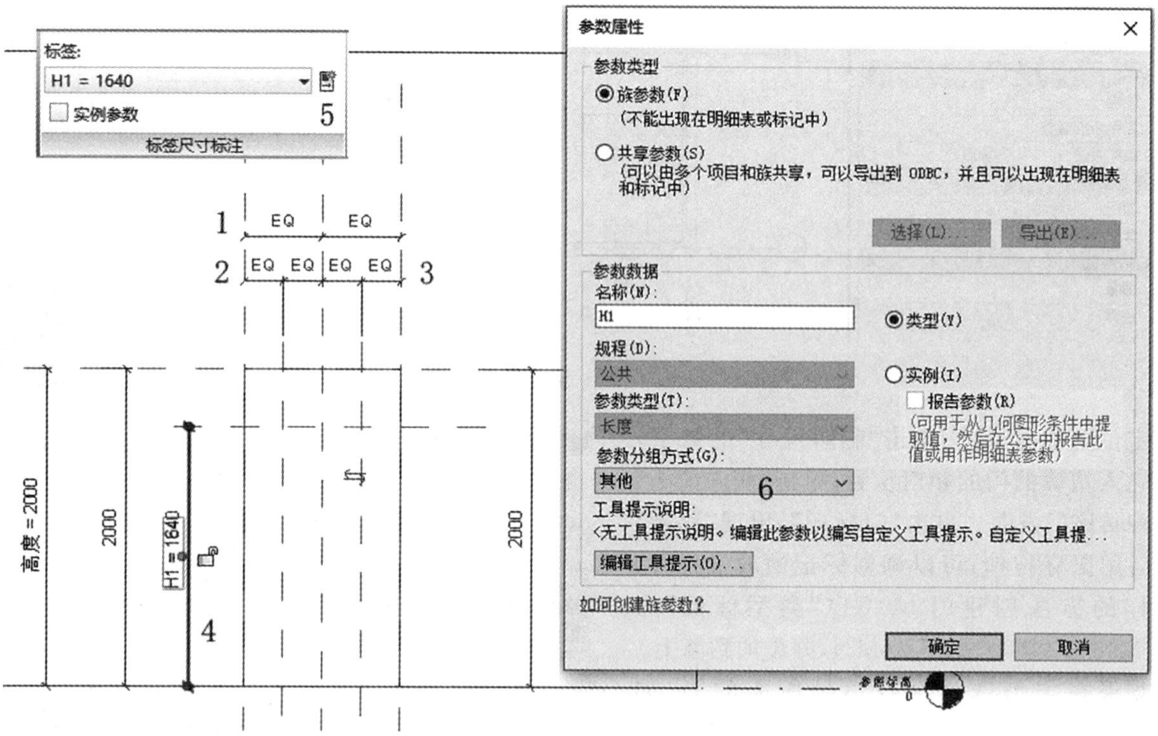

图 3.61 控制门扇的参照平面和“参数属性”对话框

创建 80×40 门框框架。单击“形状”功能区“拉伸”，选择“矩形”、移动光标到洞口左下角按鼠标左键，再移动光标至洞口右上角按鼠标左键，单击四条边的锁，确保锁住。再次使用“矩形”，在选项栏“偏移量”中输入 40.0(图 3.62 序号 1)，移动光标到洞口左下角按鼠标左键，再移动光标至 $H1$ 高度的水平参照平面线与右参照平面线交点(如果显示矩形偏移方向不对，可以按键盘的“空格”键改变偏移方向)按鼠标左键，确保四条边的锁被锁住。用同样的方法移动光标到 $H1$ 高度的水平参照平面线与左参照平面线交点按鼠标左键，再移动光标至洞口右上角按鼠标左键，确保四条边的锁被锁住，也可以如图 3.62 所示用标注 40 尺寸锁住宽度距离。在实例属性栏“拉伸起点”“拉伸终点”分别输入 40.0 和－40.0；单击“可见性/图形替换”右边的“编辑”，在对话框的视图专用显示中只勾选“前/后视图”后，单击“确定”；单击“材质”右边，按类别在材质对话框中选聚乙烯，高密度，单击“子类别”右边，在菜单栏中选“框架/竖梃”，如图 3.62 序号 2、3、4、5、6 所示。单击“√”，完成 80 mm×40 mm 门框框架创建。

创建门的左右固定扇的 40 mm×40 mm 门框框架立柱：单击“形状”功能区“拉伸”，选择“矩形”，贴着两条自己绘制的竖直方向参照平面，分别在门扇高度和门扇上方绘制 4 个 40 mm 宽的矩形，确保三条边

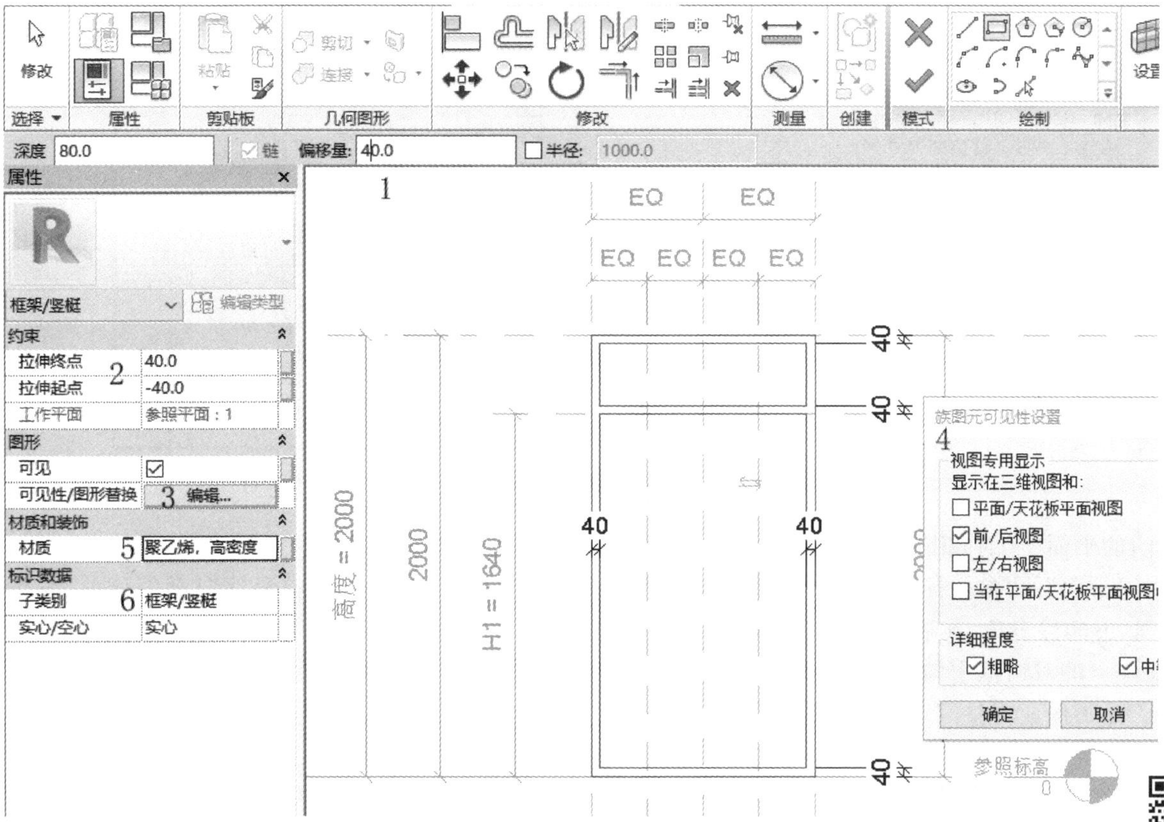

图 3.62　创建 80 mm×40 mm 门框框架

的锁被锁住，另一条边标注 40 尺寸锁定。在实例属性栏“拉伸起点”“拉伸终点”分别输入 0 和 40；单击“可见性/图形替换”右边的“编辑”，在对话框的视图专用显示中只勾选“前/后视图”，“材质”选聚乙烯，高密度，“子类别”选“框架/竖梃”，单击“√”，完成 40 mm×40 mm 门框框架立柱创建。

创建 40 mm×40 mm 门扇框架：单击“形状”功能区“拉伸”，选择“矩形”，画门扇框外轮廓，单击矩形四条边与门框和参照平面的锁，确保锁住；再次使用“矩形”，在选项栏“偏移量”输入 40，画门扇内框；在实例属性栏“拉伸起点”“拉伸终点”分别输入 0 和 −40，单击“可见性/图形替换”右边的“编辑”、单击“可见性/图形替换”右边“编辑”，在对话框的视图专用显示中只勾选“前/后视图”，“材质”选聚乙烯，高密度，“子类别”选“框架/竖梃”；单击“√”，完成一扇推拉门扇框。用同样的方法完成另一扇推拉门扇框。

创建门框玻璃：单击“形状”功能区的“拉伸”，选择“矩形”，绘制 5 个以门框框架为边界的矩形，确保四条边的锁被锁住；在实例属性栏“拉伸起点”“拉伸终点”分别输入 10 和 15，单击“可见性/图形替换”右边的“编辑”，在对话框的视图专用显示中只勾选“前/后视图”，“材质”选玻璃，“子类别”选玻璃，单击“√”，完成门框玻璃创建。

创建推拉门扇玻璃：单击“形状”功能区“拉伸”，选择“矩形”，绘制 2 个以推拉门扇框为边界的矩形，确保四条边的锁被锁住；在实例属性栏“拉伸起点”“拉伸终点”分别输入 −10 和 −15，单击“可见性/图形替换”右边的“编辑”，在对话框的视图专用显示中只勾选“前/后视图”，“材质”选玻璃，“子类别”选玻璃；单击“√”，完成推拉门扇玻璃创建。

修改门框、门扇和玻璃的工作平面。双击“项目浏览器”的“楼层平面-参照标高”，绘图区显示门框、门扇、玻璃等的平面视图。将门安放在墙中线的位置：单击“门框”，然后单击“编辑工作平面”，在弹出的对话框中选“拾取一个平面”、单击“确定”，移动光标至墙的中心线处后按[Tab]键，当高亮“参照平面”虚线时按鼠标左键，门框定位到该参照平面。用同样的方法修改门框立柱、门扇和玻璃的工作平面，结果如图 3.63 所示。

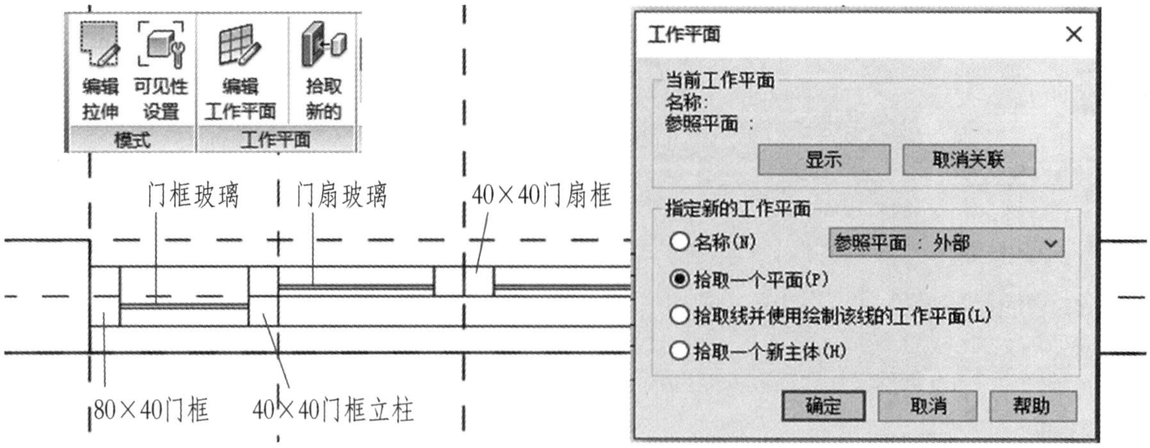

图 3.63 修改门框、门扇和玻璃的工作平面

②画门的平面图、剖面图的图例线

在“楼层平面”的“参照标高”视图中,单击“注释”选项卡下“详图”功能区的“符号线”;画图例前,先单击“子类别”下的黑三角,在展开的菜单栏内选择“门[截面]”,在属性栏单击“可见性/图形替换”右边的“编辑”,在弹出的对话框中勾选全部,不勾选“链”,然后画推拉门的平面图例线。如图 3.64 序号 1、2、3 和深线所示。为了保证调整门洞大小时符号线跟随其变化,单击“修改”功能区“对齐”,单击锁定边,然后移动光标到符号线端点、按[Tab]键出现小圆点后按鼠标左键,出现“锁”图标时点击“锁”,符号线端点与指定边界锁定,如图 3.64 序号 4、5 所示。用同样的方法完成所有符号线端点与边界锁定。

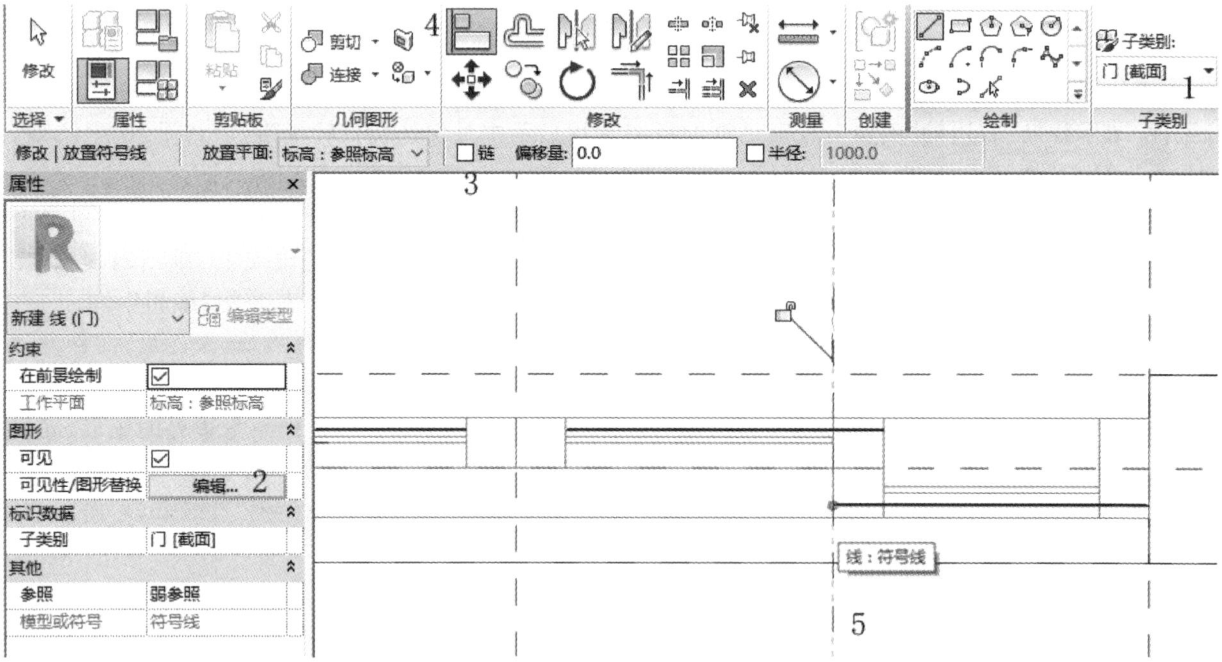

图 3.64 画门的平面图的图例线

画门的剖面图的图例线。双击“项目浏览器”立面-右,绘图区切换进入右视图。单击“注释”选项卡下“详图”功能区的“符号线”;与画门平面图的图例线方法相似,先单击“子类别”下的黑三角,在展开的菜单栏内选择“门[截面]”,在属性栏单击“可见性/图形替换”右边的“编辑”,在弹出的对话框中勾选全部,不勾选“链”,然后在墙身中心线两边各画一条符号线。为了保证调整门洞大小时符号线跟随其变化,单击“修改”功能区“对齐”,单击门洞顶边,然后移动光标到符号线端点、按[Tab]键出现小圆点后按鼠标左键,出

现“锁”图标时点击“锁”，符号线端点与指定边界锁定。用同样的方法完成所有符号线端点与门洞顶和底边锁定。

完成上述操作后，单击快速访问工具栏的“保存”，保存名：玻璃推拉门。单击“族编辑器”功能区的“载入到项目”。绘图区切换为项目的楼层平面的标高 4，类型选择区显示刚载入的“玻璃推拉门”族，单击“编辑类型”，在弹出的对话框中单击“复制”命名 M2424、修改“高度”为 2400、“宽度”为 2400、“类型标记”为 M4、单击“确定”，移动光标放置 M4，通过临时尺寸调整 M4 位置。

(5)添加窗

在墙上添加窗的方法与添加门的方法相同。如果找不到所需窗族，则创建窗族。下面以住宅的双扇推拉窗为例，把窗框、窗扇框的断面形状简化成 60 mm×40 mm、30 mm×40 mm 矩形，忽略细节，并将窗扇放置在墙的中心，简述新建窗族的步骤。

单击新建“族”，在族模板中选“公制窗”。

①创建窗框、窗扇框和玻璃(方法和操作界面与创建门框、门扇和玻璃相似)

a. 确定窗安装在墙的中心线位置。在楼层平面的参照标高视图，单击“工作平面”功能区的“设置”，在弹出的对话框中选择“拾取一个平面”、单击“确定”，移动光标至墙中心线处后按[Tab]键，当高亮“参照平面”虚线时按鼠标左键，弹出转到视图对话框，选“立面-外部”，则绘图区切换为“立面-外部”视图。视图显示有三条竖直方向、两条水平方向的参照平面线，它们控制窗洞轮廓形状和位置。

b. 创建 60 mm×40 mm 窗框框架。单击“形状”功能区的“拉伸”，选择“矩形”，移动光标到洞口左下角按鼠标左键，再移至洞口右上角按鼠标左键，单击四条边的锁，确保锁住。再次使用“矩形”，在选项栏“偏移量”输入 40，移动光标到洞口左下角后按鼠标左键，再移动光标至右上角(如果显示矩形偏移方向不对，可以按键盘的空格键改变偏移方向)后按鼠标左键，确保四条边的锁被锁住。在实例属性栏“拉伸起点”、“拉伸终点”分别输入 30 和－30，单击“可见性/图形替换”右边的“编辑”，在对话框的视图专用显示中只勾选“前/后视图”，单击“材质”右边，按类别在材质对话框中选聚乙烯，单击“子类别”右边，在菜单栏中选“框架/竖梃”。单击“√”，完成 60 mm×40 mm 窗框创建。

c. 创建 30 mm×40 mm 窗扇框架。单击“形状”功能区的“拉伸”，选择“矩形”，移动光标至窗框的左下内角后按鼠标左键，再移动光标至窗洞中间竖向参照平面线与窗框内边交点的右边的位置后按鼠标左键，确保三条边的锁被锁住。标注另一条竖直边与窗洞中间竖向参照平面线之间的尺寸，单击该竖直边(刚刚标注的尺寸数字变为浅色)，单击“浅色数字”，改为 20 后按回车键，单击该尺寸后出现“锁”符号，单击“锁”锁定。再次使用“矩形”，在选项栏“偏移量”输入 40，移动光标到洞口左下角后按鼠标左键，再移动光标至右上角后按鼠标左键，确保四条边的锁被锁住；也可以通过标注 40 尺寸锁定间距。在实例属性栏“拉伸起点”“拉伸终点”分别输入 0 和 30，单击“可见性/图形替换”右边的“编辑”，在对话框的视图专用显示中只勾选“前/后视图”，“材质”选聚乙烯，“子类别”选择“框架/竖梃”，单击“√”，完成左半边 30 mm×40 mm 窗扇框创建。以同样的方法完成右半边 30 mm×40 mm 窗扇框创建，在右半边 30 mm×40 mm 窗扇框的实例属性栏“拉伸起点”“拉伸终点”分别输入 0 和－30。

d. 创建窗扇玻璃。单击“形状”功能区的“拉伸”，选择“矩形”，移动光标到窗扇框左下内角后按鼠标左键，再移动光标至窗扇框右上内角后按鼠标左键，单击四条边的锁，确保锁住。在实例属性栏“拉伸起点”“拉伸终点”分别输入 10 和 15，单击“可见性/图形替换”右边的“编辑”，在对话框的视图专用显示中只勾选“前/后视图”，“材质”选玻璃，“子类别”选玻璃，单击“√”，完成左半边窗玻璃创建。用同样的方法绘制以右窗扇框为边界的矩形玻璃，确保四条边的锁被锁住。在实例属性栏“拉伸起点”“拉伸终点”分别输入－10 和－15，单击“可见性/图形替换”右边的“编辑”，在对话框的视图专用显示中只勾选“前/后视图”，“材质”选玻璃，“子类别”选玻璃，单击“√”，完成右半边窗玻璃创建。

②画窗平面图、剖面图的图例线

a. 画窗平面图的图例线。双击项目浏览器“楼层平面”的“参照标高”，绘图区切换为窗的平面图。单击“注释”选项卡“详图”功能区的“符号线”。画图例前，先单击 “子类别”处向下黑三角，在展开的菜单栏内选择“窗[截面]”，在属性栏单击“可见性/图形替换”右边的“编辑”，在弹出的对话框中勾选全部，选项栏不勾选“链”。然后画推拉窗的平面图例线，在墙身中心线两边各画一条符号线。为了保证调整窗洞大小时符号线跟随其变化，单击“修改”功能区“对齐”，单击锁定边，然后移动光标到符号线端点后按[Tab]键，当出现小圆点后按鼠标左键，出现“锁“图标时点击”锁“。符号线端点与指定边界(左、中、右参照平面线)锁定。

b.画窗剖面图的图例线。双击“项目浏览器”的“立面-右”，绘图区切换进入右视图。单击“注释”选项卡“详图”功能区的“符号线”。先打开 “子类别”菜单，在展开的菜单栏内选择“窗[截面]”，在属性栏单击“可见性/图形替换”右边的“编辑”，在弹出的对话框中勾选全部，选项栏不勾选“链”。然后在墙身中心线两边各画一条符号线。为了保证调整窗洞大小时符号线跟随其变化，单击“修改”功能区“对齐”，单击窗洞顶边，然后移动光标到符号线端点后按[Tab]键，当出现小圆点后按鼠标左键，出现“锁”图标时点击“锁”，符号线端点与指定边界锁定。用同样的方法完成所有符号线端点与窗洞顶和底边的锁定。

③根据外墙节点详图和习题集中关于画建筑立面图作业指示书的附图，画窗台和窗台下贴面

在“立面-外部”视图中，单击“基准”功能区“参照平面”，在窗洞底边的左右两边(距离为 80 mm)各画一条竖直参照平面线。用“尺寸标注”工具标注参照平面线与窗洞轮廓的参照平面线之间的距离，单击该尺寸“锁”符号锁定。

单击“创建”选项卡“形状”功能区的“放样”(“放样”的使用方法与 2.9.4 节创建缘头类似)，单击“放样”功能区 “绘制路径”，用“直线”绘制从窗台左边 80 mm 的参照平面线到窗台右边 80 mm 的参照平面线的路径；然后单击 “对齐” ，把路径左右端点分别与参照平面线对齐并锁定，把路径的高度与窗台参照平面线对齐、锁定，单击“√”，完成路径绘制。单击“放样”功能区 “编辑轮廓”，弹出“转到视图”对话框，单击“立面：左”，再单击“打开视图”，单击“绘制”功能区“直线”，在绘图区绘制内、外窗台的断面轮廓线；标注定形尺寸，并锁定；单击“对齐”，把贴墙、窗或参照平面线的轮廓线对齐并锁定(图 3.65)，然后单击“√”。单击“可见性/图形替换”右边的“编辑”，在对话框的视图专用显示中只勾选“前/后视图”，“材质”选水泥砂浆打底白色外墙乳胶漆，“子类别”选贴面，单击“√”，完成窗台的绘制。单击“创建”选项卡“形状”功能区“拉伸”，用“矩形”绘制窗台下的贴面轮廓；单击“修改”功能区的“对齐”，把贴窗台的轮廓线与窗台底边对齐并锁定，把轮廓线的左边和右边分别与窗洞的左、右参照平面线对齐并锁定；用“尺寸标注”工具标注矩形的高度尺寸并锁定；在实例属性栏的“拉伸起点”“拉伸终点”分别输入 0 和－25，单击“可见性/图形替换”右边的“编辑”，在对话框的视图专用显示中只勾选“前/后视图”，“材质”选水泥砂浆打底白色外墙乳胶漆，“子类别”选贴面，单击“√”，完成窗台下的装饰线的绘制。

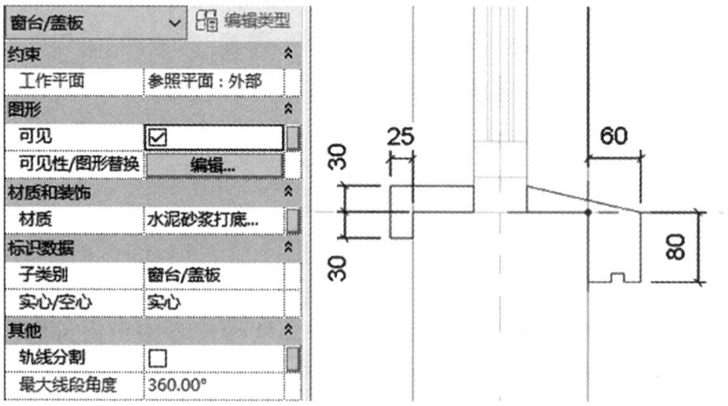

图 3.65　绘制窗台“放样”轮廓线

完成上述操作后，单击快速访问工具栏的“保存”，保存名：双扇推拉窗。

④放置窗

在住宅项目文件的 “标高 4”视图中，单击“建筑”选项卡下“窗”，在类型选择区选取一个窗类型，单击

“编辑类型”，在弹出的“类型属性”对话框中单击“载入”，在文件浏览器中找到“双扇推拉窗”；然后单击“复制”按钮，输入窗类型名称(如M1814)，单击“确定”；调整窗“高度”为1400、“宽度”为1800、尺寸和“类型标记”为C1，其余参数不修改，再单击“确定”。修改属性栏“底高度”为1000，单击“在放置时进行标记”，在选项栏的修改放置标记方向为“水平”、不勾选“引线”，将光标移动到该窗所在墙的位置附近后按鼠标左键；完成所有C1窗的放置，按[Esc]键退出。选择窗，出现该窗定位的临时尺寸，修改“临时尺寸”数字可以调整窗的精确位置，或者移动光标至临时尺寸的尺寸界线的小圆点，按下鼠标左键，将其拖到需要的位置后再修改临时尺寸数字(也可以用“移动”命令将该窗移动到需要的位置)。单击“反转箭头”，可以翻转该窗内外方向。单击“窗标记”，出现“移动”符号后用鼠标拖拽该符号，可以调整标记的放置位置，也可以在选项栏修改放置标记方向为“竖直”。用同样的方法创建窗C1514(“类型标记”为C3)、C0914(“类型标记”为C4)和C1214(“类型标记”为C5)，并添加到墙上。如果需要放置底层“标高1”视图的窗，则窗C2需要按立面图新建窗族。

⑤根据外墙节点详图和习题集中关于画建筑立面图作业指示书的附图，画窗顶装饰线并放置

单击新建“族”，在族模板中选“基于面的公制常规模型”。绘图区显示中心前/后和中心左/右两条垂直相交的参照平面线。单击“基准”功能区的“参照平面”，在中心前/后的参照平面线上方150 mm和250 mm画两条水平参照平面线，在中心左/右的参照平面线的左右两边适当距离各画一条竖直参照平面线。用“尺寸标注”工具标注水平参照平面线之间的距离，单击尺寸的“锁”图标以锁定。用“尺寸标注”工具分别点击三条竖直参照平面线并指定尺寸线位置后，单击“EQ”。用“尺寸标注”工具标注最左、最右参照平面线之间距离，按[Esc]键退出“尺寸标注”工具。点选最左、最右参照平面线之间的距离尺寸，单击“标签尺寸标注”功能区“创建参数”，在弹出的对话框中输入参数名(如:B)，单击“确定”。单击“属性”功能区的“族类型”、在弹出的参数列表对话框中、“B”后输入600，最左、最右参照平面线之间的距离显示受该参数控制。

单击“创建”卡片下“形状”功能区的“拉伸”，用“直线”绘制窗顶装饰线的左半轮廓。选取全部左半窗顶装饰轮廓线，单击“镜像:拾取轴”，拾取中心左/右参照平面线，完成窗顶装饰轮廓线绘制。单击“尺寸标注”工具，标注窗顶装饰轮廓线尺寸并锁定。单击“修改”功能区“对齐”，选择参照平面线，选贴参照平面的轮廓线，再点击“锁”，将贴参照平面线的轮廓线与参照平面锁定。选中心左/右参照平面线，选与中心左/右参照平面相交的轮廓线的交点，再点击“锁”，将斜轮廓线端点的左右位置与中心左/右参照平面锁定。用同样的方法将斜轮廓线端点分别与水平参照平面“锁”定，以锁定斜轮廓线端点的上下位置。在实例属性栏“拉伸起点”“拉伸终点”处分别输入0和25，单击“可见性/图形替换”右边的“编辑”，在对话框的视图专用显示中全部勾选，“材质”选水泥砂浆打底白色外墙乳胶漆(图3.66)，单击“√”，完成窗顶装饰线的绘制。单击“保存”，命名为“窗顶装饰线”。

在住宅项目文件中，单击“快速访问工具栏”的“小房子”(默认三维视图)，绘图区显示已建模型的正等测。单击“建筑”选项卡下“构件”的向下黑三角，选择“放置构件“，单击“编辑类型”，在弹出的类型属性对话框中单击“载入”，在文件浏览器中找到“窗顶装饰线”族；单击“复制”，输入新“窗顶装饰线”的类型名称(如:窗顶装饰线18)；修改“B”参数值为1800，不修改其余参数，单击“确定”。将光标移动到窗C1顶的外墙面中点附近，当出现“△”中点捕捉符号时按鼠标左键。继续放置，完成所有窗C1的窗顶装饰线。再单击“编辑类型”，在弹出类型属性对话框中单击“复制”按钮，输入新“窗顶装饰线”的类型名称(如:窗顶装饰线15)，点击“确定”；修改“B”为1500，单击“确定”。将光标移动到窗C3顶的外墙面中点附近，当出现“△“中点捕捉符号时按鼠标左键。用同样的方法创建并放置窗C4和窗C5的窗顶装饰线。放置窗顶装饰线时，如果需要改变三维视图的投影方向，可以单击绘图区右上角“ViewCube”立方体的角点来改变三维视图投影方向。

(6)放置楼板

在“楼层平面”的标高4视图中，创建楼层地面。单击“建筑”选项卡下“楼板”，类型选择区选“常规-150 mm”，点击“编辑类型”，在弹出的“类型属性”对话框中点击“复制”按钮，输入名称(如:楼板120)，单击“确定”；单击“结构”右边的“编辑”，系统弹出设置楼板构造层的功能、材质、厚度对话框，楼板的构造层

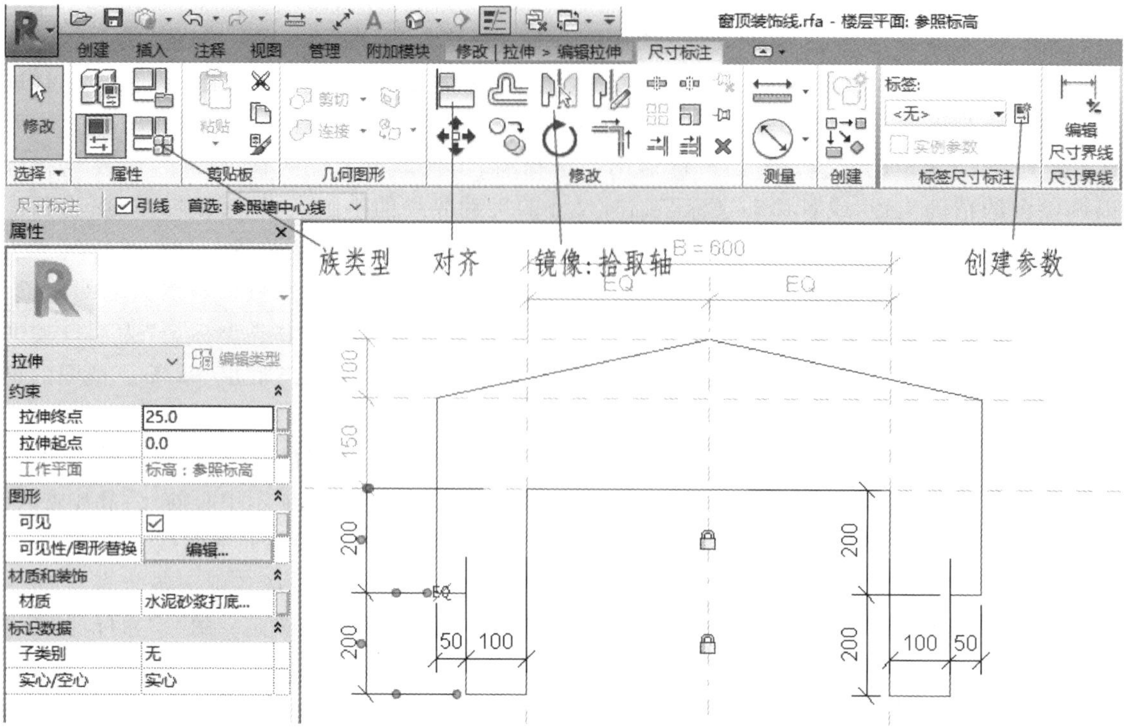

图 3.66　创建窗顶装饰线族

的添加和设置方法同墙的构造层的添加和编辑，卧室、客厅的楼板构造层的设置如图 3.67 所示。在实例属性栏，楼板“约束”在“标高 4”、“自标高的高度”偏移为“0”；绘制卧室、客厅楼板轮廓线；用修改功能区“对齐”，在对齐选项栏选“参照核心层表面”，将楼板轮廓线对齐到结构层外表面。完成楼板后点击“√”。

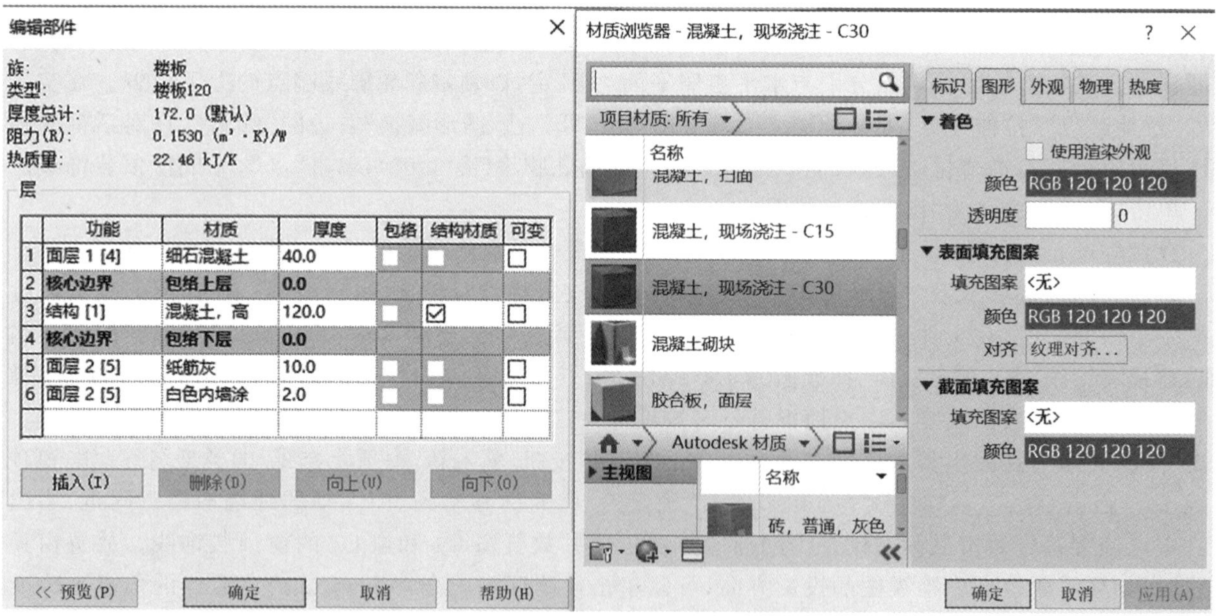

图 3.67　楼板的构造层和材质浏览器

用同样的方法完成卫生间和厨房楼板。其构造层按施工说明设置，实例属性栏的楼板“约束”在“标高 4”、“自标高的高度”偏移为－20。阳台板的构造层按阳台详图设置，面层材质可以同卫生间，板底标高与楼板底面平齐。

(7)创建楼梯和栏杆扶手

①放置楼梯

在"楼层平面"的"标高 4"视图中,单击"建筑"选项卡下的"楼梯",在类型选择区选取"整体浇筑楼梯",单击"编辑类型",在弹出的"类型属性"对话框中点击 "复制",输入类型名称(如住宅楼梯);输入"最大踢面高度"和"最小踏面宽度",点击 "梯段类型"最右边的 "…"图标[图 3.68(a)中的序号 1],弹出对话框,点击 "复制",输入新梯段类型名称(如 120),输入梯段 "类型参数"[图 3.68(b)],点"确定";点击"平台类型"最右边的 "…"图标[图 3.68(a)中的序号 2],弹出对话框,点击"复制",输入新平台类型名称(如 100);输入"类型参数"[图 3.68(c)],点"确定"。在工具选项栏:"定位线"选"梯段左"、"偏移量"输入"0"、"实际梯段宽度"输入"1180"、勾选"自动平台"。在实例属性栏:"底部标高"选"标高 4"、"底部偏移"输入"－20"、"顶部标高"选"标高 5"、"顶部偏移"输入"－20"、"所需踢面数"输入"17"、"实际踏板深度"输入"250"。移动光标到 F 轴与 6 轴交点的墙边,单击鼠标左键、确定绘制楼梯起点,向南移动鼠标并留意出现的浅显的楼梯和提示,当提示出现"创建了 9 踏面、剩余 8 个"时单击鼠标左键,完成上行第一梯段,向右移动鼠标至 4 轴处墙边时单击鼠标左键确定绘制上行第二梯段起点,向北移动鼠标,当提示剩余 0 个时单击鼠标左键确定,完成上行第二梯段。点击两梯段之间的"楼梯平台",用鼠标光标拖拽平台边缘的"拖拽符号",使得平台紧贴 2/D 轴的墙面。单击"构件"功能区的"平台",再点击"绘制",用"直线"绘制标高 5 的楼层平台轮廓线,完成后点击"√"。

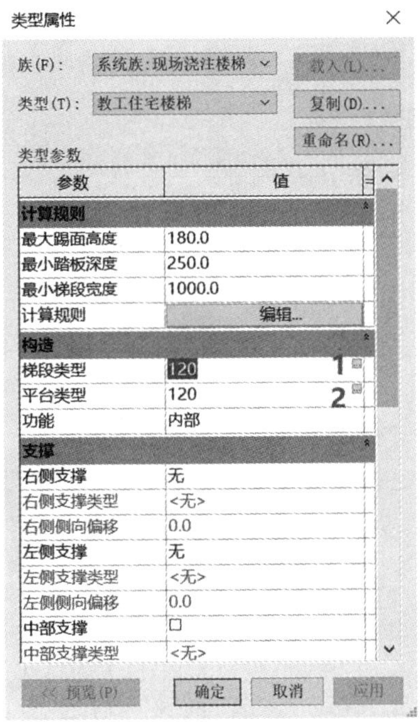

(a)

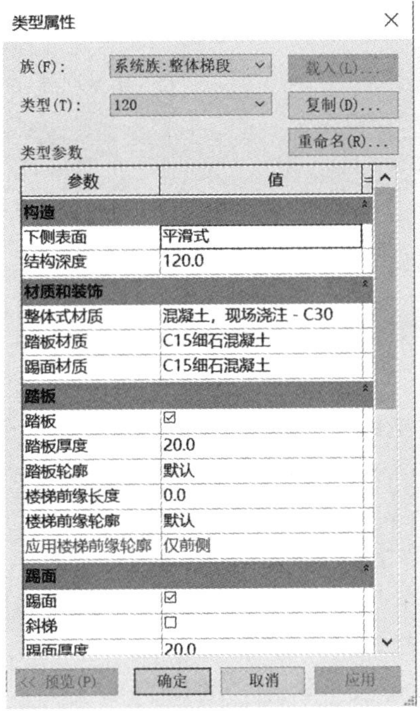

(b)

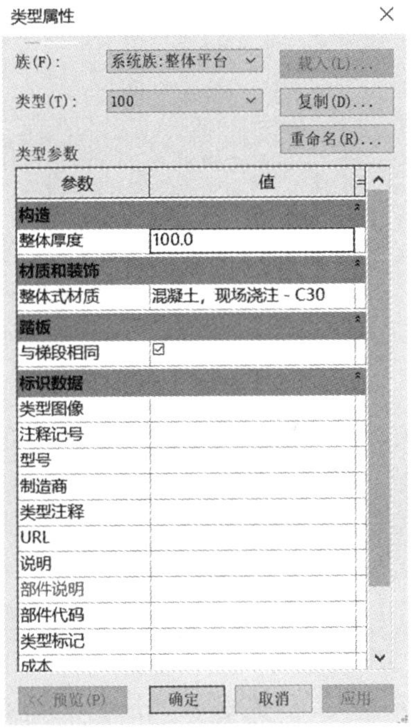

(c)

图 3.68　编辑楼梯的类型属性

(a)楼梯"类型属性"对话框;(b)梯段"类型属性"对话框;(c)平台"类型属性"对话框

②创建楼梯木扶手的轮廓族

点击"应用程序菜单",选新建族,打开"公制轮廓-扶栏"族样板。先用"直线"绘制扶手左半直线轮廓,再使用"圆角弧"、选取左上角两个边、放置圆弧、单击临时尺寸修改为"5",用同样的方法画左下角圆弧。选取全部左半轮廓线,单击"镜像拾取轴",完成扶手轮廓,保存名为"顶部扶手轮廓",并载入住宅项目文件。双击住宅项目文件的"项目浏览器-族-扶手栏杆-顶部护栏类型-矩形 50 mm×50 mm",在弹出的对话框中单击"复制",输入类型名(如:矩形 60 mm×80 mm);在"轮廓"值菜单中选取刚载入的"顶部扶手轮廓","材质"选木材,其余不改,单击"确定",完成创建楼梯的顶部扶手轮廓族。如图 3.69 所示,左下图是绘制"顶部扶手轮廓"，右图是"项目浏览器"，左上图是创建"矩形 80 mm×60 mm"顶部扶栏类型。

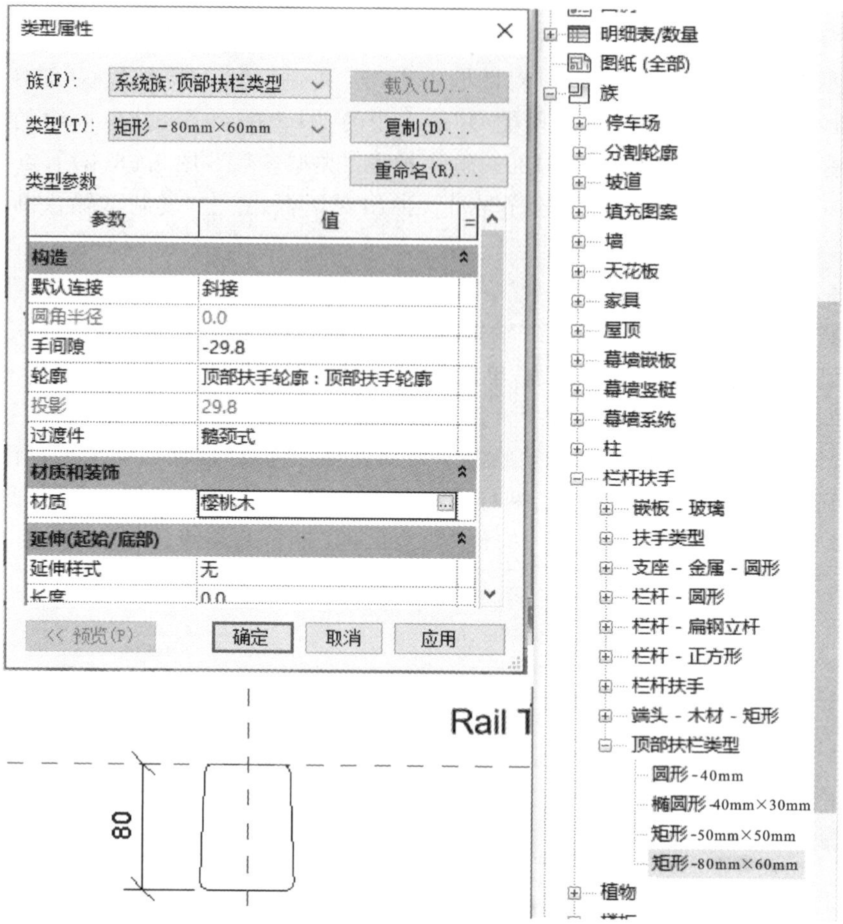

图 3.69　创建楼梯扶手的顶部扶栏

③绘制楼梯扶手

在标高 4 楼层平面中，删去自动生成的扶手。单击"建筑"选项卡下"栏杆扶手"，类型选"900 mm 圆管"，单击"编辑类型"，在弹出的对话框中点击"复制"，输入名称(如：住宅楼梯扶手)；打开"栏杆结构"的"编辑"对话框(图 3.70 序号 1)，逐个选列表项，点击"删除"，删去全部后单击"确定"；打开"栏杆位置"的"编辑"对话框(图 3.70 序号 2)，勾选"楼梯上每个踏板都使用栏杆"，每个踏板的栏杆数输入"2"，栏杆族选"栏杆-圆形：20 mm"，起点支柱和终点支柱选"无"，转角和终点支柱选"栏杆-圆形：20 mm"，转角支柱位置选"角度大于"、角度"90"(图 3.70，简化楼梯栏杆为 ϕ20 钢管)，点击"确定"；再点击"顶部扶栏"下的"类型"右边，选载入的扶手轮廓名"顶部扶手轮廓"(图 3.70 序号 3)，点击"确定"。选"直线"，勾选"链"、输入"偏移量"50.0(见图 3.70 序号 4)，沿梯段上行的右边线画扶手"路径"，将楼梯休息平台处的路径距平台边改为 150，调整后的楼梯栏杆扶手路径如图 3.70 所示；单击"拾取新主体"(图 3.70 序号 5)，选楼梯段，单击"√"，完成楼梯的栏杆扶手。

(8)按阳台详图分别创建东西住户的阳台栏板和阳台梁

在标高 4 楼层平面中，创建西住户的阳台栏板和阳台梁。单击"建筑"选项卡下"构件"边的黑三角，选择"内建模型"，在弹出对话框的族类别过滤器中选"结构"、详细列表中选"结构加强板"(只要功能合适，也可以选其他)，单击"确定"；在弹出的对话框中输入名称(如"阳台板和梁 1")，单击"确定"。创建栏板：单击"拉伸"，用"直线"绘制阳台栏板平面轮廓，属性栏输入"拉伸起点""拉伸终点"和"材质"(图 3.71)；单击"√"，完成阳台栏板的创建。创建栏板顶的扶手：先单击"工作平面"功能区的"设置"，在弹出的对话框中选"拾取一个平面"、单击"确定"，选阳台栏板的顶面；再单击"放样"，选"放样"功能区的"绘制路径"，用

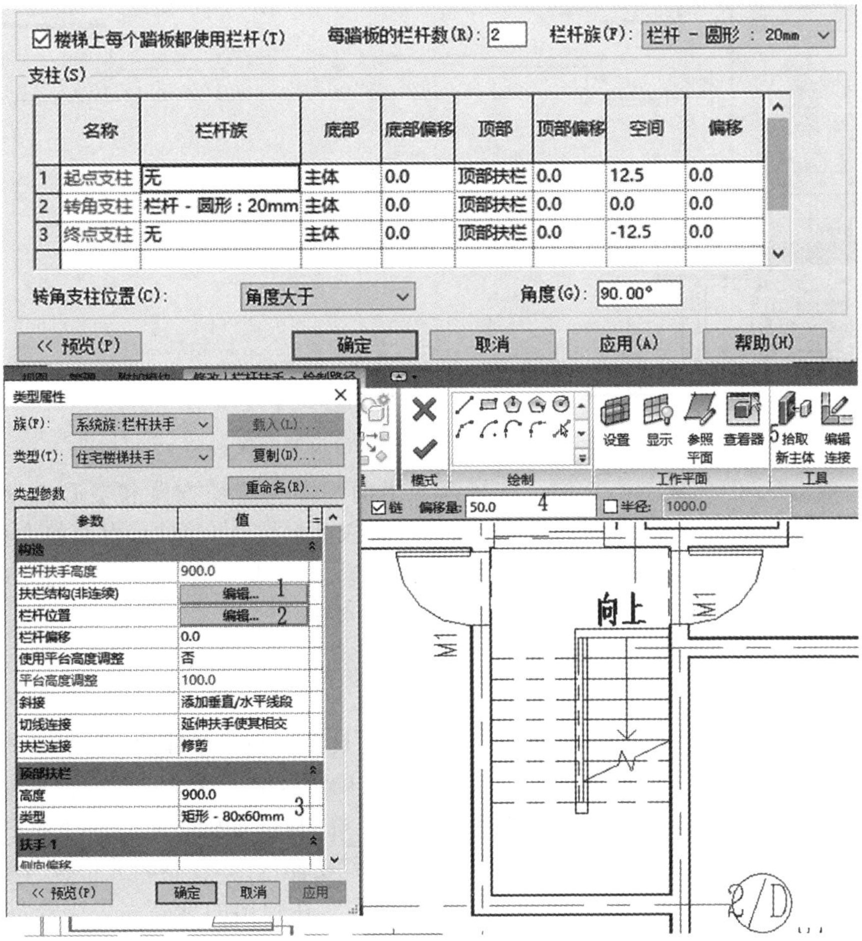

图 3.70　创建住宅的 4 层至 5 层楼梯扶手

“直线”绘制从栏板外侧的左边贴墙沿栏板外侧边至栏板右边的路径，单击“√”，完成路径绘制；单击“放样”功能区的 “编辑轮廓”，弹出“转到视图”对话框，任选一个，单击“打开视图”，单击“绘制”功能区“矩形”，在绘图区绘制栏板上方扶手的矩形断面轮廓线；在属性栏输入与栏板相同的“材质”，单击“√”，完成栏板顶的扶手。挖去一块阳台栏板：双击“项目浏览器”的“立面-南”，在“工作平面”对话框中选阳台栏板外立面，单击“空心形状”边的黑三角，选“空心拉伸”，用“直线”绘制放置彩色砖的轮廓，单击“√”；双击“项目浏览器”的“楼层平面-标高 4”，单击刚完成的空心拉伸体，用鼠标拖动空心拉伸的深度箭头至能够剪切阳台栏板为止。创建阳台楼板梁：单击“放样”，选“放样”功能区的“拾取路径”，依次点击楼板的三条朝外的边，单击“√”，完成路径拾取；单击“放样”功能区的“编辑轮廓”，弹出“转到视图”对话框，选“立面-南”，单击“打开视图”，单击“绘制”功能区“矩形”，在绘图区绘制楼板下方边梁的矩形断面轮廓线；在属性栏输入与栏板相同“材质”，单击“√”，完成阳台楼板梁。单击“几何图形”功能区“连接”，分别点击阳台栏板和扶手，视图隐去它们的分界线；单击“√”，完成模型。

创建西住户的阳台栏板的彩色砖。在标高 4 楼层平面中，单击“工作平面”功能区的“设置”，选“拾取一个平面”，移动光标到阳台栏板内表面，按鼠标左键。双击“项目浏览器”的“立面-南”，单击“建筑”选项卡下“构件”边的黑三角，选“内建模型”，在弹出的对话框的族类别过滤器选“建筑”，在详细列表中选“常规模型”，单击“确定”；在弹出的对话框输入名称(如“阳台彩色砖”)，单击“确定”。创建 200 mm×200 mm×60 mm 长方体：单击“拉伸”，用“矩形”在阳台栏板放置彩色水泥砖的位置绘制一个 200 mm×200 mm 正方形，属性栏输入“拉伸起点”0、“拉伸终点”－60 和“材质”选类似材质，并复制命名为“彩色水泥”，单击“√”。创建 140 mm×140 mm×30 mm 空心长方体：单击“空心形状”边的黑三角，选“空心拉伸”，用“矩形”在刚完成的长方体中间绘制 140 mm×140 mm 正方形，属性栏输入“拉伸起点”－30、“拉伸终点”－

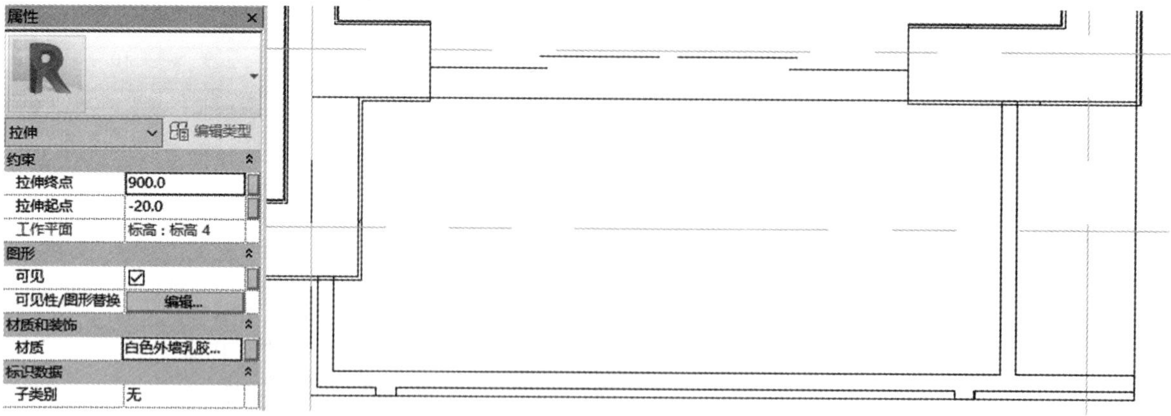

图 3.71　创建西住户的阳台拉伸栏板

60；单击"√"，完成空心拉伸。在标高 4 平面视图查看长方体和空心长方体的深度是否符合设计，如果需要调整，可以单击它，并用鼠标在拖拽点上拖拽，直至符合要求。单击"√"，完成一块彩色水泥砖模型。选彩色水泥砖，单击"复制"，在工具选项栏勾选"多个"，选该砖角点为"基点"、移动光标选"目标点"，完成所有阳台的彩色水泥砖放置。

用同样的方法创建东住户的阳台栏板、阳台梁和阳台栏板的彩色水泥砖。

(9)创建标高 5 楼层平面

在标高 4 平面视图中，移动光标到平面图形的左下角、窗选西住户及楼梯间，单击"选择"功能区的"过滤器"，在弹出的对话框的类别列表中只勾选"墙、窗、门"、单击"确定"，单击"剪贴板"功能区的"复制到剪贴板"，单击"剪贴板"功能区的"粘贴"下的黑三角、在弹出的菜单中选"与选定标高对齐"，在弹出的标高列表中选"标高 5"。选标高 4 楼板、卫生间楼板和阳台板，单击"剪贴板"功能区的"复制到剪贴板"，单击"剪贴板"功能区的"粘贴"下的黑三角、在弹出的菜单中选"与选定标高对齐"，在弹出的标高列表中选"标高 5"，如果弹出"是否要将墙附着到楼板底部"，则选"否"，如果弹出"是否希望楼板与墙重叠中剪切重叠的体积"，则选"是"。

①在标高 5 平面视图中，创建东住户的屋顶(省略天沟和烟道口等细节)

在标高 5 平面视图中，选东住户的外墙，将实例属性栏中的"顶部偏移"改为"1000.0"。选标高 5 楼板，单击"编辑边界"，删去东住户的楼板边界，封闭西住户楼板边界；单击"√"。选标高 5 卫生间楼板，单击"编辑边界"，删去东住户的卫生间楼板边界，单击"√"。

在标高 5 平面视图中，单击"建筑"选项卡下"屋顶"，类型选择"常规－125mm"，属性栏的"底部标高"为标高 5、"自标高的底部.."输入－150(软件默认将屋顶的底标高设定在楼层平面标高，为了层高一致，故将创建屋顶底标高降低)，单击"编辑类型"，在弹出的对话框中单击"复制"，输入屋顶名称"上人屋面"；单击结构"编辑"，弹出"构造层添加"对话框，按施工总说明中关于上人屋面的构造层输入，勾选"水泥焦渣"的可变框(表示其厚度可变)，如图 3.72(a)所示。不勾选工具选项栏"定义坡度"，绘制东住户的屋顶边界(方法如绘制楼板)，单击"√"。单击"形状编辑"功能区的"添加分隔线"，绘制屋面分水线。单击"形状编辑"功能区的"修改子图元"，点击分水线、单击出现带框的相对高程值，输入 100、按回车键，点击分水线左边屋面边界的最左端点、单击出现带框的相对高程值，输入 100、按回车键，按[Esc]键退出形状编辑。单击"注释"选项卡-"高程点坡度"，单击"编辑类型"，在弹出的对话框中：文字大小输入 3，距引线偏移量输入 0.5，文字字体选 RomanD，文字背景选不透明，单击"单位格式"，在弹出对话框中"单位"选百分比、"单位符号"选%，单击"确定"。移动光标至屋面分水线两侧后按鼠标左键，软件放置自动测得的屋面坡度。

移动光标选取西住户外墙，在属性栏的"顶部偏移"输入 600，调整外墙顶面高于标高 6 参照平面 600 mm。仿照创建东住户屋顶的方法，在标高 6 楼层平面视图创建"不上人屋面"(省略天沟和烟道口)。

②放置外墙的引条线、墙顶饰线、雨篷饰线和标高 5 窗顶饰线，调整标高 5 平面视图的轴线显示

a.放置引条线。新建轮廓族、选择"公制轮廓-分隔条"族样板。绘图区显示两条相互垂直的参照平面线，用"直线"工具在参照平面线右下方、紧贴两条参照平面线绘制 10 mm×20 mm 矩形，保存文件名为

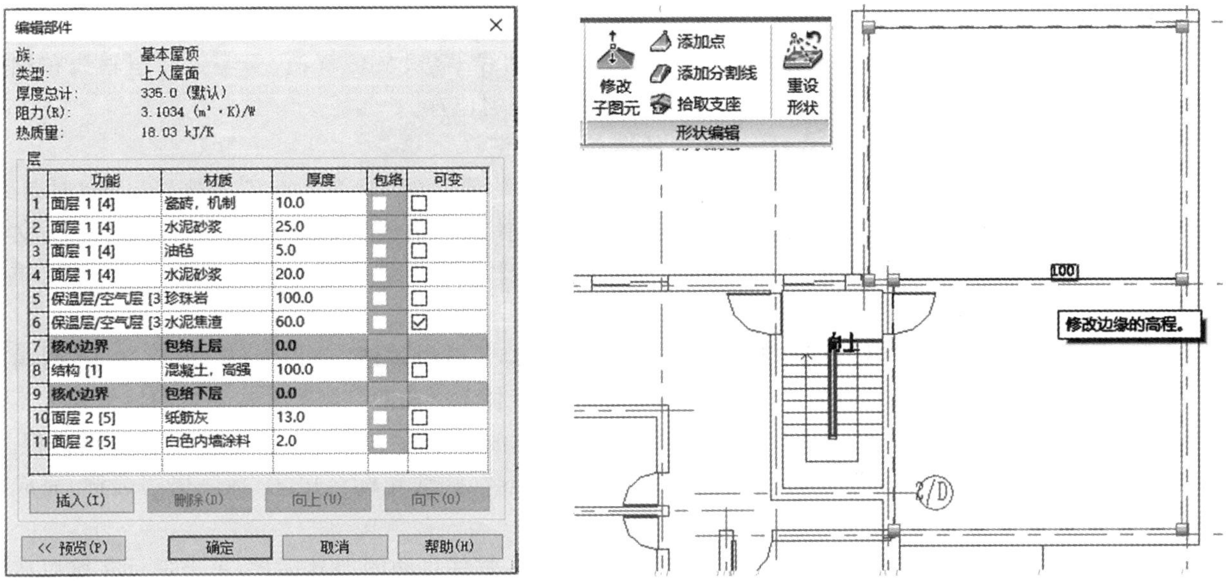

(a) (b)

图 3.72 创建标高 5 东住户的屋顶

(a)添加屋顶构造层；(b)绘制和设置屋顶分水线

“引条线 10×20”。载入住宅的项目文件，单击“快速访问工具栏”的“默认三维视图”。在三维视图中，单击“建筑”选项卡下“墙”的黑三角，选“墙：分隔条”，在“编辑类型”对话框：点击“复制”，输入名称“引条线”；单击“轮廓”右边“值”，选“引条线 10×20”，单击“确定”。按引条线的位置，单击放置功能区的“水平”，移动光标到引条线所在的墙面处单击鼠标左键，完成后按[Esc]键。

b. 放置墙顶饰线。新建轮廓族、选择“公制轮廓-分隔条”族样板。在属性栏中，“轮廓用途”右边选“墙饰线”。用“直线”工具在参照平面线右下方、紧贴两条参照平面线、按外墙节点详图轮廓形状和尺寸绘制墙顶饰线的轮廓。保存文件名为“墙顶饰线”，载入住宅的项目文件。在三维视图中，单击“建筑”选项卡下“墙”-黑三角，选“墙：饰条”，在“编辑类型”对话框点击“复制”，输入名称“墙顶饰线”；单击“轮廓”右边“值”，选“墙顶饰线”，材质选“水泥砂浆打底白色外墙乳胶漆”。按墙顶饰线的位置，单击放置功能区的“水平”，在墙顶处依次单击鼠标左键，完成后按[Esc]键。

c. 放置雨篷饰线。新建轮廓族、选择“公制轮廓-分隔条”族样板。在属性栏中，“轮廓用途”右边选“楼板边缘”。用“直线”工具在参照平面线右下方、紧贴两条参照平面线、按阳台节点详图轮廓形状和尺寸绘制雨篷饰线的轮廓，保存文件名为“雨篷饰线”，载入住宅的项目文件。在三维视图中，单击“建筑”选项卡下“楼板”-黑三角选“楼板边”，在“编辑类型”对话框点击“复制”，输入名称“雨篷饰线”；单击“轮廓”右边“值”，选“雨篷饰线”，材质选“水泥砂浆打底白色外墙乳胶漆”。移动光标到雨篷板边单击鼠标左键，完成后按[Esc]键。

d. 创建标高 5 楼层的西住户窗顶饰线和阳台。在三维视图中，单击“建筑”选项卡下“构件”向下的黑三角，选“放置构件”，选“窗顶装饰线 18”类型，将光标移动到标高 5 窗 C1 顶的外墙面中点附近，当出现“△”中点捕捉符号时按鼠标左键。继续放置其余窗 C1 的窗顶装饰线。再选择窗 C4 和窗 C5 窗顶饰线类型，完成放置标高 5 窗 C4 和窗 C5 的窗顶装饰线。按与标高 4 创建西住户的阳台栏板和阳台梁相同的方法，完成西住户的阳台栏板和阳台梁。

e. 调整标高 5 楼层平面视图的部分轴线的显示。双击“项目浏览器”的“立面-南”，点击 7 轴线，再单击轴线上方“锁”以解锁、移动鼠标至轴线上方的拖拽点按下鼠标左键，将 7 轴线拖拽到标高 4 与标高 5 参照平面线之间。点击 8 轴线，按同样的方法将 8 轴线拖拽到与 7 轴线相同高度。7、8 轴线便不在标高 5 视图显示。双击“项目浏览器”的“立面-东”，以同样的方法将 F、H 和 1/H 轴线拖拽到标高 4 与标高 5 参照平面线之间。双击“项目浏览器”的楼层平面“标高 5”，点击 9 轴线、单击轴线南端“3D”切换为“2D”，取消南端轴线编号勾选、“锁”解锁、移动鼠标至轴线南端的拖拽点，按下鼠标左键，将 9 轴线拖拽到 J 轴线附近；点击 G 轴线、单击轴线东端“3D”切换为“2D”、勾选东端轴线编号、“锁”解锁，移动鼠标至轴线东端的拖拽点，按下鼠标左键，将 G 轴线拖拽到与其他轴线编号平齐的位置。

③标注标高 5 楼层平面的尺寸、标高和房间名称、门窗标记

在楼层平面标高 5 中，单击“注释”选项卡下“尺寸标注”功能区的“对齐”，在类型选择区选“对角线-3 mm RomanD”（如果没有，则通过“编辑类型”创建：文字大小 3，距引线偏移量 0.5，字体 RomanD，文字背景不透明）。在工具选项栏的放置尺寸标注选“参照核心层表面”，拾取选项选“单个参照点”。依次单击标注尺寸的边界，软件自动测得距离，再单击以放置尺寸标注，完成后按[Esc]键。

单击“注释”选项卡下“尺寸标注”功能区的“高程点”，在类型选择区选“三角形（项目）”，单击“编辑类型”，在弹出的对话框中设定：文字大小 3，距引线偏移量 3.0，字体 RomanD。在工具选项栏的放置尺寸不勾选“引线”。移动光标至楼面，软件自动测得高程，单击以放置标注，完成后按[Esc]键。不标注屋面的高程。

单击“注释”选项卡下“文字”，在类型选择区选“仿宋 5 mm”，移动光标至房间，标注房间名称，完成标注后单击“×”。

单击“注释”选项卡下“按类别标记”，移动光标至窗、门处，软件自动测得其标记，单击鼠标左键以放置标记（如果需要改变标记的方向，可以在工具选项栏中修改为“水平”或“竖直”）。

用同样的方法可以完成楼层平面视图的尺寸、标高和房间名称、门窗标记。

（10）在“南”立面视图标注标高和室外墙面主要装修

①调整视图显示。将绘图区切换至“南”立面视图。在实例属性栏“范围”下勾选“裁剪视图”和“裁剪区域可见”。用鼠标光标拖拽绘图区的“裁剪框”四边上的“小圆点”：“裁剪框”底边贴近标高 4 参照平面线，“裁剪框”左右两边靠近外墙的标高，“裁剪框”顶边贴近标高 6 女儿墙。在实例属性栏“范围”下取消勾选 “裁剪区域可见”、“裁剪视图”保持勾选。选择不需要显示的轴线，单击鼠标右键，在命令菜单栏选“在视图中隐藏-图元”。

②标注“南”立面视图的标高。为了将标高符号放置在类似本书插图的位置，单击“注释”选项卡下“详图”功能区的“详图线”，分别在窗台、窗顶等需要标注标高的位置画小短画线。单击“注释”选项卡下“高程点”，移动光标至小短画线，软件会自动显示该小短画线的高程值，单击鼠标左键，确定标高符放置点，再左右、上下移动鼠标并单击鼠标左键以确定标高符号方向。完成标注标高后按[Esc]键退出。

③标注墙面的主要装修。点选“注释”选项卡下“标记”功能区的“材质标记”，移动光标到需要标注的墙面处，软件会自动识别该处表面材质（与教材的立面文字说明稍有区别），单击鼠标左键，向上移动光标到视图上方合适处单击鼠标左键，以确定引出线转折点，单击鼠标左键，确定表面材质说明文放置位置。

完成后的“南”立面视图如图 3.73 所示。

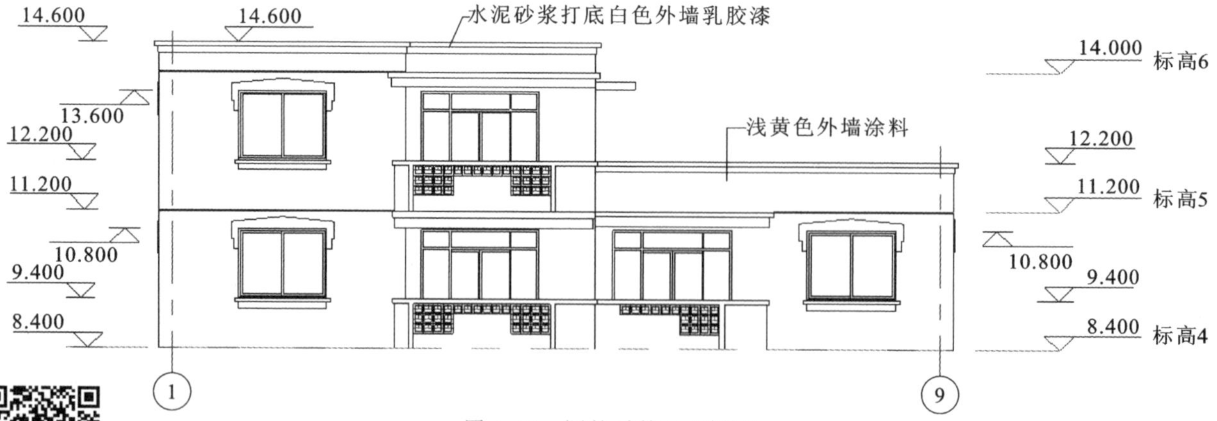

图 3.73　调整后的立面视图

单击“应用程序菜单”，移动光标至“导出”、浮现交换文件菜单、将光标移动至“CAD”、选“DWG”格式，单击“下一步”，指定文件保存位置并输入文件名，单击“确定”，即完成立面视图的保存。

3.2.7 基础平面图和基础详图

建筑物的上部结构形式相应地决定基础的形式。如上部结构为砖墙承重，常采用墙下沿墙厚两侧放大的条形基础，如图 3.29 所示；还常用独立基础作为柱子的基础，如图 3.4 所示；此外，还可按需采用井格基础、片筏基础和箱形基础等。

基础图通常用基础平面图和基础详图来表示建筑物室内地面以下基础部分的平面布置及详细构造。基础平面图和基础详图互相对照配合，就能够清晰、完整地表达基础的形式、形状、尺寸、配筋和基础内的梁、圈梁等的构造。基础图是基础施工的主要依据，按专业归类，一般情况下属于结构施工图。

3.2.7.1 基础平面图

假想在建筑物底层室内地面下方作一水平剖切面，将剖切面下方的诸构件向下作水平投影，即为基础平面图。为了便于读图和施工，基础平面图表示基坑未回填土时的情况，图 3.74 所示是前文所述的新建住宅的基础平面图。

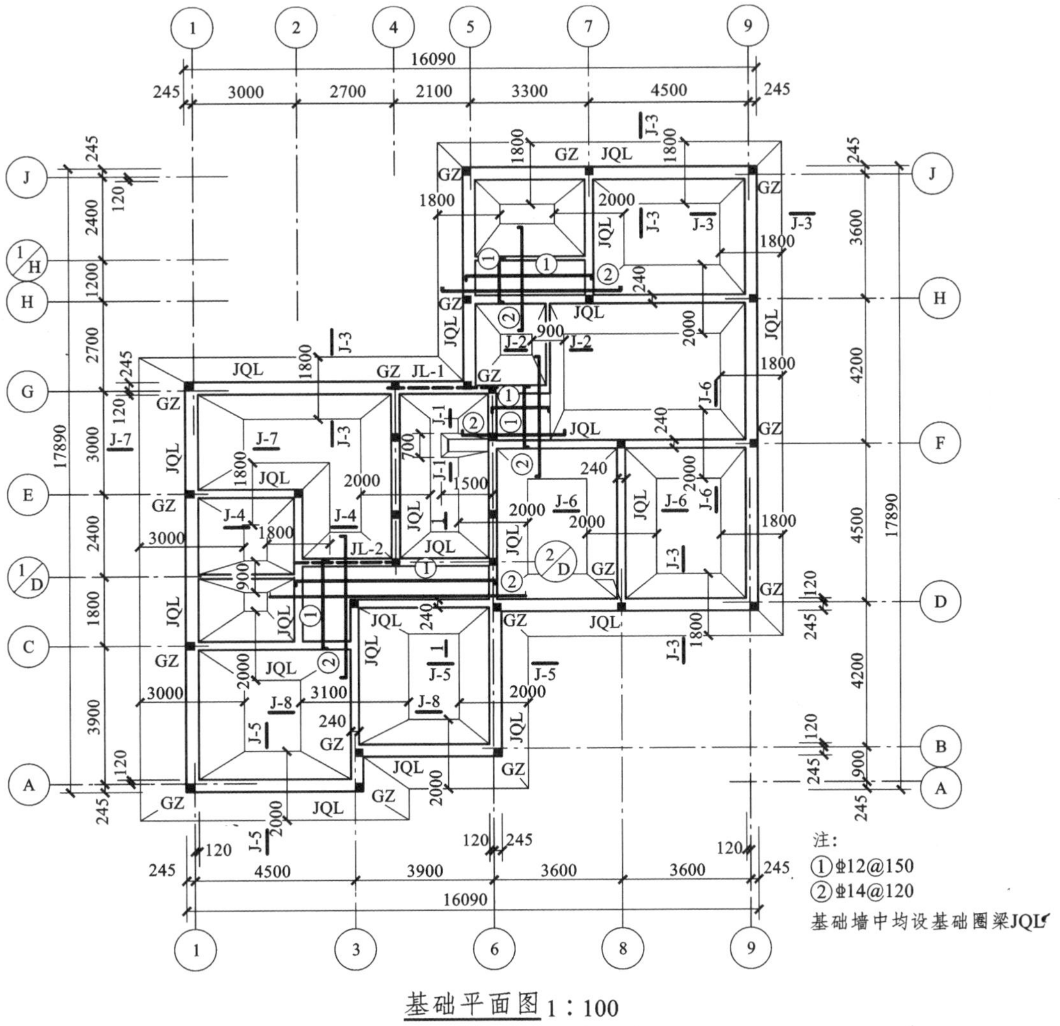

图 3.74 基础平面图

(1)图示内容

在基础平面图中画出基础墙、基础底面轮廓线（表示基坑开挖的最小宽度）、基础梁、必要的定位尺寸和细部尺寸。基础的具体构造用基础详图表示，本图标注断面符号，用断面图表示标注处的基础详细构造。

在基础平面图中，用线宽 $0.7b$ 的中粗实线或 $0.5b$ 的中实线表示剖切到的基础墙身线、基础底面轮廓线。用粗实线（单线）表示可见的基础梁；不可见的基础梁用粗虚线（单线）表示。

在基础平面图中，当被剖切到的部分断面较窄、材料图例不易画出时，可以进行简化，如基础砖墙的材料图例可省略不画，用涂红表示。钢筋混凝土柱的材料图例则用涂黑表示。

根据上部结构荷载的不同，基础底面的宽度和配筋也不同，在基础平面图中断面剖切符号的编号用代号 J 和序号标注，如 J-1、J-2 等，再用基础断面详图表达。为了便于施工，也可用基础的代号和宽度作为基础的编号，例如用 J180 表示宽度 1800 mm 的基础。由于教材的幅面较小，图 3.74 中有个别基础既没有标绘出断面剖切符号和编号，也没有画出基础断面详图。

当两基础墙之间距离很近，一般将它们的基础合二为一，这样两堵基础墙上的荷载同时落在一个基础上，在这种情况下，基础的上部也应配置钢筋。图 3.74 所示的基础平面图中，有三处基础上部配置⌀12@150 的钢筋，下部配置⌀14@120 的钢筋。按 3.2 节中已讲述的规定：当平面图中配置双层钢筋时，底层钢筋弯钩应画成向上或向左，顶层钢筋则向下或向右。

当建筑物底层有较大的洞口时，在条形基础中常设置基础梁，图 3.74 中用粗虚线表示了基础梁的位置，基础梁的编号由代号 JL 及序号组成，如 JL-1、JL-2 等，以便在基础详图中查明基础梁的具体做法。

另外，根据砖混结构的抗震构造需要，在基础平面图基础墙内需要设置构造柱(GZ)处绘制涂黑的构造柱断面，基础墙内需要设置基础圈梁处注明圈梁代号(JQL)。由于所有基础墙内均设基础圈梁，图中为了不影响基础梁的表达，圈梁没有画粗虚线。

图 3.75 所示某车间的基础平面图是表达各杯形基础、基础梁、门框柱的平面布置情况，以及它们之间的交接关系。车间采用排架结构，基础采用钢筋混凝土柱下的杯形独立基础，用代号 J 表示，代号 JL 和 MK 分别表示基础梁和车间大门的门框，用中粗实线或中实线画出独立基础的外形轮廓线，粗实线表示预制钢筋混凝土基础梁。当采用比较大的比例绘制基础平面图时，基础梁也可按投影用构件轮廓线表示，基础的详细构造尺寸由基础详图表示。图中涂黑部分表示钢筋混凝土柱的截面。

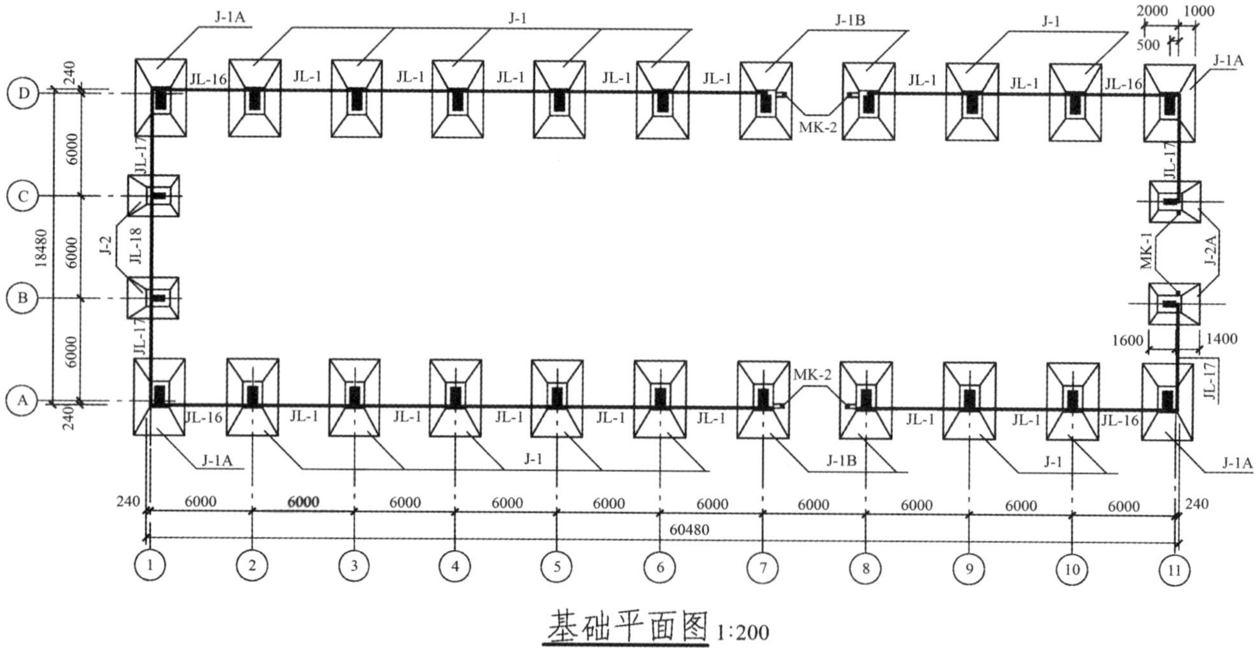

图 3.75 某车间基础平面图

图 3.76 所示是基础梁搁置在杯形基础的杯口上的立体示意图，单层工业厂房的外墙一般直接砌筑在基础梁上。

(2)基础平面图的画法

①基础平面图的常用比例是 1：50、1：100、1：150，可用比例为 1：60、1：200，通常采用与建筑平面图相同的比例。

②根据建筑平面图的定位轴线，先绘出基础的定位轴线，必须与建筑平面图的定位轴线及其编号一致。

③画出基础墙，基础底面轮廓线和基础梁等。

④标出基础的细部尺寸和定位尺寸。细部尺寸应包括基础墙宽、基础底面宽度、柱外形尺寸和独立基础的外形尺寸等，这些尺寸可直接标注在基础平面图上，也可用文字加以说明和用基础编号等形式标注。定位尺寸也就是基础墙、梁、柱等构件相对轴线的定位尺寸。

3.2.7.2　基础详图

基础详图主要表明基础各组成部分的具体形状、大小、材料及基础埋深等。

(1)图示内容

基础详图通常采用垂直剖面图或断面图表示，图名应与基础平面图中的剖切符号一致。

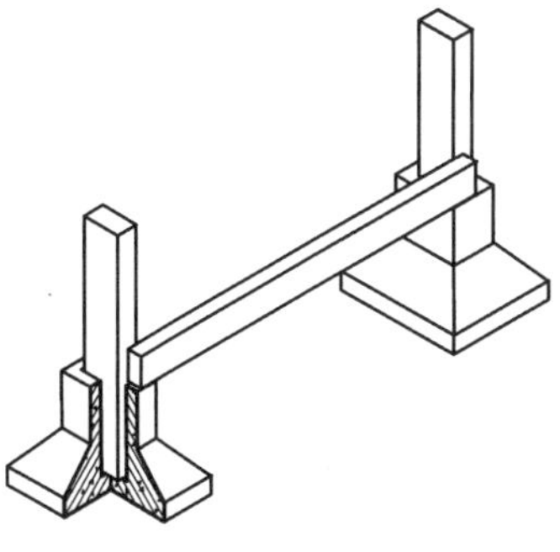

图 3.76　杯形基础和基础梁立体示意图

基础详图为了突出表示基础钢筋的配置，剖到或可见的墙身轮廓线画中粗实线或中实线，混凝土轮廓线用中实线表示，不再画出钢筋混凝土的材料图例，而用粗实线表示钢筋，用实心小圆点表示钢筋横断面。

图 3.77 为图 3.74 所示的基础平面图中的部分基础断面编号的基础详图，因为有些条形基础的断面

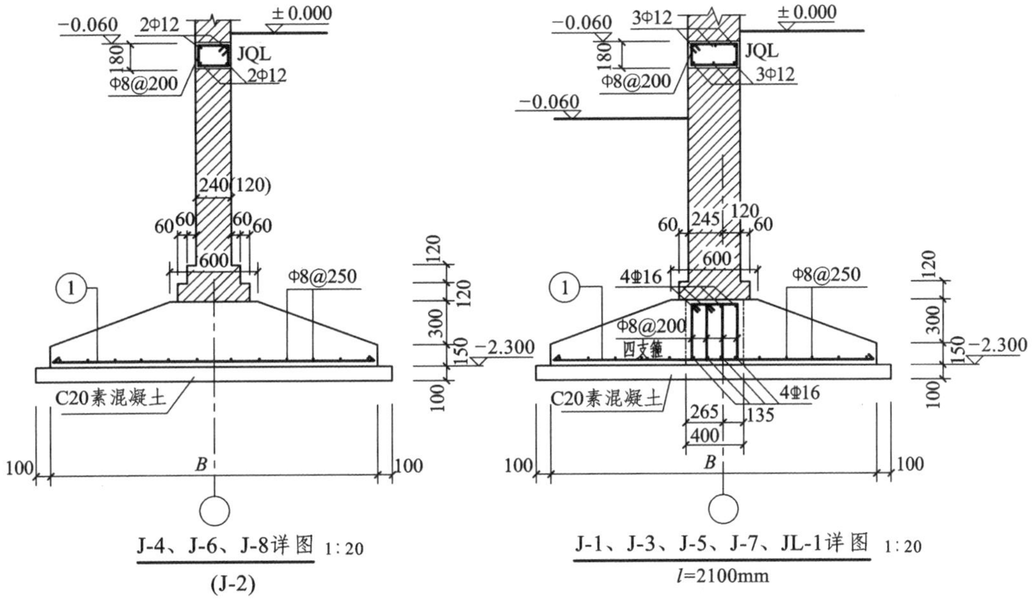

基础表

基础编号	基础宽度 B(mm)	①	备注
J-1	700	素混凝土	楼梯基础
J-2	900	Φ10@180	半砖厚隔墙基础
J-3 J-4	1800	Φ12@200	
J-5 J-6	2000	Φ12@160	
J-7	3000	Φ14@125	
J-8	3100	Φ14@120	

注：基础详图室内地面在卫生间、厨房间和楼梯间处标高为－0.020

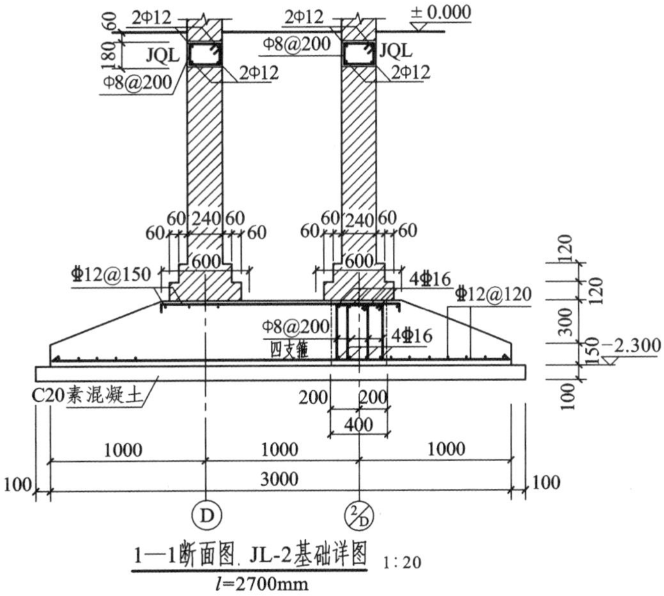

图 3.77　基础详图示例

形状和配筋形式类似，就采用了通用断面图的形式：240 mm(120 mm)墙下的基础(J-2、J-4、J-6、J-8)归成一个基础详图，365 mm 墙下的基础(J-1、J-3、J-5、J-7)归成另一个基础详图，轴线符号的圆圈内不注明具体编号，基础的宽度尺寸 B 以及基础中的受力钢筋①根据基础编号都可在基础表中查出。

对照基础平面图可知，基础梁 JL-1 只有在楼梯间门洞下的基础 J-3 处才有，而 J-5、J-7 和其他部位的 J-3 各处都没有 JL-1。用细双点长画线画出 JL-1 假想的断面轮廓线，它的高度与 J-3 高度相等，宽度为 400 mm，详图中同时显示 JL-1 内的纵向钢筋数量、牌号、直径和位置，以及箍筋形状和配置。JL-1 基础梁的箍筋采用四支箍，即由两个箍筋叠合而成，图中四支箍的弯折、叠合方法和简化画法可参阅图 3.3。由于 JL-1 是直接浇筑在基础 J-3 内的，所以 JL-1 断面轮廓实际上是不存在的。

(2)基础详图的画法

基础详图常用 1∶10、1∶20、1∶50 的比例绘制，也可用 1∶5、1∶25、1∶30 绘制。先定出基础的轴线位置；再画出基础断面轮廓，钢筋混凝土的轮廓线画中实线，砖墙的轮廓线画中粗实线或中实线，但在与钢筋混凝土构件交接处，仍按钢筋混凝土构件画中实线；然后画出基础断面中的钢筋，钢筋画粗实线或实心小圆点断面。基础墙断面上应画出砖的材料图例，但钢筋混凝土不再画材料图例，垫层的材料如已用文字标明，也可不画材料图例。

最后，在基础详图中标注基础各部分的细部尺寸及室内、室外、基础底面的标高等。经基础平面图和基础详图互相对照，检查它们的形状、尺寸表达是否正确、齐全，全部无误后，即完成基础详图的绘图。

3.2.8 楼层结构平面图

楼层结构平面图也称结构平面布置图，是假想用紧贴地面结构层的水平面剖切楼层后所得的水平剖面图，构件可用其投影轮廓线表示，结构构件若能用单线表示清楚，也可用单线表示。楼层结构平面图是用来表示墙、柱、梁、板等承重构件在平面图中的布置，是施工中布置各层承重构件的依据。

一幢房屋应分别画出各自楼层的结构平面图，在图形下方注图名和比例。如果有若干层楼面的结构布置情况相同，则可合用一张结构平面图，但应注明合用的各结构层号或各结构层的顶面标高。当结构平面图的图形内容较多时，为了使图面表达清晰，可以拆分为多张图，如：表示梁截面、配筋和定位的梁平面布置图、表示楼板内钢筋的板配筋平面图等。由于篇幅所限，本书只讲述二层结构平面图，并且把梁、板、圈梁、构造柱等合并在图形内。

3.2.8.1 楼层结构平面图的图示内容

图 3.78 所示是某幢住宅的二层分别采用预制板和现浇板的示例。图 3.78(a)所示楼板采用预应力钢筋混凝土多孔板，仅小部分楼板因形状比较复杂，并且需要安装预留管道孔洞和防漏水，采用整体性好、成形容易的现浇钢筋混凝土楼板。图 3.78(b)所示楼板为整体现浇钢筋混凝土楼板的结构平面图。

图 3.78 中，现浇钢筋混凝土楼板中的钢筋配置采用将钢筋直接画在平面图中的表示法。图 3.78(a)在局部现浇板区域画对角线，并在对角线一侧标注现浇板，编号分别为 B1 和 B2，板的厚度 $h=120$ mm；由于这部分现浇板面积小、不规则，所以在板的厚度内设置了通长上下双层的双向钢筋Φ10@200 和Φ10@150。图 3.78(b)在图名横线下方注写现浇板的厚度 $h=120$ mm；板内设置的钢筋类型较多，每种钢筋类型标注钢筋的编号。由于本住宅的给水排水立管和卫生设备竖管穿通现浇板的直径小于现浇板的钢筋间距，所以图中没有标注给水排水立管的位置，当工人在楼板排放钢筋的施工时，由工人对照给水排水施工图的给水排水立管的大小和位置尺寸现场留孔。

图 3.78(a)示例中，预应力多孔板按正投影法表示不同数量和不同型号预应力多孔板的铺设情况，并分别以引出线注明了预应力多孔板的块数和型号。

当楼层的结构平面上有若干房间的预制板的布置型号和数量都相同或现浇板的形状、配筋都相同时，则可在一处详细画出，并标注大写拉丁字母外加细实线圆圈表示相同部分的分类符号。分类符号圆圈直径为 8 mm 或 10 mm，其他布置相同的房间仅标注分类符号就够了，如图 3.78(a)所示的东边住户的 3 个房间用分类符号 。

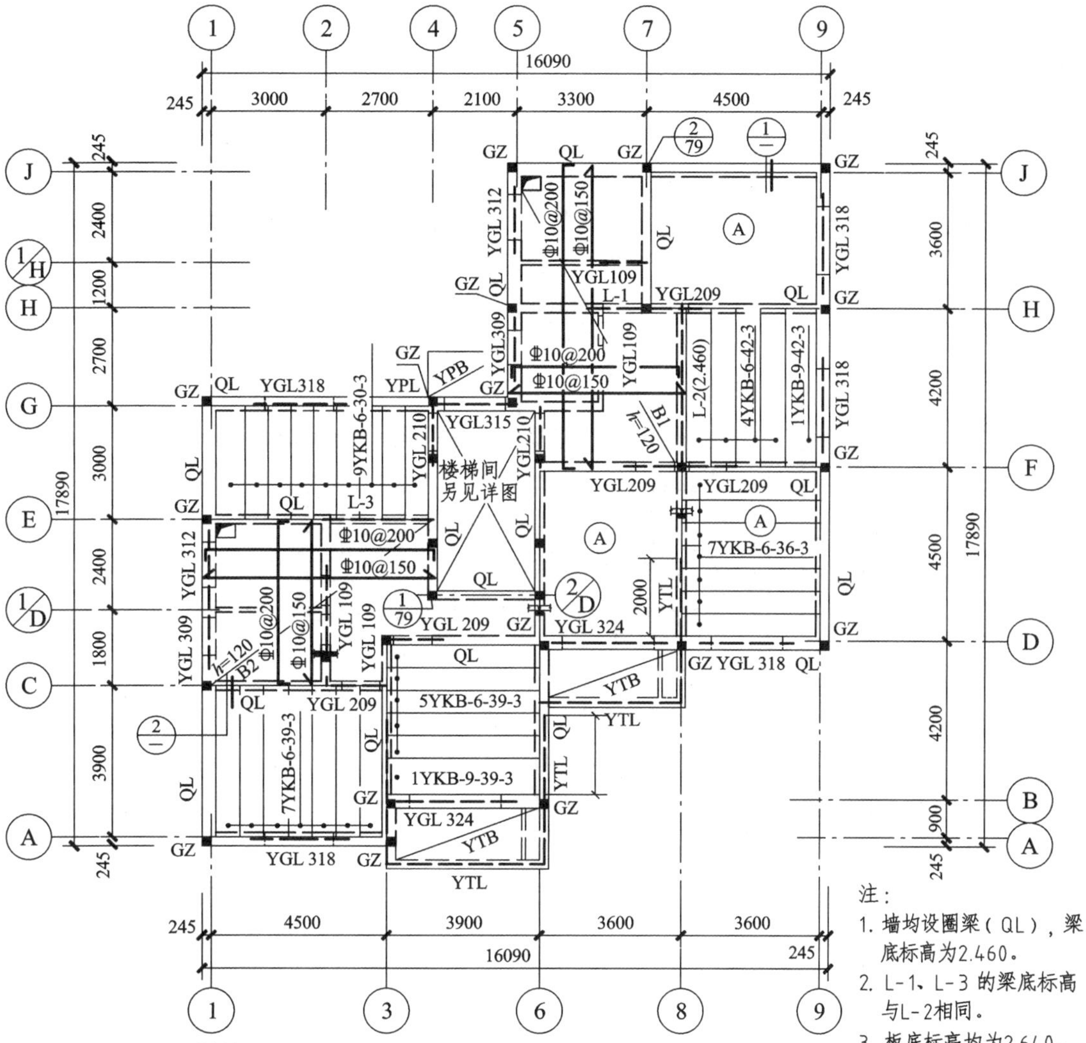

二层结构平面图 1:100

注:

1. 墙均设圈梁(QL),梁底标高为2.460。
2. L-1、L-3 的梁底标高与L-2相同。
3. 板底标高均为2.640。
4. YGL为门过梁时梁底标高为2.100,为窗过梁时梁底标高为2.400。

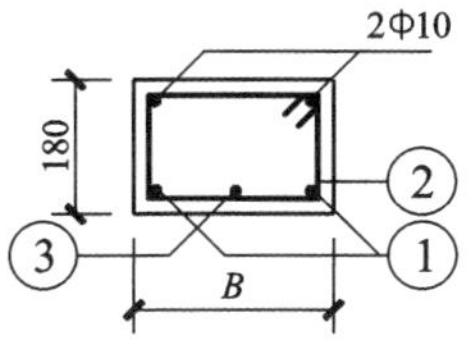

YGL 1:10

YGL表

编号	梁长 L(mm)	梁宽 B(mm)	钢筋 ①	钢筋 ③	钢筋 ②
YGL109	1400	120	2Φ10		Φ8@200
YGL209	1400	240	2Φ12		Φ8@200
YGL210	1500	240	2Φ12		Φ8@200
YGL309	1400	365	2Φ12	1Φ12	Φ8@200
YGL312	1700	365	2Φ14	1Φ12	Φ8@200
YGL315	2000	365	2Φ14	1Φ14	Φ8@200
YGL318	2300	365	2Φ14	1Φ14	Φ8@200
YGL324	2900	365	2Φ16	1Φ16	Φ10@200

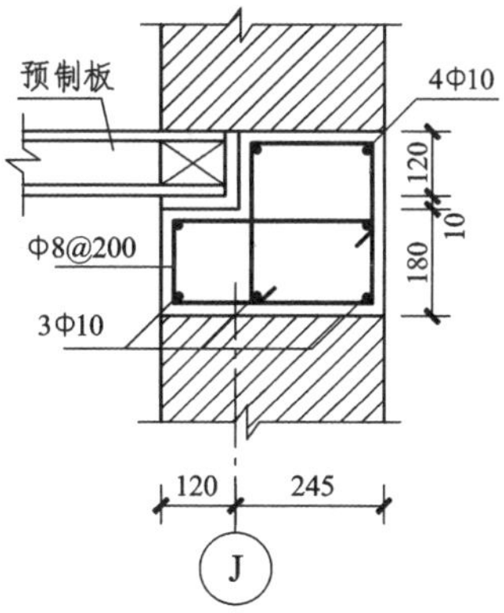

1 QL 1:10

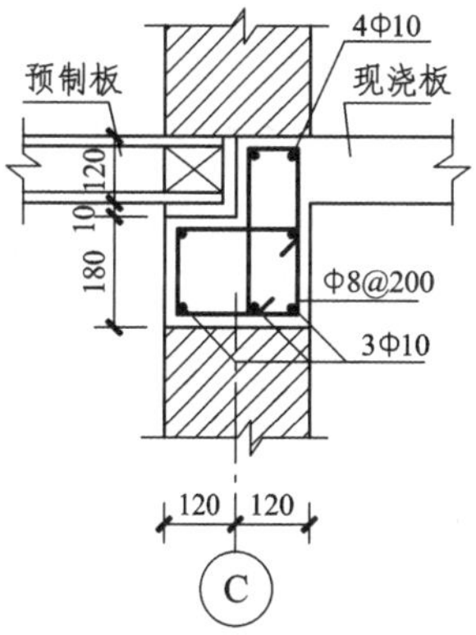

2 QL 1:10

(a)

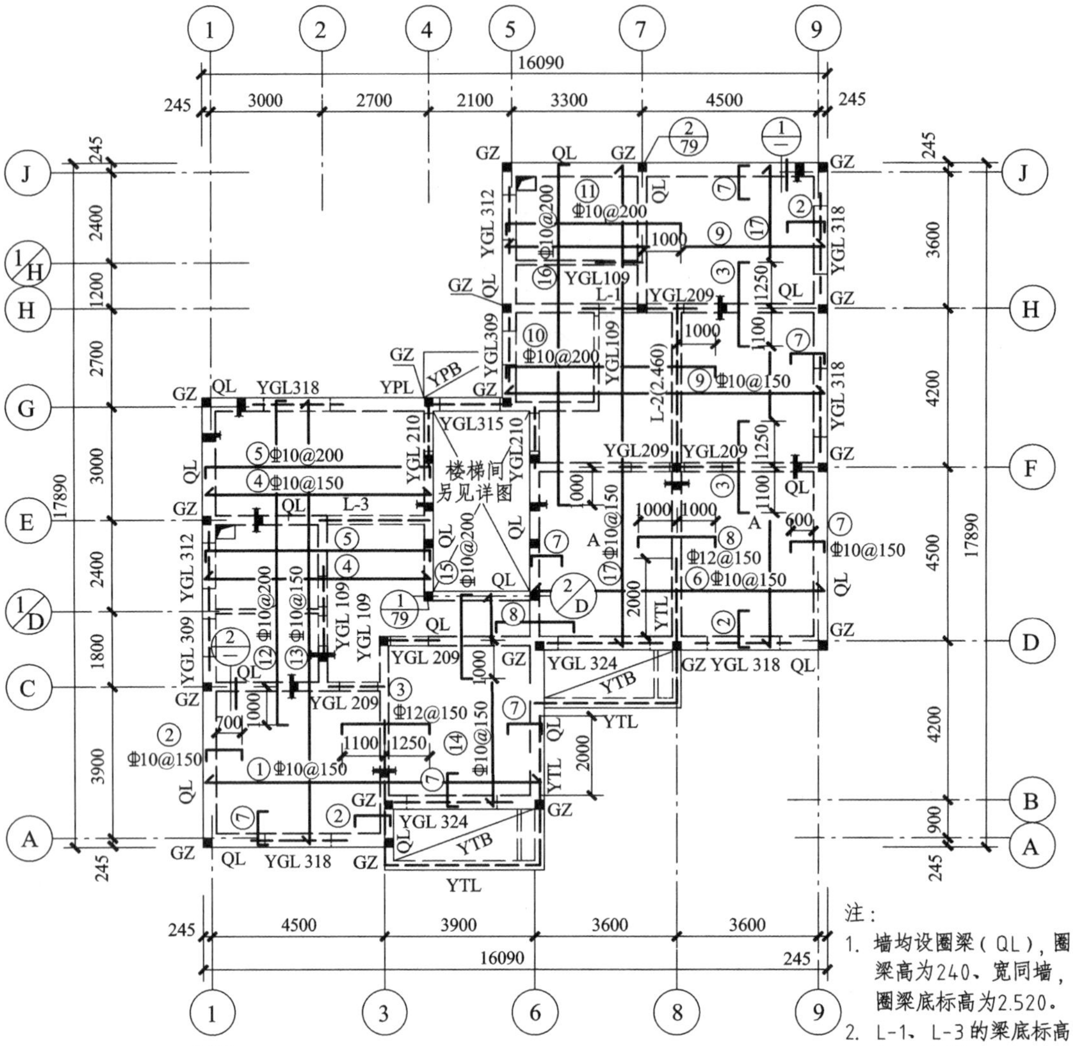

二层结构平面图 1:100

h=120

注：

1. 墙均设圈梁（QL），圈梁高为240、宽同墙，圈梁底标高为2.520。
2. L-1、L-3的梁底标高与L-2相同。
3. 板底标高均为2.640。
4. YGL为门过梁时梁底标高为2.100。为窗过梁时梁底标高为2.400。

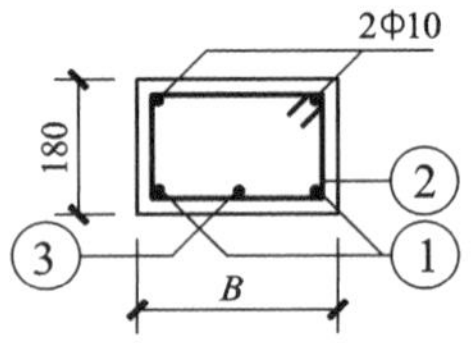

YGL 1:10

YGL表

编号	梁长 L(mm)	梁宽 B(mm)	钢筋 ①	钢筋 ③	钢筋 ②
YGL109	1400	120	2Φ10		Φ8@200
YGL209	1400	240	2Φ12		Φ8@200
YGL210	1500	240	2Φ12		Φ8@200
YGL309	1400	365	2Φ12	1Φ12	Φ8@200
YGL312	1700	365	2Φ14	1Φ12	Φ8@200
YGL315	2000	365	2Φ14	1Φ14	Φ8@200
YGL318	2300	365	2Φ14	1Φ14	Φ8@200
YGL324	2900	365	2Φ16	1Φ16	Φ10@200

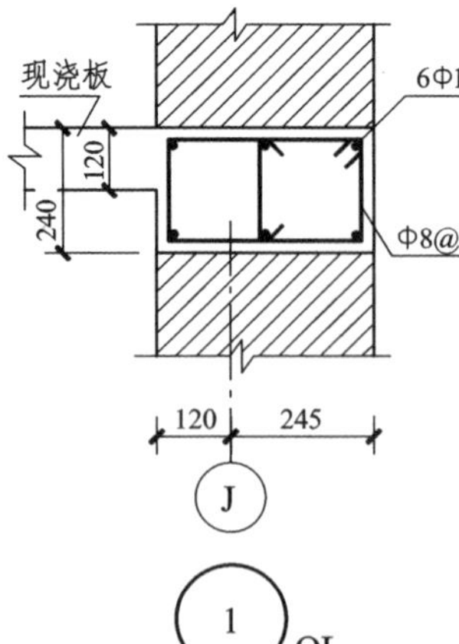

1 QL 1:10

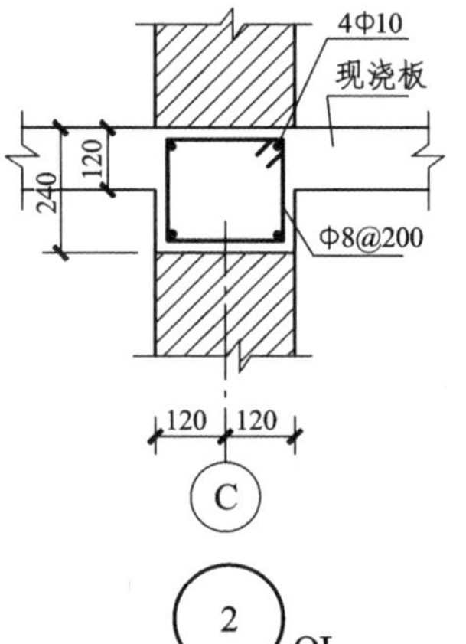

2 QL 1:10

(b)

图 3.78 结构平面图示例

图 3.78 所示的编号 L-1、YTL、YGL 等不可见现浇板梁、阳台梁、预制门过梁等，用粗虚线表示它们的中心线位置。墙内圈梁（QL）布置在墙内的楼板边缘的位置，图中有几处绘制重合断面图表示圈梁与板的相对位置；有两处绘制剖面详图索引符号，详图画在同张图的下方，见详图编号；为了不影响其他钢筋混凝土梁在本图中构件清晰，圈梁没有用粗虚线表示，而用标注圈梁的代号 QL 和增加备注说明的方法表示圈梁的存在位置。当圈梁通过门窗等洞口时，可与过梁浇筑在一起；当圈梁与其他梁（如雨篷梁、阳台梁等）的位置重叠时，它们应互相拉通。

图 3.78 所示的梁（L）、阳台板和梁（YTB、YTL）、雨篷板（YPB）的截面尺寸和配筋另见结构构件图。图中 L-2 标注成 L-2(2.460)，在梁编号后括号内标注的是梁底面标高，即 L-2 的梁底标高为 2.460 m。

平面图上布置的结构构件和构造，有的标注断面详图索引符号，画出断面详图表示构件的形状、配筋和构造。如图中画出的 2 个圈梁的断面详图索引符号和 2 个构造柱节点详图索引符号，圈梁、楼板与墙的构造断面详图绘制在本图右下方，构造柱与墙体的节点构造详图绘制在图 3.79 中。有的只画出这类构件的通用断面详图，再配注构件编号与文字的说明表，表示其形状和配筋。如图中左下角所示的过梁，用一个通用断面图，再配过梁编号、梁长、断面尺寸、配筋等文字的说明表。

过梁是为门、窗等洞口设置的，可以现浇，也可预制。若是预制过梁，用 YGL 表示。由于门、窗洞口的大小及墙厚不同，则过梁的形状尺寸和配筋不同。当过梁的断面形状相似时，可用通用断面详图并配以过梁表的形式表示，表中列出各种过梁的受力筋、箍筋、断面尺寸和梁长，便可对照断面图，将不同编号的过梁都完整地表达清楚。预制过梁代号 YGL 后面的数字是过梁的编号，编号按惯例常与过梁的断面大小和过梁所在门窗洞口的宽度有关，例如 YGL209，其中 2 代表过梁的断面大小编号，09 表示洞口的宽度为 900 mm；同样，YGL312 则表示按断面大小编号为 3 和宽 1200 mm 的洞口上的过梁。

图中，在楼梯间部分用细实线画出对角线，并注以文字，说明楼梯间的结构图另见详图。

设置构造柱和圈梁是房屋抗震的一项重要措施。在多层混合结构房屋中，由于构造柱与基础、墙体、圈梁等构件之间的可靠连接，提高了房屋的整体性和砌体的抗剪强度。在《建筑抗震设计规范》（GB 50011—2010）（2016 版）和有关的建筑物抗震构造详图中，对构造柱和圈梁的位置、最小断面、钢筋配置以及构造柱与墙的连接、与圈梁的连接等，都有具体规定。图 3.79 所示是用断面图表示构造柱的配筋和构造柱与墙体的连接：图 3.79(a)是楼梯间④轴线上的构造柱作为角柱与墙的连接；图 3.79(b)为构造柱作为边柱与两边①轴线外墙、⑦轴线内墙的连接情况。

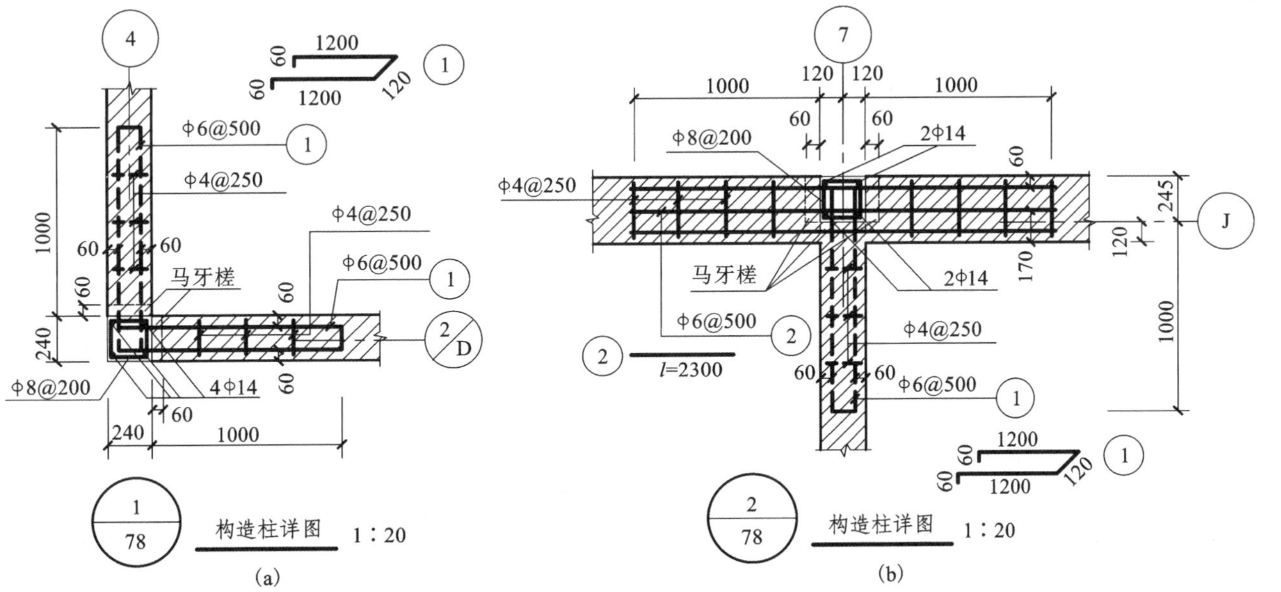

图 3.79 构造柱与墙体的连接

(a)构造柱作为角柱与外墙的连接；(b)构造柱作为中柱与两边外墙、内墙的连接从图 3.79 可知，构造柱的断面为 240 mm×240 mm，配置了 4 Φ14 钢筋，箍筋采用了Φ8@200，但在柱的上、下两端加密为Φ8@100，加密范围在柱的上、下各 500 mm；为了加强构造柱与墙的整体性，沿墙每隔 500 mm 设 2 Φ8 拉结钢筋(俗称胡子筋)，拉结钢筋伸进墙内 1 m，水平拉结钢筋上与 $\phi 4$ 分布短筋平面内点焊组成拉结网片。构造柱与墙体相接表面留出马牙槎。马牙槎是用于抗震区设置构造柱时砖墙与构造柱相交处的砌筑方法，砌墙时在构造柱处每隔五皮砖伸出 1/4 砖长，施工时先砌墙后浇筑钢筋混凝土构造柱，目的是在浇筑构造柱时使墙体与构造柱结合得更牢固，更利于抗震。

3.2.8.2　结构平面图的画法

结构平面图常用 1∶50、1∶100、1∶150，也可用 1∶60、1∶200 的比例绘制，通常与建筑平面图采用相同的比例。根据建筑平面图的定位轴线，先绘制定位轴线；再画出墙、构件轮廓线和单线结构构件线等；然后在结构平面图中，画出预制板布置、现浇板的钢筋布置、板与圈梁节点重合断面图或大样图；标绘出预制板型号与块数、现浇板内钢筋与间距，以及雨篷板、阳台板、阳台梁、圈梁、过梁、梁、构造柱等代号；标出总尺寸、轴间尺寸和构件的细部尺寸及详图索引符号。

根据《建筑结构制图标准》(GB/T 50105—2010)中的建筑结构专业制图选用图线规定，结构平面图中可见的钢筋混凝土构件轮廓线用中实线表示，单线结构构件也可用粗实线表示；剖切到或可见的墙体轮廓线用中粗实线或中实线表示；楼板下面不可见的构件和墙体轮廓线用中粗虚线或中虚线表示(包括下层门窗洞口的位置)，不可见的单线结构构件用粗虚线表示；剖切到的钢筋混凝土构件的断面用涂黑表示。

利用 Revit 软件创建图 3.78(b)所示的钢筋布置模型步骤如下：

①新建结构项目文件

打开 Revit 软件后，选择新建项目下“结构”样板。进入创建“结构”项目界面，绘图区显示结构平面标高 2 视图。单击“快速访问工具栏”的“保存”，输入项目文件名称：住宅二层现浇楼板的配筋模型。

②创建轴网

这里我们利用在 3.2.6.5 小节完成的建筑模型项目，来创建本项目的轴网。

单击“插入”选项卡下“链接 Revit”，弹出“导入/链接 RVT”对话框，选择已经完成的模型(3.2.6.5 小节完成的住宅模型)文件、定位选“自动-中心到中心”，点击“确定”。此时，标高 2 平面视图显示链接文件。链接功能可以将外部文件的有关图元引入当前文件，当外部文件发生变化时，通过更新链接，当前文件会与之同步。链接文件常用于专业间的协作。

单击 “协作”选项卡下“复制/监视”，选择“选择链接”[图 3.80(a)]。在绘图区，选链接到当前项目的“住宅模型”，在弹出的 “复制/监视”工具条[图 3.80(b)]中点击 “复制”、在工具选项栏中勾选“多个”，将光标从右下角向左上角框选所有“住宅模型”，在选项栏中单击“过滤器”、在弹出的“过滤器”对话框中只勾选轴网、点击“确定”，点击“完成”(多个复选框右边)后再点击“复制/监视”工具条中“√完成”，完成住宅模型轴网复制、链接到当前项目。进入立面图，用同样的方法通过“复制/监视”中“复制”，完成本项目与链接模型关联的标高创建。

在结构平面标高 2 视图中，单击“视图”选项卡下“可见性/图形”，在弹出的“结构平面可见性/图形替换”对话框中：选“Revit 链接”卡片，不勾选“可见性”下链接的住宅模型，单击“确定”，即在绘图区隐去住宅模型。按照图 3.78(b)所示调整轴线编号圆的位置，完成本项目与链接模型关联的轴网。

③创建二层结构楼板

在标高 2 结构平面中，单击“结构”选项卡下“楼板”右边的黑三角，在菜单中“楼板：结构”，类型选择区选“常规-150mm”，点击“编辑类型”，在弹出的“类型属性”对话框中点击“复制”按钮，输入名称(如楼板120)；然后点击“结构”右边的“编辑”，在弹出的“编辑部件”对话框中，设置楼板结构层的“材质”为 C30 混凝土、“厚度”为 120。在实例属性栏，楼板“约束”在“标高 2”、“自标高的高度”偏移为“－40”(因为链接复制的标高为建筑标高，结构板顶面的标高需要减去面层厚度)。用“直线”绘制楼板轮廓线，完成后点击“√”。用同样的方法创建阳台板(板厚 100 mm)，板底标高与楼板平齐。

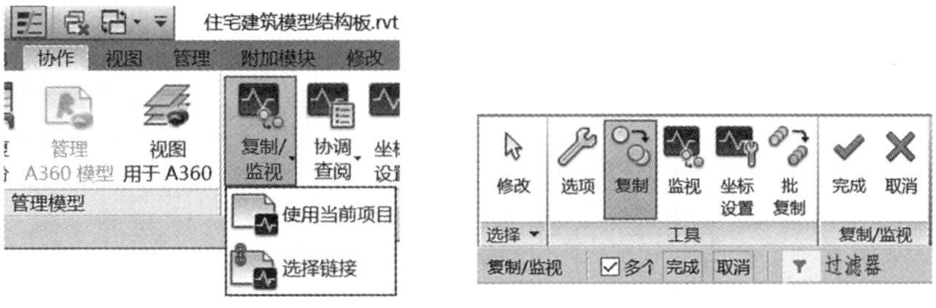

(a)　　　　(b)

图 3.80　跨项目"复制/监视"

(a)"协作"选项卡"复制/监视"工具;(b)"复制/监视"工具条

④放置楼板底层钢筋

在标高 2 结构平面,单击"结构"选项卡下"钢筋"功能区的"区域",在绘图区点击二层结构楼板,在实例属性栏:不勾选"顶部主筋方向"和"顶部分布筋方向",勾选"底部主筋方向" 和设置"底部主筋类型"为 10HRB400、"底部主筋弯钩形状" 设为标准 90 度、"底部主筋弯钩方向"设为向上、"底部主筋间距"设为 150,勾选"底部分布筋方向" 和设置"底部分布筋类型"为 10HRB400、"底部分布筋弯钩形状" 设为标准 90 度、"底部分布筋弯钩方向" 设为向上、"底部分布筋间距" 设为 150。用"拾取线"工具拾取楼板的边界,确定板底钢筋的区域,完成后点击"√"。

⑤放置楼板顶层钢筋

按板顶主要受力钢筋方向布置板顶区域钢筋,方法与放置板底钢筋相同。选"结构"选项卡下"钢筋"功能区的"区域",在绘图区点击二层结构楼板,然后在实例属性栏:勾选"顶部主筋方向"和设置"顶部主筋类型""顶部主筋弯钩形状""顶部主筋弯钩方向""顶部主筋间距",勾选"顶部分布筋方向"和设置"顶部分布筋类型""顶部分布筋弯钩形状""顶部分布筋弯钩方向""顶部分布筋间距",不勾选"底部主筋方向"和"底部分布筋方向"。分区域分别绘制楼板顶部钢筋。

图 3.81 所示为二层楼板配筋的局部。图 3.81 左边所示为用"矩形"绘制完成的左下角 1 轴板边的顶部钢筋区域的属性设置。图 3.81 所示的所有的顶部钢筋,在属性栏"视图可见性状态"的编辑中勾选"三维视图-实体"和"结构平面-标高 2"右边的"方块"。虽然已经完成了板底钢筋布置,但为了图面清晰,没有勾选板底钢筋的可见性设置。图 3.81 中钢筋的标注是按"直径 牌号@间距 放置位置[顶部(T)或底部(B)]"以及按主筋、分布筋两行(当主筋和分布筋相同时合并标注,并标注放置方向)自动生成,可以删去自动生成的钢筋标注,用 3.1.2.3 小节介绍的方法标注钢筋符号。完成钢筋放置后,点击"快捷工具栏"的"默认三维视图"图标,绘图区便呈现二层结构楼板和板内配筋立体视图。

⑥布置梁、圈梁和过梁(省略创建构造柱)

在标高 2 结构平面,框选绘图区内全部图元,单击选取对象"过滤器",在弹出的对话框中只勾选"结构钢筋"和"结构区域钢筋",单击"确定"。再单击"视图选项栏"的"临时隐藏/隔离",在弹出的菜单中选"隐藏图元",绘图区便隐去钢筋。

单击"结构"选项卡下"梁",类型选"混凝土矩形梁",单击"编辑类型",在弹出的对话框中单击"复制",输入新类型名称(如 QL1、QL2、L-1 等);修改尺寸标注的"b""h"的对应值,输入"类型标记"(如 QL1、QL2、L-1 等),单击"确定"。在实例属性栏的"Z 轴对准"选"顶"、"Z 轴偏移值"输入"－40"。点击"在放置时进行标记",用"直线"绘制梁,位置偏了可以用"移动"或"对齐"进行调整。如果放置过梁,可在实例属性栏的"Z 轴对准"选"底"、"Z 轴偏移值"输入梁底相对标高 2 的偏移值。梁内钢筋的放置方法见 3.1.2.3 小节。

最后点击"快捷工具栏"的"保存",完成二层结构平面钢筋模型。

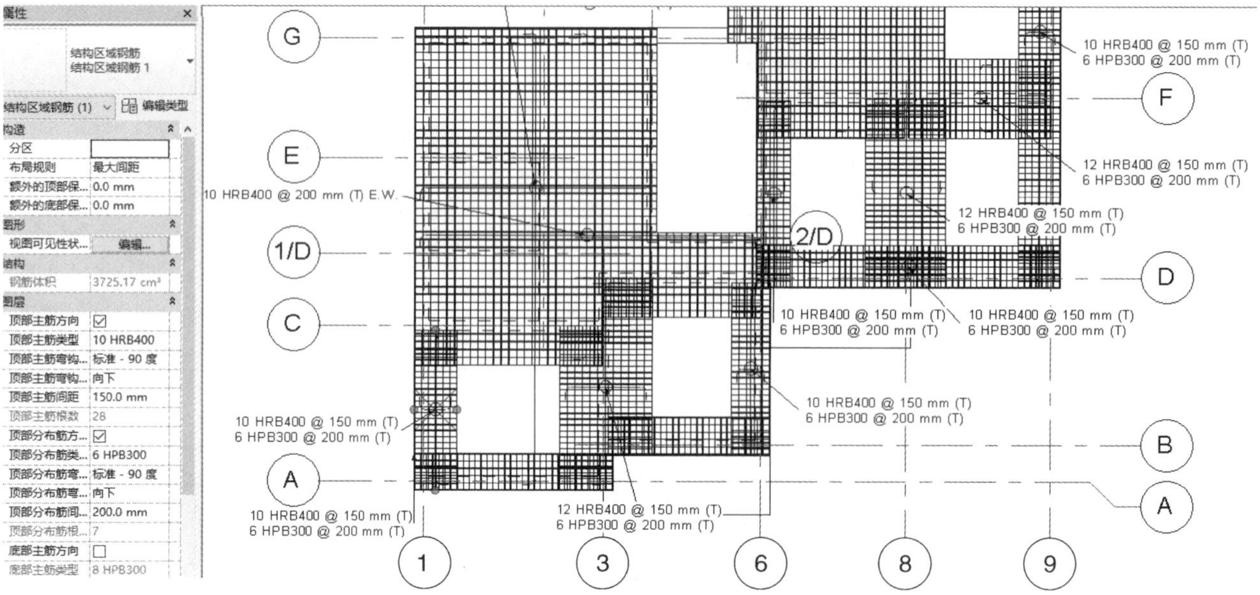

图 3.81　二层楼板配筋的局部示例

3.2.9　混凝土结构施工图平面整体表示方法示例

在现浇钢筋混凝土结构中，根据工程设计和计算结果，把构件的截面尺寸和配筋数值等采用文字直接注写在按结构层绘制的平面布置图中，再与结构构件的标准构造详图配合，构成一套完整的结构施工图。对于复杂建筑，尚须增加模板、开洞和预埋件等平面图，特殊情况下才须增加剖面配筋图。这种表示方法称为混凝土结构施工图平面整体表示方法，简称平法。在平法绘制的结构平面施工图中，应对所有的柱、墙、梁和板等构件进行编号，编号中含构件类型代号和序号，类型代号的主要作用是指明所选用的标准构造详图，并应用表格或其他方式注明结构层号、结构层楼面标高和结构层高。平法施工图与该类构件标准详图的互补关系构成完整的结构施工图。国家建筑标准设计图集《混凝土结构施工图平面整体表示方法制图规则和构造详图》包括基础、柱、剪力墙、梁、板、楼梯及其他构件等的平法制图规则和标准构造详图两大部分，表示各构件尺寸和配筋的方式，分为平面注写方式、列表注写方式和截面注写方式三种，需用时可查阅该套图集。

平法改变了传统结构施工图中采用结构平面图表示构件布置，再逐个绘制构件详图表示构件尺寸、配筋和构造的绘制方法。限于篇幅，下面对柱平法施工图、梁平法施工图和地下室外墙平法施工图进行简单介绍。

3.2.9.1　柱平法施工图制图规则

根据规则，首先是柱平法施工图的图名与结构层号、标高、层高表对应；其次在柱平面布置图上注写柱编号，当柱的总高、截面尺寸和配筋均对应相同时，可编为同一编号；然后分别对同一编号的柱选择一个截面，采用列表注写方式或直接截面注写方式表达。

(1)列表注写方式

采用在柱平面布置图下方绘制柱表，在表中注写柱编号、柱段起止标高、几何尺寸、配筋的具体数值、箍筋类型，来表达柱平法施工图，如图 3.82 所示。

①柱内纵筋　当柱纵筋直径相同、各边根数也相同时，把纵筋注写在“全部纵筋”一栏中；除此之外，柱纵筋分为“角筋”“b 边一侧中部筋”和“h 边一侧中部筋”三项分别注写。

②柱内箍筋　根据工程设计，在“箍筋类型号”一栏注写柱内采用的箍筋类型图号与肢数，柱的各种箍筋类型图画在表的上部。箍筋类型图用于反映本图箍筋的构造方式。在“箍筋”一栏注写箍筋的钢筋牌号、直径与间距，用斜线“/”区分柱端箍筋加密区与柱身非加密区长度范围内的不同间距，施工人员须根据

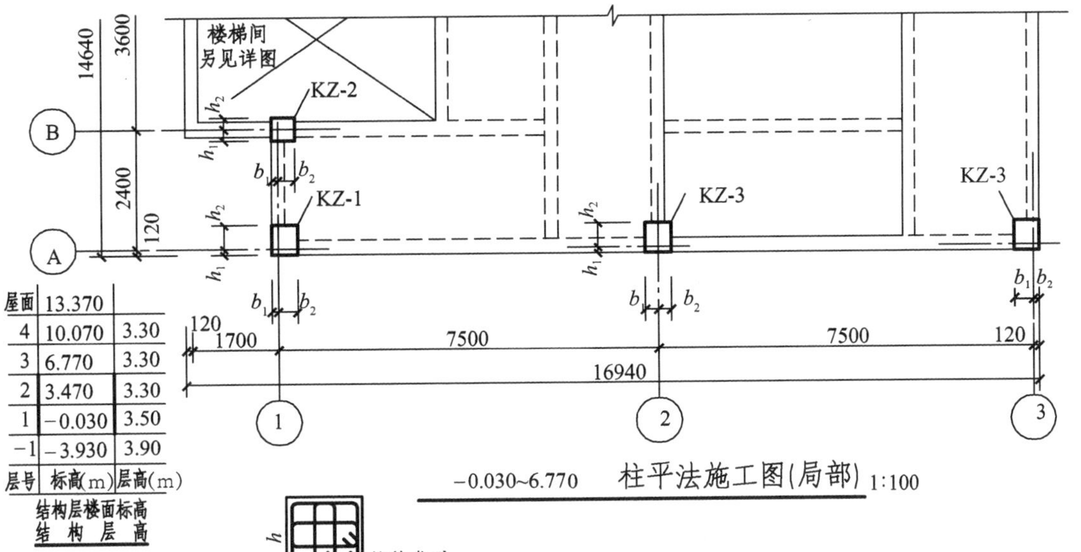

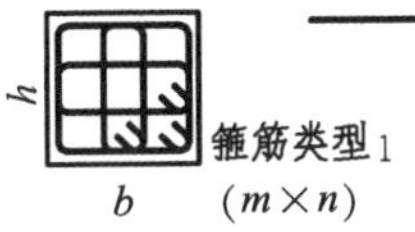

柱表

柱号	标高	b×h(圆柱直径D)	b_1	b_2	h_1	h_2	全部纵筋	角筋	b边一侧中部筋	h边一侧中部筋	箍筋类型号	箍筋	备注
KZ-1	−0.030~3.470	500×600	120	380	120	480	12Φ25				1 (4×4)	Φ8@100/200	
	3.470~6.770	500×600	120	380	120	480		4Φ25	2Φ22	2Φ22	1 (4×4)	Φ8@100/200	
KZ-2	−0.030~3.470	500×400	120	380	200	200		4Φ25	2Φ22	2Φ22	1 (4×4)	Φ8@100/200	
	3.470~6.770	500×400	120	380	200	200	12Φ22				1 (4×4)	Φ8@100/200	
KZ-3	−0.030~3.470	500×600	250 380	250 120	120	480		4Φ25	3Φ22	4Φ22	1 (4×4)	Φ10@100/200	
	3.470~6.770	500×600	250 380	250 120	120	480		4Φ22	3Φ20	4Φ20	1 (4×4)	Φ10@100/200	

图 3.82 柱平法施工图列表注写方式示例

标准构造详图的规定长度取值。

如图 3.82 所示，平面投影图反映框架柱 KZ-1、KZ-2、KZ-3 在平面上布置，柱表反映一层标高−0.030 至 3.470 和二层标高 3.470 至 6.770 处的柱截面尺寸、截面边与轴线的关系、柱内纵筋、箍筋类型号、箍筋。柱 KZ-1 的一层全部纵向钢筋是 12 Φ 25(表示该柱纵筋直径相同、各边根数也相同)；KZ-1 的二层与 KZ-2 的一层处的柱纵筋同为 4 根Φ 25“角筋”、2 根Φ 22“b 边一侧中部筋”和 2 根Φ 22“h 边一侧中部筋”；KZ-2 在二层处的全部纵向钢筋是 12 Φ 22；KZ-3 在一层处的柱纵筋为 4 根Φ 25“角筋”、3 根Φ 22“b 边一侧中部筋”和 4 根Φ 22“h 边一侧中部筋”，在二层处的柱纵筋为 4 根Φ 22“角筋”、3 根Φ 20“b 边一侧中部筋”和 4 根Φ 20“h 边一侧中部筋”。KZ-1、KZ-2 的箍筋相同，KZ-3 的箍筋除直径外与 KZ-1、KZ-2 相同。柱纵向钢筋构造、箍筋加密区与柱身非加密区长度范围等，施工人员须根据标准构造详图的规定取值。

(2)截面注写方式

如图 3.83 所示，在柱平面布置图的柱截面上，对同一编号的柱中分别选择一个，采用另一种原位放大比例画出该柱截面配筋图，直接标注截面尺寸和配筋具体数值，以及柱截面与轴线的相对位置尺寸。

在各截面配筋图的直接标注中，柱的编号后注写截面尺寸 $b \times h$、全部纵筋(当柱内纵筋采用一种直径且能够图示清楚时)、箍筋的具体数值。如 KZ-2 的截面尺寸为 500 mm×400 mm，全部纵向钢筋是 12 Φ 22(如图 3.83 所示的 4 个角上共 4 根角筋，每边中间 2 根Φ 22，共计 12 Φ 22)；箍筋采用Φ 8，加密区的间距为 100 mm，非加密区的间距为 200 mm。如 KZ-4 的截面尺寸为 500 mm×600 mm，全部纵向钢筋是 18 Φ 25(如图 3.83 所示的 4 个角上共 4 根角筋，长边每边中间 4 根Φ 25，短边每边中间 3 根Φ 25，共计

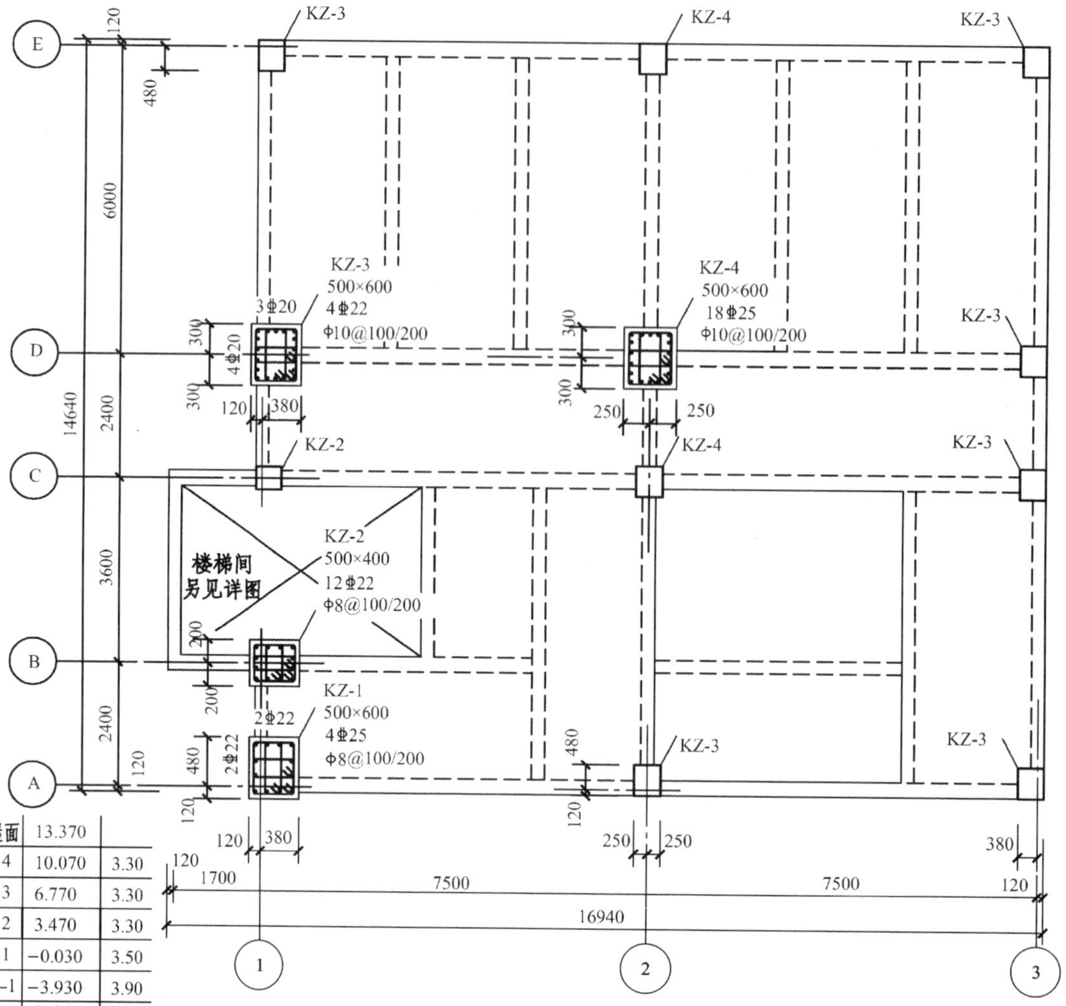

屋面	13.370	
4	10.070	3.30
3	6.770	3.30
2	3.470	3.30
1	−0.030	3.50
−1	−3.930	3.90
层号	标高(m)	层高(m)

结构层楼面标高
结构层高

3.470~6.770 柱平法施工图 1:100

图 3.83　柱平法施工图截面注写方式示例

18 Φ25)；箍筋采用Φ10，加密区的间距为 100 mm，非加密区的间距为 200 mm。

当柱内纵筋采用两种不同直径时，柱的编号后注写截面尺寸 $b\times h$、角筋和箍筋的具体数值。在截面各边须注写该边中部的纵筋具体数值(对于采用对称配筋的矩形截面柱，可仅在一侧注写中部筋，对称边省略不注)。图 3.83 所示的框架柱 KZ-1：截面尺寸下的 4 Φ25 表示布置在该柱 4 个角的 4 根纵向钢筋，采用对称配筋的矩形截面柱，各边中部的一侧纵筋标注在原位 2 Φ22。KZ-3：截面尺寸下的 4 Φ22 表示布置在该柱 4 个角的 4 根纵向钢筋；采用对称配筋的矩形截面柱，各边中部的一侧纵筋标注在原位，长边每边配置中间钢筋 4 Φ20，短边每边配置中间钢筋 3 Φ20。

3.2.9.2　梁平法施工图制图规则

梁平法施工图是图名与结构层号、标高、层高表对应，在按结构层绘制的梁平面布置图上注写梁编号，对同一编号的梁选择一根，把它的截面尺寸和配筋具体数值采用平面注写方式或截面注写方式表达。

(1)平面注写方式

如图 3.84 所示，平面注写包括集中标注与原位标注，集中标注表达梁的通用数值，原位标注表达梁的特殊数值。施工时，原位标注取值优先。

①集中标注可以从梁的任意一跨引出，内容有五项必注值和一项选注值：

a. 梁编号，该项为必注值。梁编号由梁类型代号、序号、跨数及悬挑代号组成，跨数及悬挑代号写在括

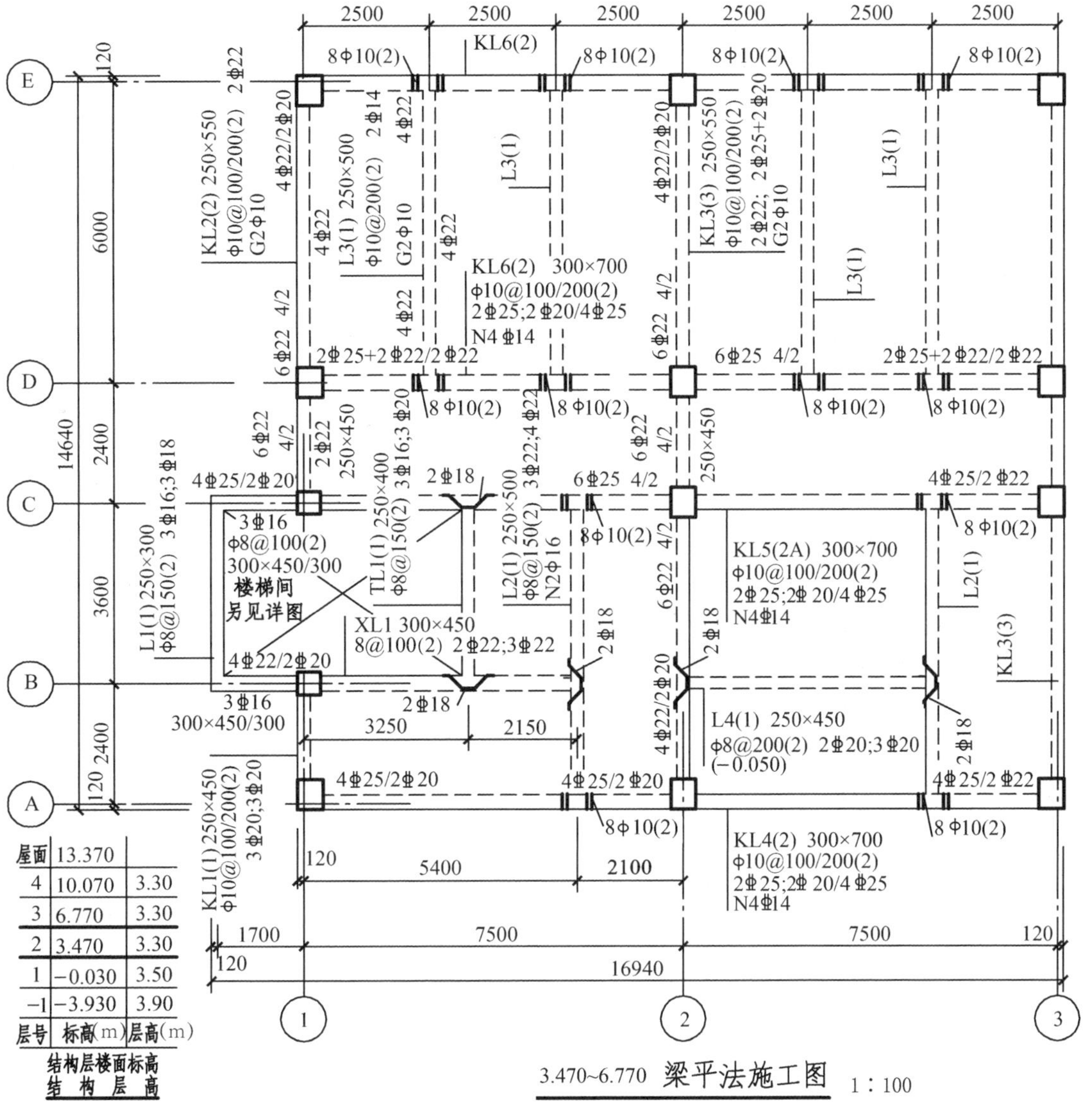

图 3.84 梁平法施工图平面注写方式

号内。如图 3.84 中的©轴上引出的集中标注 KL5(2A),代号 KL——框架梁、序号 5、跨数 2、悬挑代号 A(A 表示一端有悬挑,B 表示两端有悬挑,无悬挑代号表示无悬挑梁)。

b. 梁截面尺寸,该项为必注值。当梁为等截面时,用 $b\times h$ 表示,如©轴上的集中标注 300×700:表示梁截面尺寸 300 mm×700 mm。

c. 梁箍筋,包括钢筋级别、直径、加密区与非加密区间距及肢数,该项为必注值。加密区与非加密区间距及肢数需用斜线"/"分隔;加密区与非加密区的箍筋肢数相同时,则将肢数注写一次;箍筋肢数写在括号内;加密区范围见相应抗震级别的标准构造详图。如©轴上的集中标注Φ 10@100/200(2)表示钢筋级别 HPB300、直径 10 mm、加密区与非加密区间距 100/200、肢数均为 2。

d. 梁上部通长筋或架立筋配置,该项为必注值。它由结构受力要求及箍筋肢数等构造要求而定。当同排纵筋中既有通长筋又有架立筋时,应用加号"+"将通长筋和架立筋相连,角部纵筋写在加号的前面,架立筋写在加号后面的括号内,以示与通长筋的区别。当全部采用架立筋时,则将其写入括号内。如©轴上的集中标注 2 ⏀25 表示两根 HRB400 级通长筋,直径为 25 mm,用于双肢箍。当大多数跨梁下部纵筋配筋相同时,此项可加注在上部纵筋值后面,用分号";"将上部与下部纵筋的配置分隔开来,少数跨不同者按原位标注值配置。如©轴上的集中标注梁上部纵筋 2 ⏀25 分号后的 2 ⏀20/4 ⏀25:表示梁下部纵筋,当多于一排时，用斜线“/”将各排纵筋自上而下分开；4 ⏀25 钢筋放在梁的最下排，2 ⏀20 钢筋放在梁的最下第二排。如 L3(1)的集中标注 2 ⏀14：表示梁上部全部采用架立筋 2 ⏀14。

e. 梁侧面纵向构造钢筋或受扭钢筋配置，该项为必注值。当梁腹板高度 $h_w \geqslant 450$ mm 须配置纵向构造钢筋时，配置纵向构造钢筋值以大写字母 G 打头，接续注写设置在梁两个侧面的总配筋值，且对称配置。当梁侧面配置纵向受扭钢筋时，则以大写字母 N 打头，接续注写设置在梁两个侧面的总配筋值，且对称配置。受扭纵向钢筋应满足梁配置纵向构造钢筋的间距要求，且不再重复配置纵向构造钢筋。如Ⓒ轴上的集中标注 N4 ⏀14：表示梁的两个侧面共配置 4 ⏀14 的受扭纵向钢筋，每侧各配置 2 ⏀14。

f. 梁顶面标高高差，该项为选注值。梁顶面标高高差，系指相对于结构层楼面标高的高差值，有高差时，须将其写入括号内，无高差时不注。如Ⓒ轴上的集中标注中无该项内容，表示梁顶面标高与结构层楼面标高 6.770 的高差值为 0；如 L4(1)的集中标注中有(－0.050)，表示梁顶面标高比结构层楼面标高 6.770 低 50 mm；图 3.84 中框架梁与楼板分界线画成中实线，表示该区域楼板顶面随梁 L4(1)顶面降低 50 mm。

②原位标注的内容规定：

a. 梁支座上部纵筋，该部位含通长筋在内的所有纵筋。当上部纵筋多于一排时，用斜线“/”将各排纵筋自上而下分开。例如原位标注梁支座上部纵筋 4 ⏀25/2 ⏀20，表示有两排纵筋，上排 4 ⏀25、下排 2 ⏀20；又如 6 ⏀22 4/2，表示有两排纵筋，上排 4 ⏀22、下排 2 ⏀22。当同排纵筋中有两种直径时，应用加号“＋”将两种直径的纵筋相连，角部纵筋写在加号的前面，如 2 ⏀25＋2 ⏀22/2 ⏀22 表示两排钢筋中上排 2 ⏀25 放置在梁的两角部。当梁中间支座两边的上部纵筋相同时，可以在支座的一边标注配筋值，另一边省去不注，否则须在支座两边分别标注。

b. 梁下部纵筋，当多于一排时，用斜线“/”将各排纵筋自上而下分开。例如原位标注梁下部纵筋 2 ⏀20/4 ⏀25，表示有两排纵筋，上排 2 ⏀20、下排 4 ⏀25；又如 6 ⏀22 2/4，表示有两排纵筋，上排 2 ⏀22、下排 4 ⏀22。当同排纵筋中有两种直径时，应用加号“＋”将两种直径的纵筋相连，角部纵筋写在加号的前面，如 2 ⏀22＋2 ⏀20 表示一排钢筋中 2 ⏀22 放置在梁的两角部。

c. 当梁的集中标注内容(如截面尺寸、箍筋、侧面纵向构造钢筋或受扭钢筋等)不适用于某跨或悬挑部分时，则将其不同数值注在该跨或悬挑部位。如Ⓒ轴上的悬挑部位的原位标注：截面尺寸 300×450/300，梁宽 300 mm，不等高梁靠柱一端 450 mm、远端 300 mm；箍筋Φ8@100(2)，上部纵筋 4 ⏀25/2 ⏀20 表示两排钢筋的上排 4 ⏀25、下排 2 ⏀20，下部纵筋 3 ⏀16 表示一排纵筋，侧面纵向构造钢筋仍按标准构造选用。

d. 如图 3.85 所示，当梁受集中荷载需要设置附加箍筋或吊筋时，附加箍筋或吊筋直接画在平面图中的梁上，用线引注总配筋值(附加箍筋的肢数注在括号内)，例如附加箍筋 8 Φ10(2)、附加吊筋 2 ⏀18 等。当多数附加箍筋或吊筋相同时，可在施工图上统一注明，少数与统一注明值不同时，再原位引注。附加箍筋或吊筋的几何尺寸应按照标准构造详图，结合其所在位置的主梁和次梁的截面尺寸而定，附加钢筋所需的总截面面积由结构计算确定。

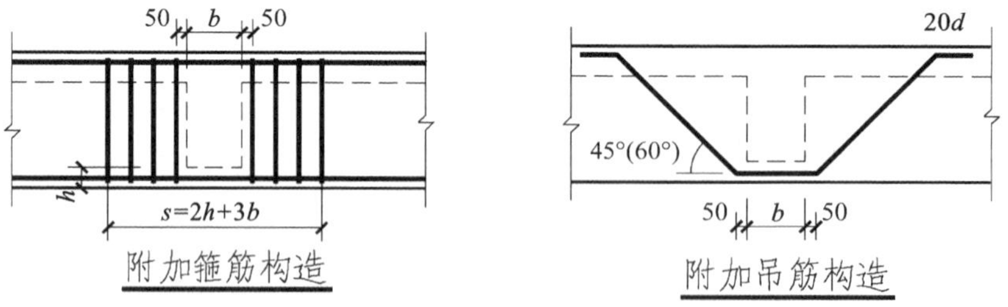

图 3.85　附加箍筋或吊筋的布置

(2)截面注写方式

截面注写方式如图 3.86 所示，系在按结构层绘制梁平面布置图中，分别在不同编号的梁中各选择一根梁用“单边截面号”引出该梁的截面配筋图，在其上注写断面尺寸、配筋具体数值。当梁顶面标高与结构层楼面标高不同时，尚应继其梁编号后注写梁顶面标高高差(注写方式与平面注写方式相同)。

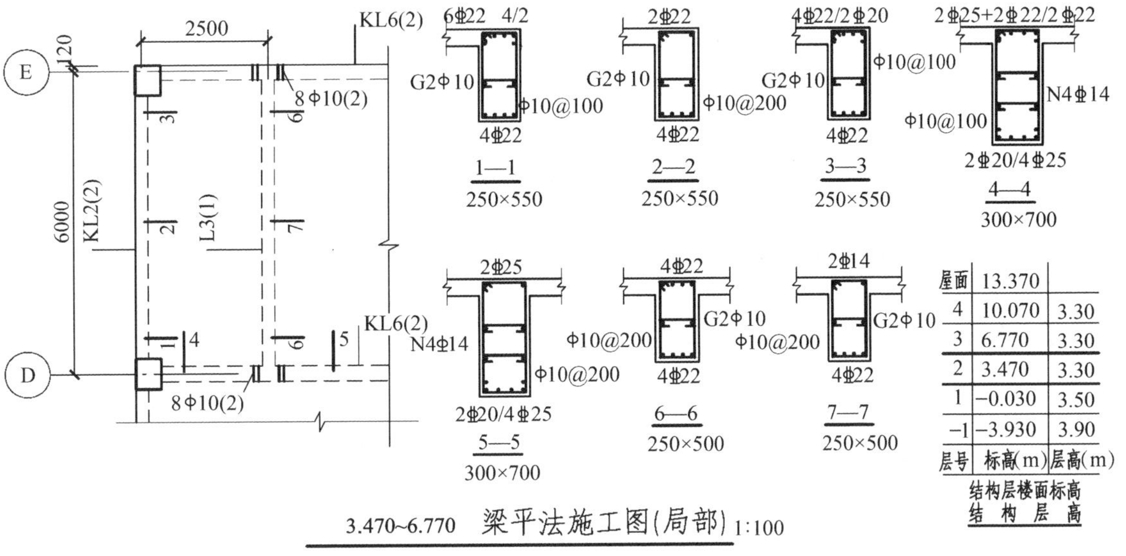

图 3.86 梁平法施工图截面注写方式

图 3.86 所示的是图 3.84 的局部，梁编号方法与平面注写方式相同，每根梁一般采用支座和跨中标注三个“单边截面号”，截面配筋图上注写截面尺寸 $b\times h$、上部筋、下部筋、侧面构造筋或受扭筋以及箍筋的具体数值，数值的表达方式与平面注写方式相同。当截面尺寸和配筋具体数值相同时，可以用相同“单边截面号”。

截面注写方式既可以单独使用，也可与平面注写方式结合使用。

(3)利用 Revit 创建图 3.83 和图 3.84 所示框架 3.470 标高处的结构模型

①新建结构项目文件，创建标高和轴网

打开 Revit 软件后，选择新建项目下“结构”样板。创建标高和轴网的方法同 3.2.6.5 小节利用 Revit 软件创建建筑模型示例中叙述的方法。

② 创建一层结构柱

在标高 2 结构平面，单击“结构”选项卡中的“柱”，类型选择区选“混凝土-矩形柱”，单击“编辑类型”，在弹出的“类型属性”对话框中单击“复制”按钮，输入名称(如：500×600)；然后在“b”右边输入 500，“h”右边输入 600，单击“确定”。在工具选项栏：放置结构柱为“深度”和“标高 1”。移动光标至柱的位置后按鼠标左键。或者单击“多个”功能区“在轴网处”，用光标框选所有轴网、单击“√”，完成所有轴网的交点处放置柱。选楼梯间的 2 个柱，单击“编辑类型”，在弹出的“类型属性”对话框中单击“复制”按钮，输入名称(如：500×400)；然后在“b”右边输入 500，“h” 右边输入 400，单击“确定”。如果需要改变柱的长边方向，可以选该柱再按空格键。

调整边柱相对轴线的偏移。分别标注左下、左上和右下 3 个角柱相对轴线的定位尺寸，完成后选取角柱，单击需要改动的尺寸数字、输入尺寸值，柱的位置作精确移动。单击“对齐”，勾选工具选项栏的多重对齐框，点击角柱作为定位对齐的参照边，再分别点选其余柱的对齐边，以完成边柱的外边缘相对于轴线偏移 120 mm。

在标高 2 结构平面，放置柱内钢筋。以左下角柱为例，步骤如下：

(a)单击“结构”选项卡中的“钢筋”，在“钢筋浏览器”中选柱内竖直钢筋的形状，在类型选择区选“25HRB400”；在属性栏的布局规则选“固定数量”、数量为“2”，“视图可见性状态”的编辑中勾选“三维视图-实体”“立面-南”“结构平面-标高 2”右边的“方块”；在放置平面功能区选“近保护层参照”、放置方向选“垂直于保护层”；移动光标至左下角柱的钢筋放置位置，单击鼠标左键；移动光标至左下角柱的钢筋位置放置另一边，单击鼠标左键，完成柱的角筋。

(b)在类型选择区选“22HRB400”，在属性栏的布局规则选“单根”，并进行“视图可见性状态”设置；移动光标至左下角柱边 1/3 位置处，单击鼠标左键；用同样的方法完成另外柱边余下的中部竖直钢筋。

(c)在“钢筋浏览器”中选柱内箍筋的形状，在类型选择区选“8HPB300”，在属性栏的布局规则选“最大间距”、间距为“200”，并进行“视图可见性状态”设置；在放置平面功能区选“近保护层参照”、放置方向选“平行于保护层”，移动光标至左下角柱的钢筋放置位置，单击鼠标左键，完成柱的大箍筋。

(d)继续上一步，移动光标、调整箍筋搭接头位置，再次单击鼠标左键；按[Esc]键退出箍筋放置，点击刚放的箍筋，箍筋出现四个方向拖动箭头，移动光标拖动一个箭头到合适位置并释放左键，再拖动对边的箭头，完成小箍筋放置。用同样的方法完成另一方向箍筋的放置，结果如图 3.87(a)所示。

(e)由于箍筋加密高度涉及构造设计，这里取柱的上下两端各 600 mm。将绘图区切换到南立面视图，分别绘制距柱底 600 mm 和距梁底 600 mm 两条水平参照平面线。单击大箍筋，拖拽箍筋上端的拖拽箭头至下面参照平面线，修改属性栏的间距为“100”；单击“复制”，将箍筋竖直向上复制至参照平面线上方，并将上端的拖拽箭头移至上面参照平面线，修改属性栏的间距为“200”，取消上下两端“隐藏第一栏”的勾选；再将下方的加密箍筋复制到非加密段箍筋上方并拖拽至柱顶，完成大箍筋的加密段和非加密段的放置。用同样的方法调整小箍筋的加密段和非加密段，如图 3.87(b)所示。用同样的方法完成其他柱内钢筋放置。

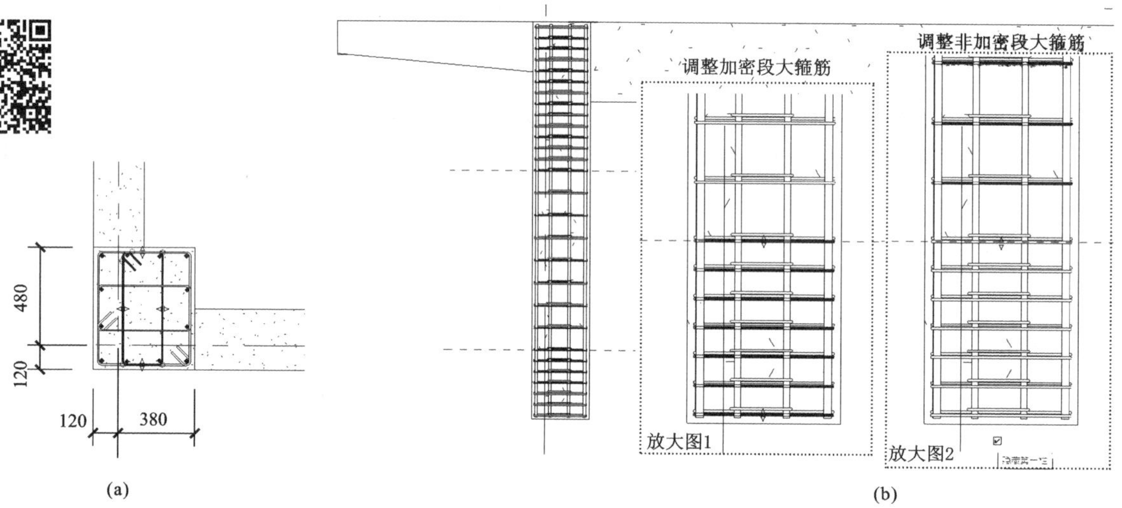

图 3.87　放置柱内钢筋示例

(a)放置左下角柱的钢筋；(b)调整箍筋加密段高度，以及调整过程的两个局部放大图

③创建二层梁

在标高 2 结构平面单击“结构”选项卡中的“梁”，类型选“混凝土矩形梁”，单击“编辑类型”，在弹出的对话框中单击“复制”，输入新类型名称(如 250×300、250×400、250×450、250×500、250×550、300×700 等)；修改“b”“h”的对应值，不输入“类型标记”，单击“确定”。在实例属性栏的“Z 轴对准”选“顶”、“Z 轴偏移值”输入“0”(梁顶相对标高 2 的偏移值)。不点击“在放置时进行标记”，用“直线”绘制梁，位置偏了可以用“移动”或“对齐”进行调整。

对于 B 轴和 C 轴的悬臂梁，需要创建变截面梁族。单击“应用程序菜单”，在展开的菜单栏中选新建“族”，在族样板中选“公制结构框架-梁和支撑”，出现的操作界面如图 3.60 所示。第一步，删去绘图区样板自带的矩形梁，在“属性栏”的“用于模型行为的材质”选“混凝土”。在“左”立面视图绘制五条参照平面线，用于控制变截面梁的两端截面形状。用尺寸标注控制两条左右参照平面线对“中心/前后”参照平面线对称，两条最上、最下的水平参照平面线对“参照标高”线对称，标注左右参照平面线间的尺寸和水平参照平面线与最上参照平面线间的尺寸。分别指定这 3 个尺寸的参数为“b”“h”“$h1$”，如图 3.88 所示。第二步，在参照标高视图单击“放样融合”，选“绘制路径”，用“直线”、沿参照平面“中心/前后”线从左向右绘制路径，路径与参照平面“中心/前后”线锁定，路径左右两端与“参照平面-左”“参照平面-右”锁定，单击“√”，完成绘制路径；选择“选择轮廓 1”，单击“编辑轮廓”、弹出转到视图、选“立面-右”，单击“创建”选项卡下“基准”功能区的“参照平面”，用“矩形”工具绘制大矩形，四条边与参照平面线锁定，单击“√”，完成轮廓 1；选“选择轮廓 2”，单击“编辑轮廓”，用“矩形”工具绘制小矩形，四条边与参照平面线锁定，单击“√”，完成轮廓 2；再次单击“√”，完成创建变截面梁族。“保存”名为“变截面梁”，并载入二层结构模型的项目文件。

布置变截面梁族。在标高 2 结构平面单击“结构”选项卡下的“梁”，类型选“变截面梁族”，单击“编辑类型”，在弹出的对话框中单击“复制”，输入新类型名称（如 300×300-450）；修改尺寸标注的“b”“h”“$h1$”的对应值，单击“确定”。在实例属性栏的“Z 轴对准”选“顶”、“Z 轴偏移值”输入“0”。不点击“在放置时进行标记”，用“直线”工具绘制 B 轴和 C 轴的悬臂梁。

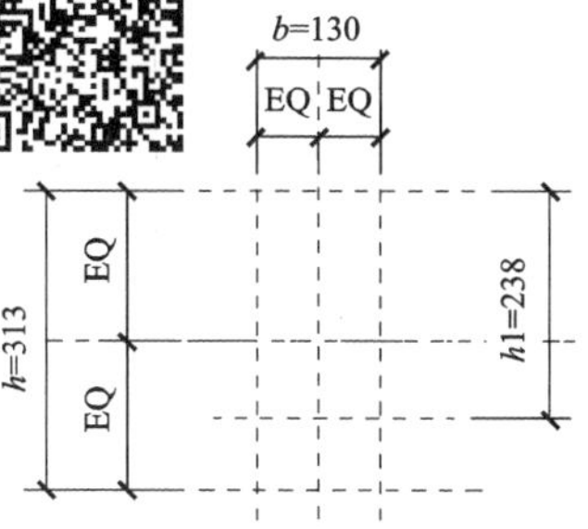

图 3.88　创建控制变截面梁的两端截面形状的参照平面线和参数

梁内钢筋放置方法同 3.1.2.3 小节，创建结构楼板方法同 3.2.9.1 小节创建二层楼板模型，这里不再赘述。

最后单击“快捷工具栏”的“保存”，完成框架二层结构模型。

3.2.9.3　地下室施工图制图规则

地下室的平法施工图按底板、顶板分层绘制，并以平面注写方式为主、截面注写方式为辅表达各构件的尺寸和配筋。地下室各层平法施工图的柱、墙、梁、板等的平面注写方式类似于地上平法施工图制图规则。

地下室的平法施工图的基础底板结构平面图（局部）如图 3.89 所示，基础底板结构采用基础平面布置图上的平面注写方式，集中标注注明板编号、板厚度、底部和顶部贯通钢筋，原位标注注明板的附加非贯通钢筋；同时注明地下室底板的形状和基坑等相关尺寸、内外墙体的定位尺寸、板顶面相对标高。地下室的外墙 DWQ、内墙 NQ、柱等构件的截面投影轮廓，用浅灰涂色表示现浇钢筋混凝土构件，配筋情况等由墙体平法施工图和柱平法施工图另行绘制表示。

基础底板结构平面图（局部）的集中标注：BPB1 表示基础底板采用平板式筏形基础的基础平板编号 1；h＝800 注明基础平板厚度；X：B Φ20@200；T Φ20@150(2B)、Y：B Φ20@200；T Φ20@150(3B)表示 x 向和 y 向贯通筋的配筋值及其长度，B 打头配筋值表示底部贯通筋的配筋值，T 打头配筋值表示顶部贯通筋的配筋值，钢筋贯通跨数 2、3 跨及两端外伸代号 B 写在括号内（A 表示一端有外伸，B 表示两端有外伸，无延伸代号表示无延伸）。

基础底板的附加非贯通钢筋的原位标注，中粗虚线代表板底部附加非贯通钢筋；注写板的底部附加非贯通钢筋的编号、配筋值，同规格配筋连续布置跨数注在括号内，以及自柱中线分别向两侧伸出长度值。①轴的原位标注在Ⓓ～Ⓔ跨的①Φ20@200(3B)2500，表示①轴上布置板底部非贯通钢筋编号①，配筋值Φ20@200，同规格的配筋值连续布置 3 跨且两端延伸布置至外伸板边。钢筋伸出长度值只标注在柱中线一侧，2500 表示钢筋长度是从柱中线向该侧伸出 2500；另一侧设计不注，表示两侧伸出长度是对称伸出，或该侧伸出长度与方式按标准构造，这里表示按标准构造。施工时，板底部的原位标注附加非贯通钢筋与集中标注贯通钢筋，宜采用“隔一布一”的方式布置，即附加非贯通钢筋与贯通钢筋交错插空布置，两者实际组合后的间距为 100。②轴原位标注的中粗虚线下，钢筋伸出长度值只标注在柱中线一侧 2500，表示柱中线两侧伸出长度是对称伸出，另一侧设计不注，不对称延伸时须两侧分别标注。③轴上的中粗虚线和编号①，表示板底部附加非贯通钢筋同①轴上布置板底部非贯通钢筋编号①。

平法施工图制图规则要求基础底板的集中标注和附加非贯通钢筋的原位标注应在相同配筋跨的第一跨内引出注写，本例地下室平法施工图因受篇幅限制，选择局部结构平面图，所以改在图 3.89 所示的位置引出基础底板的集中标注和附加非贯通钢筋的原位标注。

基础底板结构平面图（局部）所示集水基坑直接引注：JK1 为基坑编号，h_K＝970 为基坑深度，1200×1800 为 X 向基坑宽度（从左至右）、Y 向基坑宽度（从前至后）。图中注明基坑的平面定位尺寸、坑底标高和基坑盖板。由于基坑与标准设计图集的构造详图不完全一致，需要另绘基坑详图，故平面图中绘制断面剖切符号 A—A，用 A—A 断面图反映 JK1 的构造，断面图中的 L_a 是指受拉钢筋的锚固长度，具体长度

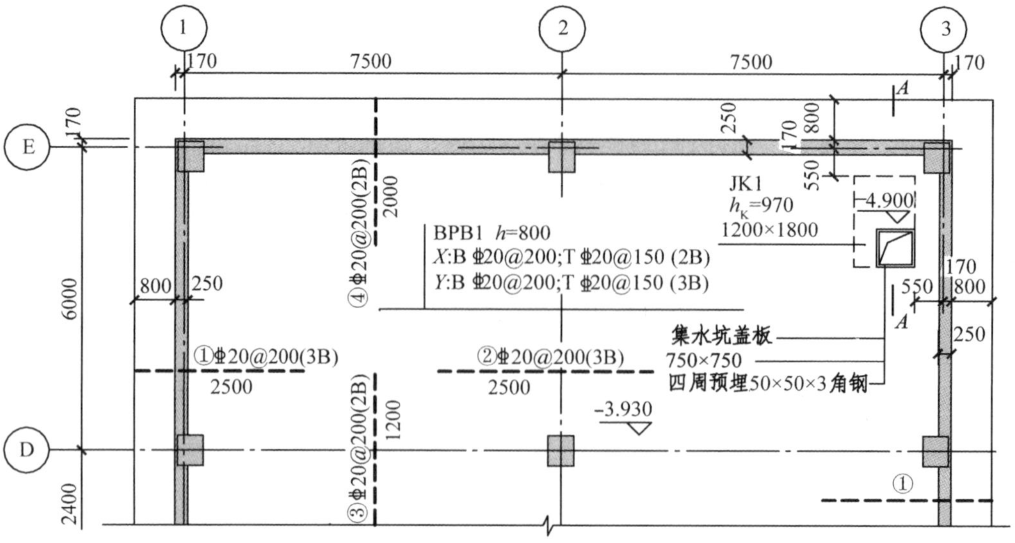

基础底板结构平面图(局部) 1:100

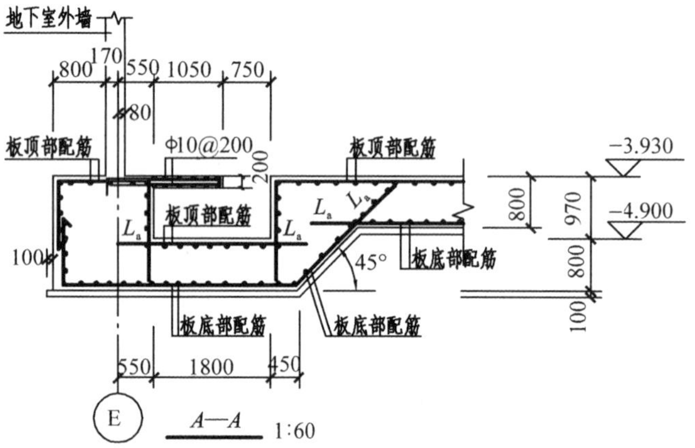

A—A 1:60

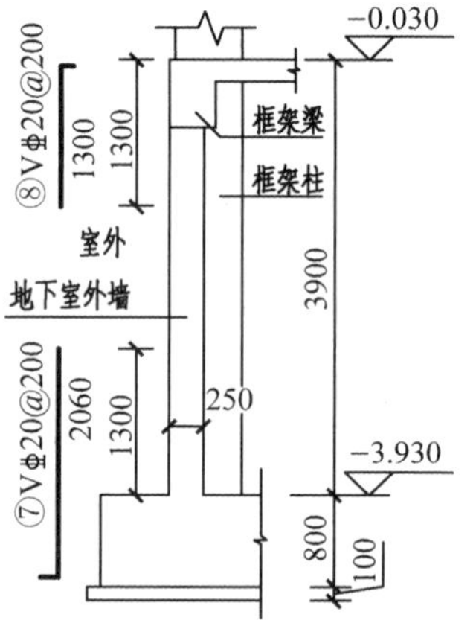

DWQ1 竖向非贯通钢筋布置图 1:50

(①~③)轴

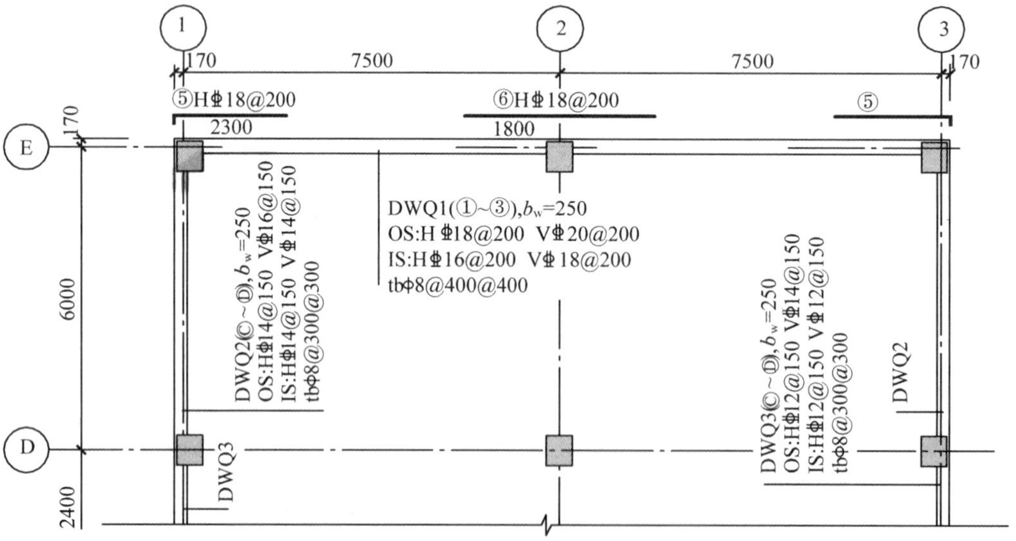

−3.930~−0.030地下室墙体平法施工图(局部) 1:100

图 3.89　地下室的平法施工图(局部)

可以查标准设计详图。

地下室的平法施工图图 3.89 所示的 −3.930～−0.030 地下室墙体平法施工图(局部),表示地下室的外墙 DWQ、柱等构件的截面投影轮廓,用浅灰涂色表示现浇钢筋混凝土柱构件,配筋情况等由柱平法施工图另行绘制表示;用集中标注注明墙体编号、厚度、外侧贯通钢筋、内侧贯通钢筋、拉筋等;用原位标注墙体的附加非贯通钢筋。施工时,原位标注取值优先。

如图 3.89 所示,地下室Ⓔ轴外墙 DWQ 的集中标注:DWQ1(①～③),表示地下室外墙编号,它包括代号、序号、墙身长度(注为××～××轴);b_w=250,表示地下室外墙厚度;OS:H ⏀18@200 V ⏀20@200、IS:H ⏀16@200 V ⏀18@200,以 OS 表示外墙外侧贯通筋,以 IS 表示外墙内侧贯通筋,H 打头配筋值表示水平贯通筋配筋值,V 打头配筋值表示竖向贯通筋配筋值;tb Φ 8@400@400 双向,表示双向拉筋为Φ 8、水平间距 400 mm、竖向间距 400 mm。

地下室外墙的原位标注,主要表示在外墙外侧配置的水平非贯通筋或竖向非贯通筋。如图 3.89 所示,在平面图外墙 DWQ1 的外侧绘制粗实线段代表水平非贯通筋,注写钢筋编号,并以 H 打头注写钢筋值和自支座中线向两边跨内的延伸长度值。当自支座中线向两边对称伸出时,可仅在中线单侧标注跨内延伸长度,另一侧不注,此非贯通钢筋总长度为标注长度的 2 倍,表示当自中线向两侧对称延伸时的情况。边支座处非贯通筋的伸出长度从支座外边缘算起。为表示 DWQ1 的外侧布置竖向非贯通筋,在补充绘制的 DWQ1 竖向非贯通钢筋布置图的外侧底部、顶部绘制粗实线段代表竖向非贯通筋,注写钢筋编号,并以 V 打头注写钢筋值和向上(下)层的伸出长度值,并在外墙竖向截面图名下注明分布范围(××轴至××轴)。地下室外墙外侧的非贯通钢筋与贯通钢筋采用"隔一布一"的方式布置,两者实际组合后的间距为各自标注间距的 1/2。

3.2.10 楼梯的结构详图

有关梁、板、柱和基础的结构构件图已在 3.1 节和 3.2.7 节、3.2.8 节中介绍了,这里只着重阐述楼梯的结构详图。

楼梯结构详图可以采用传统的楼梯结构平面图、楼梯剖面图和配筋图来表达,或者采用平面整体表示方法。图 3.90 和图 3.91 所示的楼梯是现浇板式楼梯。板式楼梯是梯段板(钢筋混凝土楼梯板与其上一起浇捣的混凝土踏步,合称梯段或梯段板),梯段板直接搁置在楼梯梁或梯段基础上,梯段上的荷载直接传递到楼梯梁或梯段基础上。楼梯段的另一种结构形式是梁板式楼梯,梁板式楼梯是梯段板的荷载传递给梯段斜梁,梯段斜梁再传递给楼梯梁。

3.2.10.1 楼梯结构平面图

(1)图示内容

楼梯结构平面图是用来表示楼梯段、楼梯梁和平台板等构件的平面布置、构件代号(或现浇钢筋混凝土平台的配筋),以及构件细部尺寸、定位尺寸、结构标高等。多层房屋应表示出底层、中间层和顶层楼梯结构平面图。楼梯结构平面图中的轴线编号应和建筑平面图一致。

楼梯结构平面图的剖切位置通常放在两层之间的楼梯平台的上方。从图 3.55 中的楼梯段投影可知,除底层上行第一梯段(AT1)底端搁置在梯段基础上,高端搁置在楼梯梁(TL-1)上;其他上行第一梯段 AT1 底端搁置在楼梯梁 TL-2 上,高端搁置在楼梯梁 TL-1 上;上行第二梯段 CT1 底端搁置在楼梯梁 TL-1 上,高端搁置在楼梯梁 TL-2 或 TL-3 上。平台采用的是预应力多孔板,用重合断面图表示楼梯段、楼梯梁和多孔板的相对关系。楼梯段配筋采用平面注写法。

AT、CT 表示楼梯板类型。AT 类型的楼梯段由底端楼梯梁、踏步板、高端楼梯梁组成,CT 类型的楼梯段由底端楼梯梁、踏步板、平板、高端楼梯梁组成;楼梯类型后的数字是梯段编号;h=100 表示楼梯板厚 100;1480/8(1320/7)表示一跑高度除踏步数,得到每级踏步的高;⏀10@200;⏀10@150(⏀10@150;⏀10@150):分号前面所注的钢筋直径与间距表示梯板内上部筋的直径与布置间距,分号后面所注的钢筋直径与间距表示梯板内下部受力筋直径与钢筋间距;Φ 8@200 表示梯板内分布筋的直径和钢筋间距。

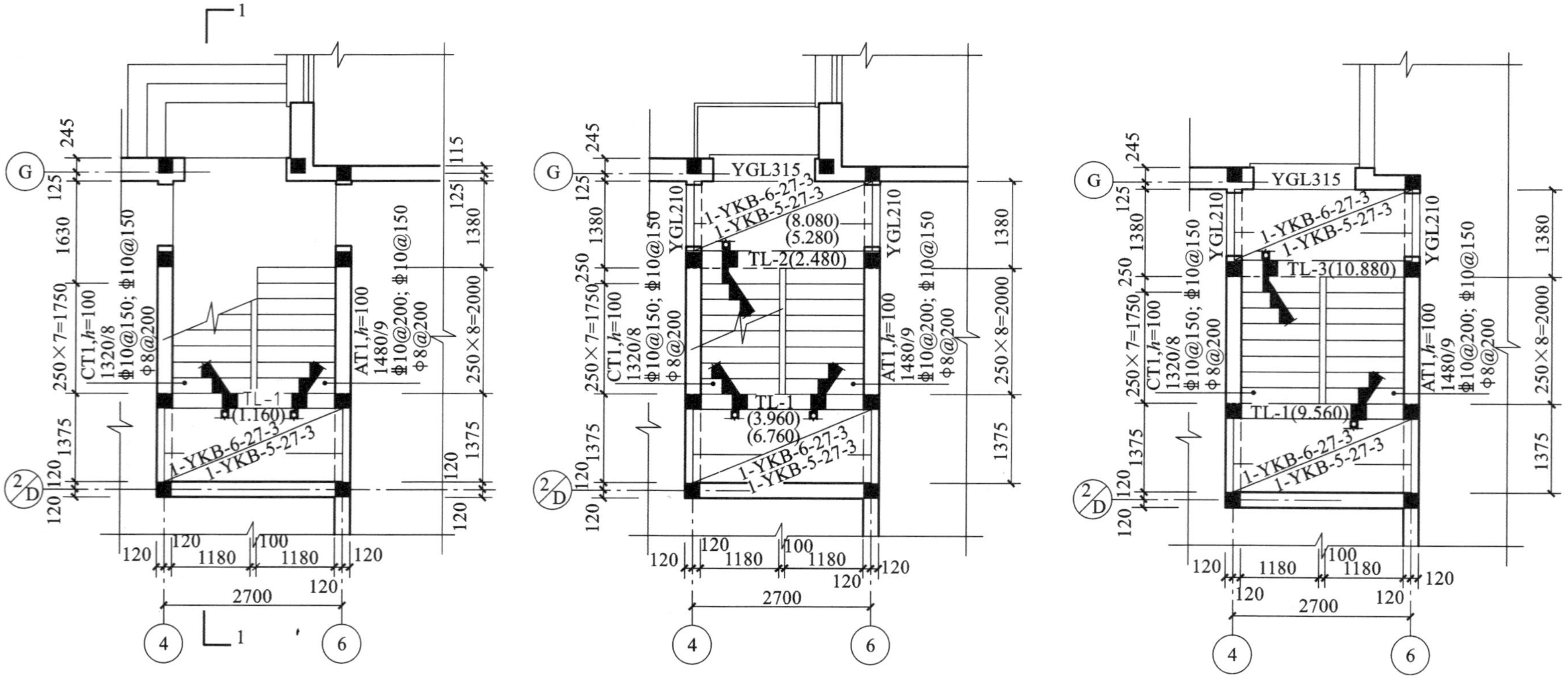

底层楼梯平面图 1∶50　　中间层楼梯平面图 1∶50　　顶层楼梯平面图 1∶50

图 3.90 楼梯结构平面图

(2)楼梯结构平面图的画法

楼梯结构平面图通常采用 1∶50 画出，也可用 1∶30 画出。钢筋混凝土楼梯的可见轮廓线用中实线表示，不可见轮廓线用中粗虚线或中虚线表示，剖到的砖墙轮廓线用中粗实线或中实线表示。钢筋混凝土楼梯的楼梯梁、梯段板等可在平面图上用重合断面表示其形状和构件的相对位置，如图 3.90 所示。

3.2.10.2　楼梯结构剖面图和配筋构造图

(1)图示内容

楼梯结构剖面图表示楼梯间的承重构件的竖向布置、构造和连接情况。如果需要详细表示梯段板和楼梯梁的配筋构造时，宜用较大比例(常用 1∶20 或 1∶10，也可用 1∶30、1∶25 或 1∶5)另画梯段板和楼梯梁的配筋构造图，如图 3.91 所示。

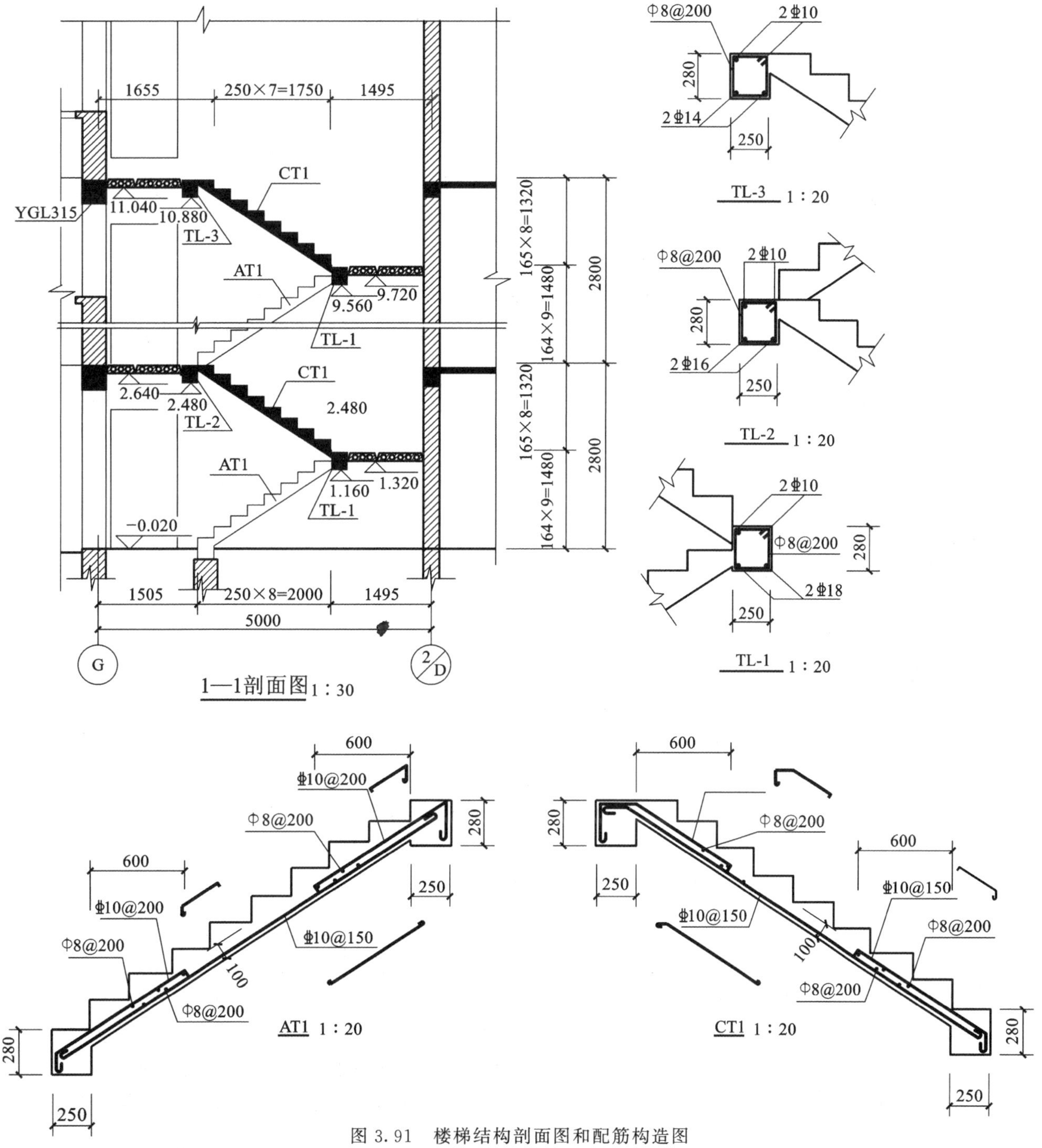

图 3.91　楼梯结构剖面图和配筋构造图

从图 3.91 中的 1—1 剖面图可知，被剖切到的梯段是 CT1、楼梯梁、休息平台和楼层平台，向 AT1 方向投射。由于中间层的梯段形状、配筋、布置与图中的 AT1、CT1 相同，为此，在 1—1 剖面图中，只画出了中间层的第一个梯段和最后一个梯段的各一部分，中间用折断线断开。

1—1 剖面图的下方用较大比例画出 AT1 和 CT1 的配筋构造图，从图 3.91 中可知楼梯板的板厚、下层受力筋、上层受力筋、分布筋，以及受力钢筋的锚固形式。

1—1 剖面图的右侧也用较大比例画出楼梯梁 TL-1、TL-2 和 TL-3 的截面配筋图，在其上注写断面尺寸、配筋具体数值。

(2)楼梯结构剖面图和配筋构造图的画法

楼梯结构剖面图一般采用与楼梯结构平面图相同的比例，配筋构造图可采用较大比例画出。剖面图中应标注出楼层平台、休息平台的板底标高和楼梯梁的梁底标高，用结构标高(不包括粉刷层的厚度)标注，梯段板的尺寸标注方式与建筑施工图相同，线型要求与楼梯结构平面图和梁、板、柱等构件图相同。

3.3 给水排水施工图

3.3.1 给水排水施工图概述

3.3.1.1 给水排水施工图的用途和内容

对于居民的生活和生产用水，从水源取水，经过水厂的处理和净化，由管道输送到用户，属于给水工程；人们在生活和生产中产生的废水、污水，以及雨水，通过管道汇总，经污水处理后排放出去，则属于排水工程。

房屋的室内给水系统的流程一般为进户管(引入管)→水表→干管→支管→用水设备；房屋的室内排水系统的流程为排水设备→支管→干管→户外排出管。给水排水施工图是反映室内外的管道及其附属设备、水处理的构筑物、贮存设备等的专业设备的施工图，是房屋施工图中非常重要的设备施工图之一，是直接为施工服务的工程图样，是给水排水工程施工的技术依据。除了本专业的工艺图外，给水排水施工图与房屋的建筑施工图、结构施工图等有着密切的联系。

给水排水施工图按其内容大致可划分如下：

(1)室内给水排水施工图；

(2)室外给水排水施工图；

(3)水处理设备构筑物工艺图。

3.3.1.2 给水排水施工图的一般规定及图示特点

给水排水施工图除了与其他专业图一样，要符合投影原理和《房屋建筑制图统一标准》(GB/T 50001—2017)的规定外，由于管道是给水排水施工图的主要表达对象，这些管道的截面形状变化小，一般是细而长，分布范围广，纵横交错，管道附件众多，所以还应遵守《建筑给水排水制图标准》(GB/T 50106—2010)，以及国家规定的有关标准、规范。给水排水施工图有下列图示特点：

(1)按 GB/T 50106—2010 规定，给水排水专业制图常用的各种线型宜符合表 3.11 的要求，线宽 b 宜为 0.7 mm 或 1.0 mm。

表 3.11 给水排水专业制图常用的各种线型

名称	线型	线宽	一般用途
粗实线	————————	b	新设计的各种排水和其他重力流管线
粗虚线	— — — — — —	b	新设计的各种排水和其他重力流管线的不可见轮廓线
中粗实线	————————	$0.7b$	新设计的各种给水和其他压力流管线；原有的各种排水和其他重力流管线

名称	线型	线宽	一般用途
中粗虚线		0.7*b*	新设计的各种给水和其他压力流管线及原有的各种排水和其他重力流管线的不可见轮廓线
中实线		0.5*b*	给水排水设备、零(附)件的可见轮廓线;总图中新建的建筑物和构筑物的可见轮廓线;原有的各种给水和其他压力流管线
中虚线		0.5*b*	给水排水设备、零(附)件的不可见轮廓线;总图中新建的建筑物和构筑物的不可见轮廓线;原有的各种给水和其他压力流管线的不可见轮廓线
细实线		0.25*b*	建筑的可见轮廓线;总图中原有的建筑物和构筑物的可见轮廓线;制图中的各种标注线
细虚线		0.25*b*	建筑的不可见轮廓线;总图中原有的建筑物和构筑物的不可见轮廓线
单点长画线		0.25*b*	定位轴线、中心线
折断线		0.25*b*	断开界线
波浪线		0.25*b*	平面图中水面线;局部构造层次范围线;保温范围示意线等

给水排水施工中的管道及附件、管道的连接、阀门、卫生器具及水池、设备及仪表等,采用统一的图例表示。表 3.12 中摘录了 GB/T 50106—2010 中规定的部分图例。凡该标准中尚未列入的图例可自行设置,但在图纸上应专门画出自设的图例,并加以说明。

表 3.12　给水排水工程图中的常用图例

名称	图例	说明	名称	图例	说明
生活给水管	——J——		闸阀		
废水管	——F——	可与中水源水管合用	截止阀		
污水管	——W——		浮球阀		
雨水管	——Y——		水嘴	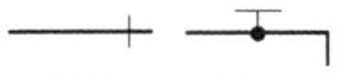	
多孔管			消火栓给水管	——XH——	
管道立管	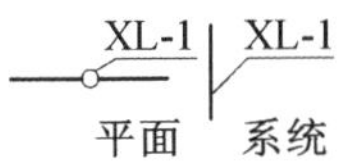	X:管道类别; L:立管; 1:编号	室外消火栓		
刚性防水套管	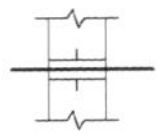		(单口) 室内消火栓		白色为开启面
柔性防水套管	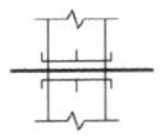		(双口) 室内消火栓		
立管检查口			台式洗脸盆	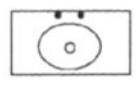	
清扫口			挂式洗脸盆		
通气帽	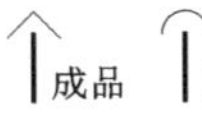		浴盆	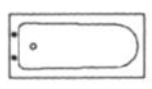	

续表 3.12

名称	图例	说明	名称	图例	说明
圆形地漏	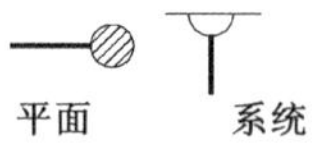	通用。如为无水封，地漏应加存水弯	盥洗槽	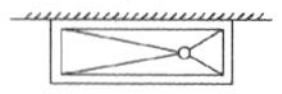	
自动冲洗水箱	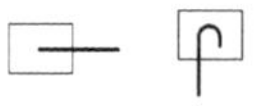		污水池		
倒流防止器			坐式大便器	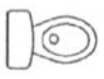	
法兰连接			小便槽	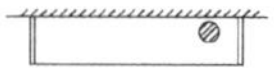	
承插连接	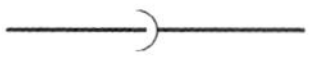		矩形化粪池	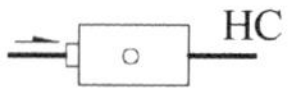	HC为化粪池代号
活接头	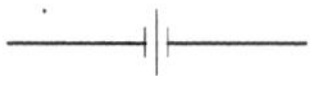		阀门井及检查井	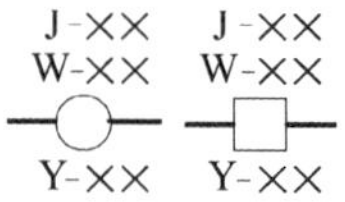	以代号区别管道
S形、P形存水弯			水表井		
浴盆排水管			水表	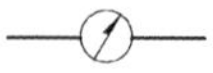	

(2)给水排水施工图中管道很多，常分为给水系统和排水系统，它们都按一定方向通过干管、支管，最后与具体设备相连。当建筑物的给水引入管或排水引出管的数量大于一个时，应用阿拉伯数字进行编号，作为管道系统的编号，编号宜按图 3.92 所示的方式表示。

给水排水立管是指穿过一层或多层竖向供水管道和排水管道。立管在平面图中以空心小圆圈表示，并用指引线注明管道的类别代号，例如 JL、FL、WL 分别表示给水立管、废水立管、污水立管。当一种系统的立管数量多于一根时，应用阿拉伯数字进行编号。如图 3.93 所示，左图是立管在平面图中的表示法，右图是立管在剖面图、系统图和轴测图中的表示法。

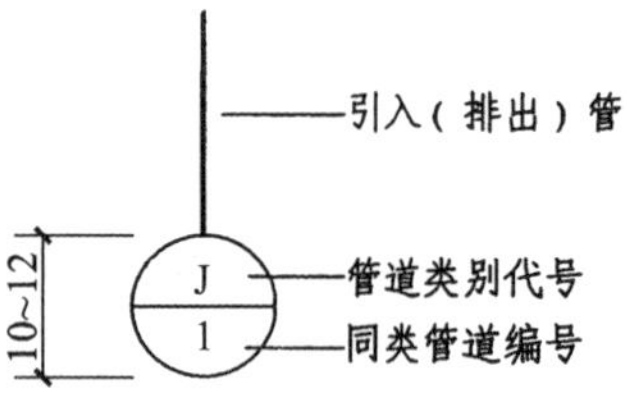

图 3.92　给水引入(排水排出)管编号表示法

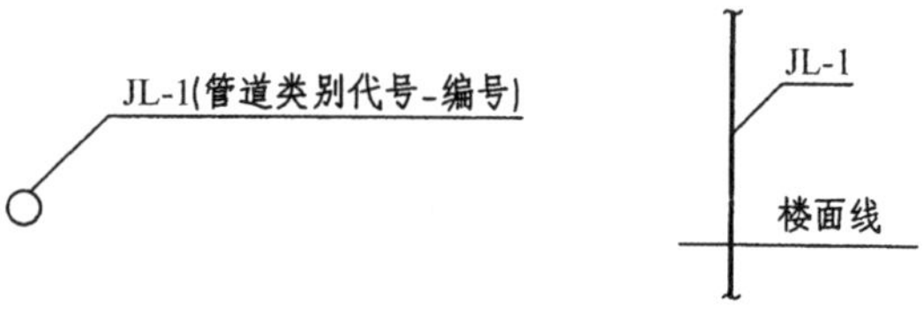

图 3.93　立管编号表示法

(3)给水排水施工图中室内工程应标注相对标高；室外工程宜标注绝对标高，当无绝对标高资料时，可标注相对标高，但应与总图专业一致。压力管道应标注管中心标高；重力流管道和沟渠宜标注沟(管)内底标高。标高单位以米计算，可注写到小数点后第二位。

(4)给水排水管道的管径应以毫米为单位，管径的表达方法应符合下列规定：

①水煤气输送钢管(镀锌或非镀锌)、铸铁管等管材，管径宜以公称直径 DN 表示，如 $DN150$；

②无缝钢管、焊接钢管(直缝或螺旋缝)等管材，管径宜以外径 $D\times$壁厚表示，如 $D108\times4$；

③铜管、薄壁不锈钢管等管材，管径宜以公称外径 Dw 表示，如 $Dw32$；

④建筑给水排水塑料管材，管径宜按公称外径 dn 表示，如 $dn20$；

⑤钢筋混凝土(或混凝土)管，管径宜以内径 d 表示，如 $d500$；

⑥复合管、结构壁塑料管等管材，管径应按产品标准的方法表示。

管径通常标注在该管段的旁边，当位置不够时，也可用引出线引出标注。

(5)因为给水排水管道在平面图上较难表明它们的空间走向，所以在给水排水施工图中，通常都直观地画出管道轴测系统图或管道展开系统图。

(6)由于管道设备的安装，须与土建工程密切配合，所以给水排水施工图也应与土建施工图(包括建筑施工图和结构施工图)密切配合。尤其在留洞、预埋件、管沟等方面对土建的要求，应在图纸上标明。

3.3.2 室内给水排水施工图

在一幢房屋的整套施工图中，室内给水排水施工图是用来表示卫生洁具、管道及其附件在房屋中的位置、安装方法等的图样。一般包括：水施图纸目录、设计施工总说明、主要设备器材表、图例、平面图、管道系统图、局部平面放大图、剖面图等。

下面以图 3.29 所示的住宅为例，介绍给水排水施工图的图示特点和表达方法。

3.3.2.1 给水排水平面图

给水排水平面图是给水排水专业的基本图纸，它是绘制管道系统图的依据，也是建筑施工图、结构施工图等专业设计综合协调的依据。给水排水平面图中的各类管道、主要阀门、消防设施、卫生设备等均按图例以正投影法绘制在平面图上，图线应符合表 3.11 规定，主要用来反映用水器具及设备、给水排水管道(包括立管、干管、支管)及其附件在房屋建筑中的平面位置和各种管道系统编号。

楼层给水排水平面图的数量，宜视卫生设备和给水排水管道的布置而定，一般应分层绘制。如楼层的卫生设备和管道布置完全相同时，可画一个合用的平面图，在图中注明各楼层的层次和标高；当管道种类较多，在一张平面图内表达不清时，可分开绘制给水排水、消防或直饮水管的相应平面图。屋面给水排水平面图应画出屋面形状、屋顶水箱、分水线及坡向、汇水天沟、雨水斗，绘出污水管、废水管等通气帽的位置并注明各立管编号。

给水排水平面图中的建筑物、轴线号、房间名称、楼层标高、绘图比例均应与建筑专业一致，但图线应用细实线绘制。给水排水底层平面图由于要反映室内管道，须与室外管道相连，应画出一个完整的平面图，给水排水楼层平面图只需绘制与卫生设备和管道布置有关的平面图。限于页面篇幅，图 3.94 只画出局部平面图。

(1)图示内容

①图名、比例　从图名了解这个平面图是表示房屋的哪一层平面，比例是视房屋的大小和复杂程度选定的，宜采用 1∶100、1∶150、1∶200，与建筑平面图一致。

②轴线号，建筑墙身轮廓线，门、窗、平台和房间名称，卫生设备(如洗脸盆、大便器、水池)和地漏等用水、排水设备点。用于了解和确定各种管道、设备等的定位与布置，应与建筑施工图一致。由于绘制平面图的比例较小，所以平面图内的管道、配件要用《建筑给水排水制图标准》。

从平面图中可知，该住宅每户各有一间卫生间和一间厨房。每个卫生间中各有浴盆一个、洗脸盆一个、地漏一个、低水箱大便器一个、清扫口一个；每个厨房内有洗涤盆一个，地漏一个。

③各种管道布置、立管位置及编号　敷设在该层的各种管道均绘制在该层的平面上。由于本书中的插图通过缩尺后很难清晰表达，所以按过去的习惯自行设置图例表示：给水管画粗实线，废水管画粗虚线，污水管画粗单点长画线。各类给水排水管道立管按不同管道代号在图上自左至右分别进行编号，且不同楼层同一立管编号一致。为了便于读图，在底层给水排水平面图中的各种管道按系统编号，给水管以每一个引入管为一个系统，污、废水管以每一个承接排水管的检查井为一个系统。

结合图 3.95 和 3.96 所示的楼层给水排水平面图的识读，可了解各个管道系统的管路概况。

给水系统$\frac{J}{1}$：底层给水排水平面图显示了当给水引入管穿墙进入西边住户厨房后，接立管 JL-1。立

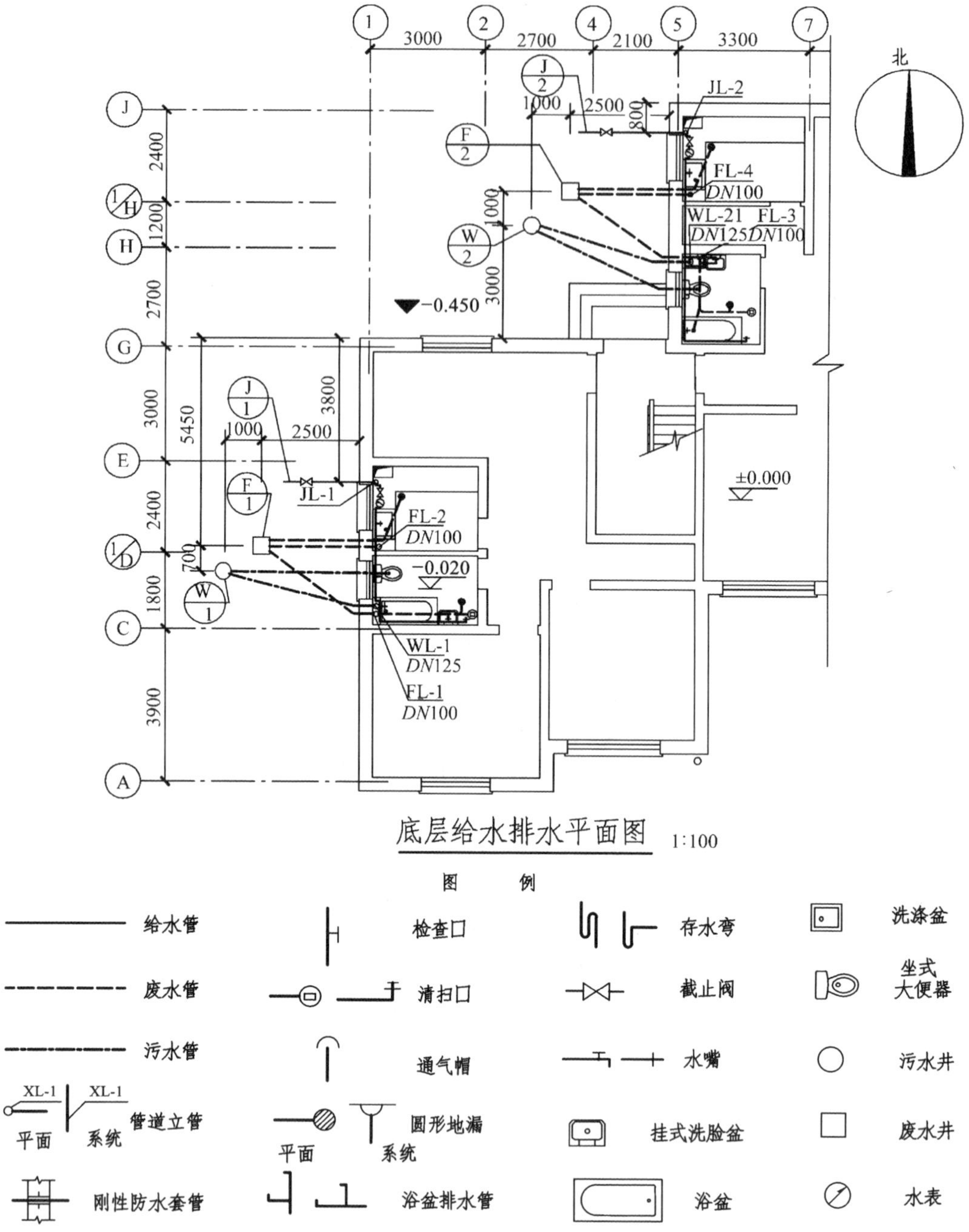

图 3.94 底层给水排水平面图

管 JL-1 为一层至五层住户分出支管，经阀门、水表和洗涤盆的水嘴后，再穿墙进入卫生间，依次接出大便器水箱给水，浴盆水嘴、洗脸盆和洗衣机水嘴各一个。

给水系统(J/2)：读图方法与阅读(J/1)相同，请读者自行阅读。

废水系统(F/1)：底层给水排水平面图显示了该系统的窨井接有三根排出管，排出西边住户的生活废水。一根从底层卫生间穿墙而出，连接立管 FL-1，排出汇总在该立管中的废水，底层、二层至五层的给水排水平面图显示立管 FL-1 在底层和各楼层接有干管，干管末端接有清扫口，接入干管的是通向底层与各层住户卫生间的地漏、洗脸盆、浴盆的支管；另两根从厨房穿墙而出，其中一根接立管 FL-2，排出汇总在该立管中的废水，立管 FL-2 在底层没有分支，从二层至五层给水排水平面图可以看到立管 FL-2 在各楼层接有干管，干管末端接有清扫口，接入干管的是通向该层住户厨房的地漏、洗涤盆的支管；另一根排出管直接排出底层该住户厨房的地漏、洗涤盆的废水。

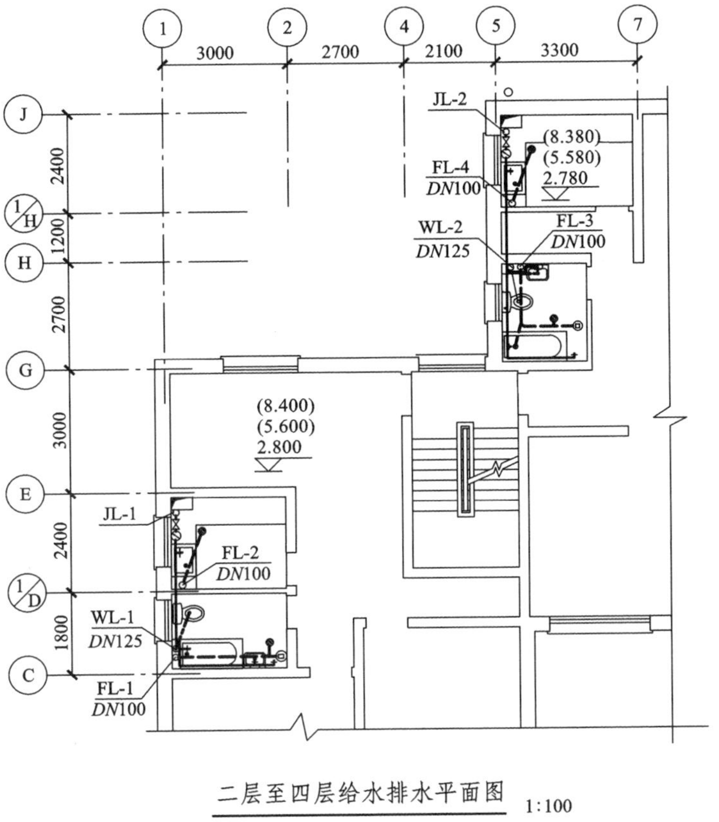

图 3.95　二层至四层给水排水平面图

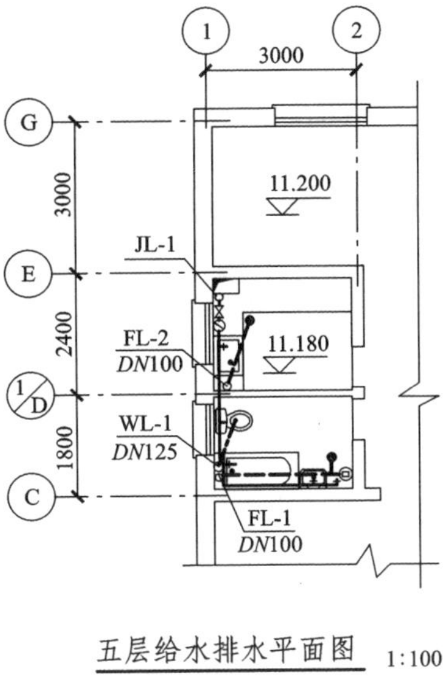

图 3.96　五层给水排水平面图

废水系统$\frac{F}{2}$:读图方法与阅读$\frac{F}{1}$相同,请读者自行阅读。

污水系统$\frac{W}{1}$:底层给水排水平面图显示了该系统的窨井接有两根排出管,排出西边住户的生活污水。从底层给水排水平面图可以看到一根从底层卫生间穿墙而出,将西边底层住户大便器的污水直接排出;另一根接立管 WL-1,排出汇总在该立管中的西边二层至五层各住户的污水。从底层给水排水平面图可以看到,立管 WL-1 在底层没有分支,从二层至五层给水排水平面图可以看到立管 WL-1 在二层至五层各楼层都有分支,分别与各层住户卫生间的大便器相连,于是这根排出管就排出西边二层至五层各住户的污水。

污水系统$\frac{W}{2}$:读图方法与阅读$\frac{W}{1}$相同,请读者自行阅读。

④标注出与建筑专业一致的楼地面标高、轴间尺寸,标注出各类管道管径和管道中心的定位尺寸,必要时还应标注管道标高　从各层平面图可以看出:东边有四层住户,西边为五层;室外地坪的标高为−0.450m;底层室内地面的标高为±0.000m,厨房和卫生间的地面标高则为−0.020m,比室内地面低,这主要是为了防止污水外溢。由于教材中的插图缩得较小,所以在图 3.94 至图 3.96 中仅标注出废水立管和污水立管的管径,如立管编号 FL-1 的指引线下标注了该立管的管径为 *DN*100。给水立管 JL 由于管径是变化的,所以指引线下没有标注给水立管的管径。在图 3.94 中标注出废水检查井、污水检查井的定位尺寸,在底层给水排水平面图的右上方绘制指北针。

为了使施工人员便于阅读图纸,无论是否采用标准图例,都须把本图纸所用到的各种管道及卫生设备等的图例附在整套图纸的图例说明页中,并对施工要求和有关材料等用文字加以说明。图 3.94 列出了本书中用到的给水排水各种图例。

(2)绘图步骤

①先画底层给水排水平面图,然后画各楼层和屋顶的给水排水平面图。

②画各层平面图时,先抄绘建筑平面图,然后画卫生器具或水池,接着画管道,最后标注尺寸、符号、标高和说明文字。

③画管道平面图时,先画立管,然后按水流方向画出分支管和附件,对底层平面图还应画引入管和排

出管。

3.3.2.2　给水排水管道轴测系统图

给水排水管道轴测系统图是用来表示管道的空间布置和走向的，各管段的管径、坡度、标高以及附件在管道上位置的图样，简称管道轴测图。卫生间放大图应绘制管道轴测图。多层建筑宜绘制管道轴测图。

管道轴测图按45°正面斜轴测绘制，常用正面斜等测，轴间角和轴向伸缩系数如图3.97所示。不平行于坐标轴方向的管道，可通过作平行于坐标轴的辅助线作出，例如图3.98表示了从立管画向左0.3 m、向前0.42 m的水平管的方法。当局部管道密集或重叠处不易表示清楚时，应采用断开绘制画法，也可以采用细虚线连接画法绘制。

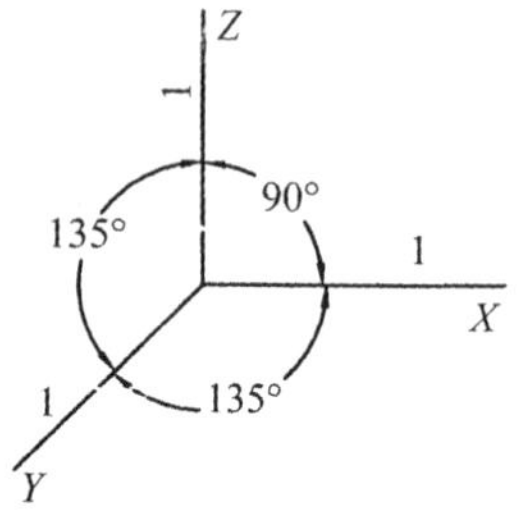

图3.97　管道轴测图常用的轴向伸缩系数和轴间角

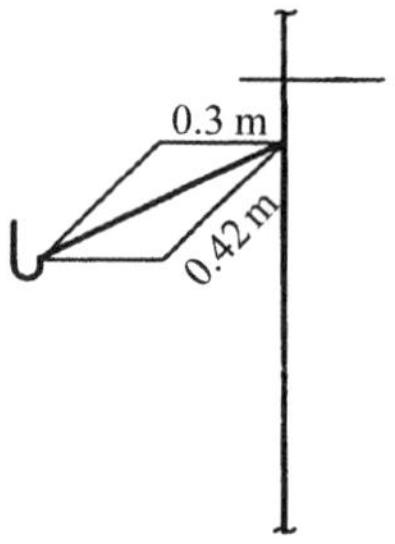

图3.98　不平行于坐标轴的管道画法

管道轴测图按底层给水排水平面图中进出口的编号所分的系统，分别绘制出各个系统的管道轴测图，每个管道轴测图的编号应与底层给水排水平面图中管道进出口的编号相一致。图3.99至图3.101所示是这幢住宅的给水、废水和污水管道轴测图。

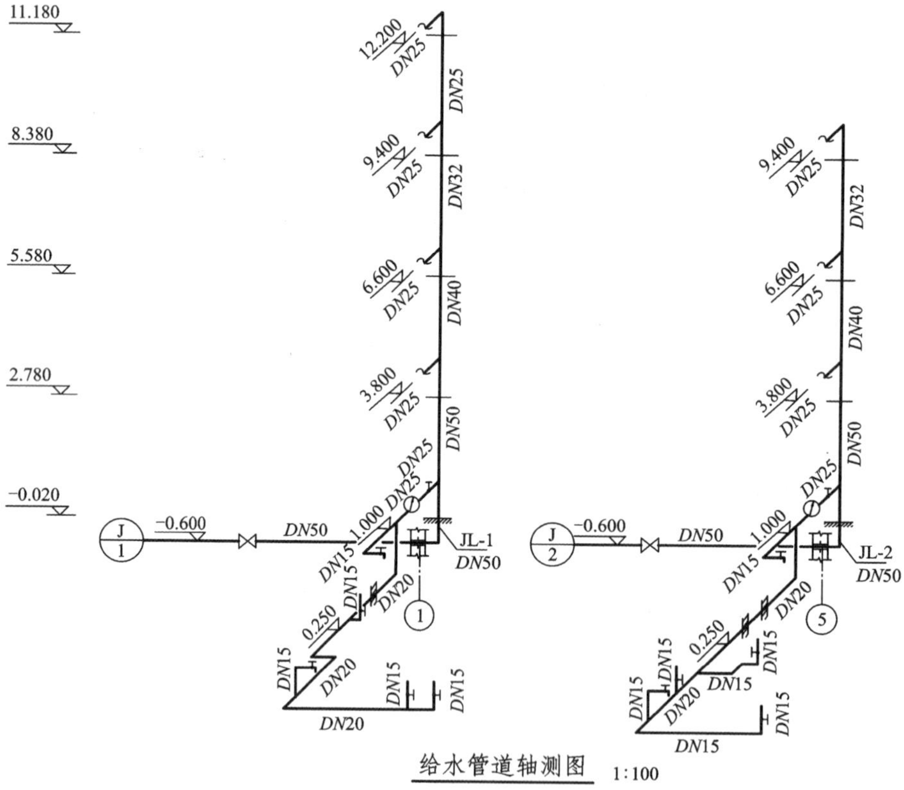

图3.99　给水管道轴测图

(1)图示内容

①图名、比例　从图名了解这个管道轴测图是表示给水排水平面图的哪一管道系统，管道轴测图的比例宜选用1∶150、1∶100、1∶50，宜用与给水排水平面图相同的比例。

②给水、废水、污水管道　管道轴测图反映了管道横管水平转弯方向、标高变化、接入管或接出管，以及末端装置等；与平面图对应的各类阀门、附件、仪表等(如水表、截止阀、水嘴、地漏、立管检查口、通气帽、存水弯等)给水排水要素按数量、位置、比例一一绘出；相同布置的各层，可只将其中的一层画完整，其他各层只需在立管分支处用折断线表示，注明同该层即可。所有的卫生设备或配水器具已在给水排水平面图中表达清楚，所以在这里就没有必要画出。排水横管虽有坡度，由于比例较小，可画成水平管道。在管道轴测图中不必画出管件的接头形式。当管道在管道轴测图中交叉时，应在鉴别其可见性后，在交叉处将可见的管道画成延续，而将不可见的管道画成断开。

当在同一系统中的管道因互相重叠和交叉而影响轴测图的清晰时，可将一部分管道平移至空白位置画出，称为移置画法，如图 3.100 中由于立管 FL-1 与 FL-2 在图面上重叠，特别是横管上的给水排水设备前后遮挡，影响了轴测图的清晰，因而在点“A”处将管道断开，把 FL-1 移到图面空白处，从断开处开始画，断开处都应画上断裂符号，并注明连接处的相应连接编号“A”，以便对照读图。图 3.101 中由于立管 FL-3 与 FL-4 在图面上重叠，也采用了移置画法。

③轴线号、楼层地面线　引入管和排出管穿越建筑外墙，应用细实线画出被管道穿越的墙，标出所穿外墙的轴线号；系统立管穿越地面、楼层与屋面，应用细实线画出地面线、楼面线、屋面线的位置，并标注标高。

④管道系统编号、立管类别和编号、管径、控制点标高　管道系统编号应与底层给水排水平面图中的各种管道系统编号一致；立管类别和编号应与该层的平面上立管编号一致。

管道的管径一般标注在该管段旁边，标注位置不够时可用指引线引出标注，管道各管段的管径要逐段标注；当连续几段的管径都相同时，可以仅标注它的始段和末段，中间段可省略不标。

凡有坡度的横管(主要是排水管)，都要在管道旁边或引出线上标注坡度，如图 3.100、图 3.101 所示，单边箭头表示下坡方向。当排水横管采用标准坡度时，则在图中可省略不标，写在施工图的说明中。

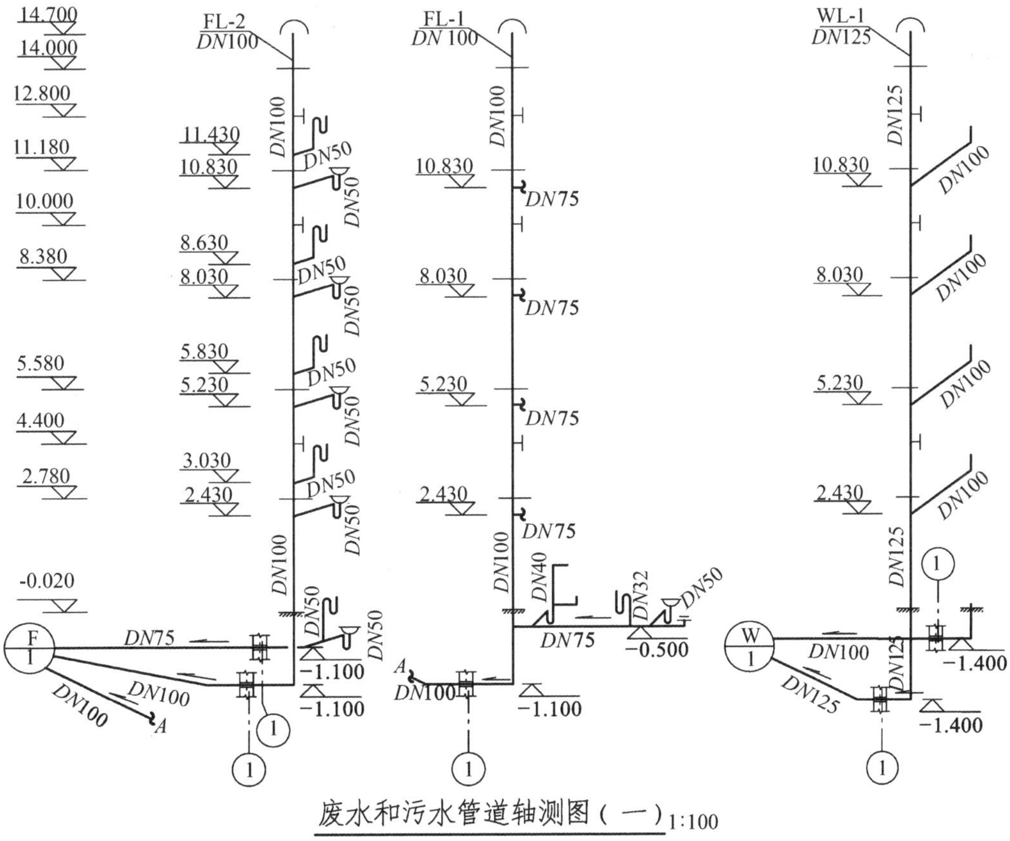

图 3.100　废水和污水管道轴测图(一)

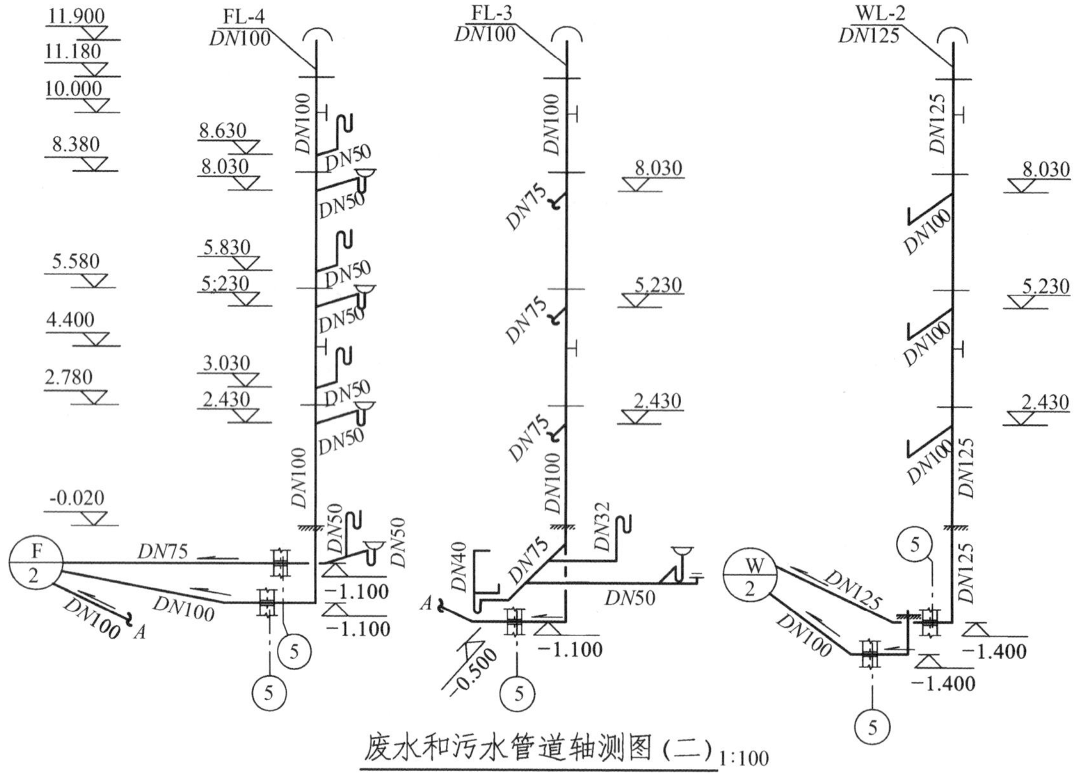

图 3.101　废水和污水管道轴测图(二)

管道轴测图中标注的标高是相对标高，即以底层室内主要地面为零点。在给水管道轴测图中，标高以管中心为准，一般要注出引入管、横管、阀门及放水龙头、卫生器具的连接支管，各层楼地面及屋面等的标高。在排水管道轴测图中，横管的标高以管内底为准，一般应标注立管上的检查口、排出管的起点标高。其他排水横管的标高，一般根据卫生器具的安装高度和管件的尺寸，由施工人员现场确定，不在图中标出。此外，还要标注各层楼地面及屋面等的标高。

对照给水排水平面图，根据给水排水进出口的编号，逐个识读管道轴测图。

①给水管道轴测图

从各个系统的引入管开始，根据水流的流程方向，按引入管、干管、立管、支管到水嘴和卫生器具顺次识读。

给水系统$\frac{J}{1}$:在图 3.99 中，编号为 1 的给水引入管(DN50)从室外－0.600 m 处穿墙入户后，接入立管 JL-1，穿出标高为－0.020 m 的地面，进入西边底层住户的厨房。在标高 1.000 m 处接有水平支管(DN25)，接阀门、水表，管径改为 DN20。然后分为两个分支，一支(DN15)接洗涤盆的水嘴；另一支(DN20)向下在 0.250 m 处折成水平支管(DN20)穿过一道墙进入卫生间，沿墙延伸接到大便器的水箱、浴盆的水嘴、洗脸盆和洗衣机的水嘴，管径如图 3.99 所示。立管 JL-1 在 1.000 m 处接支管后继续上行，穿过二层楼板，在标高 3.800 m 处接水平支管(DN25)，为二层西边住户配水，具体分布同底层一样，因而在水平支管处画折断线，将它后面的全部管路省略不画。立管 JL-1 继续上行，管径由 DN50 减为 DN40，穿过三层楼板，在标高 6.600 m 处接水平支管(DN25)，为三层西边住户配水，具体分布同底层一样。立管 JL-1 继续上行，管径由 DN40 减为 DN32，穿过四层楼板，在标高 9.400 m 处接水平支管(DN25)，为四层西边住户配水，具体分布也同底层一样。立管 JL-1 继续上行，管径由 DN32 减为 DN25，穿过五层楼板，在标高 12.200 m 处接水平支管(DN25)，为五层西边住户配水，具体分布也同底层一样。

给水系统$\frac{J}{2}$:该读图方法与阅读$\frac{J}{1}$相同，请读者自行阅读。

②废水管道轴测图和污水管道轴测图

在底层给水排水平面图中找出排出管以及与之相对应的系统，从各个系统的排出管开始，找到与该系统相连的立管，以及各楼层该立管的位置，以此作为联系，根据水流的流程方向，依次按卫生器具、连接管、横支管、立管、排出管这样的顺次识读。

废水系统$\frac{F}{1}$:从图 3.100 中可以看出该系统有三根排出管通向同一窨井，对照底层给水排水平面图可知，两根排出管由西边住户厨房地面下标高－1.100 m 处穿墙而出，其中的一根排出管（$DN75$）与底层厨房的地漏和洗涤盆的排水口相连，单独排出西边底层住户厨房的废水；另一根排出管（$DN100$）与废水立管 FL-2（$DN100$）相连，由于在各楼层给水排水平面图的同一位置都可找到该立管，西边二层及二层以上各住户厨房的废水汇总到该立管。立管 FL-2 在－0.020 m 处穿过地面，一直向上穿过各层楼面，继续向上穿过屋顶，成为通气管，在立管顶端标高为 14.700 m 处设蘑菇形通气帽，将废水管中的臭气排到大气中去。立管 FL-2 在各楼层处接有 2 根支管，一根位于各楼面线的上方，是排出厨房中洗涤盆中废水的支管；而另一根位于各层楼板的下方，是排出厨房中地漏废水的支管。为了疏通管道，一般在管道系统中设检查口，图 3.100 中显示了在 FL-2 上标高 4.400、10.000 和 12.800（m）处设检查口。第三根排出管（$DN100$）由西边住户卫生间－1.100 m 标高处穿墙而出，它连接立管 FL-1，由于在图纸的同一位置画两根立管，图面上产生重叠，为此采用移置画法，将 FL-1 移至右方空白处，在排出管的断开处分别标注连接编号 A。立管 FL-1 在楼、地面的下方接有横管（$DN75$），横管的末端设清扫口，西边住户卫生间内的地漏、洗脸盆、浴盆的排水支管都接至横管。二层以上的管道分布与底层相同，因此只详细画出底层的管道连接，二层以上只画出部分横管后就折断，省略与底层相同的布置。FL-1 出地面后，同 FL-2 一样，在标高为 14.700 m 的管顶处设蘑菇形通气帽，立管在 4.400、10.000 和 12.800（m）处设检查口。

废水系统$\frac{F}{2}$:如图 3.101 所示，它是为东边住户服务的废水系统，读图方法与阅读$\frac{F}{1}$相同。

污水系统$\frac{W}{1}$:从图 3.100 中可以看出，该污水系统有两根排污管通向同一窨井，对照底层给水排水平面图可知，两根排污管由西边住户卫生间地面下标高－1.400 m 处穿墙而出，其中的一根排污管（$DN100$）与底层西边住户卫生间大便器的排污口相连，单独排出该大便器的污水；另一根排污管（$DN125$）与排污立管 WL-1（$DN125$）相连，二层及二层以上西边住户卫生间大便器的污水通过各层楼面线下方的支管汇总到 WL-1 该立管。立管 WL-1 在－0.020 m 处穿过地面，一直向上穿过各层楼面，再继续向上，穿过屋顶，成为通气管，在立管顶端标高为 14.700 m 处装有蘑菇形通气帽，将排污管中的臭气排到大气中去。为了疏通管道，在 WL-1 上标高 4.400 m、10.000 m 和 12.800 m 处设检查口。

污水系统$\frac{W}{2}$:如图 3.101 所示，它是为东边住户服务的污水系统，读图方法与阅读$\frac{W}{1}$相同。

（2）绘图步骤

为了便于读图，可把各管道轴测图的立管所穿过的地面画在同一水平线上；管道轴测图的长度尺寸可从平面图中量取，高度则应根据房屋的层高、卫生器具的安装高度等决定。

①先画各系统的立管。

②定出各层的楼地面及屋面。

③在给水管道轴测图中，先画引入管，转折成立管，在立管上引出横支管和分支管，从各支管画到水嘴（俗称放水龙头）及洗脸盆、大便器的冲洗水箱的进水口等；在废水、污水管道轴测图中，先画出户的排水管，转折成立管或竖管，在立管或竖管上画出承接支管、存水弯等。

④定出穿墙的位置。

⑤标注公称管径、坡度、标高等数据及说明。

3.3.2.3　给水排水管道展开系统图表示方法

由于高层建筑越来越多，给水排水管道轴测系统图已很难适应，而且效率低，所以《建筑给水排水制图标准》（GB/T 50106—2010）规定了可用管道展开系统图来代替。管道展开系统图是以立管为主要表示对象，按展开图绘制方法将不同管道种类分别绘制成管道展开系统图，如图 3.102（a）所示的给水管道展开系统图示例。该图的主要功能是与平面图对照，反映各种管道的整体概念。国家建筑标准设计图集《民用建筑工程给水排水设计深度图样》为民用建筑工程给水排水施工图的编制提供了一种示范画法，以利于保证施工图设计质量和便于全国同行间进行交流。

当采用展开系统图表示时，给水排水平面图应标注管道管径和安装标高、压力管道标注管中心标高，沟渠和重力管道宜标注沟(管)内底标高。

(1)绘制方法

①管道展开系统图可不按比例和投影法则限制，可按展开绘制方法按不同管道种类分别用中粗实线绘制，并应按系统编号。一般高层建筑和大型公共建筑宜绘制管道展开系统图。

②应用细线绘出楼层地面线。层高相同时楼层地面线应等距，并应在楼层地面线左端标注楼层层次和相应楼层地面标高。楼层层数：地面以上用 1F、2F、3F、…由下向上按序编号，地面以下用 B1、B2、…由上向下按序编号。

③立管排列应以给水排水平面图左端立管为起点，按顺时针方向自左向右按立管位置及编号依次顺序排列。

④立管上的引出管和接入管应按所在楼层水平绘出，可不标注标高(标高应在平面图中标注)，其方向、数量应与平面图一致。由于本书中图 3.94 至图 3.96 所示的给水排水平面图限于页面大小，没有注出它的标高，故在图 3.102(a)中标注出了接入管的高度尺寸。

⑤管道上的阀门、各种设备等均应按图例绘制在所在层内，立管与横管的连接不反映管件的形式，管件形式以平面图为准。如支管上的用水或排水器具另有详图时，其支管可在分户水表后画上折断线，并注明详见图号。

⑥立管、横管及末端装置等应标注管径，排水立管上的检查口及通气帽应标注距楼地面或屋面的高度。

⑦不同类别管道的引入管或排出管，应绘出所穿越建筑外墙的轴线号，并应标注出引入管或排出管的编号，与平面图中一致。

(2)管道展开系统图识读示例

图 3.102(a)所示是根据图 3.94 至图 3.96 给水排水平面图绘制的给水管道展开系统图。给水系统 $\frac{J}{1}$：编号为 1 的给水引入管(*DN*50)从室外－0.600 m 处穿①轴线上的墙入户后，接入立管 JL-1，穿出地面，进入底层住户的厨房。在距地面 1.000 m 处接有水平支管(*DN*25)，接阀门、水表后折断，并注明详见图号，本图以插图号代替给水排水施工图的图纸号，例如这里索引到水施-102(b)右的详图，就是索引到本书插图 3.102(b)的右图，该详图为厨房、卫生间放大的给水管道轴测图。立管 JL-1 在 1.000 m 处接支管后，继续上行，在二层上距楼面 1.000 m 处接水平支管(*DN*25)，为二层住户配水，注明详见图号，因而在水平支管处折断，将它后面的全部管路省略不画。立管 JL-1 继续上行，管径由 *DN*50 减为 *DN*40，穿过三层楼板，在距楼面 1.000 m 处接水平支管(*DN*25)，为三层住户配水，也注明详见图号。立管 JL-1 继续上行，管径由 *DN*40 减为 *DN*32，穿过四层楼板，在距楼面 1.000 m 处接水平支管(*DN*25)，为四层住户配水，具体分布同底层一样，注明详见图号。立管 JL-1 继续上行，管径由 *DN*32 减为 *DN*25，穿过五层楼板，在距楼面 1.000 m 处接水平支管(*DN*25)，为五层住户配水，具体分布同底层一样，注明详见图号。对照给水排水平面图可知，这个管路给水系统是为西边五层住户的厨房、卫生间供水的。给水系统 $\frac{J}{2}$ 的表示方法与 $\frac{J}{1}$ 一样，此处不再详述。

阅读图 3.102(a)所示的给水管道展开系统图时配套阅读的是：按图中引出线指明的接厨房和卫生间给水管详水施-102(b)右图，即本书图 3.102(b)右图所示的西边住户厨房和卫生间给水管道轴测放大图。在图 3.102(a)和图 3.102(b)右图中，立管 JL-1 在高于楼层面标高 1.000 m 处，接该层的给水横管(*DN*25)，以给水横管(*DN*25)的另一端点为基点，接阀门、水表，管径改为 *DN*20。然后分为两个分支，一支(*DN*15)接洗涤盆的水嘴；另一支(*DN*20)向下在高于楼、地面标高 0.250 m 处折成水平支管(*DN*20)穿过一道墙进入卫生间，沿墙延伸接到大便器的水箱、浴盆的水嘴、洗脸盆的水嘴和洗衣机的水嘴。标准

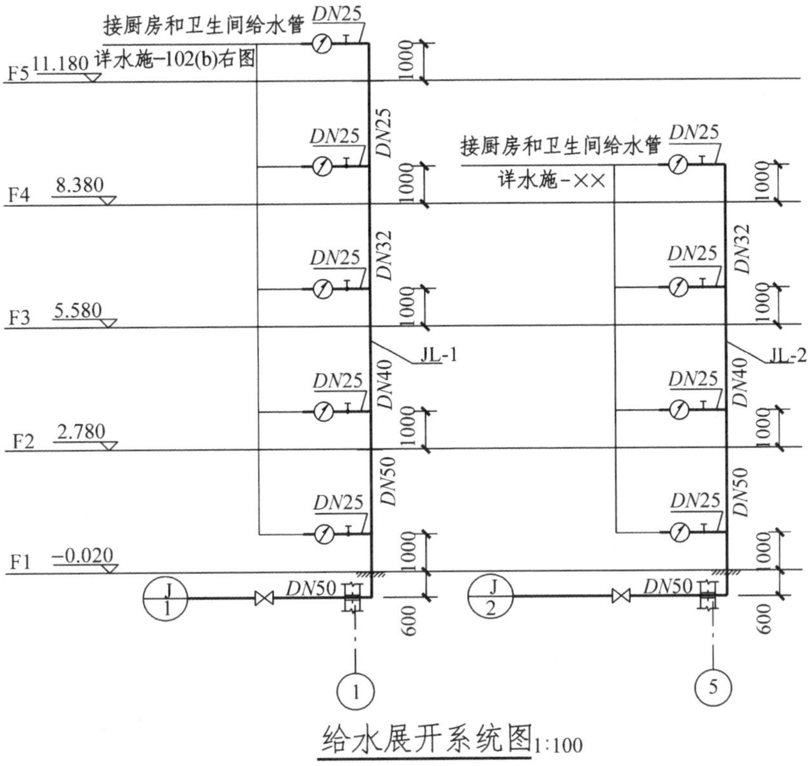

(a)

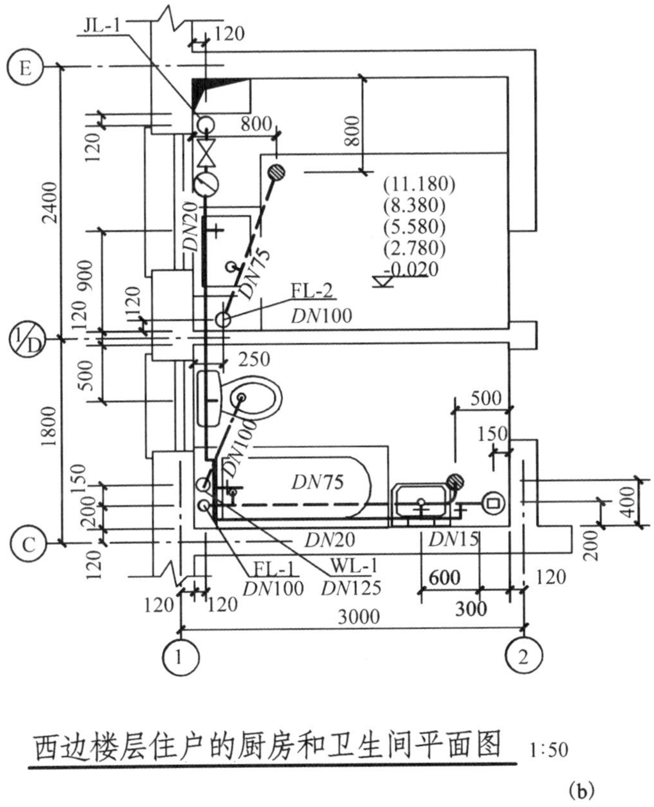

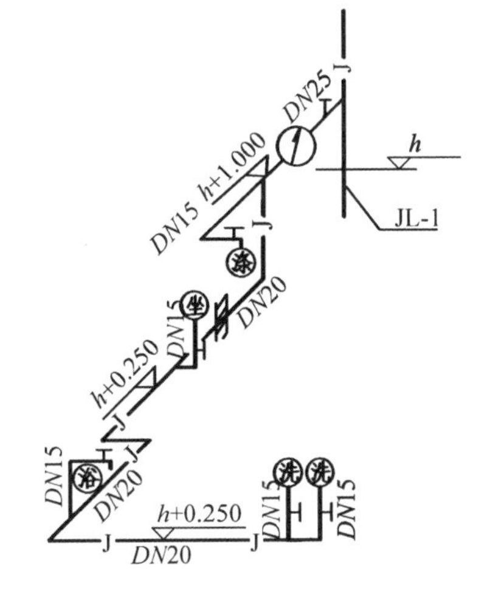

注：

(1)接至卫生洁具的支管高度，施工中应核对实际订货的卫生洁具尺寸。

(2)图中h为所在楼层楼板面标高。

(b)

图 3.102　给水管道展开系统图

(a)给水管道展开系统图示例；(b)局部平面放大图和相应的给水管道轴测放大图

层管道轴测放大图采用相对于本层楼、地面的相对高度方式标注管道标高，如：高于楼、地面用 $h+\times.\times\times\times$，低于楼层地面用 $h-\times.\times\times\times$ 表示。GB/T 50106—2010 虽未要求轴测系统图标注卫生器具、用水器具给水和排水接管的外形或文字，但图 3.102(b)所示的轴测放大图中，为方便读图起见，给予标注，注字意义：(涤)——洗涤盆、(坐)——坐式大便器、(浴)——浴盆、(洗)——洗脸盆和洗衣机。

给水系统 $\frac{J}{2}$：该读图方法与阅读 $\frac{J}{1}$ 相同，请读者自行阅读。

废水、污水和雨水管道展开系统图以及厨房和卫生间污水管道轴测放大图等绘制方法和阅读方法与给水管道展开系统图和厨房和卫生间给水管道轴测放大图相同，不再赘述。

3.3.2.4 局部放大图

本专业设备机房、卫生间等的给水排水管道较多处(如给水排水平面图难以表达清楚时)，应绘制局部平面放大图，局部平面放大图应绘制相应的管道轴测图。图 3.102(b)左图是本住宅西边住户的厨房和卫生间局部平面和给水管道轴测放大图，洗涤盆、洗脸盆、浴盆、坐式大便器、地漏、清扫口等成品的摆放位置由建筑施工图确定，图中标注出各种设备的定位尺寸与管道的管径、建筑轴线编号和楼、地面标高。图 3.102(b)右图是与左图相对应的给水管道轴测图。西边住户厨房和卫生间废水、污水管道轴测图等绘制方法和阅读方法与给水管道系统图相同，不再赘述。

3.3.2.5 用计算机软件绘制室内给水排水施工图示例

(1)用 AutoCAD 绘制室内给水排水施工图

用 AutoCAD 绘制室内给水排水施工图与用 AutoCAD 绘制房屋的建筑施工图和结构施工图一样，也是先按绘制图形的内容设置、采用的线型和线宽、文字的样式和尺寸标注样式等绘图环境，根据输出的图幅大小确定绘图比例等；然后再按手工绘图的顺序，用 AutoCAD 软件的绘图命令和各种辅助命令绘制、整修图样，直至全部完成，打印出图。例如绘制室内给水排水平面图，因为重点表示给水排水管道和用水设备的平面布置，为此建筑平面图全部用细实线表示，管道则用粗实线画出；当套用原有建筑平面图的绘图文件时，应对该图的图层中的线宽作些调整，并创建绘制管道和设备的新图层，关闭不需要的层(如门窗层)，把给水排水平面图中不需要的内容删除；然后在相关图层画出给水排水管道和用水设备的平面布置。给水排水系统图是采用 45°正面斜等轴测图绘制的，可以利用"极轴追踪"功能，将极轴追踪的角度增量设为 45°、按指定角度进行绘图；最后标注尺寸、标高、管径。具体过程不再赘述。

(2)用 Revit 创建西边住户给水排水系统

Revit 的机械样板包含暖通(Mechanical)、电气(Electrical)以及给水排水(Plumbing)模块，这些模块是为建筑设备工程的建筑信息模型(BIM)设计和制图而开发的，统称为 MEP 系统。利用 Revit 的机械样板建模，可以通过软件自动按专业逻辑方式连接管道、管件、附件和建筑设备来完成。

①创建西边住户给水排水模型文件

打开 Revit 软件，在"项目"栏选"新建"，在弹出的选择"样板"文件对话框中单击"浏览"，然后在样板菜单中选"Plumbing-DefaultCHSCHS. rte"或"Systems-DefaultCHSCHS. rte"，或在"项目"栏选"机械"样板。

单击"快速访问工具栏"的"保存"，输入项目文件名称：西边住户给水排水模型。

②标高、轴网和添加楼层平面视图

创建标高、轴网，参照 3.2.8.2 小节中介绍的方法，使用 Revit 软件中的"链接"和"复制/监视"工具来创建标高和轴网，从而完成住宅给水排水模型的标高和轴网设置。单击"视图"卡片，选"创建"功能区"平面视图"菜单中"楼层平面"，在弹出的对话框中选所有的楼层平面，单击"确定"，完成创建全部与标高关联的楼层平面视图。

③对项目浏览器中的视图进行管理

给水排水常分为给水系统、废水系统、污水系统、喷淋系统及消火栓系统等。对于本教材，我们需要创建给水系统、废水系统和污水系统。打开"项目浏览器"中的"族""管道系统"列表，选择"家用冷水"，单击鼠标右键，在弹出的命令菜单中选择"重命名"，并输入"给水系统"，从而完成给水系统的创建。选择"卫生设备”，单击鼠标右键，在弹出的命令菜单中选择“复制”，生成一个名为“卫生设备-2”的副本，将光标移动到“卫生设备-2”上，再次单击鼠标右键，并在弹出的命令菜单中选择“重命名”，输入“废水系统”，以完成废水系统的创建。再次选择“卫生设备”，单击鼠标右键，在弹出的命令菜单中选择“重命名”，输入“污水系统”；在“污水系统”名上单击鼠标右键，在弹出的命令菜单中选择“类型属性”，在弹出的对话框中单击图形替换“编辑”，可以修改该系统在视图中的线宽、线颜色和填充样式，这里我们仅修改线颜色，完成后单击“确定”(污水系统将以新设置的线颜色显示)。如图 3.103“项目浏览器”下“族”-“管道系统”所示的新增给水系统、废水系统和污水系统。

如果对项目浏览器中的视图进行分类，本例住宅可作如下设置：打开“项目浏览器”中的“视图”-“卫浴”-“楼层平面”列表，选中所有视图，在实例属性栏将“规程”设置为“卫浴”、“子规程”右边输入“给排水”。如果“子规程”显示为灰色(不可用)，则单击“视图样板”旁边的按钮，在弹出的对话框中选择“无”，然后单击“确定”。应用这些设置后，所有“楼层平面”视图将被归类到“给排水”子目录下。接下来，将光标移动到视图名称上，单击鼠标右键，在弹出的命令菜单中选“重命名”，对视图重命名，结果如图 3.103 所示。

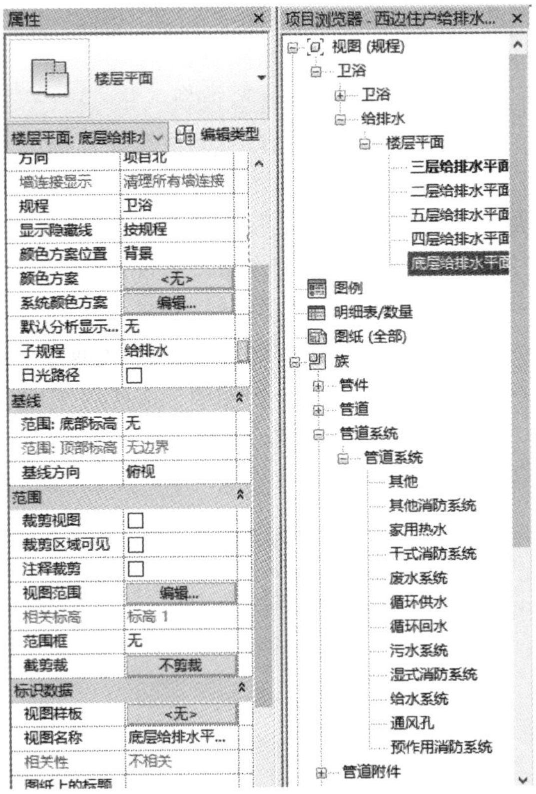

图 3.103　视图实例属性和项目浏览器

④根据卫生间、厨房局部平面图，放置西边住户的用水设备和地漏

放置坐式大便器、洗脸盆和浴盆。单击“系统”卡片下“卫浴和管道”功能区的“卫浴装置”，在类型选择区中选“坐便器”，移动光标到卫生间(按空格键可调整坐便器方向)，单击鼠标左键放置坐便器。点选坐便器、修改其相对墙面或轴线之间的临时尺寸，完成其在卫生间的精确定位。用同样方法放置浴盆。对于洗脸盆的放置，由于它是依附于竖直面的族，如果链接的建筑模型尚未进行卫生间建筑墙面建模时，可以先在“洗脸盆”放置的墙面处绘制平行墙面的参照平面，然后在“放置”功能区选择“放置在垂直面上”，移动光标到卫生间的靠参照平面(或墙)处、按空格键调整洗脸盆方向、单击鼠标左键放置洗脸盆。点选洗脸盆、修改其相对墙面或轴线之间的临时尺寸，完成其精确定位。如果要修改洗脸盆默认的放置高度，可以先在实例属性栏“约束”下方的“立面”输入需要的高度，再放置洗脸盆。

放置厨房的水槽。首先，单击“载入”工具，打开 MEP 卫浴装置文件夹、找到“厨房水槽-单”族；接下来单击“编辑类型”按钮，单击“复制”并输入新的水槽名称，可以修改 “水槽宽度”和“水槽长度”。放置水槽的方法同洗脸盆。如该水槽在高度上还需要依附于一个水平工作平面，则先在“放置”功能区选择“放置在工作平面上”，然后移动光标到 1 轴墙、按空格键调整水池方向、单击鼠标左键确定水槽平面位置(缺省高度为楼层标高)。单击“快速访问工具栏”的“剖面”，在厨房间绘制平行于 2 轴剖切平面、并向水槽方向投影，点击剖面线、单击鼠标右键，在弹出的命令菜单中单击“转到视图”，这样可以看到厨房水槽被放置在标高平面上。我们在标高平面上方绘制一条平行于标高面的参照平面线，修改其与标高平面之间临时尺寸为 850，在参照平面线“单击以命名”处单击、输入“厨房水槽高度面”，按回车键，点选放置在楼层标高面上的水槽，在“工作平面”功能区选择“编辑工作平面”，在弹出的指定新工作平面对话框的名称中打开菜单、选“厨房水槽高度面”，单击“确定”，水槽便在高度方向定位于距楼层标高 850 上。

放置地漏。首先单击“载入族”按钮，在管道附件中载入“地漏带水封-圆形-PVC-U-50mm”。在底层给水排水平面视图，单击“系统”卡片-“卫浴和管道”功能区的“管路附件”，在类型选择区选“地漏带水封-

圆形-PVC-U-50mm”，单击“放置”功能区的“放置在工作平面上”，分别在厨房和卫生间的地漏位置单击鼠标左键，按[Esc]键结束放置。

⑤创建给水排水管道类型

管道设置。布置管道前，应根据住宅的不同管道需求选择合适的管材质。如果住宅给水入户管和立管选用钢塑复合管，给水支管选用 PE-1.6MPa 管，废水和污水管选用 U-PVC 管，操作步骤如下：打开“管理”卡片下“MEP 设置”菜单栏、单击“机械设置”，在弹出的机械设置对话框的左面“管道设置”下面点选“角度”，在右面可以选择指定管件默认“使用任意角度”或“指定使用特定角度”；点选“管段和尺寸”，在右面“管段”中选给水排水管材，如果菜单中未列出所需管材，可以单击右边“新建”、在弹出的对话框中按提示创建新管材，同时，查看每个管材对应的管材尺寸目录是否缺少所需管材尺寸，单击“新建尺寸”按钮，输入新的管段直径信息，例如图 3.104 所示的机械设置对话框中可以看到给水支管 PE 100 - GB/T 13663 - 1.6 MPa 尺寸列表；此外，在“管道设置”下单击“坡度”，可以在右面查看或添加指定管段使用的特定坡度。

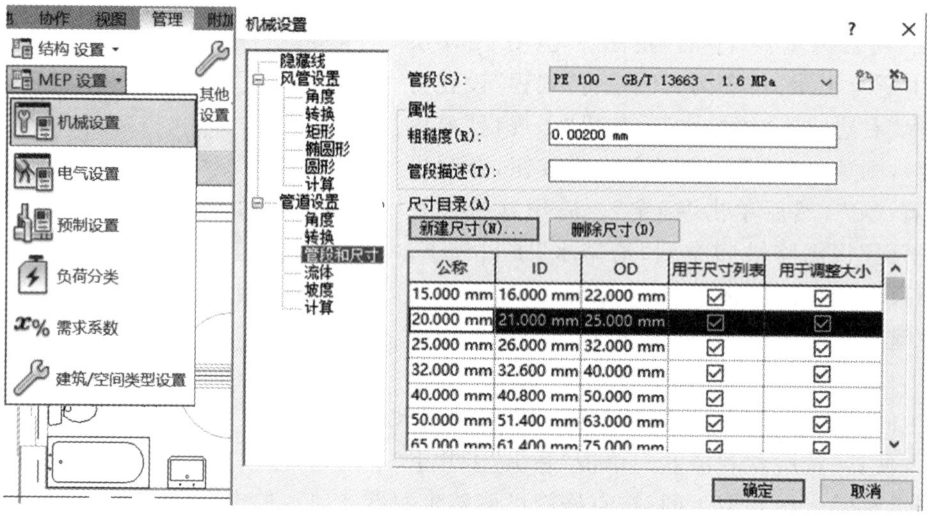

图 3.104 机械设置和“机械设置”对话框

创建给水排水管道类型。选“系统”卡片“卫浴和管道”功能区的“管道”，单击“编辑类型”、弹出“管道类型”对话框：先单击“复制”按钮（图 3.105 序号 1），输入管道类型名称（如住宅给水管、废水管和污水管或管材名称）；再单击“布管系统配置”右边“编辑”（图 3.105 序号 2），在弹出的“布管系统配置”对话框中“构件”“最小尺寸”和“最大尺寸”列表“管段”选择对应管段材质，以及选择“弯头”“连接件”“过渡件”“活接头”“法兰”和“管帽”等管件材质与管段材质一致（图 3.105 中对话框显示给水支管管段材质和管件配置）；如果在“布管系统配置”对话框中没有找到管段材质或管件对应管段的材质，可以单击“载入族”（图 3.105 序号 3），进入“载入族”对话框，寻找 MEP“管道”的“配件”，如在图 3.105 右图所示对话框中寻找需要的配件族。按照上述步骤，依次完成给水、废水和污水管道类型的创建。单击图 3.105 序号 4“管段和尺寸”，弹出类似于图 3.104 所示的管段直径信息。

⑥根据西面底层给水排水平面图和给水管道轴测系统图，布置给水引入管和立管

在底层给水排水平面视图，先单击“属性栏”的“视图范围”右边“编辑”，在弹出的对话框中，将“底部”和“视图深度”右边的“相关标高”改为“无限制”、顶部“相关标高”偏移量改为 2000。然后，单击“系统”卡片“卫浴和管道”功能区的“管道”，在类型选择区选给水引入管和立管（钢塑复合管），工具选项栏设置“直径”为 50 mm、高度“偏移量”输入－600 mm（如图 3.106 序号 1、2），在实例属性栏“系统类型”选给水系统；从厨房窗外的适当位置单击鼠标左键，朝厨房 1 轴的内墙面移动光标、在靠近内墙面处单击鼠标左键；将工具选项栏的高度“偏移量”修改为 12200 mm 后单击“应用”两次（图 3.106 序号 3），软件生成由弯头相连的给水引入管和立管。

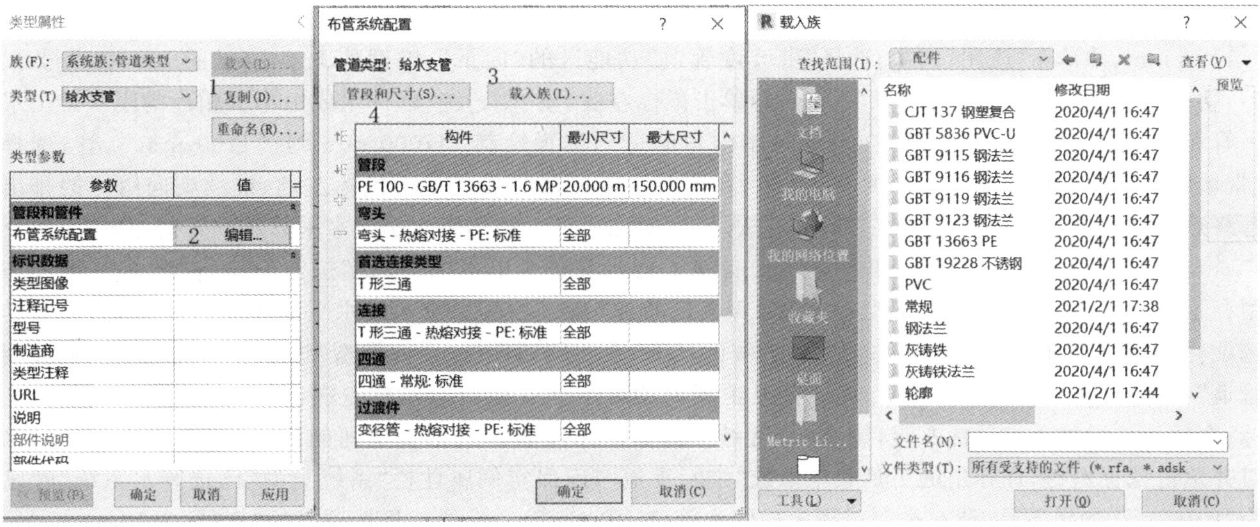

图 3.105　创建给水、废水和污水管道类型

⑦根据西面底层给水排水平面图和给水管道轴测系统图，在底层平面图布置给水管

添加给水入户管的阀门、水表。首先，选给水支管(PE-1.6MPa)作为管道类型，在工具选项栏的“直径”选 25 mm、高度“偏移量”输入 1000 mm，由给水立管开始，画平行于 1 轴的适当长度(足够布置闸阀和水表)的水平给水入户管。阀门、水表属于管道附件；单击“载入族”，在仪表文件夹中载入“水表”、阀门文件夹中载入“截止阀”；单击“系统”卡片下“卫浴和管道”功能区的“管路附件”，在类型选择区选管径为 25 的水表(如果没有，则单击“编辑类型”、在弹出的对话框选“复制”、输入名称“水表 25”，修改“公称直径”为 25)，移动光标到给水入户管上并单击鼠标左键。与放置水表方法类似，选择“截止阀管径 25”类型，移动光标到给水入户管上、单击鼠标左键；选择“截止阀管径 50”类型，移动光标到 1 轴东面的给水水平引入管上、单击鼠标左键。按[Esc]键结束放置管段附件。

布置给水支管。单击“系统”卡片下“卫浴和管道”功能区的“管道”；在类型选择区，选给水支管(PE-1.6MPa)；在工具选项栏，“直径”选 20 mm；在实例属性栏中的“系统类型”选给水系统；在厨房的给水入户管(已安装水表)的尾端单击鼠标左键；垂直 1 轴移动光标、进入墙内适当距离，单击鼠标左键；在工具选项栏的高度“偏移量”中输入 200 mm、单击“应用”两次(绘制一段竖直向下给水管)；然后平行 1 轴移动光标、在 C 轴墙内适当位置单击鼠标左键；转向 C 轴墙，直至洗衣机处单击鼠标左键；再在工具选项栏的高度“偏移量”中输入 1000 mm、单击“应用”两次，然后画垂直墙面的一小段，完成绘制给水支管，按[Esc]键结束绘制。

完成用水设备与给水支管的连接。由于 Revit 的浴盆、洗脸盆和水槽用水设备均有冷水、热水两路管道，但本书没有给出热水管道的平面图和轴测图，因此，下面仅为设备接入冷水支管。单击“厨房水槽”，选“布局”功能区的“连接到”，在弹出的对话框中选“连接件-家用冷水”，移动光标至厨房水槽边的给水支管的适当位置、单击鼠标左键，软件自动完成连接。依同样方法，完成其他用水设备与给水支管的连接。如果读者自己手动绘制连接，可以单击洗脸盆，移动光标至洗脸盆的冷水口、单击鼠标右键，在弹出的工具菜单中选“绘制管道”或“绘制软管”；选“绘制管道”、下一步同绘制给水支管；选“绘制软管”，则在软管的中间点点击光标，最后点击连接洗脸盆附近给水支管，按[Esc]键结束放置。单击“系统”卡片下“卫浴和管道”功能区的“管件”；在类型选择区选“堵头”，点击洗衣机位置的给水口，为尚不知型号的洗衣机暂时放置一个管件(也可以选择放置一个水嘴)。

⑧根据西面底层给水排水平面图和废水管道轴测系统图，布置废水立管、排出水平管和底层的废水管

布置废水立管和排出水平管。在底层给水排水平面视图，单击“系统”卡片“卫浴和管道”功能区的“管道”，在类型选择区选废水管(U-PVC)，工具选项栏的“直径”选 100 mm、“偏移量”调整为 147000 mm，在

实例属性栏“系统类型”选废水系统，在厨房墙内角的适当位置单击鼠标左键，修改“偏移量”输入－1100 mm、并单击“应用”两次；选择“带坡度管道”功能区的“向下”、坡度值 2.6%（见图 3.106 序号 4、5），朝西移动光标、距离 1 轴约 2500 mm 处单击鼠标左键，按[Esc]键，软件生成由弯头相连的废水排出水平管和立管。使用相同的方法，在卫生间墙内角的适当位置绘制 147000 mm 到－1100 mm 立管，选择“带坡度管道”功能区“向下”、坡度值 2.6%，在垂直 1 轴的适当位置单击鼠标左键，继续朝向厨房的排出管终点附近移动光标，单击鼠标左键，然后按[Esc]键完成卫生间的废水排出水平管和立管的布置。

布置底层卫生间废水支管，并将排水设备接入废水支管。单击“载入族”按钮，在管道配件中载入“P 型存水弯-PVC-U 排水”族和“S 型存水弯-PVC-U 排水”族。在底层给水排水平面视图选废水管，在工具选项栏的“直径”选 75 mm、“偏移量”输入－500 mm，在实例属性栏“系统类型”选废水系统，点选“带坡度管道”功能区的“向上”、坡度值 2.6%，在卫生间内的废水立管处单击鼠标左键，朝垂直 2 轴方向移动光标、在适当位置处单击鼠标左键，按[Esc]键结束放置废水支管。点击卫生间的浴盆，将光标移动到出水口并单击鼠标右键，在弹出的工具菜单中选“绘制管道”，确保实例属性栏“系统类型”已选废水系统、管段为“PVC-U”[如果不是，请在类型选择区选废水管(U-PVC 管)]，设置工具选项栏的“直径”为 50 mm、“偏移量”为－200 mm，单击“应用”两次(绘制一段竖直向下排水管)，然后朝东偏南约 30°方向移动，以绘制一段废水支管，按[Esc]键退出绘制管道(软件生成一段竖直管、水平管和它们的连接弯管)，点选这一小段水平管、按[Delete]键删除它；点选竖直管末端保留下来的连接弯管，在类型选择区中更改为“P 型存水弯-PVC-U 排水”；移动光标到存水弯端口并单击鼠标右键，在弹出的工具菜单中选“绘制管道”，在“放置工具”功能区选“自动连接”和“继承高程”、“偏移连接”功能区选“更改坡度”，顺着存水弯方向移动光标至废水支管适当位置，单击鼠标左键，完成浴盆排水口与废水支管连接。点击卫生间洗脸盆，移动光标到出水口、单击鼠标右键，在弹出的工具菜单中选“绘制管道”，在工具选项栏的“直径”选 50 mm、“偏移量”修改为 400 mm，单击“应用”两次，移动光标朝西偏北 30°方向画一段废水管，按[Esc]键退出绘制管道；点选这一小段水平废水管、按[Delete]键删除它；点选竖直管末端保留下来的连接弯管，在类型选择区中更改为“S 型存水弯-PVC-U 排水”；点选绘制“管道”，工具选项栏的“直径”50 mm、“偏移量”改为－200 mm 后单击“应用”两次，在“放置工具”功能区选“自动连接”“继承高度”，“偏移连接”功能区选“更改坡度”，移动光标至废水支管适当位置、单击鼠标左键，完成洗脸盆排水口与废水支管连接。点选卫生间地漏，移动光标到出水口、单击鼠标右键，在弹出的工具菜单中选“绘制管道”，确认实例属性栏“系统类型”为废水系统、管段为“PVC-U”，修改工具选项栏的“偏移量”为－250 mm、单击“应用”两次，然后朝南移动光标、画一段水平管，按[Esc]键退出绘制管道，点选刚才绘制的这一小段水平管、按 Delete 键删去；点选竖直管末端保留下来的连接弯管，在类型选择区中改选为“P 型存水弯-PVC-U 排水”；移动光标到存水弯端口、单击鼠标右键，在弹出的工具菜单中选“绘制管道”，“放置工具”功能区选“自动连接”和“继承高程”、“偏移连接”功能区选“更改坡度”，移动光标至废水支管适当位置，单击鼠标左键，便完成地漏的废水支管连接。放置清扫口：单击“卫浴和管道”功能区的“管路附件”，单击“编辑类型”，在弹出的对话框中单击“载入”、在管道文件夹-清扫口附件中载入“清扫口 PVC-U”、类型选“75mm”并点击“确定”，移动光标至卫生间废水支管末端、单击鼠标左键，便完成清扫口放置。

布置底层厨房的排水设备的废水管。在底层给水排水平面视图，点选厨房地漏，移动光标到出水口、单击鼠标右键，在弹出的工具菜单中选“绘制管道”，确认实例属性栏“系统类型”为废水系统、管段为“PVC-U”，修改工具选项栏的“偏移量”为－300 mm、单击“应用”两次，然后朝厨房废水立管移动光标、单击鼠标左键，按[Esc]键退出绘制管道；点选水平管、按[Delete]键；点选厨房地漏下竖直管末端保留下来的连接弯管，在类型选择区中改为“P 型存水弯-PVC-U 排水”；移动光标到存水弯端口、单击鼠标右键，在弹出的工具菜单中选“绘制管道”，选择“带坡度管道”功能区“向下”、坡度值 2.6%，移动光标至通向楼层的废水立管边的位置、单击鼠标左键；在工具选项栏的“直径”为 75 mm、“偏移量”输入－1100 mm、单击“应用”两次，朝西移动光标、距离 1 轴大约 2500 mm 处单击鼠标左键，按[Esc]键。点击厨房水槽，移动光标到出水口、单击鼠标右键，在弹出的工具菜单中选 “绘制管道”，在工具选项栏的“直径”选 50 mm、“偏移量”输入 300 mm 后单击“应用”两次，移动光标朝东画一段废水管，按[Esc]键退出绘制管道；点选这一小段废水管、按[Delete]键；点选竖直管末端保留下来的连接弯管，在类型选择区中改为“S 型存水弯-PVC-U 排水”；以“存水弯”在水槽排水口的圆心为旋转中心，旋转该“存水弯”朝向地漏的废水水平排出管，使得“存水弯”另一个排出口位于地漏废水水平排出管上方；点击剖面图的剖切线、单击鼠标右键，在弹出的命令菜单中单击“转到视图”；在绘图区转为剖面图中选“绘制管道”，垂直向下移动光标至废水水平排出管、单击鼠标左键。单击厨房地漏废水水平排出管接入水槽后的一段水平排出管，将工具选项栏的“直径”改为 75 mm；依同样方法，再分别将该水平排出管两端的管件“直径”改为 75 mm。如果发现厨房通向楼层的废水立管在厨房地漏废水水平排出管高度处有多余管件（因为画厨房地漏废水水平排出管，生成连接），则删去该管件，并单击立管，在立管的一个端点处按鼠标左键、拖拽该端点至另一段立管端点，软件自动将因为被删去管件而分成两段的立管连接为一体。

⑨根据西面底层给水排水平面图和污水管道轴测系统图，布置底层污水管

布置西面底层住户污水单独排出管和二层以上住户的污水排出水平管、立管。在底层给水排水平面视图点击卫生间大便器，移动光标到出水口、单击鼠标右键，在弹出的工具菜单中选“绘制管道”，在工具选项栏的“偏移量”输入－1400 mm 后单击“应用”两次，将光标朝垂直 1 轴的外墙移动、距离 1 轴约 3500 mm 处单击鼠标左键，按[Esc]键，完成底层住户污水排出管。单击“系统”卡片下“卫浴和管道”功能区的“管道”，在类型选择区选污水管（U-PVC），工具选项栏的“直径”选 125 mm、“偏移量”输入 147000 mm，在实例属性栏“系统类型”选污水系统，在卫生间的废水立管旁边单击鼠标左键，修改“偏移量”输入－1400 mm 后单击“应用”两次（完成污水立管），点选“带坡度管道”功能区“向下”、坡度值 2.6%，在垂直 1 轴外墙的适当位置单击鼠标左键，继续朝向底层住户污水排出管终点方向、单击鼠标左键，按[Esc]键，完成二层以上住户的污水排出水平管、立管。

由于 Revit 的管道附件和管件均有自身尺寸空间，如果在布置过程中管段、配件或附件的尺寸因为空间不足而发生冲突，系统会发出警告。这一警告是提醒建模者需要调整管段的长度或管段与用水设备之间的距离。

⑩根据楼层给水排水平面图和管道轴测系统图，布置西面楼层住户用水设备和支管系统

在剖面图，选取底层住户用水设备（包括参照平面）、给水入户管、阀门、水表、支管和地漏，以及水槽、洗脸盆、浴盆的竖直废水管、S 型存水弯、P 型存水弯等（不选水平排水管，以及水槽的 S 型存水弯下出口的竖直排水管），单击“剪贴板”功能区的“复制到剪贴板”，单击“剪贴板”功能区的“粘贴”下的黑三角，在弹出菜单中选“与选定标高对齐”、在弹出的标高列表中选“标高 2、标高 3、标高 4、标高 5”，单击“确定”。

在二层给排水平面视图，布置卫生间的排水支管。先单击“属性栏”的“视图范围”右边“编辑”，在弹出的对话框中，将“底部”和“视图深度”的“相关标高”偏移量修改为－500、顶部的“相关标高”偏移量改为 2000。单击“管道”，类型选“废水管”，工具选项栏的“直径”选 75 mm、“偏移量”输入－370 mm，在实例属性栏“系统类型”选废水系统，点选“带坡度管道”功能区“向上”、坡度值 2.6%，在卫生间的废水立管处单击鼠标左键，朝垂直 2 轴方向移动光标、在靠近墙的位置处单击鼠标左键，按[Esc]键完成废水支管。仿照底层卫生间的地漏 P 型存水弯端口、洗脸盆 S 型存水弯端口和浴盆 P 型存水弯端口与废水支管连接方法，完成二层卫生间的地漏 P 型存水弯端口、洗脸盆 S 型存水弯端口和浴盆 P 型存水弯端口与废水支管连接，并放置清扫口。对于二层坐便器，单击“管道”，类型选“污水管”，工具选项栏的“直径”选 100 mm、“偏移量”输入－370 mm，在实例属性栏“系统类型”选污水系统，点选“带坡度管道”功能区“向上”、坡度值 2.6%，在卫生间的污水立管处单击鼠标左键，朝坐便器移动光标、单击鼠标左键，按[Esc]键完成二层坐便器与污水立管连接。用同样方法完成标高 3、标高 4 和标高 5 的卫生间废水支管和污水支管。

完成二层厨房排水支管。在二层给水排水平面视图，单击厨房地漏的 P 型存水弯，移动光标到出水口、单击鼠标右键，在弹出的工具菜单中选“绘制管道”，在工具选项栏的“直径”选 50 mm，确认实例属性

栏“系统类型”选废水系统、管段为“废水管”，“带坡度管道”功能区“向下”、坡度值 2.6%，移动光标至厨房废水立管、单击鼠标左键。进入剖面图，单击“管道”，类型选“废水管”，在厨房水槽的S型存水弯末端按鼠标左键，垂直向下到废水水平支管再按鼠标左键，完成水槽的废水管连接(这里的水槽排水管图例稍与本书的相关图例不同)。单击厨房废水立管与废水支管连接的废水支管段，在工具选项栏的“直径”选 75 mm，完成二层厨房排水支管。用同样的方法完成标高 3、标高 4 和标高 5 的厨房废水支管。

修改给水立管分段管径。将绘图区切换显示剖面图，点击标高 4 给水入户管之上的给水立管，将工具选项栏的“直径”改为 25 mm，按回车键；点击标高 3 给水入户管之上(标高 4 给水入户管之下)的给水立管，将工具选项栏的“直径”改为 32 mm，按回车键；点击标高 2 给水入户管之上(标高 3 给水入户管之下)的给水立管，将工具选项栏的“直径”改为 40 mm，按回车键。

为废水和污水立管布置检查口、顶点放置通气帽。在剖面图中，单击“管件”，再单击“编辑类型”，在弹出的对话框中单击“载入”，在管道配件-PVC-U 中载入“检查口”，然后单击“确定”，将光标移动至需要放置检查口的位置、单击鼠标左键，完成全部检查口放置后按[Esc]键。如果需要调整检查口的方向，需先单击“检查口”，出现旋转符号时、单击旋转符号即可。单击“管路附件”，单击“编辑类型”，在弹出的对话框中单击“载入”、在管道文件夹-通气帽附件中载入“通气帽-蘑菇形”，类型选“100 mm”并点击“确定”，移动光标至废水立管顶端、单击鼠标左键，便完成通气帽放置。用同样方法放置污水立管顶端的通气帽。

打开实例属性栏“可见性/图形替换”的“编辑”按钮，在对话框的“Revit 链接”卡片下不勾选“住宅建筑模型”可见性，单击“应用”，单击“视图控制栏”，“详细程度”选“精细”、“视觉样式”选“带边框着色”，单击“默认三维视图”图标，按[Shift]键＋鼠标中键并移动鼠标，调整三维视图视角，结果如图 3.106 左图所示。图 3.106 的右下图显示的是底层西面住户的给水排水平面视图(未显示建筑模型，视觉样式“带边框着色”)。

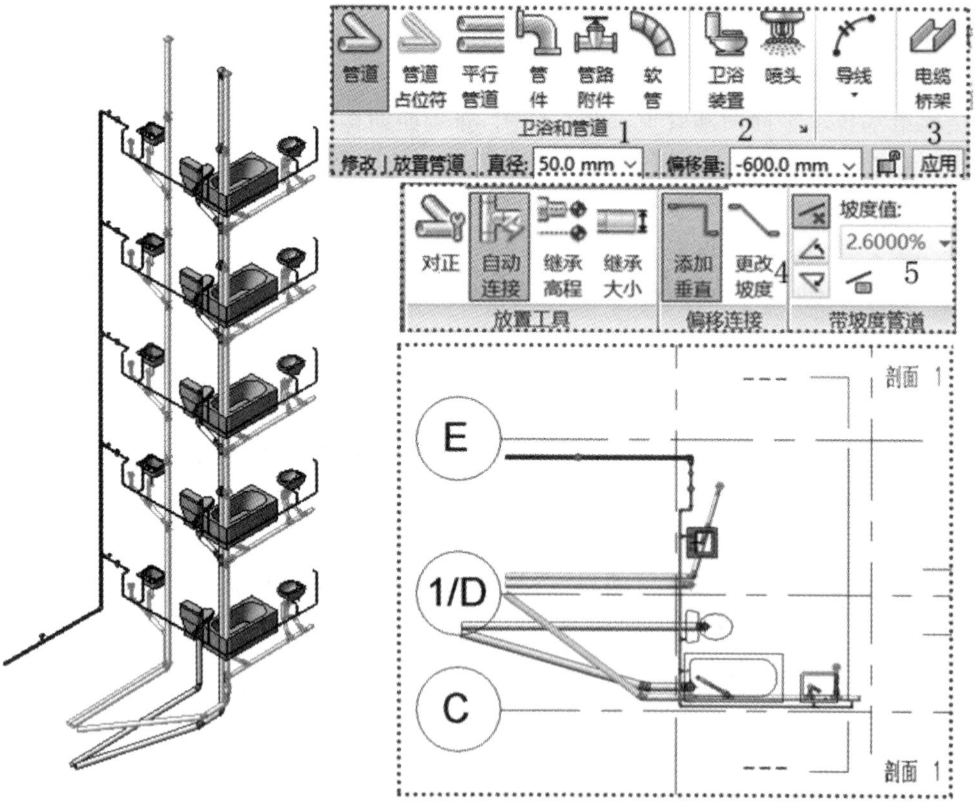

图 3.106　西面住户的给水排水三维视图和西面住户的底层给水排水平面视图

3.3.3 室外给水排水施工图

室外给水排水施工图主要是表示一个小区范围内的各种室外给水排水管道布置的图样，它还表示了与室内管道的引入管和排出管之间的连接、管道敷设的坡度、埋深和交接等。室外给水排水施工图包括给水排水总平面图、管道纵断面图、附属设备的施工图等。这里只通过例图简单介绍给水排水总平面图和管道纵断面图。

3.3.3.1 给水排水总平面图

图 3.107 所示是某住宅小区一幢新建住宅附近局部的给水排水总平面图，表示了新建住宅附近的给水、污水、雨水等管道的布置及其与新建住宅室内给水排水管道的连接。

(1)图示特点和内容

①比例

给水排水总平面图的比例，一般采用与建筑总平面图相同的比例，常用 1∶1000、1∶500、1∶300。图 3.107 所示的给水排水总平面图是采用 1∶500 绘制的。

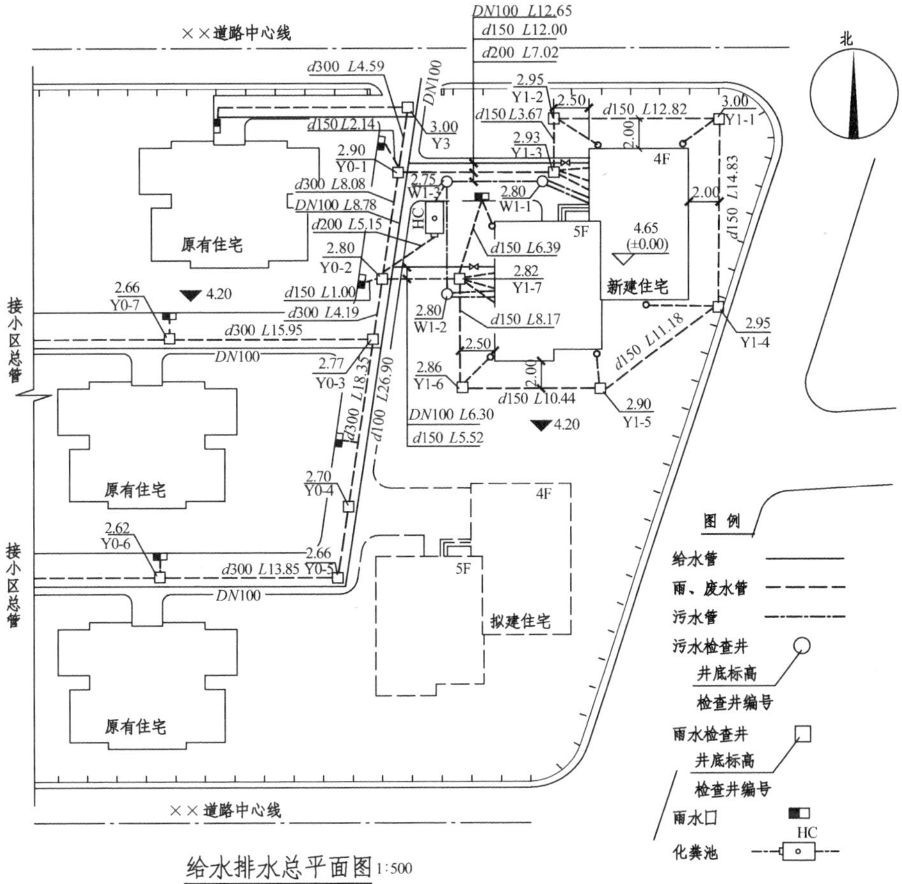

给水排水总平面图 1:500

说明：

(1) 室外地坪的绝对标高为4.20m，室内外地坪的高差为0.45m。给水管中心线绝对标高为3.60m。

(2) 雨水和废水管的坡度：d150、d200为0.5%；d300为0.4%。污水管坡度为1%。

(3) 检查井尺寸：d150、d200为480mm×480mm；d300为600mm×600mm。

(4) 化粪池采用民S301图集的4#化粪池。

图 3.107 给水排水总平面图

②建筑物及其附属设施

在给水排水总平面图中，主要反映室外管道的布置，所以在平面图中原有的房屋、道路、围墙等附属设施，应与建筑总平面图的一致，用细实线绘制其轮廓线，新建建筑物则用中实线画出它的轮廓线。

③管道及设备

给水、污水、废水、雨水等管道宜绘制在一张图纸内。当管道种类较多、地形复杂，在同一张图纸内无法将全部管道表示清楚时，宜按压力流管道、重力流管道等分类分开绘制。管道应按表 3.11 和表 3.12 规定的图线表示。图 3.107 由于受版面限制，给水、污水、废水、雨水等管道绘制在一张图纸内，管线仍暂按不同的线型予以区分，如给水管用粗实线表示；污水管用粗单点长画线表示；雨水管、废水管用粗虚线表示。图中各种附属设备，如检查井、化粪池等则按表 3.12 中所列的图例绘制。管径、管长及泄水方向都标注在相应管道的旁边。

给水管道是压力流管道，没有泄水坡度，宜标注中心标高。当给水管采用铸铁管时，以公称直径 *DN* 表示；给水管常沿地面敷设，如敷设时为统一埋深，可在说明中列出给水管的中心标高。例如在图 3.107 所示的给水排水总平面图中可以看到：从小区北大门外市政管网引入给水总管 *DN*100，沿道路一侧敷设，有两根长度分别为 12.65 m、6.30 m 的引入管从总管接入新建住宅，经过闸阀接室内引入管，给水总管的标高在图下的文字说明中表明为 3.60 m，沿管道就不必标注标高了。

排水管道是重力流管道(包括污水管、废水管和雨水管)，应注出起止点、转角点、连接点、变坡点的标高，排水管道宜标注管底标高；当采用混凝土管时，管径以内径 *d* 表示。为简便起见，可在检查井处引一指引线，在指引线水平线的上面和下面，分别标注检查井的井底标高和检查井的代号和编号，如代号 W 为污水井，Y 为雨水井，编号顺序按水流方向从管上游编向管下游。从图 3.107 中可以看到：新建住宅的污水自室内排出管排出户外，用支管分别接入标高都是 2.80 m 的检查井 W1-1 和 W1-2，检查井用污水干管(*d*200)连接，通过标高为 2.75 m 的检查井 W1-3 接到化粪池。化粪池采用《标准图集　民 S301》中的标准设计，用图例表示。雨水干管(*d*150)在离墙 2 m 处绕墙敷设，雨水通过支管流向检查井 Y1-1(3.00)、Y1-2(2.95)、Y1-3(2.93)，它们分别用干管连接，最后流向总管检查井 Y0-1(2.90)；另一根干管连接检查井 Y1-4(2.95)、Y1-5(2.90)、Y1-6(2.86)、Y1-7(2.82)，最后流向总管检查井 Y0-2(2.80)。室内引出的废水管流向相近的雨水井，例如新建住宅的废水排出管分别流向检查井 Y1-3 和 Y1-7。雨水管、污水管、废水管的坡度和检查井的尺寸可在说明中列出，图中可以不予表示。

④指北针、尺寸与标高、说明

在给水排水总平面图中，应画出指北针，管道应标注绝对标高，定位尺寸以米为单位。书写必要的说明，以便于读图和施工。对于范围和规模不大的小区的室外管道，不必另画排水干管纵断面图。

(2)绘图步骤

①抄绘建筑总平面图中的各建筑物外形和名称、道路等的位置，在图面的右上角画出指北针(或风玫瑰图)。

②用图例按新建房屋的室内给水排水平面图，将房屋中相应的给水引入管、废水排出管、污水排出管、雨水连接管等的位置在图中画出。

③用图例画出室外给水和排水的各种管道，以及检查井、化粪池等的附属设备。

④标注管道管径、管长，检查井的编号和标高，以及有关尺寸。

⑤最后注写说明。

3.3.3.2　管道纵断面图

如果地形复杂，室外给水和排水的管道种类繁多、管道交叉较多，以及标高变化较大，宜绘制出管道纵断面图，以显示路面的起伏、管道敷设的埋深和管道交接等情况。图中应表示出检查井编号、井距、管径、坡度、设计地面标高、管道标高(给水管标注管中心，排水管标注管内底)、埋深等。下面结合图 3.108 介绍管道纵断面图的图示内容和图示方法。

①比例

由于管道的长度比直径方向大得多，为了表明地面起伏情况，在纵断面图中通常采用纵、横两种不同比例，纵向比例应与管道平面图一致，横向比例宜为纵向比例的 1/10，并应在图样左端绘制比例标尺。

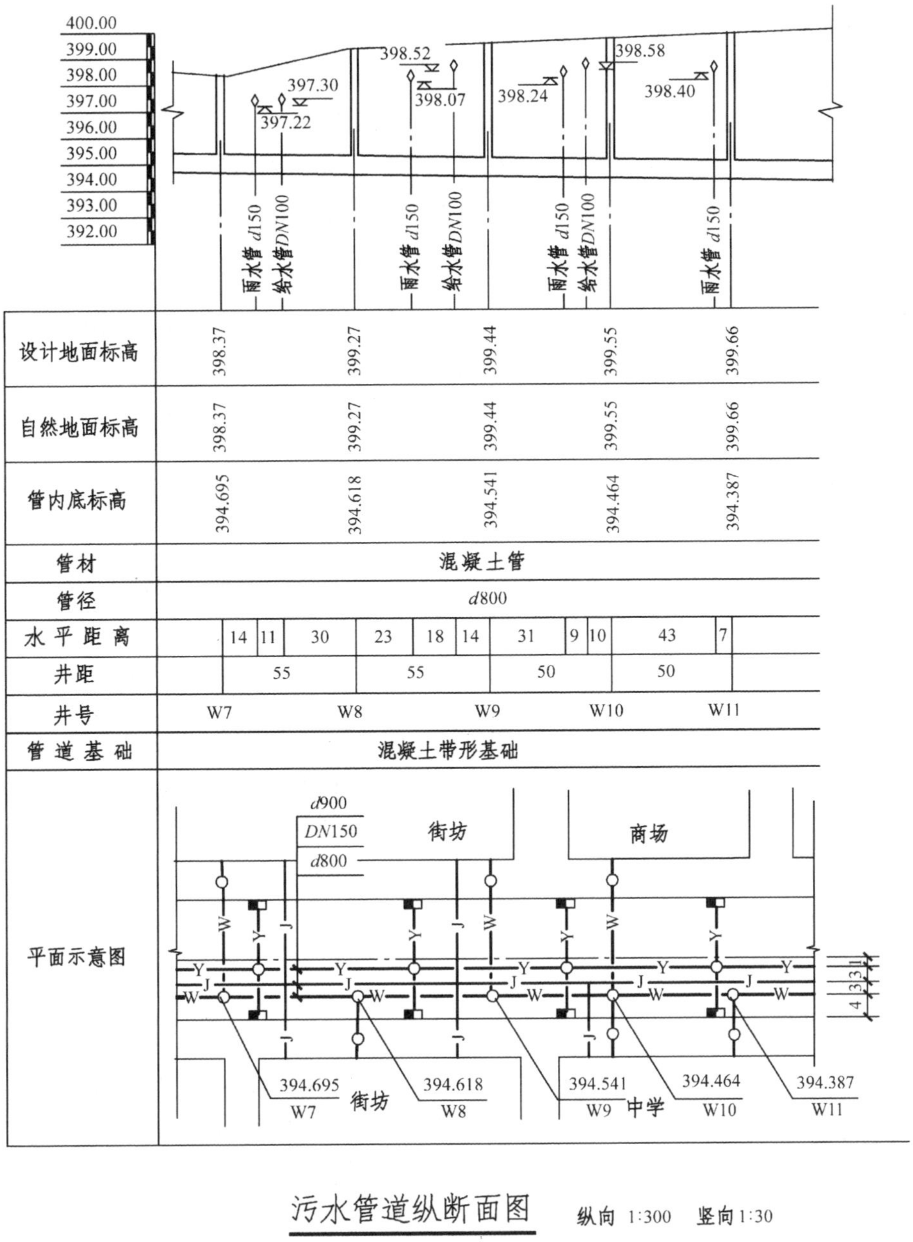

图 3.108 污水管道纵断面图示例

②断面图

管道纵断面图是沿干管轴线铅垂剖切后画出的压力流管道纵断面图、重力流管道纵断面图，以及在该干管附近的管道、设施和建筑物。压力流管道管径不大于 400 mm 时，管道用中粗实线单线绘制，重力流管道除建筑物排出管外，不分管径大小，均用双中粗实线绘制（如图 3.108 所示的污水管）；设计地面线、竖向定位线、栏目分隔线、阀门井或检查井、标尺线宜用细实线绘制，自然地面线宜用细虚线绘制。

③平面示意图

平面示意图中的管道宜用中粗实线表示。如果室外给水和排水的管道不太复杂，可将这些管道合并画在一张图纸中；管道与其他管道、管沟、铁路及排水沟等水平投影重影时，按交叉位置给出。图 3.108 所示为某一街道污水管道纵断面图和给水排水平面示意图。

④标高与水平距离

标注与管道相交叉管道的标高：交叉管道位于该管道上面时，宜标注交叉管的管底标高（如图 3.108

所示);交叉管道位于该管道下面时,宜标注交叉管的管顶或管底标高。"水平距离"标注交叉管距检查井或阀门井的距离,或相互间的距离。

图 3.108 所示的管道纵断面图表示了某街道的污水干管纵断面、剖切到的检查井、设计地面线,以及其他交叉管道的横断面;在交叉管道的横断面处,标注了管道类型、管径和管底标高;在断面图的下方,用表格分项列出该干管的各项设计数据,例如设计地面标高、自然地面标高、管内底标高(这里是指重力管)、管材、管径、水平距离、井距、井号、平面示意图、管道基础等内容,自然地面标高难以取值时可用设计地面标高替代。

图 3.108 所示管道的平面示意图与管道纵断面图对应,这样可补充表达出该污水干管附近的管道、设施和建筑物等情况。除了画出在纵断面中已表达的污水干管和沿途的检查井外,图中还画出了这条街道下面的给水干管、污水干管、雨水干管,标注了这三根干管的管径,它们之间以及与街道的中心线、人行道之间的水平距离;各类管道的支管和检查井,街道两侧的雨水井;街道两侧的人行道、建筑物和支弄道口等。

3.3.4 管道上的构(配)件详图示例

给水排水平面图、给水排水管道系统图,只表示了管道的走向、连接情况,以及洗涤池、卫生器具、地漏等构(配)件的布置,这些图样的比例较小,配件均用图例表示,不能清楚地表达卫生器具的安装、管道的连接。当无标准图可供选用时,为了便于施工,需要以较大比例(宜在 1∶50、1∶30、1∶20、1∶10、1∶5、1∶2、1∶1、2∶1 中按需选用)绘制的配件及其安装详图作为施工依据。常用的卫生器具安装详图、管道的连接、管道穿墙防水套管安装等,通常套用标准图集(如国家建筑标准设计图集 09S342《卫生设备安装》)中的图样,不必另行绘制,只要在施工说明中写明所套用的图集名称及其中的详图图号即可。

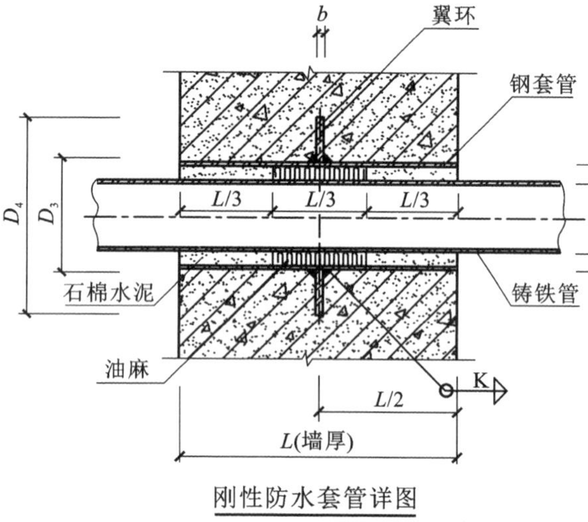

图 3.109 刚性防水套管的安装详图

安装详图必须按施工安装的需要表达得详尽、具体、明确,一般都用正投影法绘制,设备的外形可以简化画出,管道用双线表示,安装尺寸也应注写得完整和清晰,主要材料表和有关说明都要表达清楚。

当各种管道穿过基础、地下室、屋面、水箱、墙等建筑构件时,常需设置穿墙套管,穿墙套管所需的预留孔和预埋件的位置,应在建筑或结构施工图中表示,而管道穿墙的具体做法,用安装详图表示。图 3.109 所示是刚性防水套管的安装详图,由于管道都是回转体,可采用一个剖面图表示,剖切位置通过水管的轴线。图中的 L、D_1、D_2、D_3、D_4、b 等的尺寸,通常在图旁列表给出一系列相应的配套尺寸。

3.4 道路、桥梁、涵洞、隧道工程图

3.4.1 道路、桥梁、涵洞、隧道工程图概述

道路是一种主要承受移动荷载(车辆、行人)反复作用的带状工程结构物,其基本组成部分包括路基、路面,以及桥梁、涵洞、隧道、防护工程、排水设施等构造物。因此,道路工程图是由表达线路整体状况的路线工程图和表达各工程实体构造的桥梁、涵洞、隧道等工程图组合而成。

桥梁、涵洞是修筑道路时，保证车辆通过江河、山谷、低洼地带和宣泄水流的建筑物，桥梁通过江河时，还要考虑船只通航。桥梁和涵洞的区别在于跨径的大小，根据《公路工程技术标准》(JTG B01—2014)规定：凡单孔跨径小于 5 m、多孔跨径小于 8 m 时修建涵洞，否则修建桥梁。

为了减少土石方数量，保证车辆平稳行驶和缩短里程，在山岭地区修筑道路时，可以考虑修筑公路隧道。

对于路线工程图和桥梁、涵洞、隧道等构造物的工程图，表达设计思想、绘制工程图样的基本原理，都采用前述制图基础的理论和方法。在这里将运用这些原理和方法叙述道路、桥梁、涵洞、隧道工程图的内容和图示特点，学习绘制和阅读这方面的专业图样。有关道路工程的图样应遵守《道路工程制图标准》(GB 50162—1992)。这个标准与本书第 2 章所述的《房屋建筑制图统一标准》(GB/T 50001—2017)基本相同。但也有一些不同处，如视图名称或剖面、断面代号标注在图形的上方居中处，并在字底画等长的粗、细实线，比例宜标注在它们的下方或右侧，比例的字高可为它们的 0.7 倍；图线的线宽只分粗、中粗、细三档，线宽比为粗∶中粗∶细＝b∶$0.5b$∶$0.25b$，它规定的中粗线就相当于 GB/T 50001—2017 所规定的中线，另外，对实线还规定了一档线宽为 $1.4b$～$2.0b$ 的加粗粗实线；图线的名称也有些不同，GB/T 50001—2017 中的单点长画线、双点长画线在此处被称为点划线、双点划线(但本书在这里仍按常规改称点画线、双点画线)等。其他不同处将在下文中用到时再叙述；不够详尽处，需用时可查阅该标准。

由于本书篇幅的限制，这里只述及道路及与其有关的构造物，读者今后如需读绘铁路及与其有关的构造物的工程图样，应遵循和查阅《铁路工程制图标准》(TB/T 10058—2015)。铁路和道路都属陆路路线方面的交通土建工程，它们的路线工程图和与它们有关的构造物的工程图的表达也有较多相同或相似之处，学习了这里的有关内容，对今后读绘铁路路线工程图和与其有关的构造物的工程图也会有所帮助。

3.4.2 道路路线工程图

道路路线工程图主要由路线平面图、路线纵断面图和路基横断面图组成，用来表达道路路线的平面位置，线型状况，沿线的地形、地物，纵断面标高与坡度，土壤地质情况，路基宽度和边坡，路面结构，以及路线上的附属构造物(如桥梁、隧道等)的位置及其与路线的相互关系。

3.4.2.1 路线平面图

路线平面图主要用于表示路线的走向和平面线型(直线和左右弯道曲线)状况，沿线路两侧一定范围内的地形、地物。由于道路是修筑在大地表面一段狭长地带上的，其竖向起落和平面弯曲情况都与地形紧密相关，因此，路线平面图采用在地形图上进行设计绘制的方法，如图 3.110 所示。下面结合图 3.110 说明路线平面图所包含的两项主要内容——地形、地物与路线，以及路线平面图的画法。

(1)地形、地物

为了清晰表示图样，地形图按不同的地形采用不同的比例绘图。一般在山岭地区采用 1∶2000，平原地区采用 1∶5000，图 3.110 采用 1∶2000。

为了表示道路所在地区的方位和路线走向，地形图上需画出指北针或坐标网，图中 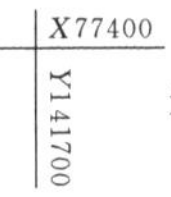

表示两互相垂直的直线的交点坐标为在坐标网原点之北 77400 m、之东 141700 m。指北针和坐标网都是拼接图纸的主要依据。

图中所示的路线所在地域的等高线之间的高差为 2m，为了便于看图，每隔四条等高线就有一条线型较宽的等高线，并标注高程数值，称为计曲线，计曲线用中粗实线表示，其他等高线用细实线表示。等高线愈密，表示地形愈陡；等高线愈稀，表示地形愈平坦。从图 3.110 中可以看出：沿路线走向，东南方有一座山峰，西面和东北方地势较平坦。

地物用图例表示，常用的图例见表 3.13，表中有水田、房屋、电线、水库、大车道以及经济林、堤等。

曲线要素表

JD		α		R	L_s	T	L
		Z	Y				
16	K 49+832. 934		22°14′52″	2500	0	491.56	970.74

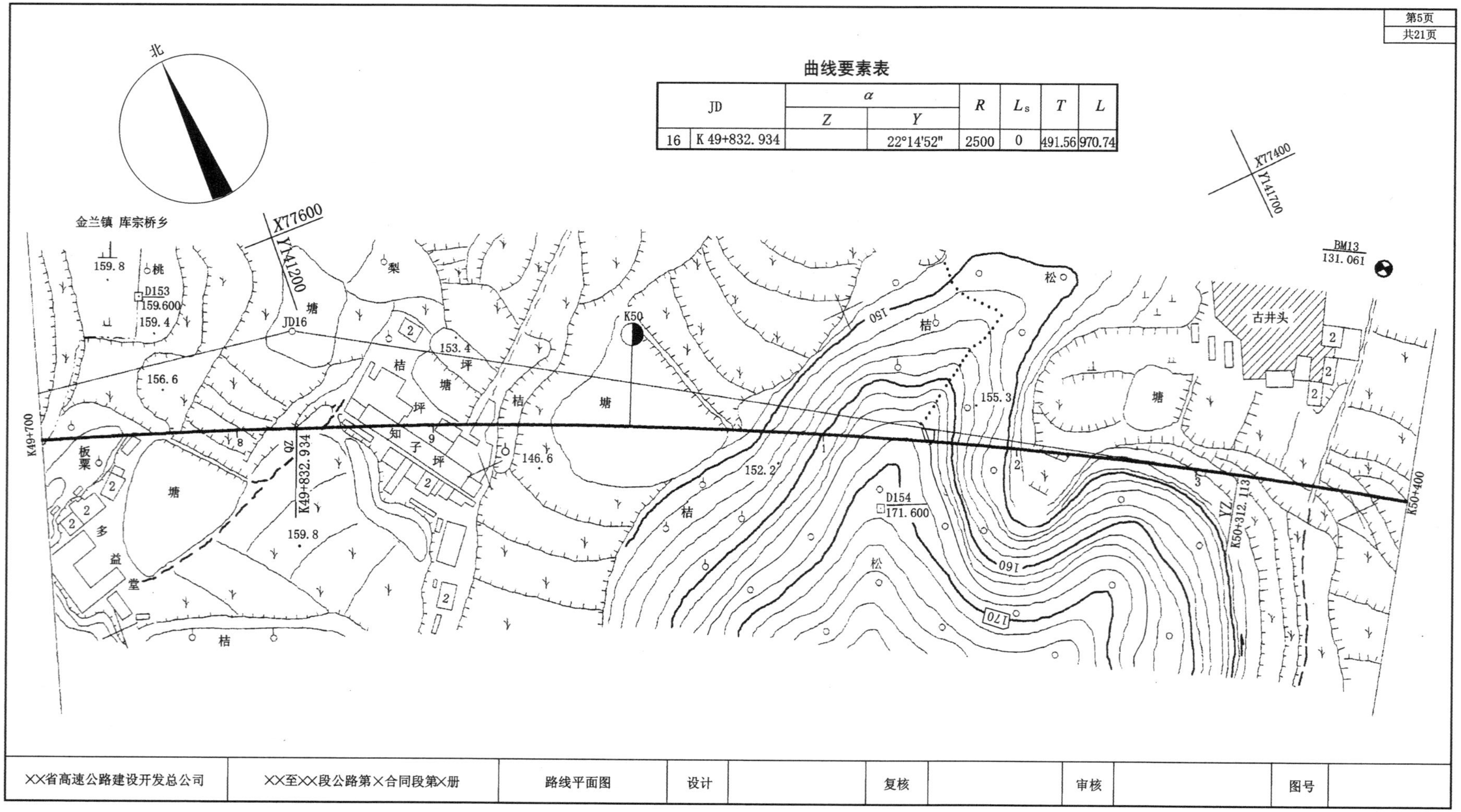

图 3.110　路线平面图示例

表 3.13　路线平面图中的常用图例和符号

图例						符号	
路中心线		房屋	独立 成片	用材林	松	交角点 半径	JD R
水准点	BM编号 高程	高压电线		围墙		切线长度 曲线长度	T L
导线点	编号 高程	低压电线		堤		缓和曲线长度 外距	L_s E
交角点	JD编号	通信线		路堑		偏角 曲线起点	α ZY
铁路		水田		小路		曲线中点 曲线终点	QZ YZ
公路		旱田		坟地		第一缓和曲线起点 第一缓和曲线终点	ZH HY
大车道		菜地		变压器		第二缓和曲线起点 第二缓和曲线终点	YH HZ
桥梁及涵洞		水库 鱼塘	塘	经济林	油茶	东 西	E W
水沟		坎		等高线	60 50	南 北	S N
河流		晒谷坪	谷	石质陡崖		横坐标 纵坐标	X Y

(2)路线

由于绘图比例小，路线宽度无法用实际尺寸绘出，所以设计路线由用加粗粗实线画出的公路的路中心线表示，路线长度用里程表示，分段画出，图 3.110 所示为 K49＋700 至 K50＋400 段的路线平面图，里程按规定由左向右递增。沿道路前进方向，于左侧设"◐"表示里程数，如 K50，称为公里桩；于右侧设百米桩"1"至"9"，数字写在短细线的端部，字头朝上。

对于路线转弯处的平面曲线(简称平曲线)线型要素，在图中用交角点编号及曲线要素表表示，如图 3.110 中的 JD16 表示第 16 号交角点，路线在交角点处有一段平面曲线。路线平面图中的常用符号可查阅表 3.13。平曲线要素如图 3.111 所示：α 为偏角，表示沿路线前进方向向左或向右偏转的角度；R 为曲线弯曲圆弧半径；还有切线长度 T、外距 E 都可在曲线要素表中查得。图中需要标出曲线起点 ZY(直圆)、中点 QZ(曲中)和曲线终点 YZ(圆直)的位置。对设有缓和曲线的路线，则如图 3.111 所示，须标注出 ZH(直缓)、HY(缓圆)、QZ(曲中)、YH(圆缓)、HZ(缓直)点的位置。

图 3.111 中还标出了用于导线测量的导线点⊡和控制标高的水准点⊗的编号和位置，如图中的⊡$\frac{\text{D153}}{159.600}$表示第 153 号导线点，标高为 159.600 m；⊗$\frac{\text{BM13}}{131.061}$表示第 13 号水准点，标高为 131.061 m。

在这里应提请读者注意：《道路工程制图标准》(GB 50162—1992)所规定的尺寸注法，与《房屋建筑制

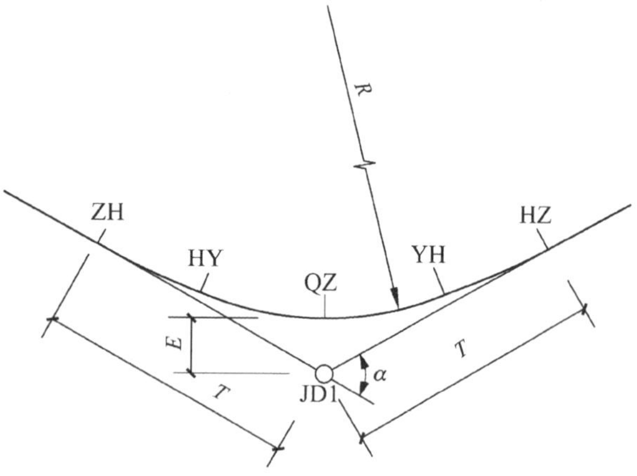

图 3.111　平曲线要素

图统一标准》(GB/T 50001—2017)的规定基本相同，但《道路工程制图标准》规定的尺寸起止符宜采用单边箭头表示，箭头在尺寸界线右边时，应标注在尺寸线之上；反之，标注在尺寸线之下。尺寸起止符也可采用斜短线表示，将尺寸界线按顺时针转 45°，作为斜短线的倾斜方向；在连续表示的小尺寸中，也可在尺寸界线同一水平的位置用黑圆点表示。半径、直径、角度、弧长的尺寸起止符，也可用单边箭头表示，在半径、直径的尺寸数字前，应标注 r 或 R、d 或 D。图 3.111 所示就是按《道路工程制图标准》的规定标注尺寸。其他更详细的规定，需用时可查阅这个标准。但有些单位绘制的道路工程方面的图样，仍常将单边箭头按习惯画成双边箭头，在图 3.111 中，也将半径尺寸和角度尺寸的箭头画成双边箭头。

(3)路线平面图的画法

①先画地形图，后画路中心线。等高线按先粗后细的步骤徒手画出，要求线条光顺。路中心线用绘图仪器按先曲线后直线的顺序画出。

②路线平面图从左向右绘制，桩号左小右大。由于路线具有狭长的特点，须将整条路线分段绘制在若干张图纸上，使用时拼接起来。分段的断开处尽量设在路线的直线段上的整数桩号处，断开的两端应画出垂直于路线的接图线。最后，在图纸的右上角画出角标，标明这张图纸的序号和图纸的总张数。

3.4.2.2　路线纵断面图

路线纵断面图如图 3.112 所示，是假想用铅垂面沿路中心线剖切，然后展开成平行于投影面的平面，向投影面作正投影所获得的。由于路中心线由直线和曲线所组成，所以剖切面既有平面，又有曲面(柱面)，都顺次连续展开成平行于投影面的一个平面后，再投影成路线纵断面图，其作用是表达路线纵向线型以及地面起伏、地质和沿线设置构造物的情况。

图 3.112　形成路线纵断面图的示意图

图 3.113 所示是某公路 K49+700 至 K50+400 段的路线纵断面图，包括图样与资料表两部分。下面结合该图说明这两部分内容和路线纵断面图的画法。

(1)图样部分

因为路线纵断面图是采用沿路中心线垂直剖切并展开后投影所形成的图样，所以它的长度就是路线的长度。图中水平方向表示长度，竖直方向表示高程。由于路线与地面竖直方向的高差比水平方向的长度小很多，为了更加清晰地表达路线与地面垂直方向的高差，图 3.113 中采用的竖直方向的绘图比例比水平方向的绘图比例放大了 10 倍，水平方向用 1∶2000，竖直方向用 1∶200(印刷在本书上时，因版面不够而做了适当的缩尺)。

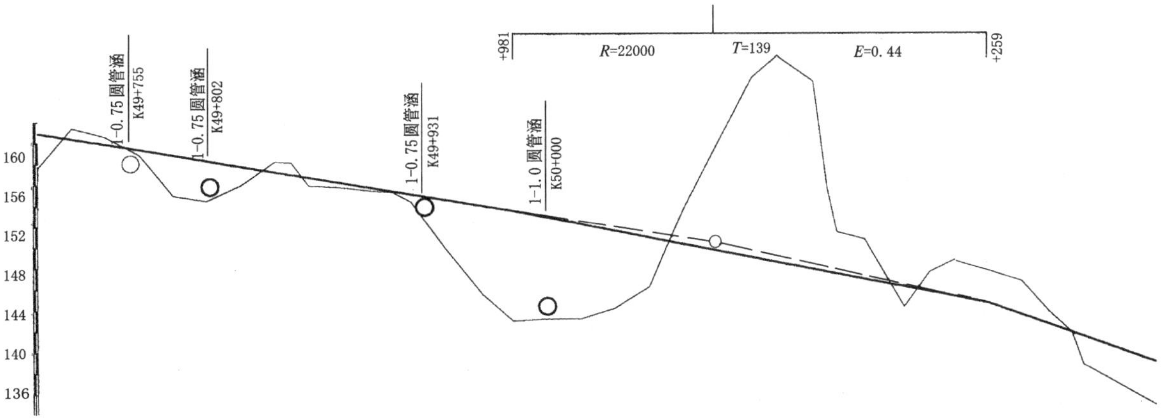

1	泥盆系泥质灰岩,灰岩,节理裂隙较发育,强风化,表层残坡积土,厚0.5~2.0 m,局部部分软土
2	160.398 159.890 159.382 158.874 158.366 157.858 157.350 157.096 156.766 156.677 156.309 155.826 155.597 155.267 154.683 154.251 153.794 153.278 152.744 152.192 151.622 151.033 150.426 149.801 149.158 148.664 147.955 147.679 147.741 146.871 146.039 145.484 144.918 144.158 143.398 142.638 141.878 141.206
3	161.42 160.55 158.83 154.93 154.43 155.96 158.21 158.09 155.88 155.88 155.71 155.36 155.29 154.37 149.92 145.52 143.00 143.20 143.20 144.20 146.20 153.75 160.02 166.13 168.16 165.75 155.74 151.44 150.72 144.30 147.65 150.91 150.00 149.00 144.37 140.63 138.84 137.56
4	-2.54% 420 | +108 150.238 | -3.80% 238
5	K49+700 720.00 740.00 760.00 780.00 800.00 820.00 840.00 850.00 863.00 866.50 881.00 900.00 909.00 922.00 945.00 962.00 980.00 K50 20.00 40.00 60.00 80.00 100.00 120.00 140.00 155.00 176.00 184.00 190.00 207.00 230.00 245.00 260.00 280.00 300.00 320.00 340.00 358.00
6	JD16 α_y=22°14′52″ R=2500 L_S=0

图 3.113　路线纵断面图示例

图中不规则的细折线表示设计路中心线处的地面线,由一系列中心桩的地面高程依次连接而成。图 3.113 中的粗实线表示路线纵向设计线。由地面线和设计线可决定填挖方地段和填挖高度。按《公路工程技术标准》(JTG B01—2014)规定,在设计线纵坡变更处应设置竖曲线,以利于汽车行驶。竖曲线分别按凸形和凹形用"┌─┴─┐"和"└─┬─┘"符号表示,并在其上标注竖曲线半径 R、切线长 T 和外距 E。图 3.113 中在 K50+108 处设有一个凸形曲线。

图样中还应在相应的里程处标绘出路线上的各种构造物及其名称、规格和中心里程,如桥梁、涵洞、人工渡槽、箱形通道等。在图 3.113 中标绘出了沿线的四个圆管涵,圆管涵的构造和尺寸另绘设计图纸。

(2)资料表部分

为了便于对照查阅,资料表与图样应上下竖直对正布置,一般列有地质概况、设计高程、地面高程、坡度/距离、里程桩号、直线及平曲线等栏,即图 3.113 所示资料表中的序号顺次为 1 至 6 的六栏(如在路线纵断面图的第 1 页图纸中,同时列出各栏的序号和标题,则在后面的各页中可只列序号)。从图 3.113 的坡度和距离栏中可看出,在 K50+108 处有变坡点,设凸形曲线;从图 3.113 的直线及平曲线栏中可看出该路段的平曲线,表示出它具有右偏角 α_y 的圆曲线(若为左偏角,则偏角符号为 α_z),并标出交角点编号、圆曲线半径和偏角角度值。综合纵断面情况,可得知该路段的空间情况。

路线纵断面图和路线平面图一般安排在两张图纸上,由于高等级公路的平曲线半径较大,路线平面图与纵断面图长度相差不大,就可以放在一张图纸上,阅读时便于互相对照。

(3)路线纵断面图的画法

①路线纵断面图常常画在透明的方格纸上,方格规格为纵横都是 1 mm 长,每 5 mm 处印成粗线,可加快绘图速度,且便于检查。绘图时宜画在方格纸的反面,用橡皮擦拭或修刮图线时,不会将格线擦去或刮掉。

②第一张图纸应有图标,注明路线名称、纵横比例、资料表内容等,以后的各张图纸可省略,但右上角应有角标,注明图纸序号及总张数。

③与路线平面图相同,画路线纵断面图也是从左至右按里程画出。

3.4.2.3 路基横断面图

路基横断面图是在路基中心桩处垂直于路中心线的断面图，主要用于表达路基的断面形状、填挖高度、边坡坡度，以及路基中心桩处横向地面的情况，应该在每一中心桩处，根据测量资料和设计要求，顺次画出每一个路基横断面图，作为计算公路的土石方量和路基施工的依据。路基横断面图应在图样下方标注桩号；在图样的右侧或下方标注填高 h_T，挖深 h_W，填方、挖方的面积 A_T、A_W。

如图 3.114 所示，路基横断面图的形式基本上有三种：填方路基（路堤式），挖方路基（路堑式），半填半挖路基。

路基横断面图的画法如图 3.115 所示。

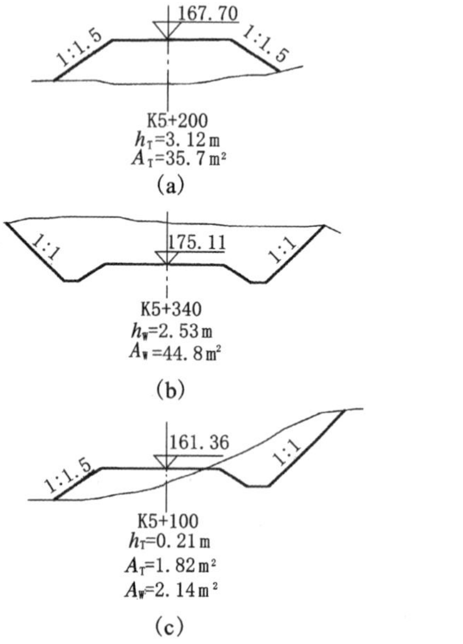

图 3.114 路基横断面的基本形式

(a)填方路基；(b)挖方路基；(c)半填半挖路基

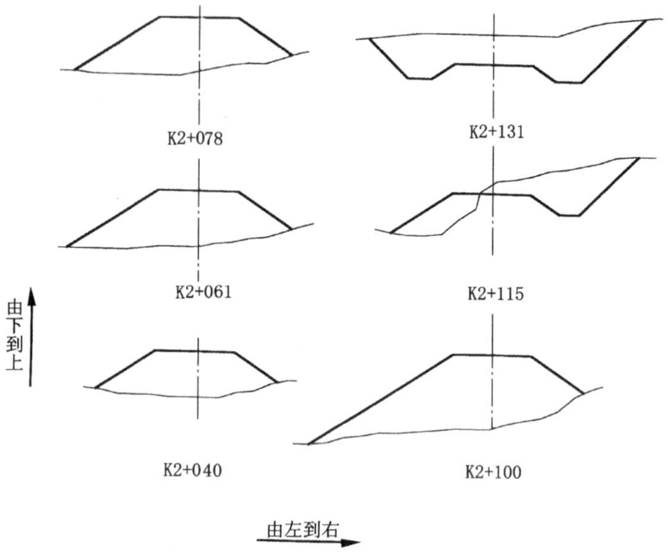

图 3.115 路基横断面图的画法

①路基横断面图应依次沿中心线桩号从下到上、从左到右画出。

②路面线（包括路肩线）、边坡线、护坡线等均应采用粗实线表示；原有地面线应采用细实线表示，设计或原有道路中线应采用细点画线表示。

③路基横断面图常常画在透明的方格纸上，既便于计算断面的填、挖方面积，又便于施工放样。

④每张图纸右上角应有角标，注明图纸的序号和总张数。

3.4.2.4 城市道路路线工程图

城市道路主要包括机动车道、非机动车道、人行道、分隔带、绿化带、交叉路口和交通广场，以及各种设施等；在交通繁忙的现代化城市中，还修建高架道路、地下道路等。

城市道路的线型设计，也是通过路线平面图、路线纵断面图和路基横断面图表达的，它们的图示方法和特点，与公路路线工程图完全相同。但是，城市道路所处的地形较野外公路平坦，且设计是在城市规划和交通规划的基础上实施的，交通情况和组成部分比公路复杂。因此，体现在横断面上，城市道路比公路复杂得多，如图 3.116 所示。

城市道路横断面图的形成与公路横断面图相同，但功能与各部分的组成情况都比公路复杂，它的主要组成部分有车行道、人行道、绿化带和分隔带等，布置的基本形式按路面板块划分，有一块板、两块板、三块板、四块板等断面形式，按交通流量、组织往返车辆行驶有序、车人分离、机动车和非机动车各行其道等因素进行设计。图 3.116 表达了两道路平面交叉设计方案及道路的标准横断面设计，反映了横断面图的各组成部分及其相互关系，使机动车和非机动车分道行驶，图中还表示了各组成部分的宽度和路面厚度。《道路工程制图标准》(GB 50162—1992)规定，路线横断面中的路面厚度应采用中粗实线表示。

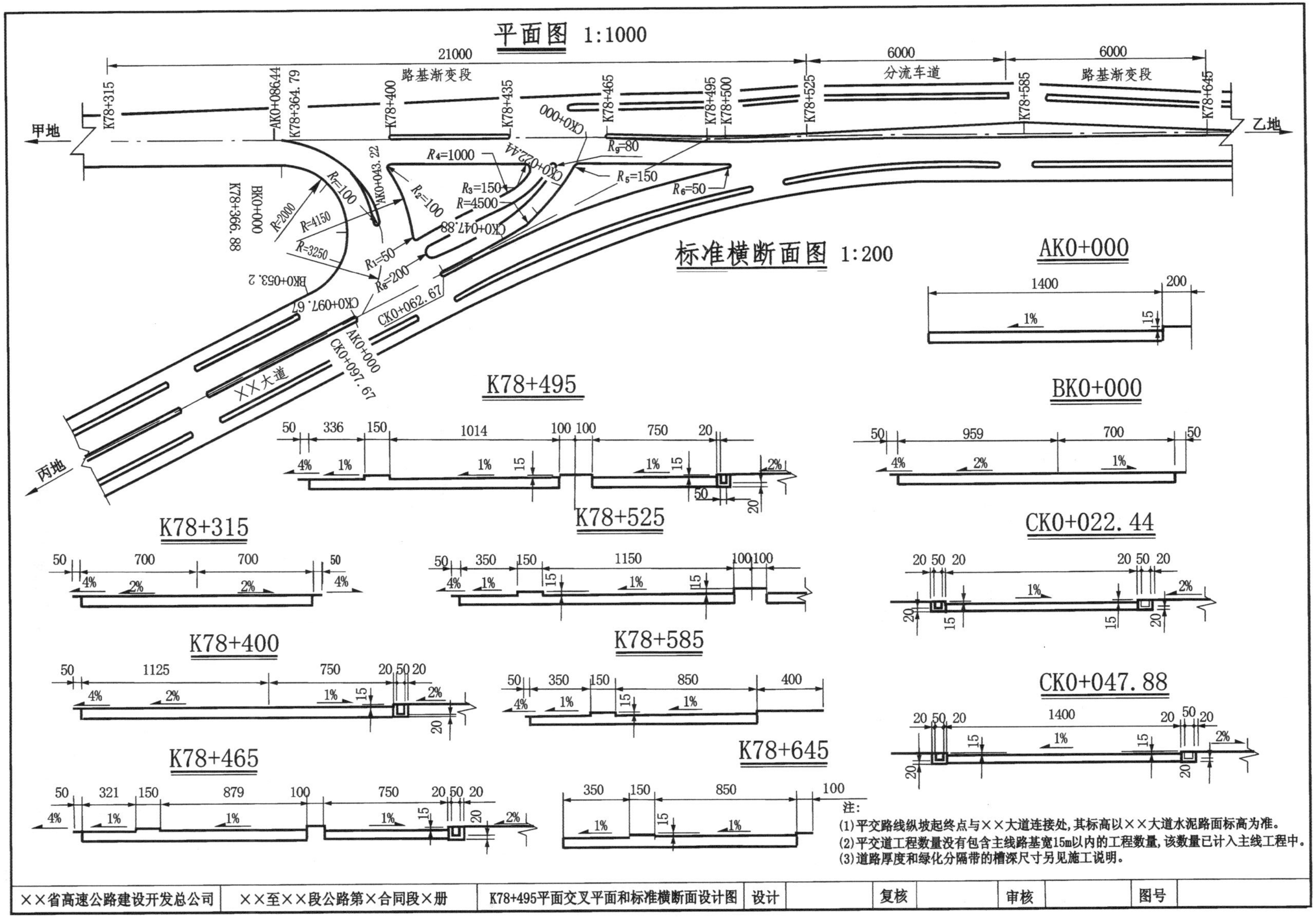

图3.116 城市道路平面交叉设计及横断面图设计示例

3.4.3 桥梁工程图

桥梁由上部结构（主梁或主拱圈和桥面系）、下部结构（桥台、桥墩和基础）、附属结构（护栏、灯柱等）三部分组成。桥梁的结构形式很多，常见的桥梁有梁桥、拱桥、桁架桥等。斜拉桥和悬索桥是近年来建造大型桥梁采用较多的新桥型，不仅考虑了它的功能，而且也增设了人文景观。虽然各种桥梁的形式或建筑材料有所不同，在绘制设计图样时，都按前面所讲述的投影理论和绘图方法绘画，并具有相同的图示特点。

3.4.3.1　桥梁工程图概述

设计一座桥梁要绘制许多图纸，包括桥位平面图、桥位地质断面图、桥梁总体布置图、构件结构图等。

桥位平面图主要表示道路路线通过江河、山谷时建造桥梁的平面位置，采用较小的比例绘制，如 1∶500、1∶1000、1∶2000 等，桥梁用图例“)—(”表示，将桥梁及其与路线连接处的地形、地物、河流、水准点、地质钻探孔等表达清楚，与路线平面图差不多。

桥位地质断面图是根据水文调查和地质钻探所得的水文地质资料绘制的在桥位处的河床的水文地质断面图，包括河床断面、最高水位线、常水位线和最低水位线，作为设计桥梁、桥台、桥墩和计算土石方量的依据。

下面着重讲述桥梁总体布置图和构件结构图，并适当介绍斜拉桥，说明桥梁工程图的阅读方法。

3.4.3.2　桥梁总体布置图

桥梁总体布置图是表达桥梁上部结构、下部结构和附属结构三部分组成情况的总图。主要表明桥梁的桥型、跨径、总体尺寸、各主要构件的相互位置关系、各部分的标高、材料数量以及有关的说明等，作为施工时确定墩台位置、安装构件和控制标高的依据。

图 3.117 所示是一座总长 125.04 m、中心桩为 K24＋114.38 的六孔钢筋混凝土公路桥的总体布置图，包括立面图、平面图和横剖面图，立面图和平面图用 1∶500 画出，横剖面图用 1∶100 画出。下面以图 3.117 为例，阐述立面图、平面图和横剖面图的内容和图示特点，并说明桥梁总体布置图的画法。

（1）立面图

立面图采用正投影法绘制，反映桥梁的特征和桥型，共有六孔，每孔跨径为 20 m，全长 125.04 m，因绘图比例较小，图中未画出防撞护栏。上部结构为预应力钢筋混凝土空心板简支，一跨一跨连续地铺设，在每个桥墩上两板端间留有 4 cm 间隙。下部结构两端为钢筋混凝土桥台，河床中布置五个单排双柱式钢筋混凝土桥墩，由立柱与承台组成，立柱下部尺寸大于上部，由标高尺寸反映变截面位置。

立面图左侧设有高度标尺，便于阅读或绘图时参照。从图 3.117 中可看出，桥的左端面高程大于右端面，说明该桥设计有纵坡。在立面图中还反映了河床的水文地质状况，以及桥台处的护坡坡度值，根据标高尺寸可知立柱的埋置深度。地质状况在图中作为示例，画出了在里程桩号 K24＋130.00 处的 1 号钻孔（ZK1）钻探获得资料。

尺寸标注采用细部尺寸、定位尺寸、标高尺寸和里程桩号综合注法，便于绘图、阅读与施工放样。图中的尺寸单位为厘米，里程桩号与标高尺寸的单位为米。

（2）平面图

平面图按长对正配置在立面图的下方，在平面图下方继续按长对正列出路线纵断面图的资料表。这样，清晰地表明了路线与桥梁之间的联系。

平面图采用掀层画法绘制，表达桥面宽度和护栏、立柱、桥台的平面位置。左侧主要表明桥面系，护坡的形式，以及与路线的连接情况，桥面净宽 11 m，防撞护栏宽度为 0.5 m，可对照 1—1 剖面图看出。在从左向右第三孔处用折断线断开，右侧假想将桥梁的上部结构掀去，显示各个墩柱和桥台的布置：桥墩为双立柱单排桥墩；桥台背部填土通常也被掀去，两边的锥形护坡省略不画。

（3）横剖面图

从立面图中可以看出，在 K24＋114.38 至 K24＋134.38 之间，设编号为 1 的侧平面为剖切面，按剖视方向向右投影（按《道路工程制图标准》规定，剖切线或断面线应采用一组粗短线，在剖视方向线端部应按

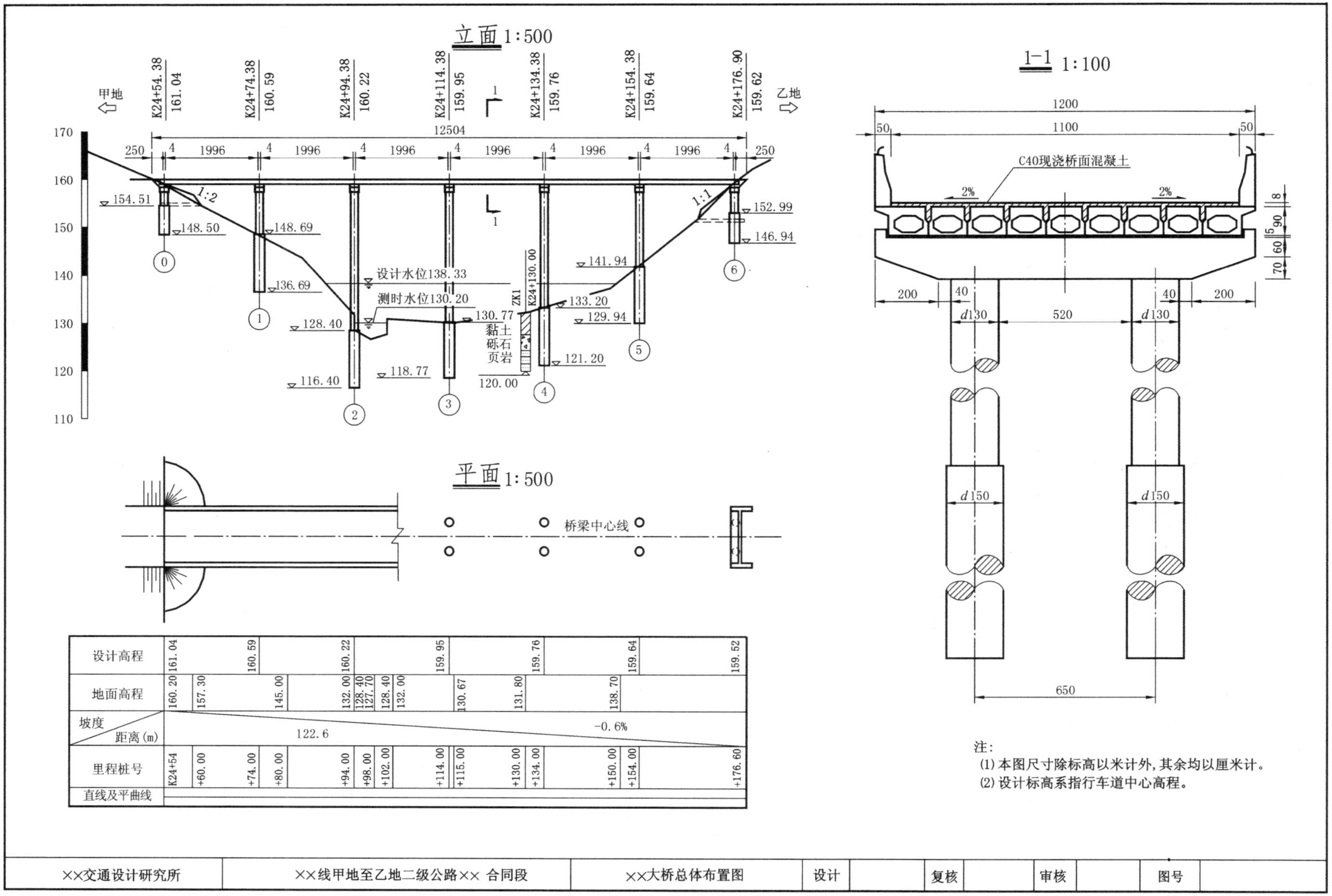

图 3.117 桥梁总体布置图示例

剖视方向画出单边箭头，在箭头处或断面线的剖视方向一侧标注成对的阿拉伯数字或英文字母的编号），画出 1—1 剖面图，即图中右侧所画的横剖面图，这个 1—1 剖面图用 1∶100 比例画出，较详尽地表达出各片预应力钢筋混凝土空心板的位置，以及防撞护栏、桥墩的形式。从横剖面图中可看出：板高 90 cm，桥面铺设混凝土，横坡 2%；桥面宽 11 m，两侧护栏各宽 0.5 m；立柱间距 5.20 m，每根立柱上部和下部的直径分别为 1.3 m 和 1.5 m。图中还标明了承台的结构形状及其部分尺寸。

为了使剖面图表达得清晰，1—1 剖面图仅画出所剖切的这一跨的横剖面图，剖切面之右的第二个桥墩，以及右端的桥台、护坡，都不是这个剖面图表达的重点，所以习惯上都省略不画；如需画出其他跨的桥墩或右端的桥台与护坡，则可再设置剖切面，另画剖面图。

(4)桥梁总体布置图的画法

首先确定画哪几个视图或剖面图，按桥梁的大小和复杂程度定比例，从而选定图幅；绘图时，应先布置图面，画出各视图或剖面图的作图基线，将各个视图或剖面图均匀地分布在图框内，立面图与平面图应按长对正配置，如横剖面图与立面图采用相同的比例，则应按高平齐配置；然后，画各构件的主要轮廓线，再从大到小画全各构件的投影；最后，校核底稿后用铅笔加深或上墨，标绘尺寸、符号和标注有关文字说明，并作复核。

3.4.3.3 构件结构图

桥梁的总体布置图只是表示桥梁各构件的布置、桥型、跨径、路面系、各处的高程等，各构件都没有全面详尽地表达清楚，因此，单凭总体布置图是不能施工的，还应该另画图样，采用较大的比例将各个构件的形状、构造、尺寸都完整地表达出来，这种图样称为构件结构图、构件结构详图或构件大样图，简称构件图。构件图通常画出桥台图、桥墩图、主梁图或主板图、护栏图等，常用的比例是 1∶10 至 1∶50，如对构件的某一局部须全面、详尽地完整表达时，可按需采用 1∶3 至 1∶10 的更大的比例画出这一局部的放大图。

现以图 3.118 所示的中板构造图为例作简要说明。钢筋混凝土构件结构图通常有一般构造图和钢筋构造图，钢筋构造图应置于一般构造图之后，当结构外形简单时，两者可绘于同一视图中。从图 3.117 中的 1—1 剖面图可以看出：这座桥梁的上部结构，每跨有九片预应力钢筋混凝土空心板，中间的七片相同，称为中板，两侧的各一片相同，称为边板。图 3.118 所示的就是图 3.117 表达的桥梁的中板一般构造图，中板内的钢筋配置，另有钢筋构造图表达。

从图 3.118 所示的中板构造图可以看出：中板长 19.96 m，宽 1.24 m，高 0.9 m；板的中间有八棱柱空腔，两端是 C40 混凝土封端，由说明可知，封端预留通气孔；板的中部的上方两侧设铰缝，安装时两板并列，在铰缝内设铰缝钢筋，板端断面为长方形。立面图和平面图为了减少幅面，采用习惯画法，只画出左边一半，而且还在所画出的一半中用两条折断线折断，以缩短图形所占的图面的长度，但尺寸仍按实际长度标注。在立面图的右侧画出了中板在跨中和支点处各一个断面图，为了使图形清晰，省略不画建筑材料图例。

图 3.118 还表明了预应力钢筋混凝土空心板铰缝构造及铰缝钢筋的配置情况，画出了在两板之间铰缝处的局部构造图和钢筋配置明细表。在《道路工程制图标准》(GB 50162—1992)中规定的钢筋构造图上的钢筋编号有三种格式：除了图 3.118 所示的编号标注在引出线右侧直径为 4～8 mm 的圆圈内，以及将冠以字母 N 的编号标注在钢筋的侧面(如需表示根数，根数应标注在字母 N 之前)以外，还可在构件的断面图旁边画出与钢筋断面图相对应的方格，将编号标注在对应的方格内，须用这种格式标注时，可查阅 GB 50162—1992。

3.4.3.4 斜拉桥

斜拉桥是近年来建造大型桥梁采用得较多的一种新型桥梁，除了钢筋混凝土梁(板)之外，还有拉索和主塔。斜拉桥的主梁、拉索和主塔构成一个统一体，它的优点是可以增大跨度。

图 3.119 所示是一座双塔单索面钢筋混凝土斜拉桥的总体布置图，主跨 185 m，两侧边跨各为 80 m，两边引桥部分用折断线断开后省略不画。

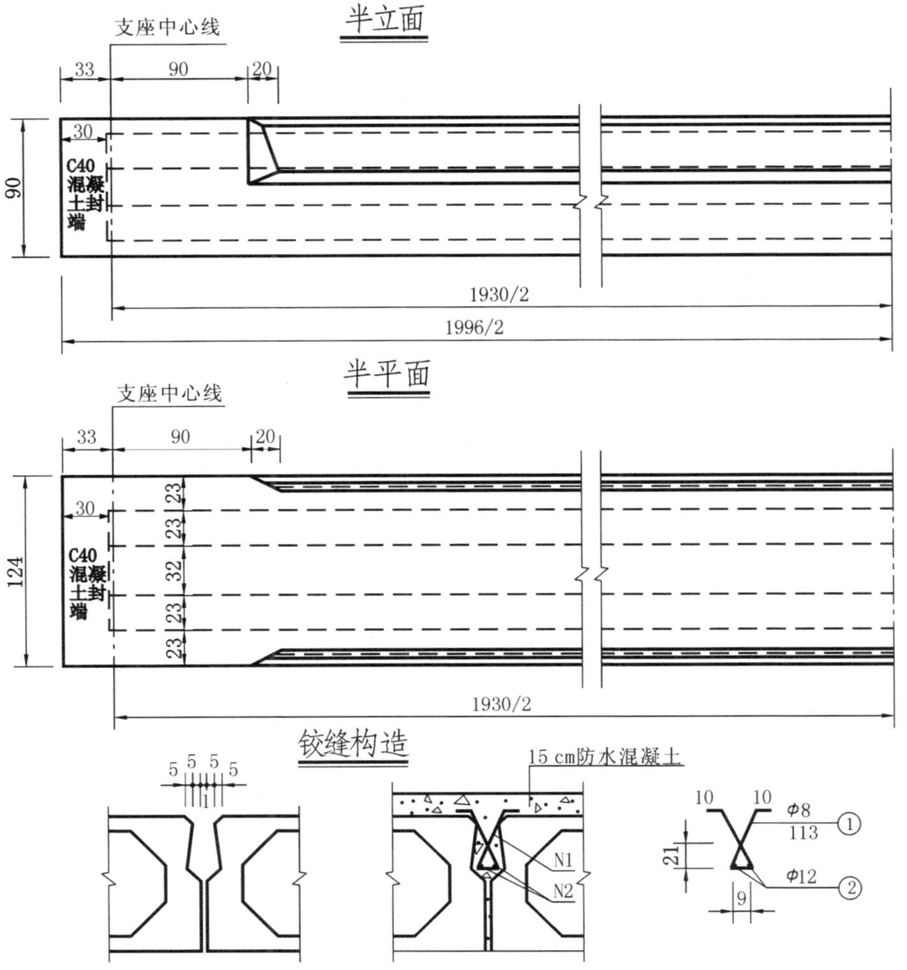

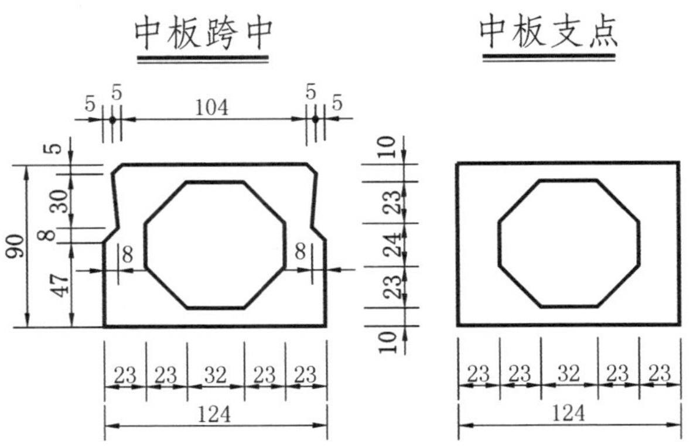

一片铰缝钢筋明细表

编号	直径(mm)	每根长度(cm)	根数	质量(kg)	共重(kg)	C40混凝土(m^3)	M5水泥砂浆(m^3)
1	8	113	75	33	60	1.073	0.022
2	12	1800	2	27			

说明:

(1)本图尺寸除钢筋直径以毫米计外,其余均以厘米计。

(2)本图比例为1:25。

(3)为了保证铰缝浇筑质量,铰缝端部90 mm范围内采用M5水泥砂浆填筑,其余部分采用C40混凝土。

(4)铰缝中钢筋仅布置在跨中左右各一定范围内,施工中形成骨架后放入铰缝内。

(5)N1钢筋的间距为20 cm。

(6)在浇筑空心板混凝土时,注意板两封端预留两个d10的通气孔。

××公路勘察设计院	××线甲地至乙地二级公路大桥	中板构造图	设计		复核		审核		图号

图3.118 构件结构图示例

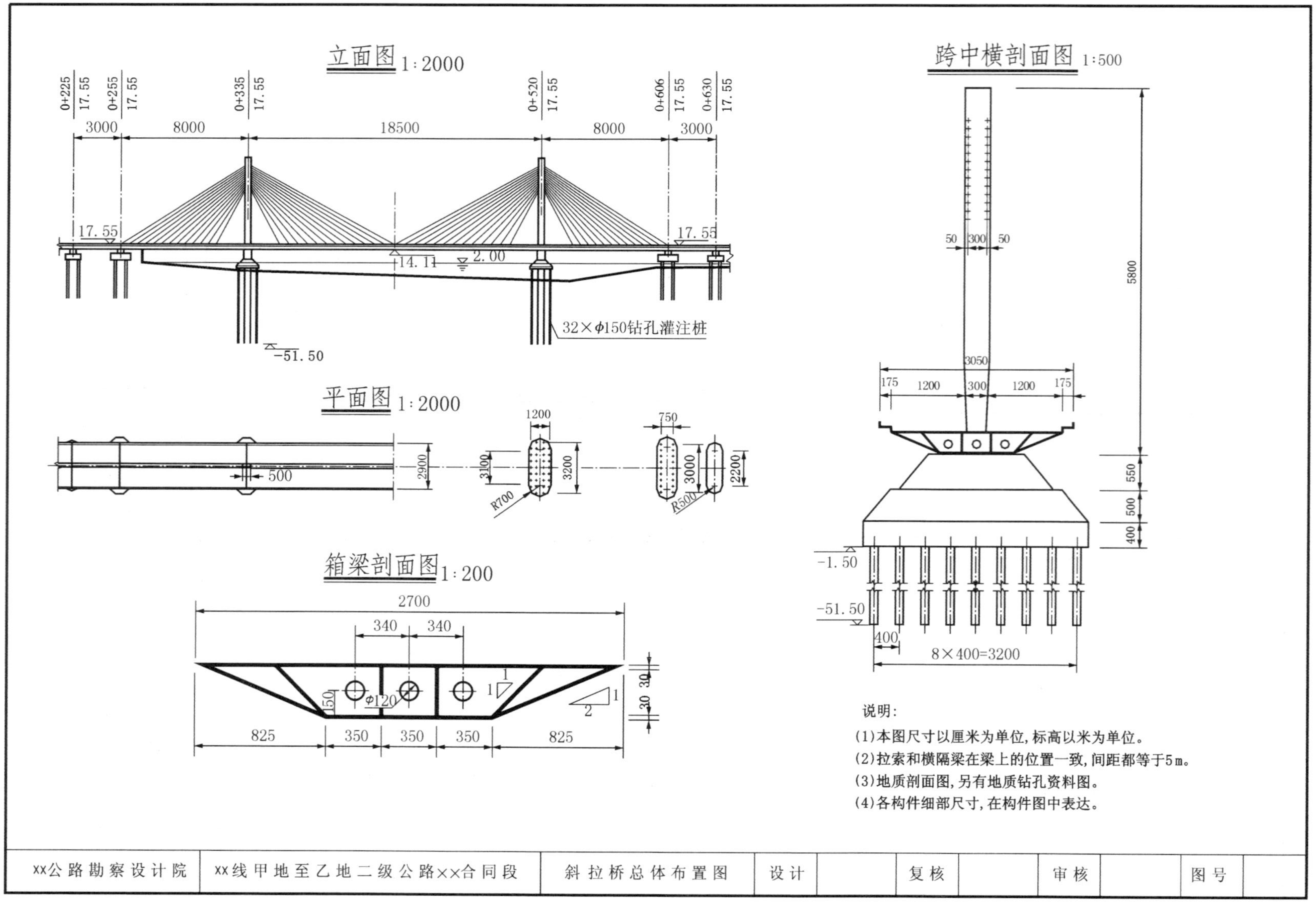

图 3.119 斜拉桥总体布置图示例

(1)立面图

采用1∶2000画出，由于比例较小，仅画外形图，不画剖视图。梁高用两条粗实线表示，上加细实线表示桥面(图缩尺后不够清晰)，横隔梁、人行道、护栏都省略不画。桥墩由钻孔灌注桩和承台构成，与主塔固结成一体。立面图还反映了河床的断面轮廓、桥面中心，以及桩和桥墩基础的埋置深度、梁底、通航水位的标高尺寸。

(2)平面图

与立面图采用相同的比例1∶2000，按与立面图长对正画出。以中心线为界，左边画外形图，显示桥面、人行道、塔柱断面和拉索；右边掀去桥的上部结构，显示桥墩的平面布置情况，以及桥墩承台的外形轮廓形状和桩的平面布置情况。

(3)横剖面图

横剖面图常用比立面图和平面图大一些的比例画出，图中所示的跨中横剖面图采用1∶500。从跨中横剖面图可以看出桥的上部结构：显示了箱梁的断面形状和横隔梁的形状，桥面总宽30.5 m，两侧人行道连同护栏各宽1.75 m，车行道各宽12 m，中央分隔带宽3 m，塔柱高58 m，还显示了拉索在塔柱上的分布情况与尺寸。也可以看出桥的下部结构：桥墩承台、基础的形状和高度尺寸，钻孔灌注桩的直径大小与数量，基础标高和桩的埋置深度等。

图中还用更大的比例1∶200画出了箱梁比例放大的剖面图，显示出单箱三室钢筋混凝土梁各部分的主要尺寸。

3.4.3.5　桥梁工程图的阅读方法

桥梁结构虽庞大复杂，但也是由许多构件组合而成的，因此，读图时应先按投影关系看懂各个构件的形状和大小，按形体分析法通过总体布置图将它们联系起来，从而了解整座桥梁的形状和大小。

阅读桥梁工程图的步骤如下：

(1)先看图纸的标题栏和说明，了解桥梁的名称、桥型、主要技术指标等。

(2)看桥梁总体布置图，看懂各个图样之间的投影联系，以及各个构件之间的关系与相对位置。先看立面图，了解桥梁的概貌，如桥型、孔数、跨径、墩台数目、总长、总高，以及河床断面与地质状况；再对照看平面图、侧面图或横剖面图，了解桥梁的宽度、人行道的尺寸、主梁(主板)的断面形状，对整座桥梁有一个初步了解。

(3)分别阅读各构件的构件结构图，包括一般构造图和钢筋构造图，了解各组成部分所用的材料，并阅读工程数量表、钢筋明细表及说明等，看懂各个构件的形状和构造，看懂图形后再复核尺寸，查核有无错误和遗漏。

(4)再返回阅读桥梁的总体布置图，进一步理解各构件的布置与定位尺寸，如有不够清楚之处，再复查有关的构件结构图，反复进行，直至清晰、全面地读懂这座桥梁。

3.4.4　涵洞工程图

涵洞是公路工程中排泄少量水流的构造物。按建筑材料可分为石涵、混凝土涵、钢筋混凝土涵等；按构造类型可分为圆管涵、盖板涵、拱涵、箱涵等；按断面形状可分为圆形涵、拱形涵、矩形涵等；按孔数可分为单孔、双孔和多孔等。各类涵洞都是由基础、洞身和洞口组成的。洞口包括端墙、翼墙或护坡、截水墙和缘石等部分，主要是保护涵洞基础和两侧路基免受冲刷，水流顺畅。进出水口常采用相同的形式，常用端墙式或翼墙式，其中翼墙俗称八字墙。

3.4.4.1　涵洞工程图的图示特点

涵洞是狭长的构造物，以水流方向为纵向，从左向右，以纵剖面图代替立面图。平面图常用掀土画法，不考虑洞顶的覆土，需要时可画成半剖面图，水平剖切面通常设在基础顶面处。侧面图也就是洞口立面图，若进、出水口形状不同，则两个洞口的侧面图都要画出，也可以用细点画线分界，采用各画一半合成的进、出水口立面图，需要时也可增加横剖面图，或将侧面图画成半剖面图，横剖面图应垂直于纵向剖切。除了上述三种投影图外，还应按需画出翼墙断面图、钢筋构造图等。

因为涵洞比桥梁小得多，所以涵洞工程图采用的比例较桥梁工程图的大。

3.4.4.2 涵洞工程图示例

图 3.120 所示是常用的盖板涵构造图，以该图为实例进一步说明涵洞工程图的图示特点和表达方法。

(1)绘图比例

总体布置(纵剖面图、平面图和洞口立面图)用 1∶200，洞身断面图用 1∶150。

(2)图示特点和表达方法

立面图从左向右以水流方向为纵向，用纵剖面图表达，表示了洞身(包括缘石、盖板、洞身、洞底，由于比例较小，盖板未画出分块，平面图中也未画出分块)、洞口、路基以及它们之间的相互关系。由于剖切平面是前后对称面，所以省略剖切符号。洞顶上部为路基填土，边坡 1∶1.5，路基设横坡，用标高尺寸表示。洞口设八字翼墙，坡度与路基边坡相同；翼墙与洞身交接处设沉降缝，交接处应画双线(今在纵剖面和平面图中画加粗粗实线)；洞身全长 28 m，设计流坡 0.01，洞高 4 m，盖板厚 44 cm。用细实线画出了地面的断面轮廓线，中心桩地面标高为 80.57 m，还画出了挖方处的地质状况。从图中还可看出有关的尺寸，如缘石的断面为 40 cm×25 cm，截水墙高 1 m 等，此处不再一一赘述。

平面图表达了进、出水口的形式和形状、大小，缘石的位置，翼墙角度，路基与边坡的情况等。被覆土遮盖的结构都用虚线表示，可见的轮廓线用粗实线表示。从图 3.120 中还可看出：涵洞轴线与路中心线正交，洞口两端宽度方向尺寸一致，表明进、出水口的形式相同，形状与大小基本相同。

洞口立面图实际上就是左侧立面图，反映了涵洞口的基本形式，以及缘石、盖板、翼墙、截水墙、基础等的相互关系，宽度和高度尺寸反映了各个构件的大小和相对位置。

洞身断面图实际上就是洞身的横断面图，显示了涵洞洞身的细部构造以及盖板的宽度尺寸。

图中的图名都是常见的习惯称谓，由于盖板涵比较简单，这样已能比较完整地表达出它的构造，所以没有采用掀土画法，也没有画半剖面图。

3.4.4.3 用 AutoCAD 软件绘制涵洞工程图示例

今以用 AutoCAD 软件绘制图 3.120 所示的涵洞工程图为例，介绍运用 AutoCAD 软件绘制桥涵工程图的方法和步骤。

图中的洞身断面用 1∶150 的比例绘制；其他几个视图用 1∶200 的比例绘制。因此，本例是多视图和多比例的绘图任务，可以通过在模型空间按 1∶1 比例完成各个视图的绘制，然后切换到布局空间创建浮动视口显示平面、纵剖面和洞口立面(显示比例 1∶200)，再创建浮动视口显示洞身断面(显示比例 1∶150)，最后分别进行尺寸和文字标注。也可以将全图按比例分别绘制各个子图，存为各自的图形文件，然后再在统一的幅面中将各个子图按各自的比例拼合起来，成为完整的图样。具体而言，本例将相同比例的平面、纵剖面和洞口立面画在同一幅面上，作为一个文件 W1，将洞身断面画在另一幅面上，存为另一文件 W2，合成的完整图样文件命名为 W。下面以第二种方法为例，具体步骤如下：

①设置绘图环境

a. 设置图层、线型和线宽

本例对线型和线宽没有新的要求，W1、W2 和 W 三个文件设置相同的图层名、线型和线宽。

b. 设置字体和样式

本例汉字采用 HZ，选用仿宋字体；字母、数字样式采用 SZ，选用 Roman 字体。应注意：因为绘图比例和合成图的比例不一致，字高要乘以相应的比例，如字高为 5 号字，则绘图时设置的字高应为 1000 和 750。

c. 尺寸标注样式

因为本例各图的比例不一样，为了方便修改，在子图中不标注尺寸，放在合成图中标注。为此，在 W 文件中设两个标注尺寸(DIM1 和 DIM2)，其中一个用来标注 1∶200 的视图，另一个标注 1∶150 的视图。在主单位选项卡中的比例因子须扩大相同的倍数。同时，尺寸数字的高度、起止符号的大小、尺寸界线的

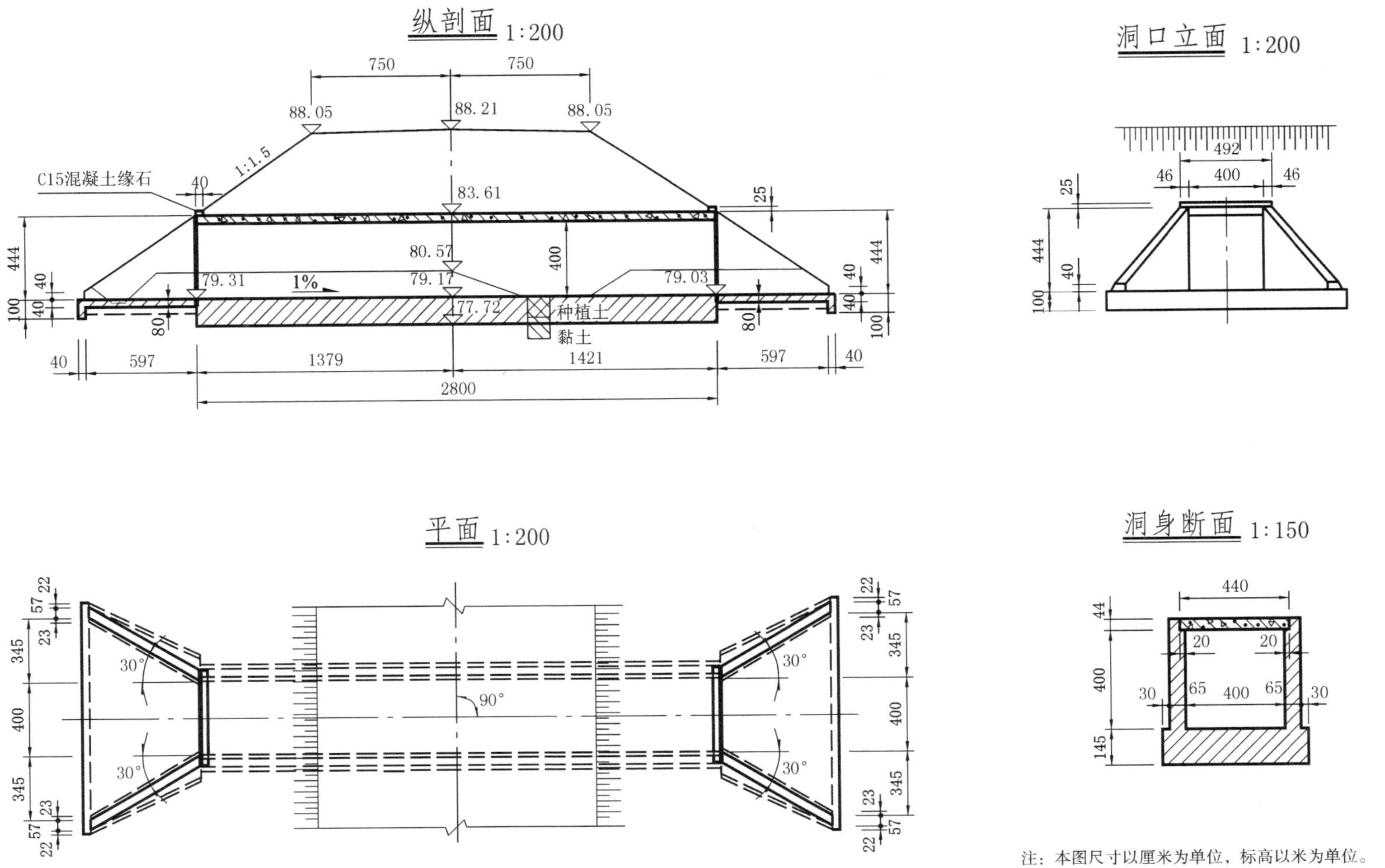

注：本图尺寸以厘米为单位，标高以米为单位。

××公路勘察设计院	××线甲地至乙地二级公路××合同段	K65+032钢筋混凝土盖板涵	设计		复核		审核		图号

图 3.120　涵洞工程图示例

偏移距离和延伸长度等均按输出时的大小设置。

②绘图步骤

a. 打开 W1 绘图文件，以 1∶1 的比例绘制平面、纵剖面和洞口立面，尺寸文字均不标注，存盘。

b. 打开 W2 绘图文件，以 1∶1 的比例绘制洞身断面，尺寸文字不标注，存盘。

c. 打开 W 绘图文件，用插入(Insert)命令将各个绘图文件插入图示位置。W1 绘图文件插入时，X 和 Y 方向用 1/200(0.005)缩放比例；W2 绘图文件插入时，X 和 Y 方向用 1/150(0.0066666)缩放比例。

d. 标注尺寸和文字。平面、纵剖面和洞口立面的尺寸用“DIM1”尺寸样式标注；洞身断面的尺寸用“DIM2”尺寸样式标注。图名、比例和注释等文字用“单行文字”命令。

3.4.5 隧道工程图

3.4.5.1 隧道工程图的图示特点

隧道是公路穿越山岭的狭长的构造物，中间的断面形状很少变化，因此，隧道工程图除用平面图表示其地理位置外，表示构造的主要图样有进出口洞门图、横断面图(表示断面形状和衬砌)及隧道中的有关交通工程设施的图样。隧道洞门大体上可分为端墙式和翼墙式，主要视洞门口的地质状况而定。

下面分别举例简要介绍隧道进口洞门设计图(图 3.121)和建筑限界及净空设计图(图 3.122)。

3.4.5.2 隧道进口洞门设计图示例

图 3.121 所示是隧道的端墙式进口洞门设计图，主要用立面图、平面图和剖面图表达。

(1)立面图

立面图是隧道进口洞门的正立面图，不论洞门是否左右对称，两边都应画全。它反映了洞门形式、洞门墙及其顶帽，洞口衬砌成曲面的形状。从图 3.121 中可以看出，衬砌曲面的断面轮廓由两段半径为 424 cm 和一段半径为 695 cm 的圆弧所组成，拱圈厚 60 cm。用虚线表示洞口端墙后部的排水沟与跌水井，从右向左，排水坡度分别为 5%和 15%；另有虚线表示开挖基础的情况。此外，还用细实线画出了原地面线和用粗实线画出了隧道洞口两侧的边沟，由所注尺寸可知各部分的宽度和高度。

(2)平面图

平面图是隧道进口洞门的水平投影图，仅画出洞门及其前后的外露部分，显示了顶帽、端墙、洞顶排水沟、跌水井、边沟和碎落台，以及开挖线、挖方坡度、洞门桩号等。

(3)1—1 剖面图

从立面图中编号为 1 的剖切符号可知，1—1 剖面图是用沿隧道轴线的侧平面剖切后，向左投影而获得的，由向乙地的方向可知公路的去向，仅画出洞口处的一小段。它表明了洞门口端墙的坡度、厚度及基础底面的高程 266.934 m，隧道复合衬砌、隧道拱顶曲面和隧道路面坡度等。

洞顶大样图实际上就是 1—1 剖面图中洞顶部分的局部放大图，用较 1—1 剖面图大一些的比例(1—1 剖面是用 1∶200 画出的，而洞顶大样是用 1∶150 画出的)画出的洞顶部分，更详细地补充说明了顶帽和排水沟的构造、材料和大小。

3.4.5.3 建筑限界及净空设计图示例

建筑限界及净空设计图包括隧道净空断面和建筑限界两部分。图 3.122 所示是某公路隧道的建筑限界及净空设计图，以此为例作简要说明如下：

(1)隧道净空断面

图中表示隧道衬砌形式为三圆心圆曲线式衬砌，衬砌断面轮廓的三圆心圆曲线由两段半径为 424 cm 和一段半径为 695 cm 的圆弧相切所组成；隧道两侧为宽度 75 cm 的人行道，车行道宽 9 cm，人行道下面有排水沟，排水沟的断面尺寸为 40 cm×30 cm；虚线表示建筑限界，在建筑限界内不能设置任何设备，交通工程设施如照明、供电线路和消防设备等，都应安装在建筑限界外。

(2)建筑限界

由图 3.122 中的附注可知：隧道的建筑限界是根据我国《公路工程技术标准》(JTG B01—2014)和《公

立面 1:200

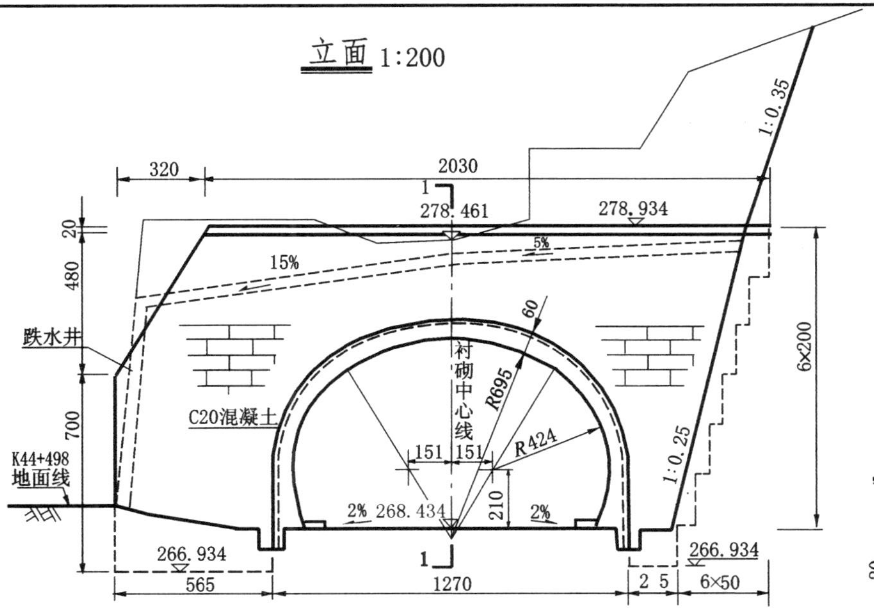

平面 1:200

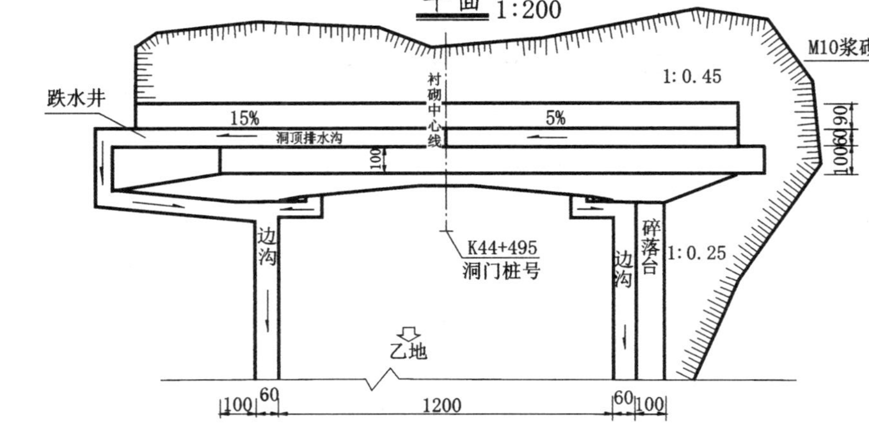

洞顶大样 1:150

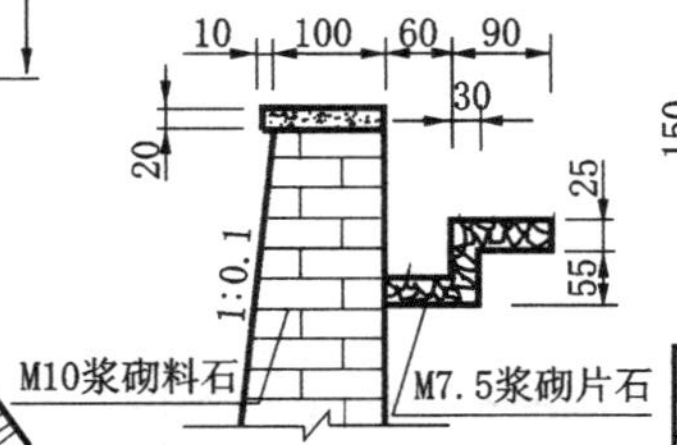

1—1 1:200

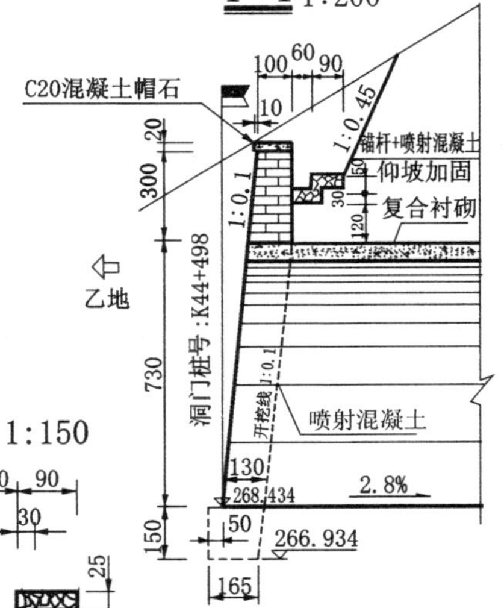

隧道进口洞门工程数量表

项目	单位	数量
基础开挖(坚石)	m³	33.3
M10浆砌料石	m³	207.0
C20混凝土	m³	9.8
M7.5浆砌片石	m³	12.5

附注:

(1)本图尺寸以厘米计,标高桩号以米计。
(2)洞门墙采用M10浆砌料石浇筑,料石尺寸为:60cm(长)×30cm(宽)。
(3)洞顶水沟用M7.5浆砌片石砌筑,仰坡加固施工措施详见“洞口仰坡加固设计图”。
(4)工程数量未计洞门后仰坡加固,铺砌数量及边顶截水沟数量。
(5)施工时应将洞门墙与墙背土体之间的间隙用浆砌片石回填密实。
(6)本设计要求地基承载力[s]≥300kPa,施工时若发现地基承载力不够,应加深基础或扩大基础宽度。
(7)施工时若发现路基外边坡率不稳,可加大边坡率,或加固边坡。

××公路勘察设计院	××线甲地至乙地二级公路 ×× 合同段	××隧道进口洞门设计图		设计		复核		审核		图号	

图 3.121　隧道进口洞门设计图示例

隧道净空断面 1:100

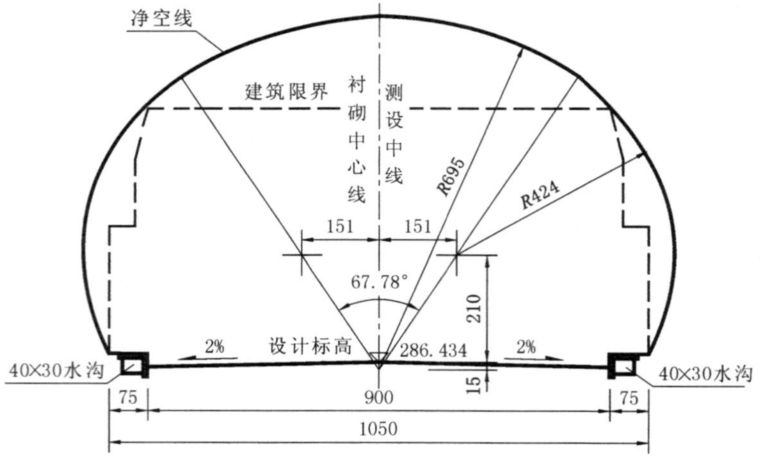

建筑限界 1:100

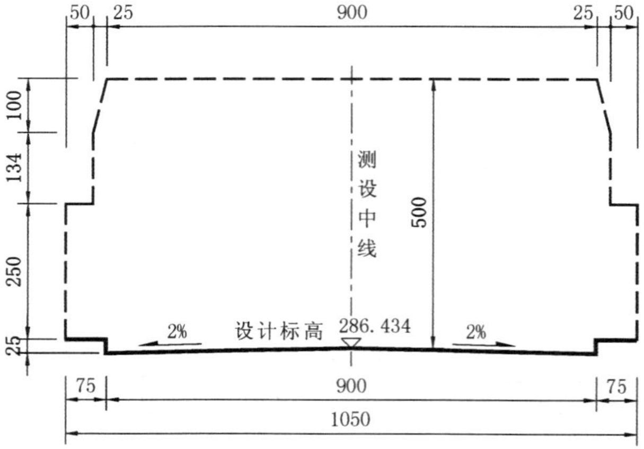

附注：

(1) 本图尺寸均以厘米计。

(2) **隧道建筑限界根据《公路工程技术标准》(JTG B01—2014)、《公路隧道设计规范　第一册　土建工程》(JTG 3370.1—2018)拟定。**

(3) 隧道建筑限界以外的空间安装照明、消防等设施。

××公路勘察设计院	××线甲地至乙地二级公路××合同段	建筑限界及净空设计图	设计		复核		审核		图号

图 3.122　建筑限界及净空设计图示例

路隧道设计规范　第一册　土建工程》(JTG 3370.1—2018)拟定的。图中主要表明人行道和车行道的断面轮廓以及位于它们上面的建筑限界，并详尽地标注出尺寸。

本章小结

在本课程的教学中，本章除了钢筋混凝土构件简介和钢筋混凝土构件详图示例必须贯彻外，其余各项内容应遵循本书前言中所述的有关本课程的两个教学文件，以及各校自行制订的关于本课程的教学大纲，选择其中的一部分，选择哪一部分及其深浅程度，都可随各校的专业设置情况以及后续课程的需要而定。在当前多数学校给予本课程的学时数偏紧的情况下，不可能也不必要将本章所列的内容都在本课程的教学中贯彻，余留的部分可在后续课程和后续的教学环节(如课程设计、实习、毕业设计等)中或毕业后工作需要时参考。

学习本章后，应了解土木工程专业图中与本专业有关(如房屋、给水排水、道路与桥涵等专业图中的一部分图样)的内容和图示特点(如视图名称和配置、比例、图线、尺寸标注、图例、习惯画法、规定画法及专业制图标准中的其他有关规定等)，了解这些内容和图示特点中所涉及的专业知识还需要通过后期专业课的继续增强和实践，掌握绘制和阅读这些专业图样的方法，具备绘制和阅读这些专业图的基本能力。对修读包含计算机绘图基础的学生，还应了解使用 AutoCAD 和 Revit 软件绘制这些专业图样的基本方法和得到绘制这些专业图样上机操作的初步训练。

见此图标 微信扫码
查看工程制图进阶手册

参考文献

[1] 谭建荣. 图学基础教程[M]. 3 版. 北京:高等教育出版社,2019.

[2] 雷光明. 土建图学教程[M]. 2 版. 北京:高等教育出版社,2009.

[3] 丁宇明. 土建工程制图[M]. 3 版. 北京:高等教育出版社,2012.

[4] 何斌. 建筑制图[M]. 7 版. 北京:高等教育出版社,2020.

[5] 朱育万. 画法几何及土木工程制图[M]. 5 版. 北京:高等教育出版社,2015.

[6] 卢传贤. 土木工程制图[M]. 5 版. 北京:中国建筑工业出版社,2024.

[7] 何铭新. 建筑工程制图[M]. 5 版. 北京:高等教育出版社,2013.

[8] 肖春红. Autodesk Revit 中文版实操实练[M]. 北京:电子工业出版社,2022.

[9] 中国建筑标准设计研究院. 房屋建筑制图统一标准:GB/T 50001—2017[S]. 北京:中国计划出版社,2017.

[10] 中国建筑标准设计研究院. 总图制图标准:GB/T 50103—2010[S]. 北京:中国计划出版社,2011.

[11] 中国建筑标准设计研究院. 建筑制图标准:GB/T 50104—2010[S]. 北京:中国计划出版社,2011.

[12] 中国建筑标准设计研究院. 建筑结构制图标准:GB/T 50105—2010[S]. 北京:中国建筑工业出版社,2010.

[13] 中国建筑标准设计研究院. 建筑给水排水制图标准:GB/T 50106—2010[S]. 北京:中国建筑工业出版社,2010.

[14] 中国建筑科学研究院. 混凝土结构设计标准:GB/T 50010—2010[S]. 北京:中国建筑工业出版社,2024.

[15] 中华人民共和国交通运输部. 道路工程制图标准:GB 50162—1992[S]. 北京:中国计划出版社,2015.

[16] 国家铁路局. 铁路工程制图标准:TB/T 10058—2015[S]. 北京:中国铁道出版社,2015.

[17] 全国技术产品文件标准化技术委员会. 技术产品文件标准汇编·技术制图卷[M]. 3 版. 北京:中国标准出版社,2012.

[18] 何铭新. 机械制图[M]. 6 版. 北京:高等教育出版社,2016.

[19] 中国建筑标准设计研究院. 混凝土结构施工图平面整体表示方法制图规则和构造详图(现浇混凝土框架、剪力墙、梁、板):22G101—1[S]. 北京:中国计划出版社,2022.

[20] 中国建筑标准设计研究院. 混凝土结构施工图平面整体表示方法制图规则和构造详图(现浇混凝土板式楼梯):22G101—2[S]. 北京:中国计划出版社,2022.

[21] 中国建筑标准设计研究院. 混凝土结构施工图平面整体表示方法制图规则和构造详图(独立基础、条形基础、筏形基础及桩承台):22G101—3[S]. 北京:中国计划出版社,2022.

[22] 中华人民共和国住房和城乡建设部. 建筑抗震设计标准:GB/T 50011—2010[S]. 北京:中国建筑工业出版社,2024.

[23] 中国建筑标准设计研究院. 民用建筑工程给水排水施工图设计深度图样:09S901[S]. 北京:中国计划出版社,2009.

编 后 语

下表对本课程教学安排建议仅供教师参考。因为土木工程专业面较宽，各院校的教学要求也略有不同，所以任课教师可按需取舍。

表 1 土木工程专业实行低年级不分方向完全打通时，本课程的教学安排建议

教学内容		学时					大作业	备注
		讲课	制图课	上机	小计	合计	幅面	
绪论	本课程概述，投影的基本知识，我国在土木工程制图方面的成就及当前的发展方向	0.5			0.5	0.5		（1）表内所列学时数是极低的要求。如果有条件，建议适当放宽。如再要求另行增加选学内容，则应另行增加学时。 （2）制图的基本知识和基本技能的讲课 6.5 学时中，AutoCAD 绘图软件的基本用法和二维绘图占 5 学时。基本规格和几何作图作业先用绘图仪器画一张，再用 AutoCAD 二维绘图画一张，都用习题集第 2 页所给的同一个作业。 （3）土木工程专业图的部分大作业可以要求学生通过 Revit 软件建模后再将指定的视图导出为 DWG 文件保存
制图基础	制图的基本知识和基本技能	6.5	2	2	10.5	49.5	A3×2	
	投影面体系及点的投影	2			11			
	直线、平面和平面曲线的投影	4						
	直线与平面以及两平面的相对位置，点、直线、平面间的综合作图示例	2						
	投影变换	3						
	平面立体、曲面、曲面立体、空间曲线、圆柱螺旋线和平螺旋面的投影	3			7			
	平面、直线与立体相交	2						
	两立体相交	2						
	轴测投影	3			3			
	标高投影	3			3			
	组合体投影图的画法和尺寸标注	2	2		10		A3×1	
	组合体投影图的读法以及组合体的构型设计	2						
	表示工程形体的图样画法	4						
	Revit 简介，利用 Revit 完成组合体的投影图	3		2	5		A3×1	
土木工程专业图	钢筋混凝土构件图和钢结构构件图	4		2	6	44	A3×1	
	房屋施工图概述，房屋的建筑施工图	5	2	4	17		A3×3	
	房屋的结构施工图	4		2			A3×1	
	给水排水施工图	4	2	4	10		A3×3	
	道路、桥梁、涵洞、隧道工程图	5	2	4	11		A2×1（桥梁总体布置图） A3×1（涵洞图）	
机动		2			2	2		
总计		66	10	20	96	96	A3×4 （制图基础） A2×1 A3×9 （土木工程）	